现代统计学丛书

（原书第8版）

数理统计学导论

Introduction to Mathematical Statistics

(Eighth Edition)

罗伯特 · V. 霍格(Robert V. Hogg)
[美] 约瑟夫 · W. 麦基恩(Joseph W. McKean) 著
· 艾伦 · T. 克雷格(Allen T. Craig)
王忠玉 译

机械工业出版社
CHINA MACHINE PRESS

本书是一本数理统计经典教材，从数理统计的初级基本概念及原理开始，详细讲解概率与分布、多元分布、特殊分布、统计推断基础、极大似然法等内容，并且涵盖一些高级主题，如一致性与极限分布、充分性、最优假设检验、正态线性模型的推断、非参数与稳健统计、贝叶斯统计等．此外，为了帮助读者更好地理解数理统计和巩固所学知识，书中提供了大量可以实践的 R 语言代码，还提供了一些重要的背景材料、大量示例和习题．

图书在版编目（CIP）数据

数理统计学导论：原书第 8 版 /（美）罗伯特·V. 霍格（Robert V. Hogg），（美）约瑟夫·W. 麦基恩（Joseph W. McKean），（美）艾伦·T. 克雷格（Allen T. Craig）著；王忠玉译．—北京：机械工业出版社，2023.9

（现代统计学丛书）

书名原文：Introduction to Mathematical Statistics, Eighth Edition

ISBN 978-7-111-73466-6

Ⅰ. ①数…　Ⅱ. ①罗… ②约… ③艾… ④王…　Ⅲ. ①数理统计　Ⅳ. ① O212

中国国家版本馆 CIP 数据核字（2023）第 124836 号

机械工业出版社（北京市百万庄大街 22 号　邮政编码 100037）

策划编辑：刘　慧　　　　责任编辑：刘　慧

责任校对：张爱妮　贾立萍　陈立辉　　责任印制：郜　敏

三河市宏达印刷有限公司印刷

2023 年 11 月第 1 版第 1 次印刷

186mm × 240mm · 35.5 印张 · 837 千字

标准书号：ISBN 978-7-111-73466-6

定价：159.00 元

电话服务　　　　　　　　网络服务

客服电话：010-88361066　　机　工　官　网：www.cmpbook.com

010-88379833　　机　工　官　博：weibo.com/cmp1952

010-68326294　　金　　书　　网：www.golden-book.com

封底无防伪标均为盗版　　机工教育服务网：www.cmpedu.com

译 者 序

“在终极的分析中，一切知识都是历史．在抽象的意义下，一切科学都是数学．在理性的世界里，所有判断都是统计学．”

——拉奥(C. R. Rao)，当代统计学家

统计学作为一种工具性学科，能够帮助人们从复杂纷纭的大量数据现象中汲取有用的信息．当今时代是一个信息爆炸的年代，唯一不变的真理就是变化自身．越是能从杂乱无章的数据中看出端倪的人员，越是能掌握新经济时代的制胜先机．统计学正是最有效的解决之道，它可以对最熟悉的常识资料数据化并加以验证，从庞大的数据库中萃取其策略要旨，使得学术研究人员或实际工作者真正迈入科学研究探索的殿堂．

数理统计学的主要目的是为随机实验提供可利用的数学模型，一旦得到随机实验的数学模型，并提出详尽完整的理论，统计学家则会在这种框架下对随机试验做出统计推断，然后，据此对未知参数给出估计或假设检验．确定如何获取数据的阶段称为研究设计，包括抽样技术、试验设计等．当获取数据之后，通过分析数据得出某种结论，做出某种判断的阶段称为统计推断，包括参数估计和假设检验两个主要部分．

数理统计学和概率论是两个有密切联系的姊妹学科．大体上说，概率论是数理统计学的基础，而数理统计学是概率论的重要应用．数理统计学是统计学研究方法及应用的基石．数理统计学是一门应用广泛、分支很多的学科，它在和其他学科的结合中产生出许多新的分支，是实施社会经济分析研究和科学试验必不可少的工具之一．

数理统计学作为一门应用性极强的学科，具有其方法、应用和理论基础．本书正是专门阐述现代数理统计学的理论及内容的优秀教材．

随着定量研究方法日益广泛地应用于社会科学，特别是对数量经济学、数理金融学、金融风险管理领域中那些想更好地学习和掌握前沿性数量方法的人来说，就必须学习和钻研高等数理统计知识．美国康奈尔大学经济学系洪永淼教授等曾在《论中国计量经济学教学与研究》一文中指出，不论硕士研究生还是博士研究生，在学习高级经济计量学之前建议学习 Hogg 等的 *Introduction to Mathematical Statistics*．无疑，掌握了高等数理统计知识，将有助于由经典理论到前沿研究的过渡．

这本书无论从所阐述的内容深度，还是从涉及的范围和应用来看，都对应于国内的高等数理统计课程．我非常欣赏本书中的一段话：“统计学的数学理论之所以存在，其主要目的是为随机实验提供可以利用的数学模型．一旦建立了这类实验的数学模型，就可运用该理论进行详细的数学推导，统计学家在此框架下就可对随机实验做出推断(也就是得出结论)．构建这种模型需要概率理论．”

本书是第 8 版，由我负责翻译完成，这里特别感谢广东科技学院张云飞老师给予的大力支持和帮助，他参与翻译和校对了第 1、2、3 章和第 11 章的内容．我们在第 7 版中译版的基础上，重新对全书进行翻译、校对和整理．因此，我们感谢所有参与第 7 版翻译工作

的老师和同学，包括哈尔滨工程大学理学院的卜长江教授、哈尔滨工业大学的李春红博士等，对上述人员的帮助和支持表示衷心感谢.

最后，感谢我的博士后导师吉林大学商学院数量经济研究中心的赵振全教授多年来对我的教导及帮助，他强调从事统计学应用研究的人员一定要学好高等数理统计学知识，掌握其核心基本思想，在学习和研究高等计量经济学时，只有这样才能深刻领悟计量经济学的本质；感谢数量经济研究中心的陈守东教授、孙巍教授等曾经给予的大力支持；感谢哈尔滨工业大学经济与管理学院的老院长李一军教授、于渤教授等对我的帮助；特别感谢原书作者之一 McKean 教授的有益指教.

对于这样一部卓越的高等数理统计学著作，我们虽然竭尽全力钻研并翻译，但译文中仍难免存在不足和纰漏，欢迎广大读者和同行专家批评指正，联系邮箱 h20061111@126. com.

王忠玉

广东科技学院

2023 年 9 月

前　言

在这个新版本中，我们进行了大量的修订. 其中一些修订可以帮助学生理解统计理论和统计实践之间的联系，而另一些修订则关注书中所介绍的统计理论的发展，并加强了对它们的讨论.

这些修订多数都是对读者评论的反馈. 其中一条评论反映以前版本中的真实数据集过少，因此这一版包含了更多的真实数据集，用来说明统计方法或比较这些方法. 我们将这些数据集放在 R 包 hmcpkg 中，学生可以自由访问它们. 这些数据集也可以通过后面给出的网址在 R 会话中单独下载. 通常，书中给出了这些数据集的 R 代码分析.

我们还扩展了统计软件 R 的使用. 之所以选择 R，是因为它是一个功能强大且免费的统计语言，在三大主流平台(Windows、macOS 和 Linux)上均可运行. 当然，教师也可以选择另外的统计包. 我们还将 R 函数用于计算分析和模拟研究，包括一些游戏. 使用这些简洁直观的代码，目的是向学生展示：只需几行简单的代码，他们就可以执行重要的计算. 附录 B 包含简短的 R 入门知识，以帮助读者理解书中使用的 R. 与数据集一样，这些 R 函数可以在给出的网址中单独找到，它们也包含在 hmcpkg 包中.

我们在附录 A 中补充了相关数学知识，将其放在文件"Mathematical Primer for Introduction to Mathematical Statistics"中. 学生可以通过给出的网址免费下载.

我们没有改变基本统计推断(第 4 章)和渐近理论(第 5 章)的顺序. 在第 5 章和第 6 章中，我们对第 4 章的内容做了简要的回顾，使得第 4 章和第 5 章本质上相互独立，因此顺序可以互换. 我们在第 3 章"多元正态分布"一节中用一小节介绍二元正态分布. 增加了几个重要的主题，包括第 9 章中的图基多重比较程序，以及第 9 章和第 10 章中相关系数的置信区间. 第 7 章包含对样本自助法估计的标准误差的讨论. 在练习中讨论过的几个主题在正文中也有讨论，例如分位数(1.7.1 节)和危险函数(3.3 节). 一般来说，我们以小节形式逐步展开讨论. 另外，带 * 的章节表示其是可选的.

内容与课程规划

第 1 章和第 2 章介绍一元和多元概率模型，第 3 章讨论最广泛运用的概率模型. 第 4 章讨论许多在标准统计方法课程中涉及的推断统计理论. 第 5 章阐述渐近理论，并以中心极限定理结束. 第 6 章提供基于极大似然理论的完整推断(包括估计与检验)，还包括对 EM 算法的讨论. 第 7 章和第 8 章包括最优估计法和统计假设检验. 最后三章则提供统计学中三个重要专题的理论. 其中，第 9 章介绍基本方差分析、一元回归以及相关模型的正态理论方法的推断. 第 10 章阐述关于位置和一元回归模型的非参数方法(估计与检验)，并讨论了有效性、影响函数以及崩溃点的稳健概念. 第 11 章阐明贝叶斯方法，包括经典贝叶斯方法和马尔可夫链蒙特卡罗方法.

我们的教材可用于不同层次的各类数理统计学课程. 两个学期的数理统计课程可涵盖第 1～8 章的大部分内容，并可从其余章节中选取一些主题. 对于这样的课程，教师可以适当将第 4 章和第 5 章的顺序互换，从而在第二学期开始时介绍统计理论(第 4 章). 一个学期的课程可包括第 1～4 章，并可从第 5 章中选择一些主题. 在这个选择下，学生可以看到许多非理论性课程中讨论的方法的统计理论. 而且，就像两个学期的讲授顺序一样，教师可以在第 1～3 章之后讲授第 5 章，并从第 4 章中选择一些主题来结束课程. 本书中使用的数据集、R 函数以及 R 包 hmcpkg 可以从网站 https://media.pearsoncmg.com/cmg/pmmg_mml_shared/mathstatsresources/home/index.html 下载.

致谢

罗伯特・V. 霍格已于 2014 年去世，所以他没有参与这一版的修订工作. 在我犹豫是否修改书稿的时候，我经常会思考罗伯特会怎么做. 为了纪念他，我保留了这个版本的作者顺序.

与前几版一样，欢迎读者提出宝贵意见. 在此感谢上一版的审稿人：弗吉尼亚学院的 James Baldone、伊利诺伊大学香槟分校的 Steven Culpepper、加州州立大学的 Yuichiro Kakihara、博伊西州立大学的 Jaechoul Lee、普渡大学的 Michael Levine、马里兰大学帕克学院的 Tingni Sun 和波士顿大学的 Daniel Weiner. 我们采纳了他们对这次修订的意见并表示感谢. 感谢宾夕法尼亚州立大学的 Thomas Hettmansperger、奥本大学的 Ash Abebe 和鲁汶大学的 Ioannis Kalogridis 教授的宝贵意见. 特别感谢培生公司的 Patrick Barbera(统计学方面的投资组合经理)、Lauren Morse(数学/统计方面的内容制作人)、Yvonne Vannatta(产品营销经理)和其他员工，他们为本书的出版做出了努力. 也要感谢北岸社区学院的 Richard Ponticelli，他认真审核了本书的校样. 另外，特别感谢我的妻子 Marge，感谢她坚定地支持和鼓励我撰写这一版本.

约瑟夫・W. 麦基恩

目　录

第1章　概率与分布

1.1　引论

在这一节，我们将直观地讨论概率模型的概念，然后在1.3节给出形式化描述。许多研究的特征可能是部分通过重复实验来刻画的，这些重复实验基本上是在相同条件的情况下进行的，或多或少是一种标准程序. 例如，在医学研究中，人们可能关心用药疗效，或者经济学家可能关心三种特定商品在不同时期的价格，农学家可能关心化肥对各类谷物产量影响的效果. 研究者要从这类现象中提取信息，唯一方式是进行实验. 每一次实验得出一个结果. 但是，这些实验的特性是，在实验进行之前无法确定将会得到的结果.

假定我们有一个实验，其一次实验的结果不能事前确定，但所有可能的结果是在实验前就知道的. 若这类实验在相同条件下可重复进行，则称它为**随机实验**(random experiment)，而所有可能结果的全体称为实验空间或**样本空间**(sample space). 我们用$\mathcal{C}$来表示样本空间.

例 1.1.1　抛一枚硬币，令 T 表示反面，H 表示正面. 如果我们假定硬币可以在相同条件下重复抛掷，那么抛掷硬币是随机实验的一个例子，其结果是 T 或者 H 两个符号之一；也就是说，样本空间是两个符号的集合. 对于这个例子来说，$\mathcal{C}=\{\mathrm{H},\mathrm{T}\}$. ■

例 1.1.2　掷红、白两颗骰子，设其结果是一个有序对(红骰子朝上面的点数，白骰子朝上面的点数). 如果我们假定这两颗骰子在相同条件下可以重复实验，那么此种掷骰子的序对是随机实验. 样本空间是由 36 个有序对组成的：$\mathcal{C}=\{(1,1),\cdots,(1,6),(2,1),\cdots,(2,6),\cdots,(6,6)\}$. ■

我们通常用小写斜体字母表示$\mathcal{C}$的元素，例如 a，b 或 c. 通常在实验中，我们感兴趣的是样本空间中某些元素子集出现的概率. 通常将$\mathcal{C}$的子集称为事件，一般用大写斜体字母表示，如 A，B 或 C. 如果实验产生了事件 A 中的一个元素，我们就说事件 A 已经发生. 我们感兴趣的是某一事件发生的可能性. 例如，在例 1 1.1 中，我们可能对得到正面的概率感兴趣，即事件 $A=\{\mathrm{H}\}$发生的概率. 在例 1.1.2 中，我们感兴趣的可能是骰子的正面之和为“7”或“11”，也就是事件 $A=\{(1,6),(2,5),(3,4),(4,3),(5,2),(6,1),(5,6),(6,5)\}$的发生.

现在，我们考虑随机实验执行 N 次重复实验. 于是，通过执行 N 次实验，我们就能计算事件 A 实际发生的次数 f(频率). 比值 f/N 称为这 N 次实验中事件 A 的相对频率. 当 N 很小时，相对频率通常是不稳定的，正如你通过抛硬币所表现的那样. 但是，当 N 增大时，实验会显示出与事件 A 有关的一个数，比如 p，它等于或近似等于那个相对频率看起来稳定在的数. 如果这样，那么数 p 可被解释成下面的数：将来执行实验时，事件 A 的相对频率将要等于或者逼近的那个数. 因而，尽管我们不能预测随机实验的结果，但当 N 很大时，我们却能大致预测结果将位于 A 中的相对频率. 对于与事件 A 联系的数 p，人们给予了各种各样的称谓. 有时，称它为概率，指随机实验的结果位于 A 中的；有时，称

它为事件 A 的概率；有时，称它为 A 的**概率测度**(probability measure)．通常，要依其内容选择合适的术语．

例 1.1.3　设$\mathcal{C}$表示例 1.1.2 的样本空间，并且设 B 表示$\mathcal{C}$中那些序对之和等于 7 的所有序对的全体．因而，B 为(1,6),(2,5),(3,4),(4,3),(5,2)以及(6,1)的全体．假定掷骰子 $N=400$ 次，并设 f 表示和数为 7 的频率，假定投掷 400 次，得出 $f=60$．于是，位于 B 中那些结果的相对频率就是 $f/N=\frac{60}{400}=0.15$．因此，与 B 联系的数 p 接近于 0.15，而称 p 为事件 B 的概率． ■

注释 1.1.1　前面对概率的解释有时称为**相对频率方法**(relative frequency approach)，而且很明显，它本质上依赖于相同条件下进行重复实验的事实．然而，许多人将概率的观念拓展到其他情况，把概率看成是一种信念的合理度量．例如，对于事件 A 来说陈述 $p=\frac{2}{5}$，表示事件 A 的**个人**(personal)或**主观**(subjective)概率等于$\frac{2}{5}$．因此，如果他们不反对赌博，那么这可被解释成他们对 A 中结果下赌注的意愿，所以两种可能的支付其比值为 $p/(1-p)=\frac{2}{5}\Big/\frac{3}{5}=\frac{2}{3}$．此外，如果他们确实认为 $p=\frac{2}{5}$是正确的，那么他们将接受下述两个赌注之一：1. 若 A 发生，则赢得 3，若 A 不发生，则输掉 2；2. 若 A 不发生，则赢得 2，若 A 发生，则输掉 3．然而，由于 1.3 节中将给出的概率的一些数学性质与上述两种解释中的任何一个都相吻合，因此后来的数学发展，与采用何种概率方法毫无关系． ■

统计学的数学理论之所以存在，其主要目的是为随机实验提供可以利用的数学模型．一旦建立了这类实验的数学模型，就可运用该理论进行详细的数学推导，统计学家在此框架下就可对随机实验做出推断(也就是得出结论)．构建这种模型需要概率理论．其中一种更具有逻辑性的概率理论就是建立在集合概念以及集合函数基础上的．这些概念将在 1.2 节介绍．

1.2　集合

通常，集合概念或者对象全体是不用定义的．然而，对特殊集合进行表述，可以明确所考虑的对象全体，就不会产生误解．例如，一旦对前 10 个正整数集合做出充分良好的阐述，那么显然数$\frac{3}{4}$与 14 均不在此集合中，而数 3 则在此集合中．如果对象属于集合，那么称它是集合的**元素**(element)．例如，若用 C 表示满足 $0\leqslant x\leqslant 1$ 的实数集，则$\frac{3}{4}$是集合 C 的元素．$\frac{3}{4}$是集合 C 的元素这一事实可通过$\frac{3}{4}\in C$ 来表示．更一般地，$c\in C$ 指 c 是集合 C 的元素．

我们经常所涉及的集合是**数集**(set of numbers)．然而，可以证明，**点**(point)集语言比数集语言更加方便．因此，我们简略地说明我们是如何使用这一术语的．在解析几何中，特别强调下面的事实：直线上的每一点(在直线上选取一个原点与单位点)都存在唯一一个数比如说 x 与之相对应；而对每一个数来说，直线上存在唯一一个点与之相对应．数和直线点之间的这种一一对应促使我们毫无异议地说“点 x”而不是“数 x”．进一步，就平

面直角坐标系和 x 与 y 数而言，每一个符号 (x,y) 均对应于此平面上唯一一个点；而平面上每一点均对应于仅此一个这样的符号．这里，我们再次说成“点 (x,y)”，这意指“有序数对 x 与 y”．当我们在三维空间或更多维空间中具有直角坐标系时，就能方便地运用这种语言．因而，“点 $(x_1,x_2,\cdots,x_n)$”表示数 $x_1,x_2,\cdots,x_n$ 的有序数组．因此，在描述集合时，我们往往说成点集(集合的元素均为点)，当然要小心谨慎，因为描述集合要避免模棱两可．记号 $C=\{x:0\leqslant x\leqslant 1\}$ 读成“C 是满足 $0\leqslant x\leqslant 1$ 的一维点 x 的集合”．类似地，$C=\{(x,y):0\leqslant x\leqslant 1,\ 0\leqslant y\leqslant 1\}$ 读成“C 是二维点 (x,y) 的集合”，其中点 (x,y) 位于具有对顶点 $(0,0)$ 与 $(1,1)$ 的正方形之内或边界上．

如果 C 是有限的或元素个数和正整数一样多，我们称集合 C 为**可数的**(countable)．例如，集合 $C_1=\{1,2,\cdots,100\}$，$C_2=\{1,3,5,7,\cdots\}$ 都是可数集合．可是，实数区间 $[0,1]$ 却是不可数的．

1.2.1　集合论的回顾

如 1.1 节一样，设 $\mathcal{C}$ 表示实验的样本空间．回顾事件是 $\mathcal{C}$ 的子集．在本节中，事件和子集可以交换使用．对于我们的目的来说，集合的初等代数被证明是非常有用的．我们下面回顾这个初等代数的知识，并给出说明性例子．为了方便起见，我们利用维恩图．考察图 1.2.1 中的维恩图集合．在每个图中，矩形的内部表示样本空间 $\mathcal{C}$，图 a 中的阴影区域代表事件 A．

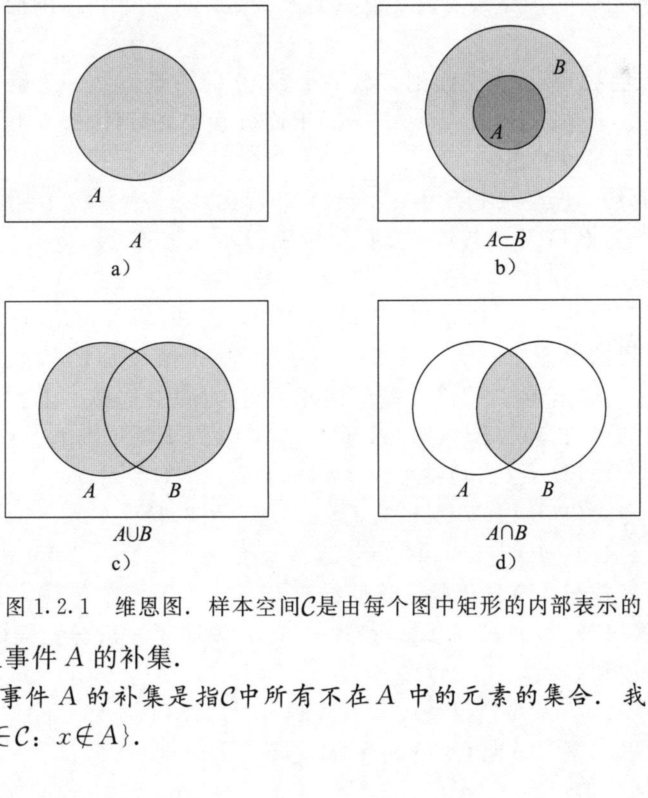

图 1.2.1　维恩图．样本空间 $\mathcal{C}$ 是由每个图中矩形的内部表示的

我们首先定义事件 A 的补集．

定义 1.2.1　事件 A 的补集是指 $\mathcal{C}$ 中所有不在 A 中的元素的集合．我们用 A^c 表示 A 的补集，即 $A^c=\{x\in\mathcal{C}:x\notin A\}$．

A 的补集由图 1.2.1a 中维恩图的空白部分表示.

空集是指没有元素的事件，用$\varnothing$表示它. 注意，$\mathcal{C}^c=\varnothing$，同时$\varnothing^c=\mathcal{C}$. 接下来的定义给出一个事件何时是另一个事件的子集的定义.

定义 1.2.2 如果集合 A 的每一个元素也是集合 B 的元素，那么集合 A 称为集合 B 的**子集**(subset). 这可用 $A\subset B$ 来表示. 若 $A\subset B$ 并且 $B\subset A$，则两个集合具有相同的元素，并可用 $A=B$ 来表示.

图 1.2.1b 展示了 $A\subset B$.

事件 A 或事件 B 的定义如下：

定义 1.2.3 设 A 和 B 是事件，那么 A 与 B 的**并集**(union)是由或者属于 A 或者属于 B 或者既属于 A 又属于 B 的所有元素组成的集合. 用 $A\cup B$ 表示 A 与 B 的并集.

图 1.2.1c 展示了 $A\cup B$.

A 和 B 同时发生的事件的定义如下所述.

定义 1.2.4 设 A 和 B 是事件，那么 A 和 B 的**交集**(intersection)是由既属于 A 又属于 B 的所有元素组成的集合. A 和 B 的交集用 $A\cap B$ 表示.

图 1.2.1d 展示了 $A\cap B$.

如果两个事件没有共同的元素，那么它们就是**不相交**(disjoint)的. 更正式的定义如下给出.

定义 1.2.5 设 A 和 B 是事件，如果 $A\cap B=\varnothing$，那么 A 和 B 是**不相交**的.

当 A 和 B 是不相交的，那么我们就说 $A\cup B$ 形成不相交并集. 下面两个例子说明了这些概念.

例 1.2.1 假定我们有一个上面刻有数字 1 到 10 的转盘. 做一个旋转转盘的实验，并记录转盘上的数字. 于是，$\mathcal{C}=\{1,2,\cdots,10\}$. 下面分别定义事件 $A=\{1,2\}$，$B=\{2,3,4\}$，$C=\{3,4,5,6\}$. 从而可以得出，

$$A^c=\{3,4,\cdots,10\};\ A\cup B=\{1,2,3,4\};\ A\cap B=\{2\}$$

$$A\cap C=\varnothing;\ B\cap C=\{3,4\};\ B\cap C\subset B;\ B\cap C\subset C$$

$$A\cup(B\cap C)=\{1,2\}\cup\{3,4\}=\{1,2,3,4\} \tag{1.2.1}$$

$$(A\cup B)\cap(A\cup C)=\{1,2,3,4\}\cap\{1,2,3,4,5,6\}=\{1,2,3,4\} \tag{1.2.2}$$

请读者完成这些结果的验证. ■

例 1.2.2 在这个例子中，假设实验是在开区间(0,5)中选择一个实数. 因此，样本空间是$\mathcal{C}=(0,5)$，设 $A=(1,3)$，$B=(2,4)$，$C=[3,4.5)$. 于是得出

$$A\cup B=(1,4);\ A\cap B=(2,3);\ B\cap C=[3,4)$$

$$A\cap(B\cup C)=(1,3)\cap(2,4.5)=(2,3) \tag{1.2.3}$$

$$(A\cap B)\cup(A\cap C)=(2,3)\cup\varnothing=(2,3) \tag{1.2.4}$$

画出 0 到 5 之间的实数线，有助于验证这些结果. ■

式(1.2.1)、式(1.2.2)、式(1.2.3)和式(1.2.4)说明了一般**分配律**(distributive law). 对于任意集合 A，B 和 C，

$$A\cap(B\cup C)=(A\cap B)\cup(A\cap C)$$

$$A\cup(B\cap C)=(A\cup B)\cap(A\cup C) \tag{1.2.5}$$

这些结论可利用集合理论直接推导出来．为了验证每一个恒等式，画出等式两边的维恩图可以直接得到．

接下来的两个等式被统称为**德摩根定律**(DeMorgan's Law)．对于任意集合 A 和 B，

$$(A\cap B)^c=A^c\cup B^c \tag{1.2.6}$$

$$(A\cup B)^c=A^c\cap B^c \tag{1.2.7}$$

例如，对于前面例 1.2.1 来说，$(A\cup B)^c=(1,2,3,4)^c=\{5,6,\cdots,10\}=\{3,4,\cdots,10\}\cap\{1,5,6,\cdots,10\}=A^c\cap B^c$，然而，对于例 1.2.2 来说，

$$(A\cap B)^c=(2,3)^c=(0,2]\cup[3,5)=[(0,1]\cup[3,5)]\cup(0,2]\cup[4,5)]=A^c\cup B^c$$

如同最后一个表达式所表明的，很容易将并和交扩展到两个以上集合．如果 $A_1,A_2,\cdots,A_n$ 是任意集合，那么我们可以定义

$$A_1\cup A_2\cup\cdots\cup A_n=\{x:x\in A_i,\text{对某个 } i=1,2,\cdots,n\} \tag{1.2.8}$$

$$A_1\cap A_2\cap\cdots\cap A_n=\{x:x\in A_i,\text{对所有的 } i=1,2,\cdots,n\} \tag{1.2.9}$$

我们经常将它们分别缩写为 $\bigcup_{i=1}^{n}A_i$ 和 $\bigcap_{i=1}^{n}A_i$．对于可数并和交的表达式来说，可直接得到，也就是说，如果 $A_1,A_2,\cdots,A_n,\cdots$，是集合的序列，那么

$$A_1\cup A_2\cup\cdots=\{x:x\in A_n,\text{对某个 } n=1,2,\cdots\}=\bigcup_{n=1}^{\infty}A_n \tag{1.2.10}$$

$$A_1\cap A_2\cap\cdots=\{x:x\in A_n,\text{对所有的 } n=1,2,\cdots\}=\bigcap_{n=1}^{\infty}A_n \tag{1.2.11}$$

下面举两个例子来阐明这些思想．

例 1.2.3　设$\mathcal{C}=\{1,2,3,\cdots\}$．如果 $A_n=\{1,3,\cdots,2n-1\}$，同时 $B_n=\{n,n+1,\cdots\}$，对于 $n=1,2,3,\cdots$,则有

$$\bigcup_{n=1}^{\infty}A_n=\{1,3,5,\cdots\};\quad \bigcap_{n=1}^{\infty}A_n=\{1\} \tag{1.2.12}$$

$$\bigcup_{n=1}^{\infty}B_n=\mathcal{C};\quad \bigcap_{n=1}^{\infty}B_n=\varnothing \tag{1.2.13}$$

■

例 1.2.4　设$\mathcal{C}$是实数(0,5)区间．设 $C_n=(1-n^{-1},2+n^{-1})$，并且 $D_n=(n^{-1},3-n^{-1})$，对于 $n=1,2,3,\cdots$．则有

$$\bigcup_{n=1}^{\infty}C_n=(0,3);\quad \bigcap_{n=1}^{\infty}C_n=[1,2] \tag{1.2.14}$$

$$\bigcup_{n=1}^{\infty}D_n=(0,3);\quad \bigcap_{n=1}^{\infty}D_n=(1,2) \tag{1.2.15}$$

■

我们有时会遇到集合序列**单调**(monotone)的情况．单调集合序列存在两种类型．我们称集合序列$\{A_n\}$**非递减**(nondecreasing)(向上嵌套)，如果 $A_n\subset A_{n+1}$，对于 $n=1,2,3,\cdots$．在这种情况下，我们定义

$$\lim_{n\to\infty}A_n=\bigcup_{n=1}^{\infty}A_n \tag{1.2.16}$$

例 1.2.3 的集合 $A_n=\{1,3,\cdots,2n-1\}$序列就是这样的序列．所以在这种情况下，我们写 $\lim\limits_{n\to\infty}A_n=\{1,3,5,\cdots\}$．例 1.2.4 的集合序列$\{D_n\}$也是非递减集合序列．

第二类单调集是由**非递增**(nonincreasing)(向下嵌套)序列组成的．称集合$\{A_n\}$的序列是非递增的，如果 $A_n\supset A_{n+1}$，对于 $n=1,2,3,\cdots$．在这种情况下，我们定义

$$\lim_{n\to\infty}A_n=\bigcap_{n=1}^{\infty}A_n \tag{1.2.17}$$

前面例 1.2.3 和例 1.2.4 的集合序列$\{B_n\}$和$\{C_n\}$是非递增集合序列的例子．

1.2.2 集合函数

微积分教科书和本书中所使用的许多函数均是将实数映射到实数．可是，我们时常涉及将集合映射到实数的函数．当然，这样的函数称为**集合函数**(set function，又称为集函数)．我们将给出集合函数的一些实例，并在某些简单集合上计算它们．

例 1.2.5 设$\mathcal{C}=\mathbb{R}$表示实数集合，对于$\mathcal{C}$中子集 A，设 $Q(A)$等于 A 中与正整数对应的点的个数．于是，$Q(A)$是集合 A 的集合函数．因而，若 $A=\{x: 0<x<5\}$，则 $Q(A)=4$；若$A=\{-2,-1\}$，则 $Q(A)=0$；若 $A=\{x: -\infty<x<6\}$，则 $Q(A)=5$． ■

例 1.2.6 设$\mathcal{C}=\mathbb{R}^2$，对于$\mathcal{C}$中子集 A，如果 A 具有有限区域，则设 $Q(A)$等于 A 的面积；否则，设 $Q(A)$是未定义的．因而，若$A=\{(x,y): x^2+y^2\leqslant 1\}$，则 $Q(A)=\pi$；若$A=\{(0,0),(1,1),(0,1)\}$，则 $Q(A)=0$；若 $A=\{(x,y): 0\leqslant x,0\leqslant y,x+y\leqslant 1\}$，则 $Q(A)=\frac{1}{2}$． ■

通常，集合函数是用求和或积分定义的。[⊖]这里，我们引入下述记号．符号

$$\int_A f(x)\mathrm{d}x$$

表示 $f(x)$在一维集合 A 上的普通(黎曼)积分；符号

$$\iint_A g(x,y)\mathrm{d}x\mathrm{d}y$$

表示 $g(x,y)$在二维集合 A 上的黎曼积分这个符号可以扩展到 n 维积分上．当然，积分经常会不存在．类似地，符号

$$\sum_A f(x)$$

表示对所有的 $x\in A$ 求广义和；符号

$$\sum\sum_A g(x,y)$$

表示对所有的$(x,y)\in A$ 求广义和如同积分一样，这个符号可以扩展到 n 维求和上．

第一个例子是定义在**几何级数**(geometric series)之和上的集合函数．正如“相关数学知识”(Mathematical Comments)的例 2.3.1 所指出的[⊜]，如果$|a|<1$，那么下面的级数收敛于 $1/(1-a)$：

⊖ 参见前言提到的网址．

⊜ 可在前言提到的网址下载．

$$\sum_{n=0}^{\infty} a^n = \frac{1}{1-a}, \quad \text{if} |a| < 1 \tag{1.2.18}$$

例 1.2.7 设$\mathcal{C}$是所有非负整数的集合，设 A 是$\mathcal{C}$的子集．用下面式子

$$Q(A) = \sum_{n \in A} \left(\frac{2}{3}\right)^n \tag{1.2.19}$$

定义集合函数．由(1.2.18)式可得，$Q(\mathcal{C})=3$．如果 $A=\{1,2,3\}$，那么 $Q(A)=38/27$．设 $B=\{1,3,5,\cdots\}$是所有正奇数的集合．下面给出 $Q(B)$的计算．这个推导包括重写级数，以便于应用式(1.2.18)．在本书中，我们经常进行这样的推导．

$$\begin{aligned} Q(B) &= \sum_{n \in B} \left(\frac{2}{3}\right)^n = \sum_{n=0}^{\infty} \left(\frac{2}{3}\right)^{2n+1} \\ &= \frac{2}{3} \sum_{n=0}^{\infty} \left[\left(\frac{2}{3}\right)^2\right]^n = \frac{2}{3} \frac{1}{1-(4/9)} = \frac{6}{5} \end{aligned}$$

■

在下面例题中，集合函数是用指数函数 $f(x)=\mathrm{e}^{-x}$的积分来定义的．

例 1.2.8 设$\mathcal{C}$是正的实数区间，即$\mathcal{C}=(0,\infty)$．设 A 是$\mathcal{C}$的子集，集合函数 Q 用式子

$$Q(A) = \int_A \mathrm{e}^{-x} \mathrm{d}x, \tag{1.2.20}$$

定义，前提条件是积分存在．读者应该完成以下积分：

$$Q[(1,3)] = \int_1^3 \mathrm{e}^{-x} \mathrm{d}x = -\mathrm{e}^{-x} \Big|_1^3 = \mathrm{e}^{-1} - \mathrm{e}^{-3} = 0.318$$

$$Q[(5,\infty)] = \int_1^3 \mathrm{e}^{-x} \mathrm{d}x = -\mathrm{e}^{-x} \Big|_5^{\infty} = \mathrm{e}^{-5} = 0.007$$

$$Q[(1,3) \cup [3,5)] = \int_1^5 \mathrm{e}^{-x} \mathrm{d}x = \int_1^3 \mathrm{e}^{-x} \mathrm{d}x + \int_3^5 \mathrm{e}^{-x} \mathrm{d}x = Q[(1.3)] + Q([3,5)]$$

$$Q(\mathcal{C}) = \int_0^{\infty} \mathrm{e}^{-x} \mathrm{d}x = 1.$$

■

最后一个例子是关于 n 维积分的．

例 1.2.9 设$\mathcal{C}=\mathbb{R}^n$．对于$\mathcal{C}$中的 A，用积分

$$Q(A) = \int \underset{A}{\cdots} \int \mathrm{d}x_1 \mathrm{d}x_2 \cdots \mathrm{d}x_n$$

定义集合函数，倘若积分存在．例如，如果 $A=\{(x_1,x_2,\cdots,x_n)：0 \leqslant x_1 \leqslant x_2，0 \leqslant x_i \leqslant 1$，对于 $i=1,2,3,4,\cdots,n\}$，那么将多重积分表示成累次积分，我们可以得到

$$\begin{aligned} Q(A) &= \int_0^1 \left[\int_0^{x_2} \mathrm{d}x_1\right] \mathrm{d}x_2 \cdot \prod_{i=3}^{n} \left[\int_0^1 \mathrm{d}x_i\right] \\ &= \frac{x_2^2}{2} \Big|_0^1 \cdot 1 = \frac{1}{2} \end{aligned}$$

如果 $B=\{(x_1,x_2,\cdots,x_n)：0 \leqslant x_1 \leqslant x_2 \leqslant \cdots \leqslant x_n \leqslant 1\}$，那么

$$\begin{aligned} Q(B) &= \int_0^1 \left[\int_0^{x_n} \cdots \left[\int_0^{x_3} \left[\int_0^{x_2} \mathrm{d}x_1\right] \mathrm{d}x_2\right] \cdots \mathrm{d}x_{n-1}\right] \mathrm{d}x_n \\ &= \frac{1}{n!} \end{aligned}$$

其中 $n!=n(n-1)\cdots 3 \cdot 2 \cdot 1$．

■

习题

1.2.1　求两个集合 C_1 与 C_2 的并 $C_1 \cup C_2$ 以及交 $C_1 \cap C_2$：

(a) $C_1=\{0,1,2\}$，$C_2=\{2,3,4\}$.

(b) $C_1=\{x: 0<x<2\}$，$C_2=\{x: 1\leqslant x<3\}$.

(c) $C_1=\{(x,y): 0<x<2,\ 1<y<2\}$，$C_2=\{(x,y): 1<x<3,\ 1<y<3\}$.

1.2.2　相对于空间$\mathcal{C}$，求集合 C 的补 C^c：

(a) $\mathcal{C}=\{x: 0<x<1\}$，$C=\{x: \frac{5}{8}<x<1\}$.

(b) $\mathcal{C}=\{(x,y,z): x^2+y^2+z^2\leqslant 1\}$，$C=\{(x,y,z): x^2+y^2+z^2=1\}$.

(c) $\mathcal{C}=\{(x,y): |x|+|y|\leqslant 2\}$，$C=\{(x,y): x^2+y^2<2\}$.

1.2.3　列出四个字母 m，a，r 以及 y 的所有可能排列．设 C_1 表示 y 位于最后位置的排列集合．设 C_2 表示 m 位于第一个位置的排列集合．求 C_1 与 C_2 的并集及交集．

1.2.4　关于德摩根定律(1.2.6)与(1.2.7)，然后证明这一定律是正确的．

(a) 利用维恩图来验证这些定律．

(b) 证明这些定律是正确的．

(c) 将这些定律推广到可数并集和可数交集．

1.2.5　通过使用维恩图，比较下述集合，其中空间$\mathcal{C}$表示由矩形包含一些圆所围成的点的集合，比较下述集合．这些定律称为**分配律**(distributive law)．

(a) $C_1 \cap (C_2 \cup C_3)$与$(C_1 \cap C_2) \cup (C_1 \cap C_3)$.

(b) $C_1 \cup (C_2 \cap C_3)$与$(C_1 \cup C_2) \cap (C_1 \cup C_3)$.

1.2.6　$C_1, C_2, C_3, \cdots$是一些集合，满足 $C_k \subset C_{k+1}$，$k=1,2,3,\cdots$,(式 1.2.16)．如果

(a) $C_k=\{x: 1/k\leqslant x\leqslant 3-1/k\}$，$k=1,2,3,\cdots$.

(b) $C_k=\{(x,y): 1/k\leqslant x^2+y^2\leqslant 4-1/k\}$，$k=1,2,3,\cdots$.

求$\lim\limits_{k\to\infty} C_k$.

1.2.7　C_1，C_2，C_3，$\cdots$是一些集合，满足 $C_k \supset C_{k+1}$，$k=1,2,3,\cdots$,式(1.2.17)．如果

(a) $C_k=\{x: 2-1/k<x\leqslant 2\}$，$k=1,2,3,\cdots$.

(b) $C_k=\{x: 2<x\leqslant 2+1/k\}$，$k=1,2,3,\cdots$.

(c) $C_k=\{(x,y): 0\leqslant x^2+y^2\leqslant 1/k\}$，$k=1,2,3,\cdots$.

求$\lim\limits_{k\to\infty} C_k$.

1.2.8　对于任意一维集合 C，定义函数 $Q(C)=\sum_C f(x)$，其中 $f(x)=\left(\frac{2}{3}\right)\left(\frac{1}{3}\right)^x$，$x=0,1,2,\cdots$，其他为 0．若 $C_1=\{x: x=0,1,2,3\}$且 $C_2=\{x: x=0,1,2,\cdots\}$，求 $Q(C_1)$与$Q(C_2)$.

提示：前面提到 $S_n=a+ar+\cdots+ar^{n-1}=a(1-r^n)/(1-r)$，因此，由此可得，倘若$|r|<1$，则$\lim\limits_{n\to\infty} S_n=a/(1-r)$.

1.2.9　对于那些积分存在的任意一维集合 C，设 $Q(C)=\int_C f(x)\mathrm{d}x$，其中 $f(x)=6x(1-x)$，$0<x<1$，其他为 0；否则，设 $Q(C)$是未定义的．若 $C_1=\{x: \frac{1}{4}<x<\frac{3}{4}\}$，$C_2=\left\{\frac{1}{2}\right\}$以及 $C_3=\{x: 0<x<10\}$，求 $Q(C_1)$，$Q(C_2)$以及 $Q(C_3)$.

1.2.10　对于$\mathbb{R}^2$ 中积分存在的任意二维集合 C，设 $Q(C)=\int_C\int(x^2+y^2)\mathrm{d}x\mathrm{d}y$．若 $C_1=\{(x,y):$

$-1\leqslant x\leqslant 1,\ -1\leqslant y\leqslant 1\}$，$C_2=\{(x,y):-1\leqslant x=y\leqslant 1\}$以及$C_3=\{(x,y):x^2+y^2\leqslant 1\}$. 求$Q(C_1)$，$Q(C_2)$以及$Q(C_3)$.

1.2.11 设$\mathcal{C}$表示位于对顶点为(0,0)与(1,1)的正方形内部或边界上的点的集合. 设$Q(C)=\int_C\int \mathrm{d}y\mathrm{d}x$.

(a) 若$C\subset\mathcal{C}$表示集合$\{(x,y):0<x<y<1\}$，计算$Q(C)$.

(b) 若$C\subset\mathcal{C}$表示集合$\{(x,y):0<x=y<1\}$，计算$Q(C)$.

(c) 若$C\subset\mathcal{C}$表示集合$\{(x,y):0<x/2\leqslant y\leqslant 3x/2<1\}$，计算$Q(C)$.

1.2.12 设C表示位于边长为1的立方体内部或边界上的点的集合. 再者，假定立方体的一个顶点为(0,0,0)，而其对顶点为第一卦限的(1,1,1). 设$Q(C)=\iiint_C \mathrm{d}x\mathrm{d}y\mathrm{d}z$.

(a) 若$C\subset\mathcal{C}$表示集合$\{(x,y,z):0<x<y<z<1\}$，计算$Q(C)$.

(b) 若C表示子集$\{(x,y,z):0<x=y=z<1\}$，计算$Q(C)$.

1.2.13 设C表示集合$\{(x,y,z):x^2+y^2+z^2\leqslant 1\}$，利用球面坐标. 计算$Q(C)=\iiint_C \sqrt{x^2+y^2+z^2}\,\mathrm{d}x\mathrm{d}y\mathrm{d}z$.

1.2.14 为了参加俱乐部，一个人要么必须是统计学家，要么必须是数学家，或者两者都是. 此俱乐部拥有25名成员，19人为统计学家，而16人为数学家. 俱乐部中有多少人既是统计学家又是数学家呢?

1.2.15 在一场艰苦拼杀的足球赛之后，有报道说，11名上场队员中有8名髋部受伤，6名上臂受伤，5名膝盖受伤，3名髋部和上臂都受伤，2名髋部和膝盖都受伤，1名上臂和膝盖均受伤，而且没有三处均受伤的队员. 评论此报道的准确性.

1.3 概率集合函数

已知一个实验，用$\mathcal{C}$表示所有可能结果的样本空间. 正如1.1节所讨论的，我们对事件(即$\mathcal{C}$的子集)的概率感兴趣. 事件的集合应该是什么呢? 如果$\mathcal{C}$为有限集合，那么可将所有子集的集合作为这个集合. 可是，对于无限样本空间，则要考虑概率分派，这就要运用数学技巧，数学技巧内容最好放在概率论课程里面. 假定就所有情况而言，事件集合足够大到可以包含关注的所有可能事件，而且在这些事件的补与可数并集条件下是闭的. 利用德摩根定律式(1.2.6)和式(1.2.7)，则这些事件在可数交条件下也是闭的. 我们用$\mathcal{B}$表示这种事件集合. 从严格意义上讲，将此种事件集合称为子集的**σ域**(σ-field).

现在，我们具有样本空间$\mathcal{C}$，还有事件全体$\mathcal{B}$，我们能定义概率空间中的第三要素，也就是概率集函数. 为了激发对它的定义，我们考察概率相对频率方法.

注释 1.3.1 概率的定义是由三个公理组成的，我们将通过下述相对频率的三个直观性质引导出来. 设$\mathcal{C}$表示样本空间，并设$A\subset\mathcal{C}$. 假定我们重复N次实验. 于是，A的相对频率是$f_A=\#\{A\}/N$，其中$\#\{A\}$表示N次重复中A发生的次数. 注意，$f_A\geqslant 0$且$f_A=1$，这是前两个性质. 对于第三个，假定A_1与A_2是不相交事件，则有$f_{A_1\cup A_2}=f_{A_1}+f_{A_2}$. 于是，相对频率的这三个性质构成了概率公理，只是第三个公理是就可数并而论的. 至于概率公理，读者应该检查一下，下面要证明的概率的一些定理与人们对相对频率的直觉是一致的. ■

定义 1.3.1(概率) 令$\mathcal{C}$表示样本空间，$\mathcal{B}$表示事件集合. 设P是定义在$\mathcal{B}$上的实值函数. 如果P满足下面三个条件，那么，P就是**概率集合函数**(probability set function):

1. 对于所有$A\in\mathcal{B}$，$P(A)\geqslant 0$.

2. $P(\mathcal{C})=1$.

3. 若$\{A_n\}$是$\mathcal{B}$中的集合序列，并且对于所有$m\neq n$，$A_m\cap A_n=\varnothing$，则

$$P\left(\bigcup_{n=1}^{\infty} A_n\right) = \sum_{n=1}^{\infty} P(A_n)$$

若事件集合的元素均是两两不相交的，如同(3)一样，则称为**互斥**(mutually exclusive)集合. 而且，通常将它的并称为不相交并集. 若该事件集合的并集组成样本空间，在这种情况下 $\sum_{n=1}^{\infty} P(A_n) = 1$，则称此集合为**穷举的**(exhaustive)，我们时常讲，互斥且穷举的集合构成$\mathcal{C}$的一个**划分**(partition，又称分割).

概率集合函数告诉我们，概率是如何在事件集合$\mathcal{B}$上分布的. 在这个意义上，我们提及概率的分布. 我们经常省略集合一词，而称 P 为概率函数.

下述定理给出概率集合函数的其他一些性质. 在阐述这些定理中的每一个时，不言而喻，$P(A)$是样本空间$\mathcal{C}$的σ域$\mathcal{B}$上所定义的概率集合函数.

定理 1.3.1　对于任一事件 $A\in\mathcal{B}$，$P(A)=1-P(A^c)$.

证：我们有$\mathcal{C}=A\cup A^c$ 且 $A\cap A^c=\varnothing$. 因而，由定义 1.3.1 的(2)与(3)，可得

$$P(A) = 1 - P(A^c)$$

这是想要的结果. ■

定理 1.3.2　空集的概率是 0；也就是 $P(\varnothing)=0$.

证：在定理 1.3.1 中，取 $A=\varnothing$，所以 $A^c=\mathcal{C}$. 因此，我们有

$$P(\varnothing) = 1 - P(\mathcal{C}) = 1 - 1 = 0$$

从而定理得证. ■

定理 1.3.3　若 A 与 B 均是事件，使得 $A\subset B$，则 $P(A)\leqslant P(B)$.

证：现在 $B=A\cup(A^c\cap B)$，并且 $A\cap(A^c\cap B)=\varnothing$. 因此，由定义 1.3.1 的(3)知，

$$P(B) = P(A) + P(A^c \cap B)$$

由定义 1.3.1 的(1)知，$P(A^c\cap B)\geqslant 0$. 因此，$P(B)\geqslant P(A)$. ■

定理 1.3.4　对于任意 $A\in\mathcal{B}$，$0\leqslant P(A)\leqslant 1$.

证：由于$\varnothing\subset A\subset\mathcal{C}$，利用定理 1.3.3，我们得到

$$P(\varnothing) \leqslant P(A) \leqslant P(\mathcal{C}) \quad 或 \quad 0 \leqslant P(A) \leqslant 1$$

这是想要的结果. ■

概率定义的(3)部分表明，如果 A 与 B 是不相交的，即 $A\cap B=\varnothing$，那么 $P(A\cup B)=P(A)+P(B)$. 接下来的定理给出任意两个事件的这种规律，不管它们是否相交.

定理 1.3.5　若 A 与 B 均是$\mathcal{C}$中的事件，则

$$P(A \cup B) = P(A) + P(B) - P(A \cap B)$$

证：集合 $A\cup B$ 与 B 都能分别表示成如下的一些不相交集合的并：

$$A \cup B = A \cup (A^c \cap B), \quad B = (A \cap B) \cup (A^c \cap B) \tag{1.3.1}$$

根据集合论可知，这些恒等式对于所有集合 A 和 B 均是成立的. 此外，图 1.3.1 中的维恩图也对它们进行了验证.

因而，由定义 1.3.1 的(3)知

$$P(A \cup B) = P(A) + P(A^c \cap B)$$

且

$$P(B) = P(A \cap B) + P(A^c \cap B)$$

如果从上面第二个方程中求解出 $P(A^c \cap B)$，然后把此结果代入第一个方程，那么我们得出

$$P(A \cup B) = P(A) + P(B) - P(A \cap B)$$

定理得证. ■

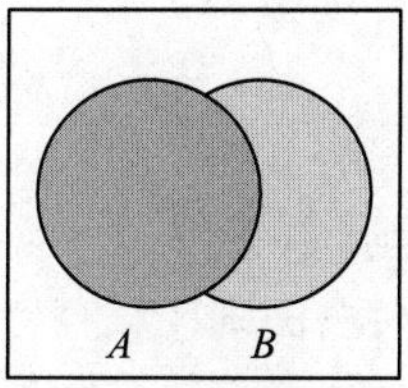

a）

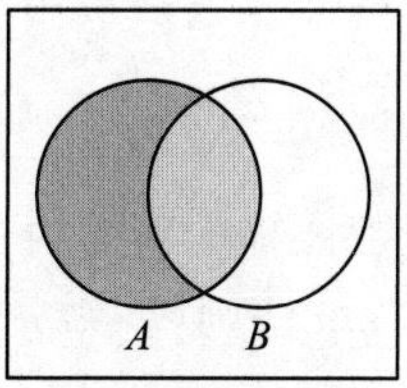

b）

图 1.3.1　表示式(1.3.1)所给出的两个不相交并集的维恩图. 图 a 显示第一个不相交的并集，图 b 显示第二个不相交的并集

对于有限样本空间，我们可采用如下方式生成概率. 设$\mathcal{C}=\{x_1,x_2,\cdots,x_m\}$表示 m 个元素的有限集合. 设 $p_1,p_2,\cdots,p_m$ 是满足

$$0 \leqslant p_i \leqslant 1, \quad i=1,2,\cdots,m \text{ 且} \sum_{i=1}^{m} p_i = 1 \tag{1.3.2}$$

的分数. 假定我们用

$$P(A) = \sum_{x_i \in A} p_i, \quad \text{对于}\mathcal{C}\text{的所有子集 } A \tag{1.3.3}$$

来定义 P. 于是，$P(A) \geqslant 0$，$P(\mathcal{C})=1$. 进一步，当 $A \cap B = \varnothing$时，由此可得 $P(A \cup B) = P(A)+P(B)$. 因此，P 是$\mathcal{C}$上的一个概率. 举例来说，下面四个赋值的每一个都生成$\mathcal{C}=\{1,2,\cdots,6\}$上的一个概率. 对于每个事件，我们还能计算事件 $A=\{1,6\}$时的 $P(A)$.

$$p_1 = p_2 = \cdots = p_6 = \frac{1}{6}; \quad P(A) = \frac{1}{3} \tag{1.3.4}$$

$$p_1 = p_2 = 0.1, \quad p_3 = p_4 = p_5 = p_6 = 0.2; \quad P(A) = 0.3$$

$$p_i = \frac{i}{21}, \quad i = 1,2,\cdots,6; \quad P(A) = \frac{7}{21}$$

$$p_1 = \frac{3}{\pi}, \quad p_2 = 1 - \frac{3}{\pi}, \quad p_3 = p_4 = p_5 = p_6 = 0.0; \quad P(A) = \frac{3}{\pi}$$

注意，第一个概率集合函数式(1.3.4)中的各个概率是相等的. 这是我们现在正式定义等可能情况的一个例子.

定义 1.3.2(等可能情况)　设$\mathcal{C}=\{x_1,x_2,\cdots,x_m\}$是有限样本空间. 设 $p_i=1/m$，对于所有 $i=1,2,\cdots,m$，同时对于$\mathcal{C}$的所有子集 A，定义

$$P(A) = \sum_{x_i \in A} \frac{1}{m} = \frac{\#(A)}{m}$$

其中#(A)表示A中元素的数量，那么P是$\mathcal{C}$的概率，称为等可能情况.

通常，等可能情况是人们感兴趣的概率模型．具体例子包括：抛一枚公平硬币、从洗好的52张牌中抽出5张牌、对数字1至36进行投掷的公平投掷器、将一对公平骰子进行滚动得到两个向上的点数．对于每一个这种实验，如同定义所述，我们只要知道事件中元素的数量，就可以计算该事件的概率．例如，纸牌玩家可能对从洗好的52张牌当中抽出5张牌包含特定对的概率感兴趣．为了计算这个概率，我们需要知道抽取5张牌有多少种方法以及多少种包含感兴趣的对．鉴于等可能情况通常是人们感兴趣的，所以我们接下来阐述一些计数法则，这些计数法则可用于计算感兴趣事件的概率.

1.3.1　计数法则

我们阐述初等代数课程中通常讨论的三种计数法则.

第一个法则叫作mn法则(m乘n法则)，也称为乘法法则．设$A=\{x_1,x_2,\cdots,x_m\}$是m个元素的集合，设$B=\{y_1,y_2,\cdots,y_n\}$是n个元素的集合．那么，存在mn个有序对，第一个元素来自A，第二个元素来自B，也就是(x_i,y_i)，其中$i=1,2,\cdots,m$与$j=1,2,\cdots,n$.通俗地讲，我们这里经常谈论存在多少种方式．例如，第一个城市和第二个城市之间存在5条路(方式)，第二个和第三个之间存在10条路(方式)．因此，从第一个城市到第三个城市，可以从第一个城市到第二个城市，再从第二个城市到第三个城市，那么就存在$5\times10=50$种路径．这个规则可以立即扩展到两个以上的集合．例如，假设在某个州，驾驶员的车牌是三个字母后面跟着三个数字的模式．那么，在这个状态下存在$26^3\times10^3$个可能的车牌.

例1.3.1　设$\mathcal{C}$表示习题1.1.2的样本空间．设概率集合函数对$\mathcal{C}$中36个点的每一个均指定$\frac{1}{36}$的概率，也就是骰子是公平的．如果$C_1=\{(1,1),(2,1),(3,1),(4,1),(5,1)\}$且$C_2=\{(1,2),(2,2),(3,2)\}$，那么$P(C_1)=\frac{5}{36}$，$P(C_2)=\frac{3}{36}$，$P(C_1\cup C_2)=\frac{8}{36}$而$P(C_1\cap C_2)=0$. ■

例1.3.2　抛两枚硬币，其结果是一个有序数对(第一枚硬币的面，第二枚硬币的面)．因而，样本空间可以表述成$\mathcal{C}=\{(\mathrm{H},\mathrm{H}),(\mathrm{H},\mathrm{T}),(\mathrm{T},\mathrm{H}),(\mathrm{T},\mathrm{T})\}$．设概率集合函数对$\mathcal{C}$的每个元素均指定$\frac{1}{4}$的概率．设$C_1=\{(\mathrm{H},\mathrm{H}),(\mathrm{H},\mathrm{T})\}$，而$C_2=\{(\mathrm{H},\mathrm{H}),(\mathrm{T},\mathrm{H})\}$.于是，$P(C_1)=P(C_2)=\frac{1}{2}$，$P(C_1\cap C_2)=\frac{1}{4}$，同时依照定理1.3.5，$P(C_1\cup C_2)=\frac{1}{2}+\frac{1}{2}-\frac{1}{4}=\frac{3}{4}$. ■

设A表示具有n个因素的集合．假定我们对k元组感兴趣，k元组的分量均是A的元素．于是，借助于推广的乘法法则，存在$n\cdot n\cdots n=n^k$个这样的k元组，其分量均是A的元素．其次，假定$k\leqslant n$，并且我们对分量是A中不同(不重复)元素的k元组感兴趣．第1个分量是从n个元素中选取的，第2个分量是从$n-1$个元素中选取的，…，第k个分量是从$n-(k-1)$个元素中选取的．因此，由乘法法则，存在$n(n-1)\cdots(n-(k-1))$个这样的k元组，其元素是不同的．我们称此种k元组为**排列**(permutation)，并且用符号表示从n个

元素的集合中得到k元组排列的个数．排列的个数P_k^n是第二个计数法则，我们可将它写成公式

$$P_k^n = n(n-1)\cdots(n-(k-1)) = \frac{n!}{(n-k)!} \tag{1.3.5}$$

例 1.3.3(生日问题) 假定房间里有n个人．设$n<365$，并且这些人在任何方面都是不相关的．求至少有两个人同一天生日的事件A的概率．为了方便起见，将数字1到n分配给房间里的人．然后用n元组表示房间里第一个到第n个人的生日．运用mn法则，这n个人有365^n种可能的生日n元组．这是样本空间的元素个数．现在假定人们的生日均匀地发生在365天中的任意一天．因此，每一个n元组都有365^{-n}的概率．注意，A的补集表示房间里所有人的生日都是不同的，也就是说，A^c中存在n元组的个数是P_n^{365}．因而，A的概率是

$$P(A) = 1 - \frac{P_n^{365}}{365^n}$$

例如，如果$n=2$，那么$P(A)=1-(365\times 364)/(365^2)=0.0027$．这个公式很难手工计算．可运用下面的R函数[⊖]计算$P(A)$，输入为n，这个R函数可以在前言中提到的网站下载．

```
bday = function(n){ bday = 1; nm1 = n - 1
   for(j in 1:nm1){bday = bday*((365-j)/365)}
   bday <- 1 - bday; return(bday)}
```

假定文件bday．R包含这个R函数，并且对$n=10$时，计算$P(A)$的R命令代码为

```
> source("bday.R")
> bday(10)
[1] 0.1169482
```

最后的计数法则有点像排列，我们从有n个元素的集合A中进行抽样．

现在假定顺序并不重要，所以不用计算排列的个数，我们想要计算从A中选取的k个元素子集的个数．我们将使用符号$\binom{n}{k}$表示这些子集的总个数．考察来自A的k个元素子集．由排列法则，它生成$P_k^k=k(k-1)\cdots 1$个排列．而且，所有这些排列与来自A的k个元素的其他子集所生成的排列明显不同．最后，从A中抽取的k个不同元素的每一个排列，都一定是由这些子集中的一个所生成的．因此，刚好证明了$P_k^n=\binom{n}{k}k!$；也就是

$$\binom{n}{k} = \frac{n!}{k!(n-k)!} \tag{1.3.6}$$

我们经常使用组合术语代替子集．因而，我们说从n个事物的集合中选取k个事物有$\binom{n}{k}$个**组合**(combination)．关于$\binom{n}{k}$的另一个常用的符号是C_k^n．

有趣的是，如果我们展开二项级数

$$(a+b)^n = (a+b)(a+b)\cdots(a+b)$$

⊖ 本书附录B提供了关于R的入门指南．

可以得到

$$(a+b)^n = \sum_{k=0}^{n}\binom{n}{k}a^k b^{n-k} \tag{1.3.7}$$

因为我们能以$\binom{n}{k}$种方式从其中选取 k 个因子来得到 a. 因此，$\binom{n}{k}$也称为**二项式系数**(binominal coefficient). ■

例 1.3.4(扑克牌) 设从已经洗好牌的一副 52 张普通扑克牌中随机地抽取 1 张牌. 样本空间$\mathcal{C}$是由 52 个元素组成，每个元素代表 52 张卡片中的一张且仅一张牌。由于这副牌已经洗好，所以可以合理假定这些结果中的每一个结果都具有相同的概率，即$\frac{1}{52}$. 因此，如果 E_1 表示结果为黑桃的集合，那么 $P(E_1)=\frac{13}{52}=\frac{1}{4}$，因为一副扑克牌有 13 张黑桃，即 $r_1=13$；也就是，如果抽取 1 张牌，这张牌为黑桃，那么其概率是$\frac{1}{4}$. 如果 E_2 表示结果为 K 的集合，那么 $P(E_2)=\frac{4}{52}=\frac{1}{13}$，因为一副扑克牌有 4 张 K，即 $r_2=4$；也就是，如果抽取 1 张牌，这张牌为 K，那么其概率是$\frac{1}{13}$. 这些计算都非常简单，因为在确定每个事件的数量方面没有什么困难.

然而，假如从这副扑克牌中不是抽取仅仅 1 张牌，而是随机且不放回地抽取 5 张牌；也就是 5 张扑克牌为一手牌. 在此例中，次序并不重要. 因为这一手牌是从 52 个元素集合中抽取 5 个元素的子集，所以，由公式(1.3.6)得出在这种玩法中共有$\binom{52}{5}$个一手牌. 如果扑克牌是洗好的，那么每手牌的抽取结果具有等可能性，也就是每手牌具有概率 $1/\binom{52}{5}$. 现在，我们计算一些有趣的扑克牌概率. 设 E_1 表示一手同花色的 5 张牌事件，所有 5 张牌均为同花色的. 抽取一手 5 张同花色牌，有$\binom{4}{1}=4$种花色可供选择，出现一手同花色的 5 张牌有$\binom{13}{5}$种可能. 因此运用乘法法则，得出一手 5 张同花色牌的概率为

$$P(E_1) = \frac{\binom{4}{1}\binom{13}{5}}{\binom{52}{5}} = \frac{4\cdot 1287}{2\,598\,960} = 0.001\,98$$

真正的扑克牌高手发现，这其中存在可连续不断获得 5 张同花色牌的概率.

其次，考虑得到 3 张点数完全相同牌的事件 E_2 的概率(其他两张牌花色不同且点数亦不同). 首先为这 3 张牌抽取一个相同的点数，有$\binom{13}{1}$种方式；再为点数相同的这 3 张牌抽取不同的花色，有$\binom{4}{3}$种方式；接下来，选择另外两张牌的点数不同，有$\binom{12}{2}$种方式；

再从点数不同的两种花色中各抽取 1 张牌，有$\binom{4}{1}\binom{4}{1}$种方式. 因此，3 张点数完全一样的概率为

$$P(E_2)=\frac{\binom{13}{1}\binom{4}{3}\binom{12}{2}\binom{4}{1}^2}{\binom{52}{5}}=0.0211$$

现在，假定 E_3 表示 3 张牌全是 K，而另两张牌全是 Q 的结果集合. 抽取 K 有$\binom{4}{3}$种方式，而抽取 Q 有$\binom{4}{2}$种方式. 因此，E_3 的概率为

$$P(E_3)=\binom{4}{3}\binom{4}{2}/\binom{52}{5}=0.000\,009\,3$$

事件 E_3 是一个满堂红的例子：3 张牌点数相同，而另外 2 张牌点数相同的一手牌. 习题 1.3.19 要求确定满堂红的概率. ■

1.3.2 概率的其他性质

本节以概率的另几个性质来结束，这些性质在后面将是十分有用的. 我们称事件序列$\{C_n\}$是递增的，如果 $C_n\subset C_{n+1}$，对于所有 n，在此情况下，可写成 $\lim\limits_{n\to\infty}C_n=\bigcup\limits_{n=1}^{\infty}C_n$. 考察 $\lim\limits_{n\to\infty}P(C_n)$. 问题是，我们能否合理地交换 lim 与 P? 如同下述定理所证明的，回答是肯定的. 对于递减事件序列来说，此结论同样成立. 由于这种交换性，有时称该定理为概率的连续性定理.

定理 1.3.6 设$\{C_n\}$是递增事件序列. 于是，

$$\lim_{n\to\infty}P(C_n)=P(\lim_{n\to\infty}C_n)=P\left(\bigcup_{n=1}^{\infty}C_n\right)\tag{1.3.8}$$

设$\{C_n\}$是递减事件序列. 于是，

$$\lim_{n\to\infty}P(C_n)=P(\lim_{n\to\infty}C_n)=P\left(\bigcap_{n=1}^{\infty}C_n\right)\tag{1.3.9}$$

证： 我们将证明式(1.3.8)，而式(1.3.9)则留作习题 1.3.20. 定义集合，称之为环：$R_1=C_1$，并且对于 $n>1$，$R_n=C_n\cap C_{n-1}^c$. 由此可得，$\bigcup\limits_{n=1}^{\infty}C_n=\bigcup\limits_{n=1}^{\infty}R_n$，同时 $R_m\cap R_n=\varnothing$(对于 $m\neq n$). 此外 $P(R_n)=P(C_n)-P(C_{n-1})$. 应用概率的第三个公理，得到下面一串等式：

$$\begin{aligned}P[\lim_{n\to\infty}C_n]&=P\left(\bigcup_{n=1}^{\infty}C_n\right)=P\left(\bigcup_{n=1}^{\infty}R_n\right)=\sum_{n=1}^{\infty}P(R_n)=\lim_{n\to\infty}\sum_{j=1}^{n}P(R_j)\\&=\lim_{n\to\infty}\left\{P(C_1)+\sum_{j=2}^{n}[P(C_j)-P(C_{j-1})]\right\}=\lim_{n\to\infty}P(C_n)\end{aligned}\tag{1.3.10}$$

这是想要的结果. ■

对任意并集来说，另外一个有用的结论是由下面的定理给出的.

定理 1.3.7(布尔不等式)　设$\{C_n\}$是任意事件序列. 于是，

$$P\left(\bigcup_{n=1}^{\infty} C_n\right) \leqslant \sum_{n=1}^{\infty} P(C_n) \tag{1.3.11}$$

证：设 $D_n=\bigcup_{i=1}^{n} C_i$. 于是，$\{D_n\}$是递增事件序列，一直到 $\bigcup_{n=1}^{\infty} C_n$. 同样地，对于所有 j，$D_j=D_{j-1}\cup C_j$. 因此，由定理 1.3.5，

$$P(D_j)\leqslant P(D_{j-1})+P(C_j)$$

也就是

$$P(D_j)-P(D_{j-1})\leqslant P(C_j)$$

倘若这样，在式(1.3.10)中用 D_i 代替 C_i. 因此，对这个表达式利用上述不等式以及 $P(C_1)=P(D_1)$的事实，我们得出

$$\begin{aligned}P\left(\bigcup_{n=1}^{\infty} C_n\right) = P\left(\bigcup_{n=1}^{\infty} D_n\right) &= \lim_{n\to\infty}\left\{P(D_1)+\sum_{j=2}^{n}[P(D_j)-P(D_{j-1})]\right\} \leqslant \lim_{n\to\infty}\sum_{j=1}^{n}P(C_j) \\ &= \sum_{n=1}^{\infty}P(C_n)\end{aligned}$$

证毕. ■

定理 1.3.5 给出关于两个事件并的概率一般加法规则. 正如接下来的注释所证明的，可将这个规律扩展到任意并集的情况.

注释 1.3.2(容斥公式)　很容易证明(习题 1.3.9)

$$P(C_1\cup C_2\cup C_3)=p_1-p_2+p_3$$

其中

$$\begin{aligned}p_1 &= P(C_1)+P(C_2)+P(C_3)\\ p_2 &= P(C_1\cap C_2)+P(C_1\cap C_3)+P(C_2\cap C_3)\\ p_3 &= P(C_1\cap C_2\cap C_3)\end{aligned} \tag{1.3.12}$$

这个规则可进一步推广为

$$P(C_1\cup C_2\cup\cdots\cup C_k)=p_1-p_2+p_3-\cdots+(-1)^{k+1}p_k \tag{1.3.13}$$

其中 p_i 表示关于i 个集合的所有可能交集的概率之和.

当 $k=3$ 时，由此可得 $p_1\geqslant p_2\geqslant p_3$，更一般地有，$p_1\geqslant p_2\geqslant\cdots\geqslant p_k$. 如同定理 1.3.7 所证明的，

$$p_1=P(C_1)+P(C_2)+\cdots+P(C_k)\geqslant P(C_1\cup C_2\cup\cdots\cup C_k)$$

对于 $k=2$，我们可以得到

$$1\geqslant P(C_1\cup C_2)=P(C_1)+P(C_2)-P(C_1\cap C_2)$$

进而得出 **Bonferroni 不等式**

$$P(C_1\cap C_2)\geqslant P(C_1)+P(C_2)-1 \tag{1.3.14}$$

只有当 $P(C_1)$与 $P(C_2)$均较大时，这个不等式才有用. 容斥公式还提供了一些非常有用的其他不等式，比如

$$p_1\geqslant P(C_1\cup C_2\cup\cdots\cup C_k)\geqslant p_1-p_2$$

以及

$$p_1 - p_2 + p_3 \geqslant P(C_1 \cup C_2 \cup \cdots \cup C_k) \geqslant p_1 - p_2 + p_3 - p_4$$ ■

习题

1.3.1 通过掷一颗骰子，从 1 到 6 选取一个正整数．因而，样本空间$\mathcal{C}$的元素是 1，2，3，4，5，6．假定$C_1=\{1,2,3,4\}$，$C_2=\{3,4,5,6\}$．如果集合函数 P 对$\mathcal{C}$中的每一个元素均指定概率，请计算 $P(C_1)$，$P(C_2)$，$P(C_1 \cap C_2)$以及 $P(C_1 \cup C_2)$．

1.3.2 一个随机实验是从普通的 52 张扑克牌中抽取一张．设集合函数 P 对 52 个可能结果中的每一个都指定$\frac{1}{52}$的概率．设 C_1 表示 13 张红桃的全体，而 C_2 表示 4 张 K 的全体．计算 $P(C_1)$，$P(C_2)$，$P(C_1 \cap C_2)$以及 $P(C_1 \cup C_2)$．

1.3.3 抛一枚硬币，为使其出现正面而抛掷多次．因而，样本空间$\mathcal{C}$的元素 c 是 H，TH，TTH，TTTH 等．设概率集合函数 P 对上述元素分别指定概率$\frac{1}{2}$，$\frac{1}{4}$，$\frac{1}{8}$，$\frac{1}{16}$，等等．证明 $P(\mathcal{C})=1$．设 $C_1=\{c$：c 为H,TH,TTH,TTTH 或者 TTTTH$\}$．计算 $P(C_1)$．其次，假定 $C_2=\{c$：c 为 TTTTH 或 TTTTTH$\}$．计算 $P(C_2)$，$P(C_1 \cap C_2)$以及 $P(C_1 \cup C_2)$．

1.3.4 如果样本空间$\mathcal{C}=C_1 \cup C_2$，并且如果 $P(C_1)=0.8$，而 $P(C_2)=0.5$．求 $P(C_1 \cup C_2)$．

1.3.5 设样本空间$\mathcal{C}=\{c$：$0<c<\infty\}$．设 $C \subset \mathcal{C}$是由 $C=\{c$：$4<c<\infty\}$定义的，并且取 $P(C)=\int_C e^{-x}dx$．证明 $P(\mathcal{C})=1$．计算 $P(C)$，$P(C^c)$以及 $P(C \cup C^c)$．

1.3.6 如果样本空间$\mathcal{C}=\{c$：$-\infty<c<\infty\}$，而且如果 $C \subset \mathcal{C}$是使积分$\int_C e^{-|x|}dx$ 存在的那种集合，证明这一集函数不是概率集合函数．为了使它成为概率集合函数，我们要用什么常数乘以被积函数？

1.3.7 如果 C_1 与 C_2 都是样本空间$\mathcal{C}$的子集，证明

$$P(C_1 \cap C_2) \leqslant P(C_1) \leqslant P(C_1 \cup C_2) \leqslant P(C_1) + P(C_2)$$

1.3.8 设 C_1，C_2 以及 C_3 表示样本空间$\mathcal{C}$的三个互不相交的子集．求 $P[(C_1 \cup C_2) \cap C_3]$和 $P(C_1^c \cup C_2^c)$．

1.3.9 考察注释 1.3.2．

(a) 如果 C_1，C_2 以及 C_3 是$\mathcal{C}$的子集，证明

$$P(C_1 \cup C_2 \cup C_3) = P(C_1) + P(C_2) + P(C_3) - P(C_1 \cap C_2) - P(C_1 \cap C_3) - P(C_2 \cap C_3) + P(C_1 \cap C_2 \cap C_3)$$

(b) 现在，证明由式(1.3.13)给出的一般容斥公式．

注释 1.3.3 为了求解习题 1.3.10～习题 1.3.19，必须做出某种合理假设． ■

1.3.10 一个筹码盒中装有 16 个圆形筹码，其中 6 个是红色的，7 个是白色的，而 3 个是蓝色的．如果随机且不放回取出 4 个，求下述概率：(a) 4 个圆形筹码都是红色的；(b) 4 个圆形筹码中的任何一个都不是红色的；(c) 每一个颜色至少出现一个圆形筹码．

1.3.11 一个人购买了 1000 张彩票中的 10 张，1000 张彩票中有 5 张有奖．为了确定 5 个奖金获得者，5 张彩票均是以随机且不放回方式抽取的．计算这个人至少赢得一份奖金的概率．提示：首先计算这个人没有赢得奖金的概率．

1.3.12 计算以随机且不放回方式发送由下述情形构成的 13 张桥牌的概率：(a) 黑桃 6、红心 4、方块 2 以及梅花 1；(b) 3 张同花色的牌．

1.3.13 从前 20 个正整数中，以随机方式选取三个不同整数．计算下述概率：(a) 它们之和为偶数；(b) 它们之积为偶数．

1.3.14 一个筹码盒中有 5 个红色圆形筹码和 3 个蓝色圆形筹码。红筹码分别标记为 1，2，3，4，5，蓝

筹码标记为 1，2，3. 如果以随机且不放回方式抽取，求出三个筹码或者点数一样，或者花色相同的概率.

1.3.15 在 50 个电灯泡中，有 2 个坏电灯泡. 检查员以随机且不放回方式抽取 5 个电灯泡.

(a) 求出 5 个当中至少一个有缺陷的概率.

(b) 要发现至少 1 个坏电灯泡的概率大于$\frac{1}{2}$，应该检查多少个电灯泡？

1.3.16 对于生日问题(例 1.3.3)利用给定 R 函数 bday 求出 n 的值，以使 $p(n)\geqslant 0.5$ 且 $p(n-1)<0.5$，其中 $p(n)$表示 n 个人的房间中至少有两个人生日相同的概率.

1.3.17 如果 $C_1,\cdots,C_k$ 表示样本空间$\mathcal{C}$中的 k 个事件，证明这些事件中至少有一个发生的概率等于 1 减去这些事件中没有一个发生的概率；也就是

$$P(C_1\cup\cdots\cup C_k)=1-P(C_1^c\cap\cdots\cap C_k^c) \tag{1.3.15}$$

1.3.18 秘书为三封信函以及三个相对应的信封打字. 在匆忙之中，他把每个信函以随机形式放入每个信封. 至少有一个信函装入正确信封的概率是多少？

提示：设 C_i 表示第 i 个信函装入正确信封事件. 为了确定其概率，请详细阐明 $P(C_1\cup C_2\cup C_3)$.

1.3.19 如同例 1.3.4 所述，考察从洗好的扑克牌中获得一手牌. 确定满堂红的概率，即三张点数相同，另两张点数相同，但三张和两张的点数不同.

1.3.20 证明式(1.3.9).

1.3.21 假定实验是以随机方式在区间$(0,1)$上选取实数. 对于任何子区间$(a,b)\subset(0,1)$，指定概率$P[(a,b)]=b-a$ 是合理的；也就是说，从子区间中选取点的概率直接与该子区间长度成比例. 如果情况如此，那么选择子区间的适当序列，并用式(1.3.9)去证明，对于所有 $a\in(0,1)$，$P[\{a\}]=0$.

1.3.22 考察事件 C_1，C_2，C_3.

(a) 假定 C_1，C_2，C_3 均是互不相交事件. 如果 $P(C_i)=p_i$，$i=1,2,3$，那么对$p_1+p_2+p_3$ 的约束是什么呢？

(b) 在(a)部分记号下，如果 $p_1=4/10$，$p_2=3/10$ 以及 $p_3=5/10$，那么 C_1，C_2，C_3 是互不相交的吗？

1.3.23 假定$\mathcal{D}$表示$\mathcal{C}$的非空子集集合. 考察事件集合

$$\mathcal{B}=\cap\{\mathcal{E}:\mathcal{D}\subset\mathcal{E}\text{且}\mathcal{E}\text{是 }\sigma\text{ 域}\}$$

注意，$\varnothing\in\mathcal{B}$，因为它在每个 σ 域中，从而它特别地处在每个 σ 域$\mathcal{E}\supset\mathcal{D}$中. 以这种方式继续证明，$\mathcal{B}$是 σ 域.

1.3.24 设$\mathcal{C}=\mathbb{R}$，其中$\mathbb{R}$表示所有实数的集合. 设$\mathcal{I}$表示$\mathbb{R}$中所有开区间的集合. 实线上的博雷尔 σ 域，也就是由

$$\mathcal{B}_0=\cap\{\mathcal{E}:\mathcal{I}\subset\mathcal{E}\text{且}\mathcal{E}\text{是 }\sigma\text{ 域}\}$$

给出的 σ 域$\mathcal{B}_0$. 由定义知，$\mathcal{B}_0$ 包括开区间，因为$[a,\infty)=(-\infty,a)^c$，且$\mathcal{B}_0$ 在补运算下是封闭的，所以对于 $a\in\mathbb{R}$，它包含形式为$[a,\infty)$的全部区间. 以此种方式继续证明，$\mathcal{B}_0$ 包含实数的所有闭区间及半开区间.

1.4 条件概率与独立性

在某些随机实验中，我们只对下述这些结果感兴趣：作为样本空间$\mathcal{C}$的子集 A 的元素. 考虑到我们的目的，这意味着样本空间实际上是子集 A. 现在，我们面临把满足 A 的概率集合函数定义成“新”的样本空间问题.

设概率集合函数 $P(A)$定义在样本空间$\mathcal{C}$上，而设 A 表示$\mathcal{C}$的子集，使得 $P(A)>0$. 我们一致认为应只考察作为 A 的元素的那些随机实验结果；于是，我们本质上取 A 为样本空间.

设 B 表示$\mathcal{C}$的另一个子集．然而，相对于新样本空间 A，我们想要如何定义事件 B 的概率呢？一旦加以定义，这个概率就称为相对于事件 A 的假设的事件 B 的条件概率，或更简略地说，给定 A 时 B 的条件概率．这种条件概率可由记号 $P(B|A)$表示．现在我们回到此种记号的定义所产生的问题上．由于 A 现在是样本空间，只仅有 B 的元素是我们所关心的，若有的话，它们也是 A 的元素，也就是 $A\cap B$ 的元素．于是，以下述方式

$$P(A|A)=1 \quad 且 \quad P(B|A)=P(A\cap B|A)$$

定义记号 $P(B|A)$，这看起来是可取的．而且，从相对频率的观点来看，如果我们不需要相对于空间 A 来说，事件 $A\cap B$ 与事件 A 的概率之比等于这些事件相对于空间$\mathcal{C}$的概率之比，那么在逻辑上看起来就不一致；也就是，我们应该有

$$\frac{P(A\cap B|A)}{P(A|A)}=\frac{P(A\cap B)}{P(A)}$$

这三个合乎需要的条件蕴含着条件概率的关系合理地被定义为

定义 1.4.1(条件概率) 设 B 和 A 是事件，并且 $P(A)>0$．于是，我们可以定义给定 A 条件下 B 的条件概率是

$$P(B|A)=\frac{P(A\cap B)}{P(A)} \tag{1.4.1}$$

■

此外，我们有

(1) $P(B|A)\geqslant 0$；

(2) $P(A|A)=1$；

(3) $P\left(\bigcup_{n=1}^{\infty}B_n|A\right)=\sum_{n=1}^{\infty}P(B_n|A)$，若 $B_1,B_2,\cdots$是互斥的事件．

性质(1)和性质(2)是非常明显的．对于性质(3)，假定事件序列 $B_1,B_2,\cdots$是互斥的．由此可得，$(B_n\cap A)\cap(B_m\cap A)=\varnothing$，$n\neq m$．利用式(1.4.1)和对可数并运用分配律式(1.2.5)的第一个式子，可以得到

$$\begin{aligned}P\left(\bigcup_{n=1}^{\infty}B_n|A\right)&=\frac{P\left[\bigcup_{n=1}^{\infty}(B_n\cap A)\right]}{P(A)}\\&=\sum_{n=1}^{\infty}\frac{P[B_n\cap A]}{P(A)}=\sum_{n=1}^{\infty}P[B_n|A]\end{aligned}$$

性质(1)、性质(2)和性质(3)正是概率集合函数必须满足的条件．因此，$P(B|A)$是定义在子集 A 上的概率集合函数．它可以称为相对于假设 A 的条件概率集合函数，或者给定 A 时的条件概率集合函数．应该注意的是，这种给定 A 的条件概率集合函数唯有在 $P(A)>0$ 时才有定义．

例 1.4.1 以随机不放回方式从普通的 52 张扑克牌中发放一手 5 张牌．相对于一手中至少存在 4 张黑桃(A)的假设，由于 $A\cap B=B$，所以满手全部黑桃(B)的条件概率是

$$P(B|A)=\frac{P(B)}{P(A)}=\frac{\binom{13}{5}\Big/\binom{52}{5}}{\left[\binom{13}{4}\binom{39}{1}+\binom{13}{5}\right]\Big/\binom{52}{5}}$$

$$=\frac{\binom{13}{5}}{\binom{13}{4}\binom{39}{1}+\binom{13}{5}}=0.0441$$

注意，这与抽取一张黑桃来完成同花顺是不一样的；参看习题 1.4.3. ■

由条件概率集合函数的定义，我们发现

$$P(A\cap B)=P(A)P(B|A)$$

这个关系往往称为概率的乘法法则(multiplication rule). 有时，在考察随机实验性质之后，可能要做出合情合理的假设，以便既对 $P(A)$ 给予指定概率，又对 $P(B|A)$ 给予指定概率. 于是，在这些假设下对 $P(A\cap B)$ 进行计算. 这将在例 1.4.2 和例 1.4.3 中加以阐明.

例 1.4.2 一个筹码盒装有 8 个圆形筹码. 3 个筹码是红色的，而其余 5 个是蓝色的. 以随机且不放回方式连续抽取两个筹码. 我们想要计算第一次抽取结果为红色(A)且第二次抽取结果为蓝色(B)的概率. 对下述概率加以指定是合理的：

$$P(A)=\frac{3}{8}\quad 而\quad P(B|A)=\frac{5}{7}$$

因而，在这些假设下，得出 $P(A\cap B)=\left(\frac{3}{8}\right)\left(\frac{5}{7}\right)=\frac{15}{56}=0.2679$. ■

例 1.4.3 以随机且不放回方式连续地从普通扑克牌中抽样. 在第六次抽样中出现第三张黑桃牌的概率可如下计算. 设 A 表示前五次抽取中出现两张黑桃的事件，而设 B 表示第六次抽样为黑桃的事件. 因而，我们希望计算的概率是 $P(A\cap B)$. 有理由取

$$P(A)=\frac{\binom{13}{2}\binom{39}{3}}{\binom{52}{5}}=0.2743\quad 而\quad P(B|A)=\frac{11}{47}=0.2340$$

于是，所求的概率 $P(A\cap B)$ 为这两个数的乘积，计算到小数点后四位为 0.0642. ■

乘法法则能推广到三个或更多事件. 就三个事件而论，借助于两事件的乘法法则，我们有

$$P(A\cap B\cap C)=P[(A\cap B)\cap C]=P(A\cap B)P(C|A\cap B)$$

但是 $P(A\cap B)=P(A)P(B|A)$. 因此，倘若 $P(A\cap B)>0$，

$$P(A\cap B\cap C)=P(A)P(B|A)P(C|A\cap B)$$

这种方法能用于把乘法法则推广到四个或更多事件. 对于 k 个事件的一般公式可通过数学归纳法得以证明.

例 1.4.4 以随机且不放回方式从普通扑克牌中连续发放四张纸牌. 依次收到黑桃、红桃、方块以及梅花的概率为 $\left(\frac{13}{52}\right)\left(\frac{13}{51}\right)\left(\frac{13}{50}\right)\left(\frac{13}{49}\right)=0.0044$. 这由乘法法则推广而得出. ■

考察 k 个互不相交且穷举的事件 $A_1,A_2,\cdots,A_k$，使得 $P(A_i)>0$，$i=1,2,\cdots,k$. 假定这些事件构成$\mathcal{C}$的分割. 这里事件 $A_1,A_2,\cdots,A_k$ 发生的可能性不需相同. 设 B 表示另一个事件. 因而，B 与事件 $A_1,A_2,\cdots,A_k$ 中的唯一一个同时发生；也就是

$$B=B\cap(A_1\cup A_2\cup\cdots A_k)=(B\cap A_1)\cup(B\cap A_2)\cup\cdots\cup(B\cap A_k)$$

由于 $B\cap A_i$，$i=1,2,\cdots,k$ 均是互不相交的，我们有

$$P(B)=P(B\cap A_1)+P(B\cap A_2)+\cdots+P(B\cap A_k)$$

然而，$P(B\cap A_i)=P(A_i)P(B|A_i)$，$i=1,2,\cdots,k$；所以

$$\begin{aligned}P(B)&=P(A_1)P(B|A_1)+P(A_2)P(B|A_2)+\cdots+P(A_k)P(B|A_k)\\&=\sum_{i=1}^{k}P(A_i)P(B|A_i)\end{aligned}\tag{1.4.2}$$

有时，这个结果称为**全概率公式**(law of total probability).

这就引出下面的重要定理.

定理 1.4.1(贝叶斯定理) 设 $A_1,A_2,\cdots,A_k$ 是事件，满足 $P(A_i)>0$，$i=1,2,\cdots,k$，并且假定 $A_1,A_2,\cdots,A_k$ 形成样本空间$\mathcal{C}$的一个划分. 设 B 是任意事件. 那么，

$$P(A_j|B)=\frac{P(A_j)P(B|A_j)}{\sum_{i=1}^{k}P(A_i)P(B|A_i)}\tag{1.4.3}$$

证：根据条件概率的定义，可以得出

$$P(A_j|B)=\frac{P(B\cap A_j)}{P(B)}=\frac{P(A_j)P(B|A_j)}{P(B)}$$

利用全概率定律式(1.4.2)可以得到这个结果. ■

这个定理是著名的贝叶斯定理. 这能使我们根据 $A_1,A_2,\cdots,A_k$ 的概率，在给定 B 的条件下计算 A_j 的条件概率，同样，给定 A_i，$i=1,2,\cdots,k$，计算 B 的条件概率. 接下来举三个例子阐明贝叶斯定理在计算概率时是非常有用的.

例 1.4.5 已知筹码盒 A_1 装有 3 个红筹码与 7 个蓝筹码，而筹码盒 A_2 装有 8 个红筹码与 2 个蓝筹码. 所有筹码在大小和形状上都一样. 掷一颗骰子，并且如果朝上面的点数出现 5 或 6，就选择筹码盒 A_1；否则，选择筹码盒 A_2. 在这种情况下，看起来指定 $P(A_1)=\frac{2}{6}$ 而 $P(A_2)=\frac{4}{6}$ 是合理的. 换一个人来选筹码，并以随机方式选取一个筹码. 比如，这一筹码为红的，我们就用 B 来表示此事件. 就考察筹码盒内容而言，有理由指定条件概率 $P(B|A_1)=\frac{3}{10}$，$P(B|A_2)=\frac{8}{10}$. 因而，给定抽取到红筹码时，筹码盒 A_1 的条件概率为

$$P(A_1|B)=\frac{P(A_1)P(B|A_1)}{P(A_1)P(B|A_1)+P(A_2)P(B|A_2)}=\frac{\left(\frac{2}{6}\right)\left(\frac{3}{10}\right)}{\left(\frac{2}{6}\right)\left(\frac{3}{10}\right)+\left(\frac{4}{6}\right)\left(\frac{8}{10}\right)}=\frac{3}{19}$$

通过类似方式，有 $P(A_2|B)=\frac{16}{19}$. ■

在例 1.4.5 中，概率 $P(A_1)=\frac{2}{6}$ 与 $P(A_2)=\frac{4}{6}$ 分别称为 A_1 与 A_2 的**先验概率**(prior probability)，这是因为它们是以随机机制来选取筹码盒的. 在抽取一个筹码，且发现为红的之后，条件概率 $P(A_1|B)=\frac{3}{19}$ 与 $P(A_2|B)=\frac{16}{19}$ 称为**后验概率**(posterior probability). 由于 A_2 拥有红筹码的比例比 A_1 的更大，因此它给人的直觉是：$P(A_2|B)$ 应该大于 $P(A_2)$，当然，$P(A_1|B)$ 应该小于 $P(A_1)$. 从直观上看，一旦在抽取筹码之前发现了红筹

码，拥有筹码盒 A_2 的机会就会更大. 贝叶斯定理提供了准确决定那些概率是多少的方法.

例 1.4.6 三个工厂 A_1，A_2，A_3 分别生产公司产量的 10%，50%，40%. 虽然工厂 A_1 是个小厂，但它的管理者认为产品具有高质量且仅有 1%的产品有缺陷. 其他两个工厂生产的产品的缺陷率分别为 3%与 4%. 所有产品均发送给中心仓库. 以随机方式选取一个产品，并且发现它为有缺陷的，则称为事件 B. 缺陷品来自工厂 A_1 的条件概率可如下计算. 很自然地指定从三个工厂获得产品的先验概率分别为 $P(A_1)=0.1$，$P(A_2)=0.5$，$P(A_3)=0.4$，而作为有缺陷产品的条件概率为 $P(B|A_1)=0.01$，$P(B|A_2)=0.03$，$P(B|A_3)=0.04$，因而，给定产品有缺陷时，A_1 的后验概率为

$$P(A_1|B)=\frac{P(A_1\cap B)}{P(B)}=\frac{(0.10)(0.01)}{(0.1)(0.01)+(0.5)(0.03)+(0.4)(0.04)}$$

它等于$\frac{1}{32}$；与先验概率 $P(A_1)=\frac{1}{10}$相比，这显得更小. 就像它本应该的那样，这是因为产品有缺陷的事实减少了该产品来自高质量工厂 A_1 的机会. ■

例 1.4.7 假如我们想要研究某人群中儿童受虐待的百分率. 关注事件是受到虐待的儿童(A)以及它的补集——没有受到虐待的儿童($N=A^c$). 考虑研究本案例的目的，我们将假定 $P(A)=0.01$，从而 $P(N)=0.99$. 根据医生的检查结果对儿童是否受到虐待进行分类. 由于医生误诊，他们有时把受到虐待的儿童(A)分类到没有受到虐待的儿童中(这里 N_D 表示被医生分类到没有受虐待的儿童中). 另一方面，有时医生会把没有受到虐待的儿童(N)分类到受到虐待的儿童中(A_D). 假定这些错误分类的错误率为 $P(N_D|A)=0.04$ 与 $P(A_D|N)=0.05$. 因而，正确诊断的概率为 $P(A_D|A)=0.96$ 与 $P(N_D|N)=0.95$. 我们计算以随机方式抽取儿童被医生分类到受到虐待的概率. 由于这个事件能以两种方式出现，$A\cap A_D$ 或 $N\cap A_D$，所以有

$$P(A_D)=P(A_D|A)P(A)+P(A_D|N)P(N)=(0.96)(0.01)+(0.05)(0.99)=0.0591$$

相对于受到虐待的儿童的概率 0.01 来说，这一结果显得相当大. 而且，医生将受到虐待的儿童分类到受到虐待一类中的概率是

$$P(A|A_D)=\frac{P(A\cap A_D)}{P(A_D)}=\frac{(0.96)(0.01)}{0.0591}=0.1624$$

该概率是相当低的. 运用同样的方式可知，对于没有受到虐待的儿童，医生将其分类到受到虐待的中的概率为 0.8376，这一概率相当高. 在对医生做出的正确分类进行概率计算时，这些概率如此之低的原因是，相对于受到虐待的儿童人口的百分之一来说，医生误诊率相当高. 医院就如何正确分类受到虐待的儿童应该对医生进行更好的培训. 也可参看习题 1.4.17. ■

1.4.1 独立性

有时，事件 A 的发生并不改变事件 B 的概率，也就是当 $P(A)>0$ 时，

$$P(B|A)=P(B)$$

倘若如此，我们称事件 A 与 B 是**独立的**(independent). 此外，乘法法则变成

$$P(A\cap B)=P(A)P(B|A)=P(A)P(B) \tag{1.4.4}$$

反过来，当 $P(B)>0$ 时，这蕴含着

$$P(A|B)=\frac{P(A\cap B)}{P(B)}=\frac{P(A)P(B)}{P(B)}=P(A)$$

注意，如果 $P(A)>0$ 且 $P(B)>0$，那么由上面的讨论可知，独立性等价于

$$P(A\cap B)=P(A)P(B) \tag{1.4.5}$$

倘若 $P(A)=0$ 或者 $P(B)=0$，结果会怎样呢？在这两种情况下，式(1.4.5)的右边为 0. 然而，由于 $A\cap B\subset A$ 且 $A\cap B\subset B$，所以其左边也为 0. 因此，我们将式(1.4.5)看成独立性的正式定义，也就是下面的定义 1.4.2.

定义 1.4.2 设 A 和 B 是两个事件. 如果 $P(A\cap B)=P(A)P(B)$，那么我们称 A 和 B 是独立的. ■

假设 A 和 B 是独立事件，下面三对事件是独立的：A^c 与 B，A 与 B^c，A^c 与 B^c. 我们首先证明第一个，而将其他两个留作练习题，参看习题 1.4.11. 利用不相交并集，得出 $B=(A^c\cap B)\cup(A\cap B)$，于是得到

$$P(A^c\cap B)=P(B)-P(A\cap B)=P(B)-P(A)P(B)=[1-P(A)]P(B)=P(A^c)P(B) \tag{1.4.6}$$

因此，A^c 与 B 是独立的.

注释 1.4.1 独立事件有时称为统计独立的、随机独立的或者依概率意义独立的. 在绝大多数例子中，如果不存在误解的可能性，那么我们不加修饰词直接用“独立”. ■

例 1.4.8 以同样的方式掷红、白两颗骰子，这两颗骰子分别朝上面的点数是独立事件. 如果 A 表示红骰子出现的点数为 4，而 B 表示白骰子出现的点数为 3，若以等可能性对每个面进行假设，我们指定 $P(A)=\frac{1}{6}$ 且 $P(B)=\frac{1}{6}$. 因而，由独立性知，有序对(红=4，白=3)的概率是

$$P[(4,3)]=\left(\frac{1}{6}\right)\left(\frac{1}{6}\right)=\frac{1}{36}$$

两颗骰子朝上面点数之和等于 7 的概率是

$$\begin{aligned}&P[(1,6),(2,5),(3,4),(4,3),(5,2),(6,1)]\\&=\left(\frac{1}{6}\right)\left(\frac{1}{6}\right)+\left(\frac{1}{6}\right)\left(\frac{1}{6}\right)+\left(\frac{1}{6}\right)\left(\frac{1}{6}\right)+\left(\frac{1}{6}\right)\left(\frac{1}{6}\right)+\left(\frac{1}{6}\right)\left(\frac{1}{6}\right)+\left(\frac{1}{6}\right)\left(\frac{1}{6}\right)=\frac{6}{36}\end{aligned}$$

以类似方式，很容易证明，两颗骰子朝上面点数之和为 2，3，4，5，6，7，8，9，10，11，12 的概率分别是

$$\frac{1}{36},\quad\frac{2}{36},\quad\frac{3}{36},\quad\frac{4}{36},\quad\frac{5}{36},\quad\frac{6}{36},\quad\frac{5}{36},\quad\frac{4}{36},\quad\frac{3}{36},\quad\frac{2}{36},\quad\frac{1}{36}$$ ■

现在，假定我们有三个事件 A_1，A_2，A_3，当且仅当它们两两独立(pairwise indenpendent)时称它们是**相互独立的**(mutually indenpendent)：

$$P(A_1\cap A_3)=P(A_1)P(A_3),P(A_1\cap A_2)=P(A_1)P(A_2),P(A_2\cap A_3)=P(A_2)P(A_3)$$

以及

$$P(A_1\cap A_2\cap A_3)=P(A_1)P(A_2)P(A_3)$$

更一般地，n 个事件 $A_1,A_2,\cdots,A_n$ 是**相互独立的**，当且仅当对这些事件中的每 k 个全体，$2\leqslant k\leqslant n$，$d_1,d_2,\cdots,d_k$ 是 $1,2,\cdots,n$ 中 k 个不同整数，有

$$P(A_{d_1}\cap A_{d_2}\cap\cdots\cap A_{d_k})=P(A_{d_1})P(A_{d_2})\cdots P(A_{d_k})$$

特别地，若 $A_1,A_2,\cdots,A_n$ 是相互独立的，则

$$P(A_1\cap A_2\cap\cdots\cap A_n)=P(A_1)P(A_2)\cdots P(A_n)$$

同样，与两个集合一样，这些事件的许多组合及其补是独立的，例如：

1. 事件 A_1^c 与 $A_2\cup A_3^c\cup A_4$ 是独立的.

2. 事件 $A_1\cup A_2^c$，A_3^c 以及 $A_4\cap A_5^c$ 是相互独立的.

当考虑两个以上的事件时，如果不存在误解的可能性，那么经常使用“独立的”一词而不再加修饰词“相互”.

例 1.4.9　两两独立不意味着相互独立. 举一个例子，假如我们旋转两次标有 1，2，3，4 的旋转器. 设 A_1 表示旋转数字之和为 5 的事件，设 A_2 表示第一次旋转数字为 1 的事件，A_3 表示第二次旋转数字为 4 的事件. 于是，$P(A_i)=1/4$，$i=1,2,3$；对于 $i\neq j$，$P(A_i\cap A_j)=1/16$. 因此，这三个事件均是两两独立的. 可是，$A_1\cap A_2\cap A_3$ 为旋转得到 (1,4) 的事件，它具有概率 $1/16\neq 1/64=P(A_1)P(A_2)P(A_3)$. 因而，事件 A_1，A_2，A_3 不是相互独立的.

我们经常以下述方式完成一系列随机实验，即与一个实验有联系的事件和与另外其他实验有联系的事件是独立的. 为了方便起见，我们称这些事件是独立实验 (independent experiment)，意指各个事件是独立的. 因而，经常称独立抛硬币或独立掷骰子，或者更一般地，称一些给定随机实验是独立的. ■

例 1.4.10　独立抛几次硬币. 设事件 A_i 表示第 i 次正面朝上(H)；因而 A_i^c 表示反面朝上(T). 假定 A_i 与 A_i^c 是等可能的；也就是说，$P(A_i)=P(A_i^c)=\frac{1}{2}$. 从而，由独立性知，像 HHTH 这样的有序序列的概率为

$$P(A_1\cap A_2\cap A_3^c\cap A_4)=P(A_1)P(A_2)P(A_3^c)P(A_4)=\left(\frac{1}{2}\right)^4=\frac{1}{16}$$

类似地，发现第三次抛硬币时才第一次出现正面的概率为

$$P(A_1^c\cap A_2^c\cap A_3)=P(A_1^c)P(A_2^c)P(A_3)=\left(\frac{1}{2}\right)^3=\frac{1}{8}$$

同样地，抛四次硬币至少出现一次正面的概率为

$$\begin{aligned}P(A_1\cup A_2\cup A_3\cup A_4)&=1-P[(A_1\cup A_2\cup A_3\cup A_4)^c]=1-P(A_1^c\cap A_2^c\cap A_3^c\cap A_4^c)\\&=1-\left(\frac{1}{2}\right)^4=\frac{15}{16}\end{aligned}$$

参看习题 1.4.13 验证最后的这个概率. ■

例 1.4.11　一个计算机系统，如果部件 K_1 失效，那么就绕过它而使用 K_2. 若 K_2 失效，则使用 K_3. 倘若 K_1 失效的概率为 0.01，K_2 失效的概率为 0.03，而 K_3 失效的概率为 0.08. 另外，我们可以假定这些失效是相互独立事件. 于是，当所有三个部件都必定失效时，系统失效的概率是

$$(0.01)(0.03)(0.08)=0.000\,024$$

因此，系统不失效的概率是 $1-0.000\,024=0.999\,976$. ■

1.4.2 模拟

本节末尾的许多习题旨在帮助读者理解条件概率和独立性的概念．只要读者勤奋和有耐心，就能求解出确切答案．然而，在现实生活中，许多问题非常复杂，无法进行精确的推导．在这种情况下，科学家通常求助于计算机模拟来估计答案．举个例子，假定在实验中，我们想要得到某个事件 A 的 $P(A)$．我们编写一个程序，对这个实验执行一次试验(一次模拟)，并且记录下来 A 是否发生．然后，通过运行程序我们可以得到 n 个独立模拟值(运行)．用 $\hat{p}_n$ 表示这 n 个模拟中 A 发生的比例．那么，$\hat{p}_n$ 就是 $P(A)$的估计值．除了对 $P(A)$进行估计，还能得到估计的误差是 $1.96\sqrt{\hat{p}_n(1-\hat{p}_n)/n}$．正如第 4 章所讨论的，我们可以得到 95％置信水平的 $P(A)$位于区间

$$\hat{p}_n \pm 1.96\sqrt{\frac{\hat{p}_n(1-\hat{p}_n)}{n}} \tag{1.4.7}$$

在第 4 章中，我们将这个区间称为 $P(A)$的 95％置信区间．现在，我们运用这个置信区间进行模拟．

例 1.4.12 举一个例子，考察下面的游戏．

某人 A 抛一枚硬币，然后某人 B 掷一个骰子．重复这个过程，直到出现正面，或数字 1，2，3，4 中的一个出现，游戏就停止．A 得到正面获胜，B 得到 1，2，3，4 中的一个数字获胜．计算 A 获胜的概率 $P(A)$．

注意，对于准确推导，陈述 A 获胜*意味着游戏结束*．如果出现 H 或 T{1,…,4}，那么游戏就结束．利用独立性，A 获胜的概率则是条件概率：$(1/2)/[(1/2)+(1/2)(4/6)]=3/5$．

用下面 R 函数 abgame 模拟这个问题．这个函数可在序言中提到的网站下载得到．程序的第一行表示，对某人 A 和某人 B 分别绘制图形．第二行描述为 while 循环设置一个标志，返回值 Awin 和 Bwin 初始化为 0．命令 sample(rngA, 1, pr = pA)表示从 rngA 中提取样本量为 1 的样本，这里 rngA 具有概率质量函数 pA．循环每执行一次，就能计算一个完整的游戏过程．此外，这些执行是相互独立的．

```
abgame <- function(){
   rngA <- c(0,1);  pA <- rep(1/2,2); rngB <- 1:6; pB <- rep(1/6,6)
   ic <- 0; Awin <- 0; Bwin <- 0
   while(ic == 0){
       x <- sample(rngA,1,pr=pA)
       if(x==1){
           ic <- 1; Awin <- 1
       } else {
           y <- sample(rngB,1,pr=pB)
           if(y <= 4){ic <- 1; Bwin <- 1}
       }
   }
return(c(Awin,Bwin))
}
```

注意，Awin 或 Bwin 中的一个且仅有一个接收到值 1，这取决于 A 还是 B 获胜．下面一段 R 命令模拟执行游戏 10 000 次，计算 A 获胜的估计以及估计误差．

```
ind <- 0; nsims <- 10000
for(i in 1:nsims){
     seeA <- abgame  ()
     if(seeA[1] == 1){ind <- ind + 1}
}
estpA <- ind/nsims
err <- 1.96*sqrt(estpA*(1-estpA)/nsims)
estpA; err
```

这段编码的执行结果是：estpA = 0.6001，同时 err = 0.0096. 如上所述，A 获胜的概率是 0.6，并位于 0.6001±0.0096 区间内. 正如第 4 章所讨论的，当运用这样的置信区间时，我们预计这种情况在 95%的情况下会发生. ■

习题

1.4.1 如果 $P(A_1)>0$，并且 A_2，A_3，A_4，…是互不相交的集合，证明

$$P(A_2 \cup A_3 \cup \cdots | A_1) = P(A_2 | A_1) + P(A_3 | A_1) + \cdots$$

1.4.2 假定 $P(A_1 \cap A_2 \cap A_3)>0$. 证明

$$P(A_1 \cap A_2 \cap A_3 \cap A_4) = P(A_1)P(A_2 | A_1)P(A_3 | A_1 \cap A_2)P(A_4 | A_1 \cap A_2 \cap A_3)$$

1.4.3 假如我们玩扑克牌. 我们(从已洗好的牌中)发放 5 张牌，包括 4 张黑桃和 1 张不同花色的牌. 我们决定打出这张不同花色牌，然后从剩余牌中抽取 1 张，以便使全手都是黑桃(所有 5 张都为黑桃). 求获得同花色一手牌的概率.

1.4.4 从洗好的一副普通扑克牌中，以不放回方式每次 1 张抽取 4 张牌. 黑桃与红桃交替的概率是多少?

1.4.5 一手 13 张牌是以随机且不放回方式从一副扑克牌中发放获得的. 求下述条件概率：倘若手中至少已有 2 张 K，至少手中存在 3 张 K 的条件概率.

1.4.6 抽屉里装有 8 双不同的短袜. 如果以随机且不放回方式抽取 6 只，计算这 6 只短袜中至少存在一双配对短袜的概率. 提示：计算没有任何一双配对的概率.

1.4.7 掷一对骰子，一直到出现点数之和为 7 或 8.

(a) 证明：在 8 之前出现 7 的概率为 6/11.

(b) 其次，掷这对骰子一直到 7 出现两次，或者 6 与 8 各出现一次. 证明：在两次 7 出现之前出现 6 与 8 的概率为 0.546.

1.4.8 在某工厂中，机器Ⅰ、Ⅱ以及Ⅲ都生产同样长度的弹簧. 机器Ⅰ、Ⅱ以及Ⅲ生产有缺陷的弹簧的概率分别为 1%，4%以及 2%. 工厂生产弹簧总数构成如下：机器Ⅰ生产 30%，机器Ⅱ生产 25%，机器Ⅲ生产 45%.

(a) 如果某一天从所生产的全部弹簧中随机抽取一个，求出该弹簧有缺陷的概率.

(b) 倘若抽取到的弹簧为有缺陷的，求出它是由机器Ⅱ生产的条件概率.

1.4.9 筹码盒Ⅰ装有 6 个红筹码与 4 个蓝筹码. 从这 10 个筹码中以随机且不放回方式抽取 5 个，并放入筹码盒Ⅱ中，筹码盒Ⅱ最初是空的. 然后，从筹码盒Ⅱ中随机抽取一个筹码. 倘若这个筹码是蓝的，求下述条件概率：2 个红筹码与 3 个蓝筹码从筹码盒Ⅰ转移到筹码盒Ⅱ的条件概率.

1.4.10 办公室里有两盒硬盘：盒子 A_1 中有 7 个 100GB 硬盘与 3 个 500GB 硬盘，盒子 A_2 中有 2 个 100GB 硬盘与 8 个 500GB 硬盘. 一个人随机拿到一个盒子，其先验概率分别为 $P(A_1)=2/3$ 和 $P(A_2)=1/3$，这可能与盒子的位置有关. 然后随机选择一个硬盘，如果它是 500GB 的硬盘，则发生事件 B. 对于选定盒子，使用每个硬盘是具有等可能性假设，计算 $P(A_1 | B)$ 和 $P(A_2 | B)$.

1.4.11 假定 A 和 B 是独立事件．在式(1.4.6)中，我们已经证明 A^c 与 B 是独立事件．同样地，证明下列事件对也是独立的：(a) A 与 B^c；(b) A^c 与 B^c.

1.4.12 设 C_1 与 C_2 是独立事件，且 $P(C_1)=0.6$ 而 $P(C_2)=0.3$．计算：(a) $P(C_1 \cap C_2)$；(b) $P(C_1 \cup C_2)$；(c) $P(C_1 \cup C_2^c)$.

1.4.13 推广式(1.2.7)来得到

$$(C_1 \cup C_2 \cup \cdots \cup C_k)^c = C_1^c \cap C_2^c \cap \cdots \cap C_k^c$$

比如，$C_1, C_2, \cdots, C_k$ 是独立事件，它们各自具有概率 $p_1, p_2, \cdots, p_k$．论证 $C_1, C_2, \cdots, C_k$ 之一的概率至少等于

$$1-(1-p_1)(1-p_2)\cdots(1-p_k)$$

1.4.14 四个人中每一人都发射一枚子弹射击目标．设 C_k 表示目标被第 k 个人击中，$k=1,2,3,4$．如果 C_1, C_2, C_3, C_4 是独立的，并且如果 $P(C_1)=P(C_2)=0.7$，$P(C_3)=0.9$ 而 $P(C_4)=0.4$，计算下述概率：(a) 四个人都击中目标；(b) 一人准确击中目标；(c) 四个人都没有击中目标；(d) 至少有一个人击中目标.

1.4.15 一个筹码盒装有 3 个红(R)球与 7 个白(W)球，所有球的大小和形状均完全一样．以随机且不放回方式连读抽取一些球，因此假定第一次实验为白球事件，第二次实验为白球事件等都是独立的．在四次实验中，做出某些假设，并计算下述有序序列的概率：(a) WWRW；(b) RWWW；(c) WWWR；(d) WRWW．计算四次实验中有一个白球的概率.

1.4.16 独立抛一枚硬币两次，每一次都出现反面(T)或正面(H)．样本空间是由四个序对构成的：TT，TH，HT，HH．做出某种假设，计算这些有序数对中每一个的概率．至少出现一次正面的概率是多少？

1.4.17 关于例 1.4.7，求下述概率．请依据问题，解释下述概率的意义.

(a) $P(N_D)$.

(b) $P(N \mid A_D)$.

(c) $P(A \mid N_D)$.

(d) $P(N \mid N_D)$.

1.4.18 独立掷一颗骰子，一直到第一次出现点数 6．如果抛掷次数为奇数，那么鲍勃赢；否则，乔赢.

(a) 骰子是公平的，鲍勃赢的概率是多少？

(b) 设 p 表示出现点数 6 的概率．证明，对于所有 p，$0<p<1$，对鲍勃有利.

1.4.19 从 52 张普通扑克牌中，以随机且放回方式抽取扑克牌，一直到黑桃出现.

(a) 至少抽取 4 次的概率是多少？

(b) 与(a)所求一样，只是扑克牌以不放回方式随机抽取.

1.4.20 一个人以随机方式回答两个多项选择题．如果每个问题有四个选项可供选择，倘若至少有一个是正确的，两次回答都正确的条件概率是多少？

1.4.21 假定对一个公平的 6 个面的骰子独立地掷 6 次．如果在第 i 次实验中观测到第 i 面，那么就出现一次匹配，$i=1,\cdots,6$.

(a) 抛掷 6 次至少出现一次匹配的概率是多少？提示：设 C_i 表示第 i 次实验匹配的事件，并运用习题 1.4.13 求期待的概率.

(b) 把(a)部分推广到 n 次独立抛掷公平的 n 个面的骰子．然后求当 $n \to \infty$ 时，其概率极限.

1.4.22 游戏者 A 与 B 玩一种独立游戏序列．游戏者 A 首先掷骰子，并且在“六”点赢．如果 A 失败，那么 B 掷骰子，并在“五”或“六”点赢．如果 B 失败，那么 A 掷骰子，并且在“四”、“五”或“六”点赢，等等．求每一位游戏者赢得序列的概率.

1.4.23 设 C_1，C_2，C_3 分别表示独立事件，其概率为 $\frac{1}{2}$，$\frac{1}{3}$，$\frac{1}{4}$. 计算 $P(C_1 \cup C_2 \cup C_3)$.

1.4.24 从一个装有 5 个红筹码、3 个白筹码以及 7 个蓝筹码的筹码盒中，以随机且不放回方式抽取 4 个. 倘若 4 个筹码样本中已至少有 3 个蓝筹码，计算 1 个红筹码、0 个白筹码以及 3 个蓝筹码的条件概率.

1.4.25 设三个相互独立事件 C_1，C_2 以及 C_3，使得 $P(C_1)=P(C_2)=P(C_3)=\frac{1}{4}$. 求 $P[(C_1^c \cap C_2^c) \cup C_3]$.

1.4.26 某人 A 抛一枚硬币，然后某人 B 掷一颗骰子. 这样的过程独立地实施下去，一直到出现正面或数字 1，2，3，4 之一，此时便停止游戏. 某人 A 以出现正面为赢，而 B 则以出现 1，2，3，4 数字之一为赢. 计算 A 赢得游戏的概率.

1.4.27 进行下面游戏. 玩家从整数集合 $\{1,2,\cdots,20\}$ 中随机抽取数字. 设 x 表示所抽到的数字. 接下来，玩家从集合 $\{x,\cdots,25\}$ 中随机抽取数字. 如果第二次抽到的数字大于 21，那么他获胜，否则，他就输.

(a) 确定玩家获胜概率之和.

(b) 编写并运行一行 R 代码，计算玩家获胜的概率.

(c) 编写 R 函数，模拟游戏并计算玩家是否获胜.

(d) 对于(c)部分中的程序进行 10 000 次模拟. 求玩家获胜概率的估计值和置信区间式(1.4.7). 你所计算的区间是否捕捉到真实概率?

1.4.28 一个筹码盒装有分别标记为 1,2,…,10 的 10 个筹码. 随机抽取 5 个筹码，每次抽 1 个且不可放回. 5 个筹码中 2 个偶数筹码的概率是多少；抽取的筹码全部为偶数的概率是多少?

1.4.29 某人从一副普通扑克牌中以不放回方式抽取两张牌，且它们是同花色的，以此用 1 美元赌 b 美元. 求 b 为多少此赌博是公平的.

1.4.30 (**蒙特霍尔问题**)假定存在三个窗帘. 在一个窗帘后面有一个大奖，而在另外两个窗帘之后则是无价值的小奖. 参赛者以随机方式选择一个窗帘，然后蒙特霍尔揭开其他两个窗帘的其中一个，其为无价值的小奖. 随后，霍尔表示参赛者可以选择换成另外一个还没有打开的窗帘. 参赛者应是换成另外一个窗帘呢，还是坚持原本他已选好的那个窗帘呢? 如果他坚持原本他已有的窗帘，那么赢得大奖的概率为 1/3. 请回答如果参赛者决定换成另外一个窗帘，那么他赢得大奖的概率是多少.

1.4.31 法国贵族 Chevalier de Méré 曾请著名数学家帕斯解释下述两个概率为什么会不一样(玩多次游戏，可以发现两者的差异)：(1) 对六个面的骰子独立地抛掷 4 次至少有一次 6 点出现；(2) 一次抛掷两颗骰子，独立抛掷 24 次至少有两个 6 点出现. 从显示给 de Méré 的比例来看，两者的概率应该是一样的. 计算(1)与(2)的概率.

1.4.32 猎手 A 与 B 射击目标；击中目标的概率分别为 p_1 与 p_2. 一旦假定独立性，对 p_1 与 p_2 的选取能使得 $P(0\text{ 次击中})=P(1\text{ 次击中})=P(2\text{ 次击中})$吗?

1.4.33 在对个体进行研究的初期，15%个体被划为严重吸烟者，30%个体被划为轻度吸烟者，55%个体被划为非吸烟者. 在 5 年研究当中，得到的结果是，严重吸烟者和轻度吸烟者的死亡率分别是非吸烟者的 5 倍和 3 倍. 假设随机选取的参加者在 5 年期间去世，计算该参加者为非吸烟的概率是多少?

1.4.34 一位化学师希望检测她所合成的某化合物中的杂质. 有一个检验表明，存在 0.90 概率检测出杂质，可是，这个检验显示，杂质存在的机会不到 5%. 这位化学师大概有 20%的机会合成含有杂质的化合物. 从化学师产品中随机选取化合物. 检验表明，存在杂质. 化合物确有杂质的条件概率是多少?

1.5 随机变量

读者会认为：如果$\mathcal{C}$的元素不是数字，那么要想描述样本$\mathcal{C}$可能会令人厌烦．现在我们将讨论，如何判定一条规则或一系列规则，并且通过这些规则可以使$\mathcal{C}$中的元素 c 用数字来代替．我们以一个非常简单的例子开始讨论．设随机实验是抛掷硬币，同时令与此实验有关的样本空间是$\mathcal{C}=\{c：c$ 为 T 或 H$\}$，T 与 H 分别表示反面与正面．设 X 表示一个函数，使得如果 c 为 T，那么 $X(c)=0$，并且如果 c 为 H，那么 $X(c)=1$．因而，X 为定义在样本空间$\mathcal{C}$上的实值函数，这使我们从样本空间$\mathcal{C}$进入实数空间$\mathcal{D}=\{0,1\}$．现在，我们系统表述随机变量定义及其空间．

定义 1.5.1 *考察具有样本空间$\mathcal{C}$的随机实验．一个函数 X 称为*随机变量(random variable)，*若对于每一个 $c\in\mathcal{C}$，对其指定一个且唯一一个数 $X(c)=x$．X 的*空间(space)*或*值域(range)*是实数集合$\mathcal{D}=\{x：x=X(c)，c\in\mathcal{C}\}$．* ■

在本书中，$\mathcal{D}$通常是一个可数集合或实数区间．我们称这类随机变量为**离散**随机变量，而称第二类的那些变量为**连续**随机变量．在这一节，我们将阐述离散随机变量和连续随机变量的例子，然后在下面的两节中则将分别讨论它们．

已知随机变量 X，它的值域$\mathcal{D}$就成为关注的样本空间．X 除了诱导出样本空间$\mathcal{D}$外，还包括一个概率，这个概率我们称为 X 的**分布**(distribution)．

考察第一种情形，即 X 为离散随机变量，具有有限空间$\mathcal{D}=\{d_1,d_2,\cdots,d_m\}$．在新样本空间$\mathcal{D}$中，唯一关注的事件就是$\mathcal{D}$的子集．$X$ 的诱导概率分布十分清楚．将$\mathcal{D}$上的函数 $p_X(d_i)$定义如下：

$$p_X(d_i) = P[\{c:X(c) = d_i\}], \quad \text{for} \quad i = 1,2,\cdots,m \tag{1.5.1}$$

在下一节，我们将正式定义 $p_X(d_i)$为 X 的**概率质量函数**(probability mass function)．于是，X 的诱导概率分布 $P_X(\cdot)$是

$$P_X(D) = \sum_{d_i\in D} p_X(d_i), \quad D\subset\mathcal{D}$$

如同习题 1.5.11 所证明的，$P_X(D)$是$\mathcal{D}$上的概率．这里举一个例子来说明．

例 1.5.1(第一次掷双骰子) 设 X 表示一对公平的六面骰子滚动后面朝上的点数之和，每一个面朝上的点数为 1～6．样本空间为$\mathcal{C}=\{(i,j)：1\leqslant i，j\leqslant 6\}$．由于骰子是公平的，$P[\{(i,j)\}]=1/36$．随机变量 X 为 $X(i,j)=i+j$．X 的空间是$\mathcal{D}=\{2,\cdots,12\}$．通过计算，X 的概率质量函数是

值域 x	2	3	4	5	6	7	8	9	10	11	12
概率 $p_X(x)$	$\frac{1}{36}$	$\frac{2}{36}$	$\frac{3}{36}$	$\frac{4}{36}$	$\frac{5}{36}$	$\frac{6}{36}$	$\frac{5}{36}$	$\frac{4}{36}$	$\frac{3}{36}$	$\frac{2}{36}$	$\frac{1}{36}$

为了阐明关于 X 的概率计算，假定 $B_1=\{x：x=7,11\}$且 $B_2=\{x：x=2,3,12\}$，于是

$$P_X(B_1) = \sum_{x\in B_1} p_X(x) = \frac{6}{36}+\frac{2}{36} = \frac{8}{36}$$

$$P_X(B_2) = \sum_{x\in B_2} p_X(x) = \frac{1}{36}+\frac{2}{36}+\frac{1}{36} = \frac{4}{36}$$

其中 $p_X(x)$已由上表给出. ■

第二种情形，X 为连续随机变量. 在此情况下，$\mathcal{D}$是一个实数区间. 实际上，连续随机变量经常是测量值. 例如成年人体重，可以用连续随机变量来建模. 这里，我们并不会对某个人体重刚好为 200 磅的概率感兴趣，而会对某个人体重大于 200 磅的概率感兴趣. 一般来讲，对于连续随机变量，关注的简单事件就是区间. 通常，我们能确定一个非负函数 $f_X(x)$，使得对于任何实数区间$(a,b)\in\mathcal{D}$，将 X 的诱导概率分布 $P_X(\cdot)$定义为

$$P_X[(a,b)] = P[\{c \in \mathcal{C}: a < X(c) < b\}] = \int_a^b f_X(x)\mathrm{d}x \tag{1.5.2}$$

也就是说，X 落入 a 与 b 之间的概率是 a 与 b 之间曲线 $y=f_X(x)$下面的区域. 除了 $f_X(x)\geqslant 0$，还要求 $P_X(\mathcal{D})=\int_{\mathcal{D}} f_X(x)\mathrm{d}x=1$（在 X 的样本空间曲线下面整个区域的面积为 1）. 就空间$\mathcal{D}$而言，通常定义事件时存在某些方法问题；然而，可以证明，$P_X(\mathcal{D})$是$\mathcal{D}$上的概率，参看习题 1.5.11. 1.7 节正式将函数 f_X定义为 X 的**概率密度函数**(probability density function). 下面举一个例子.

例 1.5.2 对于连续随机变量的实例，考虑下述简单实验：从区间$(0,1)$中随机地选取一个实数. 设 X 表示所选取的数. 在此情况下，X 的空间是$\mathcal{D}=(0,1)$. 在这个例子中，诱导概率是什么并不清楚. 但是，存在某种直观概念. 例如，由于数是随机选取的，有理由指定

$$P_X[(a,b)] = b-a, \quad 对于\ 0<a<b<1 \tag{1.5.3}$$

由此可得，X 的概率密度函数是

$$f_X(x)=\begin{cases}1, & 0<x<1\\ 0, & 其他\end{cases} \tag{1.5.4}$$

比如，X 小于 1/8 或大于 7/8 的概率是

$$P\left[\left\{X<\frac{1}{8}\right\}\bigcup\left\{X>\frac{7}{8}\right\}\right]=\int_0^{\frac{1}{8}}\mathrm{d}x+\int_{\frac{7}{8}}^1\mathrm{d}x=\frac{1}{4}$$

注意，就这个实验而言，用离散概率模型刻画是不可能的. 对于任意点 a，$0<a<1$，我们可选择足够大的 n_0，使得 $0<a-n_0^{-1}<a<a+n_0^{-1}<1$，也就是$\{a\}\subset(a-n_0^{-1},a+n_0^{-1})$. 因此，

$$P(X=a)\leqslant P\left(a-\frac{1}{n}<X<a+\frac{1}{n}\right)=\frac{2}{n}, \quad 对所有\ n\geqslant n_0 \tag{1.5.5}$$

由于 $n\to\infty$时 $2/n\to 0$，并且 a 是任意的，我们可以得出对于所有 $a\in(0,1)$，$P(X=a)=0$ 的结论. 因此，对于这个模型来说，合理的概率密度函数式(1.5.4)排除了离散概率模型. ■

注释 1.5.1 在式(1.5.1)与式(1.5.2)中，p_X 与 f_X中的下标 X 分别表示随机变量的概率质量函数与概率密度函数. 尤其是讨论时存在几个随机变量时，我们往往使用这种记号. 另一方面，如果随机变量的意义清楚可见，就不用如此下标. ■

离散随机变量的概率质量函数与连续随机变量的概率密度函数确实是完全不同的. 不过，分布函数可以唯一决定随机变量的概率分布. 下面给出定义.

定义 1.5.2(累积分布函数) 设 X 表示随机变量. 于是，它的**累积分布函数**(cumulative distribution function)是由

$$F_X(x) = P_X((-\infty, x]) = P(\{c \in \mathcal{C}: X(c) \leqslant x\}) \tag{1.5.6}$$

定义的.

如上所述，我们将 $P(\{c\in\mathcal{C}:\ X(c)\leqslant x\})$简化成 $P(X\leqslant x)$. 此外，$F_X(x)$经常被直接称为分布函数. 然而，在本节，我们使用修饰语"累积"(cumulative)一词，因为$F_X(x)$是累积小于或等于 x 的概率. ■

下面的例子将讨论离散随机变量的累积分布函数.

例 1.5.3 假设我们抛掷一颗公平的骰子，它上面标有数字 1～6. 设 X 表示抛掷后的上面数字. 于是，X 的空间是$\{1,2,3,4,5,6\}$，其概率质量函数是 $p_X(i)=1/6$，对于 $i=1,2,\cdots,6$. 当 $x<1$，则 $F_X(x)=0$. 当 $1\leqslant x<2$，则 $F_X(x)=1/6$. 继续运用这种方法，可以发现 X 的累积分布函数是一个递增的阶梯函数，在 X 空间中每一个 i 处均递增 $p_x(i)$. F_X 的图形由图 1.5.1给出. 注意，如果已知累积分布函数，那么可以确定 X 的概率质量函数. ■

接下来的例子将讨论例 1.5.2 中研究的连续随机变量的累积分布函数.

例 1.5.4(例 1.5.2 续) 回顾 X 表示在 0 与 1 之间随机地选取一个实数. 设 X 表示以随机方式在 0 与 1 之间选取一个实数. 现在我们求 X 的累积分布函数. 首先，如果 $x<0$，那么 $P(X\leqslant x)=0$. 其次，如果 $x\geqslant 1$，那么 $P(X\leqslant x)=1$. 最后，如果 $0<x<1$，由表达式(1.5.3)可得，$P(X\leqslant x)=P(0<X\leqslant x)=x-0=x$. 因此，$X$ 的累积分布函数是

$$F_X(x) = \begin{cases} 0, & \text{如果 } x < 0 \\ x, & \text{如果 } 0 \leqslant x < 1 \\ 1, & \text{如果 } x \geqslant 1 \end{cases} \tag{1.5.7}$$

X 的累积分布函数草图已由图 1.5.2 给出 . 不过，注意，对于这个实验 $f_X(x)$来说，$F_X(x)$与概率密度函数之间联系由例 1.5.2 给出，即

$$F_X(x) = \int_{-\infty}^{x} f_X(t)\,\mathrm{d}t, \quad \text{对于所有 } x \in R$$

而且除了 $x=0$ 与 $x=1$ 之外，对于所有 $x\in R$，$\frac{\mathrm{d}}{\mathrm{d}x}F_X(x)=f_X(x)$. ■

设 X 与 Y 表示两个随机变量. 我们说 X 与 Y 依分布是相等的，并且写成 $X\overset{D}{=}Y$ 当且仅当对于所有 $x\in R$，$F_X(x)=F_Y(x)$. 重要的是要注意，尽管 X 与 Y 依分布是相等的，但它们或许截然不同. 例如，在上面事例中，将随机变量 Y 定义成 $Y=1-X$. 于是，$Y\neq X$. 但是，与 X 的一样，Y 的空间是区间$(0,1)$. 进一步地，对于 $y<0$，Y 的累积分布函数为 0；对于 $y\geqslant 1$，累积分布函数为 1；而对于 $0\leqslant y<1$，累积分布函数为

$$F_Y(y) = P(Y \leqslant y) = P(1 - X \leqslant y) = P(X \geqslant 1 - y) = 1 - (1 - y) = y$$

因此，Y 的累积分布函数与 X 的累积分布函数相同，也就是 $Y\overset{D}{=}X$，但 $Y\neq X$.

图 1.5.1 与图 1.5.2 所示的累积分布函数是具有下界 0 与上界 1 的递增函数. 在两个图中，累积分布函数至少是右连续的. 正如下一节定理所证明的，这些性质通常是正确的.

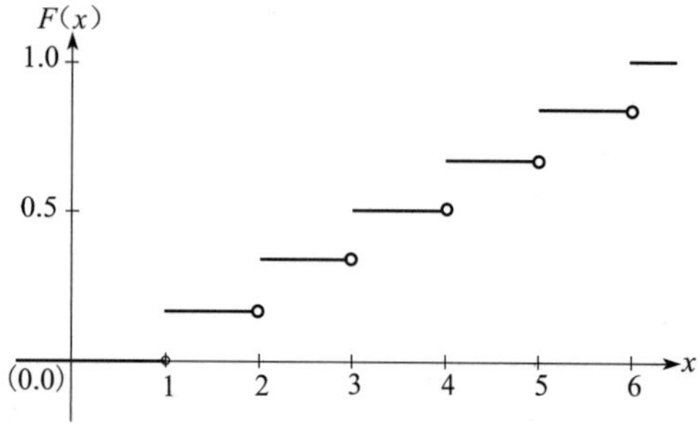

图 1.5.1 例 1.5.3 的分布函数

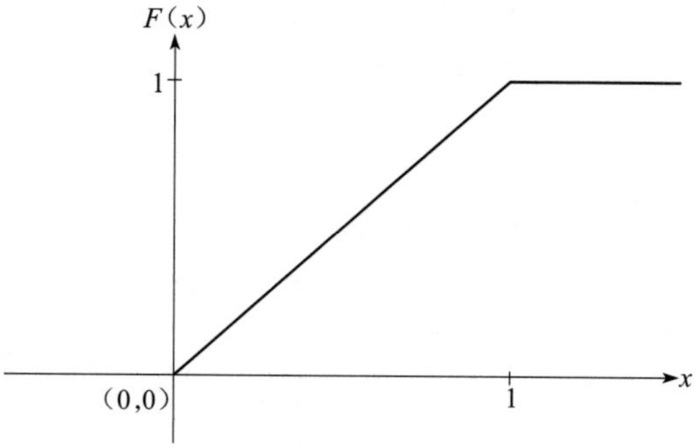

图 1.5.2 例 1.5.4 的分布函数

定理 1.5.1 设 X 表示具有累积分布函数 $F(x)$ 的随机变量，于是，

(a) 对于所有 a 与 b，如果 $a<b$，那么 $F(a)\leqslant F(b)$（F 为非递减函数）.

(b) $\lim\limits_{x\to-\infty}F(x)=0$（$F$ 的下界为 0）.

(c) $\lim\limits_{x\to\infty}F(x)=1$（$F$ 的上界为 1）.

(d) $\lim\limits_{x\downarrow x_0}F(x)=F(x_0)$（$F$ 为右连续的）.

证：我们证明(a)与(d)部分，而把(b)与(c)部分留作习题 1.5.10.

(a) 由于 $a<b$，我们有 $\{X\leqslant a\}\subset\{X\leqslant b\}$. 于是，由 P 的单调性可得此结果，参看定理 1.3.3.

(d) 设 $\{x_n\}$ 表示任何实数序列，使得 $x_n\downarrow x_0$. 令 $C_n=\{X\leqslant x_n\}$. 于是，集合序列 $\{C_n\}$ 为递减的，而 $\bigcap\limits_{n=1}^{\infty}C_n=\{X\leqslant x_0\}$. 因此，由定理 1.3.6，

$$\lim_{n\to\infty}F(x_n)=P\left(\bigcap_{n=1}^{\infty}C_n\right)=F(x_0)$$

这是期待的结果. ■

下面的定理有助于利用累积分布函数计算概率.

定理 1.5.2 设 X 表示具有累积分布函数为 F_X 的随机变量. 于是，对于 $a<b$

$$P[a<X\leqslant b]=F_X(b)-F_X(a)$$

证：注意，

$$\{-\infty<X\leqslant b\}=\{-\infty<X\leqslant a\}\cup\{a<X\leqslant b\}$$

由于这一式子的右边是互不相交并，所以此结果的证明由此立刻得证. ■

例 1.5.5 设 X 表示机器部件的寿命时间(年). 假定 X 具有累积分布函数

$$F_X(x)=\begin{cases}0, & x<0\\ 1-\mathrm{e}^{-x}, & 0\leqslant x\end{cases}$$

X 的概率密度函数 $\dfrac{\mathrm{d}}{\mathrm{d}x}F_X(x)$ 是

$$f_X(x)=\begin{cases}\mathrm{e}^{-x}, & 0<x<\infty\\ 0, & \text{其他}\end{cases}$$

实际上，此导数在 $x=0$ 处不存在，不过在连续情况下，下面的定理 1.5.3 将证明 $P(X=0)=0$，同时可指定 $f_X(0)=0$ 而不会改变 X 的概率．具有 1 年到 3 年生存时间部件的概率是由

$$P(1<X\leqslant 3)=F_X(3)-F_X(1)=\int_1^3 \mathrm{e}^{-x}\mathrm{d}x$$

给出的．也就是说，概率可由 $F_X(3)-F_X(1)$ 建立起来，或者计算此积分．在这两种情况下，它等于 $\mathrm{e}^{-1}-\mathrm{e}^{-3}=0.318$. ■

定理 1.5.1 已证明，累积分布函数是右连续且单调的．可以证明，这类函数仅有可数个不连续点．正如下面的定理所证明的，累积分布函数的不连续点具有质量；也就是说，如果 x 为 F_X 的不连续点，那么有 $P(X=x)>0$.

定理 1.5.3　对于任何随机变量，

$$P[X=x]=F_X(x)-F_X(x-) \tag{1.5.8}$$

对于所有 $x\in R$，其中 $F_X(x-)=\lim\limits_{z\uparrow x}F_X(z)$ 都成立.

证：对于任何 $x\in R$，我们有

$$\{x\}=\bigcap_{n=1}^{\infty}\left(x-\frac{1}{n},x\right]$$

也就是说，$\{x\}$ 是递减的集合序列极限．因此，由定理 1.3.6，

$$\begin{aligned}P[X=x]&=P\left[\bigcap_{n=1}^{\infty}\left\{x-\frac{1}{n}<X\leqslant x\right\}\right]=\lim_{n\to\infty}P\left[x-\frac{1}{n}<X\leqslant x\right]\\&=\lim_{n\to\infty}[F_X(x)-F_X(x-1/n)]=F_X(x)-F_X(x-)\end{aligned}$$

这是想要的结果. ■

例 1.5.6　设 X 具有不连续的累积分布函数

$$F_X(x)=\begin{cases}0, & x<0\\ x/2, & 0\leqslant x<1\\ 1, & 1\leqslant x\end{cases}$$

于是，

$$P(-1<X\leqslant 1/2)=F_X(1/2)-F_X(-1)=\frac{1}{4}-0=\frac{1}{4}$$

且

$$P(X=1)=F_X(1)-F_X(1-)=1-\frac{1}{2}=\frac{1}{2}$$

值 1/2 等于 F_X 在 $x=1$ 处的跳跃值. ■

不论随机变量 X 是具有概率质量函数为 $p_X(x)$ 的离散形式，还是具有概率密度函数为 $f_X(x)$ 的连续形式，由于与 X 有关的全概率为 1，从而

$$\sum_{x\in\mathcal{D}}p_X(x)=1 \quad 与 \quad \int_{\mathcal{D}}f_X(x)\mathrm{d}x=1$$

必成立，其中 $\mathcal{D}$ 表示 X 的空间．如同下面两个例子所证明的，倘若我们知道概率质量函数或概率密度函数，或者与它们至多只差一个比例常数，就可运用此性质决定概率质量函数

或概率密度函数.

例 1.5.7　假定 X 具有概率质量函数

$$p_X(x)=\begin{cases}cx, & x=1,2,\cdots,10\\ 0, & \text{其他}\end{cases}$$

于是，

$$1=\sum_{x=1}^{10}p_X(x)=\sum_{x=1}^{10}cx=c(1+2+\cdots+10)=55c$$

从而，$c=1/55$. ■

例 1.5.8　假定 X 具有概率密度函数

$$f_X(x)=\begin{cases}cx^3, & 0<x<2\\ 0, & \text{其他}\end{cases}$$

于是，

$$1=\int_0^2 cx^3\,\mathrm{d}x=c\left[\frac{x^4}{4}\right]_0^2=4c$$

从而，$c=1/4$. 为了阐明有关 X 的概率计算，我们有

$$P\left(\frac{1}{4}<X<1\right)=\int_{1/4}^{1}\frac{x^3}{4}\mathrm{d}x=\frac{255}{4096}=0.062\,26$$ ■

习题

1.5.1　设从普通扑克牌中抽取一张. 结果 c 是这 52 张牌之一. 如果 c 为 A，令 $X(c)=4$，如果 c 为 K，令 $X(c)=3$，如果 c 为 Q，令 $X(c)=2$，如果 c 为 J，令 $X(c)=1$，除上述之外，令 $X(c)=0$. 假定 P 对每一个结果 c 均指定 $\frac{1}{52}$ 的概率. 叙述随机变量 X 空间 $\mathcal{D}=\{0,1,2,3,4\}$ 上的诱导概率 $P_X(D)$.

1.5.2　对于下述内容，求常数 c，以使 $p(x)$ 满足作为单一随机变量 X 的概率质量函数的条件.

(a) $p(x)=c\left(\frac{2}{3}\right)^x$，$x=1,2,3,\cdots$，其他为 0.

(b) $p(x)=cx$，$x=1,2,3,4,5,6$，其他为 0.

1.5.3　设 $p_X(x)=x/15$，$x=1,2,3,4,5$，其他为 0，表示 X 的概率质量函数. 求 $P(X=1 \text{ 或 } 2)$，$P\left(\frac{1}{2}<X<\frac{5}{2}\right)$ 以及 $P(1\leqslant X\leqslant 2)$.

1.5.4　设 $p_X(x)$ 是随机变量 X 的概率质量函数. 如果

(a) $p_X(x)=1$，$x=0$，其他为 0.

(b) $p_X(x)=\frac{1}{3}$，$x=-1$，0，1，其他为 0.

(c) $p_X(x)=x/15$，$x=1,2,3,4,5$，其他为 0.

求 X 的累积分布函数，并画出它的图形，以及 $p_X(x)$ 的图形.

1.5.5　设从普通扑克牌中以随机且不放回方式抽取 5 张.

(a) 求 5 张牌中红桃个数 X 的概率质量函数.

(b) 求 $P(X\leqslant 1)$.

1.5.6　设随机变量 X 的概率集合函数 $P_X(D)$ 是 $P_X(D)=\int_D f(x)\mathrm{d}x$，其中 $f(x)=2x/9$，$x\in\mathcal{D}=\{x:$

$0<x<3\}$. 设 $D_1=\{x: 0<x<1\}$, $D_2=\{x: 2<x<3\}$. 计算 $P_X(D_1)$、$P_X(D_2)$以及 $P_X(D_1\cup D_2)$.

1.5.7 设随机变量 X 的空间是$\mathcal{D}=\{x: 0<x<1\}$. 如果 $D_1=\left\{x: 0<x<\frac{1}{2}\right\}$且 $D_2=\left\{x: \frac{1}{2}\leqslant x<1\right\}$, 若 $P_X(D_1)=\frac{1}{4}$, 求 $P_X(D_2)$.

1.5.8 设随机变量 X 具有累积分布函数

$$F(x)=\begin{cases}0, & x<-1\\ \dfrac{x+2}{4}, & -1\leqslant x<1\\ 1, & 1\leqslant x\end{cases}$$

编写一个 R 函数来绘制 $F(X)$的图形。利用图形求出下面的概率: (a) $P\left(-\frac{1}{2}<X\leqslant\frac{1}{2}\right)$; (b) $P(X=0)$; (c) $P(X=1)$; (d) $P(2<X\leqslant 3)$.

1.5.9 考察一个缸里装有 100 张纸条, 每张纸条上记有 $1,2,\cdots,100$ 中的一个数. 假定对于 $i=1,2,\cdots,100$ 来说, 第 i 张纸条上标记数 i. 例如, 存在着标记数 25 的第 25 张纸条. 假定纸条除了数不同之外其他都是一样的. 假定随机地抽取一张纸条. 设 X 表示该纸条上标记的数.

(a) 证明, X 的概率质量函数是 $p(x)=x/5050$, $x=1,2,3,\cdots,100$, 其他为 0.

(b) 计算 $P(X\leqslant 50)$.

(c) 证明 X 的累积分布函数是 $F(x)=[x]([x]+1)/10\,100$, $1\leqslant x\leqslant 100$, 其中$[x]$表示关于 x 的最大整数.

1.5.10 证明定理 1.5.1 中的(b)部分与(c)部分.

1.5.11 设 X 是一个随机变量, 其空间为$\mathcal{D}$. 对于 $D\subset\mathcal{D}$, 回顾由 X 诱导的概率为 $P_X(D)=P[\{c: X(c)\in D\}]$. 证明 $P_X(D)$是概率, 这可通过证明下述内容完成.

(a) $P_X(D)=1$

(b) $P_X(D)\geqslant 0$

(c) 对于$\mathcal{D}$中的集合序列$\{D_n\}$, 证明

$$\{c: X(c)\in \cup_n D_n\}=\cup_n\{c: X(c)\in D_n\}$$

(d) 运用(c)内容证明, 如果$\{D_n\}$是互斥事件, 那么

$$P_X\left(\bigcup_{n=1}^{\infty}D_n\right)=\sum_{n=1}^{\infty}P_X(D_n)$$

注释 1.5.2 在概率论课程, 我们可以证明$\mathcal{D}$的 σ 域(事件集合)是一个包含实数所有开区间的最小域, 参看习题 1.3.24. 对于离散与连续随机变量来说, 此种事件集合是足够大的. ■

1.6 离散随机变量

在上一节中, 遇到的第一个随机变量的例子是离散随机变量的事例, 这可定义如下.

定义 1.6.1(离散随机变量) 如果一个随机变量的空间要么是有限的, 要么是可数的, 则我们称这个随机变量为离散随机变量.

如果集合$\mathcal{D}$的元素是可列出的, 也就是在$\mathcal{D}$与正整数之间存在一一对应, 则称集合$\mathcal{D}$是可数的.

例 1.6.1 考察独立抛一枚硬币的序列, 每一次结果为正面(H)或者反面(T). 此外, 对于每一次抛掷, 我们均假定 H 与 T 是等可能的, 即 $P(\mathrm{H})=P(\mathrm{T})=\frac{1}{2}$. 样本空间$\mathcal{C}$是由

像 TTHTHHT…这样的序列所构成的. 设随机变量 X 等于为获得出现首次正面所需要的抛掷次数. 对于这个给定序列来说，$X(\text{TTHTHHT}\cdots)=3$. 显然，$X$ 的空间是$\mathcal{D}=\{1,2,3,4,\cdots\}$. 我们看到，当序列以 H 开始时，$X=1$，因而 $P(X=1)=\frac{1}{2}$. 同样地，当序列以 TH 开始时，由独立性知，其概率 $P(X=2)=\left(\frac{1}{2}\right)\left(\frac{1}{2}\right)=\frac{1}{4}$. 更一般地，如果 $X=x$，其中 $x=1,2,3,4,\cdots$，在正面之前必定有 $x-1$ 个反面，也就是 TT…TH，H 前面有 $x-1$ 个 T. 因而，由独立性，我们有

$$P(X=x)=\left(\frac{1}{2}\right)^{x-1}\left(\frac{1}{2}\right)=\left(\frac{1}{2}\right)^{x},\quad x=1,2,3,\cdots \tag{1.6.1}$$

其空间是可数的. 一个有意思的事件是抛掷硬币奇数次而首次出现正面，也就是 $X\in\{1,3,5,\cdots\}$. 此事件概率为

$$P[X\in\{1,3,5,\cdots\}]=\sum_{x=1}^{\infty}\left(\frac{1}{2}\right)^{2x-1}=\frac{1}{2}\sum_{x=1}^{\infty}\left(\frac{1}{4}\right)^{x-1}=\frac{1/2}{1-(1/4)}=\frac{2}{3}$$ ■

正如刚才的例子所表明的，对于 $x\in\mathcal{D}$，关于离散随机变量的概率可根据概率 $P(X=x)$ 获得. 利用这些概率，我们可定义下面的重要函数.

定义 1.6.2(概率质量函数)　设 X 表示具有空间$\mathcal{D}$的离散随机变量. X 的**概率质量函数**是由

$$p_X(x)=P[X=x],\quad \text{对于 } x\in\mathcal{D} \tag{1.6.2}$$

给出的.

注意，概率质量函数满足下述两个性质：

$$\text{(i)}\quad 0\leqslant p_X(x)\leqslant 1,\quad x\in\mathcal{D}\quad 与\quad \text{(ii)}\sum_{x\in\mathcal{D}}p_X(x)=1 \tag{1.6.3}$$

在更高等的课程中，可以证明，对于离散集合$\mathcal{D}$，若一个函数满足性质(i)与(ii)，则此函数唯一决定随机变量的分布.

设 X 是具有空间$\mathcal{D}$的离散随机变量. 如同定义 1.5.3 所表明的，$F_X(x)$的不连续点定义了质量；也就是说，如果 x 是 F_X 的不连续点，那么 $P(X=x)>0$. 现在，要在离散随机变量的空间和这些正概率点之间加以区分. 我们将离散随机变量的**支集**(support)定义成那些具有正概率的 X 空间. 经常用$\mathcal{S}$表示 X 的支集. 注意，$\mathcal{S}\subset\mathcal{D}$，但可能有$\mathcal{S}=\mathcal{D}$.

再者，我们可运用定义 1.5.3 获得离散随机变量的概率质量函数与累积分布函数之间的关系. 如果$x\in\mathcal{S}$，那么 $p_X(x)$等于 F_X 在 x 不连续点的大小. 如果 $x\notin\mathcal{S}$，那么 $P[X=x]=0$，从而 F_X 在 x 处是连续的.

例 1.6.2　一个组件由 100 个保险丝构成，通过下述方法对其进行检查. 从这些保险丝中随机地抽取 5 个，并进行检验；如果在正常电流强度下所有 5 个都“烧断”，那么接受此组件. 实际上，假如组件中存在 20 个有缺陷的保险丝，在适当假设下，接受此组件的概率大致是

$$\frac{\binom{80}{5}}{\binom{100}{5}}=0.319\,31$$

更一般地，设随机变量 X 表示被检查的 5 个保险丝中有缺陷的保险丝个数．X 的概率质量函数是由

$$p_X(x)=\begin{cases}\dfrac{\binom{20}{x}\binom{80}{5-x}}{\binom{100}{5}}, & \text{对于 } x=0,1,2,3,4,5\\ 0, & \text{其他}\end{cases} \tag{1.6.4}$$

给出的．

很明显，X 的空间是$\mathcal{D}=\{0,1,2,3,4,5\}$，这也是它的支集．因而，这是离散随机变量的例子，其分布是**超几何分布**(hypergeometric distribution)，此分布已在第 3 章给出正式定义．基于上面的讨论，很容易画出 X 的累积分布函数，参看习题 1.6.5．■

变量变换

统计学中经常会遇到如下问题．我们拥有随机变量 X，并知道其分布．我们对随机变量 Y 感兴趣，尽管 Y 是 X 的某个**变换**(transformation)，比如 $Y=g(X)$．特别地，我们想要确定 Y 的分布．假定 X 是离散的，具有空间$\mathcal{D}_X$．于是，Y 的空间是$\mathcal{D}_Y=\{g(x):x\in\mathcal{D}_X\}$．下面考虑两种情况．

在第一种情况下，g 是一对一的．于是，很明显可得出，Y 的概率质量函数为

$$p_Y(y)=P[Y=y]=P[g(X)=y]=P[X=g^{-1}(y)]=p_X(g^{-1}(y)) \tag{1.6.5}$$

例 1.6.3　考察例 1.6.1 的几何随机变量．回想起 X 是首次出现正面的抛掷次数．设 Y 表示首次出现正面之前的抛掷次数．于是，$Y=X-1$．在此情况下，函数 g 是$g(x)=x-1$，它的反函数是由 $g^{-1}(y)=y+1$ 给出的．Y 的空间是 $D_Y=\{0,1,2,\cdots\}$．X 的概率质量函数已由式(1.6.1)给出，从而建立在表达式(1.6.5)的基础上，Y 的概率质量函数为

$$p_Y(y)=p_Y(y+1)=\left(\frac{1}{2}\right)^{y+1},\quad \text{对于 } y=0,1,2,\cdots$$ ■

例 1.6.4　设 X 具有概率质量函数

$$p_X(x)=\begin{cases}\dfrac{3!}{x!(3-x)!}\left(\dfrac{2}{3}\right)^x\left(\dfrac{1}{3}\right)^{3-x}, & x=0,1,2,3\\ 0, & \text{其他}\end{cases}$$

我们计算随机变量 $Y=X^2$ 的概率质量函数 $p_Y(y)$．变换 $y=g(x)=x^2$ 把$\mathcal{D}_X=\{x:x=0,1,2,3\}$映射到$\mathcal{D}_Y=\{y:y=0,1,4,9\}$．通常，$y=x^2$ 并没有定义出一对一变换；然而这里却可以，因为$\mathcal{D}_X=\{x:x=0,1,2,3\}$不存在 x 的负值．也就是说，我们拥有单值反函数 $x=g^{-1}(y)=\sqrt{y}$(不是$-\sqrt{y}$)，所以

$$p_Y(y)=p_X(\sqrt{y})=\frac{3!}{(\sqrt{y})!(3-\sqrt{y})!}\left(\frac{2}{3}\right)^{\sqrt{y}}\left(\frac{1}{3}\right)^{3-\sqrt{y}},\quad y=0,1,4,9$$ ■

第二种情况是，变量变换 $g(x)$不是一对一的．相反，要发展一种全面规则，对于涉及离散随机变量的大多数应用来说，能以直接方式获得 Y 的概率质量函数．我们举出两个事例加以说明．

考察例 1.6.3 中的几何随机变量．假定我们与“赌场老板”玩游戏(比如，赌场抽彩)．

如果首次正面是在抛掷奇数次出现的，那么我们支付给赌场老板一美元，而当首次正面是在抛掷偶数次出现时，我们从赌场老板那里赢得一美元. 设 Y 表示我们的净赢利. 于是，Y 的空间为$\{-1,1\}$. 在例 1.6.1 中，已经证明，X 为奇数的概率是 2/3. 因此，Y 的分布由$p_Y(-1)=2/3$ 与 $p_Y(1)=1/3$ 给出.

举第二个事例，设 $Z=(X-2)^2$，其中 X 表示例 1.6.1 的几何随机变量. 于是，Z 的空间是$\mathcal{D}_Z=\{0,1,4,9,16,\cdots\}$. 注意，$Z=0$ 当且仅当 $X=2$；$Z=1$ 当且仅当 $X=1$ 或$X=3$；而对于空间中的其他值而言，对于 $z\in\{4,9,16,\cdots\}$，存在着由 $x=\sqrt{z}+2$ 给出的一一对应. 因此，Z 的概率质量函数是：

$$p_Z(z)=\begin{cases} p_X(2)=\dfrac{1}{4}, & \text{对于 } z=0 \\ p_X(1)+p_X(3)=\dfrac{5}{8}, & \text{对于 } z=1 \\ p_X(\sqrt{z}+2)=\dfrac{1}{4}\left(\dfrac{1}{2}\right)^{\sqrt{z}}, & \text{对于}, z=4,9,16,\cdots \end{cases} \tag{1.6.6}$$

需要证实 Z 的概率质量函数在其定义域空间上的和为 1，习题 1.6.11 要求读者加以证明.

习题

1.6.1 设 X 等于独立抛掷 4 次硬币出现正面的次数. 利用某种假设，确定 X 的概率质量函数，并计算 X 等于奇数的概率.

1.6.2 设一个筹码盒装有 10 个筹码，其大小和形状均一样. 这些筹码中有一个唯一的红筹码. 从此筹码盒中连续不断地抽取筹码，以随机且不放回方式每次抽取一个，一直到抽取红筹码为止.

(a) 求为了抽取到红筹码而需要实验的次数 X 的概率质量函数.

(b) 计算 $P(X\leqslant 4)$.

1.6.3 独立多次掷一颗骰子，一直到骰子朝上面出现 6 为止.

(a) 求为了获得首次出现 6 而需要掷骰子的次数 X 的概率质量函数 $p(x)$.

(b) 证明 $\sum_{x=1}^{\infty} p(x)=1$.

(c) 确定 $P(X=1,3,5,7,\cdots)$.

(d) 求累积分布函数 $F(x)=P(X\leqslant x)$.

1.6.4 独立掷骰子两次，并设 X 等于两次所得结果值(面朝上点数)之差的绝对值. 求 X 的概率质量函数.

提示：不一定求出概率质量函数的公式.

1.6.5 对于例 1.6.2 所定义的随机变量 X：

(a) 编写一个 R 函数来得到概率质量函数，注意，在 R 中 `choose(m,k)`可以计算$\binom{m}{k}$.

(b) 编写一个 R 函数，绘制累积分布函数的图形.

1.6.6 对于例 1.6.1 所定义的随机变量 X，画出 X 的累积分布函数.

1.6.7 设 X 具有概率质量函数 $p(x)=\frac{1}{3}$，$x=1,2,3$，其他为 0. 求 $Y=2X+1$ 的概率质量函数.

1.6.8 设 X 具有概率质量函数 $p(x)=\left(\frac{1}{2}\right)^x$，$x=1,2,3,\cdots$. 其他为 0. 求 $Y=X^3$ 的概率质量函数.

1.6.9 设 X 具有概率质量函数 $p(x)=1/3$，$x=-1,0,1$. 求 $Y=X^2$ 的概率质量函数.

1.6.10 设 X 具有概率质量函数

$$p(x) = \left(\frac{1}{2}\right)^{|x|}, \quad x = -1, -2, -3, \cdots$$

求 $Y=X^4$ 的概率质量函数.

1.6.11 证明，由式(1.6.6)给出的函数是概率质量函数.

1.7 连续随机变量

前面一节已讨论了离散随机变量. 统计应用中另一种重要的随机变量类型是我们下面将要定义的连续随机变量.

定义 1.7.1(连续随机变量) 如果一个随机变量的累积分布函数 $F_X(x)$ 是连续的，对于所有 $x\in\mathbb{R}$ 都成立，则我们称这个随机变量是连续随机变量(continuous random variable).

回顾定理 1.5.3，对于任何随机变量 X，$P(X=x)=F_X(x)-F_X(x-)$. 因此，对于连续随机变量 X 来说，不存在离散质量. 也就是说，如果 X 为连续的，那么对于所有 $x\in\mathbb{R}$，$P(X=x)=0$. 大部分的连续随机变量均是绝对连续的，即对于某个函数 $f_X(t)$，

$$F_X(x) = \int_{-\infty}^{x} f_X(t)\,\mathrm{d}t \tag{1.7.1}$$

称函数 $f_X(t)$ 为 X 的**概率密度函数**(pdf). 假如 $f_X(x)$ 还是连续的，则由微分学基本定理，这蕴含着

$$\frac{\mathrm{d}}{\mathrm{d}x}F_X(x) = f_X(x) \tag{1.7.2}$$

连续随机变量 X 的**支集**(support)是由使得 $f_X(x)>0$ 的所有点构成的. 正如离散情况一样，经常用 $\mathcal{S}$ 表示 X 的支集.

若 X 为连续随机变量，则概率可由积分来得到，也就是

$$P(a < X \leqslant b) = F_X(b) - F_X(a) = \int_a^b f_X(t)\,\mathrm{d}t$$

再者，对于连续随机变量来说，$P(a<X\leqslant b)=P(a\leqslant X\leqslant b)=P(a\leqslant X<b)=P(a<X<b)$.

由定义(1.7.1)，概率密度函数满足两个性质

$$\text{(i)}\quad f_X(x) \geqslant 0 \quad \text{且} \quad \text{(ii)}\quad \int_{-\infty}^{\infty} f_X(t)\,\mathrm{d}t = 1 \tag{1.7.3}$$

当然，第二个性质可从 $F_X(\infty)=1$ 得到. 在概率方面更高等的课程中，可以证明，如果一个函数满足上述两个性质，那么它就是连续随机变量的概率密度函数，例如参看 Tucker(1967).

回忆例 1.5.2 的简单实验，那里数是从区间(0,1)中以随机方式选取而得到的. 所取到的数 X 是连续随机变量的例子. 由前面的知识可知，对于 $x\in(0,1)$，X 的累积分布函数是 $F_X(x)=x$. 因此，X 的概率密度函数是由

$$f_X(x) = \begin{cases} 1, & 0 < x < 1 \\ 0, & \text{其他} \end{cases} \tag{1.7.4}$$

给出的. 对于任何连续或离散随机变量 X，若它的概率密度函数或概率质量函数在 X 支集上是常数，则称它服从均匀分布. 参看第 3 章给出的更正式的定义.

例 1.7.1(在单位圆内随机选取点) 假定我们在半径为 1 的圆内随机选取一点．设 X 表示从原点到所选取点的距离．此实验的样本空间是$\mathcal{C}=\{(w,y): w^2+y^2<1\}$．因为点是以随机方式选取的，看起来拥有相等面积的$\mathcal{C}$的子集是等可能的．因此，所选取的点位于$\mathcal{C}$内部集合 A 的概率与 A 的面积成正比，也就是

$$P(A)=\frac{A\text{ 的面积}}{\pi}$$

对于 $0<x<1$，事件$\{X\leqslant x\}$等价于位于半径为 x 的圆内的点．由这种概率规则，$P(X\leqslant x)=\pi x^2/\pi=x^2$，从而 X 的累积分布函数是

$$F_X(x)=\begin{cases}0, & x<0\\ x^2, & 0\leqslant x<1\\ 1, & 1\leqslant x\end{cases} \tag{1.7.5}$$

对 $F_X(x)$求导数，得到 X 的概率密度函数

$$f_X(x)=\begin{cases}2x, & 0\leqslant x<1\\ 0, & \text{其他}\end{cases} \tag{1.7.6}$$

给出．举一个例子，所选取的点落入半径为 1/4 与 1/2 的环形中的概率是

$$P\left(\frac{1}{4}<X\leqslant\frac{1}{2}\right)=\int_{\frac{1}{4}}^{\frac{1}{2}}2w\mathrm{d}w=w^2\bigg|_{\frac{1}{4}}^{\frac{1}{2}}=\frac{3}{16}$$ ■

例 1.7.2 设随机变量是电话交换台来电呼叫之间以秒计量的时间．假定 X 的合理概率模型是由概率密度函数

$$f_X(x)=\begin{cases}\frac{1}{4}\mathrm{e}^{-x/4}, & 0<x<\infty\\ 0, & \text{其他}\end{cases}$$

给出的．注意，f_X 满足概率密度函数的两个性质：(i) $f(x)\geqslant 0$；

(ii) $\int_0^\infty \frac{1}{4}\mathrm{e}^{-x/4}\mathrm{d}x=[-\mathrm{e}^{-x/4}]_0^\infty=1$

举一个例子，连续呼叫时间间隔大于 4 秒的概率由

$$P(X>4)=\int_4^\infty \frac{1}{4}\mathrm{e}^{-x/4}\mathrm{d}x=\mathrm{e}^{-1}=0.3679$$

给出．关注的概率密度函数与概率均在图 1.7.1中画出．

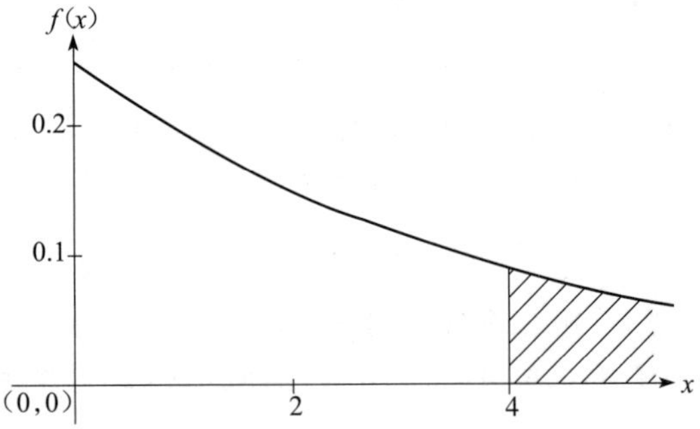

图 1.7.1　例 1.7.2，位于 4 右边的概率密度函数下的面积是 $P(X>4)$

从此图可以看出，概率密度函数具有非常长的右尾，而没有左尾．我们称这个分布向右偏的或正偏的．这是伽马分布的例子，我们将在第 3 章详细讨论它． ■

1.7.1　分位数

分位数(百分位数)是分布中容易解释的特征．

定义 1.7.2(分位数)　设 $0<p<1$. 随机变量 X 的分布的 p 阶**分位数**(quantile)是一个 ξ_p，使得 $P(X<\xi_p)\leqslant p$ 且 $P(X\leqslant\xi_p)\geqslant p$ 的值，也称为 X 的第$(100p)$**百分位数**(percentile).

分位数例子包括中位数，即分位数 $\xi_{1/2}$. 中位数也被称为第二四分位数. 中位数是 X 定义域中的一个点，它将概率密度函数的质量分为上、下两部分. 第一四分位数和第三四分位数分别是 $\xi_{1/4}$ 和 $\xi_{3/4}$，将上、下两部分又各自分为上、下两部分，我们将这些四分位数分别记为 q_1，q_2，q_3. 将差值 $\text{iq}=q_3-q_1$ 称为 X 的四分位距. 中位数经常被用作 X 分布中心的度量，而四分位距则被用作 X 分布离散程度或分散程度的度量.

即使对于连续随机变量的概率密度函数来说，不需要分位数是唯一的. 例如，区间(2,3)中的任意点作为下面概率密度函数的中位数：

$$f(x)=\begin{cases}3(1-x)(x-2), & 1<x<2\\ 3(3-x)(x-4), & 3<x<4\\ 0, & \text{其他}\end{cases}\tag{1.7.7}$$

然而，如果一个分位数比如 ξ_p，是绝对连续随机变量 X 的支集，此连续随机变量具有累积分布函数 $F_X(x)$，那么 ξ_p 是方程

$$\xi_p=F_X^{-1}(p)\tag{1.7.8}$$

的唯一解，其中 $F_X^{-1}(u)$表示 $F_X(x)$的反函数. 下面举一个例子来说明分位数.

例 1.7.3　设 X 是连续随机变量，它的概率密度函数是

$$f(x)=\frac{e^x}{(1+5e^x)^{1.2}},\quad -\infty<x<\infty\tag{1.7.9}$$

这个概率密度函数是 $\log F$ 分布族的成员，经常用它对寿命数据对数进行建模. 注意，X 具有支集空间$(-\infty,\infty)$. X 的累积分布函数是

$$F(x)=1-(1+5e^{-x})^{-0.2},\quad -\infty<x<\infty$$

这可通过证明 $F'(x)=f(x)$而立即得到. 对于累积分布函数的反函数，设 $u=F(x)$并求解 u，经过代数运算可以得出

$$F^{-1}(u)=\log\{0.2[(1-u)^{-5}-1]\},\quad 0<u<1$$

因此，$\xi_p=F_X^{-1}(p)=\log\{0.2[(1-p)^{-5}-1]\}$. 利用下面三个 R 函数分别计算 F 的概率密度函数、累积分布函数以及 F 反函数的累积分布函数. 这些代码可以在序言列出的网站下载.

```
dlogF <- function(x){exp(x)/(1+5*exp(x))^(1.2)}
plogF <- function(x){1- (1+5*exp(x))^(-.2)}
qlogF <- function(x){log(.2*((1-x)^(-5) - 1))}
```

一旦获得 R 函数 qlogF，就可用它计算分位数. 下面 R 代码的结果是三个四分位数.

```
qlogF(.25) ; qlogF(.50); qlogF(.75)
-0.4419242; 1.824549; 5.321057
```

图 1.7.2 显示此概率密度函数及其四分位数图. 注意，这是右偏分布的另一个例子，即右侧尾部比左侧尾部长得多. 就服从这种分布的机械部件的对数寿命而言，可以得出，50%的部件寿命超过 1.83 对数单位，25%的部件寿命超过 5.32 对数单位. 由于右侧尾巴更长一些，所以有些组件部分的寿命就会很长. ■

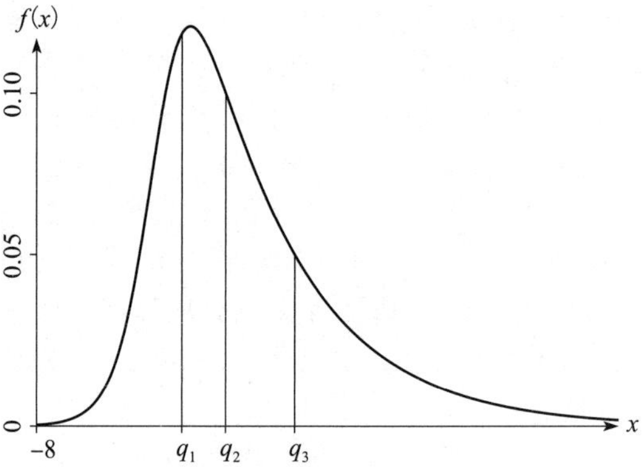

图 1.7.2　式(1.7.9)的概率密度函数图形给出的分布的三个四分位数 q_1，q_2，q_3. 这四个部分的概率质量都是 1/4

1.7.2　变量变换

设 X 是具有已知概率密度函数的连续随机变量. 如同离散情况一样，Y 是 X 的某个**变换**(transformation)，比如$Y=g(X)$，我们经常对随机变量 Y 的分布感兴趣. 我们往往首先通过获得 Y 的累积分布函数来获得它的概率密度函数. 以两个例子来阐明这点.

例 1.7.4　设 X 表示例 1.7.1 中的随机变量. 前面提及，X 是从原点到随机选取的单位圆内点的距离. 然而，假如我们对此距离的平方感兴趣，也就是令 $Y=X^2$. Y 的支集与 X 的支集一样，也就是$\mathcal{S}_Y=(0,1)$. Y 的累积分布函数是什么呢？由式(1.7.5)知，X 的累积分布函数是

$$F_X(x)=\begin{cases}0, & x<0\\ x^2, & 0\leqslant x<1\\ 1, & 1\leqslant x\end{cases}\tag{1.7.10}$$

设 y 位于 Y 的支集内，即 $0<y<1$. 于是，若利用式(1.7.10)与 X 的支集只包含正数的事实，Y 的累积分布函数是

$$F_Y(y)=P(Y\leqslant y)=P(X^2\leqslant y)=P(X\leqslant\sqrt{y})=F_X(\sqrt{y})=\sqrt{y}^2=y$$

由此可得，Y 的概率密度函数是

$$f_Y(y)=\begin{cases}1, & 0<y<1\\ 0, & 其他\end{cases}$$ ■

例 1.7.5　设 $f_X(x)=\frac{1}{2}$，$-1<x<1$，其他为 0，表示随机变量 X 的概率密度函数. 注意，X 在支集$(-1,1)$上具有均匀分布. 通过$Y=X^2$ 定义随机变量 Y. 我们想要求 Y 的概率密度函数. 如果 $y\geqslant 0$，那么概率 $P(Y\leqslant y)$等价于

$$P(X^2\leqslant y)=P(-\sqrt{y}\leqslant X\leqslant\sqrt{y})$$

因此，Y 的累积分布函数 $F_Y(y)=P(Y\leqslant y)$可由

$$F_Y(y)=\begin{cases}0, & y<0\\ \int_{-\sqrt{y}}^{\sqrt{y}}\frac{1}{2}\mathrm{d}x=\sqrt{y}, & 0\leqslant y<1\\ 1, & 1\leqslant y\end{cases}$$

给出. 从而，Y 的概率密度函数是由

$$f_Y(y)=\begin{cases}\dfrac{1}{2\sqrt{y}}, & 0<y<1\\ 0, & \text{其他}\end{cases}$$

给出的. ■

这些例子阐明了累积分布函数的技巧. 例 1.7.4 的变量变换是一一对应的，在这些情况下，可依据 X 的概率密度函数获得 Y 的概率密度函数的简单公式，我们用下面定理的形式加以表述.

定理 1.7.1 设 X 表示具有概率密度函数 $f_X(x)$ 以及支集 $\mathcal{S}_X$ 的连续随机变量. 设 $Y=g(X)$，其中 $g(x)$ 表示支集 $\mathcal{S}_X$ 上一一对应的可微函数，而用 $x=g^{-1}(y)$ 表示 g 的反函数，并设 $\mathrm{d}x/\mathrm{d}y=\mathrm{d}[g^{-1}(y)]/\mathrm{d}y$. 于是，$Y$ 的概率密度函数由

$$f_Y(y)=f_X(g^{-1}(y))\left|\frac{\mathrm{d}x}{\mathrm{d}y}\right|,\quad \text{对于 } y\in\mathcal{S}_Y \tag{1.7.11}$$

给出，其中 Y 的支集是集合 $\mathcal{S}_Y=\{y=g(x):\ x\in\mathcal{S}_X\}$.

证： 由于 $g(x)$ 是一一对应且连续的，所以它要么是严格单调递增的，要么是严格单调递减的. 现在，假定它是严格单调递增的. Y 的累积分布函数由

$$F_Y(y)=P[Y\leqslant y]=P[g(X)\leqslant y]=P[X\leqslant g^{-1}(y)]=F_X(g^{-1}(y)) \tag{1.7.12}$$

给出. 从而，Y 的概率密度函数是

$$f_Y(y)=\frac{\mathrm{d}}{\mathrm{d}y}F_Y(y)=f_X(g^{-1}(y))\frac{\mathrm{d}x}{\mathrm{d}y} \tag{1.7.13}$$

其中 $\mathrm{d}x/\mathrm{d}y$ 表示函数 $x=g^{-1}(y)$ 的导数. 在此情况下，由于 g 是递增的，所以 $\mathrm{d}x/\mathrm{d}y>0$. 因此，写成 $\mathrm{d}x/\mathrm{d}y=|\mathrm{d}x/\mathrm{d}y|$.

假定 $g(x)$ 严格单调递减. 因而，式(1.7.12)变成 $F_Y(y)=1-F_X(g^{-1}(y))$. 因此，Y 的概率密度函数是 $f_Y(y)=f_X(g^{-1}(y))(-\mathrm{d}x/\mathrm{d}y)$. 但由于 g 是递减的，$\mathrm{d}x/\mathrm{d}y<0$，所以 $-\mathrm{d}x/\mathrm{d}y=|\mathrm{d}x/\mathrm{d}y|$. 所以，式(1.7.11)在两种情况下都是正确的[⊖]. ■

从此以后，我们将 $\mathrm{d}x/\mathrm{d}y=(\mathrm{d}/\mathrm{d}y)g^{-1}(y)$ 称为变换的**雅可比行列式**(Jacobian)(记为 J). 在众多数学领域中，$J=\mathrm{d}x/\mathrm{d}y$ 称为 $x=g^{-1}(y)$ 逆变换的雅可比行列式，不过本书为了简单起见，称之为变换的雅可比行列式.

我们用一个简单算法来总结定理 1.7.1，然后运用下面例子加以说明. 假定变换 $Y=g(X)$ 是一一对应的，采用下面几步就可以得到 Y 的概率密度函数：

1. 求出 Y 的支集；
2. 求这个变换的逆，也就是在 $y=g(x)$ 中用 y 表示 x，从而得到 $x=g^{-1}(y)$；
3. 求 $\dfrac{\mathrm{d}x}{\mathrm{d}y}$；
4. Y 的概率密度函数是 $f_Y(y)=f_X(g^{-1}(y))\left|\dfrac{\mathrm{d}x}{\mathrm{d}y}\right|$.

⊖ 定理 1.7.1 的证明也可以通过“相关数学知识”讨论的变量变换技巧得到.

例 1.7.6 设 X 具有如下的概率密度函数

$$f(x)=\begin{cases}4x^3, & 0<x<1\\ 0, & \text{其他}\end{cases}$$

考察随机变量 $Y=-\log X$. 下面是上述算法的步骤：

1. $Y=-\log X$ 的支集是 $(0,\infty)$；
2. 如果 $y=-\log x$，那么 $x=\mathrm{e}^{-y}$；
3. $\dfrac{\mathrm{d}x}{\mathrm{d}y}=-\mathrm{e}^{-y}$；
4. 因而，y 的概率密度函数是

$$f_Y(y)=f_X(\mathrm{e}^{-y})\left|-\mathrm{e}^{-y}\right|=4(\mathrm{e}^{-y})^3\mathrm{e}^{-y}=4\mathrm{e}^{-4y}$$

1.7.3 离散型和连续型分布的混合

我们通过两个既不属于离散也不属于连续类型的分布的例子来结束这一节.

例 1.7.7 设分布函数是由

$$F(x)=\begin{cases}0, & x<0\\ \dfrac{x+1}{2}, & 0\leqslant x<1\\ 1, & 1\leqslant x\end{cases}$$

给出的. 于是，例如

$$P\left(-3<X\leqslant\frac{1}{2}\right)=F\left(\frac{1}{2}\right)-F(-3)=\frac{3}{4}-0=\frac{3}{4}$$

而

$$P(X=0)=F(0)-F(0-)=\frac{1}{2}-0=\frac{1}{2}$$

$F(x)$ 的图形已在图 1.7.3 中画出. 可以看出，$F(x)$ 并不总是连续的，它也不是阶梯函数. 因此，相对应的分布既不是连续形式，也不是离散形式. $F(x)$ 是离散形式与连续形式的混合. ■

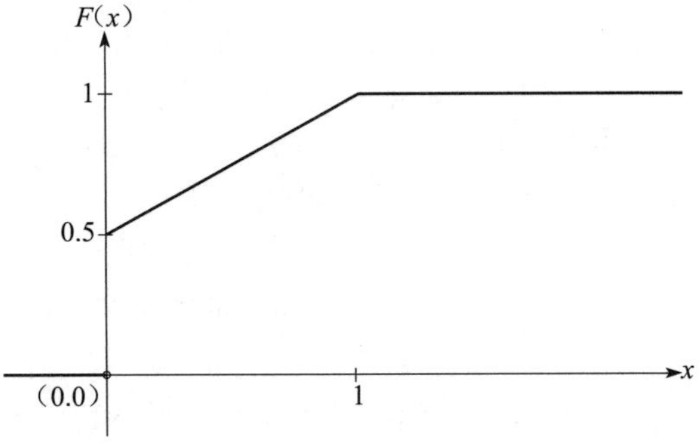

图 1.7.3 例 1.7.7 的累积分布函数图形

实际上，确实经常存在连续形式与离散形式的混合分布. 为了阐述方便，在寿命检验中，假如知道寿命，比如 X 大于数 b，但是 X 的准确值却是未知的. 这称为删失(censoring). 例如，在癌症研究中，当受体直接消失时便出现这一情况，研究者知道受体存活数个月，但其准确寿命却是未知的. 或者，在某项研究中，研究者没有足够的时间去观测所有动物如老鼠死亡的月份. 删失也出现在保险行业当中，特别地，考察具有有限支付保险单的损失，已超过最高数额，但超过多少却是未知的.

例 1.7.8　再保险公司关心巨额损失，举例来说，他们可能同意负担暴风灾害的 2 000 000～10 000 000 美元之间的损失．比如，X 等于数额为数百万美元的暴风损失，并假定它具有累积分布函数

$$F_X(x)=\begin{cases}0, & -\infty<x<0\\ 1-\left(\dfrac{10}{10+x}\right)^3, & 0\leqslant x<\infty\end{cases}$$

如果损失超出 10 000 000 美元，只记录为 10，那么这种删失分布的累积分布函数是

$$F_Y(y)=\begin{cases}0, & -\infty<y<0\\ 1-\left(\dfrac{10}{10+y}\right)^3, & 0\leqslant y<10\\ 1, & 10\leqslant y<\infty\end{cases}$$

它在 $y=10$ 处有一个跳跃值$[10/(10+10)]^3=\dfrac{1}{8}$. ■

习题

1.7.1　设从样本空间$\mathcal{C}=\{c: 0<c<10\}$中选取一点．令 $C\subset\mathcal{C}$，并设概率集合函数是 $P(C)=\int_C\frac{1}{10}\mathrm{d}z$．定义随机变量 X 为 $X(c)=c^2$．求 X 的累积分布函数与概率密度函数．

1.7.2　设随机变量 X 的空间是$\mathcal{C}=\{x: 0<x<10\}$，并设 $P_X(C_1)=\frac{3}{8}$，其中 $C_1=\{x: 1<x<5\}$．证明，$P_X(C_2)\leqslant\frac{5}{8}$，其中 $C_2=\{x: 5\leqslant x<10\}$.

1.7.3　随机变量 X 的空间$\mathcal{C}=\{x: 0<x<1\}$，设$\mathcal{C}$的子集 $C_1=\left\{\frac{1}{4}<x<\frac{1}{2}\right\}$与 $C_2=\left\{\frac{1}{2}\leqslant x<1\right\}$，使得 $P_X(C_1)=\frac{1}{8}$与 $P_X(C_2)=\frac{1}{2}$．求 $P_X(C_1\cup C_2)$，$P_X(C_1^c)$，$P_X(C_1^c\cap C_2^c)$.

1.7.4　给定$\int_C[1/\pi(1+x^2)]\,\mathrm{d}x$，其中 $C\subset\mathcal{C}=\{x: -\infty<x<\infty\}$．证明，此积分可作为空间为$\mathcal{C}$的随机变量 X 的概率集合函数．

1.7.5　设随机变量 X 的概率集合函数是

$$P_X(C)=\int_C \mathrm{e}^{-x}\mathrm{d}x,\quad 其中\mathcal{C}=\{x:0<x<\infty\}$$

令 $C_k=\{x: 2-1/k<x\leqslant 3\}$，$k=1,2,3,\cdots$，求 $\lim\limits_{k\to\infty}C_k$ 与 $P_X(\lim\limits_{k\to\infty}C_k)$．求 $P_X(C_k)$与$\lim\limits_{k\to\infty}P_X(C_k)=P_X(\lim\limits_{k\to\infty}C_k)$.

1.7.6　对于下述 X 的每一个概率密度函数，求 $P(|X|<1)$与 $P(X^2<9)$.

(a) $f(x)=x^2/18$，$-3<x<3$，其他为 0.

(b) $f(x)=(x+2)/18$，$-2<x<4$，其他为 0.

1.7.7　设 $f(x)=1/x^2$，$1<x<\infty$，其他为 0，表示 X 的概率密度函数．如果 $C_1=\{x: 1<x<2\}$与 $C_2=\{x: 4<x<5\}$，求 $P_X(C_1\cup C_2)$与 $P_X(C_1\cap C_2)$.

1.7.8　随机变量 X 分布的众数(mode)是使概率密度函数或概率质量函数达到最大值的那个值．对于连续型 X 来说，$f(x)$必是连续的．如果存在唯一一个这样的 x，那么称它为分布众数．求下述每一个分布的众数：

(a) $p(x)=\left(\frac{1}{2}\right)^x$，$x=1,2,3\cdots$，其他为 0.

(b) $f(x)=12x^2(1-x)$，$0<x<1$，其他为 0.

(c) $f(x)=\left(\frac{1}{2}\right)x^2\mathrm{e}^{-x}$，$0<x<\infty$，其他为 0.

1.7.9 中位数和分位数的内容，已由 1.7.1 节一般地讨论了。求下述每个分布的中位数：

(a) $p(x)=\frac{4!}{x!(4-x)!}\left(\frac{1}{4}\right)^x\left(\frac{3}{4}\right)^{4-x}$，$x=0,1,2,3,4$，其他为 0.

(b) $f(x)=3x^2$，$0<x<1$，其他为 0.

(c) $f(x)=\frac{1}{\pi(1+x^2)}$，$-\infty<x<\infty$.

提示：在(b)与(c)部分中，若 x 是分布中位数，则 $P(X<x)=P(X\leqslant x)$，因而它们的共同值必等于$\frac{1}{2}$.

1.7.10 设 $0<p<1$，求下面分布的 0.20 分位数(第 20 百分位数)，分布具有概率密度函数 $f(x)=4x^3$，$0<x<1$，其他为 0.

1.7.11 对下面每一个累积分布函数 $F(x)$，求概率密度函数 $f(x)$[在(d)部分中求概率质量函数]、第一四分位数和 0.60 分位数．同时，绘制 $f(x)$和 $F(x)$的图形．可以运用 R 代码绘制图形．对于(a)部分，提供了如下代码.

(a) $F(x)=\frac{1}{2}+\frac{1}{\pi}\tan^{-1}(x)$，$-\infty<x<\infty$.

```
x<-seq(-5,5,.01); y<-.5+atan(x)/pi; y2<-1/(pi*(1+x^2))
par(mfrow=c(1,2));plot(y~x);plot(y2~x)
```

(b) $F(x)=\exp\{-\mathrm{e}^{-x}\}$，$-\infty<x<\infty$.

(c) $F(x)=(1+\mathrm{e}^{-x})^{-1}$，$-\infty<x<\infty$.

(d) $F(x)=\sum_{j=1}^{x}\left(\frac{1}{2}\right)^j$.

1.7.12 求与下述每一个概率密度函数有联系的累积分布函数 $F(x)$．画出 $f(x)$与 $F(x)$的图形.

(a) $f(x)=3(1-x)^2$，$0<x<1$，其他为 0.

(b) $f(x)=1/x^2$，$1<x<\infty$，其他为 0.

(c) $f(x)=\frac{1}{3}$，$0<x<1$ 或者 $2<x<4$，其他为 0.

此外，求这些分布中每一个的中位数与第 25 百分位数.

1.7.13 考察累积分布函数 $F(x)=1-\mathrm{e}^{-x}-x\mathrm{e}^{-x}$，$0\leqslant x<\infty$，其他为 0．求此分布的概率密度函数、众数以及中位数(利用数值方法).

1.7.14 设 X 具有概率密度函数 $f(x)=2x$，$0<x<1$，其他为 0．计算下面的概率：给定 X 至少是$\frac{1}{2}$时 X 至少是$\frac{3}{4}$的概率.

1.7.15 随机变量 X 称为**随机大于**(stochastically larger)随机变量 Y，如果对于所有实数 z，

$$P(X>z)\geqslant P(Y>z) \tag{1.7.14}$$

其中至少有一个 z 的值使严格不等式成立．证明，这需要累积分布函数具有下述性质，即对于所有实数 z，

$$F_X(z)\leqslant F_Y(z)$$

其中至少有一个 z 的值使严格不等式成立.

1.7.16 设 X 是连续随机变量，其支集为$\{-\infty,\infty\}$. 如果 $Y=X+\Delta$，而 $\Delta>0$，利用习题 1.7.15 中的定义，证明 Y 随机大于 X.

1.7.17 通过随机方式选取线段上的一点，将此线段分成两部分. 求较长线段的长度至少是较短线段长度三倍的概率. 这里假定均匀分布.

1.7.18 设 X 表示盛夏某商场所需要的冰淇淋数量(单位：加仑). 假定 $f(x)=12x(1000-x)^2/10^{12}$，$0<x<1000$，其他为 0，表示 X 的概率密度函数. 商场每天应该预备多少加仑冰淇淋，使得当天售完的概率是 0.05?

1.7.19 求下面分布的第 25 百分位数，此分布的概率密度函数 $f(x)=|x|/4$，$-2<x<2$，其他为 0.

1.7.20 人们经常用例 1.7.3 中的随机变量 X 的分布来模拟机械或电气部件的对数寿命. 寿命本身如何刻画呢？设 $Y=\exp\{X\}$.

(a) 求 Y 的值域.

(b) 利用变换方法求 Y 的概率密度函数.

(c) 编写一个 R 函数来计算这个概率密度函数，并绘制概率密度函数的图形. 讨论该图形.

(d) 求 Y 的第 90 百分位数.

1.7.21 例 1.7.3 中的随机变量 X 的分布属于 log-F 族. 另一个成员拥有累积分布函数

$$F(x)=\left[1+\frac{2}{3}\mathrm{e}^{-x}\right]^{-5/2},\quad -\infty<x<\infty$$

(a) 求相应的概率密度函数.

(b) 编写一个 R 函数来计算这个累积分布函数，并且绘制函数图，通过观察图获得四分位数和中位数的近似值.

(c) 求累积分布函数的逆，证明(b)部分的百分位数.

1.7.22 设 X 的概率密度函数是 $f(x)=x^2/9$，$0<x<3$，其他为 0. 求 $Y=X^3$ 的概率密度函数.

1.7.23 如果 X 的概率密度函数是 $f(x)=2x\mathrm{e}^{-x^2}$，$0<x<\infty$，其他为 0. 求 $Y=X^2$ 的概率密度函数.

1.7.24 设对于$-\frac{\pi}{2}<x<\frac{\pi}{2}$，$X$ 具有均匀概率密度函数 $f_X(x)=\frac{1}{\pi}$. 求 $Y=\tan X$ 的概率密度函数. 这是**柯西分布**(Cauchy distribution)的概率密度函数.

1.7.25 设 X 具有概率密度函数 $f(x)=4x^3$，$0<x<1$，其他为 0. 求 $Y=-\ln X^4$ 的累积分布函数与概率密度函数.

1.7.26 设 $f(x)=\frac{1}{3}$，$-1<x<2$，其他为 0，表示 X 的概率密度函数. 求 $Y=X^2$ 的累积分布函数与概率密度函数.

提示：考察 $P(X^2\leqslant y)$的两种情况：$0\leqslant y<1$ 与 $1\leqslant y<4$.

1.8 随机变量的期望

在这一节，我们介绍期望算子，本书将自始至终地运用它们. 对于定义，回顾微积分知识可以知道，求和或积分的绝对收敛意味着它们的收敛。

定义 1.8.1(期望) 设 X 是随机变量. 如果 X 是连续随机变量，具有概率密度函数 $f(x)$，并且

$$\int_{-\infty}^{\infty}|x|f(x)\mathrm{d}x<\infty$$

那么 X 的**期望**(expectation)是

$$E(X)=\int_{-\infty}^{\infty}xf(x)\mathrm{d}x$$

如果 X 是离散随机变量，具有概率质量函数 $p(x)$，并且

$$\sum_x |x|p(x)<\infty$$

那么 X 的**期望**是

$$E(X)=\sum_x xp(x)$$

有时，期望 $E(X)$称为 X 的**数学期望**(mathematical expectation)、X 的**期望值**(expected value)或 X 的**均值**(mean). 当经常使用均值名称时，往往用 μ 表示，也就是 $\mu=E(X)$.

例 1.8.1(常数期望) 考察常数随机变量，也就是随机变量在常数 k 处有其全部质量. 这是离散随机变量，具有概率质量函数 $p(k)=1$. 我们由定义可得

$$E(k)=kp(k)=k \tag{1.8.1}$$

■

例 1.8.2 设离散随机变量 X 具有下表

x	1	2	3	4
$p(x)$	$\frac{4}{10}$	$\frac{1}{10}$	$\frac{3}{10}$	$\frac{2}{10}$

给出的概率质量函数. 此处，如果 x 不等于这四个正数之一，那么 $p(x)=0$. 这阐明了下述事实：描述概率质量函数不一定要有一个公式. 我们有

$$E(X)=(1)\left(\frac{4}{10}\right)+(2)\left(\frac{1}{10}\right)+(3)\left(\frac{3}{10}\right)+(4)\left(\frac{2}{10}\right)=\frac{23}{10}=2.3$$ ■

例 1.8.3 设连续随机变量 X 具有概率密度函数

$$f(x)=\begin{cases}4x^3, & 0<x<1\\ 0, & \text{其他}\end{cases}$$

于是

$$E(X)=\int_0^1 x(4x^3)\mathrm{d}x=\int_0^1 4x^4\mathrm{d}x=\left[\frac{4x^5}{5}\right]_0^1=\frac{4}{5}$$ ■

注释 1.8.1 期望或期望值的术语起源于博弈游戏. 例如，考察下面一项游戏，游戏有一个旋转球，上面刻有数字 1，2，3，4. 假定旋转这个球，得到这些数字的相应概率是 0.20，0.30，0.35，0.15. 开始游戏时，玩家向“庄家”支付 5 美元. 然后，让旋转球进行旋转，玩家“赢得”表格中的第二行的金额：

旋转得到的数 x	1	2	3	4
“赢得”	2 美元	3 美元	4 美元	12 美元
G=收益	−3 美元	−2 美元	−1 美元	7 美元
$p_G(x)$	0.20	0.30	0.35	0.15

其中“赢得”加上引号，这是因为玩家必须支付 5 美元才能玩游戏. 当然，我们感兴趣的随机变量是玩家的收益，即 G，其取值在表格第三行给出. 注意，在 20%情况下玩家会

获得-3美元，在30%情况下玩家获得-2美元，在35%情况下玩家获得-1美元，在15%情况下玩家获得7美元. 在数学中，将这句话表示成为

$$(-3)\times 0.20+(-2)\times 0.30+(-1)\times 0.35+7\times 0.15=-0.50$$

也就是说，这个数是$E(G)$，换句话说玩家在游戏中的预期收益是-0.50美元. 所以，每次游戏玩家期望损失50美分. 如果预期收益是0，那么我们称此游戏是公平的. 因此，这个旋转球游戏是不公平的.

我们考察随机变量X的函数，称这个函数为$Y=g(X)$. 由于Y是随机变量，可首先求出Y的分布，然后获得Y的期望. 不过，如同下面的定理所述，我们可利用X的分布确定Y的期望.

定理 1.8.1　设X是随机变量，并对某个函数g，令$Y=g(X)$.

(a) 假定X是连续的，具有概率密度函数$f_X(x)$. 如果$\int_{-\infty}^{\infty}|g(x)|f_X(x)\mathrm{d}x<\infty$，那么$Y$的期望存在，并且由

$$E(Y)=\int_{-\infty}^{\infty}g(x)f_X(x)\mathrm{d}x \tag{1.8.2}$$

给出.

(b) 假定X是离散的，具有概率质量函数$p_X(x)$. 假定X的支集是$\mathcal{S}_X$. 如果$\sum_{x\in\mathcal{S}_X}|g(x)|p_X(x)<\infty$，那么$Y$的期望存在，并且由

$$E(Y)=\sum_{x\in\mathcal{S}_X}g(x)p_X(x) \tag{1.8.3}$$

给出.

证：这里给出离散情况的证明. 连续情况证明需要分析学中的某些高等结果，也可参看习题1.8.1. 由于$\sum_{x\in\mathcal{S}_X}g(x)p_X(x)$是收敛的，根据微积分中的一个定理[⊖]，此级数的任何项的重新排列都收敛于相同极限. 因而，我们可以得出：

$$\sum_{x\in\mathcal{S}_X}|g(x)|p_X(x)=\sum_{y\in\mathcal{S}_Y}\sum_{\{x\in\mathcal{S}_X:g(x)=y\}}|g(x)|p_X(x) \tag{1.8.4}$$

$$=\sum_{y\in\mathcal{S}_Y}|y|\sum_{\{x\in\mathcal{S}_X:g(x)=y\}}p_X(x) \tag{1.8.5}$$

$$=\sum_{y\in\mathcal{S}_Y}|y|p_Y(y) \tag{1.8.6}$$

其中$\mathcal{S}_Y$表示Y的支集. 所以$E(Y)$存在，即$\sum_{x\in\mathcal{S}_X}g(x)p_X(x)$收敛. 因为$\sum_{x\in S_X}g(x)p_X(x)$是收敛的，而且是绝对收敛的，用微积分的相关定理可以证明，上述式(1.8.4)至式(1.8.6)在没有绝对值的情况下是成立的. 因此，$E(Y)=\sum_{x\in S_X}g(x)p_X(x)$是所期待的结果. ■

下面举两个例子阐明这个定理.

例 1.8.4　设Y是例1.6.3所讨论的离散随机变量，设$Z=\mathrm{e}^{-Y}$. 由于$(2\mathrm{e})^{-1}<1$，根

⊖ 参看前言中提及的“相关数学知识”中关于无穷级数的内容.

据定理 1.8.1，可以得到

$$E[Z]=E[\mathrm{e}^{-Y}]=\sum_{y=0}^{\infty}\mathrm{e}^{-y}\left(\frac{1}{2}\right)^{y+1}=\mathrm{e}\sum_{y=0}^{\infty}\left(\frac{1}{2}\mathrm{e}^{-1}\right)^{y+1}=\frac{\mathrm{e}}{1-(1/(2\mathrm{e}))}=\frac{2\mathrm{e}^2}{2\mathrm{e}-1}$$ ■

例 1.8.5　设 X 是连续随机变量，其概率密度函数 $f(X)=2x$，存在支集区间(0,1)，设 $Y=1/(1+X)$. 那么根据定理 1.8.1，可以得出

$$E(Y)=\int_0^1\frac{2x}{1+x}\mathrm{d}x=\int_1^2\frac{2u-2}{u}\mathrm{d}u=2(1-\log 2)$$

我们在第二个积分中使用变量替换 $u=1+x$. ■

定理 1.8.2　设 $g_1(X)$与 $g_2(X)$是随机变量 X 的函数. 假定 $g_1(X)$与 $g_2(X)$的期望均存在. 于是，对于任何常数 k_1 与 k_2，$k_1g_1(X)+k_2g_2(X)$的期望存在，并由

$$E[k_1g_1(X)+k_2g_2(X)]=k_1E[g_1(X)]+k_2E[g_2(X)] \tag{1.8.7}$$

给出.

证：对于连续情况来说，由三角不等式与积分线性的假设可得，

$$\int_{-\infty}^{\infty}|k_1g_1(x)+k_2g_2(x)|f_X(x)\mathrm{d}x\leqslant|k_1|\int_{-\infty}^{\infty}|g_1(x)|f_X(x)\mathrm{d}x+|k_2|\int_{-\infty}^{\infty}|g_2(x)|f_X(x)\mathrm{d}x<\infty$$

若利用积分线性，通过类似方法得到式(1.8.7). 同理，关于离散情况的证明可利用求和线性而得到. ■

下面，运用一些例子阐明这些定理.

例 1.8.6　设 X 具有概率密度函数

$$f(x)=\begin{cases}2(1-x), & 0<x<1\\ 0, & \text{其他}\end{cases}$$

于是

$$E(X)=\int_{-\infty}^{\infty}xf(x)\mathrm{d}x=\int_0^1(x)2(1-x)\mathrm{d}x=\frac{1}{3}$$

$$E(X^2)=\int_{-\infty}^{\infty}x^2f(x)\mathrm{d}x=\int_0^1(x^2)2(1-x)\mathrm{d}x=\frac{1}{6}$$

当然

$$E(6X+3X^2)=6\left(\frac{1}{3}\right)+3\left(\frac{1}{6}\right)=\frac{5}{2}$$ ■

例 1.8.7　设 X 具有概率质量函数

$$p(x)=\begin{cases}\dfrac{x}{6}, & x=1,2,3\\ 0, & \text{其他}\end{cases}$$

于是

$$E(6X^3+X)=6E(X^3)+E(X)=6\sum_{x=1}^{3}x^3p(x)=\sum_{x=1}^{3}xp(x)=\frac{301}{3}$$ ■

例 1.8.8　我们以随机方式把长度为 5 的水平线段分成两个部分. 如果 X 是左边部分的长度，有理由假定 X 具有概率密度函数

$$f(x)=\begin{cases}\frac{1}{5}, & 0<x<5\\ 0, & \text{其他}\end{cases}$$

X 长度的期望值是 $E(X)=\frac{5}{2}$，而 $5-x$ 长度的期望值是 $E(5-x)=\frac{5}{2}$. 但是，两个长度积的期望值等于

$$E[X(5-X)]=\int_0^5 x(5-x)\left(\frac{1}{5}\right)\mathrm{d}x=\frac{25}{6}\neq\left(\frac{5}{2}\right)^2$$

也就是通常积的期望值不等于期望值的积. ■

用 R 计算预期收益的估计值

在下面例子中，我们运用 R 函数估计一个简单游戏的预期收益.

例 1.8.9 考察下面游戏. 玩家支付 p_0 玩游戏. 然后他掷一个六个面的骰子，骰子上有数字 1 至 6. 如果正面出现是 1 或 2，那么游戏就结束. 否则，玩家抛一枚均匀硬币. 如果抛硬币的结果是背面朝上，那么他将得到 1 美元，游戏结束. 如果抛硬币的结果是正面朝上，他从标准的 52 张牌中采用无放回方式抽取 2 张牌. 如果没有一张牌是 A，那么他将获得 2 美元，如果得到 1 张 A 或 2 张 A，那么他将分别获得 10 美元或 50 美元. 在这两种情况下，游戏都要结束. 设 G 表示玩家的收益. 为了确定期望收益，我们需要 G 的分布. G 的支集是集合 $\{-p_0,1-p_0,2-p_0,10-p_0,50-p_0\}$. 对于有关概率，我们需要 X 的分布，其中 X 表示从标准 52 张牌中抽出 2 张 A 牌的数量. 这是前面例 1.6.2 所讨论的超几何分布的另一个例子. 对于这里情况，分布是

$$P(X=x)=\frac{\binom{4}{x}\binom{48}{2-x}}{\binom{52}{2}},\quad x=0,1,2$$

使用这个公式计算，保留四位小数，当 x 等于 0，1，2 时，X 的概率分别是 0.8507，0.1448，0.0045. 利用这些概率和独立性，可以确定 G 的分布和期望值，参看习题 1.8.13. 然而，假定一个人没有这种专长. 这样的人会多次观察游戏，然后使用观察所得的平均值作为他对 $E(G)$的估计. 我们将在第 2 章中证明，随着游戏次数的不断增加，这种估计在概率意义上接近于 $E(G)$. 为了计算这个估计，利用下面 R 函数 simplegame，它玩游戏并返回收益. 这个函数可以在前言提及的网站下载. 函数的参数是玩家为游戏支付的金额. 同样地，函数的第三行计算上述随机变量 X 的分布. 为了从离散分布中得出结果，代码使用了前面例 1.4.12 所讨论过的 R 函数 sample.

```
simplegame <- function(amtpaid){
      gain <- -amtpaid
      x <- 0:2; pace  <- (choose(4,x)*choose(48,2-x))/choose(52,2)
      x <- sample(1:6,1,prob=rep(1/6,6))
      if(x > 2){
          y <- sample(0:1,1,prob=rep(1/2,2))
```

```
            if(y==0){
                gain <- gain + 1
            } else {
                z <- sample(0:2,1,prob=pace)
                if(z==0){gain <- gain + 2}
                if(z==1){gain <- gain + 10}
                if(z==2){gain <- gain + 50}
             }
        }
        return(gain)
}
```

下面 R 代码可获取 10 000 个游戏样本的平均收益．例如，如果我们将玩家支付的金额设置为 5 美元.

```
amtpaid <- 5; numtimes <- 10000; gains <- c()
for(i in 1:numtimes){gains <- c(gains,simplegame(amtpaid))}
mean(gains)
```

我们运行这个代码可以得到 $E(G)$的估计值-3.5446．由习题 1.8.13 可知，$E(G)=-3.54$. ■

习题

1.8.1 我们对定理 1.8.1 的证明是关于离散情况的．连续情况的证明需要分析学中的某些高等结果．此外，尽管函数 $g(x)$是一一的，但要证明结果对连续情况是正确的.

提示：首先假定 $y=g(x)$是严格递增的．然后对积分 $\int_{x\in\mathcal{S}_X} g(x)f_X(x)\mathrm{d}x$ 运用带有雅可比行列式 $\mathrm{d}x/\mathrm{d}y$ 的变量替换方法.

1.8.2 考虑例 1.8.5 中的随机变量 X，令 $Y=1/(1+X)$．运用定理 1.8.1 可以求出 $E(Y)$．可以通过求出 Y 的概率密度函数，根据概率密度函数求出 $E(Y)$来验证这个结论.

1.8.3 设 X 具有概率密度函数 $f(x)=(x+2)/18$，$-2<x<4$，其他为 0．求 $E(X)$，$E[(X+2)^3]$以及 $E[6X-2(X+2)^3]$.

1.8.4 假定 $p(x)=\frac{1}{5}$，$x=1,2,3,4,5$，其他为 0，表示离散型随机变量 X 的概率质量函数．计算 $E(X)$与$E(X^2)$．运用这两个结果，通过写出$(X+2)^2=X^2+4X+4$ 而求 $E[(X+2)^2]$.

1.8.5 设 X 是从数集$\{51, 52,\cdots,100\}$中随机选取的一个数，然后近似计算 $E(1/X)$.

提示：通过求限制 $E(1/X)$的整数，获得合理的上界与下界.

1.8.6 设概率质量函数 $p(x)$在 $x=-1$，0，1 处是正的，而其他为 0.

(a) 如果 $p(0)=\frac{1}{4}$，求 $E(X^2)$.

(b) 如果 $p(0)=\frac{1}{4}$且 $E(X)=\frac{1}{4}$，求 $p(-1)$与 $p(1)$.

1.8.7 设 X 具有概率密度函数 $f(x)=3x^2$，$0<x<1$，其他为 0．考察边长为 X 与$(1-X)$的随机矩形．确定此矩形面积的期望值.

1.8.8 一个筹码盒装有 10 个筹码，其中 8 个各标记 2 美元，而另外 2 个各标记 5 美元．设一个人以随机且不放回方式从这个筹码盒中抽取 3 个．如果该人接收所得数量之和，那么求他的期望.

1.8.9 设 $f(x)=2x$，$0<x<1$，其他为 0，表示 X 的概率密度函数.

(a) 计算 $E(1/X)$.

(b) 求 $Y=1/X$ 的累积分布函数与概率密度函数.

(c) 计算 $E(Y)$，并将此结果与(a)部分所得到的答案加以比较.

1.8.10 从前 6 个正整数中以随机且不放回方式选取两个不同的整数. 计算这两个数差的绝对值的期望值.

1.8.11 设 X 服从柯西分布，具有概率密度函数

$$f(x)=\frac{1}{\pi}\frac{1}{x^2+1}, \quad -\infty<x<\infty$$

那么，X 是关于 0 对称的分布.（为什么?）为什么不是 $E(X)=0$?

1.8.12 设 X 具有概率密度函数 $f(x)=3x^2$，$0<x<1$，其他为 0.

(a) 计算 $E(X^3)$.

(b) 证明 $Y=X^3$ 服从(0,1)均匀分布.

(c) 计算 $E(Y)$，并将此结果与(a)部分所得到的答案加以比较.

1.8.13 利用例 1.8.9 所讨论的概率和独立性，确定随机变量 G 的分布，即当玩家支付 p_0 美元时，他在游戏中获得的收益. 如果玩家为游戏支付 5 美元，证明 $E(G)=-3.54$ 美元.

1.8.14 一个碗里有 5 个薯条，人们单凭触觉是无法区分的. 其中三个薯条标记为 1 美元，其余两个标记为 4 美元. 蒙住一个玩家的眼睛，让他从碗里随机抽出两个薯条. 玩家得到的报酬等于他所抽到的两个薯条标记价值之和，然后游戏结束. 假定花费 p_0 美元玩这个游戏. 设随机变量 G 是游戏参与者的收益. 求 G 和 $E(G)$的分布. 然后确定 p_0，以使游戏是公平的. 用 R 代码 `sample(c(1,1,1,4,4),2)`计算这个游戏的一个样本. 将其扩展成为模拟该游戏的 R 函数.

1.9 某些特殊期望

如果某些期望存在，就用特殊名称和符号来表述它们. 首先，设 X 是离散随机变量，具有概率质量函数 $p(x)$. 于是

$$E(X)=\sum_x xp(x)$$

如果 X 的支集是$\{a_1,a_2,a_3,\cdots\}$，由此可得

$$E(X)=a_1p(a_1)+a_2p(a_2)+a_3p(a_3)+\cdots$$

这种乘积之和看起来是与每一个 a_i 有联系的 $p(a_i)$作为 $a_1,a_2,a_3,\cdots$"权重"的"加权平均". 这提示我们把 $E(X)$称为 X 值的算术均值，或更简单地称为 X 的均值(或分布的均值).

定义 1.9.1(均值) 设 X 是随机变量，期望存在. X 的**均值**(mean value)定义成 $\mu=E(X)$.

均值是随机变量(关于 0)的一阶矩. 另一个特殊期望涉及二阶矩. 设 X 是离散随机变量，具有支集$\{a_1,a_2,\cdots\}$以及概率质量函数 $p(x)$，于是

$$E[(X-\mu)^2]=\sum_x(x-\mu)^2p(x)=(a_1-\mu)^2p(a_1)+(a_2-\mu)^2p(a_2)+\cdots$$

这个乘积之和可以解释成数 $a_1,a_2,\cdots$与其均值的离差平方$(a_i-\mu)^2$ 的"加权平均"，$p(a_i)$是与$(a_i-\mu)^2$ 相关的"权重". 也可以把它看成是 X 关于 μ 的二阶矩. 对于所有类型的随机变量来说，这是一个重要的期望，并且常常称之为 X 的方差.

定义 1.9.2(方差) 设 X 是随机变量，具有有限均值 μ，并使得 $E[(X-\mu)^2]$是有限的. 于是，X 的**方差**(variance)定义成 $E[(X-\mu)^2]$. 它通常用 σ^2 或 $\mathrm{Var}(X)$表示.

值得注意的是，Var(X)等于

$$\sigma^2 = E[(X-\mu)^2] = E(X^2 - 2\mu X + \mu^2)$$

同时，由于 E 是线性算子，由此可得

$$\sigma^2 = E(X^2) - 2\mu E(X) + \mu^2 = E(X^2) - 2\mu^2 + \mu^2 = E(X^2) - \mu^2$$

这往往提供了计算 X 的方差的一种更容易的方法.

习惯上，称 σ(方差的正平方根)为 X 的**标准差**(standard deviation)(或分布的标准差). 有时，数 σ 被解释成相对于均值 μ 来说，空间点的离中趋势测量. 如果空间只包含一个点 k，$p(k)>0$，那么 $p(k)=1$，$\mu=k$，$\sigma=0$.

尽管方差不是线性算子，但它满足以下结果：

定理 1.9.1　*设 X 是随机变量，其均值是 μ，方差是 σ^2. 对于所有常数 a 和 b，则有*

$$\mathrm{Var}(aX+b) = \sigma^2 \mathrm{Var}(X) \tag{1.9.1}$$

证：由于 E 是线性算子，$E(aX+b)=a\mu+b$，因此由定义可得

$$\mathrm{Var}(aX+b) = E\{[(aX+b)-(a\mu+b)]^2\} = E\{\sigma^2[X-\mu]^2\} = \sigma^2 \mathrm{Var}(X)$$ ■

根据这个定理，对于标准差来说，$\sigma_{aX+b}=|a|\sigma_X$. 下面的例题说明了这些要点.

例 1.9.1　假设随机变量 X 服从均匀分布式(1.7.4)，其概率密度函数 $f_X(x)=1/(2a)$，$-a<x<a$，其他情况则是零. 于是，X 的均值与方差分别是

$$\mu = \int_{-a}^{a} x\frac{1}{2a}\mathrm{d}x = \frac{1}{2a}\frac{x^2}{2}\bigg|_{-a}^{a} = 0$$

$$\sigma^2 = \int_{-a}^{a} x^2\mathrm{d}x = \frac{1}{2a}\frac{x^3}{3}\bigg|_{-a}^{a} = \frac{a^2}{3}$$

所以，$\sigma_X=a/\sqrt{3}$是 X 分布的标准差. 考察变量变换 $Y=2X$. 由于它的逆变换是 $x=y/2$，同时 $\mathrm{d}x/\mathrm{d}y=1/2$，由定理 1.7.1 可得 Y 的概率密度函数是 $f_Y(y)=1/4a$，$-2a<y<2a$，其他情况是零. 利用前面的讨论可以得出，$\sigma_Y=(2a)/\sqrt{3}$. 因此，Y 的标准差是 X 的标准差的两倍，反映了 Y 的概率的离散程度是 X 概率的两倍(相对于均值零). ■

例 1.9.2　设 X 具有概率密度函数

$$f(x) = \begin{cases} \frac{1}{2}(x+1), & -1<x<1 \\ 0, & \text{其他} \end{cases}$$

于是，X 的均值是

$$\mu = \int_{-\infty}^{\infty} xf(x)\mathrm{d}x = \int_{-1}^{1} x\frac{x+1}{2}\mathrm{d}x = \frac{1}{3}$$

而 X 的方差是

$$\sigma^2 = \int_{-\infty}^{\infty} x^2 f(x)\mathrm{d}x - \mu^2 = \int_{-1}^{1} x^2\frac{x+1}{2}\mathrm{d}x - \left(\frac{1}{3}\right)^2 = \frac{2}{9}$$ ■

例 1.9.3　如果 X 具有概率密度函数

$$f(x) = \begin{cases} \frac{1}{x^2}, & 1<x<\infty \\ 0, & \text{其他} \end{cases}$$

于是，因为

$$\int_1^{\infty} |x| \frac{1}{x^2} \mathrm{d}x = \lim_{b \to \infty} \int_1^b \frac{1}{x} \mathrm{d}x = \lim_{b \to \infty} (\log b - \log 1) = \infty$$

不是有限的，所以 X 的均值不存在. ■

下面定义第三个特殊期望.

定义 1.9.3(矩母函数) 设 X 是随机变量，使得对于某个 $h>0$，e^{tX} 的期望对于 $-h<t<h$ 存在. 对于 $-h<t<h$，X 的**矩母函数**(moment generating function，mgf)，又称矩生成函数，定义为函数 $M(t)=E(e^{tX})$.

实际上，仅需在 0 的一个开邻域内矩母函数存在. 当然，对于某个 $h>0$，这种区间将包括形式为 $(-h,h)$ 的区间. 此外，很明显，若令 $t=0$，则有 $M(0)=1$. 可是，注意，为了使矩母函数存在，它必须在 0 的一个开区间内存在.

例 1.9.4 假如我们有一个公平旋转器，上面标有数字 1，2，3. 设 X 表示第一次出现 3 的旋转次数. 假定旋转是独立的，X 的概率质量函数是

$$p(x) = \frac{1}{3}\left(\frac{2}{3}\right)^{x-1}, \quad x = 1,2,3,\cdots$$

于是，利用几何序列，X 的矩母函数是

$$M(t) = E(e^{tX}) = \sum_{x=1}^{\infty} e^{tx} \frac{1}{3}\left(\frac{2}{3}\right)^{x-1} = \frac{1}{3} e^t \sum_{x=1}^{\infty}\left(e^t \frac{2}{3}\right)^{x-1} = \frac{1}{3} e^t \left(1 - e^t \frac{2}{3}\right)^{-1}$$

倘若 $e^t(2/3)<1$，也就是 $t<\log(3/2)$. 这个最后区间是 0 的开区间，因此，X 的矩母函数存在，并且由上面推导的最后一行给出. ■

当讨论几个随机变量时，将 M 写成 M_X 来表示 X 的矩母函数是有益的.

设 X 与 Y 是两个具有矩母函数的随机变量. 如果 X 与 Y 具有相同分布，也就是说，$F_X(z)=F_Y(z)$，对于所有 z，那么在 0 的某个邻域内一定有 $M_X(t)=M_Y(t)$. 但是，矩母函数的最重要的性质是，这一陈述的逆亦成立. 也就是说，矩母函数唯一确定了分布. 我们将这表述成一个定理. 然而这一命题的证明已超出本书范围，参看 Chung(1974). 这里就离散情形给出证明.

定理 1.9.2 设 X 与 Y 是两个随机变量，分别具有矩母函数 M_X 与 M_Y，在 0 的开区间内存在. 于是，对于所有 $z \in R$，$F_X(z)=F_Y(z)$ 当且仅当，对于某个 $h>0$，就所有 $t \in (-h,h)$ 而言，$M_X(t)=M_Y(t)$.

由于这个定理十分重要，所以看起来确实值得给出该陈述的合理性. 如果随机变量为离散形式的，确实可这样做.

例如，下述内容是已知的，设对于所有实数值 t，

$$M(t) = \frac{1}{10} e^t + \frac{2}{10} e^{2t} + \frac{3}{10} e^{3t} + \frac{4}{10} e^{4t}$$

是离散型随机变量 X 的矩母函数. 假如设 $p(x)$ 是 X 的概率质量函数，具有支集 $\{a_1, a_2, a_3, \cdots\}$，由于

$$M(t) = \sum_x e^{tx} p(x)$$

故有

$$\frac{1}{10} e^t + \frac{2}{10} e^{2t} + \frac{3}{10} e^{3t} + \frac{4}{10} e^{4t} = p(a_1) e^{a_1 t} + p(a_2) e^{a_2 t} + \cdots$$

因为对于所有实数值 t，这是一个恒等式，从形式上看右边部分应由下述四项构成，即四项中的每一个分别等于左边部分的那些项，从而，可取 $a_1=1$，$p(a_1)=\frac{1}{10}$；$a_2=2$，$p(a_2)=\frac{2}{10}$；$a_3=3$，$p(a_3)=\frac{3}{10}$；$a_4=4$，$p(a_4)=\frac{4}{10}$. 或者更简单地，X 的概率质量函数是

$$p(x)=\begin{cases}\frac{x}{10}, & x=1,2,3,4\\ 0, & \text{其他}\end{cases}$$

另一方面，假定 X 是连续型随机变量. 假定已知

$$M(t)=\frac{1}{1-t},\quad t<1$$

是 X 的矩母函数. 也就是说，我们有

$$\frac{1}{1-t}=\int_{-\infty}^{\infty}\mathrm{e}^{tx}f(x)\mathrm{d}x,\quad t<1$$

但 $f(x)$为什么是有界的，这点并不十分清楚. 可是，容易看出，若一个分布具有概率密度函数

$$f(x)=\begin{cases}\mathrm{e}^{-x}, & 0<x<\infty\\ 0, & \text{其他}\end{cases}$$

则其矩母函数 $M(t)=(1-t)^{-1}$，$t<1$. 因而，此随机变量拥有与矩母函数唯一性陈述相一致的分布.

由于具有矩母函数 $M(t)$的分布完全由 $M(t)$决定，我们能从$M(t)$中直接获得此分布的某些性质，这并不会令人感到惊讶. 例如. 对于$-h<t<h$，$M(t)$的存在性蕴含着 $M(t)$的各阶导数在 $t=0$ 处都存在. 而且，由分析学中的定理知道，可以交换微分与积分(或者离散情况下的求和)的次序. 也就是说，如果 X 是连续的，那么

$$M'(t)=\frac{\mathrm{d}M(t)}{\mathrm{d}t}=\frac{\mathrm{d}}{\mathrm{d}t}\int_{-\infty}^{\infty}\mathrm{e}^{tx}f(x)\mathrm{d}x=\int_{-\infty}^{\infty}\frac{\mathrm{d}}{\mathrm{d}t}\mathrm{e}^{tx}f(x)\mathrm{d}x=\int_{-\infty}^{\infty}x\mathrm{e}^{tx}f(x)\mathrm{d}x$$

同理，如果 X 是离散随机变量，那么

$$M'(t)=\frac{\mathrm{d}M(t)}{\mathrm{d}t}=\sum_x x\mathrm{e}^{tx}p(x)$$

若令 $t=0$，则在上述两种情况下都有

$$M'(0)=E(X)=\mu$$

$M(t)$的二阶导数是

$$M''(t)=\int_{-\infty}^{\infty}x^2\mathrm{e}^{tx}f(x)\mathrm{d}x\quad\text{或者}\quad\sum_x x^2\mathrm{e}^{tx}p(x)$$

因而，$M''(0)=E(X^2)$. 所以，$\mathrm{Var}(X)$等于

$$\sigma^2=E(X)-\mu^2=M''(0)-[M'(0)]^2$$

例如，当 $M(t)=(1-t)^{-1}$，$t<1$ 时，正如上面所阐明的，

$$M'(t)=(1-t)^{-2}\quad\text{而}\quad M''(t)=2(1-t)^{-3}$$

从而

$$\mu=M'(0)=1$$

而

$$\sigma^2 = M''(0) - \mu^2 = 2 - 1 = 1$$

当然，我们可借助概率密度函数，通过

$$\mu = \int_{-\infty}^{\infty} x f(x)\mathrm{d}x \quad \text{以及} \quad \sigma^2 = \int_{-\infty}^{\infty} x^2 f(x)\mathrm{d}x - \mu^2$$

计算 μ 与 σ^2. 有时，一种方法比另一种方法更容易计算.

通常，如果 m 是正整数，并且如果 $M^{(m)}(t)$ 是 $M(t)$ 的第 m 阶导数，那么可通过对 t 反复求导，得到

$$M^{(m)}(0) = E(X^m)$$

现在

$$E(X^m) = \int_{-\infty}^{\infty} x^m f(x)\mathrm{d}x \quad \text{或者} \quad \sum_x x^m p(x)$$

而这类积分(或求和)在力学中称为矩(moment). 由于 $M(t)$ 生成了 $E(X^m)$ 的值，所以称它为矩母函数(mgf)，$m=1,2,3,\cdots$. 实际上，有时称 $E(X^m)$ 为分布的 **m 阶矩**(mth moment)或 X 的 m 阶矩.

下面两个例子考察随机变量分布不存在矩母函数的情况.

例 1.9.5 众所周知，序列

$$\frac{1}{1^2} + \frac{1}{2^2} + \frac{1}{3^2} + \cdots$$

收敛到 $\pi^2/6$. 于是

$$p(x) = \begin{cases} \dfrac{6}{\pi^2 x^2}, & x = 1,2,3\cdots \\ 0, & \text{其他} \end{cases}$$

是离散型随机变量 X 的概率质量函数. 若此分布的矩母函数存在，它可由

$$M(t) = E(\mathrm{e}^{tX}) = \sum_x \mathrm{e}^{tx} p(x) = \sum_{x=1}^{\infty} \frac{6\mathrm{e}^{tx}}{\pi^2 x^2}$$

给出. 用微积分的比值检验法[⊖]可以证明，当 $t>0$ 时，这个序列发散. 因而，确实不存在正数 h，使得对于 $-h<t<h$，$M(t)$ 存在. 因此，这个例题的分布具有概率质量函数 $p(x)$，却没有矩母函数. ■

例 1.9.6 设 X 是连续随机变量，具有概率密度函数

$$f(x) = \frac{1}{\pi}\frac{1}{x^2+1}, \quad -\infty < x < \infty \tag{1.9.2}$$

当然，这是习题 1.7.24 介绍的柯西概率密度函数. 已知 $t>0$. 当 $x>0$，根据中值定理，对于某个 $0<\xi_0<tx$，

$$\frac{\mathrm{e}^{tx}-1}{tx} = \mathrm{e}^{\xi_0} \geqslant 1$$

因此，$\mathrm{e}^{tx} \geqslant 1+tx \geqslant tx$. 从而得到下面推导的第二个不等式

⊖ 参看前言中提及的“相关数学知识”的第 2 章.

$$\int_{-\infty}^{\infty} e^{tx} \frac{1}{\pi} \frac{1}{x^2+1} dx \geqslant \int_{0}^{\infty} e^{tx} \frac{1}{\pi} \frac{1}{x^2+1} dx$$
$$\geqslant \int_{0}^{\infty} \frac{1}{\pi} \frac{tx}{x^2+1} dx = \infty$$

由于 t 是任意的，该积分在 0 的开区间上不存在．所以，柯西分布的矩母函数不存在． ■

例 1.9.7 设 X 具有概率质量函数 $M(t)=e^{t^2/2}$，$-\infty<t<\infty$．如同第 3 章所讨论的，这是正态分布的矩母函数．为了获得 X 的矩，可对 $M(t)$ 求任意阶导数．然而，考察这种可供选择的方法是有指导意义的．函数 $M(t)$ 可通过下述麦克劳林级数表示出来[⊖]

$$e^{t^2/2} = 1 + \frac{1}{1!}\left(\frac{t^2}{2}\right) + \frac{1}{2!}\left(\frac{t^2}{2}\right)^2 + \cdots + \frac{1}{k!}\left(\frac{t^2}{2}\right)^k + \cdots$$
$$= 1 + \frac{1}{2!}t^2 + \frac{(3)(1)}{4!}t^4 + \cdots + \frac{(2k-1)\cdots(3)(1)}{(2k)!}t^{2k} + \cdots$$

通常，由微积分知识，$M(t)$ 的麦克劳林级数是

$$M(t) = M(0) + \frac{M'(0)}{1!}t + \frac{M''(0)}{2!}t^2 + \cdots + \frac{M^{(m)}(0)}{m!}t^m + \cdots$$
$$= 1 + \frac{E(X)}{1!}t + \frac{E(X^2)}{2!}t^2 + \cdots + \frac{E(X^m)}{m!}t^m + \cdots$$

因而，$M(t)$ 的麦克劳林级数表达式中的系数 $(t^m/m!)$ 是 $E(X^m)$．所以，对于特殊的 $M(t)$，得出

$$E(X^{2k}) = (2k-1)(2k-3)\cdots(3)(1) = \frac{(2k)!}{2^k k!}, \quad k = 1,2,3,\cdots \tag{1.9.3}$$

$$E(X^{2k-1}) = 0, \quad k = 1,2,3,\cdots \tag{1.9.4}$$

我们将在 3.4 节中用到这个结果． ■

注释 1.9.1 如同例 1.9.5 和例 1.9.6 所表明的，分布可能没有矩母函数．在更高等的课程中，相反，我们会令 i 表示虚数单位，t 表示任意实数，并定义 $\varphi(t)=E(e^{itX})$．对于任何分布来说，这个期望均存在，称它为分布的**特征函数**(characteristic function)．为了理解为什么对于所有实数 t，$\varphi(t)$ 均存在，注意，在连续情况下，$\varphi(t)$ 的绝对值

$$|\varphi(t)| = \left|\int_{-\infty}^{\infty} e^{itx} f(x) dx\right| \leqslant \int_{-\infty}^{\infty} e^{itx} f(x) dx$$

然而，因为 $f(x)$ 是非负的，所以 $|f(x)|=f(x)$，同时

$$|e^{itx}| = |\cos tx + i\sin tx| = \sqrt{\cos^2 tx + \sin^2 tx} = 1$$

因而

$$|\varphi(t)| \leqslant \int_{-\infty}^{\infty} f(x) dx = 1$$

所以，$\varphi(t)$ 的积分对于所有实值 t 来说都存在．在离散情况下，用求和取代积分．对于例 1.9.6，可以证明柯西分布的特征函数是 $\varphi(t)=\exp\{-|t|\}$，$-\infty<t<\infty$．

每一个分布具有唯一的特征函数，同时每一个特征函数对应于唯一的概率分布．如果

⊖ 参看前言中提及的“相关数学知识”的第 2 章．

X 是拥有特征函数 $\varphi(t)$ 的分布，例如，如果 $E(X)$ 与 $E(X^2)$ 都存在，那么它们分别由 $iE(X)=\varphi'(0)$ 与 $i^2E(X^2)=\varphi''(0)$ 给出．熟悉复值函数的读者可以将其写成 $\varphi(t)=M(it)$，并且本书自始至终地以完全一般的形式证明某些定理．

学习过拉普拉斯和傅里叶变换的人会发现，这些变换与 $M(t)$ 及 $\varphi(t)$ 之间具有类似性，这些变换的唯一性允许我们断定，每一个矩母函数与其特征函数都具有唯一性． ■

习题

1.9.1 如果下述每一个分布的均值与方差都存在，求其均值与方差．

(a) $p(x)=\dfrac{3!}{x!(3-x)!}\left(\dfrac{1}{2}\right)^3$，$x=0,1,2,3$，其他为 0．

(b) $f(x)=6x(1-x)$，$0<x<1$，其他为 0．

(c) $f(x)=2/x^3$，$1<x<\infty$，其他为 0．

1.9.2 设 $p(x)=\left(\dfrac{1}{2}\right)^x$，$x=1,2,3,\cdots$，其他为 0，表示随机变量 X 的概率质量函数．求 X 的矩母函数、均值以及方差．

1.9.3 对于下述每一个分布，计算 $P(\mu-2\sigma<X<\mu+2\sigma)$．

(a) $f(x)=6x(1-x)$，$0<x<1$，其他为 0．

(b) $p(x)=\left(\dfrac{1}{2}\right)^x$，$x=1,2,3,\cdots$，其他为 0．

1.9.4 如果随机变量 X 的方差存在，证明

$$E(X^2)\geqslant[E(X)]^2$$

1.9.5 设连续随机变量 X 具有概率密度函数 $f(x)$，其图形关于 $x=c$ 对称．如果 X 的均值存在，证明 $E(X)=c$．

提示：通过将 $E(X-c)$ 写成两个积分之和，一个从 $-\infty$ 到 c，而另一个从 c 到 ∞，然后证明，$E(X-c)$ 等于 0．在第一个积分中，令 $y=c-x$；而在第二个积分中，令 $z=x-c$．最后，在第一个积分中，运用对称条件 $f(c-y)=f(c+y)$．

1.9.6 设随机变量 X 具有均值 μ、标准差 σ 以及矩母函数 $M(t)$，对于 $-h<t<h$，证明

$$E\left(\frac{X-\mu}{\sigma}\right)=0,\quad E\left[\left(\frac{X-\mu}{\sigma}\right)^2\right]=1$$

以及

$$E\left\{\exp\left[t\left(\frac{X-\mu}{\sigma}\right)\right]\right\}=e^{-\mu t/\sigma}M\left(\frac{t}{\sigma}\right),\quad -h\sigma<t<h\sigma$$

1.9.7 证明：随机变量 X 具有概率密度函数 $f(x)=\dfrac{1}{3}$，$-1<x<2$，其他为 0，此 X 的矩母函数是

$$M(t)=\begin{cases}\dfrac{e^{2t}-e^{-t}}{3t}, & t\neq 0\\ 1, & t=0\end{cases}$$

1.9.8 设 X 是随机变量，使得对于所有实数 b 来说 $E[(X-b)^2]$ 存在．证明，当 $b=E(X)$ 时，$E[(X-b)^2]$ 是最小值．

1.9.9 设 X 是连续型随机变量，具有概率密度函数 $f(x)$．倘若期望存在，如果 m 是 X 分布的唯一中位数，b 是一个实常数，证明

$$E(|X-b|)=E(|X-m|)+2\int_m^b(b-x)f(x)\,dx$$

当 b 取什么值时，$E(|X-b|)$ 达到最小值？

1.9.10 设 X 表示使 $E[(X-a)^2]$ 存在的随机变量. 给出一个离散型分布的事例，使得此分布期望为 0. 这种分布称为**退化分布**(degenerate distribution).

1.9.11 设 X 表示随机变量，对于某个开区间内 t 的所有实值，包括 $t=1$ 点，使得 $K(t)=E(t^X)$ 存在. 证明 $K^{(m)}(1)$ 等于第 m 阶**乘矩**(factorial moment) $E[X(X-1)\cdots(X-m+1)]$.

1.9.12 设 X 是随机变量. 如果 m 是正整数，当期望 $E[(X-b)^m]$ 存在时，称为分布关于点 b 的 m 阶矩. 设分布关于点 7 的一阶矩、二阶矩以及三阶矩分别是 3，11，15. 求 X 的均值，然后求此分布关于 μ 点的一阶矩、二阶矩以及三阶矩.

1.9.13 设 X 是随机变量，以便使得 $R(t)=E(e^{t(X-b)})$ 对于 $-h<t<h$ 存在. 当 m 是正整数时，证明 $R^{(m)}(0)$ 等于此分布关于 b 点的 m 阶矩.

1.9.14 设 X 是具有均值 μ 与方差 σ^2 的随机变量，使得关于垂直线的三阶矩 $E[(X-\mu)^3]$ 经过 μ 而存在. 经常用比值 $E[(X-\mu)^3]/\sigma^3$ 测量**偏度**(skewness). 画出下述每一个概率密度函数，并证明这些各自分布的偏度测量是负的、0、正的(这分别称为左偏、无偏、右偏).

(a) $f(x)=(x+1)/2$，$-1<x<1$，其他为 0.

(b) $f(x)=\frac{1}{2}$，$-1<x<1$，其他为 0.

(c) $f(x)=(1-x)/2$，$-1<x<1$，其他为 0.

1.9.15 设 X 是具有 μ 与方差 σ^2 的随机变量，使得四阶矩 $E[(X-\mu)^4]$ 存在. 经常用比值 $E[(X-\mu)^4]/\sigma^4$ 测量**峰度**(kurtosis). 画出下述每一个概率密度函数，并证明这个测量小于第一个分布的测量.

(a) $f(x)=\frac{1}{2}$，$-1<x<1$，其他为 0.

(b) $f(x)=3(1-x^2)/4$，$-1<x<1$，其他为 0.

1.9.16 设随机变量 X 具有概率质量函数

$$p(x)=\begin{cases} p, & x=-1,1 \\ 1-2p, & x=0 \\ 0, & \text{其他} \end{cases}$$

其中 $0<p<\frac{1}{2}$. 求作为 p 函数的峰度测量. 当 $p=\frac{1}{3}$，$p=\frac{1}{5}$，$p=\frac{1}{10}$ 以及 $p=\frac{1}{100}$ 时，求它的值. 注意，峰度随着 p 减少而增大.

1.9.17 设 $\psi(t)=\log M(t)$，其中 $M(t)$ 表示分布的矩母函数，证明 $\psi'(0)=\mu$ 且 $\psi''(0)=\sigma^2$. 函数 $\psi(t)$ 称为**累积量母函数**(cumulant generating function).

1.9.18 求下面分布的均值与方差，此分布具有累积分布函数

$$F(x)=\begin{cases} 0, & x<0 \\ \frac{x}{8}, & 0\leqslant x<2 \\ \frac{x^2}{16}, & 2\leqslant x<4 \\ 1, & 4\leqslant x \end{cases}$$

1.9.19 求下面分布的矩，此分布矩母函数 $M(t)=(1-t)^{-3}$，$t<1$.

提示：求 $M(t)$ 的麦克劳林级数.

1.9.20 我们称 X 服从拉普拉斯分布，如果 X 的概率密度函数是

$$f(t)=\frac{1}{2}e^{-|t|},\quad -\infty<t<\infty \tag{1.9.5}$$

(a) 证明 X 的矩母函数是 $M(t)=(1-t^2)^{-1}$，对于 $|t|<1$.

(b) 将 $M(t)$ 展开成麦克劳林级数，然后用它求 X 的所有矩.

1.9.21 设 X 是连续随机变量，具有概率密度函数 $f(x)$，倘若 $0<x<b<\infty$，它为正的，而其他情况下等于 0. 证明

$$E(X)=\int_0^b[1-F(x)]\mathrm{d}x$$

其中 $F(x)$ 表示 X 的累积分布函数.

1.9.22 设 X 是离散随机变量，具有概率质量函数 $p(x)$，它在非负整数上为正的，而其他情况下等于 0. 证明

$$E(X)=\sum_{x=0}^{\infty}[1-F(x)]$$

其中 $F(x)$ 表示 X 的累积分布函数.

1.9.23 设 X 具有概率质量函数 $p(x)=1/k$，$x=1,2,3,\cdots,k$，其他为 0. 证明矩母函数是

$$M(t)=\begin{cases}\dfrac{\mathrm{e}^t(1-\mathrm{e}^{kt})}{k(1-\mathrm{e}^t)}, & t\neq 0\\ 1, & t=0\end{cases}$$

1.9.24 设 X 具有累积分布函数 $F(x)$，它是连续型与离散型的混合形式，即

$$F(x)=\begin{cases}0, & x<0\\ \dfrac{x+1}{4}, & 0\leqslant x<1\\ 1, & 1\leqslant x\end{cases}$$

请给出 $\mu=E(X)$ 与 $\sigma^2=\mathrm{Var}(X)$ 的合理定义，然后计算每一个值.

提示：确定与离散部分及连续部分有关的概率质量函数及概率密度函数，然后对离散部分求和，而对连续部分积分.

1.9.25 考察具有下述特征的 k 连续型分布：概率密度函数 $f_i(x)$，均值 μ_i，方差 σ_i^2，$i=1,2,\cdots,k$. 如果 $c_i\geqslant 0$，$i=1,2,\cdots,k$ 且 $c_1+c_2+\cdots+c_k=1$，证明此分布具有概率密度函数 $c_1f_1(x)+\cdots+c_kf_k(x)$ 的分布与方差分别是 $\mu=\sum_{i=1}^{k}c_i\mu_i$ 与 $\sigma^2=\sum_{i=1}^{k}c_i[\sigma_i^2+(\mu_i-\mu)^2]$.

1.9.26 设 X 是随机变量，具有概率密度函数 $f(x)$ 与矩母函数 $M(t)$. 假定 f 关于 0 是对称的($f(-x)=f(x)$)，证明 $M(-t)=M(t)$.

1.9.27 设 X 具有指数概率密度函数，$f(x)=\beta^{-1}\exp\{-x/\beta\}$，$0<x<\infty$，其他为 0. 求 X 的矩母函数、均值以及方差.

1.10 重要不等式

在这一节，我们给出涉及期望的三个重要不等式的证明. 在本节其余部分中我们将运用这些不等式. 下面从一个有用的结果开始阐述.

定理 1.10.1 *设 X 是随机变量，并设 m 是正整数. 假定 $E[X^m]$ 存在. 如果 k 是正整数，且 $k\leqslant m$，那么 $E[X^k]$ 存在.*

证：对于连续情况，这里给出其证明，然而若用求和代替积分，则可类似证明离散情况. 这 $f(x)$ 表示 X 的概率密度函数. 于是

$$\begin{aligned}\int_{-\infty}^{\infty}|x|^kf(x)\mathrm{d}x&=\int_{|x|\leqslant 1}|x|^kf(x)\mathrm{d}x+\int_{|x|>1}|x|^kf(x)\mathrm{d}x\\&\leqslant\int_{|x|\leqslant 1}f(x)\mathrm{d}x+\int_{|x|>1}|x|^mf(x)\mathrm{d}x\end{aligned}$$

$$\leqslant \int_{-\infty}^{\infty} f(x)\mathrm{d}x + \int_{-\infty}^{\infty} |x|^m f(x)\mathrm{d}x$$
$$\leqslant 1 + E[|X|^m] < \infty \tag{1.10.1}$$

这是想要证的结果. ■

定理 1.10.2(马尔可夫不等式) 设 $u(X)$是随机变量 X 的非负函数. 如果 $E[u(X)]$存在，那么对于任何正常数 c，

$$P[u(X) \geqslant c] \leqslant \frac{E[u(X)]}{c}$$

证： 就随机变量 X 是连续型情况，给出其证明，然而若用求和代替积分，此证明仍适用于离散情况. 设 $A=\{x: u(x)\geqslant c\}$，并设 $f(x)$表示 X 的概率密度函数. 于是

$$E[u(X)] = \int_{-\infty}^{\infty} u(x)f(x)\mathrm{d}x = \int_A u(x)f(x)\mathrm{d}x + \int_{A^c} u(x)f(x)\mathrm{d}x$$

由于上面等式右边最终每一项积分都为非负的，所以左边大于或等于这两项之一. 特别地，

$$E[u(X)] \geqslant \int_A u(x)f(x)\mathrm{d}x$$

然而，如果 $x\in A$，那么 $u(x)\geqslant c$；因此，若我们用 c 代替 $u(x)$，则上述不等式右边不会增大. 因而

$$E[u(X)] \geqslant c\int_A f(x)\mathrm{d}x$$

由于

$$\int_A f(x)\mathrm{d}x = P(X \in A) = P[u(X) \geqslant c]$$

由此可得

$$E[u(X)] \geqslant cP[u(X) \geqslant c]$$

这是想要证的结果. ■

上述定理是另一个不等式的推广，就是经常所说的切比雪夫不等式(Chebyshev's inequality). 现在来证明这一不等式.

定理 1.10.3(切比雪夫不等式) 设随机变量 X 具有有限方差 σ^2(由定理 1.10.1，这蕴含着均值 $\mu=E(X)$存在). 于是，对于任何 $k>0$，

$$P(|X-\mu| \geqslant k\sigma) \leqslant \frac{1}{k^2} \tag{1.10.2}$$

或等价地

$$P(|X-\mu| < k\sigma) \geqslant 1-\frac{1}{k^2}$$

证： 在定理 1.10.2 中，取 $u(X)=(X-\mu)^2$ 且 $c=k^2\sigma^2$. 于是，得出

$$P[(X-\mu)^2 \geqslant k^2\sigma^2] \leqslant \frac{E[X-\mu]^2}{k^2\sigma^2}$$

由于上面不等式右边的分子是 σ^2，所以该不等式可写成

$$P(|X-\mu| \geqslant k\sigma) \leqslant \frac{1}{k^2}$$

这是想要证的结果．当然，如果取大于 1 的正数 k，就得到感兴趣的不等式． ■

因此，数 $1/k^2$ 是概率 $P(|X-\mu|\geqslant k\sigma)$ 的上界．在下述例题中，此上界与准确概率值将在特定例子里加以比较．

例 1.10.1 设 X 具有均匀分布概率密度函数

$$f(x)=\begin{cases}\dfrac{1}{2\sqrt{3}}, & -\sqrt{3}<x<\sqrt{3}\\ 0, & \text{其他}\end{cases}$$

依据例 1.9.1，对于这个均匀分布，我们得到 $\mu=0$ 且 $\sigma^2=1$．若 $k=\dfrac{3}{2}$，则得到准确概率

$$P(|X-\mu|\geqslant k\sigma)=P\left(|X|\geqslant\frac{3}{2}\right)=1-\int_{-3/2}^{3/2}\frac{1}{2\sqrt{3}}\mathrm{d}x=1-\frac{\sqrt{3}}{2}$$

由切比雪夫不等式，此概率具有上界 $1/k^2=\dfrac{4}{9}$．由于 $1-\sqrt{3}/2=0.134$，大体上看，这种情况下的准确概率远小于上界 $\dfrac{4}{9}$．如果取 $k=2$，那么得到准确概率 $P(|X-\mu|\geqslant 2\sigma)=P(|X|\geqslant 2)=0$．这再一次远小于由切比雪夫不等式所给出的上界 $1/k^2=\dfrac{1}{4}$． ■

在上面例题的每一种情况下，概率 $P(|X-\mu|\geqslant k\sigma)$ 及其上界 $1/k^2$ 截然不同．这表明，此不等式显得格外清晰明确．不过，如果想要对于任何一个 $k>0$，此不等式成立，而且对于拥有有限方差的所有随机变量，此不等式亦成立，那么这类改进行不通，正如下述例题所证明的．

例 1.10.2 设离散随机变量 X 在点 $x=-1, 0, 1$ 处的概率分别为 $\dfrac{1}{8}$，$\dfrac{6}{8}$，$\dfrac{1}{8}$．这里 $\mu=0$ 且 $\sigma^2=\dfrac{1}{4}$．如果 $k=2$，那么 $1/k^2=\dfrac{1}{4}$，而且 $P(|X-\mu|\geqslant k\sigma)=P(|X|\geqslant 1)=\dfrac{1}{4}$．也就是说，此处的概率 $P(|X-\mu|\geqslant k\sigma)$ 再次达到上界 $1/k^2=\dfrac{1}{4}$．因此，若没有进一步关于 X 分布的假设，就不能改进该不等式． ■

对于 $\varepsilon>0$，通过取 $k\sigma=\varepsilon$ 很容易建立切比雪夫不等式．从而，式(1.10.2)变成

$$P(|X-\mu|\geqslant\varepsilon)\leqslant\frac{\sigma^2}{\varepsilon^2},\quad \text{对于所有 } \varepsilon>0 \tag{1.10.3}$$

这一节的第二个不等式涉及凸函数．

定义 1.10.1 定义在区间 (a,b) 上的函数 ϕ 称为是**凸**函数，其中 $-\infty\leqslant a<b\leqslant\infty$，如果对于 (a,b) 内的所有 x，y 与所有 $0<\gamma<1$，有

$$\phi[\gamma x+(1-\gamma)y]\leqslant\gamma\phi(x)+(1-\gamma)\phi(y) \tag{1.10.4}$$

当上面的不等式是严格成立时，则称 ϕ 是**严格凸**的(strictly convex)．

若 ϕ 的一阶导数或二阶导数存在，则可证明下面的定理．

定理 1.10.4 如果 ϕ 在 (a,b) 上是可微的，那么

(a) 当且仅当对于所有 $a<x<y<b$，$\phi'(x)\leqslant\phi'(y)$ 时 ϕ 是凸的．

(b) 当且仅当对于所有 $a<x<y<b$，$\phi'(x)<\phi'(y)$ 时 ϕ 是严格凸的．

如果 ϕ 在 (a,b) 上是二次可微的，那么

(a) 当且仅当对于所有 $a<x<b$，$\phi''(x)\geqslant 0$ 时 ϕ 是凸的.

(b) 当且仅当对于所有 $a<x<b$，$\phi''(x)>0$ 时 ϕ 是严格凸的.

当然，这个定理的第二部分可立刻从第一部分得出. 尽管第一部分要借助于人们的直觉，但在大多数分析课本中均可找到对它的证明，例如，参看 Hewitt 和 Stromber(1965). 从凸性中可得出一个非常有用的概率不等式.

定理 1.10.5(詹森不等式) 如果 ϕ 在开区间 I 上是凸的，并且 X 是随机变量，其支集包含于 I 中，同时具有有限期望，那么

$$\phi[E(X)]\leqslant E[\phi(X)] \tag{1.10.5}$$

如果 ϕ 是严格凸的，那么不等式是严格的，除非 X 是常数随机变量.

证： 就这里的证明而言，假定 ϕ 具有二阶导数，不过通常只需要凸性. 将 $\phi(x)$ 展开成关于 $\mu=E(X)$ 的二阶泰勒级数

$$\phi(x)=\phi(\mu)+\phi'(\mu)(x-\mu)+\frac{\phi''(\zeta)(x-\mu)^2}{2}$$

其中 ζ 位于 x 与 μ 之间[⊖]. 因为上面等式右边最后一项是非负的，所以有

$$\phi(x)\geqslant\phi(\mu)+\phi'(\mu)(x-\mu)$$

当对两边取期望值，就得出结果. 若 X 不是常数，如果对于所有 $x\in(a,b)$，$\phi''(x)>0$，那么不等式将是严格的. ■

例 1.10.3 设 X 是非退化随机变量，具有均值 μ 与有限二阶矩. 于是，$\mu^2<E(X^2)$，一旦利用严格凸函数 $\phi(t)=t^2$，这可由詹森不等式得出. ■

这最后一个不等式涉及有限正数集合的不同均值.

例 1.10.4(调和平均与几何平均) 设 $\{a_1,a_2,\cdots,a_n\}$ 是正数集合. 通过对 $a_1,a_2,\cdots,a_n$ 中的每一个施加一个权重 $1/n$，生成随机变量 X 的分布. 于是，X 的均值是算术平均(arithmetic mean，AM)，$E(X)=n^{-1}\sum_{i=1}^{n}a_i$. 因而，由于 $-\log x$ 是凸函数，由詹森不等式得出

$$-\log\left(\frac{1}{n}\sum_{i=1}^{n}a_i\right)\leqslant E(-\log X)=-\frac{1}{n}\sum_{i=1}^{n}\log a_i=-\log(a_1a_2\cdots a_n)^{1/n}$$

或者等价地

$$\log\left(\frac{1}{n}\sum_{i=1}^{n}a_i\right)\geqslant\log(a_1a_2\cdots a_n)^{1/n}$$

因此

$$(a_1a_2\cdots a_n)^{1/n}\leqslant\frac{1}{n}\sum_{i=1}^{n}a_i \tag{1.10.6}$$

将此不等式左边的式子称为**几何均值**(geometric mean，GM). 因此，对于任何有限正数集合，式(1.10.6)等价于 GM≤AM.

⊖ 参看前言中提及的“相关数学知识”关于泰勒级数内容的讨论.

现在将式(1.10.6)中的 a_i 用 $1/a_i$(它也是正的)代替. 从而得到

$$\frac{1}{n}\sum_{i=1}^{n}\frac{1}{a_i}\geqslant\left(\frac{1}{a_1}\frac{1}{a_2}\cdots\frac{1}{a_n}\right)^{1/n}$$

或等价地

$$\frac{1}{\frac{1}{n}\sum_{i=1}^{n}\frac{1}{a_i}}\leqslant(a_1a_2\cdots a_n)^{1/n} \tag{1.10.7}$$

将这个不等式左边的式子称为**调和平均**(harmonic mean，HM). 对于任何有限正数集合，把式(1.10.6)与式(1.10.7)放在一起考虑，就可证明关系

$$\mathrm{HM}\leqslant\mathrm{GM}\leqslant\mathrm{AM} \tag{1.10.8}$$

■

习题

1.10.1 设 X 是随机变量且具有均值 μ，并设 $E[(X-\mu)^{2k}]$ 存在. 对于 $d>0$，证明 $P(|X-\mu|\geqslant d)\leqslant E[(X-\mu)^{2k}]/d^{2k}$. 当 $k=1$ 时，这本质上是切比雪夫不等式. 当那些 $(2k)$ 阶矩存在时，这对于所有 $k=1,2,3,\cdots$ 都成立，此事实通常提供了比切比雪夫不等式上界更小的上界 $P(|X-\mu|\geqslant d)$.

1.10.2 设 X 是随机变量，使得 $P(X\leqslant 0)=0$，并设 $\mu=E(X)$ 存在，证明 $P(X\geqslant 2\mu)\leqslant\frac{1}{2}$.

1.10.3 如果 X 是随机变量，使得 $E(X)=3$ 以及 $E(X^2)=13$，运用切比雪夫不等式确定概率 $P(-2<X<8)$ 的下界.

1.10.4 假定 X 服从拉普拉斯分布，它的概率密度函数是习题 1.9.20. 证明 X 的均值与方差分别是 0 与 2. 利用切比雪夫不等式求 $P(|X|\geqslant 5)$ 的上界，然后将其与准确概率进行比较.

1.10.5 设 X 是随机变量，对于 $-h<t<h$，具有矩母函数 $M(t)$. 证明

$$P(X\geqslant a)\leqslant e^{-at}M(t),\quad 0<t<h$$

与

$$P(X\leqslant a)\leqslant e^{-at}M(t),\quad -h<t<0$$

提示：设定理 1.10.2 中的 $u(x)=e^{tx}$ 与 $c=e^{ta}$. 注意，这些结果蕴含着 $P(X\geqslant a)$ 与 $P(X\leqslant a)$ 都小于当 $0<t<h$ 与当 $-h<t<0$ 时的 $e^{-ta}M(t)$ 各自的最大下界.

1.10.6 对于所有实数值 t，X 的矩母函数存在，并由

$$M(t)=\frac{e^{t}-e^{-t}}{2t},\quad t\neq 1,\quad M(0)=1$$

给出. 运用前面习题的结果，证明 $P(X\geqslant 1)=0$ 与 $P(X\leqslant -1)=0$. 注意，这里 h 是无限的.

1.10.7 设 X 是正随机变量，也就是 $P(X\leqslant 0)=0$. 证明

(a) $E(1/X)\geqslant 1/E(X)$.

(b) $E[-\log X]\geqslant -\log[E(X)]$.

(c) $E[\log(1/X)]\geqslant\log[1/E(X)]$.

(d) $E[X^3]\geqslant[E(X)]^3$.

第2章 多元分布

2.1 二元随机变量的分布

我们以下述示例开始对二元随机变量的讨论. 抛掷一枚硬币三次，我们对有序数对(前两次出现 H 的次数，三次均出现 H 的次数)感兴趣，H 与 T 分别表示正面朝上与反面朝上. 设$\mathcal{C}$={TTT，TTH，THT，HTT，THH，HTH，HHT，HHH}表示样本空间. 设 X_1 表示前两次出现 H 的次数，X_2 表示三次均出现 H 的次数. 那么，我们的问题能够用随机变量对(X_1,X_2)来刻画. 例如，$(X_1(\text{HTH}), X_2(\text{HTH}))$表示结果(1,2). 以这种方式持续进行下去，$X_1$ 与 X_2 是定义在样本空间$\mathcal{C}$上的实值函数，该函数将样本空间映射到有序数对空间.

$$\mathcal{D} = \{(0,0),(0,1),(1,1),(1,2),(2,2),(2,3)\}$$

因而，X_1 与 X_2 是定义在空间$\mathcal{C}$上的二元随机变量，而且在本例中，这些随机变量的空间为 2 维集合$\mathcal{D}$，$\mathcal{D}$是 2 维欧几里得空间$\mathbb{R}^2$ 的子集. 因此，(X_1,X_2)是从$\mathcal{C}$到$\mathcal{D}$的向量函数. 现在，我们系统地给出随机向量定义.

定义 2.1.1(随机向量) 给定样本空间$\mathcal{C}$中的随机实验. 考察二元随机变量 X_1 与 X_2，它们对$\mathcal{C}$中的每一个元素 c 均指定一个且仅一个有序数对 $X_1(c)=x_1$，$X_2(c)=x_2$. 我们称(X_1,X_2)是**随机向量**(random vector). (X_1,X_2)的空间是有序数对$\mathcal{D}=\{(x_1,x_2)：x_1=X_1(c)，x_2=X_2(c)，c\in\mathcal{C}\}$集合.

这里将用向量记号$\boldsymbol{X}=(X_1,X_2)'$表示随机向量，其中$'$表示行向量$(X_1,X_2)$的转置. 我们还经常用$(X,Y)$表示随机向量.

设$\mathcal{D}$表示与随机向量(X_1,X_2)有关的空间. 设 A 是$\mathcal{D}$的子集. 如同一维随机变量情况一样，我们将谈及事件 A. 我们想要定义事件 A 的概率，并用 $P_{X_1,X_2}[A]$表示. 正如 1.5 节中的随机变量一样，我们依据**累积分布函数**(cumulative distribution function)唯一地定义 P_{X_1,X_2}，对于所有$(x_1,x_2)\in\mathbb{R}^2$，它是由

$$F_{X_1,X_2}(x_1,x_2) = P[\{X_1 \leqslant x_1\} \cap \{X_2 \leqslant x_2\}] \tag{2.1.1}$$

给出的. 因为 X_1 与 X_2 均为随机变量，所以上述交集中的每一个事件以及所有事件的交集都是最初样本空间$\mathcal{C}$中的事件. 因而，这个表达式定义得很好. 如同随机变量一样，我们将 $P[\{X_1\leqslant x_1\}\cap\{X_2\leqslant x_2\}]$写成 $P[X_1\leqslant x_1,X_2\leqslant x_2]$. 如习题 2.1.3 所示，

$$P[a_1<X_1\leqslant b_1,a_2<X_2\leqslant b_2]=F_{X_1,X_2}(b_1,b_2)-F_{X_1,X_2}(a_1,b_2)-F_{X_1,X_2}(b_1,a_2)+F_{X_1,X_2}(a_1,a_2) \tag{2.1.2}$$

因此，形如$(a_1，b_1]\times(a_2，b_2]$集合上的全部诱导概率都可由累积分布函数系统地表述出来. 我们经常把这种累积分布函数称为(X_1,X_2)的**联合累积分布函数**(joint cumulative distribution function).

如同随机变量一样，这里主要涉及两种类型的随机向量，也就是离散的和连续的. 首先，讨论离散形式.

若空间$\mathcal{D}$是有限的或可数的，则随机向量(X_1,X_2)是**离散随机向量**(discrete random vector). 因此，X_1 与 X_2 两者也都是离散的. 对于所有$(x_1,x_2)\in\mathcal{D}$，(X_1,X_2)的**联合概率质量函数**(joint probability mass function)由

$$p_{X_1,X_2}(x_1,x_2)=P[X_1=x_1,X_2=x_2] \tag{2.1.3}$$

定义，如同随机变量一样，概率质量函数唯一地定义了累积分布函数. 而且，它可由下面两个性质来描述，也就是

$$\text{(i)}\,0\leqslant p_{X_1,X_2}(x_1,x_2)\leqslant 1 \quad 与 \quad \text{(ii)}\sum_{\mathcal{D}}\sum p_{X_1,X_2}(x_1,x_2)=1 \tag{2.1.4}$$

对于事件 $B\in\mathcal{D}$，有

$$P[(X_1,X_2)\in B]=\sum_B\sum p_{X_1,X_2}(x_1,x_2)$$

例 2.1.1 考察本节开始定义的例子，抛一枚均匀硬币三次，用 X_1 与 X_2 分别表示前两次与所有三次硬币出现正面朝上的次数。我们很容易将(X_1,X_2)的概率质量函数表示成为：

		X_2 的支集			
		0	1	2	3
X_1 的支集	0	$\frac{1}{8}$	$\frac{1}{8}$	0	0
	1	0	$\frac{2}{8}$	$\frac{2}{8}$	0
	2	0	0	$\frac{1}{8}$	$\frac{1}{8}$

例如，$p(X_1\geqslant 2,X_2\geqslant 2)=p(2,2)+p(2,3)=2/8$. ■

有时，利用离散随机变量(X_1,X_2)的**支集**十分方便. 支集是空间(X_1,X_2)中所有使得 $p(x_1,x_2)>0$ 的点. 在上面的例题中，支集是由六个点$\{(0,0),(0,1),(1,1),(1,2),(2,2),(2,3)\}$组成的.

如果具有空间$\mathcal{D}$的随机向量(X_1,X_2)的累积分布函数 $F_{X_1,X_2}(x_1,x_2)$是连续的，则称它是**连续**的. 对于大部分内容来说，本书中连续随机向量都具有累积分布函数，可将它表示成非负函数的积分. 也就是说，对于所有$(x_1,x_2)\in\mathbb{R}^2$，$F_{X_1,X_2}(x_1,x_2)$可表示成

$$F_{X_1,X_2}(x_1,x_2)=\int_{-\infty}^{x_1}\int_{-\infty}^{x_2}f_{X_1,X_2}(w_1,w_2)\mathrm{d}w_1\mathrm{d}w_2 \tag{2.1.5}$$

我们称此积分为(X_1,X_2)的**联合概率密度函数**(joint probability density function). 除了那些概率为 0 的事件之外，

$$\frac{\partial^2 F_{X_1,X_2}(x_1,x_2)}{\partial x_1\,\partial x_2}=f_{X_1,X_2}(x_1,x_2)$$

实际上，概率密度函数可由下面两个性质来描述，

$$\text{(i)}\,f_{X_1,X_2}(x_1,x_2)\geqslant 0 \quad 与 \quad \text{(ii)}\iint_{\mathcal{D}}f_{X_1,X_2}(x_1,x_2)\mathrm{d}x_1\mathrm{d}x_2=1 \tag{2.1.6}$$

为方便读者学习，前言提及的“相关数学知识”简要回顾了二重积分. ㊀

㊀ 可从前言中所列出的网站下载.

对于事件 $A\in\mathcal{D}$，有

$$P[(X_1,X_2)\in A]=\iint_A f_{X_1,X_2}(x_1,x_2)\mathrm{d}x_1\mathrm{d}x_2$$

注意，$P[(X_1,X_2)\in A]$正好是集合 A 上的曲面 $z=f_{X_1,X_2}(x_1,x_2)$所围成的体积.

注释 2.1.1 如同一元随机变量一样，当联合累积分布函数、概率密度函数以及概率质量函数中的下标在正文中的含义非常明显时，常常省略其下标. 这里也用记号诸如 f_{12}代替 f_{X_1,X_2}. 还经常用(X,Y)表示随机向量. ■

接下来，我们给出联合连续随机变量的两个例子.

例 2.1.2 考察连续随机向量(X,Y)，它是在$\mathbb{R}^2$ 单位圆上的均匀分布. 由于单位圆的面积是 π，所以联合概率密度函数是

$$f(x,y)=\begin{cases}\dfrac{1}{\pi}, & -1<y<1,-\sqrt{1-y^2}<x<\sqrt{1-y^2}\\ 0, & \text{其他}\end{cases}$$

直接利用几何学知识可以计算某些事件的概率. 例如，设 A 是半径为 1/2 的圆内部，那么 $P[(X,Y)\in A]=\pi(1/2)^2/\pi=1/4$. 其次，设 B 是半径分别为 1/2 与 $\sqrt{2}/2$ 的同心圆所构成的环，那么 $P[(X,Y)\in B]=\pi[(\sqrt{2}/2)^2-(1/2)^2]/\pi=1/4$. 区域 A 与区域 B 具有相同面积，因此，对于这个均匀分布的概率密度函数来说是等可能的. ■

在下一个例子中，我们运用二重积分可表示成单变量累次积分的一般性事实. 因而，可利用单变量累次积分计算二重积分. 在前言提及的“相关数学知识”[⊖]通过一些例子详细地讨论了这一点. 简单绘制积分区域的图形，对于确定每个累次积分的上、下限是非常有价值的.

例 2.1.3 假定电子器件具有两个电池. 设 X 和 Y 表示电池用标准单位表示的使用寿命. 假定(X,Y)的概率密度函数是

$$f(x,y)=\begin{cases}4xy\mathrm{e}^{-(x^2+y^2)}, & x>0,y>0\\ 0, & \text{其他}\end{cases}$$

曲面 $z=f(x,y)$，如图 2.1.1 所示，其中网格正方形是 0.1×0.1. 从图形可以看出，概率密度函数在$(x,y)=(0.7,0.7)$处达到峰值. 求解 $\partial f/\partial x=0$ 与 $\partial f/\partial y=0$ 的联立方程组，可以证明，$f(x,y)$的最大值实际上出现在$(x,y)=(\sqrt{2}/2,\sqrt{2}/2)$处.

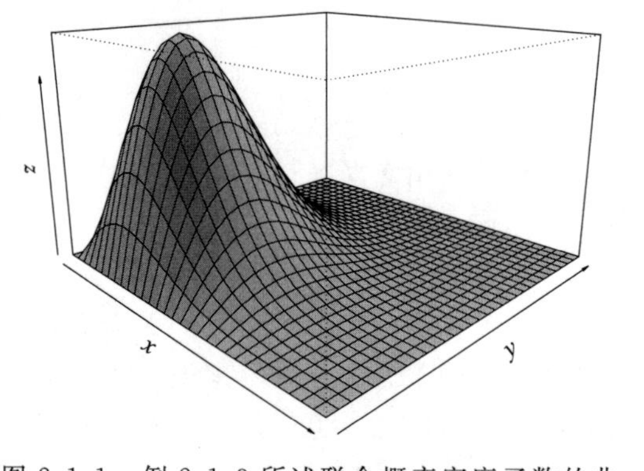

图 2.1.1　例 2.1.3 所述联合概率密度函数的曲面图形. 在图形中，原点位于 x 轴和 z 轴的交点处，网格正方形是 0.1×0.1 的，所以很容易标示点的位置. 如正文所述，概率密度函数的峰值在点$(\sqrt{2}/2,\sqrt{2}/2)$处出现

两个电池更有可能在峰值附近区域失效. 当 x 和 y 在任何方向上变大时，曲面逐渐变

⊖ 可在前言提到的网址下载.

细为 0. 例如，两个电池超过 $\sqrt{2}/2$ 单位的生存概率是

$$\begin{aligned} P\left(X > \frac{\sqrt{2}}{2}, Y > \frac{\sqrt{2}}{2}\right) &= \int_{\sqrt{2}/2}^{\infty}\int_{\sqrt{2}/2}^{\infty} 4xy\mathrm{e}^{-(x^2+y^2)}\,\mathrm{d}x\mathrm{d}y \\ &= \int_{\sqrt{2}/2}^{\infty} 2x\mathrm{e}^{-x^2}\left[\int_{\sqrt{2}/2}^{\infty} 2y\mathrm{e}^{-y^2}\,\mathrm{d}y\right]\mathrm{d}x \\ &= \int_{1/2}^{\infty} \mathrm{e}^{-z}\left[\int_{1/2}^{\infty}\mathrm{e}^{-w}\mathrm{d}w\right]\mathrm{d}z = (\mathrm{e}^{-1/2})^2 \approx 0.3679 \end{aligned}$$

我们利用 $z=x^2$ 和 $w=y^2$ 变量变换. 与上一个例子相比，考察区域 $A=\{(x,y): |x-(1/2)|<0.3, |y-(1/2)|<0.3\}$和区域 $B=\{(x,y): |x-2|<0.3, |y-2|<0.3\}$. 读者应该在图 2.1.1 中找到这些区域. A 和 B 的面积是一样的，但是从图形可以看出，$P[(X,Y)\in A]$远大于 $P[(X,Y)\in B]$. 习题 2.1.6 通过证明 $P[(X,Y)\in A]=0.1879$，$P[(X,Y)\in B]=0.0026$ 来验证这一点. ■

对于连续随机向量(X_1,X_2)来说，(X_1,X_2)的**支集**(support)包含了使 $f(x_1,x_2)>0$ 的所有点(x_1,x_2). 我们用$\mathcal{S}$表示随机向量的支集. 如同一元变量的情况一样，$\mathcal{S}\subset\mathcal{D}$.

与前面两个例子一样，我们通过采用在其他情况下为零，就可以将概率密度函数 $f_{X_1,X_2}(x_1,x_2)$的定义扩展到$\mathbb{R}^2$ 上. 本书自始至终这样做，以避免对空间$\mathcal{D}$烦琐地重复参考. 因此，用

$$\int_{-\infty}^{\infty}\int_{-\infty}^{\infty} f(x_1,x_2)\mathrm{d}x_1\mathrm{d}x_2 \quad 代替 \quad \iint_{\mathcal{D}} f_{X_1,X_2}(x_1,x_2)\mathrm{d}x_1\mathrm{d}x_2$$

同理，可以通过利用“其他为 0”而将其概率密度函数 $p_{X_1,X_2}(x_1,x_2)$推广到方便集合上. 进而，用

$$\sum_{x_2}\sum_{x_1} p(x_1,x_2) \quad 代替 \quad \sum\sum_{\mathcal{D}} p_{X_1,X_2}(x_1,x_2)$$

2.1.1 边缘分布

设(X_1,X_2)是随机向量. 于是，X_1 与 X_2 均是随机变量. 这里依照(X_1,X_2)的联合分布而获得它们的如下分布. 前面提及，X_1 的累积分布函数在 x_1 处所定义的事件是$\{X_1\leqslant x_1\}$. 然而

$$\{X_1\leqslant x_1\} = \{X_1\leqslant x_1\}\cap\{-\infty < X_2 < \infty\} = \{X_1\leqslant x_1, -\infty < X_2 < \infty\}$$

一旦取概率，对于所有 $x_1\in\mathbb{R}$，有

$$F_{X_1}(x_1) = P[X_1\leqslant x_1, -\infty < X_2 < \infty] \tag{2.1.7}$$

由定理 1.3.6 知，可将此式写成 $F_{X_1}(x_1)=\lim_{x_2\to\infty}F(x_1,x_2)$. 因而，我们得到累积分布函数之间的关系，依据$(X_1,X_2)$是离散的还是连续的，要么扩展概率质量函数，要么扩展概率密度函数.

首先，考察离散情况. 设$\mathcal{D}_{X_1}$是 X_1 的支集. 对于 $x_1\in\mathcal{D}_{X_1}$，式(2.1.7)等价于

$$F_{X_1}(x_1) = \sum_{w_1\leqslant x_1, -\infty<x_2<\infty} p_{X_1,X_2}(w_1,x_2) = \sum_{w_1\leqslant x_1}\left\{\sum_{x_2<\infty} p_{X_1,X_2}(w_1,x_2)\right\}$$

由累积分布函数的唯一性知，括号中的量必是 X_1 在 w_1 处所计算的概率质量函数，也就是对于所有 $x_1\in\mathcal{D}_{X_1}$，

$$p_{X_1}(x_1)=\sum_{x_2<\infty}p_{X_1,X_2}(x_1,x_2) \tag{2.1.8}$$

因此，为了求出 X_1 是 x_1 的概率，要保持 x_1 固定，同时将 p_{X_1,X_2} 对 x_2 所有值求和. 就下面联合概率质量函数所制成的表格而言，行由 X_1 支集值组成，而列由 X_2 支集值组成，这表明 X_1 的分布可通过行的边缘之和获得. 同理，X_2 的概率质量函数可通过列的边缘之和获得.

考察例 2.1.1 所述的随机向量 (X_1,X_2) 的联合离散分布. 在表 2.1.1 中. 我们将这些行之和与列之和相加. 此表最后一行是 X_2 的概率质量函数，而最后一列是 X_1 的概率质量函数. 一般地讲，由于这些分布是在表格边缘报告出来的，所以经常将它们称为**边缘**(marginal)**概率质量函数**.

表 2.1.1　例 2.1.1 中离散随机向量 (X_1,X_2) 的联合分布与边缘分布

		X_2 的支集				
		0	1	2	3	$p_{X_1}(x_1)$
X_1 的支集	0	$\frac{1}{8}$	$\frac{1}{8}$	0	0	$\frac{2}{8}$
	1	0	$\frac{2}{8}$	$\frac{2}{8}$	0	$\frac{4}{8}$
	2	0	0	$\frac{1}{8}$	$\frac{1}{8}$	$\frac{2}{8}$
	$p_{X_2}(x_2)$	$\frac{1}{8}$	$\frac{3}{8}$	$\frac{3}{8}$	$\frac{1}{8}$	

例 2.1.4　考察下面的随机实验：从装有 10 个筹码的筹码盒中随机抽取一个筹码，这些筹码的形状和大小都一样. 每一个筹码都有一个有序数对：一个(1,1)，一个(2,1)，两个(3,1)，一个(1,2)，两个(2,2)，三个(3,2). 设把随机变量 X_1 与 X_2 定义成有序数对的第一个值与第二个值. 因而，X_1 与 X_2 的联合概率质量函数由下面的表格给出，而其他情况等于 0. 此联合概率已经将每行与每列相加求和，同时这些和均在列边缘处，分别给出 X_1 与 X_2 的边缘概率密度函数. 注意，不一定必须用 (x_1,x_2) 公式求其边缘概率密度函数.

	x_2		
x_1	1	2	$p_1(x_1)$
1	$\frac{1}{10}$	$\frac{1}{10}$	$\frac{2}{10}$
2	$\frac{1}{10}$	$\frac{2}{10}$	$\frac{3}{10}$
3	$\frac{2}{10}$	$\frac{3}{10}$	$\frac{5}{10}$
$p_2(x_2)$	$\frac{4}{10}$	$\frac{6}{10}$	

■

接下来，考察连续情况. 设 $\mathcal{D}_{X_1}$ 是 X_1 的支集. 对于 $x_1\in\mathcal{D}_{X_1}$，式(2.1.7)等价于

$$F_{X_1}(x_1)=\int_{-\infty}^{x_1}\int_{-\infty}^{\infty}f_{X_1,X_2}(w_1,x_2)\mathrm{d}x_2\mathrm{d}w_1=\int_{-\infty}^{x_1}\left\{\int_{-\infty}^{\infty}f_{X_1,X_2}(w_1,x_2)\mathrm{d}x_2\right\}\mathrm{d}w_1$$

由累积分布函数的唯一性可知，括号中的式子必是 X_1 的概率密度函数在 w_1 处所计算的值，也就是对于所有 $x_1 \in \mathcal{D}_{X_1}$，

$$f_{X_1}(x_1) = \int_{-\infty}^{\infty} f_{X_1,X_2}(x_1,x_2)\mathrm{d}x_2 \tag{2.1.9}$$

因此，在连续情况下，X_1 的边缘概率密度函数是通过对 x_2 积分而得到的．类似地，X_2 的边缘概率密度函数是通过对 x_1 积分而获得的．

例 2.1.5(例 2.1.2 续)　考察例 2.1.2 中所讨论的连续随机变量 (X,Y) 的向量．随机向量空间是以 $(0,0)$ 为圆心的单位圆，如图 2.1.2所示．求 X 的边缘分布，首先将 x 固定在 -1 和 1 之间，然后对 y 从 $-\sqrt{1-x^2}$ 到 $\sqrt{1-x^2}$ 进行积分，如图 2.1.2 所示．因此，X 的边缘概率密度函数是

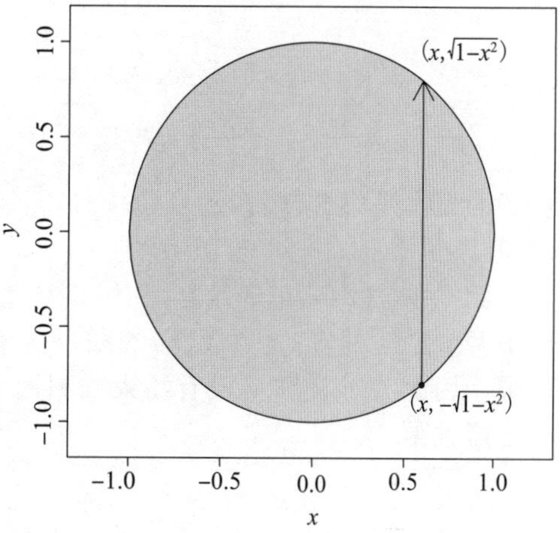

图 2.1.2　例 2.1.5 的积分区域，它描述了在任意固定的 x 处对 y 的积分

$$f_X(x) = \int_{-\sqrt{1-x^2}}^{\sqrt{1-x^2}} \frac{1}{\pi}\mathrm{d}y = \frac{2}{\pi}\sqrt{1-x^2}, \quad -1 < x < 1$$

虽然 (X,Y) 是联合均匀分布，但 X 的分布是单峰分布，在 0 处达到峰值．这并不奇怪．由于联合分布是均匀的，从图 2.1.2 来看，X 更有可能接近于 0，而不是极端值 -1 或 1．由于联合概率密度函数是关于 x 与 y 对称的，所以 Y 的边缘概率密度函数和 X 的边缘概率密度函数是一样的．■

例 2.1.6　设 X_1 与 X_2 具有联合概率密度函数

$$f(x_1,x_2) = \begin{cases} x_1 + x_2, & 0 < x_1 < 1, 0 < x_2 < 1 \\ 0, & \text{其他} \end{cases}$$

注意，随机向量的空间是由顶点 $(0,0)$，$(1,0)$，$(1,1)$ 与 $(0,1)$ 所围成的正方形内部．X_1 的边缘概率密度函数是

$$f_1(x_1) = \int_0^1 (x_1 + x_2)\mathrm{d}x_2 = x_1 + \frac{1}{2}, \quad 0 < x_1 < 1$$

其他为 0，而 X_2 的边缘概率密度函数是

$$f_2(x_2) = \int_0^1 (x_1 + x_2)\mathrm{d}x_1 = \frac{1}{2} + x_2, \quad 0 < x_2 < 1$$

其他为 0．像概率 $P\left(X_1 \leqslant \frac{1}{2}\right)$ 一样，或者利用 $f_1(x_1)$ 计算概率，或者利用 $f(x_1,x_2)$ 计算概率，因为

$$\int_0^{1/2}\int_0^1 f(x_1,x_2)\mathrm{d}x_2\mathrm{d}x_1 = \int_0^{1/2} f_1(x_1)\mathrm{d}x_1 = \frac{3}{8}$$

假定我们想要求 $P(X_1 + X_2 \leqslant 1)$ 的概率．注意，积分区域是顶点 $(0,0)$，$(1,0)$ 和 $(0,1)$ 所围成的三角形的内部．读者应该在 (X_1,X_2) 空间上画出这个区域．首先固定 x_1，然后对 x_2 进行积分，得到

$$P(X_1+X_2\leqslant 1)=\int_0^1\left[\int_0^{1-x_1}(x_1+x_2)\mathrm{d}x_2\right]\mathrm{d}x_1$$
$$=\int_0^1\left[x_1(1-x_1)+\frac{(1-x_1)^2}{2}\right]\mathrm{d}x_1$$
$$=\int_0^1\left(\frac{1}{2}-\frac{1}{2}x_1^2\right)\mathrm{d}x_1=\frac{1}{3}$$

后者的概率是集合$\{(x_1,x_2):0<x_1,x_1+x_2\leqslant 1\}$上的曲面 $f(x_1,x_2)=x_1+x_2$ 下所围成的体积. ■

例 2.1.7(例 2.1.3 续) 回顾例 2.1.3 中的随机变量 X 和 Y，它们表示安装在电子组件中两个电池的寿命. (X,Y)的联合概率密度函数如图 2.1.1 所示. 它的空间是$\mathbb{R}^2$ 中正的象限，因此关于 x 和 y 没有约束. 利用 $w=y^2$ 变量变换，对于 $x>0$ 来说，X 的边缘概率密度函数是

$$f_X(x)=\int_0^{\infty}4xy\mathrm{e}^{-(x^2+y^2)}\mathrm{d}y=2x\mathrm{e}^{-x^2}\int_0^{\infty}\mathrm{e}^{-w}\mathrm{d}w=2x\mathrm{e}^{-x^2}$$

由于模型中 x 和 y 具有对称性，故 Y 的概率密度函数与 X 的概率密度函数是相同的. 为了确定两个电池的寿命中位数 θ，我们需要求解

$$\frac{1}{2}=\int_0^{\theta}2x\mathrm{e}^{-x^2}\mathrm{d}x=1-\mathrm{e}^{-\theta^2}$$

这里我们利用了 $z=x^2$ 变量变换. 通过求解该方程，得到 $\theta=\sqrt{\log 2}\approx 0.8326$(本书中用 log 表示自然对数——编辑注). 所以，电池寿命的中位数 θ 大于 0.83 单位. ■

2.1.2 期望

对期望概念，可以直接推广. 设(X_1,X_2)是随机变量，并对于某个实值函数 g，也就是 g：$\mathbb{R}^2\to\mathbb{R}$，设 $Y=g(X_1,X_2)$. 于是，Y 是随机变量，而且我们可通过求 Y 的分布确定其期望. 但是，对于随机向量，定理 1.8.1 同样成立. 注意，这里对离散情况给出此定理的证明，而习题 2.1.12 证明了它对随机向量情况的推广.

假定(X_1,X_2)是连续型的. 如果

$$\int_{-\infty}^{\infty}\int_{-\infty}^{\infty}|g(x_1,x_2)|f_{X_1,X_2}(x_1,x_2)\mathrm{d}x_1\mathrm{d}x_2<\infty$$

那么 $E(Y)$存在. 从而

$$E(Y)=\int_{-\infty}^{\infty}\int_{-\infty}^{\infty}g(x_1,x_2)f_{X_1,X_2}(x_1,x_2)\mathrm{d}x_1\mathrm{d}x_2 \tag{2.1.10}$$

同理，(X_1,X_2)是离散的，如果

$$\sum_{x_1}\sum_{x_2}|g(x_1,x_2)|p_{X_1,X_2}(x_1,x_2)<\infty$$

那么 $E(Y)$存在. 从而

$$E(Y)=\sum_{x_1}\sum_{x_2}g(x_1,x_2)p_{X_1,X_2}(x_1,x_2) \tag{2.1.11}$$

现在，证明 E 是线性算子.

定理 2.1.1 设(X_1,X_2)是随机向量. 设 $Y_1=g_1(X_1,X_2)$与 $Y_2=g_2(X_1,X_2)$都是随机

变量，其期望存在．那么，对于任意实数 k_1 与 k_2，有

$$E(k_1Y_1+k_2Y_2)=k_1E(Y_1)+k_2E(Y_2) \tag{2.1.12}$$

证：这里对连续情况加以证明．直接由三角不等式与积分线性可得，$k_1Y_1+k_2Y_2$ 期望值存在，即

$$\begin{aligned}&\int_{-\infty}^{\infty}\int_{-\infty}^{\infty}|k_1g_1(x_1,x_2)+k_2g_1(x_1,x_2)|f_{X_1,X_2}(x_1,x_2)\mathrm{d}x_1\mathrm{d}x_2\\ \leqslant{}&|k_1|\int_{-\infty}^{\infty}\int_{-\infty}^{\infty}|g_1(x_1,x_2)|f_{X_1,X_2}(x_1,x_2)\mathrm{d}x_1\mathrm{d}x_2+\\ &|k_2|\int_{-\infty}^{\infty}\int_{-\infty}^{\infty}|g_2(x_1,x_2)|f_{X_1,X_2}(x_1,x_2)\mathrm{d}x_1\mathrm{d}x_2<\infty\end{aligned}$$

再次利用积分线性，得出

$$\begin{aligned}E(k_1Y_1+k_2Y_2)&=\int_{-\infty}^{\infty}\int_{-\infty}^{\infty}[k_1g_1(x_1,x_2)+k_2g_2(x_1,x_2)]f_{X_1,X_2}(x_1,x_2)\mathrm{d}x_1\mathrm{d}x_2\\&=k_1\int_{-\infty}^{\infty}\int_{-\infty}^{\infty}g_1(x_1,x_2)f_{X_1,X_2}(x_1,x_2)\mathrm{d}x_1\mathrm{d}x_2+\\&\quad k_2\int_{-\infty}^{\infty}\int_{-\infty}^{\infty}g_2(x_1,x_2)f_{X_1,X_2}(x_1,x_2)\mathrm{d}x_1\mathrm{d}x_2\\&=k_1E(Y_1)+k_2E(Y_2)\end{aligned}$$

这就是期待的结果． ■

同样，我们发现，X_2 的任何函数 $g(X_2)$ 的期望值都可以用两种方式建立起来，即

$$E(g(X_2))=\int_{-\infty}^{\infty}\int_{-\infty}^{\infty}g(x_2)f(x_1,x_2)\mathrm{d}x_1\mathrm{d}x_2=\int_{-\infty}^{\infty}g(x_2)|f_{X_2}(x_2)\mathrm{d}x_2$$

后者单积分是从双重积分中通过先对 x_1 进行积分而获得的．这些思想可利用下述例题加以阐明．

例 2.1.8 设 X_1 与 X_2 具有概率密度函数

$$f(x_1,x_2)=\begin{cases}8x_1x_2, & 0<x_1<x_2<1\\ 0, & \text{其他}\end{cases}$$

图 2.1.3 展示 (X_1,X_2) 的空间．于是

$$E(X_1X_2^2)=\int_{-\infty}^{\infty}\int_{-\infty}^{\infty}x_1x_2^2f(x_1,x_2)\mathrm{d}x_1\mathrm{d}x_2$$

为了计算积分，如图 2.1.3 中箭头所示，我们首先固定 x_2，然后对 x_1 从 0 到 x_2 进行积分．并且，对 x_2 从 0 到 1 进行积分．因此，

$$\int_{-\infty}^{\infty}\int_{-\infty}^{\infty}x_1x_2^2f(x_1,x_2)\mathrm{d}x_1\mathrm{d}x_2=\int_0^1\int_0^{x_2}8x_1^2x_2^3\mathrm{d}x_1\mathrm{d}x_2=\int_0^1\frac{8}{3}x_2^6\mathrm{d}x_2=\frac{8}{21}$$

此外，

$$E(X_2)=\int_0^1\int_0^{x_2}x_2(8x_1x_2)\mathrm{d}x_1\mathrm{d}x_2=\frac{4}{5}$$

由于 X_2 具有概率密度函数 $f_2(x_2)=4x_2^3$，$0<x_2<1$，其他为 0，所以其期望由

$$E(X_2)=\int_0^1x_2(4x_2^3)\mathrm{d}x_2=\frac{4}{5}$$

确定. 利用定理 2.1.1 可得,

$$E(7X_1X_2^2+5X_2)=7E(X_1X_2^2)+5E(X_2)=(7)\left(\frac{8}{21}\right)+(5)\left(\frac{4}{5}\right)=\frac{20}{3}$$ ■

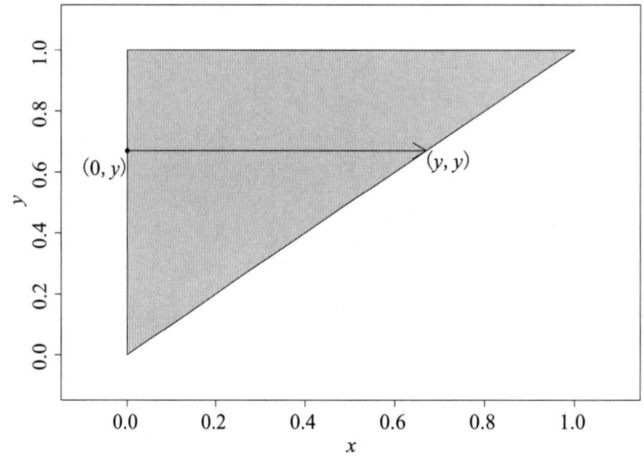

图 2.1.3　例 2.1.8 的积分区域,箭头表示对于任意固定的 x_2,对 x_1 进行积分

例 2.1.9(例 2.1.8 续) 假定随机变量 Y 由 $Y=X_1/X_2$ 定义. 这里以两种方式确定$E(Y)$. 第一种方式是由定义,也就是求 Y 的分布,然后确定其期望. 对于 $0<y\leqslant 1$,Y 的累积分布函数是

$$E_Y(y)=P(Y\leqslant y)=P(X_1\leqslant yX_2)=\int_0^1\int_0^{yx_2}8x_1x_2\,\mathrm{d}x_1\,\mathrm{d}x_2=\int_0^1 4y^2x_2^3\,\mathrm{d}x_2=y^2$$

因此,Y 的概率密度函数是

$$f_Y(y)=F'_Y(y)=\begin{cases}2y, & 0<y<1\\ 0, & 其他\end{cases}$$

这导致了

$$E(Y)=\int_0^1 y(2y)\,\mathrm{d}y=\frac{2}{3}$$

对于第二种方式,利用表达式(2.1.10),并通过

$$E(Y)=E\left(\frac{X_1}{X_2}\right)=\int_0^1\left\{\int_0^{x_2}\left(\frac{x_1}{x_2}\right)8x_1x_2\,\mathrm{d}x_1\right\}\mathrm{d}x_2=\int_0^1\frac{8}{3}x_2^3\,\mathrm{d}x_2=\frac{2}{3}$$

直接求出 $E(Y)$. ■

接下来,定义随机向量的矩母函数.

定义 2.1.2(随机向量的矩母函数) 设 $\boldsymbol{X}=(X_1,X_2)'$是随机向量. 对于 $|t_1|<h_1$ 与 $|t_2|<h_2$,其中 h_1 与 h_2 均为正的,如果 $E(\mathrm{e}^{t_1X_1+t_2X_2})$存在,用 $M_{X_1,X_2}(t_1,t_2)$表示它,称为 **$\boldsymbol{X}$ 的矩母函数**(moment generating function, mgf).

正如随机变量一样,如果矩母函数存在,那么随机向量的矩母函数唯一地决定随机向量分布.

设 $\boldsymbol{t}=(t_1,t_2)'$,从而我们把 $\boldsymbol{X}$ 的矩母函数写成

$$M_{X_1,X_2}(\boldsymbol{t}) = E[e^{\boldsymbol{t}'\boldsymbol{X}}] \tag{2.1.13}$$

因此，它非常类似于随机变量的矩母函数. 同样，可以立刻看出，X_1 与 X_2 的矩母函数分别是$M_{X_1,X_2}(t_1,0)$与 $M_{X_1,X_2}(0,t_2)$. 若不存在混淆，时常省略 M 的下标.

例 2.1.10 设连续型随机变量 X 与 Y 具有联合概率密度函数

$$f(x,y) = \begin{cases} e^{-y}, & 0 < x < y < \infty \\ 0, & \text{其他} \end{cases}$$

读者应该画出(X,Y)的空间图形，倘若 $t_1+t_2<1$ 且 $t_2<1$，这个联合分布的矩母函数是

$$M(t_1,t_2) = \int_0^{\infty}\int_x^{\infty} \exp(t_1 x + t_2 y - y)\,dy\,dx = \frac{1}{(1-t_1-t_2)(1-t_2)}$$

此外，X 与 Y 边缘分布的矩母函数分别是

$$M(t_1,0) = \frac{1}{1-t_1}, \quad t_1 < 1$$

$$M(0,t_2) = \frac{1}{(1-t_2)^2}, \quad t_2 < 1$$

当然，这些矩母函数分别是那些边缘概率密度函数，

$$f_1(x) = \int_x^{\infty} e^{-y}\,dy = e^{-x}, \quad 0 < x < \infty$$

其他为 0，而

$$f_2(y) = e^{-y}\int_0^{y} dx = ye^{-y}, \quad 0 < y < \infty$$

其他为 0. ■

这里还需要定义随机向量自身的期望值，不过这不是一个新概念，因为对它可依据分量方式进行定义.

定义 2.1.3(随机向量期望值) 设 $\boldsymbol{X}=(X_1,X_2)'$是随机向量. 如果 X_1 与 X_2 的期望存在，那么 $\boldsymbol{X}$ 的**期望值**存在. 若**期望值**(expected value)存在，则由

$$E(\boldsymbol{X}) = \begin{bmatrix} E(X_1) \\ E(X_2) \end{bmatrix} \tag{2.1.14}$$

给出.

习题

2.1.1 设 $f(x_1,x_2)=4x_1x_2$，$0<x_1<1$，$0<x_2<1$，其他为 0，表示 X_1 与 X_2 的概率密度函数. 求 $P\left(0<X_1<\frac{1}{2},\frac{1}{4}<X_2<1\right)$，$P(X_1=X_2)$，$P(X_1<X_2)$以及 $P(X_1\leqslant X_2)$.

提示：回顾 $P(X_1=X_2)$是 x_1x_2 平面 $0<x_1=x_2<1$ 线段上曲面 $f(x_1,x_2)=4x_1x_2$ 下的体积.

2.1.2 设 $A_1=\{(x,y): x\leqslant 2, y\leqslant 4\}$，$A_2=\{(x,y): x\leqslant 2, y\leqslant 1\}$，$A_3=\{(x,y): x\leqslant 0, y\leqslant 4\}$以及 $A_4=\{(x,y): x\leqslant 0, y\leqslant 1\}$都是二元随机变量 X 与 Y 空间$\mathcal{A}$的子集，X 与 Y 空间是整个 2 维平面. 当$P(A_1)=\frac{7}{8}$，$P(A_2)=\frac{4}{8}$，$P(A_3)=\frac{3}{8}$ 以及 $P(A_4)=\frac{2}{8}$时，求 $P(A_5)$，其中 $A_5=\{(x,y): 0<x\leqslant 2, 1<y\leqslant 4\}$.

2.1.3 设 $F(x,y)$是 X 与 Y 的分布函数. 对于所有实常数 $a<b, c<d$，证明 $P(a<X\leqslant b, c<Y\leqslant d)=F(b,d)-F(b,c)-F(a,d)+F(a,c)$.

2.1.4　当 $x+2y\geqslant 1$ 时，函数 $F(x,y)$ 等于 1，并且当 $x+2y<1$ 时，函数 $F(x,y)$ 等于 0，证明 $F(x,y)$ 不能成为二元随机变量的分布函数.

提示：求四个数 $a<b,c<d$，使得

$$F(b,d)-F(a,d)-F(b,c)+F(a,c)$$

小于 0.

2.1.5　给定非负函数 $g(x)$ 具有性质

$$\int_0^{\infty} g(x)\mathrm{d}x=1$$

证明：

$$f(x_1,x_2)=\frac{2g(\sqrt{x_1^2+x_2^2})}{\pi\sqrt{x_1^2+x_2^2}},\quad 0<x_1<\infty,\quad 0<x_2<\infty$$

其他为 0，满足连续型二元随机变量的概率密度函数条件.

提示：运用极坐标.

2.1.6　考察例 2.1.3.

(a) 证明，$P(a<X<b,\ c<Y<d)=(\exp\{-a^2\}-\exp\{-b^2\})(\exp\{-c^2\}-\exp\{-d^2\})$.

(b) 利用(a)部分和例 2.1.3 中的符号，证明 $P[(X,Y)\in A]=0.1879$，$P[(X,Y)\in B]=0.0026$.

(c) 证明下面 R 程序计算的是 $P(a<X<b,\ c<Y<d)$. 利用这个程序计算(b)部分的概率.

```
plifetime <- function(a,b,c,d)
    {(exp(-a^2) - exp(-b^2))*(exp(-c^2) - exp(-d^2))}
```

2.1.7　设 $f(x,y)=\mathrm{e}^{-x-y}$，$0<x<\infty$，$0<y<\infty$，其他为 0，表示 X 与 Y 的概率密度函数. 当 $Z=X+Y$ 时，计算 $P(Z\leqslant 0)$，$P(Z\leqslant 6)$，还有更一般的 $P(Z\leqslant z)$，对于 $0<z<\infty$，Z 的概率密度函数是什么呢?

2.1.8　设 X 与 Y 具有概率密度函数 $f(x,y)=1$，$0<x<1$，$0<y<1$，其他为 0. 求乘积 $Z=XY$ 的累积分布函数与概率密度函数.

2.1.9　设从一副扑克牌中，以随机且不放回方式抽取 13 张. 如果 X 表示这 13 张牌中的黑桃张数，求 X 的概率质量函数. 此外，如果 Y 表示这 13 张牌中的红桃张数，求 $P(X=2,Y=5)$. X 与 Y 的联合概率质量函数是什么呢?

2.1.10　设随机变量 X_1 与 X_2 具有如下描述的联合概率质量函数

(x_1,x_2)	$(0,0)$	$(0,1)$	$(0,2)$	$(1,0)$	$(1,1)$	$(1,2)$
$p(x_1,x_2)$	$\frac{2}{12}$	$\frac{3}{12}$	$\frac{2}{12}$	$\frac{2}{12}$	$\frac{2}{12}$	$\frac{1}{12}$

而 $p(x_1,x_2)$ 在其他情况下等于 0.

(a) 以如同例 2.1.4 的长方阵列写出这些概率，在“边缘”处报告每一个边缘概率密度函数.

(b) $P(X_1+X_2=1)$ 是多少?

2.1.11　设 X_1 与 X_2 具有联合概率密度函数 $f(x_1,x_2)=15x_1^2x_2$，$0<x_1<x_2<1$，其他为 0. 求边缘概率密度函数，并计算 $P(X_1+X_2\leqslant 1)$.

提示：画出 X_1 与 X_2 空间，并且确定每个边缘概率密度函数时仔细选取积分限.

2.1.12　设 X_1,X_2 是二元随机变量，具有联合概率质量函数 $p(x_1,x_2)$，$(x_1,x_2)\in\mathcal{S}$，其中 $\mathcal{S}$ 表示 X_1,X_2 的支集. 设 $Y=g(X_1,X_2)$ 是一个函数，使得

$$\sum_{(x_1,x_2)\in\mathcal{S}}\sum|g(x_1,x_2)|p(x_1,x_2)<\infty$$

沿用定理 1.8.1 的证法，证明

$$E(Y)=\sum_{(x_1,x_2)\in\mathcal{S}}\sum g(x_1,x_2)p(x_1,x_2)<\infty$$

2.1.13　设 X_1,X_2 是二元随机变量，对于 $x_1=1,2,x_2=1,2$，具有联合概率质量函数 $p(x_1,x_2)=(x_1+x_2)/12$，其他为 0. 计算 $E(X_1)$，$E(X_1^2)$，$E(X_2)$，$E(X_2^2)$以及 $E(X_1X_2)$. $E(X_1X_2)=E(X_1)E(X_2)$吗？求$E(2X_1-6X_2^2+7X_1X_2)$.

2.1.14　设 X_1,X_2 是二元随机变量，具有联合概率密度函数 $f(x_1,x_2)=4x_1x_2$，$0<x_1<1$，$0<x_2<1$，其他为 0. 计算 $E(X_1)$，$E(X_1^2)$，$E(X_2)$，$E(X_2^2)$以及 $E(X_1X_2)$. $E(X_1X_2)=E(X_1)E(X_2)$吗？求$E(3X_2-2X_1^2+6X_1X_2)$.

2.1.15　设 X_1,X_2 是二元随机变量，对于 $1\leqslant x_i<\infty$，$i=1,2$，其中 x_1 与 x_2 表示整数，具有联合概率质量函数$p(x_1,x_2)=(1/2)^{x_1+x_2}$，其他为 0. 确定 X_1,X_2 的联合矩母函数. 证明 $M(t_1,t_2)=M(t_1,0)M(0,t_2)$.

2.1.16　设 X_1,X_2 是二元随机变量，对于 $0<x_1<x_2<\infty$，具有联合概率密度函数 $f(x_1,x_2)=x_1\exp\{-x_2\}$，其他为 0. 确定 X_1,X_2 的联合矩母函数. $M(t_1,t_2)=M(t_1,0)M(0,t_2)$会成立吗？

2.1.17　设 X 与 Y 具有联合概率密度函数 $f(x,y)=6(1-x-y)$，$x+y<1$，$0<x$，$0<y$，其他为 0. 计算 $P(2X+3Y<1)$与 $E(XY+2X^2)$.

2.2　二元随机变量变换

设(X_1,X_2)是随机向量. 假定我们知道(X_1,X_2)的联合分布，并求(X_1,X_2)变换的分布，比如 $Y=g(X_1,X_2)$的分布，可以得到 Y 的累积分布函数. 另一种方法是运用变换，如同我们在 1.6 节和 1.7 节对一元随机变量所做的变换一样. 本节将这一理论推广到随机向量上. 一种最佳讨论方式是，分别讨论离散情况与连续情况. 这里从离散情况开始.

当涉及像下面的问题时，并不存在本质上的困难. 设 $p_{X_1,X_2}(x_1,x_2)$是离散型随机变量 X_1 与 X_2 的联合概率质量函数，$\mathcal{S}$是满足(2 维)$p_{X_1,X_2}(x_1,x_2)>0$ 的点集，也就是$\mathcal{S}$表示(X_1,X_2)的支集. 设 $y_1=u_1(x_1,x_2)$与 $y_2=u_2(x_1,x_2)$定义了从$\mathcal{S}$到$\mathcal{T}$上的一一变换. 两个新随机变量$Y_1=u_1(X_1,X_2)$与 $Y_2=u_2(X_1,X_2)$的联合概率质量函数由

$$p_{Y_1,Y_2}(y_1,y_2)=\begin{cases}p_{X_1,X_2}[w_1(y_1,y_2),w_2(y_1,y_2)], & (y_1,y_2)\in\mathcal{T}\\0, & \text{其他}\end{cases}$$

给出，其中 $x_1=w_1(y_1,y_2),x_2=w_2(y_1,y_2)$表示 $y_1=u_1(x_1,x_2),y_2=u_2(x_1,x_2)$的单值反函数. 从这个联合概率质量函数 $p_{Y_1,Y_2}(y_1,y_2)$，可通过对 y_2 求和而得到 Y_1 的边缘概率质量函数，或者通过对 y_1 求和而得到 Y_2 的边缘概率质量函数.

应该强调的是，利用变量变换方法时，用两个“新的”变量代替两个“旧的”变量. 举一个例子解释这种方法.

例 2.2.1　在流感季节的一个大城市地区，假定存在两种流感毒株 A 和 B. 对于某特定的一周，设 X_1 和 X_2 分别表示毒株 A 和 B 报告的病例数，它们的联合概率密度函数

$$p_{X_1,X_2}(x_1,x_2)=\frac{\mu_1^{x_1}\mu_2^{x_2}\mathrm{e}^{-\mu_1}\mathrm{e}^{-\mu_2}}{x_1!x_2!},\quad x_1=0,1,2,3,\cdots,\quad x_2=0,1,2,3,\cdots$$

而在其他情况下为 0，其中参数 μ_1 与 μ_2 表示固定的正实数．因而，空间$\mathcal{S}$是点(x_1,x_2)的集合，这里 x_1 与 x_2 均是非负整数．进一步，重复运用指数函数的麦克劳林级数[㊀]，我们可以得出

$$\begin{aligned} E(X_1) &= \mathrm{e}^{-\mu_1}\sum_{x_1=0}^{\infty} x_1 \frac{\mu_1^{x_1}}{x_1!}\mathrm{e}^{-\mu_2}\sum_{x_2=0}^{\infty}\frac{\mu_2^{x_2}}{x_2!} \\ &= \mathrm{e}^{-\mu_1}\sum_{x_1=1}^{\infty} x_1\mu_1 \frac{\mu_1^{x_1-1}}{(x_1-1)!}\cdot 1 = \mu_1 \end{aligned}$$

因此，μ_1 是一周内报告的 A 毒株流感病例的平均数．同样，μ_2 是一周内报告的 B 毒株流感病例的平均数．一个有趣的随机变量是 $Y_1=X_1+X_2$，即一周内报告的 A 毒株和 B 毒株流感病例总数．由定理 2.1.1 可知，$E(Y_1)=\mu_1+\mu_2$．然而，我们希望求出 Y_1 的分布．如果利用变量变换方法，那么就需要定义第二个随机变量 Y_2．在这里，由于 Y_2 不是关注的内容，所以可以用这种方式选择它，以便拥有一个简单的一一变换．对于这个例子，取 $Y_2=X_2$．于是，$y_1=x_1+x_2$ 且$y_2=x_2$ 就表示了将$\mathcal{S}$映射到

$$\mathcal{T}=\{(y_1,y_2): y_2=0,1,\cdots,y_1 \quad 且 \quad y_1=0,1,2,\cdots\}$$

上的一一变换．注意，当$(y_1,y_2)\in\mathcal{T}$时，$0\leqslant y_2\leqslant y_1$．其反函数由 $x_1=y_1-y_2$ 且 $x_2=y_2$ 给出．因而，Y_1 与 Y_2 的联合概率质量函数是

$$p_{Y_1,Y_2}(y_1,y_2)=\frac{\mu_1^{y_1-y_2}\mu_2^{y_2}\mathrm{e}^{-\mu_1-\mu_2}}{(y_1-y_2)!\,y_2!},\quad (y_1,y_2)\in\mathcal{T}$$

而在其他情况下为 0．因此，Y_1 的边缘概率质量函数由

$$\begin{aligned} p_{Y_1}(y_1) &= \sum_{y_2=0}^{y_1} p_{Y_1,Y_2}(y_1,y_2) \\ &= \frac{\mathrm{e}^{-\mu_1-\mu_2}}{y_1!}\sum_{y_2=0}^{y_1}\frac{y_1!}{(y_1-y_2)!\,y_2!}\mu_1^{y_1-y_2}\mu_2^{y_2} \\ &= \frac{(\mu_1+\mu_2)^{y_1}\mathrm{e}^{-\mu_1-\mu_2}}{y_1!},\quad y_1=0,1,2,\cdots \end{aligned}$$

给出，而在其他情况下为 0．其中第三个等式是由二项式展开得到的．■

对于连续情况，我们以阐述累积分布函数方法的一个例题来开始．

例 2.2.2　考察下述实验：某个人随机地从单位正方形$\mathcal{S}=\{(x_1,x_2): 0<x_1<1, 0<x_2<1\}$上选取一点$(X_1,X_2)$．假如这里关注的内容不是 X_1 或 X_2，而是 $Z=X_1+X_2$．一旦采用了合适的概率模型，将会看出如何求 Z 的概率密度函数．具体地讲，考虑到随机实验本身的特性，假定单位正方形的概率分布是均匀的，是合理的．于是，X_1 与 X_2 的概率密度函数可写成

$$f_{X_1,X_2}(x_1,x_2)=\begin{cases}1, & 0<x_1<1, 0<x_2<1 \\ 0, & 其他\end{cases} \tag{2.2.1}$$

这就描述了概率模型．现在，设 Z 的累积分布函数用 $F_Z(z)=P(X_1+X_2\leqslant z)$表示．于是

㊀ 参看前言提及的“相关数学知识”中关于泰勒级数的讨论．

$$F_Z(z)=\begin{cases}0, & z<0\\ \int_0^z\int_0^{z-x}\mathrm{d}x_2\mathrm{d}x_1=\frac{z^2}{2}, & 0\leqslant z<1\\ 1-\int_{z-1}^1\int_{z-x}^1\mathrm{d}x_2\mathrm{d}x_1=1-\frac{(2-z)^2}{2}, & 1\leqslant z<2\\ 1, & 2\leqslant z\end{cases}$$

由于对于 z 的所有值来说，$F'_Z(z)$存在，所以 Z 的概率密度函数可写成

$$f_Z(z)=\begin{cases}z, & 0<z<1\\ 2-z, & 1\leqslant z<2\\ 0, & \text{其他}\end{cases}\tag{2.2.2}$$ ■

在刚才的例子中，我们运用累积分布函数方法求变换后的随机向量分布．回顾一下，在前面第 1 章中，定理 1.7.1 已经提供一种变量变换方法，可以直接确定一一变换后随机变量的概率密度函数．正如前言提及的"相关数学知识"4.1 节所讨论的，这是基于单变量积分的变量变换方法．"相关数学知识"的 4.2 节进一步证明了多重积分存在类似的变量变换方法．我们现在利用这个理论一般地讨论连续情况变量变换方法．

考察变换后的随机向量$(Y_1,Y_2)=T(X_1,X_2)$，其中 T 表示一一连续变换．设 $\mathcal{T}=T(\mathcal{S})$表示$(Y_1,Y_2)$的支集．这个变换如图 2.2.1 所示．将这个变换用分量形式写成$(Y_1,Y_2)=T(X_1,X_2)=(u_1(X_1,X_2),u_2(X_1,X_2))$，其中函数 $Y_1=u_1(X_1,X_2)$，$Y_2=u_2(X_1,X_2)$定义了 T．由于这个变换是一一对应的，所以逆变换 T^{-1}存在．我们写成 $x_1=w_1(y_1,y_2)$，$x_2=w_2(y_1,y_2)$．最后，我们需要变换的雅可比行列式由 2 阶行列式

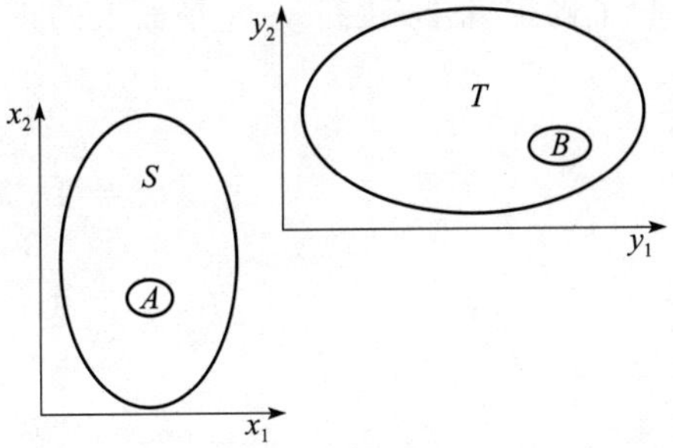

图 2.2.1 (X_1,X_2)的支集$(\mathcal{S})$与(Y_1,Y_2)的支集$(\mathcal{T})$概览图

$$J=\begin{vmatrix}\frac{\partial x_1}{\partial y_1} & \frac{\partial x_1}{\partial y_2}\\ \frac{\partial x_2}{\partial y_1} & \frac{\partial x_2}{\partial y_2}\end{vmatrix}$$

给出．注意，J 所起的作用非常像在一元情况中 $\mathrm{d}x/\mathrm{d}y$ 的作用．

设 B 是 $\mathcal{T}$中的任意区域[⊖]，设 $A=T^{-1}(B)$，如图 2.2.1 所示．由于$\mathcal{T}$是一一变换，所以 $P[(X_1,X_2)\in A]=P[T(X_1,X_2)\in T(A)]=P[(Y_1,Y_2)\in B]$．然后，如上所述，利用变量变换方法，则有

$$\begin{aligned}P[(X_1,X_2)\in A]&=\iint_A f_{X_1,X_2}(x_1,x_2)\mathrm{d}x_1\mathrm{d}y_2\\ &=\iint_{T(A)} f_{X_1,X_2}[T^{-1}(y_1,y_2)]|J|\mathrm{d}y_1\mathrm{d}y_2\\ &=\iint_B f_{X_1,X_2}[w_1(y_1,y_2),w_2(y_1,y_2)]|J|\mathrm{d}y_1\mathrm{d}y_2\end{aligned}$$

⊖ 从技术上看是支集(Y_1,Y_2)中的事件．

由于 B 是任意的，最后被积函数一定是 (Y_1, Y_2) 的联合概率密度函数．也就是说，(Y_1, Y_2) 的概率密度函数是

$$f_{Y_1,Y_2}(y_1, y_2) = \begin{cases} f_{X_1,X_2}[w_1(y_1, y_2), w_2(y_1, y_2)]|J|, & (y_1, y_2) \in \mathcal{T} \\ 0, & \text{其他} \end{cases} \tag{2.2.3}$$

下面给出这个结果的几个例子．

例 2.2.3　重新考察例 2.2.2，其中 (X_1, X_2) 服从单位正方形上的均匀分布，其概率密度函数表达式已由式(2.2.1)给出．

于是，(X_1, X_2) 的支集是集合 $\mathcal{S} = \{(x_1, x_2): 0 < x_1 < 1, 0 < x_2 < 1\}$，如图 2.2.2 所示．

假定 $Y_1 = X_1 + X_2$ 且 $Y_2 = X_1 - X_2$．此变换由

$$y_1 = u_1(x_1, x_2) = x_1 + x_2$$
$$y_2 = u_2(x_1, x_2) = x_1 - x_2$$

给出．这个变换是一一变换．首先，确定 y_1y_2 平面上的集合 $\mathcal{T}$，该集合是 $\mathcal{S}$ 在此变换下的像．现在

$$x_1 = w_1(y_1, y_2) = \frac{1}{2}(y_1 + y_2)$$

$$x_2 = w_2(y_1, y_2) = \frac{1}{2}(y_1 - y_2)$$

为了确定集合 $\mathcal{S}$ 映到 y_1y_2 平面上的集合 $\mathcal{T}$，注意 $\mathcal{S}$ 的边界被变换为 $\mathcal{T}$ 的如下边界

$$x_1 = 0 \quad \text{映射到} \quad 0 = \frac{1}{2}(y_1 + y_2)$$

$$x_1 = 1 \quad \text{映射到} \quad 1 = \frac{1}{2}(y_1 + y_2)$$

$$x_2 = 0 \quad \text{映射到} \quad 0 = \frac{1}{2}(y_1 - y_2)$$

$$x_2 = 1 \quad \text{映射到} \quad 1 = \frac{1}{2}(y_1 - y_2)$$

因此，$\mathcal{T}$ 如图 2.2.3 所示．其次，其雅可比行列式由

$$J = \begin{vmatrix} \frac{\partial x_1}{\partial y_1} & \frac{\partial x_1}{\partial y_2} \\ \frac{\partial x_2}{\partial y_1} & \frac{\partial x_2}{\partial y_2} \end{vmatrix} = \begin{vmatrix} \frac{1}{2} & \frac{1}{2} \\ \frac{1}{2} & -\frac{1}{2} \end{vmatrix} = -\frac{1}{2}$$

给出．

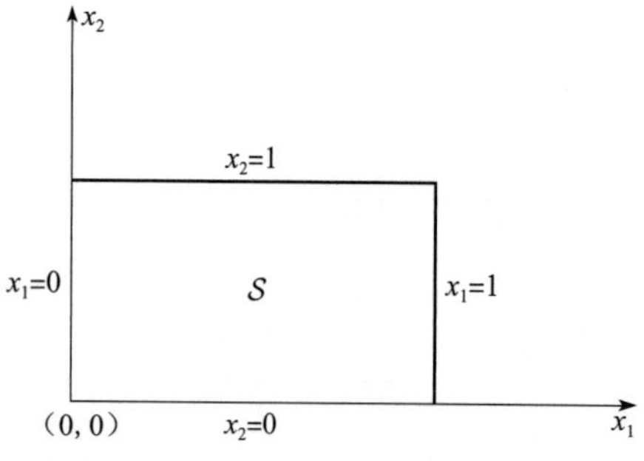

图 2.2.2　例 2.2.2 中 (X_1, X_2) 的支集

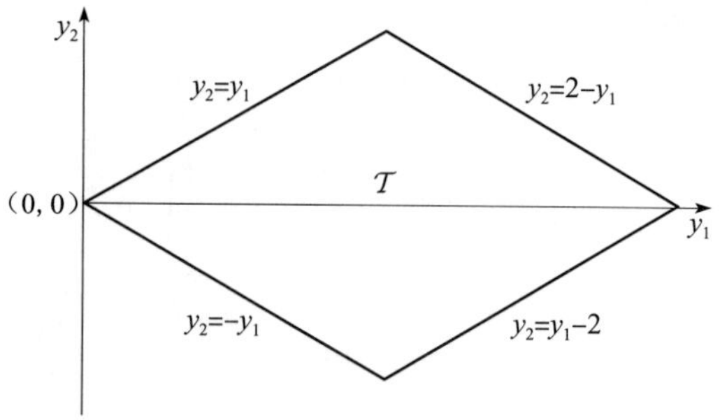

图 2.2.3　例 2.2.3 中 (Y_1, Y_2) 的支集

尽管我们建议对$\mathcal{S}$的边界进行变换，但其他一些学者希望直接使用不等式

$$0 < x_1 < 1 \quad 与 \quad 0 < x_2 < 1$$

这四个不等式变成

$$0 < \frac{1}{2}(y_1 + y_2) < 1 \quad 与 \quad 0 < \frac{1}{2}(y_1 - y_2) < 1$$

容易看出，这些不等式等价于

$$-y_1 < y_2, \quad y_2 < 2 - y_1, \quad y_2 < y_1, \quad y_1 - 2 < y_2$$

由此定义了集合$\mathcal{T}$.

因此，(Y_1, Y_2)的联合概率密度函数由

$$f_{Y_1,Y_2}(y_1,y_2) = \begin{cases} f_{X_1,X_2}\left[\frac{1}{2}(y_1+y_2), \frac{1}{2}(y_1-y_2)\right]|J| = \frac{1}{2}, & (y_1,y_2) \in \mathcal{T} \\ 0, & 其他 \end{cases}$$

给出.

Y_1 的边缘概率密度函数由

$$f_{Y_1}(y_1) = \int_{-\infty}^{\infty} f_{Y_1,Y_2}(y_1,y_2)\mathrm{d}y_2$$

给出. 若参考图 2.2.3，可以看出

$$f_{Y_1}(y_1) = \begin{cases} \int_{-y_1}^{y_1} \frac{1}{2}\mathrm{d}y_2 = y_1, & 0 < y_1 \leqslant 1 \\ \int_{y_1-2}^{2-y_1} \frac{1}{2}\mathrm{d}y_2 = 2 - y_1, & 1 < y_1 < 2 \\ 0, & 其他 \end{cases}$$

这和例 2.2.2 的式(2.2.2)相一致。运用类似方式，边缘概率密度函数 $f_{Y_2}(y_2)$由

$$f_{Y_2}(y_2) = \begin{cases} \int_{-y_2}^{y_2+2} \frac{1}{2}\mathrm{d}y_1 = y_2 + 1, & -1 < y_2 \leqslant 0 \\ \int_{y_2}^{2-y_2} \frac{1}{2}\mathrm{d}y_1 = 1 - y_2, & 0 < y_2 < 1 \\ 0, & 其他 \end{cases}$$

给出. ■

例 2.2.4 设 $Y_1 = \frac{1}{2}(X_1 - X_2)$，其中 X_1 与 X_2 具有联合概率密度函数

$$f_{X_1,X_2}(x_1,x_2) = \begin{cases} \frac{1}{4}\exp\left(-\frac{x_1+x_2}{2}\right), & 0 < x_1 < \infty, 0 < x_2 < \infty \\ 0, & 其他 \end{cases}$$

设 $Y_2 = X_2$，因而 $y_1 = \frac{1}{2}(x_1 - x_2), y_2 = x_2$，或等价地 $x_1 = 2y_1 + y_2, x_2 = y_2$ 定义了从$\mathcal{S} = \{(x_1, x_2)：0<x_1<\infty，0<x_2<\infty\}$映射到$\mathcal{T} = \{(y_1, y_2)：-2y_1<y_2$ 且 $0<y_2<\infty，-\infty<y_1<\infty\}$的一一变换. 该变换的雅可比行列式是

$$J = \begin{vmatrix} 2 & 1 \\ 0 & 1 \end{vmatrix} = 2$$

因此，Y_1 与 Y_2 的联合概率密度函数是

$$f_{Y_1,Y_2}(y_1,y_2)=\begin{cases}\frac{|2|}{4}e^{-y_1-y_2}, & (y_1,y_2)\in\mathcal{T}\\ 0, & \text{其他}\end{cases}$$

因而，Y_1 的概率密度函数由

$$f_{Y_1}(y_1)=\begin{cases}\int_{-2y_1}^{\infty}\frac{1}{2}e^{-y_1-y_2}dy_2=\frac{1}{2}e^{y_1}, & -\infty<y_1<0\\ \int_{0}^{\infty}\frac{1}{2}e^{-y_1-y_2}dy_2=\frac{1}{2}e^{-y_1}, & 0\leqslant y_1<\infty\end{cases}$$

或

$$f_{Y_1}(y_1)=\frac{1}{2}e^{-|y_1|},-\infty<y_1<\infty \tag{2.2.4}$$

给出．回顾第 1 章的式(1.9.5)，Y_1 服从拉普拉斯分布。经常将这个概率密度函数称为**双指数**(double exponential)概率密度函数. ■

例 2.2.5　设 X_1 与 X_2 具有联合概率密度函数

$$f_{X_1,X_2}(x_1,x_2)=\begin{cases}10x_1x_2^2, & 0<x_1<x_2<1\\ 0, & \text{其他}\end{cases}$$

假定 $Y_1=X_1/X_2$，并且 $Y_2=X_2$．因此，其反函数是 $x_1=y_1y_2$ 与 $x_2=y_2$，它的雅可比行列式为

$$J=\begin{vmatrix}y_2 & y_1\\ 0 & 1\end{vmatrix}=y_2$$

定义了(X_1,X_2)支集$\mathcal{S}$的不等式变成

$$0<y_1y_2,\quad y_1y_2<y_2,\quad y_2<1$$

这些不等式等价于

$$0<y_1<1\quad 与\quad 0<y_2<1$$

这定义(Y_1,Y_2)的支集$\mathcal{T}$．因此，(Y_1,Y_2)的联合概率密度函数是

$$f_{Y_1,Y_2}(y_1,y_2)=10y_1y_2y_2^2|y_2|=10y_1y_2^4,\quad (y_1,y_2)\in\mathcal{T}$$

其边缘概率密度函数是

$$f_{Y_1}(y_1)=\int_0^1 10y_1y_2^4dy_2=2y_1,\quad 0<y_1<1$$

其他为 0，而

$$f_{Y_2}(y_2)=\int_0^1 10y_1y_2^4dy_1=5y_2^4,\quad 0<y_2<1$$

其他为 0. ■

寻找随机变量分布函数的方法除变量变换及累积分布函数方法之外，还有另一种方法，即矩母函数方法，这种方法对于随机变量的线性函数来说，效果更好．在 2.1.2 节，我们指出在连续情况下，如果 $Y=g(X_1,X_2)$，那么若 $E(Y)$存在，它就能由

$$E(Y)=\int_{-\infty}^{\infty}\int_{-\infty}^{\infty}g(x_1,x_2)f_{X_1,X_2}(x_1,x_2)dx_1dx_2$$

给出，在离散情况下，则可用求和代替积分. 当然，函数 $g(X_1,X_2)$可以是 $\exp\{tu(X_1,X_2)\}$，因此，实际上我们可寻找函数 $Z=u(X_1,X_2)$的矩母函数. 于是，我们认为应将这个矩母函数归属于某个分布，从而 Z 服从那个分布. 通过重新考虑例 2.2.1 和例 2.2.4，用两个例题阐明该方法的效果.

例 2.2.6(例 2.2.1 续) 这里 X_1 与 X_2 具有联合概率质量函数

$$p_{X_1,X_2}(x_1,x_2)=\begin{cases}\dfrac{\mu_1^{x_1}\mu_2^{x_2}\mathrm{e}^{-\mu_1}\mathrm{e}^{-\mu_2}}{x_1!x_2!} & x_1=0,1,2,3,\cdots,x_2=0,1,2,3,\cdots\\ 0, & \text{其他}\end{cases}$$

其中 μ_1 与 μ_2 是固定的正实数. 设 $Y=X_1+X_2$，并考虑

$$\begin{aligned}E(\mathrm{e}^{tY})&=\sum_{x_1=0}^{\infty}\sum_{x_2=0}^{\infty}\mathrm{e}^{t(x_1+x_2)}p_{X_1,X_2}(x_1,x_2)=\sum_{x_1=0}^{\infty}\mathrm{e}^{tx_1}\frac{\mu^{x_1}\mathrm{e}^{-\mu_1}}{x_1!}\sum_{x_2=0}^{\infty}\mathrm{e}^{tx_2}\frac{\mu^{x_2}\mathrm{e}^{-\mu_2}}{x_2!}\\&=\left[\mathrm{e}^{-\mu_1}\sum_{x_1=0}^{\infty}\frac{(\mathrm{e}^t\mu_1)^{x_1}}{x_1!}\right]\left[\mathrm{e}^{-\mu_2}\sum_{x_2=0}^{\infty}\frac{(\mathrm{e}^t\mu_2)^{x_2}}{x_2!}\right]\\&=\left[\mathrm{e}^{\mu_1(\mathrm{e}^t-1)}\right]\left[\mathrm{e}^{\mu_2(\mathrm{e}^t-1)}\right]=\mathrm{e}^{(\mu_1+\mu_2)(\mathrm{e}^t-1)}\end{aligned}$$

注意，倒数第二个等式括号里的因子分别是 X_1 与 X_2 的矩母函数. 因此，Y 的矩母函数与 X_1 的相同，只是用 $\mu_1+\mu_2$ 代替 μ_1. 所以，由矩母函数的唯一性知，Y 的概率质量函数必是

$$p_Y(y)=\mathrm{e}^{-(\mu_1+\mu_2)}\frac{(\mu_1+\mu_2)^y}{y!},y=0,1,2,\cdots$$

这和例 2.2.1 中所得到的概率质量函数一样. ■

例 2.2.7(例 2.2.4 续) 这里，X_1 与 X_2 具有联合概率密度函数

$$f_{X_1,X_2}(x_1,x_2)=\begin{cases}\dfrac{1}{4}\exp\left(-\dfrac{x_1+x_2}{2}\right), & 0<x_1<\infty,0<x_2<\infty\\ 0, & \text{其他}\end{cases}$$

因此，当 $1-t>0$ 且 $1+t>0$，也就是 $-1<t<1$ 时，$Y=\frac{1}{2}(X_1-X_2)$的矩母函数由

$$\begin{aligned}E(\mathrm{e}^{tY})&=\int_0^{\infty}\int_0^{\infty}\mathrm{e}^{t(x_1-x_2)/2}\frac{1}{4}\mathrm{e}^{-(x_1+x_2)/2}\mathrm{d}x_1\mathrm{d}x_2\\&=\left[\int_0^{\infty}\frac{1}{2}\mathrm{e}^{-x_1(1-t)/2}\mathrm{d}x_1\right]\left[\int_0^{\infty}\frac{1}{2}\mathrm{e}^{-x_2(1+t)/2}\mathrm{d}x_2\right]=\left[\frac{1}{1-t}\right]\left[\frac{1}{1+t}\right]=\frac{1}{1-t^2}\end{aligned}$$

给出. 不过，当 $-1<t<1$ 时，概率密度函数为式(1.9.5)的拉普拉斯分布的矩母函数是

$$\int_{-\infty}^{\infty}\mathrm{e}^{tx}\frac{\mathrm{e}^{-|x|}}{2}\mathrm{d}x=\int_{-\infty}^{0}\frac{\mathrm{e}^{(1-t)x}}{2}\mathrm{d}x+\int_0^{\infty}\frac{\mathrm{e}^{(t-1)x}}{2}\mathrm{d}x=\frac{1}{2(1+t)}+\frac{1}{2(1-t)}=\frac{1}{1-t^2}$$

因而，由矩母函数的唯一性，Y 服从概率密度函数为式(1.9.5)的拉普拉斯分布. ■

习题

2.2.1 如果 $p(x_1,x_2)=\left(\frac{2}{3}\right)^{x_1+x_2}\left(\frac{1}{3}\right)^{2-x_1-x_2}$，$(x_1,x_2)=(0,0),(0,1),(1,0),(1,1)$，其他为 0，表示 X_1 与 X_2 的联合概率质量函数，求 $Y_1=X_1-X_2$ 与 $Y_2=X_1+X_2$ 的联合概率质量函数.

2.2.2 设 X_1 与 X_2 具有联合概率质量函数 $p(x_1,x_2)=x_1x_2/36$，$x_1=1,2,3$ 且 $x_2=1,2,3$，其他为 0. 求 $Y_1=X_1X_2$ 与 $Y_2=X_2$ 的联合概率质量函数，然后求 Y_1 的边缘概率质量函数.

2.2.3 设 X_1 与 X_2 具有联合概率密度函数 $h(x_1,x_2)=2\mathrm{e}^{-x_1-x_2}$，$0<x_1<x_2<\infty$，其他为 0. 求 $Y_1=2X_1$ 与 $Y_2=X_2-X_1$ 的联合概率密度函数.

2.2.4 设 X_1 与 X_2 具有联合概率密度函数 $h(x_1,x_2)=8x_1x_2$，$0<x_1<x_2<1$，其他为 0. 求 $Y_1=X_1/X_2$ 与 $Y_2=X_2$ 的联合概率密度函数.

提示：在考察从$\mathcal{S}$到$\mathcal{T}$的映射时，运用不等式 $0<y_1y_2<y_2<1$.

2.2.5 设 X_1 与 X_2 是连续随机变量，具有联合概率密度函数 $f_{X_1,X_2}(x_1,x_2)$，$-\infty<x_i<\infty$，$i=1,2$，设 $Y_1=X_1+X_2$ 且 $Y_2=X_2$.

(a) 求联合概率密度函数 f_{Y_1,Y_2}.

(b) 证明

$$f_{Y_1}(y_1)=\int_{-\infty}^{\infty}f_{X_1,X_2}(y_1-y_2,y_2)\mathrm{d}y_2 \tag{2.2.5}$$

有时，称之为**卷积公式**(convolution formula).

2.2.6 假定 X_1 与 X_2 具有联合概率密度函数 $f_{X_1,X_2}(x_1,x_2)=\mathrm{e}^{-(x_1+x_2)}$，$0<x_i<\infty$，$i=1,2$，其他为 0.

(a) 运用式(2.2.2)，求 $Y_1=X_1+X_2$ 的概率密度函数.

(b) 求 Y_1 的矩母函数.

2.2.7 运用式(2.2.2)，求 $Y_1=X_1+X_2$ 的概率密度函数，其中 X_1 与 X_2 具有联合概率密度函数 $f_{X_1,X_2}(x_1,x_2)=2\mathrm{e}^{-(x_1+x_2)}$，$0<x_1<x_2<\infty$，其他为 0.

2.2.8 假定 X_1 与 X_2 具有联合概率密度函数

$$f(x_1,x_2)=\begin{cases}\mathrm{e}^{-x_1}\mathrm{e}^{-x_2}, & x_1>0,x_2>0\\ 0, & \text{其他}\end{cases}$$

对于常数 $w_1>0$ 与 $w_2>0$，设 $W=w_1X_1+w_2X_2$.

(a) 证明 W 的概率密度函数是

$$f_W(w)=\begin{cases}\dfrac{1}{w_1-w_2}(\mathrm{e}^{-w/w_1}-\mathrm{e}^{-w/w_2}), & w>0\\ 0, & \text{其他}\end{cases}$$

(b) 验证，对于 $w>0$，$f_W(w)>0$.

(c) 注意，当 $w_1=w_2$ 时，概率密度函数 $f_W(w)$为不定形式. 将 h 定义为 $w_1-w_2=h$，并重新写出 $f_W(w)$. 然后，利用洛必达法则证明，当 $w_1=w_2$ 时，对于 $w>0$，概率密度函数是 $f_W(w)=(w/w_1^2)\cdot\exp\{-w/w_1\}$，否则 $f_W(w)=0$.

2.3 条件分布与期望

在 2.1 节，我们已引入两个随机变量的联合概率分布，而且还证明了如何从联合分布中再次得到各个随机变量的单独(边缘)分布. 这一节讨论条件分布，也就是当一个随机变量被假定成具有特定值时，另外一个随机变量的分布. 首先，对离散情况加以讨论，这很容易从 1.4 节中已阐述过的条件概率概念中得到.

设 X_1 与 X_2 表示离散型随机变量，具有联合概率质量函数 $p_{X_1,X_2}(x_1,x_2)$，它在支集$\mathcal{S}$上是正的，其他情况为 0. 设 $p_{X_1}(x_1)$与 $p_{X_2}(x_2)$分别表示 X_1 与 X_2 的边缘概率质量函数. 设 x_1 表示 X_1 支集中的一点，因此，$p_{X_1}(x_1)>0$. 一旦利用条件概率定义，对于 X_2 支集 $\mathcal{S}_{X_2}$ 中的所有 x_2，有

$$P(X_2=x_2\mid X_1=x_1)=\frac{P(X_1=x_1,X_2=x_2)}{P(X_1=x_1)}=\frac{p_{X_1,X_2}(x_1,x_2)}{p_{X_1}(x_1)}$$

将这个函数定义成

$$p_{X_2|X_1}(x_2\mid x_1)=\frac{p_{X_1,X_2}(x_1,x_2)}{p_{X_1}(x_1)},\quad x_2\in\mathcal{S}_{X_2} \tag{2.3.1}$$

对于满足 $p_{X_1}(x_1)>0$ 的任何固定 x_1 来说，此函数 $p_{X_2|X_1}(x_2|x_1)$满足成为离散型概率质量函数的条件，这是因为 $p_{X_2|X_1}(x_2|x_1)$是非负的，同时

$$\sum_{x_2}p_{X_2|X_1}(x_2\mid x_1)=\sum_{x_2}\frac{p_{X_1,X_2}(x_1,x_2)}{p_{X_1}(x_1)}=\frac{1}{p_{X_1}(x_1)}\sum_{x_2}p_{X_1,X_2}(x_1,x_2)=\frac{p_{X_1}(x_1)}{p_{X_1}(x_1)}=1$$

因此，将 $p_{X_2|X_1}(x_2|x_1)$称为给定离散型随机变量 $X_1=x_1$ 时，离散型随机变量 X_2 的**条件概率质量函数**(conditional pmf)．运用类似方法，假如 $x_2\in\mathcal{S}_{X_2}$，通过关系

$$p_{X_1|X_2}(x_1\mid x_2)=\frac{p_{X_1,X_2}(x_1,x_2)}{p_{X_2}(x_2)},\quad x_1\in\mathcal{S}_{X_1}$$

定义符号 $p_{X_1|X_2}(x_1|x_2)$，并将 $p_{X_1|X_2}(x_1|x_2)$称为给定离散型随机变量 $X_2=x_2$ 时，离散型随机变量 X_1 的条件，这里经常用 $p_{1|2}(x_1|x_2)$缩写 $p_{X_1|X_2}(x_1|x_2)$，并用 $p_{2|1}(x_2|x_1)$缩写 $p_{X_2|X_1}(x_2|x_1)$．类似地，$p_1(x_1)$与 $p_2(x_2)$将分别表示各自的边缘概率质量函数.

现在，设 X_1 与 X_2 表示连续型随机变量，具有联合概率密度函数 $f_{X_1,X_2}(x_1,x_2)$，并且分别具有边缘概率密度函数 $f_{X_1}(x_1)$与 $f_{X_2}(x_2)$．运用前面一段结果，可以导出连续型随机变量的条件概率密度函数．当 $f_{X_1}(x_1)>0$ 时，通过关系

$$f_{X_2|X_1}(x_2\mid x_1)=\frac{f_{X_1,X_2}(x_1,x_2)}{f_{X_1}(x_1)} \tag{2.3.2}$$

定义符号 $f_{X_2|X_1}(x_2|x_1)$．在此关系中，将 x_1 看成固定值，使得 $f_{X_1}(x_1)>0$．很明显，$f_{X_2|X_1}(x_2|x_1)$是非负的，并且

$$\begin{aligned}\int_{-\infty}^{\infty}f_{X_2|X_1}(x_2\mid x_1)\mathrm{d}x_2&=\int_{-\infty}^{\infty}\frac{f_{X_1,X_2}(x_1,x_2)}{f_{X_1}(x_1)}\mathrm{d}x_2\\&=\frac{1}{f_{X_1}(x_1)}\int_{-\infty}^{\infty}f_{X_1,X_2}(x_1,x_2)\mathrm{d}x_2=\frac{1}{f_{X_1}(x_1)}f_{X_1}(x_1)=1\end{aligned}$$

也就是说，$f_{X_2|X_1}(x_2|x_1)$具有连续型随机变量概率密度函数的性质．假如连续型随机变量 X_1 取固定值 x_1，将它称为连续型随机变量 X_2 的**条件概率密度函数**(conditional pdf)．当 $f_{X_2}(x_2)>0$ 时，假如连续型随机变量 X_2 取固定值 x_2，连续型随机变量 X_1 的条件概率密度函数是由

$$f_{X_1|X_2}(x_1\mid x_2)=\frac{f_{X_1,X_2}(x_1,x_2)}{f_{X_2}(x_2)},f_{X_2}(x_2)>0$$

定义的．经常用 $f_{1|2}(x_1|x_2)$与 $f_{2|1}(x_2|x_1)$缩记条件概率密度函数．类似地，用 $f_1(x_1)$与 $f_2(x_2)$表示各自的边缘概率密度函数.

由于 $f_{2|1}(x_2|x_1)$与 $f_{1|2}(x_1|x_2)$都是随机变量的概率密度函数，所以它们都具有概率密度函数的全部性质．如果随机变量是连续型的，那么将概率

$$P(a<X_2<b\mid X_1=x_1)=\int_a^b f_{2|1}(x_2\mid x_1)\mathrm{d}x_2$$

称为给定 $X_1=x_1$ 时 $a<X_2<b$ 的条件概率．若不存在混淆，这可用形式 $P(a<X_2<b\mid x_1)$ 表示．同理，给定 $X_2=x_2$ 时，$c<X_1<d$ 的条件概率是

$$P(c<X_1<d\mid X_2=x_2)=\int_c^d f_{1|2}(x_1\mid x_2)\mathrm{d}x_1$$

如果 $u(X_2)$ 是 X_2 的函数，给定 $X_1=x_1$ 时，若 $u(X_2)$ 的条件期望存在，那么它由

$$E[u(X_2)\mid x_1]=\int_{-\infty}^{\infty}u(x_2)f_{2|1}(x_2\mid x_1)\mathrm{d}x_2$$

给出．注意，$E[u(X_2)\mid x_1]$ 是 x_1 的函数．若它们存在，则 $E(X_2\mid x_1)$ 是给定 $X_1=x_1$ 时 X_2 的均值，而 $E\{[X_2-E(X_2\mid x_1)]^2\mid x_1\}$ 是给定 $X_1=x_1$ 时 X_2 的条件分布的条件方差，这时可以更简单地写成 $\mathrm{Var}(X_2\mid x_1)$．一种简洁做法是，将这些结果称为给定 $X_1=x_1$ 时 X_2 的“条件均值”与“条件方差”．当然，由前面的结果可得

$$\mathrm{Var}(X_2\mid x_1)=E(X_2^2\mid x_1)-[E(X_2\mid x_1)]^2$$

运用类似方法，若给定 $X_2=x_2$ 时 $u(X_1)$ 的条件期望存在，则它由

$$E[u(X_1)\mid x_2]=\int_{-\infty}^{\infty}u(x_1)f_{1|2}(x_1\mid x_2)\mathrm{d}x_1$$

给出．就离散型随机变量而言，条件概率与条件期望均可利用求和代替积分计算．下面用几个例子进行阐述．

例 2.3.1　设 X_1 与 X_2 具有联合概率密度函数

$$f(x_1,x_2)=\begin{cases}2, & 0<x_1<x_2<1\\ 0, & \text{其他}\end{cases}$$

于是，边缘概率密度函数分别是

$$f_1(x_1)=\begin{cases}\displaystyle\int_{x_1}^{1}2\mathrm{d}x_2=2(1-x_1), & 0<x_1<1\\ 0, & \text{其他}\end{cases}$$

与

$$f_2(x_2)=\begin{cases}\displaystyle\int_{0}^{x_2}2\mathrm{d}x_1=2x_2, & 0<x_2<1\\ 0, & \text{其他}\end{cases}$$

给定 $X_2=x_2$，$0<x_2<1$ 时，X_1 的条件概率密度函数是

$$f_{1|2}(x_1\mid x_2)=\begin{cases}\dfrac{2}{2x_2}=\dfrac{1}{x_2}, & 0<x_1<x_2<1\\ 0, & \text{其他}\end{cases}$$

这里，给定 $X_2=x_2$，X_1 的条件均值与条件方差分别是

$$E(X_1\mid x_2)=\int_{-\infty}^{\infty}x_1f_{1|2}(x_1\mid x_2)\mathrm{d}x_1=\int_0^{x_2}x_1\left(\frac{1}{x_2}\right)\mathrm{d}x_1=\frac{x_2}{2},\quad 0<x_2<1$$

与

$$\mathrm{Var}(X_1\mid x_2)=\int_0^{x_2}\left(x_1-\frac{x_2}{2}\right)^2\left(\frac{1}{x_2}\right)\mathrm{d}x_1=\frac{x_2^2}{12},\quad 0<x_2<1$$

最后，通过比较

$$P\left(0<X_1<\frac{1}{2}\,\middle|\,X_2=\frac{3}{4}\right) \quad 与 \quad P\left(0<X_1<\frac{1}{2}\right)$$

的值，得到

$$P\left(0<X_1<\frac{1}{2}\,\middle|\,X_2=\frac{3}{4}\right)=\int_0^{1/2} f_{1|2}\left(x_1\,\middle|\,\frac{3}{4}\right)\mathrm{d}x_1=\int_0^{1/2}\left(\frac{4}{3}\right)\mathrm{d}x_1=\frac{2}{3}$$

而

$$P\left(0<X_1<\frac{1}{2}\right)=\int_0^{1/2} f_1(x_1)\mathrm{d}x_1=\int_0^{1/2} 2(1-x_1)\mathrm{d}x_1=\frac{3}{4}$$ ■

由于 $E(X_2\,|\,x_1)$ 是 x_1 的函数，所以 $E(X_2\,|\,X_1)$ 是一个随机变量，它拥有自己的分布、均值与方差. 下面考察对它的解释.

例 2.3.2 设 X_1 与 X_2 具有联合概率密度函数

$$f(x_1,x_2)=\begin{cases}6x_2, & 0<x_2<x_1<1\\ 0, & 其他\end{cases}$$

于是，X_1 的边缘概率密度函数是

$$f_1(x_1)=\int_0^{x_1} 6x_2\mathrm{d}x_2=3x_1^2, 0<x_1<1$$

其他为 0. 给定 $X_1=x_1$，X_2 的条件概率密度函数是

$$f_{2|1}(x_2\,|\,x_1)=\frac{6x_2}{3x_1^2}=\frac{2x_2}{x_1^2},\quad 0<x_2<x_1$$

其他为 0，其中 $0<x_1<1$. 给定 $X_1=x_1$，X_2 的条件均值是

$$E(X_2\,|\,x_1)=\int_0^{x_1} x_2\left(\frac{2x_2}{x_1^2}\right)\mathrm{d}x_2=\frac{2}{3}x_1,\quad 0<x_1<1$$

现在，$E(X_2\,|\,x_1)=2X_1/3$ 是一个随机变量，比如 Y. $Y=2X_1/3$ 的累积分布函数是

$$G(y)=P(Y\leqslant y)=P\left(X_1\leqslant\frac{3y}{2}\right),\quad 0\leqslant y<\frac{2}{3}$$

由概率密度函数 $f_1(x_1)$ 知，有

$$G(y)=\int_0^{3y/2} 3x_1^2\mathrm{d}x_1=\frac{27y^3}{8},\quad 0\leqslant y<\frac{2}{3}$$

当然，若 $y<0$，则 $G(y)=0$，而且若 $\frac{2}{3}<y$，则 $G(y)=1$. $Y=2X_1/3$ 的均值与方差是

$$g(y)=\frac{81y^2}{8},\quad 0\leqslant y<\frac{2}{3}$$

其他为 0，

$$E(Y)=\int_0^{2/3} y\left(\frac{81y^2}{8}\right)\mathrm{d}y=\frac{1}{2}$$

而

$$\mathrm{Var}(Y)=\int_0^{2/3} y^2\left(\frac{81y^2}{8}\right)\mathrm{d}y-\frac{1}{4}=\frac{1}{60}$$

由于 X_2 的边缘概率密度函数是

$$f_2(x_2)=\int_{x_2}^{1}6x_2\,\mathrm{d}x_1=6x_2(1-x_2),\quad 0<x_2<1$$

其他情况为 0，很容易证明，$E(X_2)=\frac{1}{2}$且 $\operatorname{Var}(X_2)=\frac{1}{20}$．也就是说，这里

$$E(Y)=E[E(X_2\mid X_1)]=E(X_2)$$

而

$$\operatorname{Var}(Y)=\operatorname{Var}[E(X_2\mid X_1)]\leqslant \operatorname{Var}(X_2)$$ ■

例 2.3.2 非常好，这是因为它为我们提供了利用这些新定义的机会，同时也让我们复习了如何运用累积分布函数方法求 $Y=2X_1/3$ 的分布．而且，看起来本例的最后两个结果并不是偶然的，因为通常它们均成立．

定理 2.3.1　设(X_1,X_2)是随机向量，使得 X_2 的方差是有限的．于是，

(a) $E[E(X_2\mid X_1)]=E(X_2)$．

(b) $\operatorname{Var}[E(X_2\mid X_1)]\leqslant\operatorname{Var}(X_2)$．

证：对于连续情况加以证明．为了获得离散情况的结果，需要把积分换成求和．首先证明(a)．注意，

$$\begin{aligned}E(X_2)&=\int_{-\infty}^{\infty}\int_{-\infty}^{\infty}x_2f(x_1,x_2)\mathrm{d}x_2\mathrm{d}x_1=\int_{-\infty}^{\infty}\left[\int_{-\infty}^{\infty}x_2\frac{f(x_1,x_2)}{f_1(x_1)}\mathrm{d}x_2\right]f_1(x_1)\mathrm{d}x_1\\&=\int_{-\infty}^{\infty}E(X_2\mid x_1)f_1(x_1)\mathrm{d}x_1=E[E(X_2\mid X_1)]\end{aligned}$$

这是第一个结果．

其次，证明(b)．考察 $\mu_2=E(X_2)$，

$$\begin{aligned}\operatorname{Var}(X_2)&=E[(X_2-\mu_2)^2]=E\{[X_2-E(X_2\mid X_1)+E(X_2\mid X_1)-\mu_2]^2\}\\&=E\{[X_2-E(X_2\mid X_1)]^2\}+E\{[E(X_2\mid X_1)-\mu_2]^2\}+\\&\quad 2E\{[X_2-E(X_2\mid X_1)][E(X_2\mid X_1)-\mu_2]\}\end{aligned}$$

下面将证明，上面式子中右边最后一项为 0．它等于

$$\begin{aligned}&2\int_{-\infty}^{\infty}\int_{-\infty}^{\infty}[x_2-E(X_2\mid x_1)][E(X_2\mid x_1)-\mu_2]f(x_1,x_2)\mathrm{d}x_2\mathrm{d}x_1\\&=2\int_{-\infty}^{\infty}[E(X_2\mid x_1)-\mu_2]\left\{\int_{-\infty}^{\infty}[x_2-E(X_2\mid x_1)]\frac{f(x_1,x_2)}{f_1(x_1)}\mathrm{d}x_2\right\}f_1(x_1)\mathrm{d}x_1\end{aligned}$$

不过，$E(X_2\mid x_1)$是给定 $X_1=x_1$ 时 X_2 的条件均值．由于内部括号中的表达式等于

$$E(X_2\mid x_1)-E(X_2\mid x_1)=0$$

所以双重积分等于 0．因此，得出

$$\operatorname{Var}(X_2)=E\{[X_2-E(X_2\mid X_1)]^2\}+E\{[E(X_2\mid X_1)-\mu_2]^2\}$$

此式右边第一项为非负的，这是因为它是非负函数$[X_2-E(X_2\mid X_1)]^2$ 的期望值．由于 $E[E(X_2\mid X_1)]=\mu_2$，所以第二项将是 $\operatorname{Var}[E(X_2\mid X_1)]$．故有

$$\operatorname{Var}(X_2)\geqslant\operatorname{Var}[E(X_2\mid X_1)]$$

证毕． ■

从直观上看，该结果可以得到这样有用的解释：随机变量 X_2 与 $E(X_2\mid X_1)$具有相同的均值 μ_2．如果不知道 μ_2，那就运用二元随机变量之一去推测未知 μ_2．可是，由于

$\text{Var}(X_2) \geqslant \text{Var}[E(X_2 \mid X_1)]$，一种更合理的做法是将 $E(X_2 \mid X_1)$ 作为猜测值. 也就是说，如果我们观测到序对 (X_1, X_2) 成为 (x_1, x_2)，那么更愿意运用 $E(X_2 \mid x_1)$ 而不是 x_2 作为对未知 μ_2 的猜测值. 在研究第 7 章估计理论中的充分统计量应用时，将会利用拉奥和戴维·布莱克韦尔(C. R. Rao 和 David Blackwell)的这个著名结论.

我们通过用一个例子阐明定理 2.3.1 来结束本节.

例 2.3.3 设 X_1 与 X_2 是离散随机变量. 假定给定 X_2 时 X_1 的条件概率质量函数以及 X_2 的边缘分布为

$$p(x_1 \mid x_2) = \binom{x_2}{x_1}\left(\frac{1}{2}\right)^{x_2}, \quad x_1 = 0,1,\cdots,x_2$$

$$p(x_2) = \frac{2}{3}\left(\frac{1}{3}\right)^{x_2-1}, \quad x_2 = 1,2,3\cdots$$

让我们来确定 X_1 的矩母函数. 对于固定的 x_2，由二项定理，

$$E(e^{tX_1} \mid x_2) = \sum_{x_1=0}^{x_2}\binom{x_2}{x_1}e^{tx_1}\left(\frac{1}{2}\right)^{x_2-x_1}\frac{1}{2}^{x_1}$$

$$= \left(\frac{1}{2} + \frac{1}{2}e^t\right)^{x_2}$$

因此，倘若 $(1/6)+(1/6)e^t<1$ 或 $t<\log 5$ (包括 $t=0$)，由几何级数与定理 2.3.1 可得

$$E(e^{tX_1}) = E[E(e^{tX_1} \mid X_2)] = \sum_{x_2=1}^{\infty}\left(\frac{1}{2}+\frac{1}{2}e^t\right)^{x_2}\frac{2}{3}\left(\frac{1}{3}\right)^{x_2-1}$$

$$= \frac{2}{3}\left(\frac{1}{2}+\frac{1}{2}e^t\right)\sum_{x_2=1}^{\infty}\left(\frac{1}{6}+\frac{1}{6}e^t\right)^{x_2-1} = \frac{2}{3}\left(\frac{1}{2}+\frac{1}{2}e^t\right)\frac{1}{1-[(1/6)+(1/6)e^t]} \quad \blacksquare$$

习题

2.3.1 设 X_1 与 X_2 具有联合概率密度函数 $f(x_1, x_2) = x_1 + x_2$，$0<x_1<1$，$0<x_2<1$，其他情况为 0. 求给定 $X_1 = x_1$，$0<x_1<1$，X_2 的条件均值与方差.

2.3.2 设 $f_{1|2}(x_1 \mid x_2) = c_1 x_1/x_2^2$，$0<x_1<x_2$，$0<x_2<1$，其他情况为 0，以及 $f_2(x_2) = c_2 x_2^4$，$0<x_2<1$，其他为 0，分别表示给定 $X_2 = x_2$ 时 X_1 的条件概率密度函数与 X_2 的边缘概率密度函数. 确定

(a) 常数 c_1 与 c_2.

(b) X_1 与 X_2 的联合概率密度函数.

(c) $P\left(\frac{1}{4}<X_1<\frac{1}{2} \,\middle|\, X_2=\frac{5}{8}\right)$.

(d) $P\left(\frac{1}{4}<X_1<\frac{1}{2}\right)$.

2.3.3 设 $f(x_1, x_2) = 21x_1^2x_2^3$，$0<x_1<x_2<1$，其他为 0，表示 X_1 与 X_2 的联合概率密度函数.

(a) 求给定 $X_2 = x_2$，$0<x_2<1$，X_1 的条件均值与方差.

(b) 求 $Y = E(X_1 \mid X_2)$ 的分布.

(c) 确定 $E(Y)$ 以及 $\text{Var}(Y)$，并且把这些值分别与 $E(X_1)$ 以及 $\text{Var}(X_1)$ 加以比较.

2.3.4 假定 X_1 与 X_2 都是离散型随机变量，具有联合概率质量函数 $p(x_1, x_2) = (x_1 + 2x_2)/18$，$(x_1, x_2) = (1,1), (1,2), (2,1), (2,2)$，其他情况为 0. 对于 $x_1 = 1$ 或 2，给定 $X_1 = x_1$，确定 X_2 的条件均值

与方差．还要计算 $E(3X_1-2X_2)$．

2.3.5 设 X_1 与 X_2 是二元随机变量，使得条件分布及均值都存在．证明：

(a) $E(X_1+X_2\mid X_2)=E(X_1\mid X_2)+X_2$．

(b) $E(u(X_2)\mid X_2)=u(X_2)$．

2.3.6 设 X 与 Y 的联合概率密度函数是由

$$f(x,y)=\begin{cases}\dfrac{2}{(1+x+y)^3}, & 0<x<\infty,0<y<\infty\\ 0, & \text{其他}\end{cases}$$

给出的．

(a) 计算 X 的边缘概率密度函数，以及给定 $X=x$，Y 的条件概率密度函数．

(b) 对于固定 $X=x$，计算 $E(1+x+Y\mid x)$，并且运用此结果计算 $E(Y\mid x)$．

2.3.7 假定 X_1 与 X_2 是离散随机变量，具有联合概率质量函数 $p(x_1,x_2)=(3x_1+x_2)/24$，$(x_1,x_2)=(1,1),(1,2),(2,1),(2,2)$，其他情况为 0．求当 $x_1=1$ 时，条件均值 $E(X_2\mid x_1)$．

2.3.8 设 X 与 Y 具有联合概率密度函数 $f(x,y)=2\exp\{-(x+y)\}$，$0<x<y<\infty$，其他为 0．求给定 $X=x$，Y 的条件均值 $E(Y\mid x)$．

2.3.9 从一副普通扑克牌中，以随机且不放回方式抽取 5 张．设 X_1 与 X_2 分别表示出现在这 5 张牌中的黑桃张数与红桃张数．

(a) 确定 X_1 与 X_2 的联合概率质量函数．

(b) 求两个边缘概率质量函数．

(c) 给定 $X_1=x_1$，X_2 的条件概率质量函数是什么？

2.3.10 设 X_1 与 X_2 具有如下描述的联合概率质量函数 $p(x_1,x_2)$：

(x_1,x_2)	$(0,0)$	$(0,1)$	$(1,0)$	$(1,1)$	$(2,0)$	$(2,1)$
$p(x_1,x_2)$	$\frac{1}{18}$	$\frac{3}{18}$	$\frac{4}{18}$	$\frac{3}{18}$	$\frac{6}{18}$	$\frac{1}{18}$

而 $p(x_1,x_2)$ 在其他情况下为 0．求两个边缘概率密度函数，以及两个条件均值．

提示：利用长方阵列写出概率．

2.3.11 设我们从区间 $(0,1)$ 中随机地选取一点，并设随机变量等于对应于那个点的数．然后，从区间中随机地选取一点，其中 x_1 表示 X_1 的实验值，而设随机变量 X_2 等于对应于这一点的数．

(a) 做出关于边缘概率密度函数 $f_1(x_1)$ 与条件概率密度函数 $f_{2\mid 1}(x_2\mid x_1)$ 的一些假设．

(b) 计算 $P(X_1+X_2\geqslant 1)$．

(c) 求条件均值 $E(X_1\mid x_2)$．

2.3.12 设 $f(x)$ 与 $F(x)$ 分别表示随机变量 X 的概率密度函数与累积分布函数．给定 $X>x_0$，x_0 为固定数，X 的条件概率密度函数是由 $f(x\mid X>x_0)=f(x)/[1-F(x_0)]$ 定义的，$x_0<x$，其他为 0．在给定直到 x_0 的生存时间，这类条件概率密度函数用于一直到死亡时间问题上．

(a) 证明 $f(x\mid X>x_0)$ 是概率密度函数．

(b) 设 $f(x)=\mathrm{e}^{-x}$，$0<x<\infty$，其他为 0．计算 $P(X>2\mid X>1)$．

2.4 独立随机变量

设 X_1 与 X_2 表示连续型随机变量，它们具有联合概率密度函数 $f(x_1,x_2)$，且边缘概率密度函数分别为 $f_1(x_1)$ 与 $f_2(x_2)$．根据条件概率密度函数 $f_{2\mid 1}(x_2\mid x_1)$ 的定义，我们可把联合

概率密度函数 $f(x_1, x_2)$ 写成

$$f(x_1, x_2) = f_{2|1}(x_2 \mid x_1) f_1(x_1)$$

假如有一个例子：$f_{2|1}(x_2 \mid x_1)$ 不依赖于 x_1. 那么，对于连续型随机变量，X_2 的边缘概率密度函数为

$$f_2(x_2) = \int_{-\infty}^{\infty} f_{2|1}(x_2 \mid x_1) f_1(x_1) \mathrm{d}x_1 = f_{2|1}(x_2 \mid x_1) \int_{-\infty}^{\infty} f_1(x_1) \mathrm{d}x_1 = f_{2|1}(x_2 \mid x_1)$$

因此，当 $f_{2|1}(x_2 \mid x_1)$ 不依赖于 x_1 时，有

$$f_2(x_2) = f_{2|1}(x_2 \mid x_1) \quad 与 \quad f(x_1, x_2) = f_1(x_1) f_2(x_2)$$

也就是说，如果给定 $X_1 = x_1$，X_2 的条件分布与关于 x_1 的任何假设均是独立的，那么 $f(x_1, x_2) = f_1(x_1) f_2(x_2)$.

对于离散情况，可得出相同结论，我们将这一内容概述成下述定义.

定义 2.4.1(独立性)　设随机变量 X_1 与 X_2 具有联合概率密度函数 $f(x_1, x_2)$（联合概率质量函数 $p(x_1, x_2)$）且边缘概率密度函数（概率质量函数）分别为 $f_1(x_1)(p_1(x_1))$ 与 $f_2(x_2)(p_2(x_2))$. 当且仅当 $f(x_1, x_2) \equiv f_1(x_1) f_2(x_2)(p(x_1, x_2) \equiv p_1(x_1) p_2(x_2))$ 时称随机变量 X_1 与 X_2 为**独立的**(independent). 若随机变量是非独立的，则称为**相关的**(dependent).

注释 2.4.1　对上面的定义，应做出两点评注. 第一，两个正函数的乘积 $f_1(x_1) f_2(x_2)$ 意味着在乘积空间上函数是正的. 也就是说，若 $f_1(x_1)$ 与 $f_2(x_2)$ 在各自的空间且仅在各自的空间 $\mathcal{S}_1$ 与 $\mathcal{S}_2$ 上为正的，则 $f_1(x_1)$ 与 $f_2(x_2)$ 在且仅在乘积空间 $\mathcal{S} = \{(x_1, x_2)：x_1 \in \mathcal{S}_1，x_2 \in \mathcal{S}_2\}$ 上为正的. 比如，如果 $\mathcal{S}_1 = \{x_1：0 < x_1 < 1\}$ 且 $\mathcal{S}_2 = \{x_2：0 < x_2 < 3\}$，那么 $\mathcal{S} = \{(x_1, x_2)：0 < x_1 < 1，0 < x_2 < 3\}$. 第二个评注涉及恒等式. 定义 2.4.1 中的恒等式应解释如下：可能有某些点 $(x_1, x_2) \in \mathcal{S}$，使得 $f(x_1, x_2) \neq f_1(x_1) f_2(x_2)$. 然而，假如 A 是使等式不成立的那些点集 (x_1, x_2)，则 $P(A) = 0$. 在下面一系列定理与随后的推广中，非负函数的乘积与恒等式都应以类似方式进行解释. ■

例 2.4.1　假设一个缸里装有 10 个蓝色球、8 个红色球和 7 个黄色球，除颜色不同之外，它们都是一样的. 假设采用不放回方式抽取 4 个球. 设 X 和 Y 表示分别抽取的红色球和蓝色球的个数. (X, Y) 的联合概率质量函数是

$$p(x, y) = \frac{\dbinom{10}{x}\dbinom{8}{y}\dbinom{7}{4-x-y}}{\dbinom{25}{4}}, \quad 0 \leqslant x, y \leqslant 4; x + y \leqslant 4$$

由于 $X + Y \leqslant 4$，X 和 Y 似乎是相关的. 由定义可知，这是正确的，我们首先求边缘概率质量函数，

$$p_X(x) = \frac{\dbinom{10}{x}\dbinom{15}{4-x}}{\dbinom{25}{4}}, \quad 0 \leqslant x \leqslant 4$$

$$p_Y(y) = \frac{\dbinom{8}{y}\dbinom{17}{4-y}}{\dbinom{25}{4}}, \quad 0 \leqslant y \leqslant 4$$

为了证明相关性，我们只需在(X_1,X_2)的支集上找到一个点，在这个点上联合概率质量函数不能被因式分解成边缘概率质量函数的乘积. 假定我们选择点 $x=1$ 和 $y=1$. 然后利用 R 软件计算，具体计算(保留 4 位小数)结果是：

$$p(1,1)=10\cdot 8\cdot \binom{7}{2}\Big/\binom{25}{4}=0.1328$$

$$p_X(1)=10\binom{15}{3}\Big/\binom{25}{4}=0.3597$$

$$p_Y(1)=8\binom{17}{3}\Big/\binom{25}{4}=0.4300$$

由于 $0.1328\neq 0.1547=0.3597\times 0.4300$，所以 X 和 Y 是相关随机变量. ■

例 2.4.2 设 X_1 与 X_2 的联合概率密度函数是

$$f(x_1,x_2)=\begin{cases}x_1+x_2, & 0<x_1<1,0<x_2<1\\ 0, & \text{其他}\end{cases}$$

可以证明，X_1 与 X_2 是相关的. 这里的边缘概率密度函数是

$$f_1(x_1)=\begin{cases}\int_{-\infty}^{\infty}f(x_1,x_2)\mathrm{d}x_2=\int_0^1(x_1+x_2)\mathrm{d}x_2=x_1+\frac{1}{2}, & 0<x_1<1\\ 0, & \text{其他}\end{cases}$$

与

$$f_2(x_2)=\begin{cases}\int_{-\infty}^{\infty}f(x_1,x_2)\mathrm{d}x_1=\int_0^1(x_1+x_2)\mathrm{d}x_1=\frac{1}{2}+x_2, & 0<x_2<1\\ 0, & \text{其他}\end{cases}$$

由于 $f(x_1,x_2)\not\equiv f_1(x_1)f_2(x_2)$，所以随机变量 X_1 和 X_2 是相关的. ■

下面的定理断言，在不计算边缘概率密度函数的条件下，例 2.4.2 的随机变量 X_1 与 X_2 为相关的.

定理 2.4.1 设随机变量 X_1 与 X_2 分别具有支集 $\mathcal{S}_1$ 与 $\mathcal{S}_2$，并且具有联合概率密度函数 $f(x_1,x_2)$. 于是，当且仅当 $f(x_1,x_2)$能被写成 x_1 的非负函数与 x_2 的非负函数之积时 X_1 与 X_2 是独立的. 也就是

$$f(x_1,x_2)\equiv g(x_1)h(x_2)$$

其中 $g(x_1)>0$，$x_1\in\mathcal{S}_1$，其他情况为 0，同时 $h(x_2)>0$，$x_2\in\mathcal{S}_2$，其他情况为 0.

证：如果 X_1 与 X_2 是独立的，那么 $f(x_1,x_2)\equiv f_1(x_1)f_2(x_2)$，其中 $f_1(x_1)$与$f_2(x_2)$分别为 X_1 与 X_2 的边缘概率密度函数. 因而，满足条件 $f(x_1,x_2)\equiv g(x_1)h(x_2)$.

反之，若 $f(x_1,x_2)\equiv g(x_1)h(x_2)$，则对于连续型随机变量，有

$$f_1(x_1)=\int_{-\infty}^{\infty}g(x_1)h(x_2)\mathrm{d}x_2=g(x_1)\int_{-\infty}^{\infty}h(x_2)\mathrm{d}x_2=c_1g(x_1)$$

与

$$f_2(x_2)=\int_{-\infty}^{\infty}g(x_1)h(x_2)\mathrm{d}x_1=h(x_2)\int_{-\infty}^{\infty}g(x_1)\mathrm{d}x_1=c_2h(x_2)$$

其中 c_1 与 c_2 均为常数，而不是 x_1 或 x_2 的函数. 而且，由于

$$1=\int_{-\infty}^{\infty}\int_{-\infty}^{\infty}g(x_1)h(x_2)\mathrm{d}x_1\mathrm{d}x_2=\left[\int_{-\infty}^{\infty}g(x_1)\mathrm{d}x_1\right]\left[\int_{-\infty}^{\infty}h(x_2)\mathrm{d}x_2\right]=c_2c_1$$

所以 $c_1c_2=1$. 综合这些结果，得出

$$f(x_1,x_2)\equiv g(x_1)h(x_2)\equiv c_1g(x_1)c_2h(x_2)\equiv f_1(x_1)f_2(x_2)$$

因此，X_1 与 X_2 是独立的. ■

对于离散情况，此定理同样成立. 其证明只是用联合概率质量函数代替联合概率密度函数. 比如，例 2.4.1 中的离散随机变量 X 和 Y 被认为是相关的，原因在于(X,Y)的支集不是乘积空间.

接下来，考察例 2.1.3 给出的连续随机向量(X,Y)的联合分布. 此联合概率密度函数是

$$f(x,y)=4x\mathrm{e}^{-x^2}y\mathrm{e}^{-y^2},\quad x>0,y>0$$

是 x 的非负函数与 y 的非负函数的乘积，并且联合支集是一个乘积空间. 因此，X 和 Y 是独立随机变量.

例 2.4.3 设随机变量 X_1 与 X_2 的概率密度函数是 $f(x_1,x_2)=8x_1x_2$，$0<x_1<x_2<1$，其他情况为 0. 式子 $8x_1x_2$ 表明，X_1 与 X_2 是独立的. 不过，假如考察空间$\mathcal{S}=\{(x_1,x_2):0<x_1<x_2<1\}$，可以发现它不是乘积空间. 一般地讲，若 X_1 与 X_2 的正概率密度空间既不被水平线围住，又不被垂直线围住，X_1 与 X_2 必须是相关的，这一点非常明显. ■

不用概率密度函数(或者概率质量函数)，我们也可以用累积分布函数来阐述独立性. 下述定理就证明了其等价性.

定理 2.4.2 设(X_1,X_2)具有联合累积分布函数 $F(x_1,x_2)$，并设 X_1 与 X_2 分别具有边缘累积分布函数$F_1(x_1)$与 $F_2(x_2)$. 那么，X_1 与 X_2 是独立的当且仅当

$$F(x_1,x_2)=F_1(x_1)F_2(x_2),\quad 对于所有(x_1,x_2)\in\mathbb{R}^2 \tag{2.4.1}$$

证：这里给出连续情况证明. 假定表达式(2.4.1)成立. 于是，混合二阶偏导数为

$$\frac{\partial^2}{\partial x_1\,\partial x_2}F(x_1,x_2)=f_1(x_1)f_2(x_2)$$

因而，X_1 与 X_2 是独立的. 反之，假定 X_1 与 X_2 是独立的. 那么由联合累积分布函数的定义

$$F(x_1,x_2)=\int_{-\infty}^{x_1}\int_{-\infty}^{x_2}f_1(w_1)f_2(w_2)\mathrm{d}w_2\mathrm{d}w_1=\int_{-\infty}^{x_1}f_1(w_1)\mathrm{d}w_1\cdot\int_{-\infty}^{x_2}f_2(w_2)\mathrm{d}w_2=F_1(x_1)F_2(x_2)$$

故条件即式(2.4.1)成立. ■

现在，给出经常用于简化独立变量事件概率计算的一个定理.

定理 2.4.3 随机变量 X_1 与 X_2 是独立随机变量当且仅当下述条件成立，

$$P(a<X_1\leqslant b,c<X_2\leqslant d)=P(a<X_1\leqslant b)P(c<X_2\leqslant d) \tag{2.4.2}$$

对于任意 $a<b$ 与 $c<d$，其中 a,b,c,d 都是常数.

证：如果 X_1 与 X_2 是独立的，那么利用上面的定理与表达式(2.1.2)，可以证明

$$\begin{aligned}&P(a<X_1\leqslant b,c<X_2\leqslant d)\\&=F(b,d)-F(a,d)-F(b,c)+F(a,c)\\&=F_1(b)F_2(d)-F_1(a)F_2(d)-F_1(b)F_2(c)+F_1(a)F_2(c)\\&=[F_1(b)-F_1(a)][F_2(d)-F_2(c)]\end{aligned}$$

这是表达式(2.4.2)的右边. 反之，条件即式(2.4.2)蕴含着联合累积分布函数可分解成边

缘累积分布函数的乘积，进一步由定理 2.4.2 知，X_1 与 X_2 是独立的. ■

例 2.4.4(例 2.4.2 续) 独立性对条件即式(2.4.2)是必需的. 比如，考察例 2.4.2 中的相关变量 X_1 与 X_2. 对于这些变量，有

$$P\left(0<X_1<\frac{1}{2},0<X_2<\frac{1}{2}\right)=\int_0^{1/2}\int_0^{1/2}(x_1+x_2)\mathrm{d}x_1\mathrm{d}x_2=\frac{1}{8}$$

而

$$P\left(0<X_1<\frac{1}{2}\right)=\int_0^{1/2}\left(x_1+\frac{1}{2}\right)\mathrm{d}x_1=\frac{3}{8}$$

且

$$P\left(0<X_2<\frac{1}{2}\right)=\int_0^{1/2}\left(\frac{1}{2}+x_1\right)\mathrm{d}x_2=\frac{3}{8}$$

因此，条件即式(2.4.2)并不成立. ■

当拥有独立随机变量时，通常某些概率计算不只是比较简单，而且相比较而言，许多期望包括一些矩母函数的计算也比较简单. 可以证明，下述结果十分有用，这里以定理的形式进行概括.

定理 2.4.4 假定 X_1 与 X_2 是独立的，并且 $E(u(X_1))$ 与 $E(v(X_2))$ 存在，则有

$$E[u(X_1)v(X_2)]=E[u(X_1)]E[v(X_2)]$$

证： 对连续情况给出其证明. X_1 与 X_2 的独立性蕴含着 X_1 与 X_2 的联合概率密度函数是 $f_1(x_1)f_2(x_2)$. 因而，由期望的定义，得出

$$\begin{aligned}E[u(X_1)v(X_2)]&=\int_{-\infty}^{\infty}\int_{-\infty}^{\infty}u(x_1)v(x_2)f_1(x_1)f_2(x_2)\mathrm{d}x_1\mathrm{d}x_2\\&=\left[\int_{-\infty}^{\infty}u(x_1)f_1(x_1)\mathrm{d}x_1\right]\left[\int_{-\infty}^{\infty}v(x_2)f_2(x_2)\mathrm{d}x_2\right]\\&=E[u(X_1)]E[v(X_2)]\end{aligned}$$

因此，结果得证. ■

通过将定理 2.4.4 中函数 $u(\cdot)$ 与 $v(\cdot)$ 取成恒等函数，对于独立随机变量 X_1 与 X_2，我们可以得到

$$E(X_1X_2)=E(X_1)E(X_2) \tag{2.4.3}$$

接下来，我们证明关于独立随机变量方面相当有用的定理. 该定理证明紧密地依赖于下面的陈述：当矩母函数存在时，矩母函数是唯一的，且唯一地决定其概率分布.

定理 2.4.5 对于随机变量 X_1 与 X_2，假定它们的联合矩母函数 $M(t_1,t_2)$ 存在. 于是，X_1 与 X_2 是独立的当且仅当

$$M(t_1,t_2)=M(t_1,0)M(0,t_2)$$

也就是说，联合矩母函数可因式分解成边缘矩母函数的乘积.

证： 若 X_1 与 X_2 是独立的，则

$$M(t_1,t_2)=E(\mathrm{e}^{t_1X_1+t_2X_2})=E(\mathrm{e}^{t_1X_1}\mathrm{e}^{t_2X_2})=E(\mathrm{e}^{t_1X_1})E(\mathrm{e}^{t_2X_2})=M(t_1,0)M(0,t_2)$$

因而，X_1 与 X_2 的独立性蕴含着联合分布的矩母函数可因式分解成两个边缘分布的矩母函数的乘积.

下面，假定 X_1 与 X_2 的联合分布的矩母函数是由 $M(t_1,t_2)=M(t_1,0)M(0,t_2)$ 给出的.

现在，X_1 具有唯一的矩母函数，在连续情况下，它由

$$M(t_1,0)=\int_{-\infty}^{\infty}e^{t_1x_1}f_1(x_1)dx_1$$

给出. 类似地，在连续情况下，X_2 的唯一矩母函数由

$$M(0,t_2)=\int_{-\infty}^{\infty}e^{t_2x_2}f_2(x_2)dx_2$$

给出. 因而，得到

$$\begin{aligned}M(t_1,0)M(0,t_2)&=\left[\int_{-\infty}^{\infty}e^{t_1x_1}f_1(x_1)dx_1\right]\left[\int_{-\infty}^{\infty}e^{t_2x_2}f_2(x_2)dx_2\right]\\&=\int_{-\infty}^{\infty}\int_{-\infty}^{\infty}e^{t_1x_1+t_2x_2}f_1(x_1)f_2(x_2)dx_1dx_2\end{aligned}$$

考虑到 $M(t_1,t_2)=M(t_1,0)M(0,t_2)$，所以

$$M(t_1,t_2)=\int_{-\infty}^{\infty}\int_{-\infty}^{\infty}e^{t_1x_1+t_2x_2}f_1(x_1)f_2(x_2)dx_1dx_2$$

但 $M(t_1,t_2)$ 是 X_1 与 X_2 的矩母函数. 因此，还有

$$M(t_1,t_2)=\int_{-\infty}^{\infty}\int_{-\infty}^{\infty}e^{t_1x_1+t_2x_2}f(x_1,x_2)dx_1dx_2$$

矩母函数的唯一性蕴含着由 $f_1(x_1)f_2(x_2)$ 所描述的两个概率分布与 $f(x_1,x_2)$ 是一样的. 因而

$$f(x_1,x_2)\equiv f_1(x_1)f_2(x_2)$$

也就是说，如果 $M(t_1,t_2)=M(t_1,0)M(0,t_2)$，那么 X_1 与 X_2 是独立的. 当随机变量是连续型的时，这就完成了证明. 对于离散型随机变量，证明可通过利用求和代替积分来完成. ■

例 2.4.5(例 2.1.10 续) 设 (X,Y) 是二元随机变量，具有联合概率密度函数

$$f(x,y)=\begin{cases}e^{-y}, & 0<x<y<\infty\\0, & \text{其他}\end{cases}$$

在例 2.1.10 中，已经证明了当 $t_1+t_2<1$ 且 $t_2<1$ 时，(X,Y) 的矩母函数为

$$M(t_1,t_2)=\int_0^{\infty}\int_x^{\infty}\exp(t_1x+t_2y-y)dydx=\frac{1}{(1-t_1-t_2)(1-t_2)}$$

由于 $M(t_1,t_2)\neq M(t_1,0)M(0,t_2)$，所以随机变量是相关的. ■

例 2.4.6(习题 2.1.15 续) 对于习题 2.1.15 中所定义的随机变量 X_1 与 X_2，这里证明其联合矩母函数是

$$M(t_1,t_2)=\left[\frac{\exp\{t_1\}}{2-\exp\{t_1\}}\right]\left[\frac{\exp\{t_2\}}{2-\exp\{t_2\}}\right],\quad t_i<\log 2, i=1,2$$

可进一步证明，$M(t_1,t_2)=M(t_1,0)M(0,t_2)$. 因此，$X_1$ 与 X_2 是独立随机变量. ■

习题

2.4.1 证明具有联合概率密度函数

$$f(x_1,x_2)=\begin{cases}12x_1x_2(1-x_2), & 0<x_1<1, 0<x_2<1\\0, & \text{其他}\end{cases}$$

的随机变量 X_1 与 X_2 是独立的.

2.4.2　如果随机变量 X_1 与 X_2 具有联合概率密度函数 $f(x_1,x_2)=2e^{-x_1-x_2}$，$0<x_1<x_2$，$0<x_2<\infty$，其他情况为0. 证明 X_1 与 X_2 是相依的.

2.4.3　设 $p(x_1,x_2)=\frac{1}{16}$，$x_1=1,2,3,4$ 且 $x_2=1,2,3,4$，其他为0，表示 X_1 与 X_2 的联合概率质量函数. 证明 X_1 与 X_2 是独立的.

2.4.4　如果随机变量 X_1 与 X_2 具有联合概率密度函数 $f(x_1,x_2)=4x_1(1-x_2)$，$0<x_1<1$，$0<x_2<1$，其他为0，求 $P\left(0<X_1<\frac{1}{3},0<X_2<\frac{1}{3}\right)$.

2.4.5　如果 X_1 与 X_2 是二元独立随机变量，具有 $P(a<X_1<b)=\frac{2}{3}$，而 $P(c<X_2<d)=\frac{5}{8}$，求下面事件并的概率：事件 $a<X_1<b,-\infty<X_2<\infty$ 与事件 $-\infty<X_1<\infty,c<X_2<d$.

2.4.6　如果 $f(x_1,x_2)=e^{-x_1-x_2}$，$0<x_1<\infty$，$0<x_2<\infty$，其他情况为0，表示随机变量 X_1 与 X_2 的联合概率密度函数，证明 X_1 与 X_2 是独立的，同时 $M(t_1,t_2)=(1-t_1)^{-1}(1-t_2)^{-1}$，$t_2<1$，$t_1<1$. 此外，证明

$$E(e^{t(X_1+X_2)})=(1-t)^{-2},t<1$$

相应地，求 $Y=X_1+X_2$ 的均值和方差.

2.4.7　设随机变量 X_1 与 X_2 具有联合概率密度函数 $f(x_1,x_2)=1/\pi$，对于 $(x_1-1)^2+(x_2+2)^2<1$，其他情况为0. 求 $f_1(x_1)$ 与 $f_2(x_2)$. X_1 与 X_2 是独立的吗？

2.4.8　设 X 与 Y 具有联合概率密度函数 $f(x,y)=3x$，$0<y<x<1$，其他为0. X 与 Y 是独立的吗？如果不是，请求 $E(X|y)$.

2.4.9　假定一个人在上午8:00与8:30之间离开工作岗位，并且用40分钟到50分钟的时间去办公室. 设 X 表示离开时间，而设 Y 表示行程时间. 如果我们假定这些随机变量是独立的且服从均匀分布，求在上午9:00之前到达办公室的概率.

2.4.10　设 X 与 Y 是随机变量，其空间是由下述四个点构成的：$(0,0),(1,1),(1,0),(1,-1)$. 对这四个点指定正概率，以使相关系数等于0. X 与 Y 是独立的吗？

2.4.11　有两条线段，每个长为2个单位，沿 x 轴放置. 第一条线段的中点处于 $x=0$ 与 $x=14$ 之间，而第二条线段的中点处于 $x=6$ 与 $x=20$ 之间. 假定这两个中点具有独立性且服从均匀分布，求线段交叠的概率.

2.4.12　掷一枚公平骰子，当出现1、2或3点时，设 $X=0$；当出现4或5点时，设 $X=1$；当出现6点时，设 $X=2$. 独立抛掷骰子两次，得到 X_1 与 X_2. 计算 $P(|X_1-X_2|=1)$.

2.4.13　对于例2.4.6的 X_1 与 X_2，证明 $Y=X_1+X_2$ 的矩母函数是 $e^{2t}/(2-e^t)^2$，$t<\log 2$，然后计算 Y 的均值与方差.

2.5　相关系数

设 (X,Y) 表示随机向量. 在上一节，我们已经讨论过 X 和 Y 之间独立性的概念. 但是，如果 X 和 Y 是相关的，那么它们是如何相关的呢？相关性有许多度量标准. 在这一节中，我们引入 (X,Y) 的联合分布的参数 ρ，它度量了 X 和 Y 之间的线性性质. 在这一节的讨论中，我们假设所涉及的期望都存在.

定义 2.5.1　设 (X,Y) 具有联合分布. X 和 Y 的均值分别用 μ_1 和 μ_2 表示，方差分别用 σ_1^2 和 σ_2^2 表示. (X,Y) 的**协方差**(Covariance)用 $\mathrm{Cov}(X,Y)$ 表示，由期望定义

$$\mathrm{Cov}(X,Y)=E[(X-\mu_1)(Y-\mu_2)] \tag{2.5.1}$$

■

利用期望的线性性质定理 2.1.1，X 和 Y 的协方差也可表示成

$$\begin{aligned}\mathrm{Cov}(X,Y) &= E(XY-\mu_2X-\mu_1Y+\mu_1\mu_2)\\ &= E(XY)-\mu_2E(X)-\mu_1E(Y)+\mu_1\mu_2\\ &= E(XY)-\mu_1\mu_2\end{aligned} \tag{2.5.2}$$

这通常比利用定义式(2.5.1)更容易计算.

我们所研究的度量方法是协方差的标准化(无单位)版本.

定义 2.5.2 如果 σ_1 与 σ_2 是正的，那么将 X 和 Y 的相关系数定义为

$$\rho=\frac{E[(X-\mu_1)(Y-\mu_2)]}{\sigma_1\sigma_2}=\frac{\mathrm{Cov}(X,Y)}{\sigma_1\sigma_2} \tag{2.5.3}$$

■

需要注意的是，两个随机变量之积的期望值等于它们期望值之积加上两个随机变量的协方差. 也就是 $E(XY)=\mu_1\mu_2+\mathrm{Cov}(X,Y)=\mu_1\mu_2+\rho\sigma_1\sigma_2$.

作为说明，我们提供两个例子. 第一个例子是离散模型，第二个例子是连续模型.

例 2.5.1 重新考察例 2.1.1 中的随机向量(X_1,X_2)，抛一枚均匀硬币三次，其中 X_1 表示前两次正面的次数，而 X_2 表示所有三次正面的次数. 回顾一下，表 2.1.1 包含 X_1 和 X_2 的边缘分布. 通过这些概率密度函数的对称性，可以得出 $E(X_1)=1$ 与 $E(X_2)=3/2$. 为了计算(X_1,X_2)的相关系数，下面我们将所需要的各阶矩计算简写如下：

$$E(X_1^2)=\frac{1}{2}+2^2\cdot\frac{1}{4}=\frac{3}{2}\Rightarrow\sigma_1^2=\frac{3}{2}-1^2=\frac{1}{2}$$

$$E(X_2^2)=\frac{3}{8}+4\cdot\frac{3}{8}+9\cdot\frac{1}{8}=3\Rightarrow\sigma_2^2=3-\left(\frac{3}{2}\right)^2 1^2=\frac{1}{2}$$

$$E(X_1X_2)=\frac{2}{8}+1\cdot 2\cdot\frac{2}{8}+2\cdot 2\cdot\frac{1}{8}+2\cdot 3\cdot\frac{1}{8}=2\Rightarrow\mathrm{Cov}(X_1,X_2)=2-1\cdot\frac{3}{2}=\frac{1}{2}$$

由此可以得出，$\rho=(1/2)/(\sqrt{(1/2)}\sqrt{(3/4)})=0.816$. ■

例 2.5.2 设随机变量 X 与 Y 具有联合概率密度函数

$$f(x,y)=\begin{cases}x+y, & 0<x<1,0<y<1\\ 0, & \text{其他}\end{cases}$$

计算 X 与 Y 的相关系数ρ. 现在

$$\mu_1=E(X)=\int_0^1\int_0^1 x(x+y)\mathrm{d}x\mathrm{d}y=\frac{7}{12}$$

而

$$\sigma_1^2=E(X^2)-\mu_1^2=\int_0^1\int_0^1 x^2(x+y)\mathrm{d}x\mathrm{d}y-\left(\frac{7}{12}\right)^2=\frac{11}{144}$$

运用类似方法，得出

$$\mu_2=E(Y)=\frac{7}{12}\quad \text{而}\quad \sigma_2^2=E(Y^2)-\mu_2^2=\frac{11}{144}$$

X 与 Y 的协方差是

$$E(XY)-\mu_1\mu_2=\int_0^1\int_0^1 xy(x+y)\mathrm{d}x\mathrm{d}y-\left(\frac{7}{12}\right)^2=-\frac{1}{144}$$

因此，X 与 Y 的相关系数是

$$\rho=\frac{-\frac{1}{144}}{\sqrt{\left(\frac{11}{144}\right)\left(\frac{11}{144}\right)}}=-\frac{1}{11}$$ ■

接下来我们将证明一般情况 $|\rho|\leqslant 1$.

定理 2.5.1　对于所有联合分布随机变量 (X,Y)，它们的相关系数 ρ 存在，则有 $-1\leqslant\rho\leqslant 1$.

证：考察由下面给出的关于 v 的多项式

$$h(v)=E\{[(X-\mu_1)+v(Y-\mu_2)]^2\}$$

于是可以看出，$h(v)\geqslant 0$，对于所有 v. 因此，$h(v)$ 的判别式小于或等于 0. 为了得到判别式，我们将 $h(v)$ 展开为

$$h(v)=\sigma_1^2+2v\rho\sigma_1\sigma_2+v^2\sigma_2^2$$

因此，$h(v)$ 的判别式是 $4\rho^2\sigma_2^2\sigma_1^2-4\sigma_2^2\sigma_1^2$. 由于这个小于或等于 0，所以得出

$$4\rho^2\sigma_1^2\sigma_2^2\leqslant 4\sigma_2^2\sigma_1^2 \text{ 或 } \rho^2\leqslant 1$$

这就是所要证明的结果. ■

定理 2.5.2　如果 X 和 Y 是相互独立的随机变量，那么 $\mathrm{Cov}(X,Y)=0$，因此 $\rho=0$.

证：由于 X 和 Y 是独立的，所以由式(2.4.3)得到 $E(XY)=E(X)E(Y)$. 因此，由式(2.5.2)可知，X 与 Y 的协方差为 0，即 $\rho=0$. ■

如同下面例题所示，这个定理的逆命题是不成立的.

例 2.5.3　设 X 和 Y 是联合离散随机变量，它们的分布在四个点 $(-1,0)$，$(0,-1)$，$(1,0)$，$(0,1)$ 上的质量均是 1/4. 由此可得，X 和 Y 具有相同的边缘分布，其范围是 $\{-1,0,1\}$，并且各自的概率为 1/4，1/2，1/4. 因此，$\mu_1=\mu_2=0$，经过计算可以得出 $E(XY)=0$. 因而，$\rho=0$. 然而，$P(X=0,Y=0)=0$，$P(X=0)P(Y=0)=(1/2)(1/2)=1/4$. 所以，$X$ 和 Y 是相关的，但 X 和 Y 的相关系数却是 0. ■

虽然定理 2.5.2 的逆命题不成立，但是其逆否命题是成立的。也就是说，如果 $\rho\neq 0$，则 X 和 Y 是相关的. 比如，在例 2.5.1 中，由于 $\rho=0.816$，所以我们知道本例所讨论的随机变量 X_1 和 X_2 是相关的. 如同 10.8 节所讨论的，这种逆否命题在统计学中经常使用.

习题 2.5.7 指出，在证明定理 2.5.1 过程中，当且仅当 $\rho=\pm 1$ 时，多项式 $h(v)$ 的判别式为 0. 在这种情况下，X 和 Y 是彼此的线性函数，概率为 1；虽然关系是退化的，如所证明的. 这提出了一个有趣的问题：当 ρ 没有它的极值时，在 xy 平面上是否有一条线，使得 X 和 Y 的概率往往集中在这条线附近的一个带形区域呢？在一定限制条件下，这就是事实，在这些条件下，我们可将 ρ 看成对 X 和 Y 的概率集中度的度量.

我们用下面定理总结这些思想. 为了方便起见，首先给出常用记号的含义，设 $f(x,y)$ 表示二元随机变量 X 与 Y 的联合概率密度函数，并设 $f_1(x)$ 表示 X 的边缘概率密度函数. 回顾 2.3 节，在 $f_1(x)>0$ 的点上，给定 $X=x$ 时 Y 的条件概率密度函数是

$$f_{2|1}(y|x)=\frac{f(x,y)}{f_1(x)}$$

而当处理连续型随机变量时，给定 $X=x$ 时 Y 的条件均值由

$$E(Y|x)=\int_{-\infty}^{\infty} y f_{2|1}(y|x)\mathrm{d}y=\frac{\int_{-\infty}^{\infty} y f(x,y)\mathrm{d}y}{f_1(x)}$$

给出．当然，给定 $X=x$ 时，Y 的条件均值是 x 的函数，比如 $u(x)$．类似地，给定 $Y=y$ 时 X 的条件均值是 y 的函数，比如 $v(y)$．

若 $u(x)$是 x 的线性函数，比如 $u(x)=a+bx$，则将 Y 的条件均值称为关于 x 是线性的，或者 Y 是线性条件均值．当 $u(x)=a+bx$ 时，常数 a 与 b 均具有简单值，这里用下面的定理加以概括．

定理 2.5.3 假定(X,Y)有联合分布，X 与 Y 的方差是有限且正的．用 μ_1,μ_2 与 σ_1^2,σ_2^2 分别表示 X 与 Y 的均值及方差，并设 ρ 是 X 与 Y 之间的相关系数．若 $E(Y|X)$关于 X 是线性的，则

$$E(Y|X)=\mu_2+\rho\frac{\sigma_2}{\sigma_1}(X-\mu_1) \tag{2.5.4}$$

而

$$E(\mathrm{Var}(Y|X))=\sigma_2^2(1-\rho^2) \tag{2.5.5}$$

证：就连续情况给出其证明．离散情况可类似地通过将积分变成求和形式而获得．设 $E(Y|x)=a+bx$．由

$$E(Y|x)=\frac{\int_{-\infty}^{\infty} y f(x,y)\mathrm{d}y}{f_1(x)}=a+bx$$

有

$$\int_{-\infty}^{\infty} y f(x,y)\mathrm{d}y=(a+bx)f_1(x) \tag{2.5.6}$$

若将式(2.5.6)的两边对 x 积分，可以得出

$$E(Y)=a+bE(X)$$

或

$$\mu_2=a+b\mu_1 \tag{2.5.7}$$

其中 $\mu_1=E(X)$且 $\mu_2=E(Y)$．如果首先将式(2.5.6)的两边用 x 相乘，然后对 x 积分，那么得到

$$E(XY)=aE(X)+bE(X^2)$$

或

$$\rho\sigma_1\sigma_2+\mu_1\mu_2=a\mu_1+b(\sigma_1^2+\mu_1^2) \tag{2.5.8}$$

其中 $\rho\sigma_1\sigma_2$ 表示 X 与 Y 的协方差．对式(2.5.7)与式(2.5.8)联立求解，得出

$$a=\mu_2-\rho\frac{\sigma_2}{\sigma_1}\mu_1 \quad 与 \quad b=\rho\frac{\sigma_2}{\sigma_1}$$

这些值就给出了第一个结果即式(2.5.4)．

Y 的条件方差由

$$\mathrm{Var}(Y|x)=\int_{-\infty}^{\infty}\left[y-\mu_2-\rho\frac{\sigma_2}{\sigma_1}(x-\mu_1)\right]^2 f_{2|1}(y|x)\mathrm{d}y$$

$$= \frac{\int_{-\infty}^{\infty}\left[(y-\mu_2)-\rho\frac{\sigma_2}{\sigma_1}(x-\mu_1)\right]^2 f(x,y)\mathrm{d}y}{f_1(x)} \tag{2.5.9}$$

给出．该方差是非负的，而且至多只是 x 的函数．如果那样，用 $f_1(x)$乘以它，并对 x 积分，所得到的结果将是非负的．这一结果是

$$\begin{aligned}
&\int_{-\infty}^{\infty}\int_{-\infty}^{\infty}\left[(y-\mu_2)-\rho\frac{\sigma_2}{\sigma_1}(x-\mu_1)\right]^2 f(x,y)\mathrm{d}y\mathrm{d}x \\
&= \int_{-\infty}^{\infty}\int_{-\infty}^{\infty}\left[(y-\mu_2)^2-2\rho\frac{\sigma_2}{\sigma_1}(y-\mu_2)(x-\mu_1)+\rho^2\frac{\sigma_2^2}{\sigma_1^2}(x-\mu_1)^2\right]f(x,y)\mathrm{d}y\mathrm{d}x \\
&= E[(Y-\mu_2)^2]-2\rho\frac{\sigma_2}{\sigma_1}E[(X-\mu_1)(Y-\mu_2)]+\rho^2\frac{\sigma_2^2}{\sigma_1^2}E[(X-\mu_1)^2] \\
&= \sigma_2^2-2\rho\frac{\sigma_2}{\sigma_1}\rho\sigma_1\sigma_2+\rho^2\frac{\sigma_2^2}{\sigma_1^2}\sigma_1^2 \\
&= \sigma_2^2-2\rho^2\sigma_2^2+\rho^2\sigma_2^2=\sigma_2^2(1-\rho^2)
\end{aligned}$$

这是期待的结果．■

注意，如果用 $k(x)$表示方差，即式(2.5.9)，那么 $E[k(X)]=\sigma_2^2(1-\rho^2)\geqslant 0$．因此 $\rho^2\leqslant 1$，或者 $-1\leqslant\rho\leqslant 1$．这就验证了定理 2.5.1 关于线性条件均值的特殊情况．

作为定理 2.5.3 的推论，假定方差即式(2.5.9)是正的，而不是 x 的函数。也就是说，此方差为常数 $k>0$．现在，若用 $f_1(x)$乘以 k，并且对 x 积分，则结果是 k，所以 $k=\sigma_2^2(1-\rho^2)$．因而，在此情况下，给定 $X=x$，Y 的每个条件分布的方差均为 $\sigma_2^2(1-\rho^2)$．若 $\rho=0$，则给定 $X=x$，Y 的每个条件分布的方差均为 σ_2^2，即 Y 的边缘分布方差．另一方面，如果 ρ^2 接近于 1，那么给定$X=x$，Y 的每个条件分布的方差相对很小，而对于接近于均值 $E(Y|x)=\mu_2+\rho(\sigma_2/\sigma_1)(x-\mu_1)$的条件分布来说，其概率高度集中．如果 $E(X|y)$是线性的，那么对它可做出类似评论．特别地，$E(X|y)=\mu_1+\rho(\sigma_1/\sigma_2)(y-\mu_2)$，而 $E[\mathrm{Var}(X|Y)]=\sigma_1^2(1-\rho^2)$．

例 2.5.4　设随机变量 X 与 Y 具有线性条件均值 $E(Y|x)=4x+3$ 与 $E(X|y)=\frac{1}{16}y-3$．根据线性条件均值的一般公式，可以看出，当 $x=\mu_1$ 时，$E(Y|x)=\mu_2$，而当 $y=\mu_2$ 时，$E(X|y)=\mu_1$．因此，在这种特殊情况下，有 $\mu_2=4\mu_1+3$ 而 $\mu_1=\frac{1}{16}\mu_2-3$，所以 $\mu_1=-\frac{15}{4}$，$\mu_2=-12$．线性条件均值的一般公式还表明，x 与 y 的系数乘积等于 ρ^2，x 与 y 的系数商等于 σ_2^2/σ_1^2．这里$\rho^2=4\left(\frac{1}{16}\right)=\frac{1}{4}$，$\rho=\frac{1}{2}$$\left(\text{不是}-\frac{1}{2}\right)$，而且 $\sigma_2^2/\sigma_1^2=64$．因而，由两个线性条件均值，能得到 μ_1，μ_2，ρ，σ_2/σ_1 的值，却得不出 σ_1 与 σ_2 的值．■

例 2.5.5　为了阐明相关系数是如何度量 X 与 Y 关于直线的概率集中度的，设随机变量 X 与 Y 具有下述分布：分布在图 2.5.1 所画出的区域上是均匀的．也就是说，X 与 Y 的联合概率密度函数为

$$f(x,y)=\begin{cases}\frac{1}{4ah}, & -a+bx<y<a+bx,\ -h<x<h \\ 0, & \text{其他}\end{cases}$$

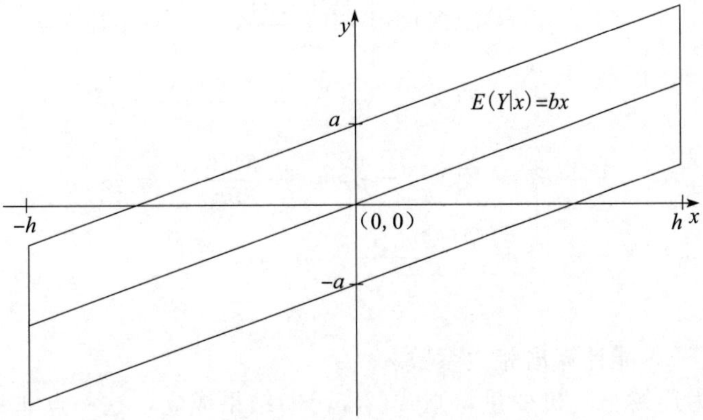

图 2.5.1 例 2.5.5 的解释

假定这里 $b\geqslant 0$，不过对于 $b\leqslant 0$ 的情况做些调整即可. 容易证明，X 的概率密度函数是均匀的，即

$$f_1(x)=\begin{cases}\int_{-a+bx}^{a+bx}\frac{1}{4ah}\mathrm{d}y=\frac{1}{2h}, & -h<x<h\\ 0, & \text{其他}\end{cases}$$

条件均值与方差是

$$E(Y|x)=bx \quad 与 \quad \operatorname{Var}(Y|x)=\frac{a^2}{3}$$

由一般表达式的特性，可以知道

$$b=\rho\frac{\sigma_2}{\sigma_1} \quad 而 \quad \frac{a^2}{3}=\sigma_2^2(1-\rho^2)$$

另外，我们知道 $\sigma_1^2=h^2/3$. 如果对这三个式子求解，可获得相关系数的表达式，也就是

$$\rho=\frac{bh}{\sqrt{a^2+b^2h^2}}$$

参考图 2.5.1，可以发现：

1. 当 a 变小(变大)时，直线效果更加密集(宽松)，并且 ρ 更接近于 1(零).
2. 当 h 变大(变小)时，直线效果更加密集(宽松)，并且 ρ 更接近于 1(零).
3. 当 b 变大(变小)时，直线效果更加密集(宽松)，并且 ρ 更接近于 1(零). ■

回顾 2.1 节曾经引进随机向量(X,Y)的矩母函数. 就随机变量而言，联合矩母函数还可给出某些矩的显性公式. 在连续型随机变量情况下，

$$\frac{\partial^{k+m}M(t_1,t_2)}{\partial t_1^k\,\partial t_2^m}=\int_{-\infty}^{\infty}\int_{-\infty}^{\infty}x^k y^m \mathrm{e}^{t_1x+t_2y}f(x,y)\mathrm{d}x\mathrm{d}y$$

所以

$$\left.\frac{\partial^{k+m}M(t_1,t_2)}{\partial t_1^k\,\partial t_2^m}\right|_{t_1=t_2=0}=\int_{-\infty}^{\infty}\int_{-\infty}^{\infty}x^k y^m f(x,y)\mathrm{d}x\mathrm{d}y=E(X^kY^m)$$

例如，若用简洁记号，则显得更为清楚，

$$\mu_1 = E(X) = \frac{\partial M(0,0)}{\partial t_1}, \quad \mu_2 = E(Y) = \frac{\partial M(0,0)}{\partial t_2}$$

$$\sigma_1^2 = E(X^2) - \mu_1^2 = \frac{\partial^2 M(0,0)}{\partial t_1^2} - \mu_1^2$$

$$\sigma_2^2 = E(Y^2) - \mu_2^2 = \frac{\partial^2 M(0,0)}{\partial t_2^2} - \mu_2^2$$

$$E[(X-\mu_1)(X-\mu_2)] = \frac{\partial^2 M(0,0)}{\partial t_1 \partial t_2} - \mu_1\mu_2 \tag{2.5.10}$$

而且，运用这些式子，能计算出相关系数 ρ.

若 X 与 Y 均为连续型随机变量，则式(2.5.10)结果成立，这一点非常明显. 因而，如果可以获得矩母函数，那么可以利用联合分布的矩母函数计算相关系数. 下面给出例子加以解释.

例 2.5.6(例 2.1.10 续)　在例 2.1.10 中，考察联合密度

$$f(x,y) = \begin{cases} e^{-y}, & 0 < x < y < \infty \\ 0, & \text{其他} \end{cases}$$

并且证明，当 $t_1 + t_2 < 1$ 且 $t_2 < 1$ 时，矩母函数是

$$M(t_1, t_2) = \frac{1}{(1-t_1-t_2)(1-t_2)}$$

对于这个分布，式(2.5.10)变成

$$\begin{gathered} \mu_1 = 1, \quad \mu_2 = 2 \\ \sigma_1^2 = 1, \quad \sigma_2^2 = 2 \\ E[(X-\mu_1)(Y-\mu_2)] = 1 \end{gathered} \tag{2.5.11}$$

这里将式(2.5.11)的验证留作习题；参看习题 2.5.5. 若马上接受这个结果，则 X 与 Y 的相关系数是 $\rho = 1/\sqrt{2}$. ■

习题

2.5.1　设随机变量 X 与 Y 具有联合概率质量函数

(a) $p(x,y) = \frac{1}{3}$，$(x,y) = (0,0),(1,1),(2,2)$，其他为 0.

(b) $p(x,y) = \frac{1}{3}$，$(x,y) = (0,2),(1,1),(2,0)$，其他为 0.

(c) $p(x,y) = \frac{1}{3}$，$(x,y) = (0,0),(1,1),(2,0)$，其他为 0.

在每一种情况下，计算 X 与 Y 的相关系数.

2.5.2　设 X 与 Y 具有如下描述的联合概率质量函数

(x,y)	$(1,1)$	$(1,2)$	$(1,3)$	$(2,1)$	$(2,2)$	$(2,3)$
$p(x,y)$	$\frac{2}{15}$	$\frac{4}{15}$	$\frac{3}{15}$	$\frac{1}{15}$	$\frac{1}{15}$	$\frac{4}{15}$

而且 $p(x,y)$ 在其他情况下等于 0.

(a) 求均值 μ_1 与 μ_2，方差 σ_1^2 与 σ_2^2，还有相关系数 ρ.

(b) 计算 $E(Y|X=1)$，$E(Y|X=2)$ 以及直线 $\mu_2+\rho(\sigma_2/\sigma_1)(x-\mu_1)$. 点 $[k,E(Y|X=k)]$，$k=1$，2，会位于此直线上吗？

2.5.3 设 $f(x,y)=2$，$0<x<y$，$0<y<1$，其他情况为 0，表示 X 与 Y 的联合概率密度函数. 证明：条件均值分别为 $(1+x)/2$，$0<x<1$ 与 $y/2$，$0<y<1$. 证明：X 与 Y 的相关系数是 $\rho=\frac{1}{2}$.

2.5.4 在习题 2.5.3 中，证明给定 $X=x$ 时，Y 的条件分布方差是 $(1-x)^2/12$，$0<x<1$，同时给定 $Y=y$ 时，X 的条件分布方差是 $y^2/12$，$0<y<1$.

2.5.5 验证本节中式(2.5.11)结果.

2.5.6 设 X 与 Y 具有联合概率密度函数 $f(x,y)=1$，$-x<y<x$，$0<x<1$，其他情况为 0. 证明，$E(Y|x)$ 的图形在正概率密度集合上是一条直线，而 $E(X|y)$ 则不是直线.

2.5.7 在定理 2.5.1 的证明中，考虑多项式 $h(v)$ 的判别式是 0 的情况. 证明这等价于 $\rho=\pm1$ 的情况. 考虑 $\rho=1$ 的情况. 求出 $h(v)$ 的唯一根，然后用 $h(v)$ 在其根处为零的事实来证明 Y 以概率 1 为 X 的线性函数.

2.5.8 设 $\psi(t_1,t_2)=\log M(t_1,t_2)$，其中 $M(t_1,t_2)$ 表示 X 与 Y 的矩母函数. 证明

$$\frac{\partial\psi(0,0)}{\partial t_i},\quad \frac{\partial^2\psi(0,0)}{\partial t_i^2},\quad i=1,2$$

以及

$$\frac{\partial^2\psi(0,0)}{\partial t_1\,\partial t_2}$$

会产生二元随机变量的均值、方差以及协方差. 运用这一结果求习题 2.5.4 中 X 与 Y 的均值、方差以及协方差.

2.5.9 设 X 与 Y 具有联合概率质量函数 $p(x,y)=\frac{1}{7}$，(0,0)，(1,0)，(0,1)，(1,1)，(2,1)，(1,2)，(2,2)，其他为 0. 求其相关系数 ρ.

2.5.10 设 X_1 与 X_2 具有下表描述的联合概率质量函数

(x_1,x_2)	(0,0)	(0,1)	(0,2)	(1,1)	(1,2)	(2,2)
$p(x_1,x_2)$	$\frac{1}{12}$	$\frac{2}{12}$	$\frac{1}{12}$	$\frac{3}{12}$	$\frac{4}{12}$	$\frac{1}{12}$

求 $p_1(x_1)$，$p_2(x_2)$，μ_1，μ_2，σ_1^2，σ_2^2 以及 ρ.

2.5.11 设 ${\sigma_1}^2={\sigma_2}^2=\sigma^2$ 表示 X_1 与 X_2 的共同方差，并设 ρ 表示 X_1 与 X_2 的相关系数. 证明

$$P[|(X_1-\mu_1)+(X_2-\mu_2)|\geqslant k\sigma]\leqslant\frac{2(1+\rho)}{k^2}\quad(k>0)$$

2.6 推广到多元随机变量

关于二元随机变量的一些概率可立刻推广到 n 元随机变量上. 本节给出下述 n 元随机变量空间的定义.

定义 2.6.1 考察样本空间为 $\mathcal{C}$ 的随机实验. 设随机变量 X_i 对每一个 $c\in\mathcal{C}$ 均指定一个且仅一个实数 $X_i(c)=x_i$，$i=1,2,\cdots,n$. 此时，将 $(X_1,X_2,\cdots,X_n)$ 称为 n 维**随机向量**(random vector). 这一随机向量**空间**是有序 n 元组的集合 $\mathcal{D}=\{(x_1,x_2,\cdots,x_n)$：$x_1=X_1(c),X_2(c),\cdots$，

$x_n=X_n(c), c\in\mathcal{C}\}$. 另外，设 A 表示空间$\mathcal{D}$的子集. 于是，$P[(X_1,X_2,\cdots,X_n)\in A]=P(C)$，$C=\{c: c\in\mathcal{C}$且$(X_1(c), X_2(c),\cdots,X_n(c))\in A\}$.

本节中常采用向量记号. 例如，用 n 维列向量 $\boldsymbol{X}$ 表示$(X_1,X_2,\cdots,X_n)'$，而用 $\boldsymbol{x}$ 表示随机变量的观测值$(x_1,x_2,\cdots,x_n)'$. 它的联合累积分布函数定义成

$$F_{\boldsymbol{X}}(\boldsymbol{x})=P[X_1\leqslant x_1,X_2\leqslant x_2,\cdots,X_n\leqslant x_n] \tag{2.6.1}$$

将 n 元随机变量 $X_1,X_2,\cdots,X_n$ 称为离散型还是连续型，并具有哪一种分布类型，这要依照其联合累积分布函数是

$$F_{\boldsymbol{X}}(\boldsymbol{x})=\sum_{w_1\leqslant x_1,w_2\leqslant x_2,\cdots,w_n\leqslant x_n}\cdots\sum p(w_1,w_2,\cdots,w_n)$$

还是

$$F_{\boldsymbol{X}}(\boldsymbol{x})=\int_{-\infty}^{x_1}\int_{-\infty}^{x_2}\cdots\int_{-\infty}^{x_n}f(w_1,w_2,\cdots,w_2)\mathrm{d}w_n,\mathrm{d}w_n,\cdots,\mathrm{d}w_1$$

而定. 对于连续情况

$$\frac{\partial^n}{\partial x_1\,\partial x_2\cdots\partial x_n}F_{\boldsymbol{X}}(\boldsymbol{x})=f(\boldsymbol{x}) \tag{2.6.2}$$

依照推广联合概率密度函数定义的习惯，可以看到，如果(a)f 是有定义的，且对它的所有自变量实值来说为非负的；(b)它在所有自变量实值上的积分为 1，那么连续函数 f 本质上满足成为概率密度函数的条件. 同样地，如果(a)p 是有定义的，且对所有自变量实值来说它为非负的；(b)它在所有自变量实值上的求和为 1，那么，点函数 p 本质上满足成为联合概率质量函数的条件. 如同前面几节一样，有时利用随机变量的支集非常方便. 对于离散情况，这一支集是具有正质量的$\mathcal{D}$中的所有点，而对于连续情况来说，支集是嵌入在开的、正概率集合之中$\mathcal{D}$的所有点. 这里用$\mathcal{S}$表示支集.

例 2.6.1 设

$$f(x,y,z)=\begin{cases}\mathrm{e}^{-(x+y+z)}, & 0<x,y,z<\infty\\ 0, & \text{其他}\end{cases}$$

表示随机变量 X，Y，Z 的概率密度函数. 于是，X，Y，Z 的分布函数由

$$\begin{aligned}F(x,y,z)&=P(X\leqslant x,Y\leqslant y,Z\leqslant z)\\&=\int_0^z\int_0^y\int_0^x\mathrm{e}^{-u-v-w}\mathrm{d}u\mathrm{d}v\mathrm{d}w\\&=(1-\mathrm{e}^{-x})(1-\mathrm{e}^{-y})(1-\mathrm{e}^{-z})\qquad 0\leqslant x,y,z<\infty\end{aligned}$$

给出，而在其他情况下等于 0. 容易验证式(2.6.2). ■

设$(X_1,X_2,\cdots,X_n)$是随机变量，并且对于某个函数 u，设 $Y=u(X_1,X_2,\cdots,X_n)$. 正如二元情况一样，当随机变量是连续型时，如果 n 重积分

$$\int_{-\infty}^{\infty}\cdots\int_{-\infty}^{\infty}|u(x_1,x_2,\cdots,x_n)|f(x_1,x_2,\cdots,x_n)\mathrm{d}x_1\mathrm{d}x_2\cdots\mathrm{d}x_n$$

存在，或者当随机变量是离散型时，如果 n 重求和

$$\sum_{x_n}\cdots\sum_{x_1}|u(x_1,x_2,\cdots,x_n)|p(x_1,x_2,\cdots,x_n)$$

存在，那么随机变量的期望值存在. 对于连续情况，若 Y 的期望值存在，它的期望由

$$E(Y) = \int_{-\infty}^{\infty} \cdots \int_{-\infty}^{\infty} u(x_1, x_2, \cdots, x_n) f(x_1, x_2, \cdots, x_n) \mathrm{d}x_1 \mathrm{d}x_2 \cdots \mathrm{d}x_n \tag{2.6.3}$$

给出，对于离散情况，则由

$$E(Y) = \sum_{x_n} \cdots \sum_{x_1} u(x_1, x_2, \cdots, x_n) p(x_1, x_2, \cdots, x_n) \tag{2.6.4}$$

给出．对于 n 维情况，2.1 节所讨论的期望性质同样成立．特别地，E 是线性算子．也就是说，如果对于 $j=1,2,\cdots,m$，$Y_j = u_j(X_1, X_2, \cdots, X_n)$ 且每一个 $E(Y_i)$ 都存在，那么

$$E\left[\sum_{j=1}^{m} k_j Y_j\right] = \sum_{j=1}^{m} k_j E[Y_j] \tag{2.6.5}$$

其中 k_1，$k_2, \cdots, k_m$ 表示常数．

现在，将从 n 元随机变量的观点来讨论边缘与条件概率密度函数．前面所有定义都能以下述方式直接推广到 n 元变量的情况上．设连续型随机变量 $X_1, X_2, \cdots, X_n$ 具有联合概率密度函数 $f(x_1, x_2, \cdots, x_n)$．通过类似于二元变量情况的讨论，对任意的 b，有

$$F_{X_1}(b) = P(X_1 \leqslant b) = \int_{-\infty}^{b} f_1(x_1) \mathrm{d}x_1$$

其中 $f_1(x_1)$表示由$(n-1)$重积分定义的

$$f_1(x_1) = \int_{-\infty}^{\infty} \cdots \int_{-\infty}^{\infty} f(x_1, x_2, \cdots, x_n) \mathrm{d}x_2 \cdots \mathrm{d}x_n$$

因此，$f_1(x_1)$是随机变量 X_1 的概率密度函数，并且将 $f_1(x_1)$称为 X_1 的边缘概率密度函数．$X_2, \cdots, X_n$ 的边缘概率密度函数 $f_2(x_2), \cdots, f_n(x_n)$分别是类似的 $n-1$ 重积分．

到目前为止，每一个边缘概率密度函数均是一个随机变量的概率密度函数．把这一术语推广到联合概率密度函数上就非常方便，现在就这样做．如同前面一样，设 $f(x_1, x_2, \cdots, x_n)$ 是 n 元随机变量 $X_1, X_2, \cdots, X_n$ 的联合概率密度函数．不过，现在取这些随机变量的任意 $k<n$个为一组，同时求该组变量的联合概率密度函数．将这样的联合概率密度函数称为 k 个变量特定组的边缘概率密度函数．为了阐述思想，取 $n=6$，$k=3$，并选取组 X_2，X_4，X_5．于是，若随机变量是连续型的，则 X_2，X_4，X_5 的边缘概率密度函数是这三个变量特定组的联合概率密度函数，也就是

$$\int_{-\infty}^{\infty} \int_{-\infty}^{\infty} \int_{-\infty}^{\infty} f(x_1, x_2, x_3, x_4, x_5, x_6) \mathrm{d}x_1 \mathrm{d}x_3 \mathrm{d}x_6$$

接下来，推广条件概率密度函数的定义．假定 $f_1(x_1)>0$．通过关系

$$f_{2,\cdots,n|1}(x_2, \cdots, x_n | x_1) = \frac{f(x_1, x_2, \cdots, x_n)}{f_1(x_1)}$$

定义符号 $f_{2,\cdots,n|1}(x_2, \cdots, x_n | x_1)$，并将 $f_{2,\cdots,n|1}(x_2, \cdots, x_n | x_1)$称为给定 $X_1 = x_1$，$X_2, \cdots, X_n$ 的**联合条件概率密度函数**(joint conditional pdf)．倘若 $f_i(x_i)>0$，给定 $X_i = x_i$，任意 $n-1$ 元随机变量如 $X_1, \cdots, X_{i-1}, X_{i+1}, \cdots, X_n$ 的联合条件概率密度函数被定义成$X_1, \cdots, X_n$ 的联合概率密度函数去掉边缘概率密度函数 $f_i(x_i)$．更一般地，对于给定 k 元变量值，$n-k$ 元随机变量的联合概率密度函数被定义成 n 元变量的联合概率密度函数去掉 k 元变量特定组的边缘概率密度函数，倘若后者概率密度函数为正的．我们指出，存在其他一些条件概率密度函数，比如参看习题 2.3.12．

因为条件概率密度函数是某些随机变量的概率密度函数，所以可对这些随机变量函数的

期望进行定义．要强调的是，将这种条件概率密度函数称为条件期望．比如，对于连续型随机变量，倘若 $f_1(x_1)>0$ 且积分(绝对)收敛，给定 $X_1=x_1$，$u(X_2,\cdots,X_n)$的条件期望由

$$E[u(X_2,\cdots,X_n)\,|\,x_1]=\int_{-\infty}^{\infty}\cdots\int_{-\infty}^{\infty}u(x_2,\cdots,x_n)f_{2,\cdots,n|1}(x_2,\cdots,x_n\,|\,x_1)\mathrm{d}x_2\cdots\mathrm{d}x_n$$

给出．一种有用的随机变量是由 $h(X_1)=E[u(X_2,\cdots,X_n)\,|\,X_1]$给出的．

上面对边缘分布及条件分布的讨论，通过利用概率质量函数与求和代替积分，可推广到离散型随机变量上．

设随机变量 $X_1,X_2,\cdots,X_n$ 具有联合概率密度函数 $f(x_1,x_2,\cdots,x_n)$，而且分别拥有边缘概率密度函数 $f_1(x_1),f_2(x_2),\cdots,f_n(x_n)$．可把 X_1 与 X_2 独立性的定义如下推广到 $X_1,X_2,\cdots,X_n$ 相互独立性上：对于连续情况，随机变量 $X_1,X_2,\cdots,X_n$ 称为**相互独立的**(mutually independent)当且仅当

$$f(x_1,x_2,\cdots,x_n)\equiv f_1(x_1)f_2(x_2)\cdots f_n(x_n)$$

在离散情况下，将 $X_1,X_2,\cdots,X_n$ 称为**相互独立的**，当且仅当

$$p(x_1,x_2,\cdots,x_n)\equiv p_1(x_1)p_2(x_2)\cdots p_n(x_n)$$

假定 $X_1,X_2,\cdots,X_n$ 是相互独立的．于是

$$\begin{aligned}&P(a_1<X_1<b_1,a_2<X_2<b_2,\cdots,a_n<X_n<b_n)\\&=P(a_1<X_1<b_1)P(a_2<X_2<b_2)\cdots P(a_n<X_n<b_n)\\&=\prod_{i=1}^{n}P(a_i<X_i<b_i)\end{aligned}$$

其中符号 $\prod\limits_{i=1}^{n}\varphi(i)$由

$$\prod_{i=1}^{n}\varphi(i)=\varphi(1)\varphi(2)\cdots\varphi(n)$$

定义．关于独立随机变量 X_1 与 X_2 的定理

$$E[u(X_1)v(X_2)]=E[u(X_1)]E[v(X_2)]$$

变成关于相互独立随机变量 $X_1,X_2,\cdots,X_n$ 的

$$E[u_1(X_1)u_2(X_2)\cdots u_n(X_n)]=E[u_1(X_1)]E[u_2(X_2)]\cdots E[u_1(X_n)]$$

或

$$E\Big[\prod_{i=1}^{n}u_i(X_i)\Big]=\prod_{i=1}^{n}E[u_i(X_i)]$$

n 元随机变量 $X_1,X_2,\cdots,X_n$ 联合分布的矩母函数可如下定义．对于 $-h_i<t_i<h_i$，$i=1,2,\cdots,n$，其中每个 h_i 均为正的，假定

$$E[\exp(t_1X_1+t_2X_2+\cdots+t_nX_n)]$$

存在．这个期望用 $M(t_1,t_2,\cdots,t_n)$表示，并将它称为 $X_1,X_2,\cdots,X_n$ 的联合分布矩母函数(或者简单地称为 $X_1,X_2,\cdots,X_n$ 的矩母函数)．如同一元与二元变量情况一样，这个矩母函数是唯一的，且唯一地决定 n 元变量的联合分布(从而，决定所有边缘分布)．例如，X_i 的边缘分布矩母函数是 $M(0,\cdots,0,t_i,0,\cdots,0)$，$i=1,2,\cdots,n$；$X_i$ 与 X_j 的边缘分布矩母函数是 $M(0,\cdots,0,t_i,0,\cdots,0,t_j,0,\cdots,0)$；等等．可对本章的定理 2.4.5 加以推广，而且其因

式分解

$$M(t_1,t_2,\cdots,t_n)=\prod_{i=1}^{n}M(0,\cdots,0,t_i,0,\cdots,0) \tag{2.6.6}$$

是 $X_1,X_2,\cdots,X_n$ 相互独立的充要条件. 注意，把向量记号联合矩母函数写成

$$M(\boldsymbol{t})=E[\exp(\boldsymbol{t}'\boldsymbol{X})],\quad 对于\ \boldsymbol{t}\in B\subset\mathbb{R}^n$$

其中 $B=\{\boldsymbol{t}: -h_i<t_i<h_i,\ i=1,2,\cdots,n\}$.

下面定理在后面证明过程中非常有用. 它提供了独立随机变量线性组合的矩母函数.

定理 2.6.1 假定 $X_1,X_2,\cdots,X_n$ 是 n 个相互独立的随机变量. 假如对于 $i=1,2,\cdots,n$, X_i 具有矩母函数 $M_i(t)$($-h_i<t<h_i$，其中 $h_i>0$). 令 $T=\sum_{i=1}^{n}k_iX_i$，其中 k_1，k_2，$\cdots$，k_n 均为常数. 那么，T 具有矩母函数，也就是

$$M_T(t)=\prod_{i=1}^{n}M_i(k_it),\quad -\min_i\{h_i\}<t<\min_i\{h_i\}. \tag{2.6.7}$$

证：假定 t 位于区间($-\min_i\{h_i\}$，$\min_i\{h_i\}$). 于是，由独立性，

$$M_T(t)=E\left[e^{\sum_{i=1}^{n}tk_iX_i}\right]=E\left[\prod_{i=1}^{n}e^{(tk_i)X_i}\right]=\prod_{i=1}^{n}E[e^{tk_iX_i}]=\prod_{i=1}^{n}M_i(k_it)$$

证毕. ■

例 2.6.2 设 X_1,X_2,X_3 是三个相互独立的随机变量，并设每一个都具有

$$f(x)=\begin{cases}2x, & 0<x<1\\ 0, & 其他\end{cases} \tag{2.6.8}$$

X_1,X_2,X_3 的联合概率密度函数是 $f(x_1)f(x_2)f(x_3)=8x_1x_2x_3$，$0<x_i<1$，$i=1,2,3$，其他为 0. 于是，为了解释起见，$5X_1X_2^3+3X_2X_3^4$ 的期望是

$$\int_0^1\int_0^1\int_0^1(5x_1x_2^3+3x_2x_3^4)8x_1x_2x_3\,dx_1\,dx_2\,dx_3=2$$

设 Y 是 X_1,X_2,X_3 的最大值. 于是，我们有

$$P\left(Y\leqslant\frac{1}{2}\right)=P\left(X_1\leqslant\frac{1}{2},X_2\leqslant\frac{1}{2},X_3\leqslant\frac{1}{2}\right)=\int_0^{1/2}\int_0^{1/2}\int_0^{1/2}8x_1x_2x_3\,dx_1\,dx_2\,dx_3=\left(\frac{1}{2}\right)^6=\frac{1}{64}$$

通过类似方式，我们求出 Y 的累积分布函数是

$$G(y)=P(Y\leqslant y)=\begin{cases}0, & y<0\\ y^6, & 0\leqslant y<1\\ 1, & 1\leqslant y\end{cases}$$

因此，Y 的概率密度函数是

$$g(y)=\begin{cases}6y^5, & 0<y<1\\ 0, & 其他\end{cases}$$ ■

注释 2.6.1 如果 X_1,X_2,X_3 是相互独立的，那么它们就是两两独立的(也就是说，X_i 与 X_j 是独立的，$i\neq j$，$i,j=1,2,3$)，不过由伯恩斯坦(S. Bernstein)给出的下述例子表明，两两独立性并不一定蕴含着相互独立性. 设 X_1,X_2,X_3 具有联合概率质量函数

$$p(x_1,x_2,x_3)=\begin{cases}\dfrac{1}{4}, & (x_1,x_2,x_3)\in\{(1,0,0),(0,1,0),(0,0,1),(1,1,1)\}\\ 0, & 其他\end{cases}$$

X_i 与 X_j 的联合概率质量函数($i\neq j$)是

$$p_{ij}(x_i,x_j)=\begin{cases}\frac{1}{4}, & (x_i,x_j)\in\{(0,0),(1,0),(0,1),(1,1)\}\\0, & \text{其他}\end{cases}$$

而 X_i 的边缘概率质量函数是

$$p_i(x_i)=\begin{cases}\frac{1}{2}, & x_i=0,1\\0, & \text{其他}\end{cases}$$

很明显，当 $i\neq j$ 时，则有

$$p_{ij}(x_i,x_j)\equiv p_i(x_i)p_j(x_j)$$

因而，X_i 与 X_j 是独立的. 可是

$$p(x_1,x_2,x_3)\not\equiv p_1(x_1)p_2(x_2)p_3(x_3)$$

从而，X_1,X_2,X_3 不是相互独立的.

除非在相互独立性与两两独立性之间存在可能的误解，否则我们通常省略修饰语“相互的”. 因此，利用例 2.6.2 中的这个习惯，将 X_1,X_2,X_3 称为独立的随机变量，意指它们是相互独立的. 偶尔，为了强调起见，称相互独立的，所以提醒读者，这不同于两两独立性.

另外，如果几个随机变量是相互独立的且具有相同分布，那么称它们是**独立同分布的**(independent and identically distributed, iid). 因此，例 2.6.2 中随机变量是独立同分布的，具有由式(2.6.8)给出的相同概率密度函数. ■

对于独立同分布随机变量定理 2.6.1，下面推论是非常有用的. 其证明留作习题 2.6.7.

推论 2.6.1 假定 $X_1,X_2,\cdots,X_n$ 是独立同分布随机变量，对于 $-h<t<h$，具有共同矩母函数$M(t)$，其中 $h>0$. 令 $T=\sum_{i=1}^{n}X_i$. 那么，T 具有矩母函数

$$M_T(t)=[M(t)]^n,-h<t<h \tag{2.6.9}$$

*多元变量的方差-协方差矩阵

这一节的阐述从形式上看采用矩阵代数，并将其看成可选内容.

在 2.5 节，已经讨论过两个随机变量之间的协方差. 在本节，我们希望把这种讨论推广到 n 元变量的情况上. 设 $\mathbf{X}=(X_1,X_2,\cdots,X_n)'$表示 n 维随机向量. 回顾已定义的 $E(\mathbf{X})=(E(X_1),E(X_2),\cdots,E(X_n))'$，也就是说，随机向量的期望刚好等于它的分量期望的向量. 现在，假定 $\mathbf{W}$ 表示随机变量的 $m\times n$ 矩阵，比如 $\mathbf{W}=[W_{ij}]$，对于随机变量 W_{ij}，$1\leqslant i\leqslant m$ 且 $1\leqslant j\leqslant n$. 注意，总能把矩阵拉长成 $mn\times 1$ 随机向量. 因此，可定义随机矩阵的期望

$$E[\mathbf{W}]=[E(W_{ij})] \tag{2.6.10}$$

正如下面定理所表明的，由这个定义很容易获得期望算子的线性.

定理 2.6.2 设 $\mathbf{W}_1$ 与 $\mathbf{W}_2$ 是随机变量的 $m\times n$ 矩阵，并设 $\mathbf{A}_1$ 与 $\mathbf{A}_2$ 是 $k\times m$ 常数矩阵，而设 $\mathbf{B}$ 是 $n\times l$ 常数矩阵. 于是

$$E[\mathbf{A}_1\mathbf{W}_1+\mathbf{A}_2\mathbf{W}_2]=\mathbf{A}_1E[\mathbf{W}_1]+\mathbf{A}_2E[\mathbf{W}_2] \tag{2.6.11}$$

$$E[\boldsymbol{A}_1\boldsymbol{W}_1\boldsymbol{B}] = \boldsymbol{A}_1 E[\boldsymbol{W}_1]\boldsymbol{B} \tag{2.6.12}$$

证： 由随机变量算子 E 的线性性质，得出关于式(2.6.11)中第(i,j)个分量具有

$$E\left[\sum_{s=1}^{m} a_{1is}W_{1sj} + \sum_{s=1}^{m} a_{2is}W_{2sj}\right] = \sum_{s=1}^{m} a_{1is}E[W_{1sj}] + \sum_{s=1}^{m} a_{2is}E[W_{2sj}]$$

因此，由式(2.6.10)知，式(2.6.11)成立. 同理，可得出式(2.6.12). ■

设 $\boldsymbol{X}=(X_1,X_2,\cdots,X_n)'$表示 n 维随机向量，使得 $\sigma_i^2=\mathrm{Var}(X_i)<\infty$. $\boldsymbol{X}$ 的**均值**(mean)是 $\boldsymbol{\mu}=E[\boldsymbol{X}]$，将 $\boldsymbol{X}$ 的**方差-协方差矩阵**(variance-covariance matrix)定义成

$$\mathrm{Cov}(\boldsymbol{X}) = E[(\boldsymbol{X}-\boldsymbol{\mu})(\boldsymbol{X}-\boldsymbol{\mu})'] = [\sigma_{ij}] \tag{2.6.13}$$

其中 σ_{ij} 表示 σ_i^2. 正如习题 2.6.8 所示，$\mathrm{Cov}(\boldsymbol{X})$的第 i 个对角元素是 $\sigma_i^2=\mathrm{Var}(X_i)$，而其非对角的$(i,j)$位置的元素是 $\mathrm{Cov}(X_i,X_j)$. 因此，顾名思义，方差-协方差矩阵称谓恰如其分.

例 2.6.3(例 2.5.6 续) 在例 2.5.6 中，曾经考察联合概率密度函数

$$f(x,y) = \begin{cases} e^{-y}, & 0 < x < y < \infty \\ 0, & \text{其他} \end{cases}$$

并已经证明其前二阶矩是

$$\begin{gathered} \mu_1 = 1, \mu_2 = 2 \\ \sigma_1^2 = 1, \sigma_2^2 = 2 \\ E[(X-\mu_1)(Y-\mu_2)] = 1 \end{gathered} \tag{2.6.14}$$

设 $\boldsymbol{Z}=(X,Y)'$. 于是，若利用当前记号，得出

$$E[\boldsymbol{Z}] = \begin{bmatrix} 1 \\ 2 \end{bmatrix} \quad 与 \quad \mathrm{Cov}(\boldsymbol{Z}) = \begin{bmatrix} 1 & 1 \\ 1 & 2 \end{bmatrix}$$ ■

稍后需要 $\mathrm{Cov}(X_i,X_j)$的两个性质，这里用下述定理形式加以概括.

定理 2.6.3 设 $\boldsymbol{X}=(X_1,X_2,\cdots,X_n)'$是 n 维随机向量，使得 $\sigma_i^2=\sigma_{ii}=\mathrm{Var}(X_i)<\infty$. 设 $\boldsymbol{A}$ 是 $m\times n$ 常数矩阵. 于是，

$$\mathrm{Cov}(\boldsymbol{X}) = E[\boldsymbol{X}\boldsymbol{X}'] - \boldsymbol{\mu}\boldsymbol{\mu}' \tag{2.6.15}$$

$$\mathrm{Cov}(\boldsymbol{A}\boldsymbol{X}) = \boldsymbol{A}\mathrm{Cov}(\boldsymbol{X})\boldsymbol{A}' \tag{2.6.16}$$

证： 利用定理 2.6.2 推导式(2.6.15)，也就是

$$\begin{aligned} \mathrm{Cov}(\boldsymbol{X}) &= E[(\boldsymbol{X}-\boldsymbol{\mu})(\boldsymbol{X}-\boldsymbol{\mu})'] \\ &= E[\boldsymbol{X}\boldsymbol{X}' - \boldsymbol{\mu}\boldsymbol{X}' - \boldsymbol{X}\boldsymbol{\mu}' + \boldsymbol{\mu}\boldsymbol{\mu}'] = E[\boldsymbol{X}\boldsymbol{X}'] - \boldsymbol{\mu}E[\boldsymbol{X}'] - E[\boldsymbol{X}]\boldsymbol{\mu}' + \boldsymbol{\mu}\boldsymbol{\mu}' \end{aligned}$$

得到期待的结果. ■

所有方差-协方差矩阵都是**半正定矩阵**(positive semi-definite，记为 psd)；也就是 $\boldsymbol{a}'\mathrm{Cov}(\boldsymbol{X})\boldsymbol{a}\geqslant 0$，对于所有向量 $\boldsymbol{a}\in\mathbb{R}^n$. 为了理解这点，设 $\boldsymbol{X}$ 是随机向量，并设 $\boldsymbol{a}$ 是任意常数 $n\times 1$ 向量. 那么，$Y=\boldsymbol{a}'\boldsymbol{X}$ 是一个随机向量，因而具有非负方差，也就是

$$0 \leqslant \mathrm{Var}(Y) = \mathrm{Var}(\boldsymbol{a}'\boldsymbol{X}) = \boldsymbol{a}'\mathrm{Cov}(\boldsymbol{X})\boldsymbol{a} \tag{2.6.17}$$

从而，$\mathrm{Cov}(\boldsymbol{X})$是半正定矩阵的.

习题

2.6.1 设 X，Y，Z 具有联合概率密度函数 $f(x,y,z)=2(x+y+z)/3$，$0<x<1$，$0<y<1$，$0<z<1$，其他为 0.

(a) 求 X，Y，Z 的边缘概率密度函数.

(b) 计算 $P\left(0<X<\frac{1}{2},\ 0<Y<\frac{1}{2},\ 0<Z<\frac{1}{2}\right)$ 与 $P\left(0<X<\frac{1}{2}\right)=P\left(0<Y<\frac{1}{2}\right)=P\left(0<Z<\frac{1}{2}\right)$.

(c) X，Y，Z 是独立的吗？

(d) 计算$E(X^2YZ+3XY^4Z^2)$.

(e) 确定 X，Y，Z 的累积分布函数.

(f) 求给定 $Z=z$ 时 X 与 Y 的条件分布，并计算 $E(X+Y\mid z)$.

(g) 确定给定 $Y=y$ 且 $Z=z$，X 的条件分布，并计算 $E(X\mid y,\ z)$.

2.6.2 设 $f(x_1,x_2,x_3)=\exp[-(x_1+x_2+x_3)]$，$0<x_1<\infty$，$0<x_2<\infty$，$0<x_3<\infty$，其他为 0，表示 X_1,X_2,X_3 的联合概率密度函数.

(a) 计算 $P(X_1<X_2<X_3)$与 $P(X_1=X_2<X_3)$.

(b) 确定 X_1,X_2,X_3 的联合矩母函数. 这些随机变量都是独立的吗？

2.6.3 设 X_1,X_2,X_3，X_4 是四个独立随机变量，它们都具有概率密度函数 $f(x)=3(1-x)^2$，$0<x<1$，其他为 0. 若 Y 是这四个变量的最小值，求 Y 的累积分布函数与概率密度函数.

提示：$P(Y>y)=P(X_i>y,\ i=1,2,3,4)$.

2.6.4 随机独立掷一颗公平骰子三次. 设随机变量 X_i 等于第 i 次试验出现的点数，$i=1,2,3$. 设随机变量 Y 等于 $\max(X_i)$. 求 Y 的累积分布函数与概率质量函数.

提示：$P(Y\leqslant y)=P(X_i\leqslant y,\ i=1,2,3)$.

2.6.5 设 $M(t_1,t_2,t_3)$是伯恩斯坦例子中随机变量 X_1,X_2,X_3 的矩母函数，这曾在例 2.6.2 下面的评注中阐述过. 证明

$$M(t_1,t_2,0)=M(t_1,0,0)M(0,t_2,0),M(t_1,0,t_3)=M(t_1,0,0)M(0,0,t_3)$$

而且

$$M(0,t_2,t_3)=M(0,t_2,0)M(0,0,t_3)$$

成立，但

$$M(t_1,t_2,t_3)\neq M(t_1,0,0)M(0,t_2,0)M(0,0,t_3)$$

因而，X_1,X_2,X_3 是两两独立的但不是相互独立的.

2.6.6 设 X_1,X_2,X_3 是三个随机变量，它们的均值、方差以及相关系数分别用 μ_1，μ_2，μ_3，σ_1^2，σ_2^2，σ_3^2 以及 ρ_{12}，ρ_{13}，ρ_{23}表示. 对于常数 b_2 与 b_3，假定 $E(X_1-\mu_1\mid x_2,\ x_3)=b_2(x_2-\mu_2)+b_3(x_3-\mu_3)$. 运用方差及相关系数来确定 b_2 与 b_3.

2.6.7 证明推论 2.6.1.

2.6.8 设 $\boldsymbol{X}=(X_1,X_2,\cdots,X_n)'$是 n 维随机向量，具有方差-协方差矩阵[式(2.6.13)]. 证明 $\mathrm{Cov}(\boldsymbol{X})$的第 i 个元素是 $\sigma_i^2=\mathrm{Var}(X_i)$，而非对角的$(i,j)$位置的元素是 $\mathrm{Cov}(X_i,X_j)$.

2.6.9 设 X_1,X_2,X_3 是独立同分布的，具有共同的概率密度函数 $f(x)=\exp(-x)$，$0<x<\infty$，其他为 0. 计算

(a) $P(X_1<X_2\mid X_1<2X_2)$.

(b) $P(X_1<X_2<X_3\mid X_3<1)$.

2.7 多个随机向量的变换

在 2.2 节已经看到，连续型二元随机变量的两个函数的联合概率密度函数，本质上是分析学中与变量变换有关的二重积分定理的推论. 这个定理可以很自然地推广到 n 重积分. 此推广如下. 考察在 n 维空间$\mathcal{S}$子集 A 上取值的形式为

$$\int\cdots\int_A f(x_1,x_2,\cdots,x_n)\mathrm{d}x_1\mathrm{d}x_2\cdots\mathrm{d}x_n$$

的积分．设

$$y_1=u_1(x_1,x_2,\cdots,x_n),y_2=u_2(x_1,x_2,\cdots,x_n),\cdots,y_n=u_n(x_1,x_2,\cdots,x_n)$$

以及反函数

$$x_1=w_1(y_1,y_2,\cdots,y_n),x_2=w_2(y_1,y_2,\cdots,y_n),\cdots,x_n=w_n(y_1,y_2,\cdots,y_n)$$

一起定义了将$\mathcal{S}$映射到 $y_1,y_2,\cdots,y_n$ 空间$\mathcal{T}$上的一一变换，因此把$\mathcal{S}$的子集 A 映射到$\mathcal{T}$的子集 B 上．设反函数的一阶偏导数是连续的，并设 $n\times n$ 行列式(称为雅可比行列式)

$$J=\begin{vmatrix}\dfrac{\partial x_1}{\partial y_1} & \dfrac{\partial x_1}{\partial y_2} & \cdots & \dfrac{\partial x_1}{\partial y_n}\\ \dfrac{\partial x_2}{\partial y_1} & \dfrac{\partial x_2}{\partial y_2} & \cdots & \dfrac{\partial x_2}{\partial y_n}\\ \vdots & \vdots & & \vdots\\ \dfrac{\partial x_n}{\partial y_1} & \dfrac{\partial x_n}{\partial y_2} & \cdots & \dfrac{\partial x_n}{\partial y_n}\end{vmatrix}$$

在$\mathcal{T}$中不为 0．于是

$$\begin{aligned}&\int\cdots\int_A f(x_1,x_2,\cdots,x_n)\mathrm{d}x_1\mathrm{d}x_2\cdots\mathrm{d}x_n\\ =&\int\cdots\int_B f[w_1(y_1,\cdots,y_n),w_2(y_1,\cdots,y_n),\cdots,w_n(y_1,\cdots,y_n)]|J|\mathrm{d}y_1\mathrm{d}y_2\cdots\mathrm{d}y_n\end{aligned}$$

每当这个定理条件得到满足时，就能确定 n 元随机变量的 n 个函数的联合概率密度函数．为了证明随机变量 $Y_1=u_1(X_1,X_2,\cdots,X_n),\cdots,Y_n=u_n(X_1,X_2,\cdots,X_n)$的联合概率密度函数由

$$g(y_1,y_2,\cdots,y_n)=|J|f[w_1(y_1,\cdots,y_n),\cdots,w_n(y_1,\cdots,y_n)]$$

给出，其中 $f(x_1,x_2,\cdots,x_n)$为 $X_1,X_2,\cdots,X_n$ 的联合概率密度函数，$(y_1,y_2,\cdots,y_n)\in\mathcal{T}$，而在其他情况下为 0，完成上述证明就是适当改变 2.2 节的记号(将 n 维空间看成相对应的 2 维空间)而已．

例 2.7.1 设 X_1,X_2,X_3 具有联合概率密度函数

$$f(x_1,x_2,x_3)=\begin{cases}48x_1x_2x_3, & 0<x_1<x_2<x_3<1\\ 0, & \text{其他}\end{cases}\tag{2.7.1}$$

若 $Y_1=X_1/X_2$，$Y_2=X_2/X_3$ 以及 $Y_3=X_3$，则逆变换由

$$x_1=y_1y_2y_3,\quad x_2=y_2y_3,\quad x_3=y_3$$

给出．其雅可比行列式由

$$J=\begin{vmatrix}y_2y_3 & y_1y_3 & y_1y_2\\ 0 & y_3 & y_2\\ 0 & 0 & 1\end{vmatrix}=y_2y_3^2$$

给出．此外，定义在支集上的不等式等价于

$$0<y_1y_2y_3,\quad y_1y_2y_3<y_2y_3,\quad y_2y_3<y_3\quad \text{以及}\quad y_3<1$$

这将

$$\mathcal{T}=\{(y_1,y_2,y_3):0<y_i<1,\quad i=1,2,3\}$$

简化成 Y_1,Y_2,Y_3 的支集$\mathcal{T}$. 因此，Y_1,Y_2,Y_3 的联合概率密度函数是

$$\begin{aligned}g(y_1,y_2,y_3)&=48(y_1y_2y_3)(y_2y_3)y_3\,|y_2y_3^2|\\&=\begin{cases}48y_1y_2^3y_3^5, & 0<y_i<1,i=1,2,3\\0, & 其他\end{cases}\end{aligned}\tag{2.7.2}$$

其边缘概率密度函数是

$$g_1(y_1)=2y_1,\quad 0<y_1<1,其他为 0$$
$$g_2(y_2)=4y_2^3,\quad 0<y_2<1,其他为 0$$
$$g_3(y_3)=6y_3^5,\quad 0<y_3<1,其他为 0$$

由于 $g(y_1,y_2,y_3)=g_1(y_1)g_2(y_2)g_3(y_3)$，所以随机变量 Y_1,Y_2,Y_3 是相互独立的. ■

例 2.7.2　设 X_1,X_2,X_3 是相互独立的，具有共同概率密度函数

$$f(x)=\begin{cases}e^{-x}, & 0<x<\infty\\0, & 其他\end{cases}$$

因而，X_1,X_2,X_3 的联合概率密度函数是

$$f_{X_1,X_2,X_3}(x_1,x_2,x_3)=\begin{cases}e^{-\sum_{i=1}^{3}x_i}, & 0<x_i<\infty,i=1,2,3\\0, & 其他\end{cases}$$

考察随机变量 Y_1,Y_2,Y_3，它们是由

$$Y_1=\frac{X_1}{X_1+X_2+X_3},\quad Y_2=\frac{X_2}{X_1+X_2+X_3}\quad 以及\quad Y_3=X_1+X_2+X_3$$

所定义的. 因此，其逆变换由

$$x_1=y_1y_3,\quad x_2=y_2y_3,\quad x_3=y_3-y_1y_3-y_2y_3$$

给出，而其雅可比行列式

$$J=\begin{vmatrix}y_3 & 0 & y_1\\0 & y_3 & y_2\\-y_3 & -y_3 & 1-y_1-y_2\end{vmatrix}=y_3^2$$

X_1,X_2,X_3 的支集映射到

$$0<y_1y_3<\infty,\quad 0<y_2y_3<\infty\quad 以及\quad 0<y_3(1-y_2-y_3)<\infty$$

上，这等价于由

$$\mathcal{T}=\{(y_1,y_2,y_3):0<y_1,0<y_2,0<1-y_1-y_2,0<y_3<\infty\}$$

给出的支集$\mathcal{T}$. 因此，Y_1,Y_2,Y_3 的联合概率密度函数是

$$g(y_1,y_2,y_3)=y_3^2e^{-y_3},\quad (y_1,y_2,y_3)\in\mathcal{T}$$

Y_1 的边缘概率密度函数是

$$g_1(y_1)=\int_0^{1-y_1}\int_0^{\infty}y_3^2e^{-y_3}\,dy_3dy_2=2(1-y_1),\quad 0<y_1<1$$

其他情况为 0. 同理，Y_2 的边缘概率密度函数是

$$g_2(y_2)=2(1-y_2),\quad 0<y_2<1$$

其他情况为 0，而 Y_3 的概率密度函数是

$$g_3(y_3)=\int_0^1\int_0^{1-y_1} y_3^2 e^{-y_3}\,dy_2\,dy_1=\frac{1}{2}y_3^2 e^{-y_3},\quad 0<y_3<\infty$$

其他情况为0. 由于$g(y_1,y_2,y_3)\neq g_1(y_1)g_2(y_2)g_3(y_3)$，所以$Y_1,Y_2,Y_3$是相关随机变量.

不过，注意Y_1与Y_3的联合概率密度函数是

$$g_{13}(y_1,y_3)=\int_0^{1-y_1} y_3^2 e^{-y_3}\,dy_2=(1-y_1)y_3^2 e^{-y_3},\quad 0<y_1<1, 0<y_3<\infty$$

其他情况为0. 因此，Y_1与Y_3是独立的. 运用类似方法，可证明Y_2与Y_3也是独立的. 因为Y_1与Y_2的联合概率密度函数是

$$g_{12}(y_1,y_2)=\int_0^{\infty} y_3^2 e^{-y_3}\,dy_3=2,\quad 0<y_1,\quad 0<y_2, y_1+y_2<1$$

其他情况为0，所以看起来Y_1与Y_2是相关的. ■

现在，考察做变量变换时所遇到的一些其他问题. 设X具有柯西概率密度函数

$$f(x)=\frac{1}{\pi(1+x^2)},\quad -\infty<x<\infty$$

并设$Y=X^2$. 求Y的概率密度函数$g(y)$. 考虑变换$y=x^2$. 这个变换就是将X空间$\mathcal{S}=\{x: -\infty<x<\infty\}$映射到$\mathcal{T}=\{y: 0\leqslant y<\infty\}$. 可是，此变换并不是一一变换. 对于每个$y\in\mathcal{T}$，除$y=0$之外，均对应两个点$x\in\mathcal{S}$. 例如，当$y=4$时，要么有$x=2$，要么有$x=-2$. 在这个事例中，将$\mathcal{S}$表示成两个互不相交集合$A_1$与$A_2$的并，使得$y=x^2$定义一个一一变换，即把$A_1$与$A_2$都映射到$\mathcal{T}$. 若取$A_1$为$\{x: -\infty<x<0\}$，而$A_2$为$\{x: 0\leqslant x<\infty\}$，则看到$A_1$是被映射到$\{y: 0<y<\infty\}$，而$A_2$被映射到$\{y: 0\leqslant y<\infty\}$，并且这些集合是不相同的. 这是因为$x=0$是$\mathcal{S}$的元素. 那么，为什么不回到柯西概率密度函数上，同时取$f(0)=0$呢？从而，新的$\mathcal{S}$成为$\mathcal{S}=\{-\infty<x<\infty 且 x\neq 0\}$. 然后，取$A_1=\{x: -\infty<x<0\}$，而$A_2=\{x: 0<x<\infty\}$. 因而，$y=x^2$具有反函数$x=-\sqrt{y}$，把$A_1$映射到$\mathcal{T}=\{y: 0<y<\infty\}$，而且此变换是一一变换. 再者，变换$y=x^2$具有反函数$x=\sqrt{y}$，把$A_2$映射到$\mathcal{T}=\{y: 0<y<\infty\}$，而且此变换是一一变换. 考察概率$P(Y\in B)$，其中$B\subset\mathcal{T}$. 设$A_3=\{x: x=-\sqrt{y}, y\in B\}\subset A_1$，同时设$A_4=\{x: x=\sqrt{y}, y\in B\}\subset A_2$. 于是，$Y\in B$当且仅当$X\in A_3$或$X\in A_4$. 因而，得出

$$P(Y\in B)=P(X\in A_3)+P(X\in A_4)=\int_{A_3}f(x)\,dx+\int_{A_4}f(x)\,dx$$

对于这些积分中的第一个，设$x=-\sqrt{y}$. 因而，其雅可比行列式J_1是$-1/2\sqrt{y}$；另外，集合A_3映射到B上. 对于第二个积分，设$x=\sqrt{y}$. 从而，其雅可比行列式J_2是$1/2\sqrt{y}$；再者，集合A_4同样映射到B上. 最后

$$P(Y\in B)=\int_B f(-\sqrt{y})\left|-\frac{1}{2\sqrt{y}}\right|dy+\int_B f(\sqrt{y})\frac{1}{2\sqrt{y}}dy=\int_B[f(-\sqrt{y})+f(\sqrt{y})]\frac{1}{2\sqrt{y}}dy$$

因此，Y的概率密度函数由

$$g(y)=\frac{1}{2\sqrt{y}}[f(-\sqrt{y})+f(\sqrt{y})],\quad y\in\mathcal{T}$$

给出. 就$f(x)$为柯西概率密度函数而言，有

$$g(y)=\begin{cases}\dfrac{1}{\pi(1+y)\sqrt{y}}, & 0<y<\infty\\ 0, & \text{其他}\end{cases}$$

在上面对连续型随机变量的讨论中，有两个反函数，即 $x=-\sqrt{y}$ 与 $x=\sqrt{y}$. 这就是为什么寻求将 $\mathcal{S}$(或对 $\mathcal{S}$ 改进)分割成两个互不相交的子集，使得变换 $y=x^2$ 把每一个子集均映射到同一个 $\mathcal{T}$ 上. 一旦存在三个反函数，就要寻求将 $\mathcal{S}$(或对 $\mathcal{S}$ 改进)分割成三个互不相交子集，等等. 人们希望，这种详细讨论会使下面的内容更容易理解.

设 $f(x_1,x_2,\cdots,x_n)$ 是连续型随机变量 $X_1,X_2,\cdots,X_n$ 的联合概率密度函数. 设 $\mathcal{S}$ 表示这种联合概率密度函数 $f(x_1,x_2,\cdots,x_n)>0$ 的 n 维空间，并且考察变换 $y_1=u_1(x_1,x_2,\cdots,x_n),\cdots,y_n=u_n(x_1,x_2,\cdots,x_n)$，把 $\mathcal{S}$ 映射到 $y_1,y_2,\cdots,y_n$ 空间 $\mathcal{T}$ 上. 当然，$\mathcal{S}$ 中每一点都对应于 $\mathcal{T}$ 中的唯一一点，可是，就 $\mathcal{T}$ 中的一点而言，可能对应于 $\mathcal{S}$ 中不止一个点. 也就是说，变换不是一一变换. 不过，假定能把 $\mathcal{S}$ 表示成有限个，比如 k 个互不相交子集 A_1，$A_2,\cdots,A_k$，所以

$$y_1=u_1(x_1,x_2,\cdots,x_n),y_2=u_2(x_1,x_2,\cdots,x_n),\cdots,y_n=u_n(x_1,x_2,\cdots,x_n)$$

定义了每一个 A_i 到 $\mathcal{T}$ 上的一一变换. 因而，$\mathcal{T}$ 中每一个点均对应于每一个 $A_1,A_2,\cdots,A_k$ 中的唯一一个点. 对于 $i=1,2,\cdots,k$，设

$$x_1=w_{1i}(y_1,y_2,\cdots,y_n),x_2=w_{2i}(y_1,y_2,\cdots,y_n),\cdots,x_n=w_{ni}(y_1,y_2,\cdots,y_n)$$

表示 n 个反函数中的 k 组，这 k 个变换中每一个为一组. 设一阶偏导数是连续的，并设每一个

$$J_i=\begin{vmatrix}\dfrac{\partial w_{1i}}{\partial y_1} & \dfrac{\partial w_{1i}}{\partial y_2} & \cdots & \dfrac{\partial w_{1i}}{\partial y_n}\\ \dfrac{\partial w_{2i}}{\partial y_1} & \dfrac{\partial w_{2i}}{\partial y_2} & \cdots & \dfrac{\partial w_{2i}}{\partial y_n}\\ \vdots & \vdots & & \vdots\\ \dfrac{\partial w_{ni}}{\partial y_1} & \dfrac{\partial w_{ni}}{\partial y_2} & \cdots & \dfrac{\partial w_{ni}}{\partial y_n}\end{vmatrix},\quad i=1,2,\cdots,k$$

在 $\mathcal{T}$ 中均不等于 0. 一旦考察 k 个互不相交事件并集的概率，并将变量变换方法用于这些事件的每个概率上，可以看出，倘若 $(y_1,y_2,\cdots,y_n)\in\mathcal{T}$，$Y_1=u_1(X_1,X_2,\cdots,X_n)$，$Y_2=u_2(X_1,X_2,\cdots,X_n),\cdots,Y_n=u_n(X_1,X_2,\cdots,X_n)$ 的联合概率密度函数由

$$g(y_1,y_2,\cdots,y_n)=\sum_{i=1}^{k}f[w_{1i}(y_1,y_2,\cdots,y_n),\cdots,w_{ni}(y_1,y_2,\cdots,y_n)]|J_i|$$

给出，在其他情况下为 0. 于是，任意 Y_i 的概率密度函数，比如 Y_1 的概率密度函数是

$$g_1(y_1)=\int_{-\infty}^{\infty}\cdots\int_{-\infty}^{\infty}g(y_1,y_2,\cdots,y_n)\mathrm{d}y_2\cdots\mathrm{d}y_n$$

例 2.7.3　设 X_1 与 X_2 具有联合概率密度函数，该概率密度函数由定义在单位圆上的

$$f(x_1,x_2)=\begin{cases}\dfrac{1}{\pi}, & 0<x_1^2+x_2^2<1\\ 0, & \text{其他}\end{cases}$$

给出. 设 $Y_1=X_1^2+X_2^2$ 且 $Y_2=X_1^2/(X_1^2+X_2^2)$. 因而，$y_1y_2=x_1^2$，并且 $x_2^2=y_1(1-y_2)$. 支集 $\mathcal{S}$ 映射到 $\mathcal{T}=\{(y_1,y_2)：0<y_i<1，i=1,2\}$ 上. 对于每一个有序数对 $(y_1,y_2)\in\mathcal{T}$，$\mathcal{S}$ 中存

在由下述四个关系给出的点

$$(x_1,x_2) \quad 使得 \quad x_1=\sqrt{y_1y_2} \quad 及 \quad x_2=\sqrt{y_1(1-y_2)}$$

$$(x_1,x_2) \quad 使得 \quad x_1=\sqrt{y_1y_2} \quad 及 \quad x_2=-\sqrt{y_1(1-y_2)}$$

$$(x_1,x_2) \quad 使得 \quad x_1=-\sqrt{y_1y_2} \quad 及 \quad x_2=\sqrt{y_1(1-y_2)}$$

$$(x_1,x_2) \quad 使得 \quad x_1=-\sqrt{y_1y_2} \quad 及 \quad x_2=-\sqrt{y_1(1-y_2)}$$

第一个雅可比行列式的值是

$$J_1=\begin{vmatrix} \frac{1}{2}\sqrt{y_2/y_1} & \frac{1}{2}\sqrt{y_1/y_2} \\ \frac{1}{2}\sqrt{(1-y_2)/y_1} & -\frac{1}{2}\sqrt{y_1/(1-y_2)} \end{vmatrix}=\frac{1}{4}\left\{-\sqrt{\frac{1-y_2}{y_2}}-\sqrt{\frac{y_2}{1-y_2}}\right\}$$

$$=-\frac{1}{4}\frac{1}{\sqrt{y_2(1-y_2)}}$$

容易看出，这四个雅可比行列式中每一个的绝对值都等于 $1/4\sqrt{y_2(1-y_2)}$. 因此，Y_1 与 Y_2 的联合概率密度函数是四项之和，并能写成

$$g(y_1,y_2)=4\frac{1}{\pi}\frac{1}{4\sqrt{y_2(1-y_2)}}=\frac{1}{\pi\sqrt{y_2(1-y_2)}}, \quad (y_1,y_2)\in\mathcal{T}$$

因而，由定理 2.4.1 知，Y_1 与 Y_2 是独立随机变量. ■

当然，如同二元情况一样，一旦注意到，在连续情况下，如果 $Y=g(X_1,X_2,\cdots,X_n)$ 是随机变量的函数，那么 Y 的矩母函数由

$$E(e^{tY})=\int_{-\infty}^{\infty}\int_{-\infty}^{\infty}\cdots\int_{-\infty}^{\infty}e^{tg(x_1,x_2,\cdots,x_n)}f(x_1,x_2,\cdots,x_n)dx_1dx_2\cdots dx_n$$

给出，从而可利用矩母函数方法，其中 $f(x_1,x_2,\cdots,x_n)$ 表示联合概率密度函数. 在离散情况下，则用求和代替积分. 在处理独立随机变量的线性函数时，这一方法尤其有用.

例 2.7.4(例 2.2.6 的推广) 设 X_1,X_2,X_3 是独立随机变量，具有联合概率质量函数

$$p(x_1,x_2,x_3)=\begin{cases}\frac{\mu_1^{x_1}\mu_2^{x_2}\mu_3^{x_3}e^{-\mu_1-\mu_2-\mu_3}}{x_1!x_2!x_3!}, & x_i=0,1,2,\cdots,i=1,2,3 \\ 0, & 其他\end{cases}$$

若 $Y=X_1+X_2+X_3$，由 X_1,X_2,X_3 的独立性，则 Y 的矩母函数是

$$E(e^{tY})=E(e^{t(X_1+X_2+X_3)})=E(e^{tX_1}e^{tX_2}e^{tX_3})=E(e^{tX_1})E(e^{tX_2})E(e^{tX_3})$$

在例 2.2.6 中，可以看出

$$E(e^{tX_i})=\exp\{\mu_i(e^t-1)\}, \quad i=1,2,3$$

因此

$$E(e^{tY})=\exp\{(\mu_1+\mu_2+\mu_3)(e^t-1)\}$$

不过，这是概率质量函数

$$p_Y(y)=\begin{cases}\frac{(\mu_1+\mu_2+\mu_3)^y e^{-(\mu_1+\mu_2+\mu_3)}}{y!}, & y=0,1,2,\cdots \\ 0, & 其他\end{cases}$$

的矩母函数，所以 $Y=X_1+X_2+X_3$ 服从这一分布. ■

例 2.7.5 设 X_1, X_2, X_3, X_4 是独立随机变量，具有共同的概率密度函数

$$f(x)=\begin{cases}e^{-x}, & x>0\\ 0, & 其他\end{cases}$$

如果 $Y=X_1+X_2+X_3+X_4$，类似于上面例题的论证，那么 X_1, X_2, X_3, X_4 的独立性蕴含着

$$E(e^{tY})=E(e^{tX_1})E(e^{tX_2})E(e^{tX_3})E(e^{tX_4})$$

在 1.9 节，已经看到

$$E(e^{tX_i})=(1-t)^{-1},\quad t<1, i=1,2,3,4$$

因此

$$E(e^{tY})=(1-t)^{-4}$$

这是概率密度函数为

$$f_Y(y)=\begin{cases}\dfrac{1}{3!}y^3e^{-y}, & 0<y<\infty\\ 0, & 其他\end{cases}$$

的分布的矩母函数. 因此，Y 服从此分布. ■

习题

2.7.1 设 X_1, X_2, X_3 是独立同分布的，它们分布的概率密度函数都是 $f(x)=e^{-x}$，$0<x<\infty$，其他为 0. 证明

$$Y_1=\frac{X_1}{X_1+X_2},\quad Y_2=\frac{X_1+X_2}{X_1+X_2+X_3},\quad Y_3=X_1+X_2+X_3$$

是相互独立的.

2.7.2 如果 $f(x)=\frac{1}{2}$，$-1<x<1$，其他为 0，表示随机变量 X 的概率密度函数，求 $Y=X^2$ 的概率密度函数.

2.7.3 如果 X 具有概率密度函数 $f(x)=\frac{1}{4}$，$-1<x<3$，其他为 0，求 $Y=X^2$ 的概率密度函数.

提示：这里 $\mathcal{T}=\{y: 0\leqslant y<9\}$，而且若 $B=\{y: 0<y<1\}$，则事件 $Y\in B$ 是两个互不相交事件的并.

2.7.4 设 X_1, X_2, X_3 是独立同分布的，具有共同概率密度函数 $f(x)=e^{-x}$，$x>0$，其他为 0. 求 $Y_1=X_1$，$Y_2=X_1+X_2$ 以及 $Y_3=X_1+X_2+X_3$ 的联合概率密度函数.

2.7.5 设 X_1, X_2, X_3 是独立同分布的，具有共同概率密度函数 $f(x)=e^{-x}$，$x>0$，其他为 0. 求 $Y_1=X_1/X_2$，$Y_2=X_3/(X_1+X_2)$ 以及 $Y_3=X_1+X_2$ 的联合概率密度函数. Y_1, Y_2, Y_3 是相互独立的吗?

2.7.6 设 X_1, X_2 具有联合概率密度函数 $f(x_1, x_2)=1/\pi$，$0<x_1^2+x_2^2<1$. 设 $Y_1=X_1^2+X_2^2$ 且 $Y_2=X_2$. 求 Y_1 与 Y_2 的联合概率密度函数.

2.7.7 设 X_1, X_2, X_3, X_4 具有联合概率密度函数 $f(x_1, x_2, x_3, x_4)=24$，$0<x_1<x_2<x_3<x_4<1$，其他为 0. 求 $Y_1=X_1/X_2$，$Y_2=X_2/X_3$，$Y_3=X_3/X_4$，$Y_4=X_4$ 的联合概率密度函数，并证明它们是相互独立的.

2.7.8 设 X_1, X_2, X_3 是独立同分布的，对于所有 $t\in R$，具有共同矩母函数 $M(t)=(3/4+(1/4)e^t)^2$.

(a) 确定概率 $P(X_1=k)$，$k=0,1,2$.

(b) 求 $Y=X_1+X_2+X_3$ 的矩母函数，然后确定概率 $P(Y=k)$，$k=0,1,2,\cdots,6$.

2.8 随机变量的线性组合

在这一节中，我们总结 2.6 节所述的关于随机变量线性组合的某些结果．这些结果在第 3 章和后续各章中将是非常有用的．

设$(X_1, X_2, \cdots, X_n)'$表示随机变量．在这一节，我们考察这些变量的线性组合．通常将它们写成

$$T = \sum_{i=1}^{n} a_i X_i, \tag{2.8.1}$$

对于确定的常数 a_1，$a_2, \cdots, a_n$．我们可以得出 T 的均值和方差表达式．

关于 T 的均值可以立刻由期望的线性性质得到．为了阐述方便起见，我们将它正式表述成为定理．

定理 2.8.1 设 T 是由式(2.8.1)给出．假定 $E(X_i)=\mu_i$，对于 $i=1,2,\cdots,n$．则有

$$E(T) = \sum_{i=1}^{n} a_i \mu_i \tag{2.8.2}$$

为了获得 T 的方差，我们首先阐述关于协方差的一般结论．

定理 2.8.2 假定 T 是线性组合式(2.8.1)，W 是随机变量 $Y_1, Y_2, \cdots, Y_m$ 的另一个线性组合，由 $W = \sum_{i=1}^{m} b_i Y_i$ 给出，其中 $b_1, b_2, \cdots, b_m$ 是特定常数．设 $T = \sum_{i=1}^{n} a_i X_i$，并且$W = \sum_{i=1}^{m} b_i Y_i$．如果 $E[X_i^2] < \infty$，同时 $E[Y_j^2] < \infty$，对于 $i=1,2,\cdots,n$，$j=1,2,\cdots,m$，那么

$$\operatorname{Cov}(T, W) = \sum_{i=1}^{n} \sum_{j=1}^{m} a_i b_j \operatorname{Cov}(X_i, Y_j) \tag{2.8.3}$$

证： 利用协方差的定义和定理 2.8.1，可以得出下面第一个等式，而第二个等式可由 E 的线性性质得到，

$$\begin{aligned}\operatorname{Cov}(T, W) &= E\left[\sum_{i=1}^{n} \sum_{j=1}^{m} (a_i X_i - a_i E(X_i))(b_j Y_j - b_j E(Y_j))\right] \\ &= \sum_{i=1}^{n} \sum_{j=1}^{m} a_i b_j E[(X_i - E(X_i))(Y_j - E(Y_j))]\end{aligned}$$

这是想要的结果． ■

为了获得 T 的方差，直接将式(2.8.3)中的 W 用 T 代替．将这一结果表述成下面推论．

推论 2.8.1 设 $T = \sum_{i=1}^{n} a_i X_i$．倘若 $E[X_i^2] < \infty$，对于 $i=1,2,\cdots,n$，则

$$\operatorname{Var}(T) = \operatorname{Cov}(T, T) = \sum_{i=1}^{n} a_i^2 \operatorname{Var}(X_i) + 2\sum_{i<j} a_i a_j \operatorname{Cov}(X_i, X_j) \tag{2.8.4}$$

注意，如果 $X_1, X_2, \cdots, X_n$ 是独立随机变量，那么根据定理 2.5.2，所有成对的协方差均为 0，即 $\operatorname{Cov}(X_i, Y_j)=0$，对于所有 $i \neq j$。这就得出式(2.8.4)的简化形式，我们将其表述为如下推论．

推论 2.8.2 若 $X_1, X_2, \cdots, X_n$ 是独立随机变量，且 $\mathrm{Var}(X_i)=\sigma_i^2$，对于 $i=1,2,\cdots,n$，则

$$\mathrm{Var}(T)=\sum_{i=1}^{n} a_i^2 \mathrm{Var}(X_i) \tag{2.8.5}$$

注意，为得到此结果，只需要对于 $i \neq j$，X_i 与 X_j 是不相关的。

接下来，除独立性之外，我们假定随机变量具有相同分布. 我们将这种随机变量的集合称为随机样本. 现在给出正式定义.

定义 2.8.1 如果随机变量 $X_1, X_2, \cdots, X_n$ 是独立同分布的，也就是每个 X_i 服从相同分布，那么称这些来自相同分布的随机变量组成样本量为 n 的随机样本. ■

下面两个例子中，我们发现随机样本的两个函数的一些性质，即样本均值与方差的性质.

例 2.8.1(样本均值) 设 $X_1, X_2, \cdots, X_n$ 是独立同分布的随机变量，具有共同的均值 μ 与方差 σ^2. **样本均值**(sample mean)记为 $\overline{X}=n^{-1}\sum_{i=1}^{n} X_i$. 这是样本观测值的线性组合，其中 $a_i \equiv n^{-1}$，因此，由定理 2.8.1 与推论 2.8.2 可以得出

$$E(\overline{X})=\mu, \quad \mathrm{Var}(\overline{X})=\frac{\sigma^2}{n} \tag{2.8.6}$$

由于 $E(\overline{X})=\mu$，所以我们经常称 $\overline{X}$ 是 μ 的**无偏估计量**(unbiased estimator). ■

例 2.8.2(样本方差) 将**样本方差**(sample variance)定义为

$$S^2=(n-1)^{-1}\sum_{i=1}^{n}(X_i-\overline{X})^2=(n-1)^{-1}\left(\sum_{i=1}^{n} X_i^2-n\overline{X}^2\right) \tag{2.8.7}$$

其中第二个等式是经过某些代数运算而得到的。

在定义样本方差 S^2 均值中，除以 $n-1$ 而不是 n，其中一个原因是，它能使 S^2 成为 σ^2 的无偏估计量，如同下面所要证明的. 利用上面定理，还有刚才例题的结果，以及 $E(X^2)=\sigma^2+\mu^2$ 且 $E(\overline{X}^2)=(\sigma^2/n)+\mu^2$ 的事实，可以得出

$$\begin{aligned} E(S^2) &= (n-1)^{-1}\left(\sum_{i=1}^{n} E(X_i^2)-nE(\overline{X}^2)\right) \\ &= (n-1)^{-1}\{n\sigma^2+n\mu^2-n[(\sigma^2/n)+\mu^2]\}=\sigma^2 \end{aligned} \tag{2.8.8}$$

因此，S^2 是 σ^2 的无偏估计量. ■

习题

2.8.1 推导式(2.8.7)中的第二个等式.

2.8.2 设 X_1, X_2, X_3，X_4 是四个独立同分布的随机变量，具有同样的概率密度函数 $f(x)=2x$，$0<x<1$，其他为 0. 求这四个随机变量之和 Y 的均值与方差.

2.8.3 设 X_1 与 X_2 是两个独立随机变量，X_1 与 X_2 的方差分别为 $\sigma_1^2=k$ 与 $\sigma_2^2=2$. 已知 $Y=3X_2-X_1$ 为 25，求 k.

2.8.4 如果独立变量 X_1 与 X_2 分别具有均值 μ_1，μ_2 与方差 σ_1^2，$\sigma_2{}^2$. 证明，乘积 $Y=X_1X_2$ 的均值与方差分别为 $\mu_1\mu_2$ 与 $\sigma_1^2\sigma_2{}^2+\mu_1^2\sigma_2{}^2+\mu_2^2\sigma_1^2$.

2.8.5 求和 $Y=\sum_{i=1}^{5} X_i$ 的均值与方差，其中 $X_1, X_2, \cdots, X_5$ 是独立同分布的，具有概率密度函数 $f(x)=6x(1-x)$，$0<x<1$，其他为 0，

2.8.6 求样本均值 $\overline{X}=5^{-1}\sum_{i=1}^{5} X_i$ 的均值与方差，其中 $X_1, X_2, \cdots, X_5$ 是源自下述分布的随机样本，该分布具有概率密度函数 $f(x)=4x^3$，$0<x<1$，其他为 0.

2.8.7 设 X 与 Y 是随机变量，$\mu_1=1$，$\mu_2=4$，$\sigma_1^2=4$，$\sigma_2^2=6$，$\rho=1/2$. 求随机变量 $Z=3X-2Y$ 的均值与方差.

2.8.8 设 X 与 Y 是独立随机变量，其均值为 μ_1，μ_2 与方差为 σ_1^2，$\sigma_2{}^2$. 求用 μ_1，μ_2，σ_1^2，$\sigma_2{}^2$ 表示的 X 与 $Z=X-Y$ 的相关系数.

2.8.9 设 μ 与 σ^2 表示随机变量 X 的均值与方差. 设 $Y=c+bX$，其中 b 与 c 都是实值常数. 证明，Y 的均值与方差分别是 $c+b\mu$ 与 $b^2\sigma^2$.

2.8.10 如果 $\mathrm{Var}(X)=4$，$\mathrm{Var}(Y)=2$，而且 $\mathrm{Var}(X+2Y)=15$，求随机变量 X 与 Y 的相关系数.

2.8.11 设 X 与 Y 是随机变量，其均值为 μ_1，μ_2，方差为 σ_1^2，$\sigma_2{}^2$，相关系数为 ρ. 证明 $W=aX+b$ 与 $Z=cY+d$ 的相关系数是 ρ，这里 $a>0$，$c>0$.

2.8.12 某个人掷一次骰子，抛一枚硬币，然后从一副纸牌中抽取一张. 骰子面向上出现的每一个点数，他得到 3 美元，当硬币出现正面，他得到 10 美元，硬币出现反面则得到 0 美元，当抽到 J 牌、Q 牌、K 牌，他得到 1 美元. 如果我们假定这三个随机变量是独立且均匀分布的，计算所获得总额的均值与方差.

2.8.13 设 X_1 与 X_2 是独立随机变量，其方差为非零. 求用 X_1 与 X_2 均值与方差表示的 $Y=X_1X_2$ 与 X_1 的相关系数.

2.8.14 设 X_1 与 X_2 具有联合分布，其参数为 μ_1，μ_2，σ_1^2，$\sigma_2{}^2$，ρ. 求用常数 a_1，a_2，b_1，b_2 与分布参数表示的线性函数 $Y=a_1X_1+a_2X_2$ 与 $Z=b_1X_1+b_2X_2$ 的相关系数.

2.8.15 设 X_1, X_2, X_3 是随机变量，其均值相同，但它们的相关系数 $\rho_{12}=0.3$，$\rho_{13}=0.5$，$\rho_{23}=0.2$. 求线性函数 $Y=X_1+X_2$ 与 $Z=X_2+X_3$ 的相关系数.

2.8.16 存在 10 个随机变量，如果每一个随机变量方差为 5，同时每一对随机变量的相关系数为 0.5，求这 10 个随机变量之和的方差.

2.8.17 设 X 与 Y 具有参数 μ_1，μ_2，σ_1^2，$\sigma_2{}^2$，ρ. 证明 X 与 $[Y-\rho(\sigma_2/\sigma_1)X]$ 的相关系数是零.

2.8.18 设 S^2 是如下分布的随机样本的样本方差，该分布的方差 $\sigma^2>0$. 为什么是 $E(S^2)=\sigma^2$，而不是 $E(S)=\sigma$?

提示：利用詹森不等式，可以证明 $E(S)<\sigma$.

第 3 章　某些特殊分布

3.1　二项分布及有关分布

在第 1 章，我们曾引入均匀分布和超几何分布．本章将讨论统计学中经常使用的一些其他的重要随机变量分布．我们从二项分布及有关分布开始．

伯努利实验(Bernoulli experiment)是一种随机实验，其结果可被分成两个互不相交且穷尽的类型之一，例如成功或失败(比如，女性或男性、生或死、无缺陷或有缺陷)．当伯努利实验在 n 个不同独立时间实施时，产生一系列**伯努利试验**(Bernoulli trial)，成功概率(如 p)在连续不断试验中保持相同．也就是说，在这样一系列试验中，我们设 p 表示每一次试验中成功的概率．

设 X 是和伯努利试验有联系的随机变量，对它定义如下：

$$X(\text{成功}) = 1 \quad \text{而} \quad X(\text{失败}) = 0$$

也就是说，成功与失败两个结果分别用 1 与 0 来表示．X 的概率质量函数可写成

$$p(x) = p^x(1-p)^{1-x}, \quad x = 0,1 \tag{3.1.1}$$

并且我们称 X 服从伯努利分布(Bernoulli distribution)．X 的期望值是

$$\mu = E(X) = (0)(1-p) + (1)(p) = p$$

而 X 的方差是

$$\sigma^2 = \text{Var}(X) = p^2(1-p) + (1-p)^2 p = p(1-p)$$

由此可得，X 的标准差是 $\sigma = \sqrt{p(1-p)}$．

在一系列 n 次独立伯努利试验中，成功的概率保持不变，设 X_i 表示和第 i 次试验有关的伯努利随机变量．于是，观测到的 n 次伯努利试验是由 0 与 1 构成的 n 元组．在这种伯努利试验中，我们往往对总成功次数感兴趣，而不是对成功出现的次序感兴趣．如果设随机变量 X 等于 n 次伯努利试验中观测到的成功次数，那么 X 的可能值是 $0,1,2,\cdots,n$．如果出现 x 次成功，其中 $x=0,1,2,\cdots,n$，那么出现 $n-x$ 次失败．在 n 次试验中，选取 x 次成功状态 x 的方式数为

$$\binom{n}{x} = \frac{n!}{x!(n-x)!}$$

由于试验是独立的，而且每一次试验中成功与失败的概率分别是 p 与 $1-p$，所以这些方式中的每一种概率是 $p^x(1-p)^{n-x}$．因而，X 的概率质量函数，比如 $p(x)$，是这些互不相交事件概率之和；即

$$p(x) = \begin{cases} \binom{n}{x} p^x(1-p)^{n-x}, & x = 0,1,2,\cdots,n \\ 0, & \text{其他} \end{cases} \tag{3.1.2}$$

很明显，$p(x) \geqslant 0$．为证明 $p(x)$ 在它的定义域上之和为 1，回顾二项级数，第 1 章式(1.3.7)，也就是说，对于正整数 n，

$$(a+b)^n = \sum_{x=0}^{n}\binom{n}{x}b^x a^{n-x}$$

因而，

$$\sum_x p(x) = \sum_{x=0}^{n}\binom{n}{x}p^x(1-p)^{n-x} = [(1-p)+p]^n = 1$$

因此，$p(x)$满足成为离散型随机变量 X 的概率质量函数的条件. 称具有上述概率质量函数形式的 $p(x)$随机变量 X 服从**二项分布**(binomial distribution)，并称此 $p(x)$为**二项概率质量函数**(binomial pmf). 二项分布用符号 $b(n,p)$表示. 常数 n 与 p 称为二项分布的**参数**(parameter).

例 3.1.1(二项概率计算) 假定我们投掷一颗六面骰子 3 次，正好得到 2 次 6 点的概率是多少？在我们符号中，设 X 表示投掷 3 次得到 6 点的次数. X 服从二项分布 $n=3$，$p=1/6$. 因此，

$$P(X=2) = p(2) = \binom{3}{2}\left(\frac{1}{6}\right)^2\left(\frac{5}{6}\right)^1 = 0.069\,44$$

我们可用计算器计算这个值. 假定我们想要确定投掷 60 次至少出现 16 次的 6 点的概率. 设 Y 是 60 次中出现 6 点的次数. 那么，所要求的概率由下面级数给出，

$$P(Y \geqslant 16) = \sum_{j=16}^{60}\binom{60}{j}\left(\frac{1}{6}\right)^j\left(\frac{5}{6}\right)^{60-j}$$

这并不容易计算. 大多数统计软件包都提供计算二项概率的程序. 在 R 软件中，如果 Y 是 $b(n,p)$，那么用 $P(Y\leqslant y)=$`pbinom(Y,n,p)`计算 Y 的累积分布函数. 因此，在这个例子中，利用 R 计算来 $P(Y\geqslant 16)$是

$$P(Y \geqslant 16) = 1 - P(Y \leqslant 15) = 1 - \texttt{pbinom(15,60,1/6)} = 0.0338$$

R 函数 `dbinom` 计算二项分布的概率质量函数. 比如，想计算 $Y=11$ 的概率，利用 R 代码 `dbinom(11,60,1/6)`，得到的结果是 0.1246. ■

对于 t 的所有实值，很容易获得如下二项分布的矩母函数：

$$M(t) = \sum_x e^{tx}p(x) = \sum_{x=0}^{n}e^{tx}\binom{n}{x}p^x(1-p)^{n-x} = \sum_{x=0}^{n}\binom{n}{x}(pe^t)^x(1-p)^{n-x} = [(1-p)+pe^t]^n$$

X 的均值 μ 和方差 σ^2 可以从 $M(t)$中计算出. 由于

$$M'(t) = n[(1-p)+pe^t]^{n-1}(pe^t)$$

且

$$M''(t) = n[(1-p)+pe^t]^{n-1}(pe^t) + n(n-1)[(1-p)+pe^t]^{n-2}(pe^t)^2$$

由此可得，

$$\mu = M'(0) = np$$

与

$$\sigma^2 = M''(0) - \mu^2 = np + n(n-1)p^2 - (np)^2 = np(1-p)$$

假定 Y 服从例 3.1.1 所讨论的 $b(60, 1/6)$分布. 于是，计算得出 $E(Y)=60(1/6)=10$，$\mathrm{Var}(Y)=60\,(1/6)\,(5/6)=8.33$.

例 3.1.2 如果随机变量 X 的矩母函数是

$$M(t)=\left(\frac{2}{3}+\frac{1}{3}e^t\right)^5$$

那么 X 服从满足 $n=5$ 且 $p=\frac{1}{3}$ 的二项分布，也就是说，X 的概率质量函数是

$$p(x)=\begin{cases}\binom{5}{x}\left(\frac{1}{3}\right)^x\left(\frac{2}{3}\right)^{5-x}, & x=0,1,2,\cdots,5\\ 0, & 其他\end{cases}$$

这里 $\mu=np=\frac{5}{3}$ 而 $\sigma^2=np(1-p)=\frac{10}{9}$. ■

例 3.1.3　如果 Y 服从 $b\left(n,\frac{1}{3}\right)$，那么 $P(Y\geqslant 1)=1-P(Y=0)=1-\left(\frac{2}{3}\right)^n$. 假定想要求产生 $P(Y\geqslant 1)>0.80$ 的最小 n 值，则有 $1-\left(\frac{2}{3}\right)^n>0.80$，并且 $0.20>\left(\frac{2}{3}\right)^n$. 要么通过观察，要么通过运用对数，可以发现，$n=4$ 是其解. 也就是说，$p=\frac{1}{3}$ 的 $n=4$ 次独立重复随机实验至少成功一次的概率大于 0.80. ■

例 3.1.4　设随机变量 Y 等于经历 n 次独立重复随机实验的成功概率为 p 的成功次数. 也就是说，Y 服从 $b(n,p)$. 比值 Y/n 称为成功的相对频率(或相对频数). 回顾式(1.10.3)，切比雪夫不等式的第二种形式(定理 1.10.3). 应用这一结果，对于所有 $\varepsilon>0$ 有

$$P\left(\left|\frac{Y}{n}-p\right|\geqslant\varepsilon\right)\leqslant\frac{\operatorname{Var}(Y/n)}{\varepsilon^2}=\frac{p(1-p)}{n\varepsilon^2}$$

现在，对于每一个固定的 $\varepsilon>0$，对充分大的 n，上面不等式右边的数接近于 0. 也就是

$$\lim_{n\to\infty}P\left(\left|\frac{Y}{n}-p\right|\geqslant\varepsilon\right)=0$$

以及

$$\lim_{n\to\infty}P\left(\left|\frac{Y}{n}-p\right|<\varepsilon\right)=1$$

对于每一个固定的 $\varepsilon>0$，由于上述式子成立，在某种意义上可以看到，对于充分大的 n，成功的相对频率接近于成功概率 p. 此结果是**弱大数定律**(weak law of large numbers)的一种形式. 在第 1 章对概率的最初讨论中曾提及它，并且在第 5 章连同有关概念将再次研究它. ■

例 3.1.5　设独立随机变量 X_1,X_2,X_3 具有相同的累积分布函数 $F(x)$. 设 Y 是 X_1,X_2,X_3 的中间值. 为了确定 Y 的累积分布函数，比如 $F_Y(y)=P(Y\leqslant y)$，注意，$Y\leqslant y$ 当且仅当随机变量 $Y\leqslant y$ 中的至少两个小于或等于 y. 如果 $X_i\leqslant y$，$i=1,2,3$，我们称第 i 次试验是成功的，因而，每次"试验"均具有成功概率 $F(y)$. 若运用这种术语，则 $F_Y(y)=P(Y\leqslant y)$表示三次独立试验中至少成功两次的概率. 因而，

$$F_Y(y)=\binom{3}{2}[F(y)]^2[1-F(y)]+[F(y)]^3$$

如果 $F(x)$是连续的累积分布函数，这样 X 的概率密度函数为 $F'(x)=f(x)$，那么 Y 的概

率密度函数是

$$f_Y(y)=F'_Y(y)=6[F(y)][1-F(y)]f(y)$$ ■

假定我们拥有成功概率相同的几个独立二项分布．如同下面定理所证明的，这些随机变量的和是二项的．

定理 3.1.1 设 $X_1,X_2,\cdots,X_m$ 是独立随机变量，使得对于 $i=1,2,\cdots,m$，X_i 服从二项分布 $b(n_i,p)$．设 $Y=\sum_{i=1}^{m}X_i$．于是，Y 服从二项分布 $b\left(\sum_{i=1}^{m}n_i,p\right)$．

证： X_i 的矩母函数是 $M_{X_i}(t)=(1-p+pe^t)^{n_i}$．利用 X_i 的独立性，由定理 2.6.1 可获得

$$M_Y(t)=\prod_{i=1}^{m}(1-p+pe^t)^{n_i}=(1-p+pe^t)^{\sum_{i=1}^{m}n_i}$$

因此，Y 服从二项分布 $b\left(\sum_{i=1}^{m}n_i,p\right)$． ■

在本节其余部分中，我们将讨论一些与二项分布有关的重要分布．

3.1.1 负二项分布和几何分布

考察一个独立伯努利试验序列，成功概率是 p．设随机变量 Y 表示序列中第 r 次成功前的总失败次数，也就是 $Y+r$ 等于刚好产生 r 次成功所需的试验次数，最后一次试验为成功．这里 r 是一个固定的正整数．为了确定 Y 的概率质量函数，设 y 是 $\{y: y=0,1,2,\cdots\}$ 的元素．然后，由于试验是独立的，$P(Y=y)$ 等于在前 $y+r-1$ 次试验中恰好有 $r-1$ 次成功的概率与第 $y+r$ 次试验中成功概率 p 的乘积．因此，Y 的概率质量函数是

$$p_Y(y)=\begin{cases}\binom{y+r-1}{r-1}p^r(1-p)^y, & y=0,1,2,\cdots\\ 0, & \text{其他}\end{cases} \tag{3.1.3}$$

具有 $p_Y(y)$ 形式的概率质量函数的分布称为**负二项分布**(negative binomial distribution)，任何这样的 $p_Y(y)$ 都称为负二项概率质量函数．这个分布的名字来源于 $p_Y(y)$ 是 $p^r[1-(1-p)]^{-r}$ 展开的一般项．当 $t<-\log(1-p)$ 时，这个分布的矩母函数为 $p^r[1-(1-p)e^t]^{-r}$．为计算 $P(Y\leqslant y)$，调用 R 函数 `pnbinom(y,r,p)`．

例 3.1.6 假定一个人是 B 型血的概率是 0.12．为开展一项关于 B 型血的研究，对每个患者进行独立采样，一直到获得 10 个 B 型血的患者．计算最多 30 个患者被确定血型的概率．设 Y 服从负二项分布，$p=0.12$，$r=10$．那么，想要得到的概率是

$$P(Y\leqslant 20)=\sum_{j=0}^{20}\binom{j+9}{9}0.12^{10}0.88^j$$

利用 R 函数 `pnbinom(20,10,0.12)` 计算得到 0.0019． ■

如果 $r=1$，则 Y 有概率质量函数

$$p_Y(y)=p(1-p)^y,\quad y=0,1,2,\cdots, \tag{3.1.4}$$

其他情况为 0，矩母函数 $M(t)=p^r[1-(1-p)e^t]^{-1}$．在这种特殊情况下，$r=1$，我们称 Y 服从几何分布．在伯努利试验中，Y 是第一次成功之前的失败次数．几何分布在第 1 章的

例题 1.6.3 中曾经讨论过．就刚才的例子而言，在第 1 个 B 型血的病人被发现之前，有 11 个病人被确定血型的概率是 $0.88^{11}0.12$．这是利用 R 中的 `geom(11,0.12)=0.0294` 计算得出的．

二项分布可以推广到如下多项分布上，具体推导如下．设随机实验独立重复 n 次．

3.1.2　多项分布

就每一次重复实验而言，有且仅有 k 个类别中的一个结果．我们称这些类别是 $C_1, C_2, \cdots, C_k$．例如，投掷一颗六面骰子．于是，这些类别是 $C_i=\{i\}$，$i=1,2,\cdots,6$．对于 $i=1,\cdots,k$．设 p_i 表示结果是 C_i 中的元素的概率，并且设 p_i 在 n 次独立重复实验中保持不变．定义随机变量 X_i 为结果是 C_i 元素的数量，$i=1,2,\cdots,k-1$．由于 $X_k=n-X_1-\cdots-X_{k-1}$，所以 X_k 是由其他 X_i 来确定的．因此，对于关注的联合分布，我们只需要考虑 $X_1, X_2, \cdots, X_{k-1}$．

$(X_1, X_2, \cdots, X_{k-1})$的联合概率质量函数是

$$P(X_1=x, X_2=x_2, \cdots, X_{k-1}=x_{k-1})=\frac{n!}{x_1!\cdots x_{k-1}!x_k!}p_1^{x_1}\cdots p_{k-1}^{x_{k-1}}p_k^{x_k} \tag{3.1.5}$$

对于所有非负整数 $x_1, x_2, \cdots, x_{k-1}$，使得 $x_1+x_2+\cdots+x_{k-1}\leqslant n$，其中 $x_k=n-x_1-\cdots-x_{k-1}$，同时 $p_k=1-\sum\limits_{j=1}^{k-1}p_j$．接下来，我们证明式(3.1.5)是正确的．

注意，$x_1\in C_1$，$x_2\in C_2, \cdots, x_k\in C_k$ 的不同排列的数是

$$\binom{n}{x_1}\binom{n-x_1}{x_2}\cdots\binom{n-x_1-\cdots-x_{k-2}}{x_{k-1}}=\frac{n!}{x_1!x_2!\cdots x_k!}$$

而这些不同排列的概率是

$$p_1^{x_1}p_2^{x_2}\cdots p_k^{x_k}$$

因此，这两式之积是正确概率，与式(3.1.5)一致．

我们称$(X_1, X_2, \cdots, X_{k-1})$服从参数为 n 和 $p_1, \cdots, p_{k-1}$ 的**多项分布**(multinomial distribution)．$(X_1, X_2, \cdots, X_{k-1})$的联合矩母函数是 $M(t_1, t_2, \cdots, t_{k-1})=E\left(\exp\left(\sum\limits_{i=1}^{k-1}t_iX_i\right)\right)$，也就是，

$$M(t_1, t_2, \cdots, t_{k-1})=\sum\cdots\sum\frac{n!}{x_1!\cdots x_{k-1}!x_k!}(p_1e^{t_1})^{x_1}\cdots(p_{k-1}e^{t_{k-1}})^{x_{k-1}}p_k^{x_k}$$

其中关于多元变量求和是针对所有非负整数的，且满足 $x_1+x_2+\cdots+x_{k-1}\leqslant n$．回顾一下，$x_k=n-\sum\limits_{i=1}^{k-1}x_i$．那么由于 $m>0$，则有

$$\begin{aligned}M(t_1, t_2, \cdots, t_{k-1})&=m^n\sum\cdots\sum\frac{n!}{x_1!\cdots x_{k-1}!x_k!}\\&\quad\times\left(\frac{p_1e^{t_1}}{m}\right)^{x_1}\cdots\left(\frac{p_{k-1}e^{t_{k-1}}}{m}\right)^{x_{k-1}}\left(\frac{p_k}{m}\right)^{x_k}\\&=m^n\times 1=\left(\sum_{i=0}^{k-1}p_ie^{t_i}+p_{k-1}\right)^n\end{aligned} \tag{3.1.6}$$

其中利用概率质量函数在其支集上之和为 1 的性质.

下面我们运用联合矩母函数来确定边缘分布. X_i 的矩母函数等于

$$M(0,\cdots,0,t_i,0,\cdots,0)=(p_i e^{t_i}+(1-p_i))^n$$

因此，X_i 服从参数为 n 与 p_i 的二项分布. (X_i,X_j) 的矩母函数，$i<j$ 是

$$M(0,\cdots,0,t_i,0,\cdots,0,t_j,0,\cdots,0)=(p_i e^{t_i}+p_j e^{t_j}+(1-p_i-p_j))^n$$

所以 (X_i,X_j) 服从多项分布，其参数为 n，p_i，p_j. 有时，我们称 (X_1,X_2) 服从**三项分布**(trinomial distribution).

另一个有趣分布是给定 X_j 时 X_i 的条件分布. 为了方便起见，这里选取 $i=2$ 与 $j=1$. 我们知道，(X_1,X_2) 是参数为 n，p_1,p_2 的多项分布，X_1 是参数为 n，p_1 的二项分布. 因此，对于 $0\leqslant x_2\leqslant n-x_1$，条件概率质量函数是

$$\begin{aligned}
p_{X_2|X_1}(x_2|x_1) &= \frac{p_{X_1,X_2}(x_1,x_2)}{p_{X_1}(x_1)} \\
&= \frac{x_1!(n-x_1)!}{n!p_1^{x_1}[1-p_1]^{n-x_1}}\frac{n!p_1^{x_1}p_2^{x_2}[1-(p_1+p_2)]^{n-(x_1+x_2)}}{x_1!x_2![n-(x_1+x_2)]!} \\
&= \binom{n-x_1}{x_2}\frac{p_2^{x_2}}{(1-p_1)^{x_2}}\frac{[(1-p_1)-p_2]^{n-x_1-x_2}}{(1-p_1)^{n-x_1-x_2}} \\
&= \binom{n-x_1}{x_2}\left(\frac{p_2}{1-p_1}\right)^{x_2}\left(1-\frac{p_2}{1-p_1}\right)^{n-x_1-x_2}
\end{aligned}$$

注意，$p_2<1-p_1$. 因此，给定 $X_1=x_1$ 时，X_2 的条件分布服从参数为 $n-x_1$ 与 $p_2/(1-p_1)$ 的二项分布.

根据给定 X_1 时 X_2 的条件分布，可以得到 $E(X_2|X_1)=(n-X_1)p_2/(1-p_1)$. 设 ρ_{12} 是 X_1 与 X_2 之间的相关系数. 由于条件均值与斜率 $-p_2/(1-p_1)$，$\sigma_2=\sqrt{np_2(1-p_2)}$，$\sigma_1=\sqrt{np_1(1-p_1)}$ 呈线性关系，由式(2.5.4)可得

$$\rho_{12}=-\frac{p_2}{1-p_1}\frac{\sigma_1}{\sigma_2}=-\sqrt{\frac{p_1p_2}{(1-p_1)(1-p_2)}}$$

由于 X_1 与 X_2 的支集存在 $x_1+x_2\leqslant n$ 的约束，所以负相关并不奇怪.

3.1.3 超几何分布

对于特殊的问题，我们已经在第 1 章引入了超几何分布，参看式(1.6.4). 我们现在正式定义它.

假定我们有 N 个产品，其中存在 D 个次品. 设 X 表示样本量为 n 时的次品数. 如果抽样以放回方式进行，而且随机抽取产品，那么 X 服从二项分布，其参数为 n 与 D/N. 在此情况下，X 的均值与方差分别是 $n(D/N)$ 与 $n(D/N)[(N-D)/N]$. 可是，应用时经常出现的情况是，假定抽样以不放回方式进行. X 的概率质量函数可如下求出，注意，在这种情况下，每个 $\binom{N}{n}$ 样本都是等可能的，并且含有 x 个次品的样本为 $\binom{N-D}{n-x}\binom{D}{x}$. 因此，$X$ 的概率质量函数是

$$p(x)=\frac{\binom{N-D}{n-x}\binom{D}{x}}{\binom{N}{n}},\quad x=0,1,\cdots,n \tag{3.1.7}$$

如以往一样，当二项式上面值小于下面值时，二项系数取为 0. 我们称 X 服从参数为 (N,D,n) 的**超几何分布**(hypergeometric distribution). X 的均值是

$$E(X)=\sum_{x=0}^{n}xp(x)=\sum_{x=1}^{n}x\frac{\binom{N-D}{n-x}[D(D-1)!]/[x(x-1)!(D-x)!]}{[N(N-1)!]/[(N-n)!n(n-1)!]}$$
$$=n\frac{D}{N}\sum_{x=0}^{n}\binom{(N-1)-(D-1)}{(n-1)-(x-1)}\binom{D-1}{x-1}\binom{N-1}{n-1}^{-1}=n\frac{D}{N}$$

在倒数第二步中，我们利用 $(N-1,D-1,n-1)$ 超几何分布的概率在其整个定义域上的总和为 1 的事实. 因此，上述两种抽样方式(采用放回方式和不放回方式)的均值是一样的. 可是，两种抽样方式的方差却不同. 如同习题 3.1.31 所证明的，参数为 (N,D,n) 的超几何分布方差是

$$\operatorname{Var}(X)=n\frac{D}{N}\frac{N-D}{N}\frac{N-n}{N-1} \tag{3.1.8}$$

当采用不放回抽样时，上式最后一项时常被认为是修正项. 注意，当 N 远远大于 n 时，这一项接近于 1.

对于概率质量函数式(3.1.7)来说，可利用 R 软件代码 dhyper(x,D,N-D,n)计算. 假定我们从 52 张标准牌中抽取 2 张牌，并记录 A 牌的数量. 下面一段 R 代码分别给出在 {0,1,2} 范围内采用放回和不放回方式抽样的概率：

```
rng <- 0:2;   dbinom(rng,2,1/13);   dhyper(rng,4,48,2)
[1] 0.85207101 0.14201183 0.00591716
[1] 0.850678733 0.144796380 0.004524887
```

注意，概率是多么接近.

习题

3.1.1 如果随机变量 X 的矩母函数是 $\left(\frac{1}{3}+\frac{2}{3}e^t\right)^5$，求 $P(X=2$ 或 $3)$. 利用 R 函数 dbinom 来证明。

3.1.2 随机变量 X 的矩母函数是 $\left(\frac{2}{3}+\frac{1}{3}e^t\right)^9$.

(a) 证明

$$P(\mu-2\sigma<X<\mu+2\sigma)=\sum_{x=1}^{5}\binom{9}{x}\left(\frac{1}{3}\right)^x\left(\frac{2}{3}\right)^{9-x}$$

(b) 利用 R 计算(a)部分的概率。

3.1.3 如果 X 服从 $b(n,p)$，证明

$$E\left(\frac{X}{n}\right)=p\quad 与\quad E\left[\left(\frac{X}{n}-p\right)^2\right]=\frac{p(1-p)}{n}$$

3.1.4 设独立随机变量 $X_1,X_2,\cdots,X_{40}$ 具有相同的概率密度函数 $f(x)=3x^2$，$0<x<1$，其他为 0. 求至

少有 35 个 X_i 大于$\frac{1}{2}$的概率.

3.1.5　多年来，通过名牌大学法学院入学考试的考生比例是 20%. 考试中心举办的一场考试有 50 名考生参加，并且有 20 人通过了. 这个现象显得奇怪吗？当通过的概率是 0.2 时，在 $X \geqslant 20$ 的基础上解答这个问题，其中 X 表示一组 50 名考生中通过的人数.

3.1.6　设 Y 是独立重复 n 次随机实验的成功次数，成功概率 $p=\frac{1}{4}$. 确定最小 n 值，以使 $P(1 \leqslant Y) \geqslant 0.70$.

3.1.7　设独立随机变量 X_1 与 X_2 服从二项分布，其参数分别为 $n_1=3$，$p=\frac{2}{3}$ 与 $n_2=4$，$p=\frac{1}{2}$. 计算 $P(X_1=X_2)$.

提示：列出 $X_1=X_2$ 的 4 种互不相交方式，并计算每一种方式的概率.

3.1.8　对于本习题，读者必须使用统计软件包画出二项分布. 提示用 R 编程，然而也可运用其他软件包.

(a) 画出 $b(15, 0.2)$ 的分布图形. 使用 R，用下面的命令画出图形：

```
x<-0:15; plot(dbinom(x,15,.2)~x)
```

(b) 重复(a)部分，二项分布满足 $n=15$ 且 $p=0.10, 0.20, \cdots, 0.90$. 对图形加以评论. 使用下面的 R 代码.

```
x<-0:15;  par(mfrow=c(3,3)); p <- 1:9/10
for(j in p){plot(dbinom(x,15,j)~x); title(paste("p=",j))}
```

(c) 设 $Y=\frac{X}{n}$，其中 X 服从 $b(n, 0.05)$ 分布。画出满足 $p=0.15$ 且 $n=10, 20, 50, 200$ 的概率质量函数图形. 对这些图形加以评论(图形看起来会收敛到什么地方?)

3.1.9　如果 $x=r$ 是 $b(n,p)$ 分布的唯一中位数，证明

$$(n+1)p-1<r<(n+1)p$$

这就证明了习题 3.1.8 中(b)部分所做的评论.

提示：求 $p(x+1)/p(x)>1$ 时 x 的值.

3.1.10　假定 X 服从 $b(n,p)$，那么根据定义概率质量函数是对称的，当且仅当 $p(x)=p(n-x)$，对于 $x=0,1,\cdots,n$. 证明概率质量函数是对称的当且仅当 $p=1/2$.

3.1.11　随机抛掷两枚 5 分硬币和三枚 10 分硬币. 做出适当假设，并计算 5 分硬币比 10 分硬币出现更多正面的概率.

3.1.12　设 $X_1, X_2, \cdots, X_{k-1}$ 服从多项式分布.

(a) 求 $X_2, X_3, \cdots, X_{k-1}$ 的矩母函数.

(b) $X_2, X_3, \cdots, X_{k-1}$ 的概率质量函数是什么?

(c) 给定 $X_2=x_2, \cdots, X_{k-1}=x_{k-1}$，确定 X_1 的概率质量函数条件.

(d) $E(X_1 \mid x_2, \cdots, x_{k-1})$ 条件期望是什么?

3.1.13　设 X 服从 $b(2, p)$，并且设 Y 服从 $b(4, p)$. 如果 $P(X \geqslant 1)=\frac{5}{9}$，求 $P(Y \geqslant 1)$.

3.1.14　设 X 服从二项分布，具有参数 n 与 $p=\frac{1}{3}$. 确定最小整数 n，使得 $P(X \geqslant 1) \geqslant 0.85$.

3.1.15　设 X 具有概率质量函数 $p(x)=\left(\frac{1}{3}\right)\left(\frac{2}{3}\right)^x$，$x=0,1,2,3,\cdots$，其他为 0. 求给定 $X \geqslant 3$ 时 X 的条件概率质量函数.

3.1.16　通过掷公平骰子，从 $1,2,\cdots,6$ 中选取一个数. 设对此随机实验独立重复 5 次. 设随机变量 X_1

表示在集合{x：$x=1,2,3$}中的终止次数，而设随机变量 X_2 表示在集合{x：$x=4,5$}中的终止次数．计算 $P(X_1=2,X_2=1)$.

3.1.17 证明负二项分布的矩母函数是 $M(t)=p^r[1-(1-p)e^t]^{-r}$．求此分布的均值与方差.

提示：在对 $M(t)$表达式求和时，利用负二项级数展开.

3.1.18 估计某个湖中鱼的数量的一种方法是采用下面的捕获-再捕获抽样(capture-recapture sampling).假定湖中存在 N 条鱼，其中 N 是未知的．首先捕获一定数量的鱼，用 T 表示并打上标签，然后放回到湖中．于是，在指定时间和特定正整数 r，一直到标记的第 r 条的鱼被捕到的．我们这里关注的随机变量是 Y，即捕获的没有标签的鱼的数量.

(a) Y 的分布是什么样的？识别所有参数.

(b) $E(Y)$和 $\text{Var}(Y)$是多少？

(c) 用矩估计方法求 N，也就是设 Y 等于 $E(Y)$的表达式，然后求解关于 N 的方程，并将此解记为$\hat{N}$．求$\hat{N}$.

(d) 求$\hat{N}$的均值和方差.

3.1.19 考察实验结果可能是 $1,2,\cdots,k$ 的多项实验，并用 $p_1,p_2,\cdots,p_k$ 分别表示它们各自的概率．设 ps 表示 R 中的向量$(p_1,p_2,\cdots,p_k)$．然后利用 R 命令 multitrial(ps)计算这个多项式的单个随机实验，其中所需的 R 函数是：[⊖]

```
psum <- function(v){
   p<-0; psum <- c()
   for(j in 1:length(v)){p<-p+v[j]; psum <- c(psum,p)}
   return(psum)}
multitrial <- function(p){
   pr <- c(0,psum(p))
   r <- runif(1); ic <- 0; j <- 1
   while(ic==0){if((r > pr[j]) && (r <= pr[j+1]))
   {multitrial <-j; ic<-1}; j<- j+1}
   return(multitrial)}
```

(a) 如果 ps=c(.3，.2，.2，.2，.1)，计算 10 次随机试验.

(b) 计算(a)部分 ps 的 10 000 次随机实验．查看 p_i 的估计值与 p_i 的接近程度.

3.1.20 利用习题 3.1.19(a)部分的实验，考察一个人支付 5 美元参与的游戏．如果实验结果是 1 或 2，他将一无所获；如果结果是 3，他将获得 1 美元；如果结果是 4，他将获得 2 美元；如果结果是 5，他将获得 20 美元．设 G 表示这个人的收益.

(a) 求 $E(G)$.

(b) 编写模拟收益的 R 代码．然后模拟 10 000 次，收集收益的数据．计算进行 10 000 次实验的收益的均值，并且将它与 $E(G)$加以比较.

3.1.21 设 X_1 与 X_2 服从三项分布．利用对矩母函数求导数，证明它们的协方差是$-np_1p_2$.

3.1.22 若独立随机抛掷 5 次公平硬币，求给定至少有 4 次正面时第 5 次为正面的条件概率.

3.1.23 设独立随机掷 7 次公平骰子．计算下面的条件概率：给定出现两次 1 面时，每个面至少出现 1 次的条件概率.

3.1.24 计算二项分布 $b(n,p)$的偏度与峰度.

3.1.25 设

$$p(x_1,x_2)=\binom{x_1}{x_2}\left(\frac{1}{2}\right)^{x_1}\left(\frac{x_1}{15}\right),\quad \begin{array}{l}x_2=0,1,\cdots,x_1\\ x_1=1,2,3,4,5\end{array}$$

⊖ 可在前言中提到的网址下载.

其他情况为 0，表示 X_1 与 X_2 的联合概率质量函数. 确定

(a) $E(X_2)$.

(b) $u(x_1)=E(X_2 \mid x_1)$.

(c) $E[u(X_1)]$.

对(a)与(c)的解答加以比较.

提示：注意 $E(X_2)=\sum_{x_1=1}^{5}\sum_{x_2=0}^{x_1} x_2 p(x_1,x_2)$.

3.1.26 抛掷三颗公平骰子. 进行 10 次独立抛掷骰子，设 X 表示所有三个面都一样的次数，而设 Y 表示仅有两个面一样的次数. 求 X 与 Y 的联合概率质量函数，并计算 $E(6XY)$.

3.1.27 设 X 服从几何分布. 证明

$$P(X \geqslant k+j \mid X \geqslant k)=P(X \geqslant j) \tag{3.1.9}$$

其中 k 与 j 都是非负整数. 注意，有时我们称这种情况的 X 是**无记忆的**(memoryless).

3.1.28 设 X 等于为了观测到连续不断独立抛掷公平硬币出现正面而需要的次数. 设 u_n 等于第 n 个斐波那契数，其中 $u_1=u_2=1$ 而 $u_n=u_{n-1}+u_{n-2}$，$n=3,4,5,\cdots$.

(a) 证明 X 的概率质量函数是

$$p(x)=\frac{u_{x-1}}{2^x}, \quad x=2,3,4,\cdots$$

(b) 运用

$$u_n=\frac{1}{\sqrt{5}}\left[\left(\frac{1+\sqrt{5}}{2}\right)^n-\left(\frac{1-\sqrt{5}}{2}\right)^n\right]$$

这个事实证明 $\sum_{x=2}^{\infty} p(x)=1$.

3.1.29 设独立随机变量 X_1 与 X_2 服从二项分布，其参数分别是 n_1，$p_1=\frac{1}{2}$ 与 n_2，$p_2=\frac{1}{2}$. 证明 $Y=X_1-X_2+n_2$ 服从参数为 $n=n_1+n_2$，$p=\frac{1}{2}$ 的二项分布.

3.1.30 考察某批次 1000 个产品进入工厂. 假如工厂能容许大致 5% 次品. 设 X 表示样本量 $n=10$，以不放回抽样方式的次品数. 假定当 $X \geqslant 2$ 时，工厂就退还该批产品.

(a) 求工厂退还产品有 5% 次品的概率.

(b) 假定某批次产品有 10% 次品. 求工厂退还这种批次产品的概率.

(c) 利用适当的二项分布，求(a)与(b)部分概率的近似值.

注意，假如没有计算机软件包用于计算超几何分布，只求(c)的结果. 这正是 20 年前应用时所用的方法. 如果可利用 R 软件，那么用命令 `dhyper(x,D,N-D,n)` 计算式(3.1.7)的概率.

3.1.31 证明参数为 (N,D,n) 的超几何分布的方差是式(3.1.8).

提示：首先利用同 3.1.3 节推导均值一样的方法，求 $E[X(X-1)]$.

3.2 泊松分布

前面提及，对于所有实数 z 值，下面级数展开成立：

$$1+z+\frac{z^2}{2!}+\frac{z^3}{3!}+\cdots=\sum_{x=0}^{\infty}\frac{z^x}{x!}=e^z$$

考察由

$$p(x)=\begin{cases}\dfrac{\lambda^x e^{-\lambda}}{x!}, & x=0,1,2,\cdots\\ 0, & 其他\end{cases} \tag{3.2.1}$$

所定义的函数，其中 $\lambda>0$. 由于 $\lambda>0$，所以 $p(x)\geqslant 0$，并且

$$\sum_x p(x)=\sum_{x=0}^{\infty}\frac{\lambda^x e^{-\lambda}}{x!}=e^{-\lambda}\sum_{x=0}^{\infty}\frac{\lambda^x}{x!}=e^{-\lambda}e^{\lambda}=1$$

也就是说，$p(x)$满足成为离散型随机变量的条件. 具有上述形式 $p(x)$的随机变量称为服从参数 λ 的**泊松分布**(Poisson distribution)，而且称任何这样的 $p(x)$为具有参数 λ 的**泊松概率质量函数**.

如下面注释所表明的，泊松分布在许多领域具有非常广泛的应用.

注释 3.2.1 考察如下过程，计算在一段时间内某事件发生的次数，例如，密歇根州发生龙卷风的次数、在工作日 8:00 和 12:00 之间进入停车场的汽车数量、繁忙的十字路口每周发生的车祸数量、每页出现印刷错误数量，以及制造的车门上瑕疵的数量. 与第三个和第四个例子一样，事件的发生不需要随着时间推移. 但是，在下面推导中，运用时间表示是非常方便的. 设 X_t 表示该过程在时间间隔$(0,t]$上出现的次数. X_t 的取值范围是非负整数的集合$\{0,1,2,\cdots\}$. 对于非负整数 k 和实数 $t>0$，用 $P(X_t=k)=g(k,t)$表示 X_t 的概率质量函数. 在下述三个公理条件下，我们接下来证明 X_t 服从泊松分布.

1. $g(1,h)=\lambda h+o(h)$，对于常数 $\lambda>0$；
2. $\sum\limits_{t=2}^{\infty} g(t,h)=o(h)$；
3. 在非重叠区间中，事件发生的次数是相互独立的.

这里 $o(h)$表示当 $h\to 0$ 时 $o(h)/h\to 0$. 例如，$h^2=o(h)$与 $o(h)+o(h)=o(h)$. 注意，前两个公理意味着，在很短时间区间 h 内，要么发生一件事，要么不发生，而且发生一件事的概率与 h 是成正比的.

利用归纳法，现在我们证明 X_t 的分布服从参数为 λt 的泊松分布. 首先，我们可以得到 $k=0$ 时的 $g(k,t)$. 通过观察可以发现，边界条件 $g(0,0)=1$ 是合理的. $(0,t+h]$时间内没有事件发生，当且仅当$(0,t]$时间内没有事件发生，同时$(t,t+h]$时间内没有事件发生. 根据公理 1 和 2，在区间$(0,h]$内没有事件发生的概率是 $1-\lambda h+o(h)$. 此外，区间$(0,t]$和$(t,t+h]$没有重叠. 因此，根据公理 3 可以得到

$$g(0,t+h)=g(0,t)[1-\lambda h+o(h)] \tag{3.2.2}$$

也就是

$$\frac{g(0,t+h)-g(0,t)}{h}=-\lambda g(0,t)+\frac{g(0,t)o(h)}{h}\to-\lambda g(0,t),\quad 当 h\to 0 时$$

因而，$g(0,t)$满足微分方程

$$\frac{d_t g(0,t)}{g(0,t)}=-\lambda$$

两边对 t 积分，对于某个常数 c 可以得出

$$\log g(0,t)=-\lambda t+c \quad 或 \quad g(0,t)=e^{-\lambda t}e^{c}$$

最后，利用边界条件 $g(0,0)=1$，得到 $e^c=1$. 因此，

$$g(0,t) = \mathrm{e}^{-\lambda t} \tag{3.2.3}$$

所以这个结果在 $k=0$ 时成立.

对于余下部分的证明，假定 k 是非负整数，$g(k,t)=\mathrm{e}^{-\lambda t}(\lambda t)^k/k!$. 利用归纳法，如果我们能够证明 $g(k+1,t)$ 的结果是成立的，那么就可以完成证明. 另一个合理的边界条件是 $g(k+1,0)=0$. 考察 $g(k+1,t+h)$. 为了在 $(0,t+h]$ 中发生 $k+1$ 次，要么在 $(0,t]$ 中发生 $k+1$ 次，同时在 $(t,t+h]$ 中没有发生，或者要么在 $(0,t]$ 中发生 k 次，同时在 $(t,t+h]$ 中发生 1 次. 由于这些事件是不相交的，根据公理 3 的独立性得出

$$g(k+1,t+h) = g(k+1,t)[1-\lambda h + o(h)] + g(k,t)[\lambda h + o(h)]$$

也就是说，

$$\frac{g(k+1,t+h)-g(k+1,t)}{h} = -\lambda g(k+1,t) + g(k,t)\lambda + [g(k+1,t)+g(k,t)]\frac{o(h)}{h}$$

令 $h \to 0$ 同时利用 $g(k,t)$ 的值，可以得到下面微分方程

$$\frac{\mathrm{d}}{\mathrm{d}t}g(k+1,t) = -\lambda g(k+1,t) + \lambda \mathrm{e}^{-\lambda t}[(\lambda t)^k/k!]$$

这是一阶线性微分方程. 运用微分方程理论的有关定理，它的解是

$$\mathrm{e}^{\int \lambda \mathrm{d}t} g(k+1,t) = \int \mathrm{e}^{\int \lambda \mathrm{d}t} \lambda \mathrm{e}^{-\lambda t}[(\lambda t)^k/k!]\mathrm{d}t + c$$

利用边界条件 $g(k+1,0)=0$，进行积分可以得到

$$g(k+1,t) = \mathrm{e}^{-\lambda t}[(\lambda t)^{k+1}/(k+1)!]$$

因此，X_t 服从参数为 λt 的泊松分布. ■

设 X 服从参数为 λ 的泊松分布. X 的矩母函数是由

$$M(t) = \sum_x \mathrm{e}^{tx} p(x) = \sum_{x=0}^{\infty} \mathrm{e}^{tx} \frac{\lambda^x \mathrm{e}^{-\lambda}}{x!} = \mathrm{e}^{-\lambda} \sum_{x=0}^{\infty} \frac{(\lambda \mathrm{e}^t)^x}{x!} = \mathrm{e}^{-\lambda} \mathrm{e}^{\lambda \mathrm{e}^t} = \mathrm{e}^{\lambda(\mathrm{e}^t-1)}$$

给出的，对于 t 的所有实数值. 由于

$$M'(t) = \mathrm{e}^{\lambda(\mathrm{e}^t-1)}(\lambda \mathrm{e}^t)$$

并且

$$M''(t) = \mathrm{e}^{\lambda(\mathrm{e}^t-1)}(\lambda \mathrm{e}^t) + \mathrm{e}^{\lambda(\mathrm{e}^t-1)}(\lambda \mathrm{e}^t)^2$$

于是

$$\mu = M'(0) = \lambda$$

而且

$$\sigma^2 = M''(0) - \mu^2 = \lambda + \lambda^2 - \lambda^2 = \lambda$$

也就是说，泊松分布具有 $\mu=\sigma^2=\lambda>0$.

如果 X 服从参数 λ 的泊松分布，那么 $P(X=k)$ 可利用 R 命令 `dpois(k,lambda)` 计算，其累积概率 $P(X\leqslant k)$ 可利用 `ppois(k,lambda)` 计算.

例 3.2.1 设 X 是某个繁忙路口每周发生的交通事故次数. 假定 X 服从 $\lambda=2$ 的泊松分布，那么每周的预期事故次数是 2，事故次数的标准差是 $\sqrt{2}$. 一周内至少发生一次事故的概率是

$$P(X \geqslant 1) = 1 - P(X=0) = 1 - \mathrm{e}^{-2} = 1 - \texttt{dpois(0,2)} = 0.8647$$

发生 3 次到(包含)8 次事故的概率是

$$P(3 \leqslant X \leqslant 8) = P(X \leqslant 8) - P(X \leqslant 2) = \text{ppois}(8,2) - \text{ppois}(2,2) = 0.3231$$

假定我们想要确定 4 周内恰好发生 16 次事故的概率．由注释 3.1.1 可知，4 周内的事故次数服从参数为 $2\times4=8$ 的泊松分布．所以，期望概率是 dpois(16,8)$=0.0045$．利用下面的 R 代码绘制 X 的概率质量函数在 X 取值的子集$\{0, 1, \cdots, 7\}$上的峰值图．

```
rng=0:7; y=dpois(rng,2); plot(y~rng,type="h",ylab="pmf",xlab="Rng");
points(y~rng,pch=16,cex=2)
```

■

例 3.2.2　设 1 英尺长金属线上有一个瑕疵的概率是$\frac{1}{1000}$，并且为了实用，设 1 英尺长金属线上有 2 个或更多瑕疵的概率是 0．设随机变量 X 表示 3000 英尺金属线上的瑕疵数．如果我们假定非交叠区间上瑕疵数是独立的，那么由注释 3.2.1 可知，泊松过程的假设近似成立，其中$\lambda=\frac{1}{1000}$而 $t=3000$．因而，X 大致服从均值为 $3000\left(\frac{1}{1000}\right)=3$ 的泊松分布．例如，3000 英尺的金属线上有 5 个或更多瑕疵的概率是

$$P(X \geqslant 5) = \sum_{k=5}^{\infty} \frac{3^k e^{-3}}{k!} = 1 - \text{ppois}(4,3) = 0.1847$$

泊松分布满足下述重要的可加性质．

定理 3.2.1　假定 $X_1, X_2, \cdots, X_n$ 是独立随机变量，并设 X_i 服从参数 λ_i 的泊松分布．于是，$Y = \sum_{i=1}^{n} X_i$ 服从参数为 $\sum_{i=1}^{n} \lambda_i$ 的泊松分布．

证：我们通过求 Y 的矩母函数来证明．由定理 2.6.1 可得 Y 的矩母函数，则有

$$M_Y(t) = E(e^{tY}) = \prod_{i=1}^{n} e^{\lambda_i(e^t-1)} = e^{\sum_{i=1}^{n}\lambda_i(e^t-1)}$$

由矩母函数的唯一性，我们得出 Y 服从参数为 $\sum_{i=1}^{n}\lambda_i$ 的泊松分布．■

例 3.2.3(例 3.2.2 续)　假定例 3.2.2 中的一捆金属线有 3000mile 长．基于例题信息，我们认为，一捆金属线有 3 个瑕疵，并且有 5 个或更多瑕疵的概率是 0.1847．假定在一个抽样方案中，随机选取三捆，并且计算金属线的平均瑕疵数．现在，假定我们想要计算这三个观测值具有 5 个或更多瑕疵的概率．设 X_i 表示第 i 捆金属线的瑕疵数，$i=1,2,3$．于是，X_i 服从参数为 3 的泊松分布．X_1, X_2, X_3 的均值是 $\overline{X} = 3^{-1}\sum_{i=1}^{3} X_i$，这也可以表述成 $Y/3$，其中 $Y = \sum_{i=1}^{3} X_i$．由上面的定理，因为各捆金属线之间是独立的，所以 Y 服从参数为 $\sum_{i=1}^{3} 3 = 9$ 的泊松分布．因此，由表 I 知，所要得到的概率是

$$P(\overline{X} \geqslant 5) = P(Y \geqslant 15) = 1 - \text{ppois}(14.9) = 0.0415$$

从而，虽然拥有 5 个或更多瑕疵的事件并不足为奇(概率为 0.1847)，但 3 个平均起来拥有 5 个或更多瑕疵则显得异常(概率为 0.0415)．■

习题

3.2.1 如果随机变量 X 服从泊松分布，使得 $P(X=1)=P(X=2)$，那么求 $P(X=4)$.

3.2.2 随机变量 X 的矩母函数是 $e^{4(e^t-1)}$. 证明 $P(\mu-2\sigma<X<\mu+2\sigma)=0.931$.

3.2.3 在很长的手稿中，发现在所有手稿每百页中仅有 13.5%的页数没有打字错误. 如果假定每页出现错误的个数是随机变量，且服从泊松分布，求只有一个错误的页数的百分比.

3.2.4 设概率质量函数 $p(x)$在且仅在非负整数上是正的. 倘若 $p(x)=(4/x)p(x-1)$，$x=1,2,3,\cdots$，求$p(x)$.
提示：注意 $p(1)=4p(0)$，$p(2)=(4^2/2!)p(0)$，等等. 也就是说，求用 $p(0)$表示的每一个$p(x)$，然后从中求出 $p(0)$.

$$1=p(0)+p(1)+p(2)+\cdots$$

3.2.5 设 X 服从 $\mu=100$ 的泊松分布. 利用切比雪夫不等式计算 $P(75<X<125)$的下界. 利用 R 软件计算概率. 考察切比雪夫不等式的近似值是否准确?

3.2.6 利用下面 R 代码绘制泊松分布的概率质量函数的图形，其均值分别取为 2，4，6，…，18. 运行此代码，然后对分布的形状和模式给出评论.

```
par(mfrow=c(3,3)); x= 0:35; lam=seq(2,18,2);
for(y in lam){plot(dpois(x,y)~x); title(paste("Mean is ",y))}
```

3.2.7 由习题 3.1.6 知，泊松分布的概率质量函数看起来在其均值 λ 处达到峰值. 通过求解不等式 $[p(x+1)/p(x)]>1$ 和$[p(x+1)/p(x)]<1$ 来证明这一点，其中 $p(x)$表示参数为 λ 的泊松分布的概率质量函数.

3.2.8 运用计算机，绘制下述两个分布概率质量函数的叠加图：
(a) $\lambda=2$ 的泊松分布.
(b) 满足 $n=100$ 与 $p=0.02$ 的二项分布.
这两个分布为什么会大致相同? 请讨论.

3.2.9 继续分析习题 3.2.8，对下述四种泊松分布和二项分布组合绘制四个叠加图：$\lambda=2$，$p=0.02$；$\lambda=10$，$p=0.10$；$\lambda=30$，$p=0.30$；$\lambda=50$，$p=0.50$. 对于每一种情况，都采用 $n=100$. 绘制在 $np\pm\sqrt{np(1-p)}$之间的二项分布子集的图像. 就每一种情况而言，说明用泊松分布近似二项分布的优点.

3.2.10 对于习题 3.2.8 所讨论的近似，运用下述方法进一步精确. 对于给定 $\lambda>0$，假定 X_n 服从参数为 n 和 $p=\lambda/n$ 的二项分布. 设 Y 服从均值为 λ 的泊松分布. 证明，当 $n\to\infty$时，$P(X_n=k)\to P(Y=k)$，对于任意固定的 k.
提示：首先证明

$$P(X_n=k)=\frac{\lambda^k}{k!}\left[\frac{n(n-1)\cdots(n-k+1)}{n^k}\left(1-\frac{\lambda}{n}\right)^{-k}\right]\left(1-\frac{\lambda}{n}\right)^n$$

3.2.11 设某类型的曲奇饼干上巧克力点的数目服从泊松分布. 我们希望这一类型的曲奇饼干至少包括两个巧克力点的概率大于 0.99. 求此分布能取到的均值最小值.

3.2.12 计算均值为 μ 的泊松分布的偏度与峰度.

3.2.13 一个食品杂货店每周平均售出 3 件物品. 该店应该存货多少，以使一周之内售完的机会小于 0.01? 假定服从泊松分布.

3.2.14 设 X 服从泊松分布. 如果 $P(X=1)=P(X=3)$，求此分布的众数.

3.2.15 设 X 服从均值为 1 的泊松分布. 如果期望值存在，计算 $E(X!)$.

3.2.16 设 X 与 Y 具有联合概率质量函数 $p(x,y)=e^{-2}/[x!\ (y-x)!]$，$y=0,1,2,\cdots,x=0,1,\cdots,y$，其他为 0.

(a) 求这个联合分布的矩母函数 $M(t_1,t_2)$.

(b) 计算均值、方差以及 X 与 Y 的相关系数.

(c) 确定条件均值 $E(X|y)$.

提示：注意

$$\sum_{x=0}^{y}[\exp(t_1 x)]y!/[x!(y-x)!]=[1+\exp(t_1)]^y$$

为什么？

3.2.17 设 X_1 与 X_2 是两个独立随机变量．假定 X_1 与 $Y=X_1+X_2$ 分别服从均值为 μ_1 与 $\mu>\mu_1$ 的泊松分布．求 X_2 的分布.

3.3　伽马分布、卡方分布以及贝塔分布

在这一节中，我们将引入连续伽马分布及几个相关的分布．伽马分布的支集是一组正实数．这个分布及其相关的分布在科学和商业的所有领域都有着十分丰富的应用．这些应用包括它们在对寿命、故障(次数)时间、服务(次数)时间和等待时间的建模方面.

对伽马分布进行定义，需要运用来自微积分的伽马函数．在微积分中，可以证明，对于 $\alpha>0$，积分

$$\int_0^{\infty} y^{\alpha-1}e^{-y}dy$$

存在，并且此积分值是正数．称此积分为 $\alpha>0$ 的**伽马函数**(gamma function)，并且写成

$$\Gamma(\alpha)=\int_0^{\infty} y^{\alpha-1}e^{-y}dy$$

如果 $\alpha=1$，很明显

$$\Gamma(1)=\int_0^{\infty} e^{-y}dy=1$$

如果 $\alpha>1$，利用分部积分，可以证明

$$\Gamma(\alpha)=(\alpha-1)\int_0^{\infty} y^{\alpha-2}e^{-y}dy=(\alpha-1)\Gamma(\alpha-1) \tag{3.3.1}$$

因此，如果 α 是大于 1 的正整数，那么

$$\Gamma(\alpha)=(\alpha-1)(\alpha-2)\cdots(3)(2)(1)\Gamma(1)=(\alpha-1)!$$

由于 $\Gamma(1)=1$，这建议我们取 $0!=1$，如同我们所做的那样．有时，将伽马函数称为阶乘函数.

我们称连续随机变量 X 服从参数 $\alpha>0$ 和 $\beta>0$ 的伽马分布，如果它的概率密度函数是

$$f(x)=\begin{cases}\dfrac{1}{\Gamma(\alpha)\beta^{\alpha}}x^{\alpha-1}e^{-x/\beta}, & 0<x<\infty\\ 0, & \text{其他}\end{cases} \tag{3.3.2}$$

在这种情况下，我们经常写成 X 服从 $\Gamma(\alpha,\beta)$ 分布.

为了证明 $f(x)$ 是概率密度函数，首先注意 $f(x)>0$，对于所有的 $x>0$．为了证明它在支集上的积分是 1，我们在下面推导中利用变量变换 $z=x/\beta$，$dz=(1/\beta)dx$：

$$\int_0^{\infty} \frac{1}{\Gamma(\alpha)\beta^{\alpha}} x^{\alpha-1} e^{-x/\beta} dx = \frac{1}{\Gamma(\alpha)\beta^{\alpha}} \int_0^{\infty} (\beta z)^{\alpha-1} e^{-z} \beta dz$$

$$= \frac{1}{\Gamma(\alpha)\beta^{\alpha}} \beta^{\alpha} \Gamma(\alpha) = 1$$

因此，$f(x)$就是概率密度函数. 这种变量变换方法值得记住. 在下面推导 X 的矩母函数过程中，我们利用类似的变量变换：

$$M(t) = \int_0^{\infty} e^{tx} \frac{1}{\Gamma(\alpha)\beta^{\alpha}} x^{\alpha-1} e^{-x/\beta} dx = \int_0^{\infty} \frac{1}{\Gamma(\alpha)\beta^{\alpha}} x^{\alpha-1} e^{-x(1-\beta t)/\beta} dx$$

其次，利用变量变换 $y=x(1-\beta t)/\beta$，$t<1/\beta$，或者 $x=\beta y/(1-\beta t)$，可以得出

$$M(t) = \int_0^{\infty} \frac{\beta/(1-\beta t)}{\Gamma(\alpha)\beta^{\alpha}} \left(\frac{\beta y}{1-\beta t}\right)^{\alpha-1} e^{-y} dy$$

即

$$M(t) = \left(\frac{1}{1-\beta t}\right)^{\alpha} \int_0^{\infty} \frac{1}{\Gamma(\alpha)} y^{\alpha-1} e^{-y} dy = \frac{1}{(1-\beta t)^{\alpha}}, \quad t < \frac{1}{\beta}$$

现在

$$M'(t) = (-\alpha)(1-\beta t)^{-\alpha-1}(-\beta)$$

而

$$M''(t) = (-\alpha)(-\alpha-1)(1-\beta t)^{-\alpha-2}(-\beta)^2$$

因此，对于伽马分布，我们有

$$\mu = M'(0) = \alpha\beta$$

而

$$\sigma^2 = M''(0) - \mu^2 = \alpha(\alpha+1)\beta^2 - \alpha^2\beta^2 = \alpha\beta^2$$

假定 X 服从伽马分布 $\Gamma(\alpha,\beta)$，为利用 R 计算分布的概率，设 $a=\alpha$，$b=\beta$. 命令 pgamma(x,shape=a,scale=b)计算 $P(X\leqslant x)$，而 X 的概率密度函数在 x 处的值可通过命令 dgamma(x,shape=a,scale=b)进行计算.

例 3.3.1 设 X 是某电池在极寒条件下的使用寿命(h). 假定 X 服从 $\Gamma(5,4)$分布，那么电池的平均寿命是 20h，标准差 $\sqrt{5\times16}=8.94$h. 电池至少持续 50h 的概率为 1－pgamma(50, shape=5, scale=4)＝0.0053. 电池的中位数寿命是 qgamma(.5, shape=5, scale=4)＝18.68h. 寿命在其平均寿命的一个标准差范围内的概率是

```
pgamma(20+8.94,shape=5,scale=4)-pgamma(20-8.94,shape=5,scale=4)=.700
```

最后，利用下面 R 代码可绘制概率密度函数的图形：

```
x=seq(.1,50,.1); plot(dgamma(x,shape=5,scale=4)~x)
```

在这个图形上，读者应该可以确定上述概率，还有电池的平均寿命和中位数寿命. ■

伽马分布在应用中之所以具有吸引力，其主要原因是对于各种不同 α 和 β 值来说，分布形状具有多样性. 这在图 3.3.1 中表现得非常明显，图形给出六种不同伽马分布概率密度函数形状.[⊖]

⊖ 在前言列出的网站上可以找到绘制这些图形的 R 函数 newfigc3s3.1.R.

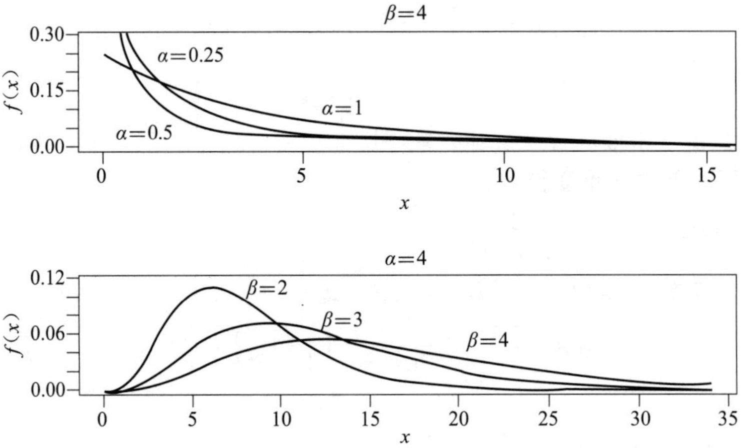

图 3.3.1　几种伽马分布的密度

设 X 表示设备的故障时间，X 具有概率密度函数 $f(x)$ 与累积分布函数 $F(x)$. 在实际应用中，X 的概率密度函数通常是未知的. 如果研究者能获得这些设备的大量故障时间样本，那么就可以得到概率密度函数的估计，如同第 4 章所讨论的那样. 另一种有助于识别 X 的概率密度函数的函数是 X 的**危险函数**(hazard function). 设 x 是属于 X 的支集，假定设备在 x 时刻没有发生故障，即 $X>x$，那么设备在下一时刻发生故障的概率是多少呢? 我们用 x 处的故障率回答这个问题，也就是

$$r(x)=\lim_{\Delta\to 0}\frac{p(x\leqslant X<x+\Delta\,|\,X\geqslant x)}{\Delta}=\frac{1}{1-F(x)}\lim_{\Delta\to 0}\frac{P(x\leqslant X<x+\Delta)}{\Delta}$$

$$=\frac{f(x)}{1-F(x)} \tag{3.3.3}$$

将在时刻 x 处的故障率 $r(x)$ 定义为 X 在 x 处的危险函数.

注意，危险函数 $r(x)$ 满足 $-(\mathrm{d}/\mathrm{d}x)\log[1-F(x)]$，也就是说，对于常数 c

$$1-F(x)=\mathrm{e}^{-\int r(x)\mathrm{d}x+c} \tag{3.3.4}$$

当 X 的支集是 $(0,\infty)$ 时，$F(0)=0$ 可作为求解 c 的边界条件. 在实际应用中，科学家通常描述危险率，因此 $F(x)$ 可由式(3.3.4)确定. 例如，假定 X 的危险率是常数，也就是对于某些 $\beta>0$，$r(x)=1/\beta$. 于是

$$1-F(x)=\mathrm{e}^{-\int(1/\beta)\mathrm{d}x+c}=\mathrm{e}^{-x/\beta}\mathrm{e}^{c}$$

由于 $F(0)=0$，$\mathrm{e}^{c}=1$. 所以，X 的概率密度函数为

$$f(x)=\begin{cases}\dfrac{1}{\beta}\mathrm{e}^{-x/\beta}, & x>0\\ 0, & \text{其他}\end{cases} \tag{3.3.5}$$

当然，这是 $\Gamma(1,\beta)$ 分布，但是它也被称为参数为 $1/\beta$ 的**指数分布**(exponential distribution). 习题 3.3.25 给出这个分布的重要性质.

利用 R 可以快速绘制危险函数的图形. 下面是绘制参数 $\beta=8$ 的指数分布和 $\Gamma(4,2)$ 分布的危险函数叠加图形的代码.

```
x=seq(.1,15,.1); t=dgamma(x,shape=4,scale=2)
b=(1-pgamma(x,shape=4,scale=2));y1=t/b;plot(y1~x);abline(h=1/8)
```

注意，伽马分布的危险函数关于 x 是递增函数，也就是说，故障率随着时间的推移而增加. 有关危险函数的其他例子，可参看习题 3.3.26.

伽马分布最重要的性质之一是它具有可加性.

定理 3.3.1 设 $X_1, X_2, \cdots, X_n$ 是独立随机变量. 对于 $i=1,2,\cdots,n$，假定 X_i 服从 $\Gamma(\alpha_i,\beta)$ 分布. 设 $Y=\sum_{i=1}^{n}X_i$. 于是，Y 服从 $\Gamma\left(\sum_{i=1}^{n}\alpha_i,\beta\right)$ 分布.

证：对于 $t<1/\beta$，利用假定的独立性以及伽马分布的矩母函数，由定理 2.6.1 得出

$$M_Y(t)=\prod_{i=1}^{n}(1-\beta t)^{-\alpha_i}=(1-\beta t)^{-\sum_{i=1}^{n}\alpha_i}$$

这是 $\Gamma\left(\sum_{i=1}^{n}\alpha_i,\beta\right)$ 分布的矩母函数. ■

伽马分布很自然地发生在泊松过程中.

注释 3.3.1(泊松过程) 对于 $t>0$，设 X_t 表示在区间 $(0,t]$ 内发生的感兴趣事件的数量. 假设 X_t 满足泊松过程的三个假设. 设 k 是一个固定的正整数，定义连续随机变量 W_k 是第 k 个事件发生的等待时间. 那么 W_k 的取值范围是 $(0,\infty)$. 注意，对于 $w>0$，$W_k>w$ 当且仅当 $X_k\leqslant k-1$. 因此，

$$P(W_k>w)=P(X_w\leqslant k-1)=\sum_{x=0}^{k-1}P(X_w=x)=\sum_{x=0}^{k-1}\frac{(\lambda w)^x \mathrm{e}^{-\lambda w}}{x!}$$

在习题 3.3.5 中，要求读者证明

$$\int_{\lambda w}^{\infty}\frac{z^{k-1}\mathrm{e}^{-z}}{(k-1)!}\mathrm{d}z=\sum_{x=0}^{k-1}\frac{(\lambda w)^x \mathrm{e}^{-\lambda w}}{x!}$$

运用这个结果，我们可以得到，对于 $w>0$，W_k 的累积分布函数满足

$$F_{W_k}(w)=1-\int_{\lambda w}^{\infty}\frac{z^{k-1}\mathrm{e}^{-z}}{\Gamma(k)}\mathrm{d}z=\int_{0}^{\lambda w}\frac{z^{k-1}\mathrm{e}^{-z}}{\Gamma(k)}\mathrm{d}z$$

同时，对于 $w\leqslant 0$ 时，$F_{W_k}(w)=0$. 将 $F_{W_k}(w)$ 的积分变量变换成为 $z=\lambda y$，则

$$F_{W_k}(w)=\int_{0}^{w}\frac{\lambda^k y^{k-1}\mathrm{e}^{-\lambda y}}{\Gamma(k)}\mathrm{d}y,\quad w>0$$

并且对于 $w\leqslant 0$，有 $F_{W_k}(w)=0$. 因此，W_k 的概率密度函数是

$$f_{W_k}(w)=F'_W(w)=\begin{cases}\dfrac{\lambda^k w^{k-1}\mathrm{e}^{-\lambda w}}{\Gamma(k)}, & 0<w<\infty\\ 0, & \text{其他}\end{cases}$$

也就是说，一直到第 k 个事件的等待时间 W_k 服从参数 $\alpha=k$，$\beta=1/\lambda$ 的伽马分布. 设 T_1 是第 1 个事件发生的等待时间，即 $k=1$. 于是，T_1 的概率密度函数是

$$f_{T_1}(w)=\begin{cases}\lambda\mathrm{e}^{-\lambda w}, & 0<w<\infty\\ 0, & \text{其他}\end{cases}\tag{3.3.6}$$

因此，T_1 服从分布 $\Gamma(1,1/\lambda)$. T_1 的均值是 $1/\lambda$，而且 X_1 的均值是 λ. 因而，我们预计 λ

个事件在单位时间内发生，并预计第 1 个事件发生在时刻 $1/\lambda$ 处.

可采用这样的方式继续讨论，对于 $i\geqslant 1$，设 T_i 表示第 i 个事件的时间间隔，即 T_i 是事件$(i-1)$和事件 i 之间的时间. 正如所证明的，T_1 服从分布 $\Gamma(1,1/\lambda)$. 注意，泊松过程的公理 1 和 2 只依赖于 λ 和区间的长度，特别地，它们不依赖于区间的端点. 此外，在非重叠区间发生的事件是彼此独立的. 因此，运用和上述相同的推理可以得出，T_j，$j\geqslant 2$，也服从分布 $\Gamma(1,1/\lambda)$. 此外，$T_1,T_2,T_3,\cdots$是相互独立的. 注意，第 k 个事件的等待时间满足 $W_k=T_1+T_2+\cdots+T_k$. 由定理 3.3.1 可知，W_k 服从分布 $\Gamma(k,1/\lambda)$，这就证明了上述推导. 虽然这样讨论是以直观形式给出的，但是也可以给出严谨的，例如参看 Parzen (1962). ■

3.3.1 卡方分布

现在，我们考察伽马分布的特殊情况，即 $\alpha=r/2$，其中 r 是正整数，并且 $\beta=2$. 设连续型随机变量 X 具有下面的概率密度函数

$$f(x)=\begin{cases}\dfrac{1}{\Gamma(r/2)2^{r/2}}x^{r/2-1}\mathrm{e}^{-x/2}, & 0<x<\infty\\ 0, & \text{其他}\end{cases}\tag{3.3.7}$$

并且 X 的矩母函数

$$M(t)=(1-2t)^{-r/2},\quad t<\frac{1}{2}$$

为服从**卡方分布**(chi-square distribution，χ^2 分布)，同时将任何这种形式的 $f(x)$称为**卡方概率密度函数**. 卡方分布的均值和方差分别是 $\mu=\alpha\beta=(r/2)2=r$ 与 $\sigma^2=\alpha\beta^2=(r/2)2^2=2r$. 我们称参数 r 为卡方分布的自由度. 由于卡方分布在统计学中具有极为重要的作用，而且得到广泛应用，为了简单起见，我们将 X 写成 $\chi^2(r)$来表示随机变量 X 是具有自由度 r 的卡方分布. 当 X 服从自由度为 r 的卡方分布时，可调用 R 函数 pchisq(x,R)计算 $P(X\leqslant x)$，而且利用命令 dchisq(x,R)计算 X 在 x 处的概率密度函数值.

例 3.3.2 假定 X 是服从自由度为 10 的卡方分布. 那么 X 的均值是 10，其标准差是 $\sqrt{20}=4.47$. 利用 R 软件计算，它的中位数和四分位数是 qchisq(c(.25，.5，.75),10)=(6.74，9.34，12.55). 利用下面命令可以绘制区间(0,24)上的密度函数：

```
x=seq(0,24,.1);plot(dchisq(x,10)~x)
```

可利用这行代码计算并确定图形上的 X 的均值、四分位数和中位数的位置. ■

例 3.3.3 在统计学中，卡方分布的分位数应用是非常广泛的. 在现代计算技术出现之前，编制各种不同的分位数表. 附录 D 中表 I 给出概率分别取 0.01，0.025，0.05，0.1，0.9，0.95，0.975，0.99. 自由度分别取 1,2,…,30 的典型 χ^2 分位数表. 如前所述，利用 R 函数 qchisq 很容易计算这些分位数. 实际上，用下面两行 R 代码可以执行表 I 的计算，

```
rs=1:30; ps=c(.01,.025,.05,.1,.9,.95,.975,.99);
for(r in rs){print(c(r,round(qchisq(ps,r),digits=3)))}
```

注意，利用代码计算时将临界值四舍五入到 3 位. ■

后面将会多次运用下面的结果，因此，我们以定理形式表述它.

定理 3.3.2 设 X 服从 $\chi^2(r)$ 分布. 如果 $k>-r/2$，那么 $E(X^k)$ 存在，并且它由

$$E(X^k)=\frac{2^k\Gamma\left(\frac{r}{2}+k\right)}{\Gamma\left(\frac{r}{2}\right)},\quad 如果 k>-r/2 \tag{3.3.8}$$

给出.

证：注意

$$E(X^k)=\int_0^{\infty}\frac{1}{\Gamma\left(\frac{r}{2}\right)2^{r/2}}x^{(r/2)+k-1}\mathrm{e}^{-x/2}\mathrm{d}x$$

在上面的积分中，对 $u=x/2$ 做一个变量变换. 这就导致

$$E(X^k)=\int_0^{\infty}\frac{1}{\Gamma\left(\frac{r}{2}\right)2^{(r/2)-1}}2^{(r/2)+k-1}u^{(r/2)+k-1}\mathrm{e}^{-u}\mathrm{d}u$$

若 $k>-(r/2)$，则得到期待的结果. ■

注意到，如果 k 是非负整数，那么 $k>-(r/2)$ 总是成立的. 因此，χ^2 分布的所有矩都存在，并且第 k 阶矩由式(3.3.8)给出.

例 3.3.4 设 X 服从 $\alpha=r/2$ 的伽马分布，其中 r 是正整数，$\beta>0$. 定义随机变量 $Y=2X/\beta$. 求 Y 的概率密度函数. 现在 Y 的矩母函数是

$$\begin{aligned}M_Y(t)&=E(\mathrm{e}^{tY})=E\left[\mathrm{e}^{(2t/\beta)X}\right]\\&=\left[1-\frac{2t}{\beta}\beta\right]^{-r/2}=[1-2t]^{-r/2}\end{aligned}$$

这是自由度为 r 的卡方分布的矩母函数. 也就是说，Y 是服从 $\chi^2(r)$. ■

由于卡方分布是伽马分布的子集族，因此定理 3.3.1 给出的伽马分布的可加性也适用于卡方分布. 由于我们经常运用这个性质，为了方便引用起见，我们将其表述成为一个推论.

推论 3.3.1 设 $X_1,X_2,\cdots,X_n$ 是独立随机变量. 对于 $i=1,2,\cdots,n$，假定 X_i 服从 $\chi^2(r_i)$ 分布. 设 $Y=\sum_{i=1}^{n}X_i$. 于是，Y 服从 $\chi^2\left(\sum_{i=1}^{n}r_i\right)$ 分布.

3.3.2 贝塔分布

正如我们已经讨论的，就建模而言，伽马分布为支集 $(0,\infty)$ 上的偏态分布提供了各种各样的形状. 在本节习题和随后几章内容中，我们提供了其他诸如此类的分布族. 对于支集为 $\mathbb{R}$ 上有界区间的连续分布来说，情况会怎样呢？例如，假定 X 的支集是 (a,b)，其中 $-\infty<a<b<\infty$，并且已知 a 与 b. 不失一般性，为了讨论方便，我们可以设 $a=0$ 和 $b=1$，如果不是这种情况，那么有理由考虑随机变量 $Y=(X-a)/(b-a)$. 在这一节，我们讨论**贝塔分布**(β-distribution)，其分布族为支集是有界区间的分布提供了各种各样的形状.

定义贝塔分布族的一种方法是，从一对独立的伽马随机变量中导出. 设 X_1 与 X_2 是两

个独立随机变量，它们服从伽马分布，其联合概率密度函数为

$$h(x_1,x_2)=\frac{1}{\Gamma(\alpha)\Gamma(\beta)}x_1^{\alpha-1}x_2^{\beta-1}\mathrm{e}^{-x_1-x_2},\quad 0<x_1<\infty,0<x_2<\infty$$

其他为 0，其中 $\alpha>0$，$\beta>0$. 设 $Y_1=X_1+X_2$ 并且 $Y_2=X_1/(X_1+X_2)$. 我们将证明，Y_1 与 Y_2 是独立的.

空间$\mathcal{S}$是 x_1x_2 平面第一象限中除了坐标轴之外的点. 现在

$$y_1=u_1(x_1,x_2)=x_1+x_2$$

$$y_2=u_2(x_1,x_2)=\frac{x_1}{x_1+x_2}$$

可以写成 $x_1=y_1y_2$，$x_2=y_1(1-y_2)$，所以

$$J=\begin{vmatrix} y_2 & y_1 \\ 1-y_2 & -y_1 \end{vmatrix}=-y_1\not\equiv 0$$

此变换是一一变换，它把$\mathcal{S}$映射到 y_1y_2 平面上的$\mathcal{T}=\{(y_1,y_2):0<y_1<\infty,\ 0<y_2<1\}$. 于是，$Y_1$ 与 Y_2 在其支集上的联合概率密度函数为

$$\begin{aligned}g(y_1,y_2)&=(y_1)\frac{1}{\Gamma(\alpha)\Gamma(\beta)}(y_1y_2)^{\alpha-1}[y_1(1-y_2)]^{\beta-1}\mathrm{e}^{-y_1}\\&=\begin{cases}\dfrac{y_2^{\alpha-1}(1-y_2)^{\beta-1}}{\Gamma(\alpha)\Gamma(\beta)}y_1^{\alpha+\beta-1}\mathrm{e}^{-y_1}, & 0<y_1<\infty,\quad 0<y_2<1\\0, & \text{其他}\end{cases}\end{aligned}$$

依据定理 2.4.1，随机变量是独立的. Y_2 的边缘概率密度函数是

$$\begin{aligned}g_2(y_2)&=\frac{y_2^{\alpha-1}(1-y_2)^{\beta-1}}{\Gamma(\alpha)\Gamma(\beta)}\int_0^\infty y_1^{\alpha+\beta-1}\mathrm{e}^{-y_1}\,\mathrm{d}y_1\\&=\begin{cases}\dfrac{\Gamma(\alpha+\beta)}{\Gamma(\alpha)\Gamma(\beta)}y_2^{\alpha-1}(1-y_2)^{\beta-1}, & 0<y_2<1\\0, & \text{其他}\end{cases}\end{aligned}\tag{3.3.9}$$

这个概率密度函数是参数为 α 与 β 的贝塔分布的概率密度函数. 由于 $g(y_1,y_2)\equiv g_1(y_1)g_2(y_2)$，所以 Y_1 的概率密度函数一定是

$$g_1(y_1)=\begin{cases}\dfrac{1}{\Gamma(\alpha+\beta)}y_1^{\alpha+\beta-1}\mathrm{e}^{-y_1}, & 0<y_1<\infty\\0, & \text{其他}\end{cases}$$

它是参数为 $\alpha+\beta$ 与 1 的伽马分布的概率密度函数.

很容易验证，Y_2 服从参数 α 与 β 的贝塔分布，Y_2 的均值与方差分别是

$$\mu=\frac{\alpha}{\alpha+\beta},\quad \sigma^2=\frac{\alpha\beta}{(\alpha+\beta+1)(\alpha+\beta)^2}$$

关于贝塔分布的概率，可以利用 R 程序进行计算. 如果 X 服从参数 $\alpha=a$ 且 $\beta=b$ 的贝塔分布，那么命令 `pbeta(x,a,b)` 显示 $P(X\leqslant x)$，而命令 `dbeta(x,a,b)` 显示 X 的概率密度函数在 x 点的值.

例 3.3.5(贝塔分布的形状)　利用下面三行 R 代码[⊖]，可以得到所有的 α 与 β 的整数值

⊖ 从前言列出的网站下载 R 函数 betaplts.

在 2 与 5 之间所有组合的贝塔分布的 4×4 个概率密度函数图形．主对角线上的分布是对称的，主对角线以下分布是左偏的，主对角线以上分布是右偏的．

```
par(mfrow=c(4,4));r1=2:5; r2=2:5;x=seq(.01,.99,.01)
  for(a in r1){for(b in r2){plot(dbeta(x,a,b)~x);
  title(paste("alpha = ",a,"beta = ",b))}}
```

■

注意，如果 $\alpha=\beta=1$，那么贝塔分布在支集$(0,1)$上服从均匀分布．

例 3.3.6(狄利克雷分布) 设 $X_1,X_2,\cdots,X_{k+1}$ 是独立随机变量，它们均服从 $\beta=1$ 的伽马分布．这些变量的联合概率密度函数可写成

$$h(x_1,x_2,\cdots,x_{k+1})=\begin{cases}\prod_{i=1}^{k+1}\frac{1}{\Gamma(\alpha_i)}x_i^{\alpha_i-1}\mathrm{e}^{-x_i}, & 0<x_i<\infty\\ 0, & 其他\end{cases}$$

设

$$Y_i=\frac{X_i}{X_1+X_2+\cdots+X_{k+1}},\quad i=1,2,\cdots,k$$

而 $Y_{k+1}=X_1+X_2+\cdots+X_{k+1}$ 表示 $k+1$ 个新的随机变量．有关变换把$\mathcal{A}=\{(x_1,x_2,\cdots,x_{k+1})$：$0<x_i<\infty$，$i=1,2,\cdots,k+1\}$映射到空间：

$$\mathcal{B}=\{(y_1,y_2,\cdots,y_{k+1}):0<y_i,i=1,2,\cdots,k,y_1+y_2+\cdots+y_k<1,0<y_{k+1}<\infty\}$$

其单值反函数是 $x_1=y_1y_{k+1},\cdots,x_k=y_ky_{k+1}$，$x_{k+1}=y_{k+1}(1-y_1-\cdots-y_k)$，因此，雅可比行列式是

$$J=\begin{vmatrix}y_{k+1} & 0 & \cdots & 0 & y_1\\ 0 & y_{k+1} & \cdots & 0 & y_2\\ \vdots & \vdots & & \vdots & \vdots\\ 0 & 0 & \cdots & y_{k+1} & y_k\\ -y_{k+1} & -y_{k+1} & \cdots & -y_{k+1} & (1-y_1-\cdots-y_k)\end{vmatrix}=y_{k+1}^k$$

从而，倘若$(y_1,y_2,\cdots,y_k,y_{k+1})\in\mathcal{B}$，则 $Y_1,Y_2,\cdots,Y_k,Y_{k+1}$ 的联合概率密度函数是由

$$\frac{y_{k+1}^{\alpha_1+\cdots+\alpha_{k+1}-1}y_1^{\alpha_1-1}\cdots y_k^{\alpha_k-1}(1-y_1-\cdots-y_k)^{\alpha_{k+1}-1}\mathrm{e}^{-y_{k+1}}}{\Gamma(\alpha_1)\cdots\Gamma(\alpha_k)\Gamma(\alpha_{k+1})}$$

给出的，其他为 0．通过观察可以看出，当 $0<y_i$，$i=1,2,\cdots,k$，$y_1+y_2+\cdots+y_k<1$，$Y_1,Y_2,\cdots,Y_k$ 的联合概率密度函数是由

$$g(y_1,y_2,\cdots,y_k)=\frac{\Gamma(\alpha_1+\cdots+\alpha_{k+1})}{\Gamma(\alpha_1)\cdots\Gamma(\alpha_{k+1})}y_1^{\alpha_1-1}\cdots y_k^{\alpha_k-1}(1-y_1-\cdots-y_k)^{\alpha_{k+1}-1}\quad(3.3.10)$$

给出的，而函数 g 在其他情况下等于 0．拥有这种联合概率密度函数形式的随机变量 $Y_1,Y_2,\cdots,Y_k$ 称为具有**狄利克雷概率密度函数**．可以看到，在 $k=1$ 的特殊情况下，狄利克雷概率密度函数变成贝塔概率密度函数．而且很明显，从 $Y_1,\cdots,Y_k$，Y_{k+1} 的联合概率密度函数中得出，Y_{k+1} 服从参数为 $\alpha_1+\cdots+\alpha_k+\alpha_{k+1}$ 且 $\beta=1$ 的伽马分布，同时 Y_{k+1} 与 $Y_1,Y_2,\cdots,Y_k$ 是独立的． ■

习题

3.3.1 假定$(1-2t)^{-6}$，$t<\frac{1}{2}$，是随机变量 X 的矩母函数，

(a) 利用 R 计算 $P(X<5.23)$.

(b) 求 X 的均值 μ 与方差 σ^2，并利用 R 计算 $P(|X-\mu|<2\sigma)$

3.3.2 如果 X 服从 $\chi^2(5)$，确定常数 c 与 d，以使 $P(c<X<d)=0.95$ 且 $P(X<c)=0.025$.

3.3.3 假定发动机在危险条件下工作的月寿命服从伽马分布，其均值是 10 个月，方差是 20 个月平方.

(a) 求发动机的中位数寿命.

(b) 假定当这种发动机寿命超过 15 个月时就称之为成功. 在 10 个发动机样本中，求至少 3 个发动机成功的概率.

3.3.4 设 X 是随机变量，使得 $E(X^m)=(m+1)!\ 2^m$，$m=1,2,3,\cdots$，确定 X 的矩母函数与分布.

提示：写出矩母函数的泰勒级数。

3.3.5 证明

$$\int_{\mu}^{\infty} \frac{1}{\Gamma(k)} z^{k-1} \mathrm{e}^{-z} \mathrm{d}z = \sum_{x=0}^{k-1} \frac{\mu^x \mathrm{e}^{-\mu}}{x!}, \quad k=1,2,3,\cdots$$

这阐明了伽马分布累积分布函数与泊松分布累积分布函数之间的关系.

提示：通过 $k-1$ 次分部积分，或者直接通过

$$\frac{\mathrm{d}}{\mathrm{d}z}\left[-\mathrm{e}^{-z} \sum_{j=0}^{k-1} \frac{\Gamma(k)}{(k-j-1)!} z^{k-j-1}\right] = z^{k-1} \mathrm{e}^{-z}$$

获得 $z^{k-1}\mathrm{e}^{-z}$ 的“原函数”.

3.3.6 设 X_1, X_2, X_3 是独立同分布随机变量，它们均具有概率密度函数 $f(x)=\mathrm{e}^{-x}$，$0<x<\infty$，其他为 0.

(a) 求 $Y=\text{minimum}(X_1, X_2, X_3)$ 的分布.

提示：$P(Y\leqslant y)=1-P(Y>y)=1-P(X_i>y,\ i=1,2,3)$.

(b) 求 $Y=\text{maximum}(X_1, X_2, X_3)$ 的分布.

3.3.7 设 X 服从伽马分布，具有概率密度函数

$$f(x)=\frac{1}{\beta^2} x \mathrm{e}^{-x/\beta}, \quad 0<x<\infty$$

其他为 0. 如果 $x=2$ 是此分布的唯一众数，求参数 β 以及 $P(X<9.49)$.

3.3.8 计算参数为 α 与 β 的伽马分布的峰度和偏度.

3.3.9 设 X 服从参数为 α 与 β 的伽马分布. 证明 $P(X\geqslant 2\alpha\beta)\leqslant(2/\mathrm{e})^{\alpha}$.

提示：利用习题 1.10.5 的结果.

3.3.10 给出具有 0 自由度的卡方分布的合理定义.

提示：以服从 $\chi^2(r)$ 分布的矩母函数开始讨论，并设 $r=0$.

3.3.11 运用计算机，画出自由度 $r=1,2,5,10,20$ 的卡方分布的概率密度函数图形. 对这些图形加以评论.

3.3.12 运用计算机，画出 $\Gamma(5,4)$ 的累积分布函数图形，并使用此图推测中位数. 运用计算中位数的计算机命令加以证实(在 R 中，使用命令 `qgamma(.5,shape=5,scale=4)`).

3.3.13 运用计算机，画出 $\alpha=1$，5，10 与 $\beta=1,2,5,10,20$ 的贝塔分布的概率密度函数图形.

3.3.14 在一个大型工厂的零件仓库中，零件请求的平均时间大约是 10 分钟.

(a) 求一个小时内至少有 10 个零件请求的概率.

(b) 求上午第 10 次请求需要至少 2 小时等候时间的概率.

3.3.15 设 X 服从参数为 m 的泊松分布. 若 X 是服从 $\alpha=2$ 与 $\beta=1$ 的伽马分布的随机变量的实验值，计算$P(X=0,1,2)$.

提示：求表示 X 与 m 的联合分布的表达式. 然后，通过对 m 积分求 X 的边缘分布.

3.3.16　设 X 服从均匀分布，具有概率密度函数 $f(x)=1$，$0<x<1$，其他为 0. 求 $Y=-2\log X$ 的累积分布函数. Y 的概率密度函数是什么呢?

3.3.17　求区间 (b,c) 上的连续均匀分布，它与自由度为 8 的卡方分布具有相同的均值与方差. 也就是说，求 b 与 c.

3.3.18　求 β 分布的均值与方差.

提示：由其概率密度函数我们知道，对于所有 $\alpha>0$，$\beta>0$

$$\int_0^1 y^{\alpha-1}(1-y)^{\beta-1}\mathrm{d}y=\frac{\Gamma(\alpha)\Gamma(\beta)}{\Gamma(\alpha+\beta)}$$

3.3.19　确定下述每一个表达式中的常数 c，以使每一个 $f(x)$ 成为 β 的概率密度函数.

(a) $f(x)=cx(1-x)^3$，$0<x<1$，其他为 0.

(b) $f(x)=cx^4(1-x)^5$，$0<x<1$，其他为 0.

(c) $f(x)=cx^2(1-x)^8$，$0<x<1$，其他为 0.

3.3.20　确定常数 c，以使 $f(x)=cx(3-x)^4$，$0<x<3$，其他为 0，成为一个概率密度函数.

3.3.21　证明 β 概率密度函数的图形关于垂直线是对称的，若 $\alpha=\beta$，则经过 $x=\frac{1}{2}$.

3.3.22　对于 $k=1,2,\cdots,n$，证明

$$\int_p^1 \frac{n!}{(k-1)!(n-k)!}z^{k-1}(1-z)^{n-k}\mathrm{d}z=\sum_{x=0}^{k-1}\binom{n}{x}p^x(1-p)^{n-x}$$

这表明了 β 分布与二项分布累积分布函数之间的关系.

3.3.23　设 X_1 与 X_2 是独立随机变量. 设 X_1 与 $Y=X_1+X_2$ 分别服从自由度为 r_1 与 r 的卡方分布. 这里 $r_1<r$. 证明 X_2 服从自由度为 $r-r_1$ 的卡方分布.

提示：写出 $M(t)=E(\mathrm{e}^{t(X_1+X_2)})$，并利用 X_1 与 X_2 的独立性.

3.3.24　设 X_1 与 X_2 是两个独立随机变量，分别服从参数 $\alpha_1=3$，$\beta_1=3$ 与 $\alpha_2=5$，$\beta_2=1$ 的伽马分布.

(a) 求 $Y=2X_1+6X_2$ 的矩母函数.

(b) Y 的分布是什么呢?

3.3.25　设 X 服从指数分布.

(a) 对于 $x>0$，$y>0$，证明

$$P(X>x+y\mid X>x)=P(X>y) \tag{3.3.11}$$

因此，指数分布具有无记忆性. 回顾习题(3.1.9)，离散几何分布具有类似性质.

(b) 设 $F(x)$ 是连续随机变量 Y 的累积分布函数. 假定对于 $y>0$，$F(0)=0$ 且 $0<F(y)<1$. 假定关于 Y 的性质(3.3.11)成立. 证明对于 $y>0$，$F_Y(y)=1-\mathrm{e}^{-\lambda y}$.

提示：证明 $g(y)=1-F_Y(y)$ 满足方程

$$g(y+z)=g(y)g(z)$$

3.3.26　设 X 表示设备发生故障的时间，并设 $r(X)$ 表示 X 的危险函数.

(a) 如果 $r(x)=cx^b$，其中 c 与 b 均表示正常数，证明 X 服从**韦布尔**(Weibull)**分布**，即

$$f(x)=\begin{cases}cx^b\exp\left\{-\dfrac{cx^{b+1}}{b+1}\right\}, & 0<x<\infty\\ 0, & \text{其他}\end{cases} \tag{3.3.12}$$

(b) 如果 $r(x)=c\mathrm{e}^{bx}$，其中 c 与 b 表示正常数，证明 X 服从**贡珀茨**(Gompertz)**分布**，其累积分布函数由

$$F(x)=\begin{cases}1-\exp\left\{\dfrac{c}{b}(1-\mathrm{e}^{bx})\right\}, & 0<x<\infty\\ 0, & \text{其他}\end{cases} \tag{3.3.13}$$

给出. 精算师经常用此分布作为人类寿命的分布.

(c) 如果 $r(x)=bx$ 是线性故障率，证明 X 的概率密度函数是

$$f(x)=\begin{cases} bx\mathrm{e}^{-bx^2/2}, & 0<x<\infty \\ 0, & \text{其他} \end{cases} \tag{3.3.14}$$

称这个概率密度函数为**瑞利**(Rayleigh)概率密度函数.

3.3.27 编写一个 R 函数，当 $f(x)$是由式(3.3.12)给出的韦布尔概率密度函数时，计算指定 x 的 $f(x)$ 值. 接下来编写一个 R 函数，计算相关的危险函数 $r(x)$. 绘制下面三种情况的概率密度函数和危险函数的并列图形，这三种情况分别是 $c=5$ 与$b=0.5$，$c=5$ 与 $b=1.0$，$c=5$ 与 $b=1.5$.

3.3.28 在例 3.3.5 中对贝塔分布的概率密度函数的一些图形进行了讨论. 所有这些概率密度函数图形都是山丘形状的. 绘制从集合$\{0.25,0.75,1,1.25\}$得到的 α 和 β 的所有组合的图形，并对这些图形加以评论.

3.3.29 设 $Y_1,Y_2,\cdots,Y_k$ 服从参数为 $\alpha_1,\cdots,\alpha_k$，α_{k+1}的狄利克雷分布.

(a) 证明 Y_1 服从贝塔分布，其参数为 $\alpha=\alpha_1$ 与 $\beta=\alpha_2+\cdots+\alpha_{k+1}$.

(b) 证明 $Y_1+Y_2+\cdots+Y_r$ 服从贝塔分布，$r\leqslant k$，其参数为 $\alpha=\alpha_1+\cdots+\alpha_r$ 与 $\beta=\alpha_{r+1}+\cdots+\alpha_{k+1}$.

(c) 证明 Y_1+Y_2，Y_3+Y_4，$Y_5,\cdots,Y_k$，$k\geqslant 5$ 服从狄利克雷分布，其参数为 $\alpha_1+\alpha_2$，$\alpha_3+\alpha_4$，α_5，$\cdots$，α_k，α_{k+1}.

提示：回顾例 3.3.6 中 Y_i 的定义，并利用下面的事实：满足 $\beta=1$ 的几个独立伽马变量之和是伽马变量.

3.4 正态分布

建立正态分布的动机源于中心极限定理，这将在 5.3 节阐述. 该定理表明，正态分布通常为统计推断与应用提供了重要分布族. 我们首先引入标准正态分布，然后通过它得到一般正态分布.

考察积分

$$I=\int_{-\infty}^{\infty}\frac{1}{\sqrt{2\pi}}\exp\left(\frac{-z^2}{2}\right)\mathrm{d}z \tag{3.4.1}$$

由于被积函数是正的连续函数，它被可积函数所限制，所以该积分存在，即

$$0<\exp\left(\frac{-z^2}{2}\right)<\exp(-|z|+1),\quad -\infty<z<\infty$$

以及

$$\int_{-\infty}^{\infty}\exp(-|z|+1)\mathrm{d}z=2\mathrm{e}$$

为了计算积分 I，我们注意到，$I>0$ 且 I^2 可以写成

$$I^2=\frac{1}{2\pi}\int_{-\infty}^{\infty}\int_{-\infty}^{\infty}\exp\left(-\frac{z^2+w^2}{2}\right)\mathrm{d}z\mathrm{d}w$$

这个累次积分可利用极坐标变换计算出来. 如果令 $z=r\cos\theta$ 与 $w=r\sin\theta$，得到

$$I^2=\frac{1}{2\pi}\int_0^{2\pi}\int_0^{\infty}\mathrm{e}^{-r^2/2}r\mathrm{d}r\mathrm{d}\theta=\frac{1}{2\pi}\int_0^{2\pi}\mathrm{d}\theta=1$$

由于式(3.4.1)积分在 R 上为正的，并且在 R 上积分为 1，所以它是支集 R 上连续随机变量的概率密度函数. 我们用 Z 表示这个随机变量. 总之，Z 具有概率密度函数

$$f(z) = \frac{1}{\sqrt{2\pi}}\exp\left(\frac{-z^2}{2}\right), \quad -\infty < z < \infty \tag{3.4.2}$$

对于 $t\in R$，Z 的矩母函数能通过如下二次幂推导出来：

$$\begin{aligned} E[\exp(tZ)] &= \int_{-\infty}^{\infty} \exp(tz)\,\frac{1}{\sqrt{2\pi}}\exp\left(-\frac{1}{2}z^2\right)\mathrm{d}z \\ &= \exp\left(\frac{1}{2}t^2\right)\int_{-\infty}^{\infty} \frac{1}{\sqrt{2\pi}}\exp\left(-\frac{1}{2}(z-t)^2\right)\mathrm{d}z \\ &= \exp\left(\frac{1}{2}t^2\right)\int_{-\infty}^{\infty} \frac{1}{\sqrt{2\pi}}\exp\left(-\frac{1}{2}w^2\right)\mathrm{d}w \end{aligned} \tag{3.4.3}$$

其中，对最后的积分我们做了一个一一变量变换 $w=z-t$. 由恒等式(3.4.2)，式(3.4.3)中的积分值为 1. 因而，Z 的矩母函数为

$$M_Z(t) = \exp\left(\frac{1}{2}t^2\right), \quad 对于 -\infty < t < \infty \tag{3.4.4}$$

很容易证明，$M_Z(t)$的前二阶导数是

$$M_Z'(t) = t\exp\left(\frac{1}{2}t^2\right)$$

$$M_Z''(t) = \exp\left(\frac{1}{2}t^2\right) + t^2\exp\left(\frac{1}{2}t^2\right)$$

若在 $t=0$ 处计算这些导数，则 Z 的均值与方差是

$$E(Z) = 0 \text{ 与 } \mathrm{Var}(Z) = 1 \tag{3.4.5}$$

接下来，对于 $b>0$，通过

$$X = bZ + a$$

定义一个连续随机变量. 这是一一变换. 为了推导 X 的概率密度函数，注意，此变换的逆与雅可比行列式分别是 $z=b^{-1}(x-a)$与 $J=b^{-1}$. 因为 $b>0$，由式(3.4.2)可得，X 的概率密度函数是

$$f_X(x) = \frac{1}{\sqrt{2\pi}b}\exp\left[-\frac{1}{2}\left(\frac{x-a}{b}\right)^2\right], \quad -\infty < x < \infty$$

由式(3.4.5)，我们立刻得到 $E(X)=a$ 与 $\mathrm{Var}(X)=b^2$. 进而，在 X 的概率密度函数表达式中，用$\mu=E(X)$代替 a，并且用 $\sigma^2=\mathrm{Var}(X)$代替 b^2. 下面的定义做出这个正式表述.

定义 3.4.1(正态分布)　如果随机变量 X 的概率密度函数是

$$f(x) = \frac{1}{\sqrt{2\pi}\sigma}\exp\left[-\frac{1}{2}\left(\frac{x-\mu}{\sigma}\right)^2\right], \quad 对于 -\infty < x < \infty \tag{3.4.6}$$

参数 μ 与 σ^2 分别是 X 的均值与方差，则我们称它服从**正态分布**(normal distribution). 我们经常写成 X 服从 $N(\mu,\sigma^2)$.

在这种记号下，具有概率密度函数式(3.4.2)的随机变量 Z 服从 $N(0,1)$. 我们称 Z 为**标准正态**(standard normal)随机变量.

对于 X 的矩母函数，若运用关系式 $X=\sigma Z+\mu$ 以及 Z 的矩母函数式(3.4.4)，则得出对于$-\infty<t<\infty$，

$$E[\exp(tX)] = E\{\exp[t(\sigma Z+\mu)]\} = \exp(\mu t)E[\exp(t\sigma Z)]$$
$$= \exp(\mu t)\exp\left(\frac{1}{2}\sigma^2 t^2\right) = \exp\left(\mu t+\frac{1}{2}\sigma^2 t^2\right) \quad (3.4.7)$$

我们对上面的讨论加以概括，发现 Z 与 X 之间的关系如下：

$$X \text{ 服从 } N(\mu,\sigma^2) \text{ 当且仅当 } Z=\frac{X-\mu}{\sigma} \text{ 服从 } N(0,1) \quad (3.4.8)$$

设 X 服从 $N(\mu,\sigma^2)$. X 的概率密度函数的图形见图 3.4.1，从此图可以看到，它具有下述几个特性：(1) 关于$x=\mu$对称；(2) 在 $x=\mu$ 处具有最大值 $1/(\sigma\sqrt{2\pi})$；(3)以 x 轴作为水平渐近线. 还可验证(4)$x=\mu\pm\sigma$ 是拐点；参看习题 3.4.7. 根据关于 μ 的对称性，正态分布的中位数等于其均值.

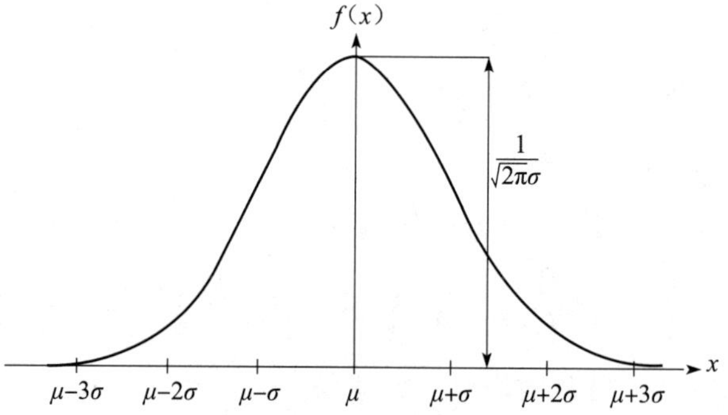

图 3.4.1 正态密度 $f(x)$，式(3.4.6)

如果想要计算 $P(X\leqslant x)$，则需要进行下述积分：

$$P(X\leqslant x)=\int_{-\infty}^{x}\frac{1}{\sqrt{2\pi}\sigma}\mathrm{e}^{-(t-\mu)^2/(2\sigma^2)}\,\mathrm{d}t$$

由微积分知识可以知道，被积函数没有不定积分，因此，此积分必须利用数值积分程序来计算. 可以利用 R 软件中函数 pnorm 来完成这个计算过程. 如果 X 服从分布 $N(\mu,\sigma^2)$，那么可用 R 软件 pnorm(x,μ,σ)计算 $P(X\leqslant x)$，q=qnorm(P,μ,σ)计算 X 的第 p 分位数，也就是 q 为方程 $P(X\leqslant q)=p$ 的解. 下面我们用例子来说明这样的计算.

例 3.4.1 假定成年男性的身高服从正态分布，其均值 $\mu=70$in，标准差 $\sigma=4$in. 为了绘制随机变量 X 的概率密度函数图，只需在图 3.4.1 中将 μ 替换为 70，σ 替换为 4. 假定我们想要计算一个人身高超过 6ft(72in)的概率. 在图中寻找到位置 72. 所求出的概率就是区间(72,∞)中曲线下方的面积，利用 R 中的 1－pnorm(72,70,4)函数，计算得出 1-pnorm(72,70,4)=0.3085. 因此，男性中有 31%的人身高超过 6ft. 身高的第 95 百分位数是 qnorm(0.95,70,4)=76.6in. 身高在一个标准差范围内的男性比例是多少？答案：pnorm(74,70,4)-pnorm(66,70,4)=0.6827. ■

在现代计算技术出现之前，通常采用正态分布概率表来计算. 根据式(3.4.8)，只需要标准正态分布概率表即可. 设 Z 服从标准正态分布，其概率密度函数的图形如图 3.4.2 所示. Z 的累积分布函数常用符号是

$$P(Z \leqslant z) = \Phi(z) = \int_0^z \frac{1}{2\pi} \mathrm{e}^{-t^2/2}\, \mathrm{d}t, \quad -\infty < z < \infty \tag{3.4.9}$$

附录 D 中表Ⅱ给出了关于 $z>0$ 特定值的 $\Phi(z)$ 表. 为了计算 $\Phi(-z)$，其中 $z>0$，利用恒等式

$$\Phi(-z) = 1 - \Phi(z) \tag{3.4.10}$$

这个恒等式之所以成立，原因是 Z 的概率密度函数关于 0 是对称的. 这个事实显而易见，如图 3.4.2 所示，要求读者在习题 3.4.1 中给出证明.

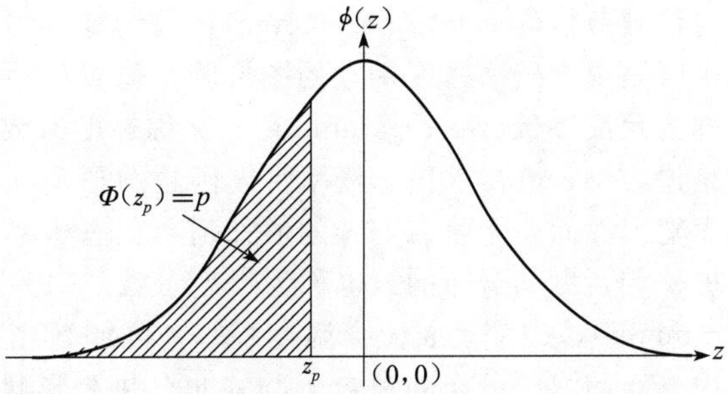

图 3.4.2 标准正态密度：$p=\Phi(z_p)$ 是 z_p 左侧曲线下面的区域面积

为了说明如何运用表Ⅱ，假定例 3.4.1 中我们想要求出成年男性的身高在 67 至 71in 之间的概率. 这个概率的计算结果是

$$\begin{aligned} P(67 < X < 71) &= P(X < 71) - P(X < 67) \\ &= P\left(\frac{X-70}{4} < \frac{71-70}{4}\right) - P\left(\frac{X-70}{4} < \frac{67-70}{4}\right) \\ &= P(Z < 0.25) - P(Z < -0.75) = \Phi(0.25) - 1 + \Phi(0.75) \\ &= 0.5987 - 1 + 0.7734 = 0.3721 \qquad (3.4.11) \\ &= \mathrm{pnorm(71,70,4)} - \mathrm{pnorm(67,70,4)} = 0.372\,079 \qquad (3.4.12) \end{aligned}$$

式(3.4.11)是利用表Ⅱ计算得到的，而最后一行是利用 R 函数 pnorm 计算得出的. 习题提供了更多示例. 对于表Ⅱ给出最后一点说明，它可由 R 函数来生成：

```
normtab <- function(){ za <- seq(0.00,3.59,.01);
    pz <- t(matrix(round(pnorm(za),digits=4),nrow=10))
    colnames(pz) <- seq(0,.09,.01)
    rownames(pz) <- seq(0.0,3.5,.1); return(pz)}
```

函数 normtab 可以在前言中所列出的网站下载.

例 3.4.2(经验法则) 设 X 服从 $N(\mu, \sigma^2)$，则由表Ⅱ或 R 知，

$$\begin{aligned} P(\mu - 2\sigma < X < \mu + 2\sigma) &= \Phi\left(\frac{\mu + 2\sigma - \mu}{\sigma}\right) - \Phi\left(\frac{\mu - 2\sigma - \mu}{\sigma}\right) \\ &= \Phi(2) - \Phi(-2) = 0.977 - (1 - 0.977) = 0.954 \end{aligned}$$

类似地，$P(\mu-\sigma<X<\mu+\sigma)=0.6827$，$P(\mu-3\sigma<X<\mu+3\sigma)=0.9973$. 有时，将这三个区间和它们对应的概率称为**经验法则**(empirical rule). 注意，我们可以使用切比雪夫定理(定理 1.10.3)来获得这些概率的下界. 尽管经验法则要精确得多，但是它的前提是数据服从正态分布，而切比雪夫定理只要求有一个有限方差的假设. ■

例 3.4.3 假定服从 $N(\mu,\sigma^2)$的某个分布概率 10%位于 60 之下，而概率 5%则位于 90 之上. μ 与 σ 的值是多少？我们已知随机变量 X 服从 $N(\mu,\sigma^2)$，同时 $P(X\leqslant 60)=0.10$ 而且 $P(X\leqslant 90)=0.95$. 因而，$\Phi[(60-\mu)/\sigma]=0.10$ 而 $\Phi[(90-\mu)/\sigma]=0.95$. 由表Ⅱ，有

$$\frac{60-\mu}{\sigma} = -1.282, \quad \frac{90-\mu}{\sigma} = 1.64$$

这些条件大致要求 $\mu=73.1$ 而 $\sigma=10.2$. ■

注释 3.4.1 在这一章，我们阐明了与分布有关的三种参数类型. $N(\mu,\sigma^2)$的均值 μ 称为**位置参数**(location parameter)，因为变动 μ 值直接改变正态概率密度函数的中间位置；也就是说，概率密度函数的图形除了位置移动之外，看起来完全一样. $N(\mu,\sigma^2)$的标准差 σ 称为**尺度参数**(scale parameter，又称标度参数)，因为变动 σ 值会改变此分布的形状. 也就是说，小 σ 值要求正态概率密度函数图形高而窄，而大 σ 值要求正态概率密度函数图形低而宽. 然而，不管 μ 与 σ 的值如何，正态概率密度函数图形将像人们熟悉的"钟形". 顺便提一句，伽马分布的 β 也称为尺度参数. 另一方面，伽马分布的 α 称为**形状参数**(shape parameter)，因变动 α 值会调整概率密度函数图形的形状，如同从图 3.3.1 中所看到的. 二项分布和泊松分布的参数 p 与 μ 也分别是形状参数. ■

继续注释 3.4.1 第一部分的说明，如果 X 服从 $N(\mu,\sigma^2)$，那么我们称 X 服从位置模型(location model)，也就是

$$X=\mu+e \tag{3.4.13}$$

其中 e 表示服从 $N(0,\sigma^2)$分布的随机变量(通常称为随机误差). 反之，如果 X 满足式(3.4.13)，其中 e 服从 $N(0,\sigma^2)$，那么立刻得出 X 服从 $N(\mu,\sigma^2)$.

下面，我们以三个重要结果来结束本节这部分内容.

例 3.4.4(正态分布的各阶矩) 回顾前面例 1.9.7，我们可利用标准正态随机变量的矩母函数来推导它的各阶矩. 下面运用它来得到 X 的各阶矩，其中 X 服从 $N(\mu,\sigma^2)$. 由式(3.4.13)，$X=\sigma Z+\mu$，其中 Z 服从 $N(0,1)$. 因此，对于所有非负整数 k，直接利用二项式定理得出

$$E(X^k)=E[(\sigma Z+\mu)^k]=\sum_{j=0}^{k}\binom{k}{j}\sigma^j E(Z^j)\mu^{k-j} \tag{3.4.14}$$

回顾例 1.9.7，Z 的所有奇数阶矩都是 0，而所有偶数阶矩都由式(1.9.3)给出. 将这些代入式(3.4.14)就可推导出 X 的各阶矩. ■

定理 3.4.1 如果随机变量 X 服从 $N(\mu,\sigma^2)$，$\sigma^2>0$，那么随机变量 $V=(X-\mu)^2/\sigma^2$ 服从 $\chi^2(1)$.

证：由于 $V=W^2$，其中 $W=(X-\mu)/\sigma$ 服从 $N(0,1)$，所以对于 $v\geqslant 0$，V 的累积分布函数 $G(v)$是

$$G(v)=P(W^2\leqslant v)=P(-\sqrt{v}\leqslant W\leqslant\sqrt{v})$$

也就是说，

$$G(v)=2\int_0^{\sqrt{v}}\frac{1}{\sqrt{2\pi}}\mathrm{e}^{-w^2/2}\,\mathrm{d}w,\quad 0\leqslant v$$

而且

$$G(v)=0,\quad v<0$$

若我们通过令 $w=\sqrt{y}$做积分变量变换，则

$$G(v)=\int_0^{v}\frac{1}{\sqrt{2\pi}\sqrt{y}}\mathrm{e}^{-y/2}\,\mathrm{d}y,\quad 0\leqslant v$$

因此，连续型随机变量 V 的概率密度函数 $g(v)=G'(v)$是

$$g(v)\begin{cases}\dfrac{1}{\sqrt{\pi}\sqrt{2}}v^{1/2-1}\mathrm{e}^{-v/2}, & 0<v<\infty\\ 0, & \text{其他}\end{cases}$$

由于 $g(v)$是概率密度函数，所以

$$\int_0^\infty g(v)\mathrm{d}v=1$$

因此必定有 $\Gamma\left(\frac{1}{2}\right)=\sqrt{\pi}$，因而 V 服从 $\chi^2(1)$. ■

正态分布最重要的性质之一是它在独立性下的可加性.

定理 3.4.2 设 $X_1,X_2,\cdots,X_n$ 是独立随机变量，对于 $i=1,2,\cdots,n$，X_i 服从 $N(\mu_i,\sigma_i^2)$. 设 $Y=\sum_{i=1}^n a_iX_i$，其中 $a_1,a_2,\cdots,a_n$ 均为常数. 于是，Y 的分布是 $N\left(\sum_{i=1}^n a_i\mu_i,\sum_{i=1}^n a_i^2\sigma_i^2\right)$.

证：对于 $t\in R$，利用独立性以及正态分布的矩母函数，Y 的矩母函数是

$$M_Y(t)=\prod_{i=1}^n \exp[ta_i\mu_i+(1/2)t^2a_i^2\sigma_i^2]=\exp\left[t\sum_{i=1}^n a_i\mu_i+(1/2)t^2\sum_{i=1}^n a_i^2\sigma_i^2\right]$$

它是 $N\left(\sum_{i=1}^n a_i\mu_i,\sum_{i=1}^n a_i^2\sigma_i^2\right)$ 分布的矩母函数. ■

这个结果的简单推论给出，当 $X_1,X_2,\cdots,X_n$ 是独立同分布的正态随机变量时，均值 $\overline{X}=n^{-1}\sum_{i=1}^n X_i$ 的分布.

推论 3.4.1 设 $X_1,X_2,\cdots,X_n$ 是随机变量，具有共同分布 $N(\mu,\sigma^2)$. 设 $\overline{X}=n^{-1}\sum_{i=1}^n X_i$. 于是，$\overline{X}$ 服从 $N(\mu,\sigma^2/n)$.

为了证明这个推论，对于 $i=1, 2,\cdots,n$，在定理 3.4.2 中直接取 $a_i=(1/n)$，$\mu_i=\mu$ 以及 $\sigma_i^2=\sigma^2$.

*污染正态分布

接下来，我们讨论其分布是正态混合的随机变量. 如同正态分布一样，以标准化随机变量开始.

假定我们可观测到下述随机变量，在绝大多数时间，随机变量遵从标准正态分布，但偶尔会遵从具有较大方差的正态分布. 在应用中，我们可以说大多数数据是“好的”，但存在一些偶然的离群值. 为了准确地阐述这点，设 Z 服从 $N(0,1)$；设 $I_{1-\varepsilon}$是由

$$I_{1-\varepsilon}=\begin{cases}1, & \text{以概率 } 1-\varepsilon\\ 0, & \text{以概率 } \varepsilon\end{cases}$$

定义的离散随机变量，同时假定 Z 与 $I_{1-\varepsilon}$是独立的. 令 $W=ZI_{1-\varepsilon}+\sigma_cZ(1-I_{1-\varepsilon})$. 那么，$W$ 就是所关注的随机变量.

Z 与 $I_{1-\varepsilon}$的独立性蕴含着 W 的累积分布函数是

$$\begin{aligned}F_W(w)&=P[W\leqslant w]=P[W\leqslant w,I_{1-\varepsilon}=1]+P[W\leqslant w,I_{1-\varepsilon}=0]\\&=P[W\leqslant w|I_{1-\varepsilon}=1]P[I_{1-\varepsilon}=1]+P[W\leqslant w|I_{1-\varepsilon}=0]P[I_{1-\varepsilon}=0]\end{aligned}$$

$$=P[Z \leqslant w](1-\varepsilon)+P[Z \leqslant w/\sigma_c]\varepsilon=\Phi(w)(1-\varepsilon)+\Phi(w/\sigma_c)\varepsilon \quad (3.4.15)$$

因此，我们已经证明，W 的分布是正态分布的混合形式．而且，由于 $W=ZI_{1-\varepsilon}+\sigma_c Z(1-I_{1-\varepsilon})$，所以

$$E(W)=0 \text{ 且 } \operatorname{Var}(W)=1+\varepsilon(\sigma_c^2-1) \quad (3.4.16)$$

参看习题 3.4.24．对式(3.4.15)求导，W 的概率密度函数是

$$f_W(w)=\phi(w)(1-\varepsilon)+\phi(w/\sigma_c)\frac{\varepsilon}{\sigma_c} \quad (3.4.17)$$

其中 ϕ 表示标准正态概率密度函数．

通常，假定关注的随机变量是 $X=a+bW$，其中 $b>0$．基于式(3.4.16)，X 的均值与方差为

$$E(X)=a \text{ 与 } \operatorname{Var}(X)=b^2(1+\varepsilon(\sigma_c^2-1)) \quad (3.4.18)$$

由式(3.4.15)，X 的累积分布函数为

$$F_X(x)=\Phi\left(\frac{x-a}{b}\right)(1-\varepsilon)+\Phi\left(\frac{x-a}{b\sigma_c}\right)\varepsilon \quad (3.4.19)$$

这是正态累积分布函数的混合形式．

基于式(3.4.19)利用 R 很容易得到污染正态分布的概率．例如，如上所述，假定 W 具有累积分布函数(3.4.15)．那么，可通过 R 命令 `(1-eps)*pnorm(w)+eps*pnorm(w/sigc)` 得出 $P(W\leqslant w)$，其中 eps 与 sigc 分别表示 ε 与 σ_c．类似地，通过 `(1-eps)*dnorm(w)+eps*dnorm(w/sigc)/sigc` 得出 W 的概率密度函数在 w 处之值．函数 pcn 与 dcn 分别计算污染正态分布的累积分布函数与概率密度函数在 3.7 节，我们将从大体上探讨混合分布．

习题

3.4.1 如果

$$\Phi(z)=\int_{-\infty}^{z}\frac{1}{\sqrt{2\pi}}e^{-w^2/2}dw$$

证明 $\Phi(-z)=1-\Phi(z)$．

3.4.2 如果 X 服从 $N(75,100)$，那么利用表Ⅱ，或者用 R 命令 pnorm，求 $P(X<60)$ 与 $P(70<X<100)$．

3.4.3 如果 X 服从 $N(\mu,\sigma^2)$，那么利用附录 D 中的表Ⅱ，或者用 R 命令 pnorm，求 b 以使 $P[-b<(X-\mu)/\sigma<b]=0.90$．

3.4.4 设 X 服从 $N(\mu,\sigma^2)$，使得 $P(X<89)=0.90$ 以及 $P(X<94)=0.95$，求 μ 与 σ^2．

3.4.5 选取常数 c，使 $f(x)=c2^{-x^2}$，$-\infty<x<\infty$，满足成为正态概率密度函数的条件．
提示：设 $2=e^{\log 2}$．

3.4.6 如果 X 服从 $N(\mu,\sigma^2)$，证明 $E(|X-\mu|)=\sigma\sqrt{2/\pi}$．

3.4.7 证明概率密度函数 $N(\mu,\sigma^2)$ 的图形在 $x=\mu-\sigma$ 与 $x=\mu+\sigma$ 处具有拐点．

3.4.8 计算 $\int_2^3 \exp[-2(x-3)^2]dx$．

3.4.9 确定 X 服从 $N(65,25)$ 分布的第 90 百分位数．

3.4.10 如果 e^{3t+8t^2} 是随机变量 X 的矩母函数，求 $P(-1<X<9)$．

3.4.11 设随机变量 X 具有概率密度函数

$$f(x)=\frac{2}{\sqrt{2\pi}}e^{-x^2/2},\quad 0<x<\infty,\quad \text{其他为 } 0$$

(a) 求 X 的均值与方差．(b) 求 X 的累积分布函数与危险函数．

(a)的提示：通过把积分与表述服从 $N(0,1)$随机变量的方差积分对比，直接计算 $E(X)$以及 $E(X^2)$．

3.4.12 设 X 服从 $N(5,10)$．求 $P[0.04<(X-5)^2<38.4]$．

3.4.13 如果 X 服从 $N(1,4)$，计算概率 $P(1<X^2<9)$．

3.4.14 如果 X 服从 $N(75,25)$，求给定 X 大于 77 时 X 大于 80 的条件概率．参看习题 2.3.12．

3.4.15 设 X 是随机变量，使得 $E(X^{2m})=(2m)!\ /(2^m m!)$，$m=1,2,3,\cdots$以及 $E(X^{2m-1})=0$，$m=1,2,3,\cdots$，求 X 的矩母函数与概率密度函数．

3.4.16 设相互独立随机变量 X_1,X_2,X_3 分别服从 $N(0,1)$，$N(2,4)$，$N(-1,1)$．计算这三个变量中的两个均完全小于 0 的概率．

3.4.17 计算服从 $N(\mu,\sigma^2)$的分布的偏度与峰度．分别参看习题 1.9.14 和习题 1.9.15 关于偏度与峰度的定义．

3.4.18 设随机变量 X 服从 $N(\mu,\sigma^2)$．

(a) 随机变量 $Y=X^2$ 也会服从正态分布吗？

(b) 随机变量 $Y=aX+b$ 会服从正态分布吗？其中 a 与 b 均为非零常数．

提示：在每一种情况下，首先确定 $P(Y\leqslant y)$．

3.4.19 设随机变量 X 服从 $N(\mu,\sigma^2)$．当 $\sigma^2=0$ 时，这个分布会变成什么呢？

提示：考察 $\sigma^2>0$ 时 X 的矩母函数，并且探讨当 $\sigma^2\to0$ 时，X 的矩母函数的极限．

3.4.20 设 Y 服从截尾分布，对于 $a<y<b$，具有概率密度函数 $g(y)=\phi(y)/[\Phi(b)-\Phi(a)]$，其他为 0，其中 $\phi(x)$与$\Phi(x)$分别表示标准正态分布的概率密度函数与分布函数．然后，证明 $E(Y)$等于$[\phi(a)-\phi(b)]/[\Phi(b)-\Phi(a)]$．

3.4.21 设 $f(x)$与 $F(x)$是连续分布的概率密度函数与累积分布函数，使得对于所有 x，$f'(x)$存在．某个截尾分布对于$-\infty<y<b$，具有概率密度函数 $g(y)=f(y)/F(b)$，其他为 0，设对于所有实数 b，此截尾分布的均值等于$-f(b)/F(b)$．证明 $f(x)$是标准正态分布的概率密度函数．

3.4.22 设 X 与 Y 是独立随机变量，它们均服从 $N(0,1)$．设 $Z=X+Y$．求表示 Z 的累积分布函数 $G(z)=P(X+Y\leqslant z)$的积分．确定 Z 的概率密度函数．

提示：我们有 $G(z)=\int_{-\infty}^{\infty}H(x,z)\mathrm{d}x$，其中

$$H(x,z)=\int_{-\infty}^{z-x}\frac{1}{2\pi}\exp[-(x^2+y^2)/2]\mathrm{d}y$$

通过计算 $\int_{-\infty}^{\infty}[\partial H(x,z)/\partial z]\mathrm{d}x$ 求 $G'(z)$．

3.4.23 假定 X 是随机变量，具有关于 0 对称的概率密度函数 $f(x)(f(-x)=f(x))$．证明，对于 X 支集中的所有 x，$F(-x)=1-F(x)$．

3.4.24 推导由式(3.4.16)给出的污染正态随机变量的均值与方差．

3.4.25 假定可运用计算机，研究有关污染正态随机变量与正态随机变量的“离散值”之概率．特别地，确定下述随机变量观测到的事件$\{|X|\geqslant2\}$的概率．(对污染正态分布利用 R 函数 pcn.)

(a) X 服从标准正态分布．

(b) X 服从具有累积分布函数(3.4.15)的污染正态分布，其中 $\varepsilon=0.15$ 而 $\sigma_c=10$．

(c) X 服从具有累积分布函数(3.4.15)的污染正态分布，其中 $\varepsilon=0.15$ 而 $\sigma_c=20$．

(d) X 服从具有累积分布函数(3.4.15)的污染正态分布，其中 $\varepsilon=0.25$ 而 $\sigma_c=20$．

3.4.26 假如可运用计算机，画出上面习题(a)～(d)部分所定义的随机变量的概率密度函数．并且画出这四个概率密度函数的叠加图形．通过利用 R 中的命令 seq，很容易得到概率密度函数的定义域值．例如，命令 `x<-seq(-6,6,.1)`将显示-6与 6 之间以 0.1 跃变的值向量．对污染正态概

率密度函数利用 R 函数 dcn.

3.4.27 考察由参数 α 标的概率密度函数族，其中 $-\infty<\alpha<\infty$，也就是

$$f(x;\alpha)=2\phi(x)\Phi(\alpha x),\quad -\infty<x<\infty \tag{3.4.20}$$

其中 $\phi(x)$ 与 $\Phi(x)$ 分别表示标准正态分布的概率密度函数和累积分布函数.

(a) 很明显，对于所有 x，$f(x;\alpha)>0$. 证明概率密度函数在 $(-\infty,\infty)$ 上的积分是 1.

提示：从下式开始

$$\int_{-\infty}^{\infty} f(x;\alpha)\mathrm{d}x=2\int_{-\infty}^{\infty}\phi(x)\int_{-\infty}^{\alpha x}\phi(t)\mathrm{d}t$$

接下来绘制积分区域，然后结合被积函数，运用式(3.4.1)之后的极坐标变换.

(b) 注意，$f(x;\alpha)$ 是 $\alpha=0$ 时 $N(0,1)$ 的概率密度函数. 当 $\alpha<0$ 时，概率密度函数左偏，而当 $\alpha>0$ 时，概率密度函数右偏. 利用 R，通过绘制 $\alpha=-3,-2,-1,1,2,3$ 的概率密度函数来验证这一点. $\alpha=-3$ 的代码：

```
x=seq(-5,5,.01); alp =-3; y=2*dnorm(x)*pnorm(alp*x);plot(y~x)
```

这个族被称为**偏态正态分布族**(skewed normal family)，参看 Azzalini(1985).

3.4.28 Z 服从 $N(0,1)$，可以证明

$$E[\Phi(hZ+k)]=\Phi[k/\sqrt{1+h^2}]$$

参看 Azzalini(1985). 利用这个事实来得到概率密度函数表示式(3.4.20)的矩母函数. 然后，求这个概率密度函数的均值.

3.4.29 设 X_1 与 X_2 是独立正态分布，它们分别服从 $N(6,1)$ 与 $N(7,1)$. 求 $P(X_1>X_2)$.

提示：写成 $P(X_1>X_2)=P(X_1-X_2>0)$，并确定 X_1-X_2 的分布.

3.4.30 如果 X_1,X_2,X_3 是独立同分布的，服从 $N(1,4)$，计算 $P(X_1+2X_2-2X_3>7)$.

3.4.31 某项工作依照顺序用三个步骤完成. 这三个步骤的均值与标准差(以分钟计量)是：

步骤	均值	标准差
1	17	2
2	13	1
3	13	2

假定三个步骤是独立的且服从正态分布，计算以小于 40 分钟完成此项工作的概率.

3.4.32 设 X 服从 $N(0,1)$. 运用矩母函数方法，证明 $Y=X^2$ 服从 $\chi^2(1)$.

提示：计算通过令 $w=x\sqrt{1-2t}$ 表示 $E(\mathrm{e}^{tX^2})$ 的积分，$t<\frac{1}{2}$.

3.4.33 假定 X_1,X_2 是独立同分布的，并且服从标准正态分布. 求 $Y_1=X_1^2+X_2^2$ 与 $Y_2=X_2$ 的联合概率密度函数，以及 Y_1 的边缘概率密度函数.

提示：注意，Y_1 与 Y_2 的空间是由 $-\sqrt{y_1}<y_2<\sqrt{y_1}$ 给出的，$0<y_1<\infty$.

3.5 多元正态分布

在这一节，我们将阐述多元正态分布. 在本节第一部分，我们将介绍二元正态分布，绝大部分的证明留到后面 3.5.2 节给出.

3.5.1 二元正态分布

我们称 (X,Y) 服从二元正态分布，如果它的概率密度函数是

$$f(x,y)=\frac{1}{2\pi\sigma_1\sigma_2\sqrt{1-\rho^2}}e^{-q/2},\quad -\infty<x<\infty,-\infty<y<\infty \tag{3.5.1}$$

其中

$$q=\frac{1}{1-\rho^2}\left[\left(\frac{x-\mu_1}{\sigma_1}\right)^2-2\rho\left(\frac{x-\mu_1}{\sigma_1}\right)\left(\frac{y-\mu_2}{\sigma_2}\right)+\left(\frac{y-\mu_2}{\sigma_2}\right)^2\right] \tag{3.5.2}$$

并且$-\infty<\mu_i<\infty$，$\sigma_i>0$，当$i=1,2$，ρ满足$\rho^2<1$. 很明显，这个函数在$\mathbb{R}^2$上处处是正的. 正如我们在3.5.2节中所看到的，它是一个概率密度函数，其矩母函数是由下式给出：

$$M_{(X,Y)}(t_1,t_2)=\exp\left[t_1\mu_1+t_2\mu_2+\frac{1}{2}(t_1^2\sigma_1^2+2t_1t_2\rho\sigma_1\sigma_2+t_2^2\sigma_2^2)\right] \tag{3.5.3}$$

因而，X的矩母函数是

$$M_X(t_1)=M_{(X,Y)}(t_1,0)=\exp\left(t_1\mu_1+\frac{1}{2}t_1^2\sigma_1^2\right)$$

所以，X服从$N(\mu_1,\sigma_1^2)$. 同样地，Y服从$N(\mu_2,\sigma_2^2)$. 因此，μ_1和μ_2分别是X和Y的均值，σ_1^2和σ_2^2分别是X和Y的方差. 对于参数ρ，习题3.5.3证明

$$E(XY)=\frac{\partial^2 M_{(X,Y)}}{\partial t_1\,\partial t_2}(0,0)=\rho\sigma_1\sigma_2+\mu_1\mu_2 \tag{3.5.4}$$

所以，$\mathrm{Cov}(X,Y)=\rho\sigma_1\sigma_2$. 因而，正如公式符号所示，$\rho$是$X$和$Y$之间的相关系数. 根据定理2.5.2，如果$X$和$Y$是独立的，那么$\rho=0$. 此外，由式(3.5.3)可知，如果$\rho=0$，则$(X,Y)$的联合矩母函数可分解成边缘矩母函数的乘积，因此，$X$和$Y$是独立的随机变量. 因此，如果$(X,Y)$具有二元正态分布，那么当且仅当它们不相关时，$X$和$Y$是独立的.

二元正态概率密度函数式(3.5.1)在$\mathbb{R}^2$上表现为山丘形状，其均值为(μ_1,μ_2)，参看习题3.5.4. 对于给定的$c>0$，具有等概率(或密度)的点是由$\{(x,y): f(x,y)=c\}$给出. 利用某些代数方法可以证明，这些集合是椭圆. 一般地说，对于多元分布，我们称这些集合为概率密度函数的**等高线**(contour). 因此，二元正态分布的等高线是椭圆. 如果X和Y是独立的，那么这些等高线就是圆形. 对此感兴趣的读者可以查阅关于多元统计的书，继续探索椭圆几何学. 例如，如果$\sigma_1=\sigma_2$且$\rho>0$，椭圆的主轴以45度角穿过均值，参看Johnson和Wichern(2008)的讨论.

如图3.5.1所示，$(\mu_1,\mu_2)=(0,0)$，$\sigma_1=\sigma_2=1$，$\rho=0.5$的二元正态概率密度函数的三维图形. 就位置而言，图形的峰值在$(\mu_1,\mu_2)=(0,0)$处，椭圆等高线清晰可见. 很容易确定主轴位置. 对于平面上的一个区域A来说，$P[(X,Y)\in A]$是在A上的曲面下的体积. 通常，运用数值积分方法计算这种概率.

在下一节，我们将讨论的内容扩展到一般多元情况. 然而，下面的注释3.5.1会再次讨论二元情况，将会用到关于向量和矩阵的小知识.

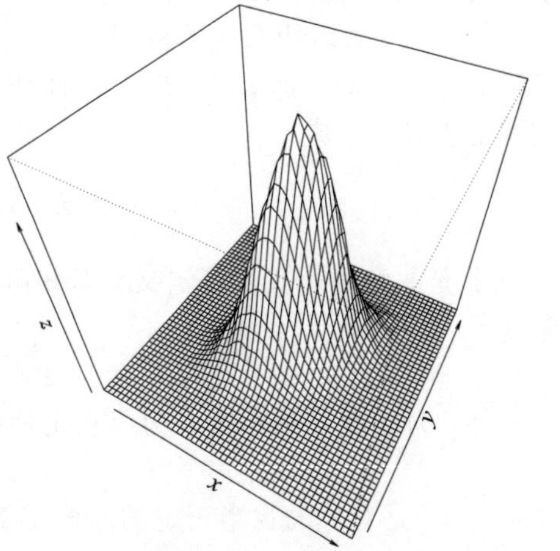

图3.5.1　均值为(0,0)，$\sigma_1=\sigma_2=1$，$\rho=0.5$的二元正态分布的曲面示意图

*3.5.2 多元正态分布的一般情况

这一节我们将二元正态分布推广到 n 维多元正态分布．正如3.4节正态分布一样，首先讨论标准情况，这样做便于推导分布，然后对一般情况继续讨论．此外，这一节使用向量和矩阵记号．

考察随机向量 $\boldsymbol{Z}=(Z_1,Z_2,\cdots,Z_n)'$，其中 $Z_1,Z_2\cdots,Z_n$ 服从 $N(0,1)$ 的独立同分布随机变量．于是，对于 $\boldsymbol{z}\in\mathbb{R}^n$，$\boldsymbol{Z}$ 的密度是

$$\begin{aligned}f_{\boldsymbol{Z}}(\boldsymbol{z})&=\prod_{i=1}^{n}\frac{1}{\sqrt{2\pi}}\exp\left(-\frac{1}{2}z_i^2\right)=\left(\frac{1}{2\pi}\right)^{n/2}\exp\left(-\frac{1}{2}\sum_{i=1}^{n}z_i^2\right)\\&=\left(\frac{1}{2\pi}\right)^{n/2}\exp\left(-\frac{1}{2}\boldsymbol{z}'\boldsymbol{z}\right)\end{aligned}\tag{3.5.5}$$

由于 Z_i 具有均值0以及方差1，并且是不相关的，$\boldsymbol{Z}$ 的均值与方差是

$$E[\boldsymbol{Z}]=\boldsymbol{0}\text{ 与 }\mathrm{Cov}[\boldsymbol{Z}]=\boldsymbol{I}_n\tag{3.5.6}$$

其中 $\boldsymbol{I}_n$ 表示 n 阶单位矩阵．回顾 Z_i 的矩母函数为 $\exp(t_i^2/2)$．因而，由于 Z_i 是独立的，所以对于所有 $\boldsymbol{t}\in\mathbb{R}^n$，$\boldsymbol{Z}$ 的矩母函数是

$$\begin{aligned}M_{\boldsymbol{Z}}(\boldsymbol{t})&=E[\exp(\boldsymbol{t}'\boldsymbol{Z})]=E\left[\prod_{i=1}^{n}\exp(t_iZ_i)\right]=\prod_{i=1}^{n}E[\exp(t_iZ_i)]\\&=\exp\left(\frac{1}{2}\sum_{i=1}^{n}t_i^2\right)=\exp\left(\frac{1}{2}\boldsymbol{t}'\boldsymbol{t}\right)\end{aligned}\tag{3.5.7}$$

我们称 $\boldsymbol{Z}$ 服从**多元正态分布**(multivariate normal distribution)，具有 $\boldsymbol{0}$ 均值向量与 $\boldsymbol{I}_n$ 协方差矩阵．我们通过简称 $\boldsymbol{Z}$ 服从 $N_n(\boldsymbol{0},\boldsymbol{I}_n)$．

对于一般情况，假定 $\boldsymbol{\Sigma}$ 是一个 $n\times n$ 的、对称的且半正定的矩阵．然后，由线性代数知，我们总能把 $\boldsymbol{\Sigma}$ 分解成为

$$\boldsymbol{\Sigma}=\boldsymbol{\Gamma}'\boldsymbol{\Lambda}\boldsymbol{\Gamma}\tag{3.5.8}$$

其中 $\boldsymbol{\Lambda}$ 表示对角矩阵 $\boldsymbol{\Lambda}=\mathrm{diag}(\lambda_1,\lambda_2,\cdots,\lambda_n)$，$\lambda_1\geqslant\lambda_2\geqslant\cdots\geqslant\lambda_n\geqslant 0$ 是 $\boldsymbol{\Sigma}$ 的特征值，而 $\boldsymbol{\Gamma}'$ 的列 $\boldsymbol{v}_1,\boldsymbol{v}_2,\cdots,\boldsymbol{v}_n$ 表示相对应的特征向量．这种分解称为 $\boldsymbol{\Sigma}$ 的**谱分解**(spectral decomposition)．矩阵 $\boldsymbol{\Gamma}$ 是正交的，即 $\boldsymbol{\Gamma}^{-1}=\boldsymbol{\Gamma}'$，从而 $\boldsymbol{\Gamma}\boldsymbol{\Gamma}'=\boldsymbol{I}$．如同习题3.5.19所证明的，我们能以另一种方式把谱分解写成

$$\boldsymbol{\Sigma}=\boldsymbol{\Gamma}'\boldsymbol{\Lambda}\boldsymbol{\Gamma}=\sum_{i=1}^{n}\lambda_i\boldsymbol{v}_i\boldsymbol{v}_i'\tag{3.5.9}$$

由于 λ_i 是非负的，我们可定义对角矩阵 $\boldsymbol{\Lambda}^{1/2}=\mathrm{diag}(\sqrt{\lambda_1},\sqrt{\lambda_2},\cdots,\sqrt{\lambda_n})$．于是，$\boldsymbol{\Gamma}$ 的正交性蕴含着

$$\boldsymbol{\Sigma}=\boldsymbol{\Gamma}'\boldsymbol{\Lambda}^{1/2}\boldsymbol{\Gamma}\boldsymbol{\Gamma}'\boldsymbol{\Lambda}^{1/2}\boldsymbol{\Gamma}$$

我们将括号中矩阵乘积定义为半正定矩阵 $\boldsymbol{\Sigma}$ 的**平方根**(square root)，并写成

$$\boldsymbol{\Sigma}^{1/2}=\boldsymbol{\Gamma}'\boldsymbol{\Lambda}^{1/2}\boldsymbol{\Gamma}\tag{3.5.10}$$

注意，$\boldsymbol{\Sigma}^{1/2}$ 是对称的且半正定的．假定 $\boldsymbol{\Sigma}$ 是正定的，也就是说它的所有特征值是严格正的．于是，很容易证明

$$(\boldsymbol{\Sigma}^{1/2})^{-1}=\boldsymbol{\Gamma}'\boldsymbol{\Lambda}^{-1/2}\boldsymbol{\Gamma}\tag{3.5.11}$$

参看习题 3.5.13. 我们把这一式子的左边写成 $\boldsymbol{\Sigma}^{-1/2}$. 这些矩阵具有关于数的指数定律的许多额外性质；例如，参看 Arnold(1981). 然而，这里所需的全部内容是上面给出的性质.

设 $\boldsymbol{Z}$ 服从 $N_n(\boldsymbol{0},\boldsymbol{I}_n)$. 设 $\boldsymbol{\Sigma}$ 是半正定的对称矩阵，并且设 $\boldsymbol{\mu}$ 表示常数的 $n\times 1$ 向量. 通过

$$\boldsymbol{X} = \boldsymbol{\Sigma}^{1/2}\boldsymbol{Z} + \boldsymbol{\mu} \tag{3.5.12}$$

定义一个随机向量 $\boldsymbol{X}$. 由式(3.5.6)和定理 2.6.3，立刻得到

$$E[\boldsymbol{X}] = \boldsymbol{\mu} \text{ 与 } \operatorname{Cov}[\boldsymbol{X}] = \boldsymbol{\Sigma}^{1/2}\boldsymbol{\Sigma}^{1/2} = \boldsymbol{\Sigma} \tag{3.5.13}$$

而且，$\boldsymbol{X}$ 的矩母函数是由

$$\begin{aligned} M_{\boldsymbol{X}}(\boldsymbol{t}) &= E[\exp(\boldsymbol{t}'\boldsymbol{X})] = E[\exp(\boldsymbol{t}'\boldsymbol{\Sigma}^{1/2}\boldsymbol{Z} + \boldsymbol{t}'\boldsymbol{\mu})] = \exp(\boldsymbol{t}'\boldsymbol{\mu})E\{\exp[(\boldsymbol{\Sigma}^{1/2}\boldsymbol{t})'\boldsymbol{Z}]\} \\ &= \exp(\boldsymbol{t}'\boldsymbol{\mu})\exp[(1/2)(\boldsymbol{\Sigma}^{1/2}\boldsymbol{t})'\boldsymbol{\Sigma}^{1/2}\boldsymbol{t}] = \exp(\boldsymbol{t}'\boldsymbol{\mu})\exp[(1/2)\boldsymbol{t}'\boldsymbol{\Sigma}\boldsymbol{t}] \end{aligned} \tag{3.5.14}$$

给出的. 这导致了下述定义.

定义 3.5.1(多元正态分布) 如果对于所有 $\boldsymbol{t}\in\mathbb{R}^n$，$n$ 维随机向量 $\boldsymbol{X}$ 的矩母函数是

$$M_{\boldsymbol{X}}(\boldsymbol{t}) = \exp[\boldsymbol{t}'\boldsymbol{\mu} + (1/2)\boldsymbol{t}'\boldsymbol{\Sigma}\boldsymbol{t}] \tag{3.5.15}$$

其中 $\boldsymbol{\Sigma}$ 表示对称的、半正定矩阵，而且 $\boldsymbol{\mu}\in\mathbb{R}^n$，则我们称 n 维随机向量 $\boldsymbol{X}$ 服从**多元正态分布**(multivariate normal distribution). 我们通常简称 $\boldsymbol{X}$ 服从 $N_n(\boldsymbol{\mu},\boldsymbol{\Sigma})$.

注意，我们的定义是针对半正定矩阵 $\boldsymbol{\Sigma}$ 的. 通常，$\boldsymbol{\Sigma}$ 是正定的，在这种情况下，我们能进一步得到 $\boldsymbol{X}$ 的密度. 如果 $\boldsymbol{\Sigma}$ 是正定的，那么 $\boldsymbol{\Sigma}^{1/2}$ 也是正定的，而且正如上面所讨论的，它的逆由表达式(3.5.11)给出. 因而，在 $\boldsymbol{X}$ 与 $\boldsymbol{Z}$ 之间的变换(3.5.12)是一一的，其逆变换

$$\boldsymbol{Z} = \boldsymbol{\Sigma}^{-1/2}(\boldsymbol{X} - \boldsymbol{\mu})$$

具有雅可比行列式，而且 $|\boldsymbol{\Sigma}^{-1/2}| = |\boldsymbol{\Sigma}|^{-1/2}$. 因此，简化之后，$\boldsymbol{X}$ 的概率密度函数由

$$f_{\boldsymbol{X}}(\boldsymbol{x}) = \frac{1}{(2\pi)^{n/2}|\boldsymbol{\Sigma}|^{1/2}}\exp\left[-\frac{1}{2}(\boldsymbol{x} - \boldsymbol{\mu})'\boldsymbol{\Sigma}^{-1}(\boldsymbol{x} - \boldsymbol{\mu})\right], \quad \text{对于 } \boldsymbol{x} \in \mathbb{R}^n \tag{3.5.16}$$

给出.

在 3.5.1 节，我们讨论了二元正态分布的等高线. 现在我们将讨论扩展到一般情况，在等高线上添加概率. 设 $\boldsymbol{X}$ 服从 $N_n(\boldsymbol{\mu},\boldsymbol{\Sigma})$. 在 n 维情况下，$\boldsymbol{X}$ 的概率密度函数常值概率的等高线式(3.5.16)是椭球体

$$(\boldsymbol{x} - \boldsymbol{\mu})'\boldsymbol{\Sigma}^{-1}(\boldsymbol{x} - \boldsymbol{\mu}) = c^2$$

$c>0$. 定义随机变量 $Y=(\boldsymbol{X}-\boldsymbol{\mu})'\boldsymbol{\Sigma}^{-1}(\boldsymbol{X}-\boldsymbol{\mu})$. 然后利用式(3.5.12)，得到

$$Y = \boldsymbol{Z}'\boldsymbol{\Sigma}^{1/2}\boldsymbol{\Sigma}^{-1}\boldsymbol{\Sigma}^{1/2}\boldsymbol{Z} = \boldsymbol{Z}'\boldsymbol{Z} = \sum_{i=1}^{n} Z_i^2$$

由于 $Z_1,Z_2,\cdots,Z_n$ 独立同分布且服从 $N(0,1)$，所以 Y 服从自由度为 n 的卡方分布. 用 $F_{\chi_n^2}$ 表示 Y 的累积分布函数. 于是可以得出

$$P[(\boldsymbol{X} - \boldsymbol{\mu})'\boldsymbol{\Sigma}^{-1}(\boldsymbol{X} - \boldsymbol{\mu}) \leqslant c^2] = P(Y \leqslant c^2) = F_{\chi_n^2}(c^2) \tag{3.5.17}$$

这些概率经常被用来标记等高线，参看习题 3.5.5. 为了方便起见，我们将上述证明归纳总结成为下面定理. 注意，这个定理是对前面定理 3.4.1 所给出一元结果的推广.

定理 3.5.1 假设 $\boldsymbol{X}$ 服从 $N_n(\boldsymbol{\mu},\boldsymbol{\Sigma})$，其中 $\boldsymbol{\Sigma}$ 是正定的. 那么，随机变量 $Y=(\boldsymbol{X}-\boldsymbol{\mu})'\boldsymbol{\Sigma}^{-1}(\boldsymbol{X}-\boldsymbol{\mu})$ 服从 χ_n^2 分布.

下面两个定理极其有用．第一个定理表明，多元正态随机向量的线性变换服从多元正态分布．

定理 3.5.2　假定 $\boldsymbol{X}$ 服从 $N_n(\boldsymbol{\mu},\boldsymbol{\Sigma})$．设 $\boldsymbol{Y}=\boldsymbol{A}\boldsymbol{X}+\boldsymbol{b}$，其中 $\boldsymbol{A}$ 表示 $m\times n$ 矩阵，而 $\boldsymbol{b}\in\mathbb{R}^m$．于是，$\boldsymbol{Y}$ 服从 $N_m(\boldsymbol{A\mu}+\boldsymbol{b},\ \boldsymbol{A\Sigma A}')$．

证：由式(3.5.15)知，对于 $\boldsymbol{t}\in\mathbb{R}^m$，$\boldsymbol{Y}$ 的矩母函数是

$$
\begin{aligned}
M_{\boldsymbol{Y}}(\boldsymbol{t}) &= E[\exp(\boldsymbol{t}'\boldsymbol{Y})] = E\{\exp[\boldsymbol{t}'(\boldsymbol{AX}+\boldsymbol{b})]\} = \exp(\boldsymbol{t}'\boldsymbol{b})E\{\exp[(\boldsymbol{A}'\boldsymbol{t})'\boldsymbol{X}]\} \\
&= \exp(\boldsymbol{t}'\boldsymbol{b})\exp[(\boldsymbol{A}'\boldsymbol{t})'\boldsymbol{\mu}+(1/2)(\boldsymbol{A}'\boldsymbol{t})'\boldsymbol{\Sigma}(\boldsymbol{A}'\boldsymbol{t})] = \exp[\boldsymbol{t}'(\boldsymbol{A\mu}+\boldsymbol{b})+(1/2)\boldsymbol{t}'\boldsymbol{A\Sigma A}'\boldsymbol{t}]
\end{aligned}
$$

这是 $N_m(\boldsymbol{A\mu}+\boldsymbol{b},\boldsymbol{A\Sigma A}')$ 的矩母函数．■

此定理的一个简单推论给出了多元正态随机变量的边缘分布．设 $\boldsymbol{X}_1$ 表示 $\boldsymbol{X}$ 的任意子向量，比如其维数 $m<n$．因为我们总是能重排均值与相关系数，所以为了不失一般性可把 $\boldsymbol{X}$ 写成

$$
\boldsymbol{X}=\begin{bmatrix}\boldsymbol{X}_1\\ \boldsymbol{X}_2\end{bmatrix} \tag{3.5.18}
$$

其中 $\boldsymbol{X}_2$ 具有维数 $p=n-m$．以同样方式，对 $\boldsymbol{X}$ 的均值与协方差矩阵加以划分；也就是说，

$$
\boldsymbol{\mu}=\begin{bmatrix}\boldsymbol{\mu}_1\\ \boldsymbol{\mu}_2\end{bmatrix} \text{ 与 } \boldsymbol{\Sigma}=\begin{bmatrix}\boldsymbol{\Sigma}_{11} & \boldsymbol{\Sigma}_{12}\\ \boldsymbol{\Sigma}_{21} & \boldsymbol{\Sigma}_{22}\end{bmatrix} \tag{3.5.19}
$$

其维数与式(3.5.18)中的一样．注意，例如，$\boldsymbol{\Sigma}_{11}$ 是 $\boldsymbol{X}_1$ 的协方差矩阵，$\boldsymbol{\Sigma}_{12}$ 包括了分量 $\boldsymbol{X}_1$ 与 $\boldsymbol{X}_2$ 之间的所有协方差．现在，把 $\boldsymbol{A}$ 定义成矩阵

$$
\boldsymbol{A}=[\boldsymbol{I}_m\ \vdots\ \boldsymbol{O}_{mp}]
$$

其中 $\boldsymbol{O}_{mp}$ 表示 $m\times p$ 零矩阵．于是，$\boldsymbol{X}_1=\boldsymbol{AX}$．因此，一旦把定理 3.5.2 应用到这个变换上，经过一些矩阵代数运算，我们得出下述推论：

推论 3.5.1　假定 $\boldsymbol{X}$ 服从 $N_n(\boldsymbol{\mu},\boldsymbol{\Sigma})$，把它分割成如同式(3.5.18)与式(3.5.19)那样．于是，$\boldsymbol{X}_1$ 服从 $N_m(\boldsymbol{\mu}_1,\boldsymbol{\Sigma}_{11})$．

这个推论极为有用，因为它阐述了 $\boldsymbol{X}$ 的任意边缘分布也是正态的，并且进一步，它的均值与协方差矩阵是那些与子向量相关的．

回顾 2.5 节中的定理 2.5.2，如果两个随机变量是独立的，那么它们的协方差为 0．一般来讲，其逆不成立．然而，正如下述定理所表明的，对于多元正态分布来说，这一说法是成立的．

定理 3.5.3　假定 $\boldsymbol{X}$ 服从 $N_n(\boldsymbol{\mu},\boldsymbol{\Sigma})$，对 $\boldsymbol{X}$ 如同式(3.5.18)和式(3.5.19)那样划分．于是，$\boldsymbol{X}_1$ 与 $\boldsymbol{X}_2$ 是独立的当且仅当 $\boldsymbol{\Sigma}_{12}=\boldsymbol{O}$．

证：首先，注意 $\boldsymbol{\Sigma}_{21}=\boldsymbol{\Sigma}_{12}'$．$\boldsymbol{X}_1$ 与 $\boldsymbol{X}_2$ 的联合矩母函数是由

$$
M_{\boldsymbol{X}_1,\boldsymbol{X}_2}(\boldsymbol{t}_1,\boldsymbol{t}_2)=\exp\left[\boldsymbol{t}_1'\boldsymbol{\mu}_1+\boldsymbol{t}_2'\boldsymbol{\mu}_2+\frac{1}{2}(\boldsymbol{t}_1'\boldsymbol{\Sigma}_{11}\boldsymbol{t}_1+\boldsymbol{t}_2'\boldsymbol{\Sigma}_{22}\boldsymbol{t}_2+\boldsymbol{t}_2'\boldsymbol{\Sigma}_{21}\boldsymbol{t}_1+\boldsymbol{t}_1'\boldsymbol{\Sigma}_{12}\boldsymbol{t}_2)\right] \tag{3.5.20}
$$

给出的，其中 $\boldsymbol{t}'=(\boldsymbol{t}_1',\boldsymbol{t}_2')$ 表示如同 $\boldsymbol{\mu}$ 一样的划分．由推论 3.5.1，$\boldsymbol{X}_1$ 服从分布 $N_m(\boldsymbol{\mu}_1,\boldsymbol{\Sigma}_{11})$，而 $\boldsymbol{X}_2$ 服从分布 $N_p(\boldsymbol{\mu}_2,\boldsymbol{\Sigma}_{22})$．因此，它们的边缘矩母函数的乘积为

$$
M_{\boldsymbol{X}_1}(\boldsymbol{t}_1)M_{\boldsymbol{X}_2}(\boldsymbol{t}_2)=\exp\left[\boldsymbol{t}_1'\boldsymbol{\mu}_1+\boldsymbol{t}_2'\boldsymbol{\mu}_2+\frac{1}{2}(\boldsymbol{t}_1'\boldsymbol{\Sigma}_{11}\boldsymbol{t}_1+\boldsymbol{t}_2'\boldsymbol{\Sigma}_{22}\boldsymbol{t}_2)\right] \tag{3.5.21}
$$

由 2.6 节中的式(2.6.6)知，$\boldsymbol{X}_1$ 与 $\boldsymbol{X}_2$ 是独立的当且仅当式(3.5.20)和式(3.5.21)是一样

的. 若 $\boldsymbol{\Sigma}_{12}=\boldsymbol{O}'$，从而 $\boldsymbol{\Sigma}_{21}=\boldsymbol{O}$，则两个式相同，$\boldsymbol{X}_1$ 与 $\boldsymbol{X}_2$ 是独立的. 若 $\boldsymbol{X}_1$ 与 $\boldsymbol{X}_2$ 是独立的，则分量之间的协方差均为 0，即 $\boldsymbol{\Sigma}_{12}=\boldsymbol{O}'$，$\boldsymbol{\Sigma}_{21}=\boldsymbol{O}$. ■

推论 3.5.1 表明，多元正态的边缘分布它们本身也是正态的. 这对于条件分布来说也是成立的. 正如下述证明所表明的，我们能把定理 3.5.2 与定理 3.5.3 的结果组合起来，得到下面的定理.

定理 3.5.4 假定 $\boldsymbol{X}$ 服从分布 $N_n(\boldsymbol{\mu},\boldsymbol{\Sigma})$，对 $\boldsymbol{X}$ 如同式(3.5.18)和式(3.5.19)那样划分. 假定 $\boldsymbol{\Sigma}$ 是正定的. 于是 $\boldsymbol{X}_1|\boldsymbol{X}_2$ 的条件分布是

$$N_m(\boldsymbol{\mu}_1+\boldsymbol{\Sigma}_{12}\boldsymbol{\Sigma}_{22}^{-1}(\boldsymbol{X}_2-\boldsymbol{\mu}_2),\boldsymbol{\Sigma}_{11}-\boldsymbol{\Sigma}_{12}\boldsymbol{\Sigma}_{22}^{-1}\boldsymbol{\Sigma}_{21}) \tag{3.5.22}$$

证：首先考察随机向量 $\boldsymbol{W}=\boldsymbol{X}_1-\boldsymbol{\Sigma}_{12}\boldsymbol{\Sigma}_{22}^{-1}\boldsymbol{X}_2$ 和 $\boldsymbol{X}_2$ 的联合分布. 这个分布可由变换

$$\begin{bmatrix}\boldsymbol{W}\\ \boldsymbol{X}_2\end{bmatrix}=\begin{bmatrix}\boldsymbol{I}_m & -\boldsymbol{\Sigma}_{12}\boldsymbol{\Sigma}_{22}^{-1}\\ \boldsymbol{O} & \boldsymbol{I}_p\end{bmatrix}\begin{bmatrix}\boldsymbol{X}_1\\ \boldsymbol{X}_2\end{bmatrix}$$

得出. 因为这是一个线性变换，由定理 3.5.2 可得，联合分布是多元正态的，并且有 $E[\boldsymbol{W}]=\boldsymbol{\mu}_1-\boldsymbol{\Sigma}_{12}\boldsymbol{\Sigma}_{22}^{-1}\boldsymbol{\mu}_2$，$E[\boldsymbol{X}_2]=\boldsymbol{\mu}_2$，而且协方差矩阵

$$\begin{bmatrix}\boldsymbol{I}_m & -\boldsymbol{\Sigma}_{12}\boldsymbol{\Sigma}_{22}^{-1}\\ \boldsymbol{O} & \boldsymbol{I}_p\end{bmatrix}\begin{bmatrix}\boldsymbol{\Sigma}_{11} & \boldsymbol{\Sigma}_{12}\\ \boldsymbol{\Sigma}_{21} & \boldsymbol{\Sigma}_{22}\end{bmatrix}\begin{bmatrix}\boldsymbol{I}_m & \boldsymbol{O}'\\ -\boldsymbol{\Sigma}_{22}^{-1}\boldsymbol{\Sigma}_{21} & \boldsymbol{I}_p\end{bmatrix}=\begin{bmatrix}\boldsymbol{\Sigma}_{11}-\boldsymbol{\Sigma}_{12}\boldsymbol{\Sigma}_{22}^{-1}\boldsymbol{\Sigma}_{21} & \boldsymbol{O}'\\ \boldsymbol{O} & \boldsymbol{\Sigma}_{22}\end{bmatrix}$$

因此，由定理 3.5.3 知，随机向量 $\boldsymbol{W}$ 与 $\boldsymbol{X}_2$ 是独立的. 因而 $\boldsymbol{W}|\boldsymbol{X}_2$ 的条件分布和 $\boldsymbol{W}$ 的边缘分布是一样的；也就是说，

$$\boldsymbol{W}|\boldsymbol{X}_2 \text{ 服从 } N_m(\boldsymbol{\mu}_1-\boldsymbol{\Sigma}_{12}\boldsymbol{\Sigma}_{22}^{-1}\boldsymbol{\mu}_2,\boldsymbol{\Sigma}_{11}-\boldsymbol{\Sigma}_{12}\boldsymbol{\Sigma}_{22}^{-1}\boldsymbol{\Sigma}_{21})$$

而且，由独立性知，给定 $\boldsymbol{X}_2$ 时 $\boldsymbol{W}+\boldsymbol{\Sigma}_{12}\boldsymbol{\Sigma}_{22}^{-1}\boldsymbol{X}_2$ 服从

$$N_m(\boldsymbol{\mu}_1-\boldsymbol{\Sigma}_{12}\boldsymbol{\Sigma}_{22}^{-1}\boldsymbol{\mu}_2+\boldsymbol{\Sigma}_{12}\boldsymbol{\Sigma}_{22}^{-1}\boldsymbol{X}_2,\boldsymbol{\Sigma}_{11}-\boldsymbol{\Sigma}_{12}\boldsymbol{\Sigma}_{22}^{-1}\boldsymbol{\Sigma}_{21}) \tag{3.5.23}$$

这是期待的结果. ■

在下面注释中，我们运用上面一般公式的符号，再次回到二元正态分布上.

注释 3.5.1(二元正态分布续) 假定(X,Y)服从 $N_2(\boldsymbol{\mu},\boldsymbol{\Sigma})$，其中

$$\boldsymbol{\mu}=\begin{bmatrix}\mu_1\\ \mu_2\end{bmatrix},\quad \boldsymbol{\Sigma}=\begin{bmatrix}\sigma_1^2 & \sigma_{12}\\ \sigma_{12} & \sigma_2^2\end{bmatrix} \tag{3.5.24}$$

一旦用 $\rho\sigma_1\sigma_2$ 替换 $\boldsymbol{\Sigma}$ 中的 σ_{12}，很容易看出，$\boldsymbol{\Sigma}$ 的行列式是 $\sigma_{21}\sigma_{22}(1-\rho^2)$. 回顾，假定 $\rho^2\leqslant 1$. 对于这个注释的其余部分，假定 $\rho^2<1$. 在这种情况下，$\boldsymbol{\Sigma}$ 是可逆的(它也是正定的). 此外，由于 $\boldsymbol{\Sigma}$ 是 2×2 矩阵，很容易求出其逆是

$$\boldsymbol{\Sigma}^{-1}=\frac{1}{\sigma_1^2\sigma_2^2(1-\rho^2)}\begin{bmatrix}\sigma_2^2 & -\rho\sigma_1\sigma_2\\ -\rho\sigma_1\sigma_2 & \sigma_1^2\end{bmatrix} \tag{3.5.25}$$

这就证明，二元正态分布的概率密度函数公式(3.5.1)和一般多元正态分布的概率密度函数公式(3.5.16)，当 $n=2$ 时具有等价性.

为对二元情况的条件正态分布公式(3.5.22)进行简化，再次考察 3.5.1 节给出的二元正态分布. 对于这种情况来说，颠倒变量次序，以使 $Y=X_1$ 且 $X=X_2$，式(3.5.22)表明，给定 $X=x$ 时 Y 的条件分布是

$$N\left[\mu_2+\rho\frac{\sigma_2}{\sigma_1}(x-\mu_1),\sigma_2^2(1-\rho^2)\right] \tag{3.5.26}$$

因而，就二元正态分布而言，给定 $X=x$，Y 的条件均值关于 x 是线性的且由

$$E(Y|x)=\mu_2+\rho\frac{\sigma_2}{\sigma_1}(x-\mu_1)$$

给出.

尽管给定 $X=x$，Y 的条件分布均值依赖于 x(除非 $\rho=0$)，但对 x 的所有实值来说，方差 $\sigma_2{}^2(1-\rho^2)$ 都是相同的. 因而，通过例题知，无论 x 是何值，给定 $X=x$，Y 的下述条件概率均为 0.99，即 Y 位于条件均值的 $2.576\sigma_2\sqrt{1-\rho^2}$ 个单位之内的概率. 在这个意义上，X 与 Y 概率的大部分位于带形

$$\mu_2+\rho\frac{\sigma_2}{\sigma_1}(x-\mu_1)\pm 2.576\sigma_2\sqrt{1-\rho^2}$$

之内，此带形是线性条件均值的图形. 对于每个固定正的 σ_2，这一带形的宽度依赖于 ρ. 因为当 ρ 接近于 1 时，此带形变窄，我们看到 ρ 确实测量 X 与 Y 关于线性条件均值概率集中强度. 在 2.5 节的注释中，我们已经暗含了这个事实.

以类似方式，我们可以证明，给定 $Y=y$ 时 X 的条件分布服从正态分布

$$N\left[\mu_1+\rho\frac{\sigma_1}{\sigma_2}(y-\mu_2),\sigma_1^2(1-\rho^2)\right]$$ ■

例 3.5.1 我们假定某个已婚夫妇的总体中，丈夫的身高 X_1 与妻子的身高 X_2 服从二元正态分布，其参数 $\mu_1=5.8\text{ft}$，$\mu_2=5.3\text{ft}$，$\sigma_1=\sigma_2=0.2\text{ft}$，而 $\rho=0.6$. 给定 $X_1=6.3$ 时 X_2 的条件概率密度函数是正态的，其均值为 $5.3+(0.6)(6.3-5.8)=5.6$，而标准差为 $(0.2)\sqrt{(1-0.36)}=0.16$. 因此，给定丈夫身高是 6.3ft，其妻子身高位于 5.28～5.92ft 之间的概率为

$$P(5.28<X_2<5.92|X_1=6.3)=\Phi(2)-\Phi(-2)=0.954$$

区间(5.28，5.92)可看成对给定 $X_1=6.3$ 时妻子身高的 95.4%预测区间. ■

*3.5.3 应用

在这一节，我们考察多元正态分布的几个应用. 在统计学应用课程中，读者可能遇到过这些内容. 第一个是*主成分*，在这个问题中将产生一个多元正态随机向量的线性函数，该随机变量具有独立分量且保留了“总”变差.

设随机向量 $\boldsymbol{X}$ 服从多元正态分布 $N_n(\boldsymbol{\mu},\boldsymbol{\Sigma})$，其中 $\boldsymbol{\Sigma}$ 是正定的. 如同式(3.5.8)一样，把 $\boldsymbol{\Sigma}$ 的谱分解成 $\boldsymbol{\Sigma}=\boldsymbol{\Gamma}'\boldsymbol{\Lambda}\boldsymbol{\Gamma}$. 前面提及，$\boldsymbol{\Gamma}'$ 的列 $\boldsymbol{v}_1,\boldsymbol{v}_2,\cdots,\boldsymbol{v}_n$ 是对应于特征值 $\lambda_1,\lambda_2,\cdots,\lambda_n$ 的特征向量，这些特征值形成了矩阵 $\boldsymbol{\Lambda}$ 的主对角线. 为了不失一般性，假定特征值是递减的，即 $\lambda_1\geqslant\lambda_2\geqslant\cdots\geqslant\lambda_n>0$. 定义随机向量 $\boldsymbol{Y}=\boldsymbol{\Gamma}(\boldsymbol{X}-\boldsymbol{\mu})$. 由于 $\boldsymbol{\Gamma}\boldsymbol{\Sigma}\boldsymbol{\Gamma}'=\boldsymbol{\Lambda}$，由定理 3.5.2 知，$\boldsymbol{Y}$ 服从 $N_n(\boldsymbol{0},\boldsymbol{\Lambda})$. 因此，分量 $Y_1,Y_2,\cdots,Y_n$ 是独立随机变量，并且对于 $i=1,2,\cdots,n$，Y_i 服从 $N(0,\lambda_i)$. 随机向量 $\boldsymbol{Y}$ 称为**主成分**(principal component)向量.

我们称随机向量的**全变差**(total variation，记为 TV)是它的各个分量方差之和. 对于随机向量 $\boldsymbol{X}$，因为 $\boldsymbol{\Gamma}$ 是正交矩阵，所以

$$\text{TV}(\boldsymbol{X})=\sum_{i=1}^{n}\sigma_i^2=\text{tr}\boldsymbol{\Sigma}=\text{tr}\boldsymbol{\Gamma}'\boldsymbol{\Lambda}\boldsymbol{\Gamma}=\text{tr}\boldsymbol{\Lambda}\boldsymbol{\Gamma}\boldsymbol{\Gamma}'=\sum_{i=1}^{n}\lambda_i=\text{TV}(\boldsymbol{Y})$$

因此，$\boldsymbol{X}$ 与 $\boldsymbol{Y}$ 具有相同的全变差.

其次，考察 $\boldsymbol{Y}$ 的第一个分量，它是由 $Y_1=\boldsymbol{v}_1'(\boldsymbol{X}-\boldsymbol{\mu})$ 给出的. 这是 $\boldsymbol{X}-\boldsymbol{\mu}$ 分量的线性组合，而 $\boldsymbol{X}-\boldsymbol{\mu}$ 具有 $\|\boldsymbol{v}_1\|^2=\sum_{j=1}^{n} v_{1j}^2=1$ 的性质，因为 $\boldsymbol{\Gamma}'$ 是正交的. 考察 $(\boldsymbol{X}-\boldsymbol{\mu})$ 的任意其他线性组合，比如 $\boldsymbol{a}'(\boldsymbol{X}-\boldsymbol{\mu})$，使得 $\|\boldsymbol{a}\|^2=1$. 因为 $\boldsymbol{a}\in\mathbb{R}^n$，并且 $\{\boldsymbol{v}_1,\boldsymbol{v}_2,\cdots,\boldsymbol{v}_n\}$ 构成 $\mathbb{R}^n$ 的基，所以我们必有对于纯量 $a_1,a_2,\cdots,a_n$ 的某个集合 $\boldsymbol{a}=\sum_{j=1}^{n} a_j\boldsymbol{v}_j$. 而且，由于基 $\{\boldsymbol{v}_1,\boldsymbol{v}_2,\cdots,\boldsymbol{v}_n\}$ 是正交的，所以

$$\boldsymbol{a}'\boldsymbol{v}_i\left(\sum_{j=1}^{n} a_j\boldsymbol{v}_j\right)'\boldsymbol{v}_i=\sum_{j=1}^{n} a_j\boldsymbol{v}_j'\boldsymbol{v}_i=a_i$$

根据式(3.5.9)及 $\lambda_i>0$ 的事实，我们有不等式

$$\operatorname{Var}(\boldsymbol{a}'\boldsymbol{X})=\boldsymbol{a}'\boldsymbol{\Sigma}\boldsymbol{a}=\sum_{i=1}^{n}\lambda_i(\boldsymbol{a}'\boldsymbol{v}_i)^2=\sum_{i=1}^{n}\lambda_i a_i^2\leqslant\lambda_1\sum_{i=1}^{n}a_i^2=\lambda_1=\operatorname{Var}(Y_1) \tag{3.5.27}$$

因此，Y_1 具有任意线性组合的最大方差 $\boldsymbol{a}'(\boldsymbol{X}-\boldsymbol{\mu})$，使得 $\|\boldsymbol{a}\|=1$. 由于这个原因，Y_1 称为 $\boldsymbol{X}$ 的**第一主成分**(first principal component).

其他分量 $Y_2,Y_2,\cdots,Y_n$ 会怎么样呢？如同下面定理所表明的，分量 $Y_2,Y_2,\cdots,Y_n$ 具有与它们相联系的特征值次序有关的类似性质. 因此，它们分别称为**第二、第三，乃至第 n 主成分**.

定理 3.5.5 考察上面所述情况. 对于 $j=2,\cdots,n$ 且 $i=1,2,\cdots,j-1$，$\operatorname{Var}[\boldsymbol{a}'\boldsymbol{X}]\leqslant\lambda_j=\operatorname{Var}[Y_j]$，对于所有向量 $\boldsymbol{a}$，使得 $\boldsymbol{a}\perp\boldsymbol{v}_i$ 且 $\|\boldsymbol{a}\|=1$.

这一定理的证明类似于第一主成分情况的证明，而且留作习题 3.5.20. 第二个应用涉及线性回归，这将在习题 3.5.22 中给出.

习题

3.5.1 设 X 与 Y 服从二元正态分布，它们各自的参数为 $\mu_x=2.8$，$\mu_y=110$，$\sigma_x^2=0.16$，$\sigma_y^2=100$ 以及 $\rho=0.6$. 利用 R 计算

(a) $P(106<Y<124)$；

(b) $P(106<Y<124\mid X=3.2)$.

3.5.2 设 X 与 Y 服从二元正态分布，参数为 $\mu_1=3$，$\mu_2=1$，${\sigma_1}^2=16$，$\sigma_2^2=25$ 以及 $\rho=\frac{3}{5}$. 利用 R 确定下述概率：

(a) $P(3<Y<8)$.

(b) $P(3<Y<8\mid X=7)$.

(c) $P(-3<X<3)$.

(d) $P(-3<X<3\mid Y=-4)$.

3.5.3 证明式(3.5.4)是正确的.

3.5.4 设 $f(x,y)$ 是式(3.5.1)中的二元正态概率密度函数.

(a) 证明 $f(x,y)$ 在 (μ_1,μ_2) 处有唯一最大值.

(b) 对于给定的 $c>0$，证明等概率点 $\{(x,y):f(x,y)=c\}$ 构成椭圆.

3.5.5 设 $\boldsymbol{X}$ 服从 $N_2(\boldsymbol{\mu},\boldsymbol{\Sigma})$. 回顾前面式(3.5.17)，它给出了 $\boldsymbol{X}$ 的椭圆等高线区域的概率. 利用 R 函数[⊖] ellipmake 绘制椭圆等高线图. 绘制 $\boldsymbol{\mu}=(5,2)'$；$\boldsymbol{\Sigma}$ 中方差为 1，协方差为 0.75，多元正态分布的 95%等高线图，运用代码

```
ellipmake(p=.95,b=matrix(c(1,.75,.75,1),nrow=2),mu=c(5,2)).
```

这个 R 函数可在前言列出的网站下载.

(a) 运行上述代码.

(b) 编写代码，使概率为 0.50.

(c) 编写代码，绘制 0.50 和 0.95 区域的叠加图.

(d) 利用循环，绘制概率向量的叠加图.

3.5.6 设 U 与 V 是独立随机变量，它们均服从标准正态分布. 证明：随机变量 UV 的矩母函数 $E(\mathrm{e}^{t(UV)})$ 是 $(1-t^2)^{-1/2}$，$-1<t<1$.

提示：把 $E(\mathrm{e}^{t(UV)})$ 与具有均值为 0 的二元正态概率密度函数的积分进行比较.

3.5.7 设 X 与 Y 服从二元正态分布，其参数 $\mu_1=5$，$\mu_2=10$，$\sigma_1^2=1$，$\sigma_1^2=25$ 以及 $\rho>0$. 求 $P(4<Y<16 \mid X=5)=0.954$，确定 ρ.

3.5.8 设 X 与 Y 服从二元正态分布，其参数 $\mu_1=20$，$\mu_2=40$，$\sigma_1^2=9$，$\sigma_2^2=4$ 以及 $\rho=0.6$. 求给定 $X=22$ 时，使得 Y 的条件概率为 0.90 的最短区间.

3.5.9 比如，丈夫身高和妻子身高之间的相关系数为 0.70，而且男性平均身高是 5 英尺 10 英寸，其标准差是 2 英寸，女性平均身高是 5 英尺 4 英寸，其标准差是 $1\frac{1}{2}$英寸. 假定它们服从二元正态分布，若丈夫身高是 6 英尺，推测妻子的最佳身高值是多少？求这位妻子身高的 95%预测区间.

3.5.10 设

$$f(x,y)=(1/2\pi)\exp\left[-\frac{1}{2}(x^2+y^2)\right]\left\{1+xy\exp\left[-\frac{1}{2}(x^2+y^2-2)\right]\right\}$$

其中 $-\infty<x<\infty$，$-\infty<y<\infty$. 如果 $f(x,y)$ 是联合概率密度函数，那么它不是二元正态概率密度函数. 证明：$f(x,y)$ 实际上是联合概率密度函数且每一个边缘概率密度函数是正态的. 因而，每个边缘概率密度函数是正态的事实并不蕴含着联合概率密度函数是二元正态的.

3.5.11 设 X，Y，Z 具有联合概率密度函数

$$\left(\frac{1}{2\pi}\right)^{3/2}\exp\left(-\frac{x^2+y^2+z^2}{2}\right)\left[1+xyz\exp\left(-\frac{x^2+y^2+z^2}{2}\right)\right]$$

其中 $-\infty<x<\infty$，$-\infty<y<\infty$，$-\infty<z<\infty$. 尽管 X，Y，Z 明显是相关的，证明：X，Y，Z 均是两两独立的且每一对均服从二元正态分布.

3.5.12 设 X 与 Y 服从二元正态分布，其参数为 $\mu_1=\mu_2=0$，$\sigma_1^2=\sigma_1^2=1$，而且相关系数为 ρ. 求当 a 与 b 都是非零常数时，随机变量 $Z=aX+bY$ 的分布.

3.5.13 通过直接乘法建立公式(3.5.11).

3.5.14 设 $\boldsymbol{X}=(X_1,X_2,X_3)$ 服从多元正态分布，其均值为 $\mathbf{0}$ 且方差-协方差矩阵为

$$\boldsymbol{\Sigma}=\begin{bmatrix}1 & 0 & 0\\ 0 & 2 & 1\\ 0 & 1 & 2\end{bmatrix}$$

求 $P(X>X_2+X_3+2)$.

提示：求向量 $\boldsymbol{a}$，以使 $\boldsymbol{aX}=X_1-X_2-X_3$，并且使用定理 3.5.2.

⊖ 这部分代码来自网站 http://stats. stackexchange. com/questions/9898/，一位匿名作者.

3.5.15 假定 $\boldsymbol{X}$ 服从 $N_n(\boldsymbol{\mu},\boldsymbol{\Sigma})$. 设 $\overline{X}=n^{-1}\sum_{i=1}^{n}X_i$.

(a) 对于适当向量 $\boldsymbol{a}$，把 $\overline{X}$ 写成 $\boldsymbol{aX}$，并应用定理 3.5.2 求 $\overline{X}$ 的分布.

(b) 如果随机变量的所有分量 X_i 都具有相同均值 μ，确定 $\overline{X}$ 的分布.

3.5.16 假定 $\boldsymbol{X}$ 服从 $N_2(\boldsymbol{\mu},\boldsymbol{\Sigma})$. 确定随机向量 (X_1+X_2, X_1-X_2) 的分布. 证明：如果 $\operatorname{Var}(X_1)=\operatorname{Var}(X_2)$，那么 X_1+X_2 与 X_1-X_2 是独立的.

3.5.17 假定 $\boldsymbol{X}$ 服从 $N_3(\boldsymbol{0},\boldsymbol{\Sigma})$，其中

$$\boldsymbol{\Sigma}=\begin{bmatrix}3&2&1\\2&2&1\\1&1&3\end{bmatrix}$$

求 $P((X_1-2X_2+X_3)^2>15.36)$.

3.5.18 设 X_1,X_2,X_3 是独立同分布随机变量，每一个均服从标准正态分布. 设随机变量 Y_1,Y_2,Y_3 是由

$$X_1=Y_1\cos Y_2\sin Y_3,\quad X_2=Y_1\sin Y_2\cos Y_3,\quad X_3=Y_1\cos Y_3$$

定义的，其中 $0\leqslant Y_1<\infty$，$0\leqslant Y_2<2\pi$，$0\leqslant Y_3\leqslant\pi$. 证明 Y_1,Y_2,Y_3 是相互独立的.

3.5.19 证明式(3.5.9)成立.

3.5.20 证明定理 3.5.5.

3.5.21 设 $\boldsymbol{X}$ 服从多元正态分布，其均值为 $\boldsymbol{0}$ 且协方差矩阵为

$$\boldsymbol{\Sigma}=\begin{bmatrix}283&215&277&208\\215&213&217&153\\277&217&336&236\\208&153&236&194\end{bmatrix}$$

(a) 求 $\boldsymbol{X}$ 的全变差.

(b) 求主成分向量 $\boldsymbol{Y}$.

(c) 证明：第一个主成分可解释全变差的 90%.

(d) 证明：第一个主成分 Y_1 本质上是重新标度的 $\overline{X}$. 确定 $(1/2)\overline{X}$ 的方差，并且把它与 Y_1 的方差加以比较.

注意，如果利用 R 命令 `eigen(amat)` 可获得矩阵 `amat` 的谱分解.

3.5.22 在以前的统计学课程中，读者可能遇见过多元回归模型. 我们将如下简写它. 假定有 n 个观测值组成的向量 $\boldsymbol{Y}$，它服从 $N_n(\boldsymbol{X\beta},\sigma^2\boldsymbol{I})$，其中 $\boldsymbol{X}$ 表示 $n\times p$ 已知矩阵，具有列满秩 p，而 $\boldsymbol{\beta}$ 表示 $p\times 1$ 未知参数向量. $\boldsymbol{\beta}$ 的最小二乘估计量是

$$\hat{\boldsymbol{\beta}}=(\boldsymbol{X}'\boldsymbol{X})^{-1}\boldsymbol{X}'\boldsymbol{Y}$$

(a) 确定 $\hat{\boldsymbol{\beta}}$ 的分布.

(b) 设 $\hat{\boldsymbol{Y}}=\boldsymbol{X}\hat{\boldsymbol{\beta}}$. 确定 $\hat{\boldsymbol{Y}}$ 的分布.

(c) 设 $\hat{\boldsymbol{e}}=\boldsymbol{Y}-\hat{\boldsymbol{Y}}$. 确定 $\hat{\boldsymbol{e}}$ 的分布.

(d) 通过把随机向量 $(\hat{\boldsymbol{Y}}',\hat{\boldsymbol{e}}')'$ 写成 $\boldsymbol{Y}$ 的线性函数，证明随机向量 $\hat{\boldsymbol{Y}}$ 与 $\hat{\boldsymbol{e}}$ 是独立的.

(e) 证明：$\hat{\boldsymbol{\beta}}$ 求解了最小二乘平方问题，即

$$\|\boldsymbol{Y}-\boldsymbol{X}\hat{\boldsymbol{\beta}}\|^2=\min_{\boldsymbol{b}\in\mathbb{R}^p}\|\boldsymbol{Y}-\boldsymbol{Xb}\|^2$$

3.6 *t* 分布与 *F* 分布

这一节的目的是定义另外两个分布，它们在统计推断的某些问题中极其有用. 这两个分布分别称为(学生)t 分布与和 F 分布.

3.6.1　t 分布

设 W 表示服从 $N(0,1)$的随机变量，设 V 表示服从 $\chi^2(r)$的随机变量，同时设 W 与 V 是独立的．于是，W 与 V 的联合概率密度函数是 W 的概率密度函数与 V 的概率密度函数的乘积，比如 $h(w,v)$，或者

$$h(w,v)=\begin{cases}\dfrac{1}{\sqrt{2\pi}}\mathrm{e}^{-w^2/2}\ \dfrac{1}{\Gamma(r/2)2^{r/2}}v^{r/2-1}\mathrm{e}^{-v/2}, & -\infty<w<\infty,0<v<\infty\\ 0, & \text{其他}\end{cases}$$

通过设

$$T=\frac{W}{\sqrt{V/r}} \tag{3.6.1}$$

定义一个新的随机变量．运用变量变换方法可获得 T 的概率密度函数 $g_1(t)$．

$$t=\frac{w}{\sqrt{v/r}}\quad 与\quad u=v$$

定义了一个把$\mathcal{S}=\{(w,v):-\infty<w<\infty,0<v<\infty\}$映射到$\mathcal{T}=\{(t,u):-\infty<t<\infty,0<u<\infty\}$上的一一变换．由于 $w=t\sqrt{u}/\sqrt{r}$，$v=u$，所以此变换的雅可比行列式绝对值是$|J|=\sqrt{u}/\sqrt{r}$．因此，T 与 $U=V$ 的联合概率密度函数是由

$$\begin{aligned}g(t,u)&=h\left(t\frac{\sqrt{u}}{\sqrt{r}},u\right)|J|\\&=\begin{cases}\dfrac{1}{\sqrt{2\pi}\Gamma(r/2)2^{r/2}}u^{r/2-1}\exp\left[-\dfrac{u}{2}\left(1+\dfrac{t^2}{r}\right)\right]\dfrac{\sqrt{u}}{\sqrt{r}}, & |t|<\infty,0<u<\infty\\ 0, & \text{其他}\end{cases}\end{aligned}$$

给出的．于是，T 的边缘概率密度函数是

$$g_1(t)=\int_{-\infty}^{\infty}g(t,u)\mathrm{d}u=\int_0^{\infty}\frac{1}{\sqrt{2\pi r}\Gamma(r/2)2^{r/2}}u^{(r+1)/2-1}\exp\left[-\frac{u}{2}\left(1+\frac{t^2}{r}\right)\right]\mathrm{d}u$$

在此积分中，令 $z=u[1+(t^2/r)]/2$，可以看到

$$\begin{aligned}g_1(t)&=\int_0^{\infty}\frac{1}{\sqrt{2\pi r}\Gamma(r/2)2^{r/2}}\left(\frac{2z}{1+t^2/r}\right)^{(r+1)/2-1}\mathrm{e}^{-z}\left(\frac{2}{1+t^2/r}\right)\mathrm{d}z\\&=\frac{\Gamma[(r+1)/2]}{\sqrt{\pi r}\Gamma(r/2)}\frac{1}{(1+t^2/r)^{(r+1)/2}},-\infty<t<\infty\end{aligned} \tag{3.6.2}$$

因而，如果 W 服从 $N(0,1)$，V 服从$\chi^2(r)$，同时 W 与 V 是独立的，那么

$$T=\frac{W}{\sqrt{V/r}}$$

具有上面式(3.6.2)的概率密度函数 $g_1(t)$．随机变量 T 的分布通常称为 **t 分布**．应该注意，t 分布完全由参数 r，即服从卡方分布的随机变量自由度的个数所决定．

概率密度函数 $g_1(t)$满足 $g_1(-t)=g_1(t)$，因此，T 的概率密度函数是关于 0 点对称的．所以，T 的中位数是 0．对 $g_1(t)$进行微分后，由此得出概率密度函数的唯一最大值出

现在 0 处，并且导数是连续的，所以概率密度函数是山丘形状的. 当自由度接近∞时，t 分布收敛于 $N(0,1)$，参看第 5 章的例 5.2.3.

利用 R 命令 `pt(t,r)` 可以计算当 T 服从自由度为 r 的 t 分布时 $P(T\leqslant t)$的概率. 例如，用 `pt(2.0,15)` 计算自由度为 15 的 t 分布随机变量小于 2.0 的概率，而利用命令 `qt(.975,15)` 则可计算分布的第 97.5 百分位数。R 代码 `t=seq(-4,4,0.01)`，然后用 `plot(dt(t,3)~t)` 绘制自由度为 3 的 t 分布的概率密度函数图形.

在现代计算出现之前，人们使用 T 分布表. 因为 T 的概率密度函数依赖于自由度 r，通常 T 分布表给出不同分位数与对应的自由度. 附录 D 中表Ⅲ就是这样的分布表. 不过，还可利用下面三行 R 代码生成这个分布表.

```
ps = c(.9,.925,.950,.975,.99,.995,.999); df = 1:30; tab=c()
for(r in df){tab=rbind(tab,qt(ps,r))}; df=c(df,Inf);nq=qnorm(ps)
tab=rbind(tab,nq);tab=cbind(df,tab)
```

这段代码是 R 函数 `ttable` 的主体，可在前言列出的网站下载. 由于 t 分布收敛于 $N(0,1)$，所以在这类分布表中只能运用自由度为 1 到 30 的情况. 这也是分布表中最后一行为标准正态分位数的原因.

注释 3.6.1 t 分布首先是由戈塞特发现的，那时他正为啤酒厂工作. 戈塞特(W. G. Gosset)用学生笔名发表了此项研究成果. 因而，该分布常常称为学生 t 分布. ■

例 3.6.1(t 分布的均值与方差) 设 T 服从具有自由度为 r 的 t 分布. 于是，如同式(3.6.1)，我们可以把 T 写成 $T=W(V/r)^{-1/2}$，其中 W 服从 $N(0,1)$，V 服从$\chi^2(r)$，同时 W 与 V 是独立随机变量. 倘若$(r/2)-(k/2)>0$(也就是 $k<r$，W 与 V 的独立性以及表达式(3.3.8)一起蕴含着

$$E(T^k)=E\left[W^k\left(\frac{V}{r}\right)^{-k/2}\right]=E(W^k)E\left[\left(\frac{V}{r}\right)^{-k/2}\right] \tag{3.6.3}$$

$$=E(W^k)\frac{2^{-k/2}\Gamma\left(\frac{r}{2}-\frac{k}{2}\right)}{\Gamma\left(\frac{r}{2}\right)r^{-k/2}},\quad \text{如果}\quad k<r \tag{3.6.4}$$

因为 $E(W)=0$，只要 T 的自由度大于 1，T 的均值就为 0. 对于方差来说，在式(3.6.4)中取 $k=2$. 在此情况下，条件 $r>k$ 变成 $r>2$. 由于 $E(W^2)=1$，由式(3.6.4)知，T 的方差由

$$\mathrm{Var}(T)=E(T^2)=\frac{r}{r-2} \tag{3.6.5}$$

给出. 因此，具有自由度 $r>2$ 的 t 分布的均值为 0 且方差为 $r/(r-2)$. ■

3.6.2 *F* 分布

接下来，考察两个独立的卡方随机变量 U 与 V，它们分别具有自由度 r_1 与 r_2. 于是，U 与 V 的联合概率密度函数 $h(u,v)$是

$$h(u,v)=\begin{cases}\dfrac{1}{\Gamma(r_1/2)\Gamma(r_2/2)2^{(r_1+r_2)/2}}u^{r_1/2-1}v^{r_2/2-1}\mathrm{e}^{-(u+v)/2}, & 0<u,v<\infty\\ 0, & \text{其他}\end{cases}$$

现在，我们定义一个新的随机变量

$$W=\frac{U/r_1}{V/r_2}$$

而且我们提出求 W 的概率密度函数 $g_1(w)$. 式子

$$w=\frac{u/r_1}{v/r_2},\quad z=v$$

定义了一个一一变换，即把集合 $\mathcal{S}=\{(u,v): 0<u<\infty,\ 0<v<\infty\}$ 映射到集合 $\mathcal{T}=\{(w,z): 0<w<\infty, 0<z<\infty\}$. 由于 $u=(r_1/r_2)zw$，$v=z$，所以此变换的雅可比行列式的绝对值是 $|J|=(r_1/r_2)z$. 于是，倘若 $(w,z)\in\mathcal{T}$，随机变量 W 与 $Z=V$ 的联合概率密度函数 $g(w,z)$ 是

$$g(w,z)=\frac{1}{\Gamma(r_1/2)\Gamma(r_2/2)2^{(r_1+r_2)/2}}\left(\frac{r_1zw}{r_2}\right)^{\frac{r_1-2}{2}}z^{\frac{r_2-2}{2}}\exp\left[-\frac{z}{2}\left(\frac{r_1w}{r_2}+1\right)\right]\frac{r_1z}{r_2}$$

而在其他情况下为 0. 从而，W 的边缘概率密度函数 $g_1(w)$ 是

$$g_1(w)=\int_{-\infty}^{\infty}g(w,z)\mathrm{d}z=\int_0^{\infty}\frac{(r_1/r_2)^{r_1/2}(w)^{r_1/2-1}}{\Gamma(r_1/2)\Gamma(r_2/2)2^{(r_1+r_2)/2}}z^{(r_1+r_2)/2-1}\exp\left[-\frac{z}{2}\left(\frac{r_1w}{r_2}+1\right)\right]\mathrm{d}z$$

如果通过令

$$y=\frac{z}{2}\left(\frac{r_1w}{r_2}+1\right)$$

对积分变量进行变换，可以看出

$$\begin{aligned}g_1(w)&=\int_0^{\infty}\frac{(r_1/r_2)^{r_1/2}(w)^{r_1/2-1}}{\Gamma(r_1/2)\Gamma(r_2/2)2^{(r_1+r_2)/2}}\left(\frac{2y}{r_1w/r_2+1}\right)^{(r_1+r_2)/2-1}\mathrm{e}^{-y}\left(\frac{2}{r_1w/r_2+1}\right)\mathrm{d}y\\&=\begin{cases}\dfrac{\Gamma[(r_1+r_2)/2](r_1/r_2)^{r_1/2}}{\Gamma(r_1/2)\Gamma(r_2/2)}\dfrac{(w)^{r_1/2-1}}{(1+r_1w/r_2)^{(r_1+r_2)/2}}, & 0<w<\infty\\0, & \text{其他}\end{cases}\end{aligned}\tag{3.6.6}$$

因此，如果 U 与 V 是独立的卡方随机变量，分别具有自由度 r_1 与 r_2，那么

$$W=\frac{U/r_1}{V/r_2}$$

具有上面式(3.6.6)的概率密度函数 $g_1(w)$. 这个随机变量的分布通常称为 **F 分布**，并且我们通常称为比值，用 W，F 表示它. 也就是

$$F=\frac{U/r_1}{V/r_2}\tag{3.6.7}$$

请注意，F 分布完全由两个参数 r_1 与 r_2 来决定.

考察利用 R 软件计算，当 F 服从自由度为 3 和 8 的 F 分布时，对于概率 $P(F\leqslant 2.50)$，用 R 命令 `pf(2.50,3,8)`计算得到的值是 0.8665. 可调用命令 `qf(.95,3,8)`计算 F 的第 95 百分位数，得出 `qf(.95,3,8)=4.066`，并且用代码 `x=seq(.01,5,.01)`和命令 `plot(df(x,3,8)~x)`可绘制这个 F 随机变量的概率密度函数图形. 注意，概率密度函数是右偏的. 在现代计算时代之前，人们只能对特定的概率和自由度的 F 分布，查分位数表. 附录 D 中表Ⅳ提供所选定自由度的第 95 分位数与第 99 分位数. F 分布除了在统计学中运用外，还广泛应用于对寿命数据的建模，参看习题 3.6.13.

例 3.6.2(F 分布的矩) 设 F 服从自由度为 r_1 与 r_2 的 F 分布. 于是，如同式(3.6.7)一样，我们可把 F 写成 $F=(r_2/r_1)(U/V)$，其中 U 与 V 是独立的卡方随机变量，分别具有自由度 r_1 与 r_2. 因此，对于 F 的 k 阶矩，由独立性，我们有

$$E(F^k)=\left(\frac{r_2}{r_1}\right)^k E(U^k)E(V^{-k})$$

当然，倘若上式右边的两个期望都存在的话. 由定理 3.3.2 知，因为 $k>-(r_1/2)$ 总是成立的，所以第一个期望总存在. 然而，如果 $r_2>2k$，那么第二个期望存在，也就是分母自由度必须大于 k 的 2 倍. 一旦假定这是成立的，由式(3.3.8)可得，F 的均值是由

$$E(F)=\frac{r_2}{r_1}r_1\frac{2^{-1}\Gamma\left(\frac{r_2}{2}-1\right)}{\Gamma\left(\frac{r_2}{2}\right)}=\frac{r_2}{r_2-2} \tag{3.6.8}$$

给出的. 如果 r_2 很大，那么 $E(F)$ 大致为 1. 习题 3.6.7 推导出了 $E(F^k)$ 的一般表达式. ■

3.6.3 学生定理

本节最后，给出涉及后面几章关于正态随机变量推断的一个重要结果. 它是前面所推导的 t 分布的推论，并且常常称为学生定理.

定理 3.6.1 设 $X_1,X_2,\cdots,X_n$ 是独立同分布随机变量，它们均服从均值为 μ 与方差为 σ^2 的正态分布. 定义随机变量

$$\overline{X}=\frac{1}{n}\sum_{i=1}^{n}X_i \text{ 且 } S^2=\frac{1}{n-1}\sum_{i=1}^{n}(X_i-\overline{X})^2$$

于是，

(a) $\overline{X}$ 服从 $N\left(\mu,\frac{\sigma^2}{n}\right)$.

(b) $\overline{X}$ 与 S^2 是独立的.

(c) $(n-1)S^2/\sigma^2$ 服从 $\chi^2(n-1)$.

(d) 随机变量

$$T=\frac{\overline{X}-\mu}{S/\sqrt{n}} \tag{3.6.9}$$

服从自由度为 $n-1$ 的学生 t 分布.

证： 注意，在推论 3.4.1 中，我们已证明了(a)部分. 设 $\boldsymbol{X}=(X_1,X_2,\cdots,X_n)'$. 由于 $X_1,X_2,\cdots,X_n$ 是服从独立同分布 $N(\mu,\sigma^2)$ 的随机变量，所以 $\boldsymbol{X}$ 服从多元正态分布 $N(\mu\mathbf{1},\sigma^2\boldsymbol{I})$，其中 $\mathbf{1}$ 表示分量全部为 1 的向量. 设 $\boldsymbol{v}'=(1/n,\ 1/n,\cdots,1/n)=(1/n)\mathbf{1}'$. 注意，通过 $\boldsymbol{Y}=(X_1-\overline{X},\ X_2-\overline{X},\cdots,X_n-\overline{X})'$ 定义随机变量 $\boldsymbol{Y}$. 考察下述变换

$$\boldsymbol{W}=\begin{bmatrix}\overline{X}\\ \boldsymbol{Y}\end{bmatrix}=\begin{bmatrix}\boldsymbol{v}'\\ \boldsymbol{I}-\mathbf{1}\boldsymbol{v}'\end{bmatrix}\boldsymbol{X} \tag{3.6.10}$$

因为 $\boldsymbol{W}$ 是多元正态随机向量的线性变换，由定理 3.5.2 知，$\boldsymbol{W}$ 服从多元正态分布，其均值为

$$E[\boldsymbol{W}]\begin{bmatrix}\boldsymbol{v}'\\ \boldsymbol{I}-\boldsymbol{1}\boldsymbol{v}'\end{bmatrix}\mu\boldsymbol{1}=\begin{bmatrix}\mu\\ \boldsymbol{0}_n\end{bmatrix}\tag{3.6.11}$$

其中 $\boldsymbol{0}_n$ 表示分量全部为 0 的向量，而且协方差矩阵

$$\boldsymbol{\Sigma}=\begin{bmatrix}\boldsymbol{v}'\\ \boldsymbol{I}-\boldsymbol{1}\boldsymbol{v}'\end{bmatrix}\sigma^2\boldsymbol{I}\begin{bmatrix}\boldsymbol{v}'\\ \boldsymbol{I}-\boldsymbol{1}\boldsymbol{v}'\end{bmatrix}'=\sigma^2\begin{bmatrix}\frac{1}{n} & \boldsymbol{0}_n'\\ \boldsymbol{0}_n & \boldsymbol{I}-\boldsymbol{1}\boldsymbol{v}'\end{bmatrix}\tag{3.6.12}$$

因为 $\overline{X}$ 是 $\boldsymbol{W}$ 的第一个分量，同样由定理 3.5.1 知，可获得(a)部分. 其次，由于协方差为 0，所以 $\overline{X}$ 与 $\boldsymbol{Y}$ 是独立的. 但是，$\boldsymbol{S}^2=(n-1)^{-1}\boldsymbol{Y}'\boldsymbol{Y}$. 因此，$\overline{X}$ 与 $\boldsymbol{S}^2$ 也是独立的. 因而，(b)部分成立.

考察随机变量

$$V=\sum_{i=1}^{n}\left(\frac{X_i-\mu}{\sigma}\right)^2$$

此和式中的每一项均是 $N(0,1)$ 随机变量的平方，从而它服从 $\chi^2(1)$ 分布(定理 3.4.1). 由于被加数是独立的，那么由推论 3.3.1，我们得出 V 是 $\chi^2(n)$ 随机变量. 注意下述恒等式

$$\begin{aligned}V&=\sum_{i=1}^{n}\left(\frac{(X_i-\overline{X})+(\overline{X}-\mu)}{\sigma}\right)^2\\&=\sum_{i=1}^{n}\left(\frac{X_i-\overline{X}}{\sigma}\right)^2+\left(\frac{\overline{X}-\mu}{\sigma/\sqrt{n}}\right)^2=\frac{(n-1)S^2}{\sigma^2}+\left(\frac{\overline{X}-\mu}{\sigma/\sqrt{n}}\right)^2\end{aligned}\tag{3.6.13}$$

由(b)部分，最后等式右边两项是独立的. 而且，第二项是标准正态随机变量的平方，从而它服从 $\chi^2(1)$ 分布. 对两边取矩母函数，我们有

$$(1-2t)^{-n/2}=E[\exp\{t(n-1)S^2/\sigma^2\}](1-2t)^{-1/2}\tag{3.6.14}$$

一旦对右边的 $(n-1)S^2/\sigma^2$ 矩母函数加以求解，我们就得到(c)部分. 最后，若把 T，即式(3.6.9)写成

$$T=\frac{(\overline{X}-\mu)/(\sigma/\sqrt{n})}{\sqrt{(n-1)S^2/(\sigma^2(n-1))}}$$

由(a)部分至(c)部分立刻可得(d)部分. ■

习题

3.6.1 设 T 服从自由度为 10 的 t 分布，或者利用表Ⅲ，或者利用 R，求 $P(|T|>2.228)$.

3.6.2 设 T 服从自由度为 14 的 t 分布. 或者利用表Ⅲ，或者利用 R，求 b 以使 $P(-b<X<b)=0.90$.

3.6.3 设 T 服从自由度为 $r>4$ 的 t 分布. 利用式(3.6.4)确定 T 的峰度. 参看习题 1.9.15 中峰度的定义.

3.6.4 利用 R 画出下面(a)～(e)部分所定义的随机变量的概率密度函数. 再画一个全部五个概率密度函数的叠加图形. 通过利用 R 命令 seq 很容易得到概率密度函数的定义域值. 例如，命令 `x<-seq(-6,6,.1)`将计算从 −6 到 6 以 0.1 跳跃的向量值.

(a) X 服从标准正态分布. 利用代码：`x=seq(-6,6.01);plot(dnorm(x)~x)`.

(b) X 服从自由度为 1 的 t 分布. 利用代码：`lines(dt(x,1)~x,lty=2)`.

(c) X 服从自由度为 3 的 t 分布.

(d) X 服从自由度为 10 的 t 分布.

(e) X 服从自由度为 30 的 t 分布.

3.6.5 利用 R 研究 t 随机变量与正态随机变量的“离群值”的概率. 特别地，求下述随机变量观测到事件 $\{|X|\geqslant 2\}$ 的概率.

(a) X 服从正态分布.

(b) X 服从自由度为 1 的 t 分布.

(c) X 服从自由度为 3 的 t 分布.

(d) X 服从自由度为 10 的 t 分布.

(e) X 服从自由度为 30 的 t 分布.

3.6.6 在式(3.4.13)中，我们阐述了正态位置模型. 可是，通常真实数据的离群值会超过正态分布所允许的范围. 根据习题 3.6.5，对于具有很小自由度的 t 分布来说，更有可能出现离群值. 考察下面形式的位置模型

$$X=\mu+e$$

其中 e 服从自由度 3 的 t 分布. 首先求 X 的标准差 σ，然后求 $P(|X-\mu|\geqslant\sigma)$.

3.6.7 设 F 服从参数为 r_1 与 r_2 的 F 分布. 假定 $r_2>2k$，继续例 3.6.2 的讨论并推导 $E(F^k)$.

3.6.8 设 F 服从参数为 r_1 与 r_2 的 F 分布. 利用上面习题的结果，假定 $r_2>8$，确定 F 的峰度.

3.6.9 设 F 服从参数为 r_1 与 r_2 的 F 分布. 证明 $1/F$ 服从参数为 r_2 与 r_1 的 F 分布.

3.6.10 假定 F 服从参数为 $r_1=5$ 与 $r_2=10$ 的 F 分布，仅利用 F 分布的第 95 百分位数求 a 与 b，以使 $P(F\leqslant a)=0.05$ 且 $P(F\leqslant b)=0.95$，因此，$P(a<F<b)=0.90$.

提示：写成 $P(F\leqslant a)=P(1/F\geqslant 1/a)=1-P(1/F\leqslant 1/a)$，并且运用习题 3.6.9 的结果，或者利用附录 C 中的表 V，或者利用 R.

3.6.11 设 $T=W/\sqrt{V/r}$，其中 W 与 V 是独立变量，它们分别服从均值为 0 且方差为 1 的正态分布与自由度为 r 的卡方分布. 证明，T^2 服从参数为 $r_1=1$ 与 $r_2=r$ 的 F 分布.

提示：T^2 的分子分布是什么?

3.6.12 证明：自由度为 $r=1$ 的 t 分布与柯西分布是相同的.

3.6.13 设 F 服从自由度为 $2r$ 和 $2s$ 的 F 分布. 由于 F 的支集是$(0,\infty)$，所以经常用 F 分布对直到失效(寿命)时的问题建模. 在这种情况下，用 $Y=\log F$ 对寿命时间进行建模. $\log F$ 族是一个内容丰富的分布族，包括左偏、右偏和对称分布，参看 Hettmansperger 和 McKean(2011)的第 4 章. 在本题中，考察 $Y=\log F$ 的子分布族，F 的自由度为 2 和 $2s$.

(a) 求 Y 的概率密度函数和累积分布函数.

(b) 利用 R 在一张图上绘制 $s=0.4$，0.6，1.0，2.0，4.0，8 的分布图形. 对于每个概率密度函数的形状给出评论.

(c) 当 $s=1$ 时，此分布称为 **logistic** 分布. 证明概率密度函数关于 0 是对称的.

3.6.14 证明

$$Y=\frac{1}{1+(r_1/r_2)W}$$

服从贝塔分布，其中 W 服从参数为 r_1 与 r_2 的 F 分布.

3.6.15 设 X_1,X_2 是独立同分布的，具有同一概率密度函数 $f(x)=\mathrm{e}^{-x},0<x<\infty$，其他为 0. 证明 $Z=X_1/X_2$ 服从 F 分布.

3.6.16 设 X_1,X_2,X_3 是三个独立的自由度分别为 r_1,r_2,r_3 的卡方变量.

(a) 证明 $Y_1=X_1/X_2$ 与 $Y_2=X_1+X_2$ 是独立的，并且 Y_2 服从 $\chi^2(r_1+r_2)$.

(b) 推导

$$\frac{X_1/r_1}{X_2/r_2} \quad 与 \quad \frac{X_3/r_3}{(X_1+X_2)/(r_1+r_2)}$$

是独立的 F 变量.

*3.7 混合分布

回顾 3.4.1 节曾讨论了污染正态分布. 这是一个混合正态分布的事例. 在本节，我们将这种思想推广到混合分布. 一般来讲，对连续型情况加以讨论，而对离散概率质量函数可用同样方法进行处理.

假定有 k 个分布，它们具有概率密度函数 $f_1(x),f_2(x),\cdots,f_k(x)$，支集 $\mathcal{S}_1,\mathcal{S}_2,\cdots,\mathcal{S}_k$，均值 $\mu_1,\mu_2,\cdots,\mu_k$，方差 $\sigma_1^2,\sigma_2^2,\cdots,\sigma_k^2$，混合概率 $p_1,p_2,\cdots,p_k$，其中 $p_1+p_2+\cdots+p_k=1$. 设 $\mathcal{S}=\bigcup_{i=1}^{k}\mathcal{S}_i$，考察函数

$$f(x)=p_1f_1(x)+p_2f_2(x)+\cdots+p_kf_k(x)=\sum_{i=1}^{k}p_if_i(x),\quad x\in\mathcal{S} \tag{3.7.1}$$

注意，$f(x)$ 是非负的，而且容易看出，对它在 $(-\infty,\infty)$ 上进行积分为 1；从而 $f(x)$ 是某个连续型随机变量 X 的概率密度函数. 运用逐项积分法，由此得出 X 的累积分布函数是：

$$F(x)=\sum_{i=1}^{k}p_iF_i(x),\quad x\in\mathcal{S} \tag{3.7.2}$$

其中 $F_i(x)$ 表示和此概率密度函数 $f_i(x)$ 相对应的累积分布函数. X 的均值是由

$$E(X)=\sum_{i=1}^{k}p_i\int_{-\infty}^{\infty}xf_i(x)\mathrm{d}x=\sum_{i=1}^{k}p_i\mu_i=\overline{\mu} \tag{3.7.3}$$

给出的，它是 $\mu_1,\mu_2,\cdots,\mu_k$ 的加权平均，并且其方差等于

$$\begin{aligned}\mathrm{Var}(X)&=\sum_{i=1}^{k}p_i\int_{-\infty}^{\infty}(x-\overline{\mu})^2f_i(x)\mathrm{d}x=\sum_{i=1}^{k}p_i\int_{-\infty}^{\infty}[(x-\mu_i)+(\mu_i-\overline{\mu})]^2f_i(x)\mathrm{d}x\\&=\sum_{i=1}^{k}p_i\int_{-\infty}^{\infty}(x-\mu_i)^2f_i(x)\mathrm{d}x+\sum_{i=1}^{k}p_i(\mu_i-\overline{\mu})^2\int_{-\infty}^{\infty}f_i(x)\mathrm{d}x\end{aligned}$$

因为交叉乘积项积分为 0. 也就是说，

$$\mathrm{Var}(X)=\sum_{i=1}^{k}p_i\sigma_i^2+\sum_{i=1}^{k}p_i(\mu_i-\overline{\mu})^2 \tag{3.7.4}$$

注意，方差不是简单的 k 个方差的加权平均，它还包括了均值方差的加权平均.

注释 3.7.1　尤其重要的是，注意这些特性是与 k 个分布的混合有联系的，而与 k 个随机变量的线性组合如 $\sum a_iX_i$ 却是无关的. ■

对于接下来的例题，需要下述分布. 如果 X 有概率密度函数

$$f_1(x)=\begin{cases}\dfrac{1}{\Gamma(\alpha)\beta^{\alpha}}x^{-(1+\beta)/\beta}(\log x)^{\alpha-1}, & x>1\\0, & 其他\end{cases} \tag{3.7.5}$$

则我们称 X 具有参数为 $\alpha>0$ 与 $\beta>0$ 的对数伽马概率密度函数. 习题 3.7.1 给出了这个概率密度函数的推导，而且还推导出了它的均值和方差. 我们用 $\log\Gamma(\alpha,\beta)$ 表示 X 的这个分布.

例 3.7.1　精算师发现，对数伽马分布和伽马分布的混合是索赔分布的重要模型. 于是，假定 X_1 服从 $\log\Gamma(\alpha_1,\beta_1)$，$X_2$ 服从 $\log\Gamma(\alpha_2,\beta_2)$，而且混合概率是 p 与 $(1-p)$. 于是，此混合分布的概率密度函数是

$$f(x)=\begin{cases}\dfrac{1-p}{\beta_2^{\alpha_2}\Gamma(\alpha_2)}x^{\alpha_2-1}\mathrm{e}^{-x/\beta_2}, & 0<x\leqslant 1\\ \dfrac{p}{\beta_1^{\alpha_1}\Gamma(\alpha_1)}(\log x)^{\alpha_1-1}x^{-(\beta_1+1)/\beta_1}+\dfrac{1-p}{\beta_2^{\alpha_2}\Gamma(\alpha_2)}x^{\alpha_2-1}\mathrm{e}^{-x/\beta_2}, & 1<x\\ 0, & \text{其他}\end{cases}\tag{3.7.6}$$

倘若 $\beta_1<2^{-1}$，这个混合分布的均值与方差是

$$\mu=p(1-\beta_1)^{-\alpha_1}+(1-p)\alpha_2\beta_2\tag{3.7.7}$$

$$\begin{aligned}\sigma^2=&p[(1-2\beta_1)^{-\alpha_1}-(1-\beta_1)^{-2\alpha_1}]+\\&(1-p)\alpha_2\beta_2^2+p(1-p)[(1-\beta_1)^{-\alpha_1}-\alpha_2\beta_2]^2\end{aligned}\tag{3.7.8}$$

参看习题 3.7.3. ■

有时，混合分布称为**复合**(compounding). 此外，并不需要对它限制成有限个分布. 正如下面例题所阐明的，连续加权函数可以代替 $p_1,p_2,\cdots,p_k$，当然连续加权函数具有概率密度函数；也就是说，积分代替求和.

例 3.7.2　设 X_θ 是参数为 θ 的泊松随机变量. 希望对无限多个泊松分布进行混合，其中每一个都具有各不相同的 θ 值. 我们设加权函数是 θ 的概率密度函数，也就是参数为 α 与 β 的伽马概率密度函数. 对于 $x=0,1,2,\cdots$,复合分布的概率质量函数为

$$\begin{aligned}p(x)&=\int_0^\infty\left[\frac{1}{\beta^\alpha\Gamma(\alpha)}\theta^{\alpha-1}\mathrm{e}^{-\theta/\beta}\right]\left[\frac{\theta^x\mathrm{e}^{-\theta}}{x!}\right]\mathrm{d}\theta\\&=\frac{1}{\Gamma(\alpha)\beta^\alpha x!}\int_0^\infty\theta^{\alpha+x-1}\mathrm{e}^{-\theta(1+\beta)/\beta}\mathrm{d}\theta\\&=\frac{\Gamma(\alpha+x)\beta^x}{\Gamma(\alpha)x!(1+\beta)^{\alpha+x}}\end{aligned}$$

对第二行积分做一个 $t=\theta(1+\beta)/\beta$ 的变量变换得到第三行.

当 $\alpha=r$ 时，r 为正整数且 $\beta=(1-p)/p$，其中 $0<p<1$，就出现了这种有趣的复合情况. 在此情况下，概率质量函数变成

$$p(x)=\frac{(r+x-1)!}{(r-1)!}\frac{p^r(1-p)^x}{x!},\quad x=0,1,2,\cdots$$

也就是说，这种复合分布与为了在一系列独立试验中获得 r 次成功还需要的试验次数的分布相一致，其中一系列试验中的每一次试验都具有成功概率 p. 这是**负二项分布**(negative binomial distribution)的一种形式. 负二项分布经常成功地作为事故次数的模型(Weber, 1971). ■

在复合时，可将 X 的最初分布看成给定 θ 时的条件分布，其概率密度函数用 $f(x|\theta)$ 表示. 于是，加权函数可以看作 θ 的概率密度函数，比如 $g(\theta)$. 因此，联合概率密度函数是 $f(x|\theta)g(\theta)$，而复合概率密度函数可视为 X 的边缘(无条件)概率密度函数，

$$h(x)=\int_\theta g(\theta)f(x|\theta)\mathrm{d}\theta$$

在 θ 服从离散分布的情况下，就要使用求和代替积分. 为了说明起见，假定知道正态分布的均值为 0，但其方差 σ^2 等于 $1/\theta>0$，这里 θ 是从某个随机模型中选取出来的. 为了方便起见，称后者是参数为 α 与 β 的伽马分布. 因而，已知 θ 时，X 条件服从 $N(0,1/\theta)$，从而对于 $-\infty<x<\infty$，$0<\theta<\infty$，X 与 θ 的联合分布为

$$f(x|\theta)g(\theta)=\left[\frac{\sqrt{\theta}}{\sqrt{2\pi}}\exp\left(\frac{-\theta x^2}{2}\right)\right]\left[\frac{1}{\beta^\alpha\Gamma(\alpha)}\theta^{\alpha-1}\exp(-\theta/\beta)\right]$$

因此，X 的边缘(无条件)概率密度函数 $h(x)$ 可通过对 θ 进行积分而建立起来，也就是说

$$h(x)=\int_0^\infty\frac{\theta^{\alpha+1/2-1}}{\beta^\alpha\sqrt{2\pi}\Gamma(\alpha)}\exp\left[-\theta\left(\frac{x^2}{2}+\frac{1}{\beta}\right)\right]\mathrm{d}\theta$$

通过把这个被积函数与具有参数 $\alpha+\dfrac{1}{2}$ 与 $[(1/\beta)+(x^2/2)]^{-1}$ 的伽马概率密度函数相比较，可以看出，积分等于

$$h(x)=\frac{\Gamma\left(\alpha+\frac{1}{2}\right)}{\beta^\alpha\sqrt{2\pi}\Gamma(\alpha)}\left(\frac{2\beta}{2+\beta x^2}\right)^{\alpha+1/2},\quad -\infty<x<\infty$$

有趣的是，当 $\alpha=r/2$ 且 $\beta=2/r$ 时，其中 r 表示正整数，X 服从无条件分布，该分布是自由度为 r 的学生分布. 也就是说，通过这种形式的混合或复合推广了学生分布. 我们发现，得到的分布(学生分布的推广)与那些具有我们开始使用的条件正态分布相比，其尾部更加厚.

下面两个例题提供了这种形式复合的两个另外解释.

例 3.7.3　假定有一个二项分布，我们只是确定每次试验中成功概率 p 是通过某个随机过程而选定的，该随机过程具有参数为 α 与 β 的贝塔概率密度函数. 因而，n 次独立试验中成功次数 X 服从一个条件二项分布，所以 X 与 p 的联合概率密度函数是

$$p(x|p)g(p)=\frac{n!}{x!(n-x)!}p^x(1-p)^{n-x}\frac{\Gamma(\alpha+\beta)}{\Gamma(\alpha)\Gamma(\beta)}p^{\alpha-1}(1-p)^{\beta-1}$$

对于 $x=0,1,\cdots,n$，$0<p<1$. 因此，X 的无条件概率密度函数由积分

$$\begin{aligned}h(x)&=\int_0^1\frac{n!\Gamma(\alpha+\beta)}{x!(n-x)!\Gamma(\alpha)\Gamma(\beta)}p^{x+\alpha-1}(1-p)^{n-x+\beta-1}\mathrm{d}p\\&=\frac{n!\Gamma(\alpha+\beta)\Gamma(x+\alpha)\Gamma(n-x+\beta)}{x!(n-x)!\Gamma(\alpha)\Gamma(\beta)\Gamma(n+\alpha+\beta)},\quad x=0,1,2,\cdots,n\end{aligned}$$

给出. 现在，假定 α 与 β 都是正整数，由于 $\Gamma(k)=(k-1)!$，所以这个无条件(边缘或复合)概率密度函数能写成

$$h(x)=\frac{n!(\alpha+\beta-1)!(x+\alpha-1)!(n-x+\beta-1)!}{x!(n-x)!(\alpha-1)!(\beta-1)!(n+\alpha+\beta-1)!},\quad x=0,1,\cdots,n$$

因为条件均值 $E(X|p)=np$，而且 $E(p)$ 等于贝塔分布的均值 $\alpha/(\alpha+\beta)$，所以无条件均值是 $n\alpha/(\alpha+\beta)$. ■

例 3.7.4　在此例题中，我们借助于复合方式发展一种厚尾偏态分布. 假定 X 具有参数为 k 与 θ^{-1} 的条件伽马概率密度函数. 关于 θ 的加权函数是参数为 α 与 β 的伽马概率密度函数. 因而，X 的无条件(边缘或复合)概率密度函数是

$$h(x)=\int_0^\infty\left[\frac{\theta^{\alpha-1}\mathrm{e}^{-\theta/\beta}}{\beta^\alpha\Gamma(\alpha)}\right]\left[\frac{\theta^k x^{k-1}\mathrm{e}^{-\theta x}}{\Gamma(k)}\right]\mathrm{d}\theta=\int_0^\infty\frac{x^{k-1}\theta^{\alpha+k-1}}{\beta^\alpha\Gamma(\alpha)\Gamma(k)}\mathrm{e}^{-\theta(1+\beta x)/\beta}\mathrm{d}\theta$$

一旦把这个被积函数与具有参数为 $\alpha+k$ 与 $\beta/(1+\beta x)$ 的伽马概率密度函数进行对比，我们发现

$$h(x)=\frac{\Gamma(\alpha+k)\beta^k x^{k-1}}{\Gamma(\alpha)\Gamma(k)(1+\beta x)^{\alpha+k}},\quad 0<x<\infty$$

它是**广义帕累托分布**(generalized Pareto distribution)(以及 F 分布的推广)的概率密度函数. 当然，当$k=1$时(因而，X 服从条件指数分布)概率密度函数是

$$h(x)=\alpha\beta(1+\beta x)^{-(\alpha+1)},\quad 0<x<\infty$$

它是帕累托概率密度函数. 和最初(条件)伽马分布相比，这两个复合概率密度函数具有较厚的尾部.

尽管广义帕累托分布的累积分布函数并不能以简单闭型表述出来，但帕累托分布的累积分布函数是

$$H(x)=\int_0^x\alpha\beta(1+\beta t)^{-(\alpha+1)}\mathrm{d}t=1-(1+\beta x)^{-\alpha},\quad 0\leqslant x<\infty$$

由此，通过令 $X=Y^\tau$，$0<\tau$，生成另一个有用的长尾分布. 因而，Y 具有累积分布函数

$$G(y)=P(Y\leqslant y)=P[X^{1/\tau}\leqslant y]=P[X\leqslant y^\tau]$$

从而，这一概率等于

$$G(y)=H(y^\tau)=1-(1+\beta y^\tau)^{-\alpha},\quad 0<y<\infty$$

它具有相应的概率密度函数

$$G'(y)=g(y)=\frac{\alpha\beta\tau y^{\tau-1}}{(1+\beta y^\tau)^{\alpha+1}},\quad 0<y<\infty$$

将该相伴分布称为**变换帕累托分布**(transformed Pareto distribution)或**伯尔分布**(Burr 1942)，而且在对较厚尾分布建模中，它被证明是一种有用的分布. ■

习题

3.7.1 假定 Y 服从 $\Gamma(\alpha,\beta)$分布. 设 $X=\mathrm{e}^Y$. 证明：X 的概率密度函数由式(3.7.5)给出. 利用伽马分布的累积分布函数，求出 X 的累积分布函数推导 X 的均值与方差.

3.7.2 为了获得习题 3.7.1 中的随机变量的概率密度函数和累积分布函数，编写 R 函数的有关编码.

3.7.3 在例 3.7.1 中，推导由式(3.7.6)给出的混合分布的概率密度函数，然后得出它的均值与方差，分别由式(3.7.7)与式(3.7.8)给出.

3.7.4 为了得到混合概率密度函数式(3.7.6)，利用习题 3.7.2 中的概率密度函数和 R 函数的 dgamma，编写 R 函数的有关编码. 对于 $\alpha=\beta=2$，在一张图上绘制 $p=0.05$，0.10，0.15，0.20 的密度图.

3.7.5 考察混合分布$(9/10)N(0,1)+(1/10)N(0,9)$. 证明：它的峰度为 8.34.

3.7.6 设 X 服从条件几何概率质量函数 $\theta(1-\theta)^{x-1}$，$x=1,2,\cdots$,其中 θ 表示参数为 α 与 β 的贝塔概率密度函数的随机变量之值. 证明：X 的边缘(无条件)概率质量函数是

$$\frac{\Gamma(\alpha+\beta)\Gamma(\alpha+1)\Gamma(\beta+x-1)}{\Gamma(\alpha)\Gamma(\beta)\Gamma(\alpha+\beta+x)},\quad x=1,2,\cdots$$

若 $\alpha=1$，我们得到

$$\frac{\beta}{(\beta+x)(\beta+x-1)},\quad x=1,2,\cdots$$

它是**齐普夫定律**(Zipf's law)的一种形式.

3.7.7　设 X 服从条件负二项分布，而不是几何分布，重做习题 3.7.6.

3.7.8　设 X 服从广义帕累托分布，参数为 k,α,β. 通过做变量变换，证明 $Y=\beta X/(1+\beta X)$ 服从贝塔分布.

3.7.9　证明：帕累托分布的故障率(故障率函数)是

$$\frac{h(x)}{1-H(x)}=\frac{\alpha}{\beta^{-1}+x}$$

求具有累积分布函数

$$G(y)=1-\left(\frac{1}{1+\beta y^{\tau}}\right)^{\alpha},\quad 0\leqslant y<\infty$$

的伯尔分布的故障率(危险函数). 注意，当变量值增大时这两个故障率会发生怎样变化.

3.7.10　对于伯尔分布，证明

$$E(X^{k})=\frac{1}{\beta^{k/\tau}}\Gamma\left(\alpha-\frac{k}{\tau}\right)\Gamma\left(\frac{k}{\tau}+1\right)/\Gamma(\alpha)$$

倘若 $k<\alpha\tau$.

3.7.11　设事故数 X 服从均值为 $\lambda\theta$ 的泊松分布. 假定给定 θ 时，λ 表示出现事故的可能性，它服从参数为$\alpha=h$与 $\beta=h^{-1}$ 的伽马概率密度函数；而 θ 表示事故倾向因素，具有广义帕累托概率密度函数，其参数为 $\alpha,\beta=h^{-1},k$. 证明，X 的无条件概率密度函数是

$$\frac{\Gamma(\alpha+k)\Gamma(\alpha+h)\Gamma(\alpha+h+k)\Gamma(h+k)\Gamma(k+x)}{\Gamma(\alpha)\Gamma(\alpha+h+k)\Gamma(h)\Gamma(k)\Gamma(\alpha+h+k+x)x!},\quad x=0,1,2,\cdots$$

有时，称它为**广义华林**(generalized Waring)概率质量函数.

3.7.12　设给定参数 α，X 服从具有固定参数 β 与 τ 的条件伯尔分布.

(a) 如果 α 具有几何概率质量函数 $p(1-p)^{\alpha}$，$\alpha=0,1,2,\cdots$，证明 X 的无条件分布是伯尔分布.

(b) 如果 α 具有指数概率密度函数 $\beta^{-1}e^{-\alpha/\beta}$，$\alpha>0$，求 X 的无条件概率密度函数.

3.7.13　设 X 具有条件韦布尔概率密度函数.

$$f(x\mid\theta)=\theta\tau x^{\tau-1}e^{-\theta x^{\tau}},\quad 0<x<\infty$$

并且设概率密度函数(加权函数)$g(\theta)$是参数为 α 与 β 的伽马分布. 证明 X 的复合(边缘)概率密度函数是伯尔的概率密度函数.

3.7.14　设 X 服从参数为 α 与 β 的帕累托分布，若 c 为正常数，证明：$Y=cX$ 服从参数为 α 与 β/c 的帕累托分布.

第 4 章 统计推断基础

4.1 抽样与统计量

在第 2 章，我们已经引入样本与统计量的概念. 本章继续讨论样本与统计量，同时引进主要的统计推断工具——置信区间和假设检验.

在一般统计问题里，我们关注随机变量 X，然而它的概率密度函数 $f(x)$ 或者概率质量函数 $p(x)$ 却是未知的. 我们对 $f(x)$ 或 $p(x)$ 的不了解，大致可分成下面两种类型：

1. $f(x)$ 或 $p(x)$ 完全是未知的.

2. $f(x)$ 或 $p(x)$ 的形式是已知的但含有参数 θ，其中 θ 可以是向量.

现在，我们考察第二种情况，尽管某些讨论还属于第一种情况. 这方面的一些例子包括：

(a) X 服从指数分布 $\mathrm{Exp}(\theta)$，即式(3.3.6)，其中 θ 是未知的.

(b) X 服从二项分布 $b(n,p)$，即式(3.1.2)，其中 n 是已知的，但 p 是未知的.

(c) X 服从伽马分布 $\Gamma(\alpha,\beta)$，即式(3.3.2)，其中 α 是未知的，β 也是未知的.

(d) X 服从正态分布 $N(\mu,\sigma^2)$，即式(3.4.6)，不论 X 的均值 μ，还是方差 σ^2 都是未知的.

我们时常运用下面的方法表述此类问题，即随机变量 X 的密度函数或质量函数的形式是 $f(x;\theta)$ 或者 $p(x;\theta)$，其中 $\theta\in\Omega$,Ω 是某一个特定集合. 例如，在上面的(a)中，$\Omega=\{\theta|\theta>0\}$. 我们将 θ 称为分布的参数. 由于 θ 是未知的，我们想要对它进行估计.

在这种探索过程中，关于 X 的未知分布信息或 X 分布的未知参数都源自 X 的样本. 样本观测值的分布与 X 的分布相同，因而我们将它们表示成随机变量 $X_1,X_2,\cdots,X_n$，其中 n 表示**样本量**(sample size). 当获得实际样本后，使用小写字母 $x_1,x_2,\cdots,x_n$ 表示样本的值或**实现**(realization). 我们还经常假定样本观测值 $X_1,X_2,\cdots,X_n$ 是相互独立的，在此情况下，称样本为随机样本，现在正式给出定义.

定义 4.1.1 如果随机变量 $X_1,X_2,\cdots,X_n$ 是独立同分布的(iid)，那么这些随机变量就构成了源自共同分布的样本量 n 的随机样本(random sample).

通常，利用样本函数来概括样本信息. 这些函数称为统计量，具体定义如下.

定义 4.1.2 设 $X_1,X_2,\cdots,X_n$ 表示随机变量 X 的样本，令 $T=T(X_1,X_2,\cdots,X_n)$ 是样本的函数，则称 T 为**统计量**(statistic).

当获得样本后，则称 t 为 T 的实现，其中 $t=T(x_1,x_2,\cdots,x_n)$，这里 $x_1,x_2,\cdots,x_n$ 表示样本的实现.

4.1.1 点估计量

运用上述术语，本章所讨论的问题就可叙述成：设 $X_1,X_2,\cdots,X_n$ 表示随机变量 X 的随机样本，X 具有密度或质量函数 $f(x;\theta)$ 或 $p(x,\theta)$，其中 $\theta\in\Omega$，对于特定集合 Ω. 在这种情况下，T 作为 θ 的**估计量**(estimator)，考虑统计量 T 就有意义．更正式地讲，将 T 称为 θ 的**点估计量**(point estimator)．将 T 称为 θ 的估计量，同时它的实现 t 称为 θ 的**估计值**(estimate，又称估计——译者注)．

本书讨论点估计量的几个性质．下面，我们以简单的无偏性开始．

定义 4.1.3(无偏性)　设 $X_1,X_2,\cdots,X_n$ 表示随机变量 X 的随机样本，X 具有概率密度函数 $f(x;\theta)$．设 $T=T(X_1,X_2,\cdots,X_n)$是统计量．如果 $E(T)=\theta$，我们称 T 是 θ 的**无偏**(unbiased)估计量．

第 6 章和第 7 章将要讨论几个估计定理的一般情况．不过，本章的目标是介绍推断内容，因此这里简略讨论**极大似然估计量**(maximum likelihood estimator，mle)，然后利用它获得前面介绍的几个例子的点估计量．第 6 章对这种理论加以推广．我们针对连续情况进行讨论．对于离散情况，可直接用概率质量函数代替概率密度函数．

就我们的问题而言，随机样本的联合分布包含了样本信息与参数 θ，即 $\prod_{i=1}^{n} f(x_i;\theta)$．我们想要将这一个观点表述成 θ 的函数，所以写成

$$L(\theta)=L(\theta;x_1,x_2,\cdots,x_n)=\prod_{i=1}^{n} f(x_i;\theta) \tag{4.1.1}$$

将此函数称为随机样本的**似然函数**(likelihood function)．将 $L(\theta)$的中心测量作为 θ 的估计量，这看起来非常合适．通常使用的估计值是使 $L(\theta)$达到极大值的 θ 值．如果它是唯一的，那么称此值为极大似然估计量(mle)，将它表示成$\hat{\theta}$，即

$$\hat{\theta}=\text{Arg max}\, L(\theta) \tag{4.1.2}$$

在应用中，通常使用似然函数的对数形式更方便，即函数 $l(\theta)=\log L(\theta)$．由于对数函数是严格递增函数，所以使 $l(\theta)$取极大值的那个 θ 值与使 $L(\theta)$取极大值的那个 θ 值是一样的．此外，对于本书所讨论的绝大多数模型，概率密度函数(或概率质量函数)都是 θ 的可微函数，$\hat{\theta}$通常是方程

$$\frac{\partial l(\theta)}{\partial\theta}=0 \tag{4.1.3}$$

的解．假如 θ 是一个参数向量，这个联立方程组的结果就要联立求解，参看习题 4.1.3．通常将这些方程称为极大似然估计量估计方程．

如同第 6 章所证明的，在一般条件下，极大似然估计量具有某些优良的性质．现在需要关注的性质是如下情况，除参数 θ 之外，对于特定函数 g，也要研究参数 $\eta=g(\theta)$．于是，像第 6 章定理 6.1.2 所证明的，η 的极大似然估计量是 $\hat{\eta}=g(\hat{\theta})$，其中$\hat{\theta}$表示 θ 的极大似然估计量．现在，我们继续介绍一些例子，包括数据实现．

例 4.1.1(指数分布)　假定随机样本 $X_1,X_2,\cdots,X_n$ 的共同概率密度函数是具有 $f(x)=\theta^{-1}\exp\{-x/\theta\}$的 $\Gamma(1,\theta)$，此密度的支集是 $0<x<\infty$，参看式(3.3.2)．通常将这种分布称为指数分布．其似然函数的对数是

$$l(\theta)=\log\prod_{i=1}^{n}\frac{1}{\theta}\mathrm{e}^{-x_i/\theta}=-n\log\theta-\theta^{-1}\sum_{i=1}^{n}x_i$$

此对数似然函数对 θ 的一阶偏导数是

$$\frac{\partial l(\theta)}{\partial \theta}=-n\theta^{-1}+\theta^{-2}\sum_{i=1}^{n}x_i$$

令这个偏导数为 0，并求解 θ，便得到解 $\overline{x}$. 仅存在一个临界值，此外，对数似然函数的二阶偏导数在 $\overline{x}$ 处的计算值为严格负的，这就证明了 $\overline{x}$ 提供极大值. 因此，对于这个例子，统计量 $\hat{\theta}=\overline{X}$ 是 θ 的极大似然估计量. 由于 $E(X)=\theta$，故得出 $E(\overline{X})=\theta$，因此 $\hat{\theta}$ 是 θ 的无偏估计量. ■

Rasmussen(1992)提供一个数据集，其中感兴趣的变量 X 是波音 720 飞机的空调机组首次出现故障前的运行小时数. 得到一个样本量 $n=13$ 的随机样本，其实现值是：

359　413　25　130　90　50　50　487　102　194　55　74　97

例如，359h 是随机变量 X_1 的实现. 数据的取值范围为 25 到 487. 假定它们服从指数模型，上面讨论的 θ 的点估计是该数据的算术平均值. 设数据集存放于 R 向量 ophrs 中，这个平均值可利用 R 的函数计算得出，即

```
mean(ophrs); 163.5385
```

因此，X 的均值 θ 的点估计值是 163.54h. 那么，163.54h 离真实 θ 值的距离是多少呢？我们将在下一节给出这个问题的答案. ■

例 4.1.2(二项分布)　设 X 表示 1 或 0，以此分别对应伯努利实验结果的成功或失败. 设 θ 表示成功概率，$0<\theta<1$. 于是，由式(3.1.1)知，X 的概率质量函数为

$$p(x;\theta)=\theta^{x}(1-\theta)^{1-x}, x=0 \text{ 或 } 1$$

若 $X_1,X_2,\cdots,X_n$ 是 X 的随机样本，则其似然函数为

$$L(\theta)=\prod_{i=1}^{n}p(x_i;\theta)=\theta^{\sum_{i=1}^{n}x_i}(1-\theta)^{n-\sum_{i=1}^{n}x_i},\quad x=0 \text{ 或 } 1$$

取对数，得到

$$l(\theta)=\sum_{i=1}^{n}x_i\log\theta+\left(n-\sum_{i=1}^{n}x_i\right)\log(1-\theta),\quad x_i=0 \text{ 或 } 1$$

$l(\theta)$ 的偏导数是

$$\frac{\partial l(\theta)}{\partial \theta}=\frac{\sum_{i=1}^{n}x_i}{\theta}-\frac{n-\sum_{i=1}^{n}x_i}{1-\theta}$$

令偏导数为 0，并求解 θ，得出 $\hat{\theta}=n^{-1}\sum_{i=1}^{n}X_i=\overline{X}$，也就是极大似然估计量是 n 次试验成功的比例. 由于 $E(X)=\theta$，故 $\hat{\theta}$ 是 θ 的无偏估计量. ■

Devore(2012)讨论了一项有关陶瓷髋关节置换术的研究；也参看(Kloke&McKean，2012)的第 30 页. 在这项研究中，在 143 例髋关节置换手术中有 28 例失败. 根据上面讨论，我们有一个二项分布的样本量为 143 的实现，在此分布中，成功是指髋关节置换手术成功，而失败是指髋关节置换手术失败. 设 θ 表示成功的概率. 据此，我们对 θ 的估计是 $\hat{\theta}=28/143=0.1958$. 非常容易计算这个值，但是为了稍后使用方便起见，可利用 R 代码 `prop.test(28,143)` 计算这个比例.

例 4.1.3(正态分布) 设 X 服从 $N(\mu,\sigma^2)$，其概率密度函数已由式(3.4.6)给出. 在此情况下，$\boldsymbol{\theta}$ 是向量 $\boldsymbol{\theta}=(\mu,\sigma)$. 若 $X_1,X_2,\cdots,X_n$ 是 X 的随机样本，则似然函数的对数简化成

$$l(\mu,\sigma)=-\frac{n}{2}\log 2\pi-n\log\sigma-\frac{1}{2}\sum_{i=1}^{n}\left(\frac{x_1-\mu}{\sigma}\right)^2 \tag{4.1.4}$$

其二阶偏导数简化成

$$\frac{\partial l(\mu,\sigma)}{\partial\mu}=-\sum_{i=1}^{n}\left(\frac{x_i-\mu}{\sigma}\right)\left(-\frac{1}{\sigma}\right) \tag{4.1.5}$$

$$\frac{\partial l(\mu,\sigma)}{\partial\sigma}=-\frac{n}{\sigma}+\frac{1}{\sigma^3}\sum_{i=1}^{n}(x_i-\mu)^2 \tag{4.1.6}$$

令二阶偏导数为 0，然后联立求解，得出极大似然估计量

$$\hat{\mu}=\overline{X} \tag{4.1.7}$$

$$\hat{\sigma}^2=n^{-1}\sum_{i=1}^{n}(X_i-\overline{X})^2 \tag{4.1.8}$$

注意，我们运用如下性质：$\hat{\sigma}^2$ 的极大似然估计量是 σ 平方的极大似然估计量.
正如前面第 2 章式(2.8.6)所证明的，估计量 $\overline{X}$ 是 μ 的无偏估计量. 此外，由 2.8 节式(2.8.7)可以知道，统计量

$$S^2=\frac{1}{n-1}\sum_{i=1}^{n}(X_i-\overline{X})^2 \tag{4.1.9}$$

是 σ^2 的无偏估计量. 因而，对于 σ^2 的极大似然估计量来说，$E(\hat{\sigma}^2)=[n/(n-1)]\sigma^2$. 因此，极大似然估计量是 σ^2 的有偏估计量. 注意，尽管$\hat{\sigma}^2$ 的偏差是 $E(\hat{\sigma}^2-\sigma^2)=-\sigma^2/n$，但是当 $n\to\infty$时，它收敛于 0. 然而，在实际应用中，用 S^2 作为 σ^2 的优先估计量.

Rasmussen(1991)讨论了一项测量被破坏的巴伐利亚森林中二氧化硫浓度的研究. 下面数据集是关于二氧化硫浓度(μg/m^3)测量值的随机样本量为 $n=24$ 的一个实现：

33.4	38.6	41.7	43.9	44.4	45.3	46.1	47.6	50.0	52.4	52.7	53.9
54.3	55.1	56.4	56.5	60.7	61.8	62.2	63.4	65.5	66.6	70.0	71.5

这些数据也可在前言中所列出的网站上的 R 数据文件 sulfurdio.rda 中找到. 假定这些数据存放于 R 向量 sulfurdioxide 中，利用下面 R 代码可以得到真实平均值和方差的估计值(既能计算 s^2 又能计算$\hat{\sigma}^2$)：

```
mean(sulfurdioxide);var(sulfurdioxide);(23/24)*var(sulfurdioxide)
53.91667        101.4797        97.25139
```

因此，我们估计，在这片被破坏的巴伐利亚森林中，二氧化硫的真实平均浓度是 53.92μg/m^3. 统计量 S^2 的实现 $s^2=101.48$，σ^2 的有偏估计是 97.25. 于是，该项研究指出，在巴伐利亚未被破坏地区，二氧化硫的平均浓度是 20μg/m^3. 这个值看起来与样本值离得相当远. 我们将在后面几节中从统计上进行讨论. ■

在这三个例子中，运用标准微分法得到求解. 对于下面例子来说，由于微分法对这种情况不再发挥作用，随机变量的支集涉及 θ，故出现失效情况就不足为奇.

例 4.1.4(均匀分布) 设 $X_1,X_2,\cdots,X_n$ 是独立同分布的，在$(0,\theta)$上具有均匀密度，即

$f(x)=1/\theta$，其中 $0<x<\theta$，否则为 0．由于 θ 位于支集内，所以不能利用微分法．将似然函数写成

$$L(\theta)=\theta^{-n}I(\max\{x_i\},\theta),\quad \theta>0$$

其中当 $a\leqslant b$ 或 $a>b$ 时，$I(a,b)$ 分别为 1 或 0．对于所有 $\theta\geqslant\max\{x_i\}$，函数 $L(\theta)$ 是递减函数，其他情况则为 0（这点可通过画出 $L(\theta)$ 的图形看出）．因此，极大值出现在 θ 假定的最小值上，即极大似然估计量 $\hat{\theta}=\max\{X_i\}$． ■

4.1.2 概率质量函数与概率密度函数的直方图估计

设 $X_1,X_2,\cdots,X_n$ 是随机变量 X 的随机样本，X 具有累计分布函数 $F(x)$．在这一节，我们简略讨论样本的直方图，它是 X 的概率质量函数 $p(x)$ 或概率密度函数 $f(x)$ 的估计，这取决于 X 为离散的或连续的．除了知道 X 离散或连续的随机变量，我们不对 X 分布的形式做出假设．特别地，没有做出如同上面对极大似然估计值讨论时所假定的参数形式．因而，所阐述的直方图被称为非参数估计量．对于非参数推断的一般讨论，参看第 10 章．首先讨论离散情形．

当 X 的分布为离散情形

假定 X 是离散随机变量，具有概率质量函数 $p(x)$．设 $X_1,X_2,\cdots,X_n$ 是 X 上的随机样本．首先，假定 X 的空间是有限的，比如说 $\mathcal{D}=\{a_1,a_2,\cdots,a_m\}$．$p(a_j)$ 的一个直观估计量是样本观测值 a_j 的相对频率．我们更正式地将这个观点表述成如下．对于 $j=1,2,\cdots,m$，将统计量定义成

$$I_j(X_i)=\begin{cases}1, X_i=a_j\\ 0, X_i\neq a_j\end{cases}$$

于是，$p(a_j)$ 的直观估计量能够表示成样本均值

$$\hat{p}(a_j)=\frac{1}{n}\sum_{i=1}^{n}I_j(X_i) \tag{4.1.10}$$

这些估计量 $\{\hat{p}(a_1),\hat{p}(a_2),\cdots,\hat{p}(a_m)\}$ 构成概率质量函数 $p(x)$ 的非参数估计．注意，$I_j(X_i)$ 服从伯努利分布，成功概率为 $p(a_j)$．由于

$$E[\hat{p}(a_j)]=\frac{1}{n}\sum_{i=1}^{n}E[I_j(X_i)]=\frac{1}{n}\sum_{i=1}^{n}p(a_j)=p(a_j) \tag{4.1.11}$$

所以 $\hat{p}(a_j)$ 是 $p(a_j)$ 的无偏估计量．

其次，假定 X 空间是无限的，比如说 $\mathcal{D}=\{a_1,a_2,\cdots\}$．在应用中，我们选取一个值，比如说 a_m，然后加以分组

$$\{a_1\},\{a_2\},\cdots,\{a_m\},\quad \widetilde{a}_{m+1}=\{a_{m+1},a_{m+2},\cdots\} \tag{4.1.12}$$

设 $\hat{p}(\widetilde{a}_{m+1})$ 表示样本项中大于或等于 a_{m+1} 的比例．于是，估计值 $\{\hat{p}(a_1),\cdots,\hat{p}(a_m),\hat{p}(\widetilde{a}_{m+1})\}$ 组成了 $p(x)$ 的估计．考虑到组的合并，一条经验法则表明，选取 m 以使 a_m 分类的频数大于 $a_{m+1},a_{m+2},\cdots$ 分类合并频数的 2 倍．

直方图是 $\hat{p}(a_j)$ 与 a_j 的**柱状图**（barplot）．需要考虑两种情况．第一种情况，假如 a_j 值表示某些**属性**（category），例如人的头发颜色．在此情况下，各个 a_j 就不存在顺序信息．对于这种数据，通常直方图并不将各个条柱紧靠在一起，其高度 $\hat{p}(a_j)$ 以各个 $\hat{p}(a_1)$ 的递减

次序画出．如此直方图经常被称为**条形图**(bar chart)．下面例子有助于理解这一内容．

例 4.1.5(苏格兰小学生头发颜色)　Kendall 和 Sturat(1979)针对 20 世纪早期的苏格兰小学生的眼睛和头发颜色数据进行研究．数据也可在前言中所列出的网站上的 scotteyehair.rda 文件中找到．在这个例子中，我们考察头发的颜色．离散随机变量是苏格兰小学生的头发颜色，分为金色、红色、浅红、褐色、黑色．Kendall 和 Sturat 利用苏格兰22 361名小学生的样本进行研究，并得出结果．该样本的频率分布和概率密度函数的估计是：

	金色	红色	浅红	褐色	黑色
统计数	5 789	1 319	9 418	5 678	157
$\hat{p}(a_j)$	0.259	0.059	0.421	0.254	0.007

样本的条形图如图 4.1.1 所示．假定运用 R 向量 vec 表示统计数(表中第二行)．然后，用下面 R 代码绘制条形图：

```
n=sum(vec); vecs = sort(vec,decreasing=T)/n
nms = c("Medium","Fair","Dark","Red","Black")
barplot(vecs,beside=TRUE,names.arg=nms,ylab="",xlab="Haircolor")
```

■

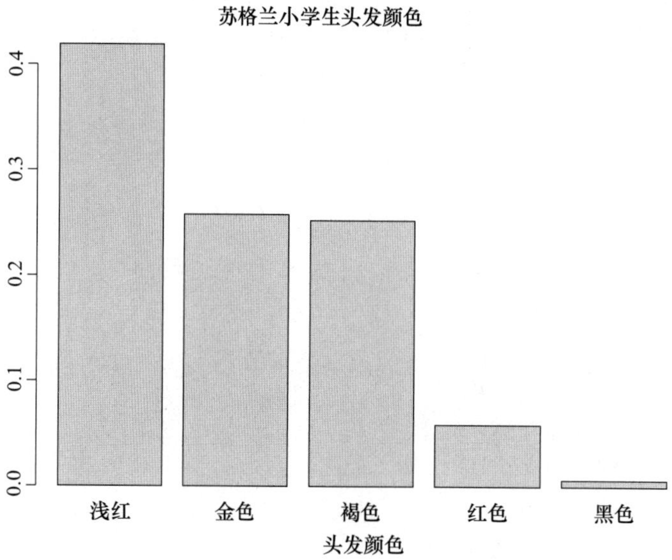

图 4.1.1　例 4.1.5 讨论的苏格兰人头发颜色数据的条形图

对于第二种情况，假定空间$\mathcal{D}$中各个数值在性质上是有序的(ordinal)，也就是各个 a_j 的自然次序从数值上看是有意义的．在此情况下，通常直方图是将条形紧密连接，条形高度为$\hat{p}(a_j)$，邻接条形图按照各个 a_j 的自然顺序画出，如同下面例子一样．

例 4.1.6(模拟泊松变量)　下面 30 个数据是源自泊松分布均值 $\lambda=2$ 的模拟值，参看例 4.8.2 关于泊松变量的生成.

2	1	1	1	1	5	1	1	3	0	2	1	1	3	4
2	1	2	2	6	5	2	3	2	4	1	3	1	3	0

其概率质量函数的非参数估计值是

j	0	1	2	3	4	5	$\geqslant 6$
$\hat{p}(j)$	0.067	0.367	0.233	0.167	0.067	0.067	0.033

这个数据集的直方图如图 4.1.2 所示. 注意，统计数作为垂直轴. 如果 R 向量 x 包含 30 个数据，那么利用下面 R 代码来绘制这个直方图：

```
brs=seq(-.5,6.5,1);hist(x,breaks=brs,xlab="Number of events",ylab="")
```

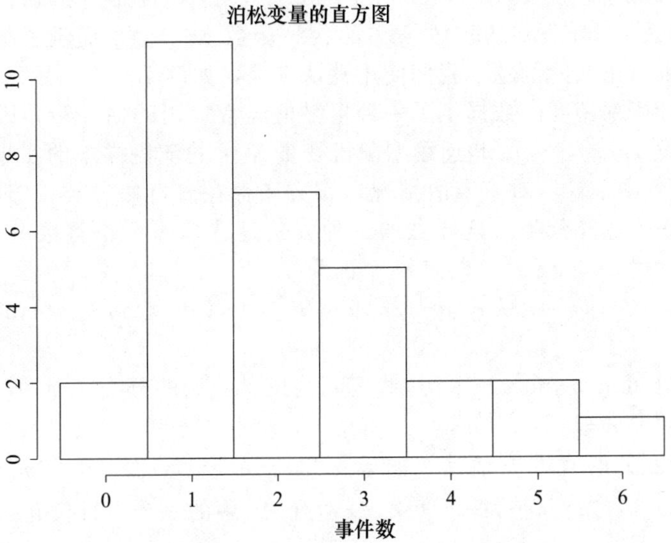

图 4.1.2　例 4.1.6 泊松变量的直方图

■

当 X 的分布为连续情形

对于这一节内容，假定随机样本 $X_1, X_2, \cdots, X_n$ 来自连续随机变量 X，X 具有连续概率密度函数 $f(t)$. 首先，我们在某个特定 x 值处估计这个概率密度函数. 然后，运用此估计值去研究概率密度函数的直方图估计. 对于任意的但固定点 x，同时已知 $h>0$，考察区间$(x-h, x+h)$. 利用积分中值定理，对于某个 ξ，$|x-\xi|<h$，可以得到

$$P(x-h<X<x+h)=\int_{x-h}^{x+h} f(t)\,\mathrm{d}t=f(\xi)2h \approx f(x)2h$$

左边的非参数估计是样本各项落入区间$(x-h, x+h)$中的比例. 这表明，对于已知 x，$f(x)$有下述非参数估计：

$$\hat{f}(x)=\frac{\#\{x-h<X_i<x+h\}}{2hn} \tag{4.1.13}$$

为了更正式地得到这一结果，考虑指标统计量：

$$I_i(x)=\begin{cases}1 & x-h<X_i<x+h \\ 0 & \text{其他}\end{cases}\quad i=1,\cdots,n$$

于是，$f(x)$的非参数估计量是

$$\hat{f}(x)=\frac{1}{2hn}\sum_{i=1}^{n}I_h(X_i)\tag{4.1.14}$$

由于样本项是同分布的，故当 $h\to 0$ 时，

$$E[\hat{f}(x)]=\frac{1}{2hn}nf(\xi)2h=f(\xi)\to f(x)$$

因此，$\hat{f}(x)$近似地成为密度 $f(x)$的无偏估计量．用密度估计术语来说，指示函数 I_i 称为**带宽**(bandwidth)$2h$ 的**矩形核**(rectangular kernel)．对于密度估计的讨论，参看 Sheather 和 Jones(1991)以及 Lehmann(1999)的第 6 章．R 函数 density 提供了具有多个选项的密度估计量．对于本书正文的例题，我们使用默认选项，如例 4.1.7 所示．

直方图为估计概率密度函数提供了一种粗糙但经常运用的估计量，因此对它做出一些评论是有益的．设 $x_1,x_2,\cdots,x_n$ 是连续型随机变量 X 上的随机样本的实现值．用下述方法获得对 $f(x)$的直方图估计．对于离散情况，直方图存在着自然分类，即取值范围．不过，对于连续情况，必须选择分类．这样做的一种方法是选择一个正整数 m、一个 $h(h>0)$，还有一个 a 值，使得 $a<\min x_i$，以使 m 个区间

$$(a-h,a+h],(a+h,a+3h],(a+3h,a+5h],\cdots,(a+(2m-3)h,a+(2m-1)h]\tag{4.1.15}$$

覆盖样本取值范围$[\min x_i,\max x_i]$．这些区间构成了我们的分类．设 $A_j=(a+(2j-3)h,a+(2j-1)h]$，对于 $j=1,2,\cdots,m$.

设$\hat{f}_h(x)$表示我们的直方图估计，如果 $x\leqslant a-h$ 或者 $x>a+(2m-1)h$，那么定义 $\hat{f}_h(x)=0$．对于 $a-h<x\leqslant a+(2m-1)h$，x 处于 A_j 中的一个，且仅有一个．对于$x\in A_j$，如下定义$\hat{f}_h(x)$：

$$\hat{f}_h(x)=\frac{\#\{x_i\in A_j\}}{2hn}\tag{4.1.16}$$

注意，$\hat{f}_h(x)\geqslant 0$，同时

$$\begin{aligned}\int_{-\infty}^{\infty}\hat{f}_h(x)\mathrm{d}x&=\int_{a-h}^{a+(2m-1)h}\hat{f}_h(x)\mathrm{d}x=\sum_{j=1}^{m}\int_{A_j}\frac{\#\{x_i\in A_j\}}{2hn}\mathrm{d}x\\&=\frac{1}{2hn}\sum_{j=1}^{m}\#\{x_i\in A_j\}[h(2j-1-2j+3)]=\frac{2h}{2hn}n=1\end{aligned}$$

因此$\hat{f}_h(x)$满足概率密度函数的几个性质.

对于离散情况，除了对分类进行合并之外，直方图是唯一的．然而，对于连续情况，直方图取决于所选择的分类．如果分类改变了，所得到的图形就会截然不同．除非存在令人信服的理由选择分类，否则我们建议采用由计算方法的算法所选择的默认分类．大多数统计软件包，比如 R 的直方图算法都提供最新的选择分类研究．下面例题的直方图就是基于默认选择分类来绘制的.

例 4.1.7 在前面例 4.1.3 中，我们展示一组有关被破坏的巴伐利亚森林中二氧化硫浓度的数据. 这个数据集的直方图，如图 4.1.3 所示. 样本只有 24 个数据，对于密度估计来说显得有些太少了. 考虑到这一点，尽管数据的分布呈现山丘形状，但是中心似乎显得太平坦，不符合正态性形状要求. 我们利用直方图覆盖默认的 R 密度估计(实线)，这就证实了对正态性的某种谨慎. 回顾这组数据的样本均值和标准差，分别是 53.916 67 和 10.073 71. 因此，我们也可利用均值和标准差(虚线)绘制正态概率密度函数. 假定数据存放于 R 向量 sulfurdioxide 中，然后运用 R 代码.

```
hist(sulfurdioxide,xlab="Sulfurdioxide",ylab=" ",pr=T,ylim=c(0,.04))
lines(density(sulfurdioxide))
y=dnorm(sulfurdioxide,53.91667,10.07371);lines(y~sulfurdioxide,lty=2)
```

从直观上看，正态密度图形拟合得非常差. ■

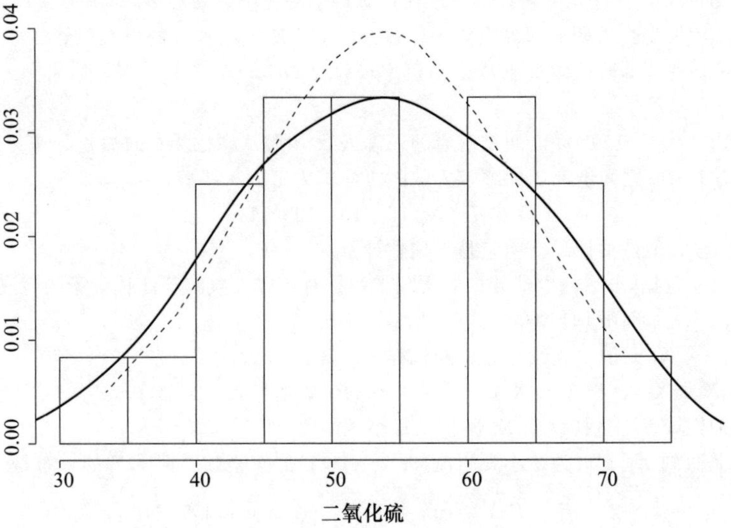

图 4.1.3 被破坏巴伐利亚森林中二氧化硫浓度的直方图，覆盖了密度估计(实线)和正态概率密度函数(虚线). 分别用样本均值和方差代替均值和标准差. 数据集由例 4.1.3 给出

习题

4.1.1 将 20 个马达放置于高温环境下进行试验. 在这些条件下，马达的寿命用小时表示，由下面数据给出. 数据存放于前言中所列出的网站上的 lifetimemotor.rda 文件中. 假如我们认为，在这些条件下马达寿命 X 服从 $\Gamma(1,\theta)$.

1	4	5	21	22	28	40	42	51	53
58	67	95	124	124	160	202	260	303	363

(a) 绘制数据的直方图，并利用代码 `hist(x,pr= T);lines(density(x))` 对其进行密度估计，然后和直方图叠放在一起，其中 R 向量 x 包含数据. 依据这个图形，你认为 $\Gamma(1,\theta)$ 模型会令人心信服吗?

(b) 假定服从 $\Gamma(1,\theta)$ 模型，得出 θ 的极大似然估计值 $\hat{\theta}$，然后在直方图形上标记这个值. 接着，在

直方图上叠放 $\Gamma(1,\hat{\theta})$ 分布的概率密度函数曲线. 利用 R 函数 `dgamma(x,shape= 1,scale=` $\hat{\theta}$`)` 绘制概率密度函数图形.

(c) 求数据样本中位数，该值是马达寿命中位数的估计值. 它估计出的参数是多少？(也就是计算 X 的中位数.)

(d) 利用极大似然估计量，X 中位数的另一种估计是多少？

4.1.2 26个职业棒球投球手的体重由下面数据给出.(对于完整数据集，参看 Hettmansperger 和 McKean (2011)的《稳健非参数统计方法》的第76页.)数据存放于 R 的 bb.rda 文件中. 假如我们猜测，职业棒球投球手的体重服从均值为 μ 与方差为 σ^2 的正态分布.

160	175	180	185	185	185	190	190	195	195	195	200	200
200	200	205	205	210	210	218	219	220	222	225	225	232

(a) 绘制数据的直方图. 基于这个图形，正态概率模型可信吗？

(b) 求出 μ，σ^2，σ 和 μ/σ 的极大似然估计. 在(a)部分的图形上标记 μ 的估计值，然后在(a)部分的直方图上，将这几个估计值叠放在正态概率密度函数图形上.

(c) 利用二项模型，求职业棒球投球手体重大于215磅的比例 p 的极大似然估计.

(d) 若猜测职业棒球队员体重服从正态概率模型 $N(\mu,\sigma^2)$，其中 μ 与 σ 均未知，求 p 的极大似然估计.

4.1.3 假如在上午9:00与10:00之间逛商店的顾客人数 X 服从参数为 θ 的泊松分布. 假定10天内在上午9:00与10:00之间逛商店的顾客人数随机样本为下面一些值：

9　7　9　15　10　13　11　7　2　12

(a) 求 θ 的极大似然估计. 证明它是无偏估计量.

(b) 运用这些数据，求(a)中估计量的实现. 并针对顾客人数解释此估计量的含义.

4.1.4 对于例4.1.3，验证式(4.1.4)～式(4.1.8).

4.1.5 设 $X_1,X_2,\cdots,X_n$ 是源自连续分布的随机样本.

(a) 求 $P(X_1\leqslant X_2)$，$P(X_1\leqslant X_2,X_1\leqslant X_3),\cdots,P(X_1\leqslant X_i,i=2,3,\cdots,n)$.

(b) 假如抽样过程一直持续到 X_1 不再是最小观测值(即 $X_j<X_1\leqslant X_i,i=2,3,\cdots,n$). 设 Y 不包括 X_1，是直到 X_1 不再为最小观测值(即 $Y=j-1$)的实验数. 证明 Y 的分布是

$$P(Y=y)=\frac{1}{y(y+1)},\quad y=1,2,3,\cdots$$

(c) 如果 Y 的均值与方差存在，计算它们.

4.1.6 考察式(4.1.10)中的概率质量函数估计量. 在式(4.1.11)中，我们已经证明这个估计量是无偏的. 求此估计量的方差及其矩母函数.

4.1.7 例4.1.5讨论的苏格兰小学生的数据集还包括孩子眼睛颜色. 他们的眼睛颜色频数是

蓝色	浅蓝色	中蓝色	黑色
2978	6697	7511	5175

利用这些频数，求相关的概率质量函数估计与条形图.

4.1.8 回顾对于参数 $\eta=g(\theta)$，η 的极大似然估计是 $g(\hat{\theta})$，其中 $\hat{\theta}$ 是 θ 的极大似然估计. 假定例4.1.6数据是源自均值为 λ 的泊松分布，求 λ 的极大似然估计，然后用它求概率质量函数的极大似然估计. 将概率质量函数的极大似然估计与非参数估计加以比较. 注意，对于域值6来说，求 $P(X\geqslant 6)$ 的极大似然估计.

4.1.9 考察概率密度函数的非参数估计量(4.1.14).

(a) 求这个估计量的均值，然后确定估计量的偏差.

(b) 求这个估计量的方差.

4.1.10 这组数据是从卡内基梅隆大学的 http://lib.stat.cmu.edu/DASL/网站下载的. 原始资料来源于 Willerman 等(1991). 这些数据包括 40 名大学生的大脑信息样本. 这些变量包括性别、身高、体重、三种智商测量值，以及刻画脑容量大小的磁共振成像(MRI)计数. 数据存放于前言所列出的网站上的 braindata.rda 文件中. 对于这个习题中，考察 MRI 计数.

(a) 利用代码

```
mri <- braindata[,7]; print(mri)
```

下载 R 文件 braindata.rda，并打印 MRI 数据，

(b) 绘制数据的直方图 hist(mri,pr=T)，然后对形状给出评论.

(c) 采用默认密度估计量，用 lines(density(mri))绘制密度估计图形，并对形状给出评论.

(d) 求样本均值和标准差，在直方图上将这些估计值作为参数叠放在正态概率密度函数图形上，可利用 mri=sort(mri)和 lines(dnorm(mri,mean(mri),sd(mri))~mri,lty=2). 对拟合结果给出评论.

(e) 求样本均值的 1 个标准差和 2 个标准差范围内数据的比例，并将这些比例与经验法则进行比较.

4.1.11 这是科学家 Simon Newcomb 所记录的关于光速的著名数据集. 数据集已经由习题 4.1.10 给出，可在 Carnegie Melon 网站上获得，还可以在前言所列出网站上的 speedlight.rda 文件中找到. Stigler(1977)对此数据集进行了翔实的讨论.

(a) 下载 speedlight.rda 文件，并输入命令 print(speed). 如同 Stigler 指出的，数据值$\times 10^{-1}+24.8$ 是 Newcomb 的数据值，因此，可能会出现负项. 此外，在数据单位中，"真值"是 33.02. 讨论数据的情况.

(b) 绘制数据的直方图，对形状给出评论.

(c) 在直方图上，叠放默认密度估计量，对形状给出评论.

(d) 求样本均值和标准差，在直方图上将这些估计值作为参数叠放在正态概率密度函数图形上. 对拟合给出评论.

(e) 求样本均值的 1 个标准差和 2 个标准差范围内数据的比例，并将这些比例与经验法则进行比较.

4.2 置信区间

我们继续研究 4.1 节曾讨论的统计问题. 先回顾，关注 X 的随机变量具有密度 $f(x;\theta)$，$\theta\in\Omega$，其中 θ 是未知的. 在那一节，已经讨论利用统计量 $\hat{\theta}=\hat{\theta}(X_1,X_2,\cdots,X_n)$ 估计 θ，其中 $X_1,X_2,\cdots,X_n$ 是源自 X 分布的样本. 当抽取样本后，不大可能出现：$\hat{\theta}$ 值是参数的真实值. 实际上，倘若 $\hat{\theta}$ 服从连续分布，则 $P_\theta(\hat{\theta}=\theta)=0$. 其中记号 P_θ 表示当 θ 为真实参数时所计算的概率. 所需做的是，对估计的误差进行估算，即 $\hat{\theta}$ 到底偏离 θ 多少? 在这一节，我们使用置信区间来具体化这种误差的估算，现在正式给出定义.

定义 4.2.1(置信区间) 设 $X_1,X_2,\cdots,X_n$ 是随机变量 X 的样本，其中 X 具有概率密度函数 $f(x;\theta)$，$\theta\in\Omega$. 设 $0<\alpha<1$ 为给定的. 令 $L=L(X_1,X_2,\cdots,X_n)$ 与 $U=U(X_1,X_2,\cdots,X_n)$ 是两个统计量. 我们称区间 (L,U) 是 θ 的 $(1-\alpha)100\%$ **置信区间**(confidence level)，如果

$$1-\alpha = P_\theta[\,\theta\in(L,U)\,] \tag{4.2.1}$$

也就是说，区间包含 θ 的概率是 $1-\alpha$，该值称为区间的**置信系数**(confidence coefficient)或**置信水平**(confidence level).

当抽取得到样本后，置信区间的实现值就是(l,u)，即实数区间. 区间(l,u)要么包含θ，要么没有包含θ. 考察置信区间的一种方式是运用伯努利试验，这里成功概率为$1-\alpha$. 比如说，如果在某个时期做M次独立的$(1-\alpha)100\%$置信区间，可以认为在这个时期具有$(1-\alpha)M$次成功置信区间(那些区间含有θ). 因此，人们有$(1-\alpha)100\%$的信心认为θ的真实值位于区间(l,u)内.

一种度量置信区间有效性的方式是其期望长度. 假定(L_1,U_1)与(L_2,U_2)是θ的两个置信区间，它们具有相同的置信系数. 当$E_\theta(U_1-L_1)\leqslant E_\theta(U_2-L_2)$时，对于所有$\theta\in\Omega$，我们就称$(L_1,U_1)$比$(L_2,U_2)$更有效.

获得置信区间存在几种不同的方法. 这一节探讨其中一种方法. 该方法建立在中枢随机变量的基础上. 通常，中枢随机变量是θ的估计量及参数的函数，而此中枢随机变量的分布是已知的. 利用这些信息，经过某些代数推导时常能得到置信区间. 下面几个例子将阐述中枢随机变量方法. 第二种获得置信区间的方法涉及无分布方法，像 4.4.2 节所运用的方法来确定分位数的置信区间.

例 4.2.1(在正态性条件下$\boldsymbol{\mu}$的置信区间)　假定随机变量$X_1,X_2,\cdots,X_n$是来自$N(\mu,\sigma^2)$的随机样本. 设$\overline{X}$与S^2分别表示样本均值与样本方差. 回顾上一节，$\overline{X}$是μ极大似然估计量，$[(n-1)/n]\ S^2$是σ^2的极大似然估计量. 由定理 3.6.1(d)部分得到，随机变量$T=(\overline{X}-\mu)/(S/\sqrt{n})$服从自由度为$n-1$的$t$分布. 随机变量$T$就是我们的中枢变量.

对于$0<\alpha<1$，将$t_{\alpha/2,n-1}$定义为自由度为$n-1$的t分布的上$\alpha/2$临界点，也就是$\alpha/2=P(T>t_{\alpha/2,n-1})$. 经过简单代数推导，可得到

$$\begin{aligned}1-\alpha&=P(-t_{\alpha/2,n-1}<T<t_{\alpha/2,n-1})=P_\mu\left(-t_{\alpha/2,n-1}<\frac{\overline{X}-\mu}{S/\sqrt{n}}<t_{\alpha/2,n-1}\right)\\&=P_\mu\left(-t_{\alpha/2,n-1}\frac{S}{\sqrt{n}}<\overline{X}-\mu<t_{\alpha/2,n-1}\frac{S}{\sqrt{n}}\right)\\&=P_\mu\left(\overline{X}-t_{\alpha/2,n-1}\frac{S}{\sqrt{n}}<\mu<\overline{X}+t_{\alpha/2,n-1}\frac{S}{\sqrt{n}}\right)\end{aligned}\tag{4.2.2}$$

一旦抽得样本后，设$\overline{x}$与s分别表示统计量$\overline{X}$与S的实现. 于是，μ的$(1-\alpha)100\%$置信区间是

$$(\overline{x}-t_{\alpha/2,n-1}s/\sqrt{n},\overline{x}+t_{\alpha/2,n-1}s/\sqrt{n})\tag{4.2.3}$$

这种区间经常被称为μ的$(1-\alpha)100\%$**t 区间**. $\overline{X}$的标准差估计$s/\sqrt{n}$被称为$\overline{X}$的**标准误差**(standard error).

在例 4.1.3 中，我们阐述了关于被破坏巴伐利亚森林中二氧化硫浓度的数据集. 用μ表示二氧化硫的真实平均浓度. 回忆前面例子，我们利用数据对μ的估计值是$\overline{x}=53.92$，样本标准差$s=\sqrt{101.48}=10.07$. 由于样本量$n=24$，对于置信水平 99%的置信区间，t临界值是 $t_{0.005,23}$=qt(.995,23)=2.807. 根据这些值，可以计算出式(4.2.3)的置信区间. 假设 R 向量 sulfurdioxide 包含样本，利用 R 代码计算此区间是 t.test(sulfurdioxide, conf.level=0.99)，其结果是置信水平 99%的置信区间(48.14,59.69). 许多科学家将这个区间写成 53.92 ± 5.78. 这样，我们就可以得到μ的估计和误差范围. ■

上例中的中枢随机变量 $T=(\overline{X}-\mu)/(s/\sqrt{n})$ 的分布依赖于样本各项的正态性，不过，即使样本各项不是抽取自正态分布，这一结论也是近似正确的. 中心极限定理(Central Limit Theorem，CLT)表明，T 的分布近似服从 $N(0,1)$. 为了运用这个结果，现在阐述中心极限定理，而将其证明留到第 5 章完成，参看定理 5.3.1.

定理 4.2.1(中心极限定理)　*设 $X_1,X_2,\cdots,X_n$ 表示来自均值 μ 与有限方差 σ^2 的分布的随机样本观测值. 那么，随机变量 $W_n=(\overline{X}-\mu)/(\sigma/\sqrt{n})$ 的分布函数，当 $n\to\infty$ 时，收敛到 Φ，即 $N(0,1)$ 的分布函数.*

正如第 5 章将进一步证明的，假如我们用样本标准差 S 代替 σ，这一结论同样成立，也就是说，在定理 4.2.1 假设下，

$$Z_n=\frac{\overline{X}-\mu}{S/\sqrt{n}} \tag{4.2.4}$$

的分布近似服从 $N(0,1)$. 对于非正态情况，像下面例子表明的，就这一结论而言，可以获得 μ 的近似置信区间.

例 4.2.2(大样本均值 $\boldsymbol{\mu}$ 的置信区间)　假定 $X_1,X_2,\cdots,X_n$ 是随机变量 X 的随机样本，X 具有均值 μ 与方差 σ^2，然而和上面例子不同的是，X 的分布不服从正态分布. 不过，从上面讨论可以知道，Z_n 的分布，即式(4.2.4)近似服从 $N(0,1)$. 因此

$$1-\alpha\approx P_{\mu}\left(-z_{\alpha/2}<\frac{\overline{X}-\mu}{S/\sqrt{n}}<z_{\alpha/2}\right)$$

利用如同上面例子一样的代数推导，可以得到

$$1-\alpha\approx P_{\mu}\left(\overline{X}-z_{\alpha/2}\frac{S}{\sqrt{n}}<\mu<\overline{X}+z_{\alpha/2}\frac{S}{\sqrt{n}}\right) \tag{4.2.5}$$

另外，令 $\overline{x}$ 与 s 分别表示统计量 $\overline{X}$ 与 S 的实现，一旦抽取样本后，μ 的近似 $(1-\alpha)100\%$ 置信区间是

$$(\overline{x}-z_{\alpha/2}s/\sqrt{n},\overline{x}+z_{\alpha/2}s/\sqrt{n}) \tag{4.2.6}$$

这个区间称为 μ 的**大样本**(large sample)置信区间. ■

在应用中，我们时常不知道总体是否服从正态分布. 应该使用哪一种置信区间呢？一般说来，对于相同 α，采用 $t_{\alpha/2,n-1}$ 得到的区间式(4.2.3)比那些采用 $z_{\alpha/2}$ 得到的区间式(4.2.6)更保守一些. 因此，在应用中，统计学家通常更愿意使用区间式(4.2.3).

在应用时，偶尔假定标准差 σ 为已知的. 在此情况下，通常经常使用 μ 的置信区间是用 σ 代替 s 的式(4.2.6).

例 4.2.3($\boldsymbol{p}$ 的大样本置信区间)　设 X 是伯努利随机变量，其成功概率为 p，当结果为成功或失败时，则 X 分别是 1 或 0. 假定 $X_1,X_2,\cdots,X_n$ 是来自 X 分布的随机样本. 设 $\hat{p}=\overline{X}$ 表示样本的成功比例. 注意，$\hat{p}=n^{-1}\sum_{i=1}^{n}X_i$ 是样本均值，而且 $\mathrm{Var}(\hat{p})=p(1-p)/n$. 由中心极限定理立刻可得，$Z=(\hat{p}-p)/\sqrt{p(1-p)/n}$ 的分布近似服从 $N(0,1)$. 参看第 5 章例 5.1.1，我们用估计值 $\hat{p}(1-\hat{p})$ 代替 $p(1-p)$. 于是，可如同上面例子那样推导，p 的近似 $(1-\alpha)100\%$ 置信区间是

$$(\hat{p}-z_{\alpha/2}/\sqrt{\hat{p}(1-\hat{p})/n}, \hat{p}+z_{\alpha/2}\sqrt{\hat{p}(1-\hat{p})/n}) \tag{4.2.7}$$

其中$\sqrt{\hat{p}(1-\hat{p})/n}$称为$\hat{p}$的标准误差. ■

在例 4.1.2 中，我们讨论了有关髋关节置换的数据集. 髋关节置换的结果存在两种情况，一种情况是成功的，另一种情况是失败的. 在样本中，143 个置换手术有 28 个是成功的. 利用 R 软件，通过 `prop.test(28,143,conf.level=.99)` 计算髋关节置换术成功概率 p 的 99%置信区间(0.122, 0.298). 因此，根据置信水平 99%的置信区间，我们估计髋关节置换术成功的概率在 0.122 到 0.298 之间.

4.2.1 均值之差的置信区间

人们关注的一个实际问题是，比较两个分布，即比较两个随机变量 X 与 Y 的分布. 在这一节，我们将比较 X 与 Y 的均值. 用 μ_1 与 μ_2 分别表示 X 与 Y 的均值. 特别地，将得到差值 $\Delta=\mu_1-\mu_2$ 的置信区间. 假定 X 与 Y 的方差都是有限的，并且用 $\sigma_1^2=\mathrm{Var}(X)$ 与 $\sigma_2^2=\mathrm{Var}(Y)$ 表示. 设 $X_1,X_2,\cdots,X_{n_1}$ 是来自 X 分布的随机样本，并设 $Y_1,Y_2,\cdots,Y_{n_2}$ 是来自 Y 分布的随机样本. 假定两个样本抽取时是彼此相互独立的. 设 $\overline{X}=n_1^{-1}\sum_{i=1}^{n_1}X_i$ 与 $\overline{Y}=n_2^{-1}\sum_{i=1}^{n_2}Y_i$ 表示样本均值. 设$\hat{\Delta}=\overline{X}-\overline{Y}$. 统计量$\hat{\Delta}$是$\Delta$ 的无偏估计量. 这个$\hat{\Delta}-\Delta$ 之差是中枢随机变量的分子. 利用样本独立性，得到

$$\mathrm{Var}(\hat{\Delta})=\frac{\sigma_1^2}{n_1}+\frac{\sigma_2^2}{n_2}$$

令 $S_1^2=(n_1-1)^{-1}\sum_{i=1}^{n_1}(X_i-\overline{X})^2$，$S_2^2=(n_2-1)^{-1}\sum_{i=1}^{n_2}(Y_i-\overline{Y})^2$ 是样本方差. 于是，用样本方差来估计方差，考察随机变量

$$Z=\frac{\hat{\Delta}-\Delta}{\sqrt{\frac{S_1^2}{n_1}+\frac{S_2^2}{n_2}}} \tag{4.2.8}$$

由样本独立性及定理 4.2.1，这个中枢变量近似服从 $N(0,1)$. 这就得出 $\Delta=\mu_1-\mu_2$ 的大约 $(1-\alpha)100\%$置信区间由

$$\left((\overline{x}-\overline{y})-z_{\alpha/2}\sqrt{\frac{s_1^2}{n_1}+\frac{s_2^2}{n_2}},\quad(\overline{x}-\overline{y})+z_{\alpha/2}\sqrt{\frac{s_1^2}{n_1}+\frac{s_2^2}{n_2}}\right) \tag{4.2.9}$$

给出，其中$\sqrt{(s_1^2/n_1)+(s_2^2/n_2)}$表示 $\overline{X}-\overline{Y}$ 的标准误差. 这是 $\mu_1-\mu_2$ 的大样本$(1-\alpha)100\%$置信区间.

上述置信区间是近似的. 在此情况下，如果假定 X 与 Y 分布除均值有差异之外其余是相同的，那么就能得到精确置信区间；也就是**位置模型**(location model). 特别地，假定 X 与 Y 的方差是相同的. 进一步地，假定 X 服从 $N(\mu_1,\sigma^2)$，而 Y 服从 $N(\mu_2,\sigma^2)$，其中 σ^2 表示 X 与 Y 的共同方差. 如上所述，设 $X_1,X_2,\cdots,X_{n_1}$ 是来自 X 分布的随机样本，而设 $Y_1,Y_2,\cdots,Y_{n_2}$ 是来自 Y 分布的随机样本. 假定两个样本是彼此相互独立的，并设 $n=n_1+$

n_2 是总样本量. Δ 的估计量仍是 $\overline{X}-\overline{Y}$. 我们的目标是证明下面定义的随机变量服从 t 分布，它已在 3.6 节中定义过.

由于 $\overline{X}$ 服从 $N(\mu_1,\sigma^2/n_1)$，$\overline{Y}$ 服从 $N(\mu_2,\sigma^2/n_2)$，而且 $\overline{X}$ 与 $\overline{Y}$ 是独立的，所以有

$$\frac{(\overline{X}-\overline{Y})-(\mu_1-\mu_2)}{\sigma\sqrt{\frac{1}{n_1}+\frac{1}{n_2}}} \text{ 服从 } N(0,1) \tag{4.2.10}$$

这将作为 T 统计量的分子.

设

$$S_p^2=\frac{(n_1-1)S_1^2+(n_2-1)S_2^2}{n_1+n_2-2} \tag{4.2.11}$$

注意，S_p^2 是 S_1^2 与 S_2^2 的加权平均. 很容易看出，S_p^2 是 σ^2 的无偏估计量. 上式称为 σ^2 的混合估计量. 此外，由于 $(n_1-1)S_1^2/\sigma^2$ 服从 $\chi^2(n_1-1)$，$(n_2-1)S_2^2/\sigma^2$ 服从 $\chi^2(n_2-1)$，同时 S_1^2 与 S_2^2 是独立的，所以得出 $(n-2)S_p^2/\sigma^2$ 服从 $\chi^2(n-2)$；参看推论 3.3.1. 最后，因为 S_1^2 与 $\overline{X}$ 是独立的，且 S_2^2 与 $\overline{Y}$ 是独立的，同时两个随机样本是相互独立的，由此可得，S_p^2 与式(4.2.10)是独立的. 因此，由学生 t 分布知，

$$T=\frac{[(\overline{X}-\overline{Y})-(\mu_1-\mu_2)]/\sigma\sqrt{n_1^{-1}+n_2^{-1}}}{\sqrt{(n-2)S_p^2/(n-2)\sigma^2}}=\frac{(\overline{X}-\overline{Y})-(\mu_1-\mu_2)}{S_p\sqrt{\frac{1}{n_1}+\frac{1}{n_2}}} \tag{4.2.12}$$

服从自由度为 $n-2$ 的 t 分布. 由上式容易看出，$\Delta=\mu_1-\mu_2$ 的精确 $(1-\alpha)100\%$ 置信区间为

$$\left((\overline{x}-\overline{y})-t_{\alpha/2,n-2}\,s_p\sqrt{\frac{1}{n_1}+\frac{1}{n_2}},(\overline{x}-\overline{y})+t_{\alpha/2,n-2}\,s_p\sqrt{\frac{1}{n_1}+\frac{1}{n_2}}\right) \tag{4.2.13}$$

考虑一个可能遇到的难题，当两个正态分布的未知方差不相等时，将此问题放在习题中.

例 4.2.4 为了阐明混合的 t 置信区间，考察 Hettmansperger 和 McKean(2011)中给出的棒球数据. 它是由 59 名职业棒球运动员的 6 个变量组成，其中 33 名是击球手，26 名是投手. 数据存放于第 1 章所列网站上 bb.rda 文件中. 球员的身高(inch)是这些测量之一，在这个例子中，我们考察投手和击球手之间的身高差异，用 μ_p 和 μ_h 分别表示投手和击球手的实际平均高，令 $\Delta=\mu_p-\mu_h$. 投手和击球手的样本平均身高分别是 75.19inch 和 72.67inch. 因此，我们对 Δ 的点估计是 2.53inch. 假设数据文件 bb.rda 已在 R 中加载，用下面 R 代码计算 Δ 的 95%置信区间：

```
hitht=height[hitpitind==1]; pitht=height[hitpitind==0]
t.test(pitht,hitht,var.equal=T)
```

计算得出的置信区间是(1.42,3.63). 注意，置信区间内的所有值均是正的，这表明投手的平均身高高于击球手的平均身高. ■

注释 4.2.1 假定 X 与 Y 均不服从正态分布，但它们分布的差异仅仅在位置上不同而已. 正如第 5 章所表明的，上面式(4.2.13)给出的区间是近似的，而不是精确的. ■

4.2.2 比例之差的置信区间

设 X 与 Y 是两个独立随机变量，它们分别服从伯努利分布 $b(1,p_1)$ 与 $b(1,p_2)$. 我们

回到求 p_1-p_2 的置信区间问题上. 设 $X_1,X_2,\cdots,X_{n_1}$ 是来自 X 分布的随机样本，而设 $Y_1,Y_2,\cdots,Y_{n_2}$ 是来自 Y 分布的随机样本. 如上所述，假定两个样本是彼此相互独立的，并设$n=n_1+n_2$是总样本量. 当然，p_1-p_2 的估计量是样本比例之差，即 $\overline{X}-\overline{Y}$. 这里将使用传统记号，并分别用$\hat{p}_1$ 与$\hat{p}_2$ 代替 $\overline{X}$ 与 $\overline{Y}$. 从而，由上面讨论知，像式(4.2.9)给出的区间可作为 p_1-p_2 的近似置信区间. 这里，$\sigma_1^2=p_1(1-p_1)$且 $\sigma_2^2=p_2(1-p_2)$. 就这个区间而言，我们分别用$\hat{p}_1(1-\hat{p}_1)$与$\hat{p}_2(1-\hat{p}_2)$估计它们. 因而，p_1-p_2 的大约$(1-\alpha)100\%$置信区间是

$$\hat{p}_1-\hat{p}_2\pm z_{\alpha/2}\sqrt{\frac{\hat{p}_1(1-\hat{p}_1)}{n_1}+\frac{\hat{p}_2(1-\hat{p}_2)}{n_2}} \tag{4.2.14}$$

例 4.2.5　Kloke 和 McKean(2011)第 33 页讨论了 1954 年索尔克脊髓灰质炎疫苗最初临床研究的数据集. 随机选取一组儿童(治疗组)接种疫苗，而另一组(对照组)接种安慰剂. 设 p_C 和 p_T 分别表示对照组和治疗组中脊髓灰质炎病例的实际比例. 下表列出了具体结果，如下：

组别	儿童数量	病例数	样本比例
治疗组	200 745	57	0.000 284
对照组	201 229	199	0.000 706

注意$\hat{p}_C>\hat{p}_T$. 用下面 R 代码计算 p_C-p_T 的置信水平 95%的置信区间：

```
prop.test(c(199,57),c(201229,200745))
```

置信区间是(0.000 54，0.000 87). 此区间内的所有值都是正的，所以疫苗对预防脊髓灰质炎是有效的. ■

习题

4.2.1　设来自 $N(\mu,\sigma^2)$分布的样本量为 20 的随机样本，其观测值的均值 $\overline{X}$ 与样本方差分别是 81.2 与 26.5. 求 μ 的 90%，95%，99%的置信区间. 注意，置信区间长度如何随置信水平增高而增大.

4.2.2　考察习题 4.1.1 给出的马达寿命数据. 求马达寿命均值的大样本置信水平 95%的置信区间.

4.2.3　假定 $X_1,X_2,\cdots,X_n$ 是来自$\Gamma(1,\theta)$分布的随机样本.

(a) 证明：随机变量$(2/\theta)\sum_{i=1}^{n}X_i$ 服从自由度 $2n$ 的卡方分布.

(b) 将(a)部分的随机变量作为中枢随机变量，求 θ 的$(1-\alpha)100\%$置信区间.

(c) 对于习题 4.1.1 的数据，求(b)部分的置信区间，并且将它和你在习题 4.2.2 所求得的区间加以比较.

4.2.4　在例 4.2.4 中，对棒球数据，我们求投手和击球手之间平均身高之差的置信区间. 在本题中，求投手和击球手之间的平均体重之差的混合 t 的置信水平 95%的置信区间.

4.2.5　在上面习题所讨论的棒球数据集中，我们发现 59 名棒球运动员中有 15 人是左撇子. 这个现象很奇怪吗? 因为美国男性左撇子的比例大约为 11%. 利用式(4.2.7)建立关于比例 p 的 95%近似置信区间，也就是职业棒球运动员左撇子的比例.

4.2.6　设 $\overline{X}$ 是来自 $N(\mu,9)$的样本量为 n 的随机样本均值. 求使得 $P(\overline{X}-1<\mu<\overline{X}+1)=0.9$ 大致成立的

n 值.

4.2.7　设从 $N(\mu,\sigma^2)$ 的样本量为 17 的随机样本中得到 $\overline{x}=4.7$ 与 $s^2=5.76$. 确定 μ 的 90%置信区间.

4.2.8　设 $\overline{X}$ 表示来自下述分布的样本量为 n 的随机样本均值，此分布具有均值 μ 与方差 $\sigma^2=10$. 求 n，以使随机区间 $\left(\overline{X}-\frac{1}{2},\overline{X}+\frac{1}{2}\right)$ 包含 μ 的概率大约是 0.954.

4.2.9　设 $X_1,X_2,\cdots,X_9$ 是来自 $N(\mu,\sigma^2)$ 的样本量为 9 的随机样本.

(a) 当 σ 已知，利用随机变量 $\sqrt{9}(\overline{X}-\mu)/\sigma$，求 μ 的 95%置信区间的长度.

(b) 当 σ 未知，利用随机变量 $\sqrt{9}(\overline{X}-\mu)/S$，求 μ 的 95%置信区间长度的期望值.

提示：写成 $E(S)=(\sigma/\sqrt{n-1})E[((n-1)S^2/\sigma^2)^{1/2}]$.

(c) 对上述两个解答加以比较.

4.2.10　设 $X_1,X_2,\cdots,X_n$，X_{n+1} 是来自 $N(\mu,\sigma^2)$ 的样本量为 $n+1$ 的随机样本，$n>1$. 设 $\overline{X}=\sum_{i=1}^{n}X_i/n$ 以及 $S^2=\sum_{i=1}^{n}(X_i-\overline{X})^2/(n-1)$. 求常数 c，以使统计量 $c(\overline{X}-X_{n+1})/S$ 服从 t 分布. 当 $n=8$ 时，求 k 使得 $P(\overline{X}-kS<X_9<\overline{X}+kS)=0.80$. 被观测区间 $(\overline{x}-ks,\ \overline{x}+ks)$ 常常称为 X_9 的 80%**预测区间**(prediction interval).

4.2.11　设 $X_1,X_2,\cdots,X_n$ 是来自 $N(0,1)$ 的随机样本，那么随机区间 $\overline{X}\pm t_{\frac{\alpha}{2},n-1}(s/\sqrt{n})$ 捕捉 $\mu=0$ 的概率是 $(1-\alpha)$. 为了从经验上证明这一点，我们在本题中模拟 m 个这样的区间，并计算捕捉 0 的比例，它应该“接近”$(1-\alpha)$.

(a) 设 $n=10$，$m=50$. 运行 R 代码 `mat= matrix(rnorm(m* n),ncol= n)`，从 $N(0,1)$ 中生成样本量为 n 的 m 个样本. 矩阵 mat 的每一行都包含一个样本. 对于这个样本矩阵，用下面函数可计算 $(1-\alpha)100\%$ 置信区间，并以 $m\times 2$ 矩阵形式给出. 对生成的矩阵 mat，运行这个函数. 成功置信区间的比例是多少？

```
getcis <- function(mat,cc=.90){
numb <- length(mat[,1]); ci <- c()
for(j in 1:numb)
{ci<-rbind(ci,t.test(mat[j,],conf.level=cc)$conf.int)}
return(ci)}
```

可在 1.1 节讨论的网站上找到并下载该函数.

(b) 运行下面代码来绘制区间，然后标记成功区间. 对置信区间长度的变异性给出评论.

```
cis<-getcis(mat); x<-1:m
plot(c(cis[,1],cis[,2])~c(x,x),pch="",xlab="Sample",ylab="CI")
points(cis[,1]~x,pch="L");points(cis[,2]~x,pch="U"); abline(h=0)
```

4.2.12　在习题 4.2.11 中，样本来自 $N(0,1)$ 分布. 但是，为了不失一般性，可以设置 $\mu=0$，$\sigma=1$.

提示：首先，$X_1,X_2,\cdots,X_n$ 是来自 $N(\mu,\sigma^2)$ 的随机样本，当且仅当 $Z_1,Z_2,\cdots,Z_n$ 是来自 $N(0,1)$ 的随机样本，其中 $Z_i=(X_i-\mu)/\sigma$. 然后，证明基于 Z_i 的置信区间包含 0 当且仅当基于 X_i 的置信区间包含 μ.

4.2.13　更改 R 函数 getcis 中的代码，以便于计算向量 ind，如果第 i 个置信区间成功，那么 ind[i]= 1，否则为 0. 证明，经验置信水平是 mean(ind).

(a) 对习题 4.2.11 中的正态分布设置，进行 10 000 次模拟，并计算经验置信水平.

(b) 对来自柯西分布式(1.8.8)的样本，进行 10 000 次模拟，并计算经验置信水平. 它与(a)有什么不同？注意，R 代码 rcauchy(k)计算来自柯西分布的样本量为 k 的样本.

(c) 注意，这些经验置信水平是来自独立样本的比例. 因此，从统计形式上研究利用式(4.2.14)给出的 95%置信区间与真实置信水平是否存在差异，并给出评论.

4.2.14 设 $\overline{X}$ 表示来自伽马类型分布的样本量为 25 的随机样本均值，其中 $\alpha=4$ 且 $\beta>0$. 运用中心极限定理，求伽马分布均值 μ 的大约 95.4%的置信区间.

提示：运用随机变量$(\overline{X}-4\beta)(4\beta^2/25)^{1/2}=5\overline{X}/2\beta-10$.

4.2.15 设 $\overline{x}$ 是来自下述分布样本量为 n 的随机样本观测均值，此分布具有均值 μ 与已知方差 σ^2. 求 n，以使$(\overline{x}-\sigma/4,\ \overline{x}+\sigma/4)$成为 μ 的大约 95%的置信区间.

4.2.16 假定某个随机变量具有二项分布. 如果我们期望得到 p 的 90%置信区间长度至多是 0.02，那么求 n.

提示：注意 $\sqrt{(y/n)(1-y/n)}\leqslant\sqrt{\left(\frac{1}{2}\right)\left(1-\frac{1}{2}\right)}$.

4.2.17 已知随机变量 X 服从泊松分布，参数为 μ. 由此分布得到 200 个观测值的样本均值等于 3.4. 构建 μ 的大约 90%置信区间.

4.2.18 设 $X_1,X_2,\cdots,X_n$ 是来自 $N(\mu,\sigma^2)$的随机样本，其中参数 μ 是未知的，σ^2 也是未知的. σ^2 的置信区间可如下建立起来. 我们知道，$(n-1)S^2/\sigma^2$ 是服从 $\chi^2(n-1)$分布的随机变量. 因而，求常数 a 与 b，以使 $P((n-1)S^2/\sigma^2<b)=0.975$ 与 $P(a<(n-1)S^2/\sigma^2<b)=0.95$. 在 R 中，$b=$qchisq(0.975，$n-1$)，$a=$qchiq(0.025，$n-1$).

(a) 证明，第二个概率可以写成

$$P((n-1)S^2/b<\sigma^2<(n-1)S^2/a)=0.95$$

(b) 如果 $n=9$ 且 $s^2=7.93$，求 σ^2 的 95%置信区间.

(c) 当 μ 是已知的，你会怎样修改上面的程序来求 σ^2 的置信区间？

4.2.19 设 $X_1,X_2,\cdots,X_n$ 是来自伽马分布的随机样本，此分布的参数 $\alpha=3$ 已知而 $\beta>0$ 未知. 在习题 4.2.14 中，我们根据中心极限定理得到 β 的近似置信区间. 在这个习题中，通过求 $2\sum_1^n X_i/\beta$ 的分布来得到精确置信区间.

提示：按照习题 4.2.18 的步骤操作.

4.2.20 当将 100 个大头钉撒在桌子上时，它们中的 60 个尖朝上. 求这些大头钉尖朝上跌落概率的 95%置信区间. 假如大头钉尖的跌落是独立的.

4.2.21 设有两个独立随机样本，每一个的样本量均为 10，它们分别来自正态分布 $N(\mu_1,\sigma^2)$与 $N(\mu_2,\sigma^2)$，得出 $\overline{x}=4.8$，$s_1^2=8.64$，$\overline{y}=5.6$，$s_2^2=7.88$. 求 $\mu_1-\mu_2$ 的 90%置信区间.

4.2.22 设两个独立随机变量 Y_1 与 Y_2，它们分别服从参数 $n_1=n_2=100$，p_1 与 p_2 的二项分布，观测值等于 $y_1=50$ 与 $y_2=40$. 确定 p_1-p_2 的大约 90%置信区间.

4.2.23 讨论求两个正态分布的均值之差置信区间问题，倘若方差 σ_1^2 与 σ_2^2 是已知的，但却不一定相等.

4.2.24 当假定习题 4.2.23 的方差是未知的且不相等时，讨论其置信区间问题. 这是一个相当难的问题，而且讨论应指出困难之所在. 然而，如果方差是未知的，只是它们之比 σ_1^2/σ_2^2 是一个已知常数 k，那么统计量 T(即随机变量 T)可以再次被使用吗？为什么？

4.2.25 对于习题 4.2.24，设 $X_1,X_2,\cdots,X_9$ 与 $Y_1,Y_2,\cdots,Y_{12}$ 分别表示来自正态分布 $N(\mu_1,\sigma_1^2)$与 $N(\mu_2,\sigma_2^2)$的两个独立随机样本. 给定 $\sigma_1^2=3\sigma_2^2$，但 σ_2^2 是未知的. 定义一个服从 t 分布的随机变量，利用它求 $\mu_1-\mu_2$ 的 95%置信区间.

4.2.26 设 $\overline{X}$ 与 $\overline{Y}$ 是分别来自正态分布 $N(\mu_1,\sigma^2)$与 $N(\mu_2,\sigma^2)$独立随机样本的均值，每一个样本量均为 n，其中共同方差是已知的. 求 n，使得

$$P(\overline{X}-\overline{Y}-\sigma/5<\mu_1-\mu_2<\overline{X}-\overline{Y}+\sigma/5)=0.90$$

4.2.27 设 $X_1,X_2,\cdots,X_n$ 与 $Y_1,Y_2,\cdots,Y_m$ 是分别来自正态分布 $N(\mu_1,\sigma_1^2)$ 与 $N(\mu_2,\sigma_2^2)$ 的独立随机样本，其中 4 个参数都是未知的. 为了构建**方差之比 σ_1^2/σ_2^2 的置信区间**(confidence interval for the ratio)，要形成两个独立卡方变量之商，每一个都被其自由度去除，即

$$F=\frac{\frac{(m-1)S_2^2}{\sigma_2^2}/(m-1)}{\frac{(n-1)S_1^2}{\sigma_1^2}/(n-1)}=\frac{S_2^2/\sigma_2^2}{S_1^2/\sigma_1^2}$$

其中 S_1^2 与 S_2^2 表示各自样本方差.

(a) F 是哪一种类型的临界值分布？

(b) 求临界值 a 与 b，以使 $P(F<b)=0.975$ 且 $P(a<F<b)=0.95$. 利用 R 可以得出，$b=qf(0.975,m-1,n-1)$，$a=qf(0.025,\ m-1,\ n-1)$.

(c) 将第二个概率表述重新写成

$$P\left[a\frac{S_1^2}{S_2^2}<\frac{\sigma_1^2}{\sigma_2^2}<b\frac{S_1^2}{S_2^2}\right]=0.95$$

将观测值 s_1^2 与 s_2^2 代入这些不等式，得到 σ_1^2/σ_2^2 的 95%置信区间.

读者使用这个置信区间要注意. 这个区间取决于分布的正态性. 如果 X 和 Y 的分布不服从正态分布，那么真实的置信系数可能会偏离正态置信系数非常远. 例如，参看 Hettmansperger 和 McKean(2011)的第 142 页进行的讨论.

*4.3 离散分布参数的置信区间

在这一节，我们概述获得离散随机变量参数的准确置信区间的方法. 设 $X_1,X_2,\cdots,X_n$ 是离散随机变量 X 的随机样本，X 具有概率质量函数 $p(x;\theta)$，$\theta\in\Omega$，其中 Ω 表示实数区间. 设 $T=T(X_1,X_2,\cdots,X_n)$ 是 θ 的估计量，具有累积分布函数 $F_T(t;\theta)$. 假定对于 T 支集的每一个 t 来说，$F_T(t;\theta)$ 都是 θ 的非递增且连续的函数，对于给定样本的实现，设 t 表示统计量 T 的实现值. 设 $\alpha_1>0$，$\alpha_2>0$ 均是已知的，使得 $\alpha=\alpha_1+\alpha_2<0.50$. 令 $\underline{\theta}$ 与 $\bar{\theta}$ 表示方程

$$F_T(t-;\underline{\theta})=1-\alpha_2,\quad F_T(t;\bar{\theta})=\alpha_1 \tag{4.3.1}$$

的解，其中 $T-$ 表示如下统计量，该统计量的支集滞后于 T 的支集的一个值. 比如，当 $t_i<t_{i+1}$ 是 T 的相邻支集值，则 $T=t_{i+1}$ 当且仅当 $T-=t_i$. 在这些条件下，区间 $(\underline{\theta},\ \bar{\theta})$ 就是 θ 的至少具有 $1-\alpha$ 置信系数的置信区间，我们在本节的最后简要地给出这个证明.

在继续讨论离散例子之前，我们给出连续情况下的例子，对式(4.3.1)求解可以得到我们熟悉的置信区间.

例 4.3.1 假定 $X_1,X_2,\cdots,X_n$ 是来自 $N(\theta,\sigma^2)$ 的一个随机样本，其中 σ^2 已知. 设 $\overline{X}$ 是样本均值，$\overline{x}$ 是给定样本的实现值. 由式(4.2.6)可知，$\overline{x}\pm z_{\frac{\alpha}{2}}(\sigma/\sqrt{n})$ 是 θ 的 $(1-\alpha)100\%$ 置信区间. 假定 θ 是真实均值，则 $\overline{X}$ 的累积分布函数为 $F_{\overline{X},\theta}(\overline{x})=\Phi[(\overline{x}-\theta)/(\sigma/\sqrt{n})]$，其中 $\Phi(z)$ 表示标准正态分布的累积分布函数. 注意，对于连续情况，$\overline{X}-$ 与 $\overline{X}$ 具有相同的分布. 于是，对式(4.3.1)第一个方程求解，可以得到

$$\Phi[(\overline{x}-\theta)/(\sigma/\sqrt{n})]=1-(\alpha/2)$$

也就是

$$(\overline{x}-\theta)/(\sigma/\sqrt{n})=\Phi^{-1}[1-(\alpha/2)]=z_{\frac{\alpha}{2}}$$

通过求解 θ，可以得到置信区间下界 $\overline{x}-z_{\frac{\alpha}{2}}(\sigma/\sqrt{n})$. 类似地，对第二个方程求解，得出置

信区间上界. ■

对于离散情况，一般采用迭代算法求解式(4.3.1). 在应用时，函数 $F_T(t;\bar{\theta})$经常是关于θ为严格递减且连续的，因而用简单算法就足以解决问题. 下面我们给出利用简单**二分算法**(bisection algorithm)求解的例子加以说明，现在简略讨论如下.

注释 4.3.1(二分算法) 假如我们想要求解方程 $g(x)=d$，其中 $g(x)$为严格递减的. 对算法的给定步骤做出下面假设：$a<b$包含这个解，即 $g(a)>d>g(b)$. 令 $c=(a+b)/2$. 那么，该算法接下来的步骤，新的括号值 a 与 b 由下面决定：

$$\text{当}(g(c)>d),\quad \text{则}\{a\leftarrow c\ \text{且}\ b\leftarrow b\}$$
$$\text{当}(g(c)<d),\quad \text{则}\{a\leftarrow a\ \text{且}\ b\leftarrow c\}$$

此算法持续不断地进行，一直到$|a-b|<\varepsilon$，其中 ε 是设定的容许偏差. ■

例 4.3.2(伯努利比例的置信区间) 设 X 服从伯努利分布，θ为成功概率. 设 $\Omega=(0,1)$. 假如 $X_1,X_2,\cdots,X_n$ 是 X 的随机样本. 作为θ的点估计，考察 $\overline{X}$，即成功比例样本. $n\overline{X}$的累积分布函数是参数为(n,θ)的二项分布. 因而

$$F_{\overline{X}}(\bar{x};\theta)=P(n\overline{X}\leqslant n\bar{x})=\sum_{j=0}^{n\bar{x}}\binom{n}{j}\theta^j(1-\theta)^{n-j}=1-\sum_{j=n\bar{x}+1}^{n}\binom{n}{j}\theta^j(1-\theta)^{n-j}$$
$$=1-\int_0^{\theta}\frac{n!}{(n\bar{x})![n-(n\bar{x}+1)]!}z^{n\bar{x}}(1-z)^{n-(n\bar{x}+1)}\mathrm{d}z \tag{4.3.2}$$

其中最后一个等式可从习题 4.3.6 得到，涉及不完全贝塔函数. 此时，由微积分基本定理以及式(4.3.2)可以得出

$$\frac{\mathrm{d}}{\mathrm{d}\theta}F_{\overline{X}}(\bar{x};\theta)=-\frac{n!}{(n\bar{x})![n-(n\bar{x}+1)]!}\theta^{n\bar{x}}(1-\theta)^{n-(n\bar{x}+1)}<0$$

因此，对于每个 $\bar{x}$，$F_{\overline{X}}(\bar{x};\theta)$是$\theta$的严格递减函数. 接下来，设 $\alpha_1,\alpha_2>0$ 是特定常数，使得 $\alpha_1+\alpha_2<1/2$，令$\underline{\theta}$与$\bar{\theta}$是方程

$$F_{\overline{X}}(\overline{X}-;\underline{\theta})=1-\alpha_2,\quad F_{\overline{X}}(\overline{X};\bar{\theta})=\alpha_1 \tag{4.3.3}$$

的解. 于是，$(\underline{\theta},\bar{\theta})$是置信系数至少为$1-\alpha$的$\theta$的置信区间，其中 $\alpha=\alpha_1+\alpha_2$. 这些方程能通过迭代形式加以求解，如同下面数值例子所讨论的.

数值例子 假定 $n=30$，样本均值实现 $\bar{x}=0.60$，于是由样本得出 $n\bar{x}=18$ 个成功. 取 $\alpha_1=\alpha_2=0.05$. 由于二项分布的支集是由整数组成的，并且 $n\bar{x}=18$，我们将式(4.3.3)写成

$$\sum_{j=0}^{17}\binom{n}{j}\underline{\theta}^j(1-\underline{\theta})^{n-j}=0.95,\quad \sum_{j=0}^{18}\binom{n}{j}\bar{\theta}^j(1-\bar{\theta})^{n-j}=0.05 \tag{4.3.4}$$

设 $b(n,p)$表示具有参数 n 和 p 的二项分布的随机变量. 因为 $P(b(30,0.4)\leqslant 17)=$pbinom(17,30,.4)=0.9787，而且由于 P(b(30,0.45)≤17)=pbinom(17,30,.45)=0.9286，所以第一个方程的解被 0.4 和 0.45 括入其范围内. 我们利用这些括入范围内的值作为 R 函数 binomci.r 的输入，然后迭代求解这个方程. 调用并运行代码，得到输出：

```
> binomci(17,30,.4,.45,.95);    $solution  0.4339417
```

第一个方程的解是 $\theta=0.434$. 类似地，由于 $P(bin(30,0.7)\leqslant 18)=0.1593$ 和 $P(bin(30,0.8)\leqslant 18)=0.0094$，所以第二个方程的解被数值 0.7 和 0.8 括入其范围内. 运行 R 代码

求解，得出：

```
> binomci(18,30,.7,.8,.05);    $solution  0.75047
```

因而，置信区间是(0.434,0.750)，置信度至少为90%. 为了比较起见，式(4.2.7)的渐近90%置信区间是(0.453,0.747)；参看习题4.3.2. ■

例4.3.3(泊松分布均值的置信区间) 设$X_1,X_2,\cdots,X_n$是服从泊松分布的随机变量X的随机样本，其均值为θ. 设$\overline{X}=n^{-1}\sum_{i=1}^{n}X_i$是$\theta$的点估计量. 如同前面例子中伯努利置信区间一样，我们可以从$n\overline{X}$开始研究，在此情况下，$n\overline{X}$服从均值为$n\theta$的泊松分布. $\overline{X}$的累积分布函数是

$$F_{\overline{X}}(\overline{x};\theta)=\sum_{j=0}^{n\overline{x}}\mathrm{e}^{-n\theta}\frac{(n\theta)^j}{j\,!}=\frac{1}{\Gamma(n\overline{x}+1)}\int_{n\theta}^{\infty}x^{n\overline{x}}\mathrm{e}^{-x}\mathrm{d}x \tag{4.3.5}$$

其中积分方程可由习题4.3.7得到. 由式(4.3.5)，立刻得出

$$\frac{\mathrm{d}}{\mathrm{d}\theta}F_{\overline{X}}(\overline{x};\theta)=\frac{-n}{\Gamma(n\overline{x}+1)}(n\theta)^{n\overline{x}}\mathrm{e}^{-n\theta}<0$$

因此，$F_{\overline{X}}(\overline{x};\theta)$是$\theta$的严格递减函数，对于每一个固定的$\overline{x}$. 对于给定的样本，设$\overline{x}$表示统计量$\overline{X}$的实现. 因而如同上面讨论的，对于$\alpha_1,\alpha_2>0$使得$\alpha_1+\alpha_2<1/2$，置信区间由$(\underline{\theta},\overline{\theta})$给出，其中

$$\sum_{j=0}^{n\overline{X}-1}\mathrm{e}^{-n\underline{\theta}}\frac{(n\underline{\theta})^j}{j\,!}=1-\alpha_2\quad\text{并且}\quad\sum_{j=0}^{n\overline{X}}\mathrm{e}^{-n\overline{\theta}}\frac{(n\overline{\theta})^j}{j\,!}=\alpha_1 \tag{4.3.6}$$

区间$(\underline{\theta},\overline{\theta})$的置信系数至少为$1-\alpha=1-(\alpha_1+\alpha_2)$. 像伯努利比例一样，这些方程可通过迭代形式加以求解.

数值例子 假定$n=25$，$\overline{X}$的实现值是$\overline{x}=5$，因而$n\overline{x}=125$. 我们选择$\alpha_1=\alpha_2=0.05$. 于是，由式(4.3.7)，置信区间是方程

$$\sum_{j=0}^{124}\mathrm{e}^{-n\underline{\theta}}\frac{(n\underline{\theta})^j}{j\,!}=0.95\quad\text{并且}\quad\sum_{j=0}^{125}\mathrm{e}^{-n\overline{\theta}}\frac{(n\overline{\theta})^j}{j\,!}=0.05 \tag{4.3.7}$$

R函数 poissonci.r 采用二等分算法来解这些方程. 由于 ppois(124,25* 4)=0.9932 和 ppois(124,25* 4.4)=0.9145，因此对于第一个方程的解被4.0和4.4括入其范围内. 这里调用 poissonci.r，可以得出解(置信区间下界)如下：

```
> poissonci(124,25,4,4.4,.95);    $solution  4.287836
```

由于 ppois(125,25* 5.5)=0.1528，同时 ppois(125,25* 6.0)=0.0204，所以第二个方程的解被5.5和6.0括入其范围内. 因此，计算置信区间上界如下：

```
> poissonci(125,25,5.5,6,.05);    $solution  5.800575
```

因此，置信系数至少90%的置信区间是(4.287,5.8). 注意，此置信区间是右偏的，这点类似于泊松分布. ■

下面简略阐述支撑这种置信区间的理论. 考虑这节开头一段的一般设置背景，其中T表示未知参数θ的估计量，$F_T(t;\theta)$表示T的累积分布函数. 定义

$$\overline{\theta} = \sup\{\theta: F_T(T;\theta) \geqslant \alpha_1\} \tag{4.3.8}$$

$$\underline{\theta} = \inf\{\theta: F_T(T-;\theta) \leqslant 1-\alpha_2\} \tag{4.3.9}$$

因此，有

$$\theta > \overline{\theta} \Rightarrow F_T(T;\theta) \leqslant \alpha_1$$

$$\theta < \underline{\theta} \Rightarrow F_T(T-;\theta) \geqslant 1-\alpha_2$$

利用这些关系，得出

$$\begin{aligned} P[\underline{\theta} < \theta < \overline{\theta}) &= 1 - P[\{\theta < \underline{\theta}\} \cup \{\theta > \overline{\theta}\}] = 1 - P[\theta < \underline{\theta}) - P[\theta > \overline{\theta}] \\ &\geqslant 1 - P[F_T(T-;\theta) \geqslant 1-\alpha_2] - P[F_T(T;\theta) \leqslant \alpha_1] \geqslant 1-\alpha_1-\alpha_2 \end{aligned}$$

其中最后不等式可由方程(4.3.8)与(4.3.9)得到．严格证明可建立在习题 4.8.13 基础上，对于详细内容参看 Shao(1998)的第 425 页.

习题

4.3.1 回顾棒球数据(bb.rda)，59 名棒球手中有 15 名是左撇子．设 p 表示职业棒球运动员为左撇子的概率．确定 p 的精确 90%置信区间．首先证明，待求解的方程式如下：

$$\sum_{j=0}^{14}\binom{n}{j}\underline{\theta}^j(1-\underline{\theta})^{n-j} = 0.95 \text{ 且 } \sum_{j=0}^{15}\binom{n}{j}\overline{\theta}^j(1-\overline{\theta})^{n-j} = 0.05$$

然后按照下面步骤得到置信区间.

(a) 证明第一个方程的解被数值 0.10 和 0.17 括入其范围内.

(b) 证明第二个方程的解被数值 0.34 和 0.38 括入其范围内.

(c) 然后用 R 函数 binomci.r 来求解这些方程.

4.3.2 在例 4.3.2 中，证明关于 θ 的渐近置信区间的结果.

4.3.3 在习题 4.2.20 中，我们得到了抛在桌子上的大头针尖朝上的概率的大样本置信区间．求出这个比例的离散精确置信区间.

4.3.4 设 $X_1, X_2, \cdots, X_{10}$ 是随机变量 X 的随机样本，X 服从均值为 θ 的泊松分布．假定样本均值的实现值是 0.5，由样本得出，有 $n\overline{x}=5$ 个事件发生．假定我们想要计算关于 θ 的精确的 90%置信区间，如式(4.3.7)所示.

(a) 证明第一个方程的解被 0.19 和 0.20 括入其范围内.

(b) 证明第二个方程的解被 1.0 和 1.1 括入其范围内.

(c) 然后用 R 函数 poissonci.r 来求解这些方程.

4.3.5 与例 4.3.1 相同的设置，只是现在假定 σ^2 是未知的．利用$(\overline{X}-\theta)/(S/\sqrt{n})$的分布，其 S 表示样本的标准差，建立方程并推导关于 θ 的 t 区间式(4.2.3).

4.3.6 利用习题 3.3.22，证明

$$\int_0^p \frac{n!}{(k-1)!(n-k)!} z^{k-1}(1-z)^{n-k}\mathrm{d}z = \sum_{w=k}^{n}\binom{n}{w}p^w(1-p)^{n-w}$$

其中 $0<p<1$，k 与 n 均为正整数，使得 $k \leqslant n$.

提示：两边对 p 求导数，右边的导数是差的和．证明，它可以简化左边的导数．因此，两边相差一个常数．最后，证明这个常数是 0.

4.3.7 对于泊松累积分布函数的累积分布函数来说，这个习题获得有用的恒等式.

(a) 利用习题 3.3.5 证明，这个恒等式成立：

$$\frac{\lambda^n}{\Gamma(n)}\int_1^\infty x^{n-1}\mathrm{e}^{-x\lambda}\,\mathrm{d}x = \sum_{j=n}^{\infty}\mathrm{e}^{-\lambda}\frac{\lambda^j}{j!}$$

对于 $\lambda>0$ 且 n 为正整数.

提示：考察单位区间上的泊松过程，具有均值 λ. 令 W_n 表示一直到第 n 个事件出现的等待时间. 那么，左边就是 $P(W_n>1)$. 为什么呢?

(b) 通过对上述积分取变换 $z=\lambda x$，得到例 4.3.3 所使用的恒等式.

4.4 次序统计量

在这一节，我们将定义**次序统计量**(order statistic)的概念，并探讨这种统计量的某些简单性质. 最近时期，这些统计量在统计推断中发挥着重要作用，部分原因在于它们的一些性质不依赖于随机样本的分布.

设 $X_1,X_2,\cdots,X_n$ 表示来自连续型分布的随机样本，此分布具有概率密度函数 $f(x)$，其支集 $\mathcal{S}=(a,b)$，其中 $-\infty\leqslant a<b\leqslant\infty$. 设 Y_1 表示这些 X_i 中的最小者，Y_2 次小，…，Y_n 最大. 也就是说，$Y_1<Y_2<\cdots<Y_n$ 表示当 $X_1,X_2,\cdots,X_n$ 依递升次序重新排序后的结果. 我们把 Y_i 称为随机样本 $X_1,X_2,\cdots,X_n$ 的第 i 个次序统计量. 那么，$Y_1,Y_2,\cdots,Y_n$ 的联合概率密度函数可由下面的定理给出.

定理 4.4.1 若用上面的记号，设 $Y_1<Y_2<\cdots<Y_n$ 表示源自具有概率密度函数 $f(x)$ 与支集 $(a,\ b)$ 的连续分布随机样本的 n 个次序统计量. 于是，$Y_1,Y_2,\cdots,Y_n$ 的联合概率密度函数由

$$g(y_1,y_2,\cdots,y_n)=\begin{cases}n!f(y_1)f(y_2)\cdots f(y_n), & a<y_1<y_2\cdots<y_n<b\\ 0, & \text{其他}\end{cases}\tag{4.4.1}$$

给出.

证：注意，$X_1,X_2,\cdots,X_n$ 的支集可分割成 $n!$ 个互不相交集合，这些集合映射到 $Y_1,Y_2,\cdots,Y_n$ 的支集上，即 $\{(y_1,y_2,\cdots,y_n):a<y_1<y_2<\cdots<y_n<b\}$. 这 $n!$ 个集合之一是 $a<x_1<x_2<\cdots<x_n<b$，而其他集合则能通过对 n 个 x 值以所有可能方式加以排列而建立起来. 与已列出这一式子有关的变换是 $x_1=y_1,x_2=y_2,\cdots,x_n=y_n$，其雅可比行列式等于 1. 然而，其他变换的每一个雅可比行列式是 ±1 两者之一. 因而，

$$\begin{aligned}g(y_1,y_2,\cdots,y_n)&=\sum_{i=1}^{n!}|J_i|f(y_1)f(y_2)\cdots f(y_n)\\&=\begin{cases}n!f(y_1)f(y_2)\cdots f(y_n), & a<y_1<y_2<\cdots<y_n<b\\ 0, & \text{其他}\end{cases}\end{aligned}$$

证毕. ■

例 4.4.1 设 X 是连续型随机变量，具有概率密度函数 $f(x)$，并且 $f(x)$ 是正的且连续，其支集 $\mathcal{S}=(a,b)$，其中 $-\infty\leqslant a<b\leqslant\infty$. X 的分布函数 $F(x)$ 可写成

$$F(x)=\int_a^x f(w)\,\mathrm{d}w,\quad a<x<b$$

若 $x\leqslant a$，则 $F(x)=0$；而若 $b\leqslant x$，则 $F(x)=1$. 因而，此分布存在唯一中位数 m，$F(m)=1/2$. 设 X_1,X_2,X_3 表示来自这一分布的随机样本，并设 $Y_1<Y_2<Y_3$ 表示该样本次序统计量. 注意，Y_2 是样本中位数. 我们计算 $Y_2\leqslant m$ 的概率. 这三个次序统计量的联合概率密度函数是

$$g(y_1,y_2,y_3)=\begin{cases}6f(y_1)f(y_2)f(y_3), & a<y_1<y_2<y_3<b\\ 0, & \text{其他}\end{cases}$$

那么，Y_2 的概率密度函数是

$$\begin{aligned}h(y_2)&=6f(y_2)\int_{y_2}^{b}\int_{a}^{y_2}f(y_1)f(y_3)\mathrm{d}y_1\mathrm{d}y_3\\&=\begin{cases}6f(y_2)F(y_2)[1-F(y_2)], & a<y_2<b\\ 0, & \text{其他}\end{cases}\end{aligned}$$

因此，

$$\begin{aligned}P(Y_2\leqslant m)&=6\int_a^m\{F(y_2)f(y_2)-[F(y_2)]^2f(y_2)\}\mathrm{d}y_2\\&=6\left\{\frac{[F(y_2)]^2}{2}-\frac{[F(y_2)]^3}{3}\right\}_a^m=\frac{1}{2}\end{aligned}$$

所以，对于这种情况，样本中位数 Y_2 的中位数是总体的中位数 m. ■

如果有

$$\int_a^x[F(w)]^{\alpha-1}f(w)\mathrm{d}w=\frac{[F(x)]^\alpha}{\alpha},\quad \alpha>0$$

以及

$$\int_y^b[1-F(w)]^{\beta-1}f(w)\mathrm{d}w=\frac{[1-F(y)]^\beta}{\beta},\quad \beta>0$$

就很容易用 $F(x)$ 与 $f(x)$ 表述任何次序统计量的边缘概率密度函数，比如 Y_k. 计算积分

$$g_k(y_k)=\int_a^{y_k}\cdots\int_a^{y_2}\int_{y_k}^b\cdots\int_{y_{n-1}}^b n!f(y_1)f(y_2)\cdots f(y_n)\mathrm{d}y_n\cdots\mathrm{d}y_{k+1}\mathrm{d}y_1\cdots\mathrm{d}y_{k-1}$$

其结果是

$$g_k(y_k)=\begin{cases}\dfrac{n!}{(k-1)!(n-k)!}[F(y_k)]^{k-1}[1-F(y_k)]^{n-k}f(y_k), & a<y_k<b\\ 0, & \text{其他}\end{cases}\tag{4.4.2}$$

例 4.4.2 设 $Y_1<Y_2<Y_3<Y_4$ 表示来自样本量为 4 的具有下述概率密度函数的次序统计量，此概率密度函数是

$$f(x)=\begin{cases}2x, & 0<x<1\\ 0, & \text{其他}\end{cases}$$

首先用 $f(x)$ 与 $F(x)$ 表述概率密度函数，然后计算 $P(1/2<Y_3)$. 这里倘若 $0<x<1$，则 $F(x)=x^2$，所以

$$g_3(y_3)=\begin{cases}\dfrac{4!}{2!1!}(y_3^2)^2(1-y_3^2)(2y_3), & 0<y_3<1\\ 0, & \text{其他}\end{cases}$$

因而

$$P\left(\frac{1}{2}<Y_3\right)=\int_{1/2}^{\infty}g_3(y_3)\mathrm{d}y_3=\int_{1/2}^{1}24(y_3^5-y_3^7)\mathrm{d}y_3=\frac{243}{256}$$

最后，任意两个次序统计量(如 $Y_i<Y_j$)的联合概率密度函数很容易用 $F(x)$ 与 $f(x)$ 表

述出来. 我们有

$$g_{ij}(y_i,y_j)=\int_a^{y_i}\cdots\int_a^{y_2}\int_{y_i}^{y_j}\cdots\int_{y_{j-2}}^{y_j}\int_{y_j}^{b}\cdots\int_{y_{n-1}}^{b}$$

$$n!f(y_1)\times\cdots\times f(y_n)\mathrm{d}y_n\cdots\mathrm{d}y_{j+1}\mathrm{d}y_{j-1}\cdots\mathrm{d}y_{i+1}\mathrm{d}y_1\cdots\mathrm{d}y_{i-1}$$

因为对于 $\gamma>0$,

$$\int_x^y[F(y)-F(w)]^{\gamma-1}f(w)\mathrm{d}w=-\frac{[F(y)-F(w)^{\gamma}]}{\gamma}\bigg|_x^y=\frac{[F(y)-F(x)]^{\gamma}}{\gamma}$$

所以可建立

$$g_{ij}(y_i,y_j)=\begin{cases}\dfrac{n!}{(i-1)!(j-i-1)!(n-j)!}[F(y_i)]^{i-1}[F(y_j)-F(y_i)]^{j-i-1} & \\ \quad\times[1-F(y_j)]^{n-j}f(y_i)f(y_j), & a<y_i<y_j<b\\ 0, & \text{其他}\end{cases}\tag{4.4.3}$$

■

注释 4.4.1(启发式推导) 存在一种很容易记住次序统计量向量如式(4.4.3)给出的概率密度函数的方法. 概率 $P(y_i<Y_i<y_i+\Delta_i,\ y_j<Y_j<y_j+\Delta_j)$, 其中 Δ_i 与 Δ_j 都很小, 它们可由下面的多项式概率来近似计算. 在 n 次独立试验中, $i-1$ 个结果必小于 y_i[就每一次试验而言, 拥有概率 $p_1=F(y_i)$的事件]; $j-i-1$ 个结果必位于 y_i与 $y_i+\Delta_i$ 之间[就每一次试验而言, 具有近似概率 $p_2=F(y_j)-F(y_i)$的事件]; $n-j$ 个结果必大于 $y_j+\Delta_j$[就每一次试验而言, 具有近似概率 $p_3=1-F(y_j)$]; 一个结果必位于 y_i 与 $y_i+\Delta_i$ 之间[就每一次试验而言, 具有近似概率$p_4=f(y_j)\Delta_j$]; 最后, 一个结果必位于 y_j 与 $y_j+\Delta_j$ 之间[就每一次试验而言, 具有近似概率 $p_5=f(y_j)\Delta_j$]. 这个多项式概率为

$$\frac{n!}{(i-1)!(j-i-1)!(n-j)!1!1!}p_1^{i-1}p_2^{j-i-1}p_3^{n-j}p_4p_5$$

它是 $g_{i,j}(y_i,y_j)\Delta_i\Delta_j$, 其中 $g_{i,j}(y_i,y_j)$由式(4.4.3)给出. ■

次序统计量 $Y_1,Y_2,\cdots,Y_n$ 的某些函数本身极为重要, 随机样本的**样本极差**(sample range)是由 Y_n-Y_1 给出, 而**样本中程数**(sampl. midrange)是由$(Y_1+Y_n)/2$ 给出, 并称之为随机样本的**中程数**(midrarge). 将随机样本的**样本中位数**(sample median)定义为

$$Q_2=\begin{cases}Y_{(n+1)/2}, & n\text{ 是奇数}\\ (Y_{n/2}+Y_{(n/2)+1})/2, & n\text{ 是偶数}\end{cases}\tag{4.4.4}$$

例 4.4.3 设 Y_1,Y_2,Y_3 是样本量为 3 的随机样本次序统计量, 该随机样本分布的概率密度函数为

$$f(x)=\begin{cases}1, & 0<x<1\\ 0, & \text{其他}\end{cases}$$

我们想要求样本极差 $Z_1=Y_3-Y_1$ 的概率密度函数. 由于 $F(x)=x$, $0<x<1$, 所以 Y_1 与 Y_3 的联合概率密度函数是

$$g_{13}(y_1,y_3)=\begin{cases}6(y_3-y_1), & 0<y_1<y_3<1\\ 0, & \text{其他}\end{cases}$$

除了 $Z_1=Y_3-Y_1$ 之外, 设 $Z_2=Y_3$. 函数 $z_1=y_3-y_1$, $z_2=y_3$ 分别拥有各自的反函数

$y_1=z_2-z_1$，$y_3=z_2$，因此，这个一一变换对应的雅可比行列式为

$$J=\begin{vmatrix}\dfrac{\partial y_1}{\partial z_1} & \dfrac{\partial y_1}{\partial z_2}\\ \dfrac{\partial y_3}{\partial z_1} & \dfrac{\partial y_3}{\partial z_2}\end{vmatrix}=\begin{vmatrix}-1 & 1\\ 0 & 1\end{vmatrix}=-1$$

因而，Z_1 与 Z_2 的联合概率密度函数是

$$h(z_1,z_2)=\begin{cases}|-1|6z_1=6z_1, & 0<z_1<z_2<1\\ 0, & \text{其他}\end{cases}$$

因此，样本量为 3 的随机样本极差 $Z_1=Y_3-Y_1$ 的概率密度函数是

$$h_1(z_1)=\begin{cases}\int_{z_1}^{1}6z_1\,\mathrm{d}z_2=6z_1(1-z_1), & 0<z_1<1\\ 0, & \text{其他}\end{cases}$$

■

4.4.1　分位数

设 X 是具有连续累积分布函数 $F(x)$ 的随机变量. 对于 $0<p<1$，定义 X 的 **p 分位数**(pth quantile)为 $\xi_p=F^{-1}(p)$. 例如，$\xi_{0.5}$，即 X 的中位数是 0.5 分位数. 设 $X_1,X_2,\cdots,X_n$ 是来自 X 分布的随机样本，并设 $Y_1<Y_2<\cdots<Y_n$ 是相应的次序统计量. 设 $k=[p(n+1)]$. 一旦获得下述观测值，接下来我们定义 ξ_p 的估计量. 如果 Y_k 的概率密度函数为 $f(x)$，那么 Y_k 的左边面积就是 $F(Y_k)$. 这一面积的期望值是

$$E(F(Y_k))=\int_a^b F(y_k)g_k(y_k)\mathrm{d}y_k$$

其中 $g_k(y_k)$ 表示由式(4.4.2)给出的 Y_k 的概率密度函数. 在此积分中，通过 $z=F(y_k)$ 做变量变换，则有

$$E(F(Y_k))=\int_0^1\frac{n!}{(k-1)!(n-k)!}z^k(1-z)^{n-k}\mathrm{d}z$$

将此式和贝塔分布的概率密度函数的积分进行比较，可以看到，它等于

$$E(F(Y_k))=\frac{n!k!(n-k)!}{(k-1)!(n-k)!(n+1)!}=\frac{k}{n+1}$$

平均来说，Y_k 左边总面积是 $k/(n+1)$. 由于 $p\doteq k/(n+1)$，似乎有理由将 Y_k 看成是分位数 ξ_p 的估计量. 因此，将 Y_k 称为样本 **p 分位数**(pth sample quantile). 还称之为样本第 $100\,p$ **百分位数**(percentile of the sample).

注释 4.4.2　一些统计学家定义的样本分位数可能与这里定义的有所不同. 对于满足 $1/(n+1)<p<n/(n+1)$ 的一种修正来说，如果 $(n+1)/p$ 不等于整数，那么样本 p 分位数可如下定义. 若写成 $(n+1)p=k+r$，其中 $k=[(n+1)p]$，而 r 是真分数，并利用加权平均，样本的 p 分位数是下面的加权平均

$$(1-r)Y_k+rY_{k+1}\tag{4.4.5}$$

作为 p 分位数的估计量. 然而，当 n 增大时，所有这些修正定义在本质上是一样的. 对于 R 代码来说，设 R 向量 `x` 包含样本的实现. 那么可调用 `quantile(x,p)` 计算式(4.4.5)的第 p 分位数.

■

样本分位数是非常有用的描述性统计量．例如，如果 y_k 是实现样本的第 p 分位数，那么我们可以知道大约 $p100\%$的数据小于或等于 y_k，同时大约$(1-p100\%)$的数据大于或等于 y_k．接下来我们讨论分位数的两个统计应用．

对数据进行的**五数**(five number)概括是由下述五个样本分位数组成的：最小值(Y_1)、第一四分位数$(Y_{[0.25(n+1)]})$、中位数$(Y_{[0.5(n+1)]})$、第三四分位$(Y_{[0.75(n+1)]})$以及最大值(Y_n)．注意，中位数是针对奇数样本量给出的．当 n 是偶数情况，我们用传统的$(Y_{(n/2)}+Y_{(n/2+1)})/2$作为中位数 $\xi_{0.5}$ 的估计量．在这一节，我们将用记号 Q_1, Q_2, Q_3 分别表示样本的第一四分位数、中位数以及第三四分位数．

五数概括是将数据依据它们的四分位数加以分割，这为数据提供了一种简单且容易解释的描述．后来由于约翰·图基(John Tukey)教授的工作[参看 Tukey(1977)与 Mosteller and Tukey(1977)]，图基使用数据的下半部分的中位数(从最小值到中位数)和数据上半部分的中位数，而不是第一四分位数和第三四分位数．他将这些数称为数据的**枢纽**(hinge)．利用 R 函数 `fivenum(x)`计算枢纽以及数据的最小值、中位数和最大值．

例 4.4.4　下面的数据是随机变量 X 的样本量为 15 的有序实现值：

56	70	89	94	96	101	102	102
102	105	106	108	110	113	116	

对于这些数据，由于 $n+1=16$，所以五数概括实现值是 $y_1=56$，$Q_1=y_4=94$，$Q_2=y_8=102$，$Q_3=y_{12}=108$，$y_{15}=116$．因此，基于五数概括，数据范围从 56 到 116；数据范围的中间部分 50%从 94 到 108；而数据中间值则出现在 102．数据存放于 eg4.4.4data.rda 文件中．■

五数概括是对数据迅速画出有用图的基础．这称为数据的**盒形图**(boxplot，又称**箱线图**)．该盒形是由数据的中间 50%所围成的，而线段通常用于指示中位数．然而，极端次序统计量对离群点极为敏感．因此，必须谨慎地把它们画在图形之中．我们将使用由约翰·图基所定义的**盒须图**(box and whiskor，或称箱须图)．为了定义这种图形，需要定义潜在离群值．设 $h=1.5(Q_3-Q_1)$，并通过

$$LF = Q_1 - h \quad \text{以及} \quad UF = Q_3 + h \tag{4.4.6}$$

定义**下围栏**(Lower Fence，LF)与**上围栏**(Upper Fence，UF)．位于栏外面的点，也就是区间(LF,UF)外面的点称为**潜在离群值**(potential outlier)，并用在盒上的符号“0”表示．然后，须则从盒边伸出到所谓**邻点**(adjacentpoint)，邻点是位于围栏内但最接近于围栏的点．习题 4.4.2 表明，来自正态分布的观测值成为潜在离群值的概率是 0.006 977．

例 4.4.5(例 4.4.4 续)　考察由例 4.4.4 给出的数据．对于这些数据，$h=1.5(108-94)=21$，$LF=73$，而$UF=129$．因此，观测值 56 与 70 均是潜在离群点．数据上端不存在离群值．下邻点是 89．因此，此数据的盒形图已由图 4.4.1 的 A 组给出．这可利用 R 代码 `boxplot(x)`绘制，其中 R 向量 `x` 包含此数据。

注意，点 56 离 Q_1 有 $2h$ 之远．某些统计学家称这类点为“离群值”，并用非“0”的其他符号表示，但是我们将对此不加以区别．■

在实际应用中，我们时常假定数据服从某一分布．例如，假定 $X_1, X_2, \cdots, X_n$ 是来自正态分布的随机样本，均值与方差是未知的．因而，只知道 X 分布形式，但不知道其特定

参数．对这种假设需要加以检验，而且有许多统计检验用于这类检验；参看 D'Agostino and Stephens(1986)对此进行的深入讨论．作为分位数的第二个统计应用，讨论它的诊断图．

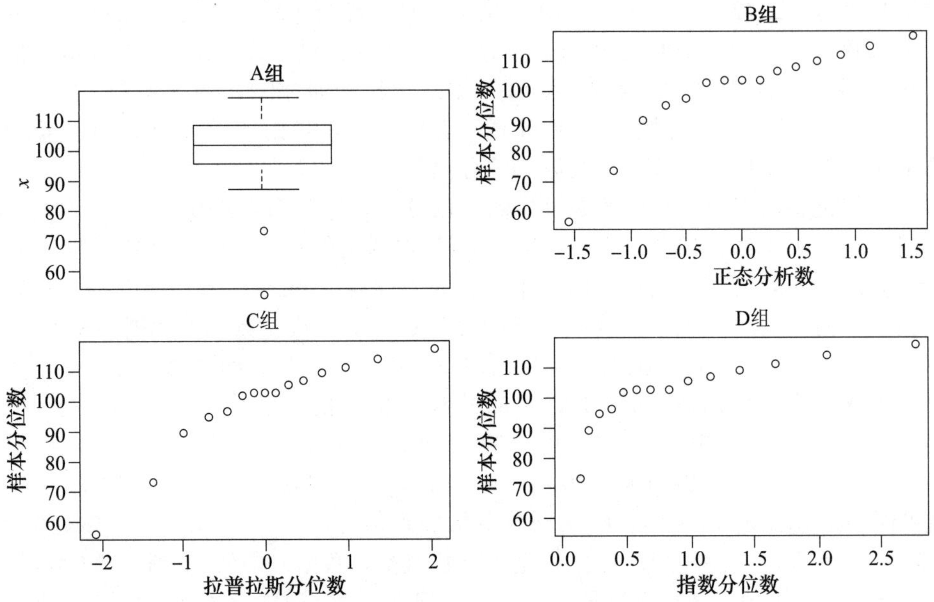

图 4.4.1　例 4.4.4 数据的盒形图与分位数图

我们将考察位置与尺度族．假定 X 是随机变量，累积分布函数为 $F((X-a)/b)$，其中 $F(x)$是已知的，但 a 与 $b>0$ 可能不是已知的．设 $Z=(X-a)/b$，从而 Z 具有累积分布函数 $F(z)$．设 $0<p<1$，并且设 $\xi_{X,p}$是 X 的 p 分位数．设 $\xi_{Z,p}$是 $Z=(X-a)/b$ 的 p 分位数．由于 $F(z)$是已知的，所以 $\xi_{Z,p}$是已知的．但

$$p=P[X\leqslant\xi_{X,p}]=P\left[Z\leqslant\frac{\xi_{X,p}-a}{b}\right]$$

由此具有线性关系

$$\xi_{X,p}=b\xi_{Z,p}+a \tag{4.4.7}$$

因而，如果 X 具有形式为 $F((x-a)/b)$的累积分布函数，那么 X 的分位数在线性关系上与 Z 的分位数有关．当然，在实际应用上，我们并不知道 X 的分位数，但却能估计出它们．设 $X_1,X_2,\cdots,X_n$ 是来自 X 分布的随机样本，并设 $Y_1<Y_2<\cdots<Y_n$ 是次序统计量．对于 $k=1,2,\cdots,n$，设 $p_k=k/(n+1)$．于是，Y_k 是 ξ_{Z,p_k} 的估计量．用 $\xi_{Z,p_k}=F^{-1}(p_k)$ 表示相应累积分布函数 $F(z)$ 的分位数．设 y_k 表示 Y_k 的实现值，将 y_k 对 ξ_{Z,p_k} 的曲线图称为 ***q-q* 图**（*q-q* plot），这是因为它基于理论累积分布函数 $F(z)$ 的一个集合绘制出了基于样本的分位数的一个集合．依据上述讨论，这种曲线图的线性性质显示出 X 的累积分布函数具有$F((X-a)/b)$ 形式．

例 4.4.6(例 4.4.5 续)　图 4.4.1 中的 B 组、C 组以及 D 组给出例 4.4.4 的数据关于三种不同分布的图．B 组图画出标准正态随机变量的分位数．因此，如上所述，该图

是 y_k 对 $\Phi^{-1}(k/(n+1))$ 的曲线图，其中 $k=1,2,\cdots,n$. C组图画出标准**拉普拉斯**(Laplace)分布的总体分位数；也就是说，Z 的密度为 $f(z)=(1/2)\mathrm{e}^{-|z|}$，$-\infty<z<\infty$. D组图画出由指数分布生成的分位数，此指数密度为 $f(z)=\mathrm{e}^{-z}$，$0<z<\infty$，其他为0. 习题4.4.1将对这些分位数的生成进行讨论.

D组图最不具线性性质. 注意，此图给出的分布似乎更正确. 对于位于线上的点，Z 的较小分位数必被伸展成较大的分位数，也就是对称分布或许更合适. B组与C组的图形和D组图形相比更具有线性优势，但它们仍旧包括某种曲率. 就B组与C组而言，C组看起来更是线性的. 实际上，该数据是由拉普拉斯分布生成的. 所以可以认为，C组可能是这三个图中表现得最具有线性性质.

许多计算机软件包都含有用于计算本例题的总体分位数的命令. R函数 `qqplotc4s2.r` 可在第1章列出的网站下载，利用这个R函数可绘制图4.4.1中给出的正态、拉普拉斯和指数分位数. 只须调用R命令 `qqplotc4s2(x)` 来完成，数据存放于R向量x中. ■

利用正态分位数画出的 q-q 图形，通常称为*正态* q-q *图*. 如果数据存放于R向量x中，则可调用 `qqnorm(x)` 来绘制.

4.4.2　分位数置信区间

设 X 是连续随机变量，其累积分布函数为 $F(x)$. 对于 $0<p<1$，定义分布第100 p 百分位数是 ξ_p，其中 $F(\xi_p)=p$. 对于 X 的样本量为 n 的样本，设 $Y_1<Y_2<\cdots<Y_n$ 是次序统计量. 设 $k=(n+1)p$. 于是，样本第100 p 百分位数 Y_k 是 ξ_p 的点估计.

现在，我们推导一个 ξ_p 的**无分布**置信区间，意指它是 ξ_p 的置信区间，这里关于 $F(x)$ 除了是连续型之外没有其他任何假设. 设 $i<(n+1)p<j$，并且考察次序统计量 $Y_i<Y_j$ 以及事件 $Y_i<\xi_p<Y_j$. 第 i 个次序统计量 Y_i 必然是小于 ξ_p 的，这是因为 X 值中至少有 i 个值小于 ξ_p. 而且，因为第 j 个次序统计量大于 ξ_p，所以 X 值中小于 ξ_p 的值至少有 j 个. 为了在二项分布背景下表述这一点，设成功概率是 $P(X<\xi_p)=F(\xi_p)=p$. 此外，事件 $Y_i<\xi_p<Y_j$ 等价于在 n 次独立试验中成功次数介于(包括) i 与(不包括) j 之间. 因而，取概率得到

$$P(Y_i<\xi_p<Y_j)=\sum_{w=i}^{j-1}\binom{n}{w}p^w(1-p)^{n-w} \tag{4.4.8}$$

在对 n，i，j 设定特殊值后，就可计算这一概率. 借助于这个过程，假定可以建立 $r=P(Y_i<\xi_p<Y_j)$. 那么，该概率就是随机区间 (Y_i,Y_j) 包括 p 分位数的概率 r. 如果 Y_i 与 Y_j 的实验值分别是 y_i 与 y_j，那么区间 (y_i, y_i) 作为 ξ_p 即 p 分位数的 $100r\%$ 置信区间. 在下面的例子中，将运用这种方法求中位数的置信区间.

例4.4.7(中位数的置信区间)　设 X 是连续随机变量，累积分布函数为 $F(x)$. 设 $\xi_{1/2}$ 表示 $F(x)$ 的中位数；也就是说，$\xi_{1/2}$ 是 $F(\xi_{1/2})=1/2$ 的解. 假定 $X_1,X_2,\cdots,X_n$ 是来自 X 分布的随机样本，其对应的次序统计量 $Y_1<Y_2<\cdots<Y_n$. 如前所述，设 Q_2 表示样本中位数，它是 $\xi_{1/2}$ 的点估计量. 选取 α，以使 $0<\alpha<1$. 取 $c_{\alpha/2}$ 作为二项分布 $b(n,1/2)$ 的第 $\alpha/2$ 分位数；也就是 $P[S\leqslant c_{\alpha/2}]=\alpha/2$，其中 S 服从分布 $b(n,1/2)$. 于是，还可以发现，$P[S\geqslant n-c_{\alpha/2}]=\alpha/2$. 因而，由式(4.4.8)可得

$$P[Y_{c_{\alpha/2}+1} < \xi_{1/2} < Y_{n-c_{\alpha/2}}] = 1-\alpha \tag{4.4.9}$$

从而，当样本抽取之后，若 $Y_{c_{\alpha/2}+1}$ 与 $y_{n-c_{\alpha/2}}$ 是次序统计量 $Y_{c_{\alpha/2}+1}$ 与 $Y_{n-c_{\alpha/2}}$ 的实现值，则区间

$$(y_{c_{\alpha/2}+1}, y_{n-c_{\alpha/2}}) \tag{4.4.10}$$

是 $\xi_{1/2}$ 的 $(1-\alpha)100\%$ 置信区间.

为了具体说明这种置信区间，考察例 4.4.4 的数据. 假定我们想要求 ξ 的 88% 置信区间. 于是 $\alpha/2=0.060$，因为 $P[S\leqslant 4]=$ `pbinom(4,15,.5)` $=0.059$，S 服从分布 $b(15, 0.5)$，所以 ξ 的 88% 置信区间是 $(y_5, y_{11})=(96,106)$. 利用 R 函数 `onesampsgn(x)` 计算中位数的置信区间. 对例 4.4.4 的数据，用 R 代码 `onesampsgn(x,alpha= .12)` 计算中位数的置信区间，可以得到(96, 106). ■

注意，由于二项分布的离散性，对于这种中位数置信区间来说，仅有特定的置信水平才可求出中位数的这种置信区间. 倘若我们进一步假定 $f(x)$ 关于 ξ 是对称的，对于第 10 章将要阐述的其他无分布置信区间，离散性已不再是什么问题了.

习题

4.4.1 依据例 4.4.6 所讨论的指数分布与拉普拉斯分布，求分布分位数的闭型表达式.

4.4.2 假定概率密度函数 $f(x)$ 是关于 0 对称的，具有累积分布函数 $F(x)$. 证明来自此分布的潜在离群值的概率是 $2F(4q_1)$，其中 $F^{-1}(0.25)=q_1$. 利用它求下面分布的观测结果为潜在离群值的概率.

(a) 基础分布是正态分布. 使用 $N(0,1)$ 分布.

(b) 基础分布是 logistic 分布，也就是说，概率密度函数是

$$f(x)=\frac{e^{-x}}{(1+e^{-x})^2}, \quad -\infty<x<\infty \tag{4.4.11}$$

(c) 基础分布是拉普拉斯的，概率密度函数是

$$f(x)=\frac{1}{2}e^{-|x|}, \quad -\infty<x<\infty \tag{4.4.12}$$

4.4.3 考察样本数据(数据存放于 ex4.4.3data.rda 文件中)：

13	5	202	15	99	4	67	83	36	11	301
23	213	40	66	106	78	69	166	84	64	

(a) 求这些数据的五数概括图.

(b) 确定是否存在离群值.

(c) 画出数据盒形图. 对图加以评论.

4.4.4 考察练习题 4.4.3 中的数据. 绘制这些数据的正态 q-q 图. 这个图形是否表明，基本分布是正态分布呢？如果不是，用图形来确定更合适的分布. 依据你选择的分布，用基于分位数的 q-q 图来确认这个选择的正确性.

4.4.5 设 $Y_1<Y_2<Y_3<Y_4$ 是来自样本量为 4 的随机样本的次序统计量，此随机样本分布具有概率密度函数 $f(x)=e^{-x}, 0<x<\infty$，其他为 0. 求 $P(3\leqslant Y_4)$.

4.4.6 设 X_1, X_2, X_3 是来自连续型分布的随机样本，此分布的概率密度函数是 $f(x)=2x$，$0<x<1$，其他为 0.

(a) 计算 X_1, X_2, X_3 中最小者大于分布中位数的概率.

(b) 如果 $Y_1<Y_2<Y_3$ 是次序统计量，求 Y_2 与 Y_3 之间的相关系数.

4.4.7 设 $f(x)=1/6$，$X=1, 2, 3, 4, 5, 6$，其他为 0，表示离散型分布的概率质量函数. 证明：若对此分布抽取样本量为 5 的随机样本，其最小观测值的概率质量函数是

$$g_1(y_1) = \left(\frac{7-y_1}{6}\right)^5 - \left(\frac{6-y_1}{6}\right)^5, \quad y_1 = 1,2,\cdots,6$$

其他为 0. 注意，本题随机样本来自离散型分布. 书中正文中的所有公式都是在随机样本来自连续型分布假设下推导出来的，因而不可以应用它们. 为什么？

4.4.8 设 $Y_1<Y_2<Y_3<Y_4<Y_5$ 表示来自下述分布的样本量为 5 的随机样本次序统计量，此分布具有概率密度函数 $f(x)=e^{-x}$，$0<x<\infty$，其他为 0. 证明：$Z_1=Y_2$ 与 $Z_2=Y_4-Y_2$ 是独立的.
提示：首先求 Y_2 与 Y_4 的联合概率密度函数.

4.4.9 设 $Y_1<Y_2<\cdots<Y_n$ 表示来自下述分布样本量为 n 的随机样本次序统计量，此分布的概率密度函数是 $f(x)=1$，$0<x<1$，其他为 0. 证明：第 k 个次序统计量 Y_k 具有贝塔概率密度函数，其参数 $\alpha=k$ 且 $\beta=n-k+1$.

4.4.10 设 $Y_1<Y_2<\cdots<Y_n$ 表示来自韦布尔分布(即习题 3.3.26)的次序统计量. 求 Y_1 的分布函数与概率密度函数.

4.4.11 求来自均匀分布、样本量为 4 的随机样本全距小于 1/2 的概率，此均匀分布的概率密度函数为 $f(x)=1$，$0<x<1$,其他为 0.

4.4.12 设 $Y_1<Y_2<Y_3$ 是来自下述分布的样本量为 3 的随机样本次序统计量，此分布的概率密度函数为 $f(x)=2x$，$0<x<1$，其他为 0. 证明：$Z_1=Y_1/Y_2$，$Z_2=Y_2/Y_3$ 以及 $Z_3=Y_3$ 是相互独立的.

4.4.13 假设样本量为 2 的随机样本来自概率密度函数为 $f(x)=2(1-x)$，$0<x<1$，其他为 0 的分布. 计算一个样本观测值至少是另外一个观测值两倍的概率.

4.4.14 设 $Y_1<Y_2<Y_3$ 是来自下述分布的样本量为 3 的随机样本次序统计量. 此分布的概率密度函数为 $f(x)=1$，$0<x<1$，其他为 0. 设 $Z=(Y_1+Y_3)/2$ 是样本中程数. 求 Z 的概率密度函数.

4.4.15 设 $Y_1<Y_2$ 表示来自分布 $N(0,\sigma^2)$样本量为 2 的随机样本次序统计量.
(a) 证明 $E(Y_1)=-\sigma/\sqrt{\pi}$.
提示：通过利用 Y_1 与 Y_2 的联合概率密度函数，并且首先对 y_1 进行积分计算 $E(Y_1)$.
(b) 求 Y_1 与 Y_2 的协方差.

4.4.16 设 $Y_1<Y_2$ 是来自连续型分布样本量为 2 的随机样本次序统计量，此分布的概率密度函数为 $f(x)$，其中倘若 $x\geqslant 0$，$f(x)>0$，否则 $f(x)=0$. 证明：$Z_1=Y_1$ 与 $Z_2=Y_2-Y_1$ 的独立性刻画了伽马概率密度函数 $f(x)$，其参数是 $\alpha=1$ 与 $\beta>0$.
提示：利用变量变换方法，从 Y_1 与 Y_2 的联合概率密度函数中求 Z_1 与 Z_2 的联合概率密度函数. 同时要接受下面事实：函数方程 $h(0)h(x+y)\equiv h(x)h(y)$ 有解 $h(x)=c_1e^{c_2x}$，其中 c_1 与 c_2 均为常数.

4.4.17 设 $Y_1<Y_2<Y_3<Y_4$ 是来自下述分布的样本量为 $n=4$ 的随机样本次序统计量，此分布的概率密度函数为 $f(x)=2x$，$0<x<1$，其他为 0.
(a) 求 Y_3 与 Y_4 的联合概率密度函数.
(b) 求给定 $Y_4=y_4$ 时 Y_3 的条件概率密度函数.
(c) 计算 $E(Y_3\mid y_4)$.

4.4.18 从区间(0,1)中随机地选取两个数. 如果这两个数服从均匀分布且独立，那么利用这两个数分割此区间，计算所得到的三个线段能形成一个三角形的概率.

4.4.19 设 X 与 Y 是独立随机变量，它们的概率密度函数分别为 $f(x)=2x$，$0<x<1$，其他为 0，以及 $g(y)=3y^2$，$0<y<1$，其他为 0. 设 $U=\min(X,Y)$，$V=\max(X,Y)$. 求 U 与 V 的联合概率密度函数.
提示：此处两个逆变换由 $x=u$，$y=v$ 与 $x=v$，$y=u$ 给出.

4.4.20 设 X 与 Y 的联合概率密度函数是 $f(x,y)=12/7x(x+y)$，$0<x<1$，$0<y<1$，其他为 0. 设 $U=$

$\min(X,Y)$，$V=\max(X,Y)$. 求 U 与 V 的联合概率密度函数.

4.4.21 设 $X_1,X_2,\cdots,X_n$ 是来自连续型或离散型分布的随机样本. 离散度的一种度量是吉尼均值差分(Gini's mean difference)

$$G=\sum_{j=2}^{n}\sum_{i=1}^{j-1}|X_i-X_j|\Big/\binom{n}{2} \tag{4.4.13}$$

(a) 当 $n=10$ 时,求 $a_1,a_2,\cdots,a_{10}$ 以使 $G=\sum_{i=1}^{10}a_iY_i$,其中 $Y_1,Y_2,\cdots,Y_{10}$ 表示样本次序统计量.

(b) 当样本来自正态分布 $N(\mu,\sigma^2)$ 时,证明 $E(G)=2\sigma/\sqrt{\pi}$.

4.4.22 设 $Y_1<Y_2<\cdots<Y_n$ 是来自指数分布的样本量为 n 的随机样本次序统计量,此分布的概率密度函数为 $f(x)=e^{-x}$,$0<x<\infty$,其他为 0.

(a) 证明:$Z_1=nY_1$,$Z_2=(n-1)(Y_2-Y_1)$,$Z_3=(n-2)(Y_3-Y_2)$,$\cdots$,$Z_n=Y_n-Y_{n-1}$ 是独立的,同时每一个 Z_i 均服从指数分布.

(b) 证明:$Y_1,Y_2,\cdots,Y_n$ 的所有线性函数(如 $\sum_1^n a_iY_i$)可表示成独立随机变量的线性函数.

4.4.23 在计划评审技术(Program Evaluation and Review Technique，PERT)中，我们对完成一项工程的总时间感兴趣，这里的工程是由若干个子工程组成的. 举例来说，设 X_1,X_2,X_3 是三个子工程的三个独立随机时间. 如果这些子工程是顺次完成的(第一个必须在第二个开始之前完成，等等)，那么我们对和式 $Y=X_1+X_2+X_3$ 感兴趣. 倘若这些子工程是平行完成的(可同时施工)，那么我们对 $Z=\max(X_1,X_2,X_3)$感兴趣. 倘若随机变量中的每一个均服从均匀分布，且其概率密度函数都是 $f(x)=1$，$0<x<1$，其他为 0，求(a)Y 的概率密度函数；(b)Z 的概率密度函数.

4.4.24 设 Y_n 表示来自连续型分布的样本量为 n 的随机样本第 n 个次序统计量. 求使 $P(\xi_{0.9}<Y_n)\geqslant 0.75$ 成立的 n 的最小值.

4.4.25 设 Y_n 表示来自连续型分布的样本量为 n 的随机样本次序统计量. 计算:

(a) $P(Y_1<\xi_{0.5}<Y_5)$.

(b) $P(Y_1<\xi_{0.25}<Y_3)$.

(c) $P(Y_4<\xi_{0.80}<Y_5)$.

4.4.26 如果 $Y_1<Y_2<\cdots<Y_9$ 是来自连续型分布的样本量为 9 的随机样本次序统计量，计算 $P(Y_3<\xi_{0.5}<Y_7)$.

4.4.27 求使 $P(Y_1<\xi_{0.5}<Y_n)\geqslant 0.99$ 成立的 n 的最小值，其中 $Y_1<Y_2<\cdots<Y_n$ 是来自此连续型分布样本量 n 的随机样本次序统计量.

4.4.28 设 $Y_1<Y_2$ 表示来自 $N(\mu,\sigma^2)$分布样本量为 2 的随机样本次序统计量，其中 σ^2 是已知的.

(a) 证明 $P(Y_1<\mu<Y_2)=1/2$，并计算 Y_2-Y_1 的随机长度的期望值.

(b) 如果 $\overline{X}$ 是此样本的均值，通过解方程 $P(\overline{X}-c\sigma<\mu<\overline{X}+c\sigma)=1/2$ 求常数 c，同时把该随机区间的长度与(a)部分的期望值加以比较.

4.4.29 设 $y_1<y_2<y_3$ 表示来自连续型分布的样本量为 3 的随机样本次序统计量观测值. 倘若不知道这些值，一位统计学家则会对其赋予一种随机顺序，同时她希望选出最大者；只是一旦她拒绝一个观测值，就不能再次选择这个值. 很明显，若她选取第一个观测值，则此观测值成为最大者的概率是 1/3. 然而，她决定使用下述算法：查看第一个观测值，但是不选择它，然后如果第二个观测值大于第一个观测值，则选取第二个观测值，否则选取第三个观测值. 证明：这种算法能够选择到最大值的概率为 1/2.

4.4.30 参照习题 4.1.1，利用式(4.4.10)求马达寿命中位数的(具有接近 90%置信水平)置信区间. 区间均值会怎样呢?

4.4.31 设 $Y_1<Y_2<\cdots<Y_n$ 表示分布样本量为 n 的随机样本顺序统计量，此分布具有概率密度函数 $f(x)=3x^2/\theta^3$，$0<x<\theta$，其他情况为 0.

(a) 证明 $P(c<Y_n/\theta<1)=1-c^{3n}$，其中 $0<c<1$.

(b) 当 n 是 4，并且 Y_4 的观测值是 2.3 时，求 θ 的 95%置信区间?

4.4.32 重新考察数据 bb.rda 文件中职业棒球运动员的体重. 绘制击球手和投手体重的比较箱线图[利用 R 代码 boxplot(x,y)，其中 x 和 y 分别表示击球手和投手的体重]. 然后求击球手和投手体重中位数的 95%置信区间(利用 R 函数 onesampsgn)，并给出评论.

4.5 假设检验

点估计和置信区间都是很有用的统计推断方法. 另一种经常运用的推断形式是假设检验. 如同 4.1～4.3 节一样，假定我们关注的是具有密度函数 $f(x;\theta)$ 的随机变量，其中 $\theta\in\Omega$. 我们认为，依据理论或最初实验，可假定 $\theta\in\omega_0$ 或 $\theta\in\omega_1$，其中 ω_0 与 ω_1 都是 Ω 的子集，且 $\omega_0\cup\omega_1=\Omega$. 我们把这些假设描述成

$$H_0:\theta\in\omega_0 \quad \text{vs} \quad H_1:\theta\in\omega_1 \tag{4.5.1}$$

假设 H_0 称为**原假设**(null hypothesis，又称零假设)，而 H_1 称为**备择假设**(altenative hypothesis，又称对立假设). 原假设往往代表与过去相比没有任何变化或变异的情形，而备择假设则代表变化或变异情形. 备择假设经常称为研究者假设. 接受 H_0 或 H_1 的决策规则是建立在 X 分布的样本 $X_1,X_2,\cdots,X_n$ 基础上的，因此，决策可能是错误的. 例如，当真实情况是 $\theta\in\omega_0$，我们的决策是 $\theta\in\omega_1$，或者当真实情况是 $\theta\in\omega_1$，我们的决策是 $\theta\in\omega_0$. 我们在本节后面将这些错误分别标记为第Ⅰ类错误和第Ⅱ类错误. 参见表 4.5.1. 正如我们将在第 8 章中阐述的，对这些错误的仔细分析在某些情况下可以导致最优决策规则. 然而，在本节，我们只想引入假设检验的基本要素. 为了阐明思想，考察下面例子.

例 4.5.1(玉米数据) 1878 年，查尔斯·达尔文为了确定交叉受精或自花受精对玉米株高产生什么影响，记录了玉米植物株高的一些数据. 实验选择一类交叉受精植物与一类自花受精植物，它们生长在同一栽种区域，然后测量它们的株高. 在这个例子中，一个有趣的假设是交叉受精植物通常比自花受精植物株高更高，这将是备择假设；也就是研究者假设. 原假设是不管玉米植物是自花受精还是交叉受精，它们通常都生长得一样高. 15 块种植区域的数据被记录下来.

表 4.5.1 假设检验 2×2 决策

	正确状态特性	
决策	H_0 成立	H_1 成立
拒绝 H_0	第Ⅰ类错误	正确决定
接受 H_0	正确决定	第Ⅱ类错误

我们将数据表述成(Y_1,Z_1)，(Y_2,Z_2)，$\cdots$，(Y_{15},Z_{15})，其中 Y_i 与 Z_i 分别是第 i 块种植区域上交叉受精与自花受精的植物株高. 设 $X_i=Y_i-Z_i$. 由于生长在同一种植区域，Y_i 与 Z_i 可能是相互依赖的随机变量，但看起来对不同种植区域，假定具有独立性是恰当的，即成对随机向量之间具有独立性. 因此，假定 $X_1,X_2,\cdots,X_{15}$ 组成随机样本. 作为试验性模型，考虑位置模型

$$X_i=\mu+e_i,\quad i=1,2,\cdots,15$$

其中 e_i 是独立同分布的随机变量，具有连续密度 $f(x)$. 对于此模型，为了不失一般性，假定 e_i 的均值为 0，否则，只要重新定义 μ. 因此，$E(X_i)=\mu$. 进一步地，X_i 的密度是 $f_X(x;\mu)=f(x-\mu)$. 在实际应用中，经常关心模型的优良，而且基于数据的诊断可以用

于肯定模型的优劣.

如果 $\mu=E(X_i)=0$，那么 $E(Y_i)=E(Z_i)$；也就是说，在平均意义上，交叉受精植物与自花受精植物生长得一样高. 然而，当 $\mu>0$，则 $E(Y_i)>E(Z_i)$；也就是说，在平均意义上，交叉受精植物比自花受精植物生长得高些. 在这个模型中，我们的假设是

$$H_0:\mu=0 \quad \text{vs} \quad H_1:\mu>0 \tag{4.5.2}$$

因此，$\omega_0=\{0\}$表示在研究中没有什么差异，而 $\omega_1=(0,\infty)$表示. 交叉受精植物玉米的平均株高超过了自花受精玉米的平均株高. ■

为了完成本节开始时曾描述的一般问题的检验构造，需要讨论决策规则 . 前面提及，$X_1,X_2,\cdots,X_n$是来自随机变量 X 分布的随机样本，X 具有密度 $f(x;\theta)$，其中 $\theta\in\Omega$. 考察检验假设 $H_0:\theta\in\omega_0$ vs $H_1:\theta\in\omega_1$，其中 $\omega_0\cup\omega_1=\Omega$. 用$\mathcal{D}$表示样本空间，即$\mathcal{D}=\text{space}\{(X_1,X_2,\cdots,X_n)\}$. 对 H_0 vs H_1 进行**检验**是建立在$\mathcal{D}$的子集 C 的基础上的. 这个集合 C 称为**临界区域**(critical region)，而且它所对应的决策规则(检验)是

$$\begin{aligned}&\text{当}(X_1,X_2,\cdots,X_n)\in C, \quad \text{拒绝 } H_0(\text{接受 } H_1)\\ &\text{当}(X_1,X_2,\cdots,X_n)\in C^c, \quad \text{接受 } H_0(\text{拒绝 } H_1)\end{aligned} \tag{4.5.3}$$

对于给定临界区域，2×2 决策表 4.5.1 依照正确的真实状态概括出假设检验的一些结果 . 除了正确决策之外，会出现两种错误. 当 H_0 成立时，如果拒绝 H_0，就发生**第Ⅰ类**错误；而当 H_1 成立时，如果接受 H_0，就发生**第Ⅱ类**错误.

当然，目标是从所有可能临界区域中选取一种临界区域，使得发生这些错误的概率最小化. 一般来讲，这是行不通的. 这些错误概率常常不是确定不变的. 这点可从极端情况立刻看出. 直接设 $C=\phi$. 就此临界区域而言，永远不能拒绝 H_0，所以第Ⅰ类错误的概率会是 0，但第Ⅱ类错误概率则为 1. 人们往往认为，第Ⅰ类错误是两类错误中更糟的. 于是，通过选取使第Ⅰ类错误概率保持在一个范围内的临界区域，然后在这些临界区域之内试图选取使第Ⅱ类错误最小化的那个临界区域.

定义 4.5.1 如果

$$\alpha=\max_{\theta\in\omega_0}P_\theta[(X_1,X_2,\cdots,X_n)\in C] \tag{4.5.4}$$

则称临界区域 C 具有 α **水平**(size).

对于具有 α 水平的所有临界区域，我们希望考察使第Ⅱ类错误概率较小的临界区域. 我们还可以考察第Ⅱ类错误的其他问题，如同表 4.5.1 所示的当 H_1 为真时拒绝 H_0 这一正确决策的问题. 由于希望将后者决策的概率最大化，所以希望它的概率尽可能大 . 也就是说，对于 $\theta\in\omega_1$，想要最大化

$$1-P_\theta[\text{第 Ⅱ 类错误}]=P_\theta[(X_1,X_2,\cdots,X_n)\in C]$$

此方程右边的概率称为检验在 θ 处的检验**功效**(power，又称**势**). 此功效就是检验出备选 θ 是真参数的概率，其中 $\theta\in\omega_1$. 因此，对第Ⅱ类错误最小化等价于对功效最大化.

我们将临界区域的**功效函数**(power function)定义成

$$\gamma_C(\theta)=P_\theta[(X_1,X_2,\cdots,X_n)\in C], \quad \theta\in\omega_1 \tag{4.5.5}$$

因此，给定两个临界区域 C_1 与 C_2，它们都具有水平 α，如果 $\gamma_{C_1}(\theta)\geqslant\gamma_{C_2}(\theta)$，那么对于所有$\theta\in\omega_1$，$C_1$ 比 C_2 更好. 在第 8 章中，对于特定情况，将获得最优临界区域. 本节希望利用几个例子阐明这些假设检验的概念.

例 4.5.2(二项成功比例检验) 设 X 是服从伯努利分布的随机变量，具有成功概率 p. 假定我们希望在 α 水平上对

$$H_0: p = p_0 \quad \text{vs} \quad H_1: p < p_0 \tag{4.5.6}$$

进行检验，其中 p_0 是具体设定的. 举例来说，假定“成功”是因某种疾病而引起的死亡，而 p_0 是经过某种标准治疗的死亡概率. 一种新的治疗方法用于(随机选择的)几个病人身上，而且希望经过这种新治疗方法的死亡概率小于 p_0. 设 $X_1, X_2, \cdots, X_n$ 是来自 X 分布的随机样本，并设 $S = \sum_{i=1}^{n} X_i$ 是样本中成功的总数. 一个直观的决策规则(临界区域)是

$$\text{当 } S \leqslant k, \quad \text{则拒绝 } H_0, \text{接受 } H_1 \tag{4.5.7}$$

其中 k 使得 $\alpha = P_{H_0}[S \leqslant k]$. 由于在 H_0 下，S 服从 $b(n, p_0)$，所以 k 由 $\alpha = P_{p_0}[S \leqslant k]$决定的. 然而，因为二项分布是离散的，这一方程可能不存在整数解 k. 例如，假定 $n = 20$，$p_0 = 0.7$以及 $\alpha = 0.15$. 于是，在 H_0 下，S 服从二项分布 $b(20, 0.7)$. 因此，通过计算 $P_{H_0}[S \leqslant 11] =$ pbinom(11,20,0.7) $= 0.1133$. 而 $P_{H_0}[S \leqslant 12] =$ pbinom(12,20,0.7) $= 0.2277$. 因此，为了减少误差，我们可能取 k 为 11 以及 $\alpha = 0.1133$. 当 n 增大时，这不是一个什么问题，参看稍后对 p 值的讨论. 一般来讲，假设式(4.5.6)的检验功效是

$$\gamma(p) = P_p[S \leqslant k], \quad p < p_0 \tag{4.5.8}$$

图 4.5.1 中标记有检验 1 的曲线是 $n = 20$，$p_0 = 0.7$ 以及 $\alpha = 0.1133$ 的功效函数. 注意到，此函数是递减的. 当 $p = 0.2$ 时的检验功效要高于 $p = 0.6$ 时的检验功效. 我们将在 8.2 节一般地证明，这些假设的二项检验的功效函数具有单调性. 它允许我们把检验推广到更一般的原假设 $H_0: p \geqslant p_0$ 而不仅仅是简单的 $H_0: p = p_0$ 上. 若利用我们对假设(4.5.6)施加的决策规则、检验(4.5.4)的水平定义以及功效曲线的单调性，就可得到

$$\max_{p \geqslant p_0} P_p[S \leqslant k] = P_{p_0}[S \leqslant k] = \alpha$$

也就是说，与最初原假设具有一样的水平.

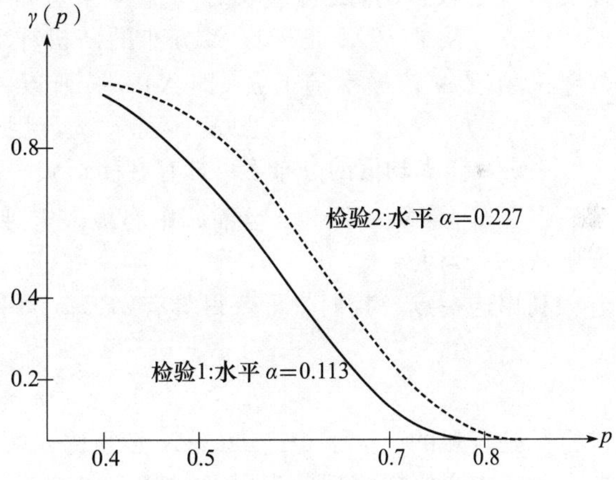

图 4.5.1 检验 1 与检验 2 的功效曲线，参看例 4.5.2

用检验 1 表示具有 $n = 20$，$p_0 = 0.70$以及水平 $\alpha = 0.1133$ 的检验. 假定我们拥有更大水平的检验 2. 和检验 1 相比，检验 2 的功效函数会怎样呢？举一个例子，对于检验 2，假定我们选取 $\alpha = 0.2277$. 因此，对于检验 2，如果 $S \leqslant 12$，就拒绝 H_0. 图 4.5.1画出了所得到的功效函数. 注意，尽管检验 2 中犯第Ⅱ类错误的概率较高，但它在每一个备择处的功效也较高. 习题 4.5.7 证明，这对于二项检验来说是成立的. 一般来讲，它是成立的，即如果检验水平增大，那么功效也会变大. 就这个例子而言，R 函数 binpower.r 可在前言列出的网站下载，利用它绘制图 4.5.1 形式. ■

注释 4.5.1(术语) 在例 4.5.2 中，由于第一个原假设 $H_0: p = p_0$ 完全设定了基本

分布，称它为**简单**(simple)假设．大多数假设如 $H_1: p<p_0$ 是**复合**(composite)假设，因为它们是由许多简单假设构成的，从而并没有完全设定分布．

随着我们对统计知识研究得越来越多，就会发现经常有其他一些称谓用于临界区域的水平 α．一般来讲，α 也称为和临界区域有关的**显著性水平**(significance level)．另外，有时候把 α 称为"犯第Ⅰ类错误概率的最大值"，还有"当 H_0 成立时，检验功效的最大值"．学生会发现，这同一件事竟有如此之多的称谓．然而，统计文献会经常用到它们，我们有责任指出这个事实．■

刚才对例题进行的检验是建立在检验统计量精确分布也就是二项分布基础之上的．我们经常无法获得检验统计量的闭形式(closed form，又称闭型，其意指用解析形式表示)．不过，要经常求助于中心极限定理，得到近似检验．下面的例题就是此种情况．

例 4.5.3(大样本均值检验)　设 X 是随机变量，具有均值 μ 与有限方差 σ^2．我们想要对假设

$$H_0: \mu = \mu_0 \quad \text{vs} \quad H_1: \mu > \mu_0 \tag{4.5.9}$$

进行检验，其中 μ_0 是设定的．为了阐述方便，假定 μ_0 是标准化学生检验的均值水平，而学生检验已由讲述标准方法的课程中教授过．假定人们希望融入计算机的新方法将具有均值 $\mu>\mu_0$ 水平，其中 $\mu=E(X)$，X 表示通过新方法教授的学生分数．这个推测是对接受新方法教授的(随机选取的)n 个学生进行检测．

设 $X_1, X_2, \cdots, X_n$ 是来自 X 分布的随机样本，并用 $\overline{X}$ 与 S^2 分别表示样本均值与样本方差．由于 $\overline{X}$ 依概率趋于 μ，即 $\overline{X}\to\mu$，所以一种直观的决策规则是

$$\text{当 } \overline{X} \text{ 远大于 } \mu_0\text{，则拒绝 } H_0\text{，接受 } H_1 \tag{4.5.10}$$

一般来讲，样本均值的分布不可能存在闭形式．在例 4.5.4 中，在 X 分布为正态的强假设下，我们将得到一种精确检验．目前，中心极限定理(定理 4.2.1)表明$(\overline{X}-\mu)/(S/\sqrt{n})$的分布渐近服从 $N(0,1)$．

利用这一点，我们就可获得具有 α 近似水平，决策规则如下的检验：

$$\text{当}\frac{\overline{X}-\mu_0}{S/\sqrt{n}} \geqslant z_\alpha\text{，则拒绝 } H_0\text{，接受 } H_1 \tag{4.5.11}$$

该检验是直观的．为了拒绝 H_0，$\overline{X}$ 必须比 μ_0 大至少 $z_\alpha S/\sqrt{n}$．为了近似计算检验的功效函数，运用中心极限定理．当用 S 代替 σ，由此可得近似功效函数

$$\begin{aligned}\gamma(\mu) &= P_\mu(\overline{X} \geqslant \mu_0 + z_\alpha\sigma/\sqrt{n}) = P_\mu\left(\frac{\overline{X}-\mu}{\sigma/\sqrt{n}} \geqslant \frac{\mu_0-\mu}{\sigma/\sqrt{n}} + z_\alpha\right) \\ &\approx 1 - \Phi\left(z_\alpha + \frac{\sqrt{n}(\mu_0-\mu)}{\sigma}\right) \\ &= \Phi\left(-z_\alpha - \frac{\sqrt{n}(\mu_0-\mu)}{\sigma}\right)\end{aligned} \tag{4.5.12}$$

因此，如果我们对 σ 设定合理的值，就能计算近似功效函数．如同习题 4.5.1 所证明的，这个近似功效函数关于 μ 是严格递增的，因此，就刚才的例题而言，能将原假设变成

$$H_0: \mu \leqslant \mu_0 \quad \text{vs} \quad H_1: \mu > \mu_0 \tag{4.5.13}$$

对于这些假设，渐近检验的水平将近似为 α．■

例 4.5.4(正态性下的 μ 检验) 设 X 服从 $N(\mu_0,\sigma^2)$. 像例 4.5.3 一样，考察假设

$$H_0:\mu=\mu_0 \quad \text{vs} \quad H_1:\mu>\mu_0 \tag{4.5.14}$$

其中 μ_0 是设定的. 对于 $0<\alpha<1$，假如进行检验的水平是 α. 假定 $X_1,X_2,\cdots,X_n$ 是来自 $N(\mu,\sigma^2)$的随机样本. 设 $\overline{X}$ 与 S^2 分别表示样本均值与样本方差. 从直观上看，拒绝规则是，若 $\overline{X}$ 远大于 μ_0，则拒绝 H_0 接受 H_1. 和例 4.5.3 不一样，现在不知道统计量 $\overline{X}$ 的分布. 特别地，由定理 3.6.1(d)知，当 H_0 为真时，统计量 $T=(\overline{X}-\mu_0)/(S/\sqrt{n})$服从自由度为 $n-1$ 的 t 分布. 利用 T 分布，很容易证明下述拒绝规则具有 α 精确水平：

$$\text{当 } T=\frac{\overline{X}-\mu_0}{S/\sqrt{n}}\geqslant t_{\alpha,n-1}\text{，则拒绝 } H_0\text{，接受 } H_1 \tag{4.5.15}$$

其中 $t_{\alpha,n-1}$表示自由度 $n-1$ 的 t 分布的上临界点，即 $\alpha=P(T>t_{\alpha,n-1})$. 这常常称为$H_0:\mu=\mu_0$ 的 t 检验.

注意，这个拒绝规则与大样本规则(4.5.11)之间的区别：大样本规则具有近似水平 α，而这个拒绝规则具有精确水平 α. 当然，现在需要假定 X 服从正态分布. 在实际应用中，我们不愿意假定总体是正态的. 一般来讲，t 临界值比 z 临界值要大. 因此，在实际应用中，许多统计学家往往使用 t 检验. ■

用 R 代码 `t.test(x,mu=mu0,alt="greater")`计算假设式(4.5.14)的 t 检验，其中 R 向量 x 包含样本.

例 4.5.5(例 4.5.1 续) 表 4.5.2 列出了达尔文关于玉米实验的数据，也存放于 darwin. rda 文件中. 图 4.5.2 表示 15 个差 $w_i=x_i-y_i$ 的箱线图和正态 q-q 图. 基于这些图形，我们发现，似乎有两个离群值，即第 2 个点与第 15 个点. 在这两个点上，自花受精玉米远远高于对应的交叉受精玉米. 除了这两个离群值之外，其他差值均为正的，这表明交叉受精产生了更高的植物. 正如例 4.5.1 一样，继续讨论假设检验(4.5.2). 将使用由式(4.5.15)给出的决策规则，且 $\alpha=0.05$. 如同习题 4.5.2 所表明的，此差值 w_i 的样本均值与样本标准差的值是 $\overline{w}=2.62$ 与 $s_w=4.72$. 因此，t 检验统计量为 2.15，它大于 t 临界值 $t_{0.05,14}=qt(0.95,14)=1.76$. 因而，拒绝 H_0，得出结论：交叉受精玉米的平均高度大于自花受精玉米的平均高度. 由于存在离群值，误差分布具有正态性的看法受到人们的质疑，所以像例 4.5.4 末尾所讨论的一样，这里用一种保守观点进行检验. 假定存放于 `darwin.rda` 文件的数据已经加载到 R 中，上面的 t 检验 R 代码是 `t.test(cross-self,mu=0,alt="greater")`，计算得到的 t 检验统计值是 2.1506. ■

表 4.5.2 植物高度

样本点	1	2	3	4	5	6	7	8
交叉受精	23.500	12.000	21.000	22.000	19.125	21.500	22.125	20.375
自花受精	17.375	20.375	20.000	20.000	18.375	18.625	18.625	15.250
样本点	9	10	11	12	13	14	15	
交叉受精	18.250	21.625	23.250	21.000	22.125	23.000	12.000	
自花受精	16.500	18.000	16.250	18.000	12.750	15.500	18.000	

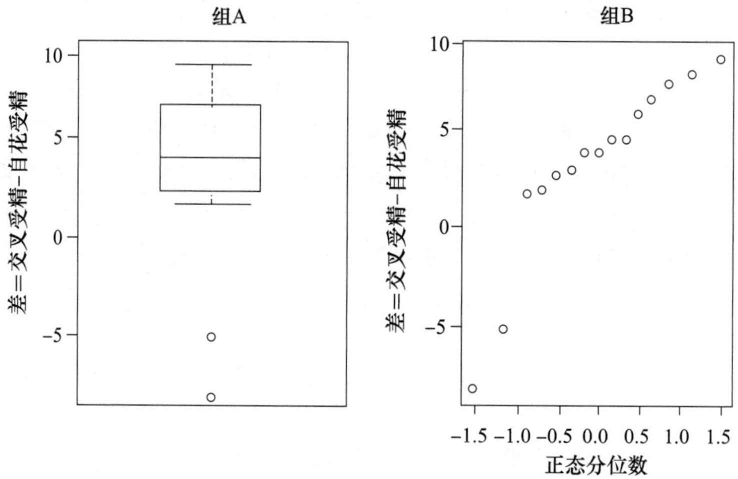

图 4.5.2　例 4.5.4 数据的箱线图和正态 q-q 图

习题

在本节许多习题中，利用 R 或其他统计包来计算功效函数，并绘制图形.

4.5.1　证明由例 4.5.3 中式(4.5.12)给出的近似功效函数关于 μ 是严格递增函数. 然后，证明此例题讨论的检验

$$H_0:\mu\leqslant\mu_0 \quad \text{vs} \quad H_1:\mu>\mu_0$$

具有近似水平 α.

4.5.2　对于例 4.5.5 表格中的达尔文数据，验证学生 t 检验统计量是 2.15.

4.5.3　设 X 的概率密度函数为 $f(x;\theta)=\theta x^{\theta-1}$，$0<x<1$，其他为 0，其中 $\theta\in\{\theta:\theta=1,2\}$. 为了对简单假设 $H_0:\theta=1$ vs 备择简单假设 $H_1:\theta=2$ 进行检验，使用样本量 $n=2$ 的随机样本，同时将临界区域定义成 $C=\{(x_1,x_2):3/4\leqslant x_1x_2\}$. 求检验功效函数.

4.5.4　设 X 服从二项分布，实验次数 $n=10$，而且 p 要么为 1/4，要么为 1/2. 如果样本量为 1 的随机样本的观测值小于或等于 3，那么拒绝简单假设 $H_0:p=1/2$，并接受备择简单假设 $H_1:p=1/4$. 求检验的显著性水平与检验功效.

4.5.5　设 X_1,X_2 表示来自下面分布的样本量为 $n=2$ 的随机样本，此分布的概率密度函数为 $f(x;\theta)=(1/\theta)\mathrm{e}^{-x/\theta}$，$0<x<\infty$，其他为 0. 当 X_1,X_2 的观测值(如 x_1,x_2)使得

$$\frac{f(x_1;2)f(x_2;2)}{f(x_1;1)f(x_2;1)}\leqslant\frac{1}{2}$$

那么拒绝 $H_0:\theta_0=2$，并接受 $H_1:\theta_0=1$. 这里 $\Omega=\{\theta:\theta=1,2\}$. 求当 H_0 为假时，检验显著性水平以及检验功效.

4.5.6　考察关于例 4.5.2 中曾讨论情形的检验 1 与检验 2 的检验. 考察当 $S\leqslant 10$ 时，拒绝 H_0 的检验. 求这个检验的显著性水平，同时画出如同图 4.5.1 一样的功效曲线.

4.5.7　考察例 4.5.2 曾描述的情况. 假定拥有两个如下定义的检验 A 与 B. 对于检验 A，当$S\leqslant k_A$，则拒绝 H_0；而对于检验 B，当 $S\leqslant k_B$，则拒绝 H_0. 若检验 A 的显著性水平比检验 B 的大，证明无论备择假设是哪种形式，检验 A 的功效都比检验 B 的高.

4.5.8　我们设轮胎寿命里程 X 服从均值为 θ、标准差为 5000 的正态分布. 经验表明 $\theta=30\,000$，制造

者声称，由新工艺过程生产的轮胎的均值 $\theta>30\ 000$. $\theta=35\ 000$ 是可能的. 通过对 $H_0:\theta=30\ 000$进行检验，验证此说法. 将观测 X 的 n 个独立值设为 $x_1,x_2,\cdots,x_n$，而且拒绝 H_0（因而接受 H_1）当且仅当 $\overline{x}\geqslant c$. 求 n 与 c，以使检验的功效函数 $\gamma(\theta)$满足 $\gamma(30\ 000)=0.01$ 以及 $\gamma(35\ 000)=0.98$.

4.5.9 设 X 服从均值为 θ 的泊松分布，考察简单假设 $H_0:\theta=1/2$ 与复合备择假设 $H_1:\theta<1/2$. 因而 $\Omega=\{\theta:0<\theta\leqslant 1/2\}$. 设 $X_1,X_2,\cdots,X_{12}$ 表示来自这一分布的样本量为 12 的随机样本. 拒绝 H_0 当且仅当 $Y=X_1+X_2+\cdots+X_{12}$ 的观测值$\leqslant 2$. 证明下面的 R 代码可以绘制这个检验的功效函数图形：

```
theta=seq(.1,.5,.05); gam=ppois(2,theta*12)
plot(gam~theta,pch=" ",xlab=expression(theta),ylab=expression(gamma))
lines(gam~theta)
```

运行这段代码. 用图形确定显著性水平.

4.5.10 设 Y 服从参数为 n 和 p 的二项分布. 当 $Y\geqslant c$，则拒绝 $H_0:p=1/2$ 而接受 $H_1:p>1/2$. 求 n 与 c，以使功效函数 $\gamma(p)$大致使得 $\gamma(1/2)=0.10$ 以及 $\gamma(2/3)=0.95$.

4.5.11 设 $Y_1<Y_2<Y_3<Y_4$ 是来自下面分布的样本量为 $n=4$ 的随机样本次序统计量，此分布的概率密度函数为 $f(x;\theta)=1/\theta$，$0<x<\theta$，其他为 0，其中 $0<\theta$. 若观测值 $Y_4\geqslant c$，则拒绝 $H_0:\theta=1$ 而接受$H_1:\theta>1$.

(a) 求常数 c，以使显著性水平是 $\alpha=0.05$.

(b) 求检验功效函数.

4.5.12 设 $X_1,X_2,\cdots,X_8$ 是来自均值为 μ 的泊松分布的样本量为 $n=8$ 的随机样本. 若观测值之和 $\sum_{i=1}^{8}x_i\geqslant 8$，则拒绝简单原假设 $H_0:\mu=0.5$ 而接受 $H_1:\mu>0.5$.

(a) 证明显著性水平是 1- ppois(7,8* .5).

(b) 用 R 求 $\gamma(0.75)$，$\gamma(1)$，$\gamma(1.25)$.

(c) 修改习题 4.5.9 中的代码来绘制功效函数的图形.

4.5.13 设 p 表示特定网球运动员一发成功的概率. 由于 $p=0.40$，所以为了提高 p，这个运动员决定上课学习. 当完成课程后，依据 $n=25$ 次试验对假设 $H_0:p=0.40$ vs $H_1:p>0.40$ 进行检验. 设 $\overline{Y}$ 等于一发成功的次数，并把临界区域定义成 $C=\{\overline{Y}:\overline{Y}\geqslant 13\}$.

(a) 证明 α 可利用 $\alpha=1-$pbinom(12,25,.4)计算得到.

(b) 当 $p=0.60$，求 β 使 $\beta=P(Y<13)$；也就是说，$\beta=P(Y\leqslant 12;\ p=0.60)$，从而 $1-\beta$ 是 $p=0.60$ 处的功效.

4.5.14 设 S 表示成功概率为 p 的伯努利试验 $n=40$ 次中的成功次数. 考察下面假设 H_0：$p\leqslant 0.3$ vs H_1：$p>0.3$. 考虑两个检验：(1) 如果 $S\geqslant 16$，则拒绝 H_0，(2) 如果 $S\geqslant 17$，则拒绝 H_0. 求这两个检验的置信水平. 利用 R 函数 binpower.r 生成如同图 4.5.1 的图形. 对于这个习题，编写类似的 R 函数，并绘制上面两个检验的功效函数.

4.6 统计检验的深入研究

4.5 节曾经考察的备择假设全部都是**单边假设**(one-sided hypotheses，又称单侧假设). 例如，在习题 4.5.8 中，对 $H_0:\mu=30\ 000$ vs $H_1:\mu>30\ 000$ 进行检验，其中 μ 表示正态分布的均值，此分布标准差 $\sigma=5000$. 虽然在这一情况下考虑到制造过程或许有变化，但却无法确定其方向. 也就是说，我们对备择 $H_1:\mu\neq 30\ 000$ 感兴趣. 本节深入研究检验，并以构造涉及随机变量均值的双边备择检验开始.

例 4.6.1(大样本均值双边检验)　为了理解如何构造双边备择假设的检验，重新考察例 4.5.3，在那里已经构造过大样本随机变量均值的单边检验. 正如例 4.5.3 一样，设 X 是随机变量，具有均值 μ 与方差 σ^2. 不过，这里希望对

$$H_0:\mu=\mu_0 \quad \text{vs} \quad H_1:\mu\neq\mu_0 \tag{4.6.1}$$

进行检验，其中 μ_0 为设定的. 设 $X_1,X_2,\cdots,X_n$ 是来自 X 分布的随机样本，并分别用 $\overline{X}$ 与 S^2 表示样本均值与样本方差. 对于单边检验，当 $\overline{X}$ 太大时，就拒绝 H_0，因此，对于假设(4.6.1)，使用决策规则

$$\text{当 } \overline{X}\leqslant h \text{ 或 } \overline{X}\geqslant k \text{ 时,则拒绝 } H_0,\text{接受 } H_1 \tag{4.6.2}$$

其中 h 与 k 满足 $\alpha=P_{H_0}[\overline{X}\leqslant h$ 或者 $\overline{X}\geqslant k]$. 很明显，$h<k$，从而有

$$\alpha=P_{H_0}[\overline{X}\leqslant h \text{ 或者 } \overline{X}\geqslant k]=P_{H_0}[\overline{X}\leqslant h]+P_{H_0}[\overline{X}\geqslant k]$$

因为在 H_0 为真时，$\overline{X}$ 的分布至少渐近服从关于 μ_0 对称的分布，所以一种直观规则是在上式右边的两项之间均等地划分 α，也就是说，h 与 k 是通过

$$P_{H_0}[\overline{X}\leqslant h]=\alpha/2 \text{ 与 } P_{H_0}[\overline{X}\geqslant k]=\alpha/2 \tag{4.6.3}$$

选取的. 由定理 4.2.1 可以得出，$(\overline{X}-\mu_0)/(S/\sqrt{n})$ 近似服从 $N(0,1)$. 这与式(4.6.3)共同形成近似决策规则：

$$\text{当 } \left|\frac{\overline{X}-\mu_0}{S/\sqrt{n}}\right|\geqslant z_{\alpha/2} \text{ 时,则拒绝 } H_0,\text{接受 } H_1 \tag{4.6.4}$$

为了近似计算检验功效函数，运用中心极限定理. 当用 S 代替 σ，立刻得到近似功效函数是

$$\begin{aligned}\gamma(\mu)&=P_\mu(\overline{X}\leqslant\mu_0-z_{\alpha/2}\sigma/\sqrt{n})+P_\mu(\overline{X}\geqslant\mu_0+z_{\alpha/2}\sigma/\sqrt{n})\\&=\Phi\left(\frac{\sqrt{n}(\mu_0-\mu)}{\sigma}-z_{\alpha/2}\right)+1-\Phi\left(\frac{\sqrt{n}(\mu_0-\mu)}{\sigma}+z_{\alpha/2}\right)\end{aligned} \tag{4.6.5}$$

其中 $\Phi(z)$ 表示服从标准正态分布的随机变量的累积分布函数；参看式(3.4.9). 因此，假如知道 σ 的某一合理值 σ，就能计算近似功效函数. 注意，功效函数的导数是

$$\gamma'(\mu)=\frac{\sqrt{n}}{\sigma}\left[\phi\left(\frac{\sqrt{n}(\mu_0-\mu)}{\sigma}+z_{\alpha/2}\right)-\phi\left(\frac{\sqrt{n}(\mu_0-\mu)}{\sigma}-z_{\alpha/2}\right)\right] \tag{4.6.6}$$

其中 $\phi(z)$ 表示服从标准正态分布的随机变量的概率密度函数. 那么，我们可以证明，$\gamma(\mu)$ 在 μ_0 处具有临界值并且是极小值. 可参看习题 4.6.2. 进而，当 $\mu<\mu_0$ 时，$\gamma(\mu)$ 是严格递减的，而当 $\mu>\mu_0$ 时，$\gamma(\mu)$ 是严格递增的. ■

再次考察本节开始时的例子. 假定想要对

$$H_0:\mu=30\,000 \quad \text{vs} \quad H_1:\mu_0\neq 30\,000 \tag{4.6.7}$$

进行检验. 假定 $n=20$ 而 $\alpha=0.01$. 从而，拒绝规则(4.6.4)变成

$$\text{当 } \left|\frac{\overline{X}-30\,000}{S/\sqrt{20}}\right|\geqslant 2.575 \text{ 时,则拒绝 } H_0,\text{接受 } H_1 \tag{4.6.8}$$

图 4.6.1 展示用 $\sigma=5000$ 代替 S 时这个检验的功效曲线，为了方便比较，还展示 $\alpha=0.05$ 时检验的功效曲线. 利用 R 函数 zpower 可绘制这种图形.

对均值的这种双边检验是近似的. 假定 X 服从正态分布，正如习题 4.6.3 所证明的，对下面的 $H_0:\mu=\mu_0$ vs $H_1:\mu_0\neq\mu_0$：

$$\text{当}\left|\frac{\overline{X}-\mu_0}{S/\sqrt{n}}\right|\geqslant t_{\alpha/2,n-1}\text{，则拒绝 }H_0\text{，接受 }H_1 \tag{4.6.9}$$

所进行的检验具有准确水平 α. 它具有类似于图 4.6.1 一样的盆形功效曲线；不过，证明这点并不容易，参看 Lehmann(1986).

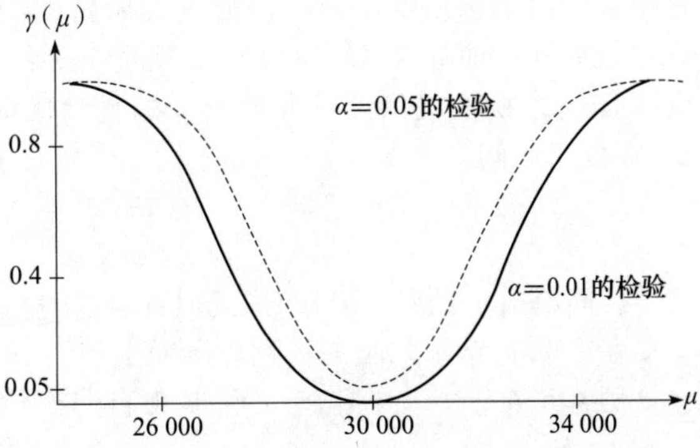

图 4.6.1　假设检验(4.6.7)的功效曲线

考察用 R 软件计算，当 R 向量 x 包含样本时，利用 R 代码 `t.test(x,mu=mu0)` 得到假设式(4.6.1)的双边 t 检验.

双边检验与置信区间之间存在一定关系. 考察双边 t 检验(4.6.9). 这里运用了绝对拒绝规则(用当且仅当代替如果). 因此，就接受而言，有

$$\text{接受 }H_0\text{ 当且仅当 }\mu_0-t_{\alpha/2,n-1}S/\sqrt{n}<\overline{X}<\mu_0+t_{\alpha/2,n-1}S/\sqrt{n}$$

而这也可以表示为

$$\text{接受 }H_0\text{ 当且仅当 }\mu_0\in(\overline{X}-t_{\alpha/2,n-1}S/\sqrt{n},\overline{X}+t_{\alpha/2,n-1}S/\sqrt{n}) \tag{4.6.10}$$

也就是说，在显著水平 α 上接受 H_0 当且仅当 μ_0 位于 μ 的 $(1-\alpha)100\%$ 置信区间内. 等价地说，在显著水平 α 上拒绝 H_0 当且仅当 μ_0 没有位于 μ 的 $(1-\alpha)100\%$ 置信区间内. 对于本书讨论的所有双边检验与假设来说，这种说法均成立. 单边检验和单边置信区间之间存在类似的关系.

一旦理解置信区间与假设检验之间的这种关系，那么在检验假设中为了构造置信区间而使用的那些统计量就可用于研究双边备择问题和单边备择问题. 若不用表格列出这些内容，为了理解这一原理，就要充分地阐明上述问题.

例 4.6.2　设独立随机样本分别来自 $N(\mu_1,\sigma^2)$ 与 $N(\mu_2,\sigma^2)$. 比如，它们各自的样本特征为 n_1，$\overline{X}$，S_1^2 与 n_2，$\overline{Y}$，S_2^2. 设 $n=n_1+n_2$ 表示混合样本量，并设 $S_p^2=[(n_1-1)S_1^2+(n_2-1)S_2^2]/(n-2)$，即式(4.2.11)表示共同方差的混合估计量. 当 $\alpha=0.05$ 时，若

$$T=\frac{\overline{X}-\overline{Y}-0}{S_p\sqrt{\frac{1}{n_1}+\frac{1}{n_2}}}\geqslant t_{0.05,n-2}$$

由于在 $H_0:\mu_1=\mu_2$ 条件下，T 服从 $t(n-2)$ 分布. 则拒绝 $H_0:\mu_1=\mu_2$，并接受单边备择 $H_1:\mu_1>\mu_2$. 例 8.3.1 将给出这个检验的一种严谨分析过程. ■

例 4.6.3　设 X 服从 $b(1,p)$. 考察检验 $H_0:p=p_0$ vs $H_1:p<p_0$. 设 $X_1,X_2,\cdots,X_n$ 是来自 X 分布的随机样本，并设 $\hat{p}=\overline{X}$. 为了对 H_0 vs H_1 进行检验，利用

$$Z_1=\frac{\hat{p}-p_0}{\sqrt{p_0(1-p_0)/n}}\leqslant c\quad\text{或}\quad Z_2=\frac{\hat{p}-p_0}{\sqrt{\hat{p}(1-\hat{p})/n}}\leqslant c$$

当 n 很大，倘若 $H_0:p=p_0$ 成立，则 Z_1 服从近似标准正态分布，Z_2 也服从近似标准正态分布. 因此，如果将 c 设定在 -1.645，那么近似显著水平是 $\alpha=0.05$. 一些统计学家使

用 Z_1，而另一些统计学家则使用 Z_2. 由于这两种方法提供相同的数值结果，故我们并没有特别倾向于选用哪一种. 正如人们所猜测的，当 p 的真实值接近于 p_0，则利用 Z_1 计算功效更好，而如果 H_0 明显是错误的，则利用 Z_2 计算功效更好. 不过，就双边备择假设而言，Z_2 确实提供了具有关于 p 的置信区间的更好关系. 也就是说，$|Z_2|<z_{\alpha/2}$ 等价于 p_0 位于区间

$$\hat{p}-z_{\alpha/2}\sqrt{\frac{\hat{p}(1-\hat{p})}{n}},\quad \hat{p}+z_{\alpha/2}\sqrt{\frac{\hat{p}(1-\hat{p})}{n}}$$

这个区间给出 p 的 $(1-\alpha)100\%$ 近似置信区间，如同 4.2 节所讨论的一样. ■

在结束本节时，通过一个例子与例子后面的注释引入**随机化检验**(randomized test).

例 4.6.4　设 $X_1,X_2,\cdots,X_{10}$ 是来自泊松分布的样本量为 $n=10$ 的随机样本，此泊松分布均值为 θ. 检验 $H_0:\theta=0.1$ vs $H_1:\theta>0.1$ 的临界区域是由 $Y=\sum_1^{10}X_i\geqslant 3$ 给出的. 统计量 Y 服从均值为 10θ 的泊松分布. 因而，就 $\theta=0.1$ 而言，Y 的均值为 1，此检验的显著性水平是

$$P(Y\geqslant 3)=1-P(Y\leqslant 2)=1-\text{ppois}(3,1)=1-0.920=0.080$$

另一方面，倘若利用由 $\sum_1^{10}x_i\geqslant 4$ 所定义的临界区域，其显著性水平是

$$\alpha=P(Y\geqslant 4)=1-P(Y\leqslant 3)=1-\text{ppois}(3,1)=1-0.981=0.019$$

例如，如果人们希望显著性水平 $\alpha=0.05$，那么绝大多数统计学家愿意使用这些检验中的一种；也就是说，统计学家会依据这些简洁的检验调整显著性水平. 不过，可通过下述方式实现 $\alpha=0.05$ 的显著性水平. 设 W 服从伯努利分布，其成功概率等于

$$P(W=1)=\frac{0.050-0.019}{0.080-0.019}=\frac{31}{61}$$

假定 W 是从样本中独立选取的. 考察拒绝规则

$$\text{当}\sum_1^{10}x_i\geqslant 4\ \text{或}\sum_1^{10}x_i=3\ \text{且}\ W=1,\text{则拒绝}\ H_0$$

此规则的显著性水平是

$$\begin{aligned}P_{H_0}(Y\geqslant 4)+P_{H_0}(\{Y=3\}\cap\{W=1\})&=P_{H_0}(Y\geqslant 4)+P_{H_0}(Y=3)P(W=1)\\&=0.019+0.061\frac{31}{61}=0.05\end{aligned}$$

因此，决策规则准确的水平是 0.05. 为了决定是否拒绝 $Y=3$，实施辅助实验的过程有时称为**随机化检验**. ■

观测显著性水平与 p 值

在实际应用中，并不是许多统计学家都喜欢随机化试验，因为运用随机化试验意味着两个统计学家能做出同样的假设、观测到一样的数据、应用相同的检验，然而却产生各不相同的决策. 因此，为了不出现随机化，通常要调整显著性水平. 实际上，许多统计学家都将其称为**观测显著性水平**(observed significance level)或(关于概率值)**p 值**(p-value). 一般性的例子足以解释观察显著性水平. 设 $X_1,X_2,\cdots,X_n$ 是来自 $N(\mu,\sigma^2)$ 的随机样本，其

中 μ 和 σ^2 都是未知的．首先，考虑单边假设 $H_0:\mu=\mu_0$ vs $H_1:\mu>\mu_0$，其中 μ_0 是人们指定的．将拒绝规则写成

$$\text{如果 } \overline{X}\geqslant k\text{，则拒绝 } H_0 \text{ 接受 } H_1 \tag{4.6.11}$$

其中 $\overline{X}$ 表示样本均值．前面我们的做法是指定一个水平，然后求解 k．但在实际应用中，这个水平并没有被指定．相反，一旦观测到样本，就能计算 $\overline{X}$ 的实现值 $\overline{x}$，然后我们询问的问题是：$\overline{x}$ 是否足够大到能拒绝 H_0 而接受 H_1？为了回答这个问题，我们要计算 p 值，也就是概率，

$$p\text{ 值} = p_{H_0}(\overline{X}\geqslant \overline{x}) \tag{4.6.12}$$

注意，这正是基于数据的"显著性水平"，我们将其称为观测显著性水平或 p 值．当所有水平上都大于或等于 p 值时，则拒绝假设 H_0．例如，如果 p 值是 0.048，当名义 α 水平是 0.05，则拒绝 H_0．然而，如果名义 α 水平是 0.01，则不会拒绝 H_0．总而言之，实验者设计一个假设；统计学家选择检验统计量和拒绝规则；然后统计学家利用观测数据，向实验者报告 p 值；实验者再决定 p 值是否足够小，以便保证拒绝 H_0 而接受 H_1．下面给出一个数值说明的例子．

例 4.6.5 回顾前面例 4.5.5 所讨论的达尔文数据．这是针对交叉受精和自花受精玉米株高的设计成对实验．15 个种植区域，分别种植交叉受精和自花受精．我们感兴趣的数据是 15 个配对差（交叉－自花）．关注的假设是 $H_0:\mu=0$ vs $H_1:\mu>0$．标准化的拒绝规则是：

$$\text{如果 } T\geqslant k\text{，}\quad \text{则拒绝 } H_0 \text{ 而接受 } H_1$$

其中 $T=\overline{X}(S/\sqrt{15})$，其中 $\overline{X}$ 和 S 分别表示差的样本均值和标准差．备择假设认为，平均来说交叉受精的高度比自花受精的高度高．在前面例 4.5.5 中，t 检验统计值是 2.15．设 $t(14)$ 表示具有 14 个自由度的 t 分布的随机变量，用 R 计算出实验的 p 值是

$$P[t(14)>2.15]=1-\texttt{pt(2.15,14)}=1-0.9752=0.0248 \tag{4.6.13}$$

在实际应用中，当这个 p 值在所有水平上大于或等于 0.0248 时，就拒绝 H_0．这个观测显著性水平也是调用 R 代码 `t.test(cross-self,mu=0,alt="greater")` 计算得到的输出一部分．■

回到上述讨论，假定假设是 $H_0:\mu'=\mu_0$ vs $H_1:\mu<\mu_0$．很明显，在本例中观测显著性水平是 p 值$=P_{H_0}(\overline{X}\leqslant\overline{x})$．对于双边假设 $H_0:\mu=\mu_0$ vs $H_1:\mu\neq\mu_0$，我们"未明确的"拒绝规则是：

$$\text{如果 } \overline{X}\leqslant l \text{ 或 } \overline{X}\geqslant k\text{，则拒绝 } H_0 \text{ 而接受 } H_1 \tag{4.6.14}$$

对于 p 值，计算单边 p 值，取较小 p 值，并将其翻倍．举例来说，在达尔文例子中，假定假设是 $H_0:\mu=0$ vs $H_1:\mu\neq0$．那么 p 值是 $2\times0.0248=0.0496$．作为关于双边假设的 p 值的最后说明，假设检验统计量可以用 t 检验统计量表示．在这种情况下，p 值可以等价地表示如下形式．如果 d 是 t 检验统计量的实现值，则 p 值是

$$p\text{ 值} = P_{H_0}[|t|\geqslant|d|] \tag{4.6.15}$$

在 H_0 条件下 t 服从自由度为 $n-1$ 的 t 分布．

在讨论 p 值过程中，请记住，遵守好的科学惯例非常重要，也就是说，在得到数据之前就应该做出这些假设．

习题

4.6.1　在前言列出的网站下载 R 函数 zpower，然后利用此函数绘制图 4.6.1 中的曲线．考察例 4.6.3 所讨论的基于检验统计量 Z_1 的关于比例的双边检验．具体考察假设 $H_0: p=0.6$ vs 假设 $H_1: p\neq 0.6$. 使用样本量 $n=50$，水平 $\alpha=0.05$，编写类似 zpower 的 R 程序，并计算绘制比例检验的功效曲线图形．

4.6.2　考察由式(4.6.5)与式(4.6.6)给出的功效函数 $\gamma(\mu)$ 及其导数 $\gamma'(\mu)$，证明当 $\mu<\mu_0$ 时，$\gamma'(\mu)$ 为严格负的，而当 $\mu>\mu_0$ 时，$\gamma'(\mu)$ 为严格正的．

4.6.3　证明：由式(4.6.9)所定义的检验：$H_0: \mu=\mu_0$ vs $H_1: \mu\neq\mu_0$ 具有准确 α 水平．

4.6.4　考察由例 4.5.4 所构造的单边 t 检验 $H_0: \mu=\mu_0$ vs $H_1: \mu>\mu_0$，还有由式(4.6.9)给出的双边 t 检验 $H_0: \mu=\mu_0$ vs $H_1: \mu\neq\mu_0$．假定这两个检验具有 α 水平．证明：对于 $\mu>\mu_0$，单边检验的功效函数大于双边检验的功效函数．

4.6.5　在 Rasmussen(1992)的第 373 页，作者讨论了配对设计．一位棒球教练将 20 名队员依据成员的速度配对，也就是每对组合中每一名成员的速度都差不多．然后，教练从每对搭档中随机选择一名成员，并告诉这个成员，如果他能打破自己绕垒的最好成绩，将会得到奖励(称这个响应为“自身(self)”成员的时间)．对搭档的另一名成员来说，教练说如果他能超过两人的时间(将其他成员的反应称为“对手(rival)”时间)，将得到奖励．搭档两人都知道自己的对手是谁．数据如下所示，同时也存放于 selfrival.rda 文件中．设 μ_d 表示一个配对搭档的真正时间差(对手减去自身)．关注的假设是 $H_0: \mu_d=0$ vs H_1：$\mu_d<0$．给出的数据是成对排列的，所以不要混淆顺序．

Self：

16.20	16.78	17.38	17.59	17.37	17.49	18.18	18.16	18.36	18.53
15.92	16.58	17.57	16.75	17.28	17.32	17.51	17.58	18.26	17.87

rival：

15.95	16.15	17.05	16.99	17.34	17.53	17.34	17.51	18.10	18.19
16.04	16.80	17.24	16.81	17.11	17.22	17.33	17.82	18.19	17.88

(a) 利用数据绘制比较箱线图．对图形加以比较，并给出评论．存在离群值吗？

(b) 计算配对的 t 检验，求 p 值．数据在 5%显著性水平上是显著的吗？

(c) 求 μ_d 的点估计值以及点估计值的 95%置信区间．

(d) 就这个问题，能得出什么样的结论．

4.6.6　Verzani(2014)在第 323 页提出关于不同剂量的药物 AZT 对艾滋病患者的影响的数据集．我们考察的反应是 HIV 患者在接受 AZT 治疗后的 p24 抗原水平．在参与研究的 20 名艾滋病患者中，10 名随机分配300mg 的 AZT 剂量，而另外 10 名分配 600mg 的 AZT 剂量．关注的假设是 $H_0: \Delta=0$ vs $H_1: \Delta\neq 0$，其中 $\Delta=\mu_{600}-\mu_{300}$，$\mu_{600}$ 与 μ_{300} 分别表示 AZT 剂量为 600mg 与 300mg 时 p24 抗原的真实均值．下面给出数据，同时存放于 aztdoses.rda 文件．

300mg	284	279	289	292	287	295	285	279	306	298
600mg	298	307	297	279	291	335	299	300	306	291

(a) 利用数据绘制比较箱线图．根据患者的数据确定离群值．对图形加以比较，并给出评论．

(b) 计算双样本的 t 检验，求 p 值．考察数据在 5%显著性水平上是否是显著的？

(c) 求 Δ 的点估计值，以及点估计值的 95%置信区间．

(d) 就这个问题，能得出什么样的结论．

4.6.7　由世界卫生组织空气质量监测项目所收集的数据是对悬浮颗粒以 $\mu g/m^3$ 进行测量．设 X 与 Y 分别等于墨尔本与休斯敦市中心(商业中心)地区以 $\mu g/m^3$ 度量的悬浮颗粒．利用 X 的 $n=13$ 个观测值以及 Y 的 $m=16$ 个观测值，检验 $H_0:\mu_X=\mu_Y$ vs $H_1:\mu_X<\mu_Y$.

(a) 当假定未知方差相等时，定义检验统计量与临界区域．设 $\alpha=0.05$.

(b) 如果 $\overline{x}=72.9$，$s_x=25.6$，$\overline{y}=81.7$，$s_y=28.3$，计算检验统计量的值，并阐述你的结论.

4.6.8 设 p 等于没有强制性安全带法律的州的驾驶员使用安全带的比例．人们声称 $p=0.14$．进行了一项宣传动员活动以提升这个比例．在此活动之后的两个月，从 $n=590$ 名驾驶员中得到随机样本 $y=104$名驾驶员都系安全带．广告战役是否成功?

(a) 定义原假设与备择假设.

(b) 定义显著性水平 $\alpha=0.01$ 时的临界区域.

(c) 求 p 的近似值，并阐述你的结论.

4.6.9 在习题 4.2.18 中，从 $N(\mu,\sigma^2)$分布抽取样本量为 n 的随机样本，并利用方差 S^2 给出方差 σ^2 的置信区间，其中均值 μ 是未知的．在检验 $H_0:\sigma^2=\sigma_0^2$ vs $H_1:\sigma^2>\sigma_0^2$ 时，利用由$(n-1)S^2/\sigma_0^2\geqslant c$ 定义的临界区域．也就是说，当 $S^2\geqslant c\sigma_0^2/(n-1)$时，则拒绝 H_0 且接受 H_1．当 $n=13$ 且显著性水平 $\alpha=0.025$ 时，求 c.

4.6.10 习题 4.2.27 建立两个正态分布方差之比的置信区间时，运用统计量 S_1^2/S_2^2，当那两个正态分布方差相等时，它服从 F 分布．如果用 F 表示该统计量，那么利用临界区域 $F\geqslant c$ 对 $H_0:\sigma_1^2=\sigma_2^2$ vs $H_1:\sigma_1^2>\sigma_2^2$ 进行检验．若 $n=13$，$m=11$ 以及 $\alpha=0.05$，求 c.

4.7 卡方检验

在这一节，我们引入称为**卡方检验**(chi-square test)的统计假设检验，这类检验最初是由卡尔·皮尔逊于 1900 年提出的，它是早期统计推断中的一种方法.

设 X_i 随机变量服从 $N(\mu_i,\sigma_i^2)$，$i=1,2,\cdots,n$，并设 $X_1,X_2,\cdots,X_n$ 是相互独立的．因而，这些变量的联合概率密度函数是

$$\frac{1}{\sigma_1\sigma_2\cdots\sigma_n(2\pi)^{n/2}}\exp\left[-\frac{1}{2}\sum_1^n\left(\frac{x_i-\mu_i}{\sigma_i}\right)^2\right],\quad -\infty<x_i<\infty$$

由指数(暂不考虑系数$-1/2$)所定义的随机变量是 $\sum\limits_1^n(X_i-\mu_i)^2/\sigma_i^2$，而且这一随机变量服从 $\chi^2(n)$ 分布．在 3.5 节，将概率的这种联合正态分布推广到 n 个相关随机变量上，并称此分布为多元正态分布，定理 3.5.1 已经证明，在多元正态情况，指数也有类似的结果.

现在，讨论服从近似卡方分布的某些随机变量．设 X_1 服从 $b(n,p_1)$．考察随机变量

$$Y=\frac{X_1-np_1}{\sqrt{np_1(1-p_1)}}$$

当 $n\to\infty$时，近似服从 $N(0,1)$分布(参看定理 4.2.1)．此外，如同例 5.3.6 所讨论的，Y^2 的分布近似服从 $\chi^2(1)$．令 $X_2=n-X_1$，$p_2=1-p_1$．同时令 $Q_1=Y^2$．于是，可以将 Q_1 写成

$$\begin{aligned}Q_1&=\frac{(X_1-np_1)^2}{np_1(1-p_1)}=\frac{(X_1-np_1)^2}{np_1}+\frac{(X_1-np_1)^2}{n(1-p_1)}\\&=\frac{(X_1-np_1)^2}{np_1}+\frac{(X_2-np_2)^2}{np_2}\end{aligned}\tag{4.7.1}$$

这是因为$(X_1-np_1)^2=(n-X_2-n+np_2)^2=(X_2-np_2)^2$．对此结果可进行如下推广.

设 $X_1,X_2,\cdots,X_{k-1}$服从多项分布，其参数为 n 与 $p_1,p_2,\cdots,p_{k-1}$，如同 3.1 节一样. 设 $X_k=n-(X_1+\cdots+X_{k-1})$，并设 $p_k=1-(p_1+\cdots+p_{k-1})$. 对 Q_{k-1}定义如下：

$$Q_{k-1}=\sum_{i=1}^{k}\frac{(X_i-np_i)^2}{np_i}$$

在更高等课程里，已经证明当 $n\to\infty$时，Q_{k-1}具有极限分布，此极限分布为 $\chi^2(k-1)$. 如果接受这一事实，那么当 n 为正整数时，就称 Q_{k-1}服从近似自由度是 $k-1$ 的卡方分布. 有些作者会提醒，使用这个近似时一定要确定 n 足够大，以使每个 np_i，$i=1,2\cdots,k$ 至少等于 5. 不管怎样，重要的是认识到，Q_{k-1}并不服从卡方分布，它只是近似服从卡方分布.

现在，随机变量 Q_{k-1}可用作我们讨论某些统计假设的基础. 设随机实验的样本空间$\mathcal{A}$是 k(有限)个互不相交集合 $A_1,A_2,\cdots,A_k$ 的并. 进一步地，设 $P(A_i)=p_i$，$i=1,2,\cdots,k$，其中 $p_k=1-p_1-\cdots-p_{k-1}$，所以 p_i 表示随机实验结果是 A_i 集合元素这一事件发生的概率. 独立重复随机实验 n 次，而 X_i 表示结果是集合 A_i 元素的次数. 也就是说，$X_1,X_2,\cdots,X_k=n-X_1-\cdots-X_{k-1}$表示结果分别是 $A_1,A_2,\cdots,A_k$ 元素的频率. 于是，$X_1,X_2,\cdots,X_{k-1}$的联合概率质量函数是参数为 n，$p_1,\cdots,p_{k-1}$的多项概率质量函数. 考察简单假设(关于这个多项概率质量函数)$H_0:p_1=p_{10}$，$p_2=p_{20},\cdots,p_{k-1}=p_{k-1,0}$($p_k=p_{k0}=1-p_{10}-\cdots-p_{k-1,0}$)，其中 $p_{10},\cdots,p_{k-1,0}$表示设定数. 人们希望检验 H_0 对应于所有的备择假设.

如果假设 H_0 成立，那么随机变量

$$Q_{k-1}=\sum_{1}^{k}\frac{(X_i-np_{i0})^2}{np_{i0}}$$

近似服从自由度为$k-1$ 的卡方分布. 当 H_0 成立，由于np_{i0}是 X_i 的期望值，所以会直观地认为，若 H_0 成立，则 Q_{k-1}的观测值不应太大. 如果 $Q_{k-1}\geqslant c$，那么我们的检验将拒绝 H_0. 为了确定具有显著性水平 α 的检验，我们可以运用卡方分布表或者计算机软件包. 如用 R 软件，我们调用 R 代码 `1-pchisq(q,k-1)`可计算临界值 c. 于是，当 Q_{k-1}的观测值至少与 c 相等时，就拒绝假设 H_0，则 H_0 的检验具有近似等于 α 的显著性水平. 同样地，如果 q 是检验统计量 Q_{k-1}的实现值，那么检验的观测显著性水平可用 R 代码 `1-pchisq(q,k-1)`来计算. 这常常称为**拟合优度检验**(goodness of fit test).

下面运用几个例子加以阐述.

例 4.7.1 以随机实验方式(也许通过掷一个骰子)选取前 6 个正整数之一. 设 $A_i=\{x:x=i\}$，$i=1,2,\cdots,6$. 在大致 5%显著性水平上，对假设 $H_0:P(A_i)=p_{i0}=1/6$ 与所有备择假设进行检验，其中 $i=1,2,\cdots,6$. 为了实施检验，在相同条件下独立重复 60 次随机实验，在本题中，$k=6$ 且 $np_{i0}=60(1/6)=10$，$i=1,2,\cdots,6$. 设 X_i 表示随机实验结果是 A_i 中元素这一事件发生的频率，$i=1,2,\cdots,6$，并设 $Q_5=\sum_{1}^{6}(X_i-10)^2/10$. 由于存在 $6-1=5$ 个自由度，所以检验在 $\alpha=0.05$ 显著性水平上的临界值是 qchisq(0.95,5)=11.0705. 现在，假定$A_1,A_2,\cdots,A_6$的实验频率分别为 13，19，11，8，5，4. Q_5 的观测值是

$$\frac{(13-10)^2}{10}+\frac{(19-10)^2}{10}+\frac{(11-10)^2}{10}+\frac{(8-10)^2}{10}+\frac{(5-10)^2}{10}+\frac{(4-10)^2}{10}=15.6$$

由于15.6>11.0705，所以在(大致)5%的显著性水平上拒绝假设 $P(A_i)=1/6$，$i=1,2,\cdots,6$. 用下面 R 代码计算这个检验，得出的检验统计量和 p 值如下：

```
ps=rep(1/6,6); x=c(13,19,11,8,5,4); chisq.test(x,p=ps)
X-squared = 15.6, df = 5, p-value = 0.008084.
```

■

例 4.7.2 以随机过程方式从单位区间 $\{x: 0<x<1\}$ 上选取一点. 设 $A_1=\{x: 0<x\leqslant 1/4\}$，$A_2=\{x: 1/4<x\leqslant 1/2\}$，$A_3=\{x: 1/2<x\leqslant 3/4\}$ 以及 $A_4=\{x: 3/4<x<1\}$. 在假设是概率密度函数为 $2x$，$0<x<1$，其他为 0 的条件下，把概率 p_i 指定成这些集合. 从而，这些概率分别为

$$p_{10}=\int_0^{1/4} 2x\mathrm{d}x=\frac{1}{16},\quad p_{20}=\frac{3}{16},\quad p_{30}=\frac{5}{16},\quad p_{40}=\frac{7}{16}$$

因而，所要检验的假设是 p_1,p_2,p_3 以及 $p_4=1-p_1-p_2-p_3$ 在 $k=4$ 多项分布中的值满足上式. 在相同条件下，这个假设在大致 0.025 显著性水平上通过独立重复 $n=80$ 次随机实验而加以检验. 这里关于 $i=1,2,3,4$ 的 np_{i0} 值分别为 5,15,25,35. 假定 A_1,A_2,A_3,A_4 的观测频率分别为 6,18,20,36. 于是，$Q_3=\sum_1^4 (X_i-np_{i0})^2/(np_{i0})$ 的观测值大致是

$$\frac{(6-5)^2}{5}+\frac{(18-15)^2}{15}+\frac{(20-25)^2}{25}+\frac{(36-35)^2}{35}=\frac{64}{35}=1.83$$

用下面 R 代码可以计算检验和 p 值：

```
x=c(6,18,20,36); ps=c(1,3,5,7)/16; chisq.test(x,p=ps)
X-squared = 1.8286, df = 3, p-value = 0.6087
```

因此，我们在 0.0250 显著性水平上无法拒绝 H_0. ■

到目前为止，当假设 H_0 是简单假设时，使用了卡方检验. 但是，经常会遇到多项概率 $p_1,p_2,\cdots,p_k$ 并不完全由假设 H_0 所设定的那种假设. 也就是说，在 H_0 下，这些概率是未知参数的函数. 举例来说，假定某个随机变量 Y 能取任何实数值. 我们将空间 $\{y: -\infty<y<\infty\}$ 分割成 k 个互不相交集合 $A_1,A_2,\cdots,A_k$，因此事件 $A_1,A_2,\cdots,A_k$ 是互不相交且穷尽的. 设 H_0 是如下假设：Y 服从 $N(\mu,\sigma^2)$，其中 μ 与 σ^2 均未设定. 于是，每一个

$$p_i=\int_{A_i}\frac{1}{\sqrt{2\pi}\sigma}\exp[-(y-\mu)^2/2\sigma^2]\mathrm{d}y,\quad i=1,2,\cdots,k$$

都是未知参数 μ 与 σ^2 的函数. 假定我们从这个分布中抽取样本量 n 的随机样本 $Y_1,Y_2,\cdots,Y_n$. 如果设 X_i 表示 A_i 发生的频率，$i=1,2,\cdots,k$，使得 $X_1+X_2+\cdots+X_k=n$，那么一旦使 $X_1,X_2,\cdots,X_k$ 是被观测出来的，随机变量

$$Q_{k-1}=\sum_{i=1}^{k}\frac{(X_i-np_i)^2}{np_i}$$

就无法计算出来，这是因为每个 p_i 是 μ 与 σ^2 的函数，从而 Q_{k-1} 也是 μ 与 σ^2 的函数. 因此，要选择使 Q_{k-1} 最小化的 μ 与 σ^2 值. 这些值依赖于观测到的 $X_1=x_1,X_2=x_2,\cdots,X_k=x_k$，并且被称为 μ 与 σ^2 的**最小卡方估计值**(minimum chi-square estimate). μ 与 σ^2 的这些点估计值能使我们在数值上计算出每个 p_i. 因此，如果可以使用这些值，一旦 $Y_1,Y_2,\cdots,Y_n$ 是

可观测的，从而 $X_1,X_2,\cdots,X_k$ 是可观测的，那么就可计算出 Q_{k-1}. 然而，一个非常重要的事实是，现在 Q_{k-1} 近似服从 $\chi^2(k-3)$，尽管我们不加证明地接受这一点. 也就是说，Q_{k-1} 的极限卡方分布的自由度数是通过对观测数据进行估计所得的每一个参数减去 1 而得到的. 这一陈述不仅适用于现有问题，而且适用于更一般情况. 现在给出两个例子. 第一个例子将研究两个多项分布是一样的假设检验.

注释 4.7.1 在许多情况下，比如涉及正态分布的均值 μ 与方差 σ^2，很难计算出最小卡方估计值. 因此，其他估计值诸如例题 4.1.3 的极大似然估计值 $\hat{\mu}=\overline{Y}$ 与 $\hat{\sigma}^2=V=(n-1)S^2/n$ 就被用于计算 p_i 与 Q_{k-1}. 一般地讲，Q_{k-1} 不可通过极大似然估计而达到极小，因而它的计算值会在一定程度上大于使用最小卡方估计所得的值. 从而，当把它与卡方表中所列出的具有 $k-3$ 自由度的临界值相比，拒绝的机会大于使用 Q_{k-1} 真实极小值时拒绝的机会. 因此，这类检验的近似显著性水平可能高于用卡方分析计算出的 p 值. 应该记住这种修正，如果有可能，那么每一个 p_i 应利用 $X_1,X_2,\cdots,X_k$ 频率加以估计，而不是直接利用随机样本 $Y_1,Y_2,\cdots,Y_n$ 的观测值进行估计. ■

例 4.7.3 在这个例子中，考察两个多项分布，其参数分别为 n_j，$p_{1j},p_{2j},\cdots,p_{kj}$ 以及 $j=1,2$. 设 X_{ij} 表示相应频率，$i=1,2,\cdots,k$，$j=1,2$. 当 n_1 与 n_2 很大，同时来自一个分布的观测值与来自另一个分布的观测值是独立的，那么随机变量

$$\sum_{j=1}^{2}\sum_{i=1}^{k}\frac{(X_{ij}-n_jp_{ij})^2}{n_jp_{ij}}$$

是两个独立随机变量之和，不过将其中每一个都看成 $\chi^2(k-1)$；也就是说，此随机变量之和大致服从 $\chi^2(2k-2)$. 考察假设

$$H_0: p_{11}=p_{12},\quad p_{21}=p_{22},\cdots,p_{k1}=p_{k2}$$

其中每一个 $p_{i1}=p_{i2}$ 都是未设定的，$i=1,2,\cdots,k$. 因而，需要这些参数的点估计. 建立在频率 X_{ij} 基础之上 $p_{i1}=p_{i2}$ 的极大似然估计量是 $(X_{i1}+X_{i2})/(n_1+n_2)$，$i=1,2,\cdots,k$. 注意，仅仅需要 $k-1$ 个点估计，因为一旦拥有前 $k-1$ 个概率，则有 $p_{k1}=p_{k2}$ 的点估计. 根据刚才所述事实，随机变量

$$Q_{k-1}=\sum_{j=1}^{2}\sum_{i=1}^{k}\frac{\{X_{ij}-n_j[(X_{i1}+X_{i2})/(n_1+n_2)]\}^2}{n_j[(X_{i1}+X_{i2})/(n_1+n_2)]}$$

近似服从自由度为 $2k-2-(k-1)=k-1$ 的卡方分布. 因而，我们能对两个多项分布相同的假设进行检验；对于指定 α 水平，当 Q_{k-1} 的计算值大于自由度为 $k-1$ 的卡方分布的 $1-\alpha$ 分位数时，则拒绝 H_0. 这样的检验常常称为**齐性**(homogeneity)卡方检验(原假设等价于齐次分布). ■

第二个例子研究**列联表**(contingency table)问题.

例 4.7.4 设随机实验结果通过两种属性加以分类(诸如头发颜色和眼睛颜色). 也就是说，结果的一种属性具有某种互斥性且是穷举的，设结果为 $A_1,A_2,\cdots,A_a$；结果的另一种属性也具有某种互斥性且是穷举的，设为 $B_1,B_2,\cdots,B_b$. $p_{ij}=P(A_i\cap B_j)$，$i=1,2,\cdots,a$，$j=1,2,\cdots,b$. 独立重复 n 次随机实验，并用 X_{ij} 表示事件 $A_i\cap B_j$ 的频率. 由于像 $A_i\cap B_j$ 这类事件有 $k=ab$ 个，所以随机变量

$$Q_{ab-1}=\sum_{j=1}^{b}\sum_{i=1}^{a}\frac{(X_{ij}-np_{ij})^2}{np_{ij}}$$

服从近似自由度 $ab-1$ 的卡方分布，倘若 n 很大．假定我们希望对属性 A 与 B 的独立性进行检验，即假设 $H_0:P(A_i\cap B_j)=P(A_i)P(B_j)$，$i=1,2,\cdots,a$，$j=1,2,\cdots,b$．设用 $p_{i.}$ 表示 $p(A_i)$，用 $p_{.j}$ 表示 $P(B_j)$．由此可得

$$p_{i.}=\sum_{j=1}^{b}p_{ij},\quad p_{.j}=\sum_{i=1}^{a}p_{ij}\quad \text{以及}\quad 1=\sum_{j=1}^{b}\sum_{i=1}^{a}p_{ij}=\sum_{j=1}^{b}p_{.j}=\sum_{i=1}^{a}p_{i.}$$

于是，可把假设用公式表示成 $H_0:p_{ij}=p_{i.}p_{.j}$，$i=1,2,\cdots,a$，$j=1,2,\cdots,b$．为了检验 H_0，我们能用 $p_{i.}p_{.j}$ 代替 p_{ij}，然后使用 Q_{ab-1}．不过，当 $p_{i.}$，$i=1,2,\cdots,a$ 与 $p_{.j}$，$j=1,2,\cdots,b$ 都未知时，而且实际应用中它们也经常是未知的，即使可以观测到频率，也不能计算出 Q_{ab-1}．在此情况下，借助

$$\hat{p}_{i.}=\frac{X_{i.}}{n},\text{其中 }X_{i.}=\sum_{j=1}^{b}X_{ij},\text{对于 }i=1,2,\cdots,a$$

以及

$$\hat{p}_{.j}=\frac{X_{.j}}{n},\text{其中 }X_{.j}=\sum_{i=1}^{a}X_{ij},\text{对于 }j=1,2,\cdots,b$$

对这些未知参数进行估计．由于 $\sum_{i}p_{i.}=\sum_{j}p_{.j}=1$，所以只能估计 $a-1+b-1=a+b-2$ 个参数．因此，若将这些估计值用于 Q_{ab-1} 之中，满足 $p_{ij}=p_{i.}p_{.j}$，则依据本节所述规则，当 H_0 为真时，随机变量

$$\sum_{j=1}^{b}\sum_{i=1}^{a}\frac{[X_{ij}-n(X_{i.}/n)(X_{.j}/n)]^2}{n(X_{i.}/n)(X_{.j}/n)}\tag{4.7.2}$$

近似服从自由度为 $ab-1-(a+b-2)=(a-1)(b-1)$ 的卡方分布．对于指定的水平 α，如果统计量的计算值大于自由度为 $(a-1)(b-1)$ 的卡方分布的 $1-\alpha$ 分位数，那么就拒绝假设 H_0．这是独立性的卡方检验．

为了说明这一点，重新考察例 4.1.5，我们在那里阐述了苏格兰小学生头发颜色的数据，同时记录下他们的眼睛颜色．完整的数据展示在列联表中(并给出边缘之和)．同样地，列联表存放于 scotteyehair.rda 文件中．

	金色	红色	浅红	褐色	黑色	边缘
蓝色	1368	170	1401	398	1	2978
浅色	2577	474	2703	932	11	6697
浅红	1390	420	3826	1842	33	7511
褐色	454	255	1848	2506	112	5175
边缘	5789	1319	9418	5678	157	22 361

这个表格表明，头发和眼睛的颜色是相关的随机变量．例如，蓝眼睛黑头发儿童的观察频率为 1，独立状态下的预期频率为 $2978\times157/22\,361=20.9$．本单元格中该检验统计量为 $(1-20.9)2/20.9=19.95$，几乎超过了检验统计量在 0.05 显著性水平上的卡方临界

值，即 qchisq(.95,12)=21.026. 关于独立性的卡方检验统计量，计算起来非常烦琐，建议读者使用统计软件包. 对于 R 软件，没有边缘之和列联表是以矩阵 scotteyehair 表示的. 然后，调用 R 代码 chisq.test(scotteyehair)计算卡方检验统计量以及 p 值：X-squared=3683.9,df=12,p-value<2.2e-16. 因此，这个结果是非常显著的. 根据这项研究，苏格兰儿童头发颜色和眼睛颜色是相关的. 为了研究列联表中哪些相关性最强，我们建议考察期望频率表和**皮尔逊残差**(Pearson residuals)表. 后者是式(4.7.2)中定义检验统计量的和数的平方根(带有分子的符号). 皮尔逊残差的平方和等于卡方检验统计量. 对于 R 软件来说，用下面代码得出两个项：

```
fit = chisq.test(scotteyehair); fit$expected; fit$residual
```

运行这个代码，得出黑头发和黑眼睛的最大残差是 32.8. 观测频率是 2506，而在独立性条件下的预期频率是 1314. ■

在本节四个例子里，我们指出倘若 n 充分大且 H_0 成立，用于检验假设 H_0 的统计量近似服从卡方分布. 对 H_0 没有描述到的参数也可以进行检验，在其检验功效的计算中，我们需要用到 H_0 不成立时的统计量分布. 就上述情况而言，近似服从分布的统计量称为**非中心卡方分布**(noncentral chi-square distribution). 非中心卡方分布将在 9.3 节进行讨论.

习题

4.7.1　考察例 4.7.2，假设 $A_1,A_2,\cdots,A_4$ 的观测频率分别是 20，30，92，105. 修改例题中提供的 R 代码，以便于计算这些新频率的检验. 然后报告 p 值.

4.7.2　通过随机过程，从区间$\{x:0<x<2\}$中选取一个数. 设 $A_i=\{x:(i-1)/2<x\leqslant i/2\}$，$i=1,2,3$，并设 $A_4=\{x:3/2<x<2\}$. 对于 $i=1$，2，3，4，假定某个假设是按照 $p_{i0}=\int_{A_i}\left(\frac{1}{2}\right)(2-x)\mathrm{d}x$ 对这些集合均指定概率 p_{i0}，$i=1,2,3,4$. 利用卡方检验，在 5%显著性水平下对这个假设(关于 $k=4$ 的多项概率密度函数)进行检验. 如果集合 A_i 的观测频率分别是 30，30，10，10，其中 $i=1,2,3,4$，那么在(大致)5%显著性水平上会接受 H_0 吗？运用类似于例题 4.7.2 中 R 代码进行计算.

4.7.3　定义集合 $A_1=\{x:-\infty<x\leqslant 0\}$，$A_i=\{x:i-2<x\leqslant i-1\}$，$i=2,3,\cdots,7$，$A_8=\{x:6<x<\infty\}$. 某个假设按照：

$$p_{i0}=\int_{A_i}\frac{1}{2\sqrt{2\pi}}\exp\left[-\frac{(x-3)^2}{2(4)}\right]\mathrm{d}x,\quad i=1,2,\cdots,7,8$$

对这些集合 A_i 指定概率 p_{i0}. 利用卡方检验，在 5%显著性水平上对这个假设(关于 $k=8$ 的多项概率密度函数)进行检验，如果集合观测频率分别为 60，96，140，210，172，160，88，74，$i=1,2,\cdots,8$，那么在(大致)5%显著性水平上会接受 H_0 吗？运用类似于例题 4.7.2 讨论的 R 代码. 利用 R 代码很容易计算概率，例如 pnorm(2,3,2)-pnorm(1,3,2).

4.7.4　独立地掷 $n=120$ 次骰子，得到下述结果：

向上点	1	2	3	4	5	6
频率	b	20	20	20	20	$40-b$

如果使用卡方检验，b 等于多少时，骰子是无偏的假设会在 2.5%显著性水平上遭受拒绝？

4.7.5 考察源自豌豆的两种交叉类型的遗传学问题. 孟德尔理论认为，(a)圆粒且黄色的、(b)皱纹且黄色的、(c)圆粒且绿色的以及(d)皱纹且绿色的豌豆的概率分别为 9/16，3/16，3/16 以及 1/16. 若对 160 个独立观察体进行观测，各类发生的频率分别是 86，35，26 以及 13. 这些数据与孟德尔理论一致吗？也就是说，在 $\alpha=0.01$ 时，对四组概率分别是 9/16，3/16，3/16 以及 1/16 的假设进行检验.

4.7.6 有两种不同教学方法用于两个不同组的学生. 每一组有 100 名学生，他们具有相同的能力. 学期结束时，评估组对每位学生给出评定等级. 结果如下：

组	成绩					总计
	A	B	C	D	F	
1	15	25	32	17	11	100
2	9	18	29	28	16	100

如果认为这些数据是相互独立的观测值，分别源于两个 $k=5$ 的多项分布，在 5%显著性水平上，对这两个分布是相同的假设(从而两种教学方法是等效的)进行检验.

表 4.7.1　关于犯罪类型和酗酒状况数据的列联表

犯罪	酗酒	非酗酒
纵火	1368	43
强奸	2577	62
暴力	1390	110
盗窃	454	300
伪造	5789	14
欺诈	63	144

用 R 计算，调用如下代码：

```
r1=c(15,25,32,17,11);r2=c(9,18,29,28,16);mat=rbind(r1,r2)
chisq.test(mat)
```

4.7.7 Kloke 和 McKean(2011)提供了关于犯罪和酗酒的数据集. 表 4.7.1 给出了他们所讨论数据，包含犯某些罪行的罪犯的频率以及他们是否酗酒. 数据也存放于 crimeak.rda 文件中.

(a) 运用类似于习题 4.7.6 给出的代码，计算犯罪类型与酗酒状况之间独立性的卡方检验. 用 p 值概括总结此问题.

(b) 利用皮尔逊残差确定表格中哪一部分包含与相关性有关的最强信息.

(c) 利用卡方检验进一步确认(b)部分中的质疑. 这是建立在数据基础上的条件检验，但是在应用中，此类检验还应用于对未来研究的规划.

4.7.8 设随机实验结果可划分成互斥且穷尽状态 A_1, A_2, A_3，也可分成另一种互斥且穷尽状态 B_1，B_2，B_3，B_4. 设 180 次独立实验结果数据如下：

	B_1	B_2	B_3	B_4
A_1	$15-3k$	$15-k$	$15+k$	$15+3k$
A_2	15	15	15	15
A_3	$15+3k$	$15+k$	$15-k$	$15-3k$

其中 $k=0,1,2,3,4,5$. 求使在 $\alpha=0.05$ 显著性水平上拒绝属性 A 与属性 B 是独立的 k 的最小值.

4.7.9　有人建议用下面的数据拟合泊松分布：

x	0	1	2	3	$3<x$
频率	20	40	16	18	6

(a) 计算相应的卡方拟合优度统计量.

提示：计算均值时，将 $3<x$ 处理成 $x=4$.

(b) 与这个卡方有关的自由度是多少呢？

(c) 在 $\alpha=0.05$ 显著性水平上，这些数据会导致对泊松模型的否认吗？

4.8　蒙特卡罗方法

在本节，我们引入从特定分布或样本中生成观测值的概念. 这往往称为**蒙特卡罗生成**(Monte Carlo generation). 此方法用于模拟复杂过程，并有时用于探讨统计方法有限样本性质. 然而，最近 30 年里，这一方法在现代统计学中，尤其是在基于自助法(再抽样)和现代贝叶斯方法的推断领域方面已经成为极其重要的概念. 本书自始至终运用这个概念.

对于绝大部分内容来说，随机均匀观测值**生成器**(generator)是大部分研究所需要的. 构建可以生成随机均匀观测值的**装置**(device)并不是很容易的. 然而，此领域已经取得相当多的研究成果，这不仅包括这类生成器构建方面，而且也包括对生成器的准确性检验方面. 大多数统计软件包比如 R 软件都有可靠的均匀生成器.

假定可以生成来自均匀分布(0,1)的独立同分布观测值. 例如，下面以 R 语言写成的命令：`runif(10)`将生成 10 个这样的观测值. 此命令中的 `r` 代表随机，`unif` 代表均匀，而 10 代表所要生成的观测值个数，若对讨论不给予额外说明，则意味着使用的是标准均匀(0,1)生成器.

对于源自离散分布的观测值，经常遇到均匀生成器. 就简单事例而言，考察下述实验：掷均匀六面骰子，如果朝上的那个面是“较小数”，也就是$\{1,2\}$，那么随机变量 X 为 1，否则 $X=0$. 注意，X 的均值是 $\mu=1/3$. 若 U 服从均匀分布(0,1)，则对 X 有：

$$X=\begin{cases}1, & \text{如果 } 0<U\leqslant 1/3\\ 0, & \text{如果 } 1/3<U<1\end{cases}$$

利用上面命令，我们用下面 R 代码来生成这个试验的 10 个观测值：

```
n = 10; u = runif(n); x = rep(0,n); x[u < 1/3] = 1; x
```

下面的表格给出了具体结果.

u_i	0.4743	0.7891	0.5550	0.9693	0.0299
x_i	0	0	0	0	1
u_i	0.8425	0.6012	0.1009	0.0545	0.4677
x_i	0	0	1	1	0

注意，随机样本 $X_1, X_2, \cdots, X_{10}$ 的观测值是从 X 分布中抽取的．就这 10 个观测值来说，有 $\bar{x}=0.3$.

例 4.8.1(估计 π) 考察从单位正方形中随机抽取一对数 (U_1, U_2)，如图 4.8.1 所示，U_1 与 U_2 是相互独立的，服从(0,1)上均匀分布的随机变量．由于点是随机抽取的，所以 (U_1, U_2) 位于单位圆内的概率是 $\pi/4$．设 X 是随机变量，

$$X=\begin{cases}1, & \text{如果 } U_1^2+U_2^2<1 \\ 0, & \text{其他}\end{cases}$$

因此，X 的均值是 $\mu=\pi/4$．现在假定 π 是未知的．一种估计 π 的方法是重复进行 n 次独立实验，得到 X 的随机样本 $X_1, X_2, \cdots, X_n$．统计量 $4\overline{X}$ 是 π 的一致估计量．R 函数 piest 就可重复做 n 次实验，并计算出 π 的估计值．这个函数和本章所讨论的其他 R 函数，都可在前言讨论的网站上找到．图 4.8.1 给出了这种实验的 20 个实现值．注意，这 20 个点中有 15 个位于单位圆内．因此，π 的估计值是 $4(15/20)=3.00$．我们对各种不同的 n 值执行这一命令，得出下述结果：

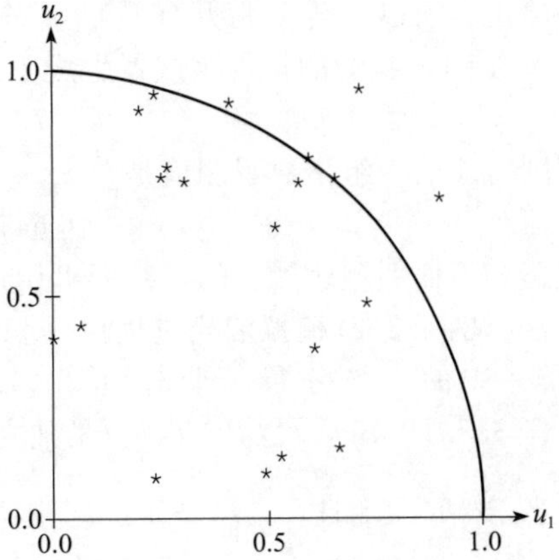

图 4.8.1 例 4.8.1，单位正方形与单位圆相交于第一卦限

n	100	500	1000	10 000	100 000
$4\bar{x}$	3.24	3.072	3.132	3.138	3.138 28
$1.96 \cdot 4\sqrt{\bar{x}(1-\bar{x})/n}$	0.308	0.148	0.102	0.032	0.010

我们利用 4.2 节推导出的大样本置信区间估计上面估计值的误差．π 的相应 95%置信区间是

$$\left(4\bar{x}-1.96 \cdot 4\sqrt{\bar{x}(1-\bar{x})/n},\quad 4\bar{x}+1.96 \cdot 4\sqrt{\bar{x}(1-\bar{x})/n}\right) \tag{4.8.1}$$

上表最后一行包括了置信区间的误差部分．注意，5 个置信区间均包含 π 的真值． ■

至于连续随机变量又会怎样呢？对此，有下述定理．

定理 4.8.1 假定随机变量 U 服从(0,1)上均匀分布．设 F 是一个连续分布函数，那么随机变量 $X=F^{-1}(U)$ 的分布函数是 F.

证：回顾均匀分布的定义，对于 $u\in(0,1)$，U 的分布函数是 $F_U(u)=u$．利用这个等式以及分布函数方法，同时假定 $F(x)$ 是严格单调的，则 X 的分布函数是

$$P[X\leqslant x]=P[F^{-1}(U)\leqslant x]=P[U\leqslant F(x)]=F(x)$$

证毕． ■

在证明过程中，假定 $F(x)$ 是严格单调的．正如习题 4.8.13 所证明的，对 $F(x)$ 的要求可以降低一些．

我们可利用这个定理生成不同随机变量的实现值(观测值)．例如，假定 X 服从 $\Gamma(1, \beta)$ 分布．假定拥有均匀生成器，并希望生成 X 的实现值．X 的分布函数是

$$F(x)=1-\mathrm{e}^{-x/\beta},\quad x>0$$

因此，该分布函数的逆可由

$$F^{-1}(u) = -\beta\log(1-u), \quad 0 < u < 1 \tag{4.8.2}$$

给出．所以，若 U 服从$(0,1)$上均匀分布，则 $X=-\beta\log(1-U)$服从 $\Gamma(1,\beta)$分布．例如，设 $\beta=1$，我们的均匀生成器生成下述一组均匀观测值，

$$0.473, 0.858, 0.501, 0.676, 0.240$$

则对应的一组指数观测值是

$$0.641, 1.95, 0.696, 1.13, 0.274$$

正如下面例题所展示的，我们可用这种指数生成来生成泊松实现．

例 4.8.2(模拟泊松过程)　设 X 是某事件在单位时间内发生的次数，假定 X 服从均值 $m=\lambda$ 的泊松分布，即式(3.2.1)．设 $T_1, T_2, T_3, \cdots$ 是事件发生的间隔时间．回顾注释 3.3.1可知，$T_1, T_2, T_3, \cdots$是独立同分布的，服从 $\Gamma(1, 1/\lambda)$分布．注意，$X=k$ 当且仅当 $\sum_{j=1}^{k} T_j \leqslant 1$ 且 $\sum_{j=1}^{k+1} T_j > 1$．利用这个事实，以及前面曾讨论的 $\Gamma(1, 1/\lambda)$的生成，下面算法可生成 X 的实现(假定所生成的均匀分布是相互独立的)．

1. 令 $X=0$ 且 $T=0$．
2. 生成 $U(0,1)$上均匀分布，并令 $Y=-(1/\lambda)\log(1-U)$．
3. 令 $T=T+Y$．
4. 当 $T>1$ 时，输出 X．

否则，令 $X=X+1$，并回到第 2 个步骤．

R 函数 `poisrand` 提供了这种生成参数为 λ 的泊松分布的 n 次模拟算法的实现．举例来说，我们要获得 $\lambda=5$ 的泊松分布的 1000 个实现，就运行 R 代码 `temp=poisrand(1000,5)`．用向量 `temp` 存储其实现．这些实现的样本均值可通过命令 `mean(temp)`求出．对于本例子．实现均值为 4.895．■

例 4.8.3(蒙特卡罗积分)　假定我们想要获得连续函数 g 在有界闭区间$[a,b]$上的积分 $\int_a^b g(x)\mathrm{d}x$．倘若 g 的原函数不存在，则数值积分就可派上用场．一种简单的数值方法是蒙特卡罗法．将积分写成

$$\int_a^b g(x)\mathrm{d}x = (b-a)\int_a^b g(x)\,\frac{1}{b-a}\mathrm{d}x = (b-a)E[g(X)]$$

其中 X 服从(a,b)上均匀分布．于是，运用蒙特卡罗方法从(a,b)上均匀分布中生成样本量为 n 的随机样本 $X_1, X_2, \cdots, X_n$，并计算 $Y_i=(b-a)g(X_i)$．从而，$\overline{Y}$ 是 $\int_a^b g(x)\mathrm{d}x$ 的一致估计值．■

例 4.8.4(利用蒙特卡罗积分估计 π)　就数值事例而言，重新考察 π 的估计．不用例 4.8.1 中阐述的实验，我们将运用蒙特卡罗积分法．设对于 $0<x<1$，$g(x)=4\sqrt{1-x^2}$，于是

$$\pi = \int_0^1 g(x)\mathrm{d}x = E[g(X)]$$

其中 X 服从$(0,1)$上均匀分布．因此，从$(0,1)$上均匀分布中生成随机样本 $X_1, X_2, \cdots, X_n$，并且得到 $Y_i=4\sqrt{1-X_i^2}$．从而，$\overline{Y}$ 是 π 的一致估计．注意，$\overline{Y}$ 是均值估计，所以例 4.2.2

中阐述的均值大样本置信区间(4.2.6)可用于对估计值的误差进行估计．前面提及，这个95%置信区间是由

$$(\overline{y}-1.96s/\sqrt{n},\overline{y}+1.96s/\sqrt{n})$$

给出的，其中 s 表示样本标准差的值．我们将此算法编写为 R 函数 piest2．下面表格给出基于各种不同样本量的 π 的估计结果，还有置信区间．

n	100	1000	10 000	100 000
$\overline{y}$	3.217 849	3.103 322	3.135 465	3.142 066
$\overline{y}-1.96(s/\sqrt{n})$	3.054 664	3.046 330	3.118 080	3.136 535
$\overline{y}+1.96(s/\sqrt{n})$	3.381 034	3.160 314	3.152 850	3.147 597

注意，每次实验置信区间都包含 π．参看附录 B，估计所用的实际程序是 piest2．■

在过去 30 年里，数值积分方法取得了很大进步．但是，用蒙特卡罗进行积分简单易行仍然使其得到广泛应用．

正如定理 4.8.1 所表明的，如果能以闭型方式得到 $F_X^{-1}(u)$，那么就很容易生成具有累积分布函数 F_X 的观测值．在上述方法行不通的情况下，可用其他方法生成观测值．注意，正态分布是可用于此种情况的一个例子，在下一个例子中，将展示如何生成正态观测值．4.8.1 节将讨论适用于这些情况的一种算法．

例 4.8.5(生成正态观测值)　为了模拟正态变量，Box 和 Muller(1958)提出了下面的方法．设 Y_1，Y_2 是来自(0,1)上均匀分布的随机样本．通过

$$X_1=(-2\log Y_1)^{1/2}\cos(2\pi Y_2)$$
$$X_2=(-2\log Y_1)^{1/2}\sin(2\pi Y_2)$$

定义 X_1 与 X_2．这个变换是一一的，并且将 $\{(y_1,y_2):0<y_1<1,\ 0<y_2<1\}$ 映射到 $\{(x_1,x_2):-\infty<x_1<\infty,-\infty<x_2<\infty\}$ 上，除包含 $x_1=0$ 与 $x_2=0$ 的集合之外，这是因为 $\{x_1=0\}$ 与 $\{x_2=0\}$ 发生的概率是 0．其逆变换是

$$y_1=\exp\left(-\frac{x_1^2+x_2^2}{2}\right)$$
$$y_2=\frac{1}{2\pi}\arctan\frac{x_2}{x_1}$$

其雅可比行列式是

$$J=\begin{vmatrix}(-x_1)\exp\left(-\frac{x_1^2+x_2^2}{2}\right) & (-x_2)\exp\left(-\frac{x_1^2+x_2^2}{2}\right)\\ \frac{-x_2/x_1^2}{(2\pi)(1+x_2^2/x_1^2)} & \frac{1/x_1}{(2\pi)(1+x_2^2/x_1^2)}\end{vmatrix}$$
$$=\frac{-(1+x_2^2/x_1^2)\exp\left(-\frac{x_1^2+x_2^2}{2}\right)}{(2\pi)(1+x_2^2/x_1^2)}=\frac{-\exp\left(-\frac{x_1^2+x_2^2}{2}\right)}{2\pi}$$

由于 Y_1 与 Y_2 的联合概率密度函数在 $0<y_1<1$，$0<y_2<1$ 上为 1，其他情况为 0，所以 X_1 与 X_2 的联合概率密度函数是

$$\frac{\exp\left(-\frac{x_1^2+x_2^2}{2}\right)}{2\pi}, \quad -\infty < x_1 < \infty, -\infty < x_2 < \infty$$

也就是说，X_1 与 X_2 是独立的标准正态随机变量．普遍使用的一种正态生成器是 Marsaglia 和 Bray(1964)算法，它是上面程序的一种变形，参看习题 4.8.21． ■

运用正态生成器与均匀生成器，很容易生成 3.4.1 节曾讨论的污染正态分布的观测值．当基本分布是污染正态的时候，通过用蒙特卡罗法估计 t 检验的显著性水平来结束本节．

例 4.8.6　设 X 是具有均值为 μ 的随机变量，并考察假设：

$$H_0:\mu=0 \quad \text{vs} \quad H_1:\mu>0 \tag{4.8.3}$$

假定将这一检验建立在来自分布 X 的 $n=20$ 的样本基础上，利用具有下述拒绝规则的 t 检验：

$$\text{若 } t>t_{.05,19}=1.729\text{，则拒绝 } H_0:\mu=0\text{，支持 } H_1:\mu>0 \tag{4.8.4}$$

其中 $t=\bar{x}/(s/\sqrt{20})$，$\bar{x}$ 与 s 分别表示样本均值与样本标准差．如果 X 服从正态分布，那么这个检验的水平将是 0.05．但是，如果 X 不服从正态分布，那会怎样呢？特别地，就这个例子而言，假定 X 服从由式(3.4.17)给出的污染正态分布，其中 $\varepsilon=0.25$ 而 $\sigma_c=25$；也就是，一个观测值有 75%的可能性是由标准正态分布生成的，有 25%的可能性是由均值为 0 且标准差为 25 的正态分布生成的．因此，X 的均值是 0，所以 H_0 成立．要获得检验的准确显著性水平将是相当复杂的．当 X 服从这种污染正态分布时，必须得到 t 分布．作为一种可供选择的方式，通过模拟估计出水平(以及估计方差)．设 N 是模拟次数．下面的算法给出模拟步骤：

1. 令 $k=1$，$I=0$．
2. 从 X 分布中模拟样本量为 20 的随机样本．
3. 依据此样本，计算检验统计量 t．
4. 当 $t>1.729$，则 I 加 1．
5. 当 $k=N$，则转到步骤 6，否则将 k 加 1 且转回步骤 2．
6. 计算$\hat{\alpha}=I/N$ 与近似误差$=1.96\sqrt{\hat{\alpha}(1-\hat{\alpha})/N}$．

于是，$\hat{\alpha}$是 α 的模拟估计值，而且可用 α 置信区间宽度的一半作为估计误差的估计值．

R 函数 empalphacn 可执行这种算法．取 $N=10\,000$，运行它，我们执行得到的结果如下：

模拟次数	经验$\hat{\alpha}$	误差	α 的 95%CI
10 000	0.0412	0.0039	(0.0373，0.0451)

依据这些结果，当样本是从污染正态分布抽取时，t 检验看起来稍微显得保守了点儿． ■

筛选生成算法

本节详细阐述一种经常用于模拟那些不能以闭形式获得逆累积分布函数的随机变量的**筛选**方法(accept-reject，又称接受拒绝程序)．设 X 是具有概率密度函数 $f(x)$的连续随机变量，为了方便讨论，将称这种概率密度函数为目标概率密度函数(target pdf)．假如很容

易生成随机变量 Y 的观测值，Y 具有概率密度函数 $g(x)$，同时对于某个常数 M 来说，有

$$f(x) \leqslant Mg(x), \quad -\infty < x < \infty \tag{4.8.5}$$

将 $g(x)$称为**工具**(instrumental)概率密度函数．为了简单起见，将筛选作为一种算法．

算法 4.8.1(筛选算法)　设 $f(x)$是概率密度函数．假定 Y 是具有概率密度函数 $g(y)$ 的随机变量，U 是服从$(0,1)$上均匀分布的随机变量，Y 与 U 是独立的，并且式(4.8.5)成立．下述算法便生成具有概率密度函数 $f(x)$的随机变量．

1. 生成 Y 与 U.
2. 当 $U \leqslant \dfrac{f(Y)}{Mg(Y)}$，则 $X=Y$．否则，回到步骤(1).
3. X 具有概率密度函数 $f(x)$.

对此算法有效性的证明如下：设$-\infty<x<\infty$，于是

$$P[X \leqslant x] = P\left[Y \leqslant x \mid U \leqslant \frac{f(Y)}{Mg(Y)}\right] = \frac{P\left[Y \leqslant x, U \leqslant \dfrac{f(Y)}{Mg(Y)}\right]}{P\left[U \leqslant \dfrac{f(Y)}{Mg(Y)}\right]}$$

$$= \frac{\int_{-\infty}^{x}\left[\int_{0}^{f(y)/Mg(y)} \mathrm{d}u\right]g(y)\mathrm{d}y}{\int_{-\infty}^{\infty}\left[\int_{0}^{f(y)/Mg(y)} \mathrm{d}u\right]g(y)\mathrm{d}y} = \frac{\int_{-\infty}^{x}\dfrac{f(y)}{Mg(y)}g(y)\mathrm{d}y}{\int_{-\infty}^{\infty}\dfrac{f(y)}{Mg(y)}g(y)\mathrm{d}y} \tag{4.8.6}$$

$$= \int_{-\infty}^{x} f(y)\mathrm{d}y \tag{4.8.7}$$

因此，若对两边进行微分，则求出 X 的概率密度函数是 $f(x)$. ■

存在两个值得注意的事实．首先，在算法中接受概率是 $1/M$．这一点可从证明定理的推导中看出来．为了理解这一点，只要考察推导过程中的分母就可以了

$$P\left[U \leqslant \frac{f(Y)}{Mg(Y)}\right] = \frac{1}{M} \tag{4.8.8}$$

因此，为了提高算法的效率，我们希望 M 尽可能小．其次，可忽略概率密度函数 $f(x)$与概率密度函数 $g(x)$的正规化常数．例如，如果 $f(x)=kh(x)$且 $g(x)=ct(x)$，其中 c 与 k 是常数，那么使用规则

$$h(x) \leqslant M_2 t(x), \quad -\infty < x < \infty \tag{4.8.9}$$

同时将算法中步骤(2)的比率变成 $U \leqslant \dfrac{h(Y)}{M_2 t(Y)}$．由此可直接得出，式(4.8.5)成立当且仅当式(4.8.9)在 $M_2=cM/k$ 时成立．这样做往往简化了筛选算法的运用．

接下来我们给出筛选算法的两个例子．第一个例子给出正态生成器，其中工具随机变量 Y 服从柯西分布．第二个例子展示如何生成所有伽马分布．

例 4.8.7　假定 X 是服从正态分布的随机变量，具有概率密度函数 $\phi(x)=(2\pi)^{-1/2}\exp\{-x^2/2\}$，同时$Y$ 服从柯西分布，具有概率密度函数 $g(x)=\pi^{-1}(1+x^2)^{-1}$．同如习题 4.8.9 所证明的，很容易模拟柯西分布，因为它的逆累积分布函数是一个已知函数．若忽略正规化常数，其比值的界为

$$\frac{f(x)}{g(x)} \propto (1+x^2)\exp\{-x^2/2\}, \quad -\infty < x < \infty \tag{4.8.10}$$

正如习题 4.8.17 所证明的，这个比值的导数为 $-x\exp\{-x^2/2\}(x^2-1)$，它在 ± 1 处均有临界值. 这些值为式(4.8.10)提供了极大值. 因此，

$$(1+x^2)\exp\{-x^2/2\}\leqslant 2\exp\{-1/2\}=1.213$$

所以 $M_2=1.213$. ■

因此，由上述讨论可知，$M=(\pi/\sqrt{2\pi})1.213=1.520$. 因此，这个算法的接受率是 $1/M=0.6577$. ■

例 4.8.8 假定我们想要从 $\Gamma(\alpha,\beta)$ 生成观测值. 首先，如果 Y 服从 $\Gamma(\alpha,1)$ 分布，那么 βY 服从 $\Gamma(\alpha,\beta)$ 分布. 因此，我们只需要考察 $\Gamma(\alpha,1)$ 分布. 因此，设 X 服从 $\Gamma(\alpha,1)$. 如果 α 是正整数，那么根据定理 3.3.1，可将 X 写成

$$X=T_1+T_2+\cdots+T_\alpha$$

其中 $T_1,T_2,\cdots,T_\alpha$ 是独立同分布的，具有共同分布 $\Gamma(1,1)$. 在对式(4.8.2)的讨论中，我们已经展示了如何生成 T_i.

假定 X 服从 $\Gamma(\alpha,1)$，其中 α 不是整数. 首先设 $\alpha>1$. 令 Y 服从 $\Gamma([\alpha],1/b)$，其中 $b<1$ 是后来选定的，和往常一样，$[\alpha]$ 表示小于或等于 α 的最大整数. 为了建立规则式(4.8.9)，考察 x 和 y 的概率密度函数分别与 $h(x)$ 和 $t(x)$ 成比例的比，即

$$\frac{h(x)}{t(x)}=b^{-[\alpha]}x^{\alpha-[\alpha]}\mathrm{e}^{-(1-b)x}\tag{4.8.11}$$

这里我们忽略一些正规化常数. 接下来，我们确定常数 b.

如同习题 4.8.14 所证明的，式(4.8.11)的导数是

$$\frac{\mathrm{d}}{\mathrm{d}(x)}b^{-[\alpha]}x^{\alpha-[\alpha]}\mathrm{e}^{-(1-b)x}=b^{-[\alpha]}\mathrm{e}^{-(1-b)x}[(\alpha-[\alpha])-x(1-b)]x^{\alpha-[\alpha]-1}\tag{4.8.12}$$

它在 $x=(\alpha-[\alpha])/(1-b)$ 处有一个最大临界值，因此，利用 $h(x)/t(x)$ 的最大值，

$$\frac{h(x)}{t(x)}\leqslant b^{-[\alpha]}\left[\frac{\alpha-[\alpha]}{(1-b)e}\right]^{\alpha-[\alpha]}\tag{4.8.13}$$

现在，我们需要找到 b 的选取值. 对这个不等式的右边关于 b 求微分，可以得到，如同习题 4.8.15 所证明的，

$$\frac{\mathrm{d}}{\mathrm{d}x}b^{-[\alpha]}(1-b)^{[\alpha]-\alpha}=-b^{-[\alpha]}(1-b)^{[\alpha]-\alpha}\left[\frac{[\alpha]-\alpha b}{b(1-b)}\right]\tag{4.8.14}$$

在 $b=[\alpha]/\alpha<1$ 处有一个临界值. 如同习题所证明的，b 的这个值提供了式(4.8.13)右边的最小值. 因而，如果我们选取 $b=[\alpha]/\alpha<1$，那么式(4.8.13)就成立，它是可能的最严格不等式，从而提供了最高接受率. M 的最终值是由式(4.8.13)的右侧在 $b=[\alpha]/\alpha<1$ 处计算出来的.

如果 $0<\alpha<1$，那么结果会怎样呢？上述推导就不成立了. 在这种情况下，$X=YU^{1/\alpha}$，其中 Y 服从 $\Gamma(\alpha+1,1)$ 分布，U 服从 $(0,1)$ 上均匀分布，并且 Y 和 U 是独立的. 然后，如同习题 4.8.16 所证明的，X 服从 $\Gamma(\alpha,1)$ 分布，这就完成证明了.

更深入的讨论，参看 Kennedy 和 Gentle(1980)及 Robert 和 Casella(1999). ■

习题

4.8.1　证明定理 MCT 的逆形式. 也就是说，设 X 是具有连续累积分布函数 $F(x)$ 的随机变量. 假定

$F(x)$在 X 空间上为严格递增的．考察随机变量 $Z=F(X)$．证明 Z 服从区间(0,1)上的均匀分布．

4.8.2 回顾 $\log 2=\int_0^1 \frac{1}{x+1}\mathrm{d}x$．因此，利用(0,1)均匀生成器来近似 log 2．针对大样本 95%置信区间，求其估计误差．倘若可使用统计软件 R，请写出用于估计以及估计误差的 R 函数．求 10 000 次模拟的估计，并将它与真实值加以比较．

4.8.3 和习题 4.8.2 类似，但现在近 $\int_0^{1.96} \frac{1}{\sqrt{2\pi}}\exp\left\{-\frac{1}{2}t^2\right\}\mathrm{d}t$.

4.8.4 假定 X 是随机变量，具有概率密度函数 $f_X(x)=b^{-1}f((x-a)/b)$，其中 $b>0$．假定可生成来自 $f(z)$的观测值．请解释如何生成来自 $f_X(x)$的观测值．

4.8.5 确定生成 logistic 概率密度函数(4.4.11)随机观测值的方法．编写 R 函数，并用该函数计算来自 logistic 分布的随机观测值样本．利用此函数从这个概率密度函数生成 10 000 个观测值．然后绘制直方图[使用 `hist(x,pr=T)`，其中 x 表示观测值]．在直方图上叠放绘制的概率密度函数图形．从逻辑斯谛分布的一组随机样本的观测值．

4.8.6 确定生成下述概率密度函数的随机观测值的方法

$$f(x)=\begin{cases}4x^3, & 0<x<1\\ 0, & \text{其他}\end{cases}$$

编写 R 函数，并用此函数计算来自这个概率密度函数的随机观测值样本．

4.8.7 对于$-\infty<x<\infty$，求由 $f(x)=(1/2)\mathrm{e}^{-|x|}$ 给出的拉普拉斯概率密度函数的累积分布函数的反函数．编写 R 函数，并用该函数生成来自此分布的随机观测值样本．

4.8.8 确定由极值概率密度函数生成随机观测值的方法，此极值概率密度函数是

$$f(x)=\exp\{x-\mathrm{e}^x\},\quad -\infty<x<\infty \tag{4.8.15}$$

编写 R 函数，并用该函数生成来自极值分布的随机观测样本．利用这个 R 函数从此概率密度函数生成 10 000 个观测值．然后绘制直方图[用 `hist(x,pr= T)`，其中 x 表示观测值]．在直方图上叠放绘制的概率密度函数图形．

4.8.9 确定由柯西分布生成随机观测值的方法，柯西分布的概率密度函数为

$$f(x)=\frac{1}{\pi(1+x^2)},\quad -\infty<x<\infty \tag{4.8.16}$$

编写 R 函数，并该函数生成来自这个柯西分布的随机观测样本．

4.8.10 具有概率密度函数

$$f(x)=\begin{cases}\frac{1}{\theta^3}3x^2\mathrm{e}^{-x^3/\theta^3}, & 0<x<\infty\\ 0, & \text{其他}\end{cases}$$

的韦布尔分布经常用作研究某些产品寿命长短的模型．确定生成来自韦布尔分布的随机观测值的方法．编写生成这个样本的 R 函数．

提示：求 $F^{-1}(u)$.

4.8.11 考察具有假设式(4.8.3)的例 4.8.6 情形．为了在与例题一样的污染正态分布条件下检测备择 $\mu=0.5$，编写模拟检验(4.8.4)功效的算法．修改 R 函数 `empalphacn(N)`以便模拟这个功效，同时求出估计误差的估计值．

4.8.12 对于上一个习题，在基本分布服从 logistic 分布(4.4.11)时，为检测式(4.8.4)的备择 $\mu=0.5$，编写一个算法以模拟显著性水平与功效．

4.8.13 就定理 4.8.1 的证明而言，假定累积分布函数在它的支集上是严格递增的．考察具有不是严格递增的累积分布函数 $F(x)$的随机变量 X．把 $F(x)$的反函数定义成函数

$$F^{-1}(u)=\inf\{x:F(x)\geqslant u\},\quad 0<u<1$$

设 U 服从(0,1)上均匀分布．证明，随机变量 $F^{-1}(U)$具有累积分布函数 $F(x)$.

4.8.14　验证式(4.8.12)中的导数，并证明函数(4.8.11)在临界值 $x=(\alpha-[\alpha])/(1-b)$处达到最大值.

4.8.15　推导式(4.8.14)，并证明所得到的临界值 $b=[\alpha]/\alpha<1$ 给出了式(4.8.13)右边函数的极小值.

4.8.16　假定 Y_1 服从 $\Gamma(\alpha+1,1)$分布，Y_2 服从(0,1)上均匀分布，Y_1 和 Y_2 是相互独立的．考察变换 $X_1=Y_1Y_2^{1/\alpha}$ 和 X_2Y_2.

(a) 证明反变换是 $y_1=x_1/x_2^{1/\alpha}$ 和 $y_2=x_2$，并且支集是 $0<x_1<\infty$和 $0<x_2<1$.

(b) 证明变换的雅可比矩阵是 $1/x_2^{1/\alpha}$，同时 $(X_1，X_2)$的概率密度函数是

$$f(x_1,x_2)=\frac{1}{\Gamma(\alpha+1)}\frac{x_1^\alpha}{x_2}\exp\left\{-\frac{x_1}{x_2^{1/\alpha}}\right\}\frac{1}{x_2^{1/\alpha}},\quad 0<x_1<\infty \text{ 且 } 0<x_2<1$$

(c) 证明 X_1 的边缘分布是 $\Gamma(\alpha,1)$.

4.8.17　证明：式(4.8.10)中比值导数是函数$-x\ \exp\{-x^2/2\}(x^2-1)$，该函数有临界值$\pm1$．证明临界值给出式(4.8.10)的极大值.

4.8.18　考察对于 $\beta>1$，概率密度函数

$$f(x)=\begin{cases}\beta x^{\beta-1}, & 0<x<1\\ 0, & \text{其他}\end{cases}$$

(a) 运用定理 4.8.1 生成来自这个概率密度函数的观测值.

(b) 运用筛选算法生成来自这个概率密度函数的观测值.

4.8.19　类似于例 4.8.7 的做法，对于柯西分布，运用筛选算法生成来自自由度为 $r>1$ 的 t 分布观测值.

4.8.20　对于 $\alpha>0$ 与 $\beta>0$，考察下述筛选算法：

(1) 生成服从独立同分布(0,1)上均匀分布的随机变量 U_1 与 U_2．令 $V_1=U_1^{1/\alpha}$ 且 $V_2=U_2^{1/\beta}$.

(2) 令 $W=V_1+V_2$．当 $W\leqslant1$ 时，令 $X=V_1/W$，否则回到步骤(1).

(3) 提交 X.

证明，X 服从参数为 α 与 β 的贝塔分布(3.3.9)．参看 Kennedy 和 Gentle(1980).

4.8.21　考察下述算法：

(1) 生成服从$(-1，1)$上均匀分布的独立随机变量 U 与 V.

(2) 令 $W=U^2+V^2$.

(3) 当 $W>1$，则回到步骤(1).

(4) 令 $Z=\sqrt{(-2\log W)/W}$，并设 $X_1=UZ$ 且 $X_2=VZ$.

证明：随机变量 X_1 与 X_2 是独立同分布的具有共同的 $N(0,1)$分布．这个算法是由 Marsaglia 和 Bray(1964)提出的.

4.9　自助法

在前一节中，已经引入了蒙特卡罗方法，并讨论过它的几个应用．不过，最近几年，蒙特卡罗在统计推断中的应用日益增多．本节阐述这些方法之一的**自助法**(bootstrap)．本节关注一个和两个样本的置信区间和检验问题.

4.9.1　百分位数自助置信区间

设 X 是连续型随机变量，具有概率密度函数 $f(x;\theta)$，$\theta\in\Omega$．假定 $\mathbf{X}=(X_1,X_2,\cdots,X_n)$是 $\mathbf{X}$ 的随机样本，而且$\hat{\theta}=\hat{\theta}(\mathbf{X})$是 θ 的点估计．本节向量记号 $\mathbf{X}$ 将是极为有用的．在 4.2 节和 4.3 节中，我们在某些情况下已经讨论了求 θ 的置信区间问题．本节将讨论称为**百分位数自助法**(percentile-bootstrap)的一般方法，它就是**再抽样法**．Efron 和 Tibshirani

(1993)以及 Davison 和 Hinkley(1997)对这些方法给予了很好的讨论.

为了引出这一方法，此时假定

$$\hat{\theta}\text{服从 } N(\theta,\sigma_{\hat{\theta}}^2) \tag{4.9.1}$$

于是，如同 4.2 节一样，θ 的$(1-\alpha)100\%$置信区间是$(\hat{\theta}_L,\hat{\theta}_U)$，其中

$$\hat{\theta}_L = \hat{\theta} - z^{(1-\alpha/2)}\sigma_{\hat{\theta}} \quad \text{且} \quad \hat{\theta}_U = \hat{\theta} - z^{(\alpha/2)}\sigma_{\hat{\theta}} \tag{4.9.2}$$

这里 $z^{(\gamma)}$ 表示标准正态随机变量的第 100γ 百分位数，也就是 $z^{(\gamma)}=\Phi^{-1}(\gamma)$，其中 Φ 表示 $N(0,1)$随机变量的累积分布函数(也可参看习题 4.9.4). 为了避免与临界值上通常用的下标记号相混淆，这里用了上标记号.

现在，假定$\hat{\theta}$与$\sigma_{\hat{\theta}}$是来自样本的实现，同时$\hat{\theta}_L$ 与$\hat{\theta}_U$ 均是如同式(4.9.2)的计算值. 称 $\hat{\theta}^*$ 是服从分布 $N(\hat{\theta},\sigma_{\hat{\theta}}^2)$的随机变量. 于是，由式(4.9.1)知

$$P(\hat{\theta}^* \leqslant \hat{\theta}_L) = P\left(\frac{\hat{\theta}^* - \hat{\theta}}{\sigma_{\hat{\theta}}} \leqslant - z^{(1-\alpha/2)}\right) = \alpha/2 \tag{4.9.3}$$

同样地，$P(\hat{\theta}^* \leqslant \hat{\theta}_U) = 1-(\alpha/2)$. 因此，$\hat{\theta}_L$ 与 $\hat{\theta}_U$ 是 $\hat{\theta}^*$ 分布的第 $\frac{\alpha}{2}100$ 百分位数与第 $(1-\alpha/2)100$百分位数. 也就是说，$N(\hat{\theta},\sigma_{\hat{\theta}}^2)$分布的百分位数构成了 θ 的$(1-\alpha)100\%$置信区间.

我们希望最终方法极具普遍性，因而当然不应具有正态性假设(4.9.1)，而且在注释 4.9.1 确实证明了这个假设不是必需的. 所以，一般地说，设 $H(t)$表示$\hat{\theta}$的累积分布函数.

尽管，在实际应用中，我们并不知道函数 $H(t)$. 因而，不能得到由式(4.9.3)表述定义的上述置信区间. 但是，假定可有无限多个样本 $\boldsymbol{X}_1,\boldsymbol{X}_2,\cdots$；对于每个样本 $\boldsymbol{X}^*$，可以得到$\hat{\theta}^*=\hat{\theta}(\boldsymbol{X}^*)$，从而形成这些估计值$\hat{\theta}^*$ 的直方图. 此直方图的百分位数构成置信区间(4.9.3). 由于仅有一个样本，这样做是不可行的. 不过，这就是支撑自助方法的思想.

自助法就是对由一个样本所定义的经验分布进行再抽样. 抽样是以随机放回方式进行的，同时再抽样全部是针对最初样本量(也就是样本量 n)实施的. 也就是说，假定 $\boldsymbol{x}'=(x_1,x_2,\cdots,x_n)$表示样本实现值. 设$\hat{F}_n$ 表示样本的经验分布函数. 回顾$\hat{F}_n$ 是离散累积分布函数，它在每一个点 x_i 上都放置 $1/n$ 质量，而且$\hat{F}_n$ 是 $F(x)$的估计量. 于是，自助样本是从$\hat{F}_n$ 中抽取的随机样本，比如设为 $\boldsymbol{x}^{*\prime}=(x_1^*,x_2^*,\cdots,x_n^*)$. 例如，由期望定义可以得出

$$E(x_i^*) = \sum_{i=1}^{n} x_i \frac{1}{n} = \frac{1}{n}\sum_{i=1}^{n} x_i = \overline{x} \tag{4.9.4}$$

类似地，可以推导出 $V(x_i^*)=n^{-1}\sum_{i=1}^{n}(x_i-\overline{x})^2$，参看习题 4.9.2. 乍一看，这种再抽样的样本看起来不会起作用. 但是，关于抽样变异性的唯一信息位于样本自身之中，同时对样本再抽样，就可模拟其变异性.

现在，我们给出获得自助置信区间的算法. 为了简洁起见，阐述正式算法，它很容易用诸如 R 语言编程. 设 $\boldsymbol{x}'=(x_1,x_2,\cdots,x_n)$是从累积分布函数 $F(x;\theta)$抽取的随机样本的实现值，$\theta\in\Omega$. 设$\hat{\theta}$是 θ 的点估计量. 设 B 是一个整数，表示自助复制的次数，也就是再抽

样次数．在实际应用中，B 经常取为 3000 或者更大一些．

1．令 $j=1$.

2．当 $j\leqslant B$，执行步骤 2～步骤 5.

3．设 $\boldsymbol{x}_j^*$ 是从样本 $\boldsymbol{x}$ 中抽取的样本量为 n 的随机样本．也就是说，观测值 $\boldsymbol{x}_j^*$ 是以随机放回方式从 $x_1,x_2,\cdots,x_n$ 中抽取的.

4．设 $\hat{\theta}_j^*=\hat{\theta}(\boldsymbol{x}_j^*)$.

5．用 $j+1$ 代替 j.

6．设 $\hat{\theta}_{(1)}^*\leqslant\hat{\theta}_{(2)}^*\leqslant\cdots\leqslant\hat{\theta}_{(B)}^*$ 表示 $\hat{\theta}_1^*,\hat{\theta}_2^*,\cdots,\hat{\theta}_B^*$ 的有序值．设 $m=[(\alpha/2)B]$，其中$[\cdot]$表示取最大整数函数．从而，构成区间

$$(\hat{\theta}_{(m)}^*,\hat{\theta}_{(B+1-m)}^*) \tag{4.9.5}$$

即得到$\hat{\theta}_1^*,\hat{\theta}_2^*,\cdots,\hat{\theta}_B^*$ 的再抽样分布的第$\frac{\alpha}{2}100\%$与第$\left(1-\frac{\alpha}{2}\right)100\%$百分位数.

区间(4.9.5)称为 θ 的**百分位数自助**(percentile bootstrap)置信区间．步骤 6 中，下标括号的记号是次序统计量(4.4 节)的普遍记号，本节使用这种记号显得非常方便.

对于本小节的其余部分，我们使用样本均值作为 θ 的估计量．对于样本均值，利用下面的 R 函数 percentciboot 可实现此算法（可在第 1 章列出的网站下载）：

```
percentciboot <- function(x,b,alpha){
theta=mean(x); thetastar=rep(0,b); n=length(x)
for(i in 1:b){xstar=sample(x,n,replace=T)
thetastar[i]=mean(xstar)}
thetastar=sort(thetastar); pick=round((alpha/2)*(b+1))
lower=thetastar[pick]; upper=thetastar[b-pick+1]
list(theta=theta,lower=lower,upper=upper)}
#list(theta=theta,lower=lower,upper=upper,thetasta=thetastar)}
```

输入是由样本 x、自助法次数 b 以及期望的置信系数 alpha 几个要素组成的．第二行代码计算样本均值和样本量，同时提供一个向量来存储$\hat{\theta}^*$ 的各个值．在 for 循环中，通过单个命令 sample(x,n,replace=T)获得第 i 个自助法样本，然后计算 $\hat{\theta}_i^*$．代码的其余部分组成了自助法置信区间，而 list 命令则是计算估计值和自助法置信区间．可供选择的第二个 list 命令也是计算$\hat{\theta}^*$ 的各个值．注意，除均值之外，很容易更改计算估计量的代码．例如，为了获得中位数的自助法置信区间，只需用 median 替换 mean．我们将在下一个例题中说明这个讨论.

例 4.9.1　在本例中，将从已知分布中抽样，但实际应用时分布通常是未知的．设 $X_1,X_2,\cdots,X_n$ 是来自 $\Gamma(1,\beta)$分布的随机样本．由于这一分布的均值是 β，所以样本均值 $\overline{X}$ 是 β 的无偏估计量．在这个例子里，$\overline{X}$ 将用作 β 的点估计量．下面 20 个数据是来自 $\Gamma(1,100)$分布样本量为 $n=20$ 的随机样本(有舍入的)实现：

131.7	182.7	73.3	10.7	150.4	42.3	22.2	17.9	264.0	154.4
4.3	265.6	61.9	10.8	48.8	22.5	8.8	150.6	103.0	85.9

此样本 $\overline{X}$ 值是 $\overline{x}=90.59$，它是 β 的点估计值．为了说明问题，我们生成了这些数据的一个自助样本．这一有序自助样本是：

4.3	4.3	4.3	10.8	10.8	10.8	10.8	17.9	22.5	42.3
48.8	48.8	85.9	131.7	131.7	150.4	154.4	154.4	264.0	265.6

这个特定自助样本的样本均值是$\overline{x}^*=78.725$. 为了获得β的自助法置信区间，我们需要计算更多的重复样本. 对于这个计算，我们利用前面讨论的 R 函数 percentciboot. 设 x 表示观测值的原始样本的 R 向量. 我们选择 3000 作为自助法次数，并选择$\alpha=0.10$. 利用代码 percentciboot(x,3000,.10)来计算自助法置信区间. 图 4.9.1 展示了用代码计算 3000 个样本均值$\overline{x}^*$的直方图. 这3000个值的样本均值是 90.13，接近$\overline{x}=90.59$. 我们的程序还得到 90%(自助法百分位数)置信区间，计算得到的结果是(61.655, 120.48)，读者可在图形中找到它. 它确实捕获真实值$\mu=100$. 习题 4.9.3 证明，如果我们从$\Gamma(1,\beta)$分布进行抽样，那么区间$\left(\frac{2n\overline{\overline{x}}}{[\chi^2_{2n}]^{1-\frac{\alpha}{2}}},\frac{2n\overline{\overline{x}}}{[\chi^2_{2n}]^{\frac{\alpha}{2}}}\right)$是$\beta$的精确$(1-\alpha)100\%$置信区间. 注意，与我们对临界值的上标符号保持一致，$[\chi^2_{2n}]^{(\gamma)}$表示具有自由度为$2n$的卡方分布的$\gamma100\%$百分位数. 对于我们的样本来说，其准确的 90%置信区间是(64.99, 136.69). ■

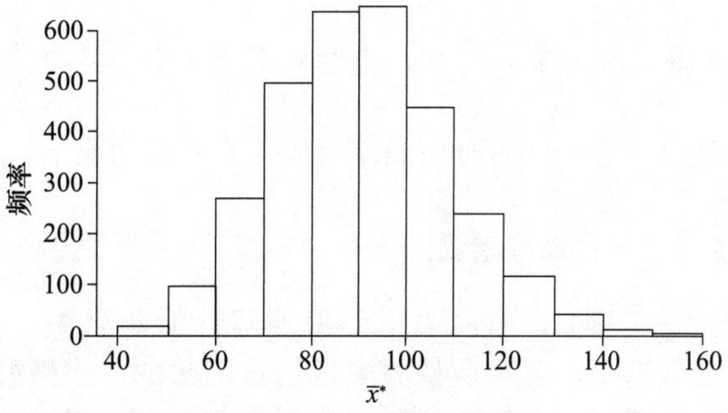

图 4.9.1 3000 次自助$\overline{x}^*$的直方图. 自助置信区间是(61.655, 120.48)

自助法置信区间的有效性如何呢？Davison 和 Hinkley(1997)的第 2 章讨论了自助法背后的理论，并且在某些一般条件下，证明了自助法置信区间的渐近有效性.

一种改进自助法是运用中枢随机变量，这个变量的分布不受其他参数的影响. 例如，在上面的例题中，用$\overline{X}/\hat{\sigma}_{\overline{X}}$代替$\overline{X}$，其中$\hat{\sigma}_{\overline{X}}=S/\sqrt{n}$，同时$S=\left[\sum(X_i-\overline{X})^2/(n-1)\right]^{1/2}$，也就是通过其标准误差来调整$\overline{X}$. 这将在习题 4.9.6 加以讨论. 还存在其他的改进方法，在前面提到的两本书中都加以讨论过.

注释 4.9.1 简单地说，我们可以证明式(4.9.1)中$\hat{\theta}$分布的正态假设，对于式(4.9.3)论证来说，是显而易见的，进一步讨论参看 Efron 和 Tibshirani(1993). 假定H是$\hat{\theta}$的累积分布函数，而且H依赖于θ. 于是，当利用定理 4.8.1，就可找到一个递增变换$\phi=m(\theta)$，使得$\hat{\phi}=m(\hat{\theta})$的分布是$N(\phi, \sigma_c^2)$，其中$\phi=m(\theta)$，而$\sigma_c^2$是某个方差. 例如，取变换是$m(\theta)=F_c^{-1}(H(\theta))$，其中$F_c(x)$表示分布$N(\phi, \sigma_c^2)$的累积分布函数. 从而，如上所述，$(\hat{\phi}-z^{1-\alpha/2}\sigma_c, \hat{\phi}-z^{\alpha/2}\sigma_c)$是$\phi$的$(1-\alpha)100\%$置信区间. 不过，注意，

$$\begin{aligned}1-\alpha &= P[\hat{\phi}-z^{1-\alpha/2}\sigma_c<\phi<\hat{\phi}-z^{\alpha/2}\sigma_c]\\ &= P[m^{-1}(\hat{\phi}-z^{1-\alpha/2}\sigma_c)<\theta<m^{-1}(\hat{\phi}-z^{\alpha/2}\sigma_c)]\end{aligned} \tag{4.9.6}$$

因此，$(m^{-1}(\hat{\phi}-z^{1-\alpha/2}\sigma_c), m^{-1}(\hat{\phi}-z^{\alpha/2}\sigma_c))$是$\theta$的$(1-\alpha)100\%$置信区间. 现在，假定$\hat{H}$表示用实现值$\hat{\theta}$代替$\theta$的累积分布函数，也就是类似于上面的$N(\hat{\theta}, \sigma_{\hat{\theta}}^2)$分布. 假定随机变量

$\hat{\theta}^*$ 具有累积分布函数 $\hat{H}$. 设 $\hat{\phi}=m(\hat{\theta})$ 且 $\hat{\phi}^*=m(\hat{\theta}^*)$. 从而，类似于式(4.9.3)，有

$$P[\hat{\theta}^* \leqslant m^{-1}(\hat{\phi}-z^{1-\alpha/2}\sigma_c)] = P[\hat{\phi}^* \leqslant \hat{\phi}-z^{1-\alpha/2}\sigma_c] = P\left[\frac{\hat{\phi}^*-\hat{\phi}}{\sigma_c} \leqslant -z^{1-\alpha/2}\right] = \alpha/2$$

因此，$m^{-1}(\hat{\phi}-z^{1-\alpha/2}\sigma_c)$ 是累积分布函数 $\hat{H}$ 的第 $\frac{\alpha}{2}100$ 百分位数. 同理，$m^{-1}(\hat{\phi}-z^{\alpha/2}\sigma_c)$ 是 $\hat{H}$ 的第 $\left(1-\frac{\alpha}{2}\right)100$ 百分位数. 所以，在一般情况下，$\hat{H}$ 分布的百分位数也构成 θ 的置信区间. ■

4.9.2 自助检验法

实际上，自助法还可用于假设检验之中. 我们以两个样本问题为例开始讨论这些方法，这个过程涵盖检验中运用自助法的许多微妙之处.

考察两个样本位置问题，也就是说，$\boldsymbol{X}'=(X_1,X_2,\cdots,X_{n_1})$ 是来自具有累积分布函数 $F(x)$ 的分布的随机样本，而 $\boldsymbol{Y}'=(Y_1,Y_2,\cdots,Y_{n_2})$ 是来自具有累积分布函数 $F(x-\Delta)$ 的分布的随机样本，其中 $\Delta\in\mathbb{R}$，参数 Δ 表示两个样本之间的位置移动. 因此，Δ 可能被写成位置参数之差. 特别地，假定均值 μ_Y 与 μ_X 均存在，则有 $\Delta=\mu_Y-\mu_X$. 考察单边假设

$$H_0:\Delta=0 \quad \text{vs} \quad H_1:\Delta>0 \tag{4.9.7}$$

我们取样本均值之差作为检验统计量，即

$$V=\overline{Y}-\overline{X} \tag{4.9.8}$$

决策规则是，当 $V\geqslant c$ 时，拒绝 H_0. 如同实际应用中经常做的那样，将决策建立在检验 p 值的基础上. 回顾如果样本值 $x_1,x_2,\cdots,x_{n_1}$ 与 $y_1, y_2,\cdots,y_{n_2}$ 的样本均值分别是 $\overline{x}$ 与 $\overline{y}$，那么检验的 p 值为

$$\hat{p}=P_{H_0}[V\geqslant\overline{y}-\overline{x}] \tag{4.9.9}$$

目标是得到 p 值的自助估计值. 但是，和上一节不同，这里自助法只有当 H_0 成立时才会实施. 一种容易实施的方法是，将两个样本并成一个大样本，然后以随机放回方式对合并后的样本重新抽样产生两个样本，一个样本量为 n_1(新的 x)，另一个样本量为 n_2(新的 y). 因此，再抽样是在一个样本下实施的，也就是说，在 H_0 成立时进行的抽样. 设 B 是一个正整数. 自助算法是

1. 将两个样本合并成一个样本：$\boldsymbol{z}'=(\boldsymbol{x}', \boldsymbol{y}')$.
2. 令 $j=1$.
3. 当 $j\leqslant B$ 时，执行步骤 3～步骤 6.
4. 从 $\boldsymbol{Z}$ 中以放回方式得到样本量为 n_1 的随机样本. 称此样本是 $\boldsymbol{x}^{*\prime}=(x_1^*,x_2^*,\cdots,x_{n_1}^*)$. 计算 $\overline{x}_j^*$.
5. 从 $\boldsymbol{Z}$ 中以放回方式得到样本量为 n_2 的随机样本. 称此样本是 $\boldsymbol{y}^{*\prime}=(y_1^*,y_2^*,\cdots,y_{n_2}^*)$. 计算 $\overline{y}_j^*$.
6. 计算 $v_j^*=\overline{y}_j^*-\overline{x}_j^*$.
7. 自助估计的 p 值由

$$\hat{p}^*=\frac{\#_{j=1}^{B}\{v_j^*\geqslant v\}}{B} \tag{4.9.10}$$

给出.

注意，已经讨论的自助置信区间理论同样涵盖了这种检验情况．因此，这种自助 p 值是有效的(一致的)．

例 4.9.2　举例来说，从污染正态分布中生成数据集合，这里利用 R 函数 rcn．设 W 是具有污染比例 $\varepsilon=0.20$ 且 $\sigma_c=4$ 的污染正态分布(3.4.17)的随机变量．从此分布中生成 30 个独立观测值 $W_1, W_2, \cdots, W_{30}$．然后，设对于 $1 \leqslant i \leqslant 15$，$X_i=100W_i+100$，而对于 $1 \leqslant i \leqslant 15, Y_i=10W_{i+15}+120$．因此，真实位移参数 $\Delta=20$．实际(有舍入)数据是：

X 变量							
94.2	111.3	90.0	99.7	116.8	92.2	166.0	95.7
109.3	106.0	111.7	111.9	111.6	146.4	103.9	
Y 变量							
125.5	107.1	67.9	98.2	128.6	123.5	116.5	143.2
120.3	118.6	105.0	111.8	129.3	130.8	139.8	

依据下述箱线图比较，两个数据集合的 R 度看起来相同，尽管变量 y(样本 2)看起来比变量 x(样本 1)向右移动了．数据集合中存在三个离群值．

```
                              --------
样本1                      ----I    +I--              *          0
                              --------

                                        ----------
样本2          *              ------I    +    I--------
                                        ----------
    +---------+---------+---------+---------+---------+------C3
   60        80        100       120       140       160
```

这些数据的检验统计量是 $v=\overline{y}-\overline{x}=117.74-111.11=6.63$．这里利用 R 函数 boottesttwo.s 进行计算，对于上述的自助算法进行了 $B=3000$ 自助复制．自助 p 值是 $\hat{p}^*=0.169$．这意味着自助检验统计量(0.169)(3000)=507 大于检验统计量之值．而且，这些自助值是在 H_0 成立时生成的．实际上，对于如此高的 p 值，H_0 一般都不会被拒绝．图 4.9.2展示了所得到的自助检验统计量 3000 个值的直方图．上述检验统计量右侧的相对面积是 6.63，与 $\hat{p}^*$ 大致相等．

为了进行比较，利用例 4.6.2 中讨论过的两个样本“混合”t 检验，对这些假设进行检验．正如读者在习题 4.9.8 里所得到的，这些数据的 $t=0.93$，p 值为 0.18，这相当接近自助法 p 值．■

上面检验使用样本均值之差作为检验统计量．当然，人们也可运用其他检验统计量．习题 4.9.7 要求读者求出基于样本中位数之差的自助检验．与置信区间一样，通过尺度估计量对检验统计量进行标准化往往会改进自助检验．

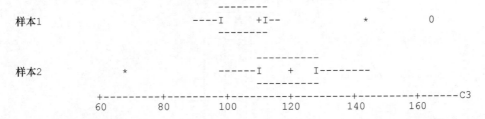

前面阐述的关于两个样本问题的自助检验类似于**排列检验**(permutation test，又称置换检验)．在排列检验中，检验统计量是针对从合并数据中以不放回方式抽取的所有 x 与 y 的样本而计算的．这常常通过蒙特卡罗方法来近似计算，这样做非常类似于自助检验，只是在自助情况下，抽样是以放回方式进行的；参看习题 4.9.10．排列检验与自助检验通常

得出极为相似的解，参看 Efron 和 Tibshirani(1993)的讨论.

对于第二种检验情况，考察一个样本位置问题. 假定 $X_1, X_2, \cdots, X_n$ 是从具有有限均值 μ 的连续累积分布函数 $F(x)$ 中抽得的样本. 假定想要检验假设：

$$H_0: \mu = \mu_0 \quad \text{vs} \quad H_1: \mu > \mu_0$$

其中 μ_0 是设定的. 使用 $\overline{X}$ 作为检验统计量，决策规则是：

当 $\overline{X}$ 太大，则拒绝 H_0，支持 H_1

设 $x_1, x_2, \cdots, x_n$ 是随机样本的实现值，将决策建立在检验 p 值基础之上，也就是

$$\hat{p} = P_{H_0}[\overline{X} \geqslant \overline{x}]$$

其中 $\overline{x}$ 表示得到抽样之后样本均值的实现. 自助检验是要获得这种 p 值的自助估计值. 初看起来，人们是借助于对统计量 $\overline{X}$ 自助来继续进行. 不过，注意，p 值必须在 H_0 成立下加以估计. 为确保 H_0 成立，对下面值进行自助：

$$z_i = x_i - \overline{x} + \mu_0, i = 1, 2, \cdots, n \tag{4.9.11}$$

我们的自助法是以放回方式从 $z_1, z_2, \cdots, z_n$ 中随机抽样. 比如，设 $(z_{j,1}^*, \cdots, z_{j,n}^*)$ 表示第 j 个自助法样本. 如同式(4.9.4)一样，由此可得 $E(z_{j,i}^*) = \mu_0$. 用样本均值 $\overline{z}_j^*$ 表示检验统计量，则自助法 p 值是

$$\hat{p}^* = \frac{\#_{j=1}^{B}\{\overline{z}_j^* \geqslant \overline{x}\}}{B} \tag{4.9.12}$$

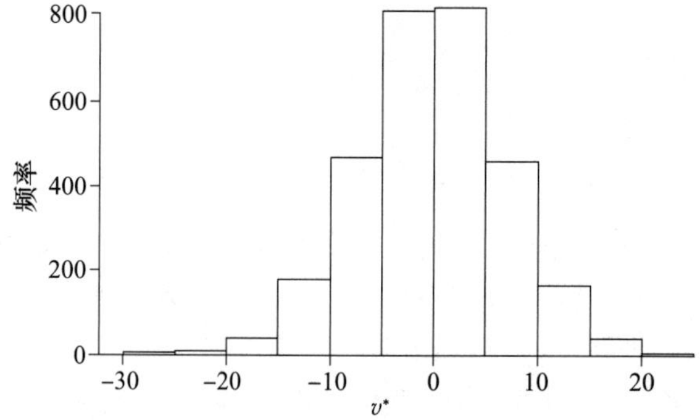

图 4.9.2　3000 个自助 v^* 的直方图. 把检验统计量之值 $v = \overline{y} - \overline{x} = 6.63$ 放置在水平轴上. 右边的(占整个区域的比例)面积是自助检验的 p 值

例 4.9.3　为了阐明上面所述的自助法检验，考察下述数据集合. 我们对 X_i 生成 $n=20$ 个观测值 $X_i = 100W_i + 100$，其中 W_i 服从污染正态分布，其污染比例为 20%且 $\sigma_c = 4$. 假定想要检验

$$H_0: \mu = 90 \quad \text{vs} \quad H_1: \mu > 90$$

因为 X_i 的真实均值为 100，所以原假设是错误的. 生成数据：

119.7	104.1	92.8	85.4	108.6	93.4	67.1	88.4	101.0	97.2
95.4	77.2	100.0	114.2	150.3	102.3	105.8	107.5	0.9	94.1

这些值的样本均值为 $\overline{x} = 95.27$，大于 90，可是它会显著超过 90 吗？如上所述，我们自助法值 $z_i = x_i - 95.27 + 90$. 用 R 函数 boottestonemean 执行这个自助法检验. 对于我们所

做的运行来说，它计算 3000 个值 $\bar{z}_j^*$，如图 4.9.3 的直方图所示. 这 3000 个值的均值是 89.96，它非常接近于 90，3000 个值中的 563 个大于 $\bar{x}=95.27$；因此，自助检验 p 值是 0.188. 图 4.9.3 上位于 95.27 右边总面积的那一小部分大致等于 0.188. 这么高的 p 值通常被认为是不显著的，从而原假设没有被拒绝.

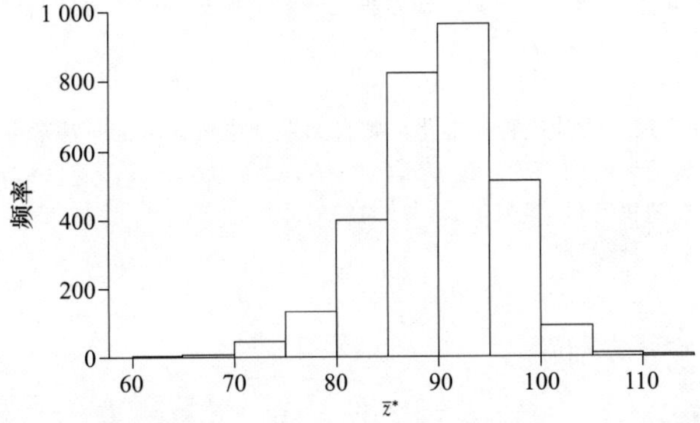

图 4.9.3　这是例 4.9.3 所讨论的 3000 个自助 $\bar{z}^*$ 的直方图. 自助 p 值是在直方图下(相对于总区域而言)95.27 的右边区域

为了进行比较，习题 4.9.12 要求读者去证明，一个样本 t 检验之值是 $t=0.84$，它的 p 值为 0.20. 建立在中位数基础上的检验将在习题 4.9.13 中加以讨论. ■

习题

4.9.1　考察前面例 4.1.3 讨论的二氧化硫浓度数据. 利用 R 函数 percentciboot 得到真实平均浓度的自助法 95%置信区间. 运用 3000 次自助法，并将其与均值的 t 置信区间进行比较.

4.9.2　设 $x_1,x_2,\cdots,x_n$ 是随机样本的值，自助样本 $\boldsymbol{x}^{*\prime}=(x_1^*,x_2^*,\cdots,x_n^*)$ 是以放回方式抽取 $x_1,x_2,\cdots,x_n$ 而得到的随机样本.

(a) 证明：$x_1^*,x_2^*,\cdots,x_n^*$ 是独立同分布的，具有共同的累积分布函数 $\hat{F}_n$，即 $x_1,x_2,\cdots,x_n$ 的经验累积分布函数.

(b) 证明：$E(x_i^*)=\bar{x}$.

(c) 如果 n 为奇数，证明中位数 $\{x_i^*\}=x_{((n+1)/2)}$.

(d) 证明：$V(x_i^*)=n^{-1}\sum_{i=1}^{n}(x_i-\bar{x})^2$.

4.9.3　设 $X_1,X_2,\cdots,X_n$ 是来自 $\Gamma(1,\beta)$ 分布的随机样本.

(a) 证明：置信区间 $(2n\overline{X}/(\chi_{2n}^2)^{1-\alpha/2},\ 2n\overline{X}/(\chi_{2n}^2)^{\alpha/2})$ 是 β 的准确 $(1-\alpha)100\%$ 置信区间.

(b) 证明：例题数据的 90%置信区间是(64.99，136.99).

4.9.4　考察例 4.9.1 中讨论的情况，假定想要利用样本中位数估计 X_i 的中位数.

(a) 确定 $\Gamma(1,\beta)$ 分布的中位数.

(b) 由于自助百分位数置信区间的算法是一般性算法，从而它能用于中位数情形. 重新编写 R 函数 percentciboot.s 代码，以使中位数是一个估计量. 利用例题给出的样本，求中位数的 90%的自助百分位数置信区间. 在此情况下，它会包含真实中位数吗?

4.9.5　假定 $X_1,X_2,\cdots,X_n$ 是从 $N(\mu,\sigma^2)$ 分布中抽取的随机样本. 如同例 4.2.1 所讨论的，置信区间的中

枢随机变量是

$$t=\frac{\overline{X}-\mu}{S/\sqrt{n}} \tag{4.9.13}$$

其中 $\overline{X}$ 与 S 分别表示样本均值与样本标准差．回顾定理 3.6.1 知，t 服从自由度为 $n-1$ 的学生 t 分布，因而就这种正态情况而言，其分布与所有参数无关．就本节的记号而言，$t_{n-1}^{(\gamma)}$ 表示自由度为 $n-1$ 的 t 分布的 $\gamma 100\%$ 百分位数．用这种记号，证明 μ 的 $(1-\alpha)100\%$ 置信区间是

$$\left(\overline{x}-t^{(1-\alpha/2)}\frac{s}{\sqrt{n}},\quad \overline{x}-t^{(\alpha/2)}\frac{s}{\sqrt{n}}\right) \tag{4.9.14}$$

4.9.6 倘若估计量 $\hat{\theta}$ 借助于尺度估计进行标准化，则自助百分位数置信区间常常可以得以改进．为了阐明这点，考察均值置信区间的自助．设 $x_1^*, x_2^*, \cdots, x_n^*$ 是从样本 $x_1, x_2, \cdots, x_n$ 中抽取的自助随机样本．考察自助中枢随机变量[类似于式(4.9.13)]：

$$t^*=\frac{\overline{x}^*-\overline{x}}{s^*/\sqrt{n}} \tag{4.9.15}$$

其中，$\overline{x}^*=n^{-1}\sum_{i=1}^{n}x_i^*$，同时

$$s^{*2}=(n-1)^{-1}\sum_{i=1}^{n}(x_i^*-\overline{x}^*)^2$$

(a) 利用均值，并且收集 t_j^*，对于 $j=1,2,\cdots,B$，请重写百分位数自助置信区间算法．构建区间

$$\left(\overline{x}-t^{*(1-\alpha/2)}\frac{s}{\sqrt{n}},\quad \overline{x}-t^{*(\alpha/2)}\frac{s}{\sqrt{n}}\right) \tag{4.9.16}$$

其中 $t^{*(\gamma)}=t^*_{([\gamma * B])}$，也就是说，对不同 t_j^* 加以排序，并且得到各个分位数．

(b) 重新编写 R 程序 percentciboot.s，然后对例 4.9.3 中的数据用它求 μ 的 90% 置信区间，使用 3000 次自助．

(c) 将上面得到的置信区间与基于附录 B 中的程序 percentciboot.s 的非标准化自助置信区间加以比较．

4.9.7 考察由 4.9.2 节给出的两个样本的自助检验算法．

(a) 重新编写建立在中位数之差基础上的自助检验算法．

(b) 考察例 4.9.2 的数据，用中位数之差代替附录 B 中的 R 程序 boottesttwo.s 里面的均值之差，求(a)部分自助检验的算法．

(c) 求对 $B=3000$ 次检验的 p 的估计值，然后将它和本书作者所得到的 p 的估计值 0.063 加以比较．

4.9.8 考察例 4.9.2 的数据，将例 4.6.2 的两个样本的 t 检验用于对这些假设的检验上．此处检验不是准确检验(为什么?)，它只是一个近似检验．证明：检验统计量的值是 $t=0.93$，它的 p 值大致为 0.18．

4.9.9 在例 4.9.3 中，假定想要检验双边假设，

$$H_0:\mu=90 \quad \text{vs} \quad H_1:\mu\neq 90$$

(a) 确定这种情况的自助 p 值．

(b) 重新编写 R 程序 boottestonemean，求 p 值．

(c) 基于 3000 次自助，计算 p 值．

4.9.10 对含有假设(4.9.7)的两个样本问题，考察下述排列检验．设 $\boldsymbol{x}'=(x_1, x_2, \cdots, x_{n_1})$ 与 $\boldsymbol{y}'=(y_1, y_2, \cdots, y_{n_2})$ 是两个随机样本的实现．检验统计量是样本均值之差 $\overline{y}-\overline{x}$．检验的估计 p 值可如下计算：

1. 将数据合并成一个样本 $\mathbf{z}'=(\mathbf{x}', \mathbf{y}')$.
2. 从 $\mathbf{z}$ 中以不放回方式抽取样本量为 n_1 的所有可能样本. 每一个这样的样本都自动地产生另外一个样本量为 n_2 的样本，也就是说，不在样本量为 n_1 的样本中的所有元素所构成的样本. 此类样本共有$M=\binom{n_1+n_2}{n_1}$个.
3. 对于每一个这种样本 j.
   (a) 用 $\mathbf{x}^*$ 表示样本量为 n_1 的样本，而用 $\mathbf{y}^*$ 表示样本量为 n_2 的样本.
   (b) 计算 $v_j^*=\overline{y}^*-\overline{x}^*$.
4. p 的估计值是$\hat{p}^*=\#\{v_j^*\geqslant\overline{y}-\overline{x}\}/M$.
   (a) 假定拥有两个样本量为 3 的样本，它们产生下述实现值：$\mathbf{x}'=(10, 15, 21)$，$\mathbf{y}'=(20, 25, 30)$. 求检验统计量，还有上述讨论的排列检验以及 p 值.
   (b) 如果忽略种类不同的样本，那么就可通过利用以随机不放回方式再抽样的自助算法对排列检验进行近似计算. 为此，请修改附录 B 中的自助程序 boottesttwo.s，同时依据例 4.9.2 中的数据求出基于 3000 次再抽样的这种近似排列检验.
   (c) 在前面部分阐述的近似排列中，通常样本具有明显不同的概率是多少？假定最初数据是各不相同的.

4.9.11 设 z^* 是从下面离散分布中随机抽取得到的：该分布在每一点 $z_i=x_i-\overline{x}+\mu_0$ 上具有质量 n^{-1}，其中$(x_1,x_2,\cdots,x_n)$是随机样本的实现. 确定 $E(z^*)$与 $V(z^*)$.

4.9.12 对于例 4.9.3 所阐述的情况，证明一个样本 t 检验之值是$t=0.84$，而与它相关的 p 值是 0.20.

4.9.13 对于例 4.9.3 所阐述的情况，利用同样假设，也就是

$$H_0:\mu=90 \quad \text{vs} \quad H_1:\mu>90$$

求基于中位数的自助检验.

4.9.14 考察例 4.5.1 与例 4.5.5 所讨论的达尔文对玉米进行的实验.
   (a) 求这个实验数据的自助检验，考虑到数据是成对记录的，因此，再抽样必须以一定技巧保持这种相依性，同时仍是在 H_0 下成立抽取的.
   (b) 倘若可利用计算机，请编写 R 程序执行自助检验，同时将它的 p 值与例 4.5.5 中所求的 p 值加以比较.

*4.10 分布容许限

现在，我们探讨和 4.4 节所研究的内容具有某些同样特点的问题 . 特别地，能否对所研究的分布计算出某一随机区间包含(或涵盖)预先指定概率百分数的概率值？并且，借助于对随机区间的适当选取，我们能否推导出其他的无分布方法的统计推断？

设 X 是具有连续型分布函数 $F(x)$的随机变量. 设 $Z=F(X)$，于是，如同习题 4.8.1 所证明的，Z 服从$(0,1)$上均匀分布. 也就是说，$Z=F(X)$的概率密度函数为

$$h(z)=\begin{cases}1, & 0<z<1\\ 0, & \text{其他}\end{cases}$$

从而，如果 $0<p<1$，我们有

$$P[F(X)\leqslant p]=\int_0^p \mathrm{d}z=p$$

现在，$F(x)=P(X\leqslant x)$. 由于 $P(X=x)=0$，所以 $F(x)$是 X 分布位于$-\infty$与 x 之间的概率. 如果 $F(X)\leqslant p$，那么 X 分布概率至多有 $100\,p\%$介于$-\infty$与 x 之间. 但是，前面提及

$P[F(X)\leqslant p]=p$. 也就是说，随机变量 $Z=F(X)$ 小于或等于 p 的概率确实是随机区间 $(-\infty,X)$ 仅仅包含 $100p\%$ 的分布概率. 例如，如果 $p=0.70$，那么随机区间 $(-\infty,X)$ 包含只有 70% 分布的概率是 $1-0.70=0.30$.

现在，考察次序统计量的某些函数. 设 $X_1,X_2,\cdots,X_n$ 表示来自下述分布样本量为 n 的随机样本，此分布具有正的且连续的概率密度函数 $f(x)$ 当且仅当 $a<x<b$，并设 $F(x)$ 表示相应的分布函数. 考察随机变量 $F(X_1)$，$F(X_2),\cdots,F(X_n)$. 依据习题 4.8.1，这些随机变量是独立的，每一个都服从区间 $(0,1)$ 上均匀分布. 因而，$F(X_1)$，$F(X_2),\cdots,F(X_n)$ 是来自区间 $(0,1)$ 上均匀分布样本量为 n 的随机样本. 考察此随机样本 $F(X_1)$，$F(X_2),\cdots,F(X_n)$ 的次序统计量. 设 Z_1 是这些 $F(X_i)$ 中的最小者，Z_2 次之，$\cdots,Z_n$ 是这些 $F(X_i)$ 中的最大者. 若 Y_1，$Y_2,\cdots,Y_n$ 是最初随机样本 $X_1,X_2,\cdots,X_n$ 的次序统计量，则 $F(x)$ 是 x 的非递减(此处，严格递增)函数的事实意味着 $Z_1=F(Y_1)$，$Z_2=F(Y_2),\cdots,Z_n=F(Y_n)$. 因此，由式(4.4.1)可得，$Z_1$，$Z_2,\cdots,Z_n$ 的联合概率密度函数是

$$h(z_1,z_2,\cdots,z_n)=\begin{cases}n!, & 0<z_1<z_2<\cdots<z_n<1\\ 0, & \text{其他}\end{cases}\tag{4.10.1}$$

这就对下述定理的特殊情况给出了证明.

定理 4.10.1　设 $Y_1,Y_2,\cdots,Y_n$ 表示来自连续型分布样本量为 n 的随机样本次序统计量，此分布具有概率密度函数 $f(x)$ 与累积分布函数 $F(x)$. 随机变量 $Z_i=F(Y_i)$ 的联合概率密度函数由式(4.10.1)给出，$i=1,2,\cdots,n$.

由于 $Z=F(X)$ 的分布函数是 z 的函数，$0<z<1$，由式(4.4.2)可得，$Z_k=F(Y_k)$ 的边缘概率密度函数是贝塔概率密度函数：

$$h_k(z_k)=\begin{cases}\dfrac{n!}{(k-1)!(n-k)!}z_k^{k-1}(1-z_k)^{n-k}, & 0<z_k<1\\ 0, & \text{其他}\end{cases}\tag{4.10.2}$$

此外，由式(4.4.3)知，对于 $i<j$，$Z_i=F(Y_i)$ 与 $Z_j=F(Y_j)$ 的联合概率密度函数由

$$h(z_i,z_j)=\begin{cases}\dfrac{n!z_i^{i-1}(z_j-z_i)^{j-i-1}(1-z_j)^{n-j}}{(i-1)!(j-i-1)!(n-j)!}, & 0<z_i<z_j<1\\ 0, & \text{其他}\end{cases}\tag{4.10.3}$$

给出.

对于 $i<j$，考察 $Z_j-Z_i=F(Y_j)-F(Y_i)$ 之差. 现在，$F(y_j)=P(X\leqslant y_j)$，而 $F(y_i)=P(X\leqslant y_i)$. 由于 $P(X=y_i)=P(X=y_j)=0$，所以 $F(y_j)-F(y_i)$ 之差是 X 分布位于 y_i 与 y_j 之间的概率. 设 p 表示正真分数. 若 $F(y_j)-F(y_i)\geqslant p$，则至少 $100\ p\%$ 的 X 分布概率位于 y_i 与 y_j 之间. 设它是由 $\gamma=P[F(y_j)-F(y_i)\geqslant p]$ 给出的. 于是，随机区间 (Y_i,Y_j) 至少包含 X 分布的 $100p\%$ 的概率为 γ. 现在，如果 y_i 与 y_j 分别表示 Y_i 与 Y_j 的观测值，那么区间 (y_i,y_j) 要么包含至少 $100p\%$ 分布概率，要么不包含至少 $100p\%$ 分布概率. 然而，我们把区间 (y_i,y_j) 称为 $100p\%$ X 分布概率的 $100\gamma\%$ **容许区间**(tolerance interval). 同样地，把 y_i 与 y_j 称为 $100\ p\%$ X 分布概率的 $100\gamma\%$ **容许限**(tolerance limit).

一种计算概率 $\gamma=P[F(y_j)-F(y_i)\geqslant p]$ 的方法是运用式(4.10.3)，它给出 $Z_i=F(Y_i)$ 与 $Z_j=F(Y_j)$ 的联合概率密度函数. 于是，所求的概率可表示为

$$\gamma = P(Z_j - Z_i \geqslant p) = \int_0^{1-p}\left[\int_{p+z_i}^{1} h_{ij}(z_i, z_j)\mathrm{d}z_j\right]\mathrm{d}z_i$$

有时，这个计算方法显得非常烦琐而冗长．鉴于此，同时由于在无分布统计推断中*覆盖*(coverage)是很重要的，因此选择在此时引入覆盖概念．

考察随机变量 $W_1=F(Y_1)=Z_1$，$W_2=F(Y_2)-F(Y_1)=Z_2-Z_1$，$W_3=F(Y_3)-F(Y_2)=Z_3-Z_2,\cdots,W_n=F(Y_n)-F(Y_{n-1})=Z_n-Z_{n-1}$．随机变量 W_1 称为随机区间$\{x: -\infty<x<Y_1\}$的一个*覆盖*，而随机变量 W_i 称为随机区间$\{x: Y_{i-1}<x<Y_i\}$的*覆盖*．我们将求 n 个覆盖 W_1，$W_2,\cdots,W_n$ 的联合概率密度函数．首先，注意，相应变换的反函数由

$$z_i = \sum_{j=1}^{i} w_j, \quad 对于\ i = 1,2,\cdots,n$$

给出．而且可以发现，其雅可比行列式等于 1，同时正概率密度的空间是

$$\{(w_1, w_2, \cdots, w_n): 0 < w_i, i = 1,2,\cdots,n, w_1 + \cdots + w_n < 1\}$$

由于 Z_1，$Z_2,\cdots,Z_n$ 的联合概率密度函数是 $n!$，$0<z_1<z_2<\cdots<z_n<1$，其他为 0，所以 n 个覆盖的联合概率密度函数是

$$k(w_1, w_2, \cdots, w_n) = \begin{cases} n!, & 0 < w_i, i = 1,2,\cdots,n, w_1 + w_2 + \cdots + w_n < 1 \\ 1, & 其他 \end{cases}$$

因为概率密度函数 $k(w_1$，$w_2,\cdots,w_n)$关于 w_1，$w_2,\cdots,w_n$ 是对称的，所以很明显，这些覆盖$W_1,W_2\cdots,W_n$的每 $r(r<n)$个之和的分布都完全与关于每个固定 r 值的分布一样．例如，当$i<j$且$r=j-i$时，$Z_j-Z_i=F(Y_j)-F(Y_i)=W_{i+1}+W_{i+2}+\cdots+W_j$ 的分布与 $Z_{j-i}=F(Y_{j-i})=W_1+W_2+\cdots+W_{j-i}$的分布是完全一样的．然而，我们知道 Z_{j-i}的概率密度函数是形式为

$$h_{j-i}(v) = \begin{cases} \dfrac{\Gamma(n+1)}{\Gamma(j-i)\Gamma(n-j+i+1)} v^{j-i-1}(1-v)^{n-j+i}, & 0 < v < 1 \\ 0, & 其他 \end{cases}$$

的贝塔概率密度函数．因此，$F(Y_j)-F(Y_i)$也具有此种概率密度函数，并且

$$P[F(Y_j) - F(Y_i) \geqslant p] = \int_p^1 h_{j-i}(v)\mathrm{d}v$$

例 4.10.1　设 $Y_1<Y_2<\cdots<Y_6$ 是来自连续型分布样本量为 6 的随机样本次序统计量．我们想要使用观测值(y_1, y_6)作为 80%分布的容许区间．于是，

$$\gamma = P[F(Y_6) - F(Y_1) \geqslant 0.8] = 1 - \int_0^{0.8} 30v^4(1-v)\mathrm{d}v$$

因为上式中的被积函数是 $F(Y_6)-F(Y_1)$的概率密度函数．因此，大致有

$$\gamma = 1 - 6(0.8)^5 + 5(0.8)^6 = 0.34$$

也就是说，Y_1 与 Y_6 的观测值将定义出 80%分布概率的 34%容许区间．■

注释 4.10.1　容许区间是极其重要的，和置信区间相比，它们往往更令人满意．举例来说，考虑一个"填满"问题，制造者声称每个货箱至少装有 12 盎司产品．设 X 是一个货箱内产品的总重量．公司人员高兴地发现，比如(12.1，12.3)是 X 的 99%分布的 95%容许区间．此时，这是正确的，因为美国食品及药物管理局允许极少数部分货箱重量小于 12 盎司．■

习题

4.10.1 设 Y_1 与 Y_n 分别是来自连续型分布的样本量为 n 的随机样本第 1 个与第 n 个次序统计量，此分布具有累积分布函数 $F(x)$. 求使得 $P[F(Y_n)-F(Y_1)\geqslant 0.5]$ 至少是 0.95 的 n 的最小值.

4.10.2 设 Y_2 与 Y_{n-1} 表示来自连续型分布样本量为 n 的随机样本第 2 个与第 $n-1$ 个次序统计量，此分布具有分布函数 $F(x)$. 计算 $P[F(Y_{n-1})-F(Y_2)\geqslant p]$，其中 $0<p<1$.

4.10.3 设 $Y_1<Y_2<\cdots<Y_{48}$ 是来自连续型分布的样本量为 48 的随机样本次序统计量. 我们想要用观测值区间 (y_4, y_{45}) 作为 75% 分布的 $100\gamma\%$ 容许区间.

(a) γ 的值是多少？

(b) 近似计算(a)部分中的积分，注意，这种近似可写成二项概率密度函数的部分和，反过来，它可由与正态分布相关的概率来近似计算.

4.10.4 设 $Y_1<Y_2<\cdots<Y_n$ 是来自连续型分布样本量为 n 的随机样本次序统计量，此分布的分布函数为 $F(x)$.

(a) $U=1-F(Y_j)$ 的分布是什么？

(b) 求 $V=F(Y_n)-F(Y_j)+F(Y_i)-F(Y_1)$ 的分布，其中 $i<j$.

4.10.5 设 $Y_1<Y_2<\cdots<Y_{10}$ 是来自连续型分布的随机样本次序统计量，其分布函数是 $F(x)$. $V_1=F(Y_4)-F(Y_2)$ 与 $V_2=F(Y_{10})-F(Y_6)$ 的联合分布是什么？

第 5 章　一致性与极限分布

在前面第 4 章，我们已经介绍统计推断的一些主要概念，即点估计、置信区间以及假设检验．对于第一次阅读本书略过第 4 章的读者来说，我们在 5.1 节回顾前面知识的要点．

支撑这些推断方法的理论通常取决于中枢随机变量的分布．例如，假定 $X_1, X_2, \cdots, X_n$ 是随机变量 X 的随机样本，X 服从 $N(\mu, \sigma^2)$ 分布．用 $\overline{X}_n = n^{-1}\sum_{i=1}^{n} X_i$ 表示样本均值．于是，关注的中枢随机变量是

$$Z_n = \frac{\overline{X}_n - \mu}{\sigma/\sqrt{n}}$$

在获得 μ 的置信区间以及对 μ 的假设检验严谨方法中，这个随机变量起着重要作用．如果 X 不服从正态分布，该怎么办呢？在这种情况下，第 4 章曾讨论的推断方法非常类似于严谨方法，只是它们建立在 Z_n 的“近似”(当样本量 n 趋于很大时)分布基础上．

统计学存在几种常用的收敛形式，这一章我们讨论两种最重要的形式：依概率收敛与依分布收敛．这两个概念为第 4 章所讨论的“近似”提供了结构．不过，除此之外，这些概念在统计学和概率理论大部分内容中也起着极为重要的作用．下面就以依概率收敛开始讨论．

5.1　依概率收敛

本节，我们系统阐述一个随机变量序列“接近”另一个随机变量的方式．本书自始至终运用这个概念．

定义 5.1.1　设$\{X_n\}$是随机变量序列，并设 X 是定义在样本空间上的随机变量．如果对于所有 $\varepsilon>0$，

$$\lim_{n\to\infty} P[|X_n - X| \geqslant \varepsilon] = 0$$

或等价地，

$$\lim_{n\to\infty} P[|X_n - X| < \varepsilon] = 1$$

则称 X_n **依概率收敛**(converge in probability)于 X．这样，可写成

$$X_n \xrightarrow{P} X$$

如果 $X_n \xrightarrow{P} X$，那么常常称 $X_n - X$ 的质量收敛于 0．在统计学中，极限随机变量 X 往往是常数，也就是说，X 是一个退化随机变量，它的全部质量集中在某个常数 a 上．在这种情况下，就写成 $X_n \xrightarrow{P} a$．同理，如同习题 5.1.1 所证明的，对于实序列收敛$\{a_n\}$来说，$a_n \to a$ 等价于 $a_n \xrightarrow{P} a$.

证明依概率收敛的一种方法是使用切比雪夫定理(1.10.3)．下述证明就是对此进行的阐明．为了强调研究随机变量序列，对适当的随机变量标记下标 n，比如将 $\overline{X}$ 写成 $\overline{X}_n$.

定理 5.1.1(弱大数定律)　设$\{X_n\}$是独立同分布随机变量序列，具有共同均值μ与方差$\sigma^2<\infty$. 设$\overline{X}_n=n^{-1}\sum_{i=1}^{n}X_i$. 于是

$$\overline{X}_n \xrightarrow{P} \mu$$

证：由例 2.8.1 的式(2.8.6)可知，$\overline{X}_n$ 的均值与方差分别是μ与σ^2/n. 因此，由切比雪夫定理，对任何$\varepsilon>0$有

$$P[|\overline{X}_n-\mu|\geqslant\varepsilon]=P[|\overline{X}_n-\mu|\geqslant(\varepsilon\sqrt{n}/\sigma)(\sigma/\sqrt{n})]\leqslant\frac{\sigma^2}{n\varepsilon^2}\to 0$$ ■

这个定理表明，当n趋于∞时，$\overline{X}_n$ 分布的全部质量收敛于μ. 在某种意义上，对于很大的n，$\overline{X}_n$ 接近于μ. 但是，接近程度怎么样呢？例如，如果要通过$\overline{X}_n$ 估计μ，那么对于估计误差，怎样看待呢？5.3 节将解决此问题.

实际上，在更高等课程中会证明强大数定律，参看 Chung(1974)第 124 页. 该定理的一个结果是，能将定理 5.1.1 假设弱化成为下述假设：随机变量X_i是独立的，而且每一个具有有限均值. 因而，强大数定律是关于一阶矩的定理，而弱大数定律则要求二阶矩存在.

依概率收敛存在着几个定理，它们在下文中极为有用. 下面两个定理表明，在线性条件下，依概率收敛是封闭的.

定理 5.1.2　假定$X_n\xrightarrow{P}X$与$Y_n\xrightarrow{P}Y$. 于是，$X_n+Y_n\xrightarrow{P}X+Y$.

证：设$\varepsilon>0$是给定的. 利用三角不等式，可写成

$$|X_n-X|+|Y_n-Y|\geqslant|(X_n+Y_n)-(X+Y)|\geqslant\varepsilon$$

由于P相对于集合包含而言是单调的，所以

$$\begin{aligned}P[|(X_n+Y_n)-(X+Y)|\geqslant\varepsilon]&\leqslant P[|X_n-X|+|Y_n-Y|\geqslant\varepsilon]\\&\leqslant P[|X_n-X|\geqslant\varepsilon/2]+P[|Y_n-Y|\geqslant\varepsilon/2]\end{aligned}$$

由定理的假设可知，最后两项当$n\to\infty$时收敛于 0，从而得出期待结果. ■

定理 5.1.3　假定$X_n\xrightarrow{P}X$，并且a是一个常数. 于是，$aX_n\xrightarrow{P}aX$.

证：若$a=0$，则结果立刻成立. 假定$a\neq0$. 设$\varepsilon>0$，由不等式

$$P[|aX_n-aX|\geqslant\varepsilon]=P[|a||X_n-X|\geqslant\varepsilon]=P[|X_n-X|\geqslant\varepsilon/|a|]$$

以及已知假设可知，最后一项当$n\to\infty$时趋于 0，从而得出此结果. ■

定理 5.1.4　假定$X_n\xrightarrow{P}a$，并且实函数g在a点是连续的. 于是，$g(X_n)\xrightarrow{P}g(a)$.

证：设$\varepsilon>0$. 由于g在a点是连续的，存在一个$\delta>0$，使得如果$|x-a|<\delta$，那么$|g(x)-g(a)|<\varepsilon$. 因而

$$|g(x)-g(a)|\geqslant\varepsilon\quad\Rightarrow\quad|x-a|\geqslant\delta$$

将X_n代入上述不等式中的x，得出

$$P[|g(X_n)-g(a)|\geqslant\varepsilon]\leqslant P[|X_n-a|\geqslant\delta]$$

由已知假设知，当$n\to\infty$时，最后一项趋于 0，证毕. ■

这个定理提供许多有用结果. 例如，若$X_n\xrightarrow{P}a$，则

$$X_n^2\xrightarrow{P}a^2$$

$$当\ a \neq 0,\quad 1/X_n \xrightarrow{P} 1/a$$

$$当\ a \geqslant 0,\quad \sqrt{X_n} \xrightarrow{P} \sqrt{a}$$

实际上，在更高等的课程中，可以证明，如果 $X_n \xrightarrow{P} X$ 且 g 是一个连续函数，那么 $g(X_n) \xrightarrow{P} g(X)$，参看 Tucker(1967)第 104 页．下面的定理将会用到它．

定理 5.1.5 假定 $X_n \xrightarrow{P} X$，并且 $Y_n \xrightarrow{P} Y$．于是，$X_nY_n \xrightarrow{P} XY$．

证：利用上述结果，得出

$$X_nY_n = \frac{1}{2}X_n^2 + \frac{1}{2}Y_n^2 - \frac{1}{2}(X_n - Y_n)^2 \xrightarrow{P} \frac{1}{2}X^2 + \frac{1}{2}Y^2 - \frac{1}{2}(X-Y)^2 = XY \qquad \blacksquare$$

抽样和统计量

考察下面的情况．假定有一随机变量 X，其概率密度函数(或概率质量函数)可写成 $f(X;\theta)$，其中 θ 表示未知参数，$\theta \in \Omega$．例如，X 服从正态分布，均值 μ 是未知的，并且方差 σ^2．于是，$\theta=(\mu,\sigma^2)$ 和 $\Omega=\{\theta=(\mu,\sigma^2):-\infty<\mu<\infty,\sigma>0\}$．另一个例子，$X$ 服从 $\Gamma(1,\beta)$，其中 $\beta>0$ 是未知的．我们的信息有 X 上的随机样本 $X_1,X_2,\cdots,X_n$，也就是说，$X_1,X_2,\cdots,X_n$ 是独立同分布的随机变量，具有共同的概率密度函数为 $f(x;\theta)$，$\theta \in \Omega$．如果 T 是样本的函数，则称 T 为**统计量**(statistic)，即 $T=T(X_1,X_2,\cdots,X_n)$．这里，我们将 T 视为 θ 的**点估计量**(point estimator)．例如，μ 是 X 的未知均值，那么可用样本均值 $\overline{X}=n^{-1}\sum_{i=1}^{n} X_i$ 作为点估计量．当得到样本，设 $x_1,x_2,\cdots,x_n$ 表示 $X_1,X_2,\cdots,X_n$ 的观测值，我们将这些值称为样本的**实现值**(realized value)，同时将实现统计量 $t=t(x_1,x_2,\cdots,x_n)$ 称为 θ 的**点估计**(point estimate)．

在第 6 章和第 7 章中，我们在正式设定条件下讨论点估计的性质．现在，我们考察两个性质：**无偏性**(unbiasedness)和**一致性**(consistency)．如果 $E(T)=\theta$，那么我们称 θ 的点估计量 T 为无偏的．回顾 2.8 节内容，已经证明样本均值 $\overline{X}$ 和样本方差 S^2 分别是 μ 和 σ^2 的无偏估计量，参看式(2.8.6)和式(2.8.8)．接下来，我们考察点估计量的一致性．

定义 5.1.2 设 X 是随机变量，具有累积分布函数 $F(x,\theta)$，$\theta \in \Omega$．设 $X_1,X_2,\cdots,X_n$ 是来自 X 分布的随机样本，并设 T_n 表示统计量．如果

$$T_n \xrightarrow{P} \theta$$

则称 T_n 是 θ 的**一致**(consistent)估计量．

若 $X_1,X_2,\cdots,X_n$ 是来自具有有限均值 μ 与方差 σ^2 分布的随机样本，则由弱大数定律知，样本均值 $\overline{X}_n$ 是 μ 的一致估计量．

图 5.1.1 显示，从 $N(0,1)$分布中抽取样本量为 10～2000 且步长为 10 的样本均值实现．图形画出的线是关于 $\mu=0$ 的 $\mu\pm 0.04$ 区间．随着 n 的不断增大，实现趋向于停留在这个区间内，这就验证了样本均值的一致性．利用 R 函数 `consistmean` 可以绘制这种图形．就这个函数而言，如果将函数 `mean` 改为 `median`，那么可以绘制类似估计量 med X_i 的图形．

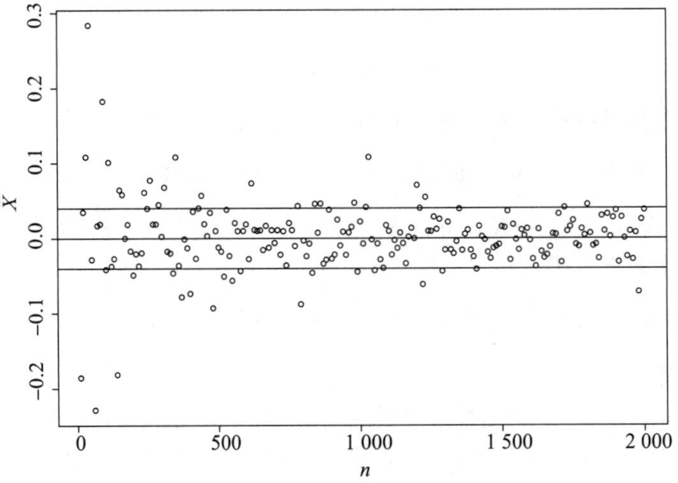

图 5.1.1　从 $N(0,1)$分布中抽取样本量为 10～2000 且步长为 10 的点估计量 $\overline{X}$ 的实现

例 5.1.1(样本方差)　设 $X_1,X_2,\cdots,X_n$ 表示来自具有均值μ 与方差σ^2 的分布的随机样本. 例 2.8.7 已经证明，样本方差就是σ^2 的无偏估计量. 我们现在要证明，它是σ^2 的一致估计量. 定理 5.1.1 已经证明，$\overline{X}_n \xrightarrow{P} \mu$. 为了证明样本方差依概率收敛于 σ^2，进一步假定 $E[X_1^4]<\infty$，因此$\mathrm{Var}(S^2)<\infty$. 利用前面的结果，可以证明

$$S_n^2=\frac{1}{n-1}\sum_{i=1}^{n}(X_i-\overline{X}_n)^2=\frac{n}{n-1}\left(\frac{1}{n}\sum_{i=1}^{n}X_i^2-\overline{X}_n^2\right)\xrightarrow{P}1\cdot[E(X_1^2)-\mu^2]=\sigma^2$$

因此，样本方差是σ^2 的一致估计量. 我们从前面讨论立刻得出 $S_n\xrightarrow{P}\sigma$，也就是样本标准差是总体标准差的一致估计量. ■

和刚才的例题不同，有时通过利用分布函数获得收敛. 下面用一个例子来加以阐述.

例 5.1.2(来自均匀分布的样本极大值)　假定 $X_1,X_2,\cdots,X_n$ 是源自$(0,\theta)$上均匀分布的随机样本. 假定 θ 为未知的. θ 的一个直观估计是样本的极大值. 设 $Y_n=\max\{X_1,X_2,\cdots,X_n\}$. 习题 5.1.4 证明，$Y_n$ 的累积分布函数是

$$F_{Y_n}(t)=\begin{cases}1, & t>\theta\\ \left(\dfrac{t}{\theta}\right)^n, & 0<t\leqslant\theta\\ 0, & t\leqslant 0\end{cases}\tag{5.1.1}$$

因此，Y_n 的概率密度函数是

$$f_{Y_n}(t)=\begin{cases}\dfrac{n}{\theta^n}t^{n-1}, & 0<t\leqslant\theta\\ 0, & \text{其他}\end{cases}\tag{5.1.2}$$

利用 Y_n 的概率密度函数，很容易证明，$E(Y_n)=n/(n+1)\theta$. 因而，Y_n 是 θ 的有偏估计量. 然而，注意$(n+1)/nY_n$ 是 θ 的无偏估计量. 此外，依据 Y_n 的累积分布函数，可以发现，$Y_n\xrightarrow{P}\theta$，因此样本极大值是 θ 的一致估计. 注意，无偏估计量$(n+1)/nY_n$ 也

是一致的. ■

为了阐述例 5.1.2，利用弱大数定律——定理 5.1.1，可得 $\overline{X}_n$ 是 $\theta/2$ 的一致估计量，所以 $2\overline{X}_n$ 是 θ 的一致估计量. 注意如何表明 Y_n 与 $2\overline{X}_n$ 依概率收敛于 θ 的差异. 对于 Y_n，使用了 Y_n 的累积分布函数，不过对于 $2\overline{X}_n$，则求助于弱大数定律. 实际上，就均匀模型而言，$2\overline{X}_n$ 的累积分布函数是相当复杂的. 在许多情况下，并不能得出统计量的累积分布函数，但可以求助于渐近理论来建立结果. 还存在 θ 的其他一些估计量. 哪一个是"最佳"估计量呢？后面几章我们将探讨这类问题.

一致性是估计量必须拥有的非常重要的性质. 当样本量增大时，若估计量不接近于它的目标，则它就是一个不好的估计量. 注意，对于无偏性而言，却不能这样说. 例如，不用样本方差估计 σ^2，而是假定使用 $V=n^{-1}\sum_{i=1}^{n}(X_i-\overline{X})^2$ 估计. 于是，V 关于 σ^2 是一致的，但它却是有偏的，因为 $E(V)=(n-1)\sigma^2/n$. 因而，V 的偏差是 $-\sigma^2/n$，当 $n\to\infty$ 时，σ^2/n 变为 0.

习题

5.1.1 设 $\{a_n\}$ 是实数序列. 因此，也可以称 $\{a_n\}$ 是常数(退化的)随机变量序列. 设 a 是一个实数. 证明：$a_n\to a$ 等价于 $a_n\xrightarrow{P}a$.

5.1.2 设随机变量 Y_n 服从分布 $b(n,p)$.

(a) 证明：Y_n/n 依概率收敛于 p. 此结果是弱大数定律的一种形式.

(b) 证明：$1-Y_n/n$ 依概率收敛于 $1-p$.

(c) 证明：$(Y_n/n)(1-Y_n/n)$ 依概率收敛于 $p(1-p)$.

5.1.3 设 W_n 表示随机变量，具有均值 μ 与方差 b/n^p，其中 $p>0$，μ 与 b 都是常数(不是 n 的函数). 证明：W_n 依概率收敛于 μ.

提示：利用切比雪夫不等式.

5.1.4 推导式(5.1.1)给出的累积分布函数.

5.1.5 考察 R 函数 consistmean，利用它绘制如图 5.1.1 所示的图形. 当抽样服从 $N(0,1)$ 分布时，绘制样本中位数的类似图形，并对均值和中位数的图形进行比较.

5.1.6 编写一个 R 函数，为例 5.1.2 所述情况绘制类似于图 5.1.1 的图形. 对 $\theta=10$ 的情况，绘制图形.

5.1.7 设 $X_1,X_2,\cdots,X_n$ 是独立同分布随机变量，具有共同概率密度函数

$$f(x)=\begin{cases}e^{-(x-\theta)}, & x>\theta,-\infty<\theta<\infty\\ 0, & \text{其他}\end{cases} \tag{5.1.3}$$

这个概率密度函数称为**位移指数**(shifted exponential). 设 $Y_n=\min\{X_1,X_2,\cdots,X_n\}$. 通过获得 Y_n 的累积分布函数与概率密度函数，证明 Y_n 依概率收敛 $Y_n\to\theta$.

5.1.8 利用由式(4.2.9)给出的置信区间后面的假设，证明

$$\sqrt{\frac{S_1^2}{n_1}+\frac{S_2^2}{n_2}}\Big/\sqrt{\frac{\sigma_1^2}{n_1}+\frac{\sigma_2^2}{n_2}}\xrightarrow{P}1$$

5.1.9 对于习题 5.1.7，求 Y_n 的均值. Y_n 是 θ 的无偏估计量吗？以 Y_n 为基础，求 θ 的无偏估计量.

5.2 依分布收敛

在上一节，我们引入了依概率收敛的概念. 就这个概念而言，例如，正式地说，统计

量收敛到参数，而且在许多情况下，可以证明，这并不会得出该统计量的分布函数. 但是，统计量有多么接近于估计量呢？例如，能以某种可信性获得估计误差吗？本节讨论的收敛方法和前面的结果为我们提供了这些问题的肯定回答.

定义 5.2.1(依分布收敛)　设$\{X_n\}$是随机序列，并且设 X 是随机变量. 设 F_{X_n} 与 F_X 分别是 X_n 与 X 的累积分布函数. 设 $C(F_X)$表示使 F_X 连续的所有点集合. 如果

$$\lim_{n\to\infty} F_{X_n}(x) = F_X(x), \quad \text{对于所有 } x \in C(F_X)$$

则称 X_n**依分布收敛**(converge in distribution)于 X，并用

$$X_n \xrightarrow{D} X$$

表示这种收敛.

注释 5.2.1　依概率与依分布收敛的这类内容被归入到统计学家和概率学家所称的渐近理论之中. 当然，称 X 的分布是序列$\{X_n\}$的**渐近分布**(asymptotic distribution)或**极限分布**(limiting distribution). 甚至，可以非正式地称之为某些情况的渐近特性. 另外，为了解释方便起见，不说 $X_n \xrightarrow{D} X$，其中 X 服从标准正态分布，可以写成

$$X_n \xrightarrow{D} N(0,1)$$

以此作为表述相同内容的缩写方式. 显然，这个表达式的右边部分应该是一个分布，而不是一个随机变量，只是我们利用这种习惯而已. 此外，称 X_n 服从极限标准正态分布，意指 $X_n \xrightarrow{D} X$，其中 X 表示标准正态随机变量，或者等价地，$X_n \xrightarrow{D} N(0,1)$.　■

下述简单例子说明为什么仅仅考察 F_X 的连续点. 设 X_n 是随机变量，它在$\frac{1}{n}$处具有全部质量，并设 X 是随机变量，它在 0 处具有全部质量. 于是，如图 5.2.1 所示，X_n 的质量收敛到 0，也就是 X_n 的分布. 在 F_X 的不连续点上，$\lim F_{X_n}(0) = 0 \neq 1 = F_X(0)$；而在 F_X 的连续点上(也就是 $x \neq 0$)，$\lim F_{X_n}(x) = F_X(x)$. 因此，依据定义，$X_n \xrightarrow{D} X$.

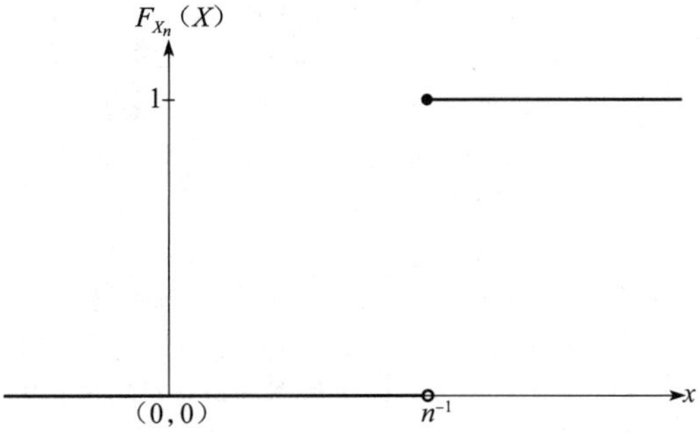

图 5.2.1　X_n 的累积分布函数，它在 n^{-1} 处具有全部质量

依概率收敛是一种表述随机变量序列 X_n 接近另一个随机变量 X 的方式. 另一方面，依分布收敛仅仅涉及累积分布函数 F_{X_n} 与 F_X. 可用一个简单事例来说明这一点. 设 X 是连续随机变量，具有概率密度函数 $f_X(x)$，关于 0 点对称，即$f_X(-x)=f_X(x)$. 从而，容易证明，随机变量$-X$ 的密度也是$f_X(x)$. 因而，X 与$-X$ 服从相同分布. 把随机变量序列 X_n 定义成

$$X_n = \begin{cases} X, & \text{如果 } n \text{ 是奇数} \\ -X, & \text{如果 } n \text{ 是偶数} \end{cases} \tag{5.2.1}$$

很明显，对于 X 支集中所有 x，$F_{X_n}(x)=F_X(x)$. 因此，$X_n \xrightarrow{D} X$. 另一方面，序列 X_n 并不接近于 X. 特别地，依概率 $X_n \not\rightarrow X$.

例 5.2.1 设 $\overline{X}_n$ 具有累积分布函数

$$F_n(\overline{x}) = \int_{-\infty}^{\overline{x}} \frac{1}{\sqrt{1/n}\,\sqrt{2\pi}} e^{-nw^2/2}\,dw$$

如果做变量变换 $v=\sqrt{n}w$，那么有

$$F_n(\overline{x}) = \int_{-\infty}^{\sqrt{n}\overline{x}} \frac{1}{\sqrt{2\pi}} e^{-v^2/2}\,dv$$

显然

$$\lim_{n\to\infty} F_n(\overline{x}) = \begin{cases} 0, & \overline{x} < 0 \\ \dfrac{1}{2}, & \overline{x} = 0 \\ 1, & \overline{x} > 0 \end{cases}$$

现在，函数

$$F(\overline{x}) = \begin{cases} 0, & \overline{x} < 0 \\ 1, & \overline{x} \geqslant 0 \end{cases}$$

是一个累积分布函数，并且在 $F(\overline{x})$ 的每一个连续点上，$\lim_{n\to\infty} F_n(\overline{x}) = F(\overline{x})$. 当然，$\lim_{n\to\infty} F_n(0) \neq F(0)$，但 $F(\overline{x})$ 在 $\overline{x}=0$ 处是不连续的. 因此，序列 $\overline{X}_1, \overline{X}_2, \overline{X}_3, \cdots$ 依分布收敛到在 $\overline{x}=0$ 处具有退化分布的随机变量. ■

例 5.2.2 即使序列 $X_1, X_2, X_3, \cdots$ 依分布收敛于随机变量 X，通常也不能借助于对 X_n 的概率质量函数取极限来确定 X 的分布. 这可通过设 X_n 具有概率质量函数

$$p_n(x) = \begin{cases} 0, & x = 2 + n^{-1} \\ 0, & \text{其他} \end{cases}$$

来阐明. 很明显，对于所有 x，$\lim_{n\to\infty} p_n(x) = 0$. 这表明对于 $n=1,2,3,\cdots, X_n$ 并不依分布收敛. 然而，X_n 的累积分布函数是

$$F_n(x) = \begin{cases} 0, & x < 2 + n^{-1} \\ 1, & x \geqslant 2 + n^{-1} \end{cases}$$

从而

$$\lim_{n\to\infty} F_n(x) = \begin{cases} 0, & x \leqslant 2 \\ 1, & x > 2 \end{cases}$$

由于

$$F(x) = \begin{cases} 0, & x < 2 \\ 1, & x \geqslant 2 \end{cases}$$

是一个累积分布函数，同时由于在 $F(x)$ 的所有连续点上 $\lim_{n\to\infty} F_n(x) = F(x)$，所以序列 $X_1, X_2, X_3, \cdots$ 依分布收敛于具有累积分布函数 $F(x)$ 的随机变量. ■

上面的例子表明，通常不能通过考察概率质量函数或概率密度函数来确定极限分布.

不过，在某些条件下，可以像下述例题所展示的那样考察概率密度函数的序列，确定依分布收敛.

例 5.2.3　设 T_n服从自由度为 n 的 t 分布，$n=1,2,3,\cdots$. 因而，它的累积分布函数是

$$F_n(t)=\int_{-\infty}^{t}\frac{\Gamma[(n+1)/2]}{\sqrt{\pi n}\Gamma(n/2)}\frac{1}{(1+y^2/n)^{(n+1)/2}}\mathrm{d}y$$

其中被积函数是 T_n的概率密度函数 $f_n(y)$. 因此

$$\lim_{n\to\infty}F_n(t)=\lim_{n\to\infty}\int_{-\infty}^{t}f_n(y)\mathrm{d}y=\int_{-\infty}^{t}\lim_{n\to\infty}f_n(y)\mathrm{d}y$$

由分析学的结果(勒贝格控制收敛定理)知，倘若$|f_n(y)|$被一个可积函数控制，则可交换极限与积分的顺序. 由于

$$|f_n(y)|\leqslant 10f_1(y)$$

同时对于所有实数 t，

$$\int_{-\infty}^{t}10f_1(y)\mathrm{d}y=\frac{10}{\pi}\arctan t<\infty$$

所以可交换极限与积分顺序. 因此，通过求 T_n的概率密度函数极限确定其极限分布. 它是

$$\lim_{n\to\infty}f_n(y)=\lim_{n\to\infty}\left\{\frac{\Gamma[(n+1)/2]}{\sqrt{n/2}\Gamma(n/2)}\right\}\lim_{n\to\infty}\left\{\frac{1}{(1+y^2/n)^{1/2}}\right\}\times\lim_{n\to\infty}\left\{\frac{1}{\sqrt{2\pi}}\left[\left(1+\frac{y^2}{n}\right)\right]^{-n/2}\right\}$$

利用初等微积分的如下事实

$$\lim_{n\to\infty}\left(1+\frac{y^2}{n}\right)^n=\mathrm{e}^{y^2}$$

很明显，与第三个因子的极限是标准正态分布的概率密度函数，而第二项极限显然等于 1. 由注释 5.2.2，第一项极限也等于 1. 因而，得到

$$\lim_{n\to\infty}F_n(t)=\int_{-\infty}^{t}\frac{1}{\sqrt{2\pi}}\mathrm{e}^{-y^2/2}\mathrm{d}y$$

从而，T_n服从极限标准正态分布. ■

注释 5.2.2(斯特林公式)　在高等微积分中，可推导出下述近似估计

$$\Gamma(k+1)\approx\sqrt{2\pi}k^{k+1/2}\mathrm{e}^{-k}\tag{5.2.2}$$

这是著名的**斯特林公式**(Stirling's formula)，而当 k 很大时，这一公式表现相当精准. 对于整数 k，由于 $\Gamma(k+1)=k!$，此公式提供了 $k!$ 如此迅速增长的思想. 正如习题 5.2.21 所证明的，这个近似公式可用于证明例 5.2.3 中第一项极限为 1. ■

例 5.2.4(源自均匀分布样本的极大值续)　回顾例 5.1.2，其中 $X_1,X_2,\cdots,X_n$ 是来自$(0,\theta)$上均匀分布的随机样本. 再次设 $Y_n=\max\{X_1,X_2,\cdots,X_n\}$，但是现在考察随机变量 $Z_n=n(\theta-Y_n)$. 设 $t\in(0,n\theta)$. 于是，利用 Y_n 的累积分布函数，即式(5.1.1)，则 Z_n 的累积分布函数是

$$P[Z_n\leqslant t]=P[Y_n\geqslant\theta-(t/n)]=1-\left(\frac{\theta-(t/n)}{\theta}\right)^n=1-\left(1-\frac{t/\theta}{n}\right)^n\to 1-\mathrm{e}^{-t/\theta}$$

注意，最后那个量是均值为 θ 的指数随机变量的累积分布函数，即式(3.3.6)也就是 $\Gamma(1,\theta)$. 因此，我们说 $Z_n\xrightarrow{D}Z$，其中 Z 服从分布 $\Gamma(1,\theta)$. ■

注释 5.2.3　为了简化本节的几个证明，利用序列的$\underline{\lim}$与$\overline{\lim}$. 不熟悉这些概念的读者，可以参看附录 A 中对它们的讨论. 利用这种简略记号，就可强调理解证明所必需的一些性质. 设$\{a_n\}$是一个实数序列，并且定义两个序列：

$$b_n = \sup\{a_n, a_{n+1}, \cdots\}, \quad n = 1,2,3,\cdots \tag{5.2.3}$$

$$c_n = \inf\{a_n, a_{n+1}, \cdots\}, \quad n = 1,2,3,\cdots \tag{5.2.4}$$

$\{b_n\}$是非递增序列，而$\{c_n\}$是非递减序列. 因此，它们的极限总是存在的(可以是$\pm\infty$)，分别用$\underline{\lim}_{n\to\infty} a_n$ 与$\overline{\lim}_{n\to\infty} a_n$ 表示. 进而，对于所有 n，$c_n \leqslant a_n \leqslant b_n$. 从而，由三明治定理(参看附录 A 中的定理 A.2.1)，如果$\underline{\lim}_{n\to\infty} a_n = \overline{\lim}_{n\to\infty} a_n$，那么$\lim_{n\to\infty} a_n$ 存在，并且由$\lim_{n\to\infty} a_n = \overline{\lim}_{n\to\infty} a_n$ 给出.

如同附录 A 所讨论的，这些概念的其他几个性质是有用的. 例如，假定$\{p_n\}$是概率序列，而且$\overline{\lim}_{n\to\infty} p_n = 0$，则由三明治定理知，由于 $0 \leqslant p_n \leqslant \sup\{p_n, p_{n+1}, \cdots\}$，对于所有 n，故$\lim_{n\to\infty} p_n = 0$. 同理，对于任意两个序列$\{a_n\}$与$\{b_n\}$，很容易得出$\overline{\lim}_{n\to\infty}(a_n + b_n) \leqslant \overline{\lim}_{n\to\infty} a_n + \overline{\lim}_{n\to\infty} b_n$. ■

正如下面定理所表明的，依分布收敛弱于依概率收敛. 因而，依分布收敛常常称为弱收敛.

定理 5.2.1　*如果 X_n 依概率收敛于 X，那么 X_n 依分布收敛于 X.*

证： 设 x 是 $F_X(x)$的连续点. 设 $\varepsilon > 0$，得出

$$\begin{aligned} F_{X_n}(x) &= P[X_n \leqslant x] \\ &= P[\{X_n \leqslant x\} \cap \{|X_n - X| < \varepsilon\}] + P[\{X_n \leqslant x\} \cap \{|X_n - X| \geqslant \varepsilon\}] \\ &\leqslant P[X \leqslant x + \varepsilon] + P[|X_n - X| \geqslant \varepsilon] \end{aligned}$$

依据这个不等式与 $X_n \xrightarrow{P} X$ 的事实，可以看到

$$\overline{\lim_{n\to\infty}} F_{X_n}(x) \leqslant F_X(x + \varepsilon) \tag{5.2.5}$$

为了达到下界，对其余内容可进行类似处理，从而证明

$$P[X_n > x] \leqslant P[X \geqslant x - \varepsilon] + P[|X_n - X| \geqslant \varepsilon]$$

因此，

$$\underline{\lim}_{n\to\infty} F_{X_n}(x) \geqslant F_X(x - \varepsilon) \tag{5.2.6}$$

利用$\underline{\lim}$与$\overline{\lim}$之间的关系，由式(5.2.5)与式(5.2.6)可得

$$F_X(x - \varepsilon) \leqslant \underline{\lim}_{n\to\infty} F_{X_n}(x) \leqslant \overline{\lim_{n\to\infty}} F_{X_n}(x) \leqslant F_X(x + \varepsilon)$$

若设 $\varepsilon \downarrow 0$，则得到期待结果. ■

重新考察由式(5.2.1)所定义的随机变量序列$\{X_n\}$. 此处 $X_n \xrightarrow{D} X$，但 $X_n \stackrel{P}{\nrightarrow} X$. 因此，一般地讲，上面定理收敛并不成立. 不过，如果 X 是退化的，那么正如下述定理所证明的，上面定理就成立.

定理 5.2.2　*如果 X_n 依分布收敛于常数 b，那么 X_n 依概率收敛于 b.*

证： 设 $\varepsilon > 0$ 是给定的. 于是

$$\lim_{n\to\infty} P[|X_n - b| \leqslant \varepsilon] = \lim_{n\to\infty} F_{X_n}(b + \varepsilon) - \lim_{n\to\infty} F_{X_n}[(b - \varepsilon) - 0] = 1 - 0 = 1$$

得出期待结果. ■

将要证明的结果在下面是相当有用的.

定理 5.2.3　假定 X_n 依分布收敛于 X，同时 Y_n 依概率收敛于 0. 于是，X_n+Y_n 依分布收敛于 X.

此定理的证明类似于定理 5.2.2，留作习题 5.2.13. 我们经常以如下方式运用刚才的定理. 假定很难证明 X_n 依分布收敛于 X，但却容易证明 Y_n 依分布收敛于 X，同时 X_n-Y_n 依概率收敛于 0. 因此，利用定理 5.2.3，正如我们所期待的，

$$X_n=Y_n+(X_n-Y_n)\xrightarrow{D}X$$

下面两个定理表述了一般性结果. 第一个结果的证明可以在更高等的课本中找到，而第二个结果，即斯拉斯基定理可以通过类似于定理 5.2.1 的证法来证明.

定理 5.2.4　假定 X_n 依分布收敛于 X，同时 g 在 X 的支集上是一个连续函数. 于是，$g(X_n)$ 依分布收敛于 $g(X)$.

当存在随机变量 Z_n 的序列，而 Z_n 依分布收敛于标准正态随机变量 Z 时，就经常考虑应用这个定理. 由于 Z^2 的分布服从 $\chi^2(1)$，由定理 5.2.4 可得，Z_n^2 依分布收敛于分布 $\chi^2(1)$.

定理 5.2.5(斯拉斯基定理)　设 X_n,X,A_n,B_n 是随机变量，并设 a 与 b 均是常数. 如果 $X_n\xrightarrow{D}X$，同时 $A_n\xrightarrow{P}a$ 且 $B_n\xrightarrow{P}b$，那么

$$A_n+B_nX_n\xrightarrow{D}a+bX$$

5.2.1　概率有界

另一个有用的概念是随机变量序列的概率有界性，这一概念与依分布收敛有联系.

首先，考察任意随机变量 X，具有累积分布函数 $F_X(x)$. 于是，对于给定 $\varepsilon>0$，能以下述方法构成 X 的界限. 因为 F_X 的下极限是 0，而其上极限是 1，所以可找到 η_1 与 η_2，使得

$$\text{对于 } x\leqslant\eta_1, F_X(x)<\varepsilon/2;\quad \text{对于 } x\geqslant\eta_2, F_X(x)>1-\varepsilon/2$$

设 $\eta=\max\{|\eta_1|, |\eta_2|\}$，从而

$$P[|X|\leqslant\eta]=F_X(\eta)-F_X(-\eta-0)\geqslant1-(\varepsilon/2)-(\varepsilon/2)=1-\varepsilon\qquad(5.2.7)$$

因而，作为非有界的随机变量(比如，X 服从 $N(0,1)$)仍以这种概率方法形成界限. 这是我们下面要定义的随机变量序列的一个有用概率.

定义 5.2.2(概率有界)　称随机变量序列 $\{X_n\}$ 是概率有界的，如果对于所有 $\varepsilon>0$，存在一个常数 $B_\varepsilon>0$ 与一个整数 N_ε，使得

$$n\geqslant N_\varepsilon\Rightarrow P[|X_n|\leqslant B_\varepsilon]\geqslant1-\varepsilon$$

其次，考察随机变量序列 $\{X_n\}$ 依分布收敛于具有累积分布函数 F 的随机变量 X. 设 $\varepsilon>0$ 是给定的，并且选取 η，使得式(5.2.7)成立. 我们总是能选取 η，使得 η 与 $-\eta$ 都是 F 的连续点. 于是，有

$$\lim_{n\to\infty}P[|X_n|\leqslant\eta]\geqslant\lim_{n\to\infty}F_{X_n}(\eta)-\lim_{n\to\infty}F_{X_n}(-\eta-0)=F_X(\eta)-F_X(-\eta)\geqslant1-\varepsilon$$

确切地说，能选取很大的 N，使得对于 $n\geqslant N$，$P[|X_n|\leqslant\eta]\geqslant1-\varepsilon$. 因而，能够证明下面的定理.

定理 5.2.6　设$\{X_n\}$是随机变量序列，并且设 X 是一个随机变量. 如果依分布 $X_n \to X$，那么$\{X_n\}$是概率有界的.

如同下述例题所表明的，定理 5.2.6 的逆并不成立.

例 5.2.5　设$\{X_n\}$是下面的退化随机变量序列. 对于偶数 $n=2m$，以概率 1 有 $X_{2m}=2+1/(2m)$. 对于奇数 $n=2m-1$，以概率 1 有 $X_{2m-1}=1+1/(2m)$. 于是，序列$\{X_2, X_4, X_6, \cdots\}$依分布收敛于退化随机变量 $Y=2$，而序列$\{X_1, X_3, X_5, \cdots\}$依分布收敛于退化随机变量 $W=1$. 由于 Y 与 W 的分布是不同的，序列$\{X_n\}$并不依分布收敛. 然而，由于序列$\{X_n\}$的质量全部位于区间$[1, 5/2]$上，所以序列$\{X_n\}$是概率有界的. ■

考虑序列为概率(或依分布收敛于随机变量)有界的一种方法是，$|X_n|$的概率质量没有逸散到∞. 有时，人们用概率有界性代替依分布收敛. 于是，下面定理给出所需的性质.

定理 5.2.7　设$\{X_n\}$是概率有界的随机变量序列，并设$\{Y_n\}$是依分布收敛于 0 的随机变量序列. 于是，

$$X_n Y_n \xrightarrow{P} 0$$

证：设 $\varepsilon>0$ 是给定的. 选取 $B_\varepsilon>0$ 与一个整数 N_ε，使得

$$n \geqslant N_\varepsilon \Rightarrow P[|X_n| \leqslant B_\varepsilon] \geqslant 1-\varepsilon$$

从而

$$\begin{aligned}\overline{\lim_{n\to\infty}} P[|X_n Y_n| \geqslant \varepsilon] &\leqslant \overline{\lim_{n\to\infty}} P[|X_n Y_n| \geqslant \varepsilon, |X_n| \leqslant B_\varepsilon] + \overline{\lim_{n\to\infty}} P[|X_n Y_n| \geqslant \varepsilon, |X_n| > B_\varepsilon] \\ &\leqslant \overline{\lim_{n\to\infty}} P[|Y_n| \geqslant \varepsilon/B_\varepsilon] + \varepsilon = \varepsilon \end{aligned} \tag{5.2.8}$$

由此得出期待结果. ■

5.2.2　Δ 方法

前面三章所讨论的问题是，我们知道随机变量的分布，不过想要确定随机变量函数的分布. 在渐近理论中，这同样是成立的，而定理 5.2.4 和定理 5.2.5 就阐明了这一点. 另一个这类结果是所谓的 Δ 方法. 为了建立此结果，需要一种简洁的带有余项中值定理的形式，有时称为杨定理，参看 Hardy(1992)或 Lehmann(1999). 假定 $g(x)$在 x 处是可微的，于是，可以写成

$$g(y)=g(x)+g'(x)(y-x)+o(|y-x|) \tag{5.2.9}$$

其中记号 o 意指

$$a=o(b) \text{ 当且仅当 } b\to 0 \text{ 时 } \frac{a}{b}\to 0$$

小 o 记号还常常用于依概率收敛的术语中. 我们经常写成 $o_p(X_n)$，意指

$$Y_n=o_p(X_n) \text{ 当且仅当 } n\to\infty \text{ 时 } \frac{Y_n}{X_n}\xrightarrow{P} 0 \tag{5.2.10}$$

存在一个相对应的大 O 记号，它是由

$$Y_n=O_p(X_n) \text{ 当且仅当 } n\to\infty \text{ 时 } \frac{Y_n}{X_n} \text{ 依概率是有界的} \tag{5.2.11}$$

给出的.

下面定理阐明小 o 记号的含义，但该定理也可作为定理 5.2.9 的引理.

定理 5.2.8 假定 $\{Y_n\}$ 是随机变量序列，依概率是有界的. 假定 $X_n=o_p(Y_n)$，于是，当 $n\to\infty$ 时，$X_n \xrightarrow{P} 0$.

证：设 $\varepsilon>0$ 是给定的，因为序列 $\{Y_n\}$ 依概率是有界的，所以存在正的常数 N_ε 与 B_ε，使得

$$n\geqslant N_\varepsilon \Rightarrow P[|Y_n|\leqslant B_\varepsilon]\geqslant 1-\varepsilon \tag{5.2.12}$$

同样地，由于 $X_n=o_p(Y_n)$，所以当 $n\to\infty$ 时，得到

$$\frac{X_n}{Y_n} \xrightarrow{P} 0 \tag{5.2.13}$$

从而得出

$$\begin{aligned} P[|X_n|\geqslant\varepsilon] &= P[|X_n|\geqslant\varepsilon,|Y_n|\leqslant B_\varepsilon]+P[|X_n|\geqslant\varepsilon,|Y_n|>B_\varepsilon] \\ &\leqslant P\left[\frac{X_n}{|Y_n|}\geqslant\frac{\varepsilon}{B_\varepsilon}\right]+P[|Y_n|>B_\varepsilon] \end{aligned}$$

由式(5.2.13)和式(5.2.12)知，通过选取充分大的 n，使右边第一项与第二项能够分别任意小. 因此，该结果成立. ■

我们现在证明关于渐近过程的该定理，也被称为 Δ 方法.

定理 5.2.9 设 $\{X_n\}$ 是随机变量序列，使得

$$\sqrt{n}(X_n-\theta) \xrightarrow{D} N(0,\sigma^2) \tag{5.2.14}$$

假定函数 $g(x)$ 在 θ 处是可微的，且 $g'(\theta)\neq 0$. 从而

$$\sqrt{n}(g(X_n)-g(\theta)) \xrightarrow{D} N(0,\sigma^2(g'(\theta))^2) \tag{5.2.15}$$

证：利用式(5.2.9)，则有

$$g(X_n)=g(\theta)+g'(\theta)(X_n-\theta)+o_p(|X_n-\theta|)$$

其中 o_p 可做出如同式(5.2.10)中一样的解释. 经过重新整理，得到

$$\sqrt{n}(g(X_n)-g(\theta))=g'(\theta)\sqrt{n}(X_n-\theta)+o_p(\sqrt{n}|X_n-\theta|)$$

由于式(5.2.14)成立，定理 5.2.6 蕴含着 $\sqrt{n}|X_n-\theta|$ 依概率是有界的. 因此，由定理 5.2.8，依概率 $o_p(\sqrt{n}|X_n-\theta|)\to 0$. 因此，利用式(5.2.14)和定理 5.2.1，此结果成立. ■

例 5.2.8 与一些习题都对 Δ 方法进行了阐述.

5.2.3 矩母函数方法

为了利用定义求出随机变量 X_n 的极限分布函数，显然要求，对于每一个正整数 n 都要知道 $F_{X_n}(x)$. 但是，很难获得 $F_{X_n}(x)$ 闭形式. 幸运的是，如果它存在，那么对应于累积分布函数 $F_{X_n}(x)$ 的矩母函数经常提供确定极限累积分布函数的一种便捷方法.

下面的定理解释矩母函数如何用于极限分布问题，该定理本质上是对 Lévy 和 Cramér 定理的柯蒂斯(Curtiss)修改. 对此定理进行证明，已经超出本书范围. 在更高等的教科书中，可以轻而易举地找到它，例如参看 Breiman(1968)第 171 页.

定理 5.2.10 设 $\{X_n\}$ 是随机变量序列，对于所有 n，$-h<t<h$，它具有矩母函数

$M_{X_n}(t)$. 设 X 是随机变量，对于 $|t|\leqslant h_1\leqslant h$，具有矩母函数 $M(t)$. 如果 $\lim\limits_{n\to\infty}M_{X_n}(t)=M(t)$，对于 $|t|\leqslant h_1$，那么 $X_n\xrightarrow{D}X$.

本节和下一节给出应用定理 5.2.10 的几个例子. 这些例子运用某些高等微积分课程里面建立起来的某种极限，这样做起来非常方便. 涉及的极限形式是

$$\lim_{n\to\infty}\left[1+\frac{b}{n}+\frac{\psi(n)}{n}\right]^{cn}$$

其中 b 与 c 均不依赖于 n，而且 $\lim\limits_{n\to\infty}\psi(n)=0$. 从而

$$\lim_{n\to\infty}\left[1+\frac{b}{n}+\frac{\psi(n)}{n}\right]^{cn}=\lim_{n\to\infty}\left(1+\frac{b}{n}\right)^{cn}=e^{bc} \tag{5.2.16}$$

例如，

$$\lim_{n\to\infty}\left(1-\frac{t^2}{n}+\frac{t^2}{n^{3/2}}\right)^{-n/2}=\lim_{n\to\infty}\left(1-\frac{t^2}{n}+\frac{t^2/\sqrt{n}}{n}\right)^{-n/2}$$

这里 $b=-t^2$，$c=-\dfrac{1}{2}$，$\psi(n)=t^2/\sqrt{n}$. 因此，对于每个固定 t 值，此极限是 $e^{t^2/2}$.

例 5.2.6 设 Y_n 服从 $b(n,p)$ 分布. 假定对于每一个 n，均值 $\mu=np$ 都是相同的，也就是 $p=\mu/n$，其中 μ 为常数. 当 $p=\mu/n$，通过求 $M_{Y_n}(t)$ 的极限可获得二项分布的极限分布. 现在对于所有 t 的实值，

$$M_{Y_n}(t)=E(e^{tY_n})=[(1-p)+pe^t]^n=\left[1+\frac{\mu(e^t-1)}{n}\right]^n$$

因而，得出对于所有 t 的实值，

$$\lim_{n\to\infty}M_{Y_n}(t)=e^{\mu(e^t-1)}$$

由于具有矩母函数 $e^{\mu(e^t-1)}$ 的分布存在，也就是具有均值 μ 的泊松分布存在，所以依据定理和所述条件，可以看出，Y_n 服从均值为 μ 的极限泊松分布.

每当随机变量具有极限分布时，如同人们所希望的，可运用极限分布作为精确分布函数的近似值. 这个例子结果促使我们在当 n 很大且 p 很小时用泊松分布作为对二项分布的近似估计. 为了阐述这种近似应用，设 Y 服从 $n=50$ 且 $p=1/25$ 的二项分布. 于是，利用 R 软件计算，可以得到

$$P(Y\leqslant 1)=\left(\frac{24}{25}\right)^{50}+50\left(\frac{1}{25}\right)=\text{pbinom}(1,50,1/25)=0.4004812$$

由于 $\mu=np=2$，对此概率而言，泊松近似是

$$e^{-2}+2e^{-2}=\text{ppois}(1,2)=0.4060058$$

■

例 5.2.7 设 Z_n 服从 $\chi^2(n)$. 于是，Z_n 的矩母函数是 $(1-2t)^{-n/2}$，$t<\dfrac{1}{2}$. Z_n 的均值与方差分别是 n 与 $2n$. 下面研究随机变量 $Y_n=(Z_n-n)/\sqrt{2n}$ 的极限分布. 现在，Y_n 的矩母函数为

$$M_{Y_n}(t)=E\left\{\exp\left[t\left(\frac{Z_n-n}{\sqrt{2n}}\right)\right]\right\}=e^{-tn/\sqrt{2n}}E(e^{tZ_n/\sqrt{2n}})$$

$$=\exp\left[-\left(t\sqrt{\frac{2}{n}}\right)\left(\frac{n}{2}\right)\right]\left(1-2\frac{t}{\sqrt{2n}}\right)^{-n/2},\quad t<\frac{\sqrt{2n}}{2}$$

这可写成

$$M_{Y_n}(t)=\left(e^{t\sqrt{2/n}}-t\sqrt{\frac{2}{n}}e^{t\sqrt{2/n}}\right)^{-n/2},\quad t<\sqrt{\frac{n}{2}}$$

的形式. 依据泰勒公式，在 0 与 $t\sqrt{2/n}$之间存在一个数 $\xi(n)$，使得

$$e^{t\sqrt{2/n}}=1+t\sqrt{\frac{2}{n}}+\frac{1}{2}\left(t\sqrt{\frac{2}{n}}\right)^2+\frac{e^{\xi(n)}}{6}\left(t\sqrt{\frac{2}{n}}\right)^3$$

如果用这个和代替上面 $M_{Y_n}(t)$表达式中的 $e^{t\sqrt{2/n}}$，可以看到

$$M_{Y_n}(t)=\left(1-\frac{t^2}{n}+\frac{\psi(n)}{n}\right)^{-n/2}$$

其中

$$\psi(n)=\frac{\sqrt{2}t^3e^{\xi(n)}}{3\sqrt{n}}-\frac{\sqrt{2}t^3}{\sqrt{n}}-\frac{2t^4e^{\xi(n)}}{3n}$$

由于当 $n\to\infty$时 $\xi(n)\to 0$，所以对于每一个固定 t 值，$\lim\psi(n)=0$. 依据本节前面曾引述的极限命题，得出对于所有 t 的实值，

$$\lim_{n\to\infty}M_{Y_n}(t)=e^{t^2/2}$$

也就是，随机变量 $Y_n=(Z_n-n)/\sqrt{2n}$服从极限标准正态分布. ■

图 5.2.2 显示了对标准化 Z_n 的渐近分布的验证情况. 对于 $n=5,10,20,50$ 的每个值，利用 R 命令 rchisq(1000,n)可生成来自 $\chi^2(n)$分布的 1000 个观测值. 将每一个观测 z_n 标准化为 $y_n=(z_n-n)/\sqrt{2n}$，并绘制这些 y_n的直方图. 在直方图上，标准正态分布的概率密

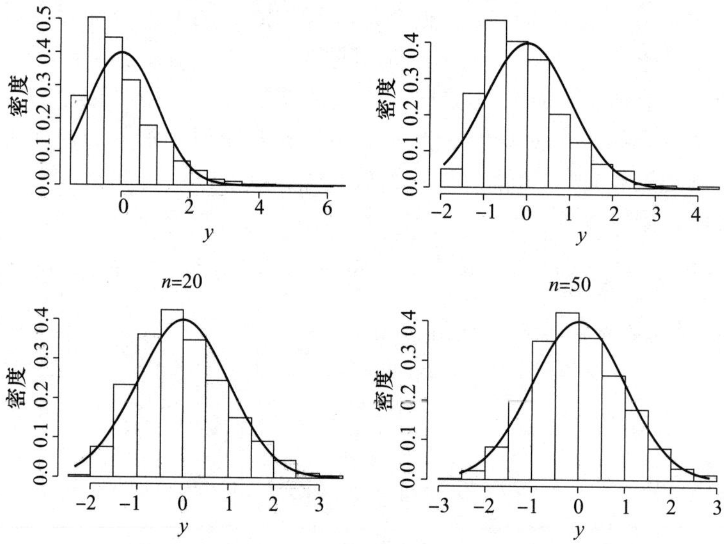

图 5.2.2　对每个 n 值，展示了 1000 个生成值 y_n的直方图，其中 y_n 是例 5.2.7 所讨论的. 极限 $N(0,1)$的概率密度函数是以叠加形式绘制在直方图上的

度函数是以叠加形式绘制的. 注意，当 $n=5$ 时，y_n 值的直方图表现出偏态，但是随着 n 的不断增大，直方图的形状接近于概率密度函数的形状，这就验证了上述理论. 这些图是利用 R 函数 cdistplt 来绘制的. 对于这个函数来说，通过改变 n 的值，很容易进一步绘制这类图形.

例 5.2.8(例 5.2.7 续) 在上面例题的记号下，可以证明

$$\sqrt{n}\left[\frac{1}{\sqrt{2}n}Z_n-\frac{1}{\sqrt{2}}\right]\xrightarrow{D}N(0,1) \tag{5.2.17}$$

然而，对于这种情况，有时会对 Z_n 的平方根序列感兴趣. 设 $g(t)=\sqrt{t}$，并且设 $W_n=g(Z_n/(\sqrt{2}n))=(Z_n/(\sqrt{2}n))^{1/2}$. 注意，$g(1/\sqrt{2})=1/2^{1/4}$，并且 $g'(1/\sqrt{2})=2^{-3/4}$. 因此，利用 Δ 方法、定理 5.2.9 以及式(5.2.17)，得到

$$\sqrt{n}[W_n-1/2^{1/4}]\xrightarrow{D}N(0,2^{-3/2}) \tag{5.2.18}$$

■

习题

5.2.1 设 $\overline{X}_n$ 表示来自分布 $N(\mu,\sigma^2)$的样本量为 n 的随机样本均值. 求 $\overline{X}_n$ 的极限分布.

5.2.2 设 Y_1 表示来自下面分布的样本量为 n 的随机样本最小值，此分布具有概率密度函数 $f(x)=e^{-(x-\theta)}$，$\theta<x<\infty$，其他为 0. 设 $Z_n=n(Y_1-\theta)$，求 Z_n 的极限分布.

5.2.3 设 Y_n 表示来自下面连续型分布的随机样本 n 的最大值，此分布具有累积分布函数 $F(x)$与概率密度函数 $f(x)=F'(x)$. 求 $Z_n=n[1-F(Y_n)]$的极限分布.

5.2.4 设 Y_2 表示来自下面连续型分布的样本量为 n 的随机样本中第二小的项，此分布具有累积分布函数 $F(x)$与概率密度函数 $f(x)=F'(x)$. 求 $W_n=nF(Y_2)$的极限分布.

5.2.5 设 Y_n 的概率质量函数是 $p_n(y)=1$，$y=n$，其他为 0. 证明 Y_n 没有极限分布. (在此情况下，概率“逸散”于无穷大.)

5.2.6 设 $X_1,X_2,\cdots,X_n$ 是来自分布 $N(\mu,\sigma^2)$的样本量为 n 的随机样本，其中 $\sigma^2>0$. 证明和式 $Z_n=\sum_1^n X_i$ 没有极限分布.

5.2.7 设 X_n 服从参数为 $\alpha=n$ 与 β 的伽马分布，其中 β 不是 n 的函数. 设 $Y_n=X_n/n$. 求 Y_n 的极限分布.

5.2.8 设 Z_n 服从 $\chi^2(n)$，并设 $W_n=Z_n/n^2$. 求 W_n 的极限分布.

5.2.9 设 X 服从 $\chi^2(50)$. 利用例 5.2.7 所讨论的极限分布来近似 $P(40<X<60)$. 将你的答案与利用 R 计算出的结果进行比较.

5.2.10 修改 R 函数 cdistplt 来绘制例 5.2.8 所讨论的关于 w_n 值的直方图.

5.2.11 设 $p=0.95$ 表示一个人处于某个年龄组且至少生活 5 年的概率.

(a) 如果可以观测到 60 位这种人员，同时假定他们是独立的，利用 R 计算他们之中至少 56 位人员生活 5 年或更多年的概率.

(b) 利用泊松分布，求出对(a)部分的近似结果.

提示：对 p 重新定义为 0.05，并且 $1-p=0.95$.

5.2.12 设随机变量 Z_n 服从参数 $\mu=n$ 的泊松分布. 证明随机变量 $Y_n=(Z_n-n)/\sqrt{n}$的极限分布是均值为 0 且方差为 1 的正态分布.

5.2.13 证明定理 5.2.3.

5.2.14 设 X_n 与 Y_n 服从二元正态分布，其参数为 $\mu_1,\mu_2,\sigma_1^2,\sigma_2^2$(与 n 无关)，同时 $\rho=1-1/n$. 考察给定

$X_n=x$ 时，Y_n 的条件分布．研究当 $n\to\infty$时，这个条件分布的极限．当 $\rho=-1+1/n$ 时，此极限分布是什么呢？参考 2.5 节对这些事实做出的注释．

5.2.15　设 $\overline{X}_n$ 表示来自样本量为 n 的参数 $\mu=1$ 的泊松分布随机样本均值．

(a) 证明：$Y_n=\sqrt{n}(\overline{X}_n-\mu)/\sigma=\sqrt{n}(\overline{X}_n-1)$的矩母函数是由 $\exp[-t/\sqrt{n}+n(e^{t/\sqrt{n}}-1)]$给出的．

(b) 研究当 $n\to\infty$时 Y_n 的极限分布．

提示：用它的麦克劳林级数代替表达式 $e^{t/\sqrt{n}}$，它是 Y_n的矩母函数指数．

5.2.16　利用习题 5.2.15，求$\sqrt{n}(\sqrt{\overline{X}_n}-1)$的极限分布．

5.2.17　设 $\overline{X}_n$ 表示来自下面分布的样本量为 n 的随机样本均值，此分布具有概率密度函数 $f(x)=e^{-x}$，$0<x<\infty$，其他为 0．

(a) 证明：$Y_n=\sqrt{n}(\overline{X}_n-1)$的矩母函数 $M_{Y_n}(t)$是由

$$M_{Y_n}(t)=[e^{t/\sqrt{n}}-(t/\sqrt{n})e^{t/\sqrt{n}}]^{-n},\quad t<\sqrt{n}$$

给出的．

(b) 求当 $n\to\infty$时 Y_n 的极限分布．

习题 5.2.15 和习题 5.2.17 均是下一节将要证明的重要定理的特例．

5.2.18　利用习题 5.2.17，求$\sqrt{n}(\sqrt{\overline{X}_n}-1)$的极限分布．

5.2.19　设 $Y_1<Y_2<\cdots<Y_n$是来自下面分布的随机样本的次序统计量，此分布具有概率密度函数 $f(x)=e^{-x}$，$0<x<\infty$，其他为 0．确定 $Z_n=(Y_n-\log n)$的极限分布．

5.2.20　设 $Y_1<Y_2<\cdots<Y_n$ 是来自下面分布的随机样本的次序统计量，此分布具有概率密度函数 $f(x)=5x^4$，$0<x<1$，其他为 0．求 p 以使 $Z_n=n^pY_1$ 依分布收敛．

5.2.21　利用斯特林公式(5.2.2)：

(a) 运行下面的 R 代码，对于 $k=5$ 到 $k=15$ 验证这个公式．

```
ks = 5; kstp = 15; coll = c();for(j in ks:kstp){
c1=gamma(j+1); c2=sqrt(2*pi)*exp(-j+(j+.5)*log(j))
coll=rbind(coll,c(j,c1,c2))}; coll
```

(b) 取斯特林公式的对数，并将其与用 R 代码 `lgamma(k+1)`计算的结果进行比较．

(c) 利用斯特林公式证明例 5.2.3 中第一项极限是 1．

5.3　中心极限定理

在 3.4 节中已经看到，如果 $X_1,X_2,\cdots,X_n$ 是来自均值为 μ 与方差为 σ^2 的正态分布随机样本，那么对于每一个正整数 n 来说，随机变量

$$\frac{\sum_{i=1}^{n}X_i-n\mu}{\sigma\sqrt{n}}=\frac{\sqrt{n}(\overline{X}_n-\mu)}{\sigma}$$

服从均值为 0 与方差为 1 的正态分布．在概率论中有个相当有名的所谓**中心极限定理**(central limit theorem)．这个定理的特殊情况断言如下著名而重要的事实：如果 $X_1,X_2,\cdots,X_n$ 表示来自任意具有有限方差$\sigma^2>0$ 分布(从而具有有限均值 μ)的样本量为 n 的随机样本观测值，那么随机变量$\sqrt{n}(\overline{X}_n-\mu)/\sigma$ 依分布收敛于服从标准正态分布的随机变量．因而，当该定理条件得以满足时，对于很大的 n，随机变量$\sqrt{n}(\overline{X}_n-\mu)/\sigma$ 服从均值为 0 与方差为 1 的近似正态分布．于是，可使用这一近似正态分布计算关于 $\overline{X}$ 的近似概率．

我们经常用"Y_n 服从极限标准正态分布"表示 Y_n 依分布收敛于标准正态随机变量"，参看 5.2.1 节.

现在阐述此定理的更一般形式，但对它的证明只能在修改条件的情况下给出. 然而，假如用特征函数代替矩母函数，这完全如希望的那样可给出该定理的证明.

定理 5.3.1(中心极限定理) 设 $X_1, X_2, \cdots, X_n$ 表示来自均值为 μ 与方差为 σ^2 分布的随机样本观测值. 于是，随机变量 $Y_n\left(\sum_{i=1}^{n} X_i - n\mu\right)/\sqrt{n}\sigma = \sqrt{n}(\overline{X}_n - \mu)/\sigma$ 依分布收敛于服从均值为 0 与方差为 1 的正态分布的随机变量.

证：就这个证明而言，还要假定对于 $-h<t<h$，矩母函数 $M(t)=E(e^{tX})$ 存在. 假如用特征函数 $\varphi(t)=E(e^{itX})$ 代替矩母函数，其中特征函数总是存在的，这里的证明本质上和更高等课程中所使用的特征函数的证法是一样的.

函数

$$m(t) = E[e^{t(X-\mu)}] = e^{-\mu t}M(t)$$

对于 $-h<t<h$ 也是存在的. 由于 $m(t)$ 是 $X-\mu$ 的矩母函数，由此必有 $m(0)=1$，$m'(0)=E(X-\mu)=0$，以及 $m''(0)=E[(X-\mu)^2]=\sigma^2$. 由泰勒公式知，在 0 与 t 之间存在一个 ξ，使得

$$m(t) = m(0) + m'(0)t + \frac{m''(\xi)t^2}{2} = 1 + \frac{m''(\xi)t^2}{2}$$

如果上式加上 $\sigma^2 t^2/2$ 且减去它，那么

$$m(t) = 1 + \frac{\sigma^2 t^2}{2} + \frac{[m''(\xi) - \sigma^2]t^2}{2} \tag{5.3.1}$$

其次，考察 $M(t;n)$，其中

$$\begin{aligned}
M(t;n) &= E\left[\exp\left(t\,\frac{\sum X_i - n\mu}{\sigma\sqrt{n}}\right)\right] \\
&= E\left[\exp\left(t\,\frac{X_1-\mu}{\sigma\sqrt{n}}\right)\exp\left(t\,\frac{X_2-\mu}{\sigma\sqrt{n}}\right)\cdots\exp\left(t\,\frac{X_n-\mu}{\sigma\sqrt{n}}\right)\right] \\
&= E\left[\exp\left(t\,\frac{X_1-\mu}{\sigma\sqrt{n}}\right)\right]\cdots E\left[\exp\left(t\,\frac{X_n-\mu}{\sigma\sqrt{n}}\right)\right] \\
&= \left\{E\left[\exp\left(t\,\frac{X-\mu}{\sigma\sqrt{n}}\right)\right]\right\}^n = \left[m\left(\frac{t}{\sigma\sqrt{n}}\right)\right]^n, \quad -h < \frac{t}{\sigma\sqrt{n}} < h
\end{aligned}$$

在式(5.3.1)中用 $t/\sigma\sqrt{n}$ 代替 t，得出

$$m\left(\frac{t}{\sigma\sqrt{n}}\right) = 1 + \frac{t^2}{2n} + \frac{[m''(\xi) - \sigma^2]t^2}{2n\sigma^2}$$

其中现在 ξ 位于 0 与 $t/\sigma\sqrt{n}$ 之间，满足 $-h\sigma\sqrt{n}<t<h\sigma\sqrt{n}$，因此

$$M(t;n) = \left\{1 + \frac{t^2}{2n} + \frac{[m''(\xi) - \sigma^2]t^2}{2n\sigma^2}\right\}^n$$

由于 $m''(t)$ 在 $t=0$ 处是连续的，并且当 $n\to\infty$ 时 $\xi\to 0$，所以有

$$\lim_{n\to\infty}[m''(\xi) - \sigma^2] = 0$$

由 5.2.3 节引述的极限命题[式(5.2.16)]，可以证明对于所有 t 的实值，

$$\lim_{n\to\infty} M(t;n) = e^{t^2/2}$$

这就证明了随机变量 $Y_n=\sqrt{n}(\overline{X}_n-\mu)/\sigma$ 服从极限标准正态分布. ■

正如注释 5.2.1 所述，我们称 Y_n 服从极限标准正态分布. 将这个定理解释成：当 n 是很大的固定正整数时，随机变量 $\overline{X}$ 服从均值为 μ 与方差为 σ^2 的近似正态分布；而在一些应用中，使用近似正态概率密度函数，就好像它是 $\overline{X}$ 的精确概率密度函数一样. 同时，我们也可以将中心极限定理的结论等价地表述成

$$\sqrt{n}(\overline{X}-\mu) \xrightarrow{D} N(0,\sigma^2) \tag{5.3.2}$$

通常这个形式是更容易运用的公式.

中心极限定理的主要应用之一是统计推断. 在例 5.3.1～例 5.3.6 中，我们阐述了几个应用结果. 正如我们所指出的，我们在第 4 章运用这些结果，并且在本书后面还将利用它们.

例 5.3.1(μ 的大样本推断)　设 $X_1,X_2,\cdots,X_n$ 是源自均值为 μ 与方差为 σ^2 的分布的随机样本，其中 μ 和 σ 未知. 设 $\overline{X}$ 与 S 分别表示样本均值与样本标准差，于是，

$$\frac{\overline{X}-\mu}{S/\sqrt{n}} \xrightarrow{D} N(0,1) \tag{5.3.3}$$

为了理解这一点，将左边写成

$$\frac{\overline{X}-\mu}{S/\sqrt{n}} = \left(\frac{\sigma}{S}\right)\frac{(\overline{X}-\mu)}{\sigma/\sqrt{n}}$$

例 5.1.1 已经证明，S 依概率收敛到 σ，因此利用 5.2 节的定理，σ/S 依概率收敛到 1. 因而，由中心极限定理、斯拉斯基定理、定理 5.2.5 可得结果式(5.3.3). 在前面第 4 章例 4.2.2 和例 4.5.3 中，我们已经阐述了基于式(5.3.3)的关于 μ 的大样本置信区间和检验. ■

这里的例子和下面给出的几个例子，有助于揭示这种形式的中心极限定理的重要性.

例 5.3.2　设 $\overline{X}$ 表示源自下述分布样本量为 75 的随机样本均值，此分布具有概率密度函数

$$f(x) = \begin{cases} 1, & 0 < x < 1 \\ 0, & \text{其他} \end{cases}$$

对于此种情况，可以证明当 $0<\overline{x}<1$ 时，$\overline{X}$ 的概率密度函数 $g(\overline{x})$ 的图形是由 75 段 74 次多项式的弧所构成的. 这类概率计算 $P(0.45<\overline{X}<0.55)$ 可能相当烦琐费力. 由于对 t 的所有实值来说，$M(t)$ 存在，故定理条件得到满足. 另外，$\mu=\frac{1}{2}$ 与 $\sigma^2=\frac{1}{12}$，因此，利用 R 软件，我们得到

$$\begin{aligned} P(0.45<\overline{X}<0.55) &= P\left[\frac{\sqrt{n}(0.45-\mu)}{\sigma}<\frac{\sqrt{n}(\overline{X}-\mu)}{\sigma}<\frac{\sqrt{n}(0.55-\mu)}{\sigma}\right] \\ &= P[-1.5<30(\overline{X}-0.5)<1.5] \\ &= \texttt{pnorm(1.5)}-\texttt{pnorm(-1.5)} \approx 0.8663 \end{aligned}$$

■

例 5.3.3　设 $X_1, X_2, \cdots, X_n$ 表示来自 $b(1, p)$ 分布的随机样本．这里 $\mu = p$，$\sigma^2 = p(1-p)$，而且对于 t 的所有实值，$M(t)$ 存在．当 $Y_n = X_1 + X_2 + \cdots + X_n$，众所周知，$Y_n$ 服从$b(n,p)$．当不能使用泊松近似时，对 Y_n 概率进行计算可通过利用下面事实得以简化：$(Y_n - np)/\sqrt{np(1-p)} = \sqrt{n}(\overline{X}_n - p)/\sqrt{p(1-p)} = \sqrt{n}(\overline{X}_n - \mu)/\sigma$ 服从极限分布——均值为 0 与方差为 1 的正态分布．

通常，统计学家称 Y_n 或更简单地称 Y 服从均值为 np 与方差为$np(1-p)$的近似正态分布，甚至当 n 小到为 10，并且 $p = \frac{1}{2}$时，结果是二项分布关于 $np = 5$ 是对称的．我们在图 5.3.1中发现，正态分布 $N\left(5, \frac{5}{2}\right)$对二项分布 $b\left(10, \frac{1}{2}\right)$拟合得相当好，其中矩形高表示各个不同整数 $0,1,2,\cdots,10$ 的概率．注意，对于每一个 $k = 0,1,2,\cdots,10$，甚至 $n=10$，底为$(k-0.5, k+0.5)$的矩形面积与正态概率密度函数下方在 $k-0.5$ 与 $k+0.5$ 之间的面积大致相等．这个事例应有助于读者理解例 5.3.4．■

例 5.3.4　就例 5.3.3 的背景而言，设 $n=100$，$p=\frac{1}{2}$，同时假定想要计算 $P(Y=48, 49, 50, 51, 52)$．由于 Y 是离散型随机变量，所以$\{Y=48,49,50,51,52\}$与$\{47.5<Y<52.5\}$是等价事件．也就是说，$P(Y=48,49,50,51,52) = P(47.5<Y<52.5)$，因为$np=50$，且$np(1-p)=25$，所以后者概率写成

$$
\begin{aligned}
&P(47.5 < Y < 52.5) \\
&= P\left(\frac{47.5-50}{5} < \frac{Y-50}{5} < \frac{52.5-50}{5}\right) \\
&= P\left(-0.5 < \frac{Y-50}{5} < 0.5\right)
\end{aligned}
$$

由于$(Y-50)/5$ 服从均值 0 为与方差为 1 的近似正态分布，这一概率大约是 pnorm(.5) − pnorm(−.5) = 0.3829．

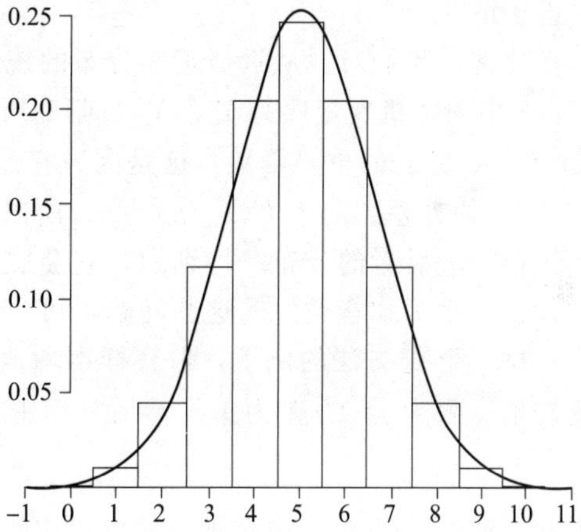

图 5.3.1　$b\left(10, \frac{1}{2}\right)$概率质量函数与 $N\left(5, \frac{5}{2}\right)$概率密度函数叠放图

选取事件 $47.5<Y<52.5$ 而不是另一事件如 $47.58<Y<52.3$，作为与事件 $Y=48,49,50,51,52$ 是等价的习惯，其原因在于下面的观测发现．将概率 $P(Y=48,49,50,51,52)$解释成 5 个矩形面积之和，这 5 个矩形的宽度均为 1，而其高度分别为 $P(Y=48),\cdots,P(Y=52)$．如果这些矩形的底分别位于水平轴上而中点为 $48,49,\cdots,52$，那么对这些面积之和可通过有界面积来近似估计，该有界面积是由水平轴、正态概率密度函数的图形以及纵坐标所构成的，看起来有理由把两个纵坐标取在 47.5 与 52.5 点上．这就是所谓**连续性修正**(continuity correction)．■

下面两个例子涉及比例的大样本推断．

例 5.3.5(比例的大样本推断)　设 $X_1, X_2, \cdots, X_n$ 是源自伯努利分布的随机样本，其中 p 表示成功的概率．设$\hat{p}$是样本的成功比例．于是，$\hat{p} = \overline{X}$．因此，

$$\frac{\hat{p}-p}{\sqrt{\hat{p}(1-\hat{p})/n}} \xrightarrow{D} N(0,1) \tag{5.3.4}$$

这可利用中心极限定理，如同例 5.3.1 一样的推理建立起来；参看习题 5.3.13. 在第 4 章例 4.2.3 和例 4.5.2，已经阐述大样本条件下关于 p 的置信区间与检验. ■

例 5.3.6(χ^2 检验的大样本推断) 这是 4.7 节所用例 5.3.3 的另一种形式，可以由中心极限定理和定理 5.2.4 得出. 采用例 5.3.3 的记号，假定 Y_n 服从参数为 n 及 p 的二项分布. 于是，如同例 5.3.3，$(Y_n-np)/\sqrt{np(1-p)}$ 分布收敛于随机变量 Z，服从 $N(0,1)$分布. 因此，由定理 5.2.4，

$$\left(\frac{Y_n-np}{\sqrt{np(1-p)}}\right)^2 \xrightarrow{D} \chi^2(1) \tag{5.3.5}$$

这就是第 4 章所参考的结果，参看式(4.7.1). ■

我们知道，倘若 n 足够大，则 $\overline{X}$ 与 $\sum_1^n X_i$ 服从近似正态分布. 稍后可以发现，其他一些统计量也服从近似正态分布，这就是正态分布对统计学家而言如此重要的原因. 也就是说，尽管许多基础分布不都是正态的，但是源自这些分布随机样本而计算的统计量分布经常相当接近于正态.

通常，我们对服从近似正态分布的统计量的函数感兴趣. 为了解释方便起见，考察例 5.3.3 中的随机变量序列 Y_n. 正如那里所讨论的，Y_n 服从近似 $N[np,np(1-p)]$. 因此，$np(1-p)$是 p 的重要函数，这是因为它是 Y_n 的方差. 因而，当 p 未知时，我们可能想要估计 Y_n 的方差. 由于 $E(Y_n/n)=p$，所以可用 $n(Y_n/n)(1-Y_n/n)$作为这种估计量，同时想要知道有关后者的分布. 特别地，它会服从近似正态分布吗？如果这样，它的均值与方差是什么？为了解答类似的这些问题，可应用 Δ 方法，即定理 5.2.9.

举一个 Δ 方法的例子，考察样本均值的函数. 假定 $X_1,X_2,\cdots,X_n$ 是 X 上的随机样本，其均值有限为 μ，方差为 σ^2. 然后利用中心极限定理，将式(5.3.2)重新写成

$$\sqrt{n}(\overline{X}-\mu) \xrightarrow{D} N(0,\sigma^2)$$

因此，通过 Δ 方法，由定理 5.2.9 可以得出

$$\sqrt{n}\,[g(\overline{X})-g(\mu)] \xrightarrow{D} N(0,\sigma^2(g'(\mu))^2) \tag{5.3.6}$$

对于连续变换 $g(x)$，使得 $g'(\mu)\neq 0$.

例 5.3.7 假定我们从 $b(1,p)$二项分布进行抽样，那么 $\overline{X}$ 是样本中出现成功的比例. 这里 $\mu=p$，$\sigma^2=p(1-p)$. 假定我们想要做一个变换 $g(p)$，使得变换后的渐近方差是常数，特别地，它不受 p 的约束. 因此，对于某个常数 c，需要寻找变换 $g(p)$，使得

$$g'(p)=\frac{c}{\sqrt{p(1-p)}}$$

对上式两边进行积分，然后做变量替换 $z=\sqrt{p}$，$dz=1/(2\sqrt{p})dp$，于是得出

$$g(p)=c\int\frac{1}{\sqrt{p(1-p)}}dp$$

$$= 2c\int \frac{1}{\sqrt{1-z^2}}\mathrm{d}z = 2c\ \arcsin z = 2c\ \arcsin\sqrt{p}$$

取 $c=1/2$，对于统计量 $g(\overline{X})=\arcsin\sqrt{\overline{X}}$，可以得到

$$\sqrt{n}\left[\arcsin\sqrt{\overline{X}}-\arcsin\sqrt{p}\right]\xrightarrow{D} N\left(0,\frac{1}{4}\right)$$

习题中给出了其他几个这样的例子. ■

习题

5.3.1 设 $\overline{X}$ 表示来自分布 $\chi^2(50)$ 样本量为 100 的随机样本均值. 计算 $P(49<\overline{X}<51)$ 的近似值.

5.3.2 设 $\overline{X}$ 表示来自 $\alpha=2$ 与 $\beta=4$ 伽马分布样本量为 128 的随机样本均值. 近似计算 $P(7<\overline{X}<9)$.

5.3.3 设 Y 服从 $b\left(72,\frac{1}{3}\right)$. 近似计算 $P(22\leqslant Y\leqslant 28)$.

5.3.4 计算来自下面分布随机样本的均值位于 $\frac{3}{5}$ 与 $\frac{4}{5}$ 之间的近似概率，此分布具有概率密度函数 $f(x)=3x^2$，$0<x<1$，其他为 0.

5.3.5 设 Y 表示来自下面分布样本量为 12 的随机样本观测值之和，此分布具有概率质量函数 $p(x)=\frac{1}{6}$，$x=1,2,3,4,5,6$，其他为 0. 计算 $P(36\leqslant Y\leqslant 48)$ 的近似值.

提示：由于关注事件是 $Y=36,37,\cdots,48$，所以重新把概率写成 $P(35.5<Y<48.5)$.

5.3.6 设 Y 服从 $b\left(400,\frac{1}{5}\right)$. 计算 $P(0.25<Y/400)$ 的近似值.

5.3.7 设 Y 服从 $b\left(100,\frac{1}{2}\right)$，近似计算 $P(Y=50)$ 的值.

5.3.8 设 Y 服从 $b(n,0.55)$. 求近似使得 $P(Y/n>1/2)\geqslant 0.95$ 的 n 的最小值.

5.3.9 设 $f(x)=1/x^2$，$1<x<\infty$，其他为 0，表示随机变量的概率密度函数. 考察来自具有此概率密度函数的分布样本量为 72 的随机样本. 近似计算样本观测值大于 50 个的概率小于 3.

5.3.10 48 个观测值以带有几位小数的形式报告出来，这 48 个中的每一个通过舍入而成为最接近它的整数. 最初 48 个数之和可用这些整数之和近似计算. 如果假定舍入方式所产生的误差是独立同分布的，同时服从区间 $\left(-\frac{1}{2},\frac{1}{2}\right)$ 上的均匀分布. 近似计算整数之和位于真实和的两个单位内的概率.

5.3.11 我们知道，对于很大的 n，$\overline{X}$ 近似服从 $N(\mu,\sigma^2/n)$. 求 $u(\overline{X})=\overline{X}^3$，$u\neq 0$ 的近似分布.

5.3.12 设 $X_1,X_2,\cdots,X_n$ 是来自均值为 μ 的泊松分布随机样本. 因而，$Y=\sum_{i=1}^{n}X_i$ 服从均值为 $n\mu$ 的泊松分布. 此外，对于很大的 n，$\overline{X}=Y/n$ 近似服从 $N(\mu,\mu/n)$. 证明：$u(Y/n)=\sqrt{Y/n}$ 是 Y/n 的函数，它的方差本质上不含有 μ.

5.3.13 利用例 5.3.5 的记号，证明式(5.3.4)是正确的.

5.3.14 假定 $X_1,X_2,\cdots,X_n$ 是来自 $\Gamma(1,\beta)$ 分布的随机样本. 确定 $\sqrt{n}(\overline{X}-\beta)$ 的渐近分布，然后求一个使渐近方差不含 β 的变换 $g(\overline{X})$.

*5.4 推广到多元分布

在这一节，我们简略讨论随机向量序列的渐近概念. 有关一元随机变量曾引进的一些

概念可直接推广到多元情况．我们这里的阐述仅是一种简略形式，感兴趣的读者可查阅更高等更深入的教材；参看 Serfling(1980)．

此处需要某种记号．对于向量 $\boldsymbol{v}\in\mathbb{R}^p$，回顾 $\boldsymbol{v}$ 的欧几里得范数被定义成

$$\|\boldsymbol{v}\|=\sqrt{\sum_{i=1}^{p}v_i^2}\tag{5.4.1}$$

这种范数通常满足由下述给出的三条性质：

(a) 对于所有向量 $\boldsymbol{v}\in\mathbb{R}^p$，$\|\boldsymbol{v}\|\geqslant 0$，并且 $\|\boldsymbol{v}\|=0$ 当且仅当 $\boldsymbol{v}=\boldsymbol{0}$.

(b) 对于所有向量 $\boldsymbol{v}\in\mathbb{R}^p$ 以及 $a\in\mathbb{R}$，$\|a\boldsymbol{v}\|=|a|\,\|\boldsymbol{v}\|$.　(5.4.2)

(c) 对于所有向量 $\boldsymbol{v}$，$\boldsymbol{u}\in\mathbb{R}^p$，$\|\boldsymbol{u}+\boldsymbol{v}\|\leqslant\|\boldsymbol{u}\|+\|\boldsymbol{v}\|$.

用向量 $\boldsymbol{e}_1,\boldsymbol{e}_2,\cdots,\boldsymbol{e}_p$ 表示 $\mathbb{R}^p$ 的标准基，其中 $\boldsymbol{e}_i$ 表示除了第 i 个分量是 1 之外所有分量都为 0．从而，总能把任何向量 $\boldsymbol{v}'=(v_1,v_2,\cdots,v_p)$ 写成

$$\boldsymbol{v}=\sum_{i=1}^{p}v_i\boldsymbol{e}_i$$

下述引理是有用的．

引理 5.4.1　设 $\boldsymbol{v}'=(v_1,v_2,\cdots,v_p)$ 是 $\mathbb{R}^p$ 中任意向量．于是

$$|v_j|\leqslant\|\boldsymbol{v}\|\leqslant\sum_{i=1}^{n}|v_i|,\quad \text{对于所有 } j=1,2,\cdots,p\tag{5.4.3}$$

证：注意，对于所有 j，

$$v_j^2\leqslant\sum_{i=1}^{p}v_i^2=\|\boldsymbol{v}\|^2$$

因此，对这个等式取平方根，得到期待不等式的第一部分．第二部分是

$$\|\boldsymbol{v}\|=\left\|\sum_{i=1}^{p}v_i\boldsymbol{e}_i\right\|\leqslant\sum_{i=1}^{p}|v_i|\,\|\boldsymbol{e}_i\|=\sum_{i=1}^{p}|v_i|$$

■

设 $\{\boldsymbol{X}_n\}$ 表示 p 维向量序列．由于绝对值是 $\mathbb{R}^1$ 的欧几里得范数，所以可对随机向量依概率收敛的定义立刻做出如下推广：

定义 5.4.1　设 $\{\boldsymbol{X}_n\}$ 是 p 维向量序列，并设 $\boldsymbol{X}$ 是随机向量，它们均定义在相同样本空间上．如果对于所有 $\varepsilon>0$，

$$\lim_{n\to\infty}P[\|\boldsymbol{X}_n-\boldsymbol{X}\|\geqslant\varepsilon]=0\tag{5.4.4}$$

我们称 $\{\boldsymbol{X}_n\}$ 依概率收敛于 $\boldsymbol{X}$．如同一元情况一样，我们记作 $\boldsymbol{X}_n\xrightarrow{P}\boldsymbol{X}$.

正如下面定理所要证明的，向量依概率收敛等价于分量方式依概率收敛．

定理 5.4.1　设 $\{\boldsymbol{X}_n\}$ 是 p 维向量序列，并且设 $\boldsymbol{X}$ 是随机向量，它们均定义在相同样本空间上．于是

$$\boldsymbol{X}_n\xrightarrow{P}\boldsymbol{X}\ \text{当且仅当对于所有 } j=1,2,\cdots,p,\ X_{nj}\xrightarrow{P}X_j$$

证：这立刻由引理 5.4.1 可得．假定 $\boldsymbol{X}_n\xrightarrow{P}\boldsymbol{X}$．对于任意 j，由不等式(5.4.3)的第一部分知，对于 $\varepsilon>0$，有

$$\varepsilon\leqslant|X_{nj}-X_j|\leqslant\|\boldsymbol{X}_n-\boldsymbol{X}\|$$

因此，

$$\overline{\lim_{n\to\infty}} P[|X_{nj}-X_j| \geqslant \varepsilon] \leqslant \overline{\lim_{n\to\infty}} P[\|\boldsymbol{X}_n-\boldsymbol{X}\| \geqslant \varepsilon] = 0$$

得出期待的结果.

反之，如果对于所有 $j=1,2,\cdots,p$，$X_{nj} \xrightarrow{P} X_j$，那么由不等式(5.4.3)的第二部分知，对于任意 $\varepsilon>0$，

$$\varepsilon \leqslant \|\boldsymbol{X}_n-\boldsymbol{X}\| \leqslant \sum_{i=1}^{p} |X_{nj}-X_j|$$

因此，

$$\overline{\lim_{n\to\infty}} P[\|\boldsymbol{X}_n-\boldsymbol{X}\| \geqslant \varepsilon] \leqslant \overline{\lim_{n\to\infty}} P\left[\sum_{i=1}^{p} |\boldsymbol{X}_{nj}-\boldsymbol{X}_j| \geqslant \varepsilon\right] \leqslant \sum_{j=1}^{p} \overline{\lim_{n\to\infty}} P[|X_{nj}-X_j| \geqslant \varepsilon/p] = 0 \quad \blacksquare$$

依据这一结果，许多涉及依概率收敛的定理都很容易地推广到多元变量背景下. 这些结果的一部分以习题形式给出. 就统计结果而言，这样的推广也是成立的. 例如，在 5.2 节，已经证明，如果 $X_1,X_2,\cdots,X_n$ 是来自随机变量 X 分布的随机样本，此分布具有均值 μ 与方差 σ^2，那么 $\overline{X}_n$ 与 S_n^2 就是 μ 与 σ^2 的一致估计值. 由上面定理，得到$(\overline{X}_n,S_n^2)$是(μ,σ^2)的一致估计值.

举另一个简单应用，考察样本均值与方差的多元变量的类似形式. 设$\{\boldsymbol{X}_n\}$是独立同分布随机向量序列，具有共同均值向量 $\boldsymbol{\mu}$ 与方差-协方差矩阵 $\boldsymbol{\Sigma}$. 用

$$\overline{\boldsymbol{X}}_n = \frac{1}{n}\sum_{i=1}^{n} \boldsymbol{X}_i \tag{5.4.5}$$

表示均值向量. 当然，$\overline{\boldsymbol{X}}_n$ 恰好是样本均值向量$(\overline{X}_1,\overline{X}_2,\cdots,\overline{X}_p)'$. 由弱大数定律——定理 5.1.1知，对于每一个 j 依概率 $\overline{X}_j \to \mu_j$. 因此，由定理 5.4.1，依概率 $\overline{\boldsymbol{X}}_n \to \boldsymbol{\mu}$.

样本方差的类似形式会怎么样呢？设 $\boldsymbol{X}_i=(X_{i1},X_{i2},\cdots,X_{ip})'$. 对于 $j,k=1,2,\cdots,p$ 且 $j\neq k$ 利用

$$S_{n,j}^2 = \frac{1}{n-1}\sum_{i=1}^{n}(X_{ij}-\overline{X}_j)^2 \tag{5.4.6}$$

$$S_{n,jk} = \frac{1}{n-1}\sum_{i=1}^{n}(X_{ij}-\overline{X}_j)(X_{ik}-\overline{X}_k) \tag{5.4.7}$$

定义样本方差与协方差. 一旦假定有限四阶矩存在，弱大数定律表明，所有这些分量方式的样本方差与样本协方差分别依概率收敛于分布方差与协方差. 如果将 $p\times p$ 矩阵 $\boldsymbol{S}$ 定义成第 j 个对角元素为 $S_{n,j}^2$，而第(j,k)元素为 $S_{n,jk}$ 的矩阵，那么依概率 $\boldsymbol{S}\to\boldsymbol{\Sigma}$.

依分布收敛定义仍可照样给出. 此处，我们用向量记号加以阐述.

定义 5.4.2　设$\{\boldsymbol{X}_n\}$是随机向量序列，具有分布函数 $F_n(\boldsymbol{x})$，而且 $\boldsymbol{X}$ 是具有分布函数 $F(\boldsymbol{x})$的随机向量. 如果对于使 $F(\boldsymbol{x})$连续的所有 $\boldsymbol{x}$ 点，

$$\lim_{n\to\infty} F_n(\boldsymbol{x}) = F(\boldsymbol{x}) \tag{5.4.8}$$

于是，$\{\boldsymbol{X}_n\}$依分布收敛于 $\boldsymbol{X}$. 我们记作 $\boldsymbol{X}_n \xrightarrow{D} \boldsymbol{X}$.

在多元变量的情况下，5.2 节中的许多定理存在类似形式. 这里我们不加证明地阐述两个重要定理.

定理 5.4.2　设$\{\boldsymbol{X}_n\}$是随机向量序列，它依分布收敛于随机向量 $\boldsymbol{X}$，同时设 $g(\boldsymbol{x})$是一

个函数，它在 $\boldsymbol{X}$ 支集上是连续的．于是，$g(\boldsymbol{X}_n)$**依分布收敛**于 $g(\boldsymbol{X})$．

我们应用这个定理可以证明，依分布收敛蕴含边缘收敛．直接取 $g(\boldsymbol{x})=x_j$，其中 $\boldsymbol{X}=(x_1,x_2,\cdots,x_p)'$．由于 g 是连续的，所以得到期待结果．

一般地说，通过利用定义来确定依分布收敛是很困难的．如同一元情况一样，依分布收敛等价于矩母函数的性质，下面就阐述这个定理．

定理 5.4.3　设$\{\boldsymbol{X}_n\}$是随机向量序列，$\boldsymbol{X}_n$ 具有分布函数 $F_n(\boldsymbol{x})$与矩母函数 $M_n(\boldsymbol{t})$．设 $\boldsymbol{X}$ 是具有分布函数 $F(\boldsymbol{x})$与矩母函数 $M(\boldsymbol{t})$的随机向量．于是，$\{\boldsymbol{X}_n\}$依分布收敛于 $\boldsymbol{X}$ 当且仅当对于某个 $h>0$，对于所有使得$\|\boldsymbol{t}\|<h$ 的 $\boldsymbol{t}$，

$$\lim_{n\to\infty} M_n(\boldsymbol{t}) = M(\boldsymbol{t}) \tag{5.4.9}$$

此定理的证明可在更高等的书里找到，例如，参看 Tucker(1967)．而且，通常证明是针对特征函数，而不是矩母函数．像前面提及的一样，特征函数总是存在的，因此依分布收敛完全由相对应特征函数的收敛来刻画．

$\boldsymbol{X}_n$ 的矩母函数是 $E[\exp\{\boldsymbol{t}'\boldsymbol{X}_n\}]$．注意，$\boldsymbol{t}'\boldsymbol{X}_n$ 是随机变量．我们经常使用它与一元变量理论去推导多元变量情况的结果．这方面极好的例子是多元中心极限定理．

定理 5.4.4(多元中心极限定理)　设$\{\boldsymbol{X}_n\}$是独立同分布随机向量序列，它具有共同均值向量 $\boldsymbol{\mu}$ 与正定的方差-协方差矩阵 $\boldsymbol{\Sigma}$．假定在 $\mathbf{0}$ 的开邻域内，存在共同的矩母函数．设

$$\boldsymbol{Y}_n = \frac{1}{\sqrt{n}}\sum_{i=1}^{n}(\boldsymbol{X}_i-\boldsymbol{\mu}) = \sqrt{n}(\overline{\boldsymbol{X}}-\boldsymbol{\mu})$$

于是，$\boldsymbol{Y}_n$ 依分布收敛于 $N_p(\mathbf{0},\boldsymbol{\Sigma})$分布．

证：设 $\boldsymbol{t}\in\mathbb{R}^p$ 表示在规定的 $\mathbf{0}$ 邻域内的向量．$\boldsymbol{Y}_n$ 的矩母函数是

$$M_n(\boldsymbol{t}) = E\left[\exp\left\{\boldsymbol{t}'\frac{1}{\sqrt{n}}\sum_{i=1}^{n}(\boldsymbol{X}_i-\boldsymbol{\mu})\right\}\right] = E\left[\exp\left\{\frac{1}{\sqrt{n}}\sum_{i=1}^{n}\boldsymbol{t}'(\boldsymbol{X}_i-\boldsymbol{\mu})\right\}\right] = E\left[\exp\left\{\frac{1}{\sqrt{n}}\sum_{i=1}^{n}W_i\right\}\right] \tag{5.4.10}$$

其中 $W_i=\boldsymbol{t}'(\boldsymbol{X}_i-\boldsymbol{\mu})$．注意，$W_1,W_2,\cdots,W_n$ 是独立同分布的，具有均值 0 与方差 $\mathrm{Var}(W_i)=\boldsymbol{t}'\boldsymbol{\Sigma}\boldsymbol{t}$．因此，由简单中心极限定理

$$\frac{1}{\sqrt{n}}\sum_{i=1}^{n}W_i \xrightarrow{D} N(0,\boldsymbol{t}'\boldsymbol{\Sigma}\boldsymbol{t}) \tag{5.4.11}$$

然而，式(5.4.10)是 $(1/\sqrt{n})\sum_{i=1}^{n}W_i$ 处的矩母函数在 1 处的值．因此，由式(5.4.11)，一定有

$$M_n(\boldsymbol{t}) = E\left[\exp\left\{(1)\frac{1}{\sqrt{n}}\sum_{i=1}^{n}W_i\right\}\right] \to \mathrm{e}^{1^2\boldsymbol{t}'\boldsymbol{\Sigma}\boldsymbol{t}/2} = \mathrm{e}^{\boldsymbol{t}'\boldsymbol{\Sigma}\boldsymbol{t}/2}$$

因为这就是 $N_p(\mathbf{0},\boldsymbol{\Sigma})$分布的矩母函数，所以得到期待结果．　■

假定 $\boldsymbol{X}_1,\boldsymbol{X}_2,\cdots,\boldsymbol{X}_n$ 是来自均值为 $\boldsymbol{\mu}$ 与方差-协方差矩阵为 $\boldsymbol{\Sigma}$ 的分布的随机样本．设 $\overline{\boldsymbol{X}}_n$ 是样本均值向量．于是，由中心极限定理，称

$$\overline{\boldsymbol{X}}_n \text{ 服从近似 } N_p\left(\boldsymbol{\mu},\frac{1}{n}\boldsymbol{\Sigma}\right) \text{ 分布} \tag{5.4.12}$$

我们经常使用的一个结果涉及线性变换．利用矩母函数可获得对它的证明，此证明留作习题．

定理 5.4.5 设$\{\boldsymbol{X}_n\}$是 p 维随机向量序列．假定 $\boldsymbol{X}_n \xrightarrow{D} N(\boldsymbol{\mu}, \boldsymbol{\Sigma})$．设 $\boldsymbol{A}$ 是 $m\times p$ 常数矩阵，并设 $\boldsymbol{b}$ 是 m 维常数向量．于是，$\boldsymbol{A}\boldsymbol{X}_n+\boldsymbol{b} \xrightarrow{D} N(\boldsymbol{A}\boldsymbol{\mu}+\boldsymbol{b}, \boldsymbol{A}\boldsymbol{\Sigma}\boldsymbol{A}')$．

将要证明的结果是相当有用的，它是 Δ 方法的推广形式，参看定理 5.2.9．Serfling (1980)第 3 章给出了该定理的证明．

定理 5.4.6 设$\{\boldsymbol{X}_n\}$是 p 维随机向量序列．假定

$$\sqrt{n}(\boldsymbol{X}_n-\boldsymbol{\mu}_0) \xrightarrow{D} N_p(\boldsymbol{0},\boldsymbol{\Sigma})$$

设 $\boldsymbol{g}$ 是一个变换 $\boldsymbol{g}(\boldsymbol{x})=(g_1(\boldsymbol{x}),g_2(\boldsymbol{x}),\cdots,g_k(\boldsymbol{x}))'$，使得 $1\leqslant k\leqslant p$ 与 $k\times p$ 偏导数矩阵

$$\boldsymbol{B}=\left[\frac{\partial g_i}{\partial \mu_j}\right],\quad i=1,2,\cdots,k;\quad j=1,2,\cdots,p$$

是连续的，同时在 $\boldsymbol{\mu}_0$ 的邻域内存在．设在 $\boldsymbol{\mu}_0$ 点处 $\boldsymbol{B}_0=\boldsymbol{B}$．于是

$$\sqrt{n}(\boldsymbol{g}(\boldsymbol{X}_n)-\boldsymbol{g}(\boldsymbol{\mu}_0)) \xrightarrow{D} N_k(\boldsymbol{0},\boldsymbol{B}_0\boldsymbol{\Sigma}\boldsymbol{B}_0') \tag{5.4.13}$$

习题

5.4.1 设$\{\boldsymbol{X}_n\}$是 p 维随机向量序列．证明对于所有向量 $\boldsymbol{a}\in\mathbb{R}^p$，

$$\boldsymbol{X}_n \xrightarrow{D} N_p(\boldsymbol{\mu},\boldsymbol{\Sigma}) \text{ 当且仅当 } \boldsymbol{a}'\boldsymbol{X}_n \xrightarrow{D} N_1(\boldsymbol{a}'\boldsymbol{\mu},\boldsymbol{a}'\boldsymbol{\Sigma}\boldsymbol{a})$$

5.4.2 设 $X_1,X_2,\cdots,X_n$ 是来自均匀分布(a,b)的随机样本．设 $Y_1=\min X_i$，并设 $Y_2=\max X_i$．证明，$(Y_1,Y_2)'$依概率收敛于向量$(a,b)'$．

5.4.3 设 $\boldsymbol{X}_n$ 与 $\boldsymbol{Y}_n$ 是 p 维随机向量．证明：如果

$$\boldsymbol{X}_n-\boldsymbol{Y}_n \xrightarrow{P} \boldsymbol{0} \quad \text{以及} \quad \boldsymbol{X}_n \xrightarrow{D} \boldsymbol{X}$$

其中 $\boldsymbol{X}$ 表示 p 维随机向量，那么 $\boldsymbol{Y}_n \xrightarrow{D} \boldsymbol{X}$．

5.4.4 设 $\boldsymbol{X}_n$ 与 $\boldsymbol{Y}_n$ 是 p 维随机向量，使得 $\boldsymbol{X}_n$ 与 $\boldsymbol{Y}_n$ 对于每个 n 都是独立的，同时它们的矩母函数存在．证明：如果

$$\boldsymbol{X}_n \xrightarrow{D} \boldsymbol{X} \quad \text{以及} \quad \boldsymbol{Y}_n \xrightarrow{D} \boldsymbol{Y}$$

其中 $\boldsymbol{X}$ 与 $\boldsymbol{Y}$ 均表示 p 维随机向量，那么$(\boldsymbol{X}_n,\boldsymbol{Y}_n) \xrightarrow{D} (\boldsymbol{X},\boldsymbol{Y})$．

5.4.5 假定 $\boldsymbol{X}_n$ 服从分布 $N_p(\boldsymbol{\mu}_n,\boldsymbol{\Sigma}_n)$．证明：

$$\boldsymbol{X}_n \xrightarrow{D} N_p(\boldsymbol{\mu},\boldsymbol{\Sigma}) \text{ 当且仅当 } \boldsymbol{\mu}_n \to \boldsymbol{\mu} \text{ 且 } \boldsymbol{\Sigma}_n \to \boldsymbol{\Sigma}$$

第6章　极大似然法

6.1　极大似然估计

回顾第4章，作为点估计方法，我们已经介绍极大似然估计(maximum likelihood estimates，记为mle). 本章继续探讨这方面的内容，证明这些似然方法可以形成统计推断(置信区间与检验方法)的正规理论. 在某些条件(正则条件)下，这些方法都是渐近最优的.

如同4.1节一样，考察一个随机变量X，其概率密度函数$f(x;\theta)$依赖于未知参数θ，而θ位于集合Ω中. 我们这里的讨论是针对连续情形的，不过所得结果可推广至离散情形. 为了获取信息，假定我们有X上的随机样本$X_1,X_2,\cdots,X_n$. 也就是$X_1,X_2,\cdots,X_n$是独立同分布随机变量，具有共同概率密度函数$f(x;\theta)$，$\theta\in\Omega$. 这里暂时假定θ是标量，在6.4节和6.5节则将结果推广到向量情况上. 参数θ是未知的. 进行推断的基础是由

$$L(\theta;\boldsymbol{x})=\prod_{i=1}^{n}f(x_i;\theta),\quad \theta\in\Omega \tag{6.1.1}$$

给出的似然函数，其中$\boldsymbol{x}=(x_1,x_2,\cdots,x_n)'$. 由于本章将$L$处理成$\theta$的函数，所以似然函数自变量中存在$x_i$的转置及$\theta$. 当然，我们经常将其记为$L(\theta)$. 实际上，这个函数的对数往往更易于进行数学处理. 用

$$l(\theta)=\log L(\theta)=\sum_{i=1}^{n}\log f(x_i;\theta),\quad \theta\in\Omega \tag{6.1.2}$$

表示$L(\theta)$. 注意，由于log是一对一函数，所以利用$l(\theta)$并不会损失信息. 对于本章中的大部分讨论，当X是随机向量时，结论仍然一样.

如同第4章，θ的点估计量是$\hat{\theta}=\hat{\theta}(X_1,X_2,\cdots,X_n)$，其中$\hat{\theta}$使函数$L(\theta)$极大化. 我们称$\hat{\theta}$为$\theta$的极大似然估计量. 在4.1节，给出几个富有启发性的例子，包括二式概率与正态概率模型. 后面将给出更多的例子，但是首先考察极大似然估计的理论根据. 设θ_0表示θ的真值. 定理6.1.1为极大化似然函数给出了理论依据. 该定理表明，$L(\theta)$的极大值渐近地将θ_0处的真模型与$\theta\neq\theta_0$处的模型加以区分. 为了证明这个定理，需要做出某些假设，通常称其为正则条件(regularity condition).

假设6.1.1(正则条件)

(R0)：概率密度函数是确定的，即$\theta\neq\theta'\Rightarrow f(x_i;\theta)\neq f(x_i;\theta')$.

(R1)：对于所有θ，概率密度函数具有共同支集.

(R2)：点θ_0是Ω的内点.

第一个假设表明，参数确定了概率密度函数. 第二个假设蕴含X_i的支集不依赖于θ. 这是一个限制性假设，不过一些例题和习题将涉及(R1)不成立的模型.

定理6.1.1　设θ_0是真参数. 并且$P_{\theta_0}[f(X_i;\theta)/f(X_i;\theta_0)]$存在. 在假设(R0)与(R1)下

$$\lim_{n\to\infty}P_{\theta_0}[L(\theta_0,\boldsymbol{X})>L(\theta,\boldsymbol{X})]=1,\quad 对于所有\ \theta\neq\theta_0 \tag{6.1.3}$$

证： 通过取对数，不等式$L(\theta_0,\boldsymbol{X})>L(\theta,\boldsymbol{X})$等价于

$$\frac{1}{n}\sum_{i=1}^{n}\log\left[\frac{f(X_i;\theta)}{f(X_i;\theta_0)}\right]<0$$

由于被加数都是独立同分布的、具有有限期望，且函数 $\phi(x)=-\log(x)$ 为严格凸的，由大数定律(定理 5.1.1)和詹森不等式(定理 1.10.5)可得，当 θ_0 是真参数时，

$$\frac{1}{n}\sum_{i=1}^{n}\log\left[\frac{f(X_i;\theta)}{f(X_i;\theta_0)}\right]\xrightarrow{P}E_{\theta_0}\left[\log\frac{f(X_1;\theta)}{f(X_1;\theta_0)}\right]<\log E_{\theta_0}\left[\frac{f(X_1;\theta)}{f(X_1;\theta_0)}\right]$$

而

$$E_{\theta_0}\left[\frac{f(X_1;\theta)}{f(X_1;\theta_0)}\right]=\int\frac{f(x;\theta)}{f(x;\theta_0)}f(x;\theta_0)\mathrm{d}x=1$$

因为 $\log 1=0$，所以定理得证. 注意，为了获得最后的等式而需要概率密度函数共同支集.

■

定理 6.1.1 表明，似然函数在真值 θ_0 处渐近地达到极大值. 因此，在考察对 θ_0 的估计时，似乎自然而然地考虑到使似然函数达到极大值的 θ 值.

定义 6.1.1(极大似然估计量) 如果

$$\hat{\theta}=\operatorname{Argmax}L(\theta;\boldsymbol{X})\tag{6.1.4}$$

称 $\hat{\theta}=\hat{\theta}(\boldsymbol{X})$ 是 θ 的**极大似然估计量**(maximum likelihood estimator，MLE). 符号 Argmax 意指 $L(\theta;\boldsymbol{X})$ 在 $\hat{\theta}$ 处达到它的极大值.

如同上面例子一样，为了确定极大似然估计量，时常首先对似然取对数，并求它的临界值，也就是通过设 $l(\theta)=\log L(\theta)$，求解方程

$$\frac{\partial l(\theta)}{\partial\theta}=0\tag{6.1.5}$$

得到极大似然估计量. 这是**估计方程**(estimating equation，EE)的一个例子. 这是本书中几个估计方程中的第一个.

例 6.1.1(拉普拉斯分布) 设 $X_1,X_2,\cdots,X_n$ 是独立同分布的，具有密度

$$f(x;\theta)=\frac{1}{2}\mathrm{e}^{-|x-\theta|},\quad -\infty<x<\infty,-\infty<\theta<\infty\tag{6.1.6}$$

这种概率密度函数称为拉普拉斯分布或双指数分布. 其似然对数可简化成

$$l(\theta)=-n\log 2-\sum_{i=1}^{n}|x_i-\theta|$$

其一阶偏导数是

$$l'(\theta)=\sum_{i=1}^{n}\operatorname{sgn}(x_i-\theta)\tag{6.1.7}$$

其中 $\operatorname{sgn}(t)=1$，0 或者 -1，这依赖于 $t>0$，$t=0$ 或者 $t<0$. 注意，除非 $t=0$，否则我们习惯使用 $\frac{\mathrm{d}}{\mathrm{d}t}|t|=\operatorname{sgn}(t)$，令式(6.1.7)等于 0，得到 θ 的解是 $\operatorname{med}\{x_1,x_2,\cdots,x_n\}$，因为中位数取式(6.1.7)中一半非正项与一半非负项之和. 回想一下，我们在式(4.4.4)中已经定义样本中位数，并用 Q_2 表示样本中位数(即样本第二四分位数). 因此，$\hat{\theta}=Q_2$ 是拉普拉斯概率密度函数(6.1.6)中 θ 的极大似然估计量. ■

无法确保极大似然估计量存在，如果极大似然估计量存在也不一定是唯一的. 这一点

可以从应用中清晰可见，正如接下来的两个例题那样．其他例子则由习题给出．

例 6.1.2(logistic 分布)　设 $X_1, X_2, \cdots, X_n$ 是独立同分布的，具有密度

$$f(x;\theta) = \frac{\exp\{-(x-\theta)\}}{(1+\exp\{-(x-\theta)\})^2}, \quad -\infty < x < \infty, -\infty < \theta < \infty \tag{6.1.8}$$

似然对数可简化成

$$l(\theta) = \sum_{i=1}^{n} \log f(x_i;\theta) = n\theta - n\overline{x} - 2\sum_{i=1}^{n} \log(1+\exp\{-(x_i-\theta)\})$$

上式的一阶偏导数是

$$l'(\theta) = n - 2\sum_{i=1}^{n} \frac{\exp\{-(x_i-\theta)\}}{1+\exp\{-(x_i-\theta)\}} \tag{6.1.9}$$

令此式等于 0，并重新整理方程中各项，得到

$$\sum_{i=1}^{n} \frac{\exp\{-(x_i-\theta)\}}{1+\exp\{-(x_i-\theta)\}} = \frac{n}{2} \tag{6.1.10}$$

尽管这个式子不能进行简化了，不过可以证明，式(6.1.10)具有唯一解．式(6.1.10)左边的导数简化成

$$(\partial/\partial\theta)\sum_{i=1}^{n} \frac{\exp\{-(x_i-\theta)\}}{1+\exp\{-(x_i-\theta)\}} = \sum_{i=1}^{n} \frac{\exp\{-(x_i-\theta)\}}{(1+\exp\{-(x_i-\theta)\})^2} > 0$$

因而，式(6.1.10)的左边是 θ 的严格递增函数．最后，当 $\theta \to -\infty$ 时，式(6.1.10)左边趋于 0，而当 $\theta \to \infty$ 时，它趋于 n．因此，式(6.1.10)具有唯一解．而且，$l(\theta)$ 的二阶导数对于所有 θ 来说均是严格负的，因此，此解是极大解．

倘若证明极大似然估计量存在且唯一，就能运用数值方法来得到其解．在此情况下，可以使用牛顿法．下一节将一般地讨论这种问题，那时将重新考察这个例子．■

例 6.1.3　在例 4.1.2 中，来自伯努利分布的随机样本 $X_1, X_2, \cdots, X_n$，具有概率质量函数

$$p(x) = \begin{cases} \theta^x(1-\theta)^{1-x}, & x = 0,1 \\ 0, & \text{其他} \end{cases}$$

其中 $0 \leqslant \theta \leqslant 1$，我们已经讨论了成功概率 θ 的极大似然估计量．前面提及，该极大似然估计量是 $\overline{X}$，即样本成功比例．现在，假定我们预先知道 θ 由不等式 $0 \leqslant \theta \leqslant 1/3$ 所限定，而不是由 $0 \leqslant \theta \leqslant 1$ 所限定，如果出现观测值使得 $\overline{x} > 1/3$，那么 $\overline{x}$ 就不是满意的估计值．由于 $\frac{\partial l(\theta)}{\partial \theta} > 0$，倘若 $\theta < \overline{x}$，在 $0 \leqslant \theta \leqslant 1/3$ 限制条件下，可通过取 $\hat{\theta} = \min\{\overline{x}, 1/3\}$ 使 $l(\theta)$ 极大化．■

下面是极大似然估计令人满意的性质．

定理 6.1.2　设 $X_1, X_2, \cdots, X_n$ 是独立同分布的，具有概率密度函数 $f(x;\theta)$，$\theta \in \Omega$．对特定函数 g，设 $\eta = g(\theta)$ 是关注的参数．假定 $\hat{\theta}$ 是 θ 的极大似然估计量，那么 $g(\hat{\theta})$ 是 $\eta = g(\theta)$ 的极大似然估计量．

证： 首先，假定 g 是一一对应函数．关注的似然是 $L(g(\theta))$，但由于 g 是一一的，故

$$\max L(g(\theta)) = \max_{\eta = g(\theta)} L(\eta) = \max_{\eta} L(g^{-1}(\eta))$$

从而，当 $g^{-1}(\eta)=\hat{\theta}$时，出现极大值，也就是取$\hat{\eta}=g(\hat{\theta})$.

假定 g 不是一一的. 对于 g 值域中的每一个 η，定义集合(原象)

$$g^{-1}(\eta)=\{\theta:g(\theta)=\eta\}$$

在$\hat{\theta}$处出现极大值，而且 g 的定义域是Ω，这涵盖了$\hat{\theta}$. 因此，$\hat{\theta}$是这些原象之一，并且实际上它仅仅是一个原象. 因此，为了使 $L(\eta)$极大化，选取$\hat{\eta}$以使 $g^{-1}(\hat{\eta})$是包含$\hat{\theta}$的唯一原象. 从而，$\hat{\eta}=g(\hat{\theta})$. ■

考察例 4.1.2，那里 $X_1,X_2,\cdots,X_n$ 是相互独立的伯努利随机变量，其成功概率为 p. 如同例题所证，$\hat{p}=\overline{X}$ 是 p 的极大似然估计量. 回顾对于大样本 p 的置信区间(4.2.7)，需要求$\sqrt{p(1-p)}$的估计值. 由定理 6.1.2 知，此量的极大似然估计量是$\sqrt{\hat{p}(1-\hat{p})}$.

下面，通过证明极大似然估计量在正则条件下是一致估计量来结束本节. 前面提及，$\boldsymbol{X}'=(X_1,X_2,\cdots,X_n)$.

定理 6.1.3 假定 $X_1,X_2,\cdots,X_n$ 满足正则条件(R0)～(R2)，其中 θ_0 表示真参数，同时$f(x;\theta)$关于Ω中的θ是可微的. 于是，似然方程

$$\frac{\partial}{\partial\theta}L(\theta)=0$$

或者等价地

$$\frac{\partial}{\partial\theta}l(\theta)=0$$

具有解$\hat{\theta}_n$，使得$\hat{\theta}_n\xrightarrow{P}\theta_0$.

证： 由于 θ_0 是 Ω 的内点，所以对于某个 $a>0$，$(\theta_0-a,\theta_0+a)\subset\Omega$. 把 S_n 定义成为事件

$$S_n=\{\boldsymbol{X}:l(\theta_0;\boldsymbol{X})>l(\theta_0-a;\boldsymbol{X})\}\cap\{\boldsymbol{X}:l(\theta_0;\boldsymbol{X})>l(\theta_0+a;\boldsymbol{X})\}$$

由定理 6.1.1 知，$P(S_n)\to1$. 因而，把注意力限制在事件 S_n 上. 不过，在 S_n 上 $l(\theta)$具有局部极大值，不妨设$\hat{\theta}_n$ 使得 $\theta_0-a<\hat{\theta}_n<\theta_0+a$，同时 $l'(\hat{\theta}_n)=0$. 也就是

$$S_n\subset\{\boldsymbol{X}:|\hat{\theta}_n(\boldsymbol{X})-\theta_0|<a\}\cap\{\boldsymbol{X}:l'(\hat{\theta}_n(\boldsymbol{X}))=0\}$$

因此，

$$1=\lim_{n\to\infty}P(S_n)\leqslant\overline{\lim_{n\to\infty}}P[\{\boldsymbol{X}:|\hat{\theta}_n(\boldsymbol{X})-\theta_0|<a\}\cap\{\boldsymbol{X}:l'(\hat{\theta}_n(\boldsymbol{X}))=0\}]\leqslant1$$

参看注释 5.2.3 对于$\overline{\lim}$的讨论. 由此可得，对于解序列$\hat{\theta}_n$ 来说，$P[|\hat{\theta}_n-\theta_0|<a]\to1$.

证明中唯一可能引起争论的是解序列可能依赖于 a. 但是，总能以下述方式选取到“最接近”于 θ_0 的解. 对于每一个 n，区间内所有解的集合是有界的，因此，接近于 θ_0 的解的下确界存在. ■

注意，由于这个定理是讨论方程之解，所以它的表述并不明确. 然而，如果我们知道极大似然估计量是方程 $l'(\theta)=0$ 的唯一解，那么它就是唯一的. 我们把这一说法表述成推论.

推论 6.1.1 假定 $X_1,X_2,\cdots,X_n$ 满足正则条件(R0)～(R2)，其中 θ_0 表示真参数，同时$f(x;\theta)$关于 Ω 中的 θ 是可微的. 假定似然方程具有唯一解$\hat{\theta}_n$. 那么，$\hat{\theta}_n$ 是 θ_0 的一致估计量.

习题

6.1.1 设 $X_1, X_2, \cdots, X_n$ 是 X 上的随机样本，X 服从 $\Gamma(\alpha=4, \beta=\theta)$ 分布，$0<\theta<\infty$.

(a) 求 θ 的极大似然估计量.

(b) 假定下面数据是 X 上的随机样本的实现(已经四舍五入). 绘制直方图，参数为 pr=T(数据存放于 ex6111.rda 文件中).

```
9 39 38 23  8 47 21 22 18 10 17 22 14
9  5 26 11 31 15 25  9 29 28 19  8
```

(c) 对于这个样本，求 $\hat{\theta}$ 的极大似然估计量的实现值，并在直方图上确定 $4\hat{\theta}$ 的位置. 以叠加形式在直方图上绘制 $\Gamma(\alpha=4, \beta=\hat{\theta})$ 的概率密度函数. 数据和这个概率密度函数是一致的吗？这里叠加形式的代码如下：

```
xs=sort(x);y=dgamma(xs,4,1/betahat);hist(x,pr=T);lines(y~xs).
```

6.1.2 设 $X_1, X_2, \cdots, X_n$ 表示来自具有下面概率密度函数或概率质量函数的分布的随机样本：

(a) $f(x;\theta)=\theta x^{\theta-1}$，$0<x<1$，$0<\theta<\infty$，其他为 0.

(b) $f(x;\theta)=e^{-(x-\theta)}$，$\theta \leqslant x<\infty$，$-\infty<\theta<\infty$，其他为 0.

在每一种情况下，求 θ 的极大似然估计量 $\hat{\theta}$.

6.1.3 设 $Y_1<Y_2<\cdots<Y_n$ 是来自下面分布的随机样本的有序统计量，该分布具有概率密度函数 $f(x;\theta)=1$，$\theta-\frac{1}{2} \leqslant x \leqslant \theta+\frac{1}{2}$，$-\infty<\theta<\infty$，其他为 0. 证明，满足

$$Y_n-\frac{1}{2} \leqslant u(X_1, X_2, \cdots, X_n) \leqslant Y_1+\frac{1}{2}$$

的每个统计量 $u(X_1, X_2, \cdots, X_n)$ 都是 θ 的极大似然估计量. 特别地，$(4Y_1+2Y_n+1)/6$，$(Y_1+Y_n)/2$ 以及 $(2Y_1+4Y_n-1)/6$ 就是这样的三个统计量. 因而，一般地讲，非唯一性是极大似然估计量的性质.

6.1.4 假定 $X_1, X_2, \cdots, X_n$ 是独立同分布的，具有概率密度函数 $f(x;\theta)=2x/\theta^2$，$0<x \leqslant \theta$，其他为 0，求：

(a) θ 的极大似然估计量 $\hat{\theta}$.

(b) 常数 c 以使 $E(c\hat{\theta})=\theta$.

(c) 此分布中位数的极大似然估计量. 证明它是一致估计量.

6.1.5 考察习题 6.1.4 中的概率密度函数.

(a) 利用定理 4.8.1，证明如何从这个概率密度函数生成观测值.

(b) 下面数据是根据这个概率密度函数生成的. 求 θ 和中位数的极大似然估计.

```
1.2 7.7 4.3 4.1 7.1 6.3 5.3 6.3 5.3 2.8
3.8 7.0 4.5 5.0 6.3 6.7 5.0 7.4 7.5 7.5
```

6.1.6 假定 $X_1, X_2, \cdots, X_n$ 是独立同分布的，具有概率密度函数 $f(x;\theta)=(1/\theta)e^{-x/\theta}$，$0<x<\infty$，其他情况为 0. 求 $P(X \leqslant 2)$ 的极大似然估计量并说明其一致性.

6.1.7 设下表的数据

x	0	1	2	3	4	5
频率	6	10	14	13	6	1

是刻画样本量为 50 的 $n=5$ 的二项分布样本的概括信息．求 $P(X\geqslant 3)$ 的极大似然估计量．对于表中数据，利用 R 函数 pbinom 求极大似然估计量的实现．

6.1.8 设 X_1,X_2,X_3,X_4,X_5 是来自中位数为 θ 的柯西分布的随机样本，此分布具有概率密度函数

$$f(x;\theta)=\frac{1}{\pi}\frac{1}{1+(x-\theta)^2},\quad -\infty<x<\infty$$

其中 $-\infty<\theta<\infty$．假定 $x_1=-1.94, x_2=0.59, x_3=-5.98, x_4=-0.08$ 以及 $x_5=-0.77$．

(a) 证明极大似然估计量可以通过对

$$\sum_{i=1}^{5}\log[1+(x_i-\theta)^2]$$

求最小化而得到．

(b) 通过绘制(a)部分中函数来近似极大似然估计量．假定数据存放于 R 向量 x 中，利用下面 R 代码：

```
theta=seq(-6,6,.001);lfs<-c()
for(th in theta){lfs=c(lfs,sum(log((x-th)^2+1)))}
plot(lfs~theta)
```

6.1.9 设下表的数据

x	0	1	2	3	4	5
频率	7	14	12	13	6	3

表示来自泊松分布样本量为 55 的随机样本总结情况．求 $P(X=2)$ 的极大似然估计值．对于表中数据，利用 R 函数 dpois 求估计量的实现．

6.1.10 设 $X_1,X_2,\cdots,X_n$ 是来自参数为 p 的伯努利分布的随机样本．如果对 p 加以限制，设 $\frac{1}{2}\leqslant p\leqslant 1$，那么求此参数的极大似然估计量．

6.1.11 设 $X_1,X_2,\cdots,X_n$ 是来自 $N(\theta,\sigma^2)$ 分布的随机样本，其中 σ^2 是确定的，但是 $-\infty<x<\infty$．

(a) 证明 θ 的极大似然估计量是 $\overline{X}$．

(b) 如果利用 $0\leqslant\theta<\infty$ 对 θ 进行限制，证明 θ 的极大似然估计量是 $\hat{\theta}=\max\{0,\ \overline{X}\}$．

6.1.12 设 $X_1,X_2,\cdots,X_n$ 是来自具有参数 $0<\theta\leqslant 2$ 的泊松分布的随机样本，证明 θ 的极大似然估计量是 $\hat{\theta}=\min\{\overline{X},\ 2\}$．

6.1.13 设随机样本 $X_1,X_2,\cdots,X_n$ 具有的分布有如下两种概率密度函数形式．若 $\theta=1$，则 $f(x;\theta=1)=\frac{1}{\sqrt{2\pi}}e^{-x^2/2}$，$-\infty<x<\infty$．若 $\theta=2$，则 $f(x;\theta=2)=1/[\pi(1+x^2)]$，$-\infty<x<\infty$．求 θ 的极大似然估计量．

6.2 拉奥-克拉默下界与有效性

在本节，我们建立著名的**拉奥-克拉默**(Rao-Cramér)下界不等式，该式给出任何无偏估计值方差的下界．然后，我们证明，在一些正则条件下，极大似然估计的方差渐近达到这一下界．

正如上一节一样，设 X 是随机变量，具有概率密度函数 $f(x;\theta)$，$\theta\in\Omega$，其中参数空间 Ω 是一个开区间．除了 6.1 节的正则条件(6.1.1)之外，为了方便下面推导，还需要两个正则条件，这将由假设 6.2.1 给出．

假设 6.2.1(其他正则条件)

(R3)：作为 θ 的函数，概率密度函数 $f(x;\theta)$ 是二次可微的.

(R4)：作为 θ 的函数，积分 $\int f(x;\theta)$ 在积分符号下是二次可微的.

注意，条件(R1)~(R4)意味着参数 θ 确实不出现在使 $f(x;\theta)>0$ 的区间的端点上，同时就 θ 而论，可交换积分与微分次序. 这里推导是针对连续情况，至于离散情况可以类似方式加以处理. 以恒等式

$$1=\int_{-\infty}^{\infty}f(x;\theta)\mathrm{d}x$$

开始. 对 θ 求导数，则得到

$$0=\int_{-\infty}^{\infty}\frac{\partial f(x;\theta)}{\partial\theta}\mathrm{d}x$$

上式可写成

$$0=\int_{-\infty}^{\infty}\frac{\partial f(x;\theta)/\partial\theta}{f(x;\theta)}f(x;\theta)\mathrm{d}x$$

或者等价表示为

$$0=\int_{-\infty}^{\infty}\frac{\partial\log f(x;\theta)}{\partial\theta}f(x;\theta)\mathrm{d}x \tag{6.2.1}$$

若将上面等式写成期望形式，则可建立起

$$E\left[\frac{\partial\log f(X;\theta)}{\partial\theta}\right]=0 \tag{6.2.2}$$

也就是说，随机变量 $\frac{\partial\log f(X;\ \theta)}{\partial\theta}$ 的均值为 0. 如果对式(6.2.1)再次微分，可得到

$$0=\int_{-\infty}^{\infty}\frac{\partial^2\log f(x;\theta)}{\partial\theta^2}f(x;\theta)\mathrm{d}x+\int_{-\infty}^{\infty}\frac{\partial\log f(x;\theta)}{\partial\theta}\frac{\partial\log f(x;\theta)}{\partial\theta}f(x;\theta)\mathrm{d}x \tag{6.2.3}$$

上式右边第二项可写成期望的形式. 将这个期望称为**费希尔信息**(Fisher information)，并用 $I(\theta)$ 表示，也就是

$$I(\theta)=\int_{-\infty}^{\infty}\frac{\partial\log f(x;\theta)}{\partial\theta}\frac{\partial\log f(x;\theta)}{\partial\theta}f(x;\theta)\mathrm{d}x=E\left[\left(\frac{\partial\log f(X;\theta)}{\partial\theta}\right)^2\right] \tag{6.2.4}$$

由式(6.2.3)，可以看到，$I(\theta)$ 可由

$$I(\theta)=-\int_{-\infty}^{\infty}\frac{\partial^2\log f(x;\theta)}{\partial\theta^2}f(x;\theta)\mathrm{d}x=-E\left[\frac{\partial^2\log f(X;\theta)}{\partial\theta^2}\right] \tag{6.2.5}$$

计算出来. 若用式(6.2.2)，费希尔信息就是 $\frac{\partial\log f(X;\ \theta)}{\partial\theta}$ 随机变量的方差，即

$$I(\theta)=\mathrm{Var}\left(\frac{\partial\log f(X;\theta)}{\partial\theta}\right) \tag{6.2.6}$$

一般地讲，与式(6.2.4)相比，式(6.2.5)计算起来更容易.

注释 6.2.1　注意，信息要么是

$$\left[\frac{\partial\log f(x;\theta)}{\partial\theta}\right]^2$$

的加权平均，要么是

$$-\frac{\partial^2 \log f(x;\theta)}{\partial\theta^2}$$

的加权平均，其中权数由概率密度函数 $f(x;\theta)$ 给出．也就是说，平均说来，这些导数愈大，得到的有关 θ 的信息就愈多．很明显，当导数等于 0［因而，θ 可能并不在 $\log f(x;\theta)$ 之中］，就不会得到有关 θ 的信息．将重要函数

$$\frac{\partial \log f(x;\theta)}{\partial\theta}$$

称为**得分函数**(score function)．前面提及，它决定了极大似然估计量的估计方程，也就是通过求解关于 θ 的

$$\sum_{i=1}^{n}\frac{\partial \log f(x_i;\theta)}{\partial\theta}=0$$

可得到极大似然估计量 $\hat{\theta}$. ■

例 6.2.1(伯努利随机变量信息) 设 X 服从伯努利分布 $b(1,\theta)$．因而，

$$\log f(x;\theta)=x\log\theta+(1-x)\log(1-\theta)$$

$$\frac{\partial \log f(x;\theta)}{\partial\theta}=\frac{x}{\theta}-\frac{1-x}{1-\theta}$$

$$\frac{\partial^2 \log f(x;\theta)}{\partial\theta^2}=-\frac{x}{\theta^2}-\frac{1-x}{(1-\theta)^2}$$

很明显，

$$I(\theta)=-E\left[\frac{-X}{\theta^2}-\frac{1-X}{(1-\theta)^2}\right]=\frac{\theta}{\theta^2}+\frac{1-\theta}{(1-\theta)^2}=\frac{1}{\theta}+\frac{1}{(1-\theta)}=\frac{1}{\theta(1-\theta)}$$

当 θ 接近于 0 或 1 时，上式的值会很大. ■

例 6.2.2(位置族信息) 考察随机变量 $X_1,X_2,\cdots,X_n$ 使得

$$X_i=\theta+e_i,\quad i=1,2,\cdots,n \tag{6.2.7}$$

其中 $e_1,e_2,\cdots,e_n$ 是独立同分布的，具有共同概率密度函数 $f(x)$ 以及支集 $(-\infty,\infty)$．于是，X_i 的共同概率密度函数是 $f_X(x;\theta)=f(x-\theta)$．将(6.2.7)模型称为**位置模型**(location model)．假定 $f(x)$ 满足正则条件．从而，有信息

$$I(\theta)=\int_{-\infty}^{\infty}\left(\frac{f'(x-\theta)}{f(x-\theta)}\right)^2 f(x-\theta)\mathrm{d}x=\int_{-\infty}^{\infty}\left(\frac{f'(z)}{f(z)}\right)^2 f(z)\mathrm{d}z \tag{6.2.8}$$

其中最后一个等式是运用了变换 $z=x-\theta$ 而得到的．因此，位置模型的信息确实不依赖于 θ.

举一个例子，如例 6.1.1 的拉普拉斯分布．设 $X_1,X_2,\cdots,X_n$ 是此分布的随机样本．可把 X_i 写成

$$X_i=\theta+e_i \tag{6.2.9}$$

其中 $e_1,e_2,\cdots,e_n$ 是独立同分布的，对于 $-\infty<z<\infty$，具有共同概率密度函数 $f(z)=2^{-1}\exp\{-|z|\}$．正如我们在例 6.1.1 中所研究的，要用到 $\frac{\mathrm{d}}{\mathrm{d}z}|z|=\mathrm{sgn}(z)$．从而，在此情况下，$f'(z)=-2^{-1}\mathrm{sgn}(z)\exp\{-|z|\}$，因而

$$I(\theta)=\int_{-\infty}^{\infty}\left(\frac{f'(z)}{f(z)}\right)^2 f(z)\mathrm{d}z=\int_{-\infty}^{\infty}f(z)\mathrm{d}z=1 \tag{6.2.10}$$

注意，拉普拉斯概率密度函数的确不满足正则条件，但是仍能以严谨方式展开这种讨论，参看Huber(1981)，以及第 10 章. ■

由式(6.2.6)知，对于样本量为 1 的样本来说，比如 X_1，费希尔信息是随机变量 $\frac{\partial\log f(X_1;\theta)}{\partial\theta}$ 的方差. 那么，样本量为 n 的样本会怎么样呢？设 $X_1,X_2,\cdots,X_n$ 是来自具有概率密度函数 $f(x;\theta)$ 的分布的随机样本. 如同上面一样，设 $L(\theta)$ 表示似然函数，即式(6.1.1). 函数 $L(\theta)$ 是样本的概率密度函数，而随机变量

$$\frac{\partial\log L(\theta,\boldsymbol{X})}{\partial\theta}=\sum_{i=1}^{n}\frac{\partial\log f(X_i;\theta)}{\partial\theta}$$

的方差是样本信息. 上式中的被加数都是独立同分布的，具有共同方差 $I(\theta)$. 因此，样本信息是

$$\operatorname{Var}\left(\frac{\partial\log L(\theta,\boldsymbol{X})}{\partial\theta}\right)=nI(\theta) \tag{6.2.11}$$

因而，样本量为 n 的样本信息是样本量为 1 的样本信息的 n 倍. 因此，在例 6.2.1 中，来自伯努利分布 $b(1,n)$ 的样本量为 n 的随机样本的费希尔信息是 $n/[\theta(1-\theta)]$.

现在，将拉奥-克拉默(Rao-Cramér)下界叙述成如下定理.

定理 6.2.1(拉奥-克拉默下界)　设 $X_1,X_2,\cdots,X_n$ 是独立同分布的，对于 $\theta\in\Omega$，具有共同概率密度函数 $f(x;\theta)$. 假设正则条件(R0)～(R4)成立. 设 $Y=u(X_1,X_2,\cdots,X_n)$ 是具有均值 $E(Y)=E[u(X_1,X_2,\cdots,X_n)]=k(\theta)$ 的统计量. 于是，

$$\operatorname{Var}(Y)\geqslant\frac{[k'(\theta)]^2}{nI(\theta)} \tag{6.2.12}$$

证：对于连续情况给出证明，而对于离散情况，可类似地进行证明. 将 Y 的均值写成

$$k(\theta)=\int_{-\infty}^{\infty}\cdots\int_{-\infty}^{\infty}u(x_1,x_2,\cdots,x_n)f(x_1;\theta)\cdots f(x_n;\theta)\mathrm{d}x_1\cdots\mathrm{d}x_n$$

对 θ 进行微分，得到

$$\begin{aligned}k'(\theta)&=\int_{-\infty}^{\infty}\cdots\int_{-\infty}^{\infty}u(x_1,x_2,\cdots,x_n)\left[\sum_{1}^{n}\frac{1}{f(x_i;\theta)}\frac{\partial f(x_i;\theta)}{\partial\theta}\right]\times f(x_1;\theta)\cdots f(x_n;\theta)\mathrm{d}x_1\cdots\mathrm{d}x_n\\&=\int_{-\infty}^{\infty}\cdots\int_{-\infty}^{\infty}u(x_1,x_2,\cdots,x_n)\left[\sum_{1}^{n}\frac{\partial\log f(x_i;\theta)}{\partial\theta}\right]\times f(x_1;\theta)\cdots f(x_n;\theta)\mathrm{d}x_1\cdots\mathrm{d}x_n\end{aligned} \tag{6.2.13}$$

定义随机变量 Z 为 $Z=\sum_{1}^{n}[\partial\log f(X_i;\theta)/\partial\theta]$. 由式(6.2.2)与式(6.2.11)分别知道，$E(Z)=0$ 与 $\operatorname{Var}(Z)=nI(\theta)$. 同样地，利用期望，将式(6.2.13)表示成 $k'(\theta)=E(YZ)$. 因此，得出

$$k'(\theta)=E(YZ)=E(Y)E(Z)+\rho\sigma_Y\sqrt{nI(\theta)}$$

其中 ρ 表示 Y 与 Z 之间的相关函数. 当 $E(Z)=0$ 时，上式可以简化成

$$\rho=\frac{k'(\theta)}{\sigma_Y\sqrt{nI(\theta)}}$$

由于 $\rho^2\leqslant1$，故

$$\frac{[k'(\theta)]^2}{\sigma_Y^2 nI(\theta)} \leqslant 1$$

经过整理，得到期待结果. ■

推论 6.2.1 在定理 6.2.1 假设下，如果 $Y=u(X_1,X_2,\cdots,X_n)$ 是 θ 的无偏估计量. 从而，$k(\theta)=\theta$，那么，拉奥-克拉默不等式变成

$$\operatorname{Var}(Y) \geqslant \frac{1}{nI(\theta)}$$

考虑到成功概率为 θ 的伯努利模型，已在例 6.2.1 中研究过. 在例题中已证明，$1/nI(\theta)=\theta(1-\theta)/n$. 由 4.1 节的例 4.1.2 知，$\theta$ 的极大似然估计量是 $\overline{X}$. 服从参数为 θ 的伯努利分布的均值与方差分别是 θ 与 $\theta(1-\theta)$. 那么，$\overline{X}$ 的值与方差分别为 θ 与 $\theta(1-\theta)/n$，即此时似然估计量的方差达到拉奥-克拉默下界.

现在给出下述定义.

定义 6.2.1(有效估计量) 设 Y 是参数 θ 的无偏点估计量. 统计量 Y 称为 θ 的**有效估计量**(efficient estimator)当且仅当 Y 的方差达到拉奥-克拉默下界.

定义 6.2.2(有效性) 在积分或者求和符号下，可对参数进行微分情况下，将拉奥-克拉默下界对任何无偏参数估计的实际方差之比称为那个估计量的**有效性**(efficiency).

例 6.2.3(泊松分布) 设 $X_1,X_2,\cdots,X_n$ 表示来自均值为 $\theta>0$ 的泊松分布的随机样本. 已经知道，$\overline{X}$ 是 θ 的似然估计量，下面将要证明，$\overline{X}$ 也是 θ 的有效估计量. 我们有

$$\frac{\partial \log f(x;\theta)}{\partial\theta} = \frac{\partial}{\partial\theta}(x\log\theta-\theta-\log x!) = \frac{x}{\theta}-1=\frac{x-\theta}{\theta}$$

因此，

$$E\left[\left(\frac{\partial \log f(X;\theta)}{\partial\theta}\right)^2\right] = \frac{E(X-\theta)^2}{\theta^2} = \frac{\sigma^2}{\theta^2} = \frac{\theta}{\theta^2} = \frac{1}{\theta}$$

在此情况下，拉奥-克拉默下界是 $[1/n(1/\theta)]=\theta/n$. 但是，θ/n 是 $\overline{X}$ 的方差. 因此，$\overline{X}$ 是 θ 的有效估计量. ■

例 6.2.4(贝塔分布) 设随机样本 $X_1,X_2,\cdots,X_n$ 来自具有概率密度函数

$$f(x;\theta)=\begin{cases}\theta x^{\theta-1}, & \text{对于 } 0<x<1\\ 0, & \text{其他}\end{cases} \tag{6.2.14}$$

的分布，其中样本量 $n>2$，参数空间是 $\Omega=(0,\infty)$. 这是参数为 $(\theta,1)$ 的贝塔分布，即式(3.3.9)，我们用 $\text{beta}(\theta,1)$ 表示. f 的对数的导数为

$$\frac{\partial \log f}{\partial\theta} = \log x + \frac{1}{\theta} \tag{6.2.15}$$

由此，得出 $\partial^2\log f/\partial\theta^2=-\theta^2$. 因此，信息是 $I(\theta)=\theta^{-2}$.

其次，求 θ 似然估计量，并研究它的有效性. 似然函数的对数是

$$l(\theta)=\theta\sum_{i=1}^{n}\log x_i - \sum_{i=1}^{n}\log x_i + n\log\theta$$

$l(\theta)$ 的一阶偏导数是

$$\frac{\partial l(\theta)}{\partial\theta} = \sum_{i=1}^{n}\log x_i + \frac{n}{\theta} \tag{6.2.16}$$

设上式等于 0，并解出 θ，得到似然估计量 $\hat{\theta}=-n\sum_{i=1}^{n}\log X_i$．为了得到 $\hat{\theta}$ 的分布，设 $Y_i=-\log X_i$．通过直接变换可以证明其分布是 $\Gamma(1,1/\theta)$．因为各个 X_i 是独立的，由定理 3.3.1 可证明，$W=\sum_{i=1}^{n}Y_i$ 服从 $\Gamma(n,1/\theta)$．由定理 3.3.2 可证明，对于 $k>-n$，

$$E[W^k]=\frac{(n+k-1)!}{\theta^k(n-1)!} \tag{6.2.17}$$

因此，特别地，对于 $k=-1$，得出

$$E[\hat{\theta}]=nE[W^{-1}]=\theta\frac{n}{n-1}$$

因而，$\hat{\theta}$ 是有偏的，但当 $n\to\infty$ 时，其偏差将消失．而且，注意，估计量 $[(n-1)/n]\hat{\theta}$ 是无偏的．对于 $k=-2$，我们得到

$$E[\hat{\theta}^2]=n^2E[W^{-2}]=\theta^2\frac{n^2}{(n-1)(n-2)}$$

对 $E(\hat{\theta}^2)-[E(\hat{\theta})]^2$ 进行简化后，可得出

$$\operatorname{Var}(\hat{\theta})=\theta^2\frac{n^2}{(n-1)^2(n-2)}$$

由此，可以获得无偏估计量 $[(n-1)/n]\hat{\theta}$ 的方差，也就是

$$\operatorname{Var}\left(\frac{n-1}{n}\hat{\theta}\right)=\frac{\theta^2}{n-2}$$

由上述内容，信息是 $I(\theta)=\theta^{-2}$，因此，有效无偏估计量的方差是 θ^2/n．由于 $\frac{\theta^2}{n-2}>\frac{\theta^2}{n}$，所以无偏估计量 $[(n-1)/n]\hat{\theta}$ 不是有效的．注意，尽管当 $n\to\infty$，其有效性（如同定义 6.2.2）收敛于 1．在本节后面，我们称 $[(n-1)/n]\hat{\theta}$ 是渐近有效的．■

在上述一些例子中，我们得到似然估计量以及它们分布的闭形式，从而可求各阶矩．但是，事情并不总是这样的．不过，正如下面定理所证明的，一些似然估计量服从正态分布．实际上，一些似然估计量是渐近有效的．为了证明这些陈述，我们需要下面给出的额外正则条件．

假设 6.2.2（其他正则条件）

(R5)：概率密度函数 $f(x;\theta)$ 作为 θ 的函数是三次可微的．此外，对于所有 $\theta\in\Omega$，存在常数 c 与函数 $M(x)$，使得

$$\left|\frac{\partial^3}{\partial\theta^3}\log f(x;\theta)\right|\leqslant M(x)$$

其中对于所有 $\theta_0-c<\theta<\theta_0+c$ 以及 X 支集上的所有 x，$E_{\theta_0}[M(X)]<\infty$．

定理 6.2.2　假定 $X_1,X_2,\cdots,X_n$ 是独立同分布的，具有概率密度函数 $f(x;\theta_0)$，对于 $\theta_0\in\Omega$，满足正则条件 (R0)～(R5)．此外，假定费希尔信息满足 $0<I(\theta_0)<\infty$．于是，似然估计量方程解的任何一致序列满足

$$\sqrt{n}(\hat{\theta}-\theta_0)\xrightarrow{D}N\left(0,\frac{1}{I(\theta_0)}\right) \tag{6.2.18}$$

证：把函数在 θ_0 附近展开成二阶泰勒级数，并且在 $\hat{\theta}_n$ 处进行计算，得到

$$l'(\hat{\theta}_n) = l'(\theta_0) + (\hat{\theta}_n - \theta_0)l''(\theta_0) + \frac{1}{2}(\hat{\theta}_n - \theta_0)^2 l'''(\theta_n^*) \tag{6.2.19}$$

其中 θ_n^* 位于 θ_0 与 $\hat{\theta}_n$ 之间．但是 $l'(\hat{\theta}_n)=0$，因此，整理得出

$$\sqrt{n}(\hat{\theta}_n - \theta_0) = \frac{n^{-1/2}l'(\theta_0)}{-n^{-1}l''(\theta_0) - (2n)^{-1}(\hat{\theta}_n - \theta_0)l'''(\theta_n^*)} \tag{6.2.20}$$

利用中心极限定理，

$$\frac{1}{\sqrt{n}}l'(\theta_0) = \frac{1}{\sqrt{n}}\sum_{i=1}^{n}\frac{\partial \log f(X_i;\theta_0)}{\partial\theta} \xrightarrow{D} N(0, I(\theta_0)) \tag{6.2.21}$$

因为上式中的被加数是独立同分布的，满足 $\mathrm{Var}(\partial \log f(X_i;\theta_0)/\partial\theta) = I(\theta_0) < \infty$．而且，由大数定律，

$$-\frac{1}{n}l''(\theta_0) = -\frac{1}{n}\sum_{i=1}^{n}\frac{\partial^2 \log f(X_i;\theta_0)}{\partial\theta^2} \xrightarrow{P} I(\theta_0) \tag{6.2.22}$$

为了完成证明，只须证明式(6.2.20)分母中的第二项依概率趋于0．由于 $\hat{\theta}_n - \theta_0$ 依概率趋于0，所以由定理5.2.7知，如果可以证明 $n^{-1}l'''(\theta_n^*)$ 依概率是有界的，这一点就成立．设 c_0 表示条件(R5)所定义的常数．注意，$|\hat{\theta}_n - \theta_0| < c_0$ 蕴含着 $|\theta_n^* - \theta_0| < c_0$，接下来利用条件(R5)，可以有下述不等式：

$$\left|-\frac{1}{n}l'''(\theta_n^*)\right| \leqslant \frac{1}{n}\sum_{i=1}^{n}\left|\frac{\partial^3 \log f(X_i;\theta)}{\partial\theta^3}\right| \leqslant \frac{1}{n}\sum_{i=1}^{n}M(X_i) \tag{6.2.23}$$

由条件(R5)知，$E_{\theta_0}[M(X)] < \infty$，因此，利用大数定律，$\frac{1}{n}\sum_{i=1}^{n}M(X_i)$ 依概率趋于 $E_{\theta_0}[M(X)]$．就这个界而言，选取 $1+E_{\theta_0}[M(X)]$．设 $\varepsilon>0$ 是给定的．选取 N_1 与 N_2，以使

$$n \geqslant N_1 \Rightarrow P[|\hat{\theta}_n - \theta_0| < c_0] \geqslant 1 - \frac{\varepsilon}{2} \tag{6.2.24}$$

$$n \geqslant N_2 \Rightarrow P\left[\left|\frac{1}{n}\sum_{i=1}^{n}M(X_i) - E_{\theta_0}[M(X)]\right| < 1\right] \geqslant 1 - \frac{\varepsilon}{2} \tag{6.2.25}$$

由式(6.2.23)、式(6.2.24)以及式(6.2.25)可得

$$n \geqslant \max\{N_1, N_2\} \Rightarrow P\left[\left|-\frac{1}{n}l'''(\theta_n^*)\right| \leqslant 1 + E_{\theta_0}[M(X)]\right] \geqslant 1 - \frac{\varepsilon}{2}$$

因此，$n^{-1}l'''(\theta_n^*)$ 依概率是有界的． ■

对于渐近情况来说，下面将有效性定义6.2.1与定义6.2.2推广到渐近情况．

定义 6.2.3 设 $X_1, X_2, \cdots, X_n$ 是独立同分布的，具有概率密度函数 $f(x;\theta)$．假定 $\hat{\theta}_{1n} = \hat{\theta}_{1n}(X_1, X_2, \cdots, X_n)$ 是 θ_0 的估计量，使得 $\sqrt{n}(\hat{\theta}_{1n} - \theta_0) \xrightarrow{D} N(0, \sigma^2_{\hat{\theta}_{1n}})$．于是

(a) $\hat{\theta}_{1n}$ 的**渐近有效性**(asymptotically efficiency)定义成

$$e(\hat{\theta}_{1n}) = \frac{1/I(\theta_0)}{\sigma^2_{\hat{\theta}_{1n}}} \tag{6.2.26}$$

(b) 当(a)中的比值为1，称估计量 $\hat{\theta}_{1n}$ 是**渐近有效的**(asymptotically efficient)．

(c) 设$\hat{\theta}_{2n}$是另外一个估计量，使得$\sqrt{n}(\hat{\theta}_{2n}-\theta_0)\xrightarrow{D}N(0,\sigma^2_{\hat{\theta}_{2n}})$. 那么，$\hat{\theta}_{1n}$相对于$\hat{\theta}_{2n}$的**渐近相对有效性**(asymptotic relative efficiency，ARE)是它们各自渐近方差比值的倒数，也就是

$$e(\hat{\theta}_{1n},\hat{\theta}_{2n})=\frac{\sigma^2_{\hat{\theta}_{2n}}}{\sigma^2_{\hat{\theta}_{1n}}} \tag{6.2.27}$$

因此，在正则条件下，由定理 6.2.2 知，极大似然估计量是渐近有效估计量. 这是一个相当好的最优性结论. 而且，如果存在两个估计量均是渐近正态的，并具有相同渐近均值，那么从直观上看，选取具有较小的渐近方差的那个估计量则是更好的估计量. 在此情况下，定理选取的估计量对未选取的那个估计量的渐近相对有效性将大于 1.

例 6.2.5(样本中位数对样本均值的渐近相对有效性)　在拉普拉斯分布与正态分布条件下，获得样本中位数对样本均值的渐近相对有效性. 首先，考察由式(6.2.9)给出的拉普拉斯位置模型. 也就是

$$X_i=\theta+e_i,\quad i=1,2,\cdots,n \tag{6.2.28}$$

其中 e_i 是独立同分布的，具有拉普拉斯概率密度函数(6.1.6). 由例 6.1.1，可以知道 θ 的极大似然估计量是样本中位数 Q_2. 利用式(6.2.10)，对于这一分布信息 $I(\theta_0)=1$，因此，Q_2 渐近服从均值为 θ 且方差为 $1/n$ 的正态分布. 另一方面，运用中心极限定理，样本均值 $\overline{X}$ 渐近服从均值为 θ 且方差为 σ^2/n 的正态分布，其中 $\sigma^2=\mathrm{Var}(X_i)=\mathrm{Var}(e_i+\theta)=\mathrm{Var}(e_i)=E(e_i{}^2)$. 但是，

$$E(e_i^2)=\int_{-\infty}^{\infty}z^2 2^{-1}\exp\{-|z|\}\mathrm{d}z=\int_0^{\infty}z^{3-1}\exp\{-z\}\mathrm{d}z=\Gamma(3)=2$$

因此，$\mathrm{ARE}(Q_2,\overline{X})=2/1=2$. 因而，若样本来自拉普拉斯分布，那么从渐近形式上看，样本中位数的有效性是其样本均值的两倍.

其次，假定位置模型(6.2.28)成立，只是现在 e_i 服从 $N(0,1)$. 正如第 10 章将要证明的，在这个模型下，Q_2 渐近服从均值为 θ 且方差为$(\pi/2)/n$ 的正态分布. 由于 $\overline{X}$ 的方差是 $1/n$，在此情况下，$\mathrm{ARE}(Q_2,\overline{X})=\dfrac{1}{\pi/2}=2/\pi=0.636$. 因为 $\pi/2=1.57$，从渐近形式上看，倘若样本来自正态分布，则 $\overline{X}$ 的有效性是 Q_2 的有效性的 1.57 倍. ■

由于定理 6.2.2 为我们提供实施推断的一种方法，所以它也是实际应用的结果. 极大似然估计量 $\hat{\theta}$的渐近标准差是$[nI(\theta_0)]^{-1/2}$. 由于 $I(\theta)$是 θ 的连续函数，由定理 5.1.4 和定理 6.1.2 可得，

$$I(\hat{\theta}_n)\xrightarrow{P}I(\theta_0)$$

因而，拥有极大似然估计量的渐近标准差的一致估计值. 基于这个结果以及第 4 章对 $0<\alpha<1$ 置信区间的讨论，下述区间

$$\left(\hat{\theta}_n-z_{\alpha/2}\frac{1}{\sqrt{nI(\hat{\theta}_n)}},\hat{\theta}_n+z_{\alpha/2}\frac{1}{\sqrt{nI(\hat{\theta}_n)}}\right) \tag{6.2.29}$$

是 θ 的近似$(1-\alpha)100\%$置信区间.

注释 6.2.2　如果使用渐近分布来构建 θ 的置信区间，那么基于拉普拉斯分布进行分

析时，ARE$(Q_2,\overline{X})=2$ 的事实意味着，为了得到同样长度的置信区间，研究 $\overline{X}$ 时的样本量 n 应是研究 Q_2 时样本量的两倍. ■

定理 6.2.2 的一个简单推论将得到似然估计量函数 $g(\hat{\theta}_n)$ 的渐近分布.

推论 6.2.2 在定理 6.2.2 假设条件下，假定 $g(x)$ 是 x 的连续函数，且在 θ_0 处是可微的，使得 $g'(\theta_0)\neq 0$. 于是

$$\sqrt{n}(g(\hat{\theta}_n)-g(\theta_0))\xrightarrow{D}N\left(0,\frac{g'(\theta_0)^2}{I(\theta_0)}\right) \tag{6.2.30}$$

此推论可利用 Δ 方法、定理 5.2.9 以及定理 6.2.2 来完成证明.

定理 6.2.2 的证明过程包括了 $\hat{\theta}$ 的渐近表达式，该式极其有用，因此，将它表述成另一个推论.

推论 6.2.3 在定理 6.2.2 的假设条件下

$$\sqrt{n}(\hat{\theta}_n-\theta_0)=\frac{1}{I(\theta_0)}\frac{1}{\sqrt{n}}\sum_{i=1}^{n}\frac{\partial\log f(X_i;\theta_0)}{\partial\theta}+R_n \tag{6.2.31}$$

其中 $R_n\xrightarrow{P}0$.

对此推论进行证明恰好就是对式(6.2.20)的重新整理，进而得出定理 6.2.2 的证明.

例 6.2.6(例 6.2.4 续) 设 $X_1,X_2,\cdots,X_n$ 是随机样本，具有共同的概率密度函数(6.2.14). 回顾 $I(\theta)=\theta^{-2}$，同时极大似然估计量是 $\hat{\theta}=-n/\sum\limits_{i=1}^{n}\log X_i$. 因此，$\hat{\theta}$ 服从渐近均值为 θ 且方差为 θ^2/n 的正态分布. 依据刚才的结果，θ 的近似 $(1-\alpha)100\%$ 置信区间是

$$\hat{\theta}\pm z_{\alpha/2}\frac{\hat{\theta}}{\sqrt{n}}$$

前面提及，在这种情况下，能够获得 $\hat{\theta}$ 的准确分布. 正如习题所证明的，根据 $\hat{\theta}$ 的这一分布，可构建 θ 的准确置信区间. ■

在求 θ 时，经常处于这种情况之中. 也就是说，能证实极大似然估计量存在，但却不能得到方程 $l'(\hat{\theta})=0$ 的解的闭形式. 在这类情况下，就要使用数值方法. 一种迅速收敛(二次)的迭代法是牛顿方法. 图 6.2.1 中的概述图形有助于回顾这一方法. 假定 $\hat{\theta}^{(0)}$ 是解的初始推测值. 下一个推测值(一步估计值)是 $\hat{\theta}^{(1)}$，它是曲线 $l'(\theta)$ 在 $(\hat{\theta}^{(0)},l'(\hat{\theta}^{(0)}))$ 点处切线的水平截距. 经过一些代数运算，得出

$$\hat{\theta}^{(1)}=\hat{\theta}^{(0)}-\frac{l'(\hat{\theta}^{(0)})}{l''(\hat{\theta}^{(0)})} \tag{6.2.32}$$

然后，用 $\hat{\theta}^{(1)}$ 代替 $\hat{\theta}^{(0)}$，并重复上述过程. 通过计算，求第二步估计值 $\hat{\theta}^{(2)}$，连续不断地这样计算下去，一直到收敛为止.

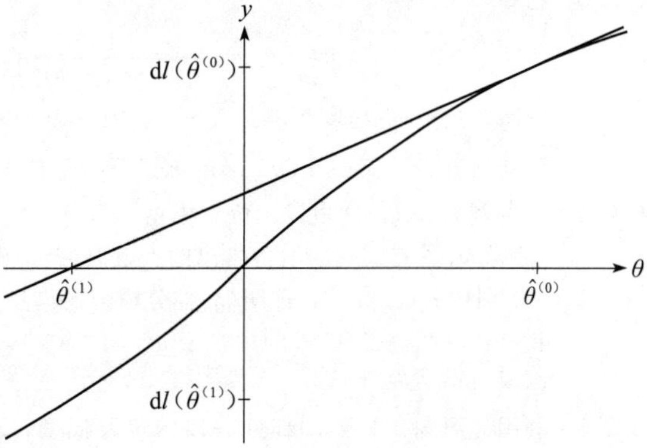

图 6.2.1 以初始值 $\hat{\theta}^{(0)}$ 开始，一步估计值 $\hat{\theta}^{(1)}$ 是曲线 $l'(\theta)$ 在点 $\hat{\theta}^{(0)}$ 处的切线与水平轴的交点. 在此图上，$dl(\theta)=l'(\theta)$

例 6.2.7(例 6.1.2 续)　回顾例 6.1.2，那里随机变量 $X_1, X_2, \cdots, X_n$ 具有共同 logistic 密度

$$f(x;\theta)=\frac{\exp\{-(x-\theta)\}}{(1+\exp\{-(x-\theta)\})^2},\quad -\infty<x<\infty, -\infty<\theta<\infty \tag{6.2.33}$$

虽然已经证明，似然方程具有唯一解，但却不能得出解的闭形式．为了使用公式(6.2.32)，我们需要 $l(\theta)$的一阶以及二阶偏导数，还有初始推测值．例 6.1.2 中的式(6.1.9)给出了一阶偏导数，由该式可得出二阶偏导数是

$$l''(\theta)=-2\sum_{i=1}^{n}\frac{\exp\{-(x_i-\theta)\}}{(1+\exp\{-(x_i-\theta)\})^2}$$

logistic 分布类似于正态分布，因此，能用 $\overline{X}$ 作为 θ 的初始推测值．利用 R 函数 `mlelogistic`(在前言中列出的网站下载)可计算第 k 步的估计值．■

下面以一个著名事实来结束这一节．方程(6.2.15)中的估计值 $\hat{\theta}^{(1)}$ 称为**一步估计量**(one-step estimator)．如同习题 6.2.15 所证明的，倘若初始推测值 $\hat{\theta}^{(0)}$ 是 θ 的一致估计量，则这个估计量的渐近分布与似然估计量式(6.2.18)一样．也就是说，一步估计是 θ 的渐近有效估计值．对其他迭代步骤而言，这同样成立．

习题

6.2.1　设 $\overline{X}$ 表示来自分布 $N(\theta,\sigma^2)$的样本量为 n 的随机样本均值，其中 $-\infty<x<\infty$，对于每一个已知的 $\sigma^2>0$，证明 $\overline{X}$ 是 θ 的有效估计量．

6.2.2　已知 $f(x;\theta)=1/\theta$，$0<x<\theta$，其他为 0，正式计算

$$nE\left\{\left[\frac{\partial\log f(X:\theta)}{\partial\theta}\right]^2\right\}$$

的倒数，并将该值与$(n+1)Y_n/n$ 的方差进行比较，其中 Y_n 表示来自这一分布样本量为 n 的随机样本的最大观测值．请给予评论．

6.2.3　已知

$$f(x;\theta)=\frac{1}{\pi[1+(x-\theta)^2]},\quad -\infty<x<\infty, -\infty<\theta<\infty$$

证明，拉奥-克拉默下界是 $2/n$，其中 n 表示来自这个柯西分布的随机样本的样本量．如果$\hat{\theta}$是 θ 似然估计量，那么$\sqrt{n}(\hat{\theta}-\theta)$的渐近分布是什么？

6.2.4　考察例 6.2.2，这里讨论位置模型．

(a) 当 e_i 具有式(4.4.11)给出的 logistic 概率密度函数时，写出其位置模型．

(b) 利用式(6.2.8)，证明(a)部分模型的信息 $I(\theta)=1/3$．

提示：在积分式(6.2.8)中，令 $u=(1+e^{-z})^{-1}$．从而 $du=f(z)dz$，其中 $f(z)$表示概率密度函数(4.4.11)．

6.2.5　利用与习题 6.2.4(a)部分一样的位置模型，求样本中位数对模型极大似然估计量的渐近相对有效性．

提示：此模型中 θ 的极大似然估计量已在例 6.2.7 中讨论过．而且，正如第 10 章定理 10.2.3 所证明的，Q_2 渐近服从正态分布，其渐近均值为 θ，渐近方差为 $1/(4f^2(0)n)$．

6.2.6　当误差概率密度函数是污染正态分布(3.4.17)时，ε 表示污染比例，σ_c^2 作为污染部分的方差，考察位置模型(例 6.2.2)．证明，样本中位数对样本均值的渐近相对有效性是

$$e(Q_2, \overline{X}) = \frac{2[1+\varepsilon(\sigma_c^2-1)][1-\varepsilon+(\varepsilon/\sigma_c)]^2}{\pi} \tag{6.2.34}$$

这里要用到习题 6.2.5 所提示的中位数.

(a) 如果 $\sigma_c^2=9$，利用式(6.2.34)填写下面表格

ε	0	0.05	0.10	0.15
$e(Q_2, \overline{X})$				

(b) 从表格可以发现，当 ε 从 0.10 增大到 0.15 时，样本中位数会变成“更好的”估计量. 倘若出现这种情形，则确定 ε 的值(这会涉及 ε 的三次多项式，因而求出此根的一种方法是使用式(6.2.32)附近曾讨论的算法).

6.2.7 回顾习题 6.1.1，其中 $X_1, X_2, \cdots, X_n$ 是 X 上的随机样本，X 服从 $\Gamma(\alpha=4, \beta=\theta)$ 分布，$0<\theta<\infty$.

(a) 求费希尔信息 $I(\theta)$.

(b) 证明由习题 6.1.1 推导的 θ 的极大似然估计量是 θ 的有效估计量.

(c) 利用定理 6.2.2，求 $\sqrt{n}(\hat{\theta}-\theta)$ 的渐近分布.

(d) 对于例 6.1.1 中数据，求 θ 的 95% 置信水平的渐近置信区间.

6.2.8 设 X 服从 $N(0,\theta)$，$0<\theta<\infty$.

(a) 求费希尔信息 $I(\theta)$.

(b) 如果 $X_1, X_2, \cdots, X_n$ 是来自这个分布的随机样本，证明 θ 的似然估计量是 θ 的有效估计量.

(c) $\sqrt{n}(\hat{\theta}-\theta)$ 的渐近分布是什么?

6.2.9 如果 $X_1, X_2, \cdots, X_n$ 是来自下述分布的随机样本，此分布具有概率密度函数

$$f(x;\theta) = \begin{cases} \dfrac{3\theta^3}{(x+\theta)^4}, & 0<x<\infty, 0<\theta<\infty \\ 0, & \text{其他} \end{cases}$$

证明 $Y=2\overline{X}$ 是 θ 的无偏估计量，并且确定它的有效性.

6.2.10 设 $X_1, X_2, \cdots, X_n$ 是来自分布 $N(0,\theta)$ 的随机样本. 我们希望估计标准差 $\sqrt{\theta}$. 求常数 c，以使 $Y=c\sum_{i=1}^{n}|X_i|$ 成为 $\sqrt{\theta}$ 的无偏估计量，并确定它的有效性.

6.2.11 设 $\overline{X}$ 是来自分布 $N(\theta, \sigma^2)$ 的样本量为 n 的随机样本均值，$-\infty<\theta<\infty$，$\sigma^2>0$. 假定 σ^2 是已知的. 证明，$\overline{X}^2-\frac{\sigma^2}{n}$ 是 θ^2 的无偏估计量，并求它的有效性.

6.2.12 对于 beta$(\theta,1)$，前面提及 $\hat{\theta}=-n/\sum_{i=1}^{n}\log X_i$ 是 θ 的极大似然估计量. 而且，$W=-\sum_{i=1}^{n}\log X_i$ 服从伽马分布 $\Gamma(n, 1/\theta)$.

(a) 证明，$2\theta W$ 服从分布 $\chi^2(2n)$.

(b) 利用(a)部分结果，求 c_1 与 c_2，以使对于 $0<\alpha<1$，

$$P\left(c_1<\frac{2\theta n}{\hat{\theta}}<c_2\right)=1-\alpha \tag{6.2.35}$$

其次，求 θ 的 $(1-\alpha)100\%$ 置信区间.

(c) 对于 $\alpha=0.05$ 且 $n=10$，将这个区间长度与例 6.2.6 得到的区间长度进行对比.

6.2.13 数据 beta30.rda 文件包含由 beta$(\theta,1)$ 分布生成的 30 个观测值，其中 $\theta=4$. 此文件可在前言中列出的网站下载.

(a) 利用参数 pr= T 绘制数据的直方图，并以叠加形式绘制 beta(4,1) 的概率密度函数，同时给

出评论.

(b) 利用习题 6.2.12 的结果，根据获得的数据计算极大似然估计量.

(c) 利用习题 6.2.12(c)部分的置信区间，根据获得的数据计算 θ 的 95%置信区间. 置信区间是否成功?

6.2.14　考察对具有习题 6.2.9 给出的概率密度函数的随机变量 X 进行抽样.

(a) 求相应的累积分布函数及其逆. 证明如何从这个分布生成观察值.

(b) 编写 R 函数，用它生成 X 的样本.

(c) 生成样本量为 50 的样本，并计算习题 6.2.9 所讨论的 θ 的无偏估计. 利用 θ 的无偏估计和中心极限定理来计算 θ 的 95%置信区间.

6.2.15　利用式(6.2.21)与式(6.2.22)，求本节末尾曾讨论的一步估计的结果.

6.2.16　设 S^2 是来自 $N(\mu,\theta)$ 的样本量为 $n>1$ 随机样本的样本方差 S^2，其中 μ 是已知的. 我们知道$E(S^2)=\theta$.

(a) S^2 的有效性如何?

(b) 在这些条件下，θ 的极大似然估计量$\hat{\theta}$是什么?

(c) $\sqrt{n}(\hat{\theta}-\theta)$的渐近分布是什么?

6.3　极大似然检验

在上面一节，我们已经阐述了基于似然理论的逐点估计与置信区间的推断. 在这一节，对假设检验提出相应的推断理论.

和上一节一样，设 $X_1,X_2,\cdots,X_n$ 是独立同分布的，对于 $\theta\in\Omega$，具有概率密度函数 $f(x;\theta)$. 本节 θ 是标量，但在 6.4 节与 6.5 节中会讨论将内容推广到向量值情况. 考察双边假设

$$H_0:\theta=\theta_0 \quad \text{vs} \quad H_1:\theta\neq\theta_0 \tag{6.3.1}$$

其中 θ_0 表示某一设定值.

回顾似然函数及其对数形式是由

$$L(\theta)=\prod_{i=1}^{n} f(X_i;\theta)$$

$$l(\theta)=\sum_{i=1}^{n}\log f(X_i;\theta)$$

给出的. 设$\hat{\theta}$表示 θ 的极大似然估计值.

为阐明检验动因，考察定理 6.1.1，该定理表明如果 θ_0 是 θ 的真值，那么从渐近形式上看，$L(\theta_0)$是 $L(\theta)$的极大值. 考察两个似然函数的比值，即

$$\Lambda=\frac{L(\theta_0)}{L(\hat{\theta})} \tag{6.3.2}$$

注意 $\Lambda\leqslant 1$，只是若 H_0 为真，则 Λ 应该大于(接近于)1；然而若 H_1 成立，则 Λ 应该较小. 对于设定的显著性水平 α，这导致一种直觉决策规则，

$$\text{当 } \Lambda\leqslant c\text{，拒绝 } H_0\text{，接受 } H_1 \tag{6.3.3}$$

其中 c 使得 $\alpha=P_{\theta_0}[\Lambda\leqslant c]$. 这种检验称为**似然比检验**(likelihood ratio test). 定理 6.3.1 在 H_0 为真的条件下推导出 Λ 的渐近分布，可是这里首先考虑两个例子.

例 6.3.1(指数分布的似然比检验) 设 $X_1, X_2, \cdots, X_n$ 是独立同分布的，对于 x，$\theta>0$，具有概率密度函数 $f(x;\theta)=\theta^{-1}\exp\{-x/\theta\}$. 假设由式(6.3.1)给出. 似然函数简化成

$$L(\theta)=\theta^{-n}\exp\{-(n/\theta)\overline{X}\}$$

由例 4.1.1 知，θ 的极大似然估计值是 $\overline{X}$. 经过某种简化运算后，似然比检验统计量简化成

$$\Lambda=\mathrm{e}^{n}\left(\frac{\overline{X}}{\theta_0}\right)^{n}\exp\{-n\overline{X}/\theta_0\} \tag{6.3.4}$$

决策规则是，当 $\Lambda\leqslant c$ 时，拒绝 H_0. 然而，对检验做进一步简化是可能的. 除常数 e^n 之外，检验统计量具有

$$g(t)=t^{n}\exp\{-nt\},\quad t>0$$

形式，其中 $t=\overline{x}/\theta_0$. 利用微分计算，很容易证明，$g(t)$在点 $t=1$ 处具有唯一临界值，也就是 $g'(1)=0$，而且由于 $g''(1)<0$，所以 $t=1$ 给出极大值. 如图 6.3.1 所示，$g(t)\leqslant c$ 当且仅当 $t\leqslant c_1$ 或 $t\geqslant c_2$. 从而

$$\Lambda\leqslant c \text{ 当且仅当} \frac{\overline{X}}{\theta_0}\leqslant c_1 \text{ 或} \frac{\overline{X}}{\theta_0}\geqslant c_2$$

注意，在零假设即 H_0 为真的情况下，统计量服从自由度为 $2n$ 的卡方分布. 根据这一点，下述决策规则导致了水平 α 检验：

$$\text{若}(2/\theta_0)\sum_{i=1}^{n}X_i\leqslant\chi^2_{1-\alpha/2}(2n)\text{ 或}(2/\theta_0)\sum_{i=1}^{n}X_i\geqslant\chi^2_{\alpha/2}(2n)\text{ 则拒绝 }H_0 \tag{6.3.5}$$

其中 $\chi^2_{1-\alpha/2}(2n)$表示自由度为 $2n$ 的卡方分布的下 $\alpha/2$ 分位数，而 $\chi^2_{\alpha/2}(2n)$表示自由度为 $2n$ 的卡方分布的上 $\alpha/2$ 分位数. 对 c_1 与 c_2 可做出其他选择，然而一般地讲，这是用于实践的一些选择. 习题 6.3.2 研究了此种检验的功效曲线. ■

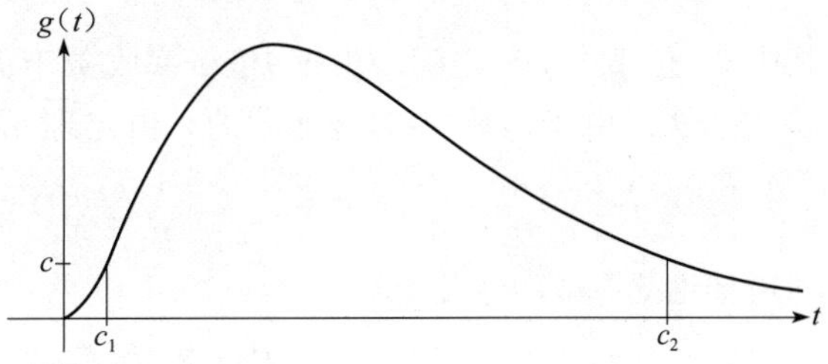

图 6.3.1　例 6.3.1 的图形表明，函数 $g(t)\leqslant c$ 当且仅当 $t\leqslant c_1$ 或 $t\geqslant c_2$

例 6.3.2(正态概率密度函数均值的似然比检验) 假定 $X_1, X_2, \cdots, X_n$ 是来自分布$N(\theta,\sigma^2)$的随机样本，其中$-\infty<\theta<\infty$，并且 $\sigma^2>0$ 是已知的. 考察下面的假设

$$H_0:\theta=\theta_0 \quad \text{vs} \quad H_1:\theta\neq\theta_0$$

其中 θ_0 是设定的. 其似然函数是

$$\begin{aligned}L(\theta)&=\left(\frac{1}{2\pi\sigma^2}\right)^{n/2}\exp\left\{-(2\sigma^2)^{-1}\sum_{i=1}^{n}(x_i-\theta)^2\right\}\\&=\left(\frac{1}{2\pi\sigma^2}\right)^{n/2}\exp\left\{-(2\sigma^2)^{-1}\sum_{i=1}^{n}(x_i-\overline{x})^2\right\}\exp\{-(2\sigma^2)^{-1}n(\overline{x}-\theta)^2\}\end{aligned}$$

当然，在 $\Omega=\{\theta:-\infty<\theta<\infty\}$之中，极大似然估计量$\hat{\theta}=\overline{X}$，因而

$$\Lambda=\frac{L(\theta_0)}{L(\hat{\theta})}=\exp\{-(2\sigma^2)^{-1}n(\overline{X}-\theta_0)^2\}$$

从而，$\Lambda \leqslant c$ 等价于 $-2\log \Lambda \geqslant -2\log c$. 然而，

$$-2\log \Lambda = \left(\frac{\overline{X}-\theta_0}{\sigma/\sqrt{n}}\right)^2$$

它在 H_0 为真的条件下服从 $\chi^2(1)$分布. 因此，具有显著水平 α 的似然比检验表明，当

$$-2\log \Lambda = \left(\frac{\overline{X}-\theta_0}{\sigma/\sqrt{n}}\right)^2 \geqslant \chi_\alpha^2(1) \tag{6.3.6}$$

时，拒绝 H_0，接受 H_1. 注意，这个检验与第 4 章所讨论的正态均值 z 检验一样，只是用 σ 代替 s. 因此，该检验的功效函数是由式(4.6.5)给出的. ■

其他一些例子则由习题给出. 在这些例子中，对似然比检验进行简化，可得到检验的闭形式. 即便如此，但通常情况却得不到检验闭形式. 在这类情况下，类似于例 6.2.7，通过迭代程序获得似然估计量，进而得出检验统计量 Λ. 在例 6.3.2 中，$-2\log \Lambda$ 服从精确 $\chi^2(1)$零分布. 然而，通常这样陈述并不成立，正如下面定理所证明的，在正则条件下，$-2\log \Lambda$ 的渐近零分布服从自由度为 1 的卡方分布. 因此，总之要构建渐近检验.

定理 6.3.1　假定具有与定理 6.2.2 中一样的正则条件，在零假设 $H_0:\theta=\theta_0$ 为真的条件下，

$$-2\log \Lambda \xrightarrow{D} \chi^2(1) \tag{6.3.7}$$

证：把函数 $l(\theta)$在点 θ_0 附近展开成一阶泰勒级数，并在似然估计量$\hat{\theta}$处计算它的值，得到

$$l(\hat{\theta}) = l(\theta_0) + (\hat{\theta}-\theta_0)l'(\theta_0) + \frac{1}{2}(\hat{\theta}-\theta_0)^2 l''(\theta_n^*) \tag{6.3.8}$$

其中 θ_n^* 位于$\hat{\theta}$与θ_0 之间. 由于$\hat{\theta}$依概率收敛于θ_0，即$\hat{\theta}\to\theta_0$，由此可得 θ_n^* 依概率收敛于θ_0，即 $\theta_n^*\to\theta_0$. 由于函数 $l''(\theta)$是连续的，由定理 6.2.2 中式(6.2.22)可以有

$$-\frac{1}{n}l''(\theta_n^*) \xrightarrow{P} I(\theta_0) \tag{6.3.9}$$

利用推论 6.2.3，得出

$$\frac{1}{\sqrt{n}}l'(\theta_0) = \sqrt{n}(\hat{\theta}-\theta_0)I(\theta_0) + R_n \tag{6.3.10}$$

其中 R_n 依概率收敛于 0，即 $R_n\to 0$. 如果把式(6.3.9)与式(6.3.10)代入式(6.3.8)，同时进行一些简化，有

$$-2\log \Lambda = 2(l(\hat{\theta})-l(\theta_0)) = \{\sqrt{nI(\theta_0)}(\hat{\theta}-\theta_0)\}^2 + R_n^* \tag{6.3.11}$$

其中 R_n^* 依概率收敛于 0，即 $R_n^*\to 0$. 由定理 5.2.4 以及定理 6.2.2 知，上面式子右边第一项依分布收敛于自由度为 1 的卡方分布. ■

定义检验统计量 $\chi_L^2 = -2\log \Lambda$. 对于假设(6.3.1)，此定理支持下述决策规则

$$\text{当 } \chi_L^2 \geqslant \chi_\alpha^2(1)\text{，拒绝 } H_0\text{，接受 } H_1 \tag{6.3.12}$$

由上面定理，该检验具有渐近水平 α. 如果我们不能获得检验统计量或它的分布闭形式，那么就要使用这种渐近检验.

除似然比检验之外，实际应用中还要用到其他两种与似然有关的检验. 一种检验统计

量是建立在$\hat{\theta}$的渐近分布基础上．考虑统计量

$$\chi_W^2 = \left\{ \sqrt{nI(\hat{\theta})}(\hat{\theta} - \theta_0) \right\}^2 \tag{6.3.13}$$

由于$I(\theta)$是连续函数，所以在零假设(6.3.1)下，$I(\hat{\theta})$依概率趋于$I(\theta_0)$．由此可得，在H_0为真的条件下，χ_W^2渐近服从自由度为1的卡方分布．从而，有下面决策规则，

$$\text{当 } \chi_W^2 \geqslant \chi_\alpha^2(1)\text{，拒绝 } H_0\text{，接受 } H_1 \tag{6.3.14}$$

正如建立在χ_L^2基础上的检验一样，这个检验具有渐近水平α．实际上，两个检验统计量之间的关系是很强的，因为在H_0为真的条件下，式(6.3.11)表明

$$\chi_W^2 - \chi_L^2 \xrightarrow{P} 0 \tag{6.3.15}$$

检验(6.3.14)经常称为**沃尔德**型检验，这是以20世纪著名统计学亚伯拉罕·沃尔德(Abraham Wald)命名的．

第三种检验称为**得分**型，时常称为拉奥得分检验，这是以著名统计学家拉奥(C. R. Rao)的名字命名的．**得分**是向量

$$\boldsymbol{S}(\theta) = \left(\frac{\partial \log f(X_1;\theta)}{\partial \theta}, \cdots, \frac{\partial \log f(X_n;\theta)}{\partial \theta} \right)' \tag{6.3.16}$$

的分量．在此记号下，有

$$\frac{1}{\sqrt{n}} l'(\theta_0) = \frac{1}{\sqrt{n}} \sum_{i=1}^n \frac{\partial \log f(X_i;\theta_0)}{\partial \theta} \tag{6.3.17}$$

定义统计量

$$\chi_R^2 = \left(\frac{l'(\theta_0)}{\sqrt{nI(\theta_0)}} \right)^2 \tag{6.3.18}$$

在H_0为真的条件下，由式(6.3.10)可得

$$\chi_R^2 = \chi_W^2 + R_{0n} \tag{6.3.19}$$

其中R_{0n}依概率收敛于0．因此，在H_0为真的条件下，下述决策规则定义了渐近水平为α的检验，

$$\text{当 } \chi_R^2 \geqslant \chi_\alpha^2(1)\text{，拒绝 } H_0\text{，接受 } H_1 \tag{6.3.20}$$

例 6.3.3(例 6.2.6 续) 如同例6.2.6一样，设$X_1, X_2, \cdots, X_n$是随机样本，具有共同分布$\text{beta}(\theta,1)$．运用这个概率密度函数，阐明关于假设

$$H_0: \theta = 1 \quad \text{vs} \quad H_1: \theta \neq 1 \tag{6.3.21}$$

的三种检验统计量，在H_0为真的条件下，$f(x;\theta)$是$(0,1)$上均匀分布的概率密度函数．前面提及，$\hat{\theta} = -n/\sum_{i=1}^n \log X_i$是$\theta$的极大似然估计量．在经过某些简化后，似然函数在极大似然估计的计算值为

$$L(\hat{\theta}) = \left(-\sum_{i=1}^n \log X_i \right)^{-n} \exp\left\{ -\sum_{i=1}^n \log X_i \right\} \exp\{ n(\log n - 1) \}$$

而且，$L(1)=1$．因此，似然比检验统计量是$\Lambda = 1/L(\hat{\theta})$，所以

$$\chi_L^2 = -2\log \Lambda = 2\left\{ -\sum_{i=1}^n \log X_i - n\log\left(-\sum_{i=1}^n \log X_i \right) - n + n\log n \right\}$$

回顾这个概率密度函数的信息是 $I(\theta)=\theta^{-2}$. 对于沃尔德型检验，我们通过 $\hat{\theta}^{-2}$ 一致地估计这个量. 沃尔德型检验可简化成

$$\chi_W^2=\left(\sqrt{\frac{n}{\hat{\theta}^2}}(\hat{\theta}-1)\right)^2=n\left\{1-\frac{1}{\hat{\theta}}\right\}^2 \tag{6.3.22}$$

最后，对于得分型检验，回顾式(6.2.15)，有

$$l'(1)=\sum_{i=1}^n \log X_i+n$$

因此，得分型检验统计量是

$$\chi_R^2=\left\{\frac{\sum_{i=1}^n \log X_i+n}{\sqrt{n}}\right\}^2 \tag{6.3.23}$$

很容易证明，式(6.3.22)与式(6.3.23)是一样的. 由例 6.2.4 可以知道极大似然估计的准确分布. 习题 6.3.8 运用此分布得到了准确检验. ■

例 6.3.4(拉普拉斯位置模型的似然检验) 考察位置模型

$$X_i=\theta+e_i,\quad i=1,2,\cdots,n$$

其中 $-\infty<x<\infty$，随机误差 e_i 是独立同分布的，具有拉普拉斯概率密度函数(2.2.1). 从技术上看，拉普拉斯分布并不满足所有的正则条件(R0)～(R5)，不过其结果可以严谨地推导出来，例如，参看 Hettmansperger 和 McKean(1998). 考察对假设

$$H_0:\theta=\theta_0 \quad \text{vs} \quad H_1:\theta\neq\theta_0$$

进行检验，其中 θ_0 是设定的. 这里 $\Omega=(-\infty,\infty)$，并且 $\omega=\{\theta_0\}$. 由例 6.1.1 知道，在 Ω 下 θ 的似然估计量是 $Q_2=\text{med}\{X_1,X_2,\cdots,X_n\}$，即样本中位数. 由此可得

$$L(\hat{\Omega})=2^{-n}\exp\left\{-\sum_{i=1}^n |x_i-Q_2|\right\}$$

而

$$L(\hat{\omega})=2^{-n}\exp\left\{-\sum_{i=1}^n |x_i-\theta_0|\right\}$$

因此，似然比检验统计量对数的 -2 倍是

$$-2\log\Lambda=2\left[\sum_{i=1}^n |x_i-\theta_0|-\sum_{i=1}^n |x_i-Q_2|\right] \tag{6.3.24}$$

因而，如果

$$2\left[\sum_{i=1}^n |x_i-\theta_0|-\sum_{i=1}^n |x_i-Q_2|\right]\geqslant\chi_\alpha^2(1)$$

那么 α 水平上的渐近似然比检验拒绝 H_0，接受 H_1. 由式(6.2.10)，此模型的费希尔信息是 $I(\theta)=1$. 从而，沃尔德型检验统计量可简化成

$$\chi_W^2=[\sqrt{n}(Q_2-\theta_0)]^2$$

对于得分检验，有

$$\frac{\partial\log f(x_i-\theta)}{\partial\theta}=\frac{\partial}{\partial\theta}\left[\log\frac{1}{2}-|x_i-\theta|\right]=\text{sgn}(x_i-\theta)$$

因此，模型得分向量是 $\boldsymbol{S}(\theta)=(\mathrm{sgn}(X_1-\theta),\cdots,\mathrm{sgn}(X_n-\theta))'$. 从上面讨论知，[参看式(6.3.17)]，得分检验统计量可以写成

$$\chi_R^2=(S^*)^2/n$$

其中

$$S^*=\sum_{i=1}^n \mathrm{sgn}(X_i-\theta_0)$$

正如习题 6.3.5 所证明的，在 H_0 为真的条件下，S^* 是具有分布 $b(n,1/2)$ 的随机变量的线性函数. ■

我们应该使用哪一种检验呢？基于上面讨论，在零假设下，三种检验全部是渐近等价的. 类似于渐近相对有效性的概念，可以推导检验的有效性概念，参看第 10 章或更高等的书，比如 Hettmansperger 和 McKean(2011). 然而，三种检验具有相同的渐近有效性. 因此，在区分检验方面，渐近理论提供的信息较少. 对有限样本检验的比较并没有表明，这些检验中任何一个总体上是“最佳的”，更详细的讨论，参看 Lehmann(1999)第 7 章.

习题

6.3.1 下面数据是由指数分布生成的，其概率密度函数是 $f(x;\theta)=(1/\theta)\mathrm{e}^{-x/\theta}$，对于 $x>0$，其中 $\theta=40$.

(a) 绘制数据的直方图，并在图形上确定 $\theta_0=50$ 的位置.

(b) 运用例 6.3.1 所述检验方法，检验 $H_0:\theta=50$ vs $H_1:\theta\neq50$ 之间的关系. 在 $\alpha=0.10$ 水平上进行决策.

19 15 76 23 24 66 27 12 25 7 6 16 51 26 39

6.3.2 考察例 6.3.1 曾推导的决策规则(6.3.5). 求在一般备择条件下检验统计量的分布，并运用它求出检验的功效函数. 利用 R 软件，请画出 $\theta_0=1$，$n=10$ 以及 $\alpha=0.5$ 情况下的功效曲线.

6.3.3 证明，基于决策规则(6.3.6)的检验与例 4.6.1 的情况一样，只是这里的 σ^2 是已知的.

6.3.4 编写一个能绘制例 6.3.2 结尾所讨论的功效函数的 R 函数. 当 $\theta_0=0, n=10, \sigma^2=1, \alpha=0.05$ 时，运行编写的函数.

6.3.5 考察例 6.3.4.

(a) 证明能完成 $S^*=2T-n$，其中 $T=\#\{X_i>\theta_0\}$.

(b) 证明：此模型的得分检验等价于如果 $T<c_1$ 或 $T<c_2$，拒绝 H_0.

(c) 证明：在 H_0 为真的条件下，T 服从二项分布 $b(n,1/2)$，进而求 c_1 与 c_2，以使检验具有水平 α.

(d) 求建立在 T 作为 θ 函数基础上的检验的功效函数.

6.3.6 设 $X_1,X_2,\cdots,X_n$ 是来自分布 $N(\mu_0,\sigma^2=\theta)$ 的随机样本，其中 $0<\theta<\infty$，μ_0 是已知的. 证明，$H_0:\theta=\theta_0$ vs $H_1:\theta\neq\theta_0$ 的似然比检验可建立在统计量 $W=\sum_{i=1}^n(X_i-\mu_0)^2/\theta_0$ 基础上. 求 W 的零分布，并明确地给出水平为 α 的检验的拒绝规则.

6.3.7 对于习题 6.3.6 所阐述的检验，求在一般备择条件下检验统计量的分布. 如果可利用计算机，请画出 $\theta_0=1$，$n=10$，$\mu=0$ 以及 $\alpha=0.05$ 情况下的功效曲线.

6.3.8 运用例 6.2.4 的结果，求假设(6.3.21)的精确水平为 α 的检验.

6.3.9 设 $X_1,X_2,\cdots,X_n$ 是来自均值为 $\theta>0$ 的泊松分布随机样本.

(a) 证明：$H_0:\theta=\theta_0$ vs $H_1:\theta\neq\theta_0$ 的似然比检验可建立在统计量 $Y=\sum_{i=1}^n X_i$ 的基础上. 求 Y 的零分布.

(b) 对于 $\theta_0=2$ 与 $n=5$，求当 $Y\leqslant 4$ 或 $Y\geqslant 17$ 时，拒绝 H_0 的检验的显著性水平.

6.3.10 设 $X_1,X_2,\cdots,X_n$ 是来自伯努利分布 $b(1,\theta)$ 的随机样本，其中 $0<\theta<1$.

(a) 证明：$H_0:\theta=\theta_0$ vs $H_1:\theta\neq\theta_0$ 的似然比检验可建立在统计量 $Y=\sum_{i=1}^{n}X_i$ 的基础上. 求 Y 的零分布.

(b) 对于 $n=100$ 与 $\theta_0=1/2$，求 c_1，使得当 $Y\leqslant c_1$ 或 $Y\geqslant c_2=100-c_1$ 具有近似显著性水平 $\alpha=0.05$时，检验拒绝 H_0. 提示：运用中心极限定理.

6.3.11 设 $X_1,X_2,\cdots,X_n$ 是来自分布 $\Gamma(\alpha=4,\beta=\theta)$ 的随机样本，其中 $0<\theta<\infty$.

(a) 证明：$H_0:\theta=\theta_0$ vs $H_1:\theta\neq\theta_0$ 的似然比检验可建立在统计量 $W=\sum_{i=1}^{n}X_i$ 的基础上，求 $2W/\theta_0$ 的零分布.

(b) 对于 $\theta_0=3$ 与 $n=5$，求 c_1 与 c_2，使得当 $W\leqslant c_1$ 或 $W\geqslant c_2$ 具有显著性水平 0.05 时，检验拒绝 H_0.

6.3.12 设 $X_1,X_2,\cdots,X_n$ 是来自下述分布的随机样本，此分布具有概率密度函数 $f(x;\theta)=\theta\exp\{-|x|^{\theta}\}/2\Gamma(1/\theta)$，$-\infty<x<\infty$，其中 $\theta>0$. 假定 $\Omega=\{\theta:\theta=1,2\}$. 考察假设 $H_0:\theta=2$(正态分布)vs $H_1:\theta=1$(双指数分布). 证明：似然比检验可建立在统计量 $W=\sum_{i=1}^{n}(X_i^2-|X_i|)$的基础上.

6.3.13 设 $X_1,X_2,\cdots,X_n$ 是来自贝塔分布的随机样本，其中 $\alpha=\beta=\theta$，同时 $\Omega=\{\theta:\theta=1,2\}$. 证明：检验 $H_0:\theta=1$ vs $H_1:\theta=2$ 的似然比检验统计量 Λ 是统计量 $W=\sum_{i=1}^{n}\log X_i+\sum_{i=1}^{n}\log(1-X_i)$ 的函数.

6.3.14 考察位置模型

$$X_i=\theta+e_i,\quad i=1,2,\cdots,n \tag{6.3.25}$$

其中 $e_1,e_2,\cdots,e_n$ 是独立同分布的，具有概率密度函数 $f(z)$. 就估计 θ 而言，存在一种合适的几何解释. 设 $\boldsymbol{X}=(X_1,X_2,\cdots,X_n)'$与 $\boldsymbol{e}=(e_1,e_2,\cdots,e_n)'$分别是观测值与误差向量，同时设 $\boldsymbol{\mu}=\theta\mathbf{1}$，其中 $\mathbf{1}$ 表示所有分量都等于 1 的向量. 设 V 是形式为 $\boldsymbol{\mu}$ 向量的子空间，也就是 $V=\{\boldsymbol{v}:\boldsymbol{v}=a\mathbf{1}$，对于某个 $a\in\mathbb{R}\}$. 于是，利用向量记号，可将模型写成

$$\boldsymbol{X}=\boldsymbol{\mu}+\boldsymbol{e},\quad \boldsymbol{\mu}\in V \tag{6.3.26}$$

从而，用下述说法概述此模型："除了随机误差向量 $\boldsymbol{e}$ 之外，$\boldsymbol{X}$ 可以在 V 之中."因此，从直观上看，通过 V 中的向量接近于 $\boldsymbol{X}$ 去估计 $\boldsymbol{\mu}$ 是有意义的. 也就是说，给定$\mathbb{R}^n$ 中的范数$\|\cdot\|$，选取

$$\hat{\boldsymbol{\mu}}=\operatorname{Argmin}\|\boldsymbol{X}-\boldsymbol{v}\|,\quad \boldsymbol{v}\in V \tag{6.3.27}$$

(a) 如果误差概率密度函数是拉普拉斯的(2.2.4)，证明当范数是由

$$\|\boldsymbol{v}\|_1=\sum_{i=1}^{n}|v_i| \tag{6.3.28}$$

给出的 l_1 范数时，对式(6.3.27)求最小值等价于对似然求最大值.

(b) 如果误差概率密度函数是 $N(0,1)$，证明当范数是由

$$\|\boldsymbol{v}\|_2^2=\sum_{i=1}^{n}v_i^2 \tag{6.3.29}$$

给出的 l_2 范数平方时，对式(6.3.27)求最小值等价于对似然求最大值.

6.3.15 继续上面的习题(6.3.14)，除估计之外，检验还存在合适的几何解释. 对于模型(6.3.26)，考察假设

$$H_0:\theta=\theta_0\quad \text{vs}\quad H_1:\theta\neq\theta_0 \tag{6.3.30}$$

其中 θ_0 是设定的. 给定$\mathbb{R}^n$ 上的范数$\|\cdot\|$，用 $d(\boldsymbol{X},V)$表示 $\boldsymbol{X}$ 与 V 子空间之间的距离，也就是说，

$d(\boldsymbol{X},V)=\|\boldsymbol{X}-\hat{\boldsymbol{\mu}}\|$，其中$\hat{\boldsymbol{\mu}}$已由式(6.3.27)定义．如果 H_0 成立，那么$\hat{\boldsymbol{\mu}}$应该接近于$\boldsymbol{\mu}=\theta_0\mathbf{1}$，因此，$\|\boldsymbol{X}-\theta_0\mathbf{1}\|$应该接近于 $d(\boldsymbol{X},V)$．通过用

$$RD=\|\boldsymbol{X}-\theta_0\mathbf{1}\|-\|\boldsymbol{X}-\hat{\boldsymbol{\mu}}\| \tag{6.3.31}$$

表示差，小的 RD 值表明零假设成立，而大的 RD 值表明 H_1 成立．所以，当运用 RD 时，我们的拒绝规则是

$$\text{当 } RD>c\text{，拒绝 } H_0\text{，接受 } H_1 \tag{6.3.32}$$

(a) 如果误差概率密度函数是拉普拉斯的式(6.1.6)，证明当范数由式(6.3.28)给出时，式(6.3.31)等价于似然比检验．

(b) 如果误差概率密度函数是 $N(0,1)$，证明当范数由 l_2 范数式(6.3.29)给出时，式(6.3.31)等价于似然比检验．

6.3.16 设 $X_1,X_2,\cdots,X_n$ 是来自下述分布的随机样本，此分布具有概率质量函数 $p(x;\theta)=\theta^x(1-\theta)^{1-x}$，$x=0$，1，其中 $0<\theta<1$．我们想要检验 $H_0:\theta=1/3$ vs $H_1:\theta\neq 1/3$．

(a) 求 Λ 与 $-2\log\Lambda$．

(b) 求沃尔德型检验．

(c) 什么是拉奥得分统计量？

6.3.17 设 $X_1,X_2,\cdots,X_n$ 是来自泊松分布的随机样本，其均值 $\theta>0$．考察检验 $H_0:\theta=\theta_0$ vs $H_1:\theta\neq\theta_0$．

(a) 给出式(6.3.13)的沃尔德型检验．

(b) 编写一个计算这个检验统计量的 R 函数．

(c) 对于 $\theta_0=23$，计算检验统计量，然后求下面数据的 p 值．

```
27 13 21 24 22 14 17 26 14 22
21 24 19 25 15 25 23 16 20 19
```

6.3.18 设 $X_1,X_2,\cdots,X_n$ 是来自分布 $\Gamma(\alpha,\beta)$ 的随机样本，其中 α 是已知的且 $\beta>0$．确定 $H_0:\beta=\beta_0$ vs $H_1:\beta\neq\beta_0$ 的似然比检验．

6.3.19 设 $Y_1<Y_2<\cdots<Y_n$ 是来自 $(0,\theta)$ 上均匀分布的随机样本次序统计量，其中 $\theta>0$．

(a) 证明，检验 $H_0:\theta=\theta_0$ vs $H_1:\theta\neq\theta_0$ 的 Λ，当 $Y_n\leqslant\theta_0$ 时，$\Lambda=(Y_n/\theta_0)^n$，当 $Y_n>\theta_0$ 时，$\Lambda=0$．

(b) 当 H_0 成立时，证明 $-2\log\Lambda$ 服从准确的分布 $\chi^2(2)$，而不是分布 $\chi^2(1)$．注意，正则条件没有得到满足．

6.4 多参数估计

在本节，我们讨论 $\boldsymbol{\theta}$ 是 p 个参数构成的向量的情况．这些内容类似于上一节 θ 为标量情况的定理，将阐述其一些结果，但对绝大部分结果都没有给出证明．感兴趣的读者可在更高等的书中找到额外信息，例如参看 Lehmann 和 Casella(1998)以及 Rao(1973)．

设 $X_1,X_2,\cdots,X_n$ 是独立同分布的，具有共同概率密度函数 $f(x;\boldsymbol{\theta})$，其中 $\boldsymbol{\theta}\in\Omega\subset\mathbb{R}^p$．与前面一样，对于$\boldsymbol{\theta}\in\Omega$，似然函数及其对数是由

$$L(\boldsymbol{\theta})=\prod_{i=1}^{n}f(x_i;\boldsymbol{\theta})$$

$$l(\boldsymbol{\theta})=\log L(\boldsymbol{\theta})=\sum_{i=1}^{n}\log f(x_i;\boldsymbol{\theta}) \tag{6.4.1}$$

给出的．进行理论研究需要另外的正则条件，这已列在附录 A 的假设 A.1.1 之中．为了与上面两节符号相一致，这里将另外的这些正则条件记成(R6)～(R9)．在本节，当说在正则

条件下时，意指全部条件假设 6.1.1、假设 6.2.1、假设 6.2.2 以及假设 A.1.1，它们都与推导有关. 至于离散情况，可以同样方式推演出来，因此，通常对连续情况加以论述.

注意，定理 6.1.1 的证明并不依赖于参数是标量还是向量. 所以，$L(\boldsymbol{\theta})$依概率趋于 1，在 $\boldsymbol{\theta}$ 的真值处极大化. 因此，$\boldsymbol{\theta}$ 的估计值使 $L(\boldsymbol{\theta})$ 极大化或者等价地解向量方程$(\partial/\partial\boldsymbol{\theta})l(\boldsymbol{\theta})=\mathbf{0}$. 如果它存在，那么称这个值为**极大似然估计量**，同时我们用$\hat{\boldsymbol{\theta}}$表示它. 我们时常对 $\boldsymbol{\theta}$ 的函数感兴趣，比如参数 $\eta=g(\boldsymbol{\theta})$. 由于对于 $\boldsymbol{\theta}$ 为向量的情况，定理 6.1.2 证明的第二部分是成立，所以$\hat{\eta}=g(\hat{\boldsymbol{\theta}})$就是$\eta$ 的极大似然估计量.

例 6.4.1(正态概率密度函数的极大似然估计) 假定 $X_1,X_2,\cdots,X_n$ 是独立同分布的，服从 $N(\mu,\sigma^2)$. 在此情况下，$\boldsymbol{\theta}=(\mu,\sigma^2)'$，而 Ω 是乘积空间$(-\infty,\infty)\times(0,\infty)$. 似然对数可简化成

$$l(\mu,\sigma^2)=-\frac{n}{2}\log 2\pi-n\log\sigma-\frac{1}{2\sigma^2}\sum_{i=1}^{n}(x_i-\mu)^2 \tag{6.4.2}$$

对式(6.4.2)求关于 μ 与 σ 的偏导数，并令它们等于 0，得到联立方程

$$\frac{\partial l}{\partial\mu}=\frac{1}{\sigma^2}\sum_{i=1}^{n}(x_i-\mu)=0$$

$$\frac{\partial l}{\partial\sigma}=-\frac{n}{\sigma}+\frac{1}{\sigma^3}\sum_{i=1}^{n}(x_i-\mu)^2=0$$

求解这些方程，得出其解为$\hat{\mu}=\overline{X}$ 与 $\hat{\sigma}=\sqrt{(1/n)\sum_{i=1}^{n}(X_i-\overline{X})^2}$. 通过检查二阶偏导数，可以证明，上述解使得 $l(\mu,\sigma^2)$极大化，所以它们是极大似然估计量. 同理，由定理 6.1.2 知，$(1/n)\sum_{i=1}^{n}(X_i-\overline{X})^2$ 是 σ^2 的极大似然估计量. 从 5.1 节的讨论中知道，这些分别是 μ 与 σ^2 的一致估计值；$\hat{\mu}$ 是 μ 的无偏估计，而$\hat{\sigma^2}$是σ^2的有偏估计，其偏倚随着 $n\to\infty$而消失. ■

例 6.4.2(一般拉普拉斯概率密度函数) 设 $X_1,X_2,\cdots,X_n$ 来自拉普拉斯概率密度函数 $f_X(x)=(2b)^{-1}\exp\{-|x-a|/b\}$，$-\infty<x<\infty$，其中参数$(a,b)$位于空间 $\Omega=\{(a,b):-\infty<a<\infty,b>0\}$之中. 回顾前面 6.1 节，考虑 $b=1$ 的特殊情况. 正如现在要证明的，不管 b 值如何，a 的极大似然估计量都是样本中位数. 似然函数的对数是

$$l(a,b)=-n\log 2-n\log b-\sum_{i=1}^{n}\left|\frac{x_i-a}{b}\right|$$

$l(a,b)$关于 a 的偏导数是

$$\frac{\partial l(a,b)}{\partial a}=\frac{1}{b}\sum_{i=1}^{n}\operatorname{sgn}\left\{\frac{x_i-a}{b}\right\}=\frac{1}{b}\sum_{i=1}^{n}\operatorname{sgn}\{x_i-a\}$$

其中第二个等式成立是因为 $b>0$. 令此偏导数等于 0，得出 a 的极大似然估计量是 $Q_2=\operatorname{med}\{X_1,X_2,\cdots,X_n\}$，正像例 6.1.1 一样. 因此，$a$ 的极大似然估计量相对于参数 b 来说是不变量. 对 $l(a,b)$求关于 b 的偏导数，则得到

$$\frac{\partial l(a,b)}{\partial b}=-\frac{n}{b}+\frac{1}{b^2}\sum_{i=1}^{n}|x_i-a|$$

令上式为 0，联立求解两个偏导数，得出统计量

$$\hat{b}=\frac{1}{n}\sum_{i=1}^{n}|X_i-Q_2|$$

作为 b 的极大似然估计量. ■

回顾标量情况下，费希尔信息是随机变量 $(\partial/\partial\theta)\log f(X;\theta)$ 的方差. 在多参数情况下，其类似形式是 $f(X;\boldsymbol{\theta})$ 梯度的方差-协方差矩阵；也就是说，随机向量的方差-协方差矩阵由

$$\nabla\log f(X;\boldsymbol{\theta})=\left(\frac{\partial\log f(X;\boldsymbol{\theta})}{\partial\theta_1},\cdots,\frac{\partial\log f(X;\boldsymbol{\theta})}{\partial\theta_p}\right)' \tag{6.4.3}$$

给出. 于是，费希尔信息可通过 $p\times p$ 矩阵加以定义，即

$$\boldsymbol{I}(\boldsymbol{\theta})=\mathrm{Cov}(\nabla\log f(X;\boldsymbol{\theta})) \tag{6.4.4}$$

$\boldsymbol{I}(\boldsymbol{\theta})$ 的第 (j,k) 个元素由

$$I_{jk}=\mathrm{Cov}\left(\frac{\partial}{\partial\theta_j}\log f(X;\boldsymbol{\theta}),\frac{\partial}{\partial\theta_k}\log f(X;\boldsymbol{\theta})\right);\quad j,k=1,2,\cdots,p \tag{6.4.5}$$

给出.

如同标量情况一样，通过利用恒等式 $1=\int f(x;\boldsymbol{\theta})\mathrm{d}x$ 简化上式. 在正则条件下，正如本节第二段所讨论的，恒等式关于 θ_j 的偏导数有

$$0=\int\frac{\partial}{\partial\theta_j}f(x;\boldsymbol{\theta})\mathrm{d}x=\int\left[\frac{\partial}{\partial\theta_j}\log f(x;\boldsymbol{\theta})\right]f(x;\boldsymbol{\theta})\mathrm{d}x=E\left[\frac{\partial}{\partial\theta_j}\log f(X;\boldsymbol{\theta})\right] \tag{6.4.6}$$

其次，对上面第一个等式两边取关于 θ_k 的偏导数. 经过某些简化后，得出

$$0=\int\left(\frac{\partial^2}{\partial\theta_j\,\partial\theta_k}\log f(x;\boldsymbol{\theta})\right)f(x;\boldsymbol{\theta})\mathrm{d}x+\int\left(\frac{\partial}{\partial\theta_j}\log f(x;\boldsymbol{\theta})\frac{\partial}{\partial\theta_k}\log f(x;\boldsymbol{\theta})\right)f(x;\boldsymbol{\theta})\mathrm{d}x$$

也就是

$$E\left[\frac{\partial}{\partial\theta_j}\log f(X;\boldsymbol{\theta})\frac{\partial}{\partial\theta_k}\log f(X;\boldsymbol{\theta})\right]=-E\left[\frac{\partial^2}{\partial\theta_j\,\partial\theta_k}\log f(X;\boldsymbol{\theta})\right] \tag{6.4.7}$$

利用式(6.4.6)与式(6.4.7)，得到

$$I_{jk}=-E\left[\frac{\partial^2}{\partial\theta_j\,\partial\theta_k}\log f(X;\boldsymbol{\theta})\right] \tag{6.4.8}$$

可以用与标量情况一样的方式来获得样本信息. 样本的概率密度函数是似然函数 $L(\boldsymbol{\theta};\boldsymbol{X})$. 用 $L(\boldsymbol{\theta};\boldsymbol{X})$ 代替由式(6.4.3)给出的向量中的 $f(X;\boldsymbol{\theta})$. 由于 $\log L$ 是求和形式，从而，有随机向量

$$\nabla\log L(\boldsymbol{\theta};\boldsymbol{X})=\sum_{i=1}^{n}\nabla\log f(X_i;\boldsymbol{\theta}) \tag{6.4.9}$$

因为上式中被加数各项是独立同分布的且具有共同协方差矩阵 $\boldsymbol{I}(\boldsymbol{\theta})$，从而有

$$\mathrm{Cov}(\nabla\log L(\boldsymbol{\theta};\boldsymbol{X}))=n\boldsymbol{I}(\boldsymbol{\theta}) \tag{6.4.10}$$

如同标量情况一样，样本量为 n 的随机样本信息是样本量为 1 的样本信息的 n 倍.

$\boldsymbol{I}(\boldsymbol{\theta})$ 的对角元素是

$$I_{ii}(\boldsymbol{\theta})=\mathrm{Var}\left[\frac{\partial\log f(X;\boldsymbol{\theta})}{\partial\theta_i}\right]=-E\left[\frac{\partial^2}{\partial\theta_i^2}\log f(X_i;\boldsymbol{\theta})\right]$$

这类似于标量的情况，只是现在 $I_{ii}(\boldsymbol{\theta})$ 是向量 $\boldsymbol{\theta}$ 的函数. 前面提及，$(nI(\theta))^{-1}$ 是 θ 的无偏估计

值的拉奥-克拉默下界. 在多参数情况下，存在类似结果. 特别地，当 $Y_j=u_j(X_1,X_2,\cdots,X_n)$ 是 θ_j 的无偏估计值时，可以证明

$$\operatorname{Var}(Y_j)\geqslant\frac{1}{n}[\boldsymbol{I}^{-1}(\boldsymbol{\theta})]_{jj} \tag{6.4.11}$$

例如，参看 Lehmann(1983). 像标量情况一样，如果它的方差达到这个下界，那么就称之为无偏有效估计值.

例 6.4.3(正态概率密度函数的信息矩阵) $N(\mu,\sigma^2)$的对数概率密度函数由

$$\log f(x;\mu,\sigma^2)=-\frac{1}{2}\log 2\pi-\log\sigma-\frac{1}{2\sigma^2}(x-\mu)^2 \tag{6.4.12}$$

给出. 它的一阶与二阶偏导数是

$$\begin{aligned}\frac{\partial\log f}{\partial\mu}&=\frac{1}{\sigma^2}(x-\mu)\\ \frac{\partial^2\log f}{\partial\mu^2}&=-\frac{1}{\sigma^2}\\ \frac{\partial\log f}{\partial\sigma}&=-\frac{1}{\sigma}+\frac{1}{\sigma^3}(x-\mu)^2\\ \frac{\partial^2\log f}{\partial\sigma^2}&=\frac{1}{\sigma^2}-\frac{3}{\sigma^4}(x-\mu)^2\\ \frac{\partial^2\log f}{\partial\mu\,\partial\sigma}&=-\frac{2}{\sigma^3}(x-\mu)\end{aligned}$$

根据对二阶偏导数取期望负值，则正态密度的信息矩阵是

$$I(\mu,\sigma)=\begin{bmatrix}\dfrac{1}{\sigma^2} & 0\\ 0 & \dfrac{2}{\sigma^2}\end{bmatrix} \tag{6.4.13}$$

我们想要得到(μ,σ^2)的信息矩阵. 这可通过求关于 σ^2 而不是 σ 的偏导数来得到，然而，在例 6.4.6 中，将通过变换得到它. 由例 6.4.1 知道，μ 与 σ^2 的极大似然估计量分别是$\hat{\mu}=\overline{X}$与$\hat{\sigma}^2=(1/n)\sum_{i=1}^{n}(X_i-\overline{X})^2$. 根据信息矩阵，我们指出 $\overline{X}$ 是 μ 的有限样本的有效估计值. 例 6.4.6 将考察样本方差. ■

例 6.4.4(位置与尺度族的信息矩阵) 设 $X_1,X_2,\cdots,X_n$ 是随机变量，具有共同概率密度函数 $f_X(x)=b^{-1}f\left(\frac{x-a}{b}\right)$，其中$-\infty<x<\infty$，$(a,b)$位于空间 $\Omega=\{(a,b):-\infty<a<\infty,b>0\}$之中，而对于$-\infty<z<\infty$，$f(z)$是使得 $f(z)>0$ 的概率密度函数正如习题 6.4.10 所证明的，将模型写成

$$X_i=a+be_i \tag{6.4.14}$$

其中 e_i 是独立同分布的，具有概率密度函数 $f(z)$. 这称为位置和尺度模型(location and scale model, LASP). 例 6.4.2 阐述了当 $f(z)$具有拉普拉斯概率密度函数时的这种模型. 习题 6.4.11 要求读者证明，其偏导数是

$$\frac{\partial}{\partial a}\left\{\log\left[\frac{1}{b}f\left(\frac{x-a}{b}\right)\right]\right\}=-\frac{1}{b}\frac{f'\left(\frac{x-a}{b}\right)}{f\left(\frac{x-a}{b}\right)}$$

$$\frac{\partial}{\partial b}\left\{\log\left[\frac{1}{b}f\left(\frac{x-a}{b}\right)\right]\right\}=-\frac{1}{b}\left[1+\frac{\frac{x-a}{b}f'\left(\frac{x-a}{b}\right)}{f\left(\frac{x-a}{b}\right)}\right]$$

利用式(6.4.5)与式(6.4.6)，可得到

$$I_{11}=\int_{-\infty}^{\infty}\frac{1}{b^2}\left[\frac{f'\left(\frac{x-a}{b}\right)}{f\left(\frac{x-a}{b}\right)}\right]^2\frac{1}{b}f\left(\frac{x-a}{b}\right)\mathrm{d}x$$

现在，做变量代换 $z=(x-a)/b$，$\mathrm{d}z=(1/b)\mathrm{d}x$，从而，

$$I_{11}=\frac{1}{b^2}\int_{-\infty}^{\infty}\left[\frac{f'(z)}{f(z)}\right]^2 f(z)\mathrm{d}z \tag{6.4.15}$$

因此，位置参数 a 的信息不依赖于 a. 正如习题 6.4.11 所证明的，利用这个变换，信息矩阵的其他元素是：

$$I_{22}=\frac{1}{b^2}\int_{-\infty}^{\infty}\left[1+\frac{zf'(z)}{f(z)}\right]^2 f(z)\mathrm{d}z \tag{6.4.16}$$

$$I_{12}=\frac{1}{b^2}\int_{-\infty}^{\infty}z\left[\frac{f'(z)}{f(z)}\right]^2 f(z)\mathrm{d}z \tag{6.4.17}$$

因而，信息矩阵能写成下面矩阵的 $(1/b)^2$ 倍，该矩阵元素与参数 a 和 b 无关. 正如习题 6.4.12所证明的，倘若概率密度函数 $f(z)$ 关于点 0 对称，则信息矩阵的非对角元素都为 0. ■

例 6.4.5(多项分布) 考察导致 k 个结果或类别之一且仅一个结果的随机试验. 设 X_j 是 1 或 0，其结果依赖于第 j 个结果发生与否，其中 $j=1,2,\cdots,k$. 假定第 j 个结果发生的概率是 p_j，因此 $\sum_{j=1}^{k}p_i=1$. 设 $\boldsymbol{X}=(X_1,X_2,\cdots,X_{k-1})'$ 而 $\boldsymbol{p}=(p_1,p_2,\cdots,p_{k-1})'$. $\boldsymbol{X}$ 服从多项分布，参看 3.1 节. 回顾此分布概率密度函数是

$$f(\boldsymbol{x},\boldsymbol{p})=\left(\prod_{j=1}^{k-1}p_j^{x_j}\right)\left(1-\sum_{j=1}^{k-1}p_j\right)^{1-\sum_{j=1}^{k-1}x_j} \tag{6.4.18}$$

其中参数空间是 $\Omega=\left\{\boldsymbol{p}:0<p_j<1,j=1,2,\cdots,k-1,\ \sum_{j=1}^{k-1}p_j<1\right\}$.

首先，获得信息矩阵. 关于 p_i 的一阶偏导数可简化成

$$\frac{\partial\log f}{\partial p_i}=\frac{x_i}{p_i}-\frac{1-\sum_{j=1}^{k-1}x_j}{1-\sum_{j=1}^{k-1}p_j}$$

二阶偏导数由

$$\frac{\partial^2 \log f}{\partial p_i^2} = -\frac{x_i}{p_i^2} - \frac{1-\sum_{j=1}^{k-1} x_j}{\left(1-\sum_{j=1}^{k-1} p_j\right)^2}$$

$$\frac{\partial^2 \log f}{\partial p_i \partial p_h} = -\frac{1-\sum_{j=1}^{k-1} x_j}{\left(1-\sum_{j=1}^{k-1} p_j\right)^2}, \quad i \neq h < k$$

给出. 回想一下，对于这个分布来说，X_j 的边缘分布是伯努利分布，其均值为 p_j. 注意，$p_k=1-(p_1+\cdots+p_{k-1})$，负的二阶偏导数期望值可直接求出，从而得到信息矩阵：

$$\boldsymbol{I}(\boldsymbol{p}) = \begin{bmatrix} \frac{1}{p_1}+\frac{1}{p_k} & \frac{1}{p_k} & \cdots & \frac{1}{p_k} \\ \frac{1}{p_k} & \frac{1}{p_2}+\frac{1}{p_k} & \cdots & \frac{1}{p_k} \\ \vdots & \vdots & & \vdots \\ \frac{1}{p_k} & \frac{1}{p_k} & \cdots & \frac{1}{p_{k-1}}+\frac{1}{p_k} \end{bmatrix} \tag{6.4.19}$$

这是一个具有逆的模型矩阵[参看 Graybill(1969)第 170 页]

$$\boldsymbol{I}^{-1}(\boldsymbol{p}) = \begin{bmatrix} p_1(1-p_1) & -p_1p_2 & \cdots & -p_1p_{k-1} \\ -p_1p_2 & p_2(1-p_2) & \cdots & -p_2p_{k-1} \\ \vdots & \vdots & & \vdots \\ -p_1p_{k-1} & -p_2p_{k-1} & \cdots & p_{k-1}(1-p_{k-1}) \end{bmatrix} \tag{6.4.20}$$

其次，获得有限样本 $\boldsymbol{X}_1,\boldsymbol{X}_2,\cdots,\boldsymbol{X}_n$ 的极大似然估计值. 似然函数是

$$L(\boldsymbol{p}) = \prod_{i=1}^{n}\prod_{j=1}^{k-1} p_j^{x_{ji}}\left(1-\sum_{j=1}^{k-1} p_j\right)^{1-\sum_{j=1}^{k-1} x_{ji}} \tag{6.4.21}$$

设对于 $j=1,2,\cdots,k-1$，$t_j=\sum_{i=1}^{n} x_{ji}$. 对 L 的对数加以简化，得到

$$l(\boldsymbol{p}) = \sum_{j=1}^{k-1} t_j \log p_j + \left(n-\sum_{j=1}^{k-1} t_j\right)\log\left(1-\sum_{j=1}^{k-1} p_j\right)$$

关于 p_h 的一阶偏导数会得出方程组：

$$\frac{\partial l(\boldsymbol{p})}{\partial p_h} = \frac{t_h}{p_h} - \frac{n-\sum_{j=1}^{k-1} t_j}{1-\sum_{j=1}^{k-1} p_j} = 0, \quad h=1,2,\cdots,k-1$$

很容易看出，$p_h=t_h/n$ 满足这些方程. 因此，极大似然估计是

$$\hat{p}_h = \frac{\sum_{i=1}^{n} X_{ih}}{n}, \quad h=1,2,\cdots,k-1 \tag{6.4.22}$$

每个随机变量 $\sum_{i=1}^{n} X_{ih}$ 服从方差为 $np_h(1-p_h)$ 的二项分布 (n,p_h). 因此，极大似然估计值是有效估计. ■

作为有关信息的最后评注，假定信息矩阵是对角的. 于是，第 j 个估计量(6.4.11)方差的下界是 $1/(n\boldsymbol{I}_{jj}(\boldsymbol{\theta}))$. 由于 $\boldsymbol{I}_{jj}(\boldsymbol{\theta})$ 是以偏导数形式定义的，[参看式(6.4.5)]所以这是处理除了 θ_j 之外的所有已知 θ_i 的信息. 例如，例 6.4.3 中的正态概率密度函数的信息矩阵是对角的；因此关于 μ 的信息可通过将 σ^2 作为已知的而获得. 例 6.4.4 已经讨论了一般的位置与尺度族的信息. 对于这种以正态分布作为成员的一般族来说，倘若基本概率密度函数是对称的，则信息矩阵是对角矩阵.

下面的定理总结了向量 $\boldsymbol{\theta}$ 的极大似然估计量的渐近特性. 可以证明，极大似然估计量是渐近有效的估计值.

定理 6.4.1 设 $X_1,X_2,\cdots,X_n$ 是独立同分布的，对于 $\boldsymbol{\theta}\in\Omega$，具有概率密度函数 $f(x;\boldsymbol{\theta})$. 假定正则条件成立. 于是，

1. 似然方程

$$\frac{\partial}{\partial\boldsymbol{\theta}}l(\boldsymbol{\theta}) = \boldsymbol{0}$$

具有解 $\hat{\boldsymbol{\theta}}_n$，使得 $\hat{\boldsymbol{\theta}}_n \xrightarrow{P} \boldsymbol{\theta}$.

2. 对于任何满足(1)的序列，有

$$\sqrt{n}(\hat{\boldsymbol{\theta}}_n - \boldsymbol{\theta}) \xrightarrow{D} N_p(\boldsymbol{0},\boldsymbol{I}^{-1}(\boldsymbol{\theta}))$$

这个定理的证明可在更高等书籍中找到，例如参看 Lehmann 和 Casella(1998). 如同标量情况一样，定理并没有假定极大似然估计是唯一的. 不过，如果解序列是唯一的，那么它们既是一致的也是渐近正态的. 在实际应用中，人们时常要验证其唯一性.

这里直接得出下面的推论.

推论 6.4.1 设 $X_1,X_2,\cdots,X_n$ 是独立同分布的，对于 $\boldsymbol{\theta}\in\Omega$，具有概率密度函数 $f(x;\boldsymbol{\theta})$. 假定正则条件成立. 设 $\hat{\boldsymbol{\theta}}_n$ 是似然方程的一致解序列. 于是，$\hat{\boldsymbol{\theta}}_n$ 是渐近有效估计值，也就是说，对于 $j=1,2,\cdots,p$，

$$\sqrt{n}(\hat{\theta}_{n,j} - \theta_j) \xrightarrow{D} N(0,[\boldsymbol{I}^{-1}(\boldsymbol{\theta})]_{jj})$$

设 $\boldsymbol{g}$ 是变换 $\boldsymbol{g}(\boldsymbol{\theta})=(g_1(\boldsymbol{\theta}),\cdots,g_k(\boldsymbol{\theta}))'$，使得 $1\leqslant k\leqslant p$，同时偏导数的 $k\times p$ 矩阵

$$\boldsymbol{B} = \left[\frac{\partial g_i}{\partial\theta_j}\right],\quad i=1,2,\cdots,k;\quad j=1,2,\cdots,p$$

具有连续元，并且在 $\boldsymbol{\theta}$ 的邻域内并不会消失. 设 $\hat{\boldsymbol{\eta}}=\boldsymbol{g}(\hat{\boldsymbol{\theta}})$. 从而，$\hat{\boldsymbol{\eta}}$ 是 $\boldsymbol{\eta}=\boldsymbol{g}(\boldsymbol{\theta})$ 的极大似然估计量. 由定理 5.4.6，

$$\sqrt{n}(\hat{\boldsymbol{\eta}} - \boldsymbol{\eta}) \xrightarrow{D} N_k(\boldsymbol{0},\boldsymbol{B}\boldsymbol{I}^{-1}(\boldsymbol{\theta})\boldsymbol{B}') \tag{6.4.23}$$

因此，倘若上述逆存在，η 的信息矩阵是

$$\boldsymbol{I}(\boldsymbol{\eta}) = [\boldsymbol{B}\boldsymbol{I}^{-1}(\boldsymbol{\theta})\boldsymbol{B}']^{-1} \tag{6.4.24}$$

对于这种结果的简单举例，重新考察例 6.4.3.

例 6.4.6(正态分布方差信息) 假定 $X_1,X_2,\cdots,X_n$ 是独立同分布的，服从 $N(\mu,\sigma^2)$.

回顾例 6.4.3，信息矩阵是 $\boldsymbol{I}(\mu,\sigma)=\operatorname{diag}\{\sigma^{-2},2\sigma^{-2}\}$. 考察变换 $g(\mu,\sigma)=\sigma^2$. 因此，偏导数矩阵 $\boldsymbol{B}$ 是行向量$[0\quad 2\sigma]$. 因而，σ^2 的信息是

$$I(\sigma^2)=\left\{[0\quad 2\sigma]\begin{bmatrix}\frac{1}{\sigma^2} & 0\\ 0 & \frac{2}{\sigma^2}\end{bmatrix}^{-1}\begin{bmatrix}0\\ 2\sigma\end{bmatrix}\right\}^{-1}=\frac{1}{2\sigma^4}$$

估计量方差的拉奥-克拉默下界是$(2\sigma^4)/n$. 前面提及，样本方差关于 σ^2 是无偏的，但它的方差是$(2\sigma^4)/(n-1)$. 因此，对于有限样本来说，它不是有效的，然而它却是渐近有效的. ■

习题

6.4.1 对某城市的市民进行调查，看一看他们是否支持市议会正在考虑的划分区域计划．回答是：是、否、无所谓和其他．设 p_1,p_2,p_3,p_4 分别表示这些响应的真实概率．调查结果如下：

是	否	无所谓	其他
60	45	70	25

(a) 求 p_i 的极大似然估计值，$i=1,2,3,4$.

(b) 求 p_i 的 95%置信区间式(4.2.7)，$i=1,2,3,4$.

6.4.2 设 $X_1,X_2,\cdots,X_n$ 和 $Y_1,Y_2,\cdots,Y_m$ 分别是来自 $N(\theta_1,\theta_3)$与 $N(\theta_2,\theta_4)$的独立随机样本.

(a) 如果 $\Omega\in\mathbb{R}^3$ 由

$$\Omega=\{(\theta_1,\theta_2,\theta_3):-\infty<\theta_i<\infty,i=1,2;\quad 0<\theta_3=\theta_4<\infty\}$$

定义，求 θ_1,θ_2 以及 θ_3 的极大似然估计值.

(b) 如果 $\Omega\in\mathbb{R}^2$ 由

$$\Omega=\{(\theta_1,\theta_3):-\infty<\theta_1=\theta_2<\infty;\quad 0<\theta_3=\theta_4<\infty\}$$

定义，求 θ_1 与 θ_3 的极大似然估计值

6.4.3 设 $X_1,X_2,\cdots,X_n$ 是独立同分布的，都具有概率密度函数 $f(x;\theta_1,\theta_2)=(1/\theta_2)\mathrm{e}^{-(x-\theta_1)/\theta_2},\theta_1\leqslant x<\infty,-\infty<\theta_2<\infty$，其他为 0. 求 θ_1 与 θ_2 的极大似然估计量.

6.4.4 帕累托分布(Pareto distribution)经常用于研究收入方面的模型中，它具有分布函数

$$F(x;\theta_1,\theta_2)=\begin{cases}1-(\theta_1/x)^{\theta_2}, & \theta_1\leqslant x\\ 0, & \text{其他}\end{cases}$$

其中 $\theta_1>0$ 且 $\theta_2>0$. 如果 $X_1,X_2,\cdots,X_n$ 是来自此分布的随机样本，求 θ_1 与 θ_2 的极大似然估计量.

6.4.5 设 $Y_1<Y_2<\cdots<Y_n$ 是来自闭区间$[\theta-\rho,\theta+\rho]$上连续型均匀分布样本量为 n 的随机样本次序统计量. 求 θ 与 ρ 的极大似然估计量. 这两个估计量都是无偏的吗?

6.4.6 设 $X_1,X_2,\cdots,X_n$ 是来自 $N(\mu,\sigma^2)$的随机样本.

(a) 如果常数 b 是由方程 $P(X\leqslant b)=0.90$ 所定义的，求 b 的极大似然估计量.

(b) 如果 c 是给定常数，求 $P(X\leqslant c)$的极大似然估计量.

6.4.7 对于习题 6.4.6 所述情况，数据 `normal50.rda` 文件包含样本量 $n=50$ 的随机样本. 下载表示这个数据文件的 R 数据集，然后绘制观测值的直方图.

(a) 对于习题 6.4.6 的(b)部分，设 $c=58$，并令 $\xi=P(X\leqslant c)$，根据数据计算 ξ 的极大似然估计值. 将这个估计值与小于或等于 58 的数据的样本比例$\hat{p}$进行比较.

(b) 用 R 函数 `bootstrapcis64.R` 计算极大似然估计值的自助法置信区间. 利用此函数计算 ξ 值

的 95%置信区间. 将所得到的区间与基于$\hat{p}$的式(4.2.7)进行比较.

6.4.8 考察习题 6.4.6 的(a)部分.

(a) 利用习题 6.4.7 的数据，计算 b 的极大似然估计值，并求这些数据第 90 百分位数的估计.

(b) 为了计算 b 的自助法置信区间，编写 R 函数 `bootstrapcis64.R`，然后对习题 6.4.7 的数据运行 R 函数，计算 b 的 95%置信区间.

6.4.9 考察两个伯努利分布，它们具有未知参数 p_1 与 p_2. 如果 Y 与 Z 等于来自各自分布的两个独立随机样本中成功的次数，这里每个样本量都为 n，那么倘若已知 $0\leqslant p_1\leqslant p_2\leqslant 1$，求 p_1 与 p_2 的极大似然估计量.

6.4.10 证明：如果 X_i 遵从模型(6.4.14)，那么它的概率密度函数是 $b^{-1}f((x-a)/b)$.

6.4.11 验证由例 6.4.4 给出的位置与尺度族的信息矩阵的偏导数与各项.

6.4.12 假定 X 的概率密度函数如同例 6.4.4 所定义的位置与尺度族一样. 证明，如果 $f(z)=f(-z)$，那么信息矩阵的元素 I_{12} 是 0. 从而，论述在此情况下，a 与 b 的极大似然估计量是渐近独立的.

6.4.13 假定 $X_1,X_2,\cdots,X_n$ 是独立同分布的，服从 $N(\mu,\sigma^2)$. 证明，X_i 遵从由例 6.4.4 所给出的位置与尺度族. 求由这个例子所给出的信息矩阵的元素，并且证明它们与例 6.4.3 中所得到的信息矩阵一致.

6.5 多参数检验

在多参数情况下，关注的假设时常将 $\boldsymbol{\theta}$ 设定成空间的一个子区域. 例如，假定 X 服从分布 $N(\mu,\sigma^2)$. 整个空间是 $\Omega=\{(\mu,\sigma^2):\sigma^2>0,-\infty<\mu<\infty\}$. 这是一个二维空间. 但是，我们对检验 $\mu=\mu_0$ 感兴趣，其中 μ_0 是一个设定值. 此处，并不关注参数 σ^2. 在 H_0 下，参数空间是一维空间 $\omega=\{(\mu_0,\sigma^2):\sigma^2>0\}$. 称 H_0 是以一种对空间 Ω 进行限制的方式来定义的.

一般地讲，设 $X_1,X_2,\cdots,X_n$ 是独立同分布的，对于 $\boldsymbol{\theta}\in\Omega\subset\mathbb{R}^p$，具有概率密度函数 $f(x;\boldsymbol{\theta})$. 与上一节一样，将假定由假设 6.1.1、假设 6.2.1、假设 6.2.2 以及假设 A.1.1 所列出的正则条件都得到满足. 本节将求助于在正则条件下这样的术语. 关注的假设是

$$H_0:\boldsymbol{\theta}\in\omega \quad \text{vs} \quad H_1:\boldsymbol{\theta}\in\Omega\cap\omega^c \tag{6.5.1}$$

其中 $\omega\subset\Omega$ 是以 q 个独立约束形式 $g_1(\boldsymbol{\theta})=a_1,g_2(\boldsymbol{\theta})=a_2,\cdots,g_q(\boldsymbol{\theta})=a_q$ 来定义的，其中$0<q\leqslant p$. 函数 $g_1,g_2,\cdots,g_q$必是连续可微的. 这蕴含着 ω 是 $p-q$ 维空间. 根据定理 6.1.1，真参数会使似然函数极大化，所以一种直观的检验统计量由似然比

$$\Lambda=\frac{\max_{\boldsymbol{\theta}\in\omega}L(\boldsymbol{\theta})}{\max_{\boldsymbol{\theta}\in\Omega}L(\boldsymbol{\theta})} \tag{6.5.2}$$

给出的. 很大的 Λ 值(接近于)支持 H_0 成立，而很小的 Λ 值则表明 H_1 成立. 对于设定水平 α 来说，$0<\alpha<1$，这给出了下述决策规则

$$\text{当 } \Lambda\leqslant c,\quad \text{拒绝 } H_0,\quad \text{接受 } H_1 \tag{6.5.3}$$

其中 c 使得 $\alpha=\max_{\boldsymbol{\theta}\in\omega}P_{\boldsymbol{\theta}}[\Lambda\leqslant c]$. 与标量情况一样，这种检验往往具有最优性质，参看 6.3 节. 为了确定 c，需要获得当 H_0 成立时 Λ 的分布或 Λ 的函数.

当参数空间是整个空间 Ω 时，设$\hat{\boldsymbol{\theta}}$表示极大似然估计量，而设$\hat{\boldsymbol{\theta}}_0$ 表示当参数空间是诱导空间 ω 时的极大似然估计量. 为了阐述方便起见，定义 $L(\hat{\Omega})=L(\hat{\boldsymbol{\theta}})$ 与 $L(\hat{\omega})=L(\hat{\boldsymbol{\theta}}_0)$. 于是，将**似然比检验**写成

$$\Lambda = \frac{L(\hat{\omega})}{L(\hat{\Omega})} \tag{6.5.4}$$

例 6.5.1(正态概率密度函数均值的似然比检验)　设 $X_1, X_2, \cdots, X_n$ 是来自均值与方差正态分布的随机样本. 假定对检验

$$H_0: \mu = \mu_0 \quad \text{vs} \quad H_1: \mu \neq \mu_0 \tag{6.5.5}$$

感兴趣，其中 μ_0 是设定的. 设 $\Omega=\{(\mu,\sigma^2): -\infty<\mu<\infty, \sigma^2>0\}$ 表示完整模型参数空间. 简化模型参数空间 $\omega=\{(\mu_0,\sigma^2): \sigma^2>0\}$ 是一维子空间. 由例 6.4.1 知，在 Ω 下，μ 与 σ^2 的极大似然估计量分别是 $\hat{\mu}=\overline{X}$ 与 $\hat{\sigma}^2 = (1/n)\sum_{i=1}^{n}(X_i - \overline{X})^2$. 在 Ω 下，似然函数极大值为

$$L(\hat{\Omega}) \frac{1}{(2\pi)^{n/2}} \frac{1}{(\hat{\sigma}^2)^{n/2}} \exp\{-(n/2)\} \tag{6.5.6}$$

沿着例 6.4.1 的线索，容易证明，在简化参数空间 ω 下，$\hat{\sigma}_0^2 = (1/n)\sum_{i=1}^{n}(X_i - \mu_0)^2$. 因而，在 ω 下，似然函数的极大值是

$$L(\hat{\omega}) \frac{1}{(2\pi)^{n/2}} \frac{1}{(\hat{\sigma}_0^2)^{n/2}} \exp\{-(n/2)\} \tag{6.5.7}$$

似然比检验统计是 $L(\hat{\omega})$ 对 $L(\hat{\Omega})$ 的比值，也就是

$$\Lambda = \left(\frac{\sum_{i=1}^{n}(X_i - \overline{X})^2}{\sum_{i=1}^{n}(X_i - \mu_0)^2}\right)^{n/2} \tag{6.5.8}$$

当 $\Lambda \leqslant c$，似然比检验拒绝 H_0，但这等价于当 $\Lambda^{-2/n} \geqslant c'$，拒绝 H_0. 其次，考察下面恒等式，

$$\sum_{i=1}^{n}(X_i - \mu_0)^2 = \sum_{i=1}^{n}(X_i - \overline{X})^2 + n(\overline{X} - \mu_0)^2 \tag{6.5.9}$$

将 $\sum_{i=1}^{n}(X_i - \mu_0)^2$ 代入式(6.5.9)，经过简化之后，此检验变成当

$$1 + \frac{n(\overline{X} - \mu_0)^2}{\sum_{i=1}^{n}(X_i - \overline{X})^2} \geqslant c'$$

时，拒绝 H_0，或者等价地，当

$$\left\{\frac{\sqrt{n}(\overline{X} - \mu_0)}{\sqrt{\sum_{i=1}^{n}(X_i - \overline{X})^2/(n-1)}}\right\}^2 \geqslant c'' = (c'-1)(n-1)$$

时，拒绝 H_0. 设 T 表示该不等式左边大括号内的表达式. 从而，决策规则等价于

$$\text{当 } |T| \geqslant c^*\text{，拒绝 } H_0\text{，接受 } H_1 \tag{6.5.10}$$

其中 $\alpha = P_{H_0}[|T| \geqslant c^*]$. 当然，这是例 4.5.4 曾阐述的双边 t 检验形式. 如果将 c 取成 $t_{\alpha/2,n-1}$，即自由度为 $n-1$ 的 t 分布的上临界值 $\alpha/2$，那么此检验将具有准确水平 α. 这个检验的功效函数将在 8.3 节中加以讨论.

如同例 4.2.1 所述，为计算 t 需要调用 R 代码 `t.test(x,mu=mu0)`，其中向量 x 包含样本，而标量 mu0 是 μ_0. 还可以用它计算 μ 的 t 置信区间. ■

本节习题给出正态分布的其他似然比检验的例子.

并不总是像例 6.5.1 那样幸运，可获得简单形式的似然比检验. 要得到似然比检验有限样本分布极困难，或者根本不可能. 但是，正如下面定理所证明的，总是能获得建立在似然比检验上的渐近检验.

定理 6.5.1　设 $X_1,X_2,\cdots,X_n$ 是独立同分布的，对于 $\boldsymbol{\theta}\in\Omega\subset\mathbb{R}^p$，具有概率密度函数 $f(x;\boldsymbol{\theta})$. 假定正则条件成立. 设 $\hat{\boldsymbol{\theta}}_n$ 是当参数空间为整个空间 Ω 时似然方程的一致解序列. 设 $\hat{\boldsymbol{\theta}}_{0,n}$ 是当参数空间为简化空间 ω 时似然方程的一致解序列，其中简化空间(具有维数 $p-q$. 设 Λ 表示由式(6.5.4)给出的似然比检验统计量. 在 H_0 为真的条件下，即在式(6.5.1)下，有

$$-2\log\Lambda\xrightarrow{D}\chi^2(q)\tag{6.5.11}$$

此定理证明可在 Rao(1973)中找到.

同样地，存在着类似于沃尔德型检验与得分型检验. 沃尔德型检验统计量是根据定义 H_0 的约束条件构造的，在 Ω 下的极大似然估计值处计算而来的. 这里并没有正式阐述它，但如同下述例子所表明的，它往往可直接用公式表示. 感兴趣的读者可参看 Lehmann (1999)对这些检验的讨论.

细心研究这一章内容可以发现，如果 X 是随机向量，那么本章所讨论的绝大部分内容仍然成立. 下面的例子便阐明了这点.

例 6.5.2(多式分布的应用)　举一个例子，考察 k 个候选人参加的总统选举. 如果选举明天举行，要求那些选民选举他们的总统候选人. 假定那些选民互相之间是独立进行选举的，同时每个人选举唯一一个候选人，这样看起来，多式模型就很合适. 在此问题中，假定我们对比较两个“领导人”如何施政感兴趣. 实际上，比如关注的零假设是他们两个受到同样好评. 这可用具有三个类别的多式模型进行建模：(1)与(2)是两个重要候选人，而(3)是所有其他候选人. 我们的观测值是向量(X_1,X_2)，其中 X_i 表示 1 或者 0，这依赖于是否选举了第 i 类. 若 X_1,X_2 均为 0，则选举第 3 类. 设 p_i 表示选举第 i 类的概率. 于是，对于 $x_i=0,1,i=1,2$；$x_1+x_2\leqslant 1$，(X_1,X_2)的概率密度函数是三式密度

$$f(x_1,x_2;p_1,p_2)=p_1^{x_1}p_2^{x_2}(1-p_1-p_2)^{1-x_1-x_2}\tag{6.5.12}$$

其中参数空间是 $\Omega=\{(p_1,p_2):0<p_i<1,p_1+p_2<1\}$. 假定$(X_{11},X_{21}),\cdots,(X_{1n},X_{2n})$是来自这一分布的随机样本. 我们将考虑假设：

$$H_0:p_1=p_2\quad\text{vs}\quad H_1:p_1\neq p_2\tag{6.5.13}$$

首先推导似然比检验. 设对于 $j=1,2$，$T_j=\sum_{i=1}^{n}X_{ji}$. 由例 6.4.5 知道，对于 $j=1,2$，极大似然估计值是 $\hat{p}_j=T_j/n$. 在 Ω 下，似然函数(6.4.21)在极大似然估计值处的值是

$$L(\hat{\Omega})=\hat{p}_1^{n\hat{p}_1}\ \hat{p}_2^{n\hat{p}_2}(1-\hat{p}_1-\hat{p}_2)^{n(1-\hat{p}_1-\hat{p}_2)}$$

在零假设下，设 p_1 与 p_2 均等于 p. (X_1,X_2)的概率密度函数是

$$f(x_1,x_2;p)=p^{x_1+x_2}(1-2p)^{1-x_1-x_2};\quad x_1,x_2=0,1;\quad x_1+x_2\leqslant 1\tag{6.5.14}$$

其中参数空间是 $\omega=\{p:0<p<1/2\}$. 在 ω 下，似然函数是

$$L(p)=p^{t_1+t_2}(1-2p)^{n-t_1-t_2} \tag{6.5.15}$$

对 $\log L(p)$ 关于 p 进行微分，并令其导数为 0，从而得到在 ω 下的极大似然估计值：

$$\hat{p}_0=\frac{t_1+t_2}{2n}=\frac{\hat{p}_1+\hat{p}_2}{2} \tag{6.5.16}$$

其中 $\hat{p}_1$ 与 $\hat{p}_2$ 表示 Ω 中的极大似然估计. 似然函数在极大似然估计值处的计算值简化成

$$L(\hat{\omega})=\left(\frac{\hat{p}_1+\hat{p}_2}{2}\right)^{n(\hat{p}_1+\hat{p}_2)}(1-\hat{p}_1-\hat{p}_2)^{n(1-\hat{p}_1-\hat{p}_2)} \tag{6.5.17}$$

因此，似然比检验统计量的倒数可简化成

$$\Lambda^{-1}=\left(\frac{2\hat{p}_1}{\hat{p}_1+\hat{p}_2}\right)^{n\hat{p}_1}\left(\frac{2\hat{p}_2}{\hat{p}_1+\hat{p}_2}\right)^{n\hat{p}_2} \tag{6.5.18}$$

依据定理 6.5.11，当 $2\log\Lambda^{-1}>\chi_{\alpha}^{2}(1)$，在渐近水平 α 上检验要拒绝 H_0.

在这个例子中，很容易用公式表示沃尔德检验. 在 H_0 为真的条件下，其约束是 $p_1-p_2=0$. 因此，沃尔德型统计量是 $W=\hat{p}_1-\hat{p}_2$，能表述成 $W=[1,-1][\hat{p}_1;\hat{p}_2]'$. 回顾例 6.4.5中的信息矩阵及其逆都是关于 k 种类别的情况. 由定理 6.4.1，可得出

$$\begin{bmatrix}\hat{p}_1\\ \hat{p}_2\end{bmatrix}\text{近似服从 } N_2\left(\begin{pmatrix}p_1\\ p_2\end{pmatrix},\frac{1}{n}\begin{bmatrix}p_1(1-p_1) & -p_1p_2\\ -p_1p_2 & p_2(1-p_2)\end{bmatrix}\right) \tag{6.5.19}$$

正如例 6.4.5 所证明的，有限样本矩与渐近矩是一样的. 因此，W 的方差是

$$\operatorname{Var}(W)=[1,-1]\,\frac{1}{n}\begin{bmatrix}p_1(1-p_1) & -p_1p_2\\ -p_1p_2 & p_2(1-p_2)\end{bmatrix}\begin{bmatrix}1\\ -1\end{bmatrix}=\frac{p_1+p_2-(p_1-p_2)^2}{n}$$

因为 W 渐近服从正态分布，所以当 $\chi_W^2\geqslant\chi_\alpha(1)$，对式(6.5.13)所进行的检验在渐近水平 α 上要拒绝 H_0，其中

$$\chi_W^2=\frac{(\hat{p}_1-\hat{p}_2)^2}{(\hat{p}_1+\hat{p}_2-(\hat{p}_1-\hat{p}_2)^2)/n} \tag{6.5.20}$$

同理，由此可得，关于差 p_1-p_2 的渐近$(1-\alpha)100\%$置信区间是

$$\hat{p}_1-\hat{p}_2\pm z_{\alpha/2}\left(\frac{\hat{p}_1+\hat{p}_2-(\hat{p}_1-\hat{p}_2)^2}{n}\right)^{1/2} \tag{6.5.21}$$

回到本例题开始时曾讨论的选举情况，若 0 位于这个置信区间之中，我们就说竞选仍是势均力敌，胜负难料. 同样地，这个检验是建立在检验统计量 $z=\sqrt{\chi_W^2}$ 基础上，该检验统计量在 H_0 下渐近服从 $N(0,1)$分布. 这种形式的检验和关于 p_1-p_2 的置信区间都可利用 R 函数 `p2pair.R` 来计算得到，此函数可从前言列出的网站下载. ■

例 6.5.3(两个样本二项比例) 在例 6.5.2 中，讨论了基于多项分布单个样本的$p_1=p_2$的检验. 考察下面情况，$X_1,X_2,\cdots,X_{n_1}$ 是来自分布 $b(1,p_1)$的随机样本，$Y_1,Y_2,\cdots,Y_{n_2}$ 是来自分布 $b(1,p_2)$的随机样本，同时 X_i 与 Y_j 是相互独立的，关注的假设是

$$H_0:p_1=p_2\quad\text{vs}\quad H_1:p_1\neq p_2 \tag{6.5.22}$$

例如，当逐月对总统选举加以比较研究时，就会出现这种情况. 对于完整模型，似然函数可简化成

$$L(p_1,p_2)=p_1^{n_1\overline{x}}(1-p_1)^{n_1-n_1\overline{x}}p_2^{n_2\overline{y}}(1-p_2)^{n_2-n_2\overline{y}} \tag{6.5.23}$$

由此立刻得出，p_1 与 p_2 的极大似然估计量分别是 $\overline{x}$ 与 $\overline{y}$. 注意，对于简化模型，将样本加入来自分布 $b(n,p)$的一个大样本之中，其中 $n=n_1+n_2$ 表示合并样本量. 因此，对于简化模型，p 的极大似然估计量是

$$\hat{p}=\frac{\sum_{i=1}^{n_1}x_i+\sum_{i=1}^{n_2}y_i}{n_1+n_2}=\frac{n_1\overline{x}+n_2\overline{y}}{n} \tag{6.5.24}$$

也就是单个样本比例的加权平均. 习题 6.5.12 要求读者利用加权平均去推导假设(6.5.22)的似然比检验. 下面推导沃尔德型检验. 设$\hat{p}_1=\overline{x}$，$\hat{p}_2=\overline{y}$. 由中心极限定理得出

$$\frac{\sqrt{n_i}(\hat{p}_i-p_i)}{\sqrt{p_i(1-p_i)}}\xrightarrow{D}Z_i,\quad i=1,2$$

其中 Z_1 与 Z_2 是独立同分布随机变量，服从 $N(0,1)$. 假定 $i=1,2$，当 $n\to\infty$时，$n_i/n\to\lambda_i$，其中$0<\lambda_i<1$且 $\lambda_1+\lambda_2=1$. 正如习题 6.5.13 所证明的，

$$\sqrt{n}[(\hat{p}_1-\hat{p}_2)-(p_1-p_2)]\xrightarrow{D}N\left(0,\frac{1}{\lambda_1}p_1(1-p_1)+\frac{1}{\lambda_1}p_2(1-p_2)\right) \tag{6.5.25}$$

由此可得，随机变量

$$Z=\frac{(\hat{p}_1-\hat{p}_2)-(p_1-p_2)}{\sqrt{\dfrac{p_1(1-p_1)}{n_1}+\dfrac{p_2(1-p_2)}{n_2}}} \tag{6.5.26}$$

近似服从分布 $N(0,1)$. 在 H_0 条件下，$p_1-p_2=0$. 我们使用 Z 作为检验统计量，倘若对分母中的参数$p_1(1-p_1)$与 $p_2(1-p_2)$用它的一致估计值来代替. 回顾$\hat{p}_i$ 依概率 p_i，$i=1,2$. 因而，在 H_0 为真的条件下，统计量

$$Z^*=\frac{\hat{p}_1-\hat{p}_2}{\sqrt{\dfrac{\hat{p}_1(1-\hat{p}_1)}{n_1}+\dfrac{\hat{p}_2(1-\hat{p}_2)}{n_2}}} \tag{6.5.27}$$

近似服从分布 $N(0,1)$. 因此，当$|Z^*|\geqslant z_{\alpha/2}$，在大约 α 水平上检验要拒绝 H_0. 习题 6.5.14将讨论分母的另一种一致估计量. ■

习题

6.5.1 Hollander 和 Wolfe(1999)第 80 页的检验阐述由 7 种不同的航天器(5 种 Mariner 型和 2 种 Pioneer 型)测量的地球与月球质量之比. 下面给出这些测量结果(存放于 earthmoon.rda 文件中). 根据早期 Ranger 的航行，科学家将这个比值设定为 81.3035. 假定数据呈现正态分布，检验假设 $H_0:\mu=81.3035$ vs $H_1:\mu\neq 81.3035$，其中 μ 表示这些稍后航次的实际均值比值. 利用 p 值法，在 $\alpha=0.05$ 名义水平上得出问题的结论.

地球与月球的质量比						
81.3001	81.3015	81.3006	81.3011	81.2997	81.3005	81.3021

6.5.2 利用习题 6.5.1 中的数据绘制箱线图. 在图形上，请标记值 81.3035 的位置. 计算 μ 的 95%置信区间式(4.2.3)，并在图形上标记其端点，同时给出评论.

6.5.3 考察习题 6.4.1 所讨论的市民调查. 假定感兴趣的假设是 $H_0:p_1=p_2$ vs $H_1:p_1\neq p_2$. 注意，可利

用 R 函数 p2pair.R 计算，此函数可在前言中列出的网站下载.

(a) 利用检验式(6.5.20)，在 $\alpha=0.05$ 水平上对这些假设进行检验. 对此问题会得出什么结论？

(b) 求 p_1-p_2 的 95%置信区间式(6.5.21). 对此问题来说，置信区间的含义是什么？

6.5.4 设 $X_1,X_2,\cdots,X_n$ 是来自分布 $N(\theta_1,\theta_2)$ 的随机样本. 证明：对于 $H_0:\theta_2=\theta_2'$ 设定与 θ_1 未设定，vs $H_1:\theta_2\neq\theta_2'$，$\theta_1$ 未设定进行检验的似然比原理会导致，当 $\sum_1^n(x_i-\overline{x})^2\leqslant c_1$ 或 $\sum_1^n(x_i-\overline{x})^2\geqslant c_2$ 时，拒绝零假设，其中 $c_1<c_2$ 是适当选取的.

6.5.5 设 $X_1,X_2,\cdots,X_n$ 与 $Y_1,Y_2,\cdots,Y_m$ 分别是来自分布 $N(\theta_1,\theta_3)$ 与 $N(\theta_2,\theta_4)$ 的独立随机样本.

(a) 证明，对 $H_0:\theta_1=\theta_2$，$\theta_3=\theta_4$ vs 所有备择情形进行检验的似然比是由

$$\frac{\left[\sum_1^n(x_i-\overline{x})^2/n\right]^{n/2}\left[\sum_1^m(y_i-\overline{y})^2/m\right]^{m/2}}{\left\{\left[\sum_1^n(x_i-u)^2+\sum_1^m(y_i-u)^2\right]/(m+n)\right\}^{(n+m)/2}}$$

给出的，其中 $u=(n\overline{x}+m\overline{y})/(n+m)$.

(b) 证明，对 $H_0:\theta_3=\theta_4$，θ_1 与 θ_2 均未设定 vs $H_1:\theta_3\neq\theta_4$，θ_1 与 θ_2 未设定进行似然比检验可建立在随机变量

$$F=\frac{\sum_1^n(X_i-\overline{X})^2/(n-1)}{\sum_1^m(Y_i-\overline{Y})^2/(m-1)}$$

基础上.

6.5.6 设 $X_1,X_2,\cdots,X_n$ 与 $Y_1,Y_2,\cdots,Y_m$ 是来自两个正态分布 $N(0,\theta_1)$ 与 $N(0,\theta_2)$ 的独立随机样本.

(a) 求对复合假设 $H_0:\theta_1=\theta_2$ vs 复合备择假设 $H_1:\theta_1\neq\theta_2$ 进行检验的似然比 Λ.

(b) 这个 Λ 确实是用于该检验的 F 统计量吗？

6.5.7 设 X 与 Y 是两个独立随机变量，对于 $i=1$，2，它们分别具有

$$f(x;\theta_i)=\begin{cases}\left(\dfrac{1}{\theta_i}\right)\mathrm{e}^{-x/\theta_i}, & 0<x<\infty,0<\theta_i<\infty\\ 0, & \text{其他}\end{cases}$$

为了检验 $H_0:\theta_1=\theta_2$ vs $H_1:\theta_1\neq\theta_2$，从这些分布中分别抽取两个独立样本，样本量为 n_1 与 n_2. 求似然比 Λ，并证明 Λ 可以写成在 H_0 为真的条件下服从 F 分布的统计量函数.

6.5.8 对于习题 6.5.7 所推导的 F 检验数值例子，下面给出两个生成的数据集. 第一个调用 R 代码 rexp(10,1/20)生成的，即从 $\Gamma(1,20)$分布中获得 10 个观测值. 第二个是由 R 代码 rexp(12,1/40)生成的. 对数据采用四舍五入，数据同样存放于 genexpd.rda 文件中.

(a) 利用这些数据集，绘制比较箱线图，并给出评论.

(b) 完成习题 6.5.7 的 F 检验. 在 0.05 显著性水平上得出问题的结论.

```
x: 11.1 11.7 12.7  9.6 14.7 1.6 1.7 56.1 3.3 2.6
y: 55.6 40.5 32.7 25.6 70.6 1.4 51.5 12.6 16.9 63.3 5.6 66.7
```

6.5.9 考察下面两个均匀分布，对于 $i=1$，2，它们分别具有

$$f(x;\theta_i)=\begin{cases}\dfrac{1}{2\theta_i}, & -\theta_i<x<\theta_i,-\infty<\theta_i<\infty\\ 0, & \text{其他}\end{cases}$$

零假设是 $H_0:\theta_1=\theta_2$，而备择假设是 $H_1:\theta_1\neq\theta_2$. 设 $X_1<X_2<\cdots<X_{n_1}$ 与 $Y_1<Y_2<\cdots<Y_{n_2}$ 是来自两个分布的独立随机样本的次序统计量. 利用似然比 Λ，求用于检验 H_0 vs H_1 的统计量. 求当

H_0 成立时，$-2\log\Lambda$ 的分布. 注意，在这种非正则情况下，自由度是 Ω 与 w 维数之差的两倍.

6.5.10 设 $(X_1,Y_1),(X_2,Y_2),\cdots,(X_n,Y_n)$ 是来自二元正态分布的随机样本，具有 μ_1,μ_2，$\sigma_1^2=\sigma_2^2=\sigma^2,\rho=1/2$，其中 μ_1,μ_2 以及 $\sigma^2>0$ 均是未知实数. 求对 $H_0:\mu_1=\mu_2=0$ vs 所有备择情况进行检验的似然比 Λ，这里 σ^2 未知. 此似然比 Λ 是服从众所周知分布的统计量函数吗？

6.5.11 设某个实验的 n 次独立试验产生的互斥穷尽事件 $C_1,C_2,\cdots,C_k$ 的试验次数分别为 $x_1,x_2,\cdots,x_k$. 若经过 n 次试验，$p_i=P(C_i)$ 自始至终都为常数，则特定试验序列的概率是 $L=p_1^{x_1}p_2^{x_2}\cdots p_k^{x_k}$.

(a) 回顾 $p_1+p_2+\cdots+p_k=1$，证明对 $H_0:p_i=p_{i0}>0$，$i=1,2,\cdots,k$ vs 所有备择假设进行检验的似然比由

$$\Lambda=\prod_{i=1}^{k}\left(\frac{(p_{i0})^{x_i}}{(x_i/n)^{x_i}}\right)$$

给出.

(b) 证明

$$-2\log\Lambda=\sum_{i=1}^{k}\frac{x_i(x_i-np_{i0})^2}{(np_i')^2}$$

其中 p_i' 位于 p_{i0} 与 x_i/n 之间.

提示：用泰勒级数展开 $\log p_{i0}$，余项用 $(p_{i0}-x_i/n)^2$ 表示.

(c) 对于较大 n 来说，讨论 $1/(np_{i0})$ 逼近 $x_i/(np_i')^2$，从而当 H_0 成立时

$$-2\log\Lambda\approx\sum_{i=1}^{k}\frac{(x_i-np_{i0})^2}{np_{i0}}$$

定理 6.5.1 表明，这一式子右边定义了服从自由度为 $k-1$ 的近似卡方分布的统计量. 注意，

$$\Omega\text{ 维数}-\omega\text{ 维数}=(k-1)-0=k-1$$

6.5.12 完成例 6.5.3 中建立起来的似然比检验的推导. 尽可能地简化推导.

6.5.13 证明，例 6.5.3 中的式(6.5.25)成立.

6.5.14 正如例 6.5.3 所讨论的，倘若 H_0 成立时，具有 $p_1(1-p_1)$ 与 $p_2(1-p_2)$ 的一致统计量式(6.5.27)中的 Z 可用作检验统计量. 在此例题中，已经讨论了在 H_0 和 H_1 分别为真时估计量均是一致估计量的情况. 证明，在 H_0 为真的条件下，统计量(6.5.24)是 p 的一致估计量. 从而，确定了 H_0 的另一种检验.

6.5.15 大量制造肘节杆的机器工厂既有白班又有夜班. 如果标准核心部件不在各个组成部分上转动，那么肘节杆是有缺陷的. 设 p_1 与 p_2 分别是由白班和夜班所生产的那些肘节杆中有缺陷的比例. 从白班和夜班产品中各抽取 1000 个肘节杆，运用这两个随机样本去检验零假设 $H_0:p_1=p_2$ vs 双边备择假设. 运用由例 6.5.3 给出的检验统计量 Z^*.

(a) 画出标准正态概率密度函数，阐明具有 $\alpha=0.05$ 的临界区域.

(b) 如果 $y_1=37$ 与 $y_2=53$ 分别是白班与夜班观测到的有缺陷产品，那么计算检验统计量的值以及近似 p 值(注意，这是一个双边检验). 在(a)部分画出的图形上确定计算的检验统计量，然后阐述你的结论. 求此检验的近似 p 值.

6.5.16 对于习题 6.5.15 中(b)部分给出的情况，计算由习题 6.5.12 与习题 6.5.14 所定义的检验. 求全部三种检验的近似 p 值. 讨论所得出的结果.

6.6 EM 算法

在实际应用中，我们时常遇到部分数据缺失的情形. 例如，可能观测到待检验的机器部件寿命，在进行统计分析时，这些部件的一部分仍处于正常运行之中. 在本节，为了获得极大似然估计，介绍经常用于分析这些情况的 EM 算法. 我们这里的阐述简明扼要. 对

更多信息感兴趣读者可参考此领域的文献，包括 McLachlam 和 Krishnan(1997)的专著. 不过，为了方便起见，这里将对连续随机变量情况加以阐述，对于离散情况来说，本节理论同样成立.

假定考察 n 个项的样本，其中 n_1 个项是观测到的，而 $n_2=n-n_1$ 个项是未观测到的. 用 $\boldsymbol{X}'=(X_1,X_2,\cdots,X_{n_1})$表示观测到的项，而用 $\boldsymbol{Z}'=(Z_1,Z_2,\cdots,Z_{n_2})$表示未观测到的项. 假定 X_i 是独立同分布的，具有概率密度函数 $f(x|\theta)$，其中 $\theta\in\Omega$. 假定 Z_j 与 X_i 是相互独立的. 这里运用条件符号表述极为有用. 设 $g(\boldsymbol{x}|\theta)$表示 $\boldsymbol{X}$ 的联合概率密度函数. 设 $h(\boldsymbol{x},\boldsymbol{z}|\theta)$表示观测到项与未观测到项的联合概率密度函数. 设 $k(\boldsymbol{z}|\theta,\boldsymbol{x})$表示给定观测到数据时缺失数据的条件概率密度函数. 利用条件概率密度函数的定义，有恒等式

$$k(\boldsymbol{z}|\theta,\boldsymbol{x})=\frac{h(\boldsymbol{x},\boldsymbol{z}|\theta)}{g(\boldsymbol{x}|\theta)} \tag{6.6.1}$$

观测到的似然(observed likelihood)函数是 $L(\theta|\boldsymbol{x})=g(\boldsymbol{x}|\theta)$. **完全似然**(complete likelihood)函数是由

$$L^c(\theta|\boldsymbol{x},\boldsymbol{z})=h(\boldsymbol{x},\boldsymbol{z}|\theta) \tag{6.6.2}$$

定义的. 我们的目标是通过利用这一过程中的完全似然 $L^c(\theta|\boldsymbol{x},\ \boldsymbol{z})$求似然函数 $L(\theta|\boldsymbol{x})$的极大值.

利用式(6.6.1)，对于任意但却固定的 $\theta_0\in\Omega$ 来说，推导下述基本恒等式：

$$\begin{aligned}\log L(\theta|\boldsymbol{x})&=\int\log L(\theta|\boldsymbol{x})k(\boldsymbol{z}|\theta_0,\boldsymbol{x})\mathrm{d}\boldsymbol{z}=\int\log g(\boldsymbol{x}|\theta)k(\boldsymbol{z}|\theta_0,\boldsymbol{x})\mathrm{d}\boldsymbol{z}\\&=\int[\log h(\boldsymbol{x},\boldsymbol{z}|\theta)-\log k(\boldsymbol{z}|\theta,\boldsymbol{x})]k(\boldsymbol{z}|\theta_0,\boldsymbol{x})\mathrm{d}\boldsymbol{z}\\&=\int\log[h(\boldsymbol{x},\boldsymbol{z}|\theta)]k(\boldsymbol{z}|\theta_0,\boldsymbol{x})\mathrm{d}\boldsymbol{z}-\int\log[k(\boldsymbol{z}|\theta,\boldsymbol{x})]k(\boldsymbol{z}|\theta_0,\boldsymbol{x})\mathrm{d}\boldsymbol{z}\\&=E_{\theta_0}[\log L^c(\theta|\boldsymbol{x},\boldsymbol{Z})\,|\,\theta_0,\boldsymbol{x}]-E_{\theta_0}[\log k(\boldsymbol{Z}|\theta,\boldsymbol{x})\,|\,\theta_0,\boldsymbol{x}]\end{aligned} \tag{6.6.3}$$

其中期望是在条件概率密度函数 $k(\boldsymbol{z}|\theta_0,\boldsymbol{x})$下取得的. 将式(6.6.3)右边第一项定义成函数

$$Q(\theta|\theta_0,\boldsymbol{x})=E_{\theta_0}[\log L^c(\theta|\boldsymbol{x},\boldsymbol{Z})\,|\,\theta_0,\boldsymbol{x}] \tag{6.6.4}$$

此期望值定义成 Q 函数，称之为 EM 算法的 E 步骤. 前面提及，想要求 $\log L(\theta|\boldsymbol{x})$的极大值. 正如下面讨论的，只需要求 $Q(\theta|\theta_0,\boldsymbol{x})$的极大值. 这个极大化过程称为 EM 算法的 M 步骤.

依据观测到的似然，用$\hat{\theta}^{(0)}$表示 θ 的最初估计值. 设$\hat{\theta}^{(1)}$表示使 $Q(\theta|\hat{\theta}^{(0)},\boldsymbol{x})$极大化的自变量. 这是对 θ 进行估计的第一步. 运用此种方法，获得一系列估计值$\hat{\theta}^{(m)}$. 现在正式将这种算法定义如下.

算法 6.6.1(EM 算法)　设$\hat{\theta}^{(m)}$表示第 m 步的估计值. 为计算第 $m+1$ 步，要做下面的操作：

1. 期望步骤：计算

$$Q(\theta|\hat{\theta}^{(m)},\boldsymbol{x})=E_{\hat{\theta}^{(m)}}[\log L^c(\theta|\boldsymbol{x},\boldsymbol{Z})\,|\,\hat{\theta}_m,\boldsymbol{x}] \tag{6.6.5}$$

其中期望是在条件概率密度函数 $k(\boldsymbol{z}|\hat{\theta}^{(m)},\boldsymbol{x})$下取的.

2. 极大化步骤：设

$$\hat{\theta}^{(m+1)} = \mathrm{Argmax}Q(\theta|\hat{\theta}^{(m)}, \boldsymbol{x}) \tag{6.6.6}$$

在强假设下，可以证明，$\hat{\theta}^{(m)}$依概率收敛于极大似然估计值，当$m\to\infty$时，这里将不证明这些结果，但正如下面定理所表明的，$\hat{\theta}^{(m+1)}$总是比$\hat{\theta}^{(m)}$更接近于似然值.

定理 6.6.1　*由算法 6.6.1 定义的估计值$\hat{\theta}^{(m)}$序列满足*

$$L(\hat{\theta}^{(m+1)}|\boldsymbol{x}) \geqslant L(\hat{\theta}^{(m)}|\boldsymbol{x}) \tag{6.6.7}$$

证：由于$\hat{\theta}^{(m+1)}$使$Q(\theta|\hat{\theta}^{(m)}, \boldsymbol{x})$极大化，所以

$$Q(\hat{\theta}^{(m+1)}|\hat{\theta}^{(m)}, \boldsymbol{x}) \geqslant Q(\hat{\theta}^{(m)}|\hat{\theta}^{(m)}, \boldsymbol{x})$$

也就是

$$E_{\hat{\theta}^{(m)}}[\log L^c(\hat{\theta}^{(m+1)}|\boldsymbol{x}, \boldsymbol{Z})] \geqslant E_{\hat{\theta}^{(m)}}[\log L^c(\hat{\theta}^{(m)}|\boldsymbol{x}, \boldsymbol{Z})] \tag{6.6.8}$$

其中期望是在概率密度函数$k(\boldsymbol{z}|\hat{\theta}^{(m)}, \boldsymbol{x})$下取得的. 利用式(6.6.3)，通过证明

$$E_{\hat{\theta}^{(m)}}[\log k(\boldsymbol{Z}|\hat{\theta}^{(m+1)}, \boldsymbol{x})] \leqslant E_{\hat{\theta}^{(m)}}[\log k(\boldsymbol{Z}|\hat{\theta}^{(m)}, \boldsymbol{x})] \tag{6.6.9}$$

来完成定理的论证. 记住，这些期望是对于给定的$\hat{\theta}^{(m)}$与$\boldsymbol{x}$并在$\boldsymbol{Z}$的概率密度函数条件下取得的. 应用詹森不等式(1.10.5)，得出

$$\begin{aligned} E_{\hat{\theta}^{(m)}}\left\{\log\left[\frac{k(\boldsymbol{Z}|\hat{\theta}^{(m+1)}, \boldsymbol{x})}{k(\boldsymbol{Z}|\hat{\theta}^{(m)}, \boldsymbol{x})}\right]\right\} &\leqslant \log E_{\hat{\theta}^{(m)}}\left[\frac{k(\boldsymbol{Z}|\hat{\theta}^{(m+1)}, \boldsymbol{x})}{k(\boldsymbol{Z}|\hat{\theta}^{(m)}, \boldsymbol{x})}\right] \\ &= \log\int\frac{k(\boldsymbol{z}|\hat{\theta}^{(m+1)}, \boldsymbol{x})}{k(\boldsymbol{z}|\hat{\theta}^{(m)}, \boldsymbol{x})}k(\boldsymbol{z}|\hat{\theta}^{(m)}, \boldsymbol{x})\mathrm{d}\boldsymbol{z} \\ &= \log(1) = 0 \end{aligned} \tag{6.6.10}$$

此最后结果建立了式(6.6.9)，从而证毕. ■

举一个例子，假定$X_1, X_2, \cdots, X_{n_1}$是独立同分布的，对于$-\infty<x<\infty$，具有概率密度函数$f(x-\theta)$，其中$-\infty<\theta<\infty$. 用$F(x-\theta)$表示$X_i$的累积分布函数. 设$Z_1, Z_2, \cdots, Z_{n_2}$表示删失观测值. 就这些观测值而言，对于某个已知$a$，只知道$Z_j>a$，同时$Z_j$与$X_i$是独立的. 于是，观测到的似然与完全似然分别由

$$L(\theta|\boldsymbol{x}) = [1-F(a-\theta)]^{n_2}\prod_{i=1}^{n_1} f(x_i-\theta) \tag{6.6.11}$$

$$L^c(\theta|\boldsymbol{x}, \boldsymbol{z}) = \prod_{i=1}^{n_1} f(x_i-\theta)\prod_{i=1}^{n_2} f(z_i-\theta) \tag{6.6.12}$$

给出. 运用式(6.6.1)，给定$\boldsymbol{X}$时$\boldsymbol{Z}$的条件分布是式(6.6.12)与式(6.6.11)的比值，也就是

$$\begin{aligned} k(\boldsymbol{z}|\theta, \boldsymbol{x}) &= \frac{\prod_{i=1}^{n_1} f(x_i-\theta)\prod_{i=1}^{n_2} f(z_i-\theta)}{[1-F(a-\theta)]^{n_2}\prod_{i=1}^{n_2} f(x_i-\theta)} \\ &= [1-F(a-\theta)]^{-n_2}\prod_{i=1}^{n_2} f(z_i-\theta), a<z_i, i=1,2,\cdots,n_2 \end{aligned} \tag{6.6.13}$$

因而，$\boldsymbol{Z}$与$\boldsymbol{X}$是独立的，同时$Z_1, \cdots, Z_{n_2}$是独立同分布的，对于$z>a$，具有共同概率密度

函数 $f(z-\theta)/[1-F(a-\theta)]$. 依据这些观测值与式(6.6.13)，得到下述推导

$$
\begin{aligned}
Q(\theta|\theta_0,\boldsymbol{x}) &= E_{\theta_0}[\log L^c(\theta|\boldsymbol{x},\boldsymbol{Z})] = E_{\theta_0}\left[\sum_{i=1}^{n_1}\log f(x_i-\theta)+\sum_{i=1}^{n_2}\log f(Z_i-\theta)\right] \\
&= \sum_{i=1}^{n_1}\log f(x_i-\theta)+n_2E_{\theta_0}[\log f(Z-\theta)] \\
&= \sum_{i=1}^{n_1}\log f(x_i-\theta)+n_2\int_a^{\infty}\log f(z-\theta)\,\frac{f(z-\theta_0)}{1-F(a-\theta_0)}\mathrm{d}z \qquad (6.6.14)
\end{aligned}
$$

此最后结果是 EM 算法的 E 步骤. 对于 M 步骤，需要求 $Q(\theta|\theta_0,\boldsymbol{x})$关于 θ 的偏导数. 这很容易建立起来

$$
\frac{\partial Q}{\partial\theta}=-\left\{\sum_{i=1}^{n_1}\frac{f'(x_i-\theta)}{f(x_i-\theta)}+n_2\int_a^{\infty}\frac{f'(z-\theta)}{f(z-\theta)}\,\frac{f(z-\theta_0)}{1-F(a-\theta_0)}\mathrm{d}z\right\} \qquad (6.6.15)
$$

假定 $\theta_0=\hat{\theta}_0$，第一步 EM 估计值可以是 θ 的取值，比如$\hat{\theta}^{(1)}$，即它是$\frac{\partial Q}{\partial\theta}=0$ 的解. 在下面例题中，将得到正态模型的解.

例 6.6.1　假定删失模型由上面式子给定，但却假定 X 服从分布 $N(\theta,1)$. 于是，$f(x)=\phi(x)=(2\pi)^{-1/2}\exp\{-x^2/2\}$. 容易证明，$f'(x)/f(x)=-x$. 与以往一样，设$\Phi(z)$表示标准正态随机变量的累积分布函数，利用式(6.6.15)，此模型的 $Q(\theta|\theta_0,\boldsymbol{x})$关于 θ 的偏导数可简化成

$$
\begin{aligned}
\frac{\partial Q}{\partial\theta} &= \sum_{i=1}^{n_1}(x_i-\theta)+n_2\int_a^{\infty}(z-\theta)\,\frac{1}{\sqrt{2\pi}}\,\frac{\exp\{-(z-\theta_0)^2/2\}}{1-\Phi(a-\theta_0)}\mathrm{d}z \\
&= n_1(\bar{x}-\theta)+n_2\int_a^{\infty}(z-\theta_0)\,\frac{1}{\sqrt{2\pi}}\,\frac{\exp\{-(z-\theta_0)^2/2\}}{1-\Phi(a-\theta_0)}\mathrm{d}z-n_2(\theta-\theta_0) \\
&= n_1(\bar{x}-\theta)+\frac{n_2}{1-\Phi(a-\theta_0)}\phi(a-\theta_0)-n_2(\theta-\theta_0)
\end{aligned}
$$

关于 θ，求 $\partial Q/\partial\theta=0$，从而确定 EM 步骤估计值. 特别地，倘若$\hat{\theta}^{(m)}$是第 m 步的 EM 估计值，则第 $m+1$ 步估计值是

$$
\hat{\theta}^{(m+1)}=\frac{n_1}{n}\bar{x}+\frac{n_2}{n}\hat{\theta}^{(m)}+\frac{n_2}{n}\,\frac{\phi(a-\hat{\theta}^{(m)})}{1-\Phi(a-\hat{\theta}^{(m)})} \qquad (6.6.16)
$$

其中 $n=n_1+n_2$. ■

对于第二个示例，考察涉及正态分布的混合问题. 假定 Y_1 服从分布 $N(\mu_1,\sigma_1^2)$，同时 Y_2 服从分布 $N(\mu_2,\sigma_2^2)$. 设 W 是独立于 Y_1 与 Y_2 的伯努利随机变量，具有成功概率 $\varepsilon=P(W=1)$. 假如观测到的随机变量是 $X=(1-W)Y_1+WY_2$. 在此情况下，参数向量是 $\boldsymbol{\theta}'=(\mu_1,\mu_2,\sigma_1,\sigma_2,\varepsilon)$. 正如 3.4 节所证明的，混合随机变量 X 的概率密度函数是

$$
f(x)=(1-\varepsilon)f_1(x)+\varepsilon f_2(x),\quad -\infty<x<\infty \qquad (6.6.17)
$$

其中 $f_j(x)=\sigma_j^{-1}\phi[(x-\mu_j)/\sigma_j]$，$j=1,2$，而 $\phi(z)$表示标准正态随机变量的概率密度函数. 假如观测到的随机样本 $\boldsymbol{X}'=(X_1,X_2,\cdots,X_n)$来自具有概率密度函数 $f(x)$的混合分布. 于是，似然函数的对数是

$$l(\boldsymbol{\theta}|\boldsymbol{x})=\sum_{i=1}^{n}\log\left[(1-\varepsilon)f_1(x_i)+\varepsilon f_2(x_i)\right] \tag{6.6.18}$$

在这个混合问题中，未观测到的数据被认为是具有相同分布关系的随机变量．对于 $i=1,2,\cdots,n$，定义随机变量

$$W_i=\begin{cases}0 & \text{如果 } X_i \text{ 具有概率密度函数 } f_1(x)\\ 1 & \text{如果 } X_i \text{ 具有概率密度函数 } f_2(x)\end{cases}$$

当然，这些变量构成伯努利随机变量 W 的随机样本．因此，假定 $W_1,W_2,\cdots,W_n$ 是独立同分布伯努利随机变量，成功概率为 ε．完全似然函数是

$$L^c(\boldsymbol{\theta}|\boldsymbol{x},\boldsymbol{w})=\prod_{W_i=0}f_1(x_i)\prod_{W_i=1}f_2(x_i)$$

因此，完全似然函数的对数是

$$\begin{aligned}l^c(\boldsymbol{\theta}|\boldsymbol{x},\boldsymbol{w})&=\sum_{W_i=0}\log f_1(x_i)+\sum_{W_i=1}\log f_2(x_i)\\&=\sum_{i=1}^{n}\left[(1-w_i)\log f_1(x_i)+w_i\log f_2(x_i)\right]\end{aligned} \tag{6.6.19}$$

对于算法 E 步骤，需要在 $\boldsymbol{\theta}_0$ 下给定 $\boldsymbol{x}$ 时计算 W_i 的条件期望，也就是

$$E_{\boldsymbol{\theta}_0}[W_i|\boldsymbol{\theta}_0,\boldsymbol{x}]=P[W_i=1|\boldsymbol{\theta}_0,\boldsymbol{x}]$$

此期望估计值是从两个分布抽取出来的 x_i 的似然，这两个分布由

$$\gamma_i=\frac{\hat{\varepsilon}f_{2,0}(x_i)}{(1-\hat{\varepsilon})f_{1,0}(x_i)+\hat{\varepsilon}f_{2,0}(x_i)} \tag{6.6.20}$$

给出，其中下标 0 指示在 $\boldsymbol{\theta}_0$ 处使用的参数．式(6.6.20)直观上看很明显；更详细的讨论，参看 McLachlan 和 Krishnan(1997)．用 γ_i 代替式(6.6.19)中的 w_i，则算法 M 步骤就使

$$Q(\boldsymbol{\theta}|\boldsymbol{\theta}_0,\boldsymbol{x})=\sum_{i=1}^{n}\left[(1-\gamma_i)\log f_1(x_i)+\gamma_i\log f_2(x_i)\right] \tag{6.6.21}$$

极大化．这个极大化可通过 $Q(\boldsymbol{\theta}|\boldsymbol{\theta}_0,\boldsymbol{x})$ 取关于参数的偏导数而得到．例如，

$$\frac{\partial Q}{\partial\mu_1}=\sum_{i=1}^{n}(1-\gamma_i)(-1/2\sigma_1^2)(-2)(x_i-\mu_1)$$

令上式为 0，并求解 μ_1，得出 μ_1 的估计值．其他均值的估计值及方差可类似求出．这些估计值是

$$\hat{\mu}_1=\frac{\sum_{i=1}^{n}(1-\gamma_i)x_i}{\sum_{i=1}^{n}(1-\gamma_i)}$$

$$\hat{\sigma}_1^2=\frac{\sum_{i=1}^{n}(1-\gamma_i)(x_i-\hat{\mu}_1)^2}{\sum_{i=1}^{n}(1-\gamma_i)}$$

$$\hat{\mu}_2 = \frac{\sum_{i=1}^{n} \gamma_i x_i}{\sum_{i=1}^{n} \gamma_i}$$

$$\hat{\sigma}_2^2 = \frac{\sum_{i=1}^{n} \gamma_i (x_i - \hat{\mu}_2)^2}{\sum_{i=1}^{n} \gamma_i}$$

由于 γ_i 是 $P[W_i=1\,|\,\boldsymbol{\theta}_0, \boldsymbol{x}]$的估计值，所以平均值 $n^{-1}\sum_{i=1}^{n}\gamma_i$ 是 $\varepsilon=P[W_i=1]$的估计值．此平均值是$\hat{\varepsilon}$的估计值．

习题

6.6.1 Rao(1973)第 368 页考察遗传学中的连锁估计问题．McLachlan 和 Krishnan(1997)也讨论过这一问题，而本题给出他们的模型．对于这里的情况来说，将它描述成具有四种类别 C_1, C_2, C_3 以及 C_4 的多式模型．对于样本量为 n 的样本，设 $\boldsymbol{X}=(X_1, X_2, X_3, X_4)'$表示观测到四种类别的函数．因此，$n=\sum_{i=1}^{4} X_i$．其概率模型是

C_1	C_2	C_3	C_4
$\frac{1}{2}+\frac{1}{4}\theta$	$\frac{1}{4}-\frac{1}{4}\theta$	$\frac{1}{4}-\frac{1}{4}\theta$	$\frac{1}{4}\theta$

其中参数 θ 满足 $0\leqslant\theta\leqslant 1$．在本题中，求 θ 的极大似然估计量．

(a) 证明，似然函数是

$$L(\theta\,|\,\boldsymbol{x}) = \frac{n!}{x_1!x_2!x_3!x_4!}\left(\frac{1}{2}+\frac{1}{4}\theta\right)^{x_1}\left(\frac{1}{4}-\frac{1}{4}\theta\right)^{x_2+x_3}\left(\frac{1}{4}\theta\right)^{x_4} \tag{6.6.22}$$

(b) 证明，似然函数可表述成一个常数(不含参数)加上下面的项

$$x_1\log(2+\theta)+(x_2+x_3)\log(1-\theta)+x_4\log\theta$$

(c) 求上式关于 θ 的偏导数，令它为 0，然后解出其极大似然估计量．(这将导致一个二次方程，具有一个正根及一个负根．)

6.6.2 在本题里，为得到习题所描述的情况，要建立一个 EM 算法．将类别 C_1 划分成两个子类别 C_{11} 与 C_{12}，它们分别具有 1/2 与 $\theta/4$ 概率．设 Z_{11} 与 Z_{12} 分别表示各自的“频率”．于是，$X_1=Z_{11}+Z_{12}$．当然，我们不能观测到 Z_{11} 与 Z_{12}．设 $\boldsymbol{Z}=(Z_{11}, Z_{12})'$．

(a) 求完全似然函数 $L^c(\theta\,|\,\boldsymbol{x}, \boldsymbol{z})$．

(b) 运用上面的结果与式(6.6.22)，证明条件概率质量函数 $k(\boldsymbol{z}\,|\,\theta, \boldsymbol{x})$是一个具有参数 x_1 及成功概率$\theta/(2+\theta)$的二项情形．

(c) 在给定 θ 初始估计值$\hat{\theta}^{(0)}$时，求 EM 算法的 E 步骤．也就是说，求

$$Q(\theta\,|\,\hat{\theta}^{(0)}, \boldsymbol{x}) = E_{\hat{\theta}^{(0)}}[\log L^c(\theta\,|\,\boldsymbol{x}, \boldsymbol{Z})\,|\,\hat{\theta}^{(0)}, \boldsymbol{x}]$$

回顾这个期望是利用条件概率质量函数 $k(\boldsymbol{z}\,|\,\hat{\theta}^{(0)}, \boldsymbol{x})$而取得的．考虑到下一步，也就是我们仅仅需要涉及 θ 项．

(d) 对于 EM 算法的 M 步骤，求解方程 $\partial Q(\theta\,|\,\hat{\theta}^{(0)}, \boldsymbol{x})/\partial\theta=0$．证明，其解是

$$\hat{\theta}^{(1)} = \frac{x_1\hat{\theta}^{(0)} + 2x_4 + x_4\hat{\theta}^{(0)}}{n\hat{\theta}^{(0)} + 2(x_2 + x_3 + x_4)} \tag{6.6.23}$$

6.6.3　在习题 6.6.2 的背景下，证明 θ 的下述估计量是无偏的.

$$\tilde{\theta} = n^{-1}(X_1 - X_2 - X_3 + X_4) \tag{6.6.24}$$

6.6.4　Rao(1973)第 368 页给出了习题 6.6.1 曾描述的情况的数据. 观测到的频率是 $\boldsymbol{x}=(125,18,20,34)'$.

(a) 利用计算机软件包(比如 R)，将式(6.6.24)作为初始估计值，写出逐步得到 EM 估计值的程序.

(b) 运用源自拉奥的数据，使用你自己的程序计算 θ 的 EM 估计值. 列出你所得到的 EM 估计值序列. 此估计值序列会收敛吗?

(c) 证明，利用习题 6.6.1 的似然方法所得到的极大似然估计量是方程：$197\theta^2 - 15\theta - 68 = 0$ 的正根. 将它和你的 EM 解加以比较. 在舍入误差之内，它们是相同的.

6.6.5　假定 $X_1, X_2, \cdots, X_{n_1}$ 是来自分布 $N(0,1)$ 的随机样本. 假定 $Z_1, Z_2, \cdots, Z_{n_2}$ 是缺失观测值. 证明，第一步 EM 估计值是

$$\hat{\theta}^{(1)} = \frac{n_1\overline{x} + n_2\hat{\theta}^{(0)}}{n}$$

其中 $\hat{\theta}^{(0)}$ 表示 θ 的初始估计值，而 $n = n_1 + n_2$. 注意，如果 $\hat{\theta}^{(0)} = \overline{x}$，那么对于所有 k，$\hat{\theta}^{(k)} = \overline{x}$.

6.6.6　考察习题 6.6.1 曾描述的情况. 但这里实施左删失. 也就是说，如果 $Z_1, Z_2, \cdots, Z_{n_2}$ 是删失项，那么所知道的全部内容是每一个 $Z_j < a$. 求 θ 的 EM 算法估计值.

6.6.7　假定下述数据产生于例 6.6.1 的模型.

2.01	0.74	0.68	1.50^+	1.47	1.50^+	1.50^+	1.52
0.07	−0.04	−0.21	0.05	−0.09	0.67	0.14	

其中上标表示观测值在 1.50 处被删失了. 写出一个计算机程序，求 θ 的 EM 算法估计值.

6.6.8　下面数据是随机变量 $X = (1-W)Y_1 + WY_2$ 的观测值，其中 W 服从伯努利分布，成功概率为 0.07；Y_1 服从分布 $N(100, 20^2)$；Y_2 服从分布 $N(120, 25^2)$；W 与 Y_1 是独立的；W 与 Y_2 是独立的. 数据存放于 `mix668.rda` 文件中.

119.0	96.0	146.0	138.6	143.4	98.2	124.5
114.1	136.2	136.4	184.8	79.8	151.9	114.2
145.7	95.9	97.3	136.4	109.2	103.2	

如同本节结尾所讨论的，请编写这个混合问题的 EM 算法. 使用 dotplot 得到参数的初始估计值. 计算其估计值. 它们与真实参数的接近程度如何? 注意，假定 R 向量 x 包含 X 上的样本，利用 R 代码 `plot(rep(1,20)~x)` 可以快速绘制点图.

第7章 充 分 性

7.1 估计量品质的度量

在第 4 章和第 6 章，我们已经阐述建立在似然理论基础上的点估计、区间估计以及统计假设检验．本章和下一章，将讨论某些情况下的最优点估计与检验．首先，考察点估计．

这一章如同第 4 章和第 6 章一样，可以发现，使用字母 f 表示概率质量函数与概率密度函数非常方便．根据上下文可以看出所讨论的分布是离散的还是连续的随机变量分布．

假定 $f(x;\theta)$是连续型随机变量 X 的概率密度函数(离散随机变量的概率质量函数)，其中 $\theta\in\Omega$．考察建立在样本 $X_1,X_2,\cdots,X_n$ 基础上的点估计量 $Y_n=u(X_1,X_2,\cdots,X_n)$．第 4 章和第 5 章已经讨论过点估计量的几个性质．前面提及，Y_n 是 θ 的一致估计量(定义 5.1.2)，如果 Y_n 依概率收敛于θ；也就是对于很大的样本量，Y_n 接近于θ．这确实是点估计量令人满意的性质．在适当条件下，定理 6.1.3 表明，极大似然估计量是一致的．另一个性质是无偏性(定义 4.1.3)，如果 $E(Y_n)=\theta$，那么 Y_n 是 θ 的无偏估计量．前面提及，极大似然估计量可以不是无偏的；尽管一般地讲，极大似然估计量是渐近无偏的(参看定理 6.2.2)．

如果 θ 的两个估计量均是无偏的，那么很明显我们愿意选取具有较小方差的那一个．这对下述情况尤其成立：假如两个估计量都服从近似正态分布，具有较小方差的估计量更易于产生 θ 的较短渐近置信区间．这就导致了下面定义．

定义 7.1.1 *对于给定正整数 n，如果 Y 是无偏的，也就是$E(Y)=\theta$，同时 Y 的方差小于或等于 θ 的任何其他无偏估计量的方差．$Y=u(X_1,X_2,\cdots,X_n)$称为参数 θ 的***极小方差无偏估计量**(minimum variance unbiased estimator，MVUE)．

例 7.1.1 举例来说，设 $X_1,X_2,\cdots,X_9$ 表示来自分布 $N(\theta,\sigma^2)$的一个随机样本，其中 $-\infty<\theta<\infty$．因为统计量 $\overline{X}=(X_1+X_2+\cdots+X_9)/9$ 服从 $N\left(\theta,\frac{\sigma^2}{9}\right)$，所以 $\overline{X}$ 是θ 的无偏估计量．统计量 X_1 服从 $N(\theta,\sigma^2)$，因此，X_1 也是 θ 的无偏估计量．尽管 $\overline{X}$ 的方差$\frac{\sigma^2}{9}$小于 X_1 的方差 σ^2，但却不能说，当 $n=9$ 时，$\overline{X}$ 是 θ 的极小方差无偏估计量(MVUE)；极小方差无偏估计量的定义要求对 θ 的每一个无偏估计量都要加以比较．当然，将参数 θ 的所有其他无偏估计量都列出来是完全不可能的，因而为了对方差进行比较，人们就必须利用其他方法进行研究．本章只是对这一问题讨论的开始． ■

现在，从稍微不同的观点出发，讨论参数的点估计问题．设 $X_1,X_2,\cdots,X_n$ 表示来自具有概率密度函数 $f(x;\theta)$分布的样本量为 n 的随机样本，这里 $\theta\in\Omega$，此分布要么是连续型的，要么是离散型的．设 $Y=u(X_1,X_2,\cdots,X_n)$是一个统计量，我们希望对参数 θ 的点估计建立在统计量 Y 基础上．设 $\delta(y)$是统计量 Y 的观测值的函数，该统计量 Y 是 θ 的点估计. 因而，函数 δ 决定了 θ 的点估计之值，从而称 δ 为**决策函数**(decision function)或**决策规则**(decision rule). 决策函数的一个值，比如 $\delta(y)$ 称为一个决策. 因而，在数值上确定参数 θ 的点估计就是决策. 现在，一个决策可能是正确的，也可能是错误的. 如果在 θ 的真实值和点估计 $\delta(y)$ 之间存在差异，那么度量差异的严重性会很有用. 因此，就每一对 $[\theta,\delta(y)]$ 而言，$\theta\in\Omega$，这里将定义一个非负数 $\mathcal{L}[\theta,\delta(y)]$，它反映出这种差异程度的严重性. 将函数 $\mathcal{L}$ 称为**损失函数**(loss function). 损失函数的期望值(均值)称为**风险函数**(risk function). 如果 Y 是连续型随机变量，倘若 $f_Y(y;\theta)$ 是 Y 的概率密度函数，$\theta\in\Omega$，则风险函数 $R(\theta,\delta)$ 由

$$R(\theta,\delta)=E\{\mathcal{L}[\theta,\delta(y)]\}=\int_{-\infty}^{\infty}\mathcal{L}[\theta,\delta(y)]f_Y(y;\theta)\mathrm{d}y$$

给出. 对于 θ 的所有值来说，人们希望所选取的决策函数使风险 $R(\theta,\delta)$ 极小化，其中 $\theta\in\Omega$. 然而，通常这是行不通的，因为对于某个 θ 值，决策函数 δ 使 $R(\theta,\delta)$ 极小化，但当 θ 值改变时 δ 却不一定会使 $R(\theta,\delta)$ 极小化. 因此，需要要么把决策函数限制在某一个类型上，要么考察对风险函数形式进行设定的方法. 尽管下面例子极为简单，但却戏剧性地改变了这些困难.

例 7.1.2 设 $X_1,X_2,\cdots,X_{25}$ 是来自分布 $N(\theta,1)$ 的一个随机样本，其中 $-\infty<\theta<\infty$. 设 $Y=\overline{X}$，即随机样本的均值，同时设 $\mathcal{L}[\theta,\delta(y)]=[\theta-\delta(y)]^2$. 对于 $-\infty<y<\infty$，将对由 $\delta_1(y)=y$ 与 $\delta_2(y)=0$ 给出的两个决策函数进行比较. 其相对应的风险函数是

$$R(\theta,\delta_1)=E[(\theta-Y)^2]=\frac{1}{25}$$

与

$$R(\theta,\delta_2)=E[(\theta-0)^2]=\theta^2$$

很明显，当 $\theta=0$ 时，$\delta_2(y)=0$ 实际上是极好的决策，从而 $R(0,\delta_2)=0$. 然而，如果 θ 与 0 相差甚远，那么显然 $\delta_2=0$ 是一个不好的决策. 例如，实际上若 $\theta=2$，则 $R(2,\delta_2)=4>R(2,\delta_1)=\frac{1}{25}$. 一般地讲，当 $-\frac{1}{5}<\theta<\frac{1}{5}$，可以发现 $R(\theta,\delta_2)<R(\theta,\delta_1)$，否则 $R(\theta,\delta_2)\geqslant R(\theta,\delta_1)$. 也就是说，对于某些 θ 值来说，这些决策函数之一好于其他决策函数，而对于另外的 θ 值来说，其他的决策函数会更好. 然而，若将考虑限制在决策函数 δ 上，而对于所有 θ 值，δ 使得 $E[\delta(y)]=\theta$，那么不允许决策函数 $\delta_2(y)=0$. 在这种限定以及给定 $\mathcal{L}[\theta,\delta(y)]$ 条件下，风险函数是无偏估计量 $\delta(Y)$ 的方差，从而面临求极小方差无偏估计量的问题. 本章后面将证明其解是 $\delta(y)=y=\overline{x}$.

然而，假定不希望限制在决策函数 δ 上，使得对于所有 θ 值，$\theta\in\Omega$，$E[\delta(Y)]=\theta$. 相反，我们说使风险函数的极大值极小化的决策函数是最佳决策函数. 因为在这个例子中，依据上述准则 $R(\theta,\delta_2)=\theta^2$ 是无界的，$\delta_2(y)=0$ 不是一个好的决策函数. 另一方面，就 $-\infty<y<\infty$ 而言，有

$$\max_{\theta}R(\theta,\delta_1)=\max_{\theta}\left(\frac{1}{25}\right)=\frac{1}{25}$$

因此，依据这一准则，$\delta_1(y)=y=\overline{x}$ 看起来是相当好的决策，因为 1/25 很小. 实际上，可以证明，当损失函数是 $\mathcal{L}[\theta,\delta(y)]=[\theta-\delta(y)]^2$ 时，用**极小化极大准则**(minimax criterion)作为度

量，δ_1 是最佳决策函数. ■

在此例子中，我们阐明了下述内容：

1. 若对决策函数不加以限制，则很难找到这样一个决策函数，使得该决策函数的风险函数会一致地小于其他决策的风险函数.

2. 选取最佳决策函数的一个原理称为**极小化极大原理**(minimax principle). 此原理可表述如下：如果由 $\delta_0(y)$给出的决策函数是使得对于所有 $\theta\in\Omega$，对于每一个其他决策函数 $\delta(y)$，

$$\max_\theta R(\theta,\delta_0(y)] \leqslant \max_\theta R[\theta,\delta(y)]$$

那么 $\delta_0(Y)$称为**极小化极大决策函数**(minimax decision function).

就限定 $E[\delta(Y)]=\theta$ 与损失函数$\mathcal{L}[\theta,\delta(y)]=[\theta-\delta(y)]^2$ 而言，极小化风险函数的决策函数会得到具有极小方差的无偏估计量. 然而，如果用其他条件代替限定 $E[\delta(Y)]=\theta$，若关于 θ 一致极小化 $E\{[\theta-\delta(Y)]^2\}$的决策函数 $\delta(Y)$存在，则有时称 $\delta(Y)$为**最小均方误差估计量**(minimum mean-squared-error estimator). 习题 7.1.6、习题 7.1.7 以及习题 7.1.8 都提供了这类估计量的例子.

关于决策规则与损失函数存在两个额外观测值，在这点上决策规则与损失函数应该加以计算. 首先，由于 Y 是一个统计量，所以决策规则 $\delta(Y)$也是一个统计量，从而能直接将决策规则表述成建立在随机样本观测值比如 $\delta_1(X_1,X_2,\cdots,X_n)$基础上. 于是，如果随机样本来自连续型分布，风险函数由

$$\begin{aligned}R(\theta,\delta_1) &= E\{\mathcal{L}[\theta_1,\delta_1(X_1,X_2,\cdots,X_n)]\}\\ &= \int_{-\infty}^{\infty}\cdots\int_{-\infty}^{\infty}\mathcal{L}[\theta,\delta_1(x_1,x_2,\cdots,x_n)]f(x_1;\theta)\cdots f(x_n;\theta)\mathrm{d}x_1\cdots\mathrm{d}x_n\end{aligned}$$

给出. 由于确实不能这样做，正如你将在本章所看到的，找出一个合适的统计量(比如 Y)是相当容易的，与特定模型有关的所有统计推断建立在此统计量基础上. 因而，我们认为，以熟悉的统计量开始研究更为适宜，如例 7.1.2 中极大似然估计量$Y=\overline{X}$. 不管人们观测到的 $X_1,X_2,\cdots,X_n$ 之值是否为常数，那个例子的第二个决策规则都能写成 $\delta_2(X_1,X_2,\cdots,X_n)=0$.

第二个发现是，仅仅使用单个损失函数，也就是**平方误差损失函数**(squared-error loss function)$\mathcal{L}(\theta,\delta)=(\theta-\delta)^2$. 另一个普遍使用的损失函数是*绝对误差损失函数*(absolute-error loss function)$\mathcal{L}(\theta,\delta)=|\theta-\delta|$. 此损失函数由

$$\begin{aligned}\mathcal{L}(\theta,\delta) &=0, \quad |\theta-\delta|\leqslant a\\ &=b, \quad |\theta-\delta|> a\end{aligned}$$

定义，其中 a 与 b 均表示正的常数，有时称为*目标球门柱损失函数*(goal post loss function). 这个术语的由来就好像足球迷所说的——这就像踢进门得分一样：如果位于中心的 a 单位之内(实际上，得 3 分)，那么没有损失，但是如果位于限定规定之外，那么损失 b 单位(得 0 分). 另外，当使用前面三种损失函数时，它们可以是非对称，也可以是对称的. 也就是说，例如，与高估 θ 值相比，低估 θ 值可能要付出更高成本(当估计赶飞机所需时间时，我们可以考虑这类损失函数). 第 11 章研究贝叶斯估计时，会考察某些此类损失函数.

下面以一个有趣的示例来结束这一节，该例子阐明，许多统计学家认为似然原理是估计量应该拥有的品质特性. 假定有两个统计学家 A 与 B，观测 10 次结果为成功或失败的独

立随机试验．设每次试验的成功概率为 θ，其中 $0<\theta<1$．比如，每位统计学家在这 10 次试验中观测到一次成功．然而，假定 A 决定先观测 $n=10$ 次，并且发现仅有一次成功，而 B 决定一直观测直到获得第一次成功，这样刚好第 10 次试验获得成功．A 的模型是 Y 服从 $b(n=10,\theta)$，且观测到 $y=1$．另一方面，B 的观测是具有几何概率密度函数 $g(z)=(1-\theta)^{z-1}\theta$ 的随机变量 z，$z=1,2,3,\cdots$，且观测到 $z=10$．在上述两种情况下，成功的相对频率是

$$\frac{y}{n}=\frac{1}{z}=\frac{1}{10}$$

它能用作 θ 的一个估计值．

然而，可以发现，相对应的估计量 Y/n 与 $1/z$ 中的一个是有偏的．有

$$E\left(\frac{Y}{10}\right)=\frac{1}{10}E(Y)=\frac{1}{10}(10\theta)=\theta$$

而

$$E\left(\frac{1}{Z}\right)=\sum_{z=1}^{\infty}\frac{1}{z}(1-\theta)^{z-1}\theta=\theta+\frac{1}{2}(1-\theta)\theta+\frac{1}{3}(1-\theta)^2\theta+\cdots>\theta$$

也就是说，$\dfrac{1}{Z}$是有偏估计量，而$\dfrac{Y}{10}$是无偏估计量．因而，A 使用了无偏估计量，而 B 则使用了有偏估计量．那么是否可以调整 B 的估计量，以使该量也成为无偏的呢？

有趣的是，如果对两个似然函数

$$L_1(\theta)=\binom{10}{y}\theta^y(1-\theta)^{10-y}$$

与

$$L_2(\theta)=(1-\theta)^{z-1}\theta$$

分别求极大值，其中 $n=10$，$y=1$ 以及 $z=10$，那么我们可以得出相同的答案$\hat{\theta}=\dfrac{1}{10}$．由于在每一种情况下，都对$(1-\theta)^9\theta$求极大值，所以必然是此种情况．许多统计学家认为，这是应该使用的方法，因此采用**似然原理**(likelihood principle)：

假定源自两个可能不同随机实验的两个不同集合得到各自似然比 $L_1(\theta)$ 与 $L_2(\theta)$，它们是相互成比例的．这两个数据集合提供了参数 θ 的同样信息，统计学家从两个数据集合中应该获得 θ 的同样估计值．

在我们的特定示例中，注意 $L_1(\theta)\propto L_2(\theta)$，而且似然原理表明，统计学家 A 与 B 应得出一样推断．因而，主张似然原理的人不愿意调整第二个估计量，以使它是无偏的．

习题

7.1.1 证明：来自具有下述概率密度函数分布的样本量 n 的随机样本均值 $\overline{X}$ 是 θ 的无偏估计量，且具有方差 θ^2/n，此分布概率密度函数为 $f(x;\theta)=(1/\theta)\mathrm{e}^{-(x/\theta)}$，$0<x<\infty$，$0<\theta<\infty$，其他为 0.

7.1.2 设 $X_1,X_2,\cdots,X_n$ 表示来自正态分布均值为 0 且方差为 θ 的一个随机样本，$0<\theta<\infty$，证明，$\sum_1^n x_i^2/n$ 是 θ 的无偏估计量，并且具有方差 $2\theta^2/n$.

7.1.3 设 $Y_1<Y_2<Y_3$ 是来自均匀分布的样本量为 3 的随机样本有序统计量，此均匀分布具有

概率密度函数$f(x;\theta)=1/\theta, 0<x<\infty, 0<\theta<\infty$，其他为 0. 证明，$4Y_1, 2Y_2$ 以及$\frac{4}{3}Y_3$ 全部是 θ 的无偏估计量. 求这些无偏估计量的方差.

7.1.4 设 Y_1 与 Y_2 是 θ 的两个独立无偏估计量. 假定 Y_1 的方差是 Y_2 的方差的两倍. 求常数 k_1 与 k_2，使 $k_1Y_1+k_2Y_2$ 成为这种线性组合中具有最小可行方差的无偏估计量.

7.1.5 在本节例 7.1.2 中，取$\mathcal{L}[\theta,\delta(y)]=|\theta-\delta(y)|$. 证明 $R(\theta, \delta_1)=\frac{1}{5}\sqrt{2/\pi}$与 $R(\theta, \delta_2)=|\theta|$. 这两个决策函数 δ_1 与 δ_2 中的哪一个会产生较小的极大风险呢？

7.1.6 设 $X_1, X_2, \cdots, X_n$ 表示来自参数为 θ 的泊松分布的随机样本，$0<\theta<\infty$. 设 $Y=\sum_1^n X_i$，并设 $\mathcal{L}[\theta,\delta(y)]=[\theta-\delta(y)]^2$. 如果我们限定决策函数的形式为 $\delta(y)=b+y/n$，其中 b 不依赖于 y，那么证明$R(\theta,\delta)=b^2+\theta/n$. 这类形式的什么样的决策函数产生的一致风险会比同类形式的其他决策函数产生的风险要小呢？设上述结果是 δ，同时 $0<\theta<\infty$，倘若$\max_\theta R(\theta,\delta)$存在，则求出它.

7.1.7 设 $X_1, X_2, \cdots, X_n$ 表示来自分布 $N(\mu,\theta)$的随机样本，$0<\theta<\infty$，其中 μ 为未知的. 设 $Y=\sum_1^n (X_i-\overline{X})^2/n$，并设$\mathcal{L}[\theta,\delta(y)]=[\theta-\delta(y)]^2$. 如果我们考察形式为 $\delta(y)=by$ 的决策函数，其中 b 不依赖于 y，证明 $R(\theta,\delta)=(\theta^2/n^2)[(n^2-1)b^2-2n(n-1)b+n^2]$. 证明 $b=n/(n+1)$产生此种形式的极小风险决策函数. 注意，$nY/(n+1)$不是 θ 的无偏估计量. 就 $\delta(y)=ny/(n+1)$与 $0<\theta<\infty$而言，倘若 $\max_\theta R(\theta,\delta)$存在，则求出它.

7.1.8 $X_1, X_2, \cdots, X_n$ 表示来自分布 $b(1,\theta)$的随机样本，其中 $0\leqslant\theta\leqslant 1$. 设 $Y=\sum_1^n X_i$，$\mathcal{L}[\theta,\delta(y)]=[\theta-\delta(y)]^2$. 考察形式为 $\delta(y)=by$ 的决策函数，其中 b 不依赖于 y. 证明 $R(\theta,\delta)=b^2n\theta(1-\theta)+(bn-1)^2\theta^2$. 证明

$$\max_\theta R(\theta,\delta)=\frac{b^4n^2}{4[b^2n-(bn-1)^2]}$$

倘若 b 值使得 $b^2n\geqslant 2(bn-1)^2$. 证明：$b=1/n$ 没有使$\max_\theta R(\theta,\delta)$极小化.

7.1.9 设 $X_1, X_2, \cdots, X_n$ 是来自均值为 $\theta>0$ 的泊松分布的随机样本.

(a) 统计学家 A 观测的样本值是 $x_1, x_2, \cdots, x_n$，其和为 $y=\sum x_i$. 求 θ 的极大似然估计量.

(b) 统计学家 B 丢失了样本值 $x_1, x_2, \cdots, x_n$，但却记住了它们的和 y_1 以及样本来自泊松分布的事实. 因而，B 决定生成某些伪造观测值，他称之为 $z_1, z_2, \cdots, z_n$(因为他知道这些值可能并不等于最初的 x 值). 他注意到，由于 $Y_1=\sum Z_i$ 服从均值为 $n\theta$ 的泊松分布，所以给定$\sum z_i=y_1$时独立泊松随机变量 $Z_1, Z_2, \cdots, Z_n$ 等于 $z_1, z_2, \cdots, z_n$ 的条件概率是

$$\frac{\dfrac{\theta^{z_1}e^{-\theta}}{z_1!}\dfrac{\theta^{z_2}e^{-\theta}}{z_2!}\cdots\dfrac{\theta^{z_n}e^{-\theta}}{z_n!}}{\dfrac{(n\theta)^{y_1}e^{-n\theta}}{y_1!}}=\frac{y_1!}{z_1!z_2!\cdots z_n!}\left(\frac{1}{n}\right)^{z_1}\left(\frac{1}{n}\right)^{z_2}\cdots\left(\frac{1}{n}\right)^{z_n}$$

后者是多式分布，它具有 y_1 次独立试验，每一次试验均以 n 种互斥且穷尽方式之一结束，其中每一种方式具有相同的概率 $1/n$. 因此，B 实施这类多式实验，并进行 y_1 次独立试验，得到 $z_1, z_2, \cdots, z_n$. 利用这些 z 值，求似然函数. 该函数会与统计学家 A 的结果成比例吗？

提示：这里似然函数是此条件概率密度函数与 $Y_1=\sum Z_i$的概率密度函数之积.

7.2 参数的充分统计量

假定 $X_1, X_2, \cdots, X_n$ 是来自具有概率密度函数 $f(x;\theta)$，$\theta\in\Omega$ 的分布的随机样本. 在第

4 章和第 6 章，为了实施由点与区间估计所阐述的统计推断以及统计假设检验，我们已经构建了统计量．注意，统计量比如 $Y=u(X_1,X_2,\cdots,X_n)$ 是数据简化的一种形式．为了阐述方便起见，不用列出所有单个观测值 $X_1,X_2,\cdots,X_n$，而更愿意仅仅给出样本均值 $\overline{X}$ 或样本方差 S^2．因而，统计学家考察简化数据集合的一些方法，而又不失去全部观测值集合有意义的内容，以便人们更容易认识这些数据．

十分有趣的是，注意，统计量 $Y=u(X_1,X_2,\cdots,X_n)$ 确实分割了 $X_1,X_2,\cdots,X_n$ 的样本空间．举例来说，假定样本是可观测的，并且 $\overline{x}=8.32$．样本空间中存在许多点，它们具有一样的均值 8.32，从而我们能够认为它们属于集合 $\{(x_1,x_2,\cdots,x_n):\overline{x}=8.32\}$．实际上，超平面

$$x_1+x_2+\cdots+x_n=8.32n$$

上的所有点均产生均值 $\overline{x}=8.32$，所以这个超平面是一个集合．然而，$\overline{X}$ 能取得的值非常多，因而存在众多这类集合．因此，在这个意义上，样本均值 $\overline{X}$ 或任何统计量 $Y=u(X_1,X_2,\cdots,X_n)$ 均把样本空间分割成集合族．

在研究统计量时，模型的参数 θ 经常是未知的，因而，需要对 θ 做某种统计推断．这一节研究称为**充分统计量**(sufficient statistic)的那种统计量，用 $Y_1=u_1(X_1,X_2,\cdots,X_n)$ 表示它，而且发现它对实施那些推断有效．给定

$$(X_1,X_2,\cdots,X_n)\in\{(x_1,x_2,\cdots,x_n):u_1(x_1,x_2,\cdots,x_n)=y_1\}$$

充分统计量以此种方式对样本空间加以分割，$X_1,X_2,\cdots,X_n$ 的条件概率不依赖于 θ．从直观上看，这意味着一旦由 $Y_1=y_1$ 所确定的集合是固定的，另一个统计量的分布比如 $Y_2=u_2(X_1,X_2,\cdots,X_n)$ 确实不依赖于参数 θ，这是因为 $X_1,X_2,\cdots,X_n$ 的条件分布并不依赖于 θ．因此，若 $Y_1=y_1$，不可能使用 Y_2 来执行关于 θ 的统计推断．所以，在某种意义上，Y_1 用尽了样本所包含的关于 θ 的信息．这就是为什么将 $Y_1=u_1(X_1,X_2,\cdots,X_n)$ 称为充分统计量的缘故．

为了清楚地认识参数 θ 的充分统计量的定义，我们以一个例子开始阐述．

例 7.2.1 设 $X_1,X_2,\cdots,X_n$ 表示来自下述分布的一个随机样本，此分布具有概率质量函数

$$f(x;\theta)=\begin{cases}\theta^x(1-\theta)^{1-x}, & x=0,1;0<\theta<1\\ 0, & \text{其他}\end{cases}$$

统计量 $Y_1=X_1+X_2+\cdots+X_n$ 具有概率质量函数

$$f_{Y_1}(y_1;\theta)=\begin{cases}\dbinom{n}{y_1}\theta^{y_1}(1-\theta)^{n-y_1}, & y_1=0,1,\cdots,n\\ 0, & \text{其他}\end{cases}$$

比如，当 $y_1=0,1,2,\cdots,n$ 时，条件概率

$$P(X_1=x_1,X_2=x_2,\cdots,X_n=x_n|Y_1=y_1)=P(A|B)$$

是什么呢？除非整数 $x_1,x_2,\cdots,x_n$(每一个等于 0 或 1)之和等于 y_1，否则很明显，条件等于 0，因为 $A\cap B=\varnothing$．但是，在 $y_1=\sum x_i$ 情况下，有 $A\subset B$，所以 $A\cap B=A$ 且 $P(A|B)=P(A)/P(B)$；因而，条件概率等于

$$\frac{\theta^{x_1}(1-\theta)^{1-x_1}\theta^{x_2}(1-\theta)^{1-x_2}\cdots\theta^{x_n}(1-\theta)^{1-x_n}}{\dbinom{n}{y_1}\theta^{y_1}(1-\theta)^{n-y_1}}=\frac{\theta^{\sum x_i}(1-\theta)^{n-\sum x_i}}{\dbinom{n}{\sum x_i}\theta^{\sum x_i}(1-\theta)^{n-\sum x_i}}=\frac{1}{\dbinom{n}{\sum x_i}}$$

由于 $y_1=x_1+x_2+\cdots+x_n$ 等于 n 次独立试验中 1 的个数，所以这是选择 y_1 个 1 与 $(n-y_1)$ 个 0 的一个特殊排列的条件概率. 注意，此条件概率并不依赖于参数 θ 的值. ■

一般地讲，设 $f_{Y_1}(y_1;\theta)$ 是统计量 $Y_1=u_1(X_1,X_2,\cdots,X_n)$ 的概率质量函数，其中 $X_1,X_2,\cdots,X_n$ 表示来自离散型分布的随机样本，此分布具有概率质量函数 $f(x;\theta)$，$\theta\in\Omega$. 给定 $Y_1=y_1$ 时，$X_1=x_1,X_2=x_2,\cdots,X_n=x_n$ 的条件概率等于

$$\frac{f(x_1;\theta)f(x_2;\theta)\cdots f(x_n;\theta)}{f_{Y_1}[u_1(x_1,x_2\cdots,x_n);\theta]}$$

倘若 $x_1,x_2,\cdots,x_n$ 给定，则 $y_1=u_1(x_1,x_2,\cdots,x_n)$ 就是一个固定值，否则等于 0. 称 $Y_1=u_1(X_1,X_2,\cdots,X_n)$ 是 θ 的充分统计量当且仅当这个比值不依赖于 θ. 尽管就连续型分布而言，我们不能运用同样的讨论，但在这种情况下，接受下面事实：如果上述比值不依赖于 θ，那么给定 $Y_1=y_1$ 时 $X_1,X_2,\cdots,X_n$ 的条件分布不依赖于 θ. 因而，在两种情况下，均使用一样的关于 θ 的充分统计量.

定义 7.2.1 设 $X_1,X_2,\cdots,X_n$ 表示来自分布具有概率密度函数或概率质量函数 $f(x;\theta)$ 的样本量为 n 的随机样本，$\theta\in\Omega$. 设 $Y_1=u_1(X_1,X_2,\cdots,X_n)$ 是一个统计量，它的概率密度函数或概率质量函数是 $f_{Y_1}(y_1;\theta)$. 于是，Y_1 是 θ 的**充分统计量**(sufficient statistic)当且仅当

$$\frac{f(x_1;\theta)f(x_2;\theta)\cdots f(x_n;\theta)}{f_{Y_1}[u_1(x_1,x_2\cdots,x_n);\theta]}=H(x_1,x_2,\cdots,x_n)$$

其中 $H(x_1,x_2,\cdots,x_n)$ 不依赖于 $\theta\in\Omega$.

注释 7.2.1 在本书中的绝大多数情况下，用 $X_1,X_2,\cdots,X_n$ 表示随机样本的观测值；也就是说，它们是独立同分布的. 不过，在更一般的情形下，这些随机变量未必是独立的，实际上，并不需要它们是同分布的. 因而，更一般地讲，将统计量 $Y_1=u_1(X_1,X_2,\cdots,X_n)$ 的充分性定义推广成为

$$\frac{f(x_1,x_2,\cdots,x_n;\theta)}{f_{Y_1}[u_1(x_1,x_2\cdots,x_n);\theta]}=H(x_1,x_2,\cdots,x_n)$$

不依赖于 $\theta\in\Omega$，其中 $f(x_1,x_2,\cdots,x_n;\ \theta)$ 表示 $X_1,X_2,\cdots,X_n$ 的联合概率密度函数或概率质量函数. 本书中仅有几种情况需要做这样的推广. ■

现在，给出两个例子来阐述充分统计量定义.

例 7.2.2 设 $X_1,X_2,\cdots,X_n$ 是来自伽马分布的随机样本，其中 $\alpha=2$ 而 $\beta=\theta>0$. 由于与此分布有关的矩母函数是由 $M(t)=(1-\theta t)^{-2}$ 给出的，$t<1/\theta$，$Y_1=\sum_{n=1}^{n}X_i$ 的矩母函数是

$$E[e^{t(X_1+X_2+\cdots+X_n)}]=E(e^{tX_1})E(e^{tX_2})\cdots E(e^{tX_n})=[(1-\theta t)^{-2}]^n=(1-\theta t)^{-2n}$$

因而，Y_1 服从 $\alpha=2n$ 与 $\beta=\theta$ 的伽马分布，所以它的概率密度函数是

$$f_{Y_1}(y_1;\theta)=\begin{cases}\dfrac{1}{\Gamma(2n)\theta^{2n}}{y_1}^{2n-1}e^{-y_1/\theta}, & 0<y_1<\infty\\ 0, & \text{其他}\end{cases}$$

从而，有

$$\frac{\left[\dfrac{x_1^{2-1}e^{-x_1/\theta}}{\Gamma(2)\theta^2}\right]\left[\dfrac{x_2^{2-1}e^{-x_2/\theta}}{\Gamma(2)\theta^2}\right]\cdots\left[\dfrac{x_n^{2-1}e^{-x_n/\theta}}{\Gamma(2)\theta^2}\right]}{\dfrac{(x_1+x_2+\cdots+x_n)^{2n-1}e^{-(x_1+x_2+\cdots+x_n)/\theta}}{\Gamma(2n)\theta^{2n}}}=\frac{\Gamma(2n)}{[\Gamma(2)]^n}\frac{x_1x_2\cdots x_n}{(x_1+x_2+\cdots+x_n)^{2n-1}}$$

其中 $0<x_i<\infty$，$i=1,2,\cdots,n$. 由于这个比值不依赖于 θ，所以和式 Y_1 是 θ 的充分统计量. ■

例 7.2.3 设 $Y_1<Y_2<\cdots<Y_n$ 表示来自下面分布、样本量为 n 的随机样本次序统计量，此分布具有概率密度函数

$$f(x;\theta)=\mathrm{e}^{-(x-\theta)}I_{(\theta,\infty)}(x)$$

这里运用由

$$I_A(x)=\begin{cases}1, & x\in A\\0, & x\notin A\end{cases}$$

所定义的指标函数. 当然，这意味着，$f(x;\theta)=\mathrm{e}^{-(x-\theta)}$，$\theta<x<\infty$，其他为 0. $Y_1=\min(X_i)$ 的概率密度函数是

$$f_{Y_1}(y_1;\theta)=n\mathrm{e}^{-n(y_1-\theta)}I_{(\theta,\infty)}(y_1)$$

注意，$\theta<\min\{x_i\}$ 当且仅当对于所有 $i=1,2,\cdots,n$，$\theta<x_i$. 从符号上看，这可表示成 $I_{(\theta,\infty)}(\min x_i)=\prod_{i=1}^{n}I_{(\theta,\infty)}(x_i)$. 因而，

$$\frac{\prod_{i=1}^{n}\mathrm{e}^{-(x_i-\theta)}I_{(\theta,\infty)}(x_i)}{n\mathrm{e}^{-n(\min x_i-\theta)}I_{(\theta,\infty)}(\min x_i)}=\frac{\mathrm{e}^{-x_1-x_2-\cdots-x_n}}{n\mathrm{e}^{-n\min x_i}}$$

由于此比值不依赖于 θ，所以第一个次序统计量 Y_1 是 θ 的充分统计量. ■

如果打算借助于定义证明，某个统计量 Y_1 是否是参数 θ 的充分统计量，那么必须首先知道 Y_1 的概率密度函数，比如 $f_{Y_1}(y_1;\theta)$. 在许多例子中，求概率密度函数可能是极其困难的. 幸运的是，这个问题可通过将要证明的奈曼(Neyman)**因子分解定理**(factorization theorem)解决.

定理 7.2.1(奈曼) 设 $X_1,X_2,\cdots,X_n$ 表示来自具有概率密度函数或概率质量函数 $f(x;\theta)$ 分布的随机样本，$\theta\in\Omega$. 统计量 $Y_1=u_1(X_1,X_2,\cdots,X_n)$ 是 θ 的一个充分统计量当且仅当可以找出两个非负函数 k_1 与 k_2，使得

$$f(x_1;\theta)f(x_2;\theta)\cdots f(x_n;\theta)=k_1[u_1(x_1,x_2,\cdots,x_n);\theta]k_2(x_1,x_2,\cdots,x_n) \quad (7.2.1)$$

其中 $k_2(x_1,x_2,\cdots,x_n)$ 不依赖于 θ.

证：当随机变量为连续型形式时，将证明此定理. 假定因子分解正如定理所述. 在证明时，将做出一一变换 $y_1=u_1(x_1,x_2,\cdots,x_n)$，$y_2=u_2(x_1,x_2,\cdots,x_n)$，$\cdots$，$y_n=u_n(x_1,x_2,\cdots,x_n)$，它们的逆函数为 $x_1=w_1(y_1,y_2,\cdots,y_n)$，$x_2=w_2(y_1,y_2,\cdots,y_n)$，$\cdots$，$x_n=w_n(y_1,y_2,\cdots,y_n)$，而且雅可比行列式为 J. 于是，统计量 $Y_1,Y_2,\cdots,Y_n$ 的概率密度函数由

$$g(y_1,y_2,\cdots,y_n;\theta)=k_1(y_1;\theta)k_2(w_1,w_2,\cdots,w_n)|J|$$

给出，其中 $w_i=w_i(y_1,y_2,\cdots,y_n)$，$i=1,2,\cdots,n$. Y_1 的概率密度函数比如 $f_{Y_1}(y_1;\theta)$ 则由

$$\begin{aligned}f_{Y_1}(y_1;\theta)&=\int_{-\infty}^{\infty}\cdots\int_{-\infty}^{\infty}g(y_1,y_2,\cdots,y_n;\theta)\mathrm{d}y_2\cdots\mathrm{d}y_n\\&=k_1(y_1;\theta)\int_{-\infty}^{\infty}\cdots\int_{-\infty}^{\infty}|J|k_2(w_1,w_2,\cdots,w_n)\mathrm{d}y_2\cdots\mathrm{d}y_n\end{aligned}$$

给出. 现在，函数 k_2 不依赖于 θ，雅可比行列式 J 或积分极限也不涉及 θ. 因此，上式右边的 $(n-1)$ 重积分仅仅是 y_1 的函数，比如 $m(y_1)$. 因而，

$$f_{Y_1}(y_1;\theta) = k_1(y_1;\theta)m(y_1)$$

若 $m(y_1)=0$，则 $f_{Y_1}(y_1;\theta)=0$. 当 $m(y_1)>0$，能写成

$$k_1[u_1(x_1,x_2,\cdots,x_n);\theta] = \frac{f_{Y_1}[u_1(x_1,x_2,\cdots,x_n);\theta]}{m[u_1(x_1,x_2,\cdots,x_n)]}$$

而且所假定的因子分解变成

$$f(x_1;\theta)\cdots f(x_n;\theta) = f_{Y_1}[u_1(x_1,x_2,\cdots,x_n);\theta] = \frac{k_2(x_1,x_2,\cdots,x_n)}{m[u_1(x_1,x_2,\cdots,x_n)]}$$

由于函数 k_2 不依赖于 θ，函数 m 也不依赖于 θ，于是依据定义，Y_1 是参数 θ 的充分统计量.

反之，如果 Y_1 是 θ 的一个充分统计量，那么通过将函数 k_1 取成 Y_1 的概率密度函数，即函数 f_{Y_1}，可实现因子分解. 这就完成了定理证明. ■

注意，证明时所做出的一一对应变换假设并不是必需的；参看 Lehmann(1986)的更为严谨的证明. 这个定理描述了充分性，并且正如下面例子所表明的，和充分性定义相比，通常运用定理进行研究更容易.

例 7.2.4　设 $X_1,X_2,\cdots,X_n$ 表示来自分布 $N(\theta,\sigma^2)$ 的随机样本，其中 $-\infty<x<\infty$，方差 $\sigma^2>0$ 已知. 如果 $\overline{x}=\sum_{i=1}^{n}x_i/n$，那么

$$\sum_{i=1}^{n}(x_i-\theta)^2 = \sum_{i=1}^{n}[(x_i-\overline{x})+(\overline{x}-\theta)]^2 = \sum_{i=1}^{n}(x_i-\overline{x})^2+n(\overline{x}-\theta)^2$$

因为

$$2\sum_{i=1}^{n}(x_i-\overline{x})(\overline{x}-\theta) = 2(\overline{x}-\theta)\sum_{i=1}^{n}(x_i-\overline{x}) = 0$$

因而，$X_1,X_2,\cdots,X_n$ 的联合概率密度函数可以写成

$$\left(\frac{1}{\sigma\sqrt{2\pi}}\right)^n\exp\left[-\sum_{i=1}^{n}(x_i-\theta)^2/2\sigma^2\right] = \{\exp[-n(\overline{x}-\theta)^2/2\sigma^2]\}\left\{\frac{\exp\left[-\sum_{i=1}^{n}(x_i-\overline{x})^2/2\sigma^2\right]}{(\sigma\sqrt{2\pi})^n}\right\}$$

由于此式右边第一个因子仅仅通过 $\overline{x}$ 依赖于 $x_1,x_2,\cdots,x_n$，同时右边第二个因子不依赖于 θ，所以对于 σ^2 的任何特定值来说，因子分解定理蕴含着样本均值 $\overline{X}$ 是 θ 的充分统计量，这里 θ 为正态分布的均值. ■

在上面例子中，我们可以用定义，因为知道 $\overline{X}$ 服从 $N(\theta,\sigma^2/n)$. 下面考察使用定义显得不合适的一个例子.

例 7.2.5　设 $X_1,X_2,\cdots,X_n$ 表示来自下述分布的随机样本，此分布具有概率密度函数

$$f(x;\theta) = \begin{cases}\theta x^{\theta-1}, & 0<x<1\\ 0, & \text{其他}\end{cases}$$

其中 $0<\theta$. 利用因子分解定理，将证明积 $u_1(X_1,X_2,\cdots,X_n)=\prod_{i=1}^{n}X_i$ 是 θ 的充分统计量，$X_1,X_2,\cdots,X_n$ 的联合概率密度函数是

$$\theta^n\left(\prod_{i=1}^{n}x_i\right)^{\theta-1} = \left[\theta^n\left(\prod_{i=1}^{n}x_i\right)^{\theta}\right]\left(\frac{1}{\prod_{i=1}^{n}x_i}\right)$$

其中 $0<x_i<1$，$i=1,2,\cdots,n$. 在因子分解定理中，设

$$k_1[u_1(x_1,x_2,\cdots,x_n);\theta]=\theta^n\left(\prod_{i=1}^n x_i\right)^\theta$$

以及

$$k_2(x_1,x_2,\cdots,x_n)=\frac{1}{\prod_{i=1}^n x_i}$$

由于 $k_2(x_1,x_2,\cdots,x_n)$不依赖于 θ，所以乘积 $\prod_{i=1}^n X_i$ 是 θ 的充分统计量. ■

在正概率密度依赖于参数 θ 定义域的那些例子中，对于某些读者来说，存在错误应用因子分解定理的倾向. 这归因于下面事实，他们对函数 $k_2(x_1,x_2,\cdots,x_n)$定义域没有给予正确的考虑. 下述例子将阐明这点.

例 7.2.6 在例 7.2.3 里 $f(x;\theta)=\mathrm{e}^{-(x-\theta)}I_{(\theta,\infty)}(x)$，已经发现第一个次序统计量 Y_1 是 θ 的充分统计量. 为了阐述不考虑函数定义域的观点，取 $n=3$，并注意

$$\mathrm{e}^{-(x_1-\theta)}\mathrm{e}^{-(x_2-\theta)}\mathrm{e}^{-(x_3-\theta)}=[\mathrm{e}^{-3\max x_i+3\theta}][\mathrm{e}^{-x_1-x_2-x_3+3\max x_i}]$$

或者类似表达式. 的确，在后面公式中，第二个因子没有 θ，可以假定 $Y_3=\max X_i$ 是 θ 的充分统计量. 当然，这是错误的，因为应该将 X_1,X_2,X_3 的联合概率密度函数写成

$$\prod_{i=1}^3[\mathrm{e}^{-(x_i-\theta)}I_{(\theta,\infty)}(x_i)]=[\mathrm{e}^{3\theta}I_{(\theta,\infty)}(\min x_i)]\left[\exp\left\{-\sum_{i=1}^3 x_i\right\}\right]$$

此处利用了 $I_{(\theta,\infty)}\min(x_i)=I_{(\theta,\infty)}(x_1)I_{(\theta,\infty)}(x_2)I_{(\theta,\infty)}(x_3)$. 对于 $\max x_i$ 不能做出类似表述. 因而，$Y_1=\min X_i$ 是 θ 的充分统计量，而 $Y_3=\max X_i$ 则不是.

习题

7.2.1 设 $X_1,X_2,\cdots,X_n$ 是独立同分布的，服从 $N(0,\theta)$，$0<\theta<\infty$. 证明：$\sum_1^n X_i^2$ 是 θ 的充分统计量.

7.2.2 证明：来自参数 θ 的泊松分布的样本量为 n 的随机样本观测值之和是 θ 的充分统计量，$0<\theta<\infty$.

7.2.3 证明来自下面均匀分布的样本量为 n 的随机样本第 n 个次序统计量是 θ 的充分统计量，此均匀分布具有概率密度函数 $f(x;\theta)=1/\theta$，$0<x<\theta$，$0<\theta<\infty$，其他为 0. 通过考察概率密度函数 $f(x;\theta)=Q(\theta)M(x)$，$0<x<\theta$，$0<\theta<\infty$，其他为 0，可推广此结果. 当然，这里

$$\int_0^\theta M(x)\mathrm{d}x=\frac{1}{Q(\theta)}$$

7.2.4 设 $X_1,X_2,\cdots,X_n$ 是来自几何分布的样本量为 n 的随机样本，此分布具有概率质量函数 $f(x;\theta)=(1-\theta)^x\theta$，$x=0,1,2,\cdots$，$0<\theta<1$，其他为 0. 证明：$\sum_1^n X_i$ 是 θ 的充分统计量.

7.2.5 证明：来自伽马分布的样本量为 n 的随机样本观测值之和是 θ 的充分统计量，此分布具有概率密度函数 $f(x;\theta)=(1/\theta)\mathrm{e}^{-x/\theta}$，$0<x<\infty$，$0<\theta<\infty$，其他为 0.

7.2.6 设 $X_1,X_2,\cdots,X_n$ 是来自贝塔分布的样本量为 n 的随机样本，此分布参数 $\alpha=\theta$ 且 $\beta=2$. 证明，积 $X_1X_2\cdots X_n$ 是 θ 的充分统计量.

7.2.7 如果随机样本取自参数 $\alpha=\theta$ 与 $\beta=6$ 的伽马分布，证明样本观测值之积是 $\theta>0$ 的充分统计量.

7.2.8 如果样本取自参数 $\alpha=\beta=\theta>0$ 的贝塔分布，那么 θ 的充分统计量是什么？

7.2.9 我们考察来自下述分布的一个随机样本 $X_1,X_2,\cdots,X_n$，此分布具有概率密度函数 $f(x;\theta)=(1/\theta)\exp(-x/\theta)$，$0<x<\infty$，其他为 0，其中 $0<\theta$. 然而，在寿命试验情况下，说不定我们只观测到前 r 个次序统计量 $Y_1<Y_2<\cdots<Y_r$.

(a) 写出这些次序统计量的联合概率密度函数，并且用 $L(\theta)$ 表示它.

(b) 在这些条件下，通过极大化 $L(\theta)$ 求极大似然估计量 $\hat{\theta}$.

(c) 求 $\hat{\theta}$ 的矩母函数与概率密度函数.

(d) 就稍微推广的充分性定义而言，$\hat{\theta}$ 是充分统计量吗？

7.3 充分统计量的性质

假定 $X_1,X_2,\cdots,X_n$ 是随机变量的一个随机样本，随机变量具有概率密度函数或概率质量函数 $f(x;\theta)$，其中 $\theta\in\Omega$. 在这一节，我们讨论充分性如何用于确定极小方差无偏估计量(MVUE). 首先，注意在任何意义下充分统计量不是唯一的. 比如，如果 $Y_1=u_1(X_1,X_2,\cdots,X_n)$ 是一个充分统计量，而 $Y_2=g(Y_1)$ 是一个统计里，其中 $g(x)$ 是一对一函数，那么

$$
\begin{aligned}
f(x_1;\theta)f(x_2;\theta)\cdots f(x_n;\theta) &= k_1[u_1(y_1);\theta]k_2(x_1,x_2,\cdots,x_n)\\
&= k_1[u_1(g^{-1}(y_2));\theta]k_2(x_1,x_2,\cdots,x_n)
\end{aligned}
$$

因此，由因子分解定理知，Y_2 也是充分的. 然而，正如下面定理所表明的，充分性能产生最佳点估计.

首先回顾 2.3 节的定理 2.3.1，若 X_1 与 X_2 是随机变量，使得 X_2 的方差存在，则

$$E[X_2]=E[E(X_2\mid X_1)]$$

且

$$\operatorname{Var}(X_2)\geqslant\operatorname{Var}[E(X_2\mid X_1)]$$

为了方便阐述充分统计量，设充分统计量 Y_1 表示 X_1，用 θ 的无偏估计量 Y_2 表示 X_2. 因而，由 $E(Y_2\mid y_1)=\varphi(y_1)$，我们有

$$\theta=E[Y_2]=E[\varphi(Y_1)]$$

以及

$$\operatorname{Var}(Y_2)\geqslant\operatorname{Var}[\varphi(Y_1)]$$

也就是说，通过这个条件化，充分统计量 Y_1 的函数 $\varphi(Y_1)$ 是 θ 的无偏估计量，它的方差比无偏估计量 Y_2 的方差更小. 更正式地讲，以下面定理来概括上面讨论，这一定理被认为是由拉奥和布莱克韦尔所创立的.

定理 7.3.1(拉奥-布莱克韦尔)　*设 $X_1,X_2,\cdots,X_n$ 表示来自(连续或离散)具有概率密度函数或概率质量函数 $f(x;\theta)$ 的分布，其中 n 为固定正整数，$\theta\in\Omega$. 设 $Y_1=u_1(X_1,X_2,\cdots,X_n)$ 是 θ 的充分统计量，并设 $Y_2=u_2(X_1,X_2,\cdots,X_n)$ 是 θ 的无偏估计量，不再仅仅是 Y_1 的函数. 于是，$E(Y_2\mid y_1)=\varphi(y_1)$ 定义了一个统计量. 这个统计量是 θ 充分统计量的函数，它是 θ 的无偏估计量，而且它的方差小于 Y_2 的方差.*

此定理告诉我们，在寻找一个参数的极小方差无偏估计量时，如果该参数的充分统计量存在，那么就可将寻找限制在充分统计量的函数上. 为此，如果只是以无偏估计量 Y_2 开始，那么可通过计算 $E(Y_2\mid y_1)=\varphi(y_1)$，使 $\varphi(Y_1)$ 成为无偏估计量且方差小于 Y_2 的方差.

在定理 7.3.1 之后，许多学生认为，在寻找基于充分统计量 Y_1 的 θ 的无偏估计量 $\varphi(Y_1)$时，必须首先找到某个无偏估计量 Y_2. 可是情况并非完全如此，定理 7.3.1 只能使我们确信，把对最佳估计量的寻找限制在 Y_1 的函数上. 此外，如同下面证明所表明的，在充分统计量和极大似然估计之间存在着联系.

定理 7.3.2 设 $X_1, X_2, \cdots, X_n$ 表示来自分布具有概率密度函数或概率质量函数 $f(x;\theta)$的随机样本，$\theta\in\Omega$. 如果 θ 的充分统计量 $Y_1=u_1(X_1, X_2, \cdots, X_n)$存在，同时如果 θ 的极大似然估计量唯一地存在，那么$\hat{\theta}$是 $Y_1=u_1(X_1, X_2, \cdots, X_n)$的函数.

证： 设 $f_{Y_1}(y_1;\theta)$是 Y_1 的概率密度函数或概率质量函数. 于是，由充分性定义，似然函数

$$L(\theta;x_1,x_2,\cdots,x_n)=f(x_1;\theta)f(x_2;\theta)\cdots f(x_n;\theta)=f_{Y_1}[u_1(x_1,x_2,\cdots,x_n);\theta]H(x_1,x_2,\cdots,x_n)$$

其中 $H(x_1, x_2, \cdots, x_n)$不依赖于 θ. 因而，作为 θ 函数的 L 与 f_{Y_1} 是同时达到极大值的. 由于使 L 及 $f_{Y_1}[u_1(x_1, x_2, \cdots, x_n)$； $\theta]$极大化的 θ 值仅存在唯一一个，所以 θ 的值必是 $u_1(x_1, x_2, \cdots, x_n)$的函数. 因而，极大似然估计量$\hat{\theta}$是充分统计量 $Y_1=u_1(X_1, X_2, \cdots, X_n)$的函数. ■

从第 4 章和第 6 章知道，一般地讲，极大似然估计量是 θ 的渐近无偏估计量. 因此，一种继续研究的方法是找出一个充分统计量，然后求极大似然估计量. 据此，经常获得作为充分统计量函数的无偏估计量. 下面例子阐述了这样的过程.

例 7.3.1 设 $X_1, X_2, \cdots, X_n$ 是独立同分布的，具有概率密度函数

$$f(x;\theta)=\begin{cases}\theta e^{-\theta x}, & 0<x<\infty, \theta>0\\ 0, & 其他\end{cases}$$

假定想要得到 θ 的极小方差无偏估计量. 联合概率密度函数(似然函数)是

$$L(\theta;x_1,\cdots,x_n)=\theta^n e^{-\theta}\sum_{i=1}^n x_i,\quad 对于\ x_i>0, i=1,2,\cdots,n$$

因此，由因子分解定理知，统计量 $Y_1=\sum_{i=1}^n X_i$ 是充分的. 似然函数的对数是

$$l(\theta)=n\log\theta-\theta\sum_{i=1}^n x_i$$

对 $l(\theta)$求关于 θ 的偏导数，并且令它等于 0，得到 θ 的极大似然估计量，即

$$Y_2=\frac{1}{\overline{X}}$$

注意，$Y_2=n/Y_1$ 是充分统计量 Y_1 的函数. 而且，由于 Y_2 是 θ 的极大似然估计量，所以统计量 Y_2 是渐近无偏的. 因此，像第一步一样，将确定它的期望. 在此问题中，X_i 是独立同分布的$\Gamma(1, 1/\theta)$随机变量；因此，$Y_1=\sum_{i=1}^n X_i$ 服从$\Gamma(n, 1/\theta)$. 所以

$$E(Y_2)=E\left[\frac{1}{\overline{X}}\right]=nE\left[\frac{1}{\sum_{i=1}^n X_i}\right]=n\int_0^\infty \frac{\theta^n}{\Gamma(n)}t^{-1}t^{n-1}e^{-\theta t}dt$$

若做变量变换 $z=\theta t$，并加以简化，则得出

$$E(Y_2)=E\left[\frac{1}{X}\right]=\theta\frac{n}{(n-1)!}\Gamma(n-1)=\theta\frac{n}{n-1}$$

因而，统计量 $\dfrac{n-1}{\sum_{i=1}^{n}X_i}$ 是 θ 的极小方差无偏估计量. ■

在下面两节中，可以发现，绝大多数例子中都存在一个无偏函数 $\varphi(Y_1)$，$\varphi(Y_1)$是建立在充分统计量 Y_1 基础上的唯一无偏估计量.

注释 7.3.1　由于无偏估计量 $\varphi(Y_1)$的方差小于 θ 的无偏估计量 Y_2 的方差，其中 $\varphi(Y_1)=E(Y_2|y_1)$，有时学生将原因归功于如下. 设函数 $\Upsilon(y_3)=E[\varphi(Y_1)|Y_3=y_3]$，其中 Y_3 是另外一个统计量，Y_3 不是 θ 的充分统计量. 由拉奥-布莱克韦尔定理知，有 $E[\Upsilon(Y_3)]=0$，同时 $\Upsilon(Y_3)$的方差小于 $\varphi(Y_1)$的方差. 因此，$\Upsilon(Y_3)$一定好于 θ 的无偏估计量 $\varphi(Y_1)$. 但是，这不正确. 因为 Y_3 不是充分的，因而 θ 出现在给定 $Y_3=y_3$ 时 Y_1 的条件分布以及条件均值$\Upsilon(y_3)$之中. 所以，尽管实际上 $E[\Upsilon(Y_3)]=\theta$，但 $\Upsilon(Y_3)$甚至不是一个统计量，因为它包含未知参数 θ，从而不能用作估计. ■

我们运用下面例子阐明这句话的意义.

例 7.3.2　设 X_1,X_2,X_3 是来自均值 $\theta>0$ 的指数分布的随机样本，所以其联合概率密度函数是

$$\left(\frac{1}{\theta}\right)^3 e^{-(x_1+x_2+x_3)/\theta},\quad 0<x_i<\infty$$

$i=1,2,3$，其他为 0. 由因子分解定理知道，$Y_1=X_1+X_2+X_3$ 是 θ 的充分统计量. 当然

$$E(Y_1)=E(X_1+X_2+X_3)=3\theta$$

因而，$Y_1/3=\overline{X}$ 是充分统计量的函数，该充分统计量是 θ 的无偏估计量.

此外，设 $Y_2=X_2+X_3$，并设 $Y_3=X_3$. 由

$$x_1=y_1-y_2,\quad x_2=y_2-y_3,\quad x_3=y_3$$

所定义的一对一变换的雅可比行列式为 1，而 Y_1,Y_2,Y_3 的联合概率密度函数是

$$g(y_1,y_2,y_3;\theta)=\left(\frac{1}{\theta}\right)^3 e^{-y_1/\theta},\quad 0<y_3<y_2<y_1<\infty$$

其他为 0. Y_1 与 Y_3 的边缘概率密度函数可通过对 y_2 积分，得到

$$g_{13}(y_1,y_3;\theta)=\left(\frac{1}{\theta}\right)^3(y_1-y_3)e^{-y_1/\theta},\quad 0<y_3<y_1<\infty$$

其他为 0. Y_3 的单独概率密度函数是

$$g_3(y_3;\theta)=\frac{1}{\theta}e^{-y_3/\theta},\quad 0<y_3<\infty$$

其他为 0，因为 $Y_3=X_3$ 是来自这个指数分布的随机样本的观测值.

因此，给定 $Y_3=y_3$ 时 Y_1 的条件概率密度函数是

$$g_{1|3}(y_1|y_3)=\frac{g_{13}(y_1,y_3;\theta)}{g_3(y_3;\theta)}=\left(\frac{1}{\theta}\right)^2(y_1-y_3)e^{-(y_1-y_3)/\theta},\quad 0<y_3<y_1<\infty$$

其他为 0. 因而，

$$E\left(\frac{Y_1}{3}\middle|y_3\right)=E\left(\frac{Y_1-Y_3}{3}\middle|y_3\right)+E\left(\frac{Y_3}{3}\middle|y_3\right)$$

$$= \left(\frac{1}{3}\right)\int_{y_3}^{\infty}\left(\frac{1}{\theta}\right)^2 (y_1 - y_3)^2 e^{-(y_1-y_3)/\theta} dy_1 + \frac{y_3}{3}$$

$$= \left(\frac{1}{3}\right)\frac{\Gamma(3)\theta^3}{\theta^2} + \frac{y_3}{3} = \frac{2\theta}{3} + \frac{y_3}{3} = \Upsilon(y_3)$$

当然，$E[\Upsilon(Y_3)]=\theta$，并且 $\mathrm{Var}[\Upsilon(Y_3)]\leqslant \mathrm{Var}\left(\frac{Y_1}{3}\right)$，但 $\Upsilon(Y_3)$不是统计量，因为它包含 θ，不能用作 θ 的估计量. 这就解释了前面的注释. ■

习题

7.3.1 对习题 7.2.1、习题 7.2.2、习题 7.2.3 以及习题 7.2.4，分别证明 θ 的极大似然估计量是 θ 充分统计量的函数.

7.3.2 设 $Y_1<Y_2<Y_3<Y_4<Y_5$ 是来自均匀分布的样本量为 5 的随机样本的次序统计量，此分布具有概率密度函数 $f(x;\theta)=1/\theta$，$0<x<\theta$，$0<\theta<\infty$，其他为 0. 证明，$2Y_3$ 是 θ 的无偏估计量. 确定 Y_3 与 θ 充分统计量 Y_5 的联合概率密度函数. 求条件期望 $E(2Y_3 \mid y_5)=\varphi(y_5)$. 对 $2Y_3$ 与 $\varphi(Y_5)$的方差加以比较.

7.3.3 如果 X_1，X_2 是来自下面分布的样本量为 2 的随机样本，此分布具有概率密度函数 $f(x;\theta)=(1/\theta)e^{-x/\theta}$，$0<x<\infty$，$0<\theta<\infty$，其他为 0，求 θ 的充分统计量 $Y_1=X_1+X_2$ 与 $Y_2=X_2$ 的联合概率密度函数. 证明 Y_2 是 θ 的无偏估计量，方差为 θ^2. 求 $E(Y_2 \mid y_1)=\varphi(y_1)$以及 $\varphi(Y_1)$的方差.

7.3.4 设 $f(x,y)=(2/\theta^2)e^{-(x+y)/\theta}$，$0<x<y<\infty$，其他为 0，表示随机变量 X 与 Y 的联合概率密度函数.

(a) 证明，Y 的均值与方差分别是 $3\theta/2$ 与 $5\theta^2/4$.

(b) 证明，$E(Y|x)=x+\theta$. 依据理论，$X+\theta$ 的期望值是 Y 的期望值，也就是 $3\theta/2$，同时 $X+\theta$ 的方差小于 Y 的方差. 证明，$X+\theta$ 的方差实际上是 $\theta^2/4$.

7.3.5 对习题 7.2.1、习题 7.2.2 以及习题 7.2.3，分别计算给定充分统计量的期望值，同时在每一种情况下，确定 θ 的无偏估计量，该估计量仅仅是充分统计量的函数.

7.3.6 设 $X_1,X_2,\cdots,X_n$ 是来自均值为 θ 的泊松分布的随机样本. 求条件期望 $E(X_1+2X_2+3X_3 \mid \sum_1^n X_i)$.

7.4 完备性与唯一性

设 $X_1,X_2,\cdots,X_n$ 是来自泊松分布的随机样本，此分布具有概率质量函数

$$f(x;\theta)=\begin{cases}\dfrac{\theta^x e^{-\theta}}{x!}, & x=0,1,2,\cdots;\theta>0\\ 0, & 其他\end{cases}$$

由习题 7.2.2 知道，$Y_1=\sum_{i=1}^{n} X_i$ 是 θ 的充分统计量，它的概率质量函数是

$$g_1(y_1;\theta)=\begin{cases}\dfrac{(n\theta)^{y_1}e^{-n\theta}}{y_1!}, & y_1=0,1,2,\cdots\\ 0, & 其他\end{cases}$$

下面考察概率质量函数族$\{g_1(y_1;\theta):0<\theta\}$. 假定对于每一个 $\theta>0$，Y_1 的函数 $u(Y_1)$使得

$E[u(Y_1)]=0$. 可以证明，这要求 $u(y_1)$ 在 $y_1=0,1,2,\cdots$ 的每一个点上均为 0. 也就是说，对于 $0<\theta$，$E[u(Y_1)]=0$ 需要

$$0=u(0)=u(1)=u(2)=u(3)=\cdots$$

对于所有 $\theta>0$，有

$$\begin{aligned}0=E[u(Y_1)]&=\sum_{y_1=0}^{\infty}u(y_1)\frac{(n\theta)^{y_1}\mathrm{e}^{-n\theta}}{y_1!}\\&=\mathrm{e}^{-n\theta}\left[u(0)+u(1)\frac{n\theta}{1!}+u(2)\frac{(n\theta)^2}{2!}+\cdots\right]\end{aligned}$$

由于 $\mathrm{e}^{-n\theta}$ 不等于 0，所以可以证明

$$0=u(0)+[nu(1)]\theta+\left[\frac{n^2u(2)}{2}\right]\theta^2+\cdots$$

然而，对于所有 $\theta>0$，如果这类无穷幂级数收敛于 0，那么每个系数必定等于 0. 也就是

$$u(0)=0,\quad nu(1)=0,\quad \frac{n^2u(2)}{2}=0,\cdots$$

从而，正如想要证明的，得出 $0=u(0)=u(1)=u(2)=\cdots$. 当然，对于所有 $\theta>0$，当 y_1 不是非负整数时，条件 $E[u(Y_1)]=0$ 没有对 $u(y_1)$ 施加任何约束. 因此，在此示例中看到，对于所有 $\theta>0$，$E[u(Y_1)]=0$ 需要 $u(y_1)$ 等于 0，除了对于每个 $g_1(y_1;\theta)$，$0<\theta$ 来说，具有概率 0 的 0 点集之外. 由下述定义可以发现，族 $\{g_1(y_1;\theta):0<\theta\}$ 是完备的.

定义 7.4.1 设 Z 要么是具有概率密度函数的连续型随机变量，要么是具有概率质量函数的离散型随机变量，概率密度函数或概率质量函数是 $\{h(z;\theta),\ \theta\in\Omega\}$ 族的成员之一. 如果除对每个 $h(z;\theta),\theta\in\Omega$ 具有概率 0 的点集之外，对于每一个 $\theta\in\Omega$ 来说，条件 $E[u(Z)]=0$ 需要 $u(z)$ 是 0，那么将 $\{h(z;\theta),\theta\in\Omega\}$ 族称为概率密度函数或概率质量函数的**完备族**(complete family).

注释 7.4.1 在 1.8 节中，已经注意到，$E[u(X)]$ 的存在蕴含着积分(或求和)绝对收敛. 在完备性定义中，不言而喻假定具有这种绝对收敛，并需要证明，概率密度函数的某些族是完备的. ■

为了证明某些连续型概率密度函数族是完备的，必须借助证明矩母函数唯一决定分布时所用到的分析学里面的相同类型定理. 下面例子就阐明了这一点.

例 7.4.1 考察概率密度函数 $\{h(z;\theta),0<\theta<\infty\}$ 族. 假定 Z 具有由

$$h(z;\theta)=\begin{cases}\dfrac{1}{\theta}\mathrm{e}^{-z/\theta}, & 0<z<\infty\\ 0, & \text{其他}\end{cases}$$

给出的这一族中的概率密度函数. 比如，设对于每一个 $\theta>0$，$E[u(Z)]=0$. 也就是说，

$$\frac{1}{\theta}\int_0^{\infty}u(z)\mathrm{e}^{-z/\theta}\mathrm{d}z=0,\quad \theta>0$$

熟悉变换理论的读者将会发现，左边积分本质上是 $u(z)$ 的拉普拉斯变换. 由拉普拉斯理论我们知道，变换成 θ 的函数的唯一函数是 $u(z)=0$，除了(以我们的术语)对于每一个 $h(z;\theta)$，$0<\theta$，具有 0 概率的点集之外. 也就是说，$\{h(z;\theta):0<\theta<\infty\}$ 族是完备的. ■

设概率密度函数或概率质量函数 $f(x;\theta)$ 中的参数 θ 具有充分统计量 $Y_1=u_1(X_1,$

$X_2,\cdots,X_n$)，$\theta\in\Omega$，其中 $X_1,X_2,\cdots,X_n$ 是来自此分布的随机样本．设 Y_1 的概率密度函数或概率质量函数是 $f_{Y_1}(y_1;\theta)$，$\theta\in\Omega$．可以看出，如果存在 θ 的任何无偏估计量 Y_2(不单独是 Y_1 的函数)，那么就至少存在 Y_1 的一个函数，这里 Y_1 是 θ 的无偏估计量，并将寻找 θ 的最佳估计量可限制在 Y_1 的函数上．假如已经证实，某个函数 $\varphi(Y_1)$不是 θ 的函数，但对于所有的 θ 值 $E[\varphi(Y_1)]=\theta$，$\theta\in\Omega$．设 $\psi(Y_1)$是另外一个单独 Y_1 的充分统计量，所以还有对于所有 θ 值，$E[\psi(Y_1)]=\theta$．因此，

$$E[\varphi(Y_1)-\psi(Y_1)]=0,\quad \theta\in\Omega$$

如果$\{f_{Y_1}(y_1;\theta):\theta\in\Omega\}$族是完备的，那么函数 $\varphi(y_1)-\psi(y_1)=0$，除具有 0 概率的点集之外．也就是说，除可能存在的某个特定点之外，对于 θ 的每一个其他无偏估计量 $\psi(Y_1)$，有

$$\varphi(y_1)=\psi(y_1)$$

因而，在这个意义上(也就是说，$\varphi(y_1)=\psi(y_1)$，除具有 0 概率的点集之外)，$\varphi(Y_1)$ 是 Y_1 的唯一函数，它是 θ 的无偏估计量．依据拉奥-布莱克韦尔定理，$\varphi(Y_1)$的方差小于 θ 的任何其他无偏估计量．也就是说，统计量 $\varphi(Y_1)$是 θ 的极小方差无偏估计量(MVUE)．这一事实用下述莱曼和谢弗(Lehmann and Scheffé)定理加以表述．

定理 7.4.1(莱曼和谢弗) 设 $X_1,X_2,\cdots,X_n$ 表示来自分布具有概率密度函数或概率质量函数 $f(x;\theta)$的随机样本，n 为固定正整数，$\theta\in\Omega$，设 $Y_1=u_1(X_1,X_2,\cdots,X_n)$是 θ 的充分统计量，并设$\{f_{Y_1}(y_1;\theta):\theta\in\Omega\}$族是完备的．如果存在 Y_1 的一个函数，并且是 θ 的无偏估计量，那么这个 Y_1 的函数是 θ 的唯一极小方差无偏估计量．此处“唯一”的意义已由前面一段所描述．

Y_1 是参数 θ 的充分统计量，$\theta\in\Omega$，并且概率密度函数$\{f_{Y_1}(y_1;\theta):\theta\in\Omega\}$族是完备的，这样的陈述显得冗长而累赘．这里较少采用，还是采用一种更方便的术语：Y_1 是 θ 的**完备充分统计量**(complete sufficient statistic)．在下一节，我们研究相当大的一类概率密度函数，其中 θ 的完备充分统计量 Y_1 可通过检查法来加以确定．

例 7.4.2(均匀分布) 设 $X_1,X_2,\cdots,X_n$ 是源自均匀分布的随机变量，其概率密度函数 $f(x;\theta)=1/\theta$，$0<x<\theta$，$\theta>0$，其他情况为 0．如习题 7.2.3 证明的，$Y_n=\max\{X_1,X_2,\cdots,X_n\}$是 θ 的充分统计量．容易证明，Y_n 的概率密度函数是

$$g(y_n;\theta)=\begin{cases}\dfrac{ny_n^{n-1}}{\theta^n}, & 0<y_n<\theta\\ 0, & \text{其他}\end{cases}\tag{7.4.1}$$

为了证明 Y_n 是完备的，假定对于任意函数 $u(t)$及任意 θ，$E[u(Y_n)]=0$，也就是

$$0=\int_0^{\theta}u(t)\,\frac{nt^{n-1}}{\theta^n}\mathrm{d}t$$

由于 $\theta>0$，这个方程等价于

$$0=\int_0^{\theta}u(t)t^{n-1}\mathrm{d}t$$

两边对 θ 取偏导数，然后利用微积分基本定理，可以得到

$$0=u(\theta)\theta^{n-1}$$

对于所有 $\theta>0$，因为 $\theta>0$，所以 $u(\theta)=0$．因而，Y_n 是 θ 的完备且充分统计量．很容易

证明，

$$E(Y_n)=\int_0^\theta y\frac{ny^{n-1}}{\theta^n}\mathrm{d}y=\frac{n}{n+1}\theta$$

故 θ 的极小方差无偏估计量是 $((n+1)/n)Y_n$. ■

习题

7.4.1 如果对 z 的两个以上值有，$az^2+bz+c=0$，那么 $a=b=c=0$. 运用这一结果证明，$\{b(2,\theta): 0<\theta<1\}$ 族是完备的.

7.4.2 通过找出至少一个非零函数 $u(x)$，使得对于所有 $\theta>0$，$E[u(X)]=0$，证明下述每一个族不是完备的.

(a) $f(x;\theta)=\begin{cases}\frac{1}{2\theta}, & -\theta<x<\theta,\ 0<\theta<\infty\\ 0, & \text{其他}\end{cases}$

(b) $N(0,\theta)$，其中 $0<\theta<\infty$.

7.4.3 设 $X_1,X_2,\cdots,X_n$ 表示来自离散分布的一个随机样本，此分布具有概率质量函数

$$f(x;\theta)=\begin{cases}\theta^x(1-\theta)^{1-x}, & x=0,1,0<\theta<1\\ 0, & \text{其他}\end{cases}$$

证明 $Y_1=\sum_{i=1}^n X_i$ 是 θ 的完备充分统计量. 求 Y_1 的唯一函数，使其为 θ 的极小方差无偏估计量(MVUE).

提示：陈述 $E[u(Y_1)]=0$，证明常数项 $u(0)$ 等于 0，对式子中的两项用 $\theta\neq 0$ 去除，然后重复论证.

7.4.4 考察概率密度函数族 $\{h(z;\theta),\theta\in\Omega\}$，其中 $h(z;\theta)=1/\theta, 0<z<\theta$，其他为 0.

(a) 证明，倘若 $\Omega=\{\theta:0<\theta<\infty\}$，则此族是完备的.

提示：为了方便起见，假定 $u(z)$ 是连续的，并且注意 $E[u(Z)]$ 关于 θ 的导数也等于 0.

(b) 证明，如果 $\Omega=\{\theta:1<\theta<\infty\}$，那么此族不是完备的.

提示：关注区间 $0<z<1$，并找出该区间上的一个非零函数 $u(z)$，使得对于所有 $\theta>1$，$E[u(Z)]=0$.

7.4.5 证明：来自下述分布的样本量为 n 的随机样本的第一个次序统计量 Y_1 是 θ 的完备充分统计量，此分布具有概率密度函数 $f(x;\theta)=\mathrm{e}^{-(x-\theta)}, 0<x<\infty, -\infty<\theta<\infty$，其他为 0. 求此统计量的唯一函数，它是 θ 的极以方差无偏估计量.

7.4.6 设样本量为 n 的随机样本是从离散型分布中抽取的，此分布具有概率质量函数 $f(x;\theta)=1/\theta, x=1,2,\cdots,\theta$，其他为 0，其中 θ 是一个未知正整数.

(a) 证明，样本的最大观测值 Y 是 θ 的完备充分统计量.

(b) 证明，

$$[Y^{n+1}-(Y-1)^{n+1}]/[Y^n-(Y-1)^n]$$

是 θ 的唯一极小方差无偏估计量.

7.4.7 设对于 $-\theta<x<\theta$，X 具有概率密度函数 $f_X(x;\theta)=1/(2\theta)$，其他为 0，其中 $\theta>0$.

(a) 统计量 $Y=|X|$ 是 θ 的充分统计量吗？为什么？

(b) 设 $f_Y(y;\theta)$ 是 Y 的概率密度函数. $\{f_Y(y;\theta):\theta>0\}$ 族是完备的吗？为什么？

7.4.8 设对于 $x=\pm1,\pm2,\cdots,\pm n$，X 具有概率质量函数 $p(x;\theta)=\frac{1}{2}\binom{n}{|x|}\theta^{|x|}(1-\theta)^{n-|x|}$，$p(0,\theta)=(1-\theta)^n$，其他为 0，其中 $0<\theta<1$.

(a) 证明，这个族$\{p(x;\theta):0<\theta<1\}$不是完备的.

(b) 设$Y=|X|$. 证明Y是θ的完备且充分统计量.

7.4.9 设$X_1,X_2,\cdots,X_n$是独立同分布的，具有概率密度函数$f(x;\theta)=1/(3\theta),-\theta<x<2\theta$，其他为0，其中$\theta>0$.

(a) 求θ的极大似然估计量$\hat{\theta}$.

(b) $\hat{\theta}$是θ的充分统计量吗？为什么？

(c) $(n+1)\hat{\theta}/n$是θ的唯一极小方差无偏估计量吗？为什么？

7.4.10 设$Y_1<Y_2<\cdots<Y_n$是来自下面分布的样本量为n的随机样本的次序统计量，分布具有概率密度函数$f(x;\theta)=1/\theta,0<x<\theta$，其他为0. 统计量$Y_n$是$\theta$的完备充分统计量，而且它具有概率密度函数

$$g(y_n;\theta)=\frac{ny_n^{n-1}}{\theta^n},\quad 0<y_n<\theta$$

同时其他为0.

(a) 求$Z=n(\theta-Y_n)$的分布函数$H_n(z;\theta)$.

(b) 求$\lim\limits_{n\to\infty}H_n(z;\theta)$，从而得到$Z$的极限分布.

7.5 指数分布类

本节讨论一种称为指数类的重要分布类. 正如将要证明的，这类分布具有完备且充分统计量，这容易由该分布来确定.

考察概率密度函数或质量函数族$\{f(x;\theta):\theta\in\Omega\}$，其中$\Omega$表示区间集合$\Omega=\{\theta:\gamma<\theta<\delta\}$，其中$\gamma$与$\delta$都是已知常数(它们可以是$\pm\infty$)，同时

$$f(x;\theta)=\begin{cases}\exp[p(\theta)K(x)+H(x)+q(\theta)], & x\in\mathcal{S}\\ 0, & \text{其他}\end{cases}\tag{7.5.1}$$

这里$\mathcal{S}$表示X的支集. 本节将涉及称为正则指数类的一种特殊类.

定义 7.5.1(正则指数类) 将形式为式(7.5.1)的概率密度函数称为概率密度函数或质量函数的**正则指数类**(regular exponential class)的元素，如果

1. X的支集$\mathcal{S}$不依赖于θ.
2. $p(\theta)$是$\theta\in\Omega$的非平凡连续函数.
3. 最后(a)如果X是连续随机变量，那么每一个$K'(x)\neq 0$且$H(x)$是$x\in\mathcal{S}$的连续函数；(b) 如果X是离散随机变量，那么$K(x)$是$x\in\mathcal{S}$的非平凡函数.

例如，$\{f(x;\theta),0<\theta<\infty\}$族的每个元素都表示连续型随机变量正则指数类情况，其中$f(x;\theta)$服从$N(0,\theta)$，因为

$$f(x;\theta)=\frac{1}{\sqrt{2\pi\theta}}e^{-x^2/2\theta}=\exp\left(-\frac{1}{2\theta}x^2-\log\sqrt{2\pi\theta}\right),\quad -\infty<x<\infty$$

另一方面，考察由

$$f(x;\theta)=\begin{cases}\exp\{-\log\theta\}, & x\in(0,\theta)\\ 0, & \text{其他}\end{cases}$$

给出的均匀密度函数. 这可以写成式(7.5.1)的形式，但其支集是$(0,\theta)$，它依赖于θ. 因此，均匀族不是正则指数类.

设 $X_1, X_2, \cdots, X_n$ 表示来自正则指数类分布的一个随机样本. 对于 $x_i \in \mathcal{S}, i=1,2,\cdots, n$, $X_1, X_2, \cdots, X_n$ 的联合概率密度函数或概率质量函数是

$$\exp\left[p(\theta)\sum_{1}^{n} K(x_i) + \sum_{1}^{n} H(x_i) + nq(\theta)\right]$$

而其他情况为 0. 在 X 的$\mathcal{S}$中的点上，这个概率密度函数或概率质量函数可写成两个非负函数的乘积

$$\exp\left[p(\theta)\sum_{1}^{n} K(x_i) + nq(\theta)\right]\exp\left[\sum_{1}^{n} H(x_i)\right]$$

依据因子分解定理即定理 7.2.1，$Y_1 = \sum_{1}^{n} K(X_i)$ 是参数 θ 的充分统计量.

除 Y_1 是一个充分统计量的事实之外，可获得 Y_1 的分布及其均值和方差的一般形式. 这里用一个定理对这些结果加以概括. 定理的详细证明已由习题 7.5.5 与习题 7.5.8 给出. 习题 7.5.6 得出 $p(\theta)=\theta$ 情况下 Y_1 的矩母函数.

定理 7.5.1　设 $X_1, X_2, \cdots, X_n$ 表示来自正则指数类分布的一个随机样本，正则指数类的概率密度函数或概率质量函数由式(7.5.1)给出. 考察统计量 $Y_1 = \sum_{i=1}^{n} K(X_i)$. 于是，

1. 对于 $y_1 \in \mathcal{S}_{Y_1}$ 与某个函数 $R(y_1)$，Y_1 的概率密度函数或概率质量函数具有

$$f_{Y_1}(y_1;\theta) = R(y_1)\exp[p(\theta)y_1 + nq(\theta)] \tag{7.5.2}$$

形式. $\mathcal{S}_{Y_1}$ 不依赖于 θ，$R(y_1)$也不依赖于 θ.

2. $E(Y_1) = -n\dfrac{q'(\theta)}{p'(\theta)}$.

3. $\operatorname{Var}(Y_1) = n\dfrac{1}{p'(\theta)^3}\{p''(\theta)q'(\theta) - q''(\theta)p'(\theta)\}$.

例 7.5.1　设 X 服从泊松分布，它的参数 $\theta \in (0,\infty)$. 于是，X 的支集是集合$\mathcal{S}=\{0, 1,2,\cdots\}$，它不依赖于 θ. 此外，X 支集上的概率质量函数是

$$f(x,\theta) = e^{-\theta}\frac{\theta^x}{x!} = \exp\{(\log\theta)x + \log(1/x!) + (-\theta)\}$$

因此，泊松分布是正则指数类的元素，具有 $p(\theta)=\log\theta$, $q(\theta)=-\theta$ 以及 $K(x)=x$. 因此，如果 $X_1, X_2, \cdots, X_n$ 表示 X 的随机样本，那么统计量 $Y_1 = \sum_{i=1}^{n} X_i$ 是充分的. 但是由于$p'(\theta)=1/\theta$，并且 $q'(\theta)=-1$，所以由定理 7.5.1，这就验证 Y_1 的均值是 $n\theta$. 很容易证明，Y_1 的方差也是 $n\theta$. 最后，我们可以证明，定理 7.5.1 中的$R(y_1)$是由 $R(y_1)=n^{y_1}(1/y_1!)$给出的. ■

对于正则指数类情况来说，可以证明，统计量 $Y_1 = \sum_{1}^{n} K(X_i)$ 关于 θ 是充分的. 现在，使用由定理 7.5.1 给出的 Y_1 的概率密度函数形式建立 Y_1 的完备性.

定理 7.5.2　设 $f(x;\theta)$是随机变量 X 的概率密度函数或概率质量函数，$\gamma<\theta<\delta$，X 的分布服从正则指数类. 于是，如果 $X_1, X_2, \cdots, X_n$(n 是固定正整数)是来自 X 分布的随机

样本，那么统计量 $Y_1=\sum_{1}^{n}K(X_i)$ 是 θ 的充分统计量，而 Y_1 的概率密度函数$\{f_{Y_1}(y_1;\theta):\gamma<\theta<\delta\}$族是完备的．也就是说，$Y_1$ 是 θ 的完备充分统计量．

证：上面已经证明 Y_1 是充分的．对于完备性，假定 $E[u(Y_1)]=0$．定理 7.5.1 中的式(7.5.2)给出了 Y_1 的概率密度函数．因此，我们有式子

$$\int_{\mathcal{S}_{Y_1}} u(y_1)R(y_1)\exp\{p(\theta)y_1+nq(\theta)\}\mathrm{d}y_1=0$$

或者等价地由于 $\exp\{nq(\theta)\}\neq 0$，所以对于所有 θ，

$$\int_{\mathcal{S}_{Y_1}} u(y_1)R(y_1)\exp\{p(\theta)y_1\}\mathrm{d}y_1=0$$

然而，$p(\theta)$是 θ 的非平凡连续函数，因而这个积分本质上是 $u(y_1)R(y_1)$的拉普拉斯变换形式．y_1 变换成 0 函数的唯一函数是 0 函数(在我们的背景下，除了具有 0 概率的点集之外)．也就是

$$u(y_1)R(y_1)\equiv 0$$

然而，$R(y_1)\neq 0$ 对于所有 $y_1\in\mathcal{S}_{Y_1}$ 成立，因为它是 Y_1 的概率密度函数中的因子．所以，$u(y_1)\equiv 0$(除了具有 0 概率的点集之外)．因此，Y_1 是 θ 的完备充分统计量． ■

此定理具有应用价值．在正则(7.5.1)形式情况下，通过检查法发现，充分统计量是 $Y_1=\sum_{1}^{n}K(X_i)$．如果可以知道如何形成 Y_1 的函数比如 $\varphi(Y_1)$，使 $E[\varphi(Y_1)]=\theta$，那么统计量 $\varphi(Y_1)$是唯一的，并且是 θ 的极小方差无偏估计量．

例 7.5.2 设 $X_1,X_2,\cdots,X_n$ 表示来自正态分布的随机样本，此分布具有概率密度函数

$$f(x;\theta)=\frac{1}{\sigma\sqrt{2\pi}}\exp\left[-\frac{(x-\theta)^2}{2\sigma^2}\right],\quad -\infty<x<\infty,\quad -\infty<\theta<\infty$$

或

$$f(x;\theta)=\exp\left\{\frac{\theta}{\sigma^2}x-\frac{x^2}{2\sigma^2}-\log\sqrt{2\pi\sigma^2}-\frac{\theta^2}{2\sigma^2}\right\}$$

这里 σ^2 是任意固定正数．这是正则指数类情况，满足

$$p(\theta)=\frac{\theta}{\sigma^2},\quad K(x)=x$$

$$H(x)=-\frac{x^2}{2\sigma^2}-\log\sqrt{2\pi\sigma^2},\quad q(\theta)=-\frac{\theta^2}{2\sigma^2}$$

因此，对于方差 σ^2 的每一个固定值来说，$Y_1=X_1+X_2+\cdots+X_n=n\overline{X}$是正态分布均值 θ 的完备充分统计量．由于 $E(Y_1)=n\theta$，所以 $\varphi(Y_1)=Y_1/n=\overline{X}$ 是能够成为 θ 的无偏估计量的 Y_1 的唯一函数；而且作为充分统计量 Y_1 的函数，它具有极小方差．也就是说，$\overline{X}$ 是 θ 的唯一极小方差无偏估计量．顺便提一句，由于 Y_1 是 $\overline{X}$ 的一对一函数，$\overline{X}$ 本身也是 θ 的完备充分统计量． ■

例 7.5.3(例 7.5.1 续) 重新考察例 7.5.1 中建立起来的对参数为 θ 的泊松分布的讨论．根据这一讨论，统计量 $Y_1=\sum_{i=1}^{n}X_i$ 是充分的．由定理 7.5.2 可得，此分布族是完备

的．由于$E(Y_1)=n\theta$，由此可得 $\overline{X}=n^{-1}Y_1$ 是 θ 的唯一极小方差无偏估计量． ■

习题

7.5.1 以指数形式写概率密度函数

$$f(x;\theta)=\frac{1}{6\theta^4}x^3\mathrm{e}^{-x/\theta},\quad 0<x<\infty,\quad 0<\theta<\infty$$

其他为0．若 $X_1,X_2,\cdots,X_n$ 是来自此分布的随机样本，求 θ 的完备充分统计量 Y_1 以及作为 θ 的极小方差无偏估计量的该统计量的唯一函数 $\varphi(Y_1)$．$\varphi(Y_1)$本身是完备充分统计量吗？

7.5.2 设 $X_1,X_2,\cdots,X_n$ 表示来自下面分布的样本量为 $n>1$ 的随机样本，此分布具有概率密度函数 $f(x;\theta)=\theta\mathrm{e}^{-\theta x}$，$0<x<\infty$，其他为0，且 $\theta>0$．从而，$\sum_1^n X_i$ 是 θ 的充分统计量．证明$(n-1)/Y$ 是 θ 的极小方差无偏估计量．

7.5.3 设 $X_1,X_2,\cdots,X_n$ 表示来自下述分布的样本量为 n 的随机样本，此分布具有概率密度函数 $f(x;\theta)=\theta x^{\theta-1}$，$0<x<1$，其他为0，而且 $\theta>0$．

(a) 证明，样本的几何均值$(X_1X_2\cdots X_n)^{1/n}$是 θ 的一个完备充分统计量．

(b) 求 θ 的极大似然估计量，同时观察它是该几何均值的函数．

7.5.4 设 $\overline{X}$ 表示来自伽马型分布的随机样本 $X_1,X_2,\cdots,X_n$ 的均值，其参数 $\alpha>0$ 且 $\beta=\theta>0$．计算$E[X_1|\overline{x}]$．

提示：你能直接求出 $\overline{X}$ 的一个函数 $\psi(\overline{X})$，使得 $E[\psi(\overline{X})]=\theta$ 吗？是 $E[X_1|\overline{x}]=\psi(\overline{x})$吗？为什么？

7.5.5 设 X 是一个随机变量，具有正则指数类情况的概率密度函数，设 $f(x;\theta)=\exp[\theta K(x)+H(x)+q(\theta)]$，$a<x<b$，$r<\theta<\delta$．证明，$E[K(X)]=-q'(\theta)/p'(\theta)$，倘若这些导数存在，借助于对等式

$$\int_a^b \exp[p(\theta)K(x)+H(x)+q(\theta)]\mathrm{d}x=1$$

关于 θ 求导数．然后通过二阶导数求 $K(X)$的方差．

7.5.6 已知 $f(x;\theta)=\exp[\theta K(x)+H(x)+q(\theta)]$表示正则指数类，$a<x<b$，$\gamma<\theta<\delta$，证明 $Y=K(X)$的矩母函数是 $M(t)=\exp[q(\theta)-q(\theta+t)]$，$\gamma<\theta+t<\delta$．

7.5.7 在上面习题中，假定 $E(Y)=E[K(X)]=\theta$，证明 Y 服从 $N(\theta,1)$．

提示：考察 $M'(0)=\theta$，并求解所得到的微分方程．

7.5.8 如果 $X_1,X_2,\cdots,X_n$ 是来自下面分布的随机样本，此分布具有的概率密度函数是正则指数类，证明 $Y_1=\sum_1^n K(X_i)$ 的概率密度函数形式是 $f_{Y_1}(y_1;\theta)=R(y_1)\exp[p(\theta)y_1+nq(\theta)]$．

提示：设 $Y_2=X_2,\cdots,Y_n=X_n$ 是 $n-1$ 个辅助随机变量．求 $Y_1,Y_2,\cdots,Y_n$ 的联合概率密度函数，然后求 Y_1 的边缘概率密度函数．

7.5.9 设 Y 表示中位数，并设 $\overline{X}$ 表示来自分布 $N(\mu,\sigma^2)$的样本量为 $n=2k+1$ 的随机样本均值．计算 $E(Y|\overline{X}=\overline{x})$．

提示：参看习题 7.5.4．

7.5.10 设 $X_1,X_2,\cdots,X_n$ 是来自下面分布的随机样本，此分布具有概率密度函数 $f(x;\theta)=\theta^2x\mathrm{e}^{-\theta x}$，$0<x<\infty$，其中 $\theta>0$．

(a) 证明，$Y=\sum_1^n X_i$ 是 θ 的完备充分统计量．

(b) 计算 $E(1/Y)$，并求 Y 的函数，使其为 θ 的唯一极小方差无偏估计量．

7.5.11 设 $X_1,X_2,\cdots,X_n$，$n>2$ 是来自二项分布 $b(1,\theta)$的随机样本．

(a) 证明 $Y_1=X_1+X_2+\cdots+X_n$ 是 θ 的完备充分统计量.

(b) 求函数 $\varphi(Y_1)$，它是 θ 的极小方差无偏估计量.

(c) 设 $Y_2=(X_1+X_2)/2$，并计算 $E(Y_2)$.

(d) 确定 $E(Y_2\,|\,Y_1=y_1)$.

7.5.12 设 $X_1,X_2,\cdots,X_n$ 是来自下面分布的随机样本，此分布具有概率密度函数 $f(x;\theta)=\theta^x(1-\theta)$，$x=0,1,2,\cdots$，其他为 0，其中 $0\leqslant\theta\leqslant1$.

(a) 求 θ 的极大似然估计量，即 $\hat{\theta}$.

(b) 证明，$\sum_1^n X_i$ 是 θ 的完备充分统计量.

(c) 确定 θ 的极小方差无偏估计量.

7.6 参数的函数

迄今为止，已经探讨了参数 θ 的极小方差无偏估计量(MVUE). 然而，我们并不总是对 θ 感兴趣，而是对 θ 的函数更感兴趣. 用于求极小方差无偏估计量有几种不同的方法. 一种方法是，对充分统计量的期望值加以检查. 这正是上一节例 7.5.2 与例 7.5.3 中寻找极小方差无偏估计量的方法. 本节及后面习题给出更多运用检查法的例子. 第二种方法是建立在给定充分统计量的无偏估计量条件期望基础上的. 第二个例题将阐明此种方法.

回顾第 6 章，在正则条件下，我们获得极大似然估计量的渐近分布. 就此类估计量而言，这给出了某种渐近推断(置信区间和检验). 对于极小方差无偏估计量来说，并不能用这种简单理论. 不过，正如定理 7.3.2 所表明的，有时要确定极大似然估计量与极小方差无偏估计量之间的关系. 在这些情况下，可得出建立极大似然估计量的渐近分布基础上的极小方差无偏估计量渐近分布. 而且，如同我们在 7.6.1 节所讨论的，通常运用自助法来获得极小方差无偏估计量估计的标准误差. 下面用几个例子阐明这点.

例 7.6.1 设 $X_1,X_2,\cdots,X_n$ 表示来自分布 $b(1,\theta)$ 的样本量为 $n>1$ 随机样本的观测值，其中 $0<\theta<1$. 已经知道，如果 $Y=\sum_1^n X_i$，那么 Y/n 是 θ 的唯一极小方差无偏估计量. 现在，假如想要估计 Y/n 的方差，即 $\theta(1-\theta)/n$. 设 $\delta=\theta(1-\theta)$，因为 Y 是 θ 的充分统计量，很明显，寻找的目标限制在 Y 的函数上. δ 的极大似然估计值由 $\tilde{\delta}=(Y/n)(1-Y/n)$ 给出，它是充分统计量的函数，而且看起来是一个合情合理的起点. 此统计量的期望值由

$$E[\tilde{\delta}]=E\left[\frac{Y}{n}\left(1-\frac{Y}{n}\right)\right]=\frac{1}{n}E(Y)-\frac{1}{n^2}E(Y^2)$$

给出. 现在，$E(Y)=n\theta$，并且 $E(Y^2)=n\theta(1-\theta)+n^2\theta^2$. 因此，

$$E\left[\frac{Y}{n}\left(1-\frac{Y}{n}\right)\right]=(n-1)\frac{\theta(1-\theta)}{n}$$

当上式两边用 $n/(n-1)$ 乘，可以发现，统计量 $\hat{\delta}=(n/(n-1))(Y/n)(1-Y/n)=(n/(n-1))\tilde{\delta}$ 是 δ 的唯一极小方差无偏估计量. 因此，δ/n 的极小方差无偏估计量，即 Y/n 的方差是 $\hat{\delta}/n$.

有趣的是，将极大似然估计量 $\tilde{\delta}$ 与 $\hat{\delta}$ 加以比较，前面在第 6 章曾提及，极大似然估计量 $\hat{\delta}$ 是 δ 的一致估计量，同时 $\sqrt{n}(\tilde{\delta}-\delta)$ 服从渐近正态. 这是因为

$$\hat{\delta}-\tilde{\delta}=\tilde{\delta}\frac{1}{n-1}\xrightarrow{P}\delta\cdot 0=0$$

由此可得，$\hat{\delta}$也是δ的一致估计量. 此外，

$$\sqrt{n}(\hat{\delta}-\delta)-\sqrt{n}(\tilde{\delta}-\delta)=\frac{\sqrt{n}}{n-1}\tilde{\delta}\xrightarrow{P}0 \tag{7.6.1}$$

所以，$\sqrt{n}(\hat{\delta}-\delta)$服从与$\sqrt{n}(\tilde{\delta}-\delta)$一样的渐近分布. 利用 Δ 方法，即定理 5.2.9，就可获得$\sqrt{n}(\tilde{\delta}-\delta)$的渐近分布. 设 $g(\theta)=\theta(1-\theta)$. 从而，$g'(\theta)=1-2\theta$. 因此，由定理 5.2.9 $\sqrt{n}(\tilde{\delta}-\delta)$的渐近分布以及式(7.6.1)，倘若 $\theta\neq 1/2$，可得出渐近分布

$$\sqrt{n}(\hat{\delta}-\delta)\xrightarrow{D}N(0,\theta(1-\theta)(1-2\theta)^2)$$

对于 $\theta=1/2$ 的情况，参看习题 7.6.12. ■

在下面例题中，我们考察均匀分布$(0,\theta)$，并对于所有θ的可微函数获得极小方差无偏估计量. 这个例子是由波特兰州立大学教授 Bradford Crain 提供给我们的.

例 7.6.2　假设 $X_1,X_2,\cdots,X_n$ 是独立同分布随机变量，服从共同均匀分布$(0,\theta)$. 设 $Y_n=\max\{X_1,X_2,\cdots,X_n\}$. 例 7.4.2 已经证明，$Y_n$ 是θ的完备且充分统计量，Y_n 的概率密度函数已经由(7.4.1)给出. 设 $g(\theta)$是θ的任意可微函数. 那么，$g(\theta)$的极小方差无偏估计量是统计量 $u(Y_n)$，它满足θ方程

$$g(\theta)=\int_0^\theta u(y)\frac{ny^{n-1}}{\theta^n}\mathrm{d}y,\quad \theta>0$$

或等价地

$$g(\theta)\theta^n=\int_0^\theta u(y)ny^{n-1}\mathrm{d}y,\theta>0$$

此方程两边对θ取导数，得到

$$n\theta^{n-1}g(\theta)+\theta^n g'(\theta)=u(\theta)n\theta^{n-1}$$

求解 $u(\theta)$，可得

$$u(\theta)=g(\theta)+\frac{\theta g'(\theta)}{n}$$

因此，$g(\theta)$的极小方差无偏估计量是

$$u(Y_n)=g(Y_n)+\frac{Y_n}{n}g'(Y_n) \tag{7.6.2}$$

比如，当 $g(\theta)=\theta$ 时，有

$$u(Y_n)=Y_n+\frac{Y_n}{n}=\frac{n+1}{n}Y_n$$

这和例 7.4.2 所得到的结果一致. 其他例子由习题 7.6.5 给出. ■

下面例子考察稍微有点不同但却同样相当重要的点估计问题. 在例题中，随机变量 X 分布由依赖于$\theta\in\Omega$的概率密度函数 $f(x;\theta)$描述. 问题是对位于固定点 c 处或 c 左边部分的分布概率加以估计. 因而，目标是寻求 $F(c;\theta)$的极小方差无偏估计量，其中 $F(x;\theta)$表示 X 的累积分布函数.

例 7.6.3　设 $X_1,X_2,\cdots,X_n$ 是来自分布 $N(\theta,1)$的样本量为 $n>1$ 的随机样本. 假如想

要求由

$$p(X \leqslant c)=\int_{-\infty}^{c} \frac{1}{\sqrt{2\pi}} \mathrm{e}^{-(x-\theta)^2/2} \mathrm{d}x=\Phi(c-\theta)$$

定义的 θ 函数的极小方差无偏估计量，其中 c 表示固定常数. $\Phi(c-\theta)$ 存在着许多无偏估计量. 首先，设有一个无偏估计量比如 $u(X_1)$，它只是 X_1 的函数，然后给定充分统计量 $\overline{X}$，即样本均值时，将计算此无偏估计量的条件期望 $E[u(X_1)|\overline{X}=\overline{x}]=\varphi(\overline{x})$. 依据拉奥-布莱克韦尔与莱曼-谢弗(Lehmann-Scheffé)定理，$\varphi(\overline{X})$ 是 $\Phi(c-\theta)$ 的唯一极小方差无偏估计量.

考察函数 $u(x_1)$，其中

$$u(x_1)=\begin{cases}1, & x_1 \leqslant c \\ 0, & x_1>c\end{cases}$$

随机变量 $u(X_1)$ 的期望值由

$$E[u(X_1)]=1 \cdot P[X_1-\theta \leqslant c-\theta]=\Phi(c-\theta)$$

给出. 也就是说，$u(X_1)$ 是 $\Phi(c-\theta)$ 的无偏估计量.

下面我们讨论 X_1 与 $\overline{X}$ 的联合分布以及给定 $\overline{X}=\overline{x}$ 时 X_1 的条件分布. 用这个条件分布可计算条件期望 $E[u(X_1)|\overline{X}=\overline{x}]=\varphi(\overline{x})$. 根据习题 7.6.8，$X_1$ 与 $\overline{X}$ 的联合分布服从二元正态分布，均值向量为 (θ,θ)，方差为 $\sigma_1^2=1$ 以及 $\sigma_2^2=1/n$，而且相关系数 $\rho=1/\sqrt{n}$. 因而，给定 $\overline{X}=\overline{x}$ 时 X_1 的条件概率密度函数服从正态分布，具有线性条件均值

$$\theta+\frac{\rho\sigma_1}{\sigma_2}(\overline{x}-\theta)=\overline{x}$$

以及方差

$$\sigma_1^2(1-\rho^2)=\frac{n-1}{n}$$

于是，给定 $\overline{X}=\overline{x}$，$u(X_1)$ 的条件期望是

$$\begin{aligned}
\varphi(\overline{x}) &=\int_{-\infty}^{\infty} u(x_1) \sqrt{\frac{n}{n-1}} \frac{1}{\sqrt{2\pi}} \exp\left[-\frac{n(x_1-\overline{x})^2}{2(n-1)}\right] \mathrm{d}x_1 \\
&=\int_{-\infty}^{c} \sqrt{\frac{n}{n-1}} \frac{1}{\sqrt{2\pi}} \exp\left[-\frac{n(x_1-\overline{x})^2}{2(n-1)}\right] \mathrm{d}x_1
\end{aligned}$$

若做变量变换 $z=\sqrt{n}(x_1-\overline{x})/\sqrt{n-1}$，可将这个条件期望写成

$$\varphi(\overline{x})=\int_{-\infty}^{c'} \frac{1}{\sqrt{2\pi}} \mathrm{e}^{-z^2/2} \mathrm{d}z=\Phi(c')=\Phi\left[\frac{\sqrt{n}(c-\overline{x})}{\sqrt{n-1}}\right]$$

其中 $c'=\sqrt{n}(c-\overline{x})/\sqrt{n-1}$. 因而，对于每个固定的常数 c，$\Phi(c-\theta)$ 的唯一极小方差无偏估计量由 $\varphi(\overline{X})=\Phi[\sqrt{n}(c-\overline{X})/\sqrt{n-1}]$ 给出.

在本例题中，$\Phi(c-\theta)$ 的极大似然估计量是 $\Phi(c-\overline{X})$. 由于当 $n\to\infty$ 时，$\sqrt{n/(n-1)}\to 1$，所以这两个估计量很接近. ■

注释 7.6.1 我们更愿意引导读者关注更为重要的事实. 这里用到的原理与诸如无偏性及最小方差原理有关. 原理并不是定理，原理很少会产生满意的结果. 迄今为止，这一原理给出了相当满意的结果. 为了理解情况并不总是如此，设 X 服从参数为 θ 的泊松分

布，$0<\theta<\infty$. 可将 X 考虑成源自该分布的样本量为 1 的随机样本. 因而，X 是 θ 的一个完备充分统计量. 现在，要寻找 $e^{-2\theta}$的估计量，它是无偏的且具有最小方差. 考察 $Y=(-1)^X$. 因此，

$$E(Y)=E[(-1)^X]=\sum_{x=0}^{\infty}\frac{(-\theta)^x e^{-\theta}}{x!}=e^{-2\theta}$$

因此，$(-1)^X$ 是 $e^{-2\theta}$的极小方差无偏估计量. 此处，该估计量更符合人们的意愿. 我们竭尽全力探寻 $e^{-2\theta}$的信息，其中 $0<e^{-2\theta}<1$；不过，点估计要么是-1，要么是$+1$，两者都是 0 与 1 之间数的不合适的估计值. 这里并不希望给读者留下极小方差无偏估计量*很差*的看法. 事实并非如此，只要尽最大努力，就能找到这种统计量不合适的例子. 顺便提一句，在样本量等于 1 的情况下，$e^{-2\theta}$的极大似然估计量是 e^{-2X}，在实际应用中，这可能比无偏估计量$(-1)^X$ 更好. ■

自助法标准误差

前面 6.3 节已经阐述极大似然估计的渐近理论. 在许多情况下，该理论还提供极大似然估计量的渐近标准差的一致估计. 这就允许我们对此估计方法给出简单且非常有用的汇总，也就是得出$\hat{\theta}\pm \mathrm{SE}(\hat{\theta})$，其中$\hat{\theta}$表示 θ 的极大似然估计量，$\mathrm{SE}(\hat{\theta})$表示相应的标准误差. 例如，这些汇总可以描述性地用作绘图和表格上的标签，也可以用于形成统计推断的渐近置信区间. 4.9 节阐述了基于自助法的 θ 的百分位数的置信区间. 然而，自助法也可以用来获得包括极小方差无偏估计量在内的关于估计值的标准误差.

考察具有概率密度函数 $f(x;\theta)$的随机变量 $X,\theta\in\Omega$. 设 $X_1,X_2,\cdots,X_n$ 是 X 上的随机样本，设$\hat{\theta}$表示基于该样本的 θ 的估计量. 假定 $x_1,x_2,\cdots,x_n$ 是样本的实现，设$\hat{\theta}=\hat{\theta}(x_1,x_2,\cdots,x_n)$表示 θ 的相应估计值. 回顾 4.9 节的自助法运用实现的经验累积分布函数$\hat{F}_n$. 这是一个离散分布，在每一点 x_i 处的质量是 $1/n$. 自助法程序是采用放回方式从$\hat{F}_n$ 抽样.

对于自助法程序，我们得到 B 个自助样本. 对于 $i=1,2,\cdots,B$，设向量 $x_i^*=(x_{i,1}^*,x_{i,2}^*,\cdots,x_{i,n}^*)'$表示第 i 个自助样本. 设$\hat{\theta}_i^*=\hat{\theta}(x_i^*)$表示基于第 i 个样本的 θ 估计. 然后我们得到自助法估计值的$\hat{\theta}_1^*,\hat{\theta}_2^*,\cdots,\hat{\theta}_B^*$，在 4.9 节中我们运用它来获得 θ 的自助法百分位数的置信区间. 假定我们考察这些自助法估计的标准差，也就是

$$\mathrm{SE}_B=\left[\frac{1}{B-1}\sum_{i=1}^{B}(\hat{\theta}_1^*-\overline{\hat{\theta}^*})^2\right]^{1/2} \tag{7.6.3}$$

其中$\overline{\hat{\theta}^*}=(1/B)\sum_{i=1}^{B}\hat{\theta}_1^*$. 这就是标准误差$\hat{\theta}$的自助估计值.

例 7.6.4　对于这个例子，我们考察来自正态分布 $N(\theta,\sigma^2)$的数据集. 在这种情况下，θ 的极小方差无偏估计量是样本均值$\overline{X}$，同时它的通常标准误差是 $s/\sqrt{n}$，其中 s 表示样本标准差. 采用四舍五入之后的数据如下：

```
27.5 50.9 71.1 43.1 40.4 44.8 36.6 53.5 65.2 47.7
75.7 55.4 61.1 39.8 33.4 57.6 47.9 60.7 27.8 65.2
```

假定数据在 R 向量 x 中，用

```
mean(x);  50.27;  sd(x)/sqrt(n); 3.094461
```

计算它的均值和标准误差. 运行上述自助法程序 R 函数 bootse1.R 计算标准误差. 利用 3000 次自助法，我们运行这个函数得到估计的标准误差是 3.050 878. 因此，可以将估计值和自助法标准误差汇总为 50.27±3.05. ■

通常，将上述的自助法程序称为**非参数自助法**(nonparametric bootstrap)，其原因在于它没有对概率密度函数 $f(x;\theta)$做任何假设. 然而，在本章中，我们对模型做出非常强的假设. 例如，在上面例题中，我们假定概率密度函数是正态的. 如果我们在自助法程序中运用这些假设信息，那么结果又会怎样呢? 将这样方法称为**参数自助法**(parametric bootstrap). 就刚才的例子而言，我们不是从经验累积分布函数 $\hat{F}_n$ 中抽样，而是从正态分布中随机抽样，然后利用均值$\overline{x}$和标准差 s，即样本标准差. 运行 R 函数 bootse2.R，就能获得这个参数自助法. 对我们例题中的数据集运行它，可计算标准误差是 3.162 918. 注意，三个估计的标准差是多么接近.

我们究竟应该使用哪一种自助法，非参数自助法还是参数自助法? 我们一般推荐非参数自助法. 这个方法的有效性不需要对模型做出很强的假设. 参看 Efron 和 Tibshirani (1993)第 55、56 页的讨论.

习题

7.6.1 设 $X_1,X_2,\cdots,X_n$ 表示来自分布 $N(\theta,1)$的随机样本，$-\infty<\theta<\infty$. 求 θ^2 的极小方差无偏估计量.

提示：首先求 $E(\overline{X}^2)$.

7.6.2 设 $X_1,X_2,\cdots,X_n$ 表示来自分布 $N(0,\theta)$的随机样本. 于是，$Y=\sum X_i^2$ 是 θ 的完备充分统计量. 求 θ^2 的极小方差无偏估计量.

7.6.3 考察例 7.6.3，X 服从分布 $N(\theta,1)$，关注参数是 $P(X<c)$. 修改 R 函数 bootse1.R，使得对于指定 c 值，可计算出 $P(X<c)$ 的极小方差无偏估计量以及估计值的自助法标准误差. 利用 ex763data.rda 文件中的数据，对于 $c=11$ 和 3000 次自助法，运行 R 函数. 这些数据来自分布 $N(10,1)$. 报告(a)真实参数、(b)极小方差无偏估计量和(c)自助法标准误差.

7.6.4 对于例 7.6.4，修改 R 函数 bootse1.R，使得它计算出中位数而不是均值. 对于例题讨论的数据集，利用 3000 次自助法，运行你的函数. 报告(a)估计值和(b)自助法标准误差.

7.6.5 设 $X_1,X_2,\cdots,X_n$ 是来自均匀分布$(0,\theta)$的随机样本. 继续例 7.6.2 的讨论，求下列 θ 函数的极小方差无偏估计量.

(a) $g(\theta)=\dfrac{\theta^2}{12}$，也就是分布的方差.

(b) $g(\theta)=\dfrac{1}{\theta}$，也就是分布的概率密度函数.

(c) 对于实数 t，$g(\theta)=\dfrac{e^{t\theta}-1}{t\theta}$，也就是分布的矩母函数.

7.6.6 设 $X_1,X_2,\cdots,X_n$ 是来自参数为 $\theta>0$ 的泊松分布的随机样本.

(a) 求 $P(X\leqslant 1)=(1+\theta)e^{-\theta}$的极小方差无偏估计量.

提示：设 $u(x_1)=1$，$x_1\leqslant 1$，其他为 0，并求$E[u(X_1)\mid Y=y]$，其中 $Y=\sum_{1}^{n}X_i$.

(b) 将极小方差无偏估计量表述成极大似然估计量的函数.

(c) 求极大似然估计量的渐近分布.

(d) 求 $P(X\leqslant 1)$的极大似然估计，然后应用定理 5.2.9 求其渐近分布.

7.6.7 设 $X_1, X_2, \cdots, X_n$ 表示来自参数为 $\theta>0$ 的泊松分布的随机样本. 由本节注释知道，$E[(-1)^{X_1}]=e^{-2\theta}$.

(a) 证明，$E[(-1)^{X_1} \mid Y_1=y_1]=(1-2/n)^{y_1}$，其中 $Y_1=X_1+X_2+\cdots+X_n$.

提示：首先证明给定 $Y_1=y_1$ 时 $X_1, X_2, \cdots, X_{n-1}$ 的条件概率密度函数是多式的，进而证明给定 $Y_1=y_1$ 时 X_1 的概率密度函数是 $b(y_1, 1/n)$.

(b) 证明，$e^{-2\theta}$ 的极大似然估计量是 $e^{-2\overline{X}}$.

(c) 由于 $y_1=n\bar{x}$，当 n 很大时，证明 $(1-2/n)^{y_1}$ 近似等于 $e^{-2\bar{x}}$.

7.6.8 如同例 7.6.3 一样，设 $X_1, X_2, \cdots, X_n$ 是来自分布 $N(\theta, 1)$ 的样本量为 $n>1$ 的随机样本. 证明，X_1 与 $\overline{X}$ 的联合分布服从二项分布，均值向量 (θ, θ)，方差 $\sigma_1^2=1$ 与 $\sigma_2^2=1/n$，相关系数 $\rho=1/\sqrt{n}$.

7.6.9 设样本量为 n 的随机样本是从分布具有概率密度函数 $f(x;\theta)=(1/\theta)\exp(-x/\theta)I_{(0,\infty)}(x)$ 中抽取的. 求 $P(X\leqslant 2)$ 的极大似然估计量与极小方差无偏估计量.

7.6.10 设 $X_1, X_2, \cdots, X_n$ 是随机样本，对于 $x>0$，具有共同概率密度函数 $f(x)=\theta^{-1}e^{-x/\theta}$，其他为 0；也就是说，$f(x)$ 是 $\Gamma(1,\theta)$ 的概率密度函数.

(a) 证明，统计量 $\overline{X}=n^{-1}\sum_{i=1}^{n}X_i$ 是 θ 的一个完备且充分统计量.

(b) 求 θ 的极小方差无偏估计量.

(c) 求 θ 的极大似然估计量.

(d) 虽然对于 $x>0$，这个概率密度函数常常写成 $f(x)=\tau e^{-\tau x}$，其他为 0. 因而，$\tau=1/\theta$. 运用定理 6.1.2 求 τ 的极大似然估计量.

(e) 证明，统计量 $\overline{X}=n^{-1}\sum_{i=1}^{n}X_i$ 是 τ 的一个完备且充分统计量. 证明，$(n-1)/(n\overline{X})$ 是 $\tau=1/\theta$ 的极小方差无偏估计量. 因此，与以往一样，θ 的极大似然估计量的倒数是 $1/\theta$ 的极大似然估计量，但在此种情况下，θ 的极小方差无偏估计量的倒数并不是 $1/\theta$ 的极小方差无偏估计量.

(f) 计算(b)与(e)部分中每个无偏估计量的方差.

7.6.11 考虑前一个习题的情形，不过假如拥有下面两个独立随机样本：(1) $X_1, X_2, \cdots, X_n$ 是随机样本，对于 $x>0$，具有共同概率密度函数 $f_X(x)=\theta^{-1}e^{-x/\theta}$，其他为 0；(2) $Y_1, Y_2, \cdots, Y_n$ 是随机样本，对于 $y>0$，具有共同概率密度函数 $f_Y(y)=\theta e^{-\theta y}$，其他为 0. 上面习题建议，对于某个常数 c，$Z=c\overline{X}/\overline{Y}$ 可能是 θ^2 的无偏估计量. 求这个常数 c 与 Z 的方差.

提示：证明 $\overline{X}/(\theta^2\overline{Y})$ 服从 F 分布.

7.6.12 对于 $\theta=1/2$ 的情况，求例 7.6.1 中的极小方差无偏估计量的渐近分布.

7.7 多参数的情况

在人们遇到的许多有趣的问题中，概率密度函数或概率质量函数可能不只依赖于单一参数 θ，或许依赖于两个(或更多个)参数. 一般地讲，参数空间将是 $\mathbb{R}^p$ 的子集，但许多例子中 p 为 2.

定义 7.7.1 设 $X_1, X_2, \cdots, X_n$ 表示来自分布具有概率密度函数或概率质量函数 $f(x;\boldsymbol{\theta})$ 的随机样本，其中 $\boldsymbol{\theta}\in\Omega\subset\mathbb{R}^p$. 设 $\mathcal{S}$ 表示 X 的支集. 设 $\boldsymbol{Y}$ 是统计量 $\boldsymbol{Y}=(Y_1, Y_2, \cdots, Y_m)'$ 的 m 维随机向量，对于 $i=1,2,\cdots,m, Y_i=u_i(X_1, X_2, \cdots, X_n)$. 对于 $\boldsymbol{y}\in\mathbb{R}^m$，用 $f_{\boldsymbol{Y}}(\boldsymbol{y};\boldsymbol{\theta})$ 表示 $\boldsymbol{Y}$ 的概率密度函数或概率质量函数. 统计量 $\boldsymbol{Y}$ 的随机向量是 θ 的**联合充分**统计量当且仅当

$$\frac{\prod_{i=1}^{n} f(x_i;\boldsymbol{\theta})}{f_{\boldsymbol{Y}}(\boldsymbol{y};\boldsymbol{\theta})}=H(x_1, x_2, \cdots, x_n),\quad 对于所有\ x_i\in\mathcal{S}$$

其中 $H(x_1,x_2,\cdots,x_n)$ 不依赖于 $\boldsymbol{\theta}$.

一般地讲，$m\neq p$，也就是充分统计量的个数并不会与参数个数相同，可是在绝大多数例子中，情况确实如此.

如同人们所预期的，对因子分解定理可用下述方式表达. 对于参数 $\boldsymbol{\theta}\in\Omega$ 来说，统计量 $\boldsymbol{Y}$ 的向量是联合充分的当且仅当能够找到两个非负函数 k_1 与 k_2，使得

$$\prod_{i=1}^{n} f(x_i;\boldsymbol{\theta}) = k_1(\boldsymbol{y};\boldsymbol{\theta})k_2(x_1,x_2,\cdots,x_n),\quad 对于所有\ x_i\in\mathcal{S} \tag{7.7.1}$$

其中函数 $k_2(x_1,x_2,\cdots,x_n)$ 不依赖于 $\boldsymbol{\theta}$.

例 7.7.1 设 $X_1,X_2,\cdots,X_n$ 是来自下述分布的随机样本，此分布具有概率密度函数

$$f(x;\theta_1,\theta_2)=\begin{cases}\dfrac{1}{2\theta_2}, & \theta_1-\theta_2<x<\theta_1+\theta_2\\ 0, & 其他\end{cases}$$

其中 $-\infty<\theta_1<\infty$，$0<\theta_2<\infty$. 设 $Y_1<Y_2<\cdots<Y_n$ 是次序统计量. Y_1 与 Y_n 的联合概率密度函数是由

$$f_{Y_1,Y_2}(y_1,y_n;\theta_1,\theta_2)=\frac{n(n-1)}{(2\theta_2)^n}(y_n-y_1)^{n-2},\quad \theta_1-\theta_2<y_1<y_n<\theta_1+\theta_2$$

其他为 0 而给出的. 因此，$X_1,X_2,\cdots,X_n$ 的联合概率密度函数，对于其支集内(所有 x_i 使得 $\theta_1-\theta_2<x_i<\theta_1+\theta_2$)的所有点来说，可写成

$$\left(\frac{1}{2\theta_2}\right)^n=\frac{n(n-1)[\max(x_i)-\min(x_i)]^{n-2}}{(2\theta_2)^n}\left(\frac{1}{n(n-1)[\max(x_i)-\min(x_i)]^{n-2}}\right)$$

由于 $\min(x_i)\leqslant x_j\leqslant\max(x_i)$，$j=1,2,\cdots,n$，所以最后的因子确实不依赖于参数. 不论是由定义还是由因子分解定理知，都可确保 Y_1 与 Y_n 关于 θ_1 与 θ_2 是联合充分统计量. ■

概率密度函数的完备族概念可做如下推广：设

$$\{f(v_1,v_2,\cdots,v_k;\boldsymbol{\theta}):\boldsymbol{\theta}\in\Omega\}$$

表示 k 个随机变量 $V_1,V_2,\cdots,V_k$ 的概率密度函数族，它们依赖于参数 p 维向量 $\boldsymbol{\theta}\in\Omega$. 设 $u(v_1,v_2,\cdots,v_k)$ 是 $v_1,v_2,\cdots,v_k$(但不是任何参数或所有参数的函数)的函数. 对于所有 $\boldsymbol{\theta}\in\Omega$ 来说，如果

$$E[u(V_1,V_2,\cdots,V_k)]=0$$

意味着在所有点 $(v_1,v_2,\cdots,v_k)$ 上 $u(v_1,v_2,\cdots,v_k)=0$，除就概率密度函数族的全部成员而言具有 0 概率的点集之外，那么就称此概率密度函数族是完备族.

在 $\boldsymbol{\theta}$ 是向量条件下，一般地讲，我们考察 $\boldsymbol{\theta}$ 函数的最佳估计量，也就是参数 δ，其中对于设定函数 g 来说，$\delta=g(\boldsymbol{\theta})$. 例如，假定从分布 $N(\theta_1,\theta_2)$ 中进行抽样，其中 θ_2 表示方差. 设 $\boldsymbol{\theta}=(\theta_1,\theta_2)'$，并且考察两个参数 $\delta_1=g_1(\boldsymbol{\theta})=\theta_1$ 与 $\delta_2=g_2(\boldsymbol{\theta})=\sqrt{\theta_2}$. 因此，我们对 δ_1 与 δ_2 的最佳估计感兴趣.

当然，7.3 节和 7.4 节所概述的拉奥-布莱克韦尔、莱曼-谢弗理论可推广到向量情况上. 简略地讲，假定 $\delta=g(\boldsymbol{\theta})$ 是关注的参数，而 $\boldsymbol{Y}$ 是 $\boldsymbol{\theta}$ 的充分且完备统计量向量. 设 T 是一个统计量，它是 $\boldsymbol{Y}$ 的函数，诸如 $T=Y(\boldsymbol{Y})$. 若 $E(T)=\delta$，则 T 是 δ 的唯一极小方差无偏估计量.

对多个参数情况研究的其他内容，将限制在称为指数类正则情况的概率密度函数上．这里，$m=p$．

定义 7.7.2　设 $\boldsymbol{X}$ 是随机变量，具有概率密度函数或概率质量函数 $f(x;\boldsymbol{\theta})$，其中参数向量 $\boldsymbol{\theta}\in\Omega\subset\mathbb{R}^m$．设$\mathcal{S}$表示 X 的支集．当 X 是连续的，假定$\mathcal{S}=(a,b)$，其中 a 或 b 可分别为$-\infty$或∞．当 X 是离散的，假定$\mathcal{S}=\{a_1,a_2,\cdots\}$．如果 $f(x;\boldsymbol{\theta})$具有形式

$$f(x;\boldsymbol{\theta})=\begin{cases}\exp\left[\sum_{j=1}^{m}p_j(\boldsymbol{\theta})K_j(x)+H(x)+q(\theta_1,\theta_2,\cdots,\theta_m)\right], & \text{对于所有 } x\in S\\ 0, & \text{其他}\end{cases}\tag{7.7.2}$$

那么将这个概率密度函数或概率质量函数称为**指数类**(exponential class)元素．此外，如果

1. 支集不依赖于参数向量 $\boldsymbol{\theta}$.
2. 空间 Ω 包含一个非空的、m 维开矩形.
3. $p_j(\boldsymbol{\theta})$是非平凡的，函数独立的，并且是 $\boldsymbol{\theta}$ 的连续函数，$j=1,2,\cdots,m$.
4. (a) 当 X 是连续随机变量，则就 $j=1,2,\cdots,m$ 而言，对于$a<x<b$，m 个导数 $K_j'(x)$是连续的，且没有一个是其他的线性齐次函数，同时 $H(x)$是 x 的连续函数，$a<x<b$.
   (b) 当 X 是离散的，则 $K_j(x),j=1,2,\cdots,m$ 是支集$\mathcal{S}$上的非平凡函数，且没有一个是其他的线性齐次函数.

则称它为指数族的**正则情况**(regular case).

设 $X_1,X_2,\cdots,X_n$ 是 X 的随机样本，其中 X 的概率密度函数或概率质量函数是指数类正则情况，其记号与定义 7.7.2 的一样．由式(7.7.2)可知，对于所有 $x_i\in\mathcal{S}$，样本的联合概率密度函数或概率质量函数由

$$\prod_{i=1}^{n}f(x_i;\boldsymbol{\theta})=\exp\left[\sum_{j=1}^{m}p_j(\boldsymbol{\theta})\sum_{i=1}^{n}K_j(x_i)+nq(\boldsymbol{\theta})\right]\exp\left[\sum_{i=1}^{n}H(x_i)\right]\tag{7.7.3}$$

给出．依据因子分解定理，统计量

$$Y_1=\sum_{i=1}^{n}K_1(x_i),\quad Y_2=\sum_{i=1}^{n}K_2(x_i),\cdots,Y_m=\sum_{i=1}^{n}K_m(x_i)$$

是 m 维参数向量$\boldsymbol{\theta}$ 的联合充分统计量．本节后的习题要求读者证明，$\boldsymbol{Y}=(Y_1,Y_2,\cdots,Y_m)'$的联合概率密度函数在正概率密度点上具有

$$R(\mathbf{y})\exp\left[\sum_{j=1}^{m}p_j(\boldsymbol{\theta})y_j+nq(\boldsymbol{\theta})\right]\tag{7.7.4}$$

形式，这些正概率密度点以及函数 $R(\mathbf{y})$都不依赖于参数向量 $\boldsymbol{\theta}$．此外，由分析学定理可断言，当 $n>m$ 时，在指数类正则情况下，这些联合充分统计量 $Y_1,Y_2,\cdots,Y_m$ 的概率密度函数族是完备的．为了与前面采用的惯例相一致，将 $Y_1,Y_2,\cdots,Y_m$ 称为参数向量$\boldsymbol{\theta}$ 的联合完备充分统计量．

例 7.7.2　设 $X_1,X_2,\cdots,X_n$ 表示来自分布 $N(\theta_1,\theta_2)$的随机样本，$-\infty<\theta_1<\infty$，$0<\theta_2<\infty$．因而，分布的概率密度函数 $f(x;\theta_1,\theta_2)$可写成

$$f(x;\theta_1,\theta_2)=\exp\left(\frac{-1}{2\theta_2}x^2+\frac{\theta_1}{\theta_2}x-\frac{\theta_1^2}{2\theta_2}-\ln\sqrt{2\pi\theta_2}\right)$$

因此，取 $K_1(x)=x^2$ 且 $K_2(x)=x$. 故，统计量

$$Y_1=\sum_1^n X_i^2 \quad 与 \quad Y_2=\sum_1^n X_i$$

是 θ_1 与 θ_2 的一个联合完备充分统计量. 由于关系

$$Z_1=\frac{Y_2}{n}=\overline{X},\quad Z_2=\frac{Y_1-Y_2^2/n}{n-1}=\frac{\sum(X_i-\overline{X})^2}{n-1}$$

定义了一对一变换，所以 Z_1 与 Z_2 是 θ_1 与 θ_2 的联合完备充分统计量. 另外，

$$E(Z_1)=\theta_1 \quad 与 \quad E(Z_2)=\theta_2$$

由完备性得到，Z_1 与 Z_2 仅仅是 Y_1 与 Y_2 的函数，而 Y_1 与 Y_2 分别是 θ_1 与 θ_2 的无偏估计量. 因此，Z_1 与 Z_2 分别是 θ_1 与 θ_2 的唯一极小方差估计量. 标准差 $\sqrt{\theta_2}$ 的极小方差无偏估计量由习题 7.7.5 推导出来. ■

在本节，将充分性与完备性的概念扩展到 $\boldsymbol{\theta}$ 为 p 维向量的情况上. 现在，将这些概念推广到 $\boldsymbol{X}$ 是 k 维随机向量的情况上. 这里只通过给出两个例子，考虑正则指数情况.

假定 $\boldsymbol{X}$ 是 k 维随机向量，具有概率密度函数或概率质量函数 $f(\boldsymbol{x};\boldsymbol{\theta})$，其中 $\boldsymbol{\theta}\in\Omega\subset\mathbb{R}^p$. 设 $\mathcal{S}\subset\mathbb{R}^k$ 表示 $\boldsymbol{X}$ 的支集. 假定 $f(\boldsymbol{x};\boldsymbol{\theta})$ 具有形式

$$f(\boldsymbol{x};\boldsymbol{\theta})=\begin{cases}\exp\left[\sum_{j=1}^m p_j(\boldsymbol{\theta})K_j(\boldsymbol{x})+H(\boldsymbol{x})+q(\boldsymbol{\theta})\right], & 对于所有\ \boldsymbol{x}\in\mathcal{S}\\ 0, & 其他\end{cases} \tag{7.7.5}$$

于是，称这个概率密度函数或概率质量函数为**指数类**(exponential class)的成员. 此外，当 $p=m$ 时，支集不依赖于参数向量 $\boldsymbol{\theta}$，假如同时类似于定义 7.7.2 的那些条件成立，称此概率密度函数是指数类**正则情况**(regular case).

假定 $\boldsymbol{X}_1,\boldsymbol{X}_2,\cdots,\boldsymbol{X}_n$ 构成 $\boldsymbol{X}$ 的一个随机样本. 于是，统计量

$$Y_j=\sum_{i=1}^n K_j(\boldsymbol{X}_i),\quad 对于\ j=1,2,\cdots,m \tag{7.7.6}$$

是 $\boldsymbol{\theta}$ 的充分且完备统计量. 设 $\boldsymbol{Y}=(Y_1,Y_2,\cdots,Y_m)'$. 假定 $\delta=g(\boldsymbol{\theta})$ 是我们感兴趣的参数. 若对某个函数 h 来说，$T=h(\boldsymbol{Y})$ 且 $E(T)=\delta$，则 T 是 δ 的唯一极小方差无偏估计量(minimum variance unbiased estimator，或者称为最小方差无偏估计量).

例 7.7.3(多项分布) 在例 6.4.5 中，曾参考察多项分布的极大似然估计量. 本例题要确定几个参数极小方差无偏估计量. 如同例 6.4.5 一样，考虑一个随机试验，它产生 k 个结果或类型中的一个且仅一个. 设 X_j 是 1 或 0，对于 $j=1,2,\cdots,k$，依赖于第 j 个结果是否发生. 假定结果 j 发生的概率是 p_j，因此，$\sum_{j=1}^k p_j=1$. 设 $\boldsymbol{X}=(X_1,X_2,\cdots,X_{k-1})'$ 且 $\boldsymbol{p}=(p_1,p_2,\cdots,p_{k-1})'$. $\boldsymbol{X}$ 的分布是多式的，并由式(6.4.18)可知，这可重新写成

$$f(\boldsymbol{x},\boldsymbol{p})=\exp\left\{\sum_{j=1}^{k-1}\left\{\log\left[\frac{p_j}{1-\sum_{i\neq k}p_i}\right]\right\}x_j+\log\left(1-\sum_{i\neq k}p_i\right)\right\}$$

由于这是指数族正则情况，来自 X 分布随机样本 $\boldsymbol{X}_1,\boldsymbol{X}_2,\cdots,\boldsymbol{X}_n$ 的下述统计量关于参数 $\boldsymbol{p}=(p_1,p_2,\cdots,p_{k-1})'$ 是联合充分且完备的：

$$Y_j=\sum_{i=1}^{n}X_{ij},\quad \text{对于 } j=1,2,\cdots,k-1$$

每个随机变量 X_{ij} 是具有参数 p_j 的伯努利变量，同时对于 $i=1,2,\cdots,n$，X_{ij} 是独立的. 因此，对于 $j=1,2,\cdots,k$，变量 Y_j 服从 $b(n,\ p_j)$. 因而，p_j 的极小方差无偏估计量是统计量 $n^{-1}Y_j$.

其次，对于 $j\neq l$，求 $p_j p_l$ 的极小方差无偏估计量. 习题 7.7.8 证明 $p_j p_l$ 的极大似然估计量是 $n^{-2}Y_jY_l$. 前面 3.1 节曾提及，给定 Y_l 时 Y_j 的条件分布是 $b[n-Y_l,p_j/(1-p_l)]$. 作为对极小方差无偏估计量的猜测，考察极大似然估计量，正如习题 7.7.8 所证明的，它是 $n^{-2}Y_jY_l$. 因此，

$$\begin{aligned}E[n^{-2}Y_jY_l]&=\frac{1}{n^2}E[E(Y_jY_l\mid Y_l)]=\frac{1}{n^2}E[Y_lE(Y_j\mid Y_l)]\\&=\frac{1}{n^2}E\left[Y_l(n-Y_l)\frac{p_j}{1-p_l}\right]=\frac{1}{n^2}\frac{p_j}{1-p_l}\{E[nY_l]-E[Y_l^2]\}\\&=\frac{1}{n^2}\frac{p_j}{1-p_l}\{n^2p_l-np_l(1-p_l)-n^2p_l^2\}\\&=\frac{1}{n^2}\frac{p_j}{1-p_l}np_l(n-1)(1-p_l)=\frac{(n-1)}{n}p_jp_l\end{aligned}$$

所以，p_jp_l 的极小方差无偏估计量是 $Y_jY_l/n(n-1)$. ■

例 7.7.4(多元正态分布)　设 $\boldsymbol{X}$ 服从多元正态分布 $N_k(\boldsymbol{\mu},\boldsymbol{\Sigma})$，其中 $\boldsymbol{\Sigma}$ 是一个 $k\times k$ 正定矩阵. $\boldsymbol{X}$ 的概率密度函数已由式(3.5.16)给出. 在此情况下，$\boldsymbol{\theta}$ 是 $\left[k+\frac{k(k+1)}{2}\right]$ 维向量，它的前 k 个分量由均值向量 $\boldsymbol{\mu}$ 构成，而后 $\frac{k(k+1)}{2}$ 个分量由方差 σ_i^2 以及协方差 σ_{ij} 构成，对于 $j\geqslant i$. 对于 $\boldsymbol{x}\in\mathbb{R}^k$，$\boldsymbol{X}$ 的密度可写成

$$f_{\boldsymbol{X}}(\boldsymbol{x})=\exp\left\{-\frac{1}{2}\boldsymbol{x}'\boldsymbol{\Sigma}^{-1}\boldsymbol{x}+\boldsymbol{\mu}'\boldsymbol{\Sigma}^{-1}\boldsymbol{x}-\frac{1}{2}\boldsymbol{\mu}'\boldsymbol{\Sigma}^{-1}\boldsymbol{\mu}-\frac{1}{2}\log|\boldsymbol{\Sigma}|-\frac{k}{2}\log2\pi\right\}\tag{7.7.7}$$

因此，由式(7.7.5)知，多元正态概率密度函数是指数分布类正则情况. 仅仅需要识别函数 $K(\boldsymbol{x})$. 式(7.7.7)右边指数中的第二项能写成$(\boldsymbol{\mu}'\boldsymbol{\Sigma}^{-1})\boldsymbol{x}$；因此 $K_1(\boldsymbol{x})=\boldsymbol{x}$. 其第一项很容易看成乘积 x_ix_j 的线性组合，$i,j=1,2,\cdots,k$，它们都是矩阵 $\boldsymbol{x}\boldsymbol{x}'$ 的元素. 所以，可取 $K_2(\boldsymbol{x})=\boldsymbol{x}\,\boldsymbol{x}'$. 现在，设 $\boldsymbol{X}_1,\boldsymbol{X}_2,\cdots,\boldsymbol{X}_n$ 是 $\boldsymbol{X}$ 的随机向量. 于是依据式(7.7.7)，充分且完备统计量的一个集合是由

$$\boldsymbol{Y}_1=\sum_{i=1}^{n}\boldsymbol{X}_i\quad\text{与}\quad\boldsymbol{Y}_2=\sum_{i=1}^{n}\boldsymbol{X}_i\boldsymbol{X}_i'\tag{7.7.8}$$

给出的. 注意，$\boldsymbol{Y}_1$ 是 k 个统计量的向量，而 $\boldsymbol{Y}_2$ 是 $k\times k$ 对称矩阵. 因为矩阵是对称的，故能去掉矩阵[满足 $i>j$ 的元素(i,j)]底下一半，从而得到$\left[k+\frac{k(k+1)}{2}\right]$个完备充分统计量；也就是说，存在和参数一样多的完备充分统计量.

依据边缘分布，容易证明 $\overline{X}_j = n^{-1}\sum_{i=1}^{n} X_{ij}$ 是 μ_j 的极小方差无偏估计量，同时 $(n-1)^{-1}\sum_{i=1}^{n}(X_{ij}-\overline{X}_j)^2$ 是 σ_j^2 的极小方差无偏估计量. 协方差参数的极小方差无偏估计量由习题 7.7.9 得到. ■

对于刚才的例子，考察参数集合是累积分布函数的情况.

例 7.7.5 设 $X_1, X_2, \cdots, X_n$ 是一个具有共同连续累积分布函数 $F(x)$ 的随机样本. 设 $Y_1 < Y_2 < \cdots < Y_n$ 表示相对应的次序统计量. 注意，给定 $Y_1 = y_1, Y_2 = y_2, \cdots, Y_n = y_n$，$X_1, X_2, \cdots, X_n$ 的条件分布对于向量 $(y_1, y_2, \cdots, y_n)$ 的 $n!$ 个排列中的每一个而言都是离散的，且具有概率 $\frac{1}{n!}$[因为 $F(x)$ 是连续的，假定每一个 $y_1, y_2, \cdots, y_n$ 值是各不相同的]. 也就是说，条件分布不依赖于 $F(x)$. 因此，由充分性定义，次序统计量关于 $F(x)$ 是充分的. 此外，尽管证明已超出本书范围，但可以证明次序统计量也是完备的；参看 Lehmann 和 Casella (1998).

设 $T = T(x_1, x_2, \cdots, x_n)$ 是任意一个关于其自变量对称的统计量；也就是对于 $(x_1, x_2, \cdots, x_n)$ 的排列 $(x_{i_1}, x_{i_2}, \cdots, x_{i_n})$，$T(x_1, x_2, \cdots, x_n) = T(x_{i1}, x_{i2}, \cdots, x_{in})$. 于是，$T$ 是次序统计量的函数. 对于此种情况，确定极小方差无偏估计量极为有用；参看习题 7.7.12 与习题 7.7.13. ■

习题

7.7.1 设 $Y_1 < Y_2 < Y_3$ 是来自下面分布的样本量为 3 的随机样本次序统计量，具有概率密度函数

$$f(x;\theta_1,\theta_2) = \begin{cases} \frac{1}{\theta_2}\exp\left(-\frac{x-\theta_1}{\theta_2}\right) & \theta_1 < x < \infty, -\infty < \theta_1 < \infty, 0 < \theta_2 < \infty \\ 0, & \text{其他} \end{cases}$$

求 $Z_1 = Y_1, Z_2 = Y_2$ 以及 $Z_3 = Y_1 + Y_2 + Y_3$ 的联合概率密度函数. 相应变换将空间 $\{(y_1, y_2, y_3): \theta_1 < y_1 < y_2 < y_3 < \infty\}$ 映射到空间

$$\{(z_1, z_2, z_3): \theta_1 < z_1 < z_2 < (z_3 - z_1)/2 < \infty\}$$

证明：Z_1 与 Z_3 是 θ_1 与 θ_2 的联合充分统计量.

7.7.2 设 $X_1, X_2, \cdots, X_n$ 是来自下面分布的随机样本，此分布具有本节式(7.7.2)形式的概率密度函数. 证明：$Y_1 = \sum_{i=1}^{n} K_1(X_i), \cdots, Y_m = \sum_{i=1}^{n} K_m(X_i)$ 具有本节式(7.7.4)形式的联合概率密度函数.

7.7.3 设 $(X_1, Y_1), (X_2, Y_2), \cdots, (X_n, Y_n)$ 表示来自二元正态分布的样本量为 n 的随机样本，分布均值为 μ_1 与 μ_2，正方差为 σ_1^2 与 σ_2^2，相关系数为 ρ. 证明：$\sum_{i=1}^{n} X_i$，$\sum_{i=1}^{n} Y_i$，$\sum_{i=1}^{n} X_i^2$，$\sum_{i=1}^{n} Y_i^2$ 以及 $\sum_{i=1}^{n} X_i Y_i$ 是五个参数的联合完备充分统计量. $\overline{X} = \sum_{i=1}^{n} X_i/n$，$\overline{Y} = \sum_{i=1}^{n} Y_i/n$，$S_1^2 = \sum_{i=1}^{n}(X_i - \overline{X})^2/(n-1)$，$S_2^2 = \sum_{i=1}^{n}(Y_i - \overline{Y})^2/(n-1)$ 以及 $\sum_{i=1}^{n}(X_i - \overline{X})(Y_i - \overline{Y})/(n-1)S_1 S_2$ 是否也是这些参数的一个联合完备充分统计量？

7.7.4 设概率密度函数 $f(x;\theta_1,\theta_2)$ 的形式是

$$\exp[p_1(\theta_1,\theta_2)K_1(x) + p_2(\theta_1,\theta_2)K_2(x) + H(x) + q_1(\theta_1,\theta_2)], a < x < b$$

其他为 0．设 $K_1'(x)=cK_2'(x)$．证明，$f(x;\theta_1,\theta_2)$可写成下述形式

$$\exp[p(\theta_1,\theta_2)K_2(x)+H(x)+q(\theta_1,\theta_2)],a<x<b$$

其他为 0．这就是为什么要求没有一个 $K_j'(x)$是其他 $K_i'(x)$的线性齐次函数的原因，也就是说，为了使充分统计量的个数等于参数个数．

7.7.5　对于例 7.7.2，求(a)标准差$\sqrt{\theta_2}$的极小方差无偏估计量．(b)修改 R 函数 bootse1.R，使得它计算(a)部分中的估计值及其自助法标准误差．对于例 4.1.3 讨论的巴伐利亚森林数据，运行所修改的函数，其中响应是二氧化硫的浓度．利用 3000 次自助，报告估计值及其自助法标准误差．

7.7.6　设 $X_1,X_2,\cdots,X_n$ 是来自均匀分布的随机样本，此分布具有概率密度函数 $f(x;\theta_1,\theta_2)=1/(2\theta_2)$，$\theta_1-\theta_2<x<\theta_1+\theta_2$，其中$-\infty<\theta_1<\infty$且 $\theta_2>0$，而在其他情况下此概率密度函数等于 0.

(a) 证明，$Y_1=\min(X_i)$与 $Y_2=\max(X_i)$，即 θ_1 与 θ_2 的联合充分统计量是完备的．

(b) 求 θ_1 与 θ_2 的极小方差无偏估计量．

7.7.7　设 $X_1,X_2,\cdots,X_n$ 是来自 $N(\theta_1,\theta_2)$的随机样本．

(a) 如果常数 b 是由公式$P(X\leqslant b)=p$ 定义的，其中 p 是指定的，求 b 的极大似然估计值和极小方差无偏估计量．

(b) 修改 R 函数 bootse1.R，使其能计算(a)部分的极小方差无偏估计量及其自助标准误差．

(c) 对于例 7.6.4 讨论的数据集，针对 $p=0.75$ 与 3000 次自助，运行(b)部分所修改的 R 函数．

7.7.8　运用例 7.7.3 的记号，证明 p_jp_l 的极大似然估计量是 $n^{-2}Y_jY_l$．

7.7.9　参考例 7.7.4 关于多元正态模型的充分性．

(a) 求协方差参数 σ_{ij} 的极小方差无偏估计量．

(b) 设 $h=\sum_{i=1}^{K}a_i\mu_i$，其中 $a_1,a_2,\cdots,a_k$ 是设定的常数．求 h 的极小方差无偏估计量．

7.7.10　在勒罗伊・福克斯(LeRoy Folks)的私人通信中，他注意到，逆高斯概率密度函数

$$f(x;\theta_1,\theta_2)=\left(\frac{\theta_2}{2\pi x^3}\right)^{1/2}\exp\left[\frac{-\theta_2(x-\theta_1)^2}{2\theta_1^2x}\right],\quad 0<x<\infty \tag{7.7.9}$$

其中 $\theta_1>0$ 且 $\theta_2>0$，经常用于对寿命建模．如果 $X_1,X_2,\cdots,X_n$ 是来自具有这种概率密度函数的分布的随机样本，求(θ_1,θ_2)的完备充分统计量．

7.7.11　设 $X_1,X_2,\cdots,X_n$ 是来自分布 $N(\theta_1,\theta_2)$的随机样本．

(a) 证明 $E[(X_1-\theta_1)^4]=3\theta_2^2$．

(b) 求 $3\theta_2^2$的极小方差无偏估计量．

7.7.12　设 $X_1,X_2,\cdots,X_n$ 是来自具有连续型累积分布函数 $F(x)$的分布的随机样本．假定均值 $\mu=E(X_1)$存在．一旦利用例 7.7.5，证明样本均值 $\overline{X}=n^{-1}\sum_{i=1}^{n}X_i$ 是 μ 的极小方差无偏估计量．

7.7.13　设 $X_1,X_2,\cdots,X_n$ 是来自具有连续型累积分布函数 $F(x)$分布的随机样本．设 $\theta=P(X_1\leqslant a)=F(a)$，其中 a 是已知的．证明：比例 $n^{-1}\#\{X_i\leqslant a\}$是 θ 的极小方差无偏估计量．

7.8　最小充分性与从属统计量

很明显，在统计学研究中，人们希望在不损失基础分布重要特征的相关信息条件下，尽可能对整个样本包含的数据进行简化．也就是说，具有大量数据的样本没有数据的几个好的概括统计量有意义．假如存在充分统计量，充分统计量就极有价值，因为人们知道，拥有这样的概括统计量的统计学家与拥有整个样本的统计学家具有一样多的信息．然而，有时存在多个联合充分统计量集合，因此人们愿意寻找多个集合中最简单的一个．举例说

来，来自 $N(\theta_1,\theta_2)$的一个随机样本观测值 $X_1,X_2,\cdots,X_n$，其中$n>2$,在某种意义上被看成 θ_1 与 θ_2 的联合充分统计量. 不过，我们知道，我们可以使用 $\overline{X}$ 与 S^2 作为这些两个参数的联合充分统计量，尤其是当 n 很大时，较运用 $X_1,X_2,\cdots,X_n$ 将大大简化.

在本章大多数例子，我们都能找出一个参数的单一充分统计量或两个参数的两个联合充分统计量. 迄今为止，一种最复杂情况可能是由例 7.7.3 给出的，在那里我们找到 $k+k(k+1)/2$ 个参数的$k+k(k+1)/2$ 个联合充分统计量；或者说，例 7.7.4 给出的多元正态分布；还有对于如同例 7.7.5 完全未知的连续型分布，用到了随机样本的次序统计量.

我们希望，将联合充分统计量的一个集合变换成另一个集合，总是以此简化所涉及的统计量个数，一直到在不损失所得到统计量的充分性条件下不能再进一步简化为止. 将获得的这种简化统计量称为**最小充分统计量**(minimal sufficient statistics). 这些最小充分统计量关于参数是充分的，同时对于那些相同参数来说，它们是每一个其他充分统计量集合的函数. 若存在 k 个参数，我们可找到 k 个联合充分统计量，它们都是最小的. 特别地，当存在一个参数时，常常找到单一充分统计量，它是最小的. 前面已考察的大多数例子均阐明了这点，不过，正如下述例题所说明的，情况并不总是如此.

例 7.8.1　设 $X_1,X_2,\cdots,X_n$ 是来自均匀分布的随机样本，此分布在区间$(\theta-1,\theta+1)$上具有概率密度函数

$$f(x;\theta)=\left(\frac{1}{2}\right)I_{(\theta-1,\theta+1)}(x),\quad -\infty<x<\infty$$

不过，$X_1,X_2,\cdots,X_n$ 的联合概率密度函数等于$\left(\frac{1}{2}\right)^n$ 与某个指示函数的乘积，也就是

$$\left(\frac{1}{2}\right)^n\prod_{i=1}^{n}I_{(\theta-1,\theta+1)}(x_i)=\left(\frac{1}{2}\right)^n\{I_{(\theta-1,\theta+1)}[\min(x_i)]\}\{I_{(\theta-1,\theta+1)}[\max(x_i)]\}$$

这是因为$\theta-1<\min(x_i)\leqslant x_j\leqslant\max(x_i)<\theta+1,j=1,2,\cdots,n$. 因而，次序统计量 $Y_1=\min(X_i)$与 $Y_n=\max(X_i)$均是 θ 的充分统计量. 这两个统计量实际上关于参数都是最小的，原因在于不能将统计量的个数简化成小于两个且仍具有充分性的情形. ■

下面的发现有益于提醒人们注意到，迄今为止所研究的几乎所有充分统计量均是最小的. 我们认为，假如充分统计量存在，θ 的极大似然估计量$\hat{\theta}$是一个或多个充分统计量的函数. 如果这个极大似然估计量$\hat{\theta}$也是充分的，由于此充分统计量$\hat{\theta}$是其他充分统计量的函数，由定理 7.3.2 知，它一定是最小的. 比如，已经知道

1. 当 σ^2 已知时，$N(\theta,\sigma^2)$中 θ 的极大似然估计量$\hat{\theta}=\overline{X}$ 是 θ 的最小充分统计量.

2. 均值为 θ 的泊松分布中 θ 的极大似然估计量$\hat{\theta}=\overline{X}$ 是 θ 的最小充分统计量.

3. 位于$(0,\theta)$上均匀分布中 θ 的极大似然估计量$\hat{\theta}=Y_n=\max(X_i)$是 θ 的最小充分统计量.

4. $N(\theta_1,\theta_2)$中 θ_1 与 θ_2 的极大似然估计量$\hat{\theta}_1=\overline{X}$，$\hat{\theta}_2=[(n-1)/n]S^2$ 是 θ_1 与 θ_2 的联合最小充分统计量.

由这些例子看出，最小充分统计量未必是唯一的，因为对最小充分统计量所进行的一对一变换也会提供最小充分统计量. 不过，最小充分统计量与极大似然估计量之间的联系在许多有趣的例子中并不成立. 下面两个例题将阐明这一点.

例 7.8.2　考察例 7.8.1 给出的模型. 注意，$Y_1=\min(X_i)$与 $Y_n=\max(X_i)$是联合充

分统计量. 还有,

$$\theta-1<Y_1<Y_n<\theta+1$$

或等价地,

$$Y_n-1<\theta<Y_1+1$$

因此, 为对似然函数极大化以使它等于$\left(\frac{1}{2}\right)^n$, θ 可以是 Y_n-1 与 Y_1+1 之间的任何值. 例如, 许多统计学家将极大似然估计量取为这两个端点的均值, 也就是

$$\hat{\theta}=\frac{Y_n-1+Y_1+1}{2}=\frac{Y_1+Y_n}{2}$$

它是中程数(midrange). 不过, 可以发现, 这个极大似然估计量并不是唯一的. 有人可能会争辩, 由于$\hat{\theta}$是 θ 的极大似然估计量, 并且$\hat{\theta}$是 θ 的联合充分统计量 Y_1 与 Y_n 函数, 所以它是最小充分统计量. 这在本例并不成立, 因为$\hat{\theta}$不是充分的. 注意, 在考察极大似然估计量成为最小充分统计量之前, 极大似然估计量本身必是参数的充分统计量. ■

注意, 我们可以用

$$X_i=\theta+W_i \tag{7.8.1}$$

对刚才例子的情况加以建模, 其中 $W_1,W_2,\cdots,W_n$ 是独立同分布的, 具有$(-1, 1)$上均匀概率密度函数. 因此, 这是一个位置模型的例子. 下面, 一般地讨论这些模型.

例 7.8.3 考察由

$$X_i=\theta+W_i \tag{7.8.2}$$

给出的位置模型, 其中 $W_1,W_2,\cdots,W_n$ 是独立同分布的, 具有共同的概率密度函数 $f(w)$ 以及共同的连续累积分布函数$F(w)$. 由例 7.7.5, 次序统计量 $Y_1<Y_2<\cdots<Y_n$ 是此情况完备充分统计量的集合. 可获得最小充分统计量的更小集合吗? 考虑下述四种情形:

(a) 假定 $f(w)$是 $N(0,1)$ 概率密度函数. 于是, 可以知道 $\overline{X}$ 既是 θ 的极小方差无偏估计量, 又是 θ 的极大似然估计量. 再者, $\overline{X}=n^{-1}\sum_{i=1}^{n}Y_i$, 是次序统计量的函数. 因此 $\overline{X}$ 是最小充分统计量.

(b) 假定对于 $w>0$, $f(w)=\exp(-w)$, 其他为 0. 于是, 统计量 Y_1 是充分统计量, 也是极大似然估计量, 因而是最小充分统计量.

(c) 假定 $f(w)$是 logstic 概率密度函数. 如同例 6.1.2 所讨论的, θ 极大似然估计量存在, 它很容易计算出来. 不过, 正像 Lehmann 和 Casella(1998)第 38 页所证明的那样, 次序统计量是此情况的最小充分统计量. 也就是说, 不可能再进行简化了.

(d) 假定 $f(w)$是拉普拉斯概率密度函数. 例 6.1.1 证明, 中位数 Q_2 是 θ 的极大似然估计量, 但它不是充分统计量. 另外, 类似于 logstic 概率密度函数, 可以证明, 次序统计量是这种情况的最小充分统计量. ■

一般地讲, 由(c)部分与(d)部分所描述的情形是位置模型的基准, 其中极大似然估计量相当容易获得, 而最小充分统计量的集合是次序统计量的集合, 同时不可能再进行简化了.

在最小充分统计量和完备性之间同样存在关系, 这点已由 Lehmann and Scheffé(1950)给出更完全的解释. 我们这里简单而不加解释地陈述他们那本书的结果, 完备充分统计量

是最小充分统计量. 不过，其逆不成立，注意，在例 7.8.1 中，有

$$E\left[\frac{Y_n-Y_1}{2}-\frac{n-1}{n+1}\right]=0,\quad 对于所有\ \theta$$

也就是说，存在那些最小充分统计量 Y_1 与 Y_n 的非零函数，其期望对于所有 θ 来说都是 0.

存在其他一些统计量，它们看起来几乎总是与充分统计量相反. 也就是说，虽然充分统计量包含有关参数的全部信息，但这些统计量称为**从属统计量**(ancillary statistic)，服从与参数无关的分布，同时表面上没有包括那些参数的有关信息. 举一个例子，人们知道，来自 $N(\theta, 1)$随机样本的方差 S^2 服从不依赖于 θ 的分布，从而是从属统计量. 另一个例子是，比值 $Z=X_1/(X_1+X_2)$，其中 X_1，X_2 是来自伽马分布的随机样本，此分布具有已知参数 $\alpha>0$ 与未知参数 $\beta=\theta$，因为 Z 服从与 θ 无关的贝塔分布. 存在许多从属统计量的例子，我们提供某些规则，据此通过某些模型相当容易找出它们，下面借助三个例子加以阐述.

例 7.8.4(位置不变统计量) 在例 7.8.3 中，已经介绍了区位模型. 回顾随机样本 $X_1,X_2,\cdots,X_n$ 来自此模型，如果

$$X_i=\theta+W_i,\quad i=1,2,\cdots,n \tag{7.8.3}$$

其中$-\infty<\theta<\infty$表示参数，而 $W_1,W_2,\cdots,W_n$ 是独立同分布随机变量，具有不依赖于 θ 的概率密度函数 $f(w)$. 于是，X_i 的共同概率密度函数是 $f(x-\theta)$.

设 $Z=u(X_1,X_2,\cdots,X_n)$是一个统计量，使得对于所有实数 d，

$$u(x_1+d,x_2+d,\cdots,x_n+d)=u(x_1,x_2,\cdots,x_n)$$

因此，

$$Z=u(W_1+\theta,W_2+\theta,\cdots,W_n+\theta)=u(W_1,W_2,\cdots,W_n)$$

仅仅是 $W_1,W_2,\cdots,W_n$ 的函数(不是 θ 的函数). 所以，Z 的分布一定不依赖于 θ. 将$Z=u(X_1,X_2,\cdots,X_n)$称为**位置不变统计量**(location-invariant statistic).

假定考察位置模型，下面是位置不变统计量的一些例子：样本方差$=S^2$，样本极差$=\max\{X_i\}-\min\{X_i\}$，源于样本中位数的均值偏差 $=(1/n)\sum|X_i-\text{median}(X_i)|$，$X_1+X_2-X_3-X_4$，$X_1+X_3-2X_2$，$(1/n)\sum[X_i-\min(X_i)]$ 等等. 为了理解范围就是位置不变的，注意

$$\max\{X_i\}-\theta=\max\{X_i-\theta\}=\max\{W_i\}$$
$$\min\{X_i\}-\theta=\min\{X_i-\theta\}=\min\{W_i\}$$

因此，

$$\begin{aligned}范围&=\max\{X_i\}-\min\{X_i\}=\max\{X_i\}-\theta-(\min\{X_i\}-\theta)\\&=\max\{W_i\}-\min\{W_i\}\end{aligned}$$

所以，范围分布仅仅依赖于各个 W_i 分布，因而它是位置不变的。对于其他统计量的位置不变性，参看习题 7.8.4. ■

例 7.8.5(尺度不变统计量) 考虑来自**尺度模型**(scale model)的一个随机样本，也就是模型具有

$$X_i=\theta W_i,\quad i=1,2,\cdots,n \tag{7.8.4}$$

形式，其中 $\theta>0$ 且 $W_1,W_2,\cdots,W_n$ 是独立同分布的随机变量，具有不依赖于 θ 的概率密度函数. 于是，X_i 的共同概率密度函数是 $\theta^{-1}f(x|\theta)$. 将 θ 称为尺度参数. 假定 $Z=u(X_1,$

$X_2,\cdots,X_n$)是一个统计量，使得对于所有 $c>0$，

$$u(cx_1,cx_2,\cdots,cx_n)=u(x_1,x_2,\cdots,x_n)$$

从而，

$$Z=u(X_1,X_2,\cdots,X_n)=u(\theta W_1,\theta W_2,\cdots,\theta W_n)=u(W_1,W_2,\cdots,W_n)$$

由于 $W_1,W_2,\cdots,W_n$ 的联合概率密度函数不包括 θ，Z 也不包括 θ，所以 Z 的分布一定不依赖于 θ. 将 Z 称为**尺度不变统计量**.

诸如 $X_1/(X_1+X_2)$，$X_1^2/\sum_{i=1}^{n}X_i^2$，$\min(X_i)/\max(X_i)$等是尺度不变统计量的一些例子. 第一个统计量的尺度不变性由

$$\frac{X_1}{X_1+X_2}=\frac{(\theta X_1)/\theta}{[(\theta X_1)+(\theta X_2)]/\theta}=\frac{W_1}{W_1+W_2}$$

得到的，其他统计量的尺度不变性留作习题 7.8.5. ■

例 7.8.6(位置与尺度不变统计量) 最后，考察来自如同例 7.7.5 的位置与尺度模型的随机样本 $X_1,X_2,\cdots,X_n$. 也就是

$$X_i=\theta_1+\theta_2 W_i,\quad i=1,2,\cdots,n \tag{7.8.5}$$

其中 W_i 是独立同分布的，共同概率密度函数 $f(t)$均与 θ_1 及 θ_2 无关. 在此情况下，X_i 的概率密度函数为 $\theta_2^{-1}f((x-\theta_1)/\theta_2)$. 考虑统计量 $Z=u(X_1,X_2,\cdots,X_n)$，其中

$$u(cx_1+d,cx_2+d,\cdots,cx_n+d)=u(x_1,x_2,\cdots,x_n)$$

于是，

$$Z=u(X_1,X_2,\cdots,X_n)=u(\theta_1+\theta_2 W_1,\theta_1+\theta_2 W_2,\cdots,\theta_1+\theta_2 W_n)=u(W_1,W_2,\cdots,W_n)$$

由于 $W_1,W_2,\cdots,W_n$ 的联合概率密度函数不包括 θ_1 及 θ_2，Z 也不包括 θ_1 及 θ_2，所以 Z 的分布一定不依赖于 θ_1，亦不依赖于 θ_2. 将诸如 $Z=u(X_1,X_2,\cdots,X_n)$统计量称为**位置与尺度不变统计量**(location and scale invariant statistic). 下面是此类统计量的四个例子：

(a) $T_1=[\max(X_i)-\min(X_i)]/S$

(b) $T_2=\sum_{i=1}^{n-1}(X_{i+1}-X_i)^2/S^2$

(c) $T_3=(X_i-\overline{X})/S$

(d) $T_4=|X_i-X_j|/S$，$i\neq j$

设 $\overline{X}-\theta_1=n^{-1}\sum_{i=1}^{n}(X_i-\theta_1)$. 于是，(d)中统计量的位置与尺度不变性由两个等式

$$S^2=\theta_2^2\sum_{i=1}^{n}\left[\frac{X_i-\theta_1}{\theta_2}-\frac{\overline{X}-\theta_1}{\theta_2}\right]^2=\theta_2^2\sum_{i=1}^{n}(W_i-\overline{W})^2$$

$$X_i-X_j=\theta_2\left[\frac{X_i-\theta_1}{\theta_2}-\frac{X_j-\theta_1}{\theta_2}\right]=\theta_2(W_i-W_j)$$

得到. 对于其他统计量的情况，参看习题 7.8.6. ■

因而，针对适当的概率密度函数模型，这些位置不变统计量、尺度不变统计量以及位置与标度不变统计量对从属统计量都提供了一个良好解释的例子. 由于从属统计量与完备(最小)充分统计量是相对的，所以可以认为，在某种意义上，两者之间没有关系. 这是正

确的，而且下一节将证明，它们是独立统计量.

习题

7.8.1 设 $X_1, X_2, \cdots, X_n$ 是来自下面每一个参数为 θ 的分布的随机样本. 就每一种情况而言，求 θ 的极大似然估计量，并证明它是 θ 的充分统计量，从而是最小充分统计量.

(a) $b(1,\theta)$，其中 $0\leqslant\theta\leqslant1$.

(b) 均值为 θ 的泊松分布，$\theta>0$.

(c) $\alpha=3$ 与 $\beta=\theta>0$ 的伽马分布.

(d) $N(\theta,1)$，其中 $-\infty<\theta<\infty$.

(e) $N(0,\theta)$，其中 $0<\theta<\infty$.

7.8.2 设 $Y_1<Y_2<\cdots<Y_n$ 是来自均匀分布的样本量为 n 的随机样本次序统计量，此分布在闭区间$[-\theta, \theta]$上具有概率密度函数 $f(x;\theta)=(1/2\theta)I_{[-\theta,\theta]}(x)$.

(a) 证明，Y_1 与 Y_n 是 θ 的联合充分统计量.

(b) 证明，θ 的极大似然估计量是 $\hat{\theta}=\max(-Y_1, Y_n)$.

(c) 证明，极大似然估计量 $\hat{\theta}$ 是 θ 的充分统计量，因而是 θ 的最小充分统计量.

7.8.3 设 $Y_1<Y_2<\cdots<Y_n$ 是来自下面分布的样本量为 n 的随机样本次序统计量，此分布具有

$$f(x;\theta_1,\theta_2)=\left(\frac{1}{\theta_2}\right)\mathrm{e}^{-(x-\theta_1)/\theta_2}I_{(\theta_1,\infty)}(x)$$

其中 $-\infty<\theta_1<\infty$，而 $0<\theta_2<\infty$. 求 θ_1 与 θ_2 的联合最小充分统计量.

7.8.4 继续例 7.8.4 的讨论，证明下面统计量是位置不变的：

(a) 样本方差 $=S^2$.

(b) 均值与样本中位数的偏差 $=(1/n)\sum|X_i-\mathrm{median}(X_i)|$.

(c) $(1/n)\sum[X_i-\min(X_i)]$.

7.8.5 例 7.8.5 已经阐明尺度模型，而且并对尺度不变性进行了定义. 利用此例题的记号，证明下面统计量是尺度不变的.

(a) $X_1^2/\sum_1^n X_i^2$.

(b) $\min\{X_i\}/\max\{X_i\}$.

7.8.6 求例 7.8.6 列出的其他统计量的位置与尺度不变性，也就是下述统计量

(a) $T_1=[\max(X_i)-\min(X_i)]/S$.

(b) $T_2=\sum_{i=1}^{n-1}(X_{i+1}-X_i)^2/S^2$.

(c) $T_3=(X_i-\overline{X})/S$.

7.8.7 就习题 7.8.1(d)、习题 7.8.2 以及习题 7.8.3 给出的每一个分布的随机样本而言，至少定义两个不同于正文例题给出的从属统计量. 例题分别阐明位置不变量、尺度不变量以及位置与尺度不变量.

7.9 充分性、完备性以及独立性

注意，如果我们有参数 θ 的一个充分统计量 $Y_1, \theta\in\Omega$，另一个统计量 Z 的给定 $Y_1=y_1$ 时条件概率密度函数确实不依赖于 θ. 此外，若 Y_1 与 Z 是独立的，Z 的概率密度函数 $g_2(z)$满足 $g_2(z)=h(z|y_1)$，从而 $g_2(z)$也一定不依赖于 θ. 所以，参数 θ 的统计量 Z 与充

分统计量 Y_1 的独立性意味着 Z 的分布不依赖于 $\theta\in\Omega$. 也就是说，Z 是从属统计量.

一个有趣的内容是，研究上述性质的逆. 假定从属统计量 Z 的分布不依赖于 θ，那么 Z 与 θ 的充分统计量 Y_1 会是独立的吗？为了探寻答案，我们已经知道，Y_1 与 Z 的联合概率密度函数是 $g_1(y_1;\theta)h(z|y_1)$，其中 $g_1(y_1;\theta)$ 与 $h(z|y_1)$ 分别表示 Y_1 的边缘概率密度函数与给定 $Y_1=y_1$ 时 Z 的条件概率密度函数. 因而，Z 的边缘概率密度函数是

$$\int_{-\infty}^{\infty} g_1(y_1;\theta)h(z|y_1)\mathrm{d}y_1 = g_2(z)$$

由假设，这不依赖于 θ. 由于

$$\int_{-\infty}^{\infty} g_2(z)g_1(y_1;\theta)\mathrm{d}y_1 = g_2(z)$$

通过对上述两个积分取差，可得对于所有 $\theta\in\Omega$，

$$\int_{-\infty}^{\infty} [g_2(z) - h(z|y_1)]g_1(y_1;\theta)\mathrm{d}y_1 = \theta \qquad (7.9.1)$$

由于 Y_1 是 θ 的充分统计量，所以 $h(z|y_1)$ 不依赖于 θ. 由假设知，$g_2(z)$ 不依赖于 θ，从而 $g_2(z)-h(z|y_1)$ 不依赖于 θ. 现在，若族 $\{g_1(y_1;\theta):\theta\in\Omega\}$ 是完备的，则方程式(7.9.1)要求

$$g_2(z) - h(z|y_1) = 0 \quad 或 \quad g_2(z) = h(z|y_1)$$

也就是说，Y_1 与 Z 的联合概率密度函数必定等于

$$g_1(y_1;\theta)h(z|y_1) = g_1(y_1;\theta)g_2(z)$$

因此，Y_1 与 Z 是独立的，这里将要证明下述定理，而奈曼和霍格(Neyman and Hogg)曾在特殊条件下考察过该定理，巴苏(Basu)则证明了一般条件下的定理.

定理 7.9.1　*设 $X_1,X_2,\cdots,X_n$ 表示来自具有概率密度函数 $f(x;\theta)$ 的分布的随机样本，$\theta\in\Omega$，其中 Ω 是一个区间集合. 假定统计量 Y_1 是 θ 的完备且充分统计量. 设 $Z=u(X_1,X_2,\cdots,X_n)$ 是任何其他统计量(不仅仅是 Y_1 的函数). 如果 Z 的分布不依赖于 θ，那么 Z 与充分统计量 Y_1 是独立的.*

上面讨论中一个有趣的问题是，不论 $\{g_1(y_1;\theta):\theta\in\Omega\}$ 是否是完备的，当 Y_1 是 θ 的充分统计量时，Y_1 与 Z 的独立性蕴含 Z 的分布不依赖于 θ. 反之，为了证明独立性，由 $g_2(z)$ 不依赖于 θ 的事实，必定需要完备性. 因此，倘若已知所研究的族 $\{g_1(y_1;\theta):\theta\in\Omega\}$ 是完备的(比如正则指数类)情况，则统计量 Z 与充分统计量 Y_1 是独立的当且仅当 Z 的分布不依赖于 θ(即 Z 是一个从属统计量).

应注意，此定理(包括正则指数类作为它的特殊公式)可立刻推广到涉及 m 个参数的概率密度函数，从而存在 m 个联合充分统计量. 例如，设 $X_1,X_2,\cdots,X_n$ 是来自具有概率密度函数 $f(x;\theta_1,\theta_2)$ 分布的随机样本，概率密度函数 $f(x;\theta_1,\theta_2)$ 表示正则指数类情况，以使存在 θ_1 与 θ_2 的两个联合完备充分统计量. 于是，任何其他统计量 $Z=u(X_1,X_2,\cdots,X_n)$ 与联合完备充分统计量是独立的当且仅当 Z 的分布不依赖于 θ_1 和 θ_2.

现在给出定理的一个例子，提供来自 $N(\mu,\sigma^2)$ 分布的样本量为 n 的随机样本均值与方差即 $\overline{X}$ 与 S^2 独立性的另一种可供选择的证明. 给出的这种证明，就仿佛没有意识到 $(n-1)S^2/\sigma^2$ 服从 $\chi^2(n-1)$，因为该事实及独立性已由定理 3.6.1 确立.

例 7.9.1　设 $X_1,X_2,\cdots,X_n$ 表示来自 $N(\mu,\sigma^2)$ 分布的样本量为 n 的随机样本. 我们知道，对于每个已知 σ^2 来说，样本的均值 $\overline{X}$ 是参数 μ 的完备充分统计量，$-\infty<\mu<\infty$. 考

察统计量

$$S^2=\frac{1}{n-1}\sum_{i=1}^{n}(X_i-\overline{X})^2$$

它是位置不变的．因而，S^2 的分布必定不依赖于 μ 的分布；从而，由定理知，μ 的完备充分统计量 S^2 与 $\overline{X}$ 是独立的． ■

例 7.9.2 设 $X_1,X_2,\cdots,X_n$ 是来自下面分布的样本量为 n 的随机样本，此分布具有概率密度函数

$$f(x;\theta)=\begin{cases}e^{-(x-\theta)}, & 0<x<\infty,-\infty<\theta<\infty\\ 0, & \text{其他}\end{cases}$$

这里概率密度函数具有形式 $f(x-\theta)$，其中 $f(w)=e^{-w}$,$0<w<\infty$，其他为 0．此外，已经知道(习题 7.4.5)，第一个次序统计量 $Y_1=\min(X_i)$是 θ 的完备充分统计量．因此，Y_i 与每一个位置不变统计量 $u(X_1,X_2,\cdots,X_n)$一定是独立的，具有如下性质：对于所有实数 d，

$$u(x_1+d,x_2+d,\cdots,x_n+d)=u(x_1,x_2,\cdots,x_n)$$

对此类统计量的解释正是 S^2、样本极差以及

$$\frac{1}{n}\sum_{i=1}^{n}[X_i-\min(X_i)]$$ ■

例 7.9.3 设 X_1，X_2 表示来自下述分布的样本量为 $n=2$ 的随机样本，此分布具有概率密度函数

$$f(x;\theta)=\begin{cases}\dfrac{1}{\theta}e^{-x/\theta}, & 0<x<\infty,\quad 0<\theta<\infty\\ 0, & \text{其他}\end{cases}$$

该概率密度函数具有形式$(1/\theta)f(x|\theta)$，其中 $f(w)=e^{-w}$,$0<w<\infty$，其他为 0．已经知道，对于 θ 来说，$Y_1=X_1+X_2$ 是一个完备充分统计量．因此，Y_1 与每个尺度不变统计量 $u(X_1,X_2)$是独立的，$u(X_1,X_2)$具有性质 $u(cx_1,cx_2)=u(x_1,x_2)$．统计量 X_1/X_2 与 $X_1/(X_1+X_2)$可对上述内容给予解释，这两个统计量分别服从 F 分布与贝塔分布． ■

例 7.9.4 设 $X_1,X_2,\cdots,X_n$ 表示来自 $N(\theta_1,\theta_2)$分布的随机样本，$-\infty<\theta_1<\infty$，$0<\theta_2<\infty$．例 7.7.2 已经证明，样本的均值 $\overline{X}$ 与方差 S^2 是 θ_1 与 θ_2 的联合完备充分统计量．考察统计量

$$Z=\frac{\sum_{1}^{n-1}(X_{i+1}-X_i)^2}{\sum_{1}^{n}(X_i-\overline{X})^2}=u(X_1,X_2,\cdots,X_n)$$

它满足性质：

$$u(cx_1+d,cx_2+d,\cdots,cx_n+d)=u(x_1,x_2,\cdots,x_n)$$

也就是说，从属统计量 Z 既与 $\overline{X}$ 独立，又与 S^2 独立． ■

本节给出几个例子，例子中的完备充分统计量与从属统计量都是独立的．因而，这些例子的从属统计量并未提供参数信息．不过，如果充分统计量不是完备的，如同下述例子所证明的，那么从属统计量就会提供某种信息．

例 7.9.5　回顾例 7.8.1 与例 7.8.2. 在那里第一个与第 n 个次序统计量 Y_1 与 Y_n 都是 θ 的最小充分统计量，其中样本来自具有概率密度函数 $\left(\frac{1}{2}\right)I_{(\theta-1,\theta+1)}(x)$ 的基础分布. $T_1=(Y_1+Y_n)/2$ 时常用作 θ 的估计量，因为它是那些作为无偏的充分统计量的函数. 下面，寻找 T_1 与从属统计量 $T_2=Y_n-Y_1$ 之间的关系.

Y_1 与 Y_n 的联合概率密度函数是

$$g(y_1,y_n;\theta)=n(n-1)(y_n-y_1)^{n-2}/2^n,\quad \theta-1<y_1<y_n<\theta+1$$

其他为 0. 从而，T_1 与 T_2 的联合概率密度函数是

$$h(t_1,t_2;\theta)=n(n-1)t_2^{n-2}/2^n,\quad \theta-1+\frac{t_2}{2}<t_1<\theta+1-\frac{t_2}{2},\quad 0<t_2<2$$

其他为 0，这是因为雅可比行列式的绝对值等于 1. 因而，T_2 的概率密度函数是

$$h_2(t_2;\theta)=n(n-1)t_2^{n-2}(2-t_2)/2^n,\quad 0<t_2<2$$

其他为 0，当然，它与 θ 无关，因为 T_2 是从属统计量. 因而，给定 $T_2=t_2$ 时 T_1 的条件概率密度函数是

$$h_{1|2}(t_1|t_2;\theta)=\frac{1}{2-t_2},\quad \theta-1+\frac{t_2}{2}<t_1<\theta+1-\frac{t_2}{2},\quad 0<t_2<2$$

其他为 0. 注意，此均匀分布在 $(\theta-1+t_2/2,\ \theta+1-t_2/2)$ 区间上；所以，T_1 的条件均值与方差分别是

$$E(T_1|t_2)=\theta\quad 与\quad \mathrm{Var}(T_1|t_2)=\frac{(2-t_2)^2}{12}$$

倘若 $T_2=t_2$，我们知道 T_1 条件方差的一些信息. 特别地，若 T_2 的观测值很大(接近于 2)，则方差就很小，这样更加信赖估计量 T_1. 另一方面，很小的 t_2 值意味着不太信任 T_1 作为 θ 的估计量. 一个极为有趣的问题是，注意这个条件方差不依赖于样本量 n，而只依赖于给定的 $T_2=t_2$ 之值. 当样本量增大时，T_2 趋于变得较大，而且在那些情况下，T_1 具有较小的条件方差. ■

从数学形式上看，例 7.9.5 证明了如下特殊情况：从属统计量在点估计方面提供了某种有益帮助，这在实际应用中也确实如此. 举一个例子，我们知道若样本量足够大，

$$T=\frac{\overline{X}-\mu}{S/\sqrt{n}}$$

就服从近似标准正态分布. 当然，当样本源自正态分布时，$\overline{X}$ 与 S 是独立的，而 T 服从自由度 $n-1$ 的 t 分布. 即使样本源自对称分布，$\overline{X}$ 与 S 也是不相关的，T 服从近似 t 分布，就样本量大约为 30 或 40 而言，则一定服从近似标准正态分布. 另一方面，倘若样本来自极度偏态分布(比如右偏)，则 $\overline{X}$ 与 S 是高度相关的，且概率 $P(-1.96<T<1.96)$ 不一定接近于 0.95，除非样本量特别大(当然要大于 30). 直观地讲，如果基础分布极度向右偏，那么就能理解这些相关为什么存在. 尽管 S 服从与 μ 无关的分布(进而是从属的)，大 S 值蕴含大 $\overline{X}$ 值，这是因为基础概率密度函数具有如图 7.9.1所示图形. 当然，小 $\overline{X}$ 值(比如小于众数)需要相对小 S 值. 这意味着除非 n 特别大，否则说

$$\overline{x}-\frac{1.96s}{\sqrt{n}},\quad \overline{x}+\frac{1.96s}{\sqrt{n}}$$

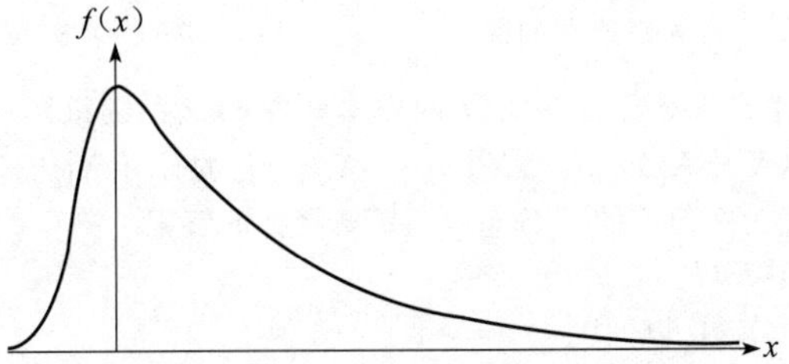

图 7.9.1 右偏分布的图形，也可参看习题 7.9.14

提供的源自非常偏态分布数据的近似 95%置信区间，风险是很大的. 实际上，确有研究者发现，对于样本量为 30～40 的情况，这个置信系数接近于 80%，而不是 95%.

习题

7.9.1 设 $Y_1<Y_2<Y_3<Y_4$ 表示来自下述分布的样本量为 $n=4$ 的随机样本次序统计量，此分布具有概率密度函数 $f(x;\theta)=1/\theta$，$0<x<\theta$，其他为 0，其中 $0<\theta<\infty$. 证明，θ 的完备充分统计量 Y_4 与统计量 Y_1/Y_4 及 $(Y_1+Y_2)/(Y_3+Y_4)$ 都是独立的.

提示：证明概率密度函数形式为 $(1/\theta)f(x|\theta)$，其中 $f(w)=1$，$0<w<1$，其他为 0.

7.9.2 设 $Y_1<Y_2<\cdots<Y_n$ 是来自分布 $N(\theta,\sigma^2)$ 随机样本的次序统计量，$-\infty<\theta<\infty$. 证明，$Z=Y_n-\overline{X}$ 的分布不依赖于 θ. 因而，$\overline{Y}=\sum_{i=1}^{n}Y_i/n$，即 θ 的完备充分统计量与 Z 是独立的.

7.9.3 设 $X_1,X_2,\cdots,X_n$ 是独立同分布的，服从分布 $N(\theta,\sigma^2)$，$-\infty<\theta<\infty$. 证明 θ 的统计量 $Z=\sum_{i=1}^{n}a_iX_i$ 与完备充分统计量 $Y=\sum_{i=1}^{n}X_i$ 是独立的充要条件为 $\sum_{i=1}^{n}a_i=0$.

7.9.4 设 X 与 Y 是随机变量，使得对于 $k=1,2,3,\cdots,E(X^k)$ 与 $E(Y^k)\neq 0$ 存在. 如果比值 X/Y 与它的分母 Y 是独立的，证明

$$E[(X/Y)^k]=E(X^k)/E(Y^k),\quad k=1,2,3,\cdots$$

提示：写成 $E(X^k)=E[Y^k(X/Y)^k]$.

7.9.5 设 $Y_1<Y_2<\cdots<Y_n$ 是来自下述分布的样本量为 n 的随机样本次序统计量，此分布具有概率密度函数 $f(x;\theta)=(1/\theta)e^{-x/\theta},0<x<\infty,0<\theta<\infty$，其他为 0. 证明，比值 $R=nY_1/\sum_{i=1}^{n}Y_i$ 与它的分母（θ 的完备充分统计量）是独立的. 运用前面习题的结果，求 $E(R^k),k=1,2,3,\cdots$.

7.9.6 设 $X_1,X_2,\cdots,X_5$ 是独立同分布的，具有概率密度函数 $f(x)=e^{-x},0<x<\infty$，其他为 0. 证明，$(X_1+X_2)/(X_1+X_2+\cdots+X_5)$ 与它的分母是独立的.

提示：概率密度函数 $f(x)$ 是 $\{f(x;\theta):0<\theta<\infty\}$ 的元素，其中 $f(x;\theta)=(1/\theta)e^{-x/\theta}$，$0<x<\infty$，其他为 0.

7.9.7 设 $Y_1<Y_2<\cdots<Y_n$ 是来自正态分布 $N(\theta_1,\theta_2)$ 的随机样本的次序统计量，其中 $-\infty<\theta_1<\infty$，$0<\theta_2<\infty$. 证明，θ_1 与 θ_2 的联合完备充分统计量 $\overline{X}=\overline{Y}$ 及 S^2 与 $(Y_n-\overline{Y})/S$ 及 $(Y_n-Y_1)/S$ 都是独立的.

7.9.8 设 $Y_1<Y_2<\cdots<Y_n$ 是来自下述分布随机样本的次序统计量，$\theta_1<x<\infty$，此分布具有概率密度函数

$$f(x;\theta_1,\theta_2)=\frac{1}{\theta_2}\exp\left(-\frac{x-\theta_1}{\theta_2}\right)$$

其他为 0，其中 $-\infty<\theta_1<\infty,0<\theta_2<\infty$. 证明，参数 θ_1 与 θ_2 的联合完备充分统计量 Y_1 及 $\overline{X}=\overline{Y}$

与 $(Y_2-Y_1)/\sum_{i=1}^{n}(Y_i-Y_1)$ 是独立的.

7.9.9　设 $X_1,X_2,\cdots,X_5$ 是来自正态分布 $N(0,\theta)$的样本量为 $n=5$ 的随机样本.

(a) 证明：比值 $R=(X_1^2+X_2^2)/(X_1^2+X_2^2+\cdots+X_5^2)$与它的分母 $X_1^2+X_2^2+\cdots+X_5^2$ 是独立的.

(b) $5R/2$ 服从自由度为 2 与 5 的 F 分布吗？请解释你的答案.

(c) 运用例 7.9.4 计算 $E(R)$.

7.9.10　参考本节例 7.9.5，求 c，以使

$$P(-c<T_1-\theta<c\,|\,T_2=t_2)=0.95$$

利用这个结果，求给定 $T_2=t_2$ 时 θ 的 95%置信区间；同时注意当 t_2 范围变得比较大时，置信区间的长度如何变得更小.

7.9.11　证明：$Y=|X|$是 $\theta>0$ 的完备充分统计量，其中对于$-\theta<x<\theta$，X 具有概率密度函数 $f_X(x;\theta)=1/(2\theta)$，其他为 0. 证明，$Y=|X|$与 $Z=\mathrm{sgn}(X)$是独立的.

7.9.12　设 $Y_1<Y_2<\cdots<Y_n$ 是来自分布 $N(\theta,\sigma^2)$的随机样本次序统计量，其中 σ^2 是固定的，但却是任意的. 于是，$\overline{Y}=\overline{X}$ 是 θ 的完备充分统计量. 考察 θ 的另一个估计量，比如 $T=(Y_i+Y_{n+1-i})/2$，对于 $i=1,2,\cdots,[n/2]$，或者 T 可以是这些统计量的任何加权平均.

(a) 证明：$T-\overline{X}$ 与 $\overline{X}$ 是独立随机变量.

(b) 证明：$\mathrm{Var}(T)=\mathrm{Var}(\overline{X})+\mathrm{Var}(T-\overline{X})$.

(c) 由于已经知道 $\mathrm{Var}(\overline{X})=\sigma^2/n$，用蒙特卡罗方法估计 $\mathrm{Var}(T-\overline{X})$从而估计 $\mathrm{Var}(T)$，比直接估计 $\mathrm{Var}(T)$更有效，因为 $\mathrm{Var}(T)\geqslant\mathrm{Var}(T-\overline{X})$. 这时常称为*蒙特卡罗骗局*(Monte Carlo Swindle).

7.9.13　假定 $X_1,X_2,\cdots,X_n$ 是来自下述分布的随机样本，此分布具有概率密度函数 $f(x;\theta)=(1/2)\theta^3x^3\mathrm{e}^{-\theta x}$，$0<x<\infty$，其他为 0，其中 $0<\theta<\infty$.

(a) 求 θ 的极大似然估计量$\hat{\theta}$. $\hat{\theta}$是无偏的吗？

提示：求 $Y=\sum_1^n X_i$ 的概率密度函数，然后计算 $E(\hat{\theta})$.

(b) 证明：Y 是 θ 的完备充分统计量.

(c) 求 θ 的极小方差无偏估计量.

(d) 证明：X_1/Y 与 Y 是独立的.

(e) X_1/Y 的分布是什么样的？

7.9.14　图 7.9.1 所画的概率密度函数由

$$f_{m_2}(x)=\mathrm{e}^{-x}(1+m_2^{-1}\mathrm{e}^{-x})^{-(m_2+1)},\quad -\infty<x<\infty \tag{7.9.2}$$

给出，其中 $m_2>0$(此概率密度函数图形是 $m_2=0.1$ 时的). 其从属于概率密度函数很大一类族——$\log F$ 族的，这在生存(寿命)分析中极为有用；参看 Hettmansperger 和 McKean(2011)的第 3 章.

(a) 设 W 是具有概率密度函数(7.9.2)的随机变量. 证明，$W=\log Y$，其中 Y 服从自由度为 2 与 $2m_2$ 的 F 分布.

(b) 证明：当 $m_2=1$ 时，概率密度函数变成 logstic(6.1.8).

(c) 考察位置模型

$$X_i=\theta+W_i\quad i=1,2,\cdots,n$$

其中 $W_1,W_2,\cdots,W_n$ 是独立同分布的，具有概率密度函数(7.9.2). 类似于 logstic 位置模型，次序统计量是该模型的最小充分统计量. 和例 6.1.2 类似，证明 θ 的极大似然估计量存在.

第8章 最优假设检验

8.1 最大功效检验

前面 4.5 节已经引入了假设检验的概念，随后第 6 章介绍了似然比检验. 本章将讨论某些最佳检验.

为了方便读者学习，下面几段内容快速回顾 4.5 节曾阐述的检验概念. 我们对随机变量 X 感兴趣，这里 X 具有概率密度函数或概率质量函数 $f(x;\theta)$，其中 $\theta\in\Omega$. 假定 $\theta\in\omega_0$ 或 $\theta\in\omega_1$，其中 ω_0 与 ω_1 均是 Ω 的子集，并且 $\omega_0\cup\omega_1=\Omega$. 将假设记成

$$H_0:\theta\in\omega_0 \quad \text{vs} \quad H_1:\theta\in\omega_1 \tag{8.1.1}$$

假设 H_0 称为**零假设**(null hypothesis，又称原假设)，而 H_1 称为**备择假设**(alternative hypothesis，又称备选假设). 检验 H_0 vs H_1 建立在源自 X 分布的样本 $X_1,X_2,\cdots,X_n$ 基础上. 在这一章，经常用向量 $\boldsymbol{X}'=(X_1,X_2,\cdots,X_n)$ 表示随机样本，并用 $\boldsymbol{x}'=(x_1,x_2,\cdots,x_n)$ 表示样本值. 设$\mathcal{S}$表示随机样本 $\boldsymbol{X}'=(X_1,X_2,\cdots,X_n)$的支集.

H_0 vs H_1 **检验**建立在$\mathcal{S}$的子集 C 基础上. 此集合 C 称为**临界区域**(critical region)，而它所对应的决策规则是

$$\begin{aligned}&\text{当 } \boldsymbol{X}\in C, \quad \text{拒绝 } H_0(\text{接受 } H_1)\\ &\text{当 } \boldsymbol{X}\in C^c, \quad \text{保留 } H_0(\text{拒绝 } H_1)\end{aligned} \tag{8.1.2}$$

注意，一个检验可由它的临界区域来定义. 反之，临界区域亦可定义一个检验.

回顾 2×2 决策表 4.5.1，它依据真实状态类型概括出假设检验的结果. 除正确决策之外，会出现两种错误. 当 H_0 成立时(或 H_0 为真时)，若拒绝 H_0，就产生**第Ⅰ类**错误(type I error)，而当 H_1 成立时，若接受 H_0，就产生**第Ⅱ类**错误(type Ⅱ error). 检验**水平**(size)或**显著性水平**(significance level)是产生第Ⅰ类错误的概率，即

$$\alpha=\max_{\theta\in\omega_0}P_\theta(\boldsymbol{X}\in C) \tag{8.1.3}$$

注意，$P_\theta(\boldsymbol{X}\in C)$应读成当 θ 为真实参数时 $\boldsymbol{X}\in C$ 的概率. 在检验水平为 α 条件下，我们选择使第Ⅱ类错误最小化，或等价地使当 $\theta\in\omega_1$ 时拒绝 H_0 的概率最大化. 前面提及，检验功效函数由

$$\gamma_C(\theta)=P_\theta(\boldsymbol{X}\in C); \quad \theta\in\omega_1 \tag{8.1.4}$$

给出.

在第 4 章，已经给出了假设检验的一些例子，而且 6.3 节和 6.4 节已经讨论了建立在极大似然理论基础上的检验. 在本章，我们想要构建某些情况下的最佳检验.

这里以一个简单假设 H_0 vs 简单备择假设 H_1 开始讨论. 设 $f(x;\theta)$表示随机变量 X 的概率密度函数或概率质量函数，其中 $\theta\in\Omega=\{\theta',\theta''\}$. 设 $\omega_0=\{\theta'\}$，而 $\omega_1=\{\theta''\}$. 设$\boldsymbol{X}'=(X_1,X_2,\cdots,X_n)$是来自 X 的分布的随机样本. 现在，对简单假设 H_0 vs 备择简单假设 H_1 的检验来说，我们定义一个最优临界区域(从而是一个最佳检验).

定义 8.1.1 设 C 表示样本空间的子集. 如果

(a) $P_{\theta'}[\boldsymbol{X}\in C]=\alpha$.

(b) 对样本空间中的每一个子集 A 来说，

$$P_{\theta'}[\boldsymbol{X}\in A]=\alpha \Rightarrow P_{\theta''}[\boldsymbol{X}\in C]\geqslant P_{\theta''}[\boldsymbol{X}\in A]$$

称 C 是关于简单假设 $H_0:\theta=\theta'$ vs 备择简单假设 $H_1:\theta=\theta''$ 的检验水平为 α 的**最优临界域**.

事实上，这个定义可如下表述：一般地讲，样本空间子集 A 存在多重性，使得 $P_{\theta'}[\boldsymbol{X}\in A]=\alpha$. 假定这些子集中存在一个集合比如 C，使得当 H_1 成立时，与关于 C 的检验功效至少与关于 A 的检验功效一样大. 那么，就将 C 定义成检验 H_0 vs H_1 的水平为 α 的最优临界域.

正如定理 8.1.1 所证明的，对这种简单假设 vs 备择简单假设情况来说，存在一个最佳检验. 不过，首先给出一个简单例子，以某种详细方式研究该定义.

例 8.1.1 考察服从二项分布的单一随机变量 X，具有 $n=5$ 与 $p=\theta$. 设 $f(x;\theta)$ 表示 X 的概率质量函数，并设 $H_0:\theta=\frac{1}{2}$ 与 $H_1:\theta=\frac{3}{4}$. 下面的表格给出在正概率密度点上 $f\left(x;\frac{1}{2}\right)$，$f\left(x;\frac{3}{4}\right)$ 的值以及 $f\left(x;\frac{1}{2}\right)/f\left(x;\frac{3}{4}\right)$ 比值.

x	0	1	2	3	4	5
$f(x;1/2)$	1/32	5/32	10/32	10/32	5/32	1/32
$f(x;3/4)$	1/1024	15/1024	90/1024	270/1024	405/1024	243/1024
$f(x;1/2)/f(x;3/4)$	32/1	32/3	32/9	32/27	32/81	32/243

我们将使用 X 的一个随机变量对简单假设 $H_0:\theta=\frac{1}{2}$ vs 备择简单假设 $H_1:\theta=\frac{3}{4}$ 进行检验，并首先对检验的显著性水平设定为 $\alpha=\frac{1}{32}$. 寻找水平 $\alpha=\frac{1}{32}$ 的最优临界区域. 如果 $A_1=\{x:x=0\}$ 且 $A_2=\{x:x=5\}$，那么 $P_{\{\theta=1/2\}}(X\in A_1)=P_{\{\theta=1/2\}}(X\in A_2)=\frac{1}{32}$，同时不存在空间 $\{x:x=0,1,2,3,4,5\}$ 的任何其他子集 A_3，使得 $P_{\{\theta=1/2\}}(X\in A_3)=\frac{1}{32}$. 于是，要么 A_1 是检验 H_0 vs H_1 水平 α 的最优临界区域，要么 A_2 是检验 H_0 vs H_1 水平 α 的最优临界区域. 注意，$P_{\{\theta=1/2\}}(X\in A_1)=\frac{1}{32}$ 与 $P_{\{\theta=3/4\}}(X\in A_1)=\frac{1}{1024}$，因而，当用集合 A_1 作为水平 $\alpha=\frac{1}{32}$ 的临界区域，则有下述尴尬情况：当 H_1 成立(H_0 不成立)时，拒绝 H_0 的概率远小于当 H_0 成立时拒绝 H_0 的概率.

另一方面，当用集合 A_2 作为临界区域，则 $P_{\{\theta=1/2\}}(X\in A_2)=\frac{1}{32}$ 且 $P_{\{\theta=3/4\}}(X\in A_2)=\frac{243}{1024}$. 也就是说，当 H_1 成立时，拒绝 H_0 的概率远大于当 H_0 成立时拒绝 H_0 的概率. 诚

然，这是更符合人们意愿的情形，而且实际上 A_2 是水平 $\alpha=\frac{1}{32}$的最优临界区域. 后者表述源于下面事实：当 H_0 成立时，存在样本空间的两个子集 A_1 与 A_2，它们中每一个概率测度都是$\frac{1}{32}$，同时

$$\frac{243}{1024}=P_{\{\theta=3/4\}}(X\in A_2)>P_{\{\theta=3/4\}}(X\in A_1)=\frac{1}{1024}$$

在这一问题中，应注意，水平 $\alpha=\frac{1}{32}$的最优临界区域 $C=A_2$，这是因为对 C 中所有点，$f(x;1/2)$都小于 $f\left(x;\frac{3}{4}\right)$. 一旦发现比值 $f\left(x;\frac{1}{2}\right)/f\left(x;\frac{3}{4}\right)$在 $x=5$ 处是最小值，这看起来就确实成立. 因此，上面表格最后一行给出的 $f\left(x;\frac{1}{2}\right)/f\left(x;\frac{3}{4}\right)$比值为我们提供了一种精确工具，通过它可对 x 的特定取值找到最优临界区域C. 为了理解这一点，取$\alpha=\frac{6}{32}$. 当 H_0 成立时，每一个子集都具有概率测度$\frac{6}{32}$. 经过直接计算，可以发现，此水平最优临界区域是$\{x:x=4,5\}$. 这反映出下述事实：$f\left(x;\frac{1}{2}\right)/f\left(x;\frac{3}{4}\right)$比值在 $x=4$ 与$x=5$处具有两个最小值. 水平为 $\alpha=\frac{6}{32}$的检验功效是

$$P_{\{\theta=3/4\}}(X=4,5)=\frac{405}{1024}+\frac{243}{1024}=\frac{648}{1024}$$ ■

依据先前奈曼和皮尔逊(Neyman 和 Pearson)的研究认识，通过上面例子，可以更容易理解下述定理. 这是一个重要定理，因为它提供了确定最优临界区域的一种系统方法.

定理 8.1.1(奈曼和皮尔逊定理) 设 $X_1,X_2,\cdots,X_n$ 表示来自具有概率密度函数或概率质量函数 $f(x;\theta)$的分布的一个随机样本，其中 n 是固定正整数. 于是，$X_1,X_2,\cdots,X_n$ 的似然是

$$L(\theta;x)=\prod_{i=1}^{n}f(x_i;\theta),\quad 对于\ x'=(x_1,x_2,\cdots,x_n)$$

设 θ'与 θ''表示 θ 的不同固定值，因此 $\Omega=\{\theta:\ \theta=\theta',\ \theta''\}$，并设 k 是一个正数. 设 C 是样本空间的子集，使得

(a) $\frac{L(\theta';\boldsymbol{x})}{L(\theta'';\boldsymbol{x})}\leqslant k$，对于每一个点 $\boldsymbol{x}\in C$.

(b) $\frac{L(\theta';\boldsymbol{x})}{L(\theta'';\boldsymbol{x})}\geqslant k$，对于每一个点 $\boldsymbol{x}\in C^c$.

(c) $\alpha=P_{H_0}[\boldsymbol{X}\in C]$.

那么，C 是简单假设 $H_0:\theta=\theta'$ vs 备择简单假设 $H_1:\theta=\theta''$的检验水平 α 的最优临界区域.

证：这里给出随机变量是连续型情况的证明. 若 C 是水平 α 的唯一临界区域，则定理得证. 如果存在另一个水平 α 的临界区域，用 A 表示它. 为了方便起见，用 $\int_R L(\theta)$ 表示

$\int\underset{R}{\cdots}\int L(\theta;x_1,x_2,\cdots,x_n)\mathrm{d}x_1\mathrm{d}x_2\cdots\mathrm{d}x_n$. 运用这种符号，想要证明

$$\int_C L(\theta'') - \int_A L(\theta'') \geqslant 0$$

由于 C 是不相交集 $C\cap A$ 与 $C\cap A^c$ 的并，同时 A 是不相交集合 $A\cap C$ 与 $A\cap C^c$ 的并，故得出

$$\begin{aligned}\int_C L(\theta'') - \int_A L(\theta'') &= \int_{C\cap A} L(\theta'') + \int_{C\cap A^c} L(\theta'') - \int_{A\cap C} L(\theta'') - \int_{A\cap C^c} L(\theta'') \\ &= \int_{C\cap A^c} L(\theta'') - \int_{A\cap C^c} L(\theta'')\end{aligned} \tag{8.1.5}$$

然而，由定理假设知，对于 C 中每一个点有 $L(\theta'')\geqslant(1/k)L(\theta')$，从而对 $C\cap A^c$ 中每一点此不等式也成立，因而

$$\int_{C\cap A^c} L(\theta'') \geqslant \frac{1}{k}\int_{C\cap A^c} L(\theta')$$

不过，对于 C^c 中每一点有 $L(\theta'')\leqslant(1/k)L(\theta')$，从而对于 $A\cap C^c$ 中每一点有上述不等式也成立．因此

$$\int_{A\cap C^c} L(\theta'') \leqslant \frac{1}{k}\int_{A\cap C^c} L(\theta')$$

这些不等式蕴含

$$\int_{C\cap A^c} L(\theta'') - \int_{A\cap C^c} L(\theta'') \geqslant \frac{1}{k}\int_{C\cap A^c} L(\theta') - \frac{1}{k}\int_{A\cap C^c} L(\theta')$$

并且由式(8.1.5)，得出

$$\int_C L(\theta'') - \int_A L(\theta'') \geqslant \frac{1}{k}\left[\int_{C\cap A^c} L(\theta') - \int_{A\cap C^c} L(\theta')\right] \tag{8.1.6}$$

然而

$$\begin{aligned}\int_{C\cap A^c} L(\theta') - \int_{A\cap C^c} L(\theta') &= \int_{C\cap A^c} L(\theta') + \int_{C\cap A} L(\theta') - \int_{A\cap C} L(\theta') - \int_{A\cap C^c} L(\theta') \\ &= \int_C L(\theta') - \int_A L(\theta') = \alpha - \alpha = 0\end{aligned}$$

将此结果代入不等式(8.1.6)中，得到期待的结果，

$$\int_C L(\theta'') - \int_A L(\theta'') \geqslant 0$$

倘若随机变量是离散型的，则用求和代替积分，证明过程完全一样． ■

注释 8.1.1　正如定理所述，(a)、(b)以及(c)条件是使区域 C 成为水平 α 的最优临界区域的充分条件．然而，它们也是必要条件．为此，我们简略地讨论这一点．假定存在一个水平 α 的区域 A 并不满足(a)与(b)，同时如同 C 一样在 $\theta=\theta''$ 处具有功效，满足(a)、(b)以及(c)．从而，式(8.1.5)会是 0，因为利用 A 在 θ'' 处的功效等于利用 C 的功效．可以证明，为了得到式(8.1.5)等于 0，A 必须具有与 C 相同的形式．事实上，在连续情况下，A 与 C 基本上会是一样的区域；也就是说，它们只相差一个具有 0 概率的集合．但是，在离散情况下，如果 $P_{H_0}[L(\theta')=kL(\theta'')]$ 是正的，那么 A 与 C 可能是不同的集合，可是它

们均必然具有条件(a)、(b)以及(c)成为水平 α 的最优临界区域. ■

看起来，一个检验应该具有下述性质：检验功效应永远不低于它的显著性水平；否则，错误拒绝 H_0 的概率(水平)大于正确拒绝 H_0(功效)的概率.

我们称具有这种性质的检验为**无偏的**(unbiased)，现在正式给出其定义.

定义 8.1.2 设 X 是具有概率密度函数或概率质量函数 $f(x;\theta)$ 的随机变量，其中 $\theta\in\Omega$. 考察式(8.1.1)给出的假设. 设 $\boldsymbol{X}'=(X_1,X_2,\cdots,X_n)$ 表示 X 的随机样本. 考察临界区域 C 与水平 α 检验. 我们称这个检验是无偏的，如果

$$P_\theta(\boldsymbol{X}\in C)\geqslant\alpha$$

对于所有 $\theta\in\omega_1$.

如同下面推论所证明的，定理 8.1.1 给出的最佳检验是无偏检验.

推论 8.1.1 如同定理 8.1.1 一样，设 C 是 $H_0:\theta=\theta'$ vs $H_1:\theta=\theta''$ 最佳检验的临界区域. 假定检验的显著性水平是 α. 设 $\gamma_C(\theta'')=P_{\theta''}[\boldsymbol{X}\in C]$ 表示检验的功效，则 $\alpha\leqslant\gamma_C(\theta'')$.

证： 考察忽视数据情况下的"不合理"检验，然而却可实施伯努利试验，其成功概率为 α. 当试验以成功而告终，拒绝 H_0. 此检验水平也是 α. 由于当 H_1 成立时，检验功效是拒绝 H_0 的概率，所以这个不合理检验的功效也是 α. 但是，C 是水平 α 的最优临界区域，因而，其功效大于或等于不合理检验的功效. 也就是说，$\gamma_C(\theta'')\geqslant\alpha$，这是期待的结果. ■

需要强调定理 8.1.1 的另一方面，倘若将 C 取成满足

$$\frac{L(\theta';\boldsymbol{x})}{L(\theta'';\boldsymbol{x})}\leqslant k,\quad k>0$$

所有点 $\boldsymbol{x}$ 的集合，则依据定理，C 将是一个最优临界区域. 这个不等式时常以下述两种形式(其中 c_1 与 c_2 均为常数)

$$u_1(\boldsymbol{x};\theta',\theta'')\leqslant c_1$$

或

$$u_2(\boldsymbol{x};\theta',\theta'')\geqslant c_2$$

之一表示. 假定它是第一种形式，$u_1\leqslant c_1$. 由于 θ' 与 θ'' 都是已知常数，所以 $u_1(\boldsymbol{X};\theta',\theta'')$ 是一个统计量，而且如果当 H_0 成立时，可求出该统计量的概率密度函数或概率质量函数，那么检验 H_0 vs H_1 的显著性水平可以由这个分布确定. 也就是

$$\alpha=P_{H_0}[u_1(\boldsymbol{X};\theta',\theta'')\leqslant c_1]$$

此外，检验可建立在这种统计量基础上，倘若 $\boldsymbol{X}$ 的观测值向量值是 $\boldsymbol{x}$，当 $u_1(\boldsymbol{x})\leqslant c_1$，就拒绝 H_0(接受 H_1).

正数 k 确定了最优临界区域 C，对于特定 k，C 的水平是 $\alpha=P_{H_0}[\boldsymbol{X}\in C]$. 或许会出现下面情况：就正在考虑的目的而言，$\alpha$ 这个值并不合适，也就是说，它要么太大，要么太小. 然而，如同上一段一样，如果存在一个统计量 $u_1(\boldsymbol{X})$，当 H_0 成立时，可求出 $u_1(\boldsymbol{X})$ 的概率密度函数或概率质量函数，那么就不需对 k 的各种值做试验以便获得满意的显著性水平. 倘若统计量分布已知或能求出，则可确定 c_1，使得 $P_{H_0}[u_1(\boldsymbol{X})\leqslant c_1]$ 具有满意的显著性水平.

现在，给出一个示例.

例 8.1.2 设 $\boldsymbol{X}'=(X_1,X_2,\cdots,X_n)$ 表示来自下述分布的随机样本，此分布具有概率密

度函数

$$f(x;\theta)=\frac{1}{\sqrt{2\pi}}\exp\left(-\frac{(x-\theta)^2}{2}\right),\quad -\infty<x<\infty$$

人们想要对简单假设 $H_0:\theta=\theta'=0$ vs 备择简单假设 $H_1:\theta=\theta''=1$ 进行检验，现在

$$\frac{L(\theta';\boldsymbol{x})}{L(\theta'';\boldsymbol{x})}=\frac{(1/\sqrt{2\pi})^n\exp\left[-\sum_1^n x_i^2/2\right]}{(1/\sqrt{2\pi})^n\exp\left[-\sum_1^n (x_i-1)^2/2\right]}=\exp\left(-\sum_1^n x_i+\frac{n}{2}\right)$$

若 $k>0$，则

$$\exp\left(-\sum_1^n x_i+\frac{n}{2}\right)\leqslant k$$

所有点的集合$(x_1,x_2,\cdots,x_n)$是最优临界区域．这个不等式成立当且仅当

$$-\sum_1^n x_i+\frac{n}{2}\leqslant \log k$$

或等价地

$$\sum_1^n x_i\geqslant \frac{n}{2}-\log k=c$$

在此情况下，最优临界区域是集合$C=\left\{(x_1,x_2,\cdots,x_n):\sum_1^n x_i\geqslant c\right\}$，其中 c 表示常数，而且确定 c 以使临界区域的水平是令人满意的 α．例如，事件 $\sum_1^n X_i\geqslant c$ 等价于事件 $\overline{X}\geqslant c/n=c_1$，因此检验可建立在统计量 $\overline{X}$ 基础上．当 H_0 成立时，即 $\theta=\theta'=0$，则 $\overline{X}$ 服从分布 $N(0,1/n)$．给定显著性水平 α，可利用 R 计算出数值 c_1，也就是 $c_1=\text{qnorm}(1-\alpha,0,1/\sqrt{n})$，因此，$P_{H_0}(\overline{X}\geqslant c_1)=\alpha$．因此，如果 $X_1,X_2,\cdots,X_n$ 的实验值分别是$(x_1,x_2,\cdots,x_n)$，可计算出 $\overline{x}=\sum_1^n x_i/n$．当 $\overline{x}\geqslant c_1$，则在显著性水平 α 上拒绝简单假设 $H_0:\theta=\theta'=0$；当 $\overline{x}<c_1$时，则接受假设 H_0．当 H_0 为真时，拒绝 H_0 的概率是 α，即显著性水平；当 H_0 不成立时，拒绝 H_0 的概率是检验功效在 $\theta=\theta''=1$ 处的值．也就是

$$P_{H_1}(\overline{X}\geqslant c_1)=\int_{c_1}^{\infty}\frac{1}{\sqrt{2\pi}\sqrt{1/n}}\exp\left[-\frac{(\overline{x}-1)^2}{2(1/n)}\right]\mathrm{d}\overline{x}\tag{8.1.7}$$

例如，如果 $n=25$，并且取 α 为 0.05，利用 R 计算 $c_1=$ `qnorm(0.95,0,1/5)=0.329`．因此，给定式(8.1.7)，可用 `1-pnorm(0.329,1,1/5)=0.9996` 来计算 $\theta=1$ 的检验功效．■

这个定理的另一个方面证实了特定的说法．它与概率密度函数中出现的参数个数有关．我们这里的记号表明，只存在一个参数．然而，仔细检查证明就会发现任何地方都不需要或假定这一点．概率密度函数或概率质量函数依赖于任何有限个参数．所谓基本内容是，假设 H_0 与备择假设 H_1 都是简单的，也就是它们完全设定了分布．记住这一点，可以看到，简单假设 H_0 与 H_1 不必是关于分布参数的假设，实际上，随机变量 $X_1,X_2,\cdots,X_n$ 也不必是独立的．也就是说，如果 H_0 是简单假设——联合概率密度函数或概率质量函

数是 $g(x_1,x_2,\cdots,x_n)$，同时 H_1 是备择简单假设——联合概率密度函数或概率质量函数是 $h(x_1,x_2,\cdots,x_n)$，那么倘若，对于 $k>0$，

1. $\dfrac{g(x_1,x_2,\cdots,x_n)}{h(x_1,x_2,\cdots,x_n)}\leqslant k$，对于 $(x_1,x_2,\cdots,x_n)\in C$

2. $\dfrac{g(x_1,x_2,\cdots,x_n)}{h(x_1,x_2,\cdots,x_n)}\geqslant k$，对于 $(x_1,x_2,\cdots,x_n)\in C^c$

3. $\alpha=P_{H_0}[(X_1,X_2,\cdots,X_n)\in C]$

则 C 是检验 H_0 vs H_1 的水平 α 的最优临界区域．考察下面的例子．

例 8.1.3 设 $X_1,X_2,\cdots,X_n$ 表示 X 上的随机样本，其概率质量函数 $f(x)$ 的支集是 $\{0,1,2,\cdots\}$．人们希望对简单假设检验

$$H_0: f(x)=\begin{cases}\dfrac{e^{-1}}{x!}, & x=0,1,2,\cdots\\ 0, & \text{其他}\end{cases}$$

与备择简单假设

$$H_1: f(x)=\begin{cases}\left(\dfrac{1}{2}\right)^{x+1}, & x=0,1,2,\cdots\\ 0, & \text{其他}\end{cases}$$

进行检验．也就是说，我们想要检验 X 是服从 $\lambda=1$ 的泊松分布还是 $p=1/2$ 的几何分布．这里

$$\frac{g(x_1,x_2,\cdots,x_n)}{h(x_1,x_2,\cdots,x_n)}=\frac{e^{-n}/(x_1!x_2!\cdots x_n!)}{\left(\dfrac{1}{2}\right)^n\left(\dfrac{1}{2}\right)^{x_1+x_2+\cdots+x_n}}=\frac{(2e^{-1})^n 2^{\sum x_i}}{\prod\limits_1^n(x_i!)}$$

若 $k>0$，使得

$$\left(\sum_1^n x_i\right)\log 2-\log\left[\prod_1^n(x_i!)\right]\leqslant \log k-n\log(2e^{-1})=c$$

所有点 $(x_1,x_2,\cdots,x_n)$ 的集合是最优临界区域 C．考察 $k=1$ 与 $n=1$ 的情况．前面不等式写成 $2^{x_1}/x_1!\leqslant e/2$．集合 $C=\{x_1:x_1=0,3,4,5,\cdots\}$ 的所有点都使此不等式成立．利用 R 计算显著性水平是

$$P_{H_0}(X_1\in C)=1-P_{H_0}(X_1=1,2)=1-\text{dpois}(1,1)-\text{dpois}(2,1)=0.4482$$

H_1 的检验功效由

$$P_{H_1}(X_1\in C)=1-P_{H_1}(X_1=1,2)=1-\left(\frac{1}{4}+\frac{1}{8}\right)=0.625$$

给出． ■

注意，这些结果和推论 8.1.1 一致．

注释 8.1.2 在本节符号下，称 C 是一个临界区域，使得

$$\alpha=\int_C L(\theta'),\quad \beta=\int_{C^c}L(\theta'')$$

其中 α 与 β 等于与 C 有关的第Ⅰ类错误与第Ⅱ类错误的概率．设 d_1 与 d_2 是两个已知正常数．考察 α 与 β 的某个线性函数，即

$$d_1\int_C L(\theta')+d_2\int_{C^c} L(\theta'')=d_1\int_C L(\theta')+d_2\left[1-\int_C L(\theta'')\right]=d_2+\int_C[d_1L(\theta')-d_2L(\theta'')]$$

倘若想要最小化此式，则将选取 C 为使得

$$d_1L(\theta')-d_2\,L(\theta'')<0$$

$(x_1,x_2,\cdots,x_n)$的集合，或等价地，

$$\frac{L(\theta')}{L(\theta'')}<\frac{d_2}{d_1},\quad \text{对于所有的}(x_1,x_2,\cdots,x_n)\in C$$

根据奈曼-皮尔逊定理，这给出了满足 $k=d_2/d_1$ 的最优临界区域. 也就是说，这个临界区域 C 是使 $d_1\alpha+d_2\beta$ 极小化的那个区域. 可能存在其他的临界区域，包括满足 $L(\theta')/L(\theta'')=d_2/d_1$ 的点，但是根据奈曼-皮尔逊定理，这些区域仍是最优临界区域. ■

习题

8.1.1　在例 8.1.2 中，设简单假设为 $H_0:\theta=\theta'=0$ 与 $H_1:\theta=\theta''=-1$. 证明，H_0 vs H_1 的最佳检验可利用统计量 $\overline{X}$ 来完成，并且如果 $n=25$ 而 $\alpha=0.05$，那么当 H_1 成立时检验功效是 0.9996.

8.1.2　设随机变量 X 具有概率密度函数 $f(x;\theta)=(1/\theta)\mathrm{e}^{-x/\theta}$，$0<x<\infty$，其他为 0. 考察简单假设 $H_0:\theta=\theta'=2$ 与备择假设 $H_1:\theta=\theta''=4$. 设 X_1，X_2 表示来自此分布的样本量为 2 的随机样本. 证明，H_0 vs H_1 的最佳检验可利用统计量 X_1+X_2 来完成.

8.1.3　当 $H_1:\theta=\theta''=6$ 时，重新做习题 8.1.2. 对于 $\theta''>2$ 所有可能情况加以推广.

8.1.4　设 $X_1,X_2,\cdots,X_{10}$ 是来自正态分布 $N(0,\sigma^2)$ 的样本量为 10 的随机样本. 求 $H_0:\sigma^2=1$ vs $H_1:\sigma^2=2$ 检验水平 $\alpha=0.05$ 的最优临界区域. 这会是 $H_0:\sigma^2=1$ vs $H_1:\sigma^2=4$ 检验水平 0.05 的最优临界区域吗？而对 $H_1:\sigma^2=\sigma_1^2>1$ 的情形，会怎样呢？

8.1.5　如果 $X_1,X_2,\cdots,X_n$ 是来自下述分布的随机样本，此分布具有概率密度函数形式为 $f(x;\theta)=\theta x^{\theta-1}$，$0<x<1$，其他为 0，证明，检验 $H_0:\theta=1$ vs $H_1:\theta=2$ 的最优临界区域是 $C=\{(x_1,x_2,\cdots,x_n):c\leqslant\prod_{i=1}^n x_i\}$.

8.1.6　设 $X_1,X_2,\cdots,X_{10}$ 是来自分布 $N(\theta_1,\theta_2)$ 的随机样本. 求简单假设 $H_0:\theta_1=\theta_1'=0$，$\theta_2=\theta_2'=1$ vs 备择简单假设 $H_1:\theta_1=\theta_1''=1$，$\theta_2=\theta_2''=4$ 的最佳检验.

8.1.7　设 $X_1,X_2,\cdots,X_n$ 表示来自正态分布 $N(\theta,100)$ 的随机样本. 证明，$C=\left\{(x_1,x_2,\cdots,x_n):c\leqslant\overline{x}=\sum_1^n x_i/n\right\}$ 是检验 $H_0:\theta=75$ vs $H_1:\theta=78$ 的最优临界区域. 求 n 与 c，使其大致满足

$$P_{H_0}[(X_1,X_2,\cdots,X_n)\in C]=P_{H_0}(\overline{X}\geqslant c)=0.05$$

与

$$P_{H_1}[(X_1,X_2,\cdots,X_n)\in C]=P_{H_1}(\overline{X}\geqslant c)=0.90$$

8.1.8　设 $X_1,X_2,\cdots,X_n$ 是来自参数为 $\alpha=\beta=\theta>0$ 的贝塔分布的随机样本，求检验 $H_0:\theta=1$ vs $H_1:\theta=2$ 的最优临界区域.

8.1.9　设 $X_1,X_2,\cdots,X_n$ 是独立同分布的，具有概率质量函数 $f(x;p)=p^x(1-p)^{1-x}$，$x=0,1$，其他为 0. 证明 $C=\left\{(x_1,x_2,\cdots,x_n):\sum_1^n x_i\leqslant c\right\}$ 是检验 $H_0:p=1/2$ vs $H_1:p=1/3$ 的最优临界区域. 利用中心极限定理，求 n 与 c，使其大致满足 $P_{H_0}\left(\sum_1^n X_i\leqslant c\right)=0.10$ 与 $P_{H_1}\left(\sum_1^n X_i\leqslant c\right)=0.80$.

8.1.10　设 $X_1,X_2,\cdots,X_{10}$ 表示来自均值为 θ 的泊松分布的样本量为 10 的随机样本. 证明，由 $\sum_1^{10} x_i \geqslant 3$ 所定义的临界区域是检验 $H_0:\theta=0.1$ vs $H_1:\theta=0.5$ 的最优临界区域. 对于这个检验，求显著性水平 α 以及在 $\theta=0.5$ 处的功效. 可利用 R 函数 ppois 来计算

8.2　一致最大功效检验

这一节将讨论对简单假设 H_0 vs 备择复合假设 H_1 进行检验的问题. 我们以一个例子开始.

例 8.2.1　考察习题 8.1.2 与习题 8.1.3 中的概率密度函数

$$f(x;\theta)=\begin{cases}\dfrac{1}{\theta}e^{-x/\theta}, & 0<x<\infty\\ 0, & 其他\end{cases}$$

人们想要检验简单假设 $H_0:\theta=2$ vs 备择复合假设 $H_1:\theta>2$. 因而，$\Omega=\{\theta:\theta\geqslant 2\}$. 这里使用样本量为 $n=2$ 的随机样本，而临界区域是 $C=\{(x_1,x_2):9.5\leqslant x_1+x_2<\infty\}$. 可以证明，所述例题检验的显著性水平大致是 0.05，并且当 $\theta=4$ 时检验功效大致是 0.31. 现在，将得到所有 $\theta\geqslant 2$ 时的检验功效函数. 有

$$\gamma(\theta)=1-\int_0^{9.5}\int_0^{9.5-x_2}\frac{1}{\theta^2}\exp\left(-\frac{x_1+x_2}{\theta}\right)dx_1dx_2=\left(\frac{\theta+9.5}{\theta}\right)e^{-9.5/\theta},2\leqslant\theta$$

例如，$\gamma(2)=0.05$，$\gamma(4)=0.31$，而 $\gamma(9.5)=2/e\approx 0.74$.（习题 8.1.3）可以证明，集合 $C=\{(x_1,x_2):9.5\leqslant x_1+x_2<\infty\}$ 是检验简单假设 $H_0:\theta=2$ vs 复合假设 $H_1:\theta>2$ 中的每一个简单假设的水平为 0.05 的最优临界区域. ■

上面例题提供了检验简单假设 H_0 vs 备择复合假设 H_1 中每一个简单假设的一种解释，这里对简单假设 H_0 的检验是 H_0 的最佳检验. 现在，当临界区域存在时，我们定义临界区域，它是检验简单假设 H_0 vs 备择复合假设 H_1 的最优临界区域. 看起来令人满意的是，这个临界区域应该是对 H_0 vs H_1 中每个简单假设进行检验的最优临界区域. 也就是说，对应于这个临界区域的检验的功效函数，至少与 H_1 中每个简单假设的具有同样显著性水平的任何其他检验的功效函数一样大.

定义 8.2.1　如果集合 C 是检验 H_0 vs H_1 中每一个简单假设的最优临界区域，则临界区域 C 称为检验简单假设 H_0 vs 备择复合假设 H_1 的水平为 α 的**最大一致功效临界区域**[uniformly most powerful(UMP) critical region]. 由这种临界区域所定义的检验称为检验简单假设 H_0 vs 备择复合假设 H_1 的具有显著性水平 α 的**一致最大功效检验**[uniformly most powerful(UMP) test].

正如下面将要看到的，一致最大功效检验并不总是存在的. 然而，当它们存在时，奈曼-皮尔逊定理提供了寻求它们的方法. 下面给出一些说明性例子.

例 8.2.2　设 $X_1,X_2,\cdots,X_n$ 表示来自 $N(0,\theta)$ 分布的随机样本，其中方差 θ 是未知正数. 将要证明，检验简单假设 $H_0:\theta=\theta'$ vs 备择复合假设 $H_1:\theta>\theta'$ 的显著性水平为 α 的一致最大功效检验存在，其中 θ' 表示固定正数. 因而，$\Omega=\{\theta:\theta\geqslant\theta'\}$. $X_1,X_2,\cdots,X_n$ 的联合概率密度函数是

$$L(\theta;x_1,x_2,\cdots,x_n)=\left(\frac{1}{2\pi\theta}\right)^{n/2}\exp\left\{-\frac{1}{2\theta}\sum_{i=1}^{n}x_i^2\right\}$$

设 θ''表示大于 θ'的数，并设 k 表示一个正数．设 C 是下面的点集，其中

$$\frac{L(\theta';x_1,x_2,\cdots,x_n)}{L(\theta'';x_1,x_2,\cdots,x_n)}\leqslant k$$

也就是点集

$$\left(\frac{\theta''}{\theta'}\right)^{n/2}\exp\left[-\left(\frac{\theta''-\theta'}{2\theta'\theta''}\right)\sum_{1}^{n}x_i^2\right]\leqslant k$$

或者等价地，

$$\sum_{1}^{n}x_i^2\geqslant\frac{2\theta'\theta''}{\theta''-\theta'}\left[\frac{n}{2}\log\left(\frac{\theta''}{\theta'}\right)-\log k\right]=c$$

从而，集合 $C=\left\{(x_1,x_2,\cdots,x_n):\sum_{1}^{n}x_i^2\geqslant c\right\}$ 是检验简单假设 $H_0:\theta=\theta'$ vs 简单假设$\theta=\theta''$的最优临界区域．需要确定 c，使这个临界区域具有想要的水平 α．当 H_0 成立时，随机变量 $\sum_{1}^{n}X_i^2/\theta'$ 服从自由度为 n 的卡方分布．由于 $\alpha=P_{\theta'}\left(\sum_{1}^{n}X_i^2/\theta'\geqslant c/\theta'\right)$，例如 c/θ''可利用代码 qchisq(1-α,n)计算得出 c．于是，$C=\left\{(x_1,x_2,\cdots,x_n):\sum_{1}^{n}x_i^2\geqslant c\right\}$ 是检验 $H_0:\theta=\theta'$ vs 假设 $\theta=\theta''$的水平为 α 的最优临界区域．此外，对于大于 θ'的每个数θ''来说，上面论证成立．也就是说，$C=\left\{(x_1,x_2,\cdots,x_n):\sum_{1}^{n}x_i^2\geqslant c\right\}$ 是检验 $H_0:\theta=\theta'$ vs $H_1:\theta>\theta'$的水平为 α 的一致最大功效临界区域．若用 $x_1,x_2,\cdots,x_n$ 表示 $X_1,X_2,\cdots,X_n$ 的实验值，当 $\sum_{1}^{n}x_i^2\geqslant c$ 时，在显著性水平 α 上拒绝 $H_0:\theta=\theta'$并接收 $H_1:\theta>\theta'$；否则，接受 $H_0:\theta=\theta'$．

在前面的讨论中，倘若取 $n=15$，$\alpha=0.05$ 以及 $\theta'=3$，则这两个假设变成 $H_0:\theta=3$ 与 $H_1:\theta>3$. $c/3$ 的值可利用 R 代码 qchisq(0.95,15)=24.996 计算得到．因此，$c=74.988$．■

例 8.2.3　设 $X_1,X_2,\cdots,X_n$ 表示来自 $N(\theta,1)$分布的随机样本，其中 θ 是未知的．可以证明，简单假设 $H_0:\theta=\theta'$ vs 备择复合假设 $H_1:\theta\neq\theta'$不存在一致最大功效检验，这里 θ'是一个固定常数．因而，$\Omega=\{\theta:-\infty<\theta<\infty\}$．设 θ''是一个不等于 θ'的数．设 k 是一个正数，并考察

$$\frac{(1/2\pi)^{n/2}\exp\left[-\sum_{1}^{n}(x_i-\theta')^2/2\right]}{(1/2\pi)^{n/2}\exp\left[-\sum_{1}^{n}(x_i-\theta'')^2/2\right]}\leqslant k$$

上述不等式可写成

$$\exp\left\{-(\theta''-\theta')\sum_{1}^{n}x_i+\frac{n}{2}[(\theta'')^2-(\theta')^2]\right\}\leqslant k$$

或

$$(\theta''-\theta')\sum_{1}^{n}x_i \geqslant \frac{n}{2}[(\theta'')^2-(\theta')^2]-\log k$$

当 $\theta''>\theta'$时，则上面不等式等价于

$$\sum_{1}^{n}x_i \geqslant \frac{n}{2}(\theta''+\theta')-\frac{\log k}{\theta''-\theta'}$$

当 $\theta''<\theta'$时，它等价于

$$\sum_{1}^{n}x_i \leqslant \frac{n}{2}(\theta''+\theta')-\frac{\log k}{\theta''-\theta'}$$

当 $\theta''>\theta'$时，第一个式子定义出检验 $H_0:\theta=\theta'$ vs 假设 $\theta=\theta''$的最优临界区域；而当$\theta''<\theta'$时，第二个式子定义出检验 $H_0:\theta=\theta'$ vs 假设 $\theta=\theta''$的最优临界区域．也就是说，检验简单假设 vs 备择简单假设比如 $\theta=\theta'+1$ 的最优临界区域将不能作为检验 $H_0:\theta=\theta'$ vs 备择简单假设 $\theta=\theta'-1$ 的最优临界区域．于是，由定义知，所考察情况没有一致最大功效检验．

应注意的是，备选复合假设要么是 $H_1:\theta>\theta'$，要么是 $H_1:\theta<\theta'$，在每一种情况下都存在一致最大功效检验． ■

例 8.2.4 习题 8.1.10 要求读者证明，如果样本量为 $n=10$ 的随机样本来自泊松分布，该分布的均值为 θ，那么由 $\sum_{1}^{n}x_i \geqslant 3$ 所定义的临界区域是检验 $H_0:\theta=0.1$ vs $H_1:\theta=0.5$ 的最优临界区域．这一临界区域也是检验 $H_0:\theta=0.1$ vs $H_1:\theta>0.1$ 的一致最大功效临界区域，因为对于 $\theta''>0.1$，

$$\frac{(0.1)^{\sum x_i}\mathrm{e}^{-10(0.1)}/(x_1!\ x_2!\ \cdots x_n!)}{(\theta'')^{\sum x_i}\mathrm{e}^{-10(\theta'')}/(x_1!\ x_2!\ \cdots x_n!)}\leqslant k$$

等价于

$$\left(\frac{0.1}{\theta''}\right)^{\sum x_i}\mathrm{e}^{-10(0.1-\theta'')}\leqslant k$$

上述不等式可写成

$$\left(\sum_{1}^{n}x_i\right)(\log 0.1-\log\theta'')\leqslant \log k+10(1-\theta'')$$

或者因为 $\theta''>0.1$，上式可以等价地写成

$$\sum_{1}^{n}x_i \geqslant \frac{\log k+10-10\theta''}{\log 0.1-\log\theta''}$$

当然，$\sum_{1}^{n}x_i \geqslant 3$ 是后一种形式． ■

现在给出一个重要结论，尽管其结论看起来显然成立．设 $X_1,X_2,\cdots,X_n$ 表示来自具有概率密度函数 $f(x;\theta),\theta\in\Omega$ 分布的随机样本．假定 $Y=u(X_1,X_2,\cdots,X_n)$是 θ 的充分统计量．依据因子分解定理，$X_1,X_2,\cdots,X_n$ 的联合概率密度函数可写成

$$L(\theta;x_1,x_2,\cdots,x_n)=k_1[u(x_1,x_2,\cdots,x_n);\theta]k_2(x_1,x_2,\cdots,x_n)$$

其中 $k_2(x_1,x_2,\cdots,x_n)$不依赖于 θ．因此，比值

$$\frac{L(\theta';x_1,x_2,\cdots,x_n)}{L(\theta'';x_1,x_2,\cdots,x_n)}=\frac{k_1[u(x_1,x_2,\cdots,x_n);\theta']}{k_1[u(x_1,x_2,\cdots,x_n);\theta'']}$$

仅仅通过 $u(x_1,x_2,\cdots,x_n)$ 依赖于 $x_1,x_2,\cdots,x_n$. 因而，如果存在 θ 的充分统计量 $Y=u(X_1,X_2,\cdots,X_n)$，同时最佳检验或一致最大功效检验如同人们所希望的，那么不用考虑基于充分统计量之外任何其他统计量的检验. 此结果有力支持了充分性的重要性.

在上述例子中，已经阐述了一致最大功效检验. 对于某些概率密度函数族以及假设来说，可获得这些检验的一般形式. 我们将对形式为

$$H_0:\theta\leqslant\theta' \text{ vs } H_1:\theta>\theta' \tag{8.2.1}$$

的一般单侧假设进行概述. 另外一个零假设 $H_0:\theta\geqslant\theta'$ 的单侧假设完全类似. 回顾第 4 章，假设(8.2.1)的检验水平是由 $\max_{\theta\leqslant\theta'}\gamma(\theta)$ 定义的，其中 $\gamma(\theta)$ 是检验的功效函数. 也就是说，显著性水平是第Ⅰ类错误的最大概率.

设 $\boldsymbol{X}'=(X_1,X_2,\cdots,X_n)$ 是具有共同概率密度函数(或概率质量函数) $f(x;\theta)$ 的随机样本，$\theta\in\Omega$，从而其似然函数为

$$L(\theta,\boldsymbol{x})=\prod_{i=1}^{n}f(x_i;\theta),\quad \boldsymbol{x}'=(x_1,x_2,\cdots,x_n)$$

我们这里将考察具有下面定义的单调似然比的概率密度函数族.

定义 8.2.2　如果对于 $\theta_1<\theta_2$，比值

$$\frac{L(\theta_1,\boldsymbol{x})}{L(\theta_2,\boldsymbol{x})} \tag{8.2.2}$$

是 $y=u(\boldsymbol{x})$ 的单调函数，则称似然函数 $L(\theta,\ \boldsymbol{x})$ 具有关于统计量 $y=u(\boldsymbol{x})$ 的**单调似然比**(monotone likelihood ratio).

假定似然函数 $L(\theta,\ \boldsymbol{x})$ 具有关于统计量 $y=u(\boldsymbol{x})$ 的单调递减似然比. 那么式(8.2.2)等于 $g(y)$，其中 g 表示递减函数. 对于似然函数具有单调递增似然比的情况(g 是递增的)，可通过改变下述不等式的意义类似完成. 设 α 表示显著性水平. 于是，可以断定下面检验是假设(8.2.1)水平为 α 的一致最大功效检验.

$$\text{当 } Y\geqslant c_Y \text{ 时，}\quad \text{拒绝 } H_0 \tag{8.2.3}$$

其中 c_Y 是由 $\alpha=P_{\theta'}[Y\geqslant c_Y]$ 确定的.

为了证明这一说法，首先考虑简单零假设 $H_0':\theta=\theta'$. 设 $\theta''>\theta'$ 是任意的，但却是固定的. 设 C 表示 θ' vs θ'' 的最大功效临界区域. 由奈曼-皮尔逊定理，C 是由

$$\frac{L(\theta',\boldsymbol{X})}{L(\theta'',\boldsymbol{X})}\leqslant k,\quad \text{当且仅当 } \boldsymbol{X}\in C$$

定义的，其中 k 由 $\alpha=P_{\theta'}[\boldsymbol{X}\in C]$ 确定. 但是，由定义 8.2.2，因为 $\theta''>\theta'$，所以

$$\frac{L(\theta',\boldsymbol{X})}{L(\theta'',\boldsymbol{X})}=g(Y)\leqslant k \quad\Leftrightarrow\quad Y\geqslant g^{-1}(k)$$

其中 $g^{-1}(k)$ 满足 $\alpha=P_{\theta'}[Y\geqslant g^{-1}(k)]$，即 $c_Y=g^{-1}(k)$. 因此，奈曼-皮尔逊检验等价于由式(8.2.3)所定义的检验. 此外，该检验是 θ' vs $\theta''>\theta'$ 的一致最大功效检验，这是因为检验仅仅依赖于 $\theta''>\theta'$，同时 $g^{-1}(k)$ 在 θ' 条件下是唯一确定的.

设 $\gamma_Y(\theta)$ 表示检验式(8.2.3)的功效函数. 为了完成证明，需要证明 $\max_{\theta\leqslant\theta'}\gamma_Y(\theta)=\alpha$. 如果能证明 $\gamma_Y(\theta)$ 是非递减的，那么立刻得证. 为理解这一点，设 $\theta_1<\theta_2$. 注意，由于 $\theta_1<\theta_2$，所以检验(8.2.3)是检验 θ_1 vs θ_2 的水平为 $\gamma_Y(\theta_1)$ 的最大功效检验. 由推论 8.1.1 知，检验在 θ_2 处的功效不一定小于这一水平 $\gamma_Y(\theta_1)$，也就是 $\gamma_Y(\theta_2)\geqslant\gamma_Y(\theta_1)$. 因此，$\gamma_Y(\theta)$

是非递减函数. 由于功效函数是非递减的, 由定义 8.1.2 可知, 单调似然比检验是假设式(8.2.1)的无偏检验. 参看习题 8.2.14.

例 8.2.5 设 $X_1, X_2, \cdots, X_n$ 是来自参数为 $p=\theta$ 的伯努利分布的随机样本, 其中 $0<\theta<1$. 设$\theta'<\theta''$. 考察似然比

$$\frac{L(\theta';\ x_1,\ x_2,\ \cdots,\ x_n)}{L(\theta'';\ x_1,\ x_2,\ \cdots,\ x_n)}=\frac{(\theta')^{\sum x_i}(1-\theta')^{n-\sum x_i}}{(\theta'')^{\sum x_i}(1-\theta'')^{n-\sum x_i}}=\left[\frac{\theta'(1-\theta'')}{\theta''(1-\theta')}\right]^{\sum x_i}\left(\frac{1-\theta'}{1-\theta''}\right)^n$$

由于 $\theta'/\theta''<1$ 且$(1-\theta'')/(1-\theta')<1$, 所以 $\theta'(1-\theta'')/\theta''(1-\theta')<1$, 因此, 似然比是 $y=\sum x_i$ 的递减函数. 因而, 我们有一个关于统计量 $Y=\sum X_i$ 的单调似然比.

考察假设

$$H_0:\theta\leqslant\theta' \text{ vs } H_1:\theta>\theta' \tag{8.2.4}$$

利用上面结论, 检验 H_0 vs H_1 水平为 α 的一致最大功效决策规则是

$$\text{当 } Y=\sum_{i=1}^n X_i\geqslant c,\quad \text{拒绝 } H_0$$

其中 c 使得 $\alpha=P_{\theta'}[Y\geqslant c]$. ■

在刚才有关伯努利概率质量函数的例子中, 通过证明它的似然函数具有单调似然比而得到一致最大功效检验. 伯努利分布是指数族正则情况, 这里要讨论的内容是: 在下述假设下, 此结论可推广到整个正则数族的情况. 为了理解这点, 假设随机样本 $X_1, X_2, \cdots, X_n$ 来自概率密度函数或概率质量函数表示成指数类正则情况, 即

$$f(x;\theta)=\begin{cases}\exp[p(\theta)K(x)+H(x)+q(\theta)], & x\in\mathcal{S}\\ 0, & \text{其他}\end{cases}$$

其中 X 的支集$\mathcal{S}$不含 θ. 此外, 假设 $p(\theta)$是 θ 的递增函数. 于是,

$$\begin{aligned}\frac{L(\theta')}{L(\theta'')}&=\frac{\exp\left[p(\theta')\sum_1^n K(x_i)+\sum_1^n H(x_i)+nq(\theta')\right]}{\exp\left[p(\theta'')\sum_1^n K(x_i)+\sum_1^n H(x_i)+nq(\theta'')\right]}\\ &=\exp\left\{[p(\theta')-p(\theta'')]\sum_1^n K(x_i)+n[q(\theta')-q(\theta'')]\right\}\end{aligned}$$

如果 $\theta'<\theta''$, 那么作为递增函数的 $p(\theta)$要求这个比是 $y=\sum_1^n K(x_i)$ 的递减函数. 因此, 我们有关于统计量 $Y=\sum_1^n K(X_i)$ 的单调似然比. 因此, 考察假设

$$H_0:\theta\leqslant\theta' \quad \text{vs} \quad H_1:\theta>\theta' \tag{8.2.5}$$

利用上面关于单调似然比的讨论, 检验 H_0 vs H_1 的水平为 α 的一致最大功效决策规则是

$$\text{当 } Y=\sum_{i=1}^n K(X_i)\geqslant c,\quad \text{拒绝 } H_0$$

其中 c 使得 $\alpha=P_{\theta'}[Y\geqslant c]$. 而且, 此检验的功效函数是 θ 的递增函数.

正式地, 考察另一种单侧备择假设

$$H_0:\theta\geqslant\theta' \quad \text{vs} \quad H_1:\theta<\theta' \tag{8.2.6}$$

对于递增函数 $p(\theta)$来说，水平为 α 的一致最大功效决策规则是

$$当\ Y=\sum_{i=1}^{n}K(X_i)\leqslant c,\quad 拒绝\ H_0$$

其中 c 使得 $\alpha=P_{\theta'}[Y\leqslant c]$.

如果就前面具有单调似然比的情况来说，检验 $H_0:\theta=\theta'$ vs $H_1:\theta>\theta'$，那么 $\sum K(x_i)\geqslant c$ 会成为一致最大功效临界区域. 由例 8.2.2～例 8.2.5 所列出的似然比，立刻看出，它们各自的临界区域

$$\sum_{i=1}^{n}x_i^2\geqslant c,\quad \sum_{i=1}^{n}x_i\geqslant c,\quad \sum_{i=1}^{n}x_i\geqslant c,\quad \sum_{i=1}^{n}x_i\geqslant c$$

是检验 $H_0:\theta=\theta'$ vs $H_1:\theta>\theta'$的一致最大功效临界区域.

最后，应对一致最大功效检验做出评论. 当然，定义 8.2.1 中的“一致”一词与 θ 有关；也就是说，C 是检验 $H_0:\theta=\theta_0$ vs 由复合备择假设 H_1 所给出的所有 θ 值的水平为 α 的最优临界区域. 然而，假定这种区域形式是

$$u(x_1,x_2,\cdots,x_n)\leqslant c$$

那么，通过适当改变 c 值，这种形式对所有可以得到的 α 值提供一致最大功效临界区域. 也就是说，存在同样与 α 有关的某种一致性质，这点在统计学教科书中并不总是被人们注意到.

习题

8.2.1 设 X 的概率质量函数为 $f(x;\theta)=\theta^x(1-\theta)^{1-x},x=0,1$，其他为 0. 通过抽取样本量为 10 的随机样本，对简单假设 $H_0:\theta=1/4$ vs 备择复合假设 $H_1:\theta<1/4$ 进行检验，拒绝 $H_0:\theta=1/4$ 当且仅当样本观测值 $x_1,x_2,\cdots,x_{10}$的观测值满足 $\sum_{1}^{10}x_i\leqslant 1$. 求这个检验功效函数 $\gamma(\theta)$，$0<\theta\leqslant 1/4$.

8.2.2 设 X 的概率密度函数为 $f(x;\theta)=1/\theta,0<x<\theta$，其他为 0. 设 $Y_1<Y_2<Y_3<Y_4$ 表示来自此分布的样本量为 4 的随机样本次序统计量. 设 Y_4 的观测值是 y_4. 当 $y_4\leqslant 1/2$ 或 $y_4>1$，就拒绝 $H_0:\theta=1$ 且接受 $H_1:\theta\neq 1$. 求检验功效函数 $\gamma(\theta)$，$0<\theta$.

8.2.3 考察正态分布 $N(\theta,4)$. 拒绝简单假设 $H_0:\theta=0$ 且接受备择复合假设 $H_1:\theta>0$ 当且仅当样本量为 25 的随机样本观测均值 $\bar{x}$ 大于或等于 3/5. 求这个检验的功效函数 $\gamma(\theta)$，$0\leqslant\theta$.

8.2.4 考察分布 $N(\mu_1,400)$与 $N(\mu_2,225)$. 设 $\theta=\mu_1-\mu_2$. 设 $\bar{x}$ 与 $\bar{y}$ 表示来自这两个分布的样本量均为 n 的两个独立随机样本的观测均值. 我们拒绝 $H_0:\theta=0$ 且接收 $H_1:\theta>0$ 当且仅当 $\bar{x}-\bar{y}\geqslant c$. 若$\gamma(\theta)$是此检验功效函数，则求 n 与 c，使得大致有 $\gamma(0)=0.05$ 与 $\gamma(10)=0.90$.

8.2.5 在例 8.2.2 中，证明 $L(\theta)$关于统计量 $\sum_{i=1}^{n}x_i^2$ 有一个单调似然比. 运用此结果：求检验 $H_0:\theta=\theta'$ vs $H_1:\theta<\theta'$(其中 θ'是一个固定正数)的一致最大功效临界区域.

8.2.6 如果在本节例 8.2.2 中，$H_0:\theta=\theta'$ vs $H_1:\theta\neq\theta'$，其中 θ'是一个固定正数，证明检验 H_0 vs H_1 不存在一致最大功效检验.

8.2.7 设 $X_1,X_2,\cdots,X_{25}$ 表示来自正态分布 $N(\theta,100)$的样本量为 25 的随机样本. 求检验 $H_0:\theta=75$ vs $H_1:\theta>75$ 的水平为 $\alpha=0.10$ 的一致最大功效临界区域.

8.2.8 设 $X_1,X_2,\cdots,X_n$ 表示来自正态分布 $N(\theta,16)$的随机样本. 求样本量 n 与 $H_0:\theta=25$ vs $H_1:\theta<25$ 具有功效函数 $\gamma(\theta)$的一致最大功效检验，大致使得 $\gamma(25)=0.10$ 以及 $\gamma(23)=0.90$.

8.2.9 考察分布，其具有概率质量函数形式为 $f(x;\theta)=\theta^x(1-\theta)^{1-x}, x=0,1$，其他为 0. 设 $H_0:\theta=1/20$ 与 $H_1:\theta>1/20$. 利用中心极限定理，确定随机样本的样本量 n，以使 H_0 vs H_1 的一致最大功效检验具有功效函数 $\gamma(\theta)$，大致使得 $\gamma(1/20)=0.05$ 以及 $\gamma(1/10)=0.90$.

8.2.10 本节例 8.2.1 研究了来自 $\alpha=1,\beta=\theta$ 的伽马分布的样本量为 $n=2$ 的随机样本. 因而，分布的矩母函数是 $(1-\theta t)^{-1}, t<1/\theta, \theta\geqslant 2$. 设 $Z=X_1+X_2$. 证明，Z 服从 $\alpha=2,\beta=\theta$ 的伽马分布. 用单积分表述例 8.2.1 的功效函数 $\gamma(\theta)$. 对于样本量为 n 的随机样本来说，对此结论加以推广.

8.2.11 设 $X_1,X_2,\cdots,X_n$ 是来自具有下述概率密度函数的分布的随机样本，此概率密度函数为 $f(x;\theta)=\theta x^{\theta-1}$，$0<\theta<1$，其他为 0，其中 $\theta>0$. 证明似然函数对统计量 $\prod_{i=1}^n X_i$ 具有单调似然比. 运用此结果求检验 $H_1:\theta=\theta'$ vs $H_0:\theta<\theta'$ 的一致最大功效检验.

8.2.12 设 X 具有概率密度函数 $f(x;\theta)=\theta^x(1-\theta)^{1-x}, x=0,1$，其他为 0. 通过抽取样本量为 $n=5$ 的随机样本 $X_1,X_2,\cdots,X_5$ 对 $H_0:\theta=1/2$ vs $H_1:\theta<1/2$ 进行检验，当观测到的 $Y=\sum_1^n X_i$ 小于或等于常数 c，就拒绝 H_0.

(a) 证明：这是一个一致最大功效检验.

(b) 当 $c=1$ 时，求显著性水平.

(c) 当 $c=0$ 时，求显著性水平.

(d) 利用例 4.6.4 所讨论的随机化检验，对(b)部分和(c)部分给出的检验加以修正，以便得到显著性水平为 $\alpha=2/32$ 的检验.

8.2.13 设 $X_1,X_2,\cdots,X_n$ 表示来自伽马型分布的随机样本，其中 $\alpha=2$ 且 $\beta=\theta$. 设 $H_0:\theta=1$ 与 $H_1:\theta>1$.

(a) 证明：检验 H_0 vs H_1 存在一致最大功效检验，确定此检验可以建立在哪一种统计量 Y 基础上，并指出最优临界区域的特征.

(b) 求(a)部分统计量 Y 的概率密度函数. 倘若希望显著性水平为 0.05，请写出一种方程用于确定临界区域. 设 $\gamma(\theta)$ 是检验的功效函数，$\theta\geqslant 1$，将功效函数表述成一个积分.

8.2.14 证明由式(8.2.3)定义的单调似然比检验是假设(8.2.1)的无偏检验.

8.3 似然比检验

在 8.1 节，已经阐述了简单假设 vs 简单备择假设的最大功效检验. 在 8.2 节，对于本质上单侧备择假设与拥有单调似然比的分布族，我们把此种理论推广到一致最大功效检验上. 一般情况会怎么样呢？也就是说，假设随机变量 X 具有概率密度函数或概率质量函数 $f(x;\boldsymbol{\theta})$，其中 $\boldsymbol{\theta}$ 是 Ω 中的参数向量. 设 $\omega\subset\Omega$，并考虑假设

$$H_0:\boldsymbol{\theta}\in\omega \quad \text{vs} \quad H_1:\boldsymbol{\theta}\in\Omega\cap\omega^c \tag{8.3.1}$$

将最优理论推广到一般情况时会遇到一些新的困难，更高等的书中已经讨论了这点；特别地，可以参看 Lehmann(1986). 这里将使用例子来阐明其中的部分困难. 假定 X 服从 $N(\theta_1,\theta_2)$ 分布，我们想要检验 $\theta_1=\theta_1'$，其中 θ_1' 是设定的. 在(8.3.1)符号表示下，$\boldsymbol{\theta}=(\theta_1,\theta_2)$，$\Omega=\{\boldsymbol{\theta}:-\infty<\theta_1<\infty,\theta_2>0\}$，$\omega=\{\boldsymbol{\theta}:\theta_1=\theta_1',\theta_2>0\}$. 注意，$H_0:\boldsymbol{\theta}\in\omega$ 是一个复合原假设. 设 $X_1,X_2,\cdots,X_n$ 是 X 上的一个随机样本.

暂时假定 θ_2 是已知的. 从而，H_0 变成简单假设 $\theta_1=\theta_1'$. 这本质上就是例子 8.2.3 曾讨论的情况. 可以证明，此情况不存在一致最大功效检验. 如果我们将注意力限制在无偏检验(定义 8.1.2)类上，那么就可建立最佳检验理论，参看 Lehmann(1986). 举一个示例，如同习题 8.3.21 证明的，建立在临界区域

$$C_2 = \left\{ |\ \overline{X} - \theta_1' \ | > \sqrt{\frac{\theta_2}{n}} z_{\alpha/2} \right\}$$

上的检验是无偏的. 从而，由 Lehmann 理论可知，它是水平 α 的一致最大功效无偏检验.

在实际应用中，方差 θ_2 却是未知的. 在此情况下，为了建立最优检验会涉及所谓的条件检验的概念. 本书将不会对此做进一步探讨，不过建议感兴趣读者参考 Lehmann (1986).

回顾第 6 章，似然比检验(6.3.3)能用于对诸如(8.3.1)一般假设进行检验. 一般地说，人们不能确定检验统计量的准确零假设分布，但是在正则性条件下，似然比检验统计量在 H_0 下是渐近服从卡方分布的. 因此，我们在大多数情况下可以得到一个近似检验. 虽然不能保证似然比检验是最优的，但与基于奈曼-皮尔逊定理的检验相类似，它们都是建立在似然函数的比率基础上，在许多情况下是渐近最优的.

在上面关于检验正态分布均值的例子中，方差是已知的，似然比检验与一致最大功效无偏检验是相同的. 当方差未知时，似然比检验的结果是第 6 章例 6.5.1 所证明的单样本 t 检验. 这与 Lehmann(1986)中所讨论的条件检验是一样的.

在本节的剩余部分，我们将阐述从正态分布中抽样时的似然比检验.

8.3.1　正态分布均值检验的似然比检验

在例 6.5.1 中，我们推导单样本 t 检验的似然比检验来检验方差未知的正态分布的均值. 在下面的例题中，我们推导比较两个独立正态分布均值的似然比检验. 然后讨论这两种检验的功效函数.

例 8.3.1　设独立随机变量 X 与 Y 服从分布 $N(\theta_1,\theta_3)$ 与 $N(\theta_2,\theta_3)$，其中均值为 θ_1 与 θ_2，而其共同方差 θ_3 是未知的. 于是，$\Omega=\{(\theta_1,\theta_2,\theta_3): -\infty<\theta_1<\infty, -\infty<\theta_2<\infty, 0<\theta_3<\infty\}$. 设 $X_1,X_2,\cdots,X_n$ 与 $Y_1,Y_2,\cdots,Y_m$ 表示来自这些分布的独立随机样本. 要检验的是，假设 $H_0:\theta_1=\theta_2$；θ_3 vs 所有的备择假设，其中 θ_1，θ_2 是未设定的，θ_3 也是未设定的. 从而，$\omega=\{(\theta_1,\theta_2,\theta_3): -\infty<\theta_1=\theta_2<\infty, 0<\theta_3<\infty\}$. 这里 $X_1,X_2,\cdots,X_n$，$Y_1,Y_2,\cdots,Y_m$ 是 $n+m>2$ 个相互独立的随机变量，具有似然函数

$$L(\omega) = \left(\frac{1}{2\pi\theta_3}\right)^{(n+m)/2} \exp\left\{-\frac{1}{2\theta_3}\left[\sum_1^n (x_i-\theta_1)^2 + \sum_1^m (y_i-\theta_1)^2\right]\right\}$$

与

$$L(\Omega) = \left(\frac{1}{2\pi\theta_3}\right)^{(n+m)/2} \exp\left\{-\frac{1}{2\theta_3}\left[\sum_1^n (x_i-\theta_1)^2 + \sum_1^m (y_i-\theta_2)^2\right]\right\}$$

倘若 $\dfrac{\partial \log L(\omega)}{\partial\theta_1}$ 与 $\dfrac{\partial \log L(\omega)}{\partial\theta_3}$ 等于 0，则(习题 8.3.2)

$$\sum_1^n (x_i-\theta_1) + \sum_1^m (y_i-\theta_1) = 0$$

$$\frac{1}{\theta_3}\left[\sum_1^n (x_i-\theta_1)^2 + \sum_1^m (y_i-\theta_1)^2\right] = n+m \tag{8.3.2}$$

分别求解 θ_1 与 θ_3，得到

$$u = (n+m)^{-1}\left\{\sum_1^n x_i + \sum_1^m y_i\right\}$$

$$w = (n+m)^{-1}\left\{\sum_1^n (x_i - u)^2 + \sum_1^m (y_i - u)^2\right\}$$

而且，u 与 w 使 $L(\omega)$ 最大化. 其最大值是

$$L(\hat{\omega}) = \left(\frac{\mathrm{e}^{-1}}{2\pi w}\right)^{(n+m)/2}$$

类似地，倘若

$$\frac{\partial \log L(\Omega)}{\partial \theta_1}, \quad \frac{\partial \log L(\Omega)}{\partial \theta_2}, \quad \frac{\partial \log L(\Omega)}{\partial \theta_3}$$

等于 0，则(习题 8.3.3)

$$\begin{gathered}\sum_1^n (x_i - \theta_1) = 0 \\ \sum_1^m (y_i - \theta_2) = 0 \\ -(n+m) + \frac{1}{\theta_3}\left[\sum_1^n (x_i - \theta_1)^2 + \sum_1^m (y_i - \theta_2)^2\right] = 0\end{gathered} \tag{8.3.3}$$

分别求解 θ_1，θ_2，θ_3，得到

$$u_1 = n^{-1}\sum_1^n x_i$$

$$u_2 = m^{-1}\sum_1^m y_i$$

$$w' = (n+m)^{-1}\left[\sum_1^n (x_i - u_1)^2 + \sum_1^m (y_i - u_2)^2\right]$$

而且 u_1, u_2, w' 使 $L(\Omega)$ 最大化. 其最大值

$$L(\hat{\Omega}) = \left(\frac{\mathrm{e}^{-1}}{2\pi w'}\right)^{(n+m)/2}$$

所以，

$$\Lambda(x_1, x_2, \cdots, x_n, y_1, y_2, \cdots, y_m) = \Lambda = \frac{L(\hat{\omega})}{L(\hat{\Omega})} = \left(\frac{w'}{w}\right)^{(n+m)/2}$$

由 $\Lambda^{2/(n+m)}$ 所定义的随机变量是

$$\frac{\sum_1^n (X_i - \overline{X})^2 + \sum_1^m (Y_i - \overline{Y})^2}{\sum_1^n \{X_i - [(n\overline{X} + m\overline{Y})/(n+m)]\}^2 + \sum_1^n \{Y_i - [(n\overline{X} + m\overline{Y})/(n+m)]\}^2}$$

现在

$$\sum_1^n \left(X_i - \frac{n\overline{X} + m\overline{Y}}{n+m}\right)^2 = \sum_1^n \left[(X_i - \overline{X}) + \left(\overline{X} - \frac{n\overline{X} + m\overline{Y}}{n+m}\right)\right]^2 = \sum_1^n (X_i - \overline{X})^2 + n\left(\overline{X} - \frac{n\overline{X} + m\overline{Y}}{n+m}\right)^2$$

并且

$$\sum_1^m\left(Y_i-\frac{n\overline{X}+m\overline{Y}}{n+m}\right)^2=\sum_1^m\left[(Y_i-\overline{Y})+\left(\overline{Y}-\frac{n\overline{X}+m\overline{Y}}{n+m}\right)\right]^2$$
$$=\sum_1^m(Y_i-\overline{Y})^2+m\left(\overline{Y}-\frac{n\overline{X}+m\overline{Y}}{n+m}\right)^2$$

然而

$$n\left(\overline{X}-\frac{n\overline{X}+m\overline{Y}}{n+m}\right)^2=\frac{m^2n}{(n+m)^2}(\overline{X}-\overline{Y})^2$$

且

$$m\left(\overline{Y}-\frac{n\overline{X}+m\overline{Y}}{n+m}\right)^2=\frac{n^2m}{(n+m)^2}(\overline{X}-\overline{Y})^2$$

因此，由 $\Lambda^{2/(n+m)}$ 所定义的随机变量可写成

$$\frac{\sum_1^n(X_i-\overline{X})^2+\sum_1^m(Y_i-\overline{Y})^2}{\sum_1^n(X_i-\overline{X})^2+\sum_1^m(Y_i-\overline{Y})^2+[nm/(n+m)](\overline{X}-\overline{Y})^2}=\frac{1}{1+\dfrac{[nm/(n+m)](\overline{X}-\overline{Y})^2}{\sum_1^n(X_i-\overline{X})^2+\sum_1^m(Y_i-\overline{Y})^2}}$$

如果假设 $H_0:\theta_1=\theta_2$ 为真，那么依据 3.6 节，随机变量

$$T=\sqrt{\frac{nm}{n+m}}(\overline{X}-\overline{Y})\left\{(n+m-2)^{-1}\left[\sum_1^n(X_i-\overline{X})^2+\sum_1^m(Y_i-\overline{Y})^2\right]\right\}^{-1/2}\quad(8.3.4)$$

服从自由度为 $n+m-2$ 的 t 分布. 因而，由 $\Lambda^{2/(n+m)}$ 所定义的随机变量是

$$\frac{n+m-2}{(n+m-2)+T^2}$$

于是，H_0 vs 所有备择假设的检验可建立在自由度为 $n+m-2$ 的 t 分布基础上.

似然比原理要求拒绝 H_0 当且仅当 $\Lambda\leqslant\lambda_0<1$. 因而，此检验的显著性水平是

$$\alpha=P_{H_0}[\Lambda(X_1,X_2,\cdots,X_n,Y_1,Y_2,\cdots,Y_m)\leqslant\lambda_0]$$

然而，$\Lambda(X_1,X_2,\cdots,X_n,\ Y_1,Y_2,\cdots,Y_m)\leqslant\lambda_0$ 等价于 $|T|\geqslant c$，从而

$$\alpha=P(|T|\geqslant c;H_0)$$

对于已知的 n 与 m 值来说，数值 c 很容易利用 R 代码 $c=$`qt(1-α/2,n+ m-2)`计算得到. 于是，在显著性水平 α 上拒绝 H_0 当且仅当 $|t|\geqslant c$，其中 t 是 T 的观测值. 比如，如果 $n=10$，$m=6$ 且 $\alpha=0.05$，那么 $c=$`qt(0.975,14)`$=2.1448$. ■

对于刚才的例子以及例 6.5.1 曾经推导的单样本 t 检验，人们发现，当假设 H_0 为真时，似然比检验能建立在服从 t 分布的统计量基础上. 为了有助于我们计算这些检验在除了由假设 H_0 所描述的那些点之外的参数点上的功效函数，我们来看下述定义.

定义 8.3.1 设随机变量 W 服从 $N(\delta,1)$，设随机变量 V 服从 $\chi^2(r)$，并且 W 与 V 是独立的. 称商

$$T=\frac{W}{\sqrt{V/r}}$$

服从自由度为 r、非中心参数为 δ 的非中心 t 分布. 当 $\delta=0$ 时，称 T 服从中心 t 分布.

按照这个定义，重新检查例 6.5.1 和例 8.3.1 中的 t 统计量.

例 8.3.2(单样本 t 检验的功效) 对于例 6.5.1 来说，考察更一般情况. 假定 $X_1, X_2, \cdots, X_n$ 表示 X 上的随机样本，X 服从 $N(\mu, \sigma^2)$. 我们关注的是检验 $H_0: \mu = \mu_0$ vs $H_1: \mu \neq \mu_0$，其中 μ_0 是指定的. 于是，由例 6.5.1 可知，似然比检验统计量是

$$t(X_1, X_2, \cdots, X_n) = \frac{\sqrt{n}(\overline{X} - \mu_0)}{\sqrt{\sum_1^n (X_i - \overline{X})^2 / (n-1)}}$$

$$= \frac{\sqrt{n}(\overline{X} - \mu_0)/\sigma}{\sqrt{\sum_1^n (X_i - \overline{X})^2 / [\sigma^2(n-1)]}}$$

当 $|t| \geqslant t_{\frac{\alpha}{2}, n-1}$ 时，假设 H_0 在 α 水平被拒绝. 假如备择假设是 $\mu_1 \neq \mu_0$. 因为 $E_{\mu_1}[\sqrt{n}\overline{X}/\sigma\sqrt{n}\overline{X}/\sigma] = \sqrt{n}(\mu_1 - \mu_0)/\sigma$，所以计算检验 μ_1 的功效

$$\gamma(\mu_1) = P(|t| \geqslant t_{\frac{\alpha}{2}, n-1}) = 1 - P(t \leqslant t_{\frac{\alpha}{2}, n-1}) + P(t \leqslant -t_{\frac{\alpha}{2}, n-1}) \tag{8.3.5}$$

其中 t 服从非中心 t 分布，非中心参数 $\delta = \sqrt{n}(\mu_1 - \mu_0)/\sigma$ 且自由度为 $n-1$. 这可以通过调用 R 代码计算，即

```
1 - pt(tc,n- 1,ncp= delta) + pt(- tc,n- 1,ncp= delta)
```

其中 tc 表示 $t_{\frac{\alpha}{2}, n-1}$，delta 表示非中心性参数 δ.

利用下面 R 代码可以绘制这个检验功效曲线的图形. 注意，图形的水平范围是区间 $[\mu_0 - 4\sigma/\sqrt{n}, \mu_0 + 4\sigma/\sqrt{n}]$. 如上所述，需要对参数进行设置.

```
## Input mu0, sig, n, alpha.
fse = 4*sig/sqrt(n); maxmu = mu0 + fse; tc = qt(1-(alpha/2),n-1)
minmu = mu0 -fse; mu1 = seq(minmu,maxmu,.1)
delta = (mu1-mu0)/(sig/sqrt(n))
gs = 1 - pt(tc,n-1,ncp=delta) + pt(-tc,n-1,ncp=delta)
plot(gs~mu1,pch=" ",xlab=expression(mu[1]),ylab=expression(gamma))
lines(gs~mu1)
```

这段代码是函数 tpowerg.R 的主体. 习题 8.3.5 讨论它的用法. ■

例 8.3.3(两样本 t 检验的功效) 在例 8.3.1 中，有

$$T = \frac{W_2}{\sqrt{V_2/(n+m-2)}}$$

其中

$$W_2 = \sqrt{\frac{nm}{n+m}}(\overline{X} - \overline{Y})/\sigma$$

并且

$$V_2 = \frac{\sum_1^n (X_i - \overline{X})^2 + \sum_1^m (Y_i - \overline{Y})^2}{\sigma^2}$$

其中，W_2 服从 $N[\sqrt{nm/(n+m)}(\theta_1 - \theta_2)/\sigma, 1]$，$V_2$ 服从 $\chi^2(n+m-2)$ 并且 W_2 与 V_2 是独立的. 因此，如果 $\theta_1 \neq \theta_2$，那么 T 服从自由度为 $n+m-2$ 与非中心参数 $\delta_2 = \sqrt{nm/(n+m)}(\theta_1 -$

$\theta_2)/\sigma$ 的非中心 t 分布. 有趣的是，人们发现 $\delta_1=\sqrt{n}\theta_1/\sigma$ 以 $\overline{X}$ 的标准差 $\sigma/\sqrt{n}$ 为单位测算出 θ_1 偏离 $\theta_1=0$ 的偏差. 非中心参数 $\delta_2=\sqrt{nm/(n+m)}(\theta_1-\theta_2)/\sigma$ 等于以 $\overline{X}-\overline{Y}$ 的标准差 $\sigma/\sqrt{(n+m)/mn}$ 的单位测算出 $\theta_1-\theta_2$ 偏离 $\theta_1-\theta_2=0$ 的偏差.

与上面例题一样，很容易编写 R 代码计算这个检验功效. 为了给出数值说明，假定共同方差为 $\theta_3=100, n=20, m=15$. 假如取 $\alpha=0.05$，我们想要计算 $\Delta=5$ 检验的功效，其中 $\Delta=\theta_1-\theta_2$. 在本例中，临界值是 $t_{0.25,33}=$ qt(.975,33) $=2.0345$，非中心性参数是 $\delta_2=1.4639$. 计算的检验功率是

```
1- pt(2.0345,33,ncp=1.4639) + pt(-2.0345,33,ncp=1.4639) = 0.2954
```

因此，此检验有 29.4%的机会发现均值之差为 5. ■

注释 8.3.1　例 6.5.1 与例 8.3.1 所阐述的正态均值的单样本及两样本的检验是大部分基础统计学教科书都讲述的正态均值的检验. 这类检验建立在正态性假设基础上. 倘若基础分布不是正态的，则会怎样呢？在那种情况下，对有限方差情形的 t 检验统计量从渐近形式上看是正确的. 例如，考虑单样本 t 检验. 假设 $X_1, X_2, \cdots, X_n$ 是独立同分布的，具有共同非正态概率密度函数，均值为 θ_1，有限方差为 σ^2. 假设仍然相同，即 $H_0: \theta_1=\theta_1'$ vs $H_1: \theta_1\neq\theta_1'$. t 检验统计量 T_n 有

$$T_n=\frac{\sqrt{n}(\overline{X}-\theta_1')}{S_n} \tag{8.3.6}$$

其中 S_n 表示样本标准差. 临界区域是 $C_1=\{|T_n|\geqslant t_{\alpha/2,n-1}\}$. 前面提及，$S_n$ 依概率趋于 σ，即 $S_n\to\sigma$. 因此，由中心极限定理，在 H_0 为真的条件下，

$$T_n=\frac{\sigma}{S_n}\frac{\sqrt{n}(X-\theta_1')}{\sigma}\xrightarrow{D}Z \tag{8.3.7}$$

其中 Z 服从标准正态分布. 因此，渐近检验可使用临界区域 $C_2=\{|T_n|\geqslant z_{\alpha/2}\}$. 由式(8.3.7)，临界区域 C_2 具有近似水平 α. 在实际应用中，人们会使用 C_1. 因为 t 临界值通常比 z 临界值大一些，使用 C_1 会保守点；也就是说，C_1 的水平会稍微小于 C_2 的水平. 正如习题 8.3.4 所证明的，倘若基础分布具有同样的方差，两样本 t 检验从渐近形式上看也是正确的. ■

对于分布"接近"正态分布的非正态分布来说，t 检验本质上是有效的，也就是说，真正的显著性水平接近于名义 α. 就稳健性而言，对于这些情况，我们则称 t 检验具有**有效稳健性**(robustness of validity). 但是 t 检验可能没有**功效稳健性**(robustness of power). 对于非正态情况，存在许多比 t 检验更有功效的检验，参看第 10 章给出的讨论.

考察有限样本量，对于明显不服从正态分布的分布来说，例如非常偏态的分布，t 检验的有效性也可能是有问题的，正如在下面模拟研究中我们说明的那样.

例 8.3.4(偏态污染正态分布族)　考察由

$$X=(1-I_\varepsilon)Z+I_\varepsilon Y \tag{8.3.8}$$

给出的随机变量 X，其中 Z 服从 $N(0,1)$ 分布，Y 服从 $N(\mu_c, \sigma_c^2)$ 分布，I_ε 服从 $bin(1,\varepsilon)$ 分布，而且 Z, Y, I_ε 均是相互独立的. 假如 $\varepsilon<0.5$ 且 $\sigma_c>1$，则 Y 是以混合形式出现的污染随机变量. 注意，当 $\mu_c=0$ 时，X 服从 3.4.1 节讨论的污染正态分布，它关于 0 为对称的分

布. 由于 $\mu_c \neq 0$，故 X(8.3.8)的分布是偏态的，所以我们称之为**偏态污染正态分布**(skewed contaminated normal distribution). 记为 $SCN(\varepsilon, \sigma_c, \mu_c)$. 注意，$E(X)=\varepsilon\mu_c$，习题 8.3.18 已经推导出 X 的累积分布函数与概率密度函数. 在这个例子中，对于来自 X 分布的随机样本的 t 检验有效性，我们已经给出了小样本的模拟结果. 考虑单侧假设

$$H_0: \mu = \mu_X \text{ vs } H_0: \mu < \mu_X$$

设 $X_1, X_2, \cdots, X_n$ 是来自 X 分布的随机样本. 举一个检验统计量，我们考察例 4.5.4 所讨论的 t 检验，它也由式(8.3.6)给出，即检验统计量是 $T_n=(\overline{X}-\mu_X)/(S_n/\sqrt{n})$，其中 $\overline{X}$ 与 S_n 分别表示 $X_1, X_2, \cdots, X_n$ 的样本均值与标准差. 我们在 $\alpha=0.05$ 上设置显著性水平，并使用如下决策规则：当 $T_n \leqslant t_{0.05,n-1}$ 时，则拒绝. 为了研究方便，令 $n=30, \varepsilon=0.20$ 以及 $\sigma_c=25$. 选取 μ_c 的五个值为：0, 0.5, 10, 15, 20，如表 8.3.1 所示. 对这五种情况的每一种，我们均执行 10 000 次模拟，然后记录下 $\hat{\alpha}$，这是拒绝 H_0 的次数除以模拟次数，也就是经验水平 α.

由于检验是有效的，$\hat{\alpha}$ 应该接近于名义值 0.05. 可是，像表 8.3.1 所显示的，对于除 $\mu_c=0$ 之外的所有情况，t 检验呈现得相当自由，也就是其经验显著性水平远远大于名义 0.05 水平(如习题 8.3.19 证明的，此表中的抽样误差大概为 0.004). 注意，当 $\mu_c=0$ 时，X 分布关于 0 为对称的，在此情况下经验水平接近于名义值 0.05. ■

表 8.3.1 例 8.3.4 正态分布 t 检验的名义 0.05 经验水平

	经验 α				
μ_c	0	5	10	15	20
$\hat{\alpha}$	0.0458	0.0961	0.1238	0.1294	0.1301

8.3.2 正态分布方差检验的似然比检验

在这一节中，我们讨论正态分布方差的似然比检验. 在下面例题中，我们从双样本问题开始讨论.

例 8.3.5 在例 8.3.1 中，对两个正态分布的均值相等情况进行检验，并假定分布的未知方差相等. 现在，考察对这两个未知方差相等的情况进行检验的问题. 已知两个独立随机样本 $X_1, X_2, \cdots, X_n$ 与 $Y_1, Y_2, \cdots, Y_m$ 分别来自分布 $N(\theta_1, \theta_3)$ 与 $N(\theta_2, \theta_4)$. 有

$$\Omega = \{(\theta_1, \theta_2, \theta_3, \theta_4): -\infty < \theta_1, \theta_2 < \infty, 0 < \theta_3, \theta_4 < \infty\}$$

对假设 $H_0: \theta_3 = \theta_4$ vs 备择假设进行检验，其中 θ_3 与 θ_4 是未设定的，θ_1 与 θ_2 也是未设定的. 于是，

$$\omega = \{(\theta_1, \theta_2, \theta_3, \theta_4): -\infty < \theta_1, \theta_2 < \infty, 0 < \theta_3 = \theta_4 < \infty\}$$

(见习题 8.3.11)容易证明，由 $\Lambda = L(\hat{\omega})/L(\hat{\Omega})$ 所定义的统计量是统计量

$$F = \frac{\sum_1^n (X_i - \overline{X})^2/(n-1)}{\sum_1^m (Y_i - \overline{Y})^2/(m-1)} \tag{8.3.9}$$

的函数. 若 $\theta_3 = \theta_4$，则统计量 F 服从自由度为 $n-1$ 与 $m-1$ 的 F 分布. 如果计算出的 $F \leqslant c_1$

或 $F \geqslant c_2$，那么拒绝假设 $(\theta_1, \theta_2, \theta_3, \theta_4) \in \omega$. 常数 c_1 与 c_2 通常是人们选取的，以使如果 $\theta_3 = \theta_4$，那么

$$P(F \leqslant c_1) = P(F \geqslant c_2) = \frac{\alpha_1}{2}$$

其中 α_1 表示此检验的令人满意的显著性水平. 这个检验的功效函数已经由习题 8.3.10 推导出来. ■

注释 8.3.2 我们提醒读者注意，上面关于两个方差相等的检验. 在注释 8.3.1 中，我们讨论过关于均值的单样本与两样本的 t 检验在渐近形式上是正确的. 而刚才例子中的两样本方差检验则不然，例如，参看 Hettmansperger 和 McKean(2011)的第 143 页. 倘若基础分布不是正态的，则 F 临界值就不是有效临界值(这和注释 8.3.1 所讨论的关于均值检验的 t 临界值有所不同). Conover、Johnson 和 Johnson(1981)通过大量模拟证明，在某些非正态情况下，利用 F 临界值对方差进行的 F 检验不具有名义水平 $\alpha = 0.05$，其显著性水平高达 0.80. 因而，对方差进行的两样本 F 检验的确不会具有有效稳健性. 它只能在判定正态性假设正确时才会得以使用. 参看习题 8.3.17 的说明性数据集合. ■

基于单样本的正态分布方差的相应似然比检验，习题 8.3.9 给出了讨论. 注释 8.3.1 提出的注意事项对这个检验也是成立的.

例 8.3.6 设独立随机变量 X 与 Y 分别服从分布 $N(\theta_1, \theta_3)$ 与 $N(\theta_2, \theta_4)$. 在例 8.3.1 中，我们已推导出当 $\theta_3 = \theta_4$ 时关于假设 $\theta_1 = \theta_2$ 的似然比检验统计量 T，而在例 8.3.5 中我们得到了关于假设 $\theta_3 = \theta_4$ 的似然比检验统计量 F. 如果计算出 $|T| \geqslant c$，那么拒绝假设 $\theta_1 = \theta_2$，其中常数 c 是人们选取的，以使 $\alpha_2 = P(|T| \geqslant c; \theta_1 = \theta_2, \theta_3 = \theta_4)$ 成为检验的指定显著性水平. 我们将证明，如果 $\theta_3 = \theta_4$，那么分别关于方差相等与均值相等的似然比检验统计量 F 与 T 就是独立的. 这也意味着如果这两个建立在 F 与 T 基础上的检验显著性水平分别是 α_1 与 α_2，那么当两个假设为真时，接受两个假设的概率是 $(1-\alpha_1)(1-\alpha_2)$. 因而，此联合检验的显著性水平是 $\alpha = 1-(1-\alpha_1)(1-\alpha_2)$.

当 $\theta_3 = \theta_4$ 时，F 与 T 的独立性可借助充分性以及完备性建立起来. 三个统计量 $\overline{X}$，$\overline{Y}$ 及 $\sum_1^n (X_i - \overline{X})^2 + \sum_1^n (Y_i - \overline{Y})^2$ 是三个参数 θ_1，θ_2 及 $\theta_3 = \theta_4$ 的联合完备充分统计量. 很明显，F 的分布并不依赖于 θ_1，θ_2 或 $\theta_3 = \theta_4$，从而 F 与三个联合完备充分统计量是独立的. 然而，T 仅仅是这三个联合完备充分统计量的函数，因此，T 与 F 是独立的. 重要的是，无论 $\theta_1 = \theta_2$ 还是 $\theta_1 \neq \theta_2$，这两个统计量都是独立的. 这使得我们能够计算除了检验的显著性水平之外的其他概率. 比如，若 $\theta_3 = \theta_4$ 且 $\theta_1 \neq \theta_2$，则

$$P(c_1 < F < c_2, |T| \geqslant c) = P(c_1 < F < c_2) P(|T| \geqslant c)$$

右边第二个因子可利用非中心 t 分布的概率计算出来. 当然，如果 $\theta_3 = \theta_4$ 并且 $\theta_1 - \theta_2$ 之差很大，那么会希望上面概率接近于 1，因为事件 $\{c_1 < F < c_2, |T| \geqslant c\}$ 导致了正确决策，即接受 $\theta_3 = \theta_4$ 并拒绝 $\theta_1 = \theta_2$. ■

习题

8.3.1 Verzani(2014)讨论关于健康个体的一组数据，包括按性别分类的体温. 数据存放于 tempbygender. rda 文件中，关注的变量是 male temp 和 femaletemp. 数据文件可从前言中列出的网站下载.

(a) 绘制比较箱线图. 并对图形给出评论. 如果有的话，哪种性别的体温更低呢？依据箱线图的宽度，对方差相等的假设给出评论.

(b) 如同例 8.3.3 所述，计算两个样本的真实平均体温在性别之间没有差异的双侧 t 检验. 求检验的 p 值，并在 $\alpha=0.05$ 名义水平下得出问题的结论.

(c) 求均值之差的 95%置信区间. 对于这个问题来说，这意味着什么？

8.3.2 验证本节例 8.3.1 中的等式(8.3.2).

8.3.3 验证本节例 8.3.1 中的等式(8.3.3).

8.3.4 设 $X_1,X_2,\cdots,X_n$ 与 $Y_1,Y_2,\cdots,Y_m$ 来自位置模型.

$$X_i = \theta_1 + Z_i, \quad i = 1,2,\cdots,n$$
$$Y_i = \theta_2 + Z_{n+i}, \quad i = 1,2,\cdots,m$$

其中 $Z_1,Z_2,\cdots,Z_{n+m}$ 是独立同分布随机变量，具有共同概率密度函数 $f(z)$. 假定 $E(Z_i)=0$ 且 $\mathrm{Var}(Z_i)=\theta_3<\infty$.

(a) 证明：$E(X_i)=\theta_1, E(Y_i)=\theta_2$ 以及 $\mathrm{Var}(X_i)=\mathrm{Var}(Y_i)=\theta_3$.

(b) 考察例 8.3.1 的假设，即

$$H_0:\theta_1 = \theta_2 \quad \text{vs} \quad H_1:\theta_1 \neq \theta_2$$

证明：在 H_0 为真的条件下，式(8.3.4)给出的检验统计量 T 的极限分布为 $N(0,1)$.

(c) 利用(b) 部分，确定 H_0 vs H_1 的对应大样本检验(决策规则). (这证明了例 8.3.1 中的检验在渐近形式上是正确的.)

8.3.5 在例 8.3.2 中，我们已经讨论单样本 t 检验的功效函数.

(a) 绘制如下设置的功效函数图形：X 服从 $N(\mu,\sigma^2)$ 分布，$H_0:\mu=50$ vs $H_1:\mu\neq 50, \alpha=0.05, n=25, \sigma=10$.

(b) 将(a)的功效曲线与 $\alpha=0.01$ 的功效曲线以叠加形式绘制，并给出评论.

(c) 将(a)中的功效曲线与 $n=35$ 时的功效曲线以叠加形式绘制，并给出评论.

(d) 求 n 的最小值，使功效大于 0.80，以便于检测发现 $\mu=53$.

提示：修改 R 函数 tpowerg. R，这样它就会计算指定备择的功效.

8.3.6 某特定药物(药物 A)对血压升高会产生影响，这个问题人们很关心. 人们认为，改良型新药物(药物 B)可以减轻血压的升高. 设 μ_A 和 μ_B 分别表示药物 A 和药物 B 引起的血压升高的真实均值. 我们关注假设是 $H_0:\mu_A=\mu_B=0$ vs $H_1:\mu_A>\mu_B=0$. 运用例 8.3.3 所讨论的双样本 t 检验统计量进行分析. 设名义水平 $\alpha=0.05$，对于实验设计，假定样本量是相同的，也就是 $m=n$. 利用药物 A 的数据，$\sigma=30$ 看起来是对共同标准差的合理选择. 确定共同样本量，使 $\mu_A-\mu_B=12$ 的均值之差有 80%的检测率. 假定实验结束时，由于患者退出，药物 A 和药物 B 的样本量分别是 $n=72$ 和 $m=68$. 这个实验对检验差为 12 的实际功效是多少？

8.3.7 证明当对简单假设 H_0 vs 备择简单假设进行检验时，似然比原理会导致与由奈曼-皮尔逊定理所给出的检验是相同的检验. 注意，Ω 上仅仅存在两个点.

8.3.8 设 $X_1,X_2,\cdots,X_n$ 是来自正态分布 $N(\theta,1)$ 的随机样本. 证明：对 $H_0:\theta=\theta'$ vs $H_1:\theta\neq\theta'$ 进行检验的似然比原理会导出不等式 $|\overline{x}-\theta'|\geqslant c$，其中 θ' 是设定的.

(a) 这是 H_0 vs H_1 的一致最大功效检验吗？

(b) 这是 H_0 vs H_1 的一致最大功效无偏检验吗？

8.3.9 设 $X_1,X_2,\cdots,X_n$ 是独立同分布的，服从 $N(\theta_1, \theta_2)$. 证明：对 $H_0:\theta_2=\theta_2'$ (θ_2' 已设定而 θ_1 未设定) vs $H_1:\theta_2\neq\theta'_2$ (θ_1 未设定)进行检验的似然比原理会得出当 $\sum_1^n (x_i-\overline{x})^2 \leqslant c_1$ 或 $\sum_1^n (x_i-\overline{x})^2 \geqslant c_2$

时拒绝原假设，其中 $c_1<c_2$ 是人们适当选取的.

8.3.10 对于例 8.3.5 所讨论的情况，推导式(8.3.9)给出的似然比检验统计量的功效函数.

8.3.11 设 $X_1,X_2,\cdots,X_n$ 与 $Y_1,Y_2,\cdots,Y_m$ 是分别来自分布 $N(\theta_1,\ \theta_3)$与 $N(\theta_2,\ \theta_4)$的独立随机样本.

(a) 证明：对 $H_0:\theta_1=\theta_2$，$\theta_3=\theta_4$ vs 所有备择假设进行检验的似然比是

$$\frac{\left[\sum_1^n(x_i-\overline{x})^2/n\right]^{n/2}\left[\sum_1^m(y_i-\overline{y})^2/m\right]^{m/2}}{\left\{\left[\sum_1^n(x_i-u)^2+\sum_1^m(y_i-u)^2\right]/(m+n)\right\}^{(n+m)/2}}$$

其中 $u=(n\overline{x}+m\overline{y})/(n+m)$.

(b) 证明：对 $H_0:\theta_3=\theta_4$ 而 θ_1 与 θ_2 均未设定进行检验的似然比可以建立在由式(8.3.8)给出的检验统计量 F 基础上.

8.3.12 设 $Y_1<Y_2<\cdots<Y_5$ 是来自下述分布的样本量为 $n=5$ 的随机样本次序统计量，对于所有实数 θ，此分布具有概率密度函数 $f(x;\theta)=\frac{1}{2}e^{-|x-\theta|}$，$-\infty<x<\infty$. 求检验 $H_0:\theta=\theta_0$ vs $H_1:\theta\neq\theta_0$ 的似然比检验 Λ.

8.3.13 随机样本 $X_1,X_2,\cdots,X_n$ 来自由

$$H_0:f(x;\theta)=\frac{1}{\theta},\quad 0<x<\theta,\quad \text{其他为 } 0$$

或

$$H_1:f(x;\theta)=\frac{1}{\theta}e^{-x/\theta},\quad 0<x<\infty,\quad \text{其他为 } 0$$

给出的分布. 求与检验 H_0 vs H_1 有关的似然比(Λ)检验.

8.3.14 考虑来自下述分布的随机样本 $X_1,X_2,\cdots,X_n$，此分布具有概率密度函数 $f(x;\theta)=\theta(1-x)^{\theta-1}$，$0<x<1$，其他为 0，其中 $\theta>0$.

(a) 求 $H_0:\theta=1$ vs $H_1:\theta>1$ 的一致最大功效检验形式.

(b) 检验 $H_0:\theta=1$ vs $H_1:\theta\neq 1$ 的似然比 Λ 是什么？

8.3.15 设 $X_1,X_2,\cdots,X_n$ 与 $Y_1,Y_2,\cdots,Y_n$ 是分别来自两个正态分布 $N(\mu_1,\sigma^2)$与 $N(\mu_2,\sigma^2)$的独立随机样本，其中 σ^2 表示共同方差，但却未知.

(a) 求对 $H_0:\mu_1=\mu_2=0$ vs 所有备择假设进行检验的似然比 Λ.

(b) 重新写出 Λ，以使它是统计量 Z 的函数，Z 服从某个著名分布.

(c) 给出原假设条件和备择条件下 Z 的分布.

8.3.16 设(X_1,Y_1)，(X_2,Y_2)，$\cdots$，(X_n,Y_n)是来自二元正态分布的随机样本，此二元正态分布具有 μ_1，μ_2，$\sigma_1^2=\sigma_2^2=\sigma^2$，$\rho=1/2$，其中 μ_1，μ_2 以及 $\sigma^2>0$ 都是未知的实数. 求对 $H_0:\mu_1=\mu_2=0$，σ^2 未知 vs 所有备择假设进行检验的似然比(Λ). 似然比 Λ 会是哪种服从某个著名分布的统计量的函数.

8.3.17 设 X 是一个随机变量，具有概率密度函数 $f_X(x)=(2b_X)^{-1}\exp\{-|x|/b_X\}$，对于$-\infty<x<\infty$，并且 $b_X>0$. 首先，证明 X 的方差是 $\sigma_X^2=2b_X^2$. 其次，设 Y 具有概率密度函数 $f_Y(y)=(2b_Y)^{-1}\exp(-|y|/b_Y)$，对于$-\infty<x<\infty$，并且 $b_Y>0$，Y 与 X 是独立的. 考察假设

$$H_0:\sigma_X^2=\sigma_Y^2 \quad \text{vs} \quad H_1:\sigma_X^2>\sigma_Y^2$$

为了说明注释 8.3.2 对这些假设做的检验，考察下述数据集合，数据也存放于 exercise8316.dra 文件中. 样本 1 代表从满足 $b_X=1$ 的 X 中抽取的样本值，而样本 2 代表从满足 $b_Y=1$ 的 Y 中抽取的样本值. 因此，在此情况下，H_0 为真.

样本 1	−0.389	−2.177	0.813	−0.001	样本 2	−1.067	−0.577	0.361	−0.680
	−0.110	−0.709	0.456	0.135		−0.634	−0.996	−0.181	0.239
	0.763	−0.570	−2.565	−1.733		−0.775	−1.421	−0.818	0.328
	0.403	0.778	−0.115			0.213	1.425	−0.165	

(a) 画出这两个样本的比较箱线图(comparison boxplot). 比较箱线图是由以同一个标度对两个样本画出的箱线图所构成的. 依据这点，尤其是四分位距，你会对 H_0 得出什么结论呢？

(b) 求当水平 $\alpha=0.10$ 时，注释 8.3.2 所讨论的 F 检验(单侧假设). 你的结论是什么呢？

(c) (b)部分的检验不是准确的. 为什么？

8.3.18 对于例 8.3.4 的偏态污染正态随机变量 X，推导 X 的累积分布函数、概率密度函数以及均值和方差.

8.3.19 对于例 8.3.4 中的表 8.3.1，证明针对由第 4 章所给出的二项比例 95%置信区间的一半宽度，在名义值 0.05 条件下为 0.004.

8.3.20 倘若可以运用计算机设备，执行例 8.3.4 关于偏态污染正态情况两边 t 检验的蒙特卡罗研究. 附录 B 中的 R 函数 rscn.R 可生成 X 分布的变量.

8.3.21 设 $X_1,X_2,\cdots,X_n$ 是 X 的随机样本，X 服从 $N(\mu,\sigma_0^2)$分布，其中 σ_0^2 为已知. 考察双侧假设

$$H_0:\mu=0 \text{ vs } H_1:\mu\neq 0$$

证明：建立在临界区域 $C=\{|\overline{X}|>\sqrt{\sigma_0^2/n}z_{\alpha/2}\}$上的检验是一个水平 α 的无偏检验.

8.3.22 假定本题背景内容和前面习题一样，但要考察临界区域 $C^*=\{\overline{X}>\sqrt{\sigma_0^2/n}z_\alpha\}$的检验. 证明，建立在 C^* 上的检验具有显著性水平 α，但它不是无偏检验.

*8.4 序贯概率比检验

定理 8.1.1 提供了确定检验简单假设 vs 备择简单假设的最优临界区域. 现在回顾它的表述. 设 $X_1,X_2,\cdots,X_n$ 是来自下面分布的具有固定样本量 n 的随机样本，此分布具有概率密度函数或概率质量函数 $f(x;\theta)$，其中 $\theta=\{\theta:\theta=\theta',\theta''\}$，并且 θ'与 θ''都是已知数. 就本节内容而言，用

$$L(\theta;n)=f(x_1;\theta)f(x_2;\theta)\cdots f(x_n;\theta)$$

表示 $X_1,X_2,\cdots,X_n$ 的似然函数，该符号既揭示了参数 θ，又表现出样本量 n. 当且仅当

$$\frac{L(\theta';n)}{L(\theta'';n)}\leqslant k,$$

才会拒绝 $H_0:\theta=\theta'$并接受 $H_1:\theta=\theta''$，其中 $k>0$，那么由定理 8.1.1 知，这就是 H_0 vs H_1 的最佳检验.

现在，假定样本量 n 并非固定的. 实际上，设样本量是取值于样本空间$\{1,2,3,\cdots\}$中的一个随机变量 N. 对简单假设 $H_0:\theta=\theta'$ vs 简单假设 $H_1:\theta=\theta''$进行检验的一个有意思的方法如下：设 k_0 与 k_1 是两个正数，满足 $k_0<k_1$. 观察一系列独立结果 $X_1,X_2,X_3,\cdots$，比如 $x_1,x_2,x_3,\cdots$，然后计算

$$\frac{L(\theta';1)}{L(\theta'';1)},\frac{L(\theta';2)}{L(\theta'';2)},\frac{L(\theta';3)}{L(\theta'';3)},\cdots$$

拒绝假设 $H_0:\theta=\theta'$(并接受 $H_1:\theta=\theta''$)当且仅当存在一个正整数 n，以使 $\boldsymbol{x}_n=(x_1,x_2,\cdots,x_n)$属于集合

$$C_n = \left\{ \boldsymbol{x}_n : k_0 < \frac{L(\theta', j)}{L(\theta'', j)} < k_1, j = 1, 2, \cdots, n-1, \text{且} \frac{L(\theta', n)}{L(\theta'', n)} \leqslant k_0 \right\} \tag{8.4.1}$$

另一方面，接受假设 $H_0:\theta=\theta'$（并拒绝 $H_1:\theta=\theta''$）当且仅当存在一个正整数 n，以使$(x_1, x_2, \cdots, x_n)$属于集合

$$B_n = \left\{ \boldsymbol{x}_n : k_0 < \frac{L(\theta', j)}{L(\theta'', j)} < k_1, j = 1, 2, \cdots, n-1, \text{且} \frac{L(\theta', n)}{L(\theta'', n)} \geqslant k_1 \right\} \tag{8.4.2}$$

也就是说，只要

$$k_0 < \frac{L(\theta', n)}{L(\theta'', n)} < k_1 \tag{8.4.3}$$

就继续观察样本观测值. 我们以下面两种方式之一来结束这些观测值：

1. 只要

$$\frac{L(\theta', n)}{L(\theta'', n)} \leqslant k_0$$

就拒绝 $H_0:\theta=\theta'$，或者

2. 只要

$$\frac{L(\theta', n)}{L(\theta'', n)} \geqslant k_1$$

就接受 $H_0:\theta=\theta'$.

这类检验称为沃尔德**序贯概率比检验**(sequential probability ratio test). 现在，不等式(8.4.3)时常以一种等价形式很方便地表示成

$$c_0(n) < u(x_1, x_2, \cdots, x_n) < c_1(n) \tag{8.4.4}$$

其中 $u(X_1, X_2, \cdots, X_n)$表示统计量，而 $c_0(n)$与 $c_1(n)$都依赖于常数 $k_0, k_1, \theta', \theta''$以及 n. 于是，只要

$$u(x_1, x_2, \cdots, x_n) \leqslant c_0(n) \quad \text{或} \quad u(x_1, x_2, \cdots, x_n) \geqslant c_1(n)$$

就停止观测，并做出决策. 现在，我们给出一个示例.

例 8.4.1 设 X 具有概率质量函数

$$f(x;\theta) = \begin{cases} \theta^x (1-\theta)^{1-x}, & x = 0, 1 \\ 0, & \text{其他} \end{cases}$$

在上面对序贯概率比检验的讨论中，设 $H_0:\theta=1/3$ 而 $H_1:\theta=2/3$，于是，当用 $\sum x_i$ 表示 $\sum_1^n x_i$，即 $\sum x_i = \sum_1^n x_i$ 时，有

$$\frac{L\left(\frac{1}{3}, n\right)}{L\left(\frac{2}{3}, n\right)} = \frac{\left(\frac{1}{3}\right)^{\sum x_i} \left(\frac{2}{3}\right)^{n-\sum x_i}}{\left(\frac{2}{3}\right)^{\sum x_i} \left(\frac{1}{3}\right)^{n-\sum x_i}} = 2^{n-2\sum x_i}$$

倘若取以 2 为底的对数，则不等式

$$k_0 < \frac{L\left(\frac{1}{3}, n\right)}{L\left(\frac{2}{3}, n\right)} < k_1, 0 < k_0 < k_1$$

就变成

$$\log_2 k_0 < n - 2\sum_1^n x_i < \log_2 k_1$$

或等价地，在式(8.4.4)符号下，有

$$c_0(n) = \frac{n}{2} - \frac{1}{2}\log_2 k_1 < \sum_1^n x_i < \frac{n}{2} - \frac{1}{2}\log_2 k_0 = c_1(n)$$

注意，$L\left(\frac{1}{3},n\right)/L\left(\frac{2}{3},n\right) \leqslant k_0$ 当且仅当 $c_1(n) \geqslant \sum_1^n x_i$，$L\left(\frac{1}{3},n\right)/L\left(\frac{2}{3},n\right) \geqslant k_1$ 当且仅当 $c_0(n) \geqslant \sum_1^n x_i$. 因而，只要 $c_0(n) < \sum_1^n x_i < c_1(n)$，我们就继续观察结果. 观测结果应以满足 $c_1(n) \leqslant \sum_1^n x_i$ 或 $c_0(n) \geqslant \sum_1^n x_i$ 的 N 中第一个 n 值而中止. 不等式 $c_1(n) \leqslant \sum_1^n x_i$ 会导致拒绝 $H_0:\theta = \frac{1}{3}$（接受 H_1），而不等式 $c_0(n) \geqslant \sum_1^n x_i$ 会导致接受 $H_0:\theta = \frac{1}{3}$（拒绝 H_1）. ■

注释 8.4.1 此时，读者一定会发现，序贯概率比检验应该会产生许多问题. 这些问题中的一部分可能是下述问题：

1. 此方法无限持续的概率是多少？
2. 这种检验功效函数在 $\theta=\theta'$ 与 $\theta=\theta''$ 上每一点的值是多少？
3. 若 θ'' 是由备择复合假设所设定的几个 θ 值之一，比如 $H_1:\theta>\theta'$，则功效函数在 $\theta>\theta'$ 的每一点处的值是多少？
4. 由于样本量 N 是一个随机变量，N 的分布的某些性质是什么呢？特别地，N 的期望值 $E(N)$ 是什么呢？
5. 这种检验与拥有固定样本量为 n 的那种检验相比较会怎么样呢？ ■

贯序分析课程会研究这些问题以及一些其他问题. 然而，本书目的是尽可能地使读者熟悉这类检验方法. 因此，我们坚定地认为，第一个问题的答案为 0. 而且，可以证明，如果 $\theta=\theta'$ 或 $\theta=\theta''$，那么与在那些点上具有同样的功效函数值的具有固定样本量检验的样本量相比，这种序贯方法的 $E(N)$ 会更小一些. 现在，我们详细考虑第二个问题.

在这一节，用符号 α 表示当 H_0 成立时的检验功效，而用符号 $1-\beta$ 表示当 H_1 成立时的检验功效. 因而，α 是犯第Ⅰ类错误的概率（当 H_0 为真时拒绝 H_0），β 是犯第Ⅱ类错误的概率（当 H_0 为假时接受 H_0）. 于是，就集合 C_n 与 B_n 如前定义，并且随机变量为连续型情况而言，有

$$\alpha = \sum_{n=1}^{\infty}\int_{C_n} L(\theta',n), \quad 1-\beta = \sum_{n=1}^{\infty}\int_{C_n} L(\theta'',n)$$

由于所有试验结果作为一个总体发生的概率是 1，所以还有

$$1-\alpha = \sum_{n=1}^{\infty}\int_{B_n} L(\theta',n), \quad \beta = \sum_{n=1}^{\infty}\int_{B_n} L(\theta'',n)$$

若 $(x_1,x_2,\cdots,x_n)\in C_n$，则得到 $L(\theta',n)\leqslant k_0 L(\theta'',n)$，因此，很明显

$$\alpha = \sum_{n=1}^{\infty}\int_{C_n} L(\theta',n) \leqslant \sum_{n=1}^{\infty}\int_{C_n} k_0 L(\theta'',n) = k_0(1-\beta)$$

由于在集合 B_n 中的每一点上 $L(\theta',n)\geqslant k_1L(\theta'',n)$，所以有

$$1-\alpha=\sum_{n=1}^{\infty}\int_{B_n}L(\theta',n)\geqslant\sum_{n=1}^{\infty}\int_{B_n}k_1L(\theta'',n)=k_1\beta$$

因此，由此可得，倘若 β 不等于 0 或者 1，则

$$\frac{\alpha}{1-\beta}\leqslant k_0,\quad k_1\leqslant\frac{1-\alpha}{\beta}\tag{8.4.5}$$

现在，设 α_a 与 β_a 表示预先指定的真分数，在应用中某些典型值是 0.01，0.05 以及 0.10. 如果我们取

$$k_0=\frac{\alpha_a}{1-\beta_a},\quad k_1=\frac{1-\alpha_a}{\beta_a}$$

那么不等式(8.4.5)变成

$$\frac{\alpha}{1-\beta}\leqslant\frac{\alpha_a}{1-\beta_a},\quad\frac{1-\alpha_a}{\beta_a}\leqslant\frac{1-\alpha}{\beta}\tag{8.4.6}$$

或等价地，

$$\alpha(1-\beta_a)\leqslant(1-\beta)\alpha_a,\quad\beta(1-\alpha_a)\leqslant(1-\alpha)\beta_a$$

倘若将上述不等式两边相加起来，则可得

$$\alpha+\beta-\alpha\beta_a-\beta\alpha_a\leqslant\alpha_a+\beta_a-\beta\alpha_a-\alpha\beta_a$$

从而

$$\alpha+\beta\leqslant\alpha_a+\beta_a$$

也就是说，两类错误概率之和 $\alpha+\beta$ 具有上界，其上界为预先指定数之和 $\alpha_a+\beta_a$. 此外，由于 α 与 β 都是正的真分数，不等式(8.4.6)意味着

$$\alpha\leqslant\frac{\alpha_a}{1-\beta_a},\quad\beta\leqslant\frac{\beta_a}{1-\alpha_a}$$

所以，α 与 β 都具有上界. 对序贯概率比检验的各种研究表明，在绝大多数情况下，α 与 β 的值非常接近于 α_a 与 β_a. 这促使我们分别用 α_a 与 $1-\beta_a$ 逼近点 $\theta=\theta'$ 与 $\theta=\theta''$ 处的功效函数.

例 8.4.2　设 X 服从 $N(\theta,100)$. 为了求出检验 $H_0:\theta=75$ vs $H_1:\theta=78$ 的序贯概率比检验，使得 α 与 β 都大致等于 0.10，取

$$k_0=\frac{0.10}{1-0.10}=\frac{1}{9},\quad k_1=\frac{1-0.10}{0.10}=9$$

由于

$$\frac{L(75,n)}{L(78,n)}=\frac{\exp[-\sum(x_i-75)^2/2(100)]}{\exp[-\sum(x_i-78)^2/2(100)]}=\exp\left(-\frac{6\sum x_i-459n}{200}\right)$$

所以，对不等式

$$k_0=\frac{1}{9}<\frac{L(75,n)}{L(78,n)}<9=k_1$$

取自然对数，重新写成

$$-\log 9<\frac{6\sum x_i-459n}{200}<\log 9$$

这一等式等价于下面不等式

$$c_0(n)=\frac{153}{2}n-\frac{100}{3}\log 9<\sum_1^n x_i<\frac{153}{2}n+\frac{100}{3}\log 9=c_1(n)$$

此外，$L(75,n)/L(78,n)\leqslant k_0$ 与 $L(75,n)/L(78,n)\geqslant k_1$ 分别等价于不等式 $\sum_1^n x_i\geqslant c_1(n)$ 与 $\sum_1^n x_i\leqslant c_0(n)$. 因而，观测结果在使 $\sum_1^n x_i\geqslant c_1(n)$ 或 $\sum_1^n x_i\leqslant c_0(n)$ 成立的 N 的第 1 个 n 值处. 不等式 $\sum_1^n x_i\geqslant c_1(n)$ 导致对 $H_0:\theta=75$ 的拒绝，而不等式 $\sum_1^n x_i\leqslant c_0(n)$ 则导致对 $H_0:\theta=75$ 的接受. 当 H_0 为真时，检验的功效大约是 0.10，而当 H_1 为真时，相应的检验功效大约是 0.90. ■

注释 8.4.2 有趣的是，注意人们能将序贯概率比检验看成*随机漫步方法*(random-walk procedure). 举例来说，例 8.4.1 与例 8.4.2 中的最终不等式可分别写成

$$-\log_2 k_1<\sum_1^n 2(x_i-0.5)<-\log_2 k_0$$

与

$$-\frac{100}{3}\log 9<\sum_1^n (x_i-76.5)<\frac{100}{3}\log 9$$

就每一个例子而言，都会想到例子中 0 点作为起点，并取随机步长，一直达到边界为止. 在第一个例子中，随机步长是 $2(X_1-0.5)$，$2(X_2-0.5)$，$2(X_3-0.5)$，…，这些步长具有同样长度，只是方向为随机方向. 在第二个例子中，不论是步长还是方向都是随机变量，即 $X_1-76.5$，$X_2-76.5$，$X_3-76.5$，…. ■

最近，人们更关注利用统计方法改进产品的质量. 一种简单方法是由于沃尔特・休哈特(Walter Shewhart)[⊖]发展起来的，在这种方法中抽取产品样本量为 n 的一个样本，然后对它们进行测量得到 n 个值. 这 n 个测量的均值 $\overline{X}$ 服从近似正态分布，其均值为 μ，而方差为 σ^2/n. 在实际应用中，人们必须估计出 μ 与 σ^2，然而在此讨论中，却假定 μ 与 σ^2 是已知的. 由理论知识，可以知道 $\overline{x}$ 位于

$$\text{LCL}=\mu-\frac{3\sigma}{\sqrt{n}},\quad \text{UCL}=\mu+\frac{3\sigma}{\sqrt{n}}$$

之间的概率是 0.997. 这两个值分别称为下控制限(lower control limit，LCL)与上控制限(upper control limit，UCL). 像这类抽样，从而得到一系列均值，比如 $\overline{x}_1,\overline{x}_2,\overline{x}_3,\cdots$. 通常，对一系列均值进行画图，若它们位于 LCL 与 UCL 之间，则称此过程是**可控的**(in control). 当它们落到控制限之外，这表明均值有移动，从而要对过程加以研究.

有人认为，均值可能存在移动，比如从 μ 到 $\mu+(\sigma/\sqrt{n})$. 但是，仍然很难查出单一样

⊖ 沃尔特・休哈特(Walter Shewhart，1891—1967)及其研究者提出以控制图和抽样检验为代表的"统计质量管理"，奠定了美国质量管理发展的基础. 自 20 世纪 50 年代以来，以统计方法为主的质量管理在企业生产领域得到了广泛应用，取得了巨大成效.

质量管理始于控制图，终于控制图. 可见，控制图是质量控制和改进的有效方法. 由于质量管理所用的数据种类很多，控制特性数据的统计性质不同，因此采用的控制图种类也不同. ——译者注

本均值出现移动，即单个 $\bar{x}$ 大于 UCL 的概率仅仅是 0.023 左右. 这意味着在查出这种移动之前，就平均水平而言，我们需要样本量为 n 的 $1/0.023\approx 43$ 个样本. 这看起来显得太大，因此，统计学家认识到，为了有助于他们检测这种移动，当序列 $\overline{X}_1,\overline{X}_2,\overline{X}_3,\cdots$ 是可观测的时候，就应该积累经验. 惯常做法是计算标准化变量 $Z=(\overline{X}-\mu)/(\sigma/\sqrt{n})$；因而，我们利用这些术语来表述该问题，同时提供由序贯概率比检验给出的解.

此处，Z 服从 $N(\theta,1)$，我们想要利用独立同分布随机变量 $Z_1,Z_2,\cdots,Z_m,\cdots$ 序列对 $H_0:\theta=0$ vs $H_1:\theta=1$ 进行检验. 使用 m 而不是 n，因为 n 表示以周期方式抽取到的样本量. 有

$$\frac{L(0,m)}{L(1,m)}=\frac{\exp[-\sum z_i^2/2]}{\exp[-\sum(z_i-1)^2/2]}=\exp\left[-\sum_{i=1}^{n}(z_i-0.5)\right]$$

因而

$$k_0<\exp\left[-\sum_{i=1}^{m}(z_i-0.5)\right]<k_1$$

可写成

$$h=-\log k_0>\sum_{i=1}^{m}(z_i-0.5)>-\log k_1=-h$$

当 $\alpha_a=\beta_a$ 时，确有 $-\log k_0=\log k_1$. 通常，把 $h=-\log k_0$ 大致取为 4 或 5，建议 $\alpha_a=\beta_a$ 很小，像 0.01. 由于 $\sum(z_i-0.5)$ 表示 $z_i-0.5$ 的累加和，$i=1,2,3,\cdots$,所以这些方法常常称为 CUSUM. 如果 CUSUM$=\sum(z_i-0.5)$ 大于 h，那么要研究此过程，因为看起来，均值出现向上移动. 如果朝着 $\theta=1$ 移动，那么与这些方法有关的理论表明，为了检测这个移动，就平均水平而言，仅仅需要 8 个或 9 个样本而不是 43 个. 关于这些方法的更多信息，读者可参看通过统计方法改进质量方面的一些书籍. 此处，我们愿意强调的内容是，利用序贯方法(不仅仅是序贯概率比检验)，应利用过去积累下来的全部经验来进行推断.

习题

8.4.1　设 X 服从 $N(0,\theta)$，并使用本节符号，设 $\theta'=4$，$\theta''=9$，$\alpha_a=0.05$ 以及 $\beta_a=0.10$. 证明，序贯概率比检验能建立在统计量 $\sum_1^n X_i^2$ 基础上.求 $c_0(n)$ 与 $c_1(n)$.

8.4.2　设 X 服从均值为 θ 的泊松分布. 求对 $H_0:\theta=0.02$ vs $H_1:\theta=0.07$ 进行检验的序贯概率比检验. 证明，这个检验能建立在统计量 $\sum_1^n X_i$ 基础上. 若 $\alpha_a=0.20$ 以及 $\beta_a=0.10$，求 $c_0(n)$与 $c_1(n)$.

8.4.3　设独立随机变量 Y 与 Z 分别服从 $N(\mu_1,1)$与 $N(\mu_2,1)$. 设 $\theta=\mu_1-\mu_2$. 从每一个分布中观测到独立观测值，比如 $Y_1,Y_2,\cdots$与 $Z_1,Z_2,\cdots$. 使用序列 $X_i=Y_i-Z_i$，序贯比检验假设 $H_0:\theta=0$ vs $H_1:\theta=1/2,i=1,2,\cdots$. 当 $\alpha_a=\beta_a=0.05$ 时，证明此检验可建立在 $\overline{X}=\overline{Y}-\overline{Z}$ 基础上. 求$c_0(n)$与$c_1(n)$.

8.4.4　假定生产过程产生大约 3%的次品，对于这种特定产品而言这是一个相当满意的结果. 管理者希望把 3%减少到 1%，很明显想要进一步提高质量，比如提高 5%. 为了监控过程，要定期地抽取 $n=100$ 个产品，然后数一数次品个数. 假定 X 服从 $b(n=100,p=\theta)$. 依据序列 $X_1,X_2,\cdots,X_m,\cdots$，求检验 $H_0:\theta=0.01$ vs $H_1:\theta=0.05$ 的序贯概率比检验. (注意，$\theta=0.03$，即现有水平位于这两个值之间.)对此检验可用形式

$$h_0 > \sum_{i=1}^{m}(x_i - nd) > h_1$$

写出，当 $\alpha_a=\beta_a=0.02$ 时，求 d，h_0 以及 h_1.

8.4.5 设 $X_1,X_2,\cdots,X_n$ 是来自下面分布的随机样本，此分布具有概率密度函数 $f(x;\theta)=\theta x^{\theta-1},0<x<1$，其他为 0.

(a) 求 θ 的完备充分统计量.

(b) 若 $\alpha_a=\beta_a=\frac{1}{10}$，求 $H_0:\theta=2$ vs $H_1:\theta=3$ 的序贯概率比检验.

*8.5 极小化极大与分类方法

我们考察可用于点估计问题的几种方法(procedure，又称程序). 这些方法当中有一种是决策函数方法(尤其是，极小化极大决策). 在本节，将极小化极大方法用于检验简单假设 H_0 vs 备择简单假设 H_1. 一个重要发现是，依据奈曼-皮尔逊定理，这些方法会产生 H_0 vs H_1 的最佳检验. 这里以讨论这些方法用于分类问题来结束本节.

8.5.1 极小化极大方法

首先，研究对简单假设 vs 简单备择假设进行检验问题的决策函数方法. 设 n 个随机变量 $X_1,X_2,\cdots,X_n$ 的联合概率密度函数依赖于参数 θ. 这里 n 是固定正整数. 这个概率密度函数用 $L(\theta;x_1,x_2,\cdots,x_n)$ 表示，或者简记为 $L(\theta)$. 设 θ' 与 θ'' 是 θ 的明显不同且固定的值. 我们想要对简单假设 $H_0:\theta=\theta'$ vs 简单假设 $H_1:\theta=\theta''$ 进行检验. 因而，参数空间是 $\Omega=\{\theta:\theta=\theta',\theta''\}$. 依据决策函数方法，需要 $X_1,X_2,\cdots,X_n$(或者统计量 Y 的观测值)的观测值的函数 δ，以此决定接受 θ 的两个值 θ' 或 θ'' 中的哪一个. 也就是说，函数 δ 要么选取 $H_0:\theta=\theta'$，要么选取 $H_1:\theta=\theta''$. 我们分别用 $\delta=\theta'$ 与 $\delta=\theta''$ 表示这些决策. 设 $\mathcal{L}(\theta,\delta)$ 表示和这个决策问题有关的损失函数. 因为序对 $(\theta=\theta',\delta=\theta')$ 与 $(\theta=\theta'',\delta=\theta'')$ 代表正确决策，所以总是取 $\mathcal{L}(\theta',\theta')=\mathcal{L}(\theta'',\theta'')=0$. 另一方面，如果当 $\theta=\theta'$ 时 $\delta=\theta''$，或者当 $\theta=\theta''$ 时 $\delta=\theta'$，那么应对损失函数指派一个正值，即 $\mathcal{L}(\theta',\theta'')>0$ 与 $\mathcal{L}(\theta'',\theta')>0$.

前面曾经强调过，检验 $H_0:\theta=\theta'$ vs $H_1:\theta=\theta''$ 可用样本空间中的临界区域来描述. 我们对具有决策函数的情形能做出同样的表述. 也就是说，能够选择样本空间 C 的子集，若 $(x_1,x_2,\cdots,x_n)\in C$，则取决策 $\delta=\theta''$；然而，若 $(x_1,x_2,\cdots,x_n)\in C^c$，即 C 的补集，则取决策 $\delta=\theta'$. 因而，已知的临界区域 C 就决定了决策函数. 在此意义上，用 $R(\theta,C)$ 而不是 $R(\theta,\delta)$ 表示风险函数. 也就是说，利用 7.1 节所使用的符号，有

$$R(\theta,C)=R(\theta,\delta)=\int_{C\cup C^c}\mathcal{L}(\theta,\delta)L(\theta)$$

由于如果 $(x_1,x_2,\cdots,x_n)\in C$，那么 $\delta=\theta''$，并且如果 $(x_1,x_2,\cdots,x_n)\in C^c$，那么 $\delta=\theta'$，所以我们得到

$$R(\theta,C)=\int_C\mathcal{L}(\theta,\theta'')L(\theta)+\int_{C^c}\mathcal{L}(\theta,\theta')L(\theta) \tag{8.5.1}$$

倘若在式(8.5.1)中我们取 $\theta=\theta'$，则 $\mathcal{L}(\theta',\theta')=0$，从而

$$R(\theta',C)=\int_C\mathcal{L}(\theta',\theta'')L(\theta')=\mathcal{L}(\theta',\theta'')\int_C L(\theta')$$

另一方面，倘若在式(8.5.1)中设 $\theta=\theta''$，则$\mathcal{L}(\theta'',\theta'')=0$，因此

$$R(\theta'',C)=\int_{C^c}L(\theta'',\theta')L(\theta'')=\mathcal{L}(\theta'',\theta')\int_{C^c}L(\theta'')$$

有启迪作用的是注意，如果 $\gamma(\theta)$是与临界区域 C 有关的功效函数，那么

$$R(\theta',C)=\mathcal{L}(\theta',\theta'')\gamma(\theta')=\mathcal{L}(\theta',\theta'')\alpha$$

其中 $\alpha=\gamma(\theta')$表示显著性水平；而且

$$R(\theta'',C)=\mathcal{L}(\theta'',\theta')[1-\gamma(\theta'')]=\mathcal{L}(\theta'',\theta')\beta$$

其中 $\beta=1-\gamma(\theta'')$表示第Ⅱ类错误的概率.

现在看一看，我们如何求问题的极小化极大解. 也就是说，想要求临界区域 C，以使

$$\max[R(\theta',C),R(\theta'',C)]$$

极小化. 我们将证明，倘若选取正常数 k，使 $R(\theta',C)=R(\theta'',C)$，则解是区域

$$C=\left\{(x_1,x_2,\cdots,x_n):\frac{L(\theta';x_1,x_2,\cdots,x_n)}{L(\theta'';x_1,x_2,\cdots,x_n)}\leqslant k\right\}$$

也就是说，如果选取 k，使

$$\mathcal{L}(\theta',\theta'')\int_C L(\theta')=\mathcal{L}(\theta'',\theta')\int_{C^c}L(\theta'')$$

那么临界区域 C 就提供一个极小化极大解. 就连续型随机变量来说，总是选取 k，使 $R(\theta',C)=R(\theta'',C)$. 然而，对于离散型随机变量，当 $L(\theta')/L(\theta'')=k$，为得到准确等式 $R(\theta',C)=R(\theta'',C)$，就需要考虑一个辅助随机试验.

为了证明 C 是极小化极大解，考虑使 $R(\theta',C)\geqslant R(\theta',A)$的每一个其他区域 A. 满足 $R(\theta',C)<R(\theta',A)$的区域 A 并不是极小化极大解的备选者，因为 $R(\theta',C)=R(\theta'',C)<\max[R(\theta',A),R(\theta'',A)]$. 由于 $R(\theta',C)\geqslant R(\theta',A)$意味着

$$\mathcal{L}(\theta',\theta'')\int_C L(\theta')\geqslant\mathcal{L}(\theta',\theta'')\int_A L(\theta')$$

所以有

$$\alpha=\int_C L(\theta')\geqslant\int_A L(\theta')$$

也就是说，与临界区域 A 有联系的检验的显著性水平小于或等于 α. 但是，依据奈曼-皮尔逊定理，C 是水平为 α 的最优临界区域. 因而

$$\int_C L(\theta'')\geqslant\int_A L(\theta'')$$

从而，

$$\int_{C^c}L(\theta'')\leqslant\int_{A^c}L(\theta'')$$

因此，

$$L(\theta'',\theta')\int_{C^c}L(\theta'')\leqslant\mathcal{L}(\theta'',\theta')\int_{A^c}L(\theta'')$$

或者等价地，

$$R(\theta'',C)\leqslant R(\theta'',A)$$

也就是

$$R(\theta',C) = R(\theta'',C) \leqslant R(\theta'',A)$$

这意味着

$$\max[R(\theta',C),R(\theta'',C)] \leqslant R(\theta'',A)$$

因此，一定有

$$\max[R(\theta',C),R(\theta'',C)] \leqslant \max[R(\theta',A),R(\theta'',A)]$$

临界区域 C 提供极小化极大解，这正是想要证明的结果.

例 8.5.1 设 $X_1,X_2,\cdots,X_{100}$ 表示来自分布 $N(\theta,100)$ 的样本量为 100 的随机样本. 再次考察对 $H_0:\theta=75$ vs $H_1:\theta=78$ 进行检验的问题. 我们求满足 $\mathcal{L}(75,78)=3$ 与 $\mathcal{L}(78,75)=1$ 的极小化极大解. 由于 $L(75)/L(78)\leqslant k$ 等价于 $\overline{x}\geqslant c$，所以想要确定 c，进而确定 k，使得

$$3P(\overline{X} \geqslant c;\theta = 75) = P(\overline{X} < c;\theta = 78) \tag{8.5.2}$$

因为 $\overline{X}$ 服从 $N(\theta,1)$，所以上面等式能重新写成

$$3[1-\Phi(c-75)] = \Phi(c-78)$$

正如习题 8.5.4 要求读者利用牛顿算法证明的，其中一个解是 $c=76.8$. 该检验显著性水平大致是 $1-\Phi(1.8)=0.036$，而当 H_1 为真时，检验功效大致是 $1-\Phi(-1.2)=0.885$. ■

8.5.2 分类

上面概述在分类问题上有一个有意思的应用，现表述如下. 一个研究者对一个项目做出了一系列测量，并希望将它归类为几种类型之一(或对它进行分类). 为了方便讨论，假定仅存在两个测量值，比如 X 与 Y，以此对项目加以分类. 此外，设 X 与 Y 具有联合概率密度函数 $f(x,y;\theta)$，其中 θ 代表一个或者多个参数. 就简化讨论而言，假定 X 与 Y 的联合分布(分类)存在两种可能，分别用参数 θ' 与 θ'' 标示. 在此情况下，问题就简化成观察 $X=x$ 与 $Y=y$ 之一，然后对假设 $\theta=\theta'$ vs 假设 $\theta=\theta''$ 进行检验，接受与假设相符的 X 与 Y 的分类. 由奈曼-皮尔逊定理，此种分类的最佳决策具有下面形式：如果

$$\frac{f(x,y;\theta')}{f(x,y;\theta'')} \leqslant k$$

那么选取由 θ'' 标示的分布；也就是说，将 (x,y) 归类为来自由 θ'' 标示的分布. 否则，选取由 θ' 标示的分布；也就是说，将 (x,y) 归类为来自由 θ' 标示的分布. 下面注释对 k 的选取进行讨论.

注释 8.5.1(关于 k 的选取) 考察下述概率：

$$\pi' = P[(X,Y)\text{ 是从概率密度函数为 } f(x,y;\theta')\text{ 的分布中抽取的}]$$

$$\pi'' = P[(X,Y)\text{ 是从概率密度函数为 } f(x,y;\theta'')\text{ 的分布中抽取的}]$$

注意，$\pi'+\pi''=1$. 于是，可以证明，最优分类规则是通过取 $k=\pi''/\pi'$ 来确定的，例如参看 Seber(1984). 因此，如果拥有项目如何从标有 θ' 分布中抽取的先验信息，那么就能获得分类规则. 在实际应用中，每一种分布都是等可能的. 不论在哪一种情况下，$\pi'=\pi''=1/2$，因此，$k=1$. ■

例 8.5.2 设 (x,y) 是随机对 (X,Y) 的观测值，(X,Y) 参数为 $\mu_1,\mu_2,\sigma_1^2,\sigma_2^2$ 以及 ρ 服从二元正态分布. 由 3.5 节知，其联合概率密度函数由

$$f(x,y;\mu_1,\mu_2,\sigma_1^2,\sigma_2^2)=\frac{1}{2\pi\sigma_1\sigma_2\sqrt{1-\rho^2}}e^{-q(x,y;\mu_1,\mu_2)/2}$$

给出，对于$-\infty<x<\infty,-\infty<y<\infty$，其中$\sigma_1>0,\sigma_2>0,-1<\rho<1$，

$$q(x,y;\mu_1,\mu_2)=\frac{1}{1-\rho^2}\left[\left(\frac{x-\mu_1}{\sigma_1}\right)^2-2\rho\left(\frac{x-\mu_1}{\sigma_1}\right)\left(\frac{y-\mu_2}{\sigma_2}\right)+\left(\frac{y-\mu_2}{\sigma_2}\right)^2\right]$$

假定σ_1^2，σ_2^2以及ρ都是已知的，但并不知道(X,Y)的各自均值是(μ_1',μ_2')还是(μ_1'',μ_2''). 不等式

$$\frac{f(x,y;\mu_1',\mu_2',\sigma_1^2,\sigma_2^2,\rho)}{f(x,y;\mu_1'',\mu_2'',\sigma_1^2,\sigma_2^2,\rho)}\leqslant k$$

等价于

$$\frac{1}{2}[q(x,y;\mu_1'',\mu_2'')-q(x,y;\mu_1',\mu_2')]\leqslant \log k$$

而且，很明显该不等式左边元素的差确实不包含x^2，xy以及y^2的项. 尤其是，这一不等式与

$$\frac{1}{1-\rho^2}\left\{\left[\frac{\mu_1'-\mu_1''}{\sigma_1^2}-\frac{\rho(\mu_2'-\mu_2'')}{\sigma_1\sigma_2}\right]x+\left[\frac{\mu_2'-\mu_2''}{\sigma_2^2}-\frac{\rho(\mu_1'-\mu_1'')}{\sigma_1\sigma_2}\right]y\right\}$$
$$\leqslant \log k+\frac{1}{2}[q(0,0;\mu_1',\mu_2')-q(0,0;\mu_1'',\mu_2'')]$$

相同，或简洁表述成

$$ax+by\leqslant c \tag{8.5.3}$$

也就是说，如果不等式(8.5.3)左边的x与y的线性函数小于或等于一个常数，那么我们把(x,y)归类到来自均值为μ_1''与μ_2''的二元正态分布. 否则，将(x,y)归类到来自均值为μ_1'与μ_2'的二元正态分布. 当然，若像注释8.5.1所讨论的那样，一旦给予先验信息，则很容易求出k，从而得到c；参看习题8.5.3. ■

建立起分类规则，统计学家可能对利用那个规则所导致的错误分类的两种概率感兴趣. 这两种错误分类的第一种是，将(x,y)分类成由θ''标示的分布中，而实际上它却来自由θ'所标示的分布. 第二种错误分类与前一种相似，只是θ'与θ''的位置交换一下. 在上面例子中，这些错误分类各自的概率是

$$P(aX+bY\leqslant c;\mu_1',\mu_2')\text{ 与 }P(aX+bY>c;\mu_1'',\mu_2'')$$

利用定理3.5.2，很容易得到$Z=aX+bY$的分布，由此可得$Z=aX+bY$的分布是

$$N(a\mu_1+b\mu_2,a^2\sigma_1^2+2ab\rho\sigma_1\sigma_2+b^2\sigma_2^2)$$

使用这一信息，容易计算出错误分类的概率；参看习题8.5.3.

就由例8.5.2所建立起来的重要分类规则使用而论，须做出最后评论. 在绝大多数例子中，参数值μ_1'，μ_2'，μ_1''，μ_2''以及σ_1^2，σ_2^2，ρ都是未知的. 在这类情况下，统计学家时常对两个分布中的每一个都要观测到一个随机样本(常常称为训练样本). 设两个样本的样本量分别为n'与n''，其样本特征为

$$\overline{x}',\overline{y}',(s_x')^2,(s_y')^2,r'\text{ 与 }\overline{x}'',\overline{y}'',(s_x'')^2,(s_y'')^2,r''$$

统计量r'和r''都是样本的相关系数，如同9.7节中的式(9.7.1)中所定义的。此样本相关系数是二元变量正态分布的相关参数ρ的极大似然估计，见9.7节. 若不等式(8.5.3)中的参

数 μ'_1，μ'_2，μ''_1，μ''_2，σ_1^2，σ_2^2 以及 $\rho\sigma_1\sigma_2$ 用无偏估计值

$$\overline{x}',\overline{y}',\overline{x}'',\overline{y}'',\frac{(n'-1)(s'_x)^2+(n''-1)(s''_x)^2}{n'+n''-2},\frac{(n'-1)(s'_y)^2+(n''-1)(s''_y)^2}{n'+n''-2},$$

$$\frac{(n'-1)r's'_xs'_y+(n''-1)r''s''_xs''_y}{n'+n''-2}$$

代替，则所得到的左边表达式经常称为费希尔**线性判别函数**(Fisher's linear discriminant function)．由于那些参数都是估计出来的，所以与 $aX+bY$ 相联系的分布一定给出一种近似值.

尽管本节只讨论二元正态分布，但很容易利用 3.5 节的结论将结果推广到多元正态分布上，也可参看 Seber(1984)的第 6 章.

习题

8.5.1 设 $X_1,X_2,\cdots,X_{20}$ 是来自分布 $N(\theta,5)$ 的样本量为 20 的随机样本．设 $L(\theta)$ 表示 $X_1,X_2,\cdots,X_{20}$ 的联合概率密度函数．问题是检验 $H_0:\theta=1$ vs $H_1:\theta=0$．因而，$\Omega=\{\theta:\theta=0,1\}$.

(a) 证明：$L(1)/L(0)\leqslant k$ 等价于 $\overline{x}\leqslant c$.

(b) 求 c，以使显著性水平是 $\alpha=0.05$．倘若 H_1 为真，计算此检验的功效.

(c) 若损失函数使得 $\mathcal{L}(1,1)=\mathcal{L}(0,0)=0$ 以及 $\mathcal{L}(1,0)=\mathcal{L}(0,1)>0$，求极小化极大检验．计算 $\theta=1$ 与 $\theta=0$ 处此检验的功效函数.

8.5.2 设 $X_1,X_2,\cdots,X_{10}$ 是来自参数为 θ 的泊松分布的样本量为 10 的随机样本．设 $L(\theta)$ 表示 $X_1,X_2,\cdots,X_{10}$ 的联合概率密度函数．问题是检验 $H_0:\theta=\frac{1}{2}$ vs $H_1:\theta=1$.

(a) 证明：$L\left(\frac{1}{2}\right)/L(1)\leqslant k$ 等价于 $y=\sum\limits_{i=1}^{n}x_i\geqslant c$.

(b) 为了取 $\alpha=0.05$，证明如果 $y>9$，那么拒绝 H_0，而且如果 $y=9$，那么以 $\frac{1}{2}$ 概率拒绝 H_0（利用某个辅助随机试验).

(c) 若损失函数使得 $\mathcal{L}\left(\frac{1}{2},\frac{1}{2}\right)=\mathcal{L}(1,1)=0$ 以及 $\mathcal{L}\left(\frac{1}{2},1\right)=1$ 且 $\mathcal{L}\left(1,\frac{1}{2}\right)=2$，证明，极小化极大方法是当 $y>6$ 时，拒绝 H_0，而当 $y=6$ 时，以 0.08 概率拒绝 H_0（利用某个辅助随机试验).

8.5.3 在例 8.5.2 中，设 $\mu'_1=\mu'_2=0$，$\mu''_1=\mu''_2=1$，$\sigma_1^2=1$，$\sigma_2^2=1$ 以及 $\rho=\frac{1}{2}$.

(a) 求线性函数 $aX+bY$ 的分布.

(b) 利用 $k=1$，计算 $P(aX+bY\leqslant c;\ \mu'_1=\mu'_2=0)$ 与 $P(aX+bY>c;\ \mu''_1=\mu''_2=1)$.

8.5.4 运用牛顿算法求出方程(8.5.2)的解．若可利用软件，请写出执行你的算法的程序，然后证明，解是 $c=76.8$．若没有软件可利用，则通过“试错法”求解式(8.5.2).

8.5.5 设 X 与 Y 具有联合概率密度函数

$$f(x,y;\theta_1,\theta_2)=\frac{1}{\theta_1\theta_2}\exp\left(-\frac{x}{\theta_1}-\frac{y}{\theta_2}\right),\quad 0<x<\infty,0<y<\infty$$

其他为 0，其中 $0<\theta_1$，$0<\theta_2$．观测值 (x,y) 要么来自参数等于 $(\theta'_1=1,\ \theta'_2=5)$ 的联合分布，要么来自参数等于 $(\theta''_1=3,\ \theta''_2=2)$ 的联合分布．确定分类规则的形式.

8.5.6 设 X 与 Y 服从联合二元正态分布．观测值 (x,y) 要么来自参数等于

$$\mu_1' = \mu_2' = 0，\quad (\sigma_1^2)' = (\sigma_2^2)' = 1，\quad \rho' = \frac{1}{2}$$

的联合分布，要么来自参数等于

$$\mu_1'' = \mu_2'' = 1，\quad (\sigma_1^2)'' = 4，\quad (\sigma_2^2)'' = 9，\quad \rho'' = \frac{1}{2}$$

的联合分布．证明，分类规则涉及 x 与 y 的二次多项式．

8.5.7 设 $\boldsymbol{W}'=(W_1,W_2)$是来自二元正态分布Ⅰ与Ⅱ之一的观测值，二元正态分布Ⅰ与Ⅱ都有 $\mu_1=\mu_2=0$，但它们各自的方差-协方差矩阵为

$$\mathbf{V}_1 = \begin{pmatrix} 1 & 0 \\ 0 & 4 \end{pmatrix} \quad 与 \quad \mathbf{V}_2 = \begin{pmatrix} 3 & 0 \\ 0 & 12 \end{pmatrix}$$

如何将 $\boldsymbol{W}$ 归类为Ⅰ或Ⅱ？

第 9 章　正态线性模型的推断

9.1 引论

在这一章，我们考察分析某些最广泛运用的线性模型．这些模型包括单因素和双因素方差分析(ANOVA)模型，还有回归及相关模型．通常，我们假定这些模型的随机误差是服从正态分布的．在多数情况下，我们讨论的推理方法采用极大似然方法．这个理论需要对二次型给出某些讨论，下面我们将简要介绍二次型．

考察 n 个变量 $X_1,X_2,\cdots,X_n$ 的 2 次多项式形式，即

$$q(X_1,X_2,\cdots,X_n) = \sum_{i=1}^{n}\sum_{j=1}^{n} X_i a_{ij} X_j$$

有 n^2 个常数 a_{ij}．我们将这种形式称为变量 $X_1,X_2,\cdots,X_n$ 的**二次型**(quadratic form)．当变量与系数都是实数时，则称这种形式为**实二次型**．本书只考察实二次型．举例来说，比如形式 $X_1^2+X_1X_2+X_2^2$ 是两个变量 X_1 与 X_2 的二次型，形式 $X_1^2+X_2^2+X_3^2-2X_1X_2$ 是三个变量 X_1,X_2,X_3 的二次型，但是，形式$(X_1-1)^2+(X_2-2)^2=X_1^2+X_2^2-2X_1-4X_2+5$ 不是 X_1 与 X_2 的二次型，尽管它是变量 X_1-1 与 X_2-2 的二次型．

设 $\overline{X}$ 与 S^2 分别表示来自任意分布的随机样本 $X_1,X_2,\cdots,X_n$ 的均值与方差．因而

$$\begin{aligned}(n-1)S^2 &= \sum_{i=1}^{n}(X_i-\overline{X})^2 = \sum_{i=1}^{n}X_i^2 - n\overline{X}^2 \\ &= \sum_{i=1}^{n}X_i^2 - \frac{n}{n^2}\Big(\sum_{i=1}^{n}X_i\Big)^2 \\ &= \sum_{i=1}^{n}X_i^2 - \frac{1}{n}\Big(\sum_{i=1}^{n}X_i\sum_{j=1}^{n}X_j\Big) \\ &= \sum_{i=1}^{n}X_i^2 - \frac{1}{n}\Big(\sum_{i=1}^{n}X_i^2 + 2\sum_{i<j}X_iX_j\Big) \\ &= \frac{n-1}{n}\sum_{i=1}^{n}X_i^2 - \frac{2}{n}\sum_{i<j}X_iX_j\end{aligned}$$

所以，样本方差是变量 $X_1,X_2,\cdots,X_n$ 的二次型．

9.2 单因素方差分析

考察 b 个独立随机变量，它们分别服从未知均值为 $\mu_1,\mu_2,\cdots,\mu_b$ 且具有共同未知方差 σ^2 的正态分布．对于每一个 $j=1,2,\cdots,b$，设 $X_{1j},X_{2j},\cdots,X_{n_jj}$ 表示来自均值为 μ_j 与方差为 σ^2 的正态分布的样本量为 n_j 的随机样本．这些观测值的一个合适模型是

$$X_{ij} = \mu_j + e_{ij};\quad i=1,2,\cdots,n_j,\ j=1,2,\cdots,b \tag{9.2.1}$$

其中 e_{ij} 是独立同分布的，服从 $N(0,\sigma^2)$．设 $n=\sum_{j=1}^{b}n_j$ 表示总样本量．假定人们想要检验复

合假设

$$H_0:\mu_1=\mu_2=\cdots=\mu_b \text{ vs } H_1:\mu_j\neq\mu_{j'},\text{对于某些 } j=j' \tag{9.2.2}$$

我们下面推导这些假设的似然比检验.

在实际应用中，经常出现这类问题. 例如，假定某种疾病有 b 种药物用于治疗，我们依据药物的某种反应对最佳疗效感兴趣. 设 X_j 表示使用药物 j 治疗时的反应，并设 $\mu_j=E(X_j)$. 如果假定 X_j 服从 $N(\mu_j,\sigma^2)$，那么上述零假设表明，所有药物都是等效的. 关于降低胆固醇药物的数值说明，参看习题 9.2.6. 一般地讲我们常用下述说法概述这个问题，即在 b 水平上具有单一因素. 在此情况下，该因素是对疾病治疗，而每一个水平则对应于治疗药物中的一种.

模型(9.2.1)称为**单因素**(one-way)模型. 正如要看到的那样，在方差估计时使用了似然比检验. 因此，这是方差分析的一个例子. 总之，将这个例子称为**单因素方差分析**(analysis of variance，ANOVA)问题.

这里的完整模型的参数空间是

$$\Omega=\{(\mu_1,\mu_2,\cdots,\mu_b,\sigma^2):-\infty<\mu_j<\infty,0<\sigma^2<\infty\}$$

而简化模型(H_0 下完整模型)的参数空间是：

$$\omega=\{(\mu_1,\mu_2,\cdots,\mu_b,\sigma^2):-\infty<\mu_1=\mu_2=\cdots=\mu_b=\mu<\infty,0<\sigma^2<\infty\}$$

它们的似然函数分别用 $L(\omega)$与 $L(\Omega)$表示，即

$$L(\omega)=\left(\frac{1}{2\pi\sigma^2}\right)^{ab/2}\exp\left[-\frac{1}{2\sigma^2}\sum_{j=1}^{b}\sum_{i=1}^{a}(x_{ij}-\mu)^2\right]$$

与

$$L(\Omega)=\left(\frac{1}{2\pi\sigma^2}\right)^{ab/2}\exp\left[-\frac{1}{2\sigma^2}\sum_{j=1}^{b}\sum_{i=1}^{a}(x_{ij}-\mu_j)^2\right]$$

我们首先考察简化模型. 注意，它只是来自 $N(\mu,\sigma^2)$分布的样本量为 n 的单样本模型. 在前面第 4 章的例 4.1.3 中，我们已经推导出极大似然估计量，运用这种表示法，极大似然估计量是

$$\hat{\mu}_\omega=\frac{1}{n}\sum_{j=1}^{b}\sum_{i=1}^{n_j}x_{ij}=\overline{x}_{..},\quad \hat{\sigma}^2_\omega=\frac{1}{n}\sum_{j=1}^{b}\sum_{i=1}^{n_j}(x_{ij}-\overline{x}_{..})^2 \tag{9.2.3}$$

符号$\overline{x}_{..}$表示对两个下标都取均值，通常将这个值称为**总均值**(grand mean). 在极大似然估计量处求 $L(\omega)$，经简化之后可以得到：

$$L(\hat{\omega})=\left(\frac{1}{2\pi}\right)^{n/2}\left(\frac{1}{\hat{\sigma}^2_\omega}\right)^{n/2}\mathrm{e}^{-n/2} \tag{9.2.4}$$

接下来，考察完整模型. 它的似然函数对数形式是

$$\log L(\Omega)=-(n/2)\log(2\pi)-(n/2)\log(\sigma^2)-\frac{1}{2\sigma^2}\sum_{j=1}^{b}\sum_{i=1}^{n_j}(x_{ij}-\mu_j)^2 \tag{9.2.5}$$

对于 $j=1,2,\cdots,b$，求 $L(\Omega)$的对数关于 μ_j 的偏导数，得出

$$\frac{\partial\log L(\Omega)}{\partial\mu_j}=\frac{1}{\sigma^2}\sum_{i=1}^{n_j}(x_{ij}-\mu_j)$$

令这个偏导数等于 0，可以求解 μ_j，于是我们得出 μ_j 的极大似然估计量，并表示成如下公式

$$\hat{\mu}_j = \frac{1}{n_j}\sum_{i=1}^{n_j} x_{ij} = \overline{x}_{.j}, \quad j = 1,2,\cdots,b \tag{9.2.6}$$

由于这个导数不依赖于 σ，为求 σ 的极大似然估计量，我们将 $\overline{x}_{.j}$ 代入 $\log L(\Omega)$ 中的 μ_j. 关于 σ 求偏导，于是可以得出

$$\frac{\partial \log L(\Omega)}{\partial \sigma} = -(n/2)\frac{2\sigma}{\sigma^2} + \frac{1}{\sigma^3}\sum_{j=1}^{b}\sum_{i=1}^{n_j}(x_{ij} - \overline{x}_{.j})^2$$

求解 σ^2 得到极大似然估计量㊀，即

$$\hat{\sigma}_\Omega^2 = \frac{1}{n}\sum_{j=1}^{b}\sum_{i=1}^{n_j}(x_{ij} - \overline{x}_{.j})^2 \tag{9.2.7}$$

将这些极大似然估计量代入 $L(\Omega)$ 中的各自参数，经简化之后可以得到

$$L(\hat{\Omega}) = \left(\frac{1}{2\pi}\right)^{n/2}\left(\frac{1}{\hat{\sigma}_\Omega^2}\right)^{n/2} e^{-n/2} \tag{9.2.8}$$

因此，对于统计量 $\hat{\Lambda} = L(\hat{\omega})/L(\hat{\Omega})$ 的很小值，或者等价地对于 $\hat{\Lambda}^{-2/n}$ 的很大值，似然比检验拒绝 H_0 而支持 H_1. 我们可将这个检验统计量表示成两个二次型 Q_3 和 Q 的比值，即

$$\hat{\Lambda}^{n/2} = \frac{\hat{\sigma}_\Omega^2}{\hat{\sigma}_\omega^2} = \frac{\sum_{j=1}^{b}\sum_{i=1}^{n_j}(x_{ij} - \overline{x}_{.j})^2}{\sum_{j=1}^{b}\sum_{i=1}^{n_j}(x_{ij} - \overline{x}_{..})^2} \tag{9.2.9}$$

$$= \mathrm{dfn}\,\frac{Q_3}{Q}$$

为了利用 F 统计量重写检验统计量，考察关于 Q，Q_3 以及另一个二次型 Q_4 的恒等式，于是

$$\begin{aligned} Q &= \sum_{j=1}^{b}\sum_{i=1}^{n_j}(x_{ij} - \overline{x}_{..})^2 = \sum_{j=1}^{b}\sum_{i=1}^{n_j}[(x_{ij} - \overline{x}_{.j}) + (\overline{x}_{.j} - \overline{x}_{..})]^2 \\ &= \sum_{j=1}^{b}\sum_{i=1}^{n_j}(x_{ij} - \overline{x}_{.j})^2 + \sum_{j=1}^{b} n_j(\overline{x}_{.j} - \overline{x}_{..})^2 \\ &= \mathrm{dfn}Q_3 + Q_4 \end{aligned} \tag{9.2.10}$$

这个推导是成立的，因为第二行的交叉乘积项是 0. 一旦利用这个等式，将检验统计量 $\hat{\Lambda}^{-2/n}$ 表示成

$$\hat{\Lambda}^{-2/n} = \frac{Q_3 + Q_4}{Q_3} = 1 + \frac{Q_4}{Q_3}$$

作为最终版本. 注意，如果 F 的值太大，那么此检验拒绝 H_0，其中

$$F = \frac{Q_4/(b-1)}{Q_3/(n-b)} \tag{9.2.11}$$

㊀ 我们用到了 σ 的极大似然估计量的平方是 σ^2 的极大似然估计这一结论.

为了完成上述检验，我们需要确定在 H_0 下 F 的分布．首先考察分母中的平方和 Q_3，我们可以写成：

$$Q_3/\sigma^2 = \sum_{j=1}^{b}\left\{\frac{1}{\sigma^2}\sum_{i=1}^{n_j}(X_{ij}-\overline{X}_{.j})^2\right\}$$

注意，既然我们讨论分布，所以现在采用随机变量符号．由定理 3.6.1 的(c)部分可知，对于 $j=1,2,\cdots,b$，括号内的项服从自由度为 n_j-1 的卡方分布．另外，样本是独立的，因此这些卡方随机变量是独立的．因此，由推论 3.3.1 可知，Q_3/σ^2 服从自由度为 $\sum_{j=1}^{b}(n_j-1)=n-b$ 的卡方分布．由定理 3.6.1 的(b)部分可知，随机变量 $\overline{X}_{.j}$ 与大括号内的平方和是独立的，由样本的独立性可知，它与 Q_3 是独立的．因此，所有 b 个样本均值都与 Q_3 是独立的．由于 $\overline{X}_{..}=\sum_{j=1}^{b}n_j\overline{X}_{.j}$，所以总均值 $\overline{X}_{..}$ 是 b 个样本均值的函数，它也必须独立于 Q_3．所以，Q_4 与 Q_3 是独立的．对于分子平方和的分布，将恒等式(9.2.10)写成

$$Q/\sigma^2 = Q_3/\sigma^2 + Q_4/\sigma^2$$

对于左侧，在 H_0 下，Q/σ^2 服从自由度为 $n-1$ 的卡方分布，右边 Q_3/σ^2 服从自由度为 $n-b$ 的卡方分布，同时与 Q_4/σ^2 也是独立的．通过令两边的矩母函数相等，得出 Q_4/σ^2 服从自由度为 $(n-1)-(n-b)=b-1$ 的卡方分布．因此，在 H_0 下，F 检验统计量式(9.2.11)服从自由度为 $b-1$ 和 $n-b$ 的 F 分布．

现在，假定想要计算当 H_0 为假时，H_0 vs H_1 的检验功效，也就是说，此时没有 $\mu_1=\mu_2=\cdots=\mu_b=\mu$．在 9.3 节将看到，当 H_1 为真时，Q_4/σ^2 不再是服从 $\chi^2(b-1)$ 的随机变量．因而，不能用 F 统计量计算当 H_1 为真时的检验功效．9.3 节将讨论此问题．

接下来，我们举一个利用 R 计算 F 检验的简单例子．

例 9.2.1　Devore(2012)的第 412 页阐述如下数据集，其中响应是采用三种不同铸造工艺铸造的合金的弹性模量(又称弹性模数)．零假设是弹性模量的均值不受铸造工艺的影响．数据集如下：

铸造方法	弹性模量数值							
永久型铸造	45.5	45.3	45.4	44.4	44.6	43.9	44.6	44.0
压力铸造	44.2	43.9	44.7	44.2	44.0	43.8	44.6	43.1
石膏模铸造	46.0	45.9	44.8	46.2	45.1	45.5		

数据存放在 elasticmod.rda 文件中．变量 elasticmod 包含响应，而变量 ind 包含转换方法(1,2,3)．R 代码和计算(检验统计量 F 和 p 值)结果如下：

```
oneway.test(elasticmod~ ind,var.equal=T)
F = 12.565, num df = 2, denom df = 19, p-value = 0.0003336
```

在这个例子中，实验人员也会对铸造方法的两两比较感兴趣．我们将在 9.4 节对此进一步讨论．

习题

9.2.1　考察例 8.3.1 中通过似然比对具有共同方差的两个正态分布均值相等进行检验而推导出来的 T 统

计量．证明：T^2 确实是式(9.2.11)的 F 统计量．

9.2.2　在模型(9.2.1)下，证明线性函数 $X_{ij}-\overline{X}_{.j}$ 与 $\overline{X}_{.j}-\overline{X}_{..}$ 是无关的．

提示：回顾 $\overline{X}_{.j}$ 与 $\overline{X}_{..}$ 的定义，为不失一般性，设对于所有 i,j，$E(X_{ij})=0$．

9.2.3　下面是来自方差相等且各自均值为 μ_1,μ_2,μ_3 的三个正态分布的独立随机样本的观测值：

Ⅰ	Ⅱ	Ⅲ
0.5	2.1	3.0
1.3	3.3	5.1
−1.0	0.0	1.9
1.8	2.3	2.4
	2.5	4.2
		4.1

利用 R 或其他统计软件，计算用于对 $H_0:\mu_1=\mu_2=\mu_3$ 进行检验的 F 统计量．

9.2.4　设 $X_1,X_2,\cdots,X_n$ 是来自正态分布 $N(\mu,\sigma^2)$ 的随机样本．证明

$$\sum_{i=1}^{n}(X_i-\overline{X})^2=\sum_{i=2}^{n}(X_i-\overline{X}')^2+\frac{n-1}{n}(X_i-\overline{X}')^2$$

其中 $\overline{X}=\sum_{i=1}^{n}X_i/n,\overline{X}'=\sum_{i=2}^{n}X_i/(n-1)$．

提示：用 $(X_i-\overline{X}')-(X_1-\overline{X}')/n$ 取代 $X_i-\overline{X}$．证明，$\sum_{i=2}^{n}(X_i-\overline{X}')^2/\sigma^2$ 服从自由度为 $n-2$ 的卡方分布．证明右边的两项是独立的，那么

$$\frac{[(n-1)/n](X_1-\overline{X}')^2}{\sigma^2}$$

服从什么分布呢？

9.2.5　使用本节的符号，假定均值满足条件 $\mu=\mu_1+(b-1)d=\mu_2-d=\mu_3-d=\cdots=\mu_b-d$．也就是说，倘若 $d\neq0$，则有最后 $b-1$ 个均值相等，但与第一个均值 μ_1 不同．设样本量为 a 的独立随机样本取自具有共同未知方差的 b 个正态分布．

(a) 证明，μ 与 d 的极大似然估计量是 $\hat{\mu}=\overline{X}_{..}$ 与

$$\hat{d}=\frac{\sum_{j=2}^{b}\overline{X}_{.j}/(b-1)-\overline{X}_{.1}}{b}$$

(b) 利用习题 9.2.4，求当 $d=0$ 时，Q_6 与 $Q_7=c\hat{d}^2$ 以使 Q_7/σ^2 服从分布 $\chi^2(1)$，且

$$\sum_{i=1}^{a}\sum_{j=1}^{b}(X_{ij}-\overline{X}_{..})^2=Q_3+Q_6+Q_7$$

(c) 证明，当 $d=0$ 时，(b)部分右边三项被 σ^2 除，则它们是服从卡方分布的独立随机变量．

(d) 当 $d=0$ 时，比值 $Q_7/(Q_3+Q_6)$ 乘以什么常数会服从 F 分布？注意，这个 F 确实是两样本统计量 T 的平方，其中 T 用于检验第一个分布的均值与其他分布的共同均值相等关系，这里将最后 $b-1$ 个分布作为一个整体．

9.2.6　Kloke 和 McKean(2011)的第 123 页阐述了一项实验研究结果，实验对降低低密度脂类(LDL)胆固醇的 4 种药物(治疗)疗效进行研究．有一种实验设计，39 只鹌鹑被随机分配 4 种药物中的一种．药物混合在投给鹌鹑的食物中，除此之外，都以同样方式对待鹌鹑．经过一段时间后，测定每只鹌鹑的 LDL 水平．第一种药物是安慰剂，所以我们感兴趣的是是否有其他药物比安慰剂降低了

LDL 水平. 数据存放于 quaillldl.rda 文件中. 该矩阵的第一列包含鹌鹑的药物指标(1 到 4), 而第二列包含鹌鹑的 LDL 水平.

(a) 绘制 LDL 水平的比较箱线图. 从图形上查看, 哪些药物能降低 LDL 水平? 通过观察数据来识别数据中的异常值.

(b) 计算所有 4 种药物的 LDL 平均水平都是相同的 F 检验. 报告 F 检验统计量和 p 值. 当利用 0.05 名义显著性水平时, 对于所讨论的问题能得出什么结论? 可利用例 9.2.1 中的 R 编码.

(c) 在(b)部分中得出的结论是否与(a)部分所绘制的箱线图一致呢?

(d) 注意, F 检验假设模型式(9.2.1)中的随机误差 e_{ij} 是服从正态分布的. e_{ij} 的估计值为 $x_{ij}-\overline{x}_{.j}$, 将这些值称为**残差**(residual), 也就是对整个模型拟合之后的剩余部分. 计算这些残差, 然后绘制它们的直方图、箱线图和正态 q-q 图. 对于正态假设给出评论. 可运用如下 R 编码:

```
resd <- lm(quailmat[,2]~factor(quailmat[,1]))$resid
par(mfrow=c(2,2));hist(resd); boxplot(resd); qqnorm(resd)
```

9.2.7 设 μ_1,μ_2,μ_3 分别是三个正态分布的均值, 这三个正态分布具有共同且未知的方差 σ^2. 为了在显著性水平 $\alpha=5\%$上检验假设 $H_0:\mu_1=\mu_2=\mu_3$ vs 所有可能备择假设, 从这三个分布中分别抽取样本量为 4 的独立随机样本. 倘若来自这三个分布的观测值分别是

X_1:	5	9	6	8
X_2:	11	13	10	12
X_3:	10	6	9	9

请确定接受 H_0 还是拒绝 H_0.

9.2.8 柴油车驾驶员决定对此地区出售的三种类型柴油燃料的每美加仑(USgal, 1USgal=3.785 41dm^3)汽油所驶英里(mile, 1mile=1609.344m)数进行检验. 运用下面数据对零假设: 三种类型燃料的均值都相等加以检验. 做出通常假设, 并取 $\alpha=0.05$.

A 品牌:	38.7	39.2	40.1	38.9	
B 品牌:	41.9	42.3	41.3		
C 品牌:	40.8	41.2	39.5	38.9	40.3

9.3 非中心卡方分布与 F 分布

设 $X_1,X_2,\cdots,X_n$ 表示服从 $N(\mu_i,\sigma^2)$的独立随机变量, $i=1,2,\cdots,n$, 考察二次型 $Y=\sum_1^n X_i^2/\sigma^2$. 若每一个 μ_i 都为 0, 可以知道 Y 服从 $\chi^2(n)$. 现在, 这里将研究, 当每一个 μ_i 不为 0 时 Y 的分布. Y 的矩母函数是

$$M(t)=E\left[\exp\left(t\sum_{i=1}^n\frac{X_i^2}{\sigma^2}\right)\right]=\prod_{i=1}^n E\left[\exp\left(t\frac{X_i^2}{\sigma^2}\right)\right]$$

考察

$$E\left[\exp\left(\frac{tX_i^2}{\sigma^2}\right)\right]=\int_{-\infty}^{\infty}\frac{1}{\sigma\sqrt{2\pi}}\exp\left[\frac{tx_i^2}{\sigma^2}-\frac{(x_i-\mu_i)^2}{2\sigma^2}\right]\mathrm{d}x_i$$

当 $t<\frac{1}{2}$时, 积分存在. 为了计算此积分, 注意

$$\frac{tx_i^2}{\sigma^2}-\frac{(x_i-\mu_i)^2}{2\sigma^2}=-\frac{x_i^2(1-2t)}{2\sigma^2}+\frac{2\mu_i x_i}{2\sigma^2}-\frac{\mu_i^2}{2\sigma^2}=\frac{t\mu_i^2}{\sigma^2(1-2t)}-\frac{1-2t}{2\sigma^2}\left(x_i-\frac{\mu_i}{1-2t}\right)^2$$

因此，对于 $t<\frac{1}{2}$，有

$$E\left[\exp\left(\frac{tX_i^2}{\sigma^2}\right)\right]=\exp\left[\frac{t\mu_i^2}{\sigma^2(1-2t)}\right]\int_{-\infty}^{\infty}\frac{1}{\sigma\sqrt{2\pi}}\exp\left[-\frac{1-2t}{2\sigma^2}\left(x_i-\frac{\mu_i}{1-2t}\right)^2\right]\mathrm{d}x_i$$

当 $t<\frac{1}{2}$时，如果用$\sqrt{1-2t}$乘以被积函数，就可得出均值为 $\mu_i/(1-2t)$与方差为 $\sigma^2/(1-2t)$的正态概率密度函数的积分．因而

$$E\left[\exp\left(\frac{tX_i^2}{\sigma^2}\right)\right]=\frac{1}{\sqrt{1-2t}}\exp\left[\frac{t\mu_i^2}{\sigma^2(1-2t)}\right]$$

从而，$Y=\sum_1^n X_i^2/\sigma^2$ 的矩母函数是

$$M(t)=\frac{1}{(1-2t)^{n/2}}\exp\left[\frac{t\sum_1^n\mu_i^2}{\sigma^2(1-2t)}\right],\quad t<\frac{1}{2}\tag{9.3.1}$$

当一个随机变量的矩母函数的形式为

$$M(t)=\frac{1}{(1-2t)^{r/2}}\mathrm{e}^{t\theta/(1-2t)}\tag{9.3.2}$$

时，其中 $t<\frac{1}{2}$，$0<\theta$，而且 r 是正整数，则称此随机变量服从自由度为 r 与非中心性参数为 θ 的**非中心卡方分布**(noncentral chi-square distribution)．倘若令非中心性参数 $\theta=0$，则得到$M(t)=(1-2t)^{-r/2}$，这是服从 $\chi^2(r)$的随机变量的矩母函数．人们将此类随机变量适当称为**中心卡方变量**(central chi-square variable)．将用符号 $\chi^2(r,\theta)$表示具有参数 r 与 θ 的非中心卡方分布；当随机变量服从这类分布时，称随机变量是 $\chi^2(r,\theta)$ 的．符号 $\chi^2(r,0)$ 等价于 $\chi^2(r)$．因而，这一节随机变量 $Y=\sum_1^n X_i^2/\sigma^2$ 服从 $\chi^2\left(n,\sum_1^n\mu_i^2/\sigma^2\right)$．$Y$ 的均值是

$$E(Y)=\frac{1}{\sigma^2}\sum_{i=1}^n E(X_i^2)=\frac{1}{\sigma^2}\sum_{i=1}^n(\sigma^2+\mu_i^2)=n+\theta\tag{9.3.3}$$

也就是中心化卡方分布的均值加非中心参数的均值．如果每一个 μ_i 都等于 0，那么 Y 服从 $\chi^2(n,0)$，或更简单地表示为 Y 服从 $\chi^2(n)$，其均值是 n.

我们感兴趣的是非中心卡方变量，它们是某些二次型，是被方差 σ^2 除的正态分布变量的二次型．在该例子中，值得注意的是，$\sum_1^n X_i^2/\sigma^2$ 的非中心性参数是 $\sum_1^n\mu_i^2/\sigma^2$，它是通过将二次型中每一个 X_i 都用它的均值μ_i 代替而计算出来的，这里 $i=1,2,\cdots,n$. 并不存在意外情况，关于正态分布变量的任何二次型 $Q=Q(X_1,X_2,\cdots,X_n)$ 都会使得 Q/σ^2 服从 $\chi^2(r,\theta)$，正态分布变量的任何二次型都具有 $\theta=Q(\mu_1,\mu_2,\cdots,\mu_n)/\sigma^2$，并且如果对于 $\mu_1,\mu_2,\cdots,\mu_n$ 的某些实值来说，Q/σ^2 是(中心或非中心) 卡方变量，那么对于这些均值的所有实值来说，它是(中心或非中心) 卡方的.

下面，我们讨论非中心 F 分布．若 U 与 V 是独立的，且它们分别服从 $\chi^2(r_1)$ 与 $\chi^2(r_2)$，随机变量 F 由 $F=r_2U/r_1V$ 定义．现在，特别地，假定 U 服从 $\chi^2(r_1,\theta)$，V 服从 $\chi^2(r_2)$，且 U 与 V 是独立的．那么，将随机变量 r_2U/r_1V 的分布称为具有非中心性参数 θ、自由度为 r_1 与 r_2 的**非中心 F 分布**．注意，F 的非中心性参数确实是随机变量 U 的非中心性参数，U 服从 $\chi^2(r_1,\theta)$．为了获得 F 的期望值，可利用式(9.3.3)中的 $E(Y)$ 和式(3.6.8)所给出的中心 F 的期望值进行推导．将这些值相加在一起，可以得出

$$E(F)=\frac{r_2}{r_2-2}\cdot\frac{r_1+\theta}{r_1} \tag{9.3.4}$$

当然，前提条件是 $r_2>2$．如果 $\theta>0$，那么括号中数大于1，因此，非中心 F 的均值大于相应的中心 F 的均值．

接下来，我们讨论最后一小节的单因素方差分析的非中心 F 分布．

例 9.3.1(单因素方差分析的非中心参数)　考察具有 b 个水平的单因素模型式(9.2.1)，对于某些 $j\neq j'$，假设 $H_0:\mu_1=\mu_2=\cdots=\mu_b$ 与 $H_1:\mu_j\neq\mu_{j'}$，对某个 $j\neq j'$．由式(9.2.11)可知，F 检验统计量是 $F=[Q_4/(b-1)]/[Q_3/(n-b)]$．在分母上，随机变量 Q_3/σ^2 在完整模型下服从 $\chi^2(n-b)$，特别是在 H_1 下．由9.8节注释9.8.3可知，在完整模型下，Q_4/σ^2 的分布是非中心的 $\chi^2(b-1,\theta)$．回顾，

$$Q_4/\sigma^2=\frac{1}{\sigma^2}\sum_{j=1}^{b}n_j(\overline{X}_{.j}-\overline{X}_{..})^2$$

在完整模式下，$E(\overline{X}_{.j})=\mu_j$ 和 $E(\overline{X}_{..})=\sum_{j=1}^{b}(n_j/n)\mu_j$．将这个最后期望值称为 $\overline{\mu}$，由上面的讨论可以得出

$$\theta=\frac{1}{\sigma^2}\sum_{j=1}^{b}n_j(\mu_j-\overline{\mu})^2 \tag{9.3.5}$$

如果 H_0 为真，那么对于某个 μ，$\mu_j\equiv\mu$，因此 $\overline{\mu}=\mu$．所以，在 H_0 下，$\theta=0$．在 H_1 下，对于不同 j 和 j'，使得 $\mu_j\neq\mu_{j'}$．特别是，不论 μ_j 还是 $\mu_{j'}$ 都不能等于 $\overline{\mu}$，因而 $\theta>0$．因此，在 H_1 下 F 的期望值大于零期望．■

在R命令中，都有用于计算非中心卡方与 F 随机变量的累积分布函数的命令．比如，倘若想要计算 $P(Y\leqslant y)$，其中 Y 服从自由度为 `d` 与非中心性参数为 `b` 的分布．此概率可用命令 `pchisq(y,d,b)` 计算．概率密度函数在 y 处的相应值可用命令 `dchisq(y,d,b)` 计算．举另一个例子，假定想要计算 $P(W\geqslant w)$，其中 W 服从自由度为 `n1` 与 `n2` 且非中心性参数为 `theta` 的 F 分布．这可通过命令 `1- pf(w,n1,n2,theta)` 计算，而命令 `df(w,n1,n2,theta)` 计算 W 的密度在 w 处的值．文献中同样有非中心卡方分布与非中心 F 分布表可利用．

习题

9.3.1　设 Y_i，$i=1,2,\cdots,n$ 分别表示独立随机变量 $\chi^2(r_i,\theta_i),i=1,2,\cdots,n$．证明 $Z=\sum_1^n Y_i$ 服从

$\chi^2\left(\sum_1^n r_i, \sum_1^n \theta_i\right)$.

9.3.2　计算服从分布 $\chi^2(r, \theta)$的随机变量的均值及方差.

9.3.3　目前正在研究针对特定疾病的三种医疗方案(A、B、C). 在这项研究中，将选择 $3m$ 名患有这种疾病的患者，每个方案分配 m 名患者. 首先必须确定共同样本量 m. 设 μ_1，μ_2 和 μ_3 分别表示 A、B 和 C 治疗下感兴趣的响应均值. 需要考察的假设是 $H_0: \mu_1 = \mu_2 = \mu_3$ vs $H_1: \mu_j \neq \mu_{j'}$，对于某个 $j \neq j'$. 为了确定 m，在初步研究中，实验者运用 σ^2 的推测值 30，同时选择 0.05 作为显著性水平. 实验者关注的是假设检验均值模式：$\mu_2 = \mu_1 + 5$ 和 $\mu_3 = \mu_1 + 10$.

(a) 确定上述均值模式下的非中心性参数.

(b) 利用 R 函数 pf，计算关于 $m=5$ 和 $m=10$ 上述均值模式的 F 检验的功效.

(c) 确定 m 的最小值，使检验功效至少为 0.80.

(d) 当 $\sigma^2 = 40$ 时，求解(a)～(c).

9.3.4　证明：非中心 T 变量的平方是非中心 F 随机变量.

9.3.5　设 X_1 与 X_2 是两个独立随机变量. 设 X_1 与 $Y = X_1 + X_2$ 分别是 $\chi^2(r_1, \theta_1)$与 $\chi^2(r, \theta)$. 这里 $r_1 < r$ 且 $\theta_1 \leqslant \theta$. 证明 X_2 服从 $\chi^2(r - r_1, \theta - \theta_1)$.

9.4　多重比较法

在这一节，我们考察具有 b 个水平处理的单因素方差模型，如同 9.2 节的式(9.2.1)所述. 在那节中，我们建立了均值相等假设的 F 检验式(9.2.2). 在实际应用中，除了这个检验，统计学家通常还希望进行 $\mu_j - \mu_{j'}$ 形式的两两比较. 通常将这种形式称为**第二阶段分析**(Second Stage Analysis)，而 F 检验是第一阶段分析. 这种比较分析通常包括 $\mu_j - \mu_{j'}$ 之差的置信区间，如果 0 不在置信区间内，那么就称 μ_j 与 $\mu_{j'}$ 是不同的. 处理 j 和 j' 的随机样本分别是来自 $N(\mu_j, \sigma^2)$的 $X_{1j}, X_{2j}, \cdots, X_{n_j j}$ 与来自 $N(\mu_{j'}, \sigma^2)$的 $X_{1j'}, X_{2j'}, \cdots, X_{n_{j'} j'}$，它们是独立的随机样本. 利用这些样本，$\mu_j - \mu_{j'}$ 的估计量是 $\overline{X}_{.j} - \overline{X}_{.j'}$. 进一步在单因素分析中，$\sigma^2$ 的估计量是式(9.2.7)所定义的完整模型估计量 $\hat{\sigma}^2_\Omega$. 如 9.2 节所讨论的，$(n-b)\hat{\sigma}^2_\Omega/\sigma^2$ 服从 $\chi^2(n-b)$分布，它独立于所有样本均值 $\overline{X}_{.j}$. 因此，正如第 4 章式(4.2.13)所表明的，对于特定 α 可以得出

$$\overline{X}_{.j} - \overline{X}_{.j'} \pm t_{\alpha/2, n-b}\, \hat{\sigma}_\Omega \sqrt{\frac{1}{n_j} + \frac{1}{n_{j'}}} \tag{9.4.1}$$

是 $\mu_j - \mu_{j'}$ 的$(1-\alpha)100\%$置信区间.

然而，我们经常需要做许多两两比较. 例如，第一种治疗可能是安慰剂或代表标准治疗. 在这种情况下，存在 $b-1$ 个两两比较. 另外，我们可能希望考察所有 $\binom{b}{2}$ 个两两比较. 在进行如此之多比较时，虽然每个置信区间式(9.4.1)具有置信水平$(1-\alpha)$，但是整个置信水平好像下降了. 正如我们接下来要证明的，整个置信水平的下降是真实的. 通常将这些问题称为**多重比较问题**(MCP，Multiple Comparison Problem). 在本节，我们将介绍几种不同的多重比较问题方法.

Bonferroni 多重比较方法

很容易激发出 Bonferroni 方法，同时证明置信水平出现下降. 这个过程是相当普遍的，

可以用于许多设置背景，而不仅仅是单因素设计. 因此，假定我们有 k 个参数 θ_i，具有 $(1-\alpha)100\%$的置信区间 I_i，$i=1,2,\cdots,k$，其中 $0<\alpha<1$ 是给定的. 那么，总置信水平是 $P(\theta_1 \in I_1, \theta_2 \in I_2, \cdots, \theta_k \in I_k)$. 利用补方法、德摩根定律和布尔不等式、第 1 章式(1.3.7)，可以得到

$$P(\theta_1 \in I_1, \theta_2 \in I_2, \cdots, \theta_k \in I_k) = 1 - P(\bigcup_{i=1}^{k} \theta_i \notin I_i)$$

$$\geqslant 1 - \sum_{i=1}^{k} P(\theta_i \notin I_i) = 1 - k\alpha \tag{9.4.2}$$

$1-k\alpha$ 是置信下降的下界. 例如，如果 $k=20$ 且 $\alpha=0.05$，那么总置信水平可能为 0. Bonferroni方法是从式(9.4.2)得出的. 只需将每个置信区间的置信水平改为$[1-(\alpha/k)]$. 于是，总置信水平至少是 $1-\alpha$.

对于我们的单因素分析来说，假定我们关注的差有 k 个. $\mu_j - \mu_{j'}$ 的 Bonferroni 置信区间是

$$\overline{X}_{.j} - \overline{X}_{.j'} \pm t_{\alpha/(2k), n-b}\, \hat{\sigma}_\Omega \sqrt{\frac{1}{n_j} + \frac{1}{n_{j'}}} \tag{9.4.3}$$

尽管 Bonferroni 方法的总置信水平至少为 $1-\alpha$，但对于很大的比较量，其区间长度是较大的，也就是说，损失了精确度. 我们提供另外两种方法，通常可以减轻这种影响.

R 函数 `mcpbon.R` ⊖是计算单因素设计的所有两两比较的 Bonferroni 方法. 调用代码 `mcpbon(y,ind,alpha=0.05)`，其中 `y` 表示组合样本的向量，`ind` 表示对应的处理向量. 参看下面的例 9.4.1.

图基多重比较方法

为了阐明**图基方法**(Tukey's procedure)，我们首先需要定义**学生化极差分布**(Studentized range distribution).

定义 9.4.1　设 $Y_1, Y_2, \cdots, Y_k$ 是来自 $N(\mu, \sigma^2)$ 且独立同分布. 用 $R=\max\{Y_i\}-\min\{Y_i\}$ 表示这些变量的极差. 假定 mS^2/σ^2 服从独立于 $Y_1, Y_2, \cdots, Y_k$ 的 $\chi^2(m)$ 分布. 那么，我们称 $Q=R/S$ 服从具有参数 k 和 m 的学生化极差分布. ■

Q 的分布是不能以闭形式得到的，但是像 R 软件之类的计算工具都有计算累积分布函数和分位数的函数. 在 R 中，调用 `ptukey(x,k,m)` 可计算 Q 在 x 处的累积分布函数，而调用 `qtukey(p,k,m)` 则可计算第 p 分位数.

考察单因素设计. 首先，假定所有样本量都是相同的，也就是说，对于某个正整数 a，$n_j=a, j=1,2,\cdots,b$. 设 $R=\mathrm{Range}\{\overline{X}_{.1}-\mu_1, \cdots, \overline{X}_{.b}-\mu_b\}$. 那么，由于$\overline{X}_{.1}-\mu_1, \cdots, \overline{X}_{.b}-\mu_b$ 为来自 $N(0, \sigma^2/a)$并独立同分布的，那么随机变量 $Q=R/(\hat{\sigma}_\Omega/\sqrt{a})$服从具有参数 b 和 $n-b$ 的学生化极差分布. 设 $q_c = q_{1-\alpha, b, n-b}$.

$$\begin{aligned} 1-\alpha &= P(Q \leqslant q_c) = P(\max\{\overline{X}_{.j}-\mu_j\} - \min\{\overline{X}_{.j}-\mu_j\} \leqslant q_c\, \hat{\sigma}_\Omega/\sqrt{a}) \\ &= P(|(\mu_j - \mu_{j'}) - (\overline{X}_{.j} - \overline{X}_{.j'})| \leqslant q_c\, \hat{\sigma}_\Omega/\sqrt{a}, \text{对所有 } j, j') \end{aligned}$$

⊖ 从前言中提供的网站下载.

如果我们对最后表示式中的不等式进一步扩展，那么可以得到$(1-\alpha)100\%$所有两两之差的联合置信区间，这是由

$$\overline{X}_{\cdot j}-\overline{X}_{\cdot j'}\pm q_{1-\alpha,b,n-b}\frac{\hat{\sigma}_{\Omega}}{\sqrt{a}},\quad \text{对 } 1,2,\cdots,b \text{ 中的所有 } j,j' \tag{9.4.4}$$

给出的. 统计学家约翰·图基(John Tukey)为平衡情况发展了这些联合置信区间. 对于不平衡的情况，首先将式(9.4.4)中的误差项写为

$$\frac{q_{1-\alpha,b,n-b}}{\sqrt{2}}\hat{\sigma}_{\Omega}\sqrt{\frac{1}{a}+\frac{1}{a}}$$

对于不平衡的情况，这意味着以下区间

$$\overline{X}_{\cdot j}-\overline{X}_{\cdot j'}\pm\frac{q_{1-\alpha,b,n-b}}{\sqrt{2}}\hat{\sigma}_{\Omega}\sqrt{\frac{1}{n_j}+\frac{1}{n_{j'}}},\quad \text{对 } 1,2,\cdots,b \text{ 中的所有 } j,j' \tag{9.4.5}$$

这个修正是由克拉默提出的，这些区间经常称为图基-克拉默(Tukey-Kramer)多重比较方法. 这些区间没有确切置信度$1-\alpha$，但研究表明，如果不平衡并不是非常严重，置信水平接近$1-\alpha$，参看 Dunnett(1980). 对应的 R 编码如例 9.4.1 所示.

费希尔的 PLSD 多重比较方法

我们讨论的最后一个方法是费希尔的**保护最小显著差异**(PLSD, Protected Least Significance Difference). 设置是一般(不平衡)单因素设计式(9.2.1). 这个方法分为两个阶段，它可以用于任意次数的比较，但我们声明它适用于所有比较. 对于指定的显著性水平α，第一阶段是相等均值假设的F检验式(9.2.2). 如果在α水平上拒绝了检验，则第二阶段是通常的两两$(1-\alpha)100\%$置信区间，即

$$\overline{X}_{\cdot j}-\overline{X}_{\cdot j'}\pm t_{\alpha/2,n-b}\,\hat{\sigma}_{\Omega}\sqrt{\frac{1}{n_j}+\frac{1}{n_{j'}}},\quad \text{在 } 1,2,\cdots,b \text{ 中的所有 } j,j' \tag{9.4.6}$$

如果第一阶段的检验没有拒绝，研究者有时会利用 Bonferroni 方法执行第二阶段. 费希尔方法并没有全面覆盖$1-\alpha$，但最初的F检验提供了保护. 利用仿真研究可以证明，费希尔方法在功效和水平方面都表现得良好，例如，参看 Carmer 和 Swanson(1973)以及 McKean 等(1989). 这个方法利用 R 函数[⊖] mcpfisher 来计算，如同下面例子所讨论的那样.

例 9.4.1(汽车速度) Kitchens(1997)讨论了关于汽车速度的实验. 考察五辆汽车：Acura(第 1 辆)，Ferrari(第 2 辆)，Lotus(第 3 辆)，Porsche(第 4 辆)，Viper(第 5 辆). 对每一辆汽车都进行 6 次实验，而且每个方向进行 3 次. 每一次实验记录的速度都是在不超过发动机红线的情况下所达到的最大速度. 数据存放于 fastcars.rda 文件中. 图 9.4.1展示了速度与汽车的比较箱线图，这个图清楚地表明，由于不同牌子汽车的发动机不同，造成了速度差异. Ferrari 和 Porsche 似乎是最快的，但它们的差异是显著的吗？我们假定用单因素设计式(9.2.1)，并利用 R 软件计算. 下面给出关键命令和相应的结果. 关于均值是相等的假设，总F检验式(9.2.2)是相当显著的：$F=25.15$，p值是 0.0000. 我们选择 0.05 水平的图基多重比较方法. 下面命令计算所有$\binom{5}{2}=10$种两两比较，不过这

⊖ 在前言提到的网站下载.

里只列出两个情况的概括.

```
###   Code assumes that fastcars.rda has been loaded in R
> fit <- lm(speed~factor(car))
> anova(fit)
###  F-Stat and p-value 25.145 1.903e-08
> aovfit <- aov(speed~factor(car))
> TukeyHSD(aovfit)

##   Tukey s procedures of all pairwise comparisons are computed
##  Summary of a pertinent few
##       Cars            Mean-diff    LB CI       UB CI    Sig??
##  Porsche - Ferrari  -2.6166667  -9.0690855  3.835752  NS
##  Viper - Porsche    -7.7333333 -14.1857522 -1.280914  Sig.

##  Bonferroni
> mcpbon(speed,car)
##  Porsche - Ferrari  -2.6166667  -9.3795891  4.1462558 NS
##  Viper - Porsche    -7.7333333  -14.496255 -0.9704109 Sig.
2.197038 6.762922   0.9704109  14.49625578

##  Fisher
> mcpfisher(speed,car)
##  ftest 2.514542e+01 1.903360e-08
##  Porsche - Ferrari  -2.6166667  -7.141552   1.908219   NS
## Viper - Porsche    -7.7333333   -12.258219  -3.208448  Sig.
```

为了讨论方法，我们只引用图基的两个置信区间方法. 正如上面输出的第二个区间所示，Ferrari 和 Porsche 的平均速度都明显快于其他汽车的平均速度. 不过，Ferrari 和 Porsche 的平均速度之差并不是很大. 在图基方法给出的两个置信区间下面，我们展示出基于 Bonferroni 和费希尔方法的结果. 注意，三种方法对这些比较得出相同的结论. Bonferroni 区间略大于图基方法给出的区间，而费希尔方法给出了所期望的最短区间. ■

在实际应用中，通常使用图基-克拉默方法，但也有许多其他的多重比较方法. 关于多重比较问题的经典专著是 Miller(1981)，而 Hsu(1996)则提供了关于更近研究的讨论.

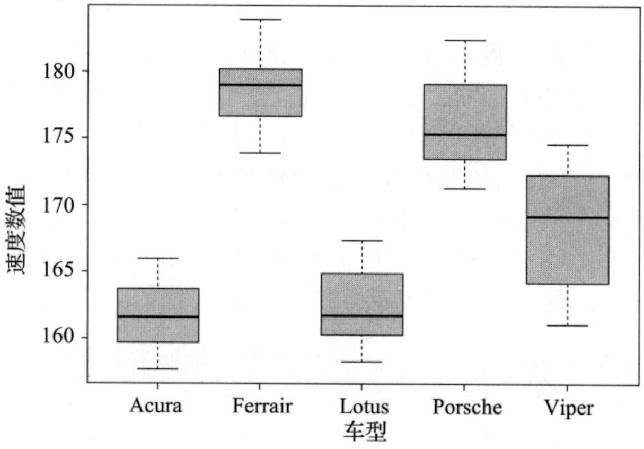

图 9.4.1　例 9.4.1 所引用的汽车速度的箱线图

习题

9.4.1 对习题 9.2.8 所讨论的研究，运用 $\alpha=0.10$ 获得 Bonferroni 多重比较方法的结果．根据这个方法，哪个品牌的燃料(如果有的话)是显著最好的呢?

9.4.2 对习题 9.2.6 所讨论的研究，计算图基-克拉默方法的区间．存在显著差异吗?

9.4.3 假定 X 和 Y 是离散随机变量，它们的共同取值是 $\{1,2,\cdots,k\}$．设 p_{1j} 和 p_{2j} 分别是 $P(X=j)$ 和 $P(Y=j)$ 的概率．设 $X_1,X_2,\cdots,X_{n_1}$ 和 $Y_1,Y_2,\cdots,Y_{n_2}$ 分别表示 X 和 Y 的各自独立随机样本．样本记录为一个 $2\times k$ 列联表中的 O_{ij} 计数，其中 $O_{1j}=\#\{X_i=j\}$ 与 $O_{2j}=\#\{Y_i=j\}$．在例 4.7.3 中，我们利用这个表已经讨论过 X 和 Y 分布是相同的检验．这里我们要考察所有差 $p_{1j}-p_{2j}$，$j=1,2,\cdots,k$．设 $\hat{p}_{ij}=O_{ij}/n_i$．

(a) 利用 Bonferroni 方法进行这些比较．

(b) 利用费希尔方法进行这些比较．

9.4.4 假定习题 9.4.3 中的样本数据是下面的列联表：

	1	2	3	4	5	6	7	8	9	10
x	20	31	56	18	45	55	47	78	56	81
y	36	41	65	38	38	78	18	72	59	85

为了(用 R)计算下面的置信区间，用命令 prop.test，如同例 4.2.5 那样，

(a) 对所有 10 次比较，用 Bonferroni 方法计算 $p_{16}-p_{26}$ 的置信区间．

(b) 对所有 10 次比较，用费希尔方法计算 $p_{16}-p_{26}$ 的置信区间．

9.4.5 编写计算习题 9.4.3 的费希尔方法的 R 函数．利用习题 9.4.4 中的数据进行验证．

9.4.6 将上面问题所述 Bonferroni 方法推广到模拟检验上．也就是说，假定拥有 m 个关注假设：H_{0i} vs H_{1i}，$i=1,2,\cdots,m$．对 H_{0i} vs H_{1i} 进行检验来说，设 $C_{i,\alpha}$ 是水平为 α 的临界区域，并假定就样本 $\boldsymbol{X}_i$ 而言，当 $\boldsymbol{X}_i\in C_{i,\alpha}$，拒绝 H_{0i}．确定一个规则，使得第一类错误率小于或等于 α．

9.5 双因素方差分析

回顾 9.2 节曾经研究的方差分析(ANOVA)问题的单因素分析，此分析涉及在 b 个水平上的单因素．在本节，将涉及分别在 a 个水平与 b 个水平上的两个因素 A 与 B 的情况．设 X_{ij} 表示在 i 水平上因素 A 与在 j 水平上因素 B 的响应，$i=1,2,\cdots,a,j=1,2,\cdots,b$．用 $n=ab$ 表示总样本量．假定 X_{ij} 是独立的正态分布随机变量，具有共同方差 σ^2．用 μ_{ij} 表示 X_{ij} 的均值．经常将均值 μ_{ij} 称为第$(i,\ j)$格(cell)的均值．对于第一个模型来说，将考察**可加性模型**(additive model)，其中

$$\mu_{ij}=\overline{\mu}+(\overline{\mu}_{i.}-\overline{\mu})+(\overline{\mu}_{.j}-\overline{\mu}) \tag{9.5.1}$$

也就是说，第(i,j)格(cell)的均值归因于平均值(常数)$\overline{\mu}$ 上的因素 A 的 i 水平与因素 B 的 j 水平的可加性影响．设 $\alpha_i=\overline{\mu}_{i.}-\overline{\mu},i=1,2,\cdots,a;\beta_j=\overline{\mu}_{.j}-\overline{\mu},j=1,2,\cdots,b$ 并且 $\mu=\overline{\mu}$．从而，模型可以更简单地写成

$$\mu_{ij}=\mu+\alpha_i+\beta_j \tag{9.5.2}$$

其中 $\sum_{i=1}^{a}\alpha_i=0,\sum_{j=1}^{b}\beta_j=0$．将这种模型称为**双因素可加方差分析模型**(two-way additive ANOVA model)．

比如，取 $a=2, b=3, \mu=5, \alpha_1=1, \alpha_2=-1, \beta_1=1, \beta_2=0$ 以及 $\beta_3=-1$. 于是，格均值是

	因素 B 1	2	3
因素 A 1	$\mu_{11}=7$	$\mu_{12}=6$	$\mu_{13}=5$
2	$\mu_{21}=5$	$\mu_{22}=4$	$\mu_{23}=3$

注意，对于每一个 i，就 j 而言，μ_{ij} vs j 的点是平行的. 一般地讲，对可加性模型来说，这是成立的；参看习题 9.5.9. 将这些点称为**均值轮廓图**(mean profile plots).

当取 $\beta_1=\beta_2=\beta_3=0$ 时，格均值是

	因素 B 1	2	3
因素 A 1	$\mu_{11}=6$	$\mu_{12}=6$	$\mu_{13}=6$
2	$\mu_{21}=4$	$\mu_{22}=4$	$\mu_{23}=4$

关注的假设是

$$H_{0A}:\alpha_1=\cdots=\alpha_a=0 \quad \text{vs} \quad H_{1A}:\alpha_i\neq 0, \text{对于某个 } i \tag{9.5.3}$$

与

$$H_{0B}:\beta_1=\cdots=\beta_b=0 \quad \text{vs} \quad H_{1B}:\beta_j\neq 0, \text{对于某个 } j \tag{9.5.4}$$

倘若 H_{0A} 为真，则由式(9.5.2)知，第(i, j)格的均值并不依赖于 A 的水平. 上面第二个例子是 H_{0B} 为真条件下的. 对于特定行来说，各个列的格均值都一样. 将这些假设称为**主效应**(main effect，又称主要影响).

注释 9.5.1　在统计应用中，刚才讨论的模型，还有与之类似的其他一些模型均被广泛运用. 考虑下面情况：人们想要探讨影响结果的两个因素效应. 因而，谷物品种和所用化肥类型都会影响产量；教师和班级大小可能都会影响标准化测验的得分. 设 X_{ij} 表示使用第 i 种谷物和第 j 种化肥所产生的产量. 于是，假设检验 $\beta_1=\beta_2=\cdots=\beta_b=0$，也就是说，不管使用何种化肥，每一种谷物的产量均值都是一样的. ■

将式(9.5.2)所描述的模型称为完整模型. 我们要确定极大似然估计量，如果我们写出似然函数，那么 e 的指数总和是

$$SS=\sum_{i=1}^{a}\sum_{j=1}^{b}(x_{ij}-\overline{\mu}-\alpha_i-\beta_j)^2$$

α_i，β_j 和$\overline{\mu}$的极大似然估计量使 SS 最小化. 通过加上一项与减去一项的方式，可以得到：

$$SS=\sum_{i=1}^{a}\sum_{j=1}^{b}\{(\overline{x}_{..}-\overline{\mu})-[\alpha_i-(\overline{x}_{i.}-\overline{x}_{..})]-[\beta_j-(\overline{x}_{.j}-\overline{x}_{..})]+(x_{ij}-\overline{x}_{i.}-\overline{x}_{.j}+\overline{x}_{..})\}^2 \tag{9.5.5}$$

由式(9.5.2)，可以得出 $\sum_i\alpha_i=\sum_j\beta_j=0$. 而且

$$\sum_{i=1}^{a}(\overline{x}_{i.}-\overline{x}_{..})=\sum_{j=1}^{b}(\overline{x}_{.j}-\overline{x}_{..})=0$$

且

$$\sum_{i=1}^{a}(x_{ij}-\overline{x}_{i.}-\overline{x}_{.j}+\overline{x}_{..})=\sum_{j=1}^{b}(x_{ij}-\overline{x}_{i.}-\overline{x}_{.j}+\overline{x}_{..})=0$$

因此，对平方和式(9.5.5)进一步展开，所有交叉乘积项均为 0. 因此，得到下面恒等式

$$SS=ab(\overline{x}_{..}-\overline{\mu})^2+b\sum_{i=1}^{a}[\alpha_i-(\overline{x}_{i.}-\overline{x}_{..})]^2+a\sum_{j=1}^{b}[\beta_j-(\overline{x}_{.j}-\overline{x}_{..})]^2+\sum_{i=1}^{a}\sum_{j=1}^{b}(x_{ij}-\overline{x}_{i.}-\overline{x}_{.j}+\overline{x}_{..})^2 \tag{9.5.6}$$

因为这是一些平方和的项，所以最小化的值，也就是极大似然估计量一定是

$$\hat{\overline{\mu}}=\overline{X}_{..},\hat{\alpha}_i=\overline{X}_{i.}-\overline{X}_{..},\quad \hat{\beta}_j=\overline{X}_{.j}-\overline{X}_{..}. \tag{9.5.7}$$

注意，我们这里运用了随机变量表示法. 这就是最大似然估计量. 由此可知，σ^2 的极大似然估计量为

$$\hat{\sigma}_{\Omega}^2=\frac{\sum_{i=1}^{a}\sum_{j=1}^{b}[X_{ij}-\overline{X}_{i.}-\overline{X}_{.j}+\overline{X}_{..}]^2}{ab}=\text{dfn}\,\frac{Q'_3}{ab} \tag{9.5.8}$$

在这里将$\hat{\sigma}_{\Omega}^2$ 的分子定义为二次型 Q'_3. 由线性模型高级课程的内容可知，$\hat{\sigma}_{\Omega}^2/\sigma^2$ 服从 $\chi^2((a-1)(b-1))$.

接下来，我们构造 H_{0B}的似然比检验. 在简化模型(完整模型是由 H_{0B}约束的)下，对于所有 $j=1,2,\cdots,b$，$\beta_j=0$. 为了得到简化模型的极大似然估计量，将恒等式(9.5.6)变成

$$\begin{aligned}SS=&ab(\overline{x}_{..}-\overline{\mu})^2+b\sum_{i=1}^{a}[\alpha_i-(\overline{x}_{i.}-\overline{x}_{..})]^2+\\&a\sum_{j=1}^{b}(\overline{x}_{.j}-\overline{x}_{..})^2+\sum_{i=1}^{a}\sum_{j=1}^{b}(x_{ij}-\overline{x}_{i.}-\overline{x}_{.j}+\overline{x}_{..})^2\end{aligned} \tag{9.5.9}$$

因而，α_i 和$\overline{\mu}$的最大似然估计量与完整模型是相同的，σ^2 的简化模型的最大似然估计量为

$$\hat{\sigma}_{\omega}^2=\frac{\left\{a\sum_{j=1}^{b}(\overline{X}_{.j}-\overline{X}_{..})^2+\sum_{i=1}^{a}\sum_{j=1}^{b}(X_{ij}-\overline{X}_{i.}-\overline{X}_{.j}+\overline{X}_{..})^2\right\}}{ab} \tag{9.5.10}$$

用 Q'表示$\hat{\sigma}_{\omega}^2$ 的分子. 注意，这是拟合简化模型后的**剩余变异**(residual variation).

设 Λ 表示 H_{0B}的似然比检验统计量. 我们的推导类似于前面 9.2 节对单因素方差分析的似然比检验统计量的推导. 因此，与式(9.2.9)相似，我们的似然比检验统计量简化成

$$\Lambda^{ab/2}=\frac{\hat{\sigma}_{\Omega}^2}{\hat{\sigma}_{\omega}^2}=\frac{Q'_3}{Q'}$$

然后，类似于单因素推导，对于较大的值 Q'_4/Q'_3，似然比检验拒绝 H_{0B}，在这种情况下，

$$Q'_4=a\sum_{j=1}^{b}(\overline{x}_{.j}-\overline{x}_{..})^2 \tag{9.5.11}$$

注意 $Q'_4=Q'-Q'_3$，用简化模型代替完整模型，它就是残差变异的增加.

为了获得 Q'_4的零分布，注意它是随机变量$\sqrt{a}\,\overline{X}_{.1},\sqrt{a}\,\overline{X}_{.2},\cdots,\sqrt{a}\,\overline{X}_{.b}$的样本方差的分子. 这些随机变量是独立的，有共同的分布 $N(\sqrt{a}\,\overline{\mu},\sigma^2)$，参看习题 9.5.2. 因此，根据定理 3.6.1，Q'_4/σ^2 服从 $\chi^2(b-1)$分布. 在更高阶课程内容中，可以进一步证明，Q'_4与 Q'_3是

独立的. 因此，统计量

$$F_B = \frac{a\sum_{j=1}^{b}(\overline{X}_{.j}-\overline{X}_{..})^2/(b-1)}{\sum_{i=1}^{a}\sum_{j=1}^{b}(X_{ij}-\overline{X}_{i.}-\overline{X}_{.j}+\overline{X}_{..})^2/(a-1)(b-1)} \tag{9.5.12}$$

在 H_{0B} 下服从 $F(b-1,(a-1)(b-1))$ 分布. 因此，如果

$$F_B \geqslant F(\alpha, b-1,(a-1)(b-1)) \tag{9.5.13}$$

那么在 α 显著性水平上检验就拒绝 H_{0B} 而接受 H_{1B}.

如果我们要计算检验的功效函数，那么就需要在 H_{0B} 不为真时 F_B 的分布. 如上所述，在完整模型下，Q_3'/σ^2，式(9.5.8)服从自由度为 $(a-1)(b-1)$ 的中心卡方分布. 进一步证明，在 H_{1B} 下，Q_4'，式(9.5.11)服从自由度为 $b-1$ 的非中心卡方分布. 为了计算当 H_{1B} 为真时，Q_4'/σ^2 的非中心参数，我们有 $E(X_{ij})=\mu+\alpha_i+\beta_j, E(\overline{X}_{i.})=\mu+\alpha_i, E(\overline{X}_{.j})=\mu+\beta_j$，且 $E(\overline{X}_{..})=\mu$. 利用 9.4 节所讨论的一般规则，我们将 Q_4'/σ^2 中的变量用它们的均值来代替. 因此，非中心性参数 Q_4'/σ^2 是

$$\frac{a}{\sigma^2}\sum_{j=1}^{b}(\mu+\beta_j-\mu)^2 = \frac{a}{\sigma^2}\sum_{j=1}^{b}\beta_j^2$$

因此，若假设 H_{0B} 不为真，F 是一个自由度为 $b-1$ 和 $(a-1)(b-1)$、非中心参数为 $\sum_{j=1}^{b}\beta^2/\sigma^2$ 的 F 分布.

可用类似推理论证，构造似然比检验统计量 F_A 式(9.5.3)来检验 H_{0A} 与 H_{1A}. F 检验统计量的分子是各行的平方和. 检验统计量是

$$F_A = \frac{b\sum_{i=1}^{a}(\overline{X}_{i.}-\overline{X}_{..})^2/(a-1)}{\sum_{i=1}^{a}\sum_{j=1}^{b}(X_{ij}-\overline{X}_{i.}-\overline{X}_{.j}+\overline{X}_{..})^2/(a-1)(b-1)} \tag{9.5.14}$$

并且在 H_{0A} 下服从 $F(a-1,\ (a-1)(b-1))$ 分布.

因素间的交互作用

上面讨论的方差分析问题通常称为*每格单一观测值的双因素分类*(two-way classification with one observation per cell). 每个 i 与 j 的组合都确定了一个格，因而，这种模型共有 ab 个格. 现在，探讨另一种双因素分类问题，但是在这种情况下，每个格均取 $c>1$ 个独立观测值.

设 X_{ijk} 表示 $n=abc$ 个独立的随机变量，它们服从具有共同但却未知的方差 σ^2 的正态分布，$i=1,2,\cdots,a$，$j=1,2,\cdots,b$，$k=1,2,\cdots,c$，用 μ_{ij} 表示每个 X_{ijk} 的均值，$k=1,2,\cdots,c$. 在可加性模型(9.5.1)条件下，每格的均值都依赖于它的行与列，但是均值时常是格特定的. 为了认识这点，考察参数

$$\gamma_{ij} = \mu_{ij} - [\mu + (\overline{\mu}_{i.}-\mu) + (\overline{\mu}_{.j}-\mu)] = \mu_{ij} - \overline{\mu}_{i.} - \overline{\mu}_{.j} + \mu$$

对于 $i=1,2,\cdots,a$，$j=1,2,\cdots,b$. 因此，γ_{ij} 反映除可加性模型之外对组均值的特殊贡献. 这些参数称为**交互效应**(interaction parameter，又称交互作用参数). 利用第二种形

式(9.5.2)，可将格均值写成

$$\mu_{ij}=\mu+\alpha_i+\beta_j+\gamma_{ij} \tag{9.5.15}$$

其中 $\sum_{i=1}^{a}\alpha_i=0,\sum_{j=1}^{b}\beta_j=0$ 以及 $\sum_{i=1}^{a}\gamma_{ij}=\sum_{j=1}^{b}\gamma_{ij}=0$. 将这种模型称为具有交互效应的**双因素模型**(two-way model).

比如，取 $a=2,b=3,\mu=5,\alpha_1=1,\alpha_2=-1,\beta_1=1,\beta_2=0,\beta_3=-1,\gamma_{11}=1,\gamma_{12}=1,\gamma_{13}=-2,\gamma_{21}=-1,\gamma_{22}=-1$ 以及 $\gamma_{23}=2$. 从而，格均值是

		因素 B	
	1	2	3
因素 A 1	$\mu_{11}=8$	$\mu_{12}=7$	$\mu_{13}=3$
2	$\mu_{21}=4$	$\mu_{22}=3$	$\mu_{23}=5$

若每一个 $\gamma_{ij}=0$，则组均值是

		因素 B	
	1	2	3
因素 A 1	$\mu_{11}=7$	$\mu_{12}=6$	$\mu_{13}=5$
2	$\mu_{21}=5$	$\mu_{22}=4$	$\mu_{23}=3$

注意，就第二个例子而言，均值组点是平行的，但第一个例子却不是平行的(存在交互效应).

就完整模型而言，极大似然估计量的推导式(9.5.15)与可加性模型的推导是非常相似的. 设 SS 表示似然函数中 e 的指数中的平方和，通过加项或减项(我们省略求和的下标)，得到如下恒等式：

$$\begin{aligned}SS=&\sum\sum\sum(x_{ijk}-\mu-\alpha_i-\beta_j-\gamma_{ijk})^2\\=&\sum\sum\sum\{(x_{ijk}-\overline{x}_{ij.})-(\mu-\overline{x}_{...})-[\alpha_i-(\overline{x}_{i..}-\overline{x}_{...})]-[\beta_j-(\overline{x}_{.j.}-\overline{x}_{...})]-\\&[\gamma_{ij}-(\overline{x}_{ij.}-\overline{x}_{i..}-\overline{x}_{.j.}+\overline{x}_{...})\}^2\\=&\sum\sum\sum(x_{ijk}-\overline{x}_{ij.})^2+abc(\mu-\overline{x}_{...})^2+bc\sum[\alpha_i-(\overline{x}_{i..}-\overline{x}_{...})]^2+\\&ac\sum[\beta_j-(\overline{x}_{.j.}-\overline{x}_{...})]^2+c\sum\sum[\gamma_{ij}-(\overline{x}_{ij.}-\overline{x}_{i..}-\overline{x}_{.j.}+\overline{x}_{...})]^2\end{aligned} \tag{9.5.16}$$

在这里，与可加性模型一样，展开式中的交叉乘积项都为 0. 由此可知，μ,α_i 和 β_j 的极大似然估计量与可加性模型的相同，γ_{ij} 的极大似然估计量是 $\hat{\gamma}_{ij}=\overline{X}_{ij.}-\overline{X}_{i..}-\overline{X}_{.j.}+\overline{X}_{...}$，而且 σ^2 的极大似然估计量是

$$\hat{\sigma}^2_{\Omega}=\frac{\sum\sum\sum(X_{ijk}-\overline{X}_{ij.})^2}{abc} \tag{9.5.17}$$

设 Q_3'' 表示 $\hat{\sigma}^2$ 的分子.

对于交互模型来说，我们关注的重要假设是

$$H_{0AB}:\gamma_{ij}=0 \text{ 对于所有 } i,j \text{ vs } H_{1AB}:\gamma_{ij}\neq 0 \text{ 对于某个 } i,j \tag{9.5.18}$$

将 $\gamma_{ij}=0$ 代入 SS，很明显，可以看出 σ^2 的简化模型极大似然估计量是

$$\hat{\sigma}_{\omega}^{2}=\frac{\sum\sum\sum(X_{ijk}-\overline{X}_{ij.})^{2}+c\sum\sum(\overline{X}_{ij.}-\overline{X}_{i..}-\overline{X}_{.j.}+\overline{X}_{...})^{2}}{abc} \qquad (9.5.19)$$

设 Q'' 表示 $\hat{\sigma}_{\omega}^{2}$ 的分子，令 $Q_4''=Q''-Q_3''$. 然后，由可加性模型可得，对于大的 Q_4''/Q_3'' 值，似然比检验统计量拒绝 H_{0AB}. 在更高等的课程中，可以证明标准化检验统计量

$$F_{AB}=\frac{Q_4''/[(a-1)(b-1)]}{Q_3''/[ab(c-1)]} \qquad (9.5.20)$$

在 H_{0AB} 下服从自由度为 $(a-1)(b-1)$ 和 $ab(c-1)$ 的 F 分布.

如果接受 $H_{0AB}:\gamma_{ij}=0$，人们通常会利用检验统计量

$$F=\frac{bc\sum_{i=1}^{a}(\overline{X}_{i..}-\overline{X}_{...})^{2}/(a-1)}{\sum_{i=1}^{a}\sum_{j=1}^{b}\sum_{k=1}^{c}(X_{ijk}-\overline{X}_{ij.})^{2}/[ab(c-1)]}$$

继续对 $\alpha_i=0,i=1,2,\cdots,a$ 进行检验，其中 F 服从自由度为 $a-1$ 与 $ab(c-1)$ 的零假设 F 分布. 类似地，可利用检验统计量

$$F=\frac{ac\sum_{j=1}^{b}(\overline{X}_{.j.}-\overline{X}_{...})^{2}/(b-1)}{\sum_{i=1}^{a}\sum_{j=1}^{b}\sum_{k=1}^{c}(X_{ijk}-\overline{X}_{ij.})^{2}/[ab(c-1)]}$$

继续对 $\beta_j=0,j=1,2,\cdots,b$ 进行检验，这里的 F 服从自由度为 $b-1$ 与 $ab(c-1)$ 的零假设 F 分布.

我们通过举一个关于双因素方差分析及其相关的 R 编码的例子来结束本节的讨论.

例 9.5.1　Devore(2012)介绍了两个因素对沥青混合料热导率的影响：三个不同水平(PG58、PG64 以及 PG70)的黏合剂和三个不同水平(38%、41%以及 44%)的骨料含量的粗糙度. 因此，存在 3×3=9 种不同的处理方式. 这些响应是沥青混合料在这些交叉水平上的热导率. 对于每个处理，都要进行两个重复实验，具体数据如下：

黏合剂	骨料含量的粗糙度		
	38%	41%	44%
PG58	0.835 0.845	0.822 0.826	0.785 0.795
PG64	0.855 0.865	0.832 0.836	0.790 0.800
PG70	0.815 0.825	0.800 0.820	0.770 0.790

数据存放于 conductivity.rda 文件中. 假定该文件已经加载到 R 工作区域，均值轮廓图可由下面的代码

```
interaction.plot(Binder,Aggregate,Conductivity,legend=T)
```

绘制，如图 9.5.1 所示. 注意，均值轮廓几乎是平行的，此图形表明，因素之间几乎没有

相互作用. 此项研究的方差分析可以通过下面两个命令计算得到. 计算后将结果列在表中(我们在这里已删减部分内容). 倒数第二列显示出本节所讨论的 F 检验统计数据.

```
fit=lm(Conductivity ~ factor(Binder) + factor(Aggregate) +
factor(Binder)*factor(Aggregate))
anova(fit)
Analysis of Variance Table
                                 Df    Sum Sq  F value    Pr(>F)
factor(Binder)                    2 0.0020893 14.1171  0.001678
factor(Aggregate)                 2 0.0082973  56.0631 8.308e-06
factor(Binder):factor(Aggregate)  4 0.0003253  1.0991  0.413558
```

由此交互作用的图形可以看出，交互作用并不显著($p=0.4135$). 在实际应用中，我们会接受可加性(无交互)模型，主效应都非常显著. 所以，这两个因素都对热导率有影响. 更多的讨论参看 Devore(2012).

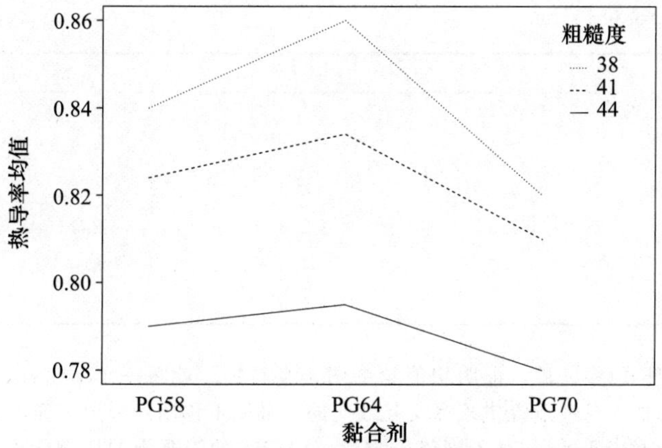

图 9.5.1 例 9.5.1 中所讨论的研究的均值轮廓图. 这两个轮廓图几乎是平行的，表明各因素之间的交互作用很小

习题

9.5.1 对于双因素交互模型式(9.5.15)，证明下述平方和分解是正确的：

$$\sum_{i=1}^{a}\sum_{j=1}^{b}\sum_{k=1}^{c}(X_{ijk}-\overline{X}_{\cdots})^2=bc\sum_{i=1}^{a}(\overline{X}_{i\cdot\cdot}-\overline{X}_{\cdots})^2+ac\sum_{j=1}^{b}(\overline{X}_{\cdot j\cdot}-\overline{X}_{\cdots})^2+$$
$$c\sum_{i=1}^{a}\sum_{j=1}^{b}(\overline{X}_{ij\cdot}-\overline{X}_{i\cdot\cdot}-\overline{X}_{\cdot j\cdot}+\overline{X}_{\cdots})^2+\sum_{i=1}^{a}\sum_{j=1}^{b}\sum_{k=1}^{c}(X_{ijk}-\overline{X}_{ij\cdot})^2$$

也就是说，总平方和分解为各行之差的平方和、各列之差的平方和、交互作用的平方和以及单元格内的平方和这样几项之和.

9.5.2 考察式(9.5.14)上面讨论的内容. 证明随机变量$\sqrt{a}\,\overline{X}_{\cdot 1},\sqrt{a}\,\overline{X}_{\cdot 2},\cdots,\sqrt{a}\,\overline{X}_{\cdot b}$是独立的且有共同的分布 $N(\sqrt{a}\,\overline{\mu},\sigma^2)$.

9.5.3 对于双因素交互模型式(9.5.15)，证明检验统计量 F_{AB} 的非中心性参数等于 $\sum_{j=1}^{b}\sum_{i=1}^{a}\gamma_{ij}^2/\sigma^2$.

9.5.4　利用每一个格具有单个观测值的双因素分类背景，求 α_i，β_j 以及 μ 的极大似然估计量的分布.

9.5.5　证明：在本节假设下，线性函数 $X_{ij}-\overline{X}_{i.}-\overline{X}_{.j}+\overline{X}_{..}$ 与 $\overline{X}_{.j}-\overline{X}_{..}$ 是无关的.

9.5.6　已知与满足 $a=3$ 和 $b=4$ 的双因素分类有关的下面观测值，利用 R 或其他统计软件计算分别用于检验列均值相等($\beta_1=\beta_2=\beta_3=\beta_4=0$)以及行均值相等($\alpha_1=\alpha_2=\alpha_3=0$)的 F 统计量.

行/列	1	2	3	4
1	3.1	4.2	2.7	4.9
2	2.7	2.9	1.8	3.0
3	4.0	4.6	3.0	3.9

9.5.7　利用每一个格均具有 $c>1$ 个观测值的双因素分类背景，求 α_i，β_j 以及 γ_{ij} 的极大似然估计量的分布.

9.5.8　已知满足 $a=3$，$b=4$ 以及 $c=2$ 的双因素分类的下述观测值，计算分别用于检验所有交互效应等于 0($\gamma_{ij}=0$)、所有列均值相等($\beta_j=0$)、所有行均值相等($\alpha_i=0$)的 F 统计量. 数据采用 x_{ijk} 形式，存放在数据集 sec951.rda.

行/列	1	2	3	4
1	3.1	4.2	2.7	4.9
	2.9	4.9	3.2	4.5
2	2.7	2.9	1.8	3.0
	2.9	2.3	2.4	3.7
3	4.0	4.6	3.0	3.9
	4.4	5.0	2.5	4.2

9.5.9　对于可加性模型式(9.5.1)，证明均值轮廓图是平行的. 就每一个 i 而言，样本均值轮廓图是由 $\overline{X}_{ij.}$ 相对 j 画出的. 这些点提供检测交互效应的一种图形诊断. 画出上面习题的样本均值轮廓图.

9.5.10　我们想要比较对应于 $a=3$ 种不同烘干方法(处理法)的混凝土的压缩强度. 为生产三个圆柱体，混凝土在一些炉子中混合搅拌，而炉子刚好充分大. 尽管人们小心搅拌以便达到均匀，但认为用于得到下述压缩强度 $b=5$ 个炉子存在某种变异. (没有理由认为有交互效应，从而在每个格中只取一个观测值.)数据也存放于 sec95set2.rda 文件中.

处理	炉子类型				
	B_1	B_2	B_3	B_4	B_5
A_1	52	47	44	51	42
A_2	60	55	49	52	43
A_3	56	48	45	44	38

(a) 使用 5%显著性水平，检验 $H_A:\alpha_1=\alpha_2=\alpha_3=0$ vs 所有备择假设.

(b) 使用 5%显著性水平，检验 $H_B:\beta_1=\beta_2=\beta_3=\beta_4=\beta_5=0$ vs 所有备择假设.

9.5.11　对于 $a=3$ 与 $b=4$，如果 μ_{ij} 分别由

$$\begin{matrix} 6 & 7 & 7 & 12 \\ 10 & 3 & 11 & 8 \\ 8 & 5 & 9 & 10 \end{matrix}$$

给出，对于 $i=1,2,3$ 以及 $j=1,2,3,4$，求 μ，α_i，β_j 以及 γ_{ij}.

9.6 回归问题

人们经常对两个变量的关系感兴趣，例如大学生数学学业能力测验得分与该生微积分成绩之间的关系．通常，这些变量之一，比如 x，先于另一个变量而已知，从而对预测一个未来随机变量 Y 感兴趣．由于 Y 是一个随机变量，所以不能确信会预测它的未来观测值 $Y=y$．因而，首先专注于估计 Y 的均值问题，即 $E(Y)$．现在，通常 $E(Y)$是 x 的函数．比如，在解释微积分成绩 Y 的例子中，我们希望 $E(Y)$会随数学学业能力得分 x 而增加．有时，假定 $E(Y)=\mu(x)$具有已知形式，比如线性函数、二次函数或指数函数；也就是说，假定 $\mu(x)$等于 $\alpha+\beta x$，$\alpha+\beta x+\gamma x^2$ 或 $\alpha e^{\beta x}$．为了估计 $E(Y)=\mu(x)$或等价地估计参数 α,β 以及 γ，可以发现，对于 x 的 n 个各不相同值，比如 $x_1,x_2,\cdots,x_n$ 中的每一个而言，随机变量 Y 并不会全部相等．一旦实施 n 次独立实验，得到 n 对已知数$(x_1,y_1),(x_2,y_2),\cdots,(x_n,y_n)$．于是，运用这些数对估计均值 $E(Y)$．像这类问题常常划归为*回归*(regression)问题，原因在于通常 $E(Y)=\mu(x)$称为回归曲线．

注释 9.6.1 诸如 $\alpha+\beta x+\gamma x^2$ 的均值模型称为**线性模型**(linear model)，因为它关于参数 α,β 以及 γ 都是线性的．因而，$\alpha e^{\beta x}$不是线性模型，它关于 α 与 β 不是线性的．注意，从 9.2 节到 9.5 节，所有均值关于参数都是线性的，从而它们都是线性模型． ■

在本节的大部分内容中，我们考察 $E(Y)=\mu(x)$是线性函数的情况．用 Y_i 表示在 x_i 处的响应，并考察模型

$$Y_i=\alpha+\beta(x_i-\overline{x})+e_i,\quad i=1,2,\cdots,n \tag{9.6.1}$$

其中 $\overline{x}=n^{-1}\sum_{i=1}^{n}x_i$，而 $e_1,e_2,\cdots,e_n$ 是独立同分布的随机变量，服从共同分布 $N(0,\sigma^2)$．因此，$E(Y_i)=\alpha+\beta(x_i-\overline{x})$，$\operatorname{Var}(Y_i)=\sigma^2$，$Y_i$ 服从分布 $N(\alpha+\beta(x_i-\overline{x}),\sigma^2)$．主要假设随机误差 e_i 是独立同分布的．特别地，这意味着误差不是 x_i 的函数．这一点将在注释 9.6.3 中讨论．首先，我们讨论参数 α，β 和 σ 的极大似然估计．

9.6.1 极大似然估计

假定 n 个点$(x_1,Y_1),(x_2,Y_2),\cdots,(x_n,Y_n)$服从模型式(9.6.1)．因此，第一个问题是用一条直线拟合点集，也就是估计 α 与 β．为了方便讨论，图 9.6.1 展示了 60 个观测值的散点图(x_1,y_1)，$(x_2,y_2),\cdots,(x_{60},y_{60})$，这是由式(9.6.1)的线性模型模拟而来的．在本节我们利用的估计方法是极大似然估计．

$Y_1,Y_2,\cdots,Y_n$ 的联合概率密度函数是各个概率密度函数的乘积；也就是说，似然函数等于

$$\begin{aligned}L(\alpha,\beta,\sigma^2)&=\prod_{i=1}^{n}\frac{1}{\sqrt{2\pi\sigma^2}}\exp\left\{-\frac{[y_i-\alpha-\beta(x_i-\overline{x})]^2}{2\sigma^2}\right\}\\&=\left(\frac{1}{2\pi\sigma^2}\right)^{n/2}\exp\left\{-\frac{1}{2\sigma^2}\sum_{i=1}^{n}[y_i-\alpha-\beta(x_i-\overline{x})]^2\right\}\end{aligned}$$

为了使 $L(\alpha,\beta,\sigma^2)$极大化或等价地对

$$-\log L(\alpha,\beta,\sigma^2)=\frac{n}{2}\log(2\pi\sigma^2)+\frac{\sum_{i=1}^{n}[y_i-\alpha-\beta(x_i-\overline{x})]^2}{2\sigma^2}$$

极小化．必须选取 α 与 β，使

$$H(\alpha,\beta)=\sum_{i=1}^{n}[y_i-\alpha-\beta(x_i-\overline{x})]^2$$

极小化．由于 $|y_i-\alpha-\beta(x_i-\overline{x})|=|y_i-\mu(x_i)|$ 是从点 (x_i,y_i) 到直线 $y=\mu(x)$ 的竖直距离（参看图 9.6.1 中的虚线段）．注意，$H(\alpha,\beta)$ 表示那些距离的平方和．因而，选取 α 与 β，使平方和极小化意味着通过**最小二乘法**(method of least squares，LS)用直线拟合数据．

为了使 $H(\alpha,\beta)$ 极小化，求两个一阶偏导数

$$\frac{\partial H(\alpha,\beta)}{\partial\alpha}=2\sum_{i=1}^{n}[y_i-\alpha-\beta(x_i-\overline{x})](-1)$$

与

$$\frac{\partial H(\alpha,\beta)}{\partial\beta}=2\sum_{i=1}^{n}[y_i-\alpha-\beta(x_i-\overline{x})][-(x_i-\overline{x})]$$

令 $\partial H(\alpha,\beta)/\partial\alpha=0$，得到

$$\sum_{i=1}^{n}y_i-n\alpha-\beta\sum_{i=1}^{n}(x_i-\overline{x})=0 \tag{9.6.2}$$

由于

$$\sum_{i=1}^{n}(x_i-\overline{x})=0$$

所以方程变成

$$\sum_{i=1}^{n}y_i-n\alpha=0$$

因而，α 的极大似然估计量是

$$\hat{\alpha}=\overline{Y} \tag{9.6.3}$$

方程 $\partial H(\alpha,\beta)/\partial\beta=0$，并用 $\overline{y}$ 代替 α，则有

$$\sum_{i=1}^{n}(y_i-\overline{y})(x_i-\overline{x})-\beta\sum_{i=1}^{n}(x_i-\overline{x})^2=0 \tag{9.6.4}$$

从而，β 的极大似然估计是

$$\hat{\beta}=\frac{\sum_{i=1}^{n}(Y_i-\overline{Y})(x_i-\overline{x})}{\sum_{i=1}^{n}(x_i-\overline{x})^2}=\frac{\sum_{i=1}^{n}Y_i(x_i-\overline{x})}{\sum_{i=1}^{n}(x_i-\overline{x})^2} \tag{9.6.5}$$

方程(9.6.2)与方程(9.6.4)是对这种简单线性模型进行最小二乘法求解的估计方程．点 (x_i,y_i) 处的**拟合值**(fitted value)由

$$\hat{y}_i = \hat{\alpha} + \hat{\beta}(x_i - \overline{x}) \tag{9.6.6}$$

给出，这已在图 9.6.1 中标出．拟合值$\hat{y}_i$ 也称为 y_i 在 x_i 处的**预测值**(predicted value)．点(x_i, y_i)处的**残差**(residual)由

$$\hat{e}_i = y_i - \hat{y}_i \tag{9.6.7}$$

给出，这也在图 9.6.1 中标出．残差意味着"剩下部分"，而回归残差则是准确的，也就是在拟合之后剩下来的量．拟合值与残差之间的关系，将在注释 9.6.3 和习题 9.6.13 中加以探讨．

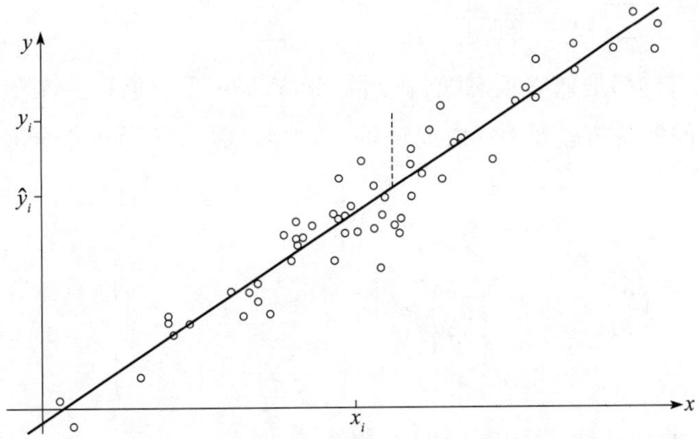

图 9.6.1　图中展示了数据集的最小二乘法拟合直线(实线)．从点$(x_i, \hat{y}_i)$到(x_i, y_i)的虚线(短划线)表示(x_i, y_i)到它的拟合的偏差

为了求 σ^2 的极大似然估计量，考察偏导数

$$\frac{\partial[-\log L(\alpha, \beta, \sigma^2)]}{\partial(\sigma^2)} = \frac{n}{2\sigma^2} - \frac{\sum_{i=1}^{n}[y_i - \alpha - \beta(x_i - \overline{x})]^2}{2(\sigma^2)^2}$$

令上式等于 0，并将 α 与 β 的解$\hat{\alpha}$与$\hat{\beta}$ 代入其中，得到

$$\hat{\sigma}^2 = \frac{1}{n}\sum_{i=1}^{n}[Y_i - \hat{\alpha} - \hat{\beta}(x_i - \overline{x})]^2 \tag{9.6.8}$$

当然，由极大似然估计量的不变性得到，$\hat{\sigma} = \sqrt{\hat{\sigma}^2}$．注意，就残差而论，$\hat{\sigma}^2 = n^{-1}\sum_{i=1}^{n}\hat{e}_i^2$．如同习题 9.6.13 所证明的，残差平均值为 0．

由于$\hat{\alpha}$是独立且服从正态分布的随机变量的线性函数，所以$\hat{\alpha}$服从正态分布，其均值为

$$E(\hat{\alpha}) = E\left(\frac{1}{n}\sum_{i=1}^{n}Y_i\right) = \frac{1}{n}\sum_{i=1}^{n}E(Y_i) = \frac{1}{n}\sum_{i=1}^{n}[\alpha + \beta(x_i - \overline{x})] = \alpha$$

而方差为

$$\operatorname{Var}(\hat{\alpha}) = \sum_{i=1}^{n}\left(\frac{1}{n}\right)^2\operatorname{Var}(Y_i) = \frac{\sigma^2}{n}$$

估计量$\hat{\beta}$也是 $Y_1, Y_2, \cdots, Y_n$ 的线性函数，从而服从正态分布，其均值为

$$E(\hat{\beta})=\frac{\sum_{i=1}^{n}(x_i-\overline{x})[\alpha+\beta(x_i-\overline{x})]}{\sum_{i=1}^{n}(x_i-\overline{x})^2}=\frac{\alpha\sum_{i=1}^{n}(x_i-\overline{x})+\beta\sum_{i=1}^{n}(x_i-\overline{x})^2}{\sum_{i=1}^{n}(x_i-\overline{x})^2}=\beta$$

而方差为

$$\mathrm{Var}(\hat{\beta})=\sum_{i=1}^{n}\left[\frac{x_i-\overline{x}}{\sum_{i=1}^{n}(x_i-\overline{x})^2}\right]\mathrm{Var}(Y_i)=\frac{\sum_{i=1}^{n}(x_i-\overline{x})^2}{\left[\sum_{i=1}^{n}(x_i-\overline{x})^2\right]^2}\sigma^2=\frac{\sigma^2}{\sum_{i=1}^{n}(x_i-\overline{x})^2}$$

总之，估计量$\hat{\alpha}$与$\hat{\beta}$都是独立正态随机变量 $Y_1,Y_2,\cdots,Y_n$ 的线性函数. 习题 9.6.4 将进一步证明，$\hat{\alpha}$与$\hat{\beta}$之间的协方差是 0. 由此可得，$\hat{\alpha}$与$\hat{\beta}$是服从二元正态分布的独立随机变量；也就是

$$\begin{pmatrix}\hat{\alpha}\\ \hat{\beta}\end{pmatrix}\text{ 服从 }N_2\left(\begin{pmatrix}\alpha\\ \beta\end{pmatrix},\sigma^2\begin{bmatrix}\frac{1}{n} & 0\\ 0 & \frac{1}{\sum_{i=1}^{n}(x_i-\overline{x})^2}\end{bmatrix}\right)\text{分布} \tag{9.6.9}$$

其次，考察 σ^2 的估计量. 可以证明(习题 9.6.9)，

$$\sum_{i=1}^{n}[Y_i-\alpha-\beta(x_i-\overline{x})]^2=\sum_{i=1}^{n}\{(\hat{\alpha}-\alpha)+(\hat{\beta}-\beta)(x_i-\overline{x})+[Y_i-\hat{\alpha}-\hat{\beta}(x_i-\overline{x})]\}^2$$

$$=n(\hat{\alpha}-\alpha)^2+(\hat{\beta}-\beta)^2\sum_{i=1}^{n}(x_i-\overline{x})^2+n\hat{\sigma}^2$$

或简写成

$$Q=Q_1+Q_2+Q_3$$

这里 Q，Q_1，Q_2 以及 Q_3 都是关于变量

$$Y_i-\alpha-\beta(x_i-\overline{x}),\quad i=1,2,\cdots,n$$

的实二次型. 在此方程中，Q 表示 n 个服从正态分布的独立随机变量平方和，此正态分布的均值为 0 且方差为 σ^2. 因而，Q/σ^2 服从自由度为 n 的卡方分布. 随机变量$\sqrt{n}(\hat{\alpha}-\alpha)/\sigma$ 与 $\sqrt{\sum_{i=1}^{n}(x_i-\overline{x})^2}\times(\hat{\beta}-\beta)/\sigma$都服从均值为 0 且方差为 1 的正态分布，因而 Q_1/σ^2 与 Q_2/σ^2 都服从自由度为 1 的卡方分布. 根据定理 9.9.2(在 9.9 节给出证明)，由于 Q_3 是非负的，所以得出 Q_1，Q_2 以及 Q_3 是独立的，并且 Q_3/σ^2 服从自由度为 $n-1-1=n-2$ 的卡方分布. 也就是说，$n\hat{\sigma}^2/\sigma^2$ 服从自由度为 $n-2$ 的卡方分布.

现在，为了获得参数 α 与 β 的推断，要推广这种讨论. 由上面推导可得，随机变量

$$T_1=\frac{[\sqrt{n}(\hat{\alpha}-\alpha)]/\sigma}{\sqrt{Q_3/[\sigma^2(n-2)]}}=\frac{\hat{\alpha}-\alpha}{\sqrt{\hat{\sigma}^2/(n-2)}}$$

与

$$T_2=\frac{\left[\sqrt{\sum_{i=1}^{n}(x_i-\overline{x})^2}(\hat{\beta}-\beta)\right]/\sigma}{\sqrt{Q_3/[\sigma^2(n-2)]}}=\frac{\hat{\beta}-\beta}{\sqrt{n\hat{\sigma}^2/[(n-2)\sum_{1}^{n}(x_i-\overline{x})^2]}}\tag{9.6.10}$$

都服从自由度为 $n-2$ 的 t 分布．这些事实能获得 α 与 β 的置信区间，参看习题 9.6.5. $n\hat{\sigma}^2/\sigma^2$ 服从自由度为 $n-2$ 的 χ^2 分布．这一事实提供了确定 σ^2 的置信区间的方法．一些关于参数的统计推断，将在此节的注释中给予介绍．

注释 9.6.2　更有洞察力的读者应该会十分恰当地向我们提出构造上述 T_1 与 T_2 的问题．我们知道，线性形式的平方与 $Q_3=n\hat{\sigma}^2$ 是独立的，但却不知道此时线性形式自身拥有这种独立性．更一般的结果将在 9.9 节的定理 9.9.1 得到，而目前的情况仅是一个特例而已．■

在考察数值例子之前，我们首先讨论模型式(9.6.1)的主要假设的诊断图．

注释 9.6.3(基于拟合值和残差的诊断图)　模型的主要假设是随机误差 e_1，$e_2,\cdots,e_n$ 是独立同分布的．特别地，这意味着误差不是 x_i 的函数，因此 e_i 与 $\alpha+\beta(x_i-\overline{x})$ 的图应该呈现出随机分散的特点．由于误差和参数均是未知的，画出这个图形是不可能的．不过，我们对这些未知量能够得出估计值，即残差 $\hat{e}_i$ 和拟合值 $\hat{y}_i$．对这个假设的一种诊断方法是绘制残差与拟合值的图．将这样的图形称为**残差图**(residual plot)．如果绘出的图形呈现随机散点的特点，则表明该模型是合适的．然而，如果散点图呈现出某种模式，则表明模型拟合得很差．通常在后面例子中，散点图中的模式会导致更好的模型．■

最后需要说明的是，在模型式(9.6.1)中，我们将各个 x_i 中心化，即从 x_i 减去 $\overline{x}$．在实际应用中，我们通常不预先对 x_i 中心化．相反，我们拟合模型 $y_i=\alpha^*+\beta x_i+e_i$．在这种情况下，最小二乘法也就是极大似然估计量使平方和．

$$\sum_{i=1}^{n}(y_i-\alpha^*-\beta x_i)^2\tag{9.6.11}$$

最小化．在习题 9.6.1 中，要求读者证明 β 的估计与式(9.6.5)是一样的，而 $\hat{\alpha}^*=\overline{y}-\hat{\beta}\overline{x}$．在下面例子中，我们将运用这个非中心化模型．

例 9.6.1(男子 1500 米)　举一个运用奥运会数据的例子．关注的响应是男子 1500 米的获胜时间，而预测变量是奥运会的年份．数据来自维基百科，可以在 olym1500mara.rda 文件中找到．假定获胜的时间和年份分别用 R 向量 time 和 year 表示．有 $n=27$ 个数据点．图 9.6.2的上图展示出数据的散点图，绘制图形的 R 命令如下：

```
par(mfrow=c(2,1));plot(time~year,xlab="Year",ylab="Winning time")
```

依据这个图形，获胜时间随着时间的推移而平稳地减少，这表明简单线性模型似乎是合理的．很明显，2016 年的获胜时间是一个异常值，但它是真实比赛的时间．不过，在进行推断之前，我们要检查模型的拟合质量．用下面的 R 命令可获得最小二乘拟合值，并将其以叠加形式绘制在图 9.6.2 的散点图上，并得到拟合值和残差．这些数据用于绘制图 9.6.2 的下图，得出显示的残差图．

```
fit <- lm(time~year); abline(fit)
ehat <- fit$resid; yhat <- fit$fitted.values
plot(ehat~yhat,xlab="Fitted values",ylab="Residuals")
```

回顾一下，一个“好的”拟合是由残差图中的随机散点表示的. 事实似乎并非如此. 随着时间的推移，相邻点之间存在相依性[⊖]. 这种相依关系从散点图中很明显地看出. 在时间序列课程中，会研究这种相依性.

根据相依性，下面的推断是近似的. 利用命令 summary(fit)生成系数表：

```
             Estimate Std. Error t value Pr(>t|) |
(Intercept) 12.325411   1.039402  11.858 9.26e-12
year        -0.004376   0.000530  -8.257 1.31e-08
```

因此，预测方程为$\hat{y}=12.33-0.0044$ 年. 根据斜率估计，我们预测获胜时间每年下降 0.004 分钟. 对于斜率的 95%的置信区间，通过 R 命令得到的 t 临界值是 qt(.975,25)，其计算结果为 2.060. 利用汇总表中的标准误差，用下面的 R 命令计算斜率参数的置信区间：

```
err=0.000530*2.060;lb=-0.004376-err;ub=-0.004376+err;ci=c(lb,ub)
ci; -0.0054678 -0.0032842
```

因此，在 95%置信水平下，我们估计每年的获胜时间将下降 0.0032 分钟到 0.0055 分钟之间.

根据拟合，预测 2020 年奥运会男子 1500 米的获胜时间为

$$\hat{y}=12.325\,411-0.004\,376(2020)=3.486 \tag{9.6.12}$$

习题 9.6.8 给出了这个预测的误差估计(预测区间). ■

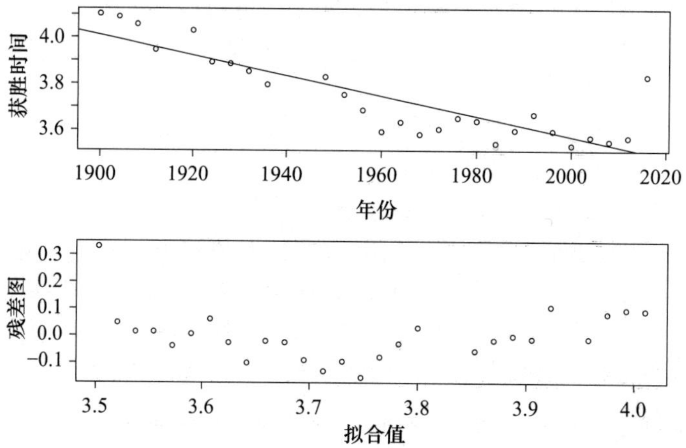

图 9.6.2 上图是男子 1500 米获胜时间与奥运会年份的散点图，并将最小二乘拟合线叠加在其上. 下图是拟合的残差图

⊖ 这种相依性并不奇怪. 尽管运动员互相比赛，但他们也试图打破奥运会纪录.

*9.6.2　最小二乘拟合的几何

在当代文献中，线性模型通常用矩阵与向量形式表述，在这一个例子中将简略地介绍它们. 而且，这允许我们讨论最小二乘法拟合背后的简单几何学. 考察模型式(9.6.1). 记向量 $\boldsymbol{Y}=(Y_1,Y_2,\cdots,Y_n)'$，$\boldsymbol{e}=(e_1,e_2,\cdots,e_n)'$以及 $\boldsymbol{x}_c=(x_1-\overline{x},x_2-\overline{x},\cdots,x_n-\overline{x})'$. 设 $\mathbf{1}$ 表示所有分量都为 1 的 $n\times 1$ 向量. 于是，模型式(9.6.1)能等价表述成

$$\boldsymbol{Y}=\alpha\mathbf{1}+\beta\boldsymbol{x}_c+\boldsymbol{e}=[\mathbf{1}\boldsymbol{x}_c]\begin{pmatrix}\alpha\\ \beta\end{pmatrix}+\boldsymbol{e}=\boldsymbol{X\beta}+\boldsymbol{e} \tag{9.6.13}$$

其中 $\boldsymbol{X}$ 表示 $n\times 2$ 矩阵，它的列为 $\mathbf{1}$ 与 $\boldsymbol{x}_c$，而 $\boldsymbol{\beta}=(\alpha,\beta)'$. 其次，设 $\boldsymbol{\theta}=E(\boldsymbol{Y})=\boldsymbol{X\beta}$. 最后，设 V 是由 $\boldsymbol{X}$ 的列所生成的$\mathbb{R}^n$ 中的 2 维子空间，也就是说，V 是矩阵 $\boldsymbol{X}$ 的值域. 因此，还可以把模型简写成

$$\boldsymbol{Y}=\boldsymbol{\theta}+\boldsymbol{e},\boldsymbol{\theta}\in V \tag{9.6.14}$$

因此，除随机误差 $\boldsymbol{e}$ 之外，$\boldsymbol{Y}$ 会位于 V 内. 那么，正如图 9.6.3 所示，通过 V 中(在欧氏距离下)"最接近"$\boldsymbol{Y}$ 的向量来估计 $\boldsymbol{\theta}$，从直观上看这是有意义的. 也就是说，利用$\hat{\boldsymbol{\theta}}$进行估计，

$$\hat{\boldsymbol{\theta}}=\text{Argmin}_{\boldsymbol{\theta}\in V}\|\boldsymbol{Y}-\boldsymbol{\theta}\|^2 \tag{9.6.15}$$

其中对于 $\boldsymbol{u}\in\mathbb{R}^n$，**欧氏范数**的平方由 $\|\boldsymbol{u}\|^2=\sum_{i=1}^n u_i^2$ 给出. 正如习题 9.6.13 以及图 9.6.3 所示，$\hat{\boldsymbol{\theta}}=\hat{\alpha}\mathbf{1}+\hat{\beta}\boldsymbol{x}_c$，其中$\hat{\alpha}$与$\hat{\beta}$是上面给出的最小二乘法估计值. 并且，向量$\hat{\boldsymbol{e}}=\boldsymbol{Y}-\hat{\boldsymbol{\theta}}$是残差向量，而$n\hat{\sigma}^2=\|\hat{\boldsymbol{e}}\|^2$. 此外，正如图 9.6.3 所示，向量$\hat{\boldsymbol{\theta}}$与$\hat{\boldsymbol{e}}$之间的角是正角. 在线性模型里，称$\hat{\boldsymbol{\theta}}$是 $\boldsymbol{Y}$ 在子空间 V 上的投影. ■

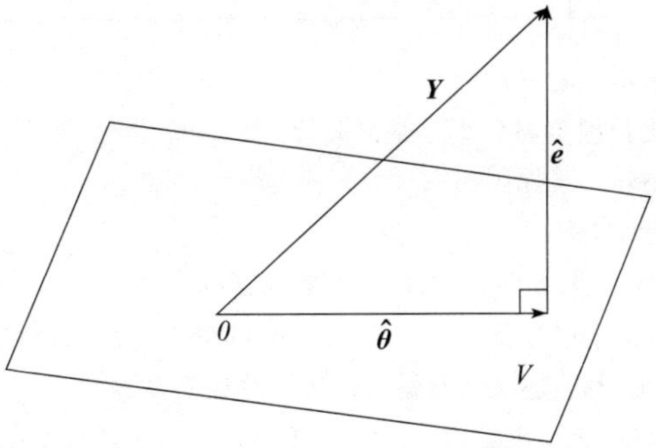

图 9.6.3　此图显示最小二乘法几何意义. 响应向量是 $\boldsymbol{Y}$，拟合值是$\hat{\boldsymbol{\theta}}$，残差向量是$\hat{\boldsymbol{e}}$

习题

9.6.1　通过最小化式(9.6.11)中给出的平方和，求出模型 $y_i=\alpha^*+\beta x_i+e_i$ 的最小二乘估计，并确定$\hat{\alpha}^*$的分布.

9.6.2　ACT 测试中数学部分的学生分数 x，第一学期微积分期末测试(可能 200 分)y 都是已知的. 数据也存放于 `regr1.rda` 文件中. 利用 R 或其他统计进行计算和绘图.

(a) 计算这些数据的最小二乘回归线.

(b) 在同一个图上画出数据点及最小二乘回归线.

(c) 绘制残差图，并对模型的合适性给出评论.

(d) 在通常假设下，求 β 的 95%置信区间. 对问题给出评论.

x	y	x	y
25	138	20	100
20	84	25	143
26	104	26	141
26	112	28	161
28	88	25	124
28	132	31	118
29	90	30	168
32	183		

9.6.3 (**电话呼叫数据**)考察下述数据. 这个数据集的响应(y)是比利时从 1950 年到 1973 年的电话呼叫次数(千万次). 年度时间用作预测变量(x). Hettmansperger 和 McKean(2011)讨论了如下数据，数据存放于 telephone.rda 文件中.

年度	50	51	52	53	54	55
呼叫次数	0.44	0.47	0.47	0.59	0.66	0.73
年度	56	57	58	59	60	61
呼叫次数	0.81	0.88	1.06	1.20	1.35	1.49
年度	62	63	64	65	66	67
呼叫次数	1.61	2.12	11.90	12.40	14.20	15.90
年度	68	69	70	71	72	73
呼叫次数	18.20	21.20	4.30	2.40	2.70	2.90

(a) 计算这些数据的最小二乘回归线.

(b) 在同一个图上画出数据点与最小二乘回归线.

(c) 最小二乘拟合得不好，其原因何在?

9.6.4 证明$\hat{\alpha}$和$\hat{\beta}$之间的协方差是零.

9.6.5 求模型式(9.6.1)中参数 α 与 β 的$(1-\alpha)100\%$置信区间.

9.6.6 考察模型式(9.6.1). 设 $\eta_0=E(Y\mid x=x_0-\overline{x})$. η_0 的最小二乘估计量是$\hat{\eta}_0=\hat{\alpha}+\hat{\beta}(x_0-\overline{x})$.

(a) 利用式(9.6.9)，证明 $\hat{\eta}_0$ 是一个无偏估计量，并证明其方差为

$$V(\hat{\eta}\,0)=\sigma^2\left[\frac{1}{n}+\frac{(x_0-\overline{x})^2}{\sum_{i=1}^{n}(x_i-\overline{x})^2}\right]$$

(b) 求 $\hat{\eta}_0$ 的分布，并利用它确定 η_0的$(1-\alpha)100\%$置信区间.

9.6.7 假定样本$(x_1,Y_1),\cdots,(x_n,Y_n)$来自线性模型式(9.6.1). 假如 Y_0 是在 $x=x_0-\overline{x}$ 处的未来观测值，我们想要确定它的预测区间. 假定对于 Y_0 来说，模型式(9.6.1)成立；也就是说，Y_0 服从分布 $N(\alpha+\beta(x_0-\overline{x}),\sigma^2)$. 我们将用习题 9.6.6 的$\hat{\eta}_0$ 作为 Y_0 的预测.

(a) 求 $Y_0-\hat{\eta}_0$ 的分布，并证明其方差是 $V(Y_0-\hat{\eta}_0)=\sigma^2\left[1+\frac{1}{n}+\frac{(x_0-\overline{x})^2}{\sum_{i=1}^{n}(x_i-\overline{x})^2}\right]$ 利用未来观测值

Y_0 与样本$(x_1,Y_1),\cdots,(x_n,Y_n)$独立的事实.

(b) 求分子为 $Y_0-\hat{\eta}_0$ 的 t 统计量.

(c) 现在，以 $1-\alpha=P[-t_{\alpha/2,n-2}<T<t_{\alpha/2,n-2}]$开始讨论，其中 $0<\alpha<1$，求 Y_0 的$(1-\alpha)100\%$预测区间.

(d) 把这个预测区间与习题 9.6.6 中所得到的置信区间加以比较. 从直观上看，预测区间为什么会更大一些?

9.6.8 在前面例 9.6.1 中，我们得到 2020 年奥运会男子 1500 米的预测获胜时间. 计算上面习题中给出的这个预测的 95%预测区间. 可用 R 函数 `cipi.R` 执行这些计算. 具体而言，调用 `cipi(lm(time~year),matrix(c(1,2020),ncol=2))`. 就这个问题而言，这个预测区间意味着什么? 接下来，计算 2024 年和 2028 年奥运会男子 1500 米的预测区间. 为什么区间的长度会增加?

9.6.9 证明:

$$\sum_{i=1}^{n}[Y_i-\alpha-\beta(x_i-\overline{x})]^2=n(\hat{\alpha}-\alpha)^2+(\hat{\beta}-\beta)^2\sum_{i=1}^{n}(x_i-\overline{x})^2+\sum_{i=1}^{n}[Y_i-\hat{\alpha}-\hat{\beta}(x_i-\overline{x})]^2$$

9.6.10 设独立随机变量 $Y_1,Y_2,\cdots,Y_n$ 分别具有概率密度函数 $N(\beta x_i,\gamma^2x_i^2)$，$i=1,2,\cdots,n$，其中已知数 $x_1,x_2,\cdots,x_n$ 并不全相等且没有一个为 0. 求 β 与 γ^2 的极大似然估计量.

9.6.11 设独立随机变量 $Y_1,Y_2,\cdots,Y_n$ 具有联合概率密度函数.

$$L(\alpha,\beta,\sigma^2)=\left(\frac{1}{2\pi\sigma^2}\right)^{n/2}\exp\left\{-\frac{1}{2\sigma^2}\sum_{1}^{n}[y_i-\alpha-\beta(x_i-\overline{x})]^2\right\}$$

其中已知数 $x_1,x_2,\cdots,x_n$ 并不全相等. 设 $H_0:\beta=0$(α 与 σ^2 均未设定). 人们愿意使用似然比检验 H_0 vs 所有备择假设. 求 Λ，并看一看检验能否建立在人们熟悉的统计量上.

提示：在本节符号下，证明

$$\sum_{1}^{n}(Y_i-\hat{\alpha})^2=Q_3+\hat{\beta}^2\sum_{1}^{n}(x_i-\overline{x})^2$$

9.6.12 利用 9.2 节的符号，假定均值 μ_j 是 j 的线性函数，也就是 $\mu_j=c+d[j-(b+1)/2]$. 设样本量为 a 的独立随机样本取自分别具有均值 $\mu_1,\mu_2,\cdots,\mu_b$ 且共同未知方差为 σ^2 的 b 个正态分布.

(a) 证明：c 与 d 的极大似然估计量分别是$\hat{c}=\overline{X}_{..}$与

$$\hat{d}=\frac{\sum_{j=1}^{b}[j-(b-1)/2](\overline{X}_{.j}-\overline{X}_{..})}{\sum_{j=1}^{b}[j-(b+1)/2]^2}$$

(b) 证明:

$$\sum_{i=1}^{a}\sum_{j=1}^{b}(X_{ij}-\overline{X}_{..})^2=\sum_{i=1}^{a}\sum_{j=1}^{b}\left[X_{ij}-\overline{X}_{..}-\hat{d}\left(j-\frac{b+1}{2}\right)\right]^2+\hat{d}^2\sum_{j=1}^{b}a\left(j-\frac{b+1}{2}\right)^2$$

(c) 论证(b)部分右边两项一旦被 σ^2 除，倘若 $d=0$，则它们是服从卡方分布的独立随机变量.

(d) 什么样的 F 统计量可用于检验均值相等，即 $H_0:d=0$?

9.6.13 考察 9.6.2 节中的讨论.

(a) 证明：$\hat{\boldsymbol{\theta}}=\hat{\alpha}\mathbf{1}+\hat{\beta}\boldsymbol{x}_c$，其中$\hat{\alpha}$与$\hat{\beta}$是本节推导出来的最小二乘估计量.

(b) 证明：向量$\hat{\boldsymbol{e}}=\boldsymbol{Y}-\hat{\boldsymbol{\theta}}$是残差向量，也就是它的第 i 个元素值是$\hat{e}_i$，如式(9.6.7).

(c) 正如图 9.6.3 所示，证明向量$\hat{\boldsymbol{\theta}}$与$\hat{\boldsymbol{e}}$之间的角是直角.

(d) 证明：残差之和为 0，即 $\mathbf{1}'\hat{\boldsymbol{e}}=0$.

9.6.14 借助于最小二乘法，用 $y=a+x$ 拟合下面数据

x	0	1	2
y	1	3	4

9.6.15　借助于最小二乘法，用平面 $z=a+bx+cy$ 拟合下面 5 个点(x,y,z)：$(-1,-2,5)$，$(0,-2,4)$，$(0,0,4)$，$(1,0,2)$，$(2,1,0)$.

9.6.16　设 4×1 矩阵 $\boldsymbol{Y}$ 服从多元正态分布 $N(\boldsymbol{X\beta},\ \sigma^2\boldsymbol{I})$，其中 4×3 矩阵 $\boldsymbol{X}$ 等于

$$\boldsymbol{X}=\begin{bmatrix}1 & 1 & 2\\ 1 & -1 & 2\\ 1 & 0 & -3\\ 1 & 0 & -1\end{bmatrix}$$

并且 $\boldsymbol{\beta}$ 是 3×1 回归系数矩阵.

(a) 求 $\hat{\boldsymbol{\beta}}=(\boldsymbol{X}'\boldsymbol{X})^{-1}\boldsymbol{X}'\boldsymbol{Y}$ 的均值矩阵与协方差矩阵.

(b) 如果 $\boldsymbol{Y}'$ 等于(6，1，11，3)，计算 $\hat{\boldsymbol{\beta}}$.

9.6.17　假定 $\boldsymbol{Y}$ 是 $n\times1$ 随机向量，$\boldsymbol{X}$ 是已知 $n\times p$ 常数矩阵且其秩为 p，$\boldsymbol{\beta}$ 是回归系数的 $p\times1$ 向量. 设 $\boldsymbol{Y}$ 服从分布 $N(\boldsymbol{X\beta},\ \sigma^2\boldsymbol{I})$. 求 $\hat{\boldsymbol{\beta}}=(X'X)^{-1}\boldsymbol{X}'\boldsymbol{Y}$ 的概率密度函数.

9.6.18　设 $Y_1,Y_2,\cdots,Y_n$ 是 n 个独立正态随机变量，它们的概率密度函数分别为 $N(\mu,\ \gamma^2x_i^2)$，$i=1,2,\cdots,n$，其中 $x_1,x_2,\cdots,x_n$ 是已知的，但并不全相等. 讨论检验 $H_0:\gamma=1$，μ 未指定 vs $H_1:\gamma\neq1$，μ 未指定.

9.7　独立性检验

设 X 与 Y 服从二元正态分布，具有均值 μ_1 与 μ_2，正的方差 σ_1^2 与 σ_2^2 以及相关系数 ρ. 我们想要检验 X 与 Y 是独立的这一假设. 由于两个联合正态分布随机变量是独立的当且仅当 $\rho=0$，所以我们要检验假设 $H_0:\rho=0$ vs 假设 $H_1:\rho\neq0$. 这里将使用似然比检验. 设 $(X_1,Y_1),(X_2,Y_2),\cdots,(X_n,\ Y_n)$ 表示来自二元正态分布的样本量为 $n>2$ 的随机样本，也就是说，这 $2n$ 个随机变量的联合概率密度函数是

$$f(x_1,y_1)f(x_2,y_2)\cdots f(x_n,y_n)$$

尽管相当难证明，由似然比 Λ 所定义的统计量是一个统计量即 ρ 的极大似然估计量的函数，即

$$R=\frac{\sum_{i=1}^{n}(X_i-\overline{X})(Y_i-\overline{Y})}{\sqrt{\sum_{i=1}^{n}(X_i-\overline{X})^2\sum_{i=1}^{n}(Y_i-\overline{Y})^2}}\tag{9.7.1}$$

此统计量 R 称为随机样本的样本**相关系数**(correlation coefficient). 沿着式(4.5.5)后面讨论的线索，统计量 R 是 ρ 的一致估计，参看习题 9.7.5. 似然比原理要求当 $\Lambda\leqslant\lambda_0$ 时，拒绝 H_0，这等价于 $|R|\geqslant c$ 的计算值. 也就是说，当样本的相关系数的绝对值太大，就要拒绝分布的相关系数等于 0 这一假设. 为了确定令人满意的显著性水平上的 c 值，有必要获得当 H_0 为真时 R 的分布或者 R 的函数. 现在，就来具体讨论这个问题.

设 $X_1=x_1$，$X_2=x_2,\cdots,X_n=x_n$，$n>2$，其中 $x_1,x_2,\cdots,x_n$ 以及 $\overline{x}=\sum_{1}^{n}x_i/n$ 都是固定

数，使得 $\sum_{1}^{n}(x_i-\overline{x})^2>0$. 考察给定 $X_1=x_1,X_2=x_2,\cdots,X_n=x_n$ 时 $Y_1,Y_2,\cdots,Y_n$ 的条件概率密度函数. 因为 $Y_1,Y_2,\cdots,Y_n$ 是独立的，同时就 $\rho=0$ 而言，$X_1,X_2,\cdots,X_n$ 是独立的，所以这个条件概率密度函数由

$$\left(\frac{1}{\sqrt{2\pi}\sigma_2}\right)^n\exp\left\{-\frac{1}{2\sigma_2^2}\sum_{1}^{n}(y_i-\mu_2)^2\right\}$$

给出. 设 R_c 是给定 $X_1=x_1,X_2=x_2,\cdots,X_n=x_n$ 的相关系数，所以

$$\frac{R_c\sqrt{\sum_{i=1}^{n}(Y_i-\overline{Y})^2}}{\sqrt{\sum_{i=1}^{n}(x_i-\overline{x})^2}}=\frac{\sum_{i=1}^{n}(x_i-\overline{x})(Y_i-\overline{Y})}{\sum_{i=1}^{n}(x_i-\overline{x})^2}=\frac{\sum_{i=1}^{n}(x_i-\overline{x})Y_i}{\sum_{i=1}^{n}(x_i-\overline{x})^2} \tag{9.7.2}$$

是$\hat{\beta}$，即 9.6 节的式(9.6.5). 在一定条件下，Y_i 的均值是 μ_2，也就是一个常数. 所以，式(9.7.2)具有期望值 0，这意味着 $E(R_c)=0$. 接下来，考察由 9.6 节式(9.6.10)的 T_2 给出的$\hat{\beta}$的 t 比值. 在这个表示法中，T_2 可以表示为

$$\frac{R_c\sqrt{\sum(Y_i-\overline{Y})^2}/\sqrt{\sum(x_i-\overline{x})^2}}{\sqrt{\dfrac{\sum_{i=1}^{n}\left\{Y_i-\overline{Y}-\left[R_c\sqrt{\sum_{j=1}^{n}(Y_j-\overline{Y})^2}\Big/\sqrt{\sum_{j=1}^{n}(x_j-\overline{x})^2}\right](x_i-\overline{x})\right\}^2}{(n-2)\sum_{j=1}^{n}(x_j-\overline{x})^2}}}=\frac{R_c\sqrt{n-2}}{\sqrt{1-R_c^2}} \tag{9.7.3}$$

因而，在给定 $X_1=x_1,X_2=x_2,\cdots,X_n=x_n$ 时，T_2 服从自由度为 $n-2$ 的条件 t 分布. 注意，这个 t 分布的概率密度函数比如 $g(t)$，并不依赖于 $x_1,x_2,\cdots,x_n$. 现在 $X_1,X_2,\cdots,X_n$ 与 $R\sqrt{n-2}/\sqrt{1-R^2}$ 的联合概率密度函数是 $g(t)$ 与 $X_1,X_2,\cdots,X_n$ 的联合概率密度函数的乘积，其中 R 是式(9.7.1)给出.

对 $x_1,x_2,\cdots,x_n$ 进行积分，会得到 $R\sqrt{n-2}/\sqrt{1-R^2}$ 的边缘概率密度函数，因为 $g(t)$ 不依赖于 $x_1,x_2,\cdots,x_n$，很明显，这个边缘概率密度函数是 $g(t)$，即 $R\sqrt{n-2}/\sqrt{1-R^2}$ 的条件概率密度函数. 现在，利用变量变换法求出 R 的概率密度函数.

注释 9.7.1 当 $\rho=0$ 时，由于 R 服从不依赖于 $x_1,x_2,\cdots,x_n$ 的条件分布(从而,那个条件分布实际上是 R 的边缘分布),我们得到十分显著的事实:R 独立于 $X_1,X_2,\cdots,X_n$. 由此可得,R 独立于 $X_1,X_2,\cdots,X_n$ 的每一个函数,也就是说,函数不依赖于 Y_i. 同理,R 也独立于 $Y_1,Y_2,\cdots,Y_n$ 的每一个函数. 此外,仔细回顾推导过程可知,没有使用到如下事实:X 具有正态边缘分布. 因而,倘若 X 与 Y 是独立的,同时如果 Y 服从正态分布,则不管 X 的分布怎样,在 $\sum_{1}^{n}(x_i-\overline{x})^2>0$ 条件下,R 都服从同样条件分布. 而且,如果 $P\left[\sum_{1}^{n}(X_i-\overline{X})^2>0\right]=1$,那么不论 X 服从什么分布,R 都服从同样边缘分布. ■

若将 T 写成 $T=R\sqrt{n-2}/\sqrt{1-R^2}$，则 T 服从自由度为 $n-2>0$ 的 t 分布，则利用变

量变换法很容易证明，R 的概率密度函数是

$$h(r)=\begin{cases}\dfrac{\Gamma[(n-1)/2]}{\Gamma\left(\frac{1}{2}\right)\Gamma[(n-2)/2]}(1-r^2)^{(n-4)/2}, & -1<r<1\\ 0, & \text{其他}\end{cases} \tag{9.7.4}$$

现在，求解当 $\rho=0$ 且 $n>2$ 时 R 分布的问题，或者可能更方便，求解 $R\sqrt{n-2}/\sqrt{1-R^2}$ 的分布．假设 $H_0:\rho=0$ vs 所有备择假设 $H_1:\rho\neq 0$ 的似然比检验要么建立在统计量 R 上，要么建立在统计量 $R\sqrt{n-2}/\sqrt{1-R^2}=T$ 上，尽管使用后者更容易一些．因此，当 $|T|\geqslant t_{\alpha/2,n-2}$ 时，水平 α 的检验就拒绝 $H_0:\rho=0$．

注释 9.7.2　使用

$$W=\frac{1}{2}\log\left(\frac{1+R}{1-R}\right)$$

近似服从均值为 $\frac{1}{2}\log[(1+\rho)/(1-\rho)]$ 且方差为 $1/(n-3)$ 的正态分布的事实，可能获得 α 的近似检验水平．我们不加证明地接受这一陈述．因而，检验 $H_0:\rho=0$ 建立在统计量

$$Z=\frac{\frac{1}{2}\log[(1+R)/(1-R)]-\frac{1}{2}\log[(1+\rho)/(1-\rho)]}{\sqrt{1/(n-3)}} \tag{9.7.5}$$

上，就 $\rho=0$ 而言，$\frac{1}{2}\log[(1+\rho)/(1-\rho)]=0$．然而，利用 W，还可检验像 $H_0:\rho=\rho_0$ vs $H_1:\rho\neq\rho_0$ 一样的假设，其中 ρ_0 并不一定为 0．此时，W 的假设均值是

$$\frac{1}{2}\log\left(\frac{1+\rho_0}{1-\rho_0}\right)$$

■

此外，如同习题 9.7.6 所述，用 Z 可获得 ρ 的渐近置信区间．

习题

9.7.1　证明：

$$R=\frac{\sum_1^n(X_i-\overline{X})(Y_i-\overline{Y})}{\sqrt{\sum_1^n(X_i-\overline{X})^2\sum_1^n(Y_i-\overline{Y})^2}}=\frac{\sum_1^n X_iY_i-n\overline{X}\overline{Y}}{\sqrt{\left(\sum_1^n X_i^2-n\overline{X}^2\right)\left(\sum_1^n Y_i^2-n\overline{Y}^2\right)}}$$

9.7.2　来自二元正态分布的样本量为 $n=6$ 的随机样本得出相关系数的值为 0.89．在显著性水平 5%上，我们是接受还是拒绝 $\rho=0$ 的假设呢？

9.7.3　验证本节中的式(9.7.3)．

9.7.4　验证本节中的式(9.7.4)．

9.7.5　利用 4.5 节的结果，证明式(9.7.1)的 R 是 ρ 的一致估计量．

9.7.6　通过下述步骤，求出 ρ 的 $(1-\alpha)100\%$ 近似置信区间．

(a) 对于 $0<\alpha<1$，通常从 $1-\alpha=P(-z_{\alpha/2}<Z<z_{\alpha/2})$ 开始，其中 Z 是由式(9.7.5)给出的．然后将 $h(\rho)=(1/2)\log[(1+\rho)/(1-\rho)]$ 隔离在不等式的中间部分．求 $h'(\rho)$，并证明它在 $-1<\rho<1$ 上是严格正的，因此，h 是严格递增的，它的反函数存在．

(b) 证明，这个反函数是双曲正切函数 $\tan h(y)=(e^y-e^{-y})/(e^y+e^{-y})$．

(c) 求 ρ 的$(1-\alpha)100\%$置信区间.

9.7.7 在习题 9.7.6 中，R 的自带 R 函数 `cor.test(x,y)`计算 ρ 的估计值和置信区间. 回顾前面 bb.rda 文件中的棒球数据.

(a) 利用棒球数据，求职业棒球运动员身高和体重之间相关系数的估计值和置信区间.

(b) 将投球手和击球手分开，分别得到身高和体重之间相关系数的估计和置信度. 它们有显著差异吗?

(c) 证明相关系数的估计值之差是两个独立样本的$\rho_1-\rho_2$ 的极大似然估计量，如同(b)部分.

9.7.8 两个实验得到如下结果：

n	$\overline{x}$	$\overline{y}$	s_x	s_y	r
100	10	20	5	8	0.70
200	12	22	6	10	0.80

计算合并样本的 r.

9.8 某些二次型分布

注释 9.8.1 为理解 9.8 节与 9.9 节的内容，一个基本要求是，读者了解 3.5 节给出的多元正态分布知识. ■

注释 9.8.2 这里将要用到方阵的**迹**(trace). 如果 $\boldsymbol{A}=[a_{ij}]$是一个 $n\times n$ 矩阵，那么将 $\boldsymbol{A}$ 的迹(记为 $\mathrm{tr}\boldsymbol{A}$)定义成它的对角元素之和，即

$$\mathrm{tr}\boldsymbol{A}=\sum_{i=1}^{n}a_{ii} \tag{9.8.1}$$

矩阵的迹具有几个有意思的性质. 第一个性质是，它是一个线性算子，也就是

$$\mathrm{tr}(a\boldsymbol{A}+b\boldsymbol{B})=a\mathrm{tr}\boldsymbol{A}+b\mathrm{tr}\boldsymbol{B} \tag{9.8.2}$$

第二个性质是：若 $\boldsymbol{A}$ 是一个 $n\times m$ 矩阵，$\boldsymbol{B}$ 是一个 $m\times k$ 矩阵，而 $\boldsymbol{C}$ 是一个 $k\times n$ 矩阵，则

$$\mathrm{tr}(\boldsymbol{ABC})=\mathrm{tr}(\boldsymbol{BCA})=\mathrm{tr}(\boldsymbol{CAB}) \tag{9.8.3}$$

习题 9.8.7 要求读者证明这些事实. 最后，一个简单又有用的性质是对于任何标量 a，$\mathrm{tr}a=a$. ■

本节以一种更正式又等价的二次型定义开始讨论. 设 $\boldsymbol{X}=(X_1,X_2,\cdots,X_n)$是一个 n 维随机向量，并设 $\boldsymbol{A}$ 是一个 $n\times n$ 实对称矩阵. 那么，称随机变量 $Q=\boldsymbol{X}'\boldsymbol{AX}$ 是 $\boldsymbol{X}$ 的**二次型**(quadratic form). 由 $\boldsymbol{A}$ 的对称性，有几种不同的写出 Q 的方式：

$$Q=\boldsymbol{X}'\boldsymbol{AX}=\sum_{i=1}^{n}\sum_{j=1}^{n}a_{ij}X_iX_j=\sum_{i=1}^{n}a_{ii}X_i^2+\sum_{i\neq j}\sum a_{ij}X_iX_j \tag{9.8.4}$$

$$=\sum_{i=1}^{n}a_{ii}X_i^2+2\sum_{i<j}\sum a_{ij}X_iX_j \tag{9.8.5}$$

在方差模型分析中，这些都是非常有用的随机变量. 正如下面所证明的，容易获得二次型的均值.

定理 9.8.1 假定 n 维随机向量 $\boldsymbol{X}$ 具有均值 $\boldsymbol{\mu}$ 与方差-协方差矩阵 $\boldsymbol{\Sigma}$. 设 $Q=\boldsymbol{X}'\boldsymbol{AX}$，其中 $\boldsymbol{A}$ 是一个 $n\times n$ 实对称矩阵，那么

$$E(Q)=\mathrm{tr}\boldsymbol{A\Sigma}+\boldsymbol{\mu}'\boldsymbol{A\mu} \tag{9.8.6}$$

证：利用迹算子以及性质(9.8.3)，有

$$E(Q)=E(\mathrm{tr}\boldsymbol{X}'\boldsymbol{AX})=E(\mathrm{tr}\boldsymbol{AXX}')=\mathrm{tr}\boldsymbol{A}E(\boldsymbol{XX}')=\mathrm{tr}\boldsymbol{A}(\boldsymbol{\Sigma}+\boldsymbol{\mu\mu}')=\mathrm{tr}\boldsymbol{A\Sigma}+\boldsymbol{\mu}'\boldsymbol{A\mu}$$

其中第三个等式使用了定理2.6.3. ■

例9.8.1(样本方差)　设 $\boldsymbol{X}'=(X_1,X_2,\cdots,X_n)$ 是一个 n 维随机变量的向量. 设 $\boldsymbol{1}'=(1,\cdots,1)$ 是所有元素都为1的 n 维向量. 考察二次型 $Q=\boldsymbol{X}'\left(\boldsymbol{I}-\frac{1}{n}\boldsymbol{J}\right)\boldsymbol{X}$，其中 $\boldsymbol{J}=\boldsymbol{11}'$，因此，$\boldsymbol{J}$ 是一个所有元素都为1的 $n\times n$ 矩阵. 注意，$\mathbf{I}-\frac{1}{n}\boldsymbol{J}$ 的非对角元素都是 $-n^{-1}$，而其对角元素均为 $1-n^{-1}$，所以由式(9.8.4)，Q 可简化成

$$\begin{aligned}Q&=\sum_{i=1}^{n}X_i^2\left(1-\frac{1}{n}\right)+\sum_{i\neq j}\sum\left(-\frac{1}{n}\right)X_iX_j=\sum_{i=1}^{n}X_i^2\left(1-\frac{1}{n}\right)-\frac{1}{n}\sum_{i=1}^{n}X_i\sum_{j=1}^{n}X_j+\frac{1}{n}\sum_{i=1}^{n}X_i^2\\&=\sum_{i=1}^{n}X_i^2-n\overline{X}^2=(n-1)S^2\end{aligned} \tag{9.8.7}$$

其中 $\overline{X}$ 与 S^2 表示 $X_1,X_2,\cdots,X_n$ 的样本均值与样本方差.

进一步地，假定 $X_1,X_2,\cdots,X_n$ 是独立同分布的随机变量，它们具有共同的均值 μ 与方差 σ^2. 利用定理9.8.1，能获得另一种证明，S^2 是 σ^2 的无偏估计量. 注意，随机向量 $\boldsymbol{X}$ 的均值是 $\mu\mathbf{1}$，而它的方差-协方差矩阵是 $\sigma^2\boldsymbol{I}$. 依据定理9.8.1，立刻得出

$$E(S^2)=\frac{1}{n+1}\left\{\mathrm{tr}\left(\boldsymbol{I}-\frac{1}{n}\boldsymbol{J}\right)\sigma^2\boldsymbol{I}+\mu^2\left(\mathbf{1}'\mathbf{1}-\frac{1}{n}\mathbf{1}'\mathbf{11}'\mathbf{1}\right)\right\}=\sigma^2$$ ■

在本章这部分内容中，对称矩阵的谱分解被证明是相当有用的. 正如式(3.5.8)附近所讨论的，实对称矩阵 $\boldsymbol{A}$ 可分解成

$$\boldsymbol{A}=\boldsymbol{\Gamma}'\boldsymbol{\Lambda}\boldsymbol{\Gamma} \tag{9.8.8}$$

其中 $\boldsymbol{\Lambda}$ 表示对角矩阵 $\boldsymbol{\Lambda}=\mathrm{diag}(\lambda_1,\ \lambda_2,\cdots,\lambda_n)$，$\lambda_1\geqslant\lambda_2\geqslant\cdots\geqslant\lambda_n$ 是 $\boldsymbol{A}$ 的特征值，而 $\boldsymbol{\Gamma}'=[\boldsymbol{v}_1\,\boldsymbol{v}_2\cdots\boldsymbol{v}_n]$ 的列则是对应的正交特征向量(也就是说，$\boldsymbol{\Gamma}$ 是正交矩阵). 由线性代数知识知道，$\boldsymbol{A}$ 的秩是非零特征值的个数. 此外，由于 $\boldsymbol{\Lambda}$ 是对角的，能将这一表达式写成

$$\boldsymbol{A}=\sum_{i=1}^{n}\lambda_i\boldsymbol{v}_i\boldsymbol{v}_i' \tag{9.8.9}$$

计算 $\boldsymbol{A}$ 的谱分解的R命令是 `sdc=eigen(amat)`，其中 `amat` 表示 $\boldsymbol{A}$ 的R矩阵，特征值和特征向量分别表示成 `sdc$values` 和 `sdc$vectors`. 对于正态随机变量，我们在接下来的定理即定理9.8.2，利用式(9.8.9)得到二次型 Q 的矩母函数.

定理9.8.2　设 $\boldsymbol{X}'=(X_1,X_2,\cdots,X_n)$，其中 $X_1,X_2,\cdots,X_n$ 是独立同分布的，服从 $N(0,\sigma^2)$. 考察对称矩阵 $\boldsymbol{A}$ 的二次型 $Q=\sigma^{-2}\boldsymbol{X}'\boldsymbol{AX}$，其中 $\boldsymbol{A}$ 的秩 $r\leqslant n$，那么 Q 具有矩母函数

$$M(t)=\prod_{i=1}^{r}(1-2t\lambda_i)^{-1/2}=|\boldsymbol{I}-2t\boldsymbol{A}|^{-1/2} \tag{9.8.10}$$

其中 $\lambda_1,\lambda_2,\cdots,\lambda_\gamma$ 是 $\boldsymbol{A}$ 的非零特征值，$|t|<1/(2\lambda^*)$，而 λ^* 的值由 $\lambda^*=\max_{1\leqslant i\leqslant r}|\lambda_i|$ 给出.

证：如同式(9.8.9)一样，写出 $\boldsymbol{A}$ 的谱分解. 由于 $\boldsymbol{A}$ 的秩为 r，所以一定有 r 个特征值

不为 0. 用 $\lambda_1,\lambda_2,\cdots,\lambda_r$ 表示非零特征值. 那么，能将 Q 写成

$$Q=\sum_{i=1}^{r}\lambda_i(\sigma^{-1}\boldsymbol{v}'_i\boldsymbol{X})^2 \tag{9.8.11}$$

设 $\boldsymbol{\Gamma}'_1=[\boldsymbol{v}_1\boldsymbol{v}_2\cdots\boldsymbol{v}_r]$，并定义 r 维随机向量 $\boldsymbol{W}$ 为 $\boldsymbol{W}=\sigma^{-1}\boldsymbol{\Gamma}_1\boldsymbol{X}$. 因为 $\boldsymbol{X}$ 服从 $N_n(\boldsymbol{0},\sigma^2\boldsymbol{I}_n)$，同时 $\boldsymbol{\Gamma}'_1\boldsymbol{\Gamma}_1=\boldsymbol{I}_r$，所以由定理 3.5.2，可以证明，$\boldsymbol{W}$ 服从分布 $N_r(0,\boldsymbol{I}_r)$. 就 W_i 而言，能将式(9.8.11)写成

$$Q=\sum_{i=1}^{r}\lambda_i W_i^2 \tag{9.8.12}$$

由于 $W_1,W_2,\cdots,W_r$ 是独立并服从分布 $N(0,1)$ 的随机变量，所以 $W_1^2,W_2^2,\cdots,W_r^2$ 是独立并服从分布 $\chi^2(1)$ 的随机变量. 因而，Q 的矩母函数是

$$E[\exp\{tQ\}]=E\Big[\exp\Big\{\sum_{i=1}^{r}t\lambda_iW_i^2\Big\}\Big]=\prod_{i=1}^{r}E[\exp\{t\lambda_iW_i^2\}]=\prod_{i=1}^{r}(1-2t\lambda_i)^{-1/2} \tag{9.8.13}$$

若假定 $|t|<1/(2\lambda^*)$，其中 $\lambda^*=\max_{1\leqslant i\leqslant r}|\lambda_i|$，则最后等式成立；参看习题 9.8.6. 为得到式(9.8.10)第二种形式，回顾正交矩阵的行列式为 1. 从而，由

$$|\boldsymbol{I}-2t\boldsymbol{A}|=|\boldsymbol{\Gamma}'\boldsymbol{\Gamma}-2t\boldsymbol{\Gamma}'\boldsymbol{\Lambda}\boldsymbol{\Gamma}|=|\boldsymbol{\Gamma}'(\boldsymbol{I}-2t\boldsymbol{\Lambda})\boldsymbol{\Gamma}|=|\boldsymbol{I}-2t\boldsymbol{\Lambda}|=\Big\{\prod_{i=1}^{r}(1-2t\lambda_i)^{-1/2}\Big\}^{-2}$$

得出结果. ■

例 9.8.2 为阐述这一定理，假定 X_i 是独立随机变量，$i=1,2,\cdots,n$，且 X_i 服从分布 $N(\mu_i,\sigma_i^2),i=1,2,\cdots,n$. 设 $Z_i=(X_i-\mu_i)/\sigma_i$. 我们知道，$\sum_{i=1}^{n}Z_i^2$ 服从自由度为 n 的卡方分布. 为了说明定理 9.8.2，设 $\boldsymbol{Z}'=(Z_1,Z_2,\cdots,Z_n)$. 设 $Q=\boldsymbol{Z}'\boldsymbol{IZ}$. 因此，与 Q 有关的对称矩阵是单位矩阵 $\boldsymbol{I}$，它具有 n 个特征值，所有值都为 1，也就是 $\boldsymbol{\lambda}_i\equiv 1$. 由定理 9.8.2，$Q$ 的矩母函数是 $(1-2t)^{-n/2}$；也就是说，Q 服从自由度为 n 的卡方分布. ■

一般地讲，依据定理 9.8.2，注意如何使二次型 Q 的矩母函数形式近似成为卡方分布的矩母函数. 下面两个定理给出这成立的条件.

定理 9.8.3 设 $\boldsymbol{X}'=(X_1,X_2,\cdots,X_n)$ 服从分布 $N_n(\boldsymbol{\mu},\boldsymbol{\Sigma})$，其中 $\boldsymbol{\Sigma}$ 是正定的，那么 $Q=(\boldsymbol{X}-\boldsymbol{\mu})'\boldsymbol{\Sigma}^{-1}(\boldsymbol{X}-\boldsymbol{\mu})$ 服从分布 $\chi^2(n)$.

证：将 $\boldsymbol{\Sigma}$ 的谱分解写成 $\boldsymbol{\Sigma}=\boldsymbol{\Gamma}'\boldsymbol{\Lambda}\boldsymbol{\Gamma}$，其中 $\boldsymbol{\Gamma}$ 是一个正交矩阵，而 $\boldsymbol{\Lambda}=\mathrm{diag}(\lambda_1,\lambda_2,\cdots,\lambda_n)$ 是对角矩阵，其对角元素是 $\boldsymbol{\Sigma}$ 的特征值. 由于 $\boldsymbol{\Sigma}$ 是正定的，所以 $\lambda_i>0$. 因此，能写成

$$\boldsymbol{\Sigma}^{-1}=\boldsymbol{\Gamma}'\boldsymbol{\Lambda}^{-1}\boldsymbol{\Gamma}=\boldsymbol{\Gamma}'\boldsymbol{\Lambda}^{-1/2}\boldsymbol{\Gamma}\boldsymbol{\Gamma}'\boldsymbol{\Lambda}^{-1/2}\boldsymbol{\Gamma}$$

其中 $\boldsymbol{\Lambda}^{-1/2}=\mathrm{diag}(\lambda_1^{-1/2},\lambda_2^{-1/2},\cdots,\lambda_n^{-1/2})$. 因而，

$$Q=\{\boldsymbol{\Lambda}^{-1/2}\boldsymbol{\Gamma}(\boldsymbol{X}-\boldsymbol{\mu})\}'\boldsymbol{I}\{\boldsymbol{\Lambda}^{-1/2}\boldsymbol{\Gamma}(\boldsymbol{X}-\boldsymbol{\mu})\}$$

然而，由定理 3.5.1 很容易证明，随机向量 $\boldsymbol{\Lambda}^{-1/2}\boldsymbol{\Gamma}(\boldsymbol{X}-\boldsymbol{\mu})$ 服从分布 $N_n(\boldsymbol{0},\boldsymbol{I})$；因此，$Q$ 服从分布 $\chi^2(n)$. ■

上面定理中随机变量 Q 服从 $\chi^2(n)$ 的显著事实，激发了有关正态分布变量的二次型的一系列问题. 我们更愿意一般地研究此问题，可是空间的局限性束缚了这点，我们认为有必要把讨论限制在一些特殊情况上，例如参看 Stapleton(2009)的讨论.

回顾线性代数知识，如果一个对称矩阵 $\boldsymbol{A}$ 满足 $\boldsymbol{A}^2=\boldsymbol{A}$，那么这个对称矩阵 $\boldsymbol{A}$ 称为幂等

的(idempotent). 在 9.1 节，已经遇到了某些幂等矩阵. 比如，例 9.8.1 中的矩阵 $\boldsymbol{I}-\frac{1}{n}\boldsymbol{J}$ 是幂等的. 幂等矩阵具有一些重要特性. 假如 λ 是幂等矩阵 $\boldsymbol{A}$ 的相应特征向量 $\boldsymbol{v}$ 的特征值. 那么下述恒等式成立

$$\lambda\boldsymbol{v}=\boldsymbol{A}\boldsymbol{v}=\boldsymbol{A}^2\boldsymbol{v}=\lambda\boldsymbol{A}\boldsymbol{v}=\lambda^2\boldsymbol{v}$$

因此，$\lambda(\lambda-1)\boldsymbol{v}=\boldsymbol{0}$. 由于 $\boldsymbol{v}\neq\boldsymbol{0}$，所以 $\lambda=0$ 或 1. 反之，如果一个实对称矩阵的特征值仅仅是 0 与 1，那么它就是幂等的；参看习题 9.8.10. 因而，幂等矩阵的秩是它的特征值 1 的个数. 用 $\boldsymbol{A}=\boldsymbol{\Gamma}'\boldsymbol{\Lambda}\boldsymbol{\Gamma}$ 表示 $\boldsymbol{A}$ 的谱分解，其中 $\boldsymbol{\Lambda}$ 是特征值的对角矩阵，而 $\boldsymbol{\Gamma}$ 是正交矩阵，其列是相应的正交特征向量. 因为 $\boldsymbol{\Lambda}$ 的对角元素是 0 或 1，且 $\boldsymbol{\Gamma}$ 是正交的，所以有

$$\text{tr}\boldsymbol{A}=\text{tr}\boldsymbol{\Lambda}\boldsymbol{\Gamma}\boldsymbol{\Gamma}'=\text{tr}\boldsymbol{\Lambda}=\text{rank}(\boldsymbol{A})$$

也就是说，幂等矩阵的秩等于它的迹.

定理 9.8.4 设 $\boldsymbol{X}'=(X_1,X_2,\cdots,X_n)$，其中 $(X_1,X_2,\cdots,X_n)$ 是独立同分布的，服从 $N(0,\sigma^2)$. 设 $Q=\sigma^{-2}\boldsymbol{X}'\boldsymbol{A}\boldsymbol{X}$，就对称矩阵 $\boldsymbol{A}$ 而言具有秩 r，那么 Q 服从 $\chi^2(r)$ 分布当且仅当 $\boldsymbol{A}$ 是幂等的.

证： 由定理 9.8.2，Q 的矩母函数是

$$M_Q(t)=\prod_{i=1}^{r}(1-2t\lambda_i)^{-1/2}\tag{9.8.14}$$

其中 λ_1，$\lambda_2,\cdots,\lambda_r$ 是 $\boldsymbol{A}$ 的 r 个非零特征值. 首先，假定 $\boldsymbol{A}$ 是幂等的，当 $\lambda_1=\cdots=\lambda_r=1$，$Q$ 的矩母函数是 $M_Q(t)=(1-2t)^{-r/2}$；也就是 Q 服从 $\chi^2(r)$ 分布. 其次，假如 Q 服从分布 $\chi^2(r)$. 那么，当 t 在 0 的某个邻域内，有恒等式

$$\prod_{i=1}^{r}(1-2t\lambda_i)^{-1/2}=(1-2t)^{-r/2}$$

对上式两边平方，得到

$$\prod_{i=1}^{r}(1-2t\lambda_i)=(1-2t)^{r}$$

利用多项式因式分解的唯一性，有 $\lambda_1=\cdots=\lambda_r=1$. 因此，$\boldsymbol{A}$ 是幂等的. ■

例 9.8.3 依据前面定理，当从正态分布抽样时，可立刻得出样本方差的分布. 假定 $X_1,X_2,\cdots,X_n$ 是独立同分布的，服从 $N(\mu,\sigma^2)$. 设 $\boldsymbol{X}=(X_1,X_2,\cdots,X_n)'$，那么 $\boldsymbol{X}$ 服从分布 $N_n(\mu\boldsymbol{1},\ \sigma^2\boldsymbol{I})$，其中 $\boldsymbol{1}$ 表示所有元素都等于 1 的 $n\times1$ 向量. 设 $S^2=(n-1)^{-1}\sum_{i=1}^{n}(X_i-\overline{X})^2$. 于是，由例 9.8.1，写成

$$\frac{(n-1)S^2}{\sigma^2}=\sigma^{-2}\boldsymbol{X}'\left(\boldsymbol{I}-\frac{1}{n}\boldsymbol{J}\right)\boldsymbol{X}=\sigma^{-2}(\boldsymbol{X}-\mu\boldsymbol{1})'\left(\boldsymbol{I}-\frac{1}{n}\boldsymbol{J}\right)(\boldsymbol{X}-\mu\boldsymbol{1})$$

其中上面等式成立是由 $\left(\boldsymbol{I}-\frac{1}{n}\boldsymbol{J}\right)\boldsymbol{1}=\boldsymbol{0}$ 而得出的. 因为矩阵 $\boldsymbol{I}-\frac{1}{n}\boldsymbol{J}$ 是幂等的，同时 $\text{tr}\left(\boldsymbol{I}-\frac{1}{n}\boldsymbol{J}\right)=n-1$，并且 $\boldsymbol{X}-\mu\boldsymbol{1}$ 服从 $N_n(\boldsymbol{0},\ \sigma^2\boldsymbol{I})$，由定理 9.8.4 可得，$(n-1)S^2/\sigma^2$ 服从 $\chi^2(n-1)$ 分布. ■

注释 9.8.3 如果定理 9.8.4 中的正态分布为 $N_n(\boldsymbol{\mu},\ \sigma^2\boldsymbol{I})$，那么条件 $\boldsymbol{A}^2=\boldsymbol{A}$ 是 Q/σ^2

服从卡方分布的充要条件．然而，一般地讲，Q/σ^2 不服从中心 $\chi^2(r)$分布，相反，若 $\boldsymbol{A}^2=\boldsymbol{A}$，则 Q/σ^2 服从非中心卡方分布．自由度的个数 r 是 $\boldsymbol{A}$ 的秩，非中心性参数是 $\boldsymbol{\mu}'\boldsymbol{A}\boldsymbol{\mu}/\sigma^2$．若 $\boldsymbol{\mu}=\mu\boldsymbol{1}$，则 $\boldsymbol{\mu}'\boldsymbol{A}\boldsymbol{\mu}=\mu^2\sum_{i,j}a_{ij}$．其中 $\boldsymbol{A}=[a_{ij}]$．那么，当 $\mu\neq0$ 时，$\boldsymbol{A}^2=\boldsymbol{A}$ 与 $\sum_{i,j}a_{ij}=0$ 是 Q/σ^2 服从中心卡方分布 $\chi^2(r)$的充要条件．此外，可把此定理推广到服从多元正态分布的随机变量的二次型上．多元正态分布具有正定的协方差矩阵 $\boldsymbol{\Sigma}$；这里，Q 服从卡方分布的充要条件是 $\boldsymbol{A\Sigma A}=\boldsymbol{A}$．参看习题 9.8.9. ■

习题

9.8.1　设 $Q=X_1X_2-X_3X_4$，其中 X_1,X_2,X_3,X_4 是来自正态分布 $N(0,\sigma^2)$的样本量为 4 的随机样本．证明：Q/σ^2 并不服从卡方分布．求 Q/σ^2 的矩母函数．

9.8.2　设 $\boldsymbol{X}'=[X_1,X_2]$服从均值矩阵为 $\boldsymbol{\mu}'=[\mu_1,\mu_2]$与正定协方差矩阵为 $\boldsymbol{\Sigma}$ 的二元正态分布．设

$$Q_1=\frac{X_1^2}{\sigma_1^2(1-\rho^2)}-2\rho\frac{X_1X_2}{\sigma_1\sigma_2(1-\rho^2)}+\frac{X_2^2}{\sigma_2^2(1-\rho^2)}$$

证明：Q_1 服从 $\chi^2(r,\theta)$，并求 r 与 θ．当且仅当满足什么条件时，Q_1 才服从中心卡方分布？

9.8.3　设 $\boldsymbol{X}'=[X_1,X_2,X_3]$表示来自分布 $N(4,8)$的样本量为 3 的随机样本，并设

$$\boldsymbol{A}=\begin{pmatrix}\frac{1}{2}&0&\frac{1}{2}\\0&1&0\\\frac{1}{2}&0&\frac{1}{2}\end{pmatrix}$$

设 $Q=\boldsymbol{X}'\boldsymbol{A}\boldsymbol{X}/\sigma^2$．

(a) 使用定理 9.8.1 求 $E(Q)$．

(b) 证明 Q 服从分布 $\chi^2(2,6)$．

9.8.4　假定 $X_1,X_2,\cdots,X_n$ 是独立随机变量，具有共同均值 μ 但却具有各不相同的方差 $\sigma_i^2=\mathrm{Var}(X_i)$．

(a) 求 $\overline{X}$ 的方差．

(b) 求常数 K，以使 $Q=K\sum_{i=1}^{n}(X_i-\overline{X})^2$ 成为 $\overline{X}$ 方差的无偏估计量．

提示：如同例 9.8.3 一样实施．

9.8.5　假定 $X_1,X_2,\cdots,X_n$ 是相关的随机变量，具有共同均值 μ 与方差 σ^2，相关关系为 ρ(所有相关关系均相同)．

(a) 求 $\overline{X}$ 的方差．

(b) 求常数 K，以使 $Q=K\sum_{i=1}^{n}(X_i-\overline{X})^2$ 成为 $\overline{X}$ 方差的无偏估计量．

提示：如同例 9.8.3 一样实施．

9.8.6　完成式(9.8.13)的详细推导．

9.8.7　对于由式(9.8.1)所定义的迹算子，证明下述性质成立．

(a) 若 $\boldsymbol{A}$ 与 $\boldsymbol{B}$ 是 $n\times n$ 矩阵，并且 a 与 b 均为标量，则

$$\mathrm{tr}(a\boldsymbol{A}+b\boldsymbol{B})=a\,\mathrm{tr}\boldsymbol{A}+b\,\mathrm{tr}\boldsymbol{B}$$

(b) 若 $\boldsymbol{A}$ 是 $n\times m$ 矩阵，$\boldsymbol{B}$ 是 $m\times k$ 矩阵，而 $\boldsymbol{C}$ 是 $k\times n$ 矩阵，则

$$\mathrm{tr}(\boldsymbol{ABC})=\mathrm{tr}(\boldsymbol{BCA})=\mathrm{tr}(\boldsymbol{CAB})$$

(c) 若 $\boldsymbol{A}$ 是方阵，而且若 $\boldsymbol{\Gamma}$ 是正交矩阵，使用(a)部分的结果证明，$\mathrm{tr}(\boldsymbol{\Gamma}'\boldsymbol{A}\boldsymbol{\Gamma})=\mathrm{tr}\boldsymbol{A}$．

(d) $\boldsymbol{A}$ 是一个实对称幂等矩阵，使用(b)部分的结果证明，$\boldsymbol{A}$ 的秩等于 $\mathrm{tr}\boldsymbol{A}$.

9.8.8 设 $\boldsymbol{A}=[a_{ij}]$是一个实对称矩阵，证明，$\sum_i\sum_j a_{ij}^2$ 等于 $\boldsymbol{A}$ 的特征值平方之和.

提示：若 $\boldsymbol{\Gamma}$ 是一个正交矩阵，证明 $\sum_j\sum_i a_{ij}^2=\mathrm{tr}(\boldsymbol{A}^2)=\mathrm{tr}(\boldsymbol{\Gamma}'\boldsymbol{A}^2\boldsymbol{\Gamma})=\mathrm{tr}[(\boldsymbol{\Gamma}'\boldsymbol{A}\boldsymbol{\Gamma})(\boldsymbol{\Gamma}'\boldsymbol{A}\boldsymbol{\Gamma})]$.

9.8.9 假定 $\boldsymbol{X}$ 服从 $N_n(0,\boldsymbol{\Sigma})$，其中 $\boldsymbol{\Sigma}$ 是正定的. 设 $Q=\boldsymbol{X}'\boldsymbol{A}\boldsymbol{X}$，矩阵 $\boldsymbol{A}$ 对称，具有秩 r. 证明：Q 服从分布 $\chi^2(r)$当且仅当 $\mathbf{A\Sigma A}=\mathbf{A}$.

提示：把 Q 写成

$$Q=(\boldsymbol{\Sigma}^{-1/2}\boldsymbol{X})'\boldsymbol{\Sigma}^{1/2}\boldsymbol{A}\boldsymbol{\Sigma}^{1/2}(\boldsymbol{\Sigma}^{-1/2}\boldsymbol{X})$$

其中，$\boldsymbol{\Sigma}^{1/2}=\boldsymbol{\Gamma}'\boldsymbol{\Lambda}^{1/2}\boldsymbol{\Gamma}$ 而 $\boldsymbol{\Sigma}=\boldsymbol{\Gamma}'\boldsymbol{\Lambda}\boldsymbol{\Gamma}$ 是 $\boldsymbol{\Sigma}$ 的谱分解. 然后，使用定理 9.8.4.

9.8.10 假定 $\boldsymbol{A}$ 是一个实对称矩阵. 若 $\boldsymbol{A}$ 的特征值仅仅是 0 与 1，则证明 $\boldsymbol{A}$ 是幂等的.

9.9 某些二次型的独立性

前面曾研究过正态分布变量的线性函数的独立性. 在本节，我们将证明有关二次型独立性的一些定理. 这里将注意力限制在正态分布变量上，即来自分布 $N(0,\sigma^2)$的样本量为 n 的随机样本上.

注释 9.9.1 在下面定理证明过程中，将用到下述事实：若 $\boldsymbol{A}$ 是一个秩为 n 的 $m\times n$ 矩阵(即 $\boldsymbol{A}$ 是列满秩的)，则矩阵 $\boldsymbol{A}'\boldsymbol{A}$ 是非奇异的. 习题 9.9.12 与习题 9.9.13 对这种线性代数的事实进行了证明. ■

定理 9.9.1(克雷格) 设 $\boldsymbol{X}'=(X_1,X_2,\cdots,X_n)$，其中 $X_1,X_2,\cdots,X_n$ 是独立同分布随机变量，服从 $N(0,\sigma^2)$. 对于实对称矩阵 $\boldsymbol{A}$ 与 $\boldsymbol{B}$，设 $Q_1=\sigma^{-2}\boldsymbol{X}'\boldsymbol{A}\boldsymbol{X}$ 与 $Q_2=\sigma^{-2}\boldsymbol{X}'\boldsymbol{B}\boldsymbol{X}$ 表示 $\boldsymbol{X}$ 的二次型. 随机变量 Q_1 与 Q_2 是独立的当且仅当 $\boldsymbol{AB}=\mathbf{0}$.

证：首先，获得某些预备性结果. 根据这些结果，就可完成证明. 假定矩阵 $\boldsymbol{A}$ 与 $\boldsymbol{B}$ 的秩分别为 r 与 s. 设 $\boldsymbol{\Gamma}_1'\boldsymbol{\Lambda}_1\boldsymbol{\Gamma}_1$ 表示 $\boldsymbol{A}$ 的谱分解. 用 $\lambda_1,\lambda_2,\cdots,\lambda_r$ 表示 $\boldsymbol{A}$ 的 r 个非零特征值. 为不失一般性，假定 $\boldsymbol{A}$ 的这些非零特征值是 $\boldsymbol{\Lambda}_1$ 主对角线上的前 r 个元素，并设 $\boldsymbol{\Gamma}_{11}'$是 $n\times r$ 矩阵，它的列是相对应的特征向量. 最后，设 $\boldsymbol{\Lambda}_{11}=\mathrm{diag}\{\lambda_1,\lambda_2,\cdots,\lambda_r\}$. 那么，能以下述两种方式中的任何一种写出 $\boldsymbol{A}$ 的谱分解：

$$\boldsymbol{A}=\boldsymbol{\Gamma}_1'\boldsymbol{\Lambda}_1\boldsymbol{\Gamma}_1=\boldsymbol{\Gamma}_{11}'\boldsymbol{\Lambda}_{11}\boldsymbol{\Gamma}_{11} \tag{9.9.1}$$

注意，将 Q_1 写成

$$Q_1=\sigma^{-2}\boldsymbol{X}'\boldsymbol{\Gamma}_{11}'\boldsymbol{\Lambda}_{11}\boldsymbol{\Gamma}_{11}\boldsymbol{X}=\sigma^{-2}(\boldsymbol{\Gamma}_{11}\boldsymbol{X})'\boldsymbol{\Lambda}_{11}(\boldsymbol{\Gamma}_{11}\boldsymbol{X})=\boldsymbol{W}_1'\boldsymbol{\Lambda}_{11}\boldsymbol{W}_1 \tag{9.9.2}$$

其中 $\boldsymbol{W}_1=\sigma^{-1}\boldsymbol{\Gamma}_{11}\boldsymbol{X}$. 其次，可得到 $\boldsymbol{B}$ 的基于 s 个非零特征值 $\gamma_1,\gamma_2,\cdots,\gamma_s$ 的类似表达式. 设 $\boldsymbol{\Lambda}_{22}=\mathrm{diag}\{\gamma_1,\gamma_2,\cdots,\gamma_s\}$表示非零特征值的 $s\times s$ 对角矩阵，并构成相对应特征向量的 $n\times s$ 矩阵 $\boldsymbol{\Gamma}_{21}'=[\boldsymbol{u}_1\boldsymbol{u}_2\cdots\boldsymbol{u}_s]$. 那么，可将 $\boldsymbol{B}$ 的谱分解写成

$$\boldsymbol{B}=\boldsymbol{\Gamma}_{21}'\boldsymbol{\Lambda}_{22}\boldsymbol{\Gamma}_{21} \tag{9.9.3}$$

同理，将 Q_2 写成

$$Q_2=\boldsymbol{W}_2'\boldsymbol{\Lambda}_{22}\boldsymbol{W}_2 \tag{9.9.4}$$

其中 $\boldsymbol{W}_2=\sigma^{-1}\boldsymbol{\Gamma}_{21}\boldsymbol{X}$. 设 $\boldsymbol{W}'=(\boldsymbol{W}_1',\boldsymbol{W}_2')$，有

$$\boldsymbol{W}=\sigma^{-1}\begin{bmatrix}\boldsymbol{\Gamma}_{11}\\ \boldsymbol{\Gamma}_{21}\end{bmatrix}\boldsymbol{X}$$

由于 $\boldsymbol{X}$ 服从分布 $N_n(\mathbf{0},\sigma^2\boldsymbol{I})$，定理 3.5.2 表明，$\boldsymbol{W}$ 服从 $r+s$ 维多元正态分布，其均值为 $\mathbf{0}$，

方差-协方差矩阵

$$\mathrm{Var}(\boldsymbol{W})=\begin{bmatrix}\boldsymbol{I}_r & \boldsymbol{\Gamma}_{11}\boldsymbol{\Gamma}'_{21}\\ \boldsymbol{\Gamma}_{21}\boldsymbol{\Gamma}'_{11} & \boldsymbol{I}_s\end{bmatrix} \tag{9.9.5}$$

最后，利用式(9.9.1)与式(9.9.3)，得到恒等式

$$\boldsymbol{AB}=\{\boldsymbol{\Gamma}'_{11}\boldsymbol{\Lambda}_{11}\}\boldsymbol{\Gamma}_{11}\boldsymbol{\Gamma}'_{21}\{\boldsymbol{\Lambda}_{22}\boldsymbol{\Gamma}_{21}\} \tag{9.9.6}$$

设$\boldsymbol{U}$表示第一个大括号集合中的矩阵．注意，$\boldsymbol{U}$是列满秩的，所以它的核是空的，也就是它的核函数是由向量0组成．设$\boldsymbol{V}$表示第二组大括号中的矩阵．注意，$\boldsymbol{V}$是行满秩的，因此$\boldsymbol{V}'$的核是空的．

为了证明，假定$\boldsymbol{AB}=\boldsymbol{0}$，于是

$$\boldsymbol{U}[\boldsymbol{\Gamma}_{11}\boldsymbol{\Gamma}''_{21}\boldsymbol{V}]=\boldsymbol{0}$$

由于$\boldsymbol{U}$的核是零，这就意味着括号中的每一列都是向量$\boldsymbol{0}$，也就是说，括号中的矩阵是$\boldsymbol{0}$矩阵．这意味着

$$\boldsymbol{V}'[\boldsymbol{\Gamma}'_{21}\boldsymbol{\Gamma}_{11}\boldsymbol{V}]=\boldsymbol{0}$$

同样地，由于$\boldsymbol{V}'$的核是空的，我们可以得出$\boldsymbol{\Gamma}_{11}\boldsymbol{\Gamma}'_{21}=\boldsymbol{0}$．从而由式(9.9.5)，随机向量$\boldsymbol{W}_1$与$\boldsymbol{W}_2$是独立的．因此，利用式(9.9.2)与式(9.9.4)，则Q_1与Q_2是独立的．

反之，当Q_1与Q_2独立时，对于(0,0)的一个开邻域中的(t_1,t_2)，有

$$\{E[\exp\{t_1Q_1+t_2Q_2\}]\}^{-2}=\{E[\exp\{t_1Q_1\}]\}^{-2}\{E[\exp\{t_2Q_2\}]\}^{-2} \tag{9.9.7}$$

注意，$t_1Q_1+t_2Q_2$是$\boldsymbol{X}$的二次型，具有对称矩阵$t_1\boldsymbol{A}+t_2\boldsymbol{B}$．前面提及，矩阵$\boldsymbol{\Gamma}_1$是正交的，从而其行列式为1．利用这一点以及定理9.8.2，将式(9.9.7)左边写成

$$\begin{aligned}E^{-2}[\exp\{t_1Q_1+t_2Q_2\}]&=|\boldsymbol{I}_n-2t_1\boldsymbol{A}-2t_2\boldsymbol{B}|\\&=|\boldsymbol{\Gamma}'_1\boldsymbol{\Gamma}_1-2t_1\boldsymbol{\Gamma}'_1\boldsymbol{\Lambda}_1\boldsymbol{\Gamma}_1-2t_2\boldsymbol{\Gamma}'_1(\boldsymbol{\Gamma}_1\boldsymbol{B}\boldsymbol{\Gamma}'_1)\boldsymbol{\Gamma}_1|\\&=|\boldsymbol{I}_n-2t_1\boldsymbol{\Lambda}_1-2t_2\boldsymbol{D}|\end{aligned} \tag{9.9.8}$$

其中矩阵$\boldsymbol{D}$是

$$\boldsymbol{D}=\boldsymbol{\Gamma}_1\boldsymbol{B}\boldsymbol{\Gamma}'_1=\begin{bmatrix}\boldsymbol{D}_{11} & \boldsymbol{D}_{12}\\ \boldsymbol{D}_{21} & \boldsymbol{D}_{22}\end{bmatrix} \tag{9.9.9}$$

并且$\boldsymbol{D}_{11}$是$r\times r$的矩阵．利用式(9.9.2)、式(9.9.3)以及定理9.8.2，可将式(9.9.7)右边写成

$$\{E[\exp\{t_1Q_1\}]\}^{-2}\{E[\exp\{t_2Q_2\}]\}^{-2}=\left\{\prod_{i=1}^{r}(1-2t_1\lambda_i)\right\}|\boldsymbol{I}_n-2t_2\boldsymbol{D}| \tag{9.9.10}$$

这就得出在(0，0)的一个开邻域(t_1, t_2)内成立的恒等式

$$|\boldsymbol{I}_n-2t_1\boldsymbol{\Lambda}_1-2t_2\boldsymbol{D}|=\left\{\prod_{i=1}^{r}(1-2t_1\lambda_i)\right\}|\boldsymbol{I}_n-2t_2\boldsymbol{D}| \tag{9.9.11}$$

式(9.9.11)右边$(-2t_1)^r$的系数是$\lambda_1\cdots\lambda_r|\boldsymbol{I}-2t_2\boldsymbol{D}|$．人们并不容易得到式(9.9.11)左边的系数．设想利用前r个列所组成的r阶子式展开这个行列式．此展开式中的第一项是左上角r阶子式即$|\boldsymbol{I}_r-2t_1\boldsymbol{\Lambda}_{11}-2t_2\boldsymbol{D}_{11}|$与右下角$n-r$阶子式即$|\boldsymbol{I}_{n-r}-2t_2\boldsymbol{D}_{22}|$的乘积．此外，这个乘积是行列式展开式中唯一涉及$(-2t_1)^r$的项．因而，式(9.9.11)左边项的系数是$\lambda_1\cdots\lambda_r|\boldsymbol{I}_{n-r}-2t_2\boldsymbol{D}_{22}|$．如果令$(-2t_1)^r$的系数相等，那么当$t_2$在0的某个开邻域内时，有

$$|\boldsymbol{I}-2t_2\boldsymbol{D}| = |\boldsymbol{I}_{n-r}-2t_2\boldsymbol{D}_{22}| \tag{9.9.12}$$

式(9.9.12)蕴含着矩阵 $\boldsymbol{D}$ 与 $\boldsymbol{D}_{22}$ 的特征值是相同的(参看习题 9.9.8). 前面提及，对称矩阵的特征值平方之和等于矩阵元素的平方之和(参看习题 9.8.8). 因而，矩阵 $\boldsymbol{D}$ 的元素平方之和等于 $\boldsymbol{D}_{22}$ 的元素平方之和. 由于矩阵 $\boldsymbol{D}$ 的元素都是实的，所以由此可得 $\boldsymbol{D}_{11}$、$\boldsymbol{D}_{12}$ 以及 $\boldsymbol{D}_{21}$ 中的每一个元素均是 0. 因此，可写成

$$\boldsymbol{0} = \boldsymbol{\Lambda}_1\boldsymbol{D} = \boldsymbol{\Gamma}_1\boldsymbol{A}\boldsymbol{\Gamma}_1'\boldsymbol{\Gamma}_1\boldsymbol{B}\boldsymbol{\Gamma}_1'$$

因为 $\boldsymbol{\Gamma}_1$ 是正交矩阵，所以 $\boldsymbol{AB}=\boldsymbol{0}$. ■

注释 9.9.2　不管 μ 是什么样的实值，如果随机样本来自分布 $N(\mu,\sigma^2)$，那么定理 9.9.1 仍然有效. 而且，定理 9.9.1 可以推广到随机变量服从联合多元正态分布具有正定协方差矩阵 $\boldsymbol{\Sigma}$ 的二次型上. 于是，两个具有对称矩阵 $\boldsymbol{A}$ 与 $\boldsymbol{B}$ 的这种二次型的独立性成立的充要条件变成 $\boldsymbol{A\Sigma B}=\boldsymbol{0}$. 在定理 9.9.1 中，有 $\boldsymbol{\Sigma}=\sigma^2\boldsymbol{I}$，因此 $\boldsymbol{A\Sigma B}=\boldsymbol{A}\sigma^2\boldsymbol{IB}=\sigma^2\boldsymbol{AB}=\boldsymbol{0}$. ■

下面定理是由 Hogg 和 Craig(1958)给出的.

定理 9.9.2(霍格和克雷格)　设 $Q=Q_1+\cdots+Q_{k-1}+Q_k$，其中 Q，$Q_1,\cdots,Q_{k-1}$，Q_k 是 $k+1$ 个随机变量，它们是来自分布为 $N(0,\sigma^2)$ 的样本量为 n 的随机样本的二次型. 设 Q/σ^2 服从 $\chi^2(r)$，设 Q_i/σ^2 服从 $\chi^2(r_i)$，$i=1,2,\cdots,k-1$，并设 Q_k 是非负的. 那么，随机变量 Q_1，$Q_2,\cdots,Q_k$ 是独立的，从而 Q_k/σ^2 服从 $\chi^2(r_k=r-r_1-\cdots-r_{k-1})$.

证：首先取 $k=2$ 的情况加以考察，并分别用 $\boldsymbol{A},\boldsymbol{A}_1,\boldsymbol{A}_2$ 表示实对称矩阵 Q,Q_1,Q_2. 已知，$Q=Q_1+Q_2$ 或者等价地 $\boldsymbol{A}=\boldsymbol{A}_1+\boldsymbol{A}_2$，还已知 Q/σ^2 服从 $\chi^2(r)$ 以及 Q_1/σ^2 服从 $\chi^2(r_1)$. 依据定理 9.8.4，有 $\boldsymbol{A}^2=\boldsymbol{A},\boldsymbol{A}_1^2=\boldsymbol{A}$. 由于 $Q_2\geqslant 0$，矩阵 $\boldsymbol{A}$、$\boldsymbol{A}_1$ 以及 $\boldsymbol{A}_2$ 都是半正定的. 因为 $\boldsymbol{A}^2=\boldsymbol{A}$，所以求出正交矩阵 $\boldsymbol{\Gamma}$，使得

$$\boldsymbol{\Gamma}'\boldsymbol{A}\boldsymbol{\Gamma} = \begin{bmatrix}\boldsymbol{I}_r & \boldsymbol{O}\\ \boldsymbol{O} & \boldsymbol{O}\end{bmatrix}$$

如果用 $\boldsymbol{\Gamma}'$ 左乘 $\boldsymbol{A}=\boldsymbol{A}_1+\boldsymbol{A}_2$，又用 $\boldsymbol{\Gamma}$ 右乘 $\boldsymbol{A}=\boldsymbol{A}_1+\boldsymbol{A}_2$，那么有

$$\begin{bmatrix}\boldsymbol{I}_r & \boldsymbol{0}\\ \boldsymbol{0} & \boldsymbol{0}\end{bmatrix} = \boldsymbol{\Gamma}'\boldsymbol{A}_1\boldsymbol{\Gamma}+\boldsymbol{\Gamma}'\boldsymbol{A}_2\boldsymbol{\Gamma}$$

现在，$\boldsymbol{A}_1$ 与 $\boldsymbol{A}_2$ 都是半正定的，从而 $\boldsymbol{\Gamma}'\boldsymbol{A}_1\boldsymbol{\Gamma}$ 与 $\boldsymbol{\Gamma}'\boldsymbol{A}_2\boldsymbol{\Gamma}$ 都是半正定的. 回顾若实对称矩阵是半正定的，则主对角线上的每个元素都是正的或 0. 而且，若主对角线元素为 0，则那个行所有元素与那个列所有元素都是 0. 因而，$\boldsymbol{\Gamma}'\boldsymbol{A}\boldsymbol{\Gamma}=\boldsymbol{\Gamma}'\boldsymbol{A}_1\boldsymbol{\Gamma}+\boldsymbol{\Gamma}'\boldsymbol{A}_2\boldsymbol{\Gamma}$ 能写成

$$\begin{bmatrix}\boldsymbol{I}_r & \boldsymbol{0}\\ \boldsymbol{0} & \boldsymbol{0}\end{bmatrix} = \begin{bmatrix}\boldsymbol{G}_r & \boldsymbol{0}\\ \boldsymbol{0} & \boldsymbol{0}\end{bmatrix} + \begin{bmatrix}\boldsymbol{H}_r & \boldsymbol{0}\\ \boldsymbol{0} & \boldsymbol{0}\end{bmatrix} \tag{9.9.13}$$

由于 $\boldsymbol{A}_1^2=\boldsymbol{A}_1$，所以

$$(\boldsymbol{\Gamma}'\boldsymbol{A}_1\boldsymbol{\Gamma})^2 = \boldsymbol{\Gamma}'\boldsymbol{A}_1\boldsymbol{\Gamma} = \begin{bmatrix}\boldsymbol{G}_r & \boldsymbol{0}\\ \boldsymbol{0} & \boldsymbol{0}\end{bmatrix}$$

如果用矩阵 $\boldsymbol{\Gamma}'\boldsymbol{A}_1\boldsymbol{\Gamma}$ 左乘式(9.9.13)的两个元素，那么会看到

$$\begin{bmatrix}\boldsymbol{G}_r & \boldsymbol{0}\\ \boldsymbol{0} & \boldsymbol{0}\end{bmatrix} = \begin{bmatrix}\boldsymbol{G}_r & \boldsymbol{0}\\ \boldsymbol{0} & \boldsymbol{0}\end{bmatrix} + \begin{bmatrix}\boldsymbol{G}_r\boldsymbol{H}_r & \boldsymbol{0}\\ \boldsymbol{0} & \boldsymbol{0}\end{bmatrix}$$

或等价地，$\boldsymbol{\Gamma}'\boldsymbol{A}_1\boldsymbol{\Gamma}=\boldsymbol{\Gamma}'\boldsymbol{A}_1\boldsymbol{\Gamma}+(\boldsymbol{\Gamma}'\boldsymbol{A}_1\boldsymbol{\Gamma})(\boldsymbol{\Gamma}'\boldsymbol{A}_2\boldsymbol{\Gamma})$. 因而，$(\boldsymbol{\Gamma}'\boldsymbol{A}_1\boldsymbol{\Gamma})\times(\boldsymbol{\Gamma}'\boldsymbol{A}_2\boldsymbol{\Gamma})=\boldsymbol{0}$ 以及 $\boldsymbol{A}_1\boldsymbol{A}_2=$

0. 依据定理 9.9.1，Q_1 与 Q_2 是独立的. 这种独立性显然蕴含着 Q_2/σ^2 服从 $\chi^2(r_2=r-r_1)$. 这就完成了 $k=2$ 时的证明. 对于 $k>2$，利用归纳法进行证明. 只考虑当 $k=3$ 时如何完成证明. 取 $\boldsymbol{A}=\boldsymbol{A}_1+\boldsymbol{A}_2+\boldsymbol{A}_3$，其中 $\boldsymbol{A}^2=\boldsymbol{A}$，$\boldsymbol{A}_1^2=\boldsymbol{A}_1$，$\boldsymbol{A}_2^2=\boldsymbol{A}_2$，并且 $\boldsymbol{A}_3$ 是半正定的. 比如，写成 $\boldsymbol{A}=\boldsymbol{A}_1+(\boldsymbol{A}_2+\boldsymbol{A}_3)=\boldsymbol{A}_1+\boldsymbol{B}_1$. 现在 $\boldsymbol{A}^2=\boldsymbol{A}$，$\boldsymbol{A}_1^2=\boldsymbol{A}_1$，并且 $\boldsymbol{B}_1$ 是半正定的. 依据 $k=2$的情况，有 $\boldsymbol{A}_1\boldsymbol{B}_1=\boldsymbol{0}$，所以 $\boldsymbol{B}_1^2=\boldsymbol{B}_1$. 就 $\boldsymbol{B}_1=\boldsymbol{A}_2+\boldsymbol{A}_3$ 而言，其中 $\boldsymbol{B}_1^2=\boldsymbol{B}_1$，$\boldsymbol{A}_2^2=\boldsymbol{A}_2$，由 $k=2$ 的情况可得 $\boldsymbol{A}_2\boldsymbol{A}_3=\boldsymbol{0}$ 与$\boldsymbol{A}_3^2=\boldsymbol{A}_3$. 如果通过写成 $\boldsymbol{A}=\boldsymbol{A}_2+(\boldsymbol{A}_1+\boldsymbol{A}_3)$来重新分组，那么得到 $\boldsymbol{A}_1\boldsymbol{A}_3=\boldsymbol{0}$，等等. ■

注释 9.9.3 在对定理 9.9.2 的表述中，将 $X_1,X_2,\cdots,X_n$ 看成来自分布 $N(0,\sigma^2)$的随机样本的观测值. 之所以这样做，是因为对定理 9.9.1 的证明就被限制在那种情况上. 实际上，倘若 Q'，$Q_1',\cdots,Q_k'$ 是任何正态变量的二次型(包括多元正态变量)，$Q'=Q_1'+\cdots+Q_k'$，若 Q'，$Q_1',\cdots,Q_{k-1}'$都是中心或非中心卡方分布变量，并且 Q_k' 是非负的，则 $Q_1',\cdots,Q_k'$ 是独立的，而且 Q_k' 要么是中心卡方的，要么是非中心卡方的. ■

本节以一个经常被引用的科克伦(Cochran)提出的定理的证明来结束.

定理 9.9.3(科克伦) 设 $X_1,X_2,\cdots,X_n$ 是来自分布 $N(0,\sigma^2)$的随机样本. 设这些观测值的平方之和写成

$$\sum_1^n X_i^2=Q_1+Q_2+\cdots+Q_k$$

形式，其中 Q_j 是 $X_1,X_2,\cdots,X_n$ 的二次型，$\boldsymbol{A}_j$ 矩阵具有秩 r_j，$j=1,2,\cdots,k$. 随机变量 Q_1，$Q_2,\cdots,Q_k$ 是独立的且 Q_j/σ^2 服从 $\chi^2(r_j)$，$j=1,2,\cdots,k$，当且仅当 $\sum_1^n r_j=n$.

证：首先，假定两个条件 $\sum_1^n r_j=n$ 与 $\sum_1^n X_i^2=\sum_1^n Q_j$ 得到满足. 后者蕴含 $\boldsymbol{I}=\boldsymbol{A}_1+\boldsymbol{A}_2+\cdots+\boldsymbol{A}_k$. 设 $\boldsymbol{B}_i=\boldsymbol{I}-\boldsymbol{A}_i$；也就是说，$\boldsymbol{B}_i$ 是除 $\boldsymbol{A}_i$ 之外其余矩阵 $\boldsymbol{A}_1,\cdots,\boldsymbol{A}_k$ 的和. 设 R_i 表示 $\boldsymbol{B}_i$ 的秩. 由于 n 个矩阵之和的秩小于或等于秩之和，所以有 $R_i\leqslant\sum_1^n r_j-r_i=n-r_i$. 然而 $\boldsymbol{I}=\boldsymbol{A}_i+\boldsymbol{B}_i$，因此 $n\leqslant r_i+R_i$ 且 $n-r_i\leqslant R_i$. 从而 $R_i=n-r_i$. $\boldsymbol{B}_i$ 的特征值是方程$|\boldsymbol{B}_i-\lambda\boldsymbol{I}|=0$ 的根. 因为 $\boldsymbol{B}_i=\boldsymbol{I}-\boldsymbol{A}_i$，所以这个方程可写成$|\boldsymbol{I}-\boldsymbol{A}_i-\lambda\boldsymbol{I}|=0$. 因而，有$|\boldsymbol{A}_i-(1-\lambda)\boldsymbol{I}|=0$. 但是，上面方程的根是 1 减去 $\boldsymbol{A}_i$ 的特征值. 由于 $\boldsymbol{B}_i$ 确实有 $n-R_i=r_i$ 个为 0 的特征值，从而 $\boldsymbol{A}_i$ 一定有 r_i 个为 1 的特征值. 然而，r_i 是 $\boldsymbol{A}_i$ 的秩. 因而，$\boldsymbol{A}_i$ 的 r_i 个非零特征值都为 1. 也就是 $\boldsymbol{A}_i^2=\boldsymbol{A}_i$，因而 $Q_i/\sigma^2(r_i)$服从 $\chi^2(r_i)$，对于 $i=1,2,\cdots,k$. 依据定理 9.9.2，随机变量 $Q_1,Q_2,\cdots,Q_k$ 是独立的.

为完成定理 9.9.3 的证明，取

$$\sum_1^n X_i^2=Q_1+Q_2+\cdots+Q_k$$

设 $Q_1,Q_2,\cdots,Q_k$ 是独立的，并且 Q_j/σ^2 服从 $\chi^2(r_j),j=1,2,\cdots,k$. 那么，$\sum_1^k Q_j/\sigma^2$ 服从 $\chi^2\left(\sum_1^k r_j\right)$. 但是，$\sum_1^k Q_j/\sigma^2=\sum_1^n X_i^2/\sigma^2$ 服从 $\chi^2(n)$. 因而，$\sum_1^k r_j=n$，从而完成证明.

■

习题

9.9.1 设 X_1,X_2,X_3 是来自正态分布 $N(0,\sigma^2)$ 的随机样本．二次型 $X_1^2+3X_1X_2+X_2^2+X_1X_3+X_3^2$ 与 $X_1^2-2X_1X_2+\frac{2}{3}X_2^2-2X_1X_2-X_3^2$ 是独立的还是相关的？

9.9.2 设 $X_1,X_2,\cdots,X_n$ 表示来自分布 $N(0,\sigma^2)$ 的样本量为 n 的随机样本．证明：$\sum_1^n X_i^2$ 与每一个二次型(不恒等于零)都是相关的．

9.9.3 设 X_1,X_2,X_3,X_4 表示来自分布 $N(0,\sigma^2)$ 的样本量为 4 的随机样本．设 $Y=\sum_1^4 a_iX_i$，其中 a_1,a_2,a_3 以及 a_4 都是实常数．如果 Y^2 与 $Q=X_1X_2-X_3X_4$ 是独立的，求 a_1,a_2,a_3 以及 a_4．

9.9.4 设 $\boldsymbol{A}$ 是关于来自分布 $N(0,\sigma^2)$ 的样本量为 n 的随机样本观测值二次型 Q 的实对称矩阵．已知 Q 与样本均值 $\overline{X}$ 是独立的，你认为 $\boldsymbol{A}$ 的每行(每列)元素会怎样呢？

提示：Q 与 $\overline{X}^2$ 会是独立的吗？

9.9.5 设 $\boldsymbol{A}_1,\boldsymbol{A}_2,\cdots,\boldsymbol{A}_k$ 是观测值的二次型 $Q_1,Q_2,\cdots,Q_k$ 的 k 个($k>2$)矩阵，观测值来自分布$N(0,\sigma^2)$的样本量为 n 的随机样本．证明，这些二次型的两两独立性蕴含着它们是相互独立的．

提示：证明 $\boldsymbol{A}_i\boldsymbol{A}_j=\boldsymbol{0}$，$i\neq j$，允许 $E[\exp(t_1Q_1+t_2Q_2+\cdots+t_kQ_k)]$ 写成 $Q_1,Q_2,\cdots,Q_k$ 的矩母函数之积．

9.9.6 设 $\boldsymbol{X}'=[X_1,X_2,\cdots,X_n]$，其中 $X_1,X_2,\cdots,X_n$ 是来自分布 $N(0,\sigma^2)$ 的随机样本的观测值．设 $b'=[b_1,b_2,\cdots,b_n]$是一个实非零向量，并设 $\boldsymbol{A}$ 是 n 阶实对称矩阵．证明，线性形式 $\boldsymbol{b}'\boldsymbol{X}$ 与二次型 $\boldsymbol{X}'\boldsymbol{A}\boldsymbol{X}$ 是独立的当且仅当 $\boldsymbol{b}'\boldsymbol{A}=\boldsymbol{0}$．使用这一事实，证明，$\boldsymbol{b}'\boldsymbol{X}$ 与 $\boldsymbol{X}'\boldsymbol{A}\boldsymbol{X}$ 是独立的当且仅当两种形式的二次型 $(\boldsymbol{b}'\boldsymbol{X})^2=\boldsymbol{X}'\boldsymbol{b}\boldsymbol{b}'\boldsymbol{X}$ 与 $\boldsymbol{X}'\boldsymbol{A}\boldsymbol{X}$ 是独立的．

9.9.7 设 Q_1 与 Q_2 是观测值的两个非负二次型，观测值来自分布为 $N(0,\sigma^2)$ 的随机样本．证明，另一个二次型 Q 与 Q_1+Q_2 是独立的当且仅当 Q 与 Q_1 及 Q_2 都是独立的．

提示：考察对矩阵 Q_1+Q_2 加以对角化的正交变换．倘若 Q 与 Q_1+Q_2 是独立的，在经过这种正交变换后，矩阵 Q、Q_1 以及 Q_2 的形式是什么样的？

9.9.8 证明：本节式(9.9.12)蕴含矩阵 $\boldsymbol{D}$ 与 $\boldsymbol{D}_{22}$ 的非负特征值是相同的．

提示：设 $\lambda=1/(2t_2)$，$t_2\neq 0$，然后证明式(9.9.12)等价于 $|\boldsymbol{D}-\lambda\boldsymbol{I}|=(-\lambda)^r|\boldsymbol{D}_{22}-\lambda\boldsymbol{I}_{n-r}|$．

9.9.9 这里 Q_1 与 Q_2 是来自分布 $N(0,1)$ 的随机样本观测值的二次型．若 Q_1 与 Q_2 是独立的，并且如果 Q_1+Q_2 服从卡方分布，则证明 Q_1 与 Q_2 都是卡方分布的变量．

9.9.10 在回归中，随机变量 Y 的均值常常是 p 个值 $x_1,x_2,\cdots,x_p$ 的线性函数，比如 $\beta_1x_1+\beta_2x_2+\cdots+\beta_px_p$，其中 $\boldsymbol{\beta}'=(\beta_1,\beta_2,\cdots,\beta_p)$是回归系数．假定 n 个值 $\boldsymbol{Y}'=(Y_1,Y_2,\cdots,Y_n)$对于 $\boldsymbol{X}=[x_{ij}]$上的 x 值来说是可观测的，其中 $\boldsymbol{X}$ 是设计矩阵(design matrix)，而它的第 i 行与 Y_i 有关．假如 $\boldsymbol{Y}$ 服从多元正态分布，其均值为 $\boldsymbol{X\beta}$，方差-协方差矩阵为 $\sigma^2\boldsymbol{I}$，其中 $\boldsymbol{I}$ 表示单位矩阵．

(a) 注意，$Y_1,Y_2,\cdots,Y_n$ 是独立的．为什么？

(b) 由于 $\boldsymbol{Y}$ 应近似等于它的均值 $\boldsymbol{X\beta}$，所以通过求解 $\boldsymbol{\beta}$ 的正规方程 $\boldsymbol{X}'\boldsymbol{Y}=\boldsymbol{X}'\boldsymbol{X\beta}$ 估计 $\boldsymbol{\beta}$．假定 $\boldsymbol{X}'\boldsymbol{X}$ 是非奇异的，求解此方程得到$\hat{\boldsymbol{\beta}}=(\boldsymbol{X}'\boldsymbol{X})^{-1}\boldsymbol{X}'\boldsymbol{Y}$．证明，$\hat{\boldsymbol{\beta}}$服从多元正态分布，其均值为 $\boldsymbol{\beta}$，方差-协方差矩阵为 $\sigma^2(\boldsymbol{X}'\boldsymbol{X})^{-1}$．

(c) 证明：

$$(\boldsymbol{Y}-\boldsymbol{X\beta})'(\boldsymbol{Y}-\boldsymbol{X\beta})=(\hat{\boldsymbol{\beta}}-\boldsymbol{\beta})'(\boldsymbol{X}'\boldsymbol{X})(\hat{\boldsymbol{\beta}}-\boldsymbol{\beta})+(\boldsymbol{Y}-\boldsymbol{X}\hat{\boldsymbol{\beta}})'(\boldsymbol{Y}-\boldsymbol{X}\hat{\boldsymbol{\beta}})$$

接下来，设 Q 表示这个式子左边的二次型，同时设 Q_1 与 Q_2 分别表示右边两个式子的各自二次型．因此，$Q=Q_1+Q_2$．

(d) 证明：Q_1/σ^2 服从 $\chi^2(p)$.

(e) 证明：Q_1 与 Q_2 是独立的.

(f) 证明：Q_2/σ^2 服从 $\chi^2(n-p)$.

(g) 求 c，以使 cQ_1/Q_2 服从 F 分布.

(h) 求 d 值，以使 $P(cQ_1/Q_2\leqslant d)=1-\alpha$ 的事实能用于求 β 的 $100(1-\alpha)$置信椭球面. 请给予解释.

9.9.11　比如，将 G. P. A. (Y)看成高中等级"编码值"(x_2)与美国大学标准入学考试成绩编码值(x_3)的线性函数，也就是 $\beta_1+\beta_2x_2+\beta_3x_3$. 注意，所有 x_1 值都等于 1. 观测到下述 5 个点：

x_1	x_2	x_3	Y
1	1	2	3
1	4	3	6
1	2	2	4
1	4	2	4
1	3	2	4

(a) 计算 $\boldsymbol{X}'\boldsymbol{X}$ 与$\hat{\boldsymbol{\beta}}=(\boldsymbol{X}'\boldsymbol{X})^{-1}\boldsymbol{X}'\boldsymbol{Y}$.

(b) 计算 $\boldsymbol{\beta}'=(\beta_1,\beta_2,\beta_3)$的 95%置信椭球面. 参看习题 9.9.10 的(h).

9.9.12　假定 $\boldsymbol{X}$ 是一个 $n\times p$ 矩阵，于是将 $\boldsymbol{X}$ 的核定义为空间 $\ker(\boldsymbol{X})=\{\boldsymbol{b}:\boldsymbol{X}\boldsymbol{b}=\boldsymbol{0}\}$.

(a) 证明 $\ker(\boldsymbol{X})$是$\mathbb{R}^p$ 的子空间.

(b) $\ker(\boldsymbol{X})$的维数被称为 $\boldsymbol{X}$ 的零化度(nullity)，记为 $v(\boldsymbol{X})$. 设 $\rho(\boldsymbol{X})$表示 $\boldsymbol{X}$ 的秩. 由线性代数基本定理知，$\rho(\boldsymbol{X})+v(\boldsymbol{X})=p$. 利用此结果证明，当 $\boldsymbol{X}$ 为列满秩时，则 $\ker(\boldsymbol{X})=\{\boldsymbol{0}\}$.

9.9.13　假定 $\boldsymbol{X}$ 是 $n\times p$ 矩阵，其秩为 p.

(a) 证明 $\ker(\boldsymbol{X}'\boldsymbol{X})=\ker(\boldsymbol{X})$.

(b) 利用(a)的结果以及前面习题，证明当 $\boldsymbol{X}$ 为列满秩时，则 $\boldsymbol{X}'\boldsymbol{X}$ 是非奇异的.

第 10 章　非参数与稳健统计学

10.1　位置模型

在这一章，我们阐述简单位置问题的某些非参数方法．正如我们将要证明的，与这些方法有关的检验方法在零假设下是无分布的(distribution-free，又称非参数的)．而且，还有得到和这些检验有关的点估计量及置信区间．一些估计量的分布并不是无分布的，因此，我们使用**基于秩**(rank-based)的术语来总称这些方法．我们很容易得出这些方法的渐近相对有效性，因而这将有助于把前面一些章节所讨论的方法与之进行比较，以及在这些方法之间进行对比．此外，将获得渐近有效的估计量；也就是说，它们渐近达到拉奥-克拉默界．

我们的目的不是严谨地研究这些概念，不过偶尔会简单地概述理论．严谨研究可在下面几本高等教科书中找到，比如 Randles 和 Wolfe(1979)或 Hettmansperger 和 McKean (2011)．对于利用 R 解决应用问题的研究讨论，参看 Kloke 和 McKean(2011)．

在本节和下一节，我们考察单个样本问题．对于绝大部分内容来说，我们考虑连续型随机变量 X，它分别具有累积分布函数 $F_X(x)$以及概率密度函数 $f_X(x)$．我们假定在 X 的支集上 $f_X(x)>0$，特别是 $F_X(x)$在支集上是严格递增的．在本章和下面几章，我们想要识别参数的类型．把参数考虑成给定随机变量的累积分布函数(或概率密度函数)的一种函数．例如，考察 X 的均值 μ．假如 T 定义成

$$T(F_X) = E(X)$$

我们能把它写成 $\mu_X=T(F_X)$．举另一个例子，回顾随机变量 X 的中位数是一个参数 ξ，使得 $F_X(\xi)=1/2$，也就是 $\xi=F_X^{-1}(1/2)$．因此，在这种符号下，我们称参数 ξ 由函数 $T(F_X)=F_X^{-1}(1/2)$所定义．注意，这些 T 都是累积分布函数(或概率密度函数)的函数．我们把它们称为**泛函**(functional)．

注释 10.1.1(常用非参数估计量)　一般地讲，泛函会诱导出非参数估计量．设 $X_1, X_2,\cdots,X_n$ 表示来自某个具有累积分布函数$F(x)$分布的随机样本，并设 $T(F)$是一个泛函．前面提及，样本经验分布函数由

$$\hat{F}_n(x) = n^{-1}[\#\{x_i \leqslant x\}], \quad -\infty < x < \infty \tag{10.1.1}$$

给出．因此，F_n 是离散的累积分布函数，它使得在每个 x_i 点处的质量(概率)为 $1/n$．由于 $\hat{F}_n(x)$是累积分布函数，所以 $T(\hat{F}_n)$被很好地定义．此外，$T(\hat{F}_n)$仅仅依赖于样本，因此它是一个统计量．我们将 $T(\hat{F}_n)$称为 $T(F)$的**诱导估计量**(induced estimator)．例如，如果 $T(F)$是分布的均值，那么容易看出 $T(\hat{F}_n)=\overline{x}$；参看习题 10.1.3.

再举一个例子，考察中位数．注意$\hat{F}_n$ 是离散的累积分布函数，因此，我们运用第 1 章的定义 1.7.2 所给出的分布中位数的一般定义．设$\hat{\theta}$表示通常样本中位数，是由式(4.4.4)所定义的，也就是说，当 n 是奇数时，$\hat{\theta}=x_{(n+1)/2}$，当 n 是偶数时，$\hat{\theta}=[x_{n/2}+x_{(n+1)/2}]/2$．为了证明$\hat{\theta}$满足定义 1.7.2，注意，

- 如果 n 是偶数，那么 $\hat{F}_n(\hat{\theta})=1/2$；
- 如果 n 是奇数，那么

$$n^{-1}\#\{x_i<\hat{\theta}\}=\frac{1}{2}-\frac{1}{n}\leqslant 1/2 \text{ 且 } F_n(\hat{\theta})\geqslant 1/2$$

因而，在这两种情况下，根据定义 1.7.2，$\hat{\theta}$就是$\hat{F}_n$ 的中位数．注意，当 n 是偶数时，区间 $(X_{n/2},x_{(n+1)/2})$中的任意点都满足中位数的定义． ■

下面以位置泛函的定义开始讨论．

定义 10.1.1 设 X 是连续型随机变量，具有累积分布函数 $F_X(x)$与概率密度函数 $f_X(x)$．如果 $T(F_X)$满足：

$$\text{若 } Y=X+a, \text{则 } T(F_Y)=T(F_X)+a, \text{对于所有 } a\in\mathbb{R} \tag{10.1.2}$$

$$\text{若 } Y=aX, \text{则 } T(F_Y)=aT(F_X), \text{对于所有 } a\neq 0 \tag{10.1.3}$$

则称 $T(F_X)$是一个**位置泛函**(location functional)．

例如，假定 T 是均值泛函，也就是 $T(F_X)=E(X)$．设 $Y=X+a$，则 $E(Y)=E(X+a)=E(X)+a$．其次，若 $Y=aX$，则 $E(Y)=aE(X)$．因此，均值是一个位置泛函．下面例子将证明，中位数是一个位置泛函．

例 10.1.1 设 $F(x)$是 X 的累积分布函数，并设 $T(F_X)=F_X^{-1}(1/2)$是 X 的中位数泛函．注意，另一种表述此内容的方式是：$F_X(T(F_X))=1/2$．设 $Y=X+a$．由此可得，Y 的累积分布函数是$F_Y(y)=F_X(y-a)$．下面恒等式证明 $T(F_Y)=T(F_X)+a$：

$$F_Y(T(F_X)+a)=F_X(T(F_X)+a-a)=F_X(T(F_X))=1/2$$

其次，假定 $Y=aX$．当 $a>0$ 时，则 $F_Y(y)=F_X(y/a)$，从而

$$F_Y(aT(F_X))=F_X(aT(F_X)/a)=F_X(T(F_X))=1/2$$

因而，当 $a>0$ 时，$T(F_Y)=aT(F_X)$．

另一方面，当 $a<0$ 时，则 $F_Y(y)=1-F_X(y/a)$．因此，

$$F_Y(aT(F_X))=1-F_X(aT(F_X)/a)=1-F_X(T(F_X))=1-1/2=1/2$$

因此，对于所有 $a\neq 0$，(10.1.3)成立．因此，中位数是一个位置泛函．

前面提及，中位数是一个百分位数，即分布的第 50 百分位数．正如习题 10.1.1 证明的，中位数是唯一作为位置泛函的百分位数． ■

我们经常用参数符号表示泛函．例如，$\theta_X=T(F_X)$．

第 4 章和第 6 章已经给出了一些特定概率密度函数的位置模型．在本章，我们利用特定位置泛函写出一般概率密度函数的位置模型．设 X 是一个随机变量，具有累积分布函数 $F_X(x)$与概率密度函数 $f_X(x)$．设 $\theta_X=T(F_X)$是位置泛函．定义随机变量 $\varepsilon=X-T(F_X)$．于是，由式(10.1.2)知，$T(F_\varepsilon)=0$；也就是说，依据 T，ε 具有 0 位置．此外，X 的概率密度函数能写成 $f_X(x)=f(x-T(F_X))$，其中 $f(x)$是 ε 的概率密度函数．

定义 10.1.2(位置模型) 设 $\theta_X=T(F_X)$是位置泛函．如果

$$X_i=\theta_X+\varepsilon_i \tag{10.1.4}$$

那么称观测值 $X_1,X_2,\cdots,X_n$ 遵从具有泛函 $\theta_X=T(F_X)$的**位置模型**(location model)，其中 ε_1，$\varepsilon_2,\cdots,\varepsilon_n$ 是独立同分布随机变量，具有概率密度函数 $f(x)$且 $T(F_\varepsilon)=0$．因此，由上面讨论知，$X_1,X_2,\cdots,X_n$ 是独立同分布的，具有概率密度函数 $f_X(x)=f(x-T(F_X))$．

例 10.1.2　设 ε 是随机变量，具有累积分布函数 $F(x)$，使得 $F(0)=1/2$. 假定 ε_1, $\varepsilon_2,\cdots,\varepsilon_n$ 是独立同分布的，具有累积分布函数 $F(x)$. 设 $\theta\in\mathbb{R}$，并定义

$$X_i=\theta+\varepsilon_i,\quad i=1,2,\cdots,n$$

那么 $X_1,X_2,\cdots,X_n$ 遵从具有位置泛函 θ 的位置模型，θ 是 X_i 的中位数. ■

注意，位置模型相当依赖于泛函. 为了表达模型内容，就要清楚阐述所运用的位置泛函. 对于对称密度类型来说，所有位置泛函都是相同的.

定理 10.1.1　*设 X 是随机变量，具有累积分布函数 $F_X(x)$ 与概率密度函数 $f_X(x)$，使得 X 分布关于 a 是对称的. 设 $T(F_X)$ 是任意位置泛函，那么 $T(F_X)=a$.*

证：由(10.1.2)，可以得出

$$T(F_{X-a})=T(F_X)-a \tag{10.1.5}$$

由于 X 的分布关于 a 是对称的，容易证明 $X-a$ 与 $-(X-a)$ 具有同样分布；参看习题 10.1.2. 因此，利用式(10.1.2)与式(10.1.3)，有

$$T(F_{X-a})=T(F_{-(X-a)})=-(T(F_X)-a)=-T(F_X)+a \tag{10.1.6}$$

把式(10.1.5)与式(10.1.6)一起代入就得出结果. ■

因此，对称性假设极为引人注目. 在对称性条件下，“中心”概念是唯一的.

习题

10.1.1　设 X 是连续型随机变量，具有累积分布函数 $F(x)$. 对于 $0<p<1$，设 ξ_p 是第 p 分位数，即 $F(\xi_p)=p$. 当 $p\neq 1/2$ 时，证明尽管性质(10.1.2)成立，但性质(10.1.3)却不成立. 因而 ξ_p 不是位置参数.

10.1.2　设 X 是连续型随机变量，具有概率密度函数 $f(x)$. 假定 $f(x)$ 关于 a 对称，也就是 $f(x-a)=f(-(x-a))$. 证明：随机变量 $X-a$ 与 $-(X-a)$ 具有同样的概率密度函数.

10.1.3　设 $\hat{F}_n(x)$ 表示样本 $X_1,X_2,\cdots,X_n$ 的经验累积分布函数. $\hat{F}_n(x)$ 分布在每个样本点 X_i 上都放置质量 $1/n$. 证明：它的均值是 $\overline{X}$. 若 $T(F)=F^{-1}(1/2)$ 是中位数，证明 $T(\hat{F}_n)=Q_2$ 即样本中位数.

10.1.4　设 X 是随机变量，具有累积分布函数 $F(x)$，并设 $T(F)$ 是泛函. 如果 $T(F)$ 满足三个性质：

$$(\text{i})\ T(F_{aX})=aT(F_X),\quad \text{对于 } a>0$$

$$(\text{ii})\ T(F_{X+b})=T(F_X),\quad \text{对于所有 } b$$

$$(\text{iii})\ T(F_{-X})=T(F_X)$$

称 $T(F)$ 是**标度泛函**(scale functional，又称尺度泛函或刻度泛函). 证明：下述泛函是标度泛函.

(a) 标准差 $T(F_X)=(\mathrm{Var}(X))^{1/2}$.

(b) 四分位距 $T(F_X)=F_X^{-1}(3/4)-F_X^{-1}(1/4)$.

10.2　样本中位数与符号检验

在这一节，我们考察利用样本中位数对分布的中位数实施统计推断. 讨论基础是符号检验统计量，下面首先讨论符号检验统计量.

设 $X_1,X_2,\cdots,X_n$ 是服从位置模型

$$X_i=\theta+\varepsilon_i \tag{10.2.1}$$

的随机样本，其中 ε_1，$\varepsilon_2,\cdots,\varepsilon_n$ 是独立同分布的，具有累积分布函数 $F(x)$、概率密度函数 $f(x)$ 以及中位数 0. 注意，就 10.1 节而言，位置泛函是中位数，从而 θ 是 X_i 的中位数.

我们以对单侧假设

$$H_0:\theta=\theta_0 \text{ vs } H_1:\theta>\theta_0 \tag{10.2.2}$$

进行检验开始．考察统计量

$$S(\theta_0)=\#\{X_i>\theta_0\} \tag{10.2.3}$$

人们称之为**符号统计量**(sign statistic)，原因在于它计算各个 $X_i-\theta_0$ 差中的正号个数，$i=1,2,\cdots,n$．假如我们依据 $x>a$ 或 $x\leqslant a$ 来定义 $I(x>a)$ 为 1 或 0，则可将 S 表示成

$$S(\theta_0)=\sum_{i=1}^{n}I(X_i>\theta_0) \tag{10.2.4}$$

注意，当 H_0 为真时，我们期望一半左右观测值大于 θ_0，而当 H_1 为真时，期望半数以上观测值大于 θ_0．于是，考虑由

$$\text{当 } S\geqslant c,\quad \text{则拒绝 } H_0, \text{接受 } H_1 \tag{10.2.5}$$

给出的假设(10.2.2)的检验．在零假设条件下，随机变量 $I(X_i>\theta_0)$ 是独立同分布的伯努利 $b(1,1/2)$ 随机变量．因此，S 的零分布服从均值为 $n/2$ 与方差为 $n/4$ 的 $b(n,1/2)$．注意，在 H_0 为真的条件下，符号检验并不依赖于 X_i 的分布．通常，我们称这类检验为**无分布检验**(distribution free test，又称非参数检验)．

对于水平 α 检验，选取 c 成为 c_α，其中 c_α 表示二项分布 $b(n,1/2)$ 的上临界点．不过，此检验统计量服从离散分布，以致准确检验仅存在有限个可利用的 α．关于 c_α 值，很容易利用大多数的计算机软件来得到．例如，用 R 软件命令 `pbinom(0:15,15,.5)` 可以计算满足 $n=15$ 与 $p=0.5$ 的二项分布，人们看到在所有可能水平上的累积分布函数．

对于已知数据集合，和符号检验有关的 p 值由 $\hat{p}=P_{H_0}(S\geqslant s)$ 给出，其中 s 表示 S 基于样本而得出的实现值．利用 R 软件，调用命令 `1-pbinom(s-1,n,.5)` 计算 $\hat{p}=P_{H_0}(S\geqslant s)$．

有时，使用基于检验统计量的渐近分布大样本检验会非常方便．运用中心极限定理，在 H_0 为真的条件下，标准化统计量 $[S(\theta_0)-(n/2)]/\sqrt{n}/2$ 渐近服从正态分布 $N(0,1)$．因此，当

$$[S(\theta_0)-(n/2)]/\sqrt{n}/2\geqslant z_\alpha \tag{10.2.6}$$

则大样本检验拒绝 H_0，参看习题 10.2.2.

下面简要讨论由

$$H_0:\theta=\theta_0 \text{ vs } H_1:\theta\neq\theta_0 \tag{10.2.7}$$

给出的双侧假设．看起来，下述对称决策规则合适：

$$\text{当 } S\leqslant c_1 \text{ 或 } S\geqslant n-c_1,\quad \text{则拒绝 } H_0, \text{接受 } H_1 \tag{10.2.8}$$

对于水平 α 检验来说，可选取 c_1 使得 $\alpha/2=P_{H_0}(S\leqslant c_1)$．通过统计软件包或查阅表，可得到临界点．回顾 p 值由 $\hat{p}=2\min\{P_{H_0}(S\leqslant s),\ P_{H_0}(S\geqslant s)\}$ 给出，其中 s 表示 S 基于样本而得出的实现值．

例 10.2.1(肖肖尼人矩形)　黄金矩形是指宽度(w)与长度(l)之比值为黄金比，即大致 0.618 的矩形．有多种不同方法可以描述它．比如，$w/l=l/(w+l)$ 就描述了黄金矩形．在西方文化中，它被认为是美学标准，出现在艺术和建筑中，这可追溯到古希腊．现在，它出现于商业信用卡领域．DuBois(1960)在文化人类学研究中报告了对肖肖尼人(美国西南部北美印第安人)带有小珠篮子的研究．设 X 表示肖肖尼人带有小珠篮子的宽与长度的比

值. 设 θ 是 X 的中位数. 关注的假设是

$$H_0:\theta = 0.618 \text{ vs } H_A:\theta \neq 0.618$$

这是一个双侧假设. 由上面讨论可得，如果 $S(0.618)\leqslant c$ 或 $S(0.618)\geqslant n-c$，那么符号检验就拒绝 H_0，接受 H_1.

来自肖肖尼人篮子的 20 个宽度与长度的(有序)比值的样本产生数据如下：

矩形的宽度与长度的比值

0.553	0.570	0.576	0.601	0.606	0.606	0.609	0.611	0.615	0.628
0.654	0.662	0.668	0.670	0.672	0.690	0.693	0.749	0.844	0.933

这些数据存放于 shoshoni.rda 文件中. 对于这些数据，符号检验统计量是 $S(0.618)=11$. 利用 R 可计算得到 p 值是 `2*(1-pbinom(10,20,.5))= 0.8238`. 因而，依据这些数据没有证据拒绝 H_0.

图 10.2.1 给出数据的箱线图以及正态 q-q 图. 可以发现，数据包含两个，也可能三个潜在的离群值. 数据并没有显示出它来自正态分布. ■

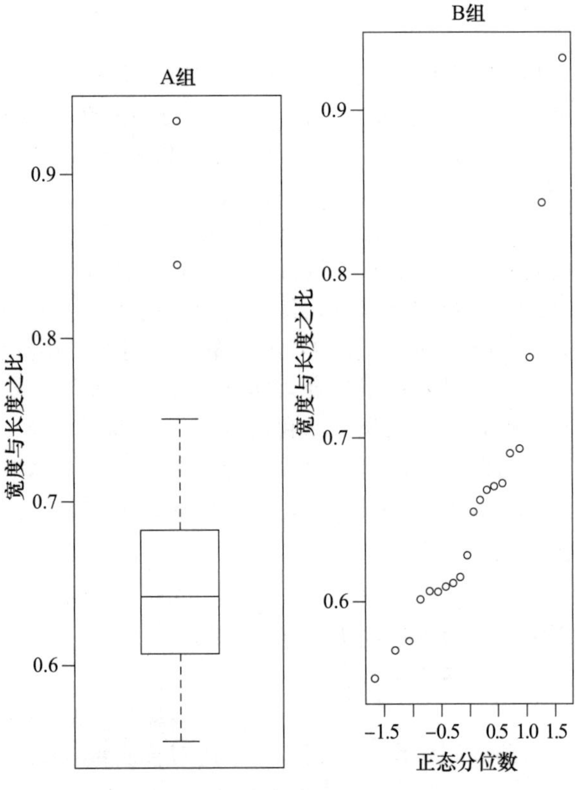

图 10.2.1　肖肖尼人数据的(A 组)箱线图与(B 组)正态 q-q 图

下面，我们获得假设(10.2.2)符号检验功效函数的几个有用结果. 可以证明，下述函数在和下文所述的估计及置信区间有关内容中是有用的. 定义

$$S(\theta)=\#\{X_i>\theta\} \tag{10.2.9}$$

符号检验统计量是 $S(\theta_0)$. 我们可以非常容易地描述函数 $S(\theta)$. 首先，注意，可以利用 $X_1,X_2,\cdots,X_n$ 的次序统计量 $Y_1<\cdots<Y_n$ 写出它，因为 $\#\{Y_i>\theta\}=\#\{X_i>\theta\}$. 现在，如果 $\theta<Y_1$，那么所有 Y_i 都大于 θ，从而 $S(\theta)=n$. 其次，如果 $Y_1\leqslant\theta<Y_2$，那么 $S(\theta)=n-1$. 以此种方法继续讨论，可以看到 $S(\theta)$ 是 θ 的递减阶梯函数，它在每一个次序统计量 Y_i 处都下降一个单位，分别在 Y_1 与 Y_n 处达到它的最大值 n 与最小值 0. 图 10.2.2 画出了这种函数.

我们需要下述平移性质. 由于我们总是可以从每个 X_i 中减去 θ_0，所以在不失一般性前提下，我们假定 $\theta_0=0$.

引理 10.2.1　对于每一个 k，

$$P_\theta[S(0)\geqslant k]=P_0[S(-\theta)\geqslant k] \tag{10.2.10}$$

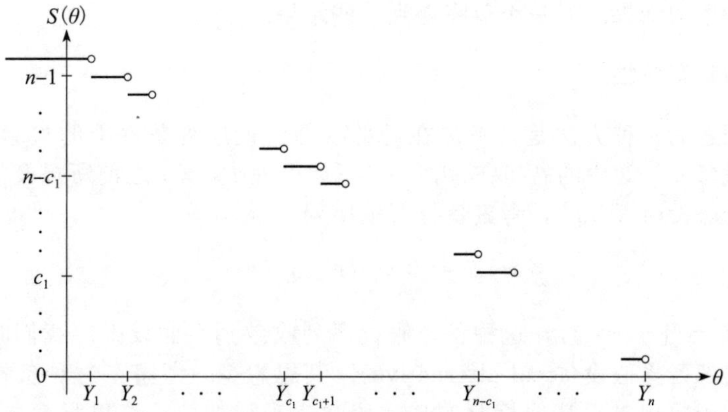

图 10.2.2 此图画出递减阶梯函数 $S(\theta)$. 函数在次序统计量 Y_i 处下降一个单位

证：注意，式(10.2.10)的左边涉及事件 $\#\{X_i>0\}$ 的概率，其中 X_i 具有中位数 θ，而右边是事件 $\#\{(X_i+\theta)>0\}$ 的概率，这里随机变量 $X_i+\theta$ 具有中位数 θ(因为在 $\theta=0$ 条件下，X_i 具有中位数 0). 因此，左边与右边给出了同样的概率. ■

依据这个引理，容易证明，就单侧检验而言，符号检验功效函数是单调的.

定理 10.2.1 假定模型(10.2.1)成立. 设 $\gamma(\theta)$ 是单侧假设(10.2.2)水平 α 的符号检验功效函数，那么 $\gamma(\theta)$ 是 θ 的非递减函数.

证：设 c_α 表示由式(10.2.8)后面所定义的 $b(n,1/2)$ 的上临界值. 为了不失一般性，假定 $\theta_0=0$. 符号检验功效函数是

$$\gamma(\theta)=P_\theta[S(0)\geqslant c_\alpha],\quad 对于 -\infty<\theta<\infty$$

假定 $\theta_1<\theta_2$，则 $-\theta_1>-\theta_2$，进而由于 $S(\theta)$ 是非递增的，所以 $S(-\theta_1)\leqslant S(-\theta_2)$. 由这个事实及引理 10.2.1 可得所要的结果，即

$$\begin{aligned}\gamma(\theta_1)&=P_{\theta_1}[S(0)\geqslant c_\alpha]=P_0[S(-\theta_1)\geqslant c_\alpha]\leqslant P_0[S(-\theta_2)\geqslant c_\alpha]\\&=P_{\theta_2}[S(0)\geqslant c_\alpha]=\gamma(\theta_2)\end{aligned}$$ ■

对于任何检验来说，这是一个非常令人满意的性质. 由于对于 $-\infty<\theta<\infty$，符号检验功效函数的单调性都成立，所以能将简单零假设(10.2.2)推广到复合零假设

$$H_0:\theta\leqslant\theta_0 \text{ vs } H_1:\theta>\theta_0 \tag{10.2.11}$$

上. 回顾第 4 章中的定义 4.5.4，复合零假设检验水平由 $\max\limits_{\theta\leqslant\theta_0}\gamma(\theta)$ 给出. 因为 $\gamma(\theta)$ 是非递减的，对于这种推广的零假设来说，符号检验水平是 α. 作为第二个结果，据此可得，符号检验是无偏检验；参看 8.3 节. 正如习题 10.2.8 所证明的，对于其他的单侧备择假设 $H_1:\theta<\theta_0$ 来说，符号检验功效函数是非递增的.

在备择假设比如 $\theta=\theta_1$ 下，检验统计量 S 服从二项分布 $b(n,p_1)$，其中 p_1 由

$$p_1=P_{\theta_1}(X>0)=1-F(-\theta_1) \tag{10.2.12}$$

给出，这里 $F(x)$ 表示模型(10.2.1)中 ε 的累积分布函数. 因此，$S(\theta_0)$ 在备择假设条件下并不是无分布的. 如同习题 10.2.3 那样，我们能求出特定 θ_1 与 $F(x)$ 的检验功效. 特别地，将符号检验功效与基于样本均值的其他水平 α 检验加以比较. 然而，为了实现这些比

较，就需要更一般的结果. 下一小节将得到某些结果.

10.2.1　渐近相对有效性

求解这种问题的一种方法是，考虑在局部备择假设序列条件下的检验特性. 在本节，我们经常把假设(10.2.2)中的 θ_0 取成 $\theta_0=0$. 正如引理 10.2.1 之前所提及的，这样做并不失一般性. 对于假设(10.2.2)，考察备择假设序列

$$H_0:\theta = 0 \text{ vs } H_{1n}:\theta_n = \frac{\delta}{\sqrt{n}} \tag{10.2.13}$$

其中 $\delta>0$. 注意，当 $n\to\infty$ 时，这种备择假设序列收敛到零假设上. 我们时常把这类备择假设序列称为**局部备择假设**(local alternative). 其思想是，考察在这种备择假设序列条件下，检验的功效函数相对于其他检验的功效函数表现得如何. 这里只简要讨论这个内容. 对于更详细的讨论，读者可参考 10.1 节提到的更高等的教科书. 在讨论前，我们首先得出符号检验的渐近功效引理.

考察(10.2.6)给出的大样本水平 α 的检验. 在备择假设 θ_n 条件下，能对此检验的均值近似如下：

$$\begin{aligned} E_{\theta_n}\left[\frac{1}{\sqrt{n}}\left(S(0)-\frac{n}{2}\right)\right] &= E_0\left[\frac{1}{\sqrt{n}}\left(S(-\theta_n)-\frac{n}{2}\right)\right] = \frac{1}{\sqrt{n}}\sum_{i=1}^{n}E_0[I(X_i>-\theta_n)]-\frac{\sqrt{n}}{2} \\ &= \frac{1}{\sqrt{n}}\sum_{i=1}^{n}P_0(X_i>-\theta_n)-\frac{\sqrt{n}}{2} = \sqrt{n}\left(1-F(-\theta_n)-\frac{1}{2}\right) \\ &= \sqrt{n}\left(\frac{1}{2}-F(-\theta_n)\right) \approx \sqrt{n}\theta_n f(0) = \delta f(0) \end{aligned} \tag{10.2.14}$$

其中最后一步等式使用了中值定理. 在更高等教科书中证明，在 θ_n 条件下，正如在 H_0 为真的条件下，$[S(0)-(n/2)]/(\sqrt{n}/2)$收敛于 1，且$[S(0)-(n/2)-\sqrt{n}\,\delta f(0)]/(\sqrt{n}/2)$服从极限标准正态分布. 这就得出了我们以定理形式表述的**渐近功效引理**(asymptotic power lemma).

定理 10.2.2(渐近有效引理)　*考察假设序列(10.2.13). 大样本水平 α 的符号检验功效函数极限是*

$$\lim_{n\to\infty}\gamma(\theta_n) = 1-\Phi(z_\alpha-\delta\tau_S^{-1}) \tag{10.2.15}$$

其中 $\tau_S=1/[2f(0)]$，$\Phi(z)$表示标准正态随机变量的累积分布函数.

证：利用式(10.2.14)以及稍后所讨论的推导，得出

$$\begin{aligned} \gamma(\theta_n) &= P_{\theta_n}\left[\frac{n^{-1/2}[S(0)-(n/2)]}{1/2} \geqslant z_\alpha\right] \\ &= P_{\theta_n}\left[\frac{n^{-1/2}[S(0)-(n/2)-\sqrt{n}\delta f(0)]}{1/2} \geqslant z_\alpha-\delta 2f(0)\right] \\ &\to 1-\Phi(z_\alpha-\delta 2f(0)) \end{aligned}$$

证毕. ■

正如习题 10.2.5 所证明的，参数 $\tau_S=1/[2f(0)]$是上节习题 10.1.4 所定义的标度参数(泛函). 稍后将要证明，$\tau_S/\sqrt{n}$是样本中位数的渐近标准差.

注意，在定理 10.2.2 的证明中，运用了几种近似估计. 严谨证明可在更高等教科书中

找到，比如 10.1 节所引述的那些书．对于下面几节内容来说，利用另一种所谓效力的概念，重新考察由(10.2.14)给出的均值近似估计尤其有益．考虑由

$$\overline{S}(0)=\frac{1}{n}\sum_{i=1}^{n}I(X_i>0) \tag{10.2.16}$$

给出的检验统计量的另一种标准化形式，其中符号“－”用于代表 $\overline{S}(0)$ 是 $I(X_i>0)$ 的平均值，在此情况下，在 H_0 成立时 $\overline{S}(0)$ 依概率收敛于 $\frac{1}{2}$．设 $\mu(\theta)=E_\theta\left(\overline{S}(0)-\frac{1}{2}\right)$．于是，由式(10.2.14)，有

$$\mu(\theta_n)=E_{\theta_n}\left(\overline{S}(0)-\frac{1}{2}\right)=\frac{1}{2}-F(-\theta_n) \tag{10.2.17}$$

设 $\sigma_{\overline{S}}^2=\mathrm{Var}(\overline{S}(0))=\frac{1}{4n}$．最后，将符号检验的**效力**(efficacy)定义成

$$c_S=\lim_{n\to\infty}\frac{\mu'(0)}{\sqrt{n}\sigma_{\overline{S}}} \tag{10.2.18}$$

也就是说，效力是在零假设下检验统计量的均值变化率除以$\sqrt{n}$与零假设下检验统计量的标准差乘积．因而，当这种变化率存在时，效力随它的增大而递增．本章自始至终使用效力的这个公式．

因此，由式(10.2.14)，符号检验的效力是

$$c_S=\frac{f(0)}{1/2}=2f(0)=\tau_S^{-1} \tag{10.2.19}$$

即标度参数 τ_S 的倒数．利用效力，可将渐近功效引理的结论写成

$$\lim_{n\to\infty}\gamma(\theta_n)=1-\Phi(z_\alpha-\delta c_S) \tag{10.2.20}$$

这并不是一种巧合，而且对于下一节讨论的方法来说，它是成立的．

注释 10.2.1　在本章，我们将非参数方法和传统参数方法加以比较．例如，将符号检验和基于样本均值的检验进行比较．从传统上看，基于样本均值的检验称为 t 检验．尽管我们的比较是渐近的，并使用 z 检验术语，但我们将使用 t 检验的传统术语．■

举第二个效力的例子，我们确定均值的 t 检验效力．假定模型(10.2.1)中随机变量 ε_i 服从关于 0 对称的分布，且均值存在．因此，参数 θ 是位置参数．特别地，$\theta=E(X_i)=\mathrm{med}(X_i)$．用 σ^2 表示 X_i 的方差．这使得我们很容易对符号检验和 t 检验进行比较．回顾假设(10.2.2)，当$\overline{X}\geqslant c$时，t 检验拒绝 H_0，接受 H_1．从而，检验统计量的形式为 $\overline{X}$．此外，有

$$u_{\overline{X}}(\theta)=E_\theta(\overline{X})=\theta \tag{10.2.21}$$

与

$$\sigma_{\overline{X}}^2(0)=V_0(\overline{X})=\frac{\sigma^2}{n} \tag{10.2.22}$$

因而，由式(10.2.21)与式(10.2.22)，t 检验的效力是

$$c_t=\lim_{n\to\infty}\frac{\mu_{\overline{X}}'(0)}{\sqrt{n}(\sigma/\sqrt{n})}=\frac{1}{\sigma} \tag{10.2.23}$$

正如习题 10.2.9 所证明的，在备择假设序列(10.2.13)下，大样本水平 α 的 t 检验渐近功

效是 $1-\Phi(z_\alpha-\delta c_t)$. 因而，通过对比它们的效力，对符号检验和 t 检验进行比较. 下面从确定样本量开始，做这种对比研究.

为了不失一般性，假定 $H_0:\theta=0$. 现在，如果我们希望确定样本量，以使水平 α 的符号检验能以(大致)概率 γ^* 检测备择假设 $\theta^*>0$. 也就是说，求 n 使

$$\gamma^*=\gamma(\theta^*)=P_{\theta^*}\left[\frac{S(0)-(n/2)}{\sqrt{n}/2}\geqslant z_\alpha\right] \tag{10.2.24}$$

将 θ^* 写成 $\theta^*=\sqrt{n}\theta^*/\sqrt{n}$. 于是，利用渐近功效引理，得出

$$\gamma^*=\gamma(\sqrt{n}\theta^*/\sqrt{n})\approx 1-\Phi(z_\alpha-\sqrt{n}\theta^*\tau_S^{-1})$$

现在，用 z_{γ^*} 表示标准正态分布上的 $1-\gamma^*$ 分位数. 那么，由上面最后这个等式，

$$z_{\gamma^*}=z_\alpha-\sqrt{n}\theta^*\tau_S^{-1}$$

求解 n，得到

$$n_S=\left(\frac{(z_\alpha-z_{\gamma^*})\tau_S}{\theta^*}\right)^2 \tag{10.2.25}$$

如同习题 10.2.9 所概述的，就这种情况而言，基于样本均值检验的样本量确定为

$$n_{\overline{X}}=\left(\frac{(z_\alpha-z_{\gamma^*})\sigma}{\theta^*}\right)^2 \tag{10.2.26}$$

其中 $\sigma^2=\mathrm{Var}(\varepsilon)$.

假定我们拥有同样水平的两种检验，渐近功效引理对两种都成立，同时就每一个而言，求出的样本量必须在备择假设 θ^* 处达到功效 γ^*. 那么，这两种样本量的比值称为检验之间**渐近相对有效性**(asymptotic relative efficiency，记为 ARE). 稍后将要证明，这和第 6 章所定义估计量之间的渐近相对有效性是一样的. 因此，符号检验和 t 检验之间的渐近相对有效性是

$$\mathrm{ARE}(S,t)=\frac{n_{\overline{X}}}{n_S}=\frac{\sigma^2}{\tau_S^2}=\frac{c_S^2}{c_t^2} \tag{10.2.27}$$

注意，当将样本中位数与样本均值进行比较时，这和例 6.2.5 所讨论的相对有效性是一样的. 在下面两个例子中，当 X_i 服从正态分布或拉普拉斯分布(双指数分布)时，通过检查渐近相对有效性重新展开这种讨论.

例 10.2.2[正态分布 ARE(S,t)]　假定 $X_1,X_2,\cdots,X_n$ 来自位置模型(10.1.4)，其中 $f(x)$ 表示 $N(0,\sigma^2)$ 概率密度函数. 那么，$\tau_S=(2f(0))^{-1}=\sigma\sqrt{\pi/2}$. 因此，ARE$(S,t)$是

$$\mathrm{ARE}(S,t)=\frac{\sigma^2}{\tau_S^2}=\frac{\sigma^2}{(\pi/2)\sigma^2}=\frac{2}{\pi}\approx 0.637 \tag{10.2.28}$$

因此，在正态分布下，符号检验的有效性只是 t 检验有效性的 64%. 就样本量而言，在正态分布下，t 检验为了达到与符号检验具有同样功效所需要的样本量较小，即 $0.64n_s$，其中 n_s 表示符号检验的样本量. 由于这是渐近有效性，所以需小心慎重对待. 人们进行大量经验(模拟)研究给出了这些数的可信度.

回顾前面例 6.3.4，当真实分布是拉普拉斯分布时，符号检验就是得分型似然比检验. ■

例 10.2.3[普拉普斯分布 ARE(S,t)]　对于这个例子，考察模型(10.1.4)，其中 $f(x)$ 表示拉普拉斯概率密度函数 $f(x)=(2b)^{-1}\exp\{-|x|/b\}$，对于 $-\infty<x<\infty$ 且 $b>0$. 于是，

$\tau_S=(2f(0))^{-1}=b$，而 $\sigma^2=E(X^2)=2b^2$．因此，ARE(S,t)由

$$\mathrm{ARE}(S,t)=\frac{\sigma^2}{\tau_S^2}=\frac{2b^2}{b^2}=2 \tag{10.2.29}$$

给出．所以，在拉普拉斯分布条件下，符号检验功效是 t 检验(从渐近形式上看)的两倍．就样本量而言，在拉普拉斯分布下，t 检验为了达到和符号检验具有同样的渐近功效，所需样本量是符号检验统计量的两倍．■

和拉普拉斯分布相比，正态分布具有更窄的尾部，原因在于这两个分布的概率密度函数分别与$\exp\{-t^2/2\sigma^2\}$及 $\exp\{-|t|/b\}$成比例．依据刚才两个例子，可以看出 t 检验对窄尾分布更有效，而符号检验对重尾分布更有效．一般来说，这是正确的，下面例子将阐述这点，容易发现，尾部权数会随着尾部从窄尾到宽尾而变动．

例 10.2.4［污染正态族 ARE(S,t)］ 考察位置模型(10.1.4)，其中 ε_i 的累积分布函数是由式(3.4.19)给出的污染正态分布累积分布函数．假定 $\theta_0=0$．对于这种分布，前面提及，样本的$(1-\varepsilon)$部分来自分布 $N(0,b^2)$，而样本的 ε 部分则来自分布 $N(0,b^2\sigma_c^2)$．相对应的概率密度函数由

$$f(x)=\frac{1-\varepsilon}{b}\phi\left(\frac{x}{b}\right)+\frac{\varepsilon}{b\sigma_c}\phi\left(\frac{x}{b\sigma_c}\right) \tag{10.2.30}$$

给出，其中 $\phi(z)$表示标准正态随机变量的概率密度函数．正如 3.4 节所证明的，ε_i 的方差是$b^2(1+\varepsilon(\sigma_c^2-1))$．同理，$\tau_s=b\sqrt{\pi/2}/[1-\varepsilon+(\varepsilon/\sigma_c)]$．因而，渐近相对有效性是

$$\mathrm{ARE}(S,t)=\frac{2}{\pi}[1+\varepsilon(\sigma_c^2-1)][1-\varepsilon+(\varepsilon/\sigma_c)]^2 \tag{10.2.31}$$

例如，下表(参看习题 6.2.6)提供了将 σ_c 设置为 3.0 时各种不同 ε 值的渐近相对有效性：

ε	0	0.01	0.02	0.03	0.05	0.10	0.15	0.25
ARE(S,t)	0.636	0.678	0.718	0.758	0.832	0.998	1.134	1.326

注意，当 ε 在表中取值范围内增大时，污染效果就更大些(一般地说，会产生重尾分布)，而且像表格内容所显示的，与 t 检验相比，符号检验更为有效．当增大 σ_c 时，会产生同样效果．然而，当取 $\sigma_c=3$，污染比例大于 10%之后，符号检验变得比 t 检验更为有效．■

10.2.2 基于符号检验的估计方程

在实际应用中，我们经常想要估计模型(10.2.1)中 X_i 的中位数 θ．基于符号检验的有关点估计可用简单几何学来描述，这类似于样本均值的几何学．正如习题 10.2.6 所证明的，样本均值 $\overline{X}$ 使得

$$\overline{X}=\mathrm{Argmin}\sqrt{\sum_{i=1}^{n}(X_i-\theta)^2} \tag{10.2.32}$$

量 $\sqrt{\sum_{i=1}^{n}(X_i-\theta)^2}$ 表示观测值向量 $\boldsymbol{X}=(X_1,X_2,\cdots,X_n)'$与向量 $\theta\mathbf{1}$ 之间的欧氏距离．如果

直接交换平方根与求和符号，那么欧氏距离就变成 L_1 距离．设

$$\hat{\theta} = \operatorname{Argmin}\sum_{i=1}^{n} |X_i - \theta| \tag{10.2.33}$$

为求出$\hat{\theta}$，仅对上面量右边求关于 θ 的导数．于是得到

$$\frac{\partial}{\partial\theta}\sum_{i=1}^{n} |X_i - \theta| = -\sum_{i=1}^{n}\operatorname{sgn}(X_i - \theta)$$

令这个导数为 0，得到估计方程(EE)

$$\sum_{i=1}^{n}\operatorname{sgn}(X_i - \theta) = 0 \tag{10.2.34}$$

其解就是样本中位数 Q_2，即式(4.4.4)．

由于观测值是连续随机变量，所以具有恒等式

$$\sum_{i=1}^{n}\operatorname{sgn}(X_i - \theta) = 2S(\theta) - n$$

因此，样本中位数也是 $S(\theta)\doteq n/2$ 的解．再次考察图 10.2.2．设想 $n/2$ 在垂直轴上．这是 $S(\theta)$从 n 下降到 0 时总点数的一半．在水平轴上，相应 $n/2$ 的次序统计量本质上是样本中位数(中间的次序统计量)．就检验而言，这个最后的等式表明，依据数据，样本中位数是“最可接受的”假设，因为 $n/2$ 是检验统计量的零期望值．我们时常认为，这是通过检验的逆加以估计．

现在，概述样本中位数的渐近分布．为不失一般性，假定 X_i 的真实中位数为 0．设 $x\in\mathbb{R}$．利用 $S(\theta)$是非递增的，以及恒等式 $S(\theta)\approx n/2$，得出下述等价关系：

$$\{\sqrt{n}Q_2 \leqslant x\}\Leftrightarrow\left\{Q_2 \leqslant \frac{x}{\sqrt{n}}\right\}\Leftrightarrow\left\{S\left(\frac{x}{\sqrt{n}}\right) \leqslant \frac{n}{2}\right\}$$

因此，得到

$$\begin{aligned} P_0(\sqrt{n}Q_2 \leqslant x) &= P_0\left[S\left(\frac{x}{\sqrt{n}}\right) \leqslant \frac{n}{2}\right] = P_{-x/\sqrt{n}}\left[S(0) \leqslant \frac{n}{2}\right] \\ &= P_{-x/\sqrt{n}}\left[\frac{S(0)-(n/2)}{\sqrt{n}/2} \leqslant 0\right] \to \Phi(0 - x\tau_S^{-1}) = P(\tau_S Z \leqslant x) \end{aligned}$$

其中 Z 服从标准正态分布．注意，对 $\alpha=0.5$ 运用渐近功效引理得出极限，从而 $z_\alpha=0$．重新整理上式最后一项，就获得样本中位数渐近分布，将它表述成一个定理．

定理 10.2.3　对于随机样本 $X_1,X_2,\cdots,X_n$，假定模型(10.2.1)成立．假如 $f(0)>0$，则

$$\sqrt{n}(Q_2 - \theta) \to N(0,\tau_S^2) \tag{10.2.35}$$

其中 $\tau_S=(2f(0))^{-1}$．

在 6.2 节中，将两个估计量之间的渐近相对有效性定义成了它们的渐近方差的倒数．对于样本中位数与样本均值来说，这和式(10.2.27)给出的基于它们各自检验确定的样本量具有同样的比值．

10.2.3　中位数置信区间

在 4.4 节中，我们得到中位数的置信区间．在这一节中，我们通过反转符号检验推导

出这个置信区间．利用 $S(\theta)$ 的单调性，这个推导非常简单，不过这项技术在本章的后面几节中是非常有用的．

假定随机样本 $X_1,X_2,\cdots,X_n$ 来自位置模型(10.2.1)．这一小节讨论 X_i 的中位数 θ 的置信区间．假如 θ 是真实中位数，随机变量 $S(\theta)$ 即式(10.2.9)服从二项分布 $b(n,1/2)$．对于 $0<\alpha<1$，选取 c_1 使 $P_\theta[S(\theta)\leqslant c_1]=\alpha/2$．因此，有

$$1-\alpha=P_\theta[c_1<S(\theta)<n-c_1] \tag{10.2.36}$$

回顾第 3 章中有关中位数 t 置信区间的推导，我们以一个这类陈述开始，然后"转回"到中枢随机变量 $t=\sqrt{n}(\overline{X}-\mu)/S$(其中 S 表示样本标准差)，得到一个 μ 位于中间的等价不等式．在此情况下，$S(\theta)$ 函数没有逆，但它是 θ 的递减阶梯函数，从而对它逆运算仍然可以进行．正如图 10.2.2 所示，$c_1<S(\theta)<n-c_1$ 当且仅当 $Y_{c_1+1}\leqslant\theta<Y_{n-c_1}$，其中 $Y_1<Y_2<\cdots<Y_n$ 是样本 $X_1,X_2,\cdots,X_n$ 的次序统计量．因此，区间$[Y_{c_1+1},Y_{n-c_1})$是中位数 θ 的$(1-\alpha)100\%$置信区间．由于次序统计量是连续随机变量，所以区间(Y_{c_1+1},Y_{n-c_1})是一个等价置信区间．

倘若 n 很大，则就 c_1 而言存在一个大样本近似值．由中心极限定理，我们知道 $S(\theta)$ 近似服从均值为 $n/2$ 与方差为 $n/4$ 的正态分布．于是，利用连续性修正，我们得到近似值

$$c_1\approx\frac{n}{2}-\frac{\sqrt{n}z_{\alpha/2}}{2}-\frac{1}{2} \tag{10.2.37}$$

其中 $\Phi(-z_{\alpha/2})=\alpha/2$，参看习题 10.2.7．在应用时，我们使用最接近于 c_1 的整数．

例 10.2.5(例 10.2.1 续) 肖肖尼人一组数据有 20 个数据点．样本中位数是 $0.5(0.628+0.654)=0.641$，即宽度与长度之比．因为 $0.021=P_{H_0}(S(0.618)\leqslant5)$，$\theta$ 的 95.8%置信区间是$(y_6,y_{15})=(0.606,0.672)$，它包含描述黄金矩形的宽度与长度之比值 0.618．

就单样本符号分析而言，目前还没有内置 R 函数．R 函数 `onesampsgn.R` 可在前言中列出的网站下载，利用它可计算所需的结果．对于这些数据，其默认的 95%置信区间与上面计算的结果相同． ■

习题

10.2.1 概述例 10.2.1 中有关肖肖尼人数据的图 10.2.2．此图显示例 10.2.5 中的检验统计量之值、点估计以及 95.8%置信区间．

10.2.2 证明：式(10.2.6)给出的检验具有近似水平 α；也就是说，证明在 H_0 成立的条件下

$$[S(\theta_0)-(n/2)]/(\sqrt{n}/2)\xrightarrow{D}Z$$

其中 Z 服从 $N(0,1)$分布．

10.2.3 设 θ 表示随机变量 X 的中位数．考察检验

$$H_0:\theta=0 \text{ vs } H_1:\theta>0$$

假定样本量 $n=25$．

(a) 设 S 表示符号检验统计量．求若 $S\geqslant16$，则拒绝 H_0 的检验水平．

(b) 若 X 服从 $N(0.5,1)$分布，求(a)部分的检验功效．

(c) 假定 X 有有限均值 $\mu=\theta$，考察渐近检验：若 $\overline{X}/(\sigma/\sqrt{n})\geqslant k$，则拒绝 H_0．假定 $\sigma=1$，求 k 使

渐近检验具有与(a)部分检验一样的水平．然后，求(b)部分这种检验的功效．

10.2.4　为了理解设置位置泛函的重要性，考察河流长度的数据集，取自 Tukey(1977)．这个数据集包含美国 141 条河流的长度(单位：mile)，数据存放于 `lengthriver.rda` 文件中．

(a) 假定位置泛函是中位数．求它的估计值和 95%的置信区间，运用 10.2.3 节讨论的置信区间，依据数据对它给出解释．这里可利用 R 函数 `onesampsgn.R` 来计算．

(b) 假设位置泛函是均值．求它的估计值和 95%的 t 置信区间，依据数据对它给出解释．

(c) 绘制数据的箱线图，并将它的估计值和置信区间的图形以叠加方式绘制，然后进行讨论．

10.2.5　回顾习题 10.1.4 给出的标度泛函定义．证明，定理 10.2.2 中所定义的参数 τ_S 是一个标度泛函．

10.2.6　证明：样本均值是方程(10.2.32)的解．

10.2.7　推导近似式(10.2.37)．

10.2.8　证明：对于假设

$$H_0:\theta=\theta_0 \text{ vs } H_1:\theta<\theta_0 \tag{10.2.38}$$

来说，符号检验功效函数是非递增的．

10.2.9　设 $X_1,X_2,\cdots,X_n$ 来自位置模型(10.2.1)．在本题中，我们想要对假设(10.2.2)的符号检验与 t 检验进行比较；因此，我们将假定随机误差 ε_i 服从关于 0 对称的分布．设 $\sigma^2=\text{Var}(\varepsilon_i)$．所以，这种位置模型均值与中位数是相同的．而且，假定 $\theta_0=0$．考察大样本的 t 检验形式，即当 $\overline{X}/(\sigma/\sqrt{n})>z_\alpha$，则拒绝 H_0，接受 H_1．

(a) 求大样本 t 检验形式的功效函数 $\gamma_t(\theta)$．

(b) 证明：$\gamma_t(\theta)$关于 θ 是非递减的．

(c) 证明：在局部备择假设序列(10.2.13)下，$\gamma_t(\theta_n)\to1-\Phi(z_\alpha-\sigma\theta^*)$．

(d) 依据(c)部分，求 t 检验的样本量使检验 θ^* 的近似功效为 γ^*．

(e) 推导式(10.2.27)给出的 ARE(S,t)．

10.3　威尔科克森符号秩

设 $X_1,X_2,\cdots,X_n$ 来自模型(10.2.1)．基于符号检验的有关 θ 的推断非常简单，而且所需基础分布的假设很少．然而，相对于已知基础正态分布的基于 t 检验的一些方法来说，符号方法的有效性只是 t 检验的 0.64 倍，这一有效性非常低．在本节，我们讨论相对于 t 检验而言可以达到高有效性的非参数方法．我们做出另一个假设如下：模型(10.2.1)中ε_i 的概率密度函数 $f(x)$是对称的，即对于所有 $x\in\mathbb{R}$，$f(x)=f(-x)$．因此，X_i 服从关于 θ 对称的分布．因而由定理 10.1.1，所有位置参数都是相同的．

首先，考察单侧假设

$$H_0:\theta=0 \text{ vs } H_1:\theta>0 \tag{10.3.1}$$

为了不失一般性，假定零假设是 $H_0:\theta=0$，如果假设为 $H_0:\theta=\theta_0$，我们考虑样本 $X_1-\theta_0,\cdots,X_n-\theta_0$．在对称概率密度函数下，离 0 同样远的各个观测值 X_i 是等可能的，从而应该接受一样的权重．可以这样做的检验统计量是**威尔科克森符号秩**(signed-rank Wilcoxon)，它由

$$T=\sum_{i=1}^{n}\text{sgn}(X_i)R|X_i| \tag{10.3.2}$$

给出，其中 $R|X_i|$表示$|X_1|$，$|X_2|$，$\cdots$，$|X_n|$当中 X_i 的秩，排序从小到大．从直观上看，在零假设下，我们希望一半的 X_i 是正的，而另一半 X_i 是负的．而且，秩应该服从整数

$\{1,2,\cdots,n\}$上的均匀分布，因此，0 附近的 T 值是 H_0 的标示．另一方面，如果 H_1 成立，那么希望一半以上 X_i 是正的，且正观测值可能得到更高的秩．因而，一种合适的决策规则是

$$\text{当 } T \geqslant c \text{ 时，} \quad \text{拒绝 } H_0, \text{接受 } H_1 \tag{10.3.3}$$

其中 c 由检验水平 α 确定．

已知 α，我们需要使用 T 的零假设分布求临界点 c．整数集合$\{-n(n+1)/2,\ -[n(n+1)/2]+2,\cdots,n(n+1)/2\}$组成了 T 的支集．由 10.2 节，还知道符号是独立同分布的，具有支集$\{-1,\ 1\}$以及概率质量函数

$$p(-1)=p(1)=\frac{1}{2} \tag{10.3.4}$$

下面引理是一个重要结果．

引理 10.3.1　在 H_0 成立与概率密度函数关于 0 对称的条件下，$|X_1|,|X_2|,\cdots,|X_n|$ 和 $\operatorname{sgn}(X_1),\operatorname{sgn}(X_2),\cdots,\operatorname{sgn}(X_n)$是独立的．

证：由于 $X_1,X_2,\cdots,X_n$ 是来自累积分布函数 $F(x)$的随机样本，所以证明 $P[|X_i|\leqslant x,\operatorname{sgn}(X_i)=1]=P[|X_i|\leqslant x]P[\operatorname{sgn}(X_i)=1]$就足够了．但是，由 H_0 与 $f(x)$的对称性，这可由下述一系列不等式得到：

$$\begin{aligned}P[|X_i|\leqslant x,\operatorname{sgn}(X_i)=1]&=P[0<X_i\leqslant x]=F(x)-\frac{1}{2}\\&=[2F(x)-1]\frac{1}{2}=P[|X_i|\leqslant x]P[\operatorname{sgn}(X_i)=1]\end{aligned}\quad ■$$

依据此引理，X_i 的秩与 X_i 的符号是独立的．注意，秩是整数 $1,2,\cdots,n$ 的一个排列．由引理知，这种独立性对任何排列都成立．特别地，假定我们用对绝对值进行排序的排列．比如，假定观测值为-6.1，4.3，7.2，8.0，-2.1．从而，排序 5，2，1，3，4 给出了绝对值排序；也就是，从绝对值来看，第五个观测值最小，第二个观测值次之，等等．这称为反秩(anti-rank)排列，一般用 i_1，$i_2,\cdots,i_n$ 表示．利用反秩，将 T 写成

$$T=\sum_{j=1}^{n} j\operatorname{sgn}(X_{i_j}) \tag{10.3.5}$$

由引理 10.3.1，$\operatorname{sgn}(X_{i_j})$是独立同分布的，具有支集$\{-1,1\}$以及概率质量函数(10.3.4)．对于 $s\in\mathbb{R}$，基于这种观测值，T 的矩母函数是

$$\begin{aligned}E[\exp\{sT\}]&=E\left[\exp\left\{\sum_{j=1}^{n} sj\operatorname{sgn}(X_{i_j})\right\}\right]=\prod_{j=1}^{n}E[\exp\{sj\operatorname{sgn}(X_{i_j})\}]\\&=\prod_{j=1}^{n}\left(\frac{1}{2}\mathrm{e}^{-sj}+\frac{1}{2}\mathrm{e}^{sj}\right)=\frac{1}{2^n}\prod_{j=1}^{n}(\mathrm{e}^{-sj}+\mathrm{e}^{sj})\end{aligned} \tag{10.3.6}$$

由于矩母函数并不依赖于对称的基础概率密度函数 $f(x)$，所以检验统计量 T 在 H_0 成立的条件下是非参数的．尽管不能获得 T 的概率质量函数闭形式，但对特定 n 来说，这种矩母函数可用于生成概率质量函数，参看习题 10.3.1．

因为 $\operatorname{sgn}(X_{i_j})$与 0 均值相互之间是独立的，由此可得 $E_{H_0}[T]=0$．此外，由于 $\operatorname{sgn}(X_{i_j})$的方差为 1，所以有

$$\text{Var}_{H_0}(T) = \sum_{j=1}^{n} \text{Var}_{H_0}(j\text{sgn}(X_{i_j})) = \sum_{j=1}^{n} j^2 = n(n+1)(2n+1)/6$$

于是，将这些结果概括成下面定理.

定理 10.3.1 对于随机变量 $X_1, X_2, \cdots, X_n$，假定模型(10.2.1)成立. 并假定概率密度函数 $f(x)$关于 0 点是对称的. 那么，在 H_0 成立的条件下，

$$T \text{ 是非参数的，具有对称概率质量函数} \tag{10.3.7}$$

$$E_{H_0}[T] = 0 \tag{10.3.8}$$

$$\text{Var}_{H_0}(T) = \frac{n(n+1)(2n+1)}{6} \tag{10.3.9}$$

$$\frac{T}{\sqrt{\text{Var}_{H_0}(T)}} \text{ 渐近服从分布 } N(0,1) \tag{10.3.10}$$

证：上面已经推导了(10.3.7)的第一部分，还有式(10.3.8)以及式(10.3.9). 当然，看起来 T 的对称分布似乎有道理，关于它的证明可在更高等教科书中找到. 为了得到(10.3.7)的第二部分，我们需要证明 T 的分布关于 0 点是对称的. 但是，利用 Y 的矩母函数式(10.3.6)，有

$$E[\exp\{s(-T)\}] = E[\exp\{(-s)T\}] = E[\exp\{sT\}]$$

因此，T 与 $-T$ 具有相同分布，所以 T 服从关于 0 对称的分布. ■

注意 T 支集比符号检验更为稠密，因而对样本量为 10 的情况来说，正态近似仍是良好的.

存在另一种使用 T 的方便公式. 设 T^+ 表示正的 X_i 的秩之和. 从而，由于所有秩之和为$n(n+1)/2$，故有

$$\begin{aligned} T &= \sum_{i=1}^{n} \text{sgn}(X_i) R|X_i| = \sum_{X_i>0} R|X_i| - \sum_{X_i<0} R|X_i| \\ &= 2\sum_{X_i>0} R|X_i| - \frac{n(n+1)}{2} = 2T^+ - \frac{n(n+1)}{2} \end{aligned} \tag{10.3.11}$$

因此，T^+ 是 T 的线性函数，从而是符号秩检验统计量的等价公式. 为了方便表述，注意 T^+ 在零假设下的均值与方差：

$$E_{H_0}(T^+) = \frac{n(n+1)}{4}, \quad \text{Var}_{H_0}(T^+) = \frac{n(n+1)(2n+1)}{24} \tag{10.3.12}$$

利用 R 的内置函数 `wilcox.test` 可计算符号秩分析，得出检验统计量 T^+ 以及 p 值. 如果样本存放于 R 向量 `x` 中，那么运用 R 命令 `wilcox.test(x,alt="greater")`计算假设式(10.3.1)的符号秩检验. 对于单侧假设和双侧假设的推导来说，分别用 `alt="less"` 与 `alt="two.sided"`. 为了计算假设 $H_0: \theta = \theta_0$ vs $H_1: \theta \neq \theta_0$ 的符号秩检验，可利用命令 `wilcox.test(x,alt="two.sided",mu=theta0)`. 类似地，调用 R 函数 `psignrank(y,n)`可以计算 T^+ 在 y 处的累积分布函数.

例 10.3.1(达尔文玉米数据) 重新考虑例 4.5.1 曾讨论的数据集. 前面提及，W_i 表示图形中第i 个交叉受精植物株高减去自花受精植物株高的差，$i=1,2,\cdots,15$. 设θ是位置参数，并考察单侧假设

$$H_0: \theta = 0 \text{ vs } H_1: \theta > 0 \tag{10.3.13}$$

表 10.3.1 给出了这种数据及符号秩.

表 10.3.1 例 10.3.1 达尔文数据及符号秩

点	交叉受精	自花受精	差	符号秩	点	交叉受精	自花受精	差	符号秩
1	23.500	17.375	6.125	11	9	18.250	16.500	1.750	3
2	12.000	20.375	−8.375	−14	10	21.625	18.000	3.625	8
3	21.000	20.000	1.000	2	11	23.250	16.250	7.000	12
4	22.000	20.000	2.000	4	12	21.000	18.000	3.000	6
5	19.125	18.375	0.750	1	13	22.125	12.750	9.375	15
6	21.550	18.625	2.925	5	14	23.000	15.500	7.500	13
7	22.125	18.625	3.500	7	15	12.000	18.000	−6.000	−10
8	20.375	15.250	5.125	9					

对表 10.3.1 第 5 列正项秩求和，得出 $T^+=96$. 利用准确分布，R 命令是 `1-psignrank(95,15)`，得到 p 值 $\hat{p}=P_{H_0}(T^+\geqslant 96)=0.021$. 为了对比，利用连续型修正，得出渐近 p 值为

$$P_{H_0}(T^+\geqslant 96) = P_{H_0}(T^+\geqslant 95.5) \approx P\left(Z \geqslant \frac{95.5-60}{\sqrt{15\cdot 16\cdot 31/24}}\right) = P(Z\geqslant 2.016) = 0.022$$

这相当接近于准确值 0.021. 假定 R 向量 `ds` 包含交叉受精和自花受精的植物配对差. 然后利用 R 命令 `wilcox.test(ds,alt="greater")` 计算 T^+ 的值与 p 值. 计算所得值与上述计算值是相同的. ■

T^+ 的另一个公式对于得到威尔科克森符号秩检验的性质和 θ 的置信区间是非常有用的. 设 $X_i>0$，考察所有 X_j 使得 $-X_i<X_j<X_i$，因而在这些限制条件下，所有均值 $(X_i+X_j)/2$ 都是正的，包括 $(X_i+X_i)/2$. 根据这个限制，这些正的均值的数量就是 $R|X_i|$. 对于所有 $X_i>0$，都需要这样做，于是可以得到

$$T^+ = \#_{i\leqslant j}\{(X_j+X_i)/2 > 0\} \tag{10.3.14}$$

通常将配对均值 $(X_j+X_i)/2$ 称为沃尔什(Walsh)均值. 因此，符号秩的威尔科克森统计量可以通过计数正的沃尔什均值的数量而得到.

依据等式(10.3.14)，得到一个相对应的过程. 设

$$T^+(\theta) = \#_{i\leqslant j}\{[(X_j-\theta)+(X_i-\theta)]/2 > 0\} = \#_{i\leqslant j}\{(X_j+X_i)/2 > \theta\} \tag{10.3.15}$$

这个和 $T^+(\theta)$ 有关的过程非常像符号过程式(10.2.9). 设 $W_1<W_2<\cdots<W_{n(n+1)/2}$ 表示 $n(n+1)/2$ 个有序沃尔什平均值. 于是，$T^+(\theta)$ 的图形如同图 10.2.2 一样，只是有序沃尔什平均值位于水平轴上，而位于垂直轴上的最大值为 $n(n+1)/2$. 因此，函数 $T^+(\theta)$ 是 θ 的递减阶梯函数，它在每一个沃尔什平均值处都下降一个单位. 这个发现大大简化了对威尔科克森符号秩性质的讨论.

设 c_α 表示基于符号秩检验统计量 T^+ 的假设检验(10.3.1)的水平为 α 的临界值；也就

是说，$\alpha=P_{H_0}(T^+\geqslant c_\alpha)$. 设 $\gamma_{SW}(\theta)=P_\theta(T^+\geqslant c_\alpha)$对于 $\theta\geqslant\theta_0$，表示检验的功效函数. 对于威尔科克森符号秩来说，平移性质即引理 10.2.1 成立. 因此，如同定理 10.2.1 一样，功效函数是 θ 的非递减函数. 特别地，威尔科克森符号秩检验是单侧假设(10.3.1)的无偏检验.

10.3.1 渐近相对有效性

我们首先通过确定威尔科克森符号秩的效力来探讨它的有效性. 为了不失一般性，假定$\theta_0=0$. 考察上一节曾讨论的局部备择假设的同一个序列. 也就是

$$H_0:\theta=0 \text{ vs } H_{1n}:\theta_n=\frac{\delta}{\sqrt{n}} \tag{10.3.16}$$

其中 $\delta>0$. 考察修正统计量，它是 $T^+(\theta)$的平均值，

$$\overline{T}^+(\theta)=\frac{2}{n(n+1)}T^+(\theta) \tag{10.3.17}$$

那么，由式(10.3.12)，

$$E_0[\overline{T}^+(0)]=\frac{2}{n(n+1)}\frac{n(n+1)}{4}=\frac{1}{2} \text{ 且 } \sigma^2_{\overline{T}^+}(0)$$
$$=\text{Var}_0[\overline{T}^+(0)]=\frac{2n+1}{6n(n+1)} \tag{10.3.18}$$

设 $a_n=2/n(n+1)$. 注意，可以将 $\overline{T}^+(\theta_n)$分解成两个部分

$$\overline{T}^+(\theta_n)=a_nS(\theta_n)+a_n\sum_{i<j}I(X_i+X_j>2\theta_n)=a_nS(\theta_n)+a_nT^*(\theta_n) \tag{10.3.19}$$

其中 $S(\theta)$表示符号过程(10.2.9)，而且

$$T^*(\theta_n)=\sum_{i<j}I(X_i+X_j>2\theta_n) \tag{10.3.20}$$

为了得到效力，需要均值

$$\mu_{\overline{T}^+}(\theta_n)=E_{\theta_n}[\overline{T}^+(0)]=E_0[\overline{T}^+(-\theta_n)] \tag{10.3.21}$$

但是由式(10.2.14)，$a_nE_0(S(-\theta_n))=a_nn(2^{-1}-F(-\theta_n))\to 0$. 因此，仅仅需要关注式(10.3.19)第二项. 不过，注意 $T^*(\theta)$中的沃尔什平均值服从同一分布. 因而

$$a_nE_0(T^*(-\theta_n))=a_n\binom{n}{2}P_0(X_1+X_2>-2\theta_n) \tag{10.3.22}$$

等式右边的概率能表示成

$$\begin{aligned}P_0(X_1+X_2>-2\theta_n)&=E_0[P_0(X_1>-2\theta_n-X_2\mid X_2)]=E_0[1-F(-2\theta_n-X_2)]\\&=\int_{-\infty}^{\infty}[1-F(-2\theta_n-x)]f(x)\mathrm{d}x=\int_{-\infty}^{\infty}F(2\theta_n+x)f(x)\mathrm{d}x\\&\approx\int_{-\infty}^{\infty}[F(x)+2\theta_nf(x)]f(x)\mathrm{d}x\\&=\frac{1}{2}+2\theta_n\int_{-\infty}^{\infty}f^2(x)\mathrm{d}x\end{aligned} \tag{10.3.23}$$

其中用到了 X_1 与 X_2 是独立同分布的，服从关于 0 点对称的分布且具有同样均值函数的事实. 因此，

$$\mu_{\overline{T}^{+}}(\theta_n) \approx a_n \binom{n}{2}\left(\frac{1}{2} + 2\theta_n \int_{-\infty}^{\infty} f^2(x)\,\mathrm{d}x\right) \tag{10.3.24}$$

当将式(10.3.18)与式(10.3.24)一起代入，得出效力

$$c_{T^{+}} = \lim_{n\to\infty} \frac{\mu'_{\overline{T}^{+}}(0)}{\sqrt{n}\sigma_{\overline{T}^{+}}(0)} = \sqrt{12}\int_{-\infty}^{\infty} f^2(x)\,\mathrm{d}x \tag{10.3.25}$$

在更高等教科书中，这种讨论会变成严谨的下述渐近功效引理的推导.

定理 10.3.2(渐近功效引理)　考察假设(10.3.16)序列．大样本水平 α 的威尔科克森符号秩的功效函数极限是

$$\lim_{n\to\infty} \gamma_{SR}(\theta_n) = 1 - \Phi(z_\alpha - \delta\tau_W^{-1}) \tag{10.3.26}$$

其中 $\tau_W = 1/\sqrt{12}\int_{-\infty}^{\infty} f^2(x)\,\mathrm{d}x$ 是效力 c_{T^+} 的倒数，而 $\Phi(z)$ 表示标准正态随机变量的累积分布函数.

正如习题 10.3.10 证明的，参数 τ_W 是一个标度泛函(或尺度泛函).

10.2 节用于确定符号检验样本量的推导建立在渐近功效引理基础上；因此，这些推导几乎可以完整地推广到威尔科克森符号秩上．尤其是，所需样本量是使假设式(10.3.1)的威尔科克森符号秩检验能以适当概率 γ^* 检测到可供备择 $\theta=\theta_0+\theta^*$，这里这个样本量为

$$n_W = \left(\frac{(z_\alpha - z_{\gamma^*})\tau_W}{\theta^*}\right)^2 \tag{10.3.27}$$

利用式(10.2.26)，威尔科克森符号秩检验和基于样本均值 t 检验之间的渐近相对有效性是

$$\mathrm{ARE}(T,t) = \frac{n_t}{n_T} = \frac{\sigma^2}{\tau_W^2} \tag{10.3.28}$$

现在，推导威尔科克森检验和 t 检验之间的某些渐近相对有效性．如上所述，参数 τ_W 是一个标度泛函，因此，对于 $a>0$，会直接随着标度变换形式 aX 而变化．同样地，标准差 σ 也是一个标度泛函．因而，由于渐近相对有效性是标度泛函之比，故它们是标度不变量．由此，对于渐近相对有效性的推导来说，我们选取一个具有方便标度的概率密度函数．比如，倘若就正态分布考察渐近相对有效性，则我们就能以 $N(0,1)$ 的概率密度函数开始研究.

例 10.3.2[正态分布的 ARE(*W*,*t*)]　如果 $f(x)$ 是 $N(0,1)$ 的概率密度函数，那么

$$\begin{aligned}\tau_W^{-1} &= \sqrt{12}\int_{-\infty}^{\infty}\left(\frac{1}{\sqrt{2\pi}}\exp\{-x^2/2\}\right)^2\mathrm{d}x \\ &= \frac{\sqrt{12}}{\sqrt{2}\sqrt{2\pi}}\int_{-\infty}^{\infty}\frac{1}{\sqrt{2\pi}(1/\sqrt{2})}\exp\{-2^{-1}(x/(1/\sqrt{2}))^2\}\,\mathrm{d}x = \sqrt{\frac{3}{\pi}}\end{aligned}$$

因此，$\tau_W^2=\pi/3$．由于 $\sigma=1$，故有

$$\mathrm{ARE}(W,t) = \frac{\sigma^2}{\tau_W^2} = \frac{3}{\pi} = 0.955 \tag{10.3.29}$$

如同上面讨论一样，这个渐近相对有效性对于所有正态分布来说都成立．由此，就正态分布而言，威尔科克森符号秩检验有效性是 t 检验有效性的 95.5%．威尔科克森符号秩称为高效方法.　■

例 10.3.3[污染正态分布族 ARE(*W*,*t*)]　对于本例，假定 $f(x)$ 是污染正态分布的概率

密度函数．为了方便起见，这里将使用式(10.2.30)给出的满足 $b=1$ 的标准化概率密度函数．回顾此分布，样本中$(1-\varepsilon)$来自分布 $N(0,1)$，而样本中 ε 来自分布 $N(0,\sigma_c^2)$．前面提及，其方差为 $\sigma^2=1+\varepsilon(\sigma_c^2-1)$．注意，概率密度函数 $f(x)$的公式由式(3.4.17)给出．习题 10.3.5 证明

$$\int_{-\infty}^{\infty} f^2(x)\mathrm{d}x = \frac{(1-\varepsilon)^2}{2\sqrt{\pi}} + \frac{\varepsilon^2}{6\sqrt{\pi}} + \frac{\varepsilon(1-\varepsilon)}{2\sqrt{\pi}} \tag{10.3.30}$$

据此，得出渐近相对有效性表达式；参看习题 10.3.5．使用这个表达式，确定由表 10.3.2 所示的$\sigma_c=3$ 与 ε 从 0.01 变到 0.25 的情况的威尔科克森检验和 t 检验之间的渐近相对有效性．为了方便起见，我们还列出了符号检验和这两种检验之间的渐近相对有效性．

表 10.3.2　对于满足 $\sigma_c=3$ 与污染比例 ε 的污染正态分布，符号检验、威尔科克森符号秩检验以及 t 检验之间的渐近相对有效性

ε	0.00	0.01	0.02	0.03	0.05	0.10	0.15	0.25
ARE(W,t)	0.955	1.009	1.060	1.108	1.196	1.373	1.497	1.616
ARE(S,t)	0.637	0.678	0.719	0.758	0.833	0.998	1.134	1.326
ARE(W,S)	1.500	1.487	1.474	1.461	1.436	1.376	1.319	1.218

注意，甚至有 1%污染时，威尔科克森符号秩检验仍比 t 检验更有效，而当出现 15%污染时，其有效性增加到 150%．■

10.3.2　基于威尔科克森符号秩的估计方程

对于符号方法来说，对 θ 的估计是建立在求 L_1 范数极小值基础上的．与符号秩检验有关的估计量则求另一种范数极小值，这将在习题 10.3.7 和习题 10.3.8 中加以讨论．前面提及，我们还证明了，基于符号检验的位置估计量可通过逆检验来得到．为此，考虑威尔科克森符号秩，估计量$\hat{\theta}_W$ 是

$$T^+(\hat{\theta}_W) = \frac{n(n+1)}{4} \tag{10.3.31}$$

的解．

利用定义 10.3.14 后面对函数 $T^+(\theta)$的阐述，容易看出，$\hat{\theta}_W=\text{median}\left\{\frac{X_i+X_j}{2}\right\}$；也就是说，它是沃尔什平均的中位数．这经常称为霍奇斯-莱曼(Hodges-Lehmann)估计量，这是由于霍奇斯和莱曼的那几篇富于创新的论文探讨了此估计量的性质．参看 Hodges 和 Lehmann(1963)．

利用 R 函数 `wilcox.test` 计算霍奇斯-莱曼估计值．为了说明它的计算，考察例 10.3.1中的达尔文数据．设 R 向量 `ds` 包含配对数据之差，即交叉-自花．R 代码由 `wilcox.test(ds,conf.int=T)`给出，计算得出，霍奇斯-莱曼估计是 3.1375．所以，我们估计高度差是 3.1375in．

实际上，为了获得霍奇斯-莱曼估计量的渐近分布，我们可再次使用类似于符号方法的推导过程．下面用一个定理概括这个结果．

定理 10.3.3 考察来自模型(10.2.1)的随机样本 $X_1, X_2, \cdots, X_n$. 假定 $f(x)$ 关于 0 对称. 那么,

$$\sqrt{n}(\hat{\theta}_W - \theta) \to N(0, \tau_W^2) \tag{10.3.32}$$

其中 $\tau_W = \left(\sqrt{12}\int_{-\infty}^{\infty} f^2(x)\mathrm{d}x\right)^{-1}$.

利用这个定理,基于威尔科克森符号秩的渐近方差的渐近相对有效性与上面那些的渐近相对有效性是一样的.

10.3.3 中位数的置信区间

由于过程 $S(\theta)$ 与过程 $T^+(\theta)$ 之间的类似性,基于威尔科克森符号秩的 θ 的置信区间可以沿着与基于 $S(\theta)$ 的推导一样的方式进行讨论. 对于已知水平 α,设 c_{W1} 表示威尔科克森符号秩分布的临界点,使得 $P_\theta[T^+(\theta) \leqslant c_{W1}] = \alpha/2$. 如同 10.2.3 节一样,于是有

$$1 - \alpha = P_\theta[c_{W1} < T^+(\theta) < n - c_{W1}] = P_\theta[W_{c_{W1}+1} \leqslant \theta < W_{m-c_{W1}}] \tag{10.3.33}$$

其中 $m = n(n+1)/2$ 表示沃尔什平均值的个数. 因此,区间 $[W_{c_{W1}+1}, W_{m-c_{W1}})$ 是 θ 的 $(1-\alpha)100\%$ 置信区间.

我们可以用 T^+ 的渐近零分布(10.3.10)来获得下面对 c_{W1} 的近似. 正如习题 10.3.6 所证明的.

$$c_{W1} \approx \frac{n(n+1)}{4} - z_{\alpha/2}\sqrt{\frac{n(n+1)(2n+1)}{24}} - \frac{1}{2} \tag{10.3.34}$$

其中 $\Phi(-z_{\alpha/2}) = \alpha/2$. 在应用时,我们使用最接近于 c_{W1} 的整数.

考虑用 R 软件计算,这个置信区间可利用 R 函数 `wilcox.test` 来计算. 例如,对于达尔文数据,设 R 向量 `ds` 包含配对数据之差,即交叉-自花. 然后调用 `wilcox.test(ds, conf.int=T,conf.level=.95)` 计算数据之差的中位数的 95% 置信区间. 其计算结果为区间(0.5000,5.2125). 因此,在 95% 的置信水平下,我们估计交叉受精的玉米可能比自花受精的玉米要高出 0.5 到 5.2in.

10.3.4 蒙特卡罗研究法

本章所推导出的渐近相对有效性是渐近的. 在本节中,我们描述蒙特卡洛方法,用它可以研究有限样本估计量之间的相对有效性. 比较是针对分布族和不同的样本量而进行的. 将每个分布和样本量的组合称为一种**情况**(situation). 我们还可以选择各种不同的样本量 n 来模拟,通常 n 会相当大. 接下来,我们描述一个典型模拟来研究两个估计量之间的相对有效性.

方便表示,设 $X_1, X_2, \cdots, X_n$ 是一个服从位置模型式(10.2.1)的随机样本,即

$$X_i = \theta + e_i, \quad i = 1, 2, \cdots, n \tag{10.3.35}$$

其中 e_i 表示独立同分布的,具有概率密度函数 $f(x)$,并且 $f(x)$ 是关于 0 对称的. 对于我们的讨论来说,考察两种位置估计的情况,我们分别用 $\hat{\theta}_1$ 和 $\hat{\theta}_2$ 表示. 由于这些都是位置估计量,进一步,我们在不失一般性的情况下假定真实的 $\theta = 0$.

设 n 表示样本量,设 $f(x)$ 表示给定情况下的概率密度函数. 然后由 $f(x)$ 生成 n_s 个样

本量为 n 的独立随机样本．对于第 i 个样本，分别用$\hat{\theta}_{1i}$和$\hat{\theta}_{2i}$表示估计量，$i=1,2,\cdots,n_s$．对于估计量$\hat{\theta}_j$，考察模拟结果的均方误差，由

$$\mathrm{MSE}_j = \frac{1}{n_s}\sum_{i=1}^{n_s} \hat{\theta}_{ji}^2, \quad j = 1,2 \tag{10.3.36}$$

给出．

正如习题 10.3.2 所证明的，对于样本量为 n 的样本，在对称和位置估计量的假设下，MSE_j 是$\hat{\theta}_j$ 方差的一致估计量．因此，在样本量为 n 情况下，估计值$\hat{\theta}_1$ 和$\hat{\theta}_2$ 之间的相对有效性(RE_n)的估计值是比值．

$$\widehat{\mathrm{RE}_n(\hat{\theta}_1,\hat{\theta}_2)} = \frac{\mathrm{MSE}_2}{\mathrm{MSE}_1} \tag{10.3.37}$$

为了阐明这一讨论，考察研究关于污染正态分布族上的霍奇斯-莱曼估计量和样本均值估计量的比较问题，这个污染正态分布族具有污染率 ε 和标准差比 σ_c，在这里我们利用例 10.3.3的符号．利用 R 函数 rcn.R 从污染正态样本中生成样本．用下面 R 函数 aresimcn.R 可以计算模拟结果，然后计算相对有效性的估计值：

```
aresimcn <- function(n,nsims,eps,vc){
    chl <- c(); cxbar <- c()
    for(i in 1:nsims){
        x <- rcn(n,eps,vc)
        chl <- c(chl,wilcox.test(x,conf.int=T)$est)
        cxbar <- c(cxbar,t.test(x,conf.int=T)$est)
     }
     aresimcn <- mses(cxbar,0)/mses(chl,0)
     return(aresimcn)}
```

其中函数 mses.R 计算均方误差，也就是式(10.3.36)．所有三个函数都可在前言中列出的网站下载．

对于特定情况，可以令 $n=30$，样本污染正态分布具有污染率 $\varepsilon=0.25$，标准差比 $\sigma_c=3$．由表 10.3.2 可知，渐近相对有效性是 1.616．在这些设置下，我们运行函数 aresimcn.R，并执行 10 000 次模拟产生了样本量 $n=30$ 时的相对有效性的估计值 1.561．这个值接近渐近值．实际调用的命令是 aresimcn(30,10000,.25,3)．我们还可以运行 $\varepsilon=0.20$ 和 $\sigma_c=25$ 的情况．在这种情况下，样本量 $n=30$ 时估计的相对有效性为 40.934，也就是说，我们估计霍奇斯-莱曼估计量在样本量 30 的污染正态分布下比样本均值估计量高效 41%．

习题

10.3.1　(a) 对于 $n=3$，通过展开矩母函数式(10.3.6)，证明威尔科克森符号秩的分布由

j	-6	-4	-2	0	2	4	6
$P(T=j)$	$\frac{1}{8}$	$\frac{1}{8}$	$\frac{1}{8}$	$\frac{2}{8}$	$\frac{1}{8}$	$\frac{1}{8}$	$\frac{1}{8}$

给出．

(b) 求 $n=4$ 时威尔科克森符号秩的分布．

10.3.2 考察位置模型式(10.3.35)．假定随机误差的概率密度函数，$f(x)$是关于0对称的．设$\hat{\theta}$表示θ的位置估计量．假定$E(\hat{\theta}^4)$存在．

(a) 证明，$\hat{\theta}$是θ的无偏估计量．

提示：不失一般性，假定$\theta=0$，并且从$E(\hat{\theta})=E[\hat{\theta}(X_1,X_2,\cdots,X_n)]$开始，利用$X_i$在0附近对称分布的事实．

(b) 如同10.3.4节，假定我们从关于0对称的概率密度函数$f(x)$中生成样本量为n的n_s个独立样本．对于第i个样本，设$\hat{\theta}_i$表示θ的估计值．证明，$n_s^{-1}\sum_{i=1}^{n_s}\hat{\theta}_i^2 \to V(\hat{\theta})$依概率成立．

10.3.3 为了能从$N(0,1)$分布中抽取样本，对R函数 `aresimcn.R` 的代码进行修改．对霍奇斯-莱曼估计量和$\overline{X}$之间的渐近有效性进行估计，其中样本量$n=15,25,50,100$．对于每一个样本量，都执行10 000次模拟．将你的计算结果与渐近相对有效性0.955进行比较．

10.3.4 考察习题4.6.5中给出的自花受精的数据．回想一下，这样的设计是由配对(Self_i，Rival_i)组成的，对于$i=1,2,\cdots,20$，其中Self_i与Rival_i表示自花受精和交叉受精各自处理的运行时间．这些数据存放于 `selfrival.rda` 文件中．设$X_i=\text{Self}_i-\text{Rival}_i$表示配对差，将位置模型中的这些数据之差建模成为$X_i=\theta+e_i$．考察假设$H_0:\theta=0$ vs $H_1:\theta\neq 0$．

(a) 求这些假设的符号秩检验统计量和p值．利用0.05显著性水平陈述结论(数据方面)．

(b) 求t检验统计量和p值，利用0.05显著性水平得出结论．

(c) 为了考察异常值对这两个分析的影响，将第20个交叉时间从17.88改为178.8．评论一下这些分析是如何因为异常值而发生变化的．

(d) 对原始数据和变化后的数据进行分析，求θ的95%置信区间．然后评论置信区间是如何因异常值而改变的．

10.3.5 假定$f(x)$是式(3.4.17)给出的污染正态概率密度函数．推导式(10.3.30)，并用它求此概率密度函数的$\text{ARE}(W,t)$．

10.3.6 使用T^+的渐近零分布(10.3.10)，求对c_{W1}的近似(10.3.34)．

10.3.7 对于向量$\boldsymbol{v}\in\mathbb{R}^n$，定义函数

$$\|\boldsymbol{v}\|=\sum_{i=1}^{n}R(|v_i|)|v_i| \tag{10.3.38}$$

证明，这个函数是$\mathbb{R}^n$上的范数；也就是它满足下面性质：

1. $\|\boldsymbol{v}\|\geqslant 0$，并且$\|\boldsymbol{v}\|=0$当且仅当$\boldsymbol{v}=\boldsymbol{0}$．
2. $\|a\boldsymbol{v}\|=|a|\,\|\boldsymbol{v}\|$，对于所有$a\in\mathbb{R}$．
3. $\|\boldsymbol{u}+\boldsymbol{v}\|\leqslant\|\boldsymbol{u}\|+\|\boldsymbol{v}\|$，对于所有$\boldsymbol{u}$，$\boldsymbol{v}\in\mathbb{R}^n$．

对于三角不等式，使用了反秩形式，即

$$\|\boldsymbol{v}\|=\sum_{j=1}^{n}j|v_{i_j}| \tag{10.3.39}$$

于是，运用下述事实：如果有两组n个数的集合，比如$\{t_1,t_2,\cdots,t_n\}$与$\{s_1,s_2,\cdots,s_n\}$，那么对每一个集合来说，两两乘积的最大之和由$\sum_{j=1}^{n}t_{i_j}s_{k_j}$给出，其中$\{i_j\}$与$\{k_j\}$分别是$t_i$与$s_i$的反秩；也就是$t_{i_1}\leqslant t_{i_2}\leqslant\cdots\leqslant t_{i_n}$与$s_{k_1}\leqslant s_{k_2}\leqslant\cdots\leqslant s_{k_n}$．

10.3.8 考察习题10.3.7给出范数．对于位置模型，将θ估计值定义成

$$\hat{\theta}=\text{Argmin}_\theta\|X_i-\theta\| \tag{10.3.40}$$

证明：$\hat{\theta}$是霍奇斯-莱曼估计值，也就是满足(10.3.27)．提示：当对θ微分时，使用范数反秩形

式(10.3.39).

10.3.9　证明：倘若矩母函数存在，概率密度函数(或概率质量函数)$f(x)$关于 0 对称当且仅当它的矩母函数关于 0 是对称的.

10.3.10　在习题 10.1.4 中，我们已经定义了术语标度泛函. 证明，参数 τ_W 即(10.3.26)是标度泛函.

10.4　曼-惠特尼-威尔科克森方法

假定 $X_1,X_2,\cdots,X_{n_1}$ 是来自分布具有连续累积分布函数 $F(x)$ 与概率密度函数 $f(x)$ 的随机样本，而 $Y_1,Y_2,\cdots,Y_{n_2}$ 是来自分布具有连续累积分布函数 $G(x)$ 与概率密度函数 $g(x)$ 的随机样本. 对于这种情况，对于所有 x，存在一个由 $H_0:F(x)=G(x)$ 给出的零假设，即两个样本来自同一个分布. 除通常不是 H_0 的备择假设之外，还会有什么样的备择假设呢？一个有趣的备择假设是 X **随机大于**(stochastically larger)Y，这是由 $G(x)\geqslant F(x)$ 定义的，对于所有 x，至少有一个 x 使得严格不等式成立. 这种备择假设会在习题中加以讨论.

对于本节绝大多数内容而言，我们考察位置模型. 在此情况下，对于某个 Δ 值，$G(x)=F(x-\Delta)$. 因此，零假设变成 $H_0:\Delta=0$. 参数 Δ 常常称为分布之间的**移位**(shift)，在此情况下，Y 的分布与 $X+\Delta$ 的分布是一样的；也就是

$$P(Y\leqslant y)=P(X+\Delta\leqslant y)=F(y-\Delta) \tag{10.4.1}$$

当 $\Delta>0$ 时，Y 随机大于 X，参看习题 10.4.8.

在存在移位的情况下，参数 Δ 与所使用的位置泛函是无关的. 为了认识这一点，假如我们选取 X 的任意位置泛函，比如 $T(F_X)$. 那么，可将 X_i 写成

$$X_i=T(F_X)+\varepsilon_i \tag{10.4.2}$$

其中 $\varepsilon_1,\varepsilon_2,\cdots,\varepsilon_{n_1}$ 是独立同分布的，且 $T(F_\varepsilon)=0$. 由式(10.4.1)可得

$$Y_j=T(F_X)+\Delta+\varepsilon_j,\quad j=1,2,\cdots,n_2 \tag{10.4.3}$$

因此，$T(F_Y)=T(F_X)+\Delta$. 所以，对于任意位置泛函来说，$\Delta=T(F_Y)-T(F_X)$. 也就是说，无论选择什么样的泛函对位置进行建模，Δ 都是相同的.

于是，假定对于两个样本，移位模型都是成立的. 关注的备择假设是通常的单侧备择假设与双侧备择假设. 为了方便起见，这里讨论由

$$H_0:\Delta=0 \text{ vs } H_1:\Delta>0 \tag{10.4.4}$$

给出的单侧备择假设. 而一些习题考察其他形式的备择假设. 在 H_0 成立的条件下，X 的分布与 Y 的分布是相同的，而且把两个样本合并成一个 $n=n_1+n_2$ 个观测值的大样本. 假如对合并样本从 1 到 n 排序，并考察统计量

$$W=\sum_{j=1}^{n_2}R(Y_j) \tag{10.4.5}$$

其中 $R(Y_j)$ 表示 n 项合并样本中 Y_j 的秩. 这个统计量经常称为**曼-惠特尼-威尔科克森**(Mann-Whitney-Wilcoxon，记为 MWW)统计量. 在 H_0 成立的条件下，秩应该服从 X_i 与 Y_j 之间的均匀分布，然而，在 $H_1:\Delta>0$ 下，Y_j 应该有更大的秩. 因此，一种直观的拒绝规则是

$$\text{当 } W\geqslant c,\quad \text{则拒绝 } H_0\text{，接受 } H_1 \tag{10.4.6}$$

现在，讨论 W 零分布，这要求我们选取 c 以使决策规则建立在设定水平 α 上. 在 H_0

成立条件下，Y_j 的秩等可能是来自 n 个元素集合中的样本量为 n_2 的任何子集. 回顾存在 $\binom{n}{n_2}$ 个子集. 因此，如果 $\{r_1,r_2,\cdots,r_{n_2}\}$ 来自 $\{1,2,\cdots,n\}$ 的样本量为 n_2 的子集，那么

$$P[R(Y_1)=r_1,\cdots,R(Y_{n_2})=r_{n_2}]=\binom{n}{n_2}^{-1} \tag{10.4.7}$$

这蕴含着统计量 W 在 H_0 下是无分布的. 尽管不能得到 W 的零分布闭形式，但存在求出此分布的递归算法，参看 Hettmansperger 和 McKean(2011)的第 2 章. 同理，单个秩 $R(Y_j)$ 的分布在 H_0 下服从整数 $\{1,2,\cdots,n\}$ 上的均匀分布. 由此，我们立刻得出

$$E_{H_0}(W)=\sum_{j=1}^{n_2}E_{H_0}(R(Y_j))=\sum_{j=1}^{n_2}\sum_{i=1}^{n}i\,\frac{1}{n}=\sum_{j=1}^{n_2}\frac{n(n+1)}{2n}=\frac{n_2(n+1)}{2}$$

其方差在(10.4.10)下面讨论，而更一般情况的推导则在 10.5 节给出. 另外，可以证明，W 渐近服从正态分布. 我们用下述定理对这些内容加以概括.

定理 10.4.1　假定 $X_1,X_2,\cdots,X_{n_1}$ 是来自分布具有连续累积分布函数 $F(x)$ 的随机样本，并且 $Y_1,Y_2,\cdots,Y_{n_2}$ 是来自分布具有连续累积分布函数 $G(x)$ 的随机样本. 假定 H_0：$F(x)=G(x)$，对于所有 x. 若 H_0 为真，则

$$W\text{ 是无分布的，具有对称概率质量函数} \tag{10.4.8}$$

$$E_{H_0}[W]=\frac{n_2(n+1)}{2} \tag{10.4.9}$$

$$\mathrm{Var}_{H_0}(W)=\frac{n_1n_2(n+1)}{12} \tag{10.4.10}$$

$$\frac{W-n_2(n+1)/2}{\sqrt{\mathrm{Var}_{H_0}(W)}}\text{ 渐近服从分布 }N(0,1) \tag{10.4.11}$$

定理中只有一项内容上述未曾讨论，那就是零分布的对称性，稍后我们将阐述. 首先，考察一个例子.

例 10.4.1(水轮数据集)　在 Abebe 等(2001)所讨论的实验中，把小白鼠放在部分浸入水中的轮子上. 如果小白鼠保持轮子运动，那么它们便不会进入水中. 响应变量是轮子每分钟转动圈数. 第 1 组服用安慰剂，第 2 组由服了药物的小白鼠组成. 数据如下：

第 1 组 X	2.3	0.3	5.2	3.1	1.1	0.9	2.0	0.7	1.4	0.3
第 2 组 Y	0.8	2.8	4.0	2.4	1.2	0.0	6.2	1.5	28.8	0.7

数据存放于 `waterwheel.rda` 文件中. 对数据给出的比较箱线图(习题 10.4.9 要求读者绘制)表明，除处理组的奇异值(或称离群值)大一些之外，两组数据类似. 在这种情况下，双侧假设看起来合适. 注意，数据集仅有少数几个点取同样值(即它们是不分胜负的). 这种情形会发生在现实数据集合中. 我们将遵循通常做法，并使用打破平局的秩平均数. 比如，观测值 $x_2=x_{10}=0.3$ 是平手，而合并数据的秩是 2 与 3. 由此，对于这些观测值中的每一个，我们使用秩 2.5. 同理，威尔科克森检验统计量是 $w=\sum_{j=1}^{10}R(y_j)=116.50$. W 零假设的均值与方差分别为 105 与 175. 渐近检验统计量是 $z=(116.5-105)/\sqrt{175}=$

0.869，其 p 值为 2 * (1－pnorm(0.869))＝0.3848. 因此，并没有拒绝 H_0. 该检验进一步证实了数据的比较箱线图. 基于均值之差的 t 检验将在习题 10.4.9 中加以讨论. 在例 10.4.2中，我们讨论利用 R 进行计算的问题. ■

下面，我们想要推导检验统计量的某些性质，然后使用它们讨论关于 Δ 的点估计与置信区间. 如同前一节一样，就这些问题而言，可以证明以另一种方式写出 W 是有益的. 不失一般性，假定 Y_j 均是有序的. 回顾 X_i 与 Y_j 的分布都是连续的，由此，将观测值处理成不同的. 因而，$R(Y_j) = \#_i\{X_i < Y_j\} + \#_i\{Y_i \leqslant Y_j\}$. 这就导致

$$\begin{aligned} W = \sum_{j=1}^{n_2} R(Y_j) &= \sum_{j=1}^{n_2} \#_i\{X_i < Y_j\} + \sum_{j=1}^{n_2} \#_i\{Y_i \leqslant Y_j\} \\ &= \#_{i,j}\{Y_j > X_i\} + \frac{n_2(n_2+1)}{2} \end{aligned} \tag{10.4.12}$$

设 $U = \#_{i,j}\{Y_j > X_i\}$，那么我们得到 $W = U + n_2(n_2+1)/2$. 因此，假设(10.4.4)的等价检验是，当 $U \geqslant c_2$ 则拒绝 H_0. 由定理 10.4.1 立刻可得，在 H_0 下，U 是无分布的，均值为 $n_1n_2/2$ 且方差为(10.4.10)，它服从渐近正态分布. 现在，很容易获得 U 或 W 的零分布的对称性. 在 H_0 下，X_i 与 Y_j 服从同一分布，所以 U 与 $U' = \#_{i,j}\{X_i > Y_j\}$ 的分布必是一样的. 另外，$U + U' = n_1n_2$. 这就得出

$$\begin{aligned} P_{H_0}\left(U - \frac{n_1n_2}{2} = u\right) &= P_{H_0}\left(n_1n_2 - U' - \frac{n_1n_2}{2} = u\right) \\ &= P_{H_0}\left(U' - \frac{n_1n_2}{2} = -u\right) = P_{H_0}\left(U - \frac{n_1n_2}{2} = -u\right) \end{aligned}$$

从而，得到定理 10.4.1 中期望的对称性结果.

例 10.4.2(水轮数据续)　考察利用 R 命令计算威尔科克森分析，假定 y 和 x 包含 Y 与 X 上各自的样本. 调用 R 命令 `wilcox.test(y,x)`可计算威尔科克森检验. 所用的形式是统计量 $U = \#_{i,j}\{Y_i > X_i\}$. 对于例 10.4.1 中的数据，令 R 向量 `grp1` 和 `grp2` 分别包含第 1 组和第 2 组的样本. 于是，调用命令和计算结果是：

```
wilcox.test(grp2,grp1);  W = 61.5, p-value = 0.4053
```

注意，R 使用 `W` 作为 U 的标签. 为了检验方便起见，写成 61.5＋10(11)/2＝116.5＝$\sum R(y_i)$，这与例 10.4.1 所计算的结果一致. 在没有联系的情况，而且如果 $n_i < 50$，$i=1$，2 时，R 的 p 值是精确的. 否则，它建立在渐近分布基础上. 注意，渐近 p 值与 R 的计算值略有不同. 利用 R 函数 `pwilcox(u,n1,n2)`可计算 U 的精确累积分布函数. ■

注意，倘若 $G(x) = F(x-\Delta)$，则 $Y_j - \Delta$ 服从的分布与 X_i 的一样. 因此，这里关注的过程是

$$U(\Delta) = \#_{i,j}\{(Y_j - \Delta) > X_i\} = \#_{i,j}\{(Y_j - X_i) > \Delta\} \tag{10.4.13}$$

由此，$U(\Delta)$表示差值 $Y_j - X_i$ 大于Δ 的个数. 设 $D_1 < D_2 < \cdots < D_{n_1n_2}$ 表示 $Y_j - X_i$ 的 n_1n_2 个有序差. 于是，$U(\Delta)$的图形就与图 10.2.2 一样，只是 D_i 位于水平轴上，而垂直轴上的 n 则要用 n_1n_2 代替；也就是说，$U(\Delta)$是 Δ 的递减阶梯函数，它在每一个差 D_i 处都下降一个单位最大值为 n_1n_2.

于是，像上面两节一样，获得基于威尔科克森检验的推断性质. 设 c_α 表示基于统计量

U 的假设(10.2.2)检验的水平为 α 的临界值，即 $\alpha=P_{H_0}(U\geqslant c_\alpha)$. 对于 $\Delta\geqslant 0$，设 $\gamma_U(\Delta)=P_\Delta(U\geqslant c_\alpha)$表示检验的功效函数. 对于过程 $U(\Delta)$来说，变换性质即引理 10.2.1 成立. 因此，如同定理 10.2.1，功效函数是 Δ 的非递减函数. 尤其是，威尔科克森检验是单侧假设(10.4.4)的无偏检验.

10.4.1　渐近相对有效性

威尔科克森检验的渐近相对有效性可沿着与 10.2.1 节中符号检验统计量相类似的线索展开讨论. 这里，考察由

$$H_0:\Delta=0 \text{ vs } H_{1n}:\Delta_n=\frac{\delta}{\sqrt{n}} \tag{10.4.14}$$

给出的局部备择假设序列，其中 $\delta>0$. 我们还假定

$$\frac{n_1}{n}\to\lambda_1,\quad \frac{n_2}{n}\to\lambda_2,\quad \text{其中 } \lambda_1+\lambda_2=1 \tag{10.4.15}$$

此假设蕴含着 $n_1/n_2\to\lambda_1/\lambda_2$，也就是说，样本量在渐近形式上保持同一比例.

为了确定威尔科克森检验的效力，考察修正统计量

$$\overline{U}(\Delta)=\frac{1}{n_1n_2}U(\Delta) \tag{10.4.16}$$

由此立刻可得

$$\mu_{\overline{U}}(0)=E_0(\overline{U}(0))=\frac{1}{2}\quad \text{与}\quad \sigma_{\overline{U}}^2(0)=\frac{n+1}{12n_1n_2} \tag{10.4.17}$$

由于数对(X_i,Y_j)是独立同分布的，故有

$$\mu_{\overline{U}}(\Delta_n)=E_{\Delta_n}(\overline{U}(0))=E_0(\overline{U}(-\Delta_n))=P_0(Y-X>-\Delta_n) \tag{10.4.18}$$

X 与 Y 的独立性、$\int_{-\infty}^{\infty}F(x)f(x)\mathrm{d}x=1/2$ 的事实一起得出

$$\begin{aligned}P_0(Y-X>-\Delta_n)&=E_0(P_0[Y>X-\Delta_n|X])\\&=E_0(1-F(X-\Delta_n))=1-\int_{-\infty}^{\infty}F(x-\Delta_n)f(x)\mathrm{d}x\\&=\frac{1}{2}+\int_{-\infty}^{\infty}(F(x)-F(x-\Delta_n))f(x)\mathrm{d}x\\&\approx\frac{1}{2}+\Delta_n\int_{-\infty}^{\infty}f^2(x)\mathrm{d}x\end{aligned} \tag{10.4.19}$$

其中为得到最后一个等式，应用了中值定理. 将式(10.4.17)和式(10.4.19)一起代入，得出效力

$$c_U=\lim_{n\to\infty}\frac{\mu'_{\overline{U}}(0)}{\sqrt{n}\sigma_{\overline{U}}(0)}=\sqrt{12}\sqrt{\lambda_1\lambda_2}\int_{-\infty}^{\infty}f^2(x)\mathrm{d}x \tag{10.4.20}$$

可以严谨形式得到这个推导，从而得出下面定理.

定理 10.4.2(渐近功效引理)　*考察假设(10.4.14)的序列. 曼-惠特尼-威尔科克森检验水平为 α 的功效函数极限由*

$$\lim_{n\to\infty}\gamma_U(\Delta_n)=1-\Phi(z_\alpha-\sqrt{\lambda_1\lambda_2}\delta\tau_W^{-1}) \tag{10.4.21}$$

给出，其中 $\tau_W=1/\sqrt{12}\int_{-\infty}^{\infty}f^2(x)\mathrm{d}x$ 是效力 c_U 的倒数，而 $\Phi(z)$ 是标准正态随机变量的累积分布函数.

如同上面两节一样，通过确定样本量，可使用这个定理建立有关的有效性测量. 考察假设(10.4.4). 假如我们针对水平 α 的 MWW 检验要确定样本量 $n=n_1+n_2$，以使检验具有适当功效 γ^* 的备择假设 Δ^*. 由定理 10.4.2，得到方程

$$\gamma^*=\gamma_U(\sqrt{n}\Delta^*/\sqrt{n})\approx 1-\Phi(z_\alpha-\sqrt{\lambda_1\lambda_2}\sqrt{n}\Delta^*\tau_W^{-1}) \tag{10.4.22}$$

这导出方程

$$z_{\gamma^*}=z_\alpha-\sqrt{\lambda_1\lambda_2}\delta\tau_W^{-1} \tag{10.4.23}$$

其中 $\Phi(z_{\gamma^*})=1-\gamma^*$. 求解 n 得到

$$n_U\approx\left(\frac{(z_\alpha-z_{\gamma^*})\tau_W}{\Delta^*\sqrt{\lambda_1\lambda_2}}\right)^2 \tag{10.4.24}$$

为在应用中使用此结果，必须给出样本量比例 $\lambda_1=n_1/n$ 与 $\lambda_2=n_2/n$. 正如习题 10.4.1 指出的，最大功效两样本设计具有样本量比例 1/2；也就是说，相等样本量.

为了运用这个结论获得 MWW 检验与两样本混合 t 检验之间的渐近相对有效性，习题 10.4.2证明，为了检测具有适当功效 γ^* 的 Δ^*，两样本 t 检验所需要的样本量由

$$n_{LS}\approx\left(\frac{(z_\alpha-z_{\gamma^*})\sigma}{\Delta^*\sqrt{\lambda_1\lambda_2}}\right)^2 \tag{10.4.25}$$

给出，其中 σ 是 e_i 的方差. 因此，像上节一样，威尔科克森检验(MWW)与 t 检验之间的渐近相对有效性是样本量(10.4.24)与(10.4.25)之比值，它是

$$\mathrm{ARE(MWW,LS)}=\frac{\sigma^2}{\tau_W^2} \tag{10.4.26}$$

注意，这与前面一节所推导的威尔科克森符号秩检验和 t 检验之间的渐近相对有效性相同. 若 $f(x)$ 是正态概率密度函数，则 MWW 的有效性相对于混合 t 检验的而言是其 95.5%. 因而，在正态情况下，MWW 检验损失很小. 另一方面，在像例 10.3.3 中污染正态(其中 $\epsilon>0$)族的情况下，MWW 检验有效性比混合 t 检验的要高许多.

10.4.2 基于 MWW 的估计方程

正如上一节对威尔科克森符号秩所讨论的，为获得 Δ 的估计，我们转到检验统计量上. 如同下一节所讨论的，这个估计值能通过对范数求极小值而加以定义. 估计量 $\hat{\theta}_W$ 是估计方程

$$U(\Delta)=E_{H_0}(U)=\frac{n_1n_2}{2} \tag{10.4.27}$$

的解. 回顾上面对过程 $U(\Delta)$ 的阐述，很明显霍奇斯-莱曼估计量由

$$\hat{\Delta}_U=\mathrm{med}_{i,j}\{Y_j-X_i\} \tag{10.4.28}$$

给出. 对此估计值进行渐近分布讨论可沿着如下线索展开，也就是和基于上一节过程 $U(\Delta)$ 及渐近功效定理 10.4.2 一样的线索展开. 为避免证明，这里直接将此结果表述成一个定理.

定理 10.4.3 假定随机变量 $X_1, X_2, \cdots, X_{n_1}$ 是独立同分布的，具有概率密度函数 $f(x)$，同时随机变量 $Y_1, Y_2, \cdots, Y_{n_2}$ 是独立同分布的，具有概率密度函数 $f(x-\Delta)$. 那么，

$$\hat{\Delta}_U \text{ 服从近似 } N\left(\Delta, \tau_W^2\left(\frac{1}{n_1}+\frac{1}{n_2}\right)\right) \text{ 分布} \tag{10.4.29}$$

其中 $\tau_W = \left(\sqrt{12}\int_{-\infty}^{\infty} f^2(x)\mathrm{d}x\right)^{-1}$.

正如习题 10.4.6 证明的，倘若 $\mathrm{Var}(\varepsilon_i)=\sigma^2<\infty$，则 Δ 的最小二乘估计 $\overline{Y}-\overline{X}$ 服从下述近似分布：

$$\overline{Y}-\overline{X} \text{ 服从近似 } N\left(\Delta, \sigma^2\left(\frac{1}{n_1}+\frac{1}{n_2}\right)\right) \text{ 分布} \tag{10.4.30}$$

注意，$\hat{\Delta}_U$ 的渐近方差之比由比值(10.4.24)给出. 由此，该检验渐近相对有效性与相对应的估计值渐近相对有效性相一致.

10.4.3 移位参数 Δ 的置信区间

对应于 MWW 估计值的 Δ 置信区间可沿着和上一节讨论霍奇斯-莱曼估计值一样的线索进行推导. 对于已知水平 α，设 c 表示 MWW 分布临界点，使得 $P_\Delta[U(\Delta)\leqslant c]=\alpha/2$. 同 10.2.3 节中一样，得到

$$1-\alpha = P_\Delta[c < U(\Delta) < n_1 n_2 - c] = P_\Delta[D_{c+1} \leqslant \Delta < D_{n_1 n_2 - c}] \tag{10.4.31}$$

其中 $D_1 < D_2 < \cdots < D_{n_1 n_2}$ 表示有序差 $Y_j - X_i$. 因此，区间 $[D_{c+1}, D_{n_1 n_2 - c})$ 是 Δ 的 $(1-\alpha)100\%$ 的置信区间. 利用 MWW 检验统计量 U 的零渐近分布，得出下述对 c 的近似

$$c \approx \frac{n_1 n_2}{2} - z_{\alpha/2}\sqrt{\frac{n_1 n_2 (n+1)}{12}} - \frac{1}{2} \tag{10.4.32}$$

其中 $\Phi(-z_{\alpha/2})=\alpha/2$，参看习题 10.4.7.

例 10.4.3(例 10.4.1 续) 回到前面例 10.4.1，查看用 R 计算(两个向量组 grp1 和 grp2)得到的：

```
wilcox.test(grp2,grp1,conf.int=T)
95 percent confidence interval: -0.8000273  2.8999445
sample estimate: 0.5000127
```

因此，移位偏移的霍奇斯-莱曼估计值是 0.50，而移位的置信区间是(−0.800, 2.890). 因此，与检验统计量一致，置信区间覆盖原假设 $\Delta=0$. ■

10.4.4 功效的蒙特卡罗研究

在 10.3.4 节中，我们讨论了两个位置估计量之间的有限样本量相对有效性的蒙特卡罗研究. 在本节中，我们考察两个检验的功效的有限样本研究. 如 10.3.4 节所述，比较两种检验功效的蒙特卡罗研究将是对特定的分布族和样本量的，而样本量的每一种组合都是本研究的情况. 为了简短介绍，我们考虑一种这样的情况.

模型是由式(10.4.2)和式(10.4.3)所描述的两样本位置模型，其中 Δ 表示模型之间位置的移位. 我们考察双侧假设

$$H_0:\Delta = 0 \quad \text{vs} \quad H_1:\Delta \neq 0 \tag{10.4.33}$$

对这些假设，我们的研究内容是比较威尔科克森检验和如同例 8.3.1 所定义的两个样本 t 检验的功效. 对于我们的具体情况，考察样本量 $n_1 = n_2 = 30$，污染正态分布，其污染率 $\epsilon = 0.20$，标准差比 $\sigma_c = 10$. 我们选取 $\alpha = 0.05$ 作为显著性水平. 注意，对于给定数据集，如果 H_0 的 p 值小于或等于 α，则在 α 水平上检验就拒绝 H_0.

我们选择 10 000 次模拟. 这个算法的要点非常简单. 对于每一次模拟，算法生成独立的样本，计算每个检验统计量，并记录每次检验是否被拒绝. 对于每个检验，其经验功效是其被拒绝的次数除以模拟次数. 下面的 R 函数 wil2powsim.R 融合了这个算法. 第一行代码包含所用的设置.

```
n1=30;n2=30;nsims=10000;eps=.20;vc=10;Delta=seq(-3,3,1) #Settings
wil2powsim <- function(n1,n2,nsims,eps,vc,Delta=0,alpha=.05){

indwil <-0; indt <- 0
for(i in 1:nsims){
x <- rcn(n1,eps,vc); y <- rcn(n2,eps,vc) + Delta
if(wilcox.test(y,x)$p.value <= alpha){indwil <- indwil + 1}
if(t.test(y,x,var.equal=T)$p.value <= alpha){indt <- indt + 1}
}
powwil <- sum(indwil)/nsims; powt <- sum(indt)/nsims
return(c(powwil,powt))}
```

注意，功效是依据备择顺序 $\Delta = -3, -2, \cdots, 3$ 来计算的. 对于我们的运算来说，得到下面的经验功效：

Δ	−3	−2	−1	0	1	2	3
威尔科克森检验	0.9993	0.9856	0.6859	0.0527	0.6889	0.9874	0.9988
t 检验	0.7245	0.4411	0.1575	0.0465	0.1597	0.4318	0.7296

很明显，对于这种情况，威尔科克森检验比 t 检验更为有效. 这一点并不令人感到奇怪，因为污染正态分布具有比较厚的尾部，t 检验被异常值的高百分比所损害. 此外，这与污染正态分布的威尔科克森和 t 检验之间的渐近相对有效性一致. $\Delta = 0$ 的经验功效是接近名义 $\alpha = 0.05$ 的经验水平. 对于这两个检验来说，当 Δ 从 0 向任意方向移动时其功效都会增大，这种情况是应该发生的.

习题

10.4.1　通过考虑渐近功效引理，即定理 10.4.2，证明 $n_1 = n_2$ 等样本量情况是当 n 固定、满足 $n_1 + n_2 = n$，并且水平与备择假设也是固定的那种设计中最大功效设计.

提示：证明这个问题等价于求函数

$$g(n_1) = \frac{n_1(n - n_1)}{n^2}$$

的极大值，然后得到结果.

10.4.2　考察例 4.6.2 讨论的假设(10.4.4)的 t 检验渐近形式.

(a) 利用定理 10.4.2 的设置，推导此检验相对应的渐近功效引理.

(b) 用(a)部分的结果，求式(10.4.25).

10.4.3 在10.4.4节所述的功效研究中，在 $\Delta=0$ 的经验功效是经验水平. 根据经验水平，求出真实水平的95%置信区间. 它们是否含有名义水平 $\alpha=0.05$?

10.4.4 在10.4.4节关于功效研究中，为了使威尔科克森检验具有大约80%的功效来检测 $\Delta=1$，(通过模拟法)确定必需的共同样本量.

10.4.5 对10.4.4节的功效研究，修改R函数 wil2powsim.R 来获得 $N(0,1)$ 分布的经验功效.

10.4.6 运用中心极限定理，证明式(10.4.30)成立.

10.4.7 对于 Δ 的置信区间(10.4.31)的割点标志，推导由式(10.4.32)给出的近似.

10.4.8 设 X 是连续随机变量，具有累积分布函数 $F(x)$. 假定 $Y=X+\Delta$，其中 $\Delta>0$. 证明：Y 随机大于 X.

10.4.9 考察由例10.4.1给出的数据.

(a) 求数据的比较箱线图.

(b) 证明：样本均值之差为3.11，它比移位的MWW估计值要大很多. 对于这种不同，请给予解释.

(c) 证明：利用 t 检验 Δ 的95%置信区间是(−2.7, 8.92). 这个区间为什么远大于对应的MWW区间呢?

(d) 证明：例4.6.2曾讨论的 t 检验统计量，对于这个数据集合来说，它的值为1.12，其 p 值为0.28. 不过，像MWW结果一样，依据比较箱线图，这可以认为是相当显著的；这看起来似乎比想要证明的更为显著.

*10.5 一般秩得分

假如利用和非参数方法相对应的估计量，我们对估计对称分布中心感兴趣. 在上面两节内容中，就我们的选择而言，要么选用符号检验，要么使用威尔科克森符号秩检验. 如果样本是从正态分布抽取的，那么就上述两种检验而言，我们更愿意选用威尔科克森符号秩检验，因为它在正态分布情况下，比符号检验更为有效. 但是，威尔科克森符号秩检验并不是完全有效的. 这会产生如下问题：在正态分布条件下，存在完全有效非参数方法吗？也就是说，在正态分布下对 t 检验而言，存在100%有效方法吗？更一般地讲，假如我们设定了分布. 相对那个分布的极大似然估计量而言，存在100%有效非参数方法吗？一般地讲，对这两个问题的回答是肯定的. 这一节探讨两个样本位置问题的诸如此类问题，原因在于对此问题可立刻推广到10.7节回归问题上. 就单样本问题而言，可研究类似理论. 参看Hettmansperger和McKean(2011)的第1章.

如同上一节一样，设 $X_1,X_2,\cdots,X_{n_1}$ 是来自分别具有累积分布函数 $F(x)$ 与概率密度函数 $f(x)$ 的连续型分布随机样本. 设 $Y_1,Y_2,\cdots,Y_{n_2}$ 是来自分别具有累积分布函数 $F(x-\Delta)$ 与概率密度函数 $f(x-\Delta)$ 的连续型分布随机样本，其中 Δ 表示移位. 设 $n=n_1+n_2$ 表示合并后的样本量. 考察假设

$$H_0:\Delta=0 \text{ vs } H_1:\Delta>0 \tag{10.5.1}$$

首先定义一般秩的分类. 设 $\varphi(u)$ 是定义在区间(0,1)上的非递减函数，使得 $\int_0^1\varphi^2(u)\mathrm{d}u<\infty$. 我们称 $\varphi(u)$ 为**得分**函数(score function). 不失一般性，对此函数进行标准化，以使 $\int_0^1\varphi(u)\mathrm{d}u=0$ 且 $\int_0^1\varphi^2(u)\mathrm{d}u=1$；参看习题10.5.1. 其次，对于 $i=1,2,\cdots,n$，定义得分

$a_\varphi(i)=\varphi[i/(n+1)]$. 于是，$a_\varphi(1)\leqslant a_\varphi(2)\leqslant\cdots\leqslant a_\varphi(n)$，并假定 $\sum_{i=1}^{n}a(i)=0$（这本质上是由于 $\int\varphi(u)\mathrm{d}u=0$，参看习题 10.5.12）. 考察检验统计量

$$W_\varphi=\sum_{j=1}^{n_2}a_\varphi(R(Y_j)) \tag{10.5.2}$$

其中 $R(Y_j)$ 表示合并样本 n 个观测值中 Y_j 的秩. 由于得分函数是非递减的，一个通常的拒绝规则是

$$\text{当 } W_\varphi\geqslant c \text{ 时，}\quad \text{拒绝 } H_0\text{，接受 } H_1 \tag{10.5.3}$$

注意，如果使用线性得分函数 $\varphi(u)=\sqrt{12}(u-(1/2))$，那么

$$\begin{aligned}W_\varphi&=\sum_{j=1}^{n_2}\sqrt{12}\left(\frac{R(Y_j)}{n+1}-\frac{1}{2}\right)=\frac{\sqrt{12}}{n+1}\sum_{j=1}^{n_2}\left(R(Y_j)-\frac{n+1}{2}\right)\\&=\frac{\sqrt{12}}{n+1}W-\frac{\sqrt{12}n_2}{2}\end{aligned} \tag{10.5.4}$$

其中 W 表示 MWW 检验统计量(10.4.5). 因此，由线性得分函数的特殊情况，得出 MWW 检验统计量.

为了完成决策规则(10.5.2)，我们需要检验统计量 W_φ 的零分布. W_φ 的许多性质都可沿着和 MWW 检验一样的线索进行讨论. 首先，由于在零假设下 Y_j 秩的每一个子集都是等可能的，所以 W_φ 是无分布的. 一般地讲，不能获得 W_φ 闭形式，但类似于 MWW 检验统计量分布可递归地求出它. 其次，为得到 W_φ 零均值，要使用 $R(Y_j)$ 在整数 $1,2,\cdots,n$ 上是均匀的事实. 由于 $\sum_{i=1}^{n}a_\varphi(i)=0$，故有

$$E_{H_0}(W_\varphi)=\sum_{j=1}^{n_2}E_{H_0}(a_\varphi(R(Y_j)))=\sum_{j=1}^{n_2}\sum_{i=1}^{n}a_\varphi(i)\,\frac{1}{n}=0 \tag{10.5.5}$$

为了求零方差，首先通过方程

$$E_{H_0}(a_\varphi^2(R(Y_j)))=\sum_{i=1}^{n}a_\varphi^2(i)\,\frac{1}{n}=\frac{1}{n}\sum_{i=1}^{n}a_\varphi^2(i)=\frac{1}{n}s_a^2 \tag{10.5.6}$$

定义一个量 s_a^2，正如习题 10.5.4 所证明的，$s_a^2/n\approx 1$. 因为 $E_{H_0}(W_\varphi)=0$，所以

$$\begin{aligned}\mathrm{Var}_{H_0}(W_\varphi)&=E_{H_0}(W_\varphi^2)=\sum_{j=1}^{n_2}\sum_{j'=1}^{n_2}E_{H_0}[a_\varphi(R(Y_j))a_\varphi(R(Y_{j'}))]\\&=\sum_{j=1}^{n_2}E_{H_0}[a_\varphi^2(R(Y_j))]+\sum_{j\neq j'}\sum E_{H_0}[a_\varphi(R(Y_j))a_\varphi(R(Y_{j'}))]\\&=\frac{n_2}{n}s_a^2-\frac{n_2(n_2-1)}{n(n-1)}s_a^2 \qquad (10.5.7)\\&=\frac{n_1n_2}{n(n-1)}s_a^2 \qquad (10.5.8)\end{aligned}$$

参看习题 10.5.2 对式(10.5.7)第二项的推导. 在更高等教科书中，可以证明，W_φ 在 H_0 下渐近服从正态分布. 因此，相对应水平 α 的渐近决策规则是

$$\text{当 } z = \frac{W_\varphi}{\sqrt{\mathrm{Var}_{H_0}(W_\varphi)}} \geqslant z_\alpha \text{ 时，拒绝 } H_0\text{，接受 } H_1 \tag{10.5.9}$$

为了解决本节第一段提出的问题，需要检验统计量 W_φ 的效力. 为继续沿着上一节的线索讨论，定义过程(process)

$$W_\varphi(\Delta) = \sum_{j=1}^{n_2} a_\varphi(R(Y_j - \Delta)) \tag{10.5.10}$$

其中 $R(Y_j-\Delta)$表示 $X_1,\cdots,X_{n_1},Y_1-\Delta,\cdots,Y_{n_2}-\Delta$ 中 $Y_j-\Delta$ 的秩. 在上一节，MWW 统计量的过程也可用差值 Y_j-X_i 的计数表示出来. 尽管这里并不幸运，但正像下面定理证明的，这种一般过程正是 Δ 的递减阶梯函数.

定理 10.5.1 过程 $W_\varphi(\Delta)$是 Δ 的递减阶梯函数，在每个差值 Y_j-X_i 处都下降一步，$i=1, 2,\cdots,n_1$ 且 $j=1,2,\cdots,n_2$. 它的极大值与极小值分别是 $\sum_{j=n_1+1}^{n} a_\varphi(j)\geqslant 0$ 与 $\sum_{j=1}^{n_2} a_\varphi(j)\leqslant 0$.

证：假定 $\Delta_1<\Delta_2$ 且 $W_\varphi(\Delta_1)\neq W_\varphi(\Delta_2)$. 因此，$X_i$ 与 $Y_j-\Delta$ 之间秩的值必不同于 Δ_1 与 Δ_2 处的；也就是说，一定存在 j 与 i，使得 $Y_j-\Delta_2<X_i$ 与 $Y_j-\Delta_1>X_i$. 这蕴含着 $\Delta_1<Y_j-X_i<\Delta_2$. 因而，$W_\varphi(\Delta)$改变了 Y_j-X_i 差处的值. 为了证明它是递减的，假定 $\Delta_1<Y_j-X_i<\Delta_2$ 且在 Δ_1 与 Δ_2 之间没有其他差. 那么，$Y_j-\Delta_1$ 与 X_i 必是邻接秩；否则，Δ_1 与 Δ_2 之间并不会存在多于一个差. 由于 $Y_j-\Delta_1>X_i$ 且 $Y_j-\Delta_2<X_i$，所以有

$$R(Y_j-\Delta_1) = R(X_i)+1 \text{ 与 } R(Y_j-\Delta_2) = R(X_i)-1$$

同理，对于 $W_\varphi(\Delta)$表达式来说，仅有 Y_j 项秩才会在区间$[\Delta_1,\Delta_2]$中变动. 因此，由于得分不是非递减的，所以

$$\begin{aligned} W_\varphi(\Delta_1)-W_\varphi(\Delta_2) &= \sum_{k\neq j} a_\varphi(R(Y_k-\Delta_1)) + a_\varphi(R(Y_j-\Delta_1)) \\ &\quad - \Big[\sum_{k\neq j} a_\varphi(R(Y_k-\Delta_2)) + a_\varphi(R(Y_j-\Delta_2))\Big] \\ &= a_\varphi(R(X_i)+1) - a_\varphi(R(X_i)-1) \geqslant 0 \end{aligned}$$

因为 $W_\varphi(\Delta)$是递减阶梯函数且仅在 Y_j-X_i 差处出现下降，对于所有 i,j，当 $\Delta<Y_j-X_i$ 时，才会出现它的极大值；也就是说，对于所有 i，j，当 $X_i<Y_j-\Delta$ 时出现极大值. 因此，在此情况下，变量 $Y_j-\Delta$ 必达到全部最大秩，因而

$$\max_\Delta W_\varphi(\Delta) = \sum_{j=n_1+1}^{n} a_\varphi(j)$$

注意，这种极大值一定是非负的. 由于假定它是严格负的，对于 $j=n_1+1, 2,\cdots,n$，至少有一个 $a_\varphi(j)<0$. 因为得分是非递减的，所以对于所有 $i=1,2, \cdots,n_1$，$a_\varphi(i)<0$. 这就产生了矛盾

$$0 > \sum_{j=n_1+1}^{n} a_\varphi(j) \geqslant \sum_{j=n_1+1}^{n} a_\varphi(j) + \sum_{j=1}^{n_1} a_\varphi(j) = 0$$

同理，可得出极小值结果；参看习题 10.5.6. ■

正如习题 10.5.7 证明的，对于过程 $W_\varphi(\Delta)$来说，平移性质引理 10.2.1 成立. 利用这个结果以及刚才的定理，我们可以证明假设(10.5.1)的检验统计量的功效函数是非递减的. 由此，该检验是无偏的.

10.5.1 效力

下面概述基于 W_φ 检验的效力. 这里的论证是严谨的；参看高等教科书. 考察由下面平均给出的统计量

$$\overline{W}_\varphi(0) = \frac{1}{n} W_\varphi(0) \tag{10.5.11}$$

依据式(10.5.5)与式(10.5.8)，有

$$\mu_\varphi(0) = E_0(\overline{W}_\varphi(0)) = 0 \text{ 与 } \sigma_\varphi^2 = \mathrm{Var}_0(\overline{W}_\varphi(0)) = \frac{n_1 n_2}{n(n-1)} n^{-2} s_a^2 \tag{10.5.12}$$

由习题 10.5.4 注意到，$\overline{W}_\varphi(0)$的方差是 $O(n^{-1})$阶的. 于是

$$\mu_\varphi(\Delta) = E_\Delta[\overline{W}_\varphi(0)] = E_0[\overline{W}_\varphi(-\Delta)] = \frac{1}{n}\sum_{j=1}^{n_2} E_0[a_\varphi(R(Y_j+\Delta))] \tag{10.5.13}$$

假定$\hat{F}_{n_1}$与$\hat{F}_{n_2}$分别是随机样本 $X_1, X_2, \cdots, X_{n_1}$ 与 $Y_1, Y_2, \cdots, Y_{n_2}$ 的经验分布. 秩与经验累积分布函数之间的关系如下：

$$\begin{aligned} R(Y_j+\Delta) &= \#_k\{Y_k+\Delta \leqslant Y_j+\Delta\} + \#_i\{X_i \leqslant Y_j+\Delta\} \\ &= \#_k\{Y_k \leqslant Y_j\} + \#_i\{X_i \leqslant Y_j+\Delta\} \\ &= n_2 \hat{F}_{n_2}(Y_j) + n_1 \hat{F}_{n_1}(Y_j+\Delta) \end{aligned} \tag{10.5.14}$$

将该式代入式(10.5.13)，得到

$$\mu_\varphi(\Delta) = \frac{1}{n}\sum_{j=1}^{n_2} E_0\left\{\varphi\left[\frac{n_2}{n+1}\hat{F}_{n_2}(Y_j) + \frac{n_1}{n+1}\hat{F}_{n_1}(Y_j+\Delta)\right]\right\} \tag{10.5.15}$$

$$\to \lambda_2 E_0\{\varphi[\lambda_2 F(Y) + \lambda_1 F(Y+\Delta)]\} \tag{10.5.16}$$

$$= \lambda_2 \int_{-\infty}^{\infty} \varphi[\lambda_2 F(Y) + \lambda_1 F(Y+\Delta)] f(y)\mathrm{d}y \tag{10.5.17}$$

式(10.5.16)的极限实际上是一个双重极限，在 H_0 下它源自$\hat{F}_{n_i}(x) \to F(x), i=1,2$，以及用 F 代替式(10.5.15)中经验累积分布函数基础上的观测值，求和式包含了同分布随机变量，因而，具有同样期望. 这些近似都是严谨的. 由此可得

$$\frac{\mathrm{d}}{\mathrm{d}\Delta}\mu_\varphi(\Delta) = \lambda_2 \int_{-\infty}^{\infty} \varphi'[\lambda_2 F(Y) + \lambda_1 F(Y+\Delta)]\lambda_1 f(y+\Delta) f(y)\mathrm{d}y$$

因此，

$$\mu_\varphi'(0) = \lambda_1\lambda_2 \int_{-\infty}^{\infty} \varphi'[F(y)] f^2(y)\mathrm{d}y \tag{10.5.18}$$

由式(10.5.12)得出

$$\sqrt{n}\sigma_\varphi = \sqrt{n}\sqrt{\frac{n_1 n_2}{n(n-1)}}\frac{1}{\sqrt{n}}\sqrt{\frac{1}{n}s_a^2} \to \sqrt{\lambda_1\lambda_2} \tag{10.5.19}$$

依据式(10.5.18)与式(10.5.19)，W_φ 的效力由

$$c_\varphi = \lim_{n\to\infty}\frac{\mu_\varphi'(0)}{\sqrt{n}\sigma_\varphi} = \sqrt{\lambda_1\lambda_2}\int_{-\infty}^{\infty}\varphi'[F(y)] f^2(y)\mathrm{d}y \tag{10.5.20}$$

给出.

利用效力，可推导出检验统计量 W_φ 的渐近功效．考察由(10.4.14)给出的局部备择假设的序列与基于 W_φ 的水平 α 渐近检验．用 $\gamma_\varphi(\Delta_n)$表示该检验功效函数．于是，可以证明，

$$\lim_{n\to\infty}\gamma_\varphi(\Delta_n) = 1 - \Phi(z_\alpha - c_\varphi\delta) \tag{10.5.21}$$

其中 $\Phi(z)$表示标准正态随机变量累积分布函数．如同前几节一样，可继续讨论基于检验统计量 W_φ 的确定样本量问题，参看习题 10.5.8.

10.5.2 基于一般得分的估计方程

假定使用 10.5.1 节曾经讨论的得分 $a_\varphi(i)=\varphi(i/(n+1))$．前面提及，检验统计量 W_φ 均值为 0．因此，Δ 的对应估计量是估计方程

$$W_\varphi(\hat{\Delta}) \approx 0 \tag{10.5.22}$$

的解．由定理 10.5.1，$W_\varphi(\hat{\Delta})$是 Δ 的递减阶梯函数．此外，其极大值是正的，而极小值则是负的(仅有退化情况才会导致这两个值之一或者全部为 0)；从而，方程(10.5.22)的解存在．由于 $W_\varphi(\hat{\Delta})$是一个阶梯函数，所以解可能并不唯一．不过，当解不唯一时，如同威尔科克森方法与中位数方法那样存在解区间，故能选择区间中点．用数值方法很容易求解方程，因为可使用诸如二等分法或试位法这类简单迭代法；参看 Hettmansperger 和McKean (2011)的第 210 页．利用渐近功效引理，能推导估计量的渐近分布，而且它由

$$\hat{\Delta}_\varphi \text{ 近似服从分布 } N\left(\Delta, \tau_\varphi^2\left(\frac{1}{n_1}+\frac{1}{n_2}\right)\right) \tag{10.5.23}$$

给出，其中

$$\tau_\varphi = \left[\int_{-\infty}^{\infty}\varphi'[F(y)]f^2(y)\mathrm{d}y\right]^{-1} \tag{10.5.24}$$

由此，效力可表示成 $c_\varphi=\sqrt{\lambda_1\lambda_2}\tau_\varphi^{-1}$．正如习题 10.5.9 所证明的，参数 τ_φ 是一个标度参数．由于效力是 $c_\varphi=\sqrt{\lambda_1\lambda_2}\tau_\varphi^{-1}$，所以效力随标度反向变动．在下一小节的讨论中，这一发现将非常有益．

10.5.3 最优化：最佳估计

现在，我们解答第一段曾提出的一些问题．对于已知概率密度函数 $f(x)$，一般地讲，可以证明我们能选择使检验的功效极大化且使估计量的渐近方差极小化的得分函数．在某些条件下，可以证明，基于这种最优得分函数的估计量具有和极大似然估计量相同的有效性，也就是说，它们都达到了拉奥-克拉默下界．

如上，设 $X_1,X_2,\cdots,X_{n_1}$ 是来自具有概率密度函数 $f(x)$的连续累积分布函数 $F(x)$的随机样本．设 $Y_1,Y_2,\cdots,Y_{n_2}$ 是来自具有概率密度函数 $f(x-\Delta)$的连续累积分布函数 $F(x-\Delta)$的随机样本．问题是选取 φ 以使由式(10.5.20)给出的效力极大化．注意，极大化效力等价于对相应的 Δ 估计量的渐近方差求极小化．

对于一般的得分函数 $\varphi(u)$，考察由式(10.5.20)给出的效力．不失一般性，可以忽略这一表达式的相对样本量，因此，考察 $c_\varphi^*=(\sqrt{\lambda_1\lambda_2})^{-1}c_\varphi$．如果做变量变换 $u=F(y)$，然后进行分部积分，那么得出

$$
\begin{aligned}
c_{\varphi}^{*} &= \int_{-\infty}^{\infty} \varphi'[F(y)] f^{2}(y) \mathrm{d}y = \int_{0}^{1} \varphi'(u) f(F^{-1}(u)) \mathrm{d}u \\
&= \int_{0}^{1} \varphi(u) \left[-\frac{f'(F^{-1}(u))}{f(F^{-1}(u))} \right] \mathrm{d}u
\end{aligned}
\tag{10.5.25}
$$

回顾得分函数 $\int \varphi^{2}(u)\mathrm{d}u = 1$. 因而，将此问题表述成

$$
\begin{aligned}
\max_{\varphi} c_{\varphi}^{*2} &= \max_{\varphi} \left\{ \int_{0}^{1} \varphi(u) \left[-\frac{f'(F^{-1}(u))}{f(F^{-1}(u))} \right] \mathrm{d}u \right\}^{2} \\
&= \left\{ \max_{\varphi} \frac{\left\{ \int_{0}^{1} \varphi(u) \left[-\frac{f'(F^{-1}(u))}{f(F^{-1}(u))} \right] \mathrm{d}u \right\}^{2}}{\int_{0}^{1} \varphi^{2}(u) \mathrm{d}u \int_{0}^{1} \left[\frac{f'(F^{-1}(u))}{f(F^{-1}(u))} \right]^{2} \mathrm{d}u} \right\} \int_{0}^{1} \left[\frac{f'(F^{-1}(u))}{f(F^{-1}(u))} \right]^{2} \mathrm{d}u
\end{aligned}
$$

然而，在上面表达式中求极大化的那个量是相关系数平方，该相关系数达到它的极大值 1. 因此，通过选取得分函数 $\varphi(u)=\varphi_{f}(u)$，其中

$$
\varphi_{f}(u) = -\kappa \frac{f'(F^{-1}(u))}{f(F^{-1}(u))} \tag{10.5.26}
$$

这里 κ 是一个常数，以使 $\int \varphi_{f}^{2}(u)\mathrm{d}u = 1$ ，从而相关系数为 1，且极大值是

$$
I(f) = \int_{0}^{1} \left[\frac{f'(F^{-1}(u))}{f(F^{-1}(u))} \right]^{2} \mathrm{d}u \tag{10.5.27}
$$

这是位置模型的费希尔信息. 我们称由式(10.5.26)给出的得分函数为**最优得分函数**(optimal score function).

就估计而言，如果$\hat{\Delta}$是相应估计量，那么依据式(10.5.24)，它有渐近方差

$$
\tau_{\varphi}^{2} = \left[\frac{1}{I(f)} \right] \left(\frac{1}{n_{1}} + \frac{1}{n_{2}} \right) \tag{10.5.28}
$$

因而，估计量$\hat{\Delta}$达到渐近拉奥-克拉默下界，也就是说，$\hat{\Delta}$是 Δ 的渐近有效估计量. 就渐近相对有效性而言，估计量$\hat{\Delta}$和 Δ 的极大似然估计量之间的渐近相对有效性为 1. 因而，我们解答了本节第一段第二个问题.

现在，考察几个例子. 最初例子假定 ε_{i} 的分布是正态的，这个例子将解答本节开始时的重要问题. 不过，首先注意不变性会简化推导讨论. 假定 Z 是随机变量 X 的标度与位置变换；也就是说，$Z=a(X-b)$，其中 $a>0$，而 $-\infty<b<\infty$. 由于效力间接随标度而变化，所以有 $c_{f_Z}^{2}=a^{-2}c_{f_X}^{2}$. 此外，正如习题 10.5.9 所证明的，效力是位置不变量，同时 $I(f_Z)=a^{-2}I(f_X)$. 因此，上述求极大化的量相对于位置与标度变化来说是不变量. 特别地，在推导最优得分之中，只有密度形式才是重要的.

例 10.5.1(正态得分) 假定误差随机变量 ε_{i} 服从正态分布. 依据上一段讨论，可将分布 $N(0,1)$的概率密度函数作为密度形式. 从而，考察 $f_Z(z)=\phi(z)=(2\pi)^{-1/2}\exp\{-2^{-1}z^{2}\}$. 那么，$-\phi'(z)=z\phi(z)$. 设 $\Phi(z)$表示 Z 的累积分布函数. 因此，最优得分函数是

$$
\varphi_{N}(u) = -\kappa \frac{\varphi'(\Phi^{-1}(u))}{\varphi(\Phi^{-1}(u))} = \Phi^{-1}(u) \tag{10.5.29}
$$

参看习题 10.5.5 证明 $\kappa=1$ 以及 $\int \varphi_{N}(u)\mathrm{d}u = 0$. 相应的得分 $a_{N}(i)=\Phi^{-1}(i/(n+1))$常常称

为**正态得分**(normal score). 用

$$W_N(\Delta) = \sum_{j=1}^{n_2} \Phi^{-1}[R(Y_j - \Delta)/(n+1)] \tag{10.5.30}$$

表示过程. 和假设(10.5.1)有关的检验统计量是统计量 $W_N = W_N(0)$. Δ 的估计量是估计方程

$$W_N(\hat{\Delta}_N) \approx 0 \tag{10.5.31}$$

的解. 尽管不能获得估计值闭形式，但可以用数值方法相对容易地求解此方程. 由前面的讨论，在正态分布下 $\text{ARE}(\hat{\Delta}_N, \overline{Y}-\overline{X})=1$. 因此，在正态分布下，正态得分方法是完全有效的. 实际上，人们能获得对称分布条件下的更加有效结果. 可以证明，对所有对称分布来说 $\text{ARE}(\hat{\Delta}_N, \overline{Y}-\overline{X}) \geqslant 1$. ■

例 10.5.2(威尔科克森得分) 如果随机误差 ε_i 服从 logistic 分布，$i=1,2,\cdots,n$，此分布具有概率密度函数 $f_Z(z)=\exp\{-z\}/(1+\exp\{-z\})^2$. 其累积分布函数是 $F_Z(z)=(1+\exp\{-z\})^{-1}$. 正如习题 10.5.11 所证明的，

$$-\frac{f_Z'(z)}{f_Z(z)} = F_Z(z)(1-\exp\{-z\}) \text{ 与 } F_Z^{-1}(u) = \log\frac{u}{1-u} \tag{10.5.32}$$

利用标准化，得到最优得分函数

$$\varphi_W(u) = \sqrt{12}(u-(1/2)) \tag{10.5.33}$$

也就是威尔科克森得分. 基于威尔科克森得分的统计推断的性质已在 10.4 节中讨论过. 设 $\hat{\Delta}_W = \text{med}\{Y_j - X_i\}$ 表示相应估计值. 前面提及，在正态情况下，$\text{ARE}(\hat{\Delta}_W, \overline{Y}-\overline{X})=0.955$. 对于所有对称分布来说，Hodges 和 Lehmann(1956)已经证明，$\text{ARE}(\hat{\Delta}_W, \overline{Y}-\overline{X}) \geqslant 0.864$. ■

例 10.5.3 举一个数值示例，我们考察某些生成的正态观测值. 第一个样本记为 X，它是由 $N(48, 10^2)$分布生成的，而第二个样本记为 Y，它是由 $N(58, 10^2)$分布生成的. 这些数据展示在表 10.5.1 中，而且还存放于 `examp1053.rda` 文件中. 表 10.5.1 还列出了秩与正态得分数据. 我们考察使用威尔科克森、正态得分以及学生 t 分布方法，对双侧假设 $H_0:\Delta=0$ 与 $H_1:\Delta\neq 0$ 进行检验. 运行下面的 R 代码，可以得出表 10.5.2 给出的结果. 正如上一节运用 R 函数 `t.test` 与 `wilcox.test` 一样，我们没有在这个段落显示它们的结果，仅显示正态得分的结果. 运用代码时，假定 R 向量 x 和 y 包含各自的样本.

```
t.test(y,x); wilcox.test(y,x,conf.int=T)
zed=c(x,y); ind=c(rep(0,15),rep(1,15)); rz=rank(z)
phis=qnorm(rz/31); varns= ((15*15)/(30*29))*sum(phis^2)
nstst=sum(ind*phis); stdns=nstst/sqrt(varns)
pns =2*(1-pnorm(abs(stdns)))
nstst; stdns; pns
3.727011; 1.483559; 0.137926
```

为了完成表 10.5.2 中的总结，我们需要基于秩的正态得分过程来估计 Δ. Kloke 和 McKean(2011)讨论了使用 CRAN 软件包 `Rfit` 进行此类计算的问题. 如果此包安装在用户区域中，则利用下面命令计算 Δ 的估计值：

```
rfit(zed~ind,scores=nscores)$coef[2]
5.100012
```

表 10.5.1　例 10.5.3 数据

样本 1(X)			样本 2(Y)		
数据	秩	正态得分	数据	秩	正态得分
51.9	15	−0.040 44	59.2	24	0.752 73
56.9	23	0.649 32	49.1	14	−0.121 59
45.2	11	−0.372 29	54.4	19	0.286 89
52.3	16	0.040 44	47.0	13	−0.203 54
59.5	26	0.989 17	55.9	21	0.460 49
41.4	4	−1.130 98	34.9	3	−1.300 15
46.4	12	−0.286 89	62.2	28	1.300 15
45.1	10	−0.460 49	41.6	6	−0.864 89
53.9	17	0.121 59	59.3	25	0.864 89
42.9	7	−0.752 73	32.7	1	−1.848 60
41.5	5	−0.989 17	72.1	29	1.517 93
55.2	20	0.372 29	43.8	8	−0.649 32
32.9	2	−1.517 93	56.8	22	0.552 44
54.0	18	0.203 54	76.7	30	1.848 60
45.0	9	−0.552 44	60.3	27	1.130 98

表 10.5.2　例 10.5.3 的分析概括

方法	检验统计量	标准化	p 值	Δ 的估计值
学生 t 分布	$\overline{Y}-\overline{X}=5.46$	1.47	0.16	5.46
威尔科克森	$W=270$	1.53	0.12	5.20
正态得分	$W_N=3.73$	1.48	0.14	5.15

注意，标准化检验统计量与它们相应的 p 值都非常类似，而且这些会导致关于假设的同样决策．正如表格所示，Δ 的相应点估计也非常接近．可利用注释 10.5.1 所提及的软件包计算这个估计．

我们将 x_5 变为 95.5 异常值，然后重新进行分析．对于改变数据来说，t 分析的效果最好，针对 p 值为 0.53 时 $t=0.63$．与之相比，威尔科克森分析的效果最差($z=1.37$ 而 $p=0.17$)．与威尔科克森分析 $p=0.25$ 且 $z=1.14$ 相比，正态得分分析更容易受异常值影响．■

例 10.5.4(符号得分)　对于上面例子，我们假定随机误差 $\varepsilon_1,\varepsilon_2,\cdots,\varepsilon_n$ 服从拉普拉斯分布．考察一种方便形式 $f_Z(z)=2^{-1}\exp\{-|z|\}$．那么，$f_Z'(z)=-2^{-1}\operatorname{sgn}(z)\exp\{-|z|\}$，从而 $-f_Z'(F_Z^{-1}(u))/f_Z(F_Z^{-1}(u))=\operatorname{sgn}(z)$．但是，$F_Z^{-1}(u)>0$ 当且仅当 $u>1/2$．最优得分函数是

$$\varphi_S(u)=\operatorname{sgn}\left(u-\frac{1}{2}\right) \tag{10.5.34}$$

很容易证明，它已被标准化．相应过程是

$$W_S(\Delta) = \sum_{j=1}^{n_2} \operatorname{sgn}\left[R(Y_j - \Delta) - \frac{n+1}{2}\right] \tag{10.5.35}$$

由于符号缘故，此检验统计量可以写成一个称为**穆德**(Mood)检验的更简单形式；参看习题 10.5.13.

我们还能得到有关估计量的闭形式. 估计量是方程

$$\sum_{j=1}^{n_2} \operatorname{sgn}\left[R(Y_j - \Delta) - \frac{n+1}{2}\right] = 0 \tag{10.5.36}$$

的解. 对于这个方程，对变量加以排序

$$\{X_1, \cdots, X_{n_1}, Y_1 - \Delta, \cdots, Y_{n_2} - \Delta\}$$

不过，因为秩对常数变换来说是不变量，如果对变量

$$\{X_1 - \operatorname{med}\{X_i\}, \cdots, X_{n_1} - \operatorname{med}\{X_i\}, Y_1 - \Delta - \operatorname{med}\{X_i\}, \cdots, Y_{n_2} - \Delta - \operatorname{med}\{X_i\}\}$$

进行排序，那么得到同样的秩. 因此，容易看出，方程(10.5.36)的解是

$$\hat{\Delta}_S = \operatorname{med}\{Y_j\} - \operatorname{med}\{X_i\} \tag{10.5.37}$$

■

其他例子则在习题中给出.

习题

10.5.1 在这一节，正如对式(10.5.2)所讨论的，得分 $a_\varphi(i)$ 可通过标准化得分函数 $\varphi(u)$ 生成，也就是 $\int_0^1 \varphi(u)\mathrm{d}u=0$ 且 $\int_0^1 \varphi^2(u)\mathrm{d}u=1$. 假定 $\varphi(u)$ 是定义在(0,1)区间上的平方可积函数. 考察由

$$\varphi(u) = \frac{\psi(u) - \bar{\psi}}{\int_0^1 [\psi(v) - \bar{\psi}]^2 \mathrm{d}v}$$

定义的得分函数，其中 $\bar{\varphi} = \int_0^1 \varphi(v)\mathrm{d}v$. 证明：$\varphi(u)$ 是标准化得分函数.

10.5.2 通过证明式(10.5.7)中第二项成立，完成检验统计量 W_φ 的零方差为零的推导.
提示：使用如下事实：在 H_0 下，$j \neq j'$，数对 $(a_\varphi(R(Y_j)), a_\varphi(R(Y_{j'})))$ 在整数数对 (i,i') 上服从均匀分布，$i,i'=1,2,\cdots,n, i\neq i'$.

10.5.3 对于威尔科克森得分函数 $\varphi(u)=\sqrt{12}(u-(1/2))$，求 s_a 的值. 然后，证明(除了标准化)由式(10.5.8)给出的 $V_{H_0}(W_\varphi)$ 与 10.4 节的 MWW 统计量的方差相同.

10.5.4 前面提及，对得分函数进行标准化，以使 $\int_{-\infty}^{\infty} \varphi^2(u)\mathrm{d}u = 1$. 利用这一结果以及黎曼和证明 $n^{-1}s_a^2 \to 1$，其中 s_a^2 由式(10.5.6)定义.

10.5.5 证明：由例 10.5.1 推导出来的正态得分(10.5.29)是被标准化的，也就是说，$\int_0^1 \varphi_N(u)\mathrm{d}u = 0$ 且 $\int_0^1 \varphi_N^2(u)\mathrm{d}u = 1$.

10.5.6 就定理 10.5.1 而言，证明：$W_\varphi(\Delta)$ 的极小值是 $\sum_{j=1}^{n_2} a_\varphi(j)$，并且它是非负的.

10.5.7 证明：$E_\Delta[W_\varphi(0)] = E_0[W_\varphi(-\Delta)]$.

10.5.8 考察假设(10.4.4). 假定选择得分函数 $\varphi(u)$ 以及相应的基于 W_φ 的检验. 假如我们想要确定显著性水平 α 的这种检验样本量 $n=n_1+n_2$，以便选取到具有近似功效 γ^* 的备择假设 Δ^*. 假定样本

量 n_1 与 n_2 是一样的，证明

$$n \approx \left[\frac{(z_\alpha - z_{\gamma^*})2\tau_\varphi}{\Delta^*}\right]^2 \tag{10.5.38}$$

10.5.9 在本节背景下，证明下述不变性：

(a) 证明：式(10.5.24)参数 τ_φ 是标度泛函，如同习题 10.1.4 所定义的.

(b) 证明(a)部分蕴含着效力(10.5.20)是位置不变量，并且间接地随标度而变化.

(c) 假定 Z 是标度，并且是随机变量 X 的位置变换；也就是说，$Z=a(X-b)$，其中 $a>0$ 且 $-\infty<b<\infty$. 证明 $I(f_Z)=a^{-2}I(f_X)$.

10.5.10 使用正态得分，也就是 $\varphi(u)=\Phi^{-1}(u)$，考察参数 τ_φ 即式(10.5.24). 假定我们从分布 $N(\mu,\sigma^2)$ 中进行抽取样本. 证明：$\tau_\varphi=\sigma$.

10.5.11 在例 10.5.2 的背景下，求式(10.5.32)的结果.

10.5.12 设对于 $i=1,2,\cdots,n$，得分 $a(i)$ 是由 $a_\varphi(i)=\varphi(i/(n+1))$ 生成的. 其中 $\int_0^1\varphi(u)\mathrm{d}u=0$ 且 $\int_0^1\varphi^2(u)\mathrm{d}u=1$. 利用积分 $\int_0^1\varphi(u)\mathrm{d}u$ 与 $\int_0^1\varphi^2(u)\mathrm{d}u$ 的黎曼求和思想，就等长的子区间而言，证明：$\sum_{i=1}^n a(i)\approx 0$ 与 $\sum_{i=1}^n a^2(i)\approx n$.

10.5.13 考察例 10.5.4 所讨论的符号得分检验方法.

(a) 证明：$W_S=2W_S^*-n_2$，其中 $W_S^*=\#_j\left\{R(Y_j)>\frac{n+1}{2}\right\}$. 因此，$W_S^*$ 是等价的检验统计量. 求 W_S 的零均值与零方差.

(b) 证明：$W_S^*=\#_j\{Y_j>\theta^*\}$，其中 θ^* 表示合并后的样本中位数.

(c) 假定 n 是偶数，设 $W_{XS}^*=\#_i\{X_i>\theta^*\}$. 证明：可将 W_S^* 写成下面 2×2 列联表，且所有边缘的值均为固定的.

	Y	Z	
项数$>\theta^*$	W_S^*	W_{XS}^*	$\frac{n}{2}$
项数$<\theta^*$	$n_2-W_S^*$	$n_1-W_{XS}^*$	$\frac{n}{2}$
	n_2	n_1	n

证明：通常 χ^2 拟合优度与 Z_S^2 相同，其中 Z_S 表示基于 W_S 的标准化 z 检验. 这常常称为**穆德中位数检验**(Mood's Median Test).

10.5.14 重新研究例 10.5.3 曾经讨论的数据.

(a) 求习题 10.5.13 阐述的列联表.

(b) 求和表有关的 χ^2 拟合优度检验统计量，并使用它对水平为 0.05 的假设 $H_0:\Delta=0$ vs $H_1:\Delta\neq 0$进行检验.

(c) 求由式(10.5.37)给出的 Δ 估计值.

10.5.15 对于单样本问题，最优的基于符号秩方法也是同样存在的. 本习题简略地讨论这些方法. 设 $X_1,X_2,\cdots,X_n$ 服从位置模型

$$X_i=\theta+e_i \tag{10.5.39}$$

其中 $e_1,e_2,\cdots,e_n$ 是独立同分布的，具有关于 0 点对称的概率密度函数 $f(x)$，即 $f(-x)=f(x)$.

(a) 证明：在对称条件下两个样本最优得分函数(10.5.26)满足

$$\varphi_f(1-u)=-\varphi_f(u),\quad 0<u<1 \qquad (10.5.40)$$

也就是说，$\varphi_f(u)$关于$\frac{1}{2}$是奇函数. 证明：满足(10.5.40)的函数在$u=\frac{1}{2}$处为0.

(b) 对于关于$\frac{1}{2}$为奇函数的两个样本得分函数$\varphi(u)$，定义函数$\varphi^+(u)=\varphi[(u+1)/2]$，也就是$\varphi(u)$上半面. 证明：倘若$\varphi(u)$是非递减的，则$\varphi^+(u)\geqslant 0$.

(c) 对于其余问题，则假定$\varphi^+(u)$是区间(0,1)上非负且非递减的. 定义得分$a^+(i)=\varphi^+[i/(n+1)]$，$i=1,2,\cdots,n$，而相应的统计量

$$W_{\varphi^+}=\sum_{i=1}^{n}\operatorname{sgn}(X_i)a^+(R|X_i|) \qquad (10.5.41)$$

证明：若$\varphi(u)=2u-1$，则W_{φ^+}简化成符号秩检验统计量(10.3.1)的线性函数.

(d) 证明：若$\varphi(u)=\operatorname{sgn}(2u-1)$，则$W_{\varphi^+}$简化成符号检验统计量的线性函数.

注意：假定模型(10.5.39)成立，并且取$\varphi(u)=\varphi_f(u)$，其中$\varphi_f(u)$已由式(10.5.26)给出. 如果我们为了生成符号秩得分而选取$\varphi^+(u)=\varphi[(u+1)/2]$，那么可以证明，相应检验统计量$W_{\varphi^+}$在所有符号秩检验中为最优的.

(e) 考察假设

$$H_0:\theta=0 \text{ vs } H_1:\theta>0$$

对于统计量W_{φ^+}来说，我们的决策规则是，对于某个k，当$W_{\varphi^+}\geqslant k$时，则拒绝H_0，接受H_1. 可利用反秩(10.3.5)写出W_{φ^+}. 证明：W_{φ^+}在H_0下是非参数的.

(f) 求H_0下的W_{φ^+}的均值与方差.

(g) 假如适当标准化后的零分布是渐近正态的，求渐近检验.

*10.6 自适应方法

在前一节，我们已经介绍了检验与估计的完全有效的基于秩的方法. 不过，如同极大似然估计法一样，必须知道分布的基础形式，以便选取到最优的秩得分函数. 在实际应用中，常常不知道基础分布. 在此种情况下，我们能选取诸如威尔科克森得分函数，它对于适度重尾误差分布来说是相当有效的. 或许，若认为误差是十分接近正态分布，那么选择正态得分则是非常合适的. 假定我们使用的方法是以得分情况选取数据. 这些方法称为**自适应方法**(adaptive procedure). 这类方法的目的是估计得分函数；例如，参看 Naranjo 和 McKean (1997). 然而，这常需要大数据集. 还有其他一些自适应方法，它们依据某种准则从有限个得分类型中选定得分. 在本节，我们考察实施检验的自适应检验方法，该方法保持了非参数性质.

通常，研究者试图评估与单个假设有关的几种检验统计量，然后使用最有力支持他的立场的那个统计量，这种方法经常被否定. 很明显，这种类型的方法会改变检验的实际显著性水平，而该种检验水平是名义水平α. 然而，研究者有如下一种研究方法：首先考察数据，然后选择并不会改变显著性水平的检验统计量. 举例来说，假定H_0存在三种可能检验统计量W_1,W_2,W_3，它们具有各自的临界区域C_1,C_2,C_3，使得$P(W_i\in C_i;H_0)=\alpha,i=1,2,3$. 此外，假定依据同样的数据，统计量$Q$选取统计量$W_1,W_2,W_3$中的一个且仅一个，并把$W$用于检验$H_0$. 例如，如果$Q\in D_i,i=1,2,3$，由$D_1,D_2$以及$D_3$所定义的事件都是互斥且穷尽的，那么就要选用检验统计量W_i. 现在，当H_0为真时，若Q与每个W_i都是独立的，则利用整个方法(选取且检验)在H_0为真的条件下拒绝的概率是

$$
\begin{aligned}
& P_{H_0}(Q \in D_1, W_1 \in C_1) + P_{H_0}(Q \in D_2, W_2 \in C_2) + P_{H_0}(Q \in D_3, W_3 \in C_3) \\
&= P_{H_0}(Q \in D_1) P_{H_0}(W_1 \in C_1) + P_{H_0}(Q \in D_2) P_{H_0}(W_2 \in C_2) + \\
&\quad P_{H_0}(Q \in D_3) P_{H_0}(W_3 \in C_3) \\
&= \alpha [P_{H_0}(Q \in D_1) + P_{H_0}(Q \in D_2) + P_{H_0}(Q \in D_3)] = \alpha
\end{aligned}
$$

也就是说，利用独立统计量 Q 选取 W_i，然后用统计量 W_i 构建显著性水平为 α 的一个检验，这样做的方法总体上具有显著性水平 α.

当然，这种方法中的重要步骤是有能力找到选择元 Q，而 Q 与每一个检验统计量 W 是独立的．此种方法要时常利用下述事实：由 H_0 给出的参数的完备充分统计量与每个统计量都是独立的．这里的统计量的分布和那些参数无关．举例来说，如果样本量为 n_1 与 n_2 的独立随机样本来自两个正态分布，它们具有各自的均值 μ_1 与 μ_2，且具有共同方差 σ^2，那么完备充分统计量 $\overline{X}$，$\overline{Y}$ 与

$$
V = \sum_1^{n_1} (X_i - \overline{X})^2 + \sum_1^{n_2} (Y_i - \overline{Y})^2
$$

对于 μ_1、μ_2 以及 σ^2 与每一个统计量都是独立的，其分布与 μ_1 与 μ_2 以及 σ^2 无关，比如统计量

$$
\frac{\sum_1^{n_1} (X_i - \overline{X})^2}{\sum_1^{n_2} (Y_i - \overline{Y})^2}, \quad \frac{\sum_1^{n_1} |X_i - \text{median}(X_i)|}{\sum_1^{n_2} |Y_i - \text{median}(Y_i)|}, \quad \frac{\text{range}(X_1, X_2, \cdots, X_{n_1})}{\text{range}(Y_1, Y_2, \cdots, Y_{n_2})}
$$

亦如此．因而，一般地讲，我们希望有能力找到一个选择元 Q，而 Q 是参数的完备充分统计量的函数，在 H_0 为真的条件下，以使 Q 与检验统计量是独立的.

特别有趣的是，注意在非参数方法中，使用这一方法相对容易，因为利用了以参数的完备充分统计量为基础的独立性结果．对于此种情况，我们必须找到连续型 F 的累积分布函数的完备充分统计量．在第 7 章，已经证明了来自连续型、满足概率密度函数 $F'(x) = f(x)$ 分布的样本量为 n 的随机样本次序统计量 $Y_1 < Y_2 < \cdots < Y_n$ 是参数 f(或 F)的充分统计量．另外，如果分布族包括连续型的全部概率密度函数，那么 $Y_1, Y_2, \cdots, Y_n$ 的联合概率密度也是完备的．也就是说，次序统计量 $Y_1, Y_2, \cdots, Y_n$ 是参数 f(或 F)的完备充分统计量.

因此，选择元 Q 将建立在那些完备充分统计量的基础上，即在 H_0 为真的条件下的次序统计量．这允许我们独立地选取此种类型的基础分布的非参数检验方法，从而优化推断(使功效极大化).

对于所有这些分布，就各类广泛基础分布具有良好的(不一定对每一类分布都是最佳的)功效而言，把保持显著性水平接近于令人满意水平 α 的检验称为**稳健的**(robust)．举例来说，倘若基础分布非常接近于具有共同方差的正态分布，用于对两个正态分布均值相等进行检验的混合 t 检验(学生 t)是相当稳健的．然而，如果分布类型包括了并不太接近于正态分布的分布，诸如污染正态分布，那么基于 t 检验就不是稳健的；显著性水平不会继续保持不变，而且对于重尾分布来说，t 检验的功效会相当低．实际上，如果分布类型包括那些重尾分布，那么基于曼-惠特尼-威尔科克森统计量的检验(10.4 节)比基于 t 检验更为

稳健.

在下面例子里，在两样本问题背景下阐明稳健的自适应非参数方法.

例 10.6.1 设 $X_1, X_2, \cdots, X_{n_1}$ 是来自具有累积分布函数 $F(x)$ 的连续型分布的随机样本，并设 $Y_1, Y_2, \cdots, Y_{n_2}$ 是来自具有累积分布函数 $F(x-\Delta)$ 的连续型分布的随机样本. 令 $n=n_1+n_2$ 表示合并后的样本量. 我们利用下述四种非参数统计量之一对

$$H_0:\Delta = 0 \quad \text{vs} \quad H_1:\Delta > 0$$

进行检验，四种非参数统计量是：一种是威尔科克森符号秩；而另外三种是威尔科克森方法的改进. 特别地，检验统计量

$$W_i = \sum_{j=1}^{n_2} a_i[R(Y_j)], \quad i = 1,2,3,4 \tag{10.6.1}$$

其中

$$a_i(j) = \varphi_i[j/(n+1)]$$

并且四种函数已在图 10.6.1 中画出. 得分函数 $\varphi_1(u)$ 是威尔科克森得分. 得分函数 $\varphi_2(u)$ 是符号得分函数. 得分函数 $\varphi_3(u)$ 是适合短尾分布的，而得分函数 $\varphi_4(u)$ 是适合长尾、右偏分布且有移位的.

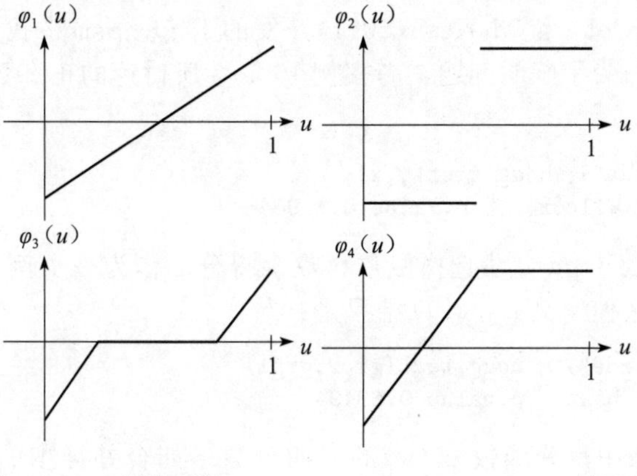

图 10.6.1 得分函数 $\varphi_1(u)$、$\varphi_2(u)$、$\varphi_3(u)$、$\varphi_4(u)$ 的图形

我们把两个样本合并到一个样本中，并用 $V_1<V_2<\cdots<V_n$ 表示合并样本的次序统计量. 在零假设下，这些是 $F(x)$ 的完备充分统计量. 对于 $i=1,2,3,4$，检验统计量 W_i 在 H_0 为真下是非参数的，特别地，W_i 的分布并不依赖于 $F(x)$. 因此，每个 W_i 与 $V_1, V_2, \cdots, V_n$ 都是独立的. 我们使用一对选择元统计量(Q_1, Q_2)，由于(Q_1, Q_2)是 $V_1, V_2, \cdots, V_n$ 的函数，从而(Q_1, Q_2)与每个 W_i 也是独立的. 第一个是

$$Q_1 = \frac{\overline{U}_{0.05} - \overline{M}_{0.5}}{\overline{M}_{0.5} - \overline{L}_{0.05}} \tag{10.6.2}$$

其中 $\overline{U}_{0.05}$、$\overline{M}_{0.5}$、$\overline{L}_{0.05}$ 分别是 V 的最大 5%、中间 50%以及最小 5%的平均值. 若 Q_1 很大（比如 2 或更大），则分布右尾似乎看起来比左尾要长一些；也就是有迹象显示该分布右偏. 另一方面，若 $Q_1<\frac{1}{2}$，则样本表明分布可能左偏. 第二个选择元统计量是

$$Q_2=\frac{\overline{U}_{0.05}-\overline{L}_{0.05}}{\overline{U}_{0.5}-\overline{L}_{0.5}} \tag{10.6.3}$$

Q_2 值很大表明分布是重尾的，而 Q_2 值很小则表明分布是轻尾的．得分选取需要规则，我们这里使用 Hogg 等(1975)文章中曾提出的基准．这些规则以及它们的基准列表如下：

基准	表示分布	选取得分
$Q_2>7$	重尾对称	φ_2
$Q_1>2$ 且 $Q_2<7$	右偏	φ_4
$Q_1\leqslant 2$ 且 $Q_2\leqslant 2$	轻尾对称	φ_3
其他	中等重尾的	φ_1

Hogg 等(1975)对一系列具有各种不同峰度与偏度系数的分布，利用这种自适应方法进行了蒙特卡罗功效研究．在他们的研究中，不论是自适应方法还是威尔科克森检验，对各种分布水平 α 都保持不变，但学生 t 则不是此种情况．另外，当分布偏离正态分布(峰度=3 且偏度=0)甚远时，威尔科克森检验功效好于 t 检验功效，但对于短尾分布、非常重尾分布以及高度偏态分布来说，研究表明适应方法比威尔科克森检验更好． ■

注释 10.6.1(自适应方法的计算) 对于例 10.6.1 所讨论的 Hogg 自适应方法，利用 R 来实现的内容可以在 Kloke 和 McKean(2011)开发的 R 包 npsm 中找到，参看前面 3.6 节．R 函数是 hogg.test．为了阐明问题，考察例 10.5.3 所讨论的正态数据．下面是所用的代码，还有得出的结果：

```
load("examp1053.rda"); hogg.test(y,x)
Scores Selected:  Wilcoxon;  p.value 0.11984
```

因此，对于这个数据，Hogg 方法选择威尔科克森得分．作为一个例子，考察例 10.4.1 所给出的水轮数据．在这种情况下，计算结果是：

```
load("waterwheel.rda");  hogg.test(grp2,grp1)
Scores Selected:  bent;  p.value 0.63494
```

所选得分为 Hogg 方法中得分函数 $\varphi_4(u)$ 的弯曲分数．如合并样本的箱线图表明的，数据是右偏的，这表明得分选择是适当的． ■

前面讨论的自适应非参数方法是针对检验的．假如我们有位置模型，并且对估计位置 Δ 的移位感兴趣．例如，如果真实 F 是正态累积分布函数，那么 Δ 估计量的一个良好选择是基于例 10.5.1 讨论的正态得分方法的估计量．不过，一些估计量并不是非参数的，因而上述推导并不成立．而且，合并样本观测值 $X_1,\cdots,X_{n_1},Y_1,\cdots,Y_{n_2}$ 不服从同分布．自适应方法建立在残差基础上，$X_1,\cdots,X_{n_1},Y_1-\hat{\Delta},\cdots,Y_{n_2}-\hat{\Delta}$，其中 $\hat{\Delta}$ 表示 Δ 的最初估计量；参看 Hettmansperger 和 McKean(2011)的第 212 页的讨论，以及 Kloke 和 McKean(2011) 7.6 节 R 的实现．

习题

10.6.1　在习题 10.6.2 与习题 10.6.3 中，要求学生将例 10.6.1 所述的自适应方法用于真实数据集．关注的假设是

$$H_0:\Delta = 0 \quad \text{vs} \quad H_1:\Delta > 0$$

其中 $\Delta=\mu_Y-\mu_X$．四个无分布检验统计量是

$$W_i = \sum_{j=1}^{n_2} a_i[R(Y_j)], \quad i = 1,2,3,4 \tag{10.6.4}$$

其中

$$a_i(j) = \varphi_i[j/(n+1)]$$

得分函数由下面给出

$$\varphi_1(u) = 2u-1, 0 < u < 1$$

$$\varphi_2(u) = \text{sgn}(2u-1), 0 < u < 1$$

$$\varphi_3(u) = \begin{cases} 4u-1, & 0 < u \leqslant \frac{1}{4} \\ 0, & \frac{1}{4} < u \leqslant \frac{3}{4} \\ 4u-3, & \frac{3}{4} < u < 1 \end{cases}$$

$$\varphi_4(u) = \begin{cases} 4u-(3/2), & 0 < u \leqslant \frac{1}{2} \\ 1/2, & \frac{1}{2} < u < 1 \end{cases}$$

注意：我们对图 10.6.1 中的第四个得分 $\varphi_4(u)$加以调整，以使它在(0,1)区间上积分等于 0. 10.5 节理论表明，在 H_0 条件下，W_i 分布渐近服从均值为 0 且方差为

$$\text{Var}_{H_0}(W_i) = \frac{n_1 n_2}{n-1}\left[\frac{1}{n}\sum_{j=1}^{n} a_i^2(j)\right]$$

正态分布．然而，注意得分并没有被标准化，所以在(0,1)区间上它们平方积分为 1. 因此，不需用 1 代替括号中的项．当 $n_1=n_2=15$ 时，求 $\text{Var}_{H_0}(W_i)$，对于 $i=1,2,3,4$.

10.6.2 考察例 10.5.3 中的数据，以及假设

$$H_0:\Delta = 0 \quad \text{vs} \quad H_1:\Delta > 0$$

其中 $\Delta=\mu_Y-\mu_X$．利用习题 10.6.1 所定义的检验，将例 10.6.1 所述的自适应过程应用于这些假设的检验上．求出检验的 p 值.

10.6.3 设 $F(x)$是连续型分布的分布函数，此分布关于它的中位数 θ 是对称的．我们想要检验 $H_0:\theta=0$ vs $H_1:\theta>0$．利用如下事实：倘若 H_0 为真，对 $2n$ 个值即 X_i 与 $-X_i, i=1,2,\cdots,n$ 加以排序，这样得到的次序统计量是 F 的完备充分统计量.

(a) 如同习题 10.5.15，确定对应于上面习题中所定义的两样本得分函数 $\varphi_1(u)$，$\varphi_2(u)$以及$\varphi_3(u)$的单样本符号秩检验统计量．使用渐近检验统计量．注意，这些得分函数关于$\frac{1}{2}$是奇函数，从而得分函数的上半面作为符号秩检验的得分函数.

(b) 对这个问题，我们假定对称分布；从而我们仅仅选取 Q_2 作为得分选择元．若 $Q_2\geqslant 7$，则选 $\varphi_2(u)$；若 $2<Q_2<7$，则选 $\varphi_1(u)$；最后，若 $Q_2\leqslant 2$，则选 $\varphi_3(u)$．构建这一自适应非参数检验.

(c) 对例 10.3.1 中的达尔文玉米数据，使用你的自适应方法．求 p 值.

10.7 简单线性模型

在这一节，我们考察简单线性模型，并简要讨论有关简单线性模型的基于秩的方法．假定 $Y_1, Y_2, \cdots, Y_n$ 服从下面模型，

$$Y_i = \alpha + \beta(x_i - \overline{x}) + \varepsilon_i, \quad i = 1,2,\cdots,n \tag{10.7.1}$$

其中 $\varepsilon_1,\varepsilon_2,\cdots,\varepsilon_n$ 是独立同分布的，具有连续累积分布函数 $F(x)$与概率密度函数 $f(x)$. 在此模型中，认为变量 $x_1,x_2,\cdots,x_n$ 是固定的. 通常将 x 称为是 Y 的预测因子. 此外，为了方便起见(不失一般性)，采用中心化，即利用$\overline{x}$，不过我们这一节的例题不使用它. 参数 β 是斜率参数. 当 x 增加一个单位时，β 是预期变化(倘若期望存在). 一个常用的零假设是

$$H_0:\beta = 0 \quad \text{vs} \quad H_1:\beta \neq 0 \tag{10.7.2}$$

在 H_0 为真的条件下，Y 的分布与 x 无关.

Hettmansperger 和 McKean(2011)第 3 章，从几何观点出发阐述了线性模型的基于秩的方法；也可以参看 10.9 节的习题 10.9.11 和习题 10.9.12.

例 10.7.1　如同 10.4 节一样，设 $X_1,X_2,\cdots,X_{n_1}$ 是来自具有连续累积分布函数 $F(x-\alpha)$分布的随机样本，其中 α 是一个位置参数. 设 $Y_1,Y_2,\cdots,Y_{n_2}$ 是来自具有累积分布函数 $F(x-\alpha-\Delta)$分布的随机样本. 因此，Δ 是 X_i 与 Y_j 之间的移位. 重新定义观测值为 $Z_i=X_i,i=1,2,\cdots,n_1$ 与 $Z_{n_1+i}=Y_i,i=n_1+1,\cdots,n$，其中 $n=n_1+n_2$. 当 $1\leqslant i\leqslant n_1$ 时，取 $c_i=0$；当 $n_1+1\leqslant i\leqslant n$ 时，取 $c_i=1$. 于是，将两样本位置模型写成

$$Z_i = \alpha + \Delta c_i + \varepsilon_i \tag{10.7.3}$$

其中 ε_1，$\varepsilon_2,\cdots,\varepsilon_n$ 是独立同分布的，具有累积分布函数 $F(x)$. 所以，从这种观点看，位置模型的移位是斜率参数. ■

假定回归模型(10.7.1)成立，并且 H_0 为真. 那么，我们希望 Y_i 与 $x_i-\overline{x}$ 之间没有联系，尤其希望它们是不相关的. 因此，作为一个检验统计量，人们可以考察 $\sum_{i=1}^{n}(x_i-\overline{x})Y_i$. 正如第 9 章的习题 9.6.11 所证明的，如果另外假定随机误差服从正态分布，那么这个检验统计量被适当地标准化，进而成为似然比检验统计量. 运用同样方法进行推理，对于特定的得分函数，我们希望在 H_0 为真下，$a_\varphi(R(Y_i))$与 $x_i-\overline{x}$ 是不相关的. 因此，考察检验统计量

$$T_\varphi = \sum_{i=1}^{n}(x_i - \overline{x})a_\varphi(R(Y_i)) \tag{10.7.4}$$

其中 $R(Y_i)$表示 $Y_1,Y_2,\cdots,Y_n$ 中 Y_i 的秩，而对于非递减得分函数 $\varphi(u)$来说，$a_\varphi(i)=\varphi(i/(n+1))$，对其进行标准化，以使 $\int\varphi(u)\mathrm{d}u = 0$ 且 $\int\varphi^2(u)\mathrm{d}u = 1$. T_φ 值接近于 0 意味着 H_0 成立.

假定 H_0 为真，则 $Y_1,Y_2,\cdots,Y_n$ 是独立同分布随机变量. 因此，整数$\{1,2,\cdots,n\}$的任何排列等可能地成为 $Y_1,Y_2,\cdots,Y_n$ 的秩. 所以，T_φ 分布不含 $F(x)$. 注意，该分布将依赖于 $x_1,x_2,\cdots,x_n$. 因而，无法利用分布表，尽管仍可快速计算这些分布的生成形式. 由于 $R(Y_i)$服从整数$\{1,2,\cdots,n\}$上的均匀分布，容易证明，T_φ 的零期望为 0. 可像 10.5 节中的那样，求出其零方差，因而我们把它留作习题 10.7.4. 概括地讲，零假设矩由

$$E_{H_0}(T_\varphi) = 0 \quad 以及 \quad \mathrm{Var}_{H_0}(T_\varphi) = \frac{1}{n-1}s_a^2\sum_{i=1}^{n}(x_i - \overline{x})^2 \tag{10.7.5}$$

给出，其中 s_a^2表示得分(10.5.6)平方的和. 而且，可以证明，该检验统计量是渐近正态

的．因此，假设(10.7.2)渐近水平 α 的决策规则是

$$\text{当} |z| = \left| \frac{T_\varphi}{\sqrt{\mathrm{Var}_{H_0}(T_\varphi)}} \right| \geqslant z_{\alpha/2} \text{ 时，拒绝 } H_0 \text{，接受 } H_1 \tag{10.7.6}$$

有关过程则由

$$T_\varphi(\beta) = \sum_{i=1}^{n} (x_i - \overline{x}) a_\varphi(R(Y_i - x_i\beta)) \tag{10.7.7}$$

给出．从而，β 的相应估计值$\hat{\beta}_\varphi$ 可通过解估计方程

$$T_\varphi(\hat{\beta}_\varphi) \approx 0 \tag{10.7.8}$$

得到．类似于定理 10.5.1，可以证明，$T_\varphi(\beta)$是 β 的递减阶梯函数，在每个样本斜率$(Y_j - Y_i)/(x_j - x_i)$，$i \neq j$ 处，此阶梯函数都下降．因而，其估计值存在．虽然不能得到解的闭形式，但可使用简单迭代法求出其解．不过，在回归问题中，人们经常对 Y 的预测感兴趣．这时还需要估计出 α 之值．注意，由于位置估计值建立在残差基础上，所以可以获得估计值．这已经在 Hettmansperger 和 Mckean(2011)的 3.5.2 节给出了详细讨论．就我们的目的而言，考察残差的中位数，也就是把 α 估计成

$$\hat{\alpha} = \mathrm{med}\{Y_i - \hat{\beta}_\varphi(x_i - \overline{x})\} \tag{10.7.9}$$

注释 10.7.1(计算)　有几种软件可以计算斜率与截距的威尔科克森估计。我们推荐 Kloke 和 McKean(2011)开发的 CRAN 包 `Rfit`．Kloke 和 McKean(2011)的第 4 章讨论了 `Rfit` 对简单回归模型式(10.7.1)的应用．`Rfit` 有许多得分函数的代码，包括威尔科克森得分、正态得分以及适用于偏态误差分布的得分．本节中的计算可以用 `Rfit` 执行．此外，minitab 命令 rregr 获得威尔科克森拟合．Terpstra 和 McKean(2005)编写了一个 R 函数的集合 ww，它利用威尔科克森得分来获得拟合．■

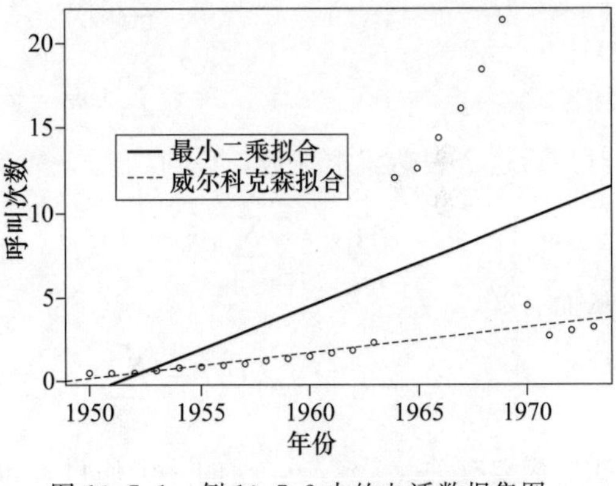

图 10.7.1　例 10.7.2 中的电话数据集图，威尔科克森拟合与最小二乘拟合的叠加图

例 10.7.2(电话数据)　考察习题 9.6.3 中讨论过的回归数据．前面提及，此数据集的响应变量(y)是比利时从 1950 年到 1973 年的电话呼叫次数(千百万次)；而年份时间作为预测变量(x)．图 10.7.1 画出了该数据点图．数据也存放于 phone.rda 文件中．对于这个例子，我们使用威尔科克森得分来拟合模型(10.7.1)．计算代码和部分结果(包括叠加形式的拟合图)如下：

```
fitls <- lm(numcall~year); fitrb <- rfit(numcall~year)
fitls$coef; fitrb$coef # Result -26.0, 0.504; -7.1, 0.145
plot(numcall~year,xlab="Year",ylab="Number of calls")
abline(fitls); abline(fitrb,lty=2)
legend(50,15,c("LS-Fit","Wilcoxon-Fit"),lty=c(1,2))
```

因而，威尔科克森拟合值$\hat{Y}_{\varphi,i} = -7.1 + 0.145x_i$ 已在图 10.7.1 中画出．此外，最小二乘拟

合值是$\hat{Y}_{LS,i}=-26.0+0.504x_i$，也被画出．注意，和最小二乘拟合相比，威尔科克森拟合对离散值更为不敏感．

此数据集中的离群值是记录误差，参看 Rousseeuw 和 Leroy(1987)的第 25 页给出的详细讨论． ■

类似于引理 10.2.1，由

$$E_\beta[T(0)]=E_0[T(-\beta)] \tag{10.7.10}$$

给出的过程 $T(\beta)$的平移性质成立，参看习题 10.7.2．另外，正如习题 10.7.5 证明的，若假定基于 T_φ 的检验有无偏性，这个性质蕴含着 $H_0:\beta=0$ 的单侧检验功效曲线是单调的．

现在，我们推导此过程的效力．设 $\mu_T(\beta)=E_\beta[T(0)]$，并且 $\sigma_T^2(0)=\mathrm{Var}_0[T(0)]$．式(10.7.5)给出了 $\sigma_T^2(0)$的结果．前面提及，对于均值 $\mu_T(\beta)$来说，我们需要它在 0 点的导数．我们自由使用排序与经验累积分布函数之间的关系，然后用真实累积分布函数逼近这个经验累积分布函数．因此，

$$\begin{aligned}\mu_T(\beta)=E_\beta[T(0)]=E_0[T(-\beta)]&=\sum_{i=1}^n(x_i-\overline{x})E_0[a_\varphi(R(Y_i+x_i\beta))]\\&=\sum_{i=1}^n(x_i-\overline{x})E_0\left[\varphi\left(\frac{n\hat{F}_n(Y_i+x_i\beta)}{n+1}\right)\right]\\&\approx\sum_{i=1}^n(x_i-\overline{x})E_0[\varphi(F(Y_i+x_i\beta))]\\&=\sum_{i=1}^n(x_i-\overline{x})\int_{-\infty}^{\infty}\varphi(F(y+x_i\beta))f(y)\mathrm{d}y\end{aligned} \tag{10.7.11}$$

对最后这个表达式求导数，得到

$$\mu_T'(\beta)=\sum_{i=1}^n(x_i-\overline{x})x_i\int_{-\infty}^{\infty}\varphi'(F(y+x_i\beta))f(y+x_i\beta)f(y)\mathrm{d}y$$

从而有

$$\mu_T'(0)=\sum_{i=1}^n(x_i-\overline{x})^2\int_{-\infty}^{\infty}\varphi'(F(y))f^2(y)\mathrm{d}y \tag{10.7.12}$$

我们需要有关 $x_1,x_2,\cdots,x_n$ 的一个假设；也就是 $n^{-1}\sum_{i=1}^n(x_i-\overline{x})^2\to\sigma_x^2$，其中 $0<\sigma_x^2<\infty$．前面提及$(n-1)^{-1}s_a^2\to1$．因此，过程 $T(\beta)$的效力由

$$\begin{aligned}c_T=\lim_{n\to\infty}\frac{\mu_T'(0)}{\sqrt{n}\sigma_T(0)}&=\lim_{n\to\infty}\frac{\sum_{i=1}^n(x_i-\overline{x})^2\int_{-\infty}^{\infty}\varphi'(F(y))f^2(y)\mathrm{d}y}{\sqrt{n}\sqrt{(n-1)^{-1}s_a^2}\sqrt{\sum_{i=1}^n(x_i-\overline{x})^2}}\\&=\sigma_x\int_{-\infty}^{\infty}\varphi'(F(y))f^2(y)\mathrm{d}y\end{aligned} \tag{10.7.13}$$

给出．

对于基于 T_φ 的检验，利用这个结果可推导出渐近功效引理；参看习题 10.7.6 中的式(10.7.17)．据此，可以证明，估计量$\hat{\beta}_\varphi$ 的渐近分布由

$$\hat{\beta}_\varphi \text{ 近似服从分布 } N\left(\beta,\tau_\varphi^2/\sum_{i=1}^{n}(x_i-\overline{x})^2\right) \tag{10.7.14}$$

给出，其中尺度参数 τ_φ 为 $\tau_\varphi=\left(\int_{-\infty}^{\infty}\varphi'(F(y))f^2(y)\mathrm{d}y\right)^{-1}$. Koul 等(1987)研究提出了尺度参数 τ 的一致估计量，这是软件包 Rfit 中的默认估计. 利用它可计算斜率参数的置信区间，如同例 10.7.3 所阐明的.

注释 10.7.2 模型(10.7.1)的最小二乘法(LS)估计值已在 9.6 节中给出，那时是在随机误差 $\varepsilon_1,\varepsilon_2,\cdots,\varepsilon_n$ 是独立同分布的、服从分布 $N(0,\sigma^2)$ 条件下加以讨论的. 一般地说，对于模型(10.7.1)，β 的最小二乘估计量比如 $\hat{\beta}_{LS}$ 是

$$\hat{\beta}_{LS} \text{ 近似服从分布 } N\left(\beta,\sigma^2/\sum_{i=1}^{n}(x_i-\overline{x})^2\right) \tag{10.7.15}$$

其中 σ^2 表示 ε_i 的方差. 依据式(10.7.14)与式(10.7.15)，得出基于秩的估计量与最小二乘估计量之间的渐近相对有效性由

$$\mathrm{ARE}(\hat{\beta}_\varphi,\hat{\beta}_{LS})=\frac{\sigma^2}{\tau_\varphi^2} \tag{10.7.16}$$

给出. 因此，如果使用得分，那么这个渐近相对有效性与单样本位置模型及两样本位置模型中的威尔科克森方法和 t 方法之间的渐近相对有效性是相同的. ■

例 10.7.3(踢球距离) Rasmussen(1992)的第 562 页显示了一个关于踢球距离的数据集，还有几个预测因子. 实际响应是 13 位踢球者中每个人 10 次踢球的平均距离(单位：mile). 作为一个预测因子，我们考察的是平均悬空时间(足球在空中停留的时间：s). 数据存放于 punter.rda 文件中. 根据这个图(参看习题 10.7.1)，简单线性模型作为初始拟合，看起来似乎是合理的. 下面是威尔科克森拟合的代码和部分结果：

```
fit <- rfit(distance~hangtime);  summary(fit)
             Estimate Std. Error t.value  p.value
(Intercept)  -18.180     51.201 -0.3551 0.729254
hangtime      41.010     12.882  3.1834 0.008708 **
```

汇总表的第二行给出斜率的威尔科克森估计(41.01)和估计的标准误差(12.89). 因此，我们预测，每多一秒的悬空时间，足球就会多走 41ft. 使用自由度为 11 的 t 临界值，真实斜率的近似 95%置信区间是(12.66，69.36). 因此，近似的 95%置信水平时，斜率不等于 0. ■

习题

10.7.1 考察例 10.7.3 中关于踢球距离的数据.

(a) 绘制距离与悬空时间的散点图，并与威尔科克森拟合叠加.

(b) 作为第二个预测因子，考察踢球者的整体力量——变量 strength. 绘制距离与力量的散点图，并与威尔科克森拟合叠加. 这个预测量的斜率参数的含义是什么？利用斜率的 95%置信区间来给出回答.

10.7.2 建立式(10.7.10). 为此，首先注意，此式与

$$E_\beta\left[\sum_{i=1}^{n}(x_i-\overline{x})a_\varphi(R(Y_i))\right]=E_0\left[\sum_{i=1}^{n}(x_i-\overline{x})a_\varphi(R(Y_i+x_i\beta))\right]$$

是相同的．证明：(在 β 下)Y_i 的累积分布函数与(在 0 下)$Y_i+(x_i-\overline{x})\beta$ 的累积分布函数是相同的．

10.7.3　假定我们有由式(10.7.3)给出的两样本模型．假定运用得分，证明检验统计量(10.7.4)等价于由式(10.4.5)建立起来的检验统计量．

10.7.4　证明：检验统计量 T_φ 的零方差是式(10.7.5)给出的值．

10.7.5　证明：平移性质(10.7.10)蕴含着基于 $H_0:\beta=0$ 检验统计量 T_φ 的单侧检验功效曲线是单调的．

10.7.6　考察由

$$H_0:\beta=0 \quad \text{vs} \quad H_{1n}:\beta=\beta_n=\frac{\beta_1}{\sqrt{n}}$$

给出的局部备择假设序列，其中 $\beta_1>0$．设 $\gamma(\beta)$是习题 10.7.5 中讨论过的基于检验统计量 T_φ 的渐近水平 α 的检验功效函数．利用中值定律逼近 $\mu_T(\beta)_n$，概述极限

$$\lim_{n\to\infty}\gamma(\beta_n)=1-\Phi(z_\alpha-c_T\beta_1) \tag{10.7.17}$$

的证明．

10.8　关联性的度量

在上一节，我们讨论了简单线性回归模型，其中随机变量 Y 是响应变量或因变量，而 x 是自变量(又称独立变量)并且被认为是固定的．回归模型可以有几种不同表现方式．在实验设计中，自变量的值是预先设定的，而响应变量值则是观测到的．生物测定法(剂量效应反应实验)就是这样的例子．剂量是固定，响应值是可观测的．如果实验设计是在可控环境下(比如所有其他变量都是可控的)实施的，那么就可能建立 x 与 Y 之间的因果关系．另一方面，在观测研究中，不论 x 还是 Y 都是可观测的．在回归背景下，我们仍是对利用 x 预测 Y 感兴趣，只是在这类研究中(除 x 之外，还有其他变量可能在变化)常常排除 x 与 Y 之间的因果关系．

在这一节，我们关注观测研究，但对 Y 与 x 之间关联强度大小感兴趣．因此，本节将 X 与 Y 处理成随机变量，关注的基础分布是数对(X,Y)的二元分布．我们假定这种二元分布是连续的，具有累积分布函数 $F(x,y)$与概率密度函数 $f(x,y)$．

因而，设(X, Y)是随机变量对．一个自然而然的零模型(基准模型)是，X 与 Y 之间不存在关系；也就是说，零假设是 H_0:X 与 Y 是独立的．不过，备择假设取决于人们对关联的哪种度量感兴趣．例如，倘若我们对 X 与 Y 之间的相关性感兴趣，则会使用相关系数 ρ(9.7 节)作为我们的关联度量．在此情况下，两侧备择假设是 $H_1:\rho\neq 0$．回顾 X 与 Y 之间的独立性蕴含着 $\rho=0$，其逆不成立．然而，对换的结果却成立，即 $\rho\neq 0$ 蕴含着 X 与 Y 是相关的．另外，ρ 的大小代表 X 与 Y 之间的相关强度．

10.8.1　肯德尔 τ

在本节，我们所考察的第一个关联性度量是 X 与 Y 之间的单调性度量．单调性是很容易理解的 X 与 Y 之间的关联性．设(X_1,Y_1)与(X_2,Y_2)是服从同一分布(离散或连续)的独立对．如果 $\operatorname{sgn}\{(X_1-X_2)(Y_1-Y_2)\}=1$，我们称这对是**一致的**(concordant)，或者如果 $\operatorname{sgn}\{(X_1-X_2)(Y_1-Y_2)\}=-1$，这对是**不一致的**(disconcordant)．若对是一致的，则变量 X 与 Y 具有递增关系，而若观测值对是不一致的，则变量 X 与 Y 具有递减关系．这种测

度由**肯德尔** τ(Kendall's τ)给出，

$$\tau = P[\mathrm{sgn}\{(X_1 - X_2)(Y_1 - Y_2)\} = 1] - P[\mathrm{sgn}\{(X_1 - X_2)(Y_1 - Y_2)\} = -1] \tag{10.8.1}$$

正如习题 10.8.1 所证明的，$-1 \leqslant \tau \leqslant 1$. 正 τ 值代表递增单调性，而负 τ 值代表递减单调性，然而，$\tau=0$ 则无法反映上述两种情况. 此外，像下面定理证明的，如果 X 与 Y 是独立的，那么 $\tau=0$.

定理 10.8.1 设(X_1,Y_1)与(X_2,Y_2)是(X,Y)的独立观测值对，它们服从连续二元分布. 若 X 与 Y 是独立的，则 $\tau=0$.

证：设(X_1,Y_1)与(X_2,Y_2)是独立的观测值对，它们服从与(X,Y)相同的连续二元分布. 由于累积分布函数是连续的，所以 sign 函数要么为-1，要么为1. 由独立性，我们有

$$\begin{aligned} P[\mathrm{sgn}(X_1 - X_2)(Y_1 - Y_2) = 1] &= P[\{X_1 > X_2\} \cap \{Y_1 > Y_2\}] \\ &\quad + P[\{X_1 < X_2\} \cap \{Y_1 < Y_2\}] \\ &= P[X_1 > X_2]P[Y_1 > Y_2] \\ &\quad + P[X_1 < X_2]P[Y_1 < Y_2] \\ &= \left(\frac{1}{2}\right)^2 + \left(\frac{1}{2}\right)^2 = \frac{1}{2} \end{aligned}$$

同理，$P[\mathrm{sgn}(X_1-X_2)(Y_1-Y_2)=-1]=\dfrac{1}{2}$，所以 $\tau=0$. ■

相对于作为关联性度量的肯德尔 τ 而言，这里关注的双侧假设是

$$H_0:\tau = 0 \quad \text{vs} \quad H_1:\tau \neq 0 \tag{10.8.2}$$

如同习题 10.8.1 所证明的，定理 10.8.1 的逆并不成立. 然而，其对换的结果成立，也就是说，$\tau\neq0$蕴含着 X 与 Y 是相关的. 正如相关系数一样，在拒绝 H_0 时，我们就可得出 X 与 Y 相依的结论.

肯德尔 τ 具有简单的无偏性估计量. 设$(X_1,Y_1),(X_2,Y_2),\cdots,(X_n,Y_n)$是累积分布函数 $F(x,y)$的随机样本. 定义统计量

$$K = \binom{n}{2}^{-1} \sum_{i<j} \mathrm{sgn}\{(X_i - X_j)(Y_i - Y_j)\} \tag{10.8.3}$$

注意，对于所有 $i\neq j$，(X_i,Y_i)与(X_j,Y_j)对服从独立分布. 因而，$E(K)=\binom{n}{2}^{-1}\binom{n}{2}E[\mathrm{sgn}\{(X_1-X_2)(Y_1-Y_2)\}]=\tau$.

为了将 K 用作假设(10.8.2)的检验统计量，我们需要知道它在零假设下的分布. 在 H_0 下，$\tau=0$，所以 $E_{H_0}(K)=0$. K 的零方差由式(10.8.6)给出；例如，参看 Hettmansperger(1984)的第 205 页. 如果样本的全部数对$(X_i,Y_i),(X_j,Y_j)$都是一致的，那么 $K=1$，这表明严格递增的单调关系. 如果所有对数都是不一致的，那么$K=-1$. 因而，K 的值域包含于区间$[-1, 1]$当中. 而且，式(10.8.3)的被加数要么为 1，要么为-1. 由定理 10.8.1 的证明知，被加数是 1 的概率为 1/2，这并不依赖于基础分布. 由此，在 H_0 为真的条件下，统计量 K 是无分布的，K 的零分布关于 0 对称. 这很容易从下面两个事实看出：一个事实是，对于每一个一致数对来说，存在一个明显的不一致数对(刚好颠倒 Y 的

不等式)；另一个事实是，在 H_0 为真的条件下，一致数对与不一致数对是等可能的. 同样可以证明，在 H_0 为真的条件下，K 渐近服从正态分布. 我们用一个定理来概括这些结果.

定理 10.8.2 设 $(X_1,Y_1),(X_2,Y_2),\cdots,(X_n,Y_n)$ 是二元随机向量 (X,Y) 的随机样本，此随机向量具有连续累积分布函数 $F(x,y)$. 在 X 与 Y 独立性的零假设下，也就是 $F(x,y)=F_X(x)F_Y(y)$，对于 (X,Y) 支集中的所有 (x,y)，那么检验统计量 K 满足下述性质：

$$K \text{ 是无分布的,具有对称概率质量函数} \tag{10.8.4}$$

$$E_{H_0}(K)=0 \tag{10.8.5}$$

$$\operatorname{Var}_{H_0}(K)=\frac{2}{9}\frac{2n+1}{n(n-1)} \tag{10.8.6}$$

$$\frac{K}{\sqrt{\operatorname{Var}_{H_0}(K)}} \text{ 渐近服从正态分布 } N(0,1) \tag{10.8.7}$$

大部分统计计算软件包都可计算肯德尔 τ. 比如，R 函数 `cor.test(x,y,method=c("kendall"),exact=T)` 就可计算 K 以及上面讨论的检验，其中 x 与 y 分别表示 X 与 Y 观测值的向量. 计算 p 值运用了精确分布. 我们利用下面的例子来阐明这种检验.

依据渐近分布，对假设式(10.8.2)的大样本水平检验是，如果 $Z_K>z_{\alpha/2}$，则拒绝 H_0，其中

$$Z_K=\frac{K}{\sqrt{2(2n+5)/9n(n-1)}} \tag{10.8.8}$$

例 10.8.1(奥林匹克赛跑时间) 表 10.8.1 给出了奥林匹克运动会两种赛跑的从 1896 年到 1980 年的获胜时间. 这里的数据取自 Hettmansperger(1984)而且数据集存放于 olym1500mara. rda 文件中. 1500 米以及马拉松比赛时间单位 s. 表中的马拉松比赛数据是实际时间减去 2h. 习题 10.8.2 要求读者画出这两种赛跑时间的散点图. 图形显示，数据具有强烈的单调趋势，只有一个明显的异常值(1968 年奥林匹克运动会). 下面的 R 代码是计算肯德尔 τ 的. 我们利用肯德尔 τ 估计值和无关联检验的 p 值对结果进行总结. 这个 p 值是建立在精确分布基础上的.

```
cor.test(m1500,marathon,method="kendall",exact=T)
p-value = 3.319e-06;  estimates: tau 0.6947368
```

检验结果表明，存在强有力的证据拒绝比赛获胜时间独立性的假设. ■

表 10.8.1　例 10.8.1 的数据

年份	1 500 米	马拉松①/s	年份	1 500 米	马拉松/s
1896	373.2	3530	1936	227.8	1759
1900	246	3585	1948	229.8	2092
1904	245.4	5333	1952	225.2	1383
1906	252	3084	1956	221.2	1500
1908	243.4	3318	1960	215.6	916
1912	236.8	2215	1964	218.1	731
1920	241.8	1956	1968	214.9	1226
1924	233.6	2483	1972	216.3	740
1928	233.2	1977	1976	219.2	595
1932	231.2	1896	1980	218.4	663

①真实马拉松时间为 2h+表中时间.

10.8.2 斯皮尔曼 ρ

如上所述，假定$(X_1,Y_1),(X_2,Y_2),\cdots,(X_n,Y_n)$是来自二元连续累积分布函数$F(x,y)$的随机样本．总体相关系数$\rho$是对$X$与$Y$之间线性关系的度量．通常，其估计值是样本相关系数，它是

$$r=\frac{\sum_{i=1}^{n}(X_i-\overline{X})(Y_i-\overline{Y})}{\sqrt{\sum_{i=1}^{n}(X_i-\overline{X})^2}\sqrt{\sum_{i=1}^{n}(Y_i-\overline{Y})^2}} \tag{10.8.9}$$

参看9.7节．一种简单秩的类似形式是用$R(X_i)$代替X_i，其中$R(X_i)$表示$X_1,X_2,\cdots,X_n$中X_i的秩，同时用$R(Y_i)$代替Y_i，其中$R(Y_i)$表示$Y_1,Y_2,\cdots,Y_n$中Y_i的秩．当采用这种代替，则上述比分母就是一个常数．这样，得到统计量

$$r_S=\frac{\sum_{i=1}^{n}\left(R(X_i)-\frac{n+1}{2}\right)\left(R(Y_i)-\frac{n+1}{2}\right)}{n(n^2-1)/12} \tag{10.8.10}$$

称为**斯皮尔曼$\boldsymbol{\rho}$**(Spearman's rho)．统计量r_S是一个相关系数，从而不等式$-1\leqslant r_S\leqslant 1$成立．此外，正如下面定理要证明的，独立性蕴含着$r_S$的平均值是0．

定理 10.8.3 假定$(X_1,Y_1),(X_2,Y_2),\cdots,(X_n,Y_n)$是$(X,Y)$的样本，其中$(X,Y)$具有连续累积分布函数$F(x,y)$．若$X$与$Y$是独立的，则$E(r_S)=0$．

证：在独立性条件下，对于所有i和j，X_i与Y_j是独立的．由此，特别地，$R(X_i)$与$R(Y_i)$是独立的．此外，$R(X_i)$服从整数$\{1,2,\cdots,n\}$上的均匀分布．因此，$E(R(X_i))=(n+1)/2$，从而得证． ■

因而，类似于肯德尔τ，关联性度量r_S可用于检验独立性的零假设．在独立性条件下，由于X_i是随机样本，所以可假设随机向量$(R(X_1),R(X_2),\cdots,R(X_n))$等可能地是整数$\{1,2,\cdots,n\}$的排列，同理，$Y_i$的秩向量亦如此．而且，在独立性条件下，假定随机向量$[R(X_1),\cdots,R(X_n), R(Y_1),\cdots,R(Y_n)]$等可能地是$(n!)^2$个向量$(i_1, i_2,\cdots,i_n,j_1,j_2,\cdots,j_n)$中的任何一个，其中$(i_1,i_2,\cdots,i_n)$与$(j_1,j_2,\cdots,j_n)$都是整数排列．因此，在独立性条件下，统计量$r_S$是无分布的．此分布是离散的，而且其值通过在比如Hollander和Wolfe(1999)的表中找到．类似于肯德尔的K统计量，这一分布关于0是对称的，并且它渐近服从正态分布，其渐近方差为$1/\sqrt{n-1}$；参看习题10.8.7对r_S零方差的证明．大样本水平为α的检验是，若$|z_S|>z_{\alpha/2}$，则拒绝X与Y是独立的，其中$z_S=\sqrt{n-1}r_S$．我们用一个定律对这些结果加以概述，但没有给出证明．

定理 10.8.4 设$(X_1,Y_1),(X_2,Y_2),\cdots,(X_n,Y_n)$是二元随机向量$(X,Y)$的随机样本，$(X,Y)$具有连续累积分布函数$F(x,y)$．在$X$与$Y$之间独立性零假设下，$F(x,y)=F_X(x)F_Y(y)$，对于$(X,Y)$支集中的所有点$(x,y)$，检验统计量$r_S$满足下述性质：

$$r_S\text{是无分布的,服从关于0对称的分布} \tag{10.8.11}$$

$$E_{H_0}[r_S]=0 \tag{10.8.12}$$

$$\mathrm{Var}_{H_0}(r_S) = \frac{1}{\sqrt{n-1}} \tag{10.8.13}$$

$$\frac{r_S}{\sqrt{\mathrm{Var}_{H_0}(r_S)}} \text{近似服从 } N(0,1) \tag{10.8.14}$$

例 10.8.2(例 10.8.1 续) 对于例 10.8.1 的数据，运用斯皮尔曼 ρ 进行分析的 R 代码是：

```
cor.test(m1500,marathon,method="spearman")
p-value = 2.021e-06;  sample estimates: rho 0.9052632
```

其结果具有高度显著性. 为了进行比较，渐近检验统计量的值是 $Z_S=0.905\sqrt{19}=3.94$，双侧检验的 p 值是 0.000 08，所以，结果是非常相似的. ■

如果样本具有严格的递增单调关系，那么很容易看出 $r_S=1$；而如果样本具有严格的递减单调关系，那么 $r_S=-1$. 和肯德尔 K 统计量一样，r_S 是总体参数的估计值，只是，当 X 与 Y 独立的时候，它比 τ 更复杂. 可以证明[参看 Kendall(1962)]

$$E(r_S) = \frac{3}{n+1}[\tau+(n-2)(2\gamma-1)] \tag{10.8.15}$$

其中 $\gamma=P[(X_2-X_1)(Y_2-Y_1)>0]$. 对于大 n，$E(r_S)\approx 6(\gamma-1/2)$，与一致性度量 τ 相比，很难对此参数给出解释.

斯皮尔曼 ρ 是建立在得分基础上的，因此容易将它推广到其他秩得分函数上. 这些度量的一部分将在习题中讨论.

注释 10.8.1(置信区间) 肯德尔 τ 存在无分布置信区间，参看 Hollander 和 Wolfe (1999)的 8.5 节. 如同习题 10.8.6 所述，很容易构造两个参数的百分位数自助法置信区间. 利用 CRAN 包 npsm 中的 R 函数 cor.boot.ci 可以得到这样的置信区间，参看 Kloke 和 McKean(2011)的 4.8 节进行的讨论. 它还需要由 Canty 和 Ripley(2017)开发的 CRAN 包引导. 我们利用这个函数来计算 τ 和 ρ_S 的置信区间：

```
library(boot); library(npsm)
cor.boot.ci(m1500,marathon,method="spearman"); # (0.719,0.955)
cor.boot.ci(m1500,marathon,method="kendall");  # (0.494,0.845)
```

习题

10.8.1　证明：肯德尔 τ 满足不等式 $-1\leqslant\tau\leqslant 1$.

10.8.2　考察例 10.8.1. 设 Y=特定年份 1500 米赛跑的获胜时间，并设 X=那个年份马拉松获胜时间. 画出 Y vs X 的散点图，然后确定异常值点.

10.8.3　考察上一个习题作为回归问题. 假定我们对基于马拉松获胜时间去预测 1500 米赛跑获胜时间感兴趣. 假如使用简单线性模型，然后求此数据的最小二乘法以及威尔科克森拟合(10.7 节). 在此问题中，斜率参数均值是多少呢?

10.8.4　对于习题 10.8.3，人们更关注的预测问题是，基于年份数据对两种赛跑的获胜时间进行预测.

(a) 画出 1500 米赛跑获胜时间 vs 年份的散点图. 假如使用简单线性模型(做出的假设有意义)，然后求此数据的最小二乘法以及威尔科克森拟合(10.7 节). 把这两个拟合叠放在散点图上，并加以评论. 在这个问题中，斜率参数均值是多少呢? 预测 1984 年的获胜时间. 你的预测接近真实获胜时间的程度怎么样?

(b) 利用那个年份的马拉松获胜时间，实施与(a)部分一样的分析.

10.8.5 斯皮尔曼 ρ 是基于威尔科克森得分的秩相关系数. 在本习题中，我们考虑基于一般得分函数的秩相关系数. 设 $(X_1,Y_1),(X_2,Y_2),\cdots,(X_n,Y_n)$ 是来自二元连续累积分布函数 $F(x,y)$ 的随机样本. 设 $a(i)=\varphi(i/(n+1))$，其中 $\sum_{i=1}^{n}a(i)=0$. 特别地，$\bar{a}=0$. 如同式(10.5.6)，设 $s_a^2=\sum_{i=1}^{n}a^2(i)$，考察秩相关系数

$$r_a=\frac{1}{s_a^2}\sum_{i=1}^{n}a(R(X_i))a(R(Y_i)) \tag{10.8.16}$$

(a) 证明：r_a 是样本

$$\{(a[R(X_1)],a[R(Y_1)]),(a[R(X_2)],a[R(Y_2)]),\cdots,(a[R(X_n)],a[R(Y_n)])\}$$

的相关系数.

(b) 对于得分函数 $\varphi(u)=\sqrt{12}(u-(1/2))$，证明 $r_a=r_S$.

(c) 求符号得分函数 $\varphi(u)=\operatorname{sgn}(u-(1/2))$ 的 r_a. 将这个秩相关系数称为 r_{qc}.（很明显，由习题 10.8.8 可知下标 qc 含义.）

10.8.6 编写一个 R 函数，计算肯德尔 τ 的百分位数自助法置信区间. 对例 10.8.1 所讨论的数据，运行所编写的函数，并且将计算结果与注释 10.8.1 给出的肯德尔 τ 的置信区间进行比较.

注意，利用下面的 R 代码就可以获得 x 和 y 向量的再抽样：

```
ind = 1:length(x); mat=cbind(x,y); inds=sample(ind,n,replace=T)
mats=mat[inds,]; xs=mats[,1]; ys=mats[,2]
```

10.8.7 考察由习题 10.8.5 定义的一般得分秩相关系数 r_a. 考虑零假设 H_0: X 与 Y 是独立的.

(a) 证明：$E_{H_0}(r_a)=0$.

(b) 依据(a)部分与 H_0，作为求零分布方差的第一步，证明下式成立，

$$\operatorname{Var}_{H_0}(r_a)=\frac{1}{s_a^4}\sum_{i=1}^{n}\sum_{j=1}^{n}E_{H_0}[a(R(X_i))a(R(X_j))]E_{H_0}[a(R(Y_i))a(R(Y_j))]$$

(c) 为了求上式的期望，考察两种情况：$i=j$ 与 $i\neq j$. 然后利用秩分布的均匀性，证明：

$$\operatorname{Var}_{H_0}(r_a)=\frac{1}{s_a^4}\frac{1}{n-1}s_a^4=\frac{1}{n-1} \tag{10.8.17}$$

10.8.8 考察由习题 10.8.5(c)部分 r_{qc} 给出的秩相关系数. 设 Q_{2X} 与 Q_{2Y} 分别表示样本 $X_1,X_2,\cdots,X_n$ 与 $Y_1,Y_2,\cdots,Y_n$ 的中位数. 现在，考虑四个象限：

$$I=\{(x,y):x>Q_{2X},y>Q_{2Y}\}$$
$$II=\{(x,y):x<Q_{2X},y>Q_{2Y}\}$$
$$III=\{(x,y):x<Q_{2X},y<Q_{2Y}\}$$
$$IV=\{(x,y):x>Q_{2X},y<Q_{2Y}\}$$

实际上，可以证明：

$$r_{qc}=\frac{1}{n}\{\#(X_i,Y_i)\in I+\#(X_i,Y_i)\in III-\#(X_i,Y_i)\in II-\#(X_i,Y_i)\in IV\} \tag{10.8.18}$$

因此，r_{qc} 称为象限计数相关系数.

10.8.9 建立上面习题 r_{qc} 的独立性的渐近检验. 然后，使用它对例 10.8.1 中 1500 米赛跑时间与马拉松比赛时间之间的独立性进行检验.

10.8.10 运用正态得分求秩相关系数，也就是说，得分是 $a(i)=\Phi^{-1}(i/(n+1)),i=1,2,\cdots,n$，称之为 r_N. 建立上面习题 r_N 的独立性渐近检验. 然后，用它对例 10.8.1 中 1500 米赛跑时间和马拉松

比赛时间的独立性进行检验.

10.8.11 假定假设 H_0 涉及两个随机变量 X 与 Y 的独立性. 也就是说，想要检验 $H_0:F(x,y)=F_1(x)F_2(y)$，其中 F，F_1 以及 F_2 是连续型随机变量的联合分布和边缘分布. 设 (X_1,Y_1)，(X_2,Y_2)，$\cdots$，(X_n,Y_n) 是来自联合分布的随机样本. 在 H_0 成立条件下，$X_1,X_2,\cdots,X_n$ 的次序统计量与 $Y_1,Y_2,\cdots,Y_n$ 的次序统计量分别是 F_1 与 F_2 的完备充分统计量. 利用 r_S，r_{qc} 及 r_N 建立 H_0 的自适应无分布检验.

注释 10.8.2 有趣的是，注意在自适应方法中，可能使用各种不同 X 与 Y 的得分函数. 也就是说，由 X 值的次序统计量可得到一种得分函数，而由 Y 值的那些次序统计量则得出另一种得分函数. 在独立性零假设下，所得到的方法会产生水平 α 的检验. ■

10.9 稳健概念

在这一节，我们介绍某些稳健估计的概念. 这里介绍的概念针对本章 10.1～10.3 节所讨论的位置模型，然后将其应用于 10.7 节的简单线性回归模型上. McKean(2004)的一篇回顾性文章，对稳健概念给出了三节内容的介绍.

10.9.1 位置模型

简单地讲，如果一个估计量对数据的异常值并不敏感，我们将这个估计量称为**稳健**(robust)的. 本节对位置模型给出一个更准确的描述. 假定 $X_1,X_2,\cdots,X_n$ 是来自如同定义 10.1.2 给出的位置模型，即

$$X_i=\theta+\varepsilon_i,\quad i=1,2,\cdots,n \tag{10.9.1}$$

随机样本，其中 θ 表示(泛函)位置参数，ε_i 具有累积分布函数 $F(t)$ 与概率密度函数 $f(t)$. 设 $F_X(t)$ 与 $f_X(t)$ 分别表示 X 的累积分布函数与概率密度函数. 从而，$F_X(t)=F(t-\theta)$，$f_X(t)=f(t-\theta)$.

为了阐明稳健概念，运用 10.1～10.3 节所讨论的位置估计量：样本均值、样本中位数以及霍奇斯-莱曼估计量. 一种方便的方法是，将用它们的估计方程形式定义这些估计量. 样本均值的**估计方程**(estimating equation)是

$$\sum_{i=1}^{n}(X_i-\theta)=0 \tag{10.9.2}$$

即这个方程的解是 $\hat{\theta}=\overline{X}$. 样本中位数的估计方程是式(10.2.34)，为方便起见，我们重新表述

$$\sum_{i=1}^{n}\operatorname{sgn}(X_i-\theta)=0 \tag{10.9.3}$$

回顾 10.2 节内容知道，样本中位数极小化 L_1 范数. 因此，我们本节将它表述成 $\hat{\theta}_{L_1}=\operatorname{med}X_i$. 最后，霍奇斯-莱曼估计量的估计方程已由式(10.4.27)给出. 对于这一节来说，我们用

$$\hat{\theta}_{\mathrm{HL}}=\operatorname{med}_{i\leqslant j}\left\{\frac{X_i+X_j}{2}\right\} \tag{10.9.4}$$

表示此方程的解.

通常，假定我们有一个随机样本 $X_1,X_2,\cdots,X_n$，遵从位置参数为 θ 的位置模

型(10.9.1). 设$\hat{\theta}$是θ的估计量. 但愿$\hat{\theta}$没有过度受到样本中离群值的影响，离群值意指某一点远离样本中的其他点. 就样本的一个实现值来说，很容易测量其对离群值的敏感性. 我们直接将一个离群值添加到数据集，然后观察估计量的改变.

更正式地讲，设$\boldsymbol{x}_n'=(x_1,x_2,\cdots,x_n)$表示样本实现值，设$x$表示另外一点，并用$\boldsymbol{x}_{n+1}'=(\boldsymbol{x}_n',x)$表示扩大样本. 于是，一种简单测量方法是考察估计的变化率，即考察x相对于x的质量$1/(n+1)$而言所引起的估计变化率，也就是

$$S(x;\hat{\theta})=\frac{\hat{\theta}(\boldsymbol{x}_{n+1})-\hat{\theta}(\boldsymbol{x}_n)}{1/(n+1)} \tag{10.9.5}$$

这里将$S(x;\hat{\theta})$称为估计$\hat{\theta}$的**灵敏度曲线**(sensitivity curve，或灵敏性曲线).

举例来说，考察样本均值与样本中位数. 就样本均值而言，可以看出

$$S(x;\overline{X})=\frac{\overline{x}_{n+1}-\overline{x}_n}{1/(n+1)}=x-\overline{x}_n \tag{10.9.6}$$

因此，样本均值的相对变化是x的线性函数. 因而，当x变大时，样本均值变动也会变大. 实际上，这一变动关于x是无界的. 因而，样本均值相对于离群值而言是相当敏感的. 与之相比，考察样本量为奇数的样本中位数. 在此情况下，样本中位数是$\hat{\theta}_{L_1,n}=x_{(r)}$，其中$r=(n+1)/2$. 当加入另一点$x$时，样本量变成偶数，从而样本中位数$\hat{\theta}_{L_1,n+1}$是居于中间两个次序统计量的平均值. 当$x$在这两个次序统计量之间变动时，便会引起$\hat{\theta}_{L_1,n}$与$\hat{\theta}_{L_1,n+1}$之间的某种变化. 可是，一旦$x$变动到超过中间这两个次序统计量，就不会引起任何变化. 因此，$S(x;\hat{\theta}_{L_1,n})$是$x$的有界函数. 所以，和样本均值对离群值的敏感度相比，$\hat{\theta}_{L_1,n}$更不敏感.

由于霍奇斯-莱曼估计量$\hat{\theta}_{\mathrm{HL}}$即式(10.9.4)也是一个中位数，所以其敏感度曲线同样是有界的. 习题10.9.2提供了这些敏感曲线的数值解释.

影响函数

就灵敏度曲线而言，一个问题是它对样本的依赖性. 在前面几章，我们根据估计量方差对一些估计量进行了比较，估计量方差是基础分布的函数. 这正是本节想要比较的形式.

回顾位置模型(10.9.1)，这是我们关注的模型，其中$F_X(t)=F(t-\theta)$表示X的累积分布函数，$F(t)$表示ε的累积分布函数. 正如10.1节讨论的，参数θ是累积分布函数$F_X(x)$的函数. 于是，如同10.1节一样，使用函数记号$\theta=T(F_X)$就显得非常方便. 例如，当θ是均值时，则$T(F_X)$定义成

$$T(F_X)=\int_{-\infty}^{\infty}x\mathrm{d}F_X(x)=\int_{-\infty}^{\infty}xf_X(x)\mathrm{d}x \tag{10.9.7}$$

而当θ是中位数时，则定义成

$$T(F_X)=F_X^{-1}\left(\frac{1}{2}\right) \tag{10.9.8}$$

10.1节已经证明，对于位置泛函来说，$T(F_X)=T(F)+\theta$.

正如式(10.9.2)和式(10.9.3)所定义的，那些估计方程经常具有相当直观的意义，例如它们可建立在似然方程或诸如最小二乘法上. 另一方面，泛函是一个更抽象的概念. 可是，估计方程经常很自然地产生一个泛函. 下面，对均值泛函以及中位数泛函来阐明这点.

设 F_n 表示样本实现值 $x_1, x_2, \cdots, x_n$ 的经验分布函数. 也就是说, F_n 对每一个 x_i 都设置 n^{-1} 质量分布的累积分布函数; 参看式(10.1.1). 注意, 我们能写出估计方程(10.9.2),

$$\sum_{i=1}^{n}(x_i-\theta)\frac{1}{n}=0 \tag{10.9.9}$$

它定义了样本均值. 这是一种运用经验分布的期望. 由于 F_n 依概率收敛到 F_X, 即 $F_n \to F_X$, 可以看出, 该期望收敛到

$$\int_{-\infty}^{\infty}[x-T(F_X)]f_X(x)\mathrm{d}x=0 \tag{10.9.10}$$

当然, 上式的解就是 $T(F_X)=E(X)$.

同理, 也能写出估计方程(10.9.3),

$$\sum_{i=1}^{n}\operatorname{sgn}(X_i-\theta)\frac{1}{n}=0 \tag{10.9.11}$$

它定义了样本中位数. 泛函 $\theta=T(F_X)$ 的对应方程是方程

$$\int_{-\infty}^{\infty}\operatorname{sgn}[y-T(F_X)]f_X(y)\mathrm{d}y=0 \tag{10.9.12}$$

的解. 注意, 可将它写成

$$0=-\int_{-\infty}^{T(F_X)}f_X(y)\mathrm{d}y+\int_{T(F_X)}^{\infty}f_X(y)\mathrm{d}y=-F_X[T(F_X)]+1-F_X[T(F_X)]$$

因此, $F_X[T(F_X)]=1/2$ 或 $T(F_X)=F_X^{-1}(1/2)$. 因而, $T(F_X)$ 是 X 的分布的中位数.

现在, 想要考察已知泛函 $T(F_X)$ 如何随某个扰动而变化. 类似于对 $F(t)$ 添加一个离群值, 考察在 x 点处的点质量污染. 也就是说, 对于 $\varepsilon>0$, 设

$$F_{x,\varepsilon}(t)=(1-\varepsilon)F_X(t)+\varepsilon\Delta_x(t) \tag{10.9.13}$$

其中 $\Delta_x(t)$ 表示所有质量在 x 的累积分布函数, 也就是

$$\Delta_x(t)=\begin{cases}0, & t<x\\ 1, & t\geqslant x\end{cases} \tag{10.9.14}$$

累积分布函数 $F_{x,\varepsilon}(t)$ 是两个分布的混合. 当对它进行采样时, 有 $(1-\varepsilon)100\%$ 次数, 其观测值来自 $F_X(t)$, 而有 $\varepsilon 100\%$ 次数, 抽取到 x(离群值). 因此, x 拥有灵敏度曲线离群值的特性. 正如习题 10.9.4 所证明的, 依据对于所有 x 的范数上确界, $F_{x,\varepsilon}(t)$ 是 $F_X(t)$ 的 ε 邻域. 也就是说, 对于所有 x, $|F_{x,\varepsilon}(t)-F_X(t)|\leqslant\varepsilon$. 因而, $F_{x,\varepsilon}(t)$ 处的泛函同样应接近于 $T(F_X)$. 当下述极限存在时, 对应于灵敏度曲线的泛函概念是

$$IF(x;\hat{\theta})=\lim_{\varepsilon\to 0}\frac{T(F_{x,\varepsilon})-T(F_X)}{\varepsilon} \tag{10.9.15}$$

函数. 人们将 $IF(x;\hat{\theta})$ 函数称为估计量 $\hat{\theta}$ 在 x 处的**影响函数**(influence function). 如同符号所揭示的, 可以认为, 它是泛函 $T(F_{x,\varepsilon})$ 关于 ε 在 0 处的导数, 因而经常运用这种方式来确定它. 注意, 对于很小的 ε,

$$T(F_{x,\varepsilon})\approx T(F_X)+\varepsilon IF(x;\hat{\theta})$$

因此, 归因于点质量污染的泛函变化近似地与影响函数直接成比例. 可是, 我们需要这样的估计量, 它的影响函数对离群值并不灵敏. 此外, 如上所述, 对于任意 x, $F_{x,\varepsilon}(t)$ 接近于 $F_X(t)$. 从而, 影响函数至少应是 x 的有界函数.

定义 10.9.1 当对于所有 x 而言，$|IF(x;\hat{\theta})|$ 都是有界的，则估计量 $\hat{\theta}$ 称为**稳健的**(robust).

Hampel(1974)提出了影响函数，并讨论了它的重要性质，下面仅列出其中几个性质. 不过，我们首先确定样本均值与样本中位数的影响函数.

对于样本均值，回顾 3.4.1 节对混合分布的讨论. 函数 $F_{x,\varepsilon}(t)$ 是随机变量 $U=I_{1-\varepsilon}X+[1-I_{1-\varepsilon}]W$ 的累积分布函数，其中 X、$I_{1-\varepsilon}$ 以及 W 均是独立随机变量，X 具有累积分布函数 $F_X(t)$，W 具有累积分布函数 $\Delta_x(t)$，而 $I_{1-\varepsilon}$ 服从 $b(1,\ 1-\varepsilon)$. 因此，

$$E(U)=(1-\varepsilon)E(X)+\varepsilon E(W)=(1-\varepsilon)E(X)+\varepsilon x$$

用 $T_\mu(F_X)=E(X)$ 表示均值泛函. 就 $T_\mu(F)$ 而言，上面已经证明了

$$T_\mu(F_{x,\varepsilon})=(1-\varepsilon)T_\mu(F_X)+\varepsilon x$$

从而

$$\frac{\partial T_\mu(F_{x,\varepsilon})}{\partial\varepsilon}=-T_\mu(F)+x$$

所以样本均值的影响函数为

$$IF(y;\overline{X})=x-\mu \tag{10.9.16}$$

其中 $\mu=E(X)$. 样本均值的影响函数关于 x 是线性的，从而是 x 的无界函数. 因此，样本均值并不是稳健估计量. 另一种推导影响函数的方法是，当这一方程是针对 $F_{x,\varepsilon}(t)$ 而定义时，要对方程(10.9.10)进行隐函数微分；参看习题 10.9.6.

例 10.9.1(样本中位数的影响函数) 本例题想要推导样本中位数 $\hat{\theta}_{L_1}$ 的影响函数. 在此情况下，泛函是 $T_\theta(F)=F^{-1}(1/2)$，即 F 的中位数. 为了得到影响函数，首先要求在污染累积分布函数 $F_{x,\varepsilon}(t)$ 处的泛函，也就是确定 $F_{x,\varepsilon}^{-1}(1/2)$. 正如习题 10.9.8 所证明的，累积分布函数 $F_{x,\varepsilon}(t)$ 的逆是

$$F_{x,\varepsilon}^{-1}(u)=\begin{cases}F^{-1}\left(\dfrac{u}{1-\varepsilon}\right) & u<F(x)\\[2ex] F^{-1}\left(\dfrac{u-\varepsilon}{1-\varepsilon}\right) & u\geqslant F(x)\end{cases} \tag{10.9.17}$$

$0<u<1$. 因此，设 $u=1/2$，得到

$$T_\theta(F_{x,\varepsilon})=F_{x,\varepsilon}^{-1}(1/2)=\begin{cases}F_X^{-1}\left(\dfrac{1/2}{1-\varepsilon}\right) & F_X^{-1}\left(\dfrac{1}{2}\right)<x\\[2ex] F_X^{-1}\left(\dfrac{(1/2)-\varepsilon}{1-\varepsilon}\right) & F_X^{-1}\left(\dfrac{1}{2}\right)>x\end{cases} \tag{10.9.18}$$

由式(10.9.18)可以看出，$F_{x,\varepsilon}^{-1}(1/2)$ 关于 ε 的偏导数是

$$\frac{\partial T_\theta(F_{x,\varepsilon})}{\partial\varepsilon}=\begin{cases}\dfrac{(1/2)(1-\varepsilon)^{-2}}{f_X[F_X^{-1}((1/2)/(1-\varepsilon))]} & F_X^{-1}\left(\dfrac{1}{2}\right)<x\\[2ex] \dfrac{(-1/2)(1-\varepsilon)^{-2}}{f_X[F_X^{-1}(\{(1/2)-\varepsilon\}/\{1-\varepsilon\})]} & F_X^{-1}\left(\dfrac{1}{2}\right)>x\end{cases} \tag{10.9.19}$$

计算该偏导数在 $\varepsilon=0$ 处的值，得出中位数影响函数

$$IF(x;\hat{\theta}_{L_1})=\begin{cases}\dfrac{1}{2f_X(\theta)} & \theta<x\\[2ex] \dfrac{-1}{2f_X(\theta)} & \theta>x\end{cases}=\frac{\operatorname{sgn}(x-\theta)}{2f(\theta)} \tag{10.9.20}$$

其中 θ 表示 F_X 的中位数．由于这个影响函数是有界的，故样本中位数是稳健估计量．■

正如 Hettmansperger 和 McKean(2011)的第 46 页所推导的，霍奇斯-莱曼估计量 $\hat{\theta}_{HL}$ 的影响函数在 x 点处是

$$IF(x;\hat{\theta}_{HL}) = \frac{F_X(x) - 1/2}{\int_{-\infty}^{\infty} f_X^2(t)\,\mathrm{d}t} \tag{10.9.21}$$

因为累积分布函数是有界的，所以霍奇斯-莱曼估计量是稳健的．

现在，列出估计量的影响函数的三个有用性质．注意，对于样本均值，$E[IF(X;\overline{X})] = E[X] - \mu = 0$．一般地讲，这种关系式成立．设 $IF(x) = IF(x;\hat{\theta})$ 表示具有泛函 $\theta = T(F_X)$ 的估计量 $\hat{\theta}$ 的影响函数．从而，当期望存在时，

$$E[IF(X)] = 0 \tag{10.9.22}$$

参看 Huber(1981)对此进行的讨论．因此，当平方期望存在时，对于第二个性质，可得到

$$\mathrm{Var}[IF(X)] = E[IF^2(X)] \tag{10.9.23}$$

影响函数的第三个性质是如下的一种渐近结果，即

$$\sqrt{n}[\hat{\theta} - \theta] = \frac{1}{\sqrt{n}}\sum_{i=1}^{n} IF(X_i) + o_p(1) \tag{10.9.24}$$

当假定(10.9.23)方差存在，由于 $IF(X_1),\cdots,IF(X_n)$ 是独立同分布的，具有有限方差，运用简单中心极限定理及式(10.9.24)，得到

$$\sqrt{n}[\hat{\theta} - \theta] \xrightarrow{D} N(0, E[IF^2(X)]) \tag{10.9.25}$$

因而，依据估计量影响函数，可得出它的渐近分布．在一般条件下，式(10.9.24)成立，但对条件进行验证通常非常难，采用另一种方法更容易获得渐近分布；有关讨论参看 Huber(1981)．不过，本章将使用式(10.9.24)获得估计量渐近分布．对于估计量 $\hat{\theta}_1$ 与 $\hat{\theta}_2$，假定式(10.9.24)成立，其中 $\hat{\theta}_1$ 与 $\hat{\theta}_2$ 为 θ 的两个估计量，它们具有同样泛函．于是，设 IF_i 表示 $\hat{\theta}_i$ 的影响函数，$i=1,2$，可将这两个估计量之间的渐近相对有效性表述成

$$\mathrm{ARE}(\hat{\theta}_1, \hat{\theta}_2) = \frac{E[IF_2^2(X)]}{E[IF_1^2(X)]} \tag{10.9.26}$$

下面利用样本中位数阐述这些思想．

例 10.9.2(样本中位数的渐近分布)　样本中位数 $\hat{\theta}_{L_1}$ 的影响函数由式(10.9.20)给出．由于 $E[\mathrm{sgn}^2(X-\theta)]=1$，利用式(10.9.25)，样本中位数的渐近分布为

$$\sqrt{n}[\hat{\theta} - \theta] \xrightarrow{D} N(0, [2f_X(\theta)]^{-2})$$

其中 θ 表示概率密度函数 $f_X(t)$ 的中位数．这里的结果和 10.2 节给出的结果一致．■

估计量的崩溃点

估计量的影响函数测算了估计量对单个异常值的敏感度(sensitivity，又称敏感性)，有时也称为估计量*局部敏感度*．下面讨论估计量*全局敏感度*(global sensitivity)．也就是说，估计量在没有失效条件下能承受多大比例的异常点．

为准确研究此类问题，设 $\boldsymbol{x}' = (x_1, x_2, \cdots, x_n)$ 是样本实现值．假如样本有 m 个数据点

出错，也就是用 $x_1^*, x_2^*, \cdots, x_m^*$ 代替 $x_1, x_2, \cdots, x_m$，这里 $x_1^*, x_2^*, \cdots, x_m^*$ 表示实现值当中大的异常值. 设 $\boldsymbol{x}_m^* = (x_1^*, \cdots, x_m^*, x_{m+1}, \cdots, x_n)$ 表示出错样本. 将估计量关于出错 m 个数据点的偏倚(bias，又称偏误、偏差)定义为

$$\text{bias}(m, \boldsymbol{x}_n, \hat{\theta}) = \sup |\hat{\theta}(\boldsymbol{x}_m) - \hat{\theta}(\boldsymbol{x}_n)| \tag{10.9.27}$$

其中上确界(sup)是针对所有可能出错样本 $\boldsymbol{x}_m$ 取的. 当这个偏倚为无穷大时，称估计量**崩溃**(break down). 估计量在发生崩溃之前所能承受出错的最小比例，称为其有限样本崩溃点. 更准确地讲，当

$$\varepsilon_n^* = \min_m \{m/n : \text{bias}(m, \boldsymbol{x}_n, \hat{\theta}) = \infty\} \tag{10.9.28}$$

时，就将 ε_n^* 称为$\hat{\theta}$的**有限样本崩溃点**(finite sample breakdown point). 当下面极限

$$\varepsilon_n^* \to \varepsilon^* \tag{10.9.29}$$

存在时，则称 ε^* 为$\hat{\theta}$的**崩溃点**(breakdown point).

为了确定样本均值的崩溃点，假如我们有一个出错数据点，不失一般性，比如第一个点. 于是，出错样本是 $\boldsymbol{x}' = (x_1^*, x_2^*, \cdots, x_n^*)$. 用 $\overline{x}^*$ 表示出错样本的样本均值. 从而容易看到，

$$\overline{x}^* - \overline{x} = \frac{1}{n}(x_1^* - x_1)$$

因此，$\text{bias}(1, \boldsymbol{x}_n, \overline{x})$是 x_1^* 的一个线性函数，而且只要 x_1^* 充分大(在绝对值意义下)，$\text{bias}(1, \boldsymbol{x}_n, \overline{x})$值就能任意大(在绝对值意义下). 所以，样本均值的有限样本崩溃点是 $1/n$. 由于当 $n \to \infty$时，$1/n$ 会趋于 0，故样本均值的崩溃点是 0.

例 10.9.3(样本中位数的崩溃值) 接下来考察样本中位数. 设 $\boldsymbol{x}_n' = (x_1, x_2, \cdots, x_n)$是随机样本的实现值. 当样本量为 $n=2k$ 时，可以看出，在出错样本 $\boldsymbol{x}_n$ 中当 $x_{(k)}$ 趋于$-\infty$时，中位数也趋于$-\infty$. 因此，样本中位数崩溃值是 k/n，但 k/n 趋于 0.5. 同理可以讨论，当样本量为 $n=2k+1$ 时，崩溃值是$(k+1)/n$，当样本量增大时，它同样趋于 0.5. 所以，我们说样本中位数可能有 50%的崩溃估计. 对于位置模型来说，50%崩溃是估计的最大可能崩溃点. 因而，中位数达到了最大可能崩溃点. ■

习题 10.9.10 要求读者证明，霍奇斯-莱曼估计存在 0.29 崩溃点.

10.9.2 线性模型

在前面 9.6 节和 10.7 节，我们已分别阐述拟合简单线性模型的最小二乘法(LS)与基于秩(威尔科克森)的方法. 本节运用上述方法的稳健性质简略地对这两种方法加以比较.

前面提及，简单线性模型为

$$Y_i = \alpha + \beta x_{ci} + \varepsilon_i, \quad i = 1, 2, \cdots, n \tag{10.9.30}$$

其中 $\varepsilon_1, \varepsilon_2, \cdots, \varepsilon_n$ 表示独立同分布的连续随机变量. 就该模型而言，对回归变量进行中心化，也就是 $x_{ci} = x_i - \overline{x}$，可以认为，这里 $x_1, x_2, \cdots, x_n$ 是固定的. 本节关注的参数是斜率参数 β，即当回归变量增大一个单位时期望的变化(假如期望存在). 当对各个 x 进行中心化处理后，便可考察斜率参数. 对于截距参数 α 来说，可阐述同样结果. 对 α 估计的讨论放在这一节的结尾. 基于上述内容，定义随机变量 e_i 为 $\varepsilon_i + \alpha$. 从而，将前面模型写成

$$Y_i = \beta x_{ci} + e_i, \quad i = 1, 2, \cdots, n \tag{10.9.31}$$

其中 $e_1,e_2,\cdots,e_n$ 是独立同分布的，它们具有累积分布函数 $F(x)$ 与概率密度函数 $f(x)$. 人们经常将 Y 的支集称为 Y **空间**. 同理，将 X 的定义域称为 X **空间**. 而且，通常将 X **空间**称为**因素空间**(factor space，又称因子空间).

最小二乘法与威尔科克森法

第一个方法是最小二乘法. β 的估计方程已由第 9 章式(9.6.4)给出. 利用 $\sum_i x_{ci}=0$ 的事实，把这个方程可重新写成

$$\sum_{i=1}^{n}(Y_i-x_{ci}\beta)x_{ci}=0 \tag{10.9.32}$$

这是本节使用 β 的最小二乘估计量估计方程，时常称之为**正规方程**(normal equation). 很容易看出，最小二乘估计量是

$$\hat{\beta}_{\mathrm{LS}}=\frac{\sum_{i=1}^{n}x_{ci}Y_i}{\sum_{i=1}^{n}x_{ci}^2} \tag{10.9.33}$$

此式与第 9 章式(9.6.5)一致. 最小二乘估计量的几何意义已由注释 9.6.2 讨论过.

对于第二种方法，考察 10.7 节曾讨论的斜率估计. 这是一个建立在任意得分函数基础上的基于秩的估计. 在这一节，将讨论限制在线性(威尔科克森)得分，即得分函数是 $\varphi_W(u)=\sqrt{12}[u-(1/2)]$，其中下标 W 表示威尔科克森得分函数. β 的基于秩估计量的估计方程已由式(10.7.8)给出，就威尔科克森得分函数而言，是

$$\sum_{i=1}^{n}a_W(R(Y_i-x_{ci}\beta))x_{ci}=0 \tag{10.9.34}$$

其中 $a_W(i)=\varphi_W[i/(n+1)]$. 此方程是最小二乘正规方程的类似形式. 有关几何解释，参看习题 10.9.12.

影响函数

为了确定这些方法的稳健性质，首先考察对应于模型(10.9.31)的概率模型，其中除 Y 是随机变量之外，X 也是随机变量. 假定随机向量 (X,Y) 具有联合累积分布函数 $H(x,y)$ 与概率密度函数 $h(x,y)$，并满足

$$Y=\beta X+e \tag{10.9.35}$$

其中随机变量 e 具有累积分布函数 $F(t)$ 与概率密度函数 $f(t)$，并且 e 与 X 是独立的. 由于对各个 x 进行中心化处理，所以还假定 $E(X)=0$. 正如习题 10.9.13 所证明的，

$$P(Y\leqslant t\mid X=x)=F(t-\beta x) \tag{10.9.36}$$

因此，Y 与 X 是独立的当且仅当 $\beta=0$.

最小二乘估计量的泛函很容易从最小二乘法正规方程(10.9.32)得出. 设 H_n 表示点对 $(x_1,Y_1),(x_2,Y_2),\cdots,(x_n,Y_n)$ 的经验累积分布函数；也就是说，H_n 是对应于在每一点上都设置概率(质量)$1/n$ 的离散分布累积分布函数. 于是，最小二乘估计方程(10.9.32)能表示成关于这个分布的期望

$$\sum_{i=1}^{n}(y_i - x_{ci}\beta)x_{ci}\ \frac{1}{n} = 0 \tag{10.9.37}$$

对于概率模型(10.9.35)，由此可得，对应于最小二乘估计的泛函 $T_{\mathrm{LS}}(H)$是方程

$$\int_{-\infty}^{\infty}\int_{-\infty}^{\infty}[y - T_{\mathrm{LS}}(H)x]xh(x,y)\mathrm{d}x\mathrm{d}y = 0 \tag{10.9.38}$$

的解.

为了获得对应于威尔科克森估计的泛函，回顾秩和经验累积分布函数之间的联系，参看式(10.5.14). 对于威尔科克森得分，我们有

$$a_{\mathrm{W}}(R(Y_i - x_{ci}\beta)) = \varphi_{\mathrm{W}}\left[\frac{n}{n+1}F_n(Y_i - x_{ci}\beta)\right] \tag{10.9.39}$$

依据威尔科克森估计方程、式(10.9.34)以及式(10.9.39)，对应于威尔科克森估计的泛函 $T_{\mathrm{W}}(H)$满足方程

$$\int_{-\infty}^{\infty}\int_{-\infty}^{\infty}\varphi_{\mathrm{W}}\{F[y - T_{\mathrm{W}}(H)x]\}xh(x,y)\mathrm{d}x\mathrm{d}y = 0 \tag{10.9.40}$$

下面，推导 β 的最小二乘估计量与威尔科克森估计量的影响函数. 在回归模型中，我们既关注 Y 空间又关注 X 空间的离群值的影响. 考察全部质量都位于点(x_0,y_0)处的点质量分布，并设 $\Delta_{(x_0,y_0)}(x,y)$表示对应的累积分布函数. 设 ε 表示从这种污染分布中进行抽样的概率，其中 $0<\varepsilon<1$. 因此，考察具有累积分布函数

$$H_\varepsilon(x,y) = (1-\varepsilon)H(x,y) + \varepsilon\Delta_{(x_0,y_0)}(x,y) \tag{10.9.41}$$

的污染分布. 由于微分是线性算子，故有

$$\mathrm{d}H_\varepsilon(x,y) = (1-\varepsilon)\mathrm{d}H(x,y) + \varepsilon\mathrm{d}\Delta_{(x_0,y_0)}(x,y) \tag{10.9.42}$$

其中 $\mathrm{d}H(x,y)=h(x,y)\mathrm{d}x\mathrm{d}y$，也就是说，d 对应着二阶混合偏导数 $\partial^2/\partial x\,\partial y$.

由式(10.9.38)，在累积分布函数 $H_\varepsilon(x,y)$处最小二乘泛函 T_ε 满足方程

$$0 = (1-\varepsilon)\int_{-\infty}^{\infty}\int_{-\infty}^{\infty}x(y - xT_\varepsilon)h(x,y)\mathrm{d}x\mathrm{d}y + \varepsilon\int_{-\infty}^{\infty}\int_{-\infty}^{\infty}x(y - xT_\varepsilon)\mathrm{d}\Delta_{(x_0,y_0)}(x,y) \tag{10.9.43}$$

为了求 T_ε 关于 ε 的偏导数，仅仅求式(10.9.43)关于 ε 隐函数微分，得到

$$\begin{aligned}0 = &-\int_{-\infty}^{\infty}\int_{-\infty}^{\infty}x(y - T_\varepsilon x)h(x,y)\mathrm{d}x\mathrm{d}y + \\ &(1-\varepsilon)\int_{-\infty}^{\infty}\int_{-\infty}^{\infty}x(-x)\ \frac{\partial T_\varepsilon}{\partial\varepsilon}h(x,y)\mathrm{d}x\mathrm{d}y + \\ &\int_{-\infty}^{\infty}\int_{-\infty}^{\infty}x(y - xT_\varepsilon)\mathrm{d}\Delta_{(x_0,y_0)}(x,y) + \varepsilon B\end{aligned} \tag{10.9.44}$$

其中由于在 $\varepsilon=0$ 处计算此偏导数，所以不需要有关 B 的表达式. 注意，在 $\varepsilon=0$ 时，$y-T_\varepsilon x=y-Tx=y-\beta x$. 因此，在 $\varepsilon=0$ 时，式(10.9.44)右边的第一项为 0，而第二项变成 $-E(X^2)(\partial T/\partial\varepsilon)$，其中偏导数在 0 处计算. 最后，第三项变成 $x_0(y_0-\beta x_0)$. 因此，求解偏导数 $\partial T_\varepsilon/\partial\varepsilon$，并在 $\varepsilon=0$ 处计算其值，可以看出，最小二乘估计量的影响函数是

$$IF(x_0,y_0;\hat{\beta}_{\mathrm{LS}}) = \frac{(y_0 - \beta x_0)x_0}{E(X^2)} \tag{10.9.45}$$

注意，影响函数既在 X 空间是无界的，又在 Y 空间是无界的. 因此，最小二乘估计量对这

两个空间的离群值都将非常敏感．因而，它并不是稳健的．

依据式(10.9.40)，在污染分布处的威尔科克森泛函满足方程

$$0=(1-\varepsilon)\int_{-\infty}^{\infty}\int_{-\infty}^{\infty}x\varphi_W[F(y-xT_\varepsilon)]h(x,y)\mathrm{d}x\mathrm{d}y+ \varepsilon\int_{-\infty}^{\infty}\int_{-\infty}^{\infty}x\varphi_W[F(y-xT_\varepsilon)]\mathrm{d}\Delta_{(x_0,y_0)}(x,y) \tag{10.9.46}$$

[从方法上看，累积分布函数 F 应用残差的真实累积分布函数代替，但结果却是一样的，参看 Hettmansperger 和 McKean(2011)的第 477 页．]对这个式子求关于 ε 隐函数微分，得出

$$0=-\int_{-\infty}^{\infty}\int_{-\infty}^{\infty}x\varphi_W[F(y-xT_\varepsilon)]h(x,y)\mathrm{d}x\mathrm{d}y+ (1-\varepsilon)\int_{-\infty}^{\infty}\int_{-\infty}^{\infty}x\varphi_W'[F(y-T_\varepsilon x)]f(y-T_\varepsilon x)(-x)\frac{\partial T_\varepsilon}{\partial\varepsilon}h(x,y)\mathrm{d}x\mathrm{d}y+ \int_{-\infty}^{\infty}\int_{-\infty}^{\infty}x\varphi_W[F(y-xT_\varepsilon)]\mathrm{d}\Delta_{(x_0,y_0)}(x,y)+\varepsilon B \tag{10.9.47}$$

这里由于在 $\varepsilon=0$ 处计算此偏导数，所以不需要 B 的表达式．当 $\varepsilon=0$ 时，则 $Y-TX=e$，并且随机变量 e 与 X 是独立的．因此，设 $\varepsilon=0$，则表达式简化成

$$0=-E[\varphi_W'(F(e))f(e)]E(X^2)\left.\frac{\partial T_\varepsilon}{\partial\varepsilon}\right|_{\varepsilon=0}+\varphi_W[F(y_0-x_0\beta)]x_0 \tag{10.9.48}$$

因为 $\varphi'(u)=\sqrt{12}$，最后得出威尔科克森估计量影响函数

$$IF(x_0,y_0;\hat{\beta}_W)=\frac{\tau\varphi_W[F(y_0-\beta x_0)]x_0}{E(X^2)} \tag{10.9.49}$$

其中 $\tau=1/\left[\sqrt{12}\int f^2(e)\mathrm{d}e\right]$．注意，影响函数关于 Y 空间是有界的，但关于 x 空间却是无界的．因此，和最小二乘估计量不同，威尔科克森估计量对 Y 空间离群值是稳健的，但却像最小二乘估计量那样，对 X 空间离群值是敏感的．不过，加权形式的威尔科克森估计量，不论在 Y 空间还是 X 空间上均具有有界影响函数；参看 Hettmansperger 和 McKean (2011)的第 3 章关于 HBR 估计量的讨论．习题 10.9.18 与习题 10.9.19 分别要求读者利用其影响函数推导最小二乘与威尔科克森估计量的渐近分布．

崩溃点

回归模型的崩溃点是建立在模型(10.9.31)样本出现错误的基础上的；也就是说，样本$(x_{c1},Y_1),\cdots,(x_{cn},Y_n)$．依据最小二乘估计量与威尔科克森估计量的影响函数，很明显，一个 x_i 出错将会导致这两种估计量失效．这点由习题 10.9.14 所证明．因此，这两种估计量崩溃点都是 0．HBR 估计量(上述加权形式的威尔科克森估计量)在两个空间上存在有界影响函数，从而可到达 50%崩溃点；参看 Chang 等(1999)以及 Hettmansperger 和 McKean(2011)．

截距

在实际应用中，线性模型通常包括截距参数；也就是说，模型由带有截距参数 α 的式(10.9.30)给出．注意，α 是随机变量 $Y_i-\beta x_{c_i}$ 的位置参数．这表明了基于残差 $Y_i-\hat{\beta}x_{c_i}$

来对位置进行估计. 对于最小二乘法，我们采用残差均值，也就是

$$\hat{\alpha}_{\mathrm{LS}} = n^{-1}\sum_{i=1}^{n}(Y_i - \hat{\beta}_{\mathrm{LS}}x_{c_i}) = \overline{Y} \tag{10.9.50}$$

原因在于各个 x_{c_i} 已经进行了中心化. 对于威尔科克森拟合来说，有几种可选择的方法看起来都合适. 这里使用威尔科克森残差中位数. 也就是，设

$$\hat{\alpha}_{W} = \mathrm{med}_{1\leqslant i\leqslant n}\{Y_i - \hat{\beta}_{W}x_{c_i}\} \tag{10.9.51}$$

对于回归模型的威尔科克森拟合，计算问题已经由注释 10.7.1 加以讨论. 因此，我们推荐 Kloke 和 McKean(2014)开发的 CRAN 软件包 `Rfit`. 利用 R 软件包[⊖] `hbrfit` 可计算高崩溃的 HBR 拟合.

习题

10.9.1 考察由式(10.9.1)所定义的位置模型. 设

$$\hat{\theta} = \mathrm{Argmin}_{\theta}\|X - \theta\mathbf{1}\|_{\mathrm{LS}}^{2}$$

其中$\|\cdot\|_{\mathrm{LS}}^{2}$表示欧氏范数的平方. 证明：$\hat{\theta}=\overline{X}$.

10.9.2 利用下述数据集，求样本均值与样本中位数的灵敏度曲线以及霍奇斯-莱曼估计量. 以增量为 10 的方式在 -300 至 300 值处计算曲线，并在同样区域上绘制曲线. 比较灵敏度曲线.

−9	58	12	−1	−37	0	11	21
18	−24	−4	−53	−9	9	8	

注意，利用 R 命令 `wilcox.test(x,conf.int=T)$ est` 可计算 R 向量 x 的霍奇斯-莱曼估计.

10.9.3 考察式(10.9.21)给出的霍奇斯-莱曼估计量的影响函数. 对于此式，证明性质(10.9.22)成立. 其次，计算式(10.9.23)，以此求式(10.9.25)给出的估计量的渐近分布. 该结果和 10.3 节推导出的结果一致吗?

10.9.4 设 $F_{x,\varepsilon}(t)$是式(10.9.13)给出的点质量污染. 对于所有 t，证明：

$$|F_{x,\varepsilon}(t) - F_X(t)| \leqslant \varepsilon$$

10.9.5 假定 X 是均值为 0 与方差为 σ^2 的随机变量. 回顾函数 $F_{x,\varepsilon}(t)$是随机变量 $U=I_{1-\varepsilon}X+[1-I_{1-\varepsilon}]W$ 的累积分布函数，其中 X、$I_{1-\varepsilon}$以及 W 都是独立的随机变量，X 具有累积分布函数 $F_Y(t)$，W 具有累积分布函数 $\Delta_y(t)$，而 $I_{1-\varepsilon}$服从 $b(1, 1-\varepsilon)$. 定义泛函 $V(F_X)=\mathrm{Var}(X)=\sigma^2$. 注意，在污染处累积分布函数 $F_{x,\varepsilon}(t)$的泛函是随机变量 $U=I_{1-\varepsilon}X+[1-I_{1-\varepsilon}]W$ 的方差. 为推导方差的影响函数，执行下面步骤：

(a) 证明：$E(U)=\varepsilon x$.

(b) 证明：$\mathrm{Var}(U)=(1-\varepsilon)\sigma^2+\varepsilon x^2-\varepsilon^2x^2$.

(c) 求上式右边关于 ε 的偏导数. 这是一个影响函数.

提示：因为 $I_{1-\varepsilon}$是伯努利随机变量，故 $I_{1-\varepsilon}^2=I_{1-\varepsilon}$. 这是为什么呢?

10.9.6 通常对在污染累积分布函数 $F_{x,\varepsilon}(t)$处的泛函定义方程即(10.9.13)进行隐函数微分来推导影响函数. 考察定义方程(10.9.10)的均值泛函. 利用微分线性性质，首先证明累积分布函数 $F_{x,\varepsilon}(t)$处的定义方程可表示成

$$0=\int_{-\infty}^{\infty}[t-T(F_{x,\varepsilon})]\mathrm{d}F_{x,\varepsilon}(t) = (1-\varepsilon)\int_{-\infty}^{\infty}[t-T(F_{x,\varepsilon})]f_X(t)\mathrm{d}t + \varepsilon\int_{-\infty}^{\infty}[t-T(F_{x,\varepsilon})]\mathrm{d}\Delta(t) \tag{10.9.52}$$

⊖ 可在 https://github.com/kloke/下载.

回顾我们要求 $\partial T(F_{x,\epsilon})/\partial\epsilon$. 这可通过上式对 ϵ 进行隐函数微分而得出.

10.9.7 习题 10.9.5 直接推导方差泛函影响函数. 当假定 Y 均值为 0，注意，方差泛函 $V(F_Y)$也通过求解

$$0=\int_{-\infty}^{\infty}[t^2-V(F_X)]f_X(t)\mathrm{d}t$$

方程而获得.

(a) 运用如下方式，求方差的一个通常估计量，即通过对于具有累积分布函数 $F_Y(t)$的独立同分布的 $X_1-\overline{X},\cdots,X_n-\overline{X}$，在经验累积分布函数 $F_n(t)$处先定义一个方程，然后解 $V(F_n)$.

(b) 如同习题 10.9.6 一样，写出污染累积分布函数 $F_{y,\epsilon}(t)$处的方差泛函定义方程.

(c) 对(b)部分定义方程进行隐函数微分推导，求影响函数.

10.9.8 证明：式(10.9.17)中给出的累积分布函数 $F_{x,\epsilon}(t)$的逆是正确的.

10.9.9 证明：$IF(y)$是式(10.9.20)给出的样本中位数的影响函数. 求 $E[IF(X)]$与 $\mathrm{Var}[IF(X)]$.

10.9.10 设 $x_1,x_2,\cdots,x_n$ 是随机样本的实现值. 考察由式(10.9.4)给出的霍奇斯-莱曼位置估计.

证明：这个估计的崩溃点为 0.29.

提示：假定有 m 个数据出错. 需要求使沃尔什平均值半数出错的 m 值. 证明：出错 m 个数据点会导致

$$p(m)=m+\binom{m}{2}+m(n-m)$$

个沃尔什平均值出错. 因此，有限样本崩溃点是二次方程 $p(m)=n(n+1)/4$ 的“正确”解.

10.9.11 对于任意 $n\times1$ 向量 $\boldsymbol{v}$，$\|\boldsymbol{v}\|_W$ 函数由

$$\|\boldsymbol{v}\|_W=\sum_{i=1}^{n}a_W(R(v_i))v_i \tag{10.9.53}$$

定义，其中 $R(v_i)$表示 $v_1,v_2,\cdots,v_n$ 的秩，威尔科克森得分是 $a_W(i)=\varphi_W[i/(n+1)]$，对于 $\varphi_W(u)=\sqrt{12}[u-(1/2)]$. 利用顺序统计量与秩之间的对应关系，证明

$$\|\boldsymbol{v}\|_W=\sum_{i=1}^{n}a(i)v_{(i)} \tag{10.9.54}$$

其中 $v_{(1)}\leqslant v_{(2)}\leqslant\cdots\leqslant v_{(n)}$ 是 $v_1,v_2,\cdots,v_n$ 的有序值. 于是，通过建立下面性质，证明函数(10.9.53)是$\mathbb{R}^n$ 上的伪范数.

(a) $\|\boldsymbol{v}\|_W\geqslant0$ 且 $\|\boldsymbol{v}\|_W=0$ 当且仅当 $v_1=v_2=\cdots=v_n$.

提示：首先，由得分 $a(i)$之和为 0，可以证明

$$\sum_{i=1}^{n}a(i)v_{(i)}=\sum_{i<j}a(i)[v_{(i)}-v_{(j)}]+\sum_{i>j}a(i)[v_{(i)}-v_{(j)}]$$

其中 j 表示集合$\{1,2,\cdots,n\}$中使得 $a(j)<0$ 的那个最大整数.

(b) $\|c\boldsymbol{v}\|_W=|c|\,\|\boldsymbol{v}\|_W$，对于所有 $c\in\mathbb{R}$.

(c) $\|\boldsymbol{v}+\boldsymbol{w}\|_W\leqslant\|\boldsymbol{v}\|_W+\|\boldsymbol{w}\|_W$，对于所有 $\boldsymbol{v}$，$\boldsymbol{w}\in\mathbb{R}^n$.

提示：对于两个数集$\{c_1,c_2,\cdots,c_n\}$与$\{d_1,d_2,\cdots,d_n\}$来说，确定一个排列，比如整数$\{1,2,\cdots,n\}$中的 i_k 与 j_k，使 $\sum_{k=1}^{n}c_{i_k}d_{j_k}$ 极大化.

10.9.12 注释 9.6.1 已经讨论 β 的最小二乘估计几何性质. 对于威尔科克森估计，存在类似的几何性质. 利用上面式(10.9.53)所定义的范数$\|\cdot\|_W$，设

$$\hat{\beta}^*=\mathrm{Argmin}\|Y-X_c\beta\|_W$$

其中 $Y'=(Y_1,Y_2,\cdots,Y_n)$，$X_c'=(x_{c1},x_{c2},\cdots,x_{cn})$. 因而，$\hat{\beta}^*$ 极小化 Y 与由向量 X_c 所张成的空

间之间距离.

(a) 利用式(10.9.54)，证明 β^* 满足威尔科克森估计方程(10.9.34)，也就是$\hat{\beta}^*=\hat{\beta}_W$.

(b) 设$\hat{Y}_W=X_c\hat{\beta}_W$ 与 $Y-\hat{Y}_W$ 分别表示拟合值与残差的威尔科克森向量. 画出类似于最小二乘法图 9.6.3 的图形，只是在图形上使用这些向量. 注意，你的图形可能不包含直角.

(c) 用威尔科克森回归方法，求正交于$\hat{Y}_W$ 的向量(不是 $\mathbf{0}$).

10.9.13　对于模型(10.9.35)，证明方程(10.9.36)成立. 然后，证明 Y 与 X 是独立的当且仅当$\beta=0$，因此，独立性是建立在参数基础上的. 这正是具有这种独立性质而不一定需要正态性的情况.

10.9.14　考察例 10.7.2 曾经讨论的电话数据，而且存放于 telephone. rda 文件中. 容易看到，图 10.7.1 空间存在 7 个异常值. 依据这个例子的估计，斜率的威尔科克森估计对这些异常值来说是稳健的. 而最小二乘估计对这些异常值来说则是非常敏感的.

(a) 对于该数据集合，将 x 最后的值从 73 变动到 173. 注意，最小二乘法按惯例会有巨大变化.

(b) 求(a)部分数据变动的威尔科克森估计. 注意，这同样会出现巨大变化. 为得到威尔科克森拟合，参看注释 10.7.1(计算问题).

(c) 使用例 10.7.2 的威尔科克森估计，将 $x=173$ 的 Y 值变动到基于例 10.7.2 威尔科克森估计而得出 Y 的预测值. 注意，这点是远离 x 的“良好”点；也就是说，它拟合了该模型. 现在，求威尔科克森估计与最小二乘估计. 对这两种估计加以评论.

10.9.15　对于式(10.9.53)定义的伪范数$\|\boldsymbol{v}\|_W$，建立等式

$$\|\boldsymbol{v}\|_W=\frac{\sqrt{3}}{2(n+1)}\sum_{i=1}^{n}\sum_{j=1}^{n}|v_i-v_j| \tag{10.9.55}$$

对于所有 $\boldsymbol{v}\in\mathbb{R}^n$. 因而，可以证明

$$\hat{\beta}_W=\text{Argmin}\sum_{i=1}^{n}\sum_{j=1}^{n}|(y_i-y_j)-\beta(x_{ci}-x_{cj})| \tag{10.9.56}$$

注意，通过利用 L_1(最小绝对偏差)方式，利用式(10.9.56)给出的公式很容易计算斜率的威尔科克森估计. Terpstra 和 McKean(2005)使用等式(10.9.55)编程，得到用于计算威尔科克森拟合的 R 函数.

10.9.16　假如随机变量 e 具有累积分布函数 $F(t)$. 设 $\varphi(u)=\sqrt{12}[u-(1/2)]$表示威尔科克森得分函数，其中 $0<u<1$.

(a) 证明，随机变量 $\varphi[F(e_i)]$的均值为 0 且方差为 1.

(b) 对于任何满足 $\int_0^1\varphi(u)\mathrm{d}u=0$ 与 $\int_0^1\varphi^2(u)\mathrm{d}u=1$ 的得分函数 $\varphi(u)$，研究 $\varphi[F(e_i)]$的均值与方差.

10.9.17　在推导影响函数时，我们假定 x 是随机的. 然而，例如考察 x 为给定的情况. 在此情况下，由影响函数得到 X 的方差 $E(X^2)$，可由其估计值即 $n^{-1}\sum_{i=1}^{n}x_{ci}^2$ 代替. 如果这样做后，用 β 的最小二乘估计量的影响函数来推导最小二乘估计量的渐近分布，参看式(10.9.24)附近的讨论. 证明在误差服从正态分布条件下，它和式(9.6.9)给出的最小二乘估计量的准确分布相一致.

10.9.18　像上面习题一样，利用 β 的威尔科克森估计量影响函数，推导威尔科克森估计量的渐近分布. 对于威尔科克森得分，证明它和式(10.7.14)一致.

10.9.19　使用前面两个习题的结果，求 β 的威尔科克森与最小二乘估计量之间的渐近相对有效性.

第 11 章　贝叶斯统计学

11.1　贝叶斯方法

为了便于理解贝叶斯推断，需要回顾一下贝叶斯定理(1.4.3)，从而确定分布的相关参数. 若拥有参数 $\theta>0$ 的泊松分布，且已知该参数可能取值为 $\theta=2$ 或 $\theta=3$. 在贝叶斯推断中，参数被处理成随机变量 Θ. 就该例子而言，对主观的先验概率指派两个可能值 $P(\Theta=2)=\frac{1}{3}$ 与 $P(\Theta=3)=\frac{2}{3}$. 但这些主观概率是建立在过去的经验基础之上的，代替了连续 $\theta>0$ 的情况，Θ 仅仅取两个值之一，这显得不怎么现实(我们在阐述说明性例子之后将立刻加以讨论). 现假定样本量 $n=2$ 的随机样本使观测值 $x_1=2$，$x_2=4$. 已知这两个数，$\Theta=2$ 与 $\Theta=3$ 的**后验**概率是多少呢？由贝叶斯定理，可知

$$
\begin{aligned}
P(\Theta=2\mid X_1=2,X_2=4)&=\frac{P(\Theta=2 \text{ 与 } X_1=2,X_2=4)}{P(X_1=2,X_2=4\mid\Theta=2)P(\Theta=2)+P(X_1=2,X_2=4\mid\Theta=3)P(\Theta=3)}\\
&=\frac{\left(\frac{1}{3}\right)\frac{e^{-2}2^2}{2!}\frac{e^{-2}2^4}{4!}}{\left(\frac{1}{3}\right)\frac{e^{-2}2^2}{2!}\frac{e^{-2}2^4}{4!}+\left(\frac{2}{3}\right)\frac{e^{-3}3^2}{2!}\frac{e^{-3}3^4}{4!}}\\
&=0.245
\end{aligned}
$$

类似地，

$$P(\Theta=3\mid X_1=2,X_2=4)=1-0.245=0.755$$

即利用观测值 $x_1=2$，$x_2=4$ 后，$\Theta=2$ 的后验概率小于 $\Theta=2$ 的先验概率. 类似地，$\Theta=3$ 的后验概率大于它的相应先验概率. 也就是观测值 $x_1=2$，$x_2=4$ 似乎更有利于支持 $\Theta=3$ 而不是 $\Theta=2$；这看起来和我们直观认为 $\overline{x}=3$ 相一致. 为了讨论更现实情况：在连续支集上我们设置一个先验概率密度函数 $h(\theta)$.

11.1.1　先验分布与后验分布

估计问题的贝叶斯方法考虑到了统计学家已经做过实验的任何先验知识，而且该方法是统计推断原理的一个应用，称为**贝叶斯统计学**(Bayesian statistics). 考察具有概率分布的随机变量 X，该分布依赖于符号 θ，其中 θ 是定义良好集合的一个元素. 例如，符号 θ 是正态分布的均值，Ω 可以是实直线. 尽管 θ 未知，在此之前一直将 θ 看成一个参数. 现在，引入在集合 Ω 上具有概率分布的随机变量 θ. 正如可将 x 作为随机变量的一个可能值一样，我们如今将 θ 看成是随机变量 Θ 的一个可能值. 因而，X 的分布依赖于 θ，即随机变量 Θ 的一个实验值. 用 $h(\theta)$ 表示 Θ 的概率密度函数，并且当 θ 不是 Ω 的元素时，取 $h(\theta)=0$. 称概率密度函数 $h(\theta)$ 为 Θ 的**先验概率密度函数**. 另外，用 $f(x\mid\theta)$ 表示 X 的概率密度函数，因为将其看成给定 $\Theta=\theta$ 时 X 的条件概率密度函数. 在本章，为了明晰，使用下述模型概述：

$$X|\theta \sim f(x|\theta)$$
$$\Theta \sim h(\theta) \tag{11.1.1}$$

假定 $X_1,X_2,\cdots,X_n$ 是来自具有概率密度函数 $f(x|\theta)$ 的给定 $\Theta=\theta$ 时 X 的条件分布的随机样本．为了方便起见，使用向量记号．设 $\boldsymbol{X}'=(X_1,X_2,\cdots,X_n)$，$\boldsymbol{x}'=(x_1,x_2,\cdots,x_n)$．因而，将给定 $\Theta=\theta$ 时 $\boldsymbol{X}$ 的联合条件概率密度函数写成

$$L(\boldsymbol{x}|\theta)=f(x_1|\theta)f(x_2|\theta)\cdots f(x_n|\theta) \tag{11.1.2}$$

因而 $\boldsymbol{X}$ 与 Θ 的联合概率密度函数是

$$g(\boldsymbol{x},\theta)=L(\boldsymbol{x}|\theta)h(\theta) \tag{11.1.3}$$

若 Θ 是连续型随机变量，则 $\boldsymbol{X}$ 的联合边缘概率密度函数由

$$g_1(\boldsymbol{x})=\int_{-\infty}^{\infty} g(\boldsymbol{x},\theta)\mathrm{d}\theta \tag{11.1.4}$$

给出．若 Θ 是离散型随机变量，则用求和代替积分．无论是上述两种情况中的哪一种，给定样本 $\boldsymbol{X}$ 时，Θ 的条件概率密度函数都是

$$k(\theta|\boldsymbol{x})=\frac{g(\boldsymbol{x},\theta)}{g_1(\boldsymbol{x})}=\frac{L(\boldsymbol{x}|\theta)h(\theta)}{g_1(\boldsymbol{x})} \tag{11.1.5}$$

由这种条件概率密度函数所定义的分布称为**后验分布**(posterior distribution)，式(11.1.5)称为**后验概率密度函数**(posterior pdf)．先验分布反映出抽取样本之前 Θ 的主观信念，后验分布则为得到样本之后 Θ 的条件分布．下面运用例子进一步讨论这些分布．

例 11.1.1 考察模型

$$X_i|\theta \sim \text{独立同分布的 Possion}(\theta),\quad \Theta\sim\Gamma(\alpha,\beta),\alpha \text{ 与 } \beta \text{ 均为已知}$$

因此，随机样本是从均值为 θ 的泊松分布中抽取的，先验分布是 $\Gamma(\alpha,\beta)$ 分布．设 $\boldsymbol{X}'=(X_1,X_2,\cdots,X_n)$．因而在这种给定情况下，$\Theta=\theta$ 时，$\boldsymbol{X}$ 联合条件概率密度函数(11.1.2)是

$$L(\boldsymbol{x}|\theta)=\frac{\theta^{x_1}\mathrm{e}^{-\theta}}{x_1!}\cdots\frac{\theta^{x_n}\mathrm{e}^{-\theta}}{x_n!},\quad x_i=0,1,2,\cdots,i=1,2,\cdots,n$$

先验概率密度函数是

$$h(\theta)=\frac{\theta^{\alpha-1}\mathrm{e}^{-\theta/\beta}}{\Gamma(\alpha)\beta^{\alpha}},\quad 0<\theta<\infty$$

故若 $x_i=0,1,2,3,\cdots,i=1,2,\cdots,n$ 且 $0<\theta<\infty$，联合混合连续-离散概率密度函数是由

$$g(\boldsymbol{x},\theta)=L(\boldsymbol{x}|\theta)h(\theta)=\left[\frac{\theta^{x_1}\mathrm{e}^{-\theta}}{x_1!}\cdots\frac{\theta^{x_n}\mathrm{e}^{-\theta}}{x_n!}\right]\left[\frac{\theta^{\alpha-1}\mathrm{e}^{-\theta/\beta}}{\Gamma(\alpha)\beta^{\alpha}}\right]$$

给出的，其他情况等于 0．则样本的边缘分布(11.1.4)为

$$g_1(\boldsymbol{x})=\int_0^{\infty}\frac{\theta^{\sum x_i+\alpha-1}\mathrm{e}^{-(n+1/\beta)\theta}}{x_1!\cdots x_n!\Gamma(\alpha)\beta^{\alpha}}\mathrm{d}\theta=\frac{\Gamma\left(\sum_1^n x_i+\alpha\right)}{x_1!\cdots x_n!\Gamma(\alpha)\beta^{\alpha}(n+1/\beta)^{\sum x_i+\alpha}} \tag{11.1.6}$$

最后，倘若 $0<\theta<\infty$，给定 $\boldsymbol{X}=\boldsymbol{x}$ 时 Θ 的后验概率密度函数(11.1.5)为

$$k(\theta|\boldsymbol{x})=\frac{L(\boldsymbol{x}|\theta)h(\theta)}{g_1(\boldsymbol{x})}=\frac{\theta^{\sum x_i+\alpha-1}\mathrm{e}^{-\theta/[\beta/(n\beta+1)]}}{\Gamma(\sum x_i+\alpha)[\beta/(n\beta+1)]^{\sum x_i+\alpha}} \tag{11.1.7}$$

其他情况等于 0．这种条件概率密度函数是具有参数 $\alpha^*=\sum_{i=1}^n x_i+\alpha$ 与 $\beta^*=\beta/(n\beta+1)$ 的伽马

型之一．后验概率密度函数既反映先验信息(α，β)，又反映样本信息$\left(\sum_{i=1}^{n} x_i\right)$．■

在例 11.1.1 求后验概率密度函数 $k(\theta|\boldsymbol{x})$的过程中，不一定要获得边缘概率密度函数 $g_1(\boldsymbol{x})$．如果用 $g_1(\boldsymbol{x})$除 $L(\boldsymbol{x}|\theta)h(\theta)$，那么一定得到依赖于 $\boldsymbol{x}$ 但不依赖于 θ 的因子，比如 $c(\boldsymbol{x})$与

$$\theta^{\sum x_i+\alpha-1}\mathrm{e}^{-\theta/[\beta/(n\beta+1)]}$$

的乘积，即若 $0<\theta<\infty$ 且 $x_i=0,1,2,\cdots,i=1,2,\cdots,n$，

$$k(\theta|\boldsymbol{x}) = c(\boldsymbol{x})\theta^{\sum x_i+\alpha-1}\mathrm{e}^{-\theta/[\beta/(n\beta+1)]}$$

为确定 $k(\theta|\boldsymbol{x})$为 概率密度函数，要求 $c(\boldsymbol{x})$必须是一个“常数”，也就是

$$c(\boldsymbol{x}) = \frac{1}{\Gamma(\sum x_i + \alpha)[\beta/(n\beta+1)]^{\sum x_i+\alpha}}$$

因此，常将 $k(\theta|\boldsymbol{x})$写成和 $L(\boldsymbol{x}|\theta)h(\theta)$成比例的形式；即把后验概率密度函数写为

$$k(\theta|\boldsymbol{x}) \propto L(\boldsymbol{x}|\theta)h(\theta) \tag{11.1.8}$$

注意，在该式右边，所有因子包含常数，而唯一 $\boldsymbol{x}$ 可省略．比如在求解例 11.1.1 表述的问题时，可直接写成

$$k(\theta|\boldsymbol{x}) \propto \theta^{\sum x_i}\mathrm{e}^{-n\theta}\theta^{\alpha-1}\mathrm{e}^{-\theta/\beta}$$

或等价地表示为

$$k(\theta|\boldsymbol{x}) \propto \theta^{\sum x_i+\alpha-1}\mathrm{e}^{-\theta/[\beta/(n\beta+1)]}$$

$0<\theta<\infty$，在其他情况下等于 0．很明显，$k(\theta|\boldsymbol{x})$一定是参数为 $\alpha^* = \sum x_i + \alpha$ 与 $\beta^* = \beta/(n\beta+1)$的伽马概率密度函数．

与此同时，还可得到另一个发现．对于参数来说，假定存在一个充分统计量 $Y=u(\boldsymbol{X})$，因此

$$L(\boldsymbol{x}|\theta) = g[u(\boldsymbol{x})|\theta]H(\boldsymbol{x})$$

其中 $g(y|\theta)$表示给定 $\Theta=\theta$ 时 Y 的概率密度函数．于是，可以得出

$$k(\theta|\boldsymbol{x}) \propto g[u(\boldsymbol{x})|\theta]h(\theta)$$

因为不依赖于 θ 的因子 $H(\boldsymbol{x})$已经省略掉．假如参数存在充分统计量，如果想要写出

$$k(\theta|y) \propto g(y|\theta)h(\theta) \tag{11.1.9}$$

那么就能以 Y 的概率密度函数开始，其中 $k(\theta|y)$表示给定充分统计量 $Y=y$ 时 Θ 的条件概率密度函数．在存在充分统计量条件下，也可用 $g_1(y)$表示 Y 的边缘概率密度函数；即在连续情况下，

$$g_1(y) = \int_{-\infty}^{\infty} g(y|\theta)h(\theta)\mathrm{d}\theta$$

11.1.2　贝叶斯点估计

假定要得到 θ 的点估计量．从贝叶斯观点看，相当于去选取一个决策函数 δ，当计算值 $\boldsymbol{x}$ 和条件概率密度函数 $k(\theta|\boldsymbol{x})$已知时令 $\delta(\boldsymbol{x})$是 θ 的一个预测值(作为随机变量 Θ 的实验值)．现在，一般而言，如果希望预测会“合情合理接近于”所观测到的值，那么该怎样对任何随机变量实验值(比如 W)进行预测呢？许多统计学家会用 W 分布的均值 $E(W)$进行预测；而另外一些统计学家则使用 W 分布的中位数(或许并不唯一)进行预测；还有一些可能

使用其他值预测．选择决策函数应该依赖于损失函数$\mathcal{L}[\theta,\delta(\boldsymbol{x})]$．对损失函数依赖的这种方式反映出如下情形：根据损失的条件期望极小值来选取决策函数δ．假如Θ是连续型随机变量，**贝叶斯估计**(Bayes estimate)是使

$$E\{\mathcal{L}[\Theta,\delta(\boldsymbol{x})]\mid\boldsymbol{X}=\boldsymbol{x}\}=\int_{-\infty}^{\infty}\mathcal{L}[\theta,\delta(\boldsymbol{x})]k(\theta\mid\boldsymbol{x})\mathrm{d}\theta$$

达到极小化的决策函数δ，即

$$\delta(\boldsymbol{x})=\operatorname{Argmin}\int_{-\infty}^{\infty}\mathcal{L}[\theta,\delta(\boldsymbol{x})]k(\theta\mid\boldsymbol{x})\mathrm{d}\theta \tag{11.1.10}$$

与之相关的随机变量$\delta(\boldsymbol{X})$称为θ的**贝叶斯估计量**(Bayes estimator)．假如考虑离散型随机变量，则只须对此方程的右边进行通常的修改即可．若损失函数由$\mathcal{L}[\theta,\delta(\boldsymbol{x})]=[\theta-\delta(\boldsymbol{x})]^2$给出，则贝叶斯估计是$\delta(\boldsymbol{x})=E[\Theta\mid\boldsymbol{x}]$，即给定$\boldsymbol{X}=\boldsymbol{x}$时$\Theta$的条件分布的均值．这源自下述事实：若$E[(W-b)^2]$存在，则当$b=E(W)$时，极小值是$E[(W-b)^2]$．若损失函数由$\mathcal{L}[\theta,\delta(\boldsymbol{x})]=|\theta-\delta(\boldsymbol{x})|$给出，则给定$\boldsymbol{X}=\boldsymbol{x}$时$\Theta$的条件分布的中位数就是贝叶斯估计．其缘由如下：当$b$为$W$分布的任何中位数时，若$E(|W-b|)$存在，则$E(|W-b|)$就是极小值．

将上述推演推广到θ的函数如某个特定函数$l(\theta)$．对于损失函数$\mathcal{L}[\theta,\delta(\boldsymbol{x})]$来说，$l(\theta)$的**贝叶斯估计**(Bayes estimate)是使

$$E\{\mathcal{L}[l(\Theta),\delta(\boldsymbol{x})]\mid\boldsymbol{X}=\boldsymbol{x}\}=\int_{-\infty}^{\infty}\mathcal{L}[l(\theta),\delta(\boldsymbol{x})]k(\theta\mid\boldsymbol{x})\mathrm{d}\theta$$

极小化的决策函数δ．将随机变量$\delta(\boldsymbol{X})$称为$l(\theta)$的**贝叶斯估计量**．

给定$\boldsymbol{X}=\boldsymbol{x}$时，损失的条件期望定义出一个如下随机变量，此随机变量是样本$\boldsymbol{X}$的函数．在本节符号下，考察连续情况，下式给出了$\boldsymbol{X}$函数的期望值

$$\int_{-\infty}^{\infty}\left\{\int_{-\infty}^{\infty}\mathcal{L}[\theta,\delta(\boldsymbol{x})]k(\theta\mid\boldsymbol{x})\mathrm{d}\theta\right\}g_1(\boldsymbol{x})\mathrm{d}\boldsymbol{x}=\int_{-\infty}^{\infty}\left\{\int_{-\infty}^{\infty}\mathcal{L}[\theta,\delta(\boldsymbol{x})]L(\boldsymbol{x}\mid\theta)\mathrm{d}\boldsymbol{x}\right\}h(\theta)\mathrm{d}\theta$$

对于每一个已知$\theta\in\Theta$，上式最后面的表达式括号中积分是**风险函数**(risk function)$R(\theta,\delta)$．因此，最后面的表达式是风险的均值或期望风险．由于对于每一个使得$g(\boldsymbol{x})>0$的$\boldsymbol{x}$，贝叶斯估计$\delta(\boldsymbol{x})$使下式极小化，

$$\int_{-\infty}^{\infty}\mathcal{L}[\theta,\delta(\boldsymbol{x})]k(\theta\mid\boldsymbol{x})\mathrm{d}\theta$$

所以这表明贝叶斯估计$\delta(\boldsymbol{x})$使得风险的均值达到极小值．现在，结合下面两个例子来进行说明．

例 11.1.2 考察模型

$$X_i\mid\theta\sim \text{独立同分布}\quad \text{二项分布 } b(1,\theta)$$
$$\Theta\sim \operatorname{beta}(\alpha,\beta),\ \alpha\text{ 与 }\beta\text{ 均为已知}$$

即先验概率密度函数是

$$h(\theta)=\begin{cases}\dfrac{\Gamma(\alpha+\beta)}{\Gamma(\alpha)\Gamma(\beta)}\theta^{\alpha-1}(1-\theta)^{\beta-1}, & 0<\theta<1\\ 0, & \text{其他}\end{cases}$$

其中α与β是预先指定的正的常数，寻找作为贝叶斯解的决策函数δ．充分统计量是$Y=$

$\sum_{1}^{n} X_i$，且服从 $b(n, \theta)$分布．故给定 $\Theta=\theta$ 时 Y 的条件概率密度函数为

$$g(y|\theta)=\begin{cases}\binom{n}{y}\theta^{y}(1-\theta)^{n-y}, & y=0,1,\cdots,n\\ 0, & \text{其他}\end{cases}$$

因而，由式(11.1.9)知，在正概率密度点处，给定 $Y=y$ 时 Θ 的条件概率密度函数为

$$k(\theta|y)\propto\theta^{y}(1-\theta)^{n-y}\theta^{\alpha-1}(1-\theta)^{\beta-1},\quad 0<\theta<1$$

即

$$k(\theta|y)=\frac{\Gamma(n+\alpha+\beta)}{\Gamma(\alpha+y)\Gamma(n+\beta-y)}\theta^{\alpha+y-1}(1-\theta)^{\beta+n-y-1},\quad 0<\theta<1$$

以及 $y=0,1,\cdots,n$．因此，后验概率密度函数是参数为$(\alpha+y,\beta+n-y)$的贝塔密度函数．若采用平方误差损失作为损失函数，即$\mathcal{L}[\theta,\delta(y)]=[\theta-\delta(y)]^2$．那么 θ 的贝叶斯点估计是此贝塔概率密度函数的均值，即

$$\delta(y)=\frac{\alpha+y}{\alpha+\beta+n}$$

这是具有启发性的一个发现，此贝叶斯估计量能写成

$$\delta(y)=\left(\frac{n}{\alpha+\beta+n}\right)\frac{y}{n}+\left(\frac{\alpha+\beta}{\alpha+\beta+n}\right)\frac{\alpha}{\alpha+\beta}$$

上式为 θ 极大似然估计 y/n 与参数先验概率密度函数的均值$\alpha/(\alpha+\beta)$的加权平均值．并且，各自权数为 $n/(\alpha+\beta+n)$与$(\alpha+\beta)/(\alpha+\beta+n)$．注意，对于大 n 来说，贝叶斯估计值接近于 θ 极大似然估计，另外，$\delta(Y)$为 θ 的一致估计量．因而，应选取 α 与β 之值，以使不仅令人满意的先验均值为 $\alpha/(\alpha+\beta)$，而且 $\alpha+\beta$ 之和显示与样本量 n 有关的先验观点的价值．也就是若想要先验观点拥有与样本量 20 更为相称的权重，那么可取 $\alpha+\beta=20$．因此，若先验均值为$\frac{3}{4}$，则选取 α 与 β，以使 $\alpha=15$ 与 $\beta=5$． ■

例 11.1.3 对于该例子，有正态模型

$$X_i|\theta\sim \text{独立同分布的 } N(\theta,\sigma^2),\sigma^2\text{已知}$$
$$\Theta\sim N(\theta_0,\sigma_0^2),\text{其中 }\theta_0\text{ 与 }\sigma_0^2\text{ 均为已知}$$

那么 $Y=\overline{X}$ 为充分统计量．因此，此模型的等价公式为

$$Y|\theta\sim \text{独立同分布的 } N(\theta,\sigma^2/n),\sigma^2\text{已知}$$
$$\Theta\sim N(\theta_0,\sigma_0^2),\text{其中 }\theta_0\text{ 与 }\sigma_0^2\text{ 均为已知}$$

于是，对于后验概率密度函数有

$$k(\theta|y)\propto\frac{1}{\sqrt{2\pi}\sigma/\sqrt{n}}\frac{1}{\sqrt{2\pi}\sigma_0}\exp\left[-\frac{(y-\theta)^2}{2(\sigma^2/n)}-\frac{(\theta-\theta_0)^2}{2\sigma_0^2}\right]$$

若去掉所有常数因子(包含仅涉及 y 的因子)，则有

$$k(\theta|y)\propto\exp\left[-\frac{(\sigma_0^2+\sigma^2/n)\theta^2-2(y\sigma_0^2+\theta_0\sigma^2/n)\theta}{2(\sigma^2/n)\sigma_0^2}\right]$$

通过完全平方形式(在剔除不涉及 θ 的因子以后)，上式可以简化成

$$k(\theta|y) \propto \exp\left[-\frac{\left(\theta-\frac{y\sigma_0^2+\theta_0\sigma^2/n}{\sigma_0^2+\sigma^2/n}\right)^2}{\frac{2(\sigma^2/n)\sigma_0^2}{(\sigma_0^2+\sigma^2/n)}}\right]$$

即参数的后验概率密度函数为正态的，其均值为

$$\frac{y\sigma_0^2+\theta_0\sigma^2/n}{\sigma_0^2+\sigma^2/n}=\left(\frac{\sigma_0^2}{\sigma_0^2+\sigma^2/n}\right)y+\left(\frac{\sigma^2/n}{\sigma_0^2+\sigma^2/n}\right)\theta_0 \tag{11.1.11}$$

方差为$(\sigma^2/n)\sigma_0^2/(\sigma_0^2+\sigma^2/n)$. 若采用均方误差损失函数，则该后验均值就为贝叶斯估计量. 另外，注意式(11.1.11)为极大似然估计 $y=\overline{x}$ 与先验均值θ_0的加权平均值. 如同前面例子一样，对于大 n，贝叶斯估计量接近于极大似然估计量，且 $\delta(Y)$为 θ 的一致估计量. 因而，贝叶斯方法允许决策者将他的先验看法以下述非常正式的方式并入其解中，即这些先验概念的影响将随着 n 的增大而变小. ■

在贝叶斯统计学里，所有信息都包含在后验概率密度函数 $k(\theta|y)$之中. 通过例 11.1.2 和例 11.1.3 可以发现，贝叶斯点估计都采用均方误差损失函数. 值得注意的是，若$\mathcal{L}[\delta(y),\theta]=|\delta(y)-\theta|$，即误差的绝对值，则贝叶斯解就是参数后验分布的中位数，即由 $k(\theta|y)$给出. 因此，贝叶斯估计量会随着采用各种不同形式的损失函数而变化，这点正如它所应该具有的特性一样.

11.1.3 贝叶斯区间估计

如果希望θ的区间估计令人满意，那么我们可寻找到两个函数 $u(\boldsymbol{x})$与 $v(\boldsymbol{x})$以使条件概率

$$P[u(\boldsymbol{x})<\Theta<v(\boldsymbol{x})\,|\,\boldsymbol{X}=\boldsymbol{x}]=\int_{u(\boldsymbol{x})}^{v(\boldsymbol{x})}k(\theta|\boldsymbol{x})\,\mathrm{d}\theta$$

是很大的，比如 0.95. 那么，在Θ位于该区间的条件概率等于 0.95 意义上，由 $u(\boldsymbol{x})$到 $v(\boldsymbol{x})$的区间就是区间估计. 这些区间时常称为**可信区间**(credible interval)或**概率区间**(probability interval)，以便于将其与置信区间区分开.

例 11.1.4 举一个例子，考察例 11.1.3，$X_1,X_2,\cdots,X_n$ 为来自分布 $N(\theta,\sigma^2)$的随机样本，其中σ^2已知，且先验分布是正态分布 $N(\theta_0,\sigma_0^2)$. 统计量 $Y=\overline{X}$ 是充分的. 前面提及，给定 $Y=y$ 时 Θ 的后验概率密度函数为正态的，其均值与方差已在式(11.1.11)附近给出. 因此，可信区间可通过取后验分布均值，并加减其 1.96 倍标准差而建立起来；即区间

$$\frac{y\sigma_0^2+\theta_0\sigma^2/n}{\sigma_0^2+\sigma^2/n}\pm 1.96\sqrt{\frac{(\sigma^2/n)\sigma_0^2}{\sigma_0^2+\sigma^2/n}}$$

构成θ的概率为 0.95 的可信区间. ■

例 11.1.5 回顾例 11.1.1，那里 $\boldsymbol{X}'=(X_1,X_2,\cdots,X_n)$为来自均值为$\theta$的泊松分布的随机样本，并考察$\Gamma(\alpha,\ \beta)$作为先验分布，其中$\alpha$与$\beta$均已知. 如同由式(11.1.7)给出的一样，后验概率密度函数为$\Gamma(y+\alpha,\ \beta/(n\beta+1))$ 概率密度函数，此处 $y=\sum_{i=1}^{n}x_i$. 因此，若

采用均方误差损失函数，那么 θ 贝叶斯点估计为后验的均值

$$\delta(y)=\frac{\beta(y+\alpha)}{n\beta+1}=\frac{n\beta}{n\beta+1}\frac{y}{n}+\frac{\alpha\beta}{n\beta+1}$$

本节所讨论的同其他贝叶斯估计一样，对于大 n，该估计接近于极大似然估计，且统计量 $\delta(Y)$ 为 θ 的一致估计. 为了得到可信区间，注意 $\frac{2(n\beta+1)}{\beta}\Theta$ 的后验分布为 $\chi^2\left(2\left(\sum_{i=1}^{n}x_i+\alpha\right)\right)$. 由此可得，下述区间为 θ 的 $(1-\alpha)100\%$ 可信区间：

$$\left(\frac{\beta}{2(n\beta+1)}\chi^2_{1-(\alpha/2)}\left(2\left(\sum_{i=1}^{n}x_i+\alpha\right)\right),\frac{\beta}{2(n\beta+1)}\chi^2_{\alpha/2}\left(2\left(\sum_{i=1}^{n}x_i+\alpha\right)\right)\right)\quad(11.1.12)$$

其中 $\chi^2_{1-(\alpha/2)}\left(2\left(\sum_{i=1}^{n}x_i+\alpha\right)\right)$ 与 $\chi^2_{\alpha/2}\left(2\left(\sum_{i=1}^{n}x_i+\alpha\right)\right)$ 分别为自由度为 $2\left(\sum_{i=1}^{n}x_i+\alpha\right)$ 的卡方分布的下四分位数与上四分位数. ■

11.1.4　贝叶斯检验方法

设 X 为具有概率密度函数(或概率质量函数) $f(x|\theta)$，$\theta\in\Omega$ 的随机变量. 假设检验为

$$H_0:\theta\in\omega_0\quad\text{vs}\quad H_1:\theta\in\omega_1$$

其中 $\omega_0\cup\omega_1=\Omega$ 且 $\omega_0\cap\omega_1=\varnothing$. 对这些假设加以检验的一种简单贝叶斯方法可叙述如下. 设 $h(\theta)$ 表示先验随机变量 Θ 的先验分布，设 $\boldsymbol{X}'=(X_1,X_2,\cdots,X_n)$ 表示 X 的随机样本；用 $k(\theta|\boldsymbol{x})$ 表示后验概率密度函数或概率质量函数. 我们使用后验分布计算下面条件概率

$$P(\Theta\in\omega_0|\boldsymbol{x})\quad 与\quad P(\Theta\in\omega_1|\boldsymbol{x})$$

在贝叶斯框架下，这些条件概率分别代表 H_0 与 H_1 的正确性，一种简单规则为

$$当\ P(\Theta\in\omega_0|\boldsymbol{x})\geqslant P(\Theta\in\omega_1|\boldsymbol{x}),则接受\ H_0$$

否则接受 H_1；即接受具有较大条件概率的假设. 与此同时，须具备条件 $\omega_0\cap\omega_1=\varnothing$，但不要求 $\omega_0\cup\omega_1=\Omega$. 多于两个以上的假设可以同时加以检验，在此情况下，简单规则为接受具有较大条件概率的假设.

例 11.1.6　例 11.1.1 中 $\boldsymbol{X}'=(X_1,X_2,\cdots,X_n)$ 是来自均值为 θ 的泊松分布的随机样本，假定我们对检验

$$H_0:\theta\leqslant 10\quad\text{vs}\quad H_1:\theta>10\quad(11.1.13)$$

感兴趣. 若假设 θ 在 12 附近，但并没有相当的把握. 选取 $\Gamma(10,1.2)$ 概率密度函数作为先验，这已在图 11.1.1 左图中画出. 此先验概率密度函数的均值为 12，但正如图形所示，存在某种变异性(先验分布的方差为 14.4). 该问题的数据为

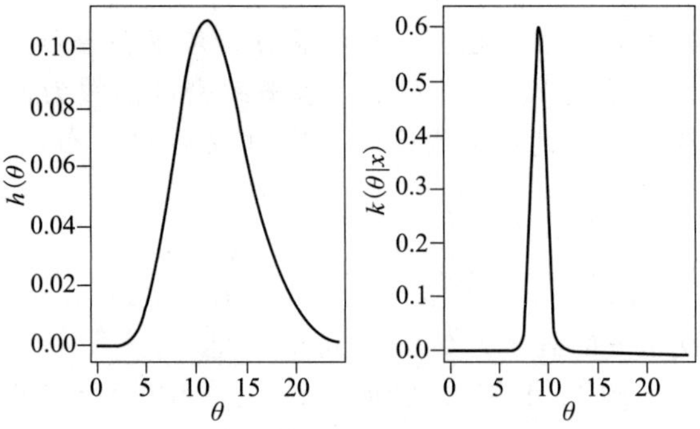

图 11.1.1　例 11.1.6 的先验概率密度函数(左图)与后验概率密度函数(右图)

11	7	11	6	5	9	14	10	9	5
8	10	8	10	12	9	3	12	14	4

(这些数值来自均值为 8 的泊松分布，样本量 $n=20$ 的随机样本之值，在实际应用中不知道其均值为 8.)充分统计量的值为 $y=\sum_{i=1}^{20} x_i=177$. 因此，由例 11.1.1 知，后验分布为 $\Gamma\left(177+10, \frac{1.2}{20(1.2)+1}\right)=\Gamma(187, 0.048)$分布，这如图 11.1.1 右图所示. 注意，数据导致了均值从 12 向左移动到187(0.048)=8.976，而 8.976 为 θ(在均方误差损失下)贝叶斯估计值. 利用统计计算软件包(使用 R 命令 pgamma)，得出后验概率：

$$P[\Theta\leqslant 10 \mid y=177]=P[\Gamma(187,0.048)\leqslant 10]=\text{pgamma}(10,187,1/0.048)=0.9368$$

因而 $P[\Theta>10 \mid y=177]=1-0.9368=0.0632$. 由决策规则，可以接受 H_0.

95%可信区间(11.1.12)为(7.77，10.31)，包含了 10，详细内容参看习题 11.1.7. ■

11.1.5　贝叶斯序贯方法

最后，应该注意，倘若另外收集来的数据超出了 $x_1,x_2,\cdots,x_n$，该如何利用贝叶斯方法进行计算呢？在此种情况下，用观测值 $x_1,x_2,\cdots,x_n$ 建立起来的后验分布就变成新先验分布，而另外的观测值则给出新后验分布，从而推断可从第二个后验分布开始进行. 当然，甚至对更多观测值的情况，这依然能继续进行. 也就是说，第二个后验变成新先验，然后后续观测值集合给出后面后验，以此做出推断. 很明显，这提供了处理序贯分析的极好贝叶斯方法. 人们可以持续不断地得到数据，总是要更新作为新先验分布的先前后验分布. 贝叶斯推断做的每一件事都在于通过这种序贯方法而得到最终后验分布.

习题

11.1.1　设 Y 服从二项分布，其中 $n=20$ 而 $p=\theta$. θ 后验概率为 $P(\theta=0.3)=2/3$，$P(\theta=0.5)=1/3$. 如果$y=9$，那么就 $\theta=0.3$ 与 $\theta=0.5$ 而言，其后验概率为多少？

11.1.2　设 $X_1,X_2,\cdots,X_n$ 为来自分布 $b(1,\theta)$的随机样本. 设 Θ 的先验分布为参数为 α 与 β 的贝塔分布. 证明：后验概率密度函数 $k(\theta \mid x_1,x_2,\cdots,x_n)$确实与由例 11.1.2 中给出的 $k(\theta \mid y)$相同.

11.1.3　设 $X_1,X_2,\cdots,X_n$ 表示来自分布 $N(\theta,\sigma^2)$的随机样本，其中$-\infty<\theta<\infty$，并且 σ^2 为已知正数. 设 $Y=\overline{X}$ 表示随机样本均值. 取损失函数为$\mathcal{L}[\theta, \delta(y)]=|\theta-\delta(y)|$. 若 θ 为随机变量 Θ 观测值，即 $N(\mu, \tau^2)$，其中 $\tau^2>0$ 与 μ 均为已知数，则求 θ 的点估计贝叶斯解 $\delta(y)$.

11.1.4　设 $X_1,X_2,\cdots,X_n$ 表示来自均值为 θ 的泊松分布的随机样本，$0<\theta<\infty$. 设 $Y=\sum_1^n X_i$. 用$\mathcal{L}[\theta,\delta(y)]=[\theta-\delta(y)]^2$作为损失函数. 设 θ 为随机变量 Θ 的观测值. 若对于 $0<\theta<\infty$. Θ 具有概率密度函数 $h(\theta)=\theta^{\alpha-1}\mathrm{e}^{-\theta/\beta}/\Gamma(\alpha)\beta^\alpha$，其他为 0，其中 $\alpha>0$，$\beta>0$ 均为已知数，则求 θ 点估计的贝叶斯解.

11.1.5　设 Y_n 为来自下面分布样本量为 n 的随机样本的第 n 个次序统计量，此分布具有概率密度函数 $f(x \mid \theta)=1/\theta$，$0<x<\theta$，其他为 0. 取损失函数为$\mathcal{L}[\theta,\delta(y)]=[\theta-\delta(y_n)]^2$. 设 θ 为随机变量 Θ 的观测值，该随机变量具有概率密度函数 $h(\theta)=\beta\alpha^\beta/\theta^{\beta+1}$,$\alpha<\theta<\infty$，其他为 0，其中 $\alpha>0,\beta>0$. 求 θ 点估计的贝叶斯解.

11.1.6　设 Y_1 与 Y_2 为参数为 n，θ_1 与 θ_2的三项分布统计量. 这里 θ_1 与 θ_2为随机变量 Θ_1 与 Θ_2 的观测值，

而随机变量 Θ_1 与 Θ_2 服从已知参数为 α_1，α_2 及 α_3 的狄利克雷分布．参看式(3.3.10)．证明：Θ_1 与 Θ_2 的条件分布为狄利克雷分布，并求条件均值 $E(\Theta_1 \mid y_1, y_2)$ 与 $E(\Theta_2 \mid y_1, y_2)$．

11.1.7　对于例 11.1.6 求 θ 的 95%可信区间．然后，求 θ 极大似然估计量之值，以及第 6 章中讨论的 θ 的 95%置信区间．

11.1.8　在例 11.1.2 中，设 $n=30$，$\alpha=10$ 以及 $\beta=5$，因而，$\delta(y)=(10+y)/45$ 为 θ 的贝叶斯估计值．

(a) 如果 Y 服从二项分布 $b(30,\theta)$，计算风险 $E\{[\theta-\delta(Y)]^2\}$．

(b) 求当(a)部分的风险小于 $\theta(1-\theta)/30$ 时 θ 的值，这里 $\theta(1-\theta)/30$ 为与 θ 的极大估计量 Y/n 有关的风险．

11.1.9　设 Y_4 为来自下面均匀分布的样本量为 $n=4$ 的最大次序统计量，此分布具有概率密度函数 $f(x;\theta)=1/\theta, 0<x<\theta$，其他为 0．如果参数先验概率密度函数为 $g(\theta)=2/\theta^3, 1<\theta<\infty$，其他为 0，利用损失函数 $|\delta(y_4)-\theta|$，依据充分统计量 Y_4，求 θ 的贝叶斯估计量 $\delta(Y_4)$．

11.1.10　再次回到例 11.1.3 上，假定选取 $\sigma_0^2=d\sigma^2$，其中 σ^2 在该例子中为已知的．对 d 指派什么值时，才会有后验方差为 $Y=\overline{X}$ 的方差即 δ^2/n 的 2/3 倍？

11.2　其他贝叶斯术语与思想

设 $\boldsymbol{X}'=(X_1,X_2,\cdots,X_n)$ 表示具有似然函数 $L(\boldsymbol{x}|\theta)$ 的随机样本，并且假定有先验概率密度函数 $h(\theta)$．$\boldsymbol{X}$ 的联合边缘概率密度函数为

$$g_1(\boldsymbol{x}) = \int_{-\infty}^{\infty} L(\boldsymbol{x}|\theta)h(\theta)\mathrm{d}\theta$$

这通常称为 $\boldsymbol{X}$ **预测分布**(predictive distribution)的概率密度函数，因为它提供了给定似然与先验时 $\boldsymbol{X}$ 概率的最佳描述．例 11.1.1 中的式(11.1.6)就是此情况的一个示例．人们还会再次发现，这种预测分布高度依赖于 $\boldsymbol{X}$ 与 Θ 的概率模型．

在本节，将考察两类先验分布．第一类是由下面定义给出的共轭先验类．

定义 11.2.1　*如果参数的后验概率密度函数与作为先验的分布族是相同的，那么称此类先验概率密度函数关于具有概率密度函数 $f(x|\theta)$，$\theta\in\Omega$ 的分布族为***共轭分布族**(conjugate family of distribution)．

考察例 11.1.5，那里给定 θ 时 X_i 的概率质量函数是均值为 θ 的泊松形式．在此例中，选取伽马先验，而所得到的后验分布也是伽马分布族．因此，伽马分布构成这种泊松模型的共轭先验类．对例 11.1.2 来说，模型是二项的，其共轭族是贝塔分布，而对例 11.1.3 来说，模型是正态的，其共轭先验为正态分布．

为了引出第二种先验类，考察例 11.1.2 中阐述的二项模型 $b(1,\theta)$．贝叶斯(Bayes, 1763)曾经将满足 $\alpha=\beta=1$ 的贝塔分布，即 $h(\theta)=1$，$0<\theta<1$，其他为 0，看成先验，因为他的推理讨论并没有使他拥有更多的 θ 的先验知识．但这会导致

$$\left(\frac{n}{n+2}\right)\left(\frac{y}{n}\right)+\left(\frac{2}{n+2}\right)\left(\frac{1}{2}\right)$$

估计．将此种估计称为**压缩**(型)估计(shrinkage estimate)，因为 $\dfrac{y}{n}$ 被稍微拉向先验均值 $\dfrac{1}{2}$ 处，尽管贝叶斯试图避免拥有先验影响的推断．

不过，Haldane(1948)曾经发现，若先验贝塔分布概率密度函数满足 $\alpha=\beta=0$，则压缩估计就会简化成极大似然估计值 y/n．当然，满足 $\alpha=\beta=0$ 的贝塔概率密度函数已经完全

不是概率密度函数，因为它使得

$$h(\theta) \propto \frac{1}{\theta(1-\theta)}, \quad 0<\theta<1$$

其他为 0，同时

$$\int_0^1 \frac{c}{\theta(1-\theta)} \mathrm{d}\theta$$

确实不存在．但当出现组合似然函数时，就可用这类先验(这类先验用于存在组合似然时)，得出作为一种正常概率密度函数(proper pdf)的后验概率密度函数．我们使用**正常**(proper)，意指它可被积分成一个正常数．此处，本例子得到后验概率密度函数

$$f(\theta \mid y) \propto \theta^{y-1}(1-\theta)^{n-y-1}$$

倘若 $y>0$ 且 $n-y>0$，则为正常．当然，后验均值为 y/n.

定义 11.2.2　设 $\boldsymbol{X}'=(X_1,X_2,\cdots,X_n)$ 为来自具有概率密度函数 $f(x\mid\theta)$ 的分布的随机样本．对于该族，先验 $h(\theta)\geqslant 0$ 称为**反常的**(improper)，如果它不是一个概率密度函数，但函数 $k(\theta\mid\boldsymbol{x})\propto L(\boldsymbol{x}\mid\theta)h(\theta)$ 却是正常的．

无信息先验(noninformation prior)就是将 θ 的所有值都处理成相同的，即均匀分布的那种先验．连续无信息先验经常是反常的．举一个例子，假定有一个正态分布 $N(\theta_1, \theta_2)$，其中θ_1 与 $\theta_2>0$ 均为未知的．θ_1 的一个无信息先验为 $h_1(\theta_1)=1,-\infty<\theta_1<\infty$．很明显，这不是一个概率密度函数．$\theta_2$ 的一个反常先验为 $h_2(\theta_2)=c_2/\theta_2, 0<\theta_2<\infty$，其他为 0．注意，$\log\theta_2$ 为 $-\infty<\log\theta_2<\infty$ 上的均匀分布．因此，同理，它是无信息先验．另外，假定参数是独立的．那么，反常联合先验为

$$h_1(\theta_1)h_2(\theta_2) \propto 1/\theta_2, \quad -\infty<\theta_1<\infty, \quad 0<\theta_2<\infty \tag{11.2.1}$$

在下面的例子中，将利用该先验阐述 θ_1 贝叶斯解．

例 11.2.1　设 $X_1,X_2,\cdots,X_n$ 为来自分布 $N(\theta_1,\theta_2)$ 的随机样本．前面提及 $\overline{X}$ 与 $S^2=(n-1)\sum_{i=1}^{n}(X_i-\overline{X})^2$ 都是充分统计量．若使用由(11.2.1)给出的反常先验，则其后验分布为

$$\begin{aligned} k_{12}(\theta_1,\theta_2 \mid \overline{x},s^2) &\propto \left(\frac{1}{\theta_2}\right)\left(\frac{1}{\sqrt{2\pi\theta_2}}\right)^2 \exp\left[-\frac{1}{2}\{(n-1)s^2+n(\overline{x}-\theta_1)^2\}/\theta_2\right] \\ &\propto \left(\frac{1}{\theta_2}\right)^{\frac{n}{2}+1} \exp\left[-\frac{1}{2}\{(n-1)s^2+n(\overline{x}-\theta_1)^2\}/\theta_2\right] \end{aligned}$$

为了得到给定 $\overline{x}$、s^2 时 θ_1 的条件概率密度函数，对 θ_2 进行积分

$$k_1(\theta_1 \mid \overline{x},s^2) = \int_0^{\infty} k_{12}(\theta_1,\theta_2 \mid \overline{x},s^2)\mathrm{d}\theta_2$$

为计算该积分，做变量变换 $z=1/\theta_2$ 与 $\theta_2=1/z$，其雅可比行列式为 $-1/z^2$．因而，

$$k_1(\theta_1 \mid \overline{x},s^2) \propto \int_0^{\infty} \frac{z^{\frac{n}{2}+1}}{z^2} \exp\left[-\left\{\frac{(n-1)s^2+n(\overline{x}-\theta_1)^2}{2}\right\}z\right]\mathrm{d}z$$

参照满足 $\alpha=n/2$ 与 $\beta=2/\{(n-1)s^2+n(\overline{x}-\theta_1)^2\}$ 的伽马分布，该结果与

$$k_1(\theta_1 \mid \overline{x},s^2) \propto \{(n-1)s^2+n(\overline{x}-\theta_1)^2\}^{-n/2}$$

成正比．为了获得更为熟悉的结果，做一个变量变换，即设

$$t=\frac{\theta_1-\overline{x}}{s/\sqrt{n}} \text{ 与 } \theta_1=\overline{x}+ts/\sqrt{n}$$

其雅可比行列式为 $s/\sqrt{n}$. 于是，给定 $\overline{x}$ 与 s^2时的条件概率密度函数为

$$k(t|\overline{x},s^2)\propto\{(n-1)s^2+(st)^2\}^{-n/2}$$
$$\propto\frac{1}{[1+t^2/(n-1)]^{[(n-1)+1]/2}}$$

即给定 $\overline{x}$ 与 s^2时 $t=(\theta_1-\overline{x})/(s/n)$的条件概率密度函数为自由度为 $n-1$ 的学生 t 概率密度函数. 由于该概率密度函数的均值为 0(假定 $n>2$)，由此可得，在平方误差损失条件下，θ_1的贝叶斯估计量为 $\overline{X}$，而且它也是极大似然估计量.

当然，可从 $k_1(\theta_1|\overline{x},s^2)$或 $k(t|\overline{x},s^2)$中求 θ_1可信区间. 这样做的一种方法是选取概率密度函数 θ_1或 t 的概率密度函数的最大密度区域(highest density region，记为 HDR). 前者是对称的，关于 θ_1是单峰的，而后者关于 0 是单峰的，但后者的临界值可列成一个表；因此，使用 t 分布的概率密度函数的 HDR. 因而，若要得到概率为 $1-\alpha$ 的区间，则取

$$-t_{\alpha/2}<\frac{\theta_1-\overline{x}}{s/\sqrt{n}}<t_{\alpha/2}$$

或等价地，

$$\overline{x}-t_{\alpha/2}s/\sqrt{n}<\theta_1<\overline{x}+t_{\alpha/2}s/\sqrt{n}$$

该区间与 θ_1置信区间是一样的，参看例 4.2.1. 因此，在此情况下，非正常的先验(11.2.1)得出和传统分析相同的推断. ■

例 11.2.2 通常，在贝叶斯分析中，若存在先验信息，则就不能使用无信息先验. 考察与例 11.2.1 一样的情况，其中模型是分布 $N(\theta_1,\theta_2)$. 现在，假定考察**精确度** $\theta_3=1/\theta_2$ 而不是方差 θ_2. 似然函数变成

$$\left(\frac{\theta_3}{2\pi}\right)^{n/2}\exp\left[-\frac{1}{2}\{(n-1)s^2+n(\overline{x}-\theta_1)^2\}\theta_3\right]$$

θ_3的共轭先验是 $\Gamma(\alpha,\ \beta)$. 已知 θ_3时，θ_1的一个合情合理先验是 $N\left(\theta_0,\ \frac{1}{n_0\theta_3}\right)$，其中 n_0是以某种方式选取的，以便反映有多少观测值会使先验是有价值的. 因而，θ_1与 θ_3的联合先验是

$$h(\theta_1,\theta_3)\propto\theta_3^{\alpha-1}\mathrm{e}^{-\theta_3/\beta}(n_0\theta_3)^{1/2}\mathrm{e}^{-(\theta_1-\theta_2)^2\theta_3n_0/2}$$

当用似然函数乘该先验，则得到 θ_1与 θ_3的后验联合概率密度函数，即

$$k_1(\theta_1\theta_3|\overline{x},s^2)\propto\theta_3^{\alpha+n/2+1/2-1}\exp\left[-\frac{1}{2}Q(\theta_1)\theta_3\right]$$

其中

$$Q(\theta_1)=\frac{2}{\beta}+n_0(\theta_1-\theta_0)^2+[(n-1)s^2+n(\overline{x}-\theta_1)^2]$$
$$=(n_0+n_1)\left[\left(\theta_1-\frac{n_0\theta_0+n\overline{x}}{n_0+n}\right)^2\right]+D$$

这时

$$D=\frac{2}{\beta}+(n-1)s^2+(n_0^{-1}+n^{-1})^{-1}(\theta_0-\overline{x})^2$$

若对 θ_3 进行积分，则得出

$$k_1(\theta_1|\overline{x},s^2)\propto\int_0^\infty k(\theta_1,\theta_3|\overline{x},s^2)\mathrm{d}\theta_3\propto\frac{1}{[Q(\theta_1)]^{[2\alpha+n+1]/2}}$$

为了得到更熟悉的形式，通过设

$$t=\frac{\theta_1-\dfrac{n_0\theta_0+n\overline{x}}{n_0+n}}{\sqrt{D/[(n_0+n)(2\alpha+n)]}}$$

进行变量变换，其雅可比行列式是 $\sqrt{D/[(n_0+n)(2\alpha+n)]}$. 因而

$$k_2(t|\overline{x},s^2)\propto\frac{1}{\left[1+\dfrac{t^2}{2\alpha+n}\right]^{(2\alpha+n+1)/2}}$$

服从自由度为 $2\alpha+n$ 的学生 t 分布. 在此情况下，(在平方误差损失条件下)贝叶斯估计值为

$$\frac{n_0\theta_0+n\overline{x}}{n_0+n}$$

值得注意的是，当将“新”样本特征定义成

$$n_k=n_0+n$$

$$\overline{x}_k=\frac{n_0\theta_0+n\overline{x}}{n_0+n}$$

$$s_k^2=D/(2\alpha+n)$$

则

$$t=\frac{\theta_1-\overline{x}_k}{s_k/\sqrt{n_k}}$$

服从自由度为 $2\alpha+n$ 的 t 分布. 利用这些自由度，能求出 $t_{\gamma/2}$，使

$$\overline{x}_k\pm t_{r/2}s_k/\sqrt{n_k}$$

是 θ_1 的最大密度区域置信区间估计，其概率为 $1-\gamma$. 贝叶斯学派通常会对 α，β，n_0，θ_0 设定合适的值. 对大的 β 值来说，小的 α 值与 n_0 会产生一个先验，以使该区间估计会稍微不同于通常情况的区间估计. ■

最后，应该注意，在研究对称的单峰后验分布时，相当容易求出最大密度区域区间估计. 然而，如果后验分布不是对称的，那么就更难以处理，而此时贝叶斯学派时常会求出每一个尾部都具有相等概率的那种区间.

习题

11.2.1 设 X_1,X_2 是来自柯西分布的随机样本，此分布具有概率密度函数

$$f(x;\theta_1,\theta_2)=\left(\frac{1}{\pi}\right)\frac{\theta_2}{\theta_2^2+(x-\theta_1)^2},\quad -\infty<x<\infty$$

其中 $-\infty<\theta_1<\infty$，$0<\theta_2$. 使用无信息先验 $h(\theta_1,\theta_2)\propto 1$.

(a) 求 θ_1，θ_2的后验概率密度函数，除了比例常数以外.

(b) 对于 $\theta_1=1,2,3,4$ 且 $\theta_2=0.5,1.0,1.5,2.0$，如果 $x_1=1,x_2=4$，计算该后验概率密度函数.

(c) 由(b)部分中的 16 个值看，后验概率密度函数的最大值看起来会是哪一个?

(d) 能否找到可以求出最大值点(θ_1,θ_2)的计算机程序?

11.2.2 设 $X_1,X_2,\cdots,X_{10}$是来自参数 $\alpha=3$ 与 $\beta=1/\theta$ 伽马分布的样本量为 $n=10$ 的随机样本. 假定认为 θ 服从 $\alpha=10$ 与 $\beta=2$ 的伽马分布.

(a) 求 θ 的后验分布.

(b) 如果观测到 $\overline{x}=18.2$，与平方误差损失函数有关的贝叶斯点估计是多少?

(c) 若使用后验分布众数，则贝叶斯点估计是多少?

(d) 对 θ 的最大密度区域区间估计加以评论. 求具有相等尾部概率的最大密度区域区间估计会比较容易吗?

提示：后验分布与卡方分布会有关系吗?

11.2.3 假定具有例 11.2.2 的背景，θ_1 服从先验分布 $N(75,1/(5\theta_3))$，θ_3 服从先验分布 $\Gamma(\alpha=4,\beta=0.5)$. 假如观察样本量 $n=50$，从而 $\overline{x}=77.02,s^2=8.2$.

(a) 求均值 θ_1贝叶斯点估计.

(b) 求具有 $1-\gamma=0.90$ 的最大密度区域区间估计.

11.2.4 设 $f(x|\theta)$，$\theta\in\Omega$ 是具有费希尔信息式(6.2.4)$I(\theta)$的概率密度函数. 考虑贝叶斯模型

$$X|\theta\sim f(x|\theta),\quad \theta\in\Omega$$
$$\Theta\sim h(\theta)\propto\sqrt{I(\theta)} \tag{11.2.2}$$

(a) 若对参数 $\tau=u(\theta)$感兴趣. 运用链式法则证明

$$\sqrt{I(\tau)}=\sqrt{I(\theta)}\left|\frac{\partial\theta}{\partial\tau}\right| \tag{11.2.3}$$

(b) 证明：对于贝叶斯模型(11.2.2)来说，先验概率密度函数与 $\sqrt{I(\tau)}$成比例.

称式(11.2.2)给出的先验类型为**杰弗里斯先验**(Jeffreys prior)类型. 参考 Jeffreys(1961). 此习题证明，杰弗里斯先验具有不变性，这因为作为 θ 函数的参数 τ 的先验同样与 τ 的平方根信息成比例.

11.2.5 考察贝叶斯模型

$$X_i|\theta,i=1,2,\cdots,n\sim\text{独立同分布服从分布 }\Gamma(1,\theta),\theta>0$$
$$\Theta\sim h(\theta)\propto\frac{1}{\theta}$$

(a) 证明：$h(\theta)$是杰弗里斯先验类型.

(b) 证明：其后验概率密度函数为

$$h(\theta|y)\propto\left(\frac{1}{\theta}\right)^{n+2-1}\mathrm{e}^{-y/\theta}$$

其中 $y=\sum_{i=1}^{n}x_i$.

(c) 证明：若 $\tau=\theta^{-1}$，则后验 $k(\tau/y)$是 $\Gamma(n,1/y)$分布的概率密度函数.

(d) 求 $2y\tau$ 的后验概率密度函数. 利用它求 θ 的$(1-\alpha)100\%$置信区间.

(e) 使用(d)部分的后验概率密度函数，求假设 $H_0:\theta\geqslant\theta_0$ vs $H_1:\theta<\theta_0$ 的贝叶斯检验，其中 θ_0是特定的.

11.2.6 考察贝叶斯模型

$$X_i|\theta,i=1,2,\cdots,n\sim\text{独立同分布服从泊松分布 Possion}(\theta),\theta>0$$

$$\Theta \sim h(\theta) \propto \theta^{-1/2}$$

(a) 证明：$h(\theta)$是杰弗里斯先验类型.

(b) 证明：$2n\theta$的后验概率密度函数为$\chi^2(2y+1)$分布的概率密度函数，其中$y=\sum_{i=1}^{n} x_i$.

(c) 利用(b)部分的后验概率密度函数，求θ的$(1-\alpha)100\%$置信区间.

(d) 利用(b)部分的后验概率密度函数，求假设$H_0:\theta \geqslant \theta_0$ vs $H_1:\theta<\theta_0$的贝叶斯检验，其中θ_0是特定的.

11.2.7 考察贝叶斯模型

$$X_i | \theta, i=1,2,\cdots,n \sim \text{独立同分布服从 } b(1,\theta), 0<\theta<1$$

(a) 求此模型的杰弗里斯先验.

(b) 若假定平方误差损失，求θ的贝叶斯估计.

11.2.8 考察贝叶斯模型

$$X_i | \theta, i=1,2,\cdots,n \sim \text{独立同分布服从 } b(1,\theta), 0<\theta<1$$
$$\Theta \sim h(\theta)=1$$

(a) 求后验概率密度函数.

(b) 若假定平方误差损失，求θ的贝叶斯估计.

11.2.9 设$\boldsymbol{X}_1,\boldsymbol{X}_2,\cdots,\boldsymbol{X}_n$是来自多元正态分布的随机矩阵，其均值向量$\boldsymbol{\mu}=(\mu_1,\mu_2,\cdots,\mu_k)'$，已知正定协方差矩阵为$\boldsymbol{\Sigma}$. 设$\overline{\boldsymbol{X}}$是随机矩阵的均值向量. 假定$\boldsymbol{\mu}$服从先验多元正态分布，均值为$\boldsymbol{\mu}_0$，正定协方差矩阵为$\boldsymbol{\Sigma}_0$. 已知$\overline{\boldsymbol{X}}=\overline{\boldsymbol{x}}$，求$\boldsymbol{\mu}$的后验分布，然后求贝叶斯估计$E(\boldsymbol{\mu}|\overline{\boldsymbol{X}}=\overline{\boldsymbol{x}})$.

11.3 吉布斯抽样器

由前面几节知，积分在贝叶斯推断中起着显著作用. 因此，现在研究用于贝叶斯推断的一些蒙特卡罗方法.

第5章曾经讨论的蒙特卡罗方法经常用于求贝叶斯估计. 例如，假定随机样本是从$N(\theta,\sigma^2)$中抽取的，其中σ^2已知. 那么，$Y=\overline{X}$就是充分统计量. 考察贝叶斯模型

$$\begin{aligned}&Y|\theta \sim N(\theta,\sigma^2/n)\\&\Theta \sim h(\theta) \propto b^{-1}\exp\{-(\theta-a)/b\}/(1+\exp\{-[(\theta-a)/b]\})^2, -\infty<\theta<\infty,\\&\quad a \text{ 与 } b \text{ 均已知}\end{aligned} \tag{11.3.1}$$

即先验是logstic分布. 因而，其后验概率密度函数为

$$k(\theta|y)=\frac{\frac{1}{\sqrt{2\pi}\sigma/\sqrt{n}}\exp\left\{-\frac{1}{2}\frac{(y-\theta)^2}{\sigma^2/n}\right\}b^{-1}\mathrm{e}^{-(\theta-a)/b}/(1+\mathrm{e}^{-[(\theta-a)/b]})^2}{\int_{-\infty}^{\infty}\frac{1}{\sqrt{2\pi}\sigma/\sqrt{n}}\exp\left\{-\frac{1}{2}\frac{(y-\theta)^2}{\sigma^2/n}\right\}b^{-1}\mathrm{e}^{-(\theta-a)/b}/(1+\mathrm{e}^{-[(\theta-a)/b]})^2\mathrm{d}\theta}$$

若假定使用平方误差损失，则贝叶斯估计为该后验分布的均值. 计算时涉及两个积分，但并不能获得闭形式. 但可以考虑下述积分. 将似然函数$f(y|\theta)$当成θ的函数，即考察函数

$$w(\theta)=f(y|\theta)=\frac{1}{\sqrt{2\pi}\sigma/\sqrt{n}}\exp\left\{-\frac{1}{2}\frac{(y-\theta)^2}{\sigma^2/n}\right\}$$

从而，将贝叶斯估计写成

$$\delta(y)=\frac{\int_{-\infty}^{\infty}\theta w(\theta)b^{-1}\mathrm{e}^{-(\theta-a)/b}/(1+\mathrm{e}^{-[(\theta-a)/b]})^2\mathrm{d}\theta}{\int_{-\infty}^{\infty}w(\theta)b^{-1}\mathrm{e}^{-(\theta-a)/b}/(1+\mathrm{e}^{-[(\theta-a)/b]})^2\mathrm{d}\theta}=\frac{E[\Theta w(\Theta)]}{E[w(\Theta)]}\tag{11.3.2}$$

其数学期望是对服从 logstic 分布的 Θ 取的.

借助于简单蒙特卡罗法，可以完成这种估计. 从具有如同式(11.3.1)概率密度函数的 logstic 分布中，独立地生成 $\Theta_1,\Theta_2,\cdots,\Theta_m$. 很容易计算这种生成值，因为 logstic 累积分布函数的逆由$a+b\log\{u/(1-u)\}$给出，$0<u<1$. 于是，构成了随机变量

$$T_m=\frac{m^{-1}\sum_{i=1}^{m}\Theta_i w(\Theta_i)}{m^{-1}\sum_{i=1}^{m}w(\Theta_i)}\tag{11.3.3}$$

利用弱大数定律(定理 5.1.1)以及斯拉斯基定理 5.2.4，T_m 依概率收敛到 $\delta(y)$，即 $T_m\to\delta(y)$. m 值可以是相当大的. 因而，通过简单蒙特卡罗法，我们能计算这种贝叶斯估计. 注意，可对该样本进行自助法来获得 $E[\Theta w(\Theta)]/E[w(\Theta)]$ 的置信区间，参看习题 11.3.2.

除简单的蒙特卡罗方法之外，贝叶斯推断还使用其他更加复杂的蒙特卡罗方法. 从研究动机来看，考察如下情况：希望生成具有概率密度函数 $f_X(x)$的观测值，但这样生成有点困难. 然而，假定既容易生成具有概率密度函数 $f_Y(y)$的 Y，又容易生成来自条件概率密度函数 $f_{X|Y}(x|y)$的观测值. 正如下述定理表明的，若连续不断这样做下去，则很容易生成来自 $f_X(x)$的观测值.

定理 11.3.1　*假定我们用下面算法生成随机变量：*

(1) 生成 $Y\sim f_Y(y)$.

(2) 生成 $X\sim f_{X|Y}(x|Y)$.

那么 X 具有概率密度函数 $f_X(x)$.

证： 为避免混淆，设 W 表示由算法生成的随机变量. 需要证明 W 具有概率密度函数 $f_X(x)$. 涉及 W 的事件概率是以 Y 为条件的，并且是对累积分布函数 $F_{X|Y}$的. 回顾概率总是能写成指示函数的期望，因此，对于 W 的事件，其概率是条件期望. 尤其是对于任何 $t\in\mathbb{R}$，

$$\begin{aligned}P[T\leqslant t]&=E[F_{X|Y}(t)]=\int_{-\infty}^{\infty}\left[\int_{-\infty}^{t}f_{X|Y}(x|y)\mathrm{d}x\right]f_Y(y)\mathrm{d}y\\&=\int_{-\infty}^{t}\left[\int_{-\infty}^{\infty}f_{X|Y}(x|y)f_Y(y)\mathrm{d}y\right]\mathrm{d}x=\int_{-\infty}^{t}\left[\int_{-\infty}^{\infty}f_{X,Y}(x,y)\mathrm{d}y\right]\mathrm{d}x=\int_{-\infty}^{t}f_X(x)\mathrm{d}x\end{aligned}$$

因此，由此算法所生成的随机变量具有概率密度函数 $f_X(x)$，证毕. ■

在该定理情况下，假定对某个函数 $W(x)$，想要确定 $E[W(X)]$，其中 $E[W^2(X)]<\infty$. 利用该定理算法，对于特定的 m 值，生成独立序列$(Y_1,X_1),(Y_2,X_2),\cdots,(Y_m,X_m)$，其中 Y_i 是从概率密度函数 $f_Y(y)$中抽取的，而 X_i 是从概率密度函数 $f_{X|Y}(x|Y)$中抽取的. 那么，由弱大数定律，

$$\overline{W}=\frac{1}{m}\sum_{i=1}^{m}W(X_i)\xrightarrow{P}\int_{-\infty}^{\infty}W(x)f_X(x)\mathrm{d}x=E[W(X)]$$

此外，由中心极限定理，$\sqrt{m}(\overline{W}-E[W(X)])$依分布收敛到$N(0,\sigma_W^2)$分布，其中$\sigma_W^2=\mathrm{Var}(W(X))$. 若$w_1,w_2,\cdots,w_m$是这类随机变量的实现值，则$E[W(X)]$大致(大样本)$(1-\alpha)100\%$置信区间是

$$\overline{w}\pm z_{\alpha/2}\frac{s_W}{\sqrt{m}} \tag{11.3.4}$$

其中$s_W^2=(m-1)^{-1}\sum_{i=1}^{m}(w_i-\overline{w})^2$.

为理解其思想，下面用简单例子进行阐述.

例 11.3.1 假定随机变量X具有概率密度函数

$$f_X(x)=\begin{cases}2\mathrm{e}^{-x}(1-\mathrm{e}^{-x}), & 0<x<\infty\\ 0, & \text{其他}\end{cases} \tag{11.3.5}$$

假如Y与$X|Y$分别具有各自概率密度函数

$$f_Y(y)=\begin{cases}2\mathrm{e}^{-2y}, & 0<x<\infty\\ 0, & \text{其他}\end{cases} \tag{11.3.6}$$

$$f_{X|Y}(x|y)=\begin{cases}\mathrm{e}^{-(x-y)}, & y<x<\infty\\ 0, & \text{其他}\end{cases} \tag{11.3.7}$$

若用下述算法生成随机变量：

(1) 如同式(11.3.6)一样，生成$Y\sim f_Y(y)$.

(2) 如同式(11.3.7)一样，生成$X\sim f_{X|Y}(x|Y)$.

则由定理 11.3.1，X具有概率密度函数(11.3.5). 而且，从概率密度函数(11.3.6)与概率密度函数(11.3.7)容易生成Y与X，因为概率密度函数(11.3.6)与概率密度函数(11.3.7)各自的逆是$F_Y^{-1}(u)=-2^{-1}\log(1-u)$与$F_{X|Y}^{-1}(u)=-\log(1-u)+Y$.

举一个数值例子，利用 R 函数 condsim1(可从前言中列出网站下载)可对该算法从概率密度函数(11.3.5)中生成观测值. 利用该函数，对该算法实施$m=10\,000$次模拟. 样本均值与标准差是$\overline{x}=1.495$与$s=1.112$. 因此，$E(X)$的 95%置信区间是(1.473, 1.517)，它包含真值$E(X)=1.5$，参看习题 11.3.4. ■

就例 11.3.1 而言，习题 11.3.3 建立起(X,Y)的联合分布，并证明X的边缘概率密度函数由式(11.3.5)给出. 另外，正像此习题证明的，很容易直接从X的分布中生成观测值. 但在贝叶斯推断中，通常研究条件概率密度函数，而且诸如定理 11.3.1 等极为有用.

阐述算法的主要目的是引出另一种称为**吉布斯抽样器**的算法，它在贝叶斯方法论中非常有用. 使用两个随机变量来阐述它. 假定(X,Y)具有概率密度函数$f(x,y)$. 目的是生成两组独立同分布随机变量序列，一个是X的，另一个是Y的. 吉布斯抽样算法如下.

算法 11.3.1(吉布斯抽样器) 设m是一个正整数，X_0是一个已知的初始值，则对于$i=1,2,\cdots,m$，

(1) 生成$Y_i|X_{i-1}\sim f(y|x)$.

(2) 生成$X_i|Y_i\sim f(x|y)$.

注意，在进入算法第i步之前，要生成X_{i-1}. 设x_{i-1}表示X_{i-1}的观测值. 利用该值从概率密度函数$f(y|x_{i-1})$中生成一序列新的Y_i，然后从概率密度函数$f(x|y_i)$中抽取(新

的)X_i，其中 y_i 是 Y_i 的观测值．在高等教科书里，已经证明，当 $i\to\infty$时，

$$Y_i \xrightarrow{D} Y \sim f_Y(y)$$
$$X_i \xrightarrow{D} X \sim f_X(x) \tag{11.3.8}$$

因此，利用大数定律，例如算术平均值，

$$\text{当 } m\to\infty \text{ 时},\frac{1}{m}\sum_{i=1}^{m}W(X_i)\xrightarrow{P}E[W(X)] \tag{11.3.9}$$

注意，吉布斯抽样器尽管类似于由定理 11.3.1 给出的算法，但两者却不完全相同．考察生成的对序列

$$(X_1,Y_1),(X_2,Y_2),\cdots,(X_k,Y_k),(X_{k+1},Y_{k+1})$$

注意，为了计算(X_{k+1},Y_{k+1})，只需要序对(X_k,Y_k)，而不需要前面从 1 到 $k-1$ 的序对序列．即已知序列的现在状况，那么该序列未来与过去序列无关．在随机过程中，将这样的序列称为**马尔可夫链**(Markov chain)．在一般条件下，当链的长度增大时，马尔可夫链的分布会稳定下来(达到平衡或稳态分布)．就吉布斯抽样器而言，当 $i\to\infty$时，平衡分布是式(11.3.8)中的极限分布．i 应该是多大呢？在实际应用中，一般允许链在记录观测值之前就要执行到某个大值 i．此外，对于该值来说，有几种记录方式，所得到的生成随机观测值的经验分布用来检查它们的相似性．而且，需要 X_0 的初始值；有关讨论参看 Casella和 George(1992)．支持式(11.3.8)收敛的理论已经超出本书范围．有关这方面的理论可参考一些优秀教科书．从初等水平进行讨论的，参考 Casella 和 George(1992)；概述参看 Robert 和 Casella(1999)；也可参看 Lehmann 和 Casella(1998)．下面给出一个简单例子．

例 11.3.2　假定(X, Y)具有混合离散连续型概率密度函数，对于 $\alpha>0$，此概率密度函数是

$$f(x,y)=\begin{cases}\dfrac{1}{\Gamma(\alpha)}\dfrac{1}{x!}y^{\alpha+x-1}\mathrm{e}^{-2y}, & y>0;x=0,1,2,\cdots\\ 0, & \text{其他}\end{cases} \tag{11.3.10}$$

习题 11.3.5 将证明，这是一个概率密度函数，并可得到边缘概率密度函数．然而，其条件概率密度函数则由

$$f(y|x)\propto y^{\alpha+x-1}\mathrm{e}^{-2y} \tag{11.3.11}$$

与

$$f(x|y)\propto \mathrm{e}^{-y}\frac{y^x}{x!} \tag{11.3.12}$$

给出．因此，条件密度分别是 $\Gamma(\alpha+x,\ 1/2)$与泊松 Possion(y)．因而，吉布斯抽样器算法是：对于 $i=1,\ 2,\cdots,m$，

(1) 生成 $Y_i|X_{i-1}\sim\Gamma(\alpha+X_{i-1},1/2)$．

(2) 生成 $X_i|Y_i\sim\text{Possion}(Y_i)$．

特别地，对于大的 m 以及 $n>m$，

$$\overline{Y}=(n-m)^{-1}\sum_{i=m+1}^{n}Y_i\xrightarrow{P}E(Y) \tag{11.3.13}$$

$$\overline{X}=(n-m)^{-1}\sum_{i=m+1}^{n}X_i \xrightarrow{P} E(X) \tag{11.3.14}$$

在此情况下，可以证明(参看习题 11.3.5)，这两个期望都等于 α. R 函数 gibbser2.s 可在前言中列出的网站下载，利用它可计算该吉布斯抽样器. 利用该程序，作者设定 $\alpha=10$，$m=3000$ 以及$n=6000$，得到下面一些结果：

参数	估计	样本估计值	样本方差	大致 95%置信区间
$E(Y)=\alpha=10$	$\overline{y}$	10.027	10.775	(9.910,10.145)
$E(X)=\alpha=10$	$\overline{x}$	10.061	21.191	(9.896, 10.225)

其中估计值 $\overline{y}$ 与 $\overline{x}$ 分别是式(11.3.13)与式(11.3.14)估计量的观测值. 若利用表中第四列样本方差，则 α 置信区间是由例 4.2.2 所讨论的均值给出的大样本置信区间. 注意，两个置信区间都包含 $\alpha=10$. ■

习题

11.3.1　假定 Y 服从 $\Gamma(1, 1)$分布，而给定 Y 时 X 具有条件概率密度函数

$$f(x\mid y)=\begin{cases}e^{-(x-y)}, & 0<y<x<\infty\\ 0, & \text{其他}\end{cases}$$

不论是 Y 的概率密度函数还是条件概率密度函数都很容易模拟.

(a) 建立定理 11.3.1 的算法，生成具有概率密度函数 $f_X(x)$的独立同分布观测值序列.

(b) 阐述如何估计 $E(X)$.

(c) 利用(a)部分建立起来的算法，编写估计 $E(X)$的 R 函数.

(d) 利用你的程序，求 2000 次模拟的序列. 计算 $E(X)$估计值，并求大致 95%置信区间.

(e) 证明 X 服从 $\Gamma(2, 1)$分布. 你的置信区间会包含真实值 2 吗?

11.3.2　利用样本 $\Theta_1,\Theta_2,\cdots,\Theta_m$ 与由式(11.3.3)给出的估计值，详细编写求 $E[\Theta w(\Theta)]/E[w(\Theta)]$的自助百分位数置信区间的算法. 为这种自助法编写 R 代码.

11.3.3　考察例 11.3.1.

(a) 证明：$E(X)=1.5$.

(b) 求 X 的累积分布函数的逆，并使用它证明怎样直接生成 X.

11.3.4　利用计算机，求类似于例 11.3.1 结尾讨论的另一种 10 000 次模拟. 用你的模拟结果求 $E(X)$的置信区间.

11.3.5　考察例 11.3.2.

(a) 证明：式(11.3.9)给出的函数是联合混合离散-连续型.

(b) 证明：随机变量 Y 服从 $\Gamma(\alpha,1)$分布.

(c) 证明：随机变量 X 服从负二项分布，具有概率质量函数

$$p(x)=\begin{cases}\dfrac{(\alpha+x-1)!}{x!(\alpha-1)!}2^{-(\alpha+x)}, & x=0,1,2,\cdots\\ 0, & \text{其他}\end{cases}$$

(d) 证明：$E(X)=\alpha$.

11.3.6　为例 11.3.2 曾讨论的吉布斯抽样器编写 R 函数(或用 gibbser2.s). 对于 $\alpha=10$，$m=3000$，以及 $n=6000$，运行你的函数，将结果与例题作者的那些结果加以比较.

11.3.7　考察[Casella 和 George(1992)曾经讨论的]下面随机变量(X,Y)的混合离散-连续型概率密度函数：

$$f(x,y) \propto \begin{cases} \binom{n}{x} y^{x+\alpha-1}(1-y)^{n-x+\beta-1}, & x=0,1,\cdots,n, 0<y<1 \\ 0, & \text{其他} \end{cases}$$

对于 $\alpha>0$ 与 $\beta>0$.

(a) 通过求适当的比例性常数，证明该函数是联合混合离散-连续型概率密度函数.

(b) 求条件概率密度函数 $f(x|y)$与 pdf $f(y|x)$.

(c) 写出吉布斯算法，生成 X 与 Y 的随机样本.

(d) 求 X 与 Y 的边缘分布.

11.3.8　为习题 11.3.7 的吉布斯抽样器编写 R 函数. 对于 $\alpha=10$，$\beta=4$ 及 $m=3000$，$n=6000$，运行你的程序. 求 $E(X)$与 $E(Y)$的估计(以及置信区间)，将其与真实参数加以比较.

11.4　现代贝叶斯方法

在贝叶斯推断中，先验概率密度函数具有极为重要的作用. 我们仅考察基于像例 11.1.3和例 11.2.1 中所述的各种不同先验的正态模型的各类贝叶斯估计量. 一种更有效控制先验的方法是，利用另一种随机变量对先验加以建模. 这就是所谓的**分层贝叶斯**(hierarchical Bayes，又称谱系贝叶斯)模型，其形式为

$$\begin{aligned} X|\theta &\sim f(x|\theta) \\ \Theta|\gamma &\sim h(\theta|\gamma) \\ \Gamma &\sim \psi(\gamma) \end{aligned} \tag{11.4.1}$$

就该模型而言，通过修改随机变量 Γ 的概率密度函数来控制先验 $h(\theta|\gamma)$. 第二种方法是**经验贝叶斯法**，它是先得到 γ 的估计，然后将其代入后验概率密度函数中. 本章为读者提供这些方法的一个入门介绍. 有几本优秀的阐述贝叶斯方法的书籍. 尤其是 Lehmann 和 Casella(1998)的第 4 章详细讨论了这些方法.

首先，考察(11.4.1)给出的分层贝叶斯模型，可以将参数 γ 看成是冗余参数. 常常称为**超参数**(hyperparameter). 对于一般贝叶斯方法来说，推断关注参数 θ，因此，关注的后验概率密度函数仍旧是条件概率密度函数 $k(\theta|\boldsymbol{x})$.

在这些讨论中，将使用几种概率密度函数；因此，时常用 g 作为普通概率密度函数. 从上下文的讨论中总是可以清楚知道，g 表示什么分布. 条件概率密度函数 $f(\boldsymbol{x}|\theta)$不依赖于 γ；因而

$$g(\theta,\gamma|\boldsymbol{x}) = \frac{g(\boldsymbol{x},\theta,\gamma)}{g(\boldsymbol{x})} = \frac{g(\boldsymbol{x}|\theta,\gamma)g(\theta,\gamma)}{g(\boldsymbol{x})} = \frac{f(\boldsymbol{x}|\theta)h(\theta|\gamma)\psi(\gamma)}{g(\boldsymbol{x})}$$

所以，后验概率密度函数为

$$k(\theta|\boldsymbol{x}) = \frac{\int_{-\infty}^{\infty} f(\boldsymbol{x}|\theta)h(\theta|\gamma)\psi(\gamma)\mathrm{d}\gamma}{\int_{-\infty}^{\infty}\int_{-\infty}^{\infty} f(\boldsymbol{x}|\theta)h(\theta|\gamma)\psi(\gamma)\mathrm{d}\gamma\mathrm{d}\theta} \tag{11.4.2}$$

此外，若假定平方误差损失，则 $W(\theta)$的贝叶斯估计是

$$\delta_W(\boldsymbol{x}) = \frac{\int_{-\infty}^{\infty}\int_{-\infty}^{\infty} W(\theta) f(\boldsymbol{x}|\theta)h(\theta|\gamma)\psi(\gamma)\mathrm{d}\gamma\mathrm{d}\theta}{\int_{-\infty}^{\infty}\int_{-\infty}^{\infty} f(\boldsymbol{x}|\theta)h(\theta|\gamma)\psi(\gamma)\mathrm{d}\gamma\mathrm{d}\theta} \tag{11.4.3}$$

回顾为获得 $W(\theta)$的贝叶斯估计，这里再次描述 11.3 节对吉布斯抽样器的定义. 对于 $i=1,2,\cdots,m$，其中 m 是特定的，算法的第 i 步是

$$\Theta_i\,|\,\boldsymbol{x},\gamma_{i-1}\sim g(\theta\,|\,\boldsymbol{x},\gamma_{i-1})$$
$$\Gamma_i\,|\,\boldsymbol{x},\theta_i\sim g(\gamma\,|\,\boldsymbol{x},\theta_i)$$

回顾 11.4 节的讨论，当 $i\to\infty$时，

$$\Theta_i\xrightarrow{D}k(\theta\,|\,\boldsymbol{x})$$
$$\Gamma_i\xrightarrow{D}g(\gamma\,|\,\boldsymbol{x})$$

且其算术平均值

$$\text{当 } m\to\infty \text{ 时，}\quad \frac{1}{m}\sum_{i=1}^{m}W(\Theta_i)\xrightarrow{P}E[W(\Theta)\,|\,\boldsymbol{x}]=\delta_W(\boldsymbol{x}) \tag{11.4.4}$$

在实际应用中，为了通过吉布斯抽样器获得 $W(\theta)$的贝叶斯估计，要借助蒙特卡罗生成$(\theta_1,\gamma_1),(\theta_2,\gamma_2),\cdots$序列. 然后，选择大的 m 值与 $n^*>m$，$W(\theta)$估计值是

$$\frac{1}{n^*-m}\sum_{i=m+1}^{n^*}W(\theta_i) \tag{11.4.5}$$

由于运用了蒙特卡罗生成，所以经常将这些方法称为**马尔可夫链蒙特卡罗**(Markov Chain Monte Carlo，记为 MCMC)方法. 下面给出两个例子来进行阐述.

例 11.4.1 考察例 11.1.3 讨论的正态分布共轭族，其中 $\theta_0=0$. 此处使用模型

$$\begin{aligned}&\overline{X}\,|\,\Theta\sim N\left(\theta,\frac{\sigma^2}{n}\right),\sigma^2\text{ 已知}\\&\Theta\,|\,\tau^2\sim N(0,\tau^2)\\&\frac{1}{\tau^2}\sim\Gamma(a,b),a\text{ 与 }b\text{ 均是已知的}\end{aligned} \tag{11.4.6}$$

为建立该分层贝叶斯模型，我们需要条件概率密度函数 $g(\theta\,|\,\overline{x},\tau^2)$与 $g(\tau^2\,|\,\overline{x},\theta)$. 对于第一个条件概率密度函数，有

$$g(\theta\,|\,\overline{x},\tau^2)\propto f(\overline{x}\,|\,\theta)h(\theta\,|\,\tau^2)\psi(\tau^{-2})$$

可以忽略标准化常数；因此，仅仅考虑乘积 $f(\overline{x}\,|\,\theta)h(\theta\,|\,\tau^2)$. 不过，这是在例 11.1.3 中所得到的两个正态概率密度函数的乘积. 依据那些结果，$g(\theta\,|\,\overline{x},\tau^2)$是 $N\left(\frac{\tau^2}{(\sigma^2/n)+\tau^2}\overline{x},\frac{\tau^2\sigma^2}{\sigma^2+n\tau^2}\right)$的概率密度函数. 对于第二个条件概率密度函数，若忽略标准化常数，并加以简化，可得

$$\begin{aligned}g\left(\frac{1}{\tau^2}\,|\,\overline{x},\theta\right)&\propto f(\overline{x}\,|\,\theta)g(\theta\,|\,\tau^2)\psi(1/\tau^2)\propto\frac{1}{\tau}\exp\left\{-\frac{1}{2}\frac{\theta^2}{\tau^2}\right\}\left(\frac{1}{\tau^2}\right)^{a-1}\exp\left\{-\frac{1}{\tau^2}\frac{1}{b}\right\}\\&\propto\left(\frac{1}{\tau^2}\right)^{a+(1/2)-1}\exp\left\{-\frac{1}{\tau^2}\left[\frac{\theta^2}{2}+\frac{1}{b}\right]\right\}\end{aligned} \tag{11.4.7}$$

该值为 $\Gamma\left(a+\frac{1}{2},\left(\frac{\theta^2}{2}+\frac{1}{b}\right)^{-1}\right)$的概率密度函数. 因而，对于 $i=1,2,\cdots,m$，此模型的吉布斯抽样器是

$$\Theta_i \mid \bar{x}, \tau_{i-1}^2 \sim N\left(\frac{\tau_{i-1}^2}{(\sigma^2/n)+\tau_{i-1}^2}\bar{x}, \frac{\tau_{i-1}^2\sigma^2}{\sigma^2+n\tau_{i-1}^2}\right)$$

$$\frac{1}{\tau_i^2} \mid \bar{x}, \Theta_i \sim \Gamma\left\{a+\frac{1}{2}, \left(\frac{\theta_i^2}{2}+\frac{1}{b}\right)^{-1}\right\} \tag{11.4.8}$$

对于 $i=1,2,\cdots,m$. 如上所述，对于特定的 m 值与 $n^*>m$，汇集了链值 $(\Theta_m, \tau_m), (\Theta_{m+1}, \tau_{m+1}), \cdots, (\Theta_{n^*}, \tau_{n^*})$ 后，可得 θ 贝叶斯估计(假定平方误差损失)

$$\hat{\theta} = \frac{1}{n^*-m}\sum_{i=m+1}^{n^*}\Theta_i \tag{11.4.9}$$

然而，给定 $\bar{x}$ 与 τ 时，Θ 的条件分布提供了第二个估计值，即由

$$\hat{\theta}^* = \frac{1}{n^*-m}\sum_{i=m+1}^{n^*}\frac{\tau_i^2}{\tau_i^2+(\sigma^2/n)}\bar{x} \tag{11.4.10}$$

给出.

例 11.4.2　Lehmann 和 Casella(1998)的第 257 页阐述了下面的分层贝叶斯模型

$$X \mid \lambda \sim \text{Poisson}(\lambda)$$
$$\Lambda \mid b \sim \Gamma(1, b)$$
$$B \sim g(b) = \tau^{-1}b^{-2}\exp\{-1/b\tau\}, b>0, \tau>0$$

对于吉布斯抽样器，需要两个条件概率密度函数，即 $g(\lambda \mid x, b)$ 与 $g(b \mid x, \lambda)$，其联合概率密度函数是

$$g(x, \lambda, b) = f(x \mid \lambda)h(\lambda \mid b)\psi(b) \tag{11.4.11}$$

依据模型(11.4.11)的概率密度函数，对第一个条件概率密度函数有

$$g(\lambda \mid x, b) \propto e^{-\lambda}\frac{\lambda^x}{x!}\frac{1}{b}e^{-\lambda/b}$$
$$\propto \lambda^{x+1-1}e^{-\lambda[1+(1/b)]} \tag{11.4.12}$$

它是 $\Gamma(x+1, b/[b+1])$ 分布的概率密度函数.

对于第二个条件而言，有

$$g(b \mid x, \lambda) \propto \frac{1}{b}e^{-\lambda/b}\tau^{-1}b^{-2}e^{-1/(b\tau)} \propto b^{-3}\exp\left\{-\frac{1}{b}\left[\frac{1}{\tau}+\lambda\right]\right\}$$

在最后一个表达式里，做一个变量变换 $y=1/b$，其雅可比行列式为 $db/dy=-y^{-2}$，从而可得

$$g(y \mid x, \lambda) \propto y^3\exp\left\{-y\left[\frac{1}{\tau}+\lambda\right]\right\}y^{-2} \propto y^{2-1}\exp\left\{-y\left[\frac{1+\lambda\tau}{\tau}\right]\right\}$$

显然，这是 $\Gamma(2, \tau/[\lambda\tau+1])$ 分布的概率密度函数. 故对于 $i=1,2,\cdots,m$，其吉布斯抽样器为：

$$\Lambda_i \mid x, b_{i-1} \sim \Gamma(x+1, b_{i-1}/[1+b_{i-1}])$$
$$B_i = Y_i^{-1}, \text{其中 } Y_i \mid x, \lambda_i \sim \Gamma(2, \tau/[\lambda_i\tau+1])$$

其中 m 是特定的. ■

举一个上面例子的数值例子，假如令 $\tau=0.05$，并观测到 $x=6$. 利用 R 函数(可在前言中列出的网站下载)hierarch1.s 可计算例题给出的吉布斯抽样器. 在开始吉布斯抽样时，需要对 i 的值加以设定，并且链的长度要超过该值. 我们分别对这些值在 $m=1000$ 与

$n^*=4000$ 处进行设定，即用于估计的链长度为 3000. 为观测变动 τ 时对贝叶斯估计量的影响，对五个吉布斯样本器进行运算的结果如下：

τ	0.040	0.045	0.050	0.055	0.060
$\hat{\delta}$	6.600	6.490	6.530	6.500	6.440

有某种变异存在，正如 Lehmann 和 Casella(1998)所讨论的，一般地讲，在普通贝叶斯分析中，与由先验方法而引起的变异而导致的对贝叶斯估计量的影响相比，超参数的变异性对贝叶斯估计量的影响要小些.

经验贝叶斯

经验贝叶斯由分层贝叶斯模型的前两行所构成，即

$$\boldsymbol{X}|\theta \sim f(\boldsymbol{x}|\theta)$$
$$\Theta|\gamma \sim h(\theta|\gamma)$$

和分层贝叶斯试图具有概率密度函数的参数 γ 进行建模相比，经验贝叶斯方法则依据如下数据对 γ 估计. 回顾

$$g(\boldsymbol{x},\theta|\gamma)=\frac{g(\boldsymbol{x},\theta,\gamma)}{\psi(\gamma)}=\frac{f(\boldsymbol{x}|\theta)h(\theta|\gamma)\psi(\gamma)}{\psi(\gamma)}=f(\boldsymbol{x}|\theta)h(\theta|\gamma)$$

考察似然函数

$$m(\boldsymbol{x}|\gamma)=\int_{-\infty}^{\infty} f(\boldsymbol{x}|\theta)h(\theta|\gamma)\mathrm{d}\theta \tag{11.4.13}$$

若利用概率密度函数 $m(\boldsymbol{x}|\gamma)$，通常用极大似然法获得估计 $\hat{\gamma}=\hat{\gamma}(\boldsymbol{x})$，对参数 θ 推断来说，经验贝叶斯方法使用了后验概率密度函数 $k(\theta|\boldsymbol{x},\hat{\gamma})$.

用以下两个例子阐述经验贝叶斯方法.

例 11.4.3 考察除假定有 X 的随机样本之外，其他和例 11.4.2 讨论的情况相同，即考察模型

$$X_i|\lambda, i=1,2,\cdots,n, \sim \text{独立同分布 Poisson}(\lambda)$$
$$\Lambda|b \sim \Gamma(1,b)$$

设 $\boldsymbol{X}=(X_1,X_2,\cdots,X_n)'$. 因此，

$$g(\boldsymbol{x}|\lambda)=\frac{\lambda^{n\overline{x}}}{x!\cdots x_n!}\mathrm{e}^{-n\lambda}$$

其中 $\overline{x}=n^{-1}\sum_{i=1}^{n}x_i$. 因而，需要求极大值的概率密度函数是

$$\begin{aligned} m(\boldsymbol{x}|b) &= \int_0^{\infty} g(\boldsymbol{x}|\lambda)h(\lambda|b)\mathrm{d}\lambda = \int_0^{\infty}\frac{1}{x_1!\cdots x_n!}\lambda^{n\overline{x}+1-1}\mathrm{e}^{-n\lambda}\frac{1}{b}\mathrm{e}^{-\lambda/b}\mathrm{d}\lambda \\ &= \frac{\Gamma(n\overline{x}+1)[b/(nb+1)]^{n\overline{x}+1}}{x_1!\cdots x_n!b} \end{aligned}$$

求 $m(\boldsymbol{x}|b)$关于 b 的偏导数，可得

$$\frac{\partial \log m(\boldsymbol{x}|b)}{\partial b}=-\frac{1}{b}+(n\overline{x}+1)\frac{1}{b(bn+1)}$$

令上式等于 0，并求出 b，得

$$\hat{b} = \overline{x} \tag{11.4.14}$$

为获得 λ 的经验贝叶斯估计，需要用 $\hat{b}$ 代替 b 的后验概率密度函数．此后验概率密度函数为

$$k(\lambda \mid \boldsymbol{x}, \hat{b}) \propto g(\boldsymbol{x} \mid \lambda) h(\lambda \mid \hat{b})$$
$$\propto \lambda^{n\overline{x}+1-1} \mathrm{e}^{-\lambda[n+(1/\hat{b})]} \tag{11.4.15}$$

式(11.4.15)是 $\Gamma(n\overline{x}+1, \hat{b}/[n\hat{b}+1])$ 分布的概率密度函数．故在平方误差损失下，经验贝叶斯估计量是该分布均值，即

$$\hat{\lambda} = [n\overline{x}+1]\frac{\hat{b}}{n\hat{b}+1} = \overline{x} \tag{11.4.16}$$

故对于上面的先验来说，经验贝叶斯估计与极大似然估计是一致的． ■

同理，我们可使用刚才例子的解求例 11.4.2 的经验贝叶斯估计．对于更前面的例子，样本量为 1．故 λ 的经验贝叶斯估计是 x．特别地，对于例 11.4.2 结尾时给出的数值情形，经验贝叶斯估计值为 6．

习题

11.4.1　考察贝叶斯模型

$$X_i \mid \theta \sim \text{独立同分布 } \Gamma\left(1, \frac{1}{\theta}\right)$$
$$\Theta \mid \beta \sim \Gamma(2, \beta)$$

通过实施下面一些步骤，求 θ 的经验贝叶斯估计．

(a) 求似然函数

$$m(\boldsymbol{x} \mid \beta) = \int_0^\infty f(\boldsymbol{x} \mid \theta) h(\theta \mid \beta) \mathrm{d}\theta$$

(b) 对于似然函数 $m(\boldsymbol{x} \mid \beta)$，求 β 的极大似然估计量 $\hat{\beta}$．

(c) 证明给定 $\boldsymbol{x}$ 与 $\hat{\beta}$ 时 Θ 的后验分布为伽马分布．

(d) 假定平方误差损失，求经验贝叶斯估计量．

11.4.2　考察分层贝叶斯模型

$$Y \sim b(n, p); 0 < p < 1$$
$$p \mid \theta \sim h(p \mid \theta) = \theta p^{\theta-1}; \theta > 0$$
$$\theta \sim \Gamma(1, a); a > 0 \text{ 是特定的} \tag{11.4.17}$$

(a) 假定利用平方误差损失，写出与式(11.4.3)形式相同的 p 的贝叶斯估计．对 θ 进行积分．证明：分子与分母分别是参数为 $y+1$ 与 $n-y+1$ 的贝塔分布的数学期望．

(b) 回顾式(11.3.2)的讨论．写出完整的蒙特卡罗算法求(a)部分的贝叶斯估计．

11.4.3　重新考察习题 11.4.2 的分层贝叶斯模型(11.4.17)．

(a) 证明：条件概率密度函数 $g(p \mid y, \theta)$ 是参数为 $y+\theta$ 与 $n-y+1$ 的贝塔分布概率密度函数．

(b) 证明：条件概率密度函数 $g(\theta \mid y, p)$ 是参数为 2 与 $\left[\frac{1}{a} - \log p\right]^{-1}$ 的伽马分布概率密度函数．

(c) 使用(a)与(b)部分的结果，并假定平方误差损失，写出吉布斯抽样器算法，求 p 的贝叶斯估计量．

11.4.4　对于习题 11.4.2 的分层贝叶斯模型，设 $n=50$ 与 $a=2$，从 $\Gamma(1,2)$ 分布中随机取一个 θ，并记为 θ^*．其次，从具有概率密度函数 $\theta^* p^{\theta^*-1}$ 的分布中随机抽取一个 y，并记为 p^*．最后，从 $b(n,$

p^*)分布中随机抽取一个 y.

(a) 设定 m 为 3000，利用习题 11.4.2 中的蒙特卡罗算法求 θ^* 的估计.

(b) 设定 m 为 3000 以及 n 为 6000，利用习题 11.4.3 中的吉布斯抽样器算法求 θ^* 的估计. 设 p_{3001}，p_{3002}，…，p_{6000} 表示抽取的序列值. 前面提及，这些值均源自后验概率密度函数 $g(p|y)$的(渐近)模拟值. 利用这些序列值，求 95%的置信区间.

11.4.5 将习题 11.4.2 的贝叶斯模型写成

$$Y \sim b(n,p);0 < p < 1$$

$$p|\theta \sim h(p|\theta) = \theta p^{\theta-1};\quad \theta > 0$$

建立 $g(y|\theta)$的极大似然估计量的估计方差，即第一步求 p 的经验贝叶斯估计量，再尽可能地简化.

11.4.6 习题 11.4.1 研究了正态分布共轭族的分层贝叶斯模型. 现将该模型表示成

$$\overline{X}|\Theta \sim N\left(\theta,\frac{\sigma^2}{n}\right),\delta^2\text{已知}$$

$$\Theta|\tau^2 \sim N(0,\tau^2)$$

求 θ 的经验贝叶斯估计量.

附　　录

附录 A　相关数学知识

A.1　正则条件

这里正则条件是正文 6.4 节和 6.5 节曾经提及的正则条件. 对这些条件的讨论，可参看 Lehmann 和 Casella(1998)的第 6 章.

设 X 具有概率密度函数 $f(x;\boldsymbol{\theta})$，其中 $\boldsymbol{\theta}\in\Omega\subset\mathbb{R}^p$. 对于这些假设，$X$ 要么是$\mathbb{R}^k$ 的纯随机变量，要么是$\mathbb{R}^k$ 的随机向量. 像 6.4 节一样，设 $\boldsymbol{I}(\boldsymbol{\theta})=[I_{jk}]$是式(6.4.4)给出的 $p\times p$ 信息矩阵. 此外，用 $\boldsymbol{\theta}_0$ 表示真参数 $\boldsymbol{\theta}$.

假设 A.1.1(6.4 节和 6.5 节之外的正则条件)

(R6)存在一个开子集 $\Omega_0\subset\Omega$，使得 $\boldsymbol{\theta}_0\in\Omega_0$，并且对于所有 $\boldsymbol{\theta}\in\Omega_0$，$f(x;\boldsymbol{\theta})$的所有三阶偏导数都存在.

(R7)下述方程成立(实质上，可以交换期望与微分)：

$$E_{\boldsymbol{\theta}}\left[\frac{\partial}{\partial\theta_j}\log f(x;\boldsymbol{\theta})\right]=0,\quad 对于\ j=1,2,\cdots,p$$

$$I_{jk}(\boldsymbol{\theta})=E_{\boldsymbol{\theta}}\left[-\frac{\partial^2}{\partial\boldsymbol{\theta}_j\,\partial\boldsymbol{\theta}_k}\log f(x;\boldsymbol{\theta})\right],对于\ j,k=1,2,\cdots,p$$

(R8)对于所有 $\boldsymbol{\theta}\in\Omega_0$，$\boldsymbol{I}(\boldsymbol{\theta})$是正定的.

(R9)存在函数 $M_{jkl}(x)$，使得

$$\left|\frac{\partial^3}{\partial\theta_j\,\partial\theta_k\,\partial\theta_l}\log f(x;\boldsymbol{\theta})\right|\leqslant M_{jkl}(x),对于所有\ \boldsymbol{\theta}\in\Omega_0$$

以及

$$E_{\boldsymbol{\theta}_0}[M_{jkl}]<\infty,对于所有\ j,k,l\in 1,2,\cdots,p$$

■

A.2　序列

下面是关于实数序列的简明回顾. 尤其是对于序列的上极限和下极限的内容进行讨论. 为了对本书正文提供一个基础性补充，编写了这个简明数学入门，这可在前言中列出的网站下载. 除了复习序列有关内容，还简单回顾无穷级数，同时提供微积分中可微性和可积性以及二重积分. 对于那些想要进一步复习这些概念的学生，建议下载本书的补充内容.

设$\{a_n\}$表示一个实数序列. 回顾微积分内容知道，$a_n\to a$($\lim\limits_{n\to\infty}a_n=a$)当且仅当

$$对于任意\ \varepsilon>0,存在一个\ N_0,使得\ n\geqslant N_0\Rightarrow|a_n-a|<\varepsilon \tag{A.2.1}$$

设 A 是一个实数集合，且是有上界的；也就是说，存在一个 $M\in\mathbb{R}$，使得对于所有 $x\in A$，$x\leqslant M$. 回顾如果 a 是 A 的所有上界中最小的，a 是 A 的**上确界**(supremum). 由微积分内

容可以知道，一个有上界的集合存在上确界．此外，我们知道 a 是 A 的上确界当且仅当对于所有 $\varepsilon>0$，存在一个 $x\in A$，使得 $a-\varepsilon<x\leqslant a$．类似地，我们可定义 A 的**下确界**(infimum)．

我们需要微积分的三个基本定理．第一个是两边夹定理．

定理 A.2.1(两边夹定理[⊖]) 假定对于所有 n，序列 $\{a_n\}$，$\{b_n\}$ 以及 $\{c_n\}$ 满足 $c_n\leqslant a_n\leqslant b_n$，同时 $\lim\limits_{n\to\infty}b_n=\lim\limits_{n\to\infty}c_n=a$，那么 $\lim\limits_{n\to\infty}a_n=a$．

证： 设 $\varepsilon>0$ 已知．因为 $\{b_n\}$ 与 $\{c_n\}$ 收敛，所以能选取充分大的 N_0，使得对于 $n\geqslant N_0$，$|c_n-a|<\varepsilon$ 与 $|b_n-a|<\varepsilon$．由已知 $c_n\leqslant a_n\leqslant b_n$，容易看出对于所有 n，

$$|a_n-a|\leqslant\max\{|c_n-a|,|b_n-a|\}$$

因此，当 $n\geqslant N_0$ 时，则 $|a_n-a|<\varepsilon$．■

第二个定理涉及子序列．回顾 $\{a_{n_k}\}$ 是 $\{a_n\}$ 一个子序列，如果序列 $n_1\leqslant n_2\leqslant\cdots$ 表示正整数的一个无限子集．注意，$n_k\geqslant k$．

定理 A.2.2 序列 $\{a_n\}$ 收敛到 a 当且仅当每个子序列 $\{a_{n_k}\}$ 收敛到 a．

证： 假定序列 $\{a_n\}$ 收敛到 a．设 $\{a_{n_k}\}$ 表示其任意子序列．设 $\varepsilon>0$ 是已知的．于是，存在一个 N_0，使得对于 $n\geqslant N_0$，$|a_n-a|<\varepsilon$．对于该子序列来说，取 k' 是大于子序列 N_0 的第一个指标．由于对于所有 k，$n_k\geqslant k$，从而 $n_k\geqslant n_{k'}\geqslant k'\geqslant N_0$，由此可得 $|a_{n_k}-a|<\varepsilon$．因而，$\{a_{n_k}\}$ 收敛到 a．其逆亦成立，这是因为序列也是它自身的子序列．■

最后，第三个定理则是关于单调序列的．

定理 A.2.3 设 $\{a_n\}$ 是实数的一个非递减序列，也就是对于所有 n，$a_n\leqslant a_{n+1}$．假定 $\{a_n\}$ 是有上界的，即对于某个 $M\in\mathbb{R}$，对于所有 n，$a_n\leqslant M$．那么，a_n 的极限存在．

证： 设 a 表示 $\{a_n\}$ 的上确界．设 $\varepsilon>0$ 已知．于是，存在一个 N_0，使得 $a-\varepsilon<a_{N_0}\leqslant a$．由于该序列是非递减的，由此可得对于所有 $n\geqslant N_0$，$a-\varepsilon<a_n\leqslant a$．因此，由定义知，$a_n\to a$．■

设 $\{a_n\}$ 是一个实数序列，并定义两个子序列

$$b_n=\sup\{a_n,a_{n+1},\cdots\},\quad n=1,2,3,\cdots, \tag{A.2.2}$$

$$c_n=\inf\{a_n,a_{n+1},\cdots\},\quad n=1,2,3,\cdots \tag{A.2.3}$$

很明显，$\{b_n\}$ 是一个非递增序列．因此，若 $\{a_n\}$ 是有下界的，则 b_n 的极限存在．在此情况下，称 $\{b_n\}$ 的极限为序列 $\{a_n\}$ 的**上极限**(limit supremum，记为 limsup)，并将它写成

$$\overline{\lim_{n\to\infty}}a_n=\lim_{n\to\infty}b_n \tag{A.2.4}$$

注意，当 $\{a_n\}$ 不是有下界的，则 $\overline{\lim\limits_{n\to\infty}}a_n=-\infty$．此外，假如 $\{a_n\}$ 不是有上界的，我们定义 $\overline{\lim\limits_{n\to\infty}}a_n=\infty$．因此，任何序列的 $\overline{\lim}$ 总是存在．并且，由子序列 $\{b_n\}$ 的定义知，

$$a_n\leqslant b_n,\quad n=1,2,3,\cdots \tag{A.2.5}$$

另一方面，$\{c_n\}$ 是非递减序列．因此，当 $\{a_n\}$ 是有上界的，则 c_n 的极限存在．此时，称 $\{c_n\}$ 极限为序列 $\{a_n\}$ 的**下极限**(limit infimum，记为 liminf)，并将它写成

$$\underline{\lim_{n\to\infty}}a_n=\lim_{n\to\infty}c_n \tag{A.2.6}$$

注意，当 $\{a_n\}$ 不是有上界的，则 $\underline{\lim\limits_{n\to\infty}}a_n=\infty$．此外，若 $\{a_n\}$ 不是有下界的，则 $\underline{\lim\limits_{n\to\infty}}a_n=-\infty$．

⊖ 两边夹定理(sandwich theorem)，又称为三明治定理、夹逼定理、迫近定理、夹挤定理．——译者注

因此，任何序列的$\underline{\lim}$总是存在．并且，由子序列$\{c_n\}$与$\{b_n\}$的定义知，

$$c_n \leqslant a_n \leqslant b_n, \quad n = 1,2,3,\cdots \tag{A.2.7}$$

同理，由于对于所有 n，$c_n \leqslant b_n$，因此

$$\underline{\lim}_{n\to\infty} a_n \leqslant \overline{\lim}_{n\to\infty} a_n \tag{A.2.8}$$

■

例 A.2.1 举两个例子．下面习题给出了更多例子．

1．假定对于所有 $n=1,2,\cdots,a_n=-n$．于是，$b_n=\sup\{-n,-n-1,\cdots\}=-n\to-\infty$，而 $c_n=\inf\{-n,-n-1,\cdots\}=-\infty\to-\infty$．从而，$\underline{\lim}_{n\to\infty} a_n=\overline{\lim}_{n\to\infty} a_n=-\infty$．

2．假定$\{a_n\}$由

$$a_n = \begin{cases} 1, & \text{当 } n \text{ 为偶数} \\ 2+\dfrac{1}{n}, & \text{当 } n \text{ 为奇数} \end{cases}$$

定义．从而，$\{b_n\}$是序列$\{3,2+(1/3),2+(1/3),2+(1/5),2+(1/5),\cdots\}$，它收敛到 2，而$\{c_n\}\equiv1$，收敛到 1．因而，$\underline{\lim}_{n\to\infty} a_n=1$，而$\overline{\lim}_{n\to\infty} a_n=2$． ■

每一个序列的$\underline{\lim}_{n\to\infty}$与$\overline{\lim}_{n\to\infty}$都存在，这点非常有用．另外，对式(A.2.7)与式(A.2.8)应用两边夹定理，可得出下面定理．

定理 A.2.4 *设$\{a_n\}$表示实数序列．于是，$\{a_n\}$的极限存在当且仅当$\underline{\lim}_{n\to\infty} a_n=\overline{\lim}_{n\to\infty} a_n$．在此情况下，$\lim_{n\to\infty} a_n=\underline{\lim}_{n\to\infty} a_n=\overline{\lim}_{n\to\infty} a_n$．*

证：首先假定$\lim_{n\to\infty} a_n=a$，由于序列$\{c_n\}$与$\{b_n\}$都是$\{a_n\}$的子序列．由定理 A.2.2 知，它们也都收敛到 a．反之，若$\underline{\lim}_{n\to\infty} a_n=\overline{\lim}_{n\to\infty} a_n$，则对式(A.2.7)应用两边夹定理，得到所要结果． ■

依据刚才的定理，可以得到两个经常用于统计学与概率论中的有趣应用．设$\{p_n\}$是一个概率序列，并设 $b_n=\sup\{p_n,p_{n+1},\cdots\}$与 $c_n=\inf\{p_n,p_{n+1},\cdots\}$．对于第一个应用，假定我们能证明，$\overline{\lim}_{n\to\infty} p_n=0$．因为 $0\leqslant p_n\leqslant b_n$，由两边夹定理知道，$\lim_{n\to\infty} p_n=0$．对于第二个应用，假定我们能证明，$\underline{\lim}_{n\to\infty} p_n=1$．因为 $c_n\leqslant p_n\leqslant1$，由两边夹定理知道，我们得到$\lim_{n\to\infty} p_n=1$．

下面定理列出其他一些性质，习题 A.2.2 要求读者对其加以证明．

定理 A.2.5 *设$\{a_n\}$与$\{d_n\}$是实数序列．那么，*

$$\overline{\lim}_{n\to\infty}(a_n+d_n) \leqslant \overline{\lim}_{n\to\infty} a_n + \overline{\lim}_{n\to\infty} d_n \tag{A.2.9}$$

$$\underline{\lim}_{n\to\infty} a_n = -\overline{\lim}_{n\to\infty}(-a_n) \tag{A.2.10}$$

习题

A.2.1 计算下面每一个序列的$\underline{\lim}$与$\overline{\lim}$．

(a) 对于 $n=1,2,\cdots,a_n=(-1)^n\left(2-\dfrac{4}{2^n}\right)$．

(b) 对于 $n=1,2,\cdots,a_n=n^{\cos(\pi n/2)}$．

(c) 对于 $n=1,2,\cdots,a_n=\frac{1}{n}+\cos\frac{\pi n}{2}+(-1)^n$.

A.2.2 证明性质(A.2.9)与(A.2.10).

A.2.3 设$\{a_n\}$与$\{d_n\}$是实数序列. 证明

$$\underline{\lim}_{n\to\infty}(a_n+d_n)\geqslant\underline{\lim}_{n\to\infty}a_n+\underline{\lim}_{n\to\infty}d_n$$

A.2.4 设$\{a_n\}$是实数序列. 假定$\{a_{n_k}\}$是$\{a_n\}$的子序列. 若当$k\to\infty$时, $\{a_{n_k}\}\to a_0$, 证明$\underline{\lim}_{n\to\infty}a_n\leqslant a_0\leqslant\overline{\lim}_{n\to\infty}a_n$.

附录B　R入门指南

R软件可以在CRAN(https://cran.r-project.org/)网站下载，它是一款免费软件，具有适用于大多数平台的版本，包括Windows、Mac以及Linux版本. 如果想要安装R，那么只须遵循CRAN的说明. 安装过程只需几分钟. 关于介绍R的更多信息，CRAN网站提供了免费的、可供下载的使用手册. 读者可以参考这个领域的文献，包括Venables和Ripley(2002)、Verzani(2014)、Crawley(2007)，以及Kloke和McKean(2011)的第1章等.

一旦安装好R，在Windows中，单击R图标开始进入R会话框. R提示符是>. 当想要退出R时，可以输入$q()$，这会导致查询 `Save workspace image?[y/n/c]:`. 在输入`y`之后，工作空间将为下一个会话保存. R拥有一个内置的帮助(文档)系统. 例如，为了获得关于`mean`函数的帮助信息，只需输入`help(mean)`. 当想要退出帮助时，可以输入q. 我们建议，一边运用R，一边浏览这个入门指南的各个部分.

B.1　基本知识

R命令适用范围包括数值数据、字符串或逻辑类型. 在同一行中，为了对命令进行分隔，只须采用分号. 此外，为了对R命令行的内容加以标记并注释，只须采用符号#，将注释放在#的右边，也就是#右边的任何东西都不被R执行并且被忽略. 下面是一些算术计算：

```
> 8+6 - 7*2
[1] 0
> (150/3) + 7^2 -1 ; sqrt(50) - 50^(1/2)
[1] 98
[1] 0
> (4/3)*pi*5^3      # The volume of a sphere with radius 5
[1] 523.5988
> 2*pi*5            # The circumference of a sphere with radius 5
[1] 31.41593
```

R软件可以通过赋值函数<-或者等价地用等号=保存结果，以供后面计算时使用. 名称可以采用字母、数字或符号的组合. 例如：

```
> r <- 10 ; Vol <- (4/3)*pi*r^3 ; Vol
[1] 4188.79
> r = 100 ; circum = 2*pi*r ; circum
[1] 628.3185
```

R 中的变量包括标量、向量或矩阵. 就上面例子而言，变量 r 与 Vol 是标量. 标量可以用 c 函数组合成向量. 此外，对向量进行计算的算术函数是按照分量执行的. 例如，这里有两种方法可以计算半径为 5,6,⋯,9 的球体的体积.

```
> r <- c(5,6,7,8,9) ; Vol <- (4/3)*pi*r^3 ; Vol
[1]  523.5988  904.7787 1436.7550 2144.6606 3053.6281
> r <- 5:9 ; Vol <- (4/3)*pi*r^3 ; Vol
[1]  523.5988  904.7787 1436.7550 2144.6606 3053.6281
```

向量的各个分量用方括号表示. 例如，向量 vec 的第 5 个分量表示成 vec[5]. 另外，当涉及向量的行或列的合并时，可通过向量命令 rbind(对行合并)和 cbind(对列合并)从向量形成矩阵. 为了说明这一点，设 $\boldsymbol{A}$ 和 $\boldsymbol{B}$ 为矩阵

$$\boldsymbol{A}=\begin{bmatrix}1 & 4\\ 3 & 2\end{bmatrix},\quad \boldsymbol{B}=\begin{bmatrix}1 & 3 & 5 & 7\\ 2 & 4 & 6 & 8\end{bmatrix}$$

那么，计算 $\boldsymbol{AB}$，$\boldsymbol{A}^{-1}$，$\boldsymbol{B}'\boldsymbol{A}$，只需代码

```
> c1 <- c(1,3) ; c2 <- c(4,2); a <- cbind(c1,c2)
> r1 <- c(1,3,5,7); r2 <- c(2,4,6,8); b <- rbind(r1,r2)
> a%*%b; solve(a) ; t(b)%*%a

     [,1] [,2] [,3] [,4]
[1,]    9   19   29   39
[2,]    7   17   27   37

   [,1] [,2]
c1 -0.2  0.4
c2  0.3 -0.1

     c1 c2
[1,]  7  8
[2,] 15 20
[3,] 23 32
[4,] 31 44
```

方括号也用于表示矩阵中的元素. 设 amat 是一个 4×4 矩阵. 那么(2,3)元素是 amat[2,3]，右上角 2×2 子矩阵是 amat[1:2,3:4]. 后一项是矩阵子集的一个例子. 在 R 中，取子集是非常容易的. 例如，用下面命令就可以获取向量 x 的负数、正数和 0 元素：

```
> x = c(-2,0,3,4,-7,-8,11,0);  xn = x[x<0]; xn

[1] -2 -7 -8
```

```
> xp = x[x>0]; xp
[1]  3  4 11
> x0 = x[x==0]; x0
[1] 0 0
```

对于长度相同的 R 向量 x 和 y 来说，通过命令 plot(y~x)来绘制 y 与 x 的关系图. 利用下面一段 R 代码，就能绘制图 B. 1. 1 中的球体体积和周长与半径之间的关系图，这里的半径从 0 到 8，步长为 0. 1. 图 B. 1. 1a 看起来非常简单，图 B. 1. 1b 增加了特定的标签和标题，图 B. 1. 1c 绘制了关系曲线，图 B. 1. 1d 展示出圆的周长和半径之间的关系.

```
par(mfrow=c(2,2))      # This sets up a 2 by 2 page of plots
r <- seq(0,8,.1);  Vol <- (4/3)*pi*r^3 ; plot(Vol ~ r)      # Plot 1
title("Simple Plot")
plot(Vol ~ r,xlab="Radius",ylab="Volume")                   # Plot 2
title("Volume vs Radius")
plot(Vol ~ r,pch=" ",xlab="Radius",ylab="Volume")
lines(Vol ~ r)                                              # Plot 3
title("Curve")
circum <- 2*pi*r
plot(circum ~ r,pch=" ",xlab="Radius",ylab="Circumference")
lines(circum ~ r); title("Circumference vs Radius")         # Plot 4
```

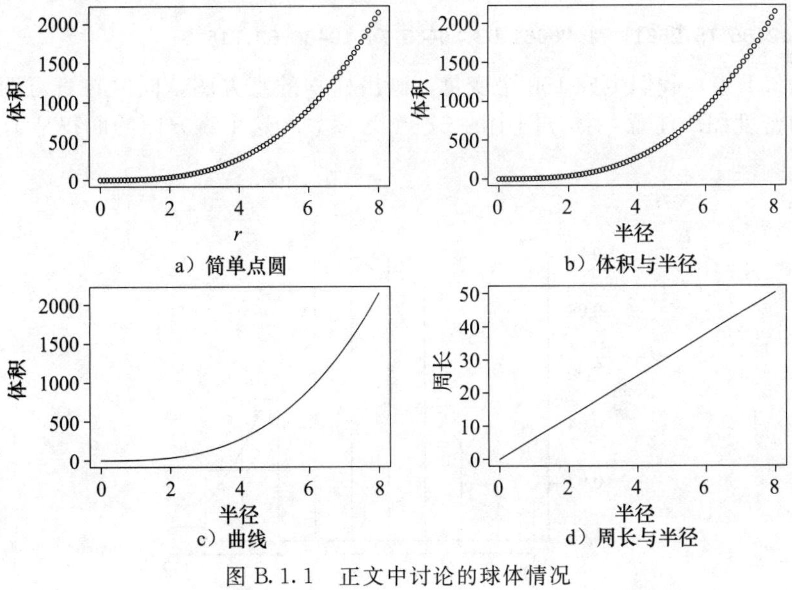

图 B. 1. 1　正文中讨论的球体情况

B. 2　概率分布

对于许多分布来说，利用 R 函数非常容易获得有关的概率、计算分位数以及生成随机变量. 这里举出两个常用例子. 设 X 是服从 $N(\mu,\sigma^2)$分布的随机变量. 在 R 中, 设 mu 和 sig 分别表示 X 的均值和标准差. 为了方便起见, 下表阐述了 R 命令和其具体含义.

R 命令	具体含义
pnorm(x,mu,sig)	$P(X\leqslant x)$
qnorm(p,mu,sig)	$P(X\leqslant q)=p$
dnorm(x,mu,sig)	$f(x)$, 其中 f 表示 X 的概率密度函数
rnorm(n,mu,sig)	生成来自 X 分布的 n 个变量

举一个数值例子说明如何计算, 假定男性的身高服从正态分布, 均值是 70in, 标准差是 4in.

```
> 1-pnorm(72,70,4)       # Prob. man exceeds 6 foot in ht.
[1] 0.3085375
> qnorm(.90,70,4)        # The upper 10th percentile in ht.
[1] 75.12621
> dnorm(72,70,4)         # value of density at 72
[1] 0.08801633
> rnorm(6,70,4)         # sample of size 6 on X
[1] 72.12486 75.25811 71.26661 63.36465 74.19436 69.71513
```

在图 B. 2. 1 中, 我们生成 100 个变量, 画出样本的直方图, 同时在直方图上以叠加形式绘制 X 的密度图. 注意, 直方图中的 pr=T 为参数. 这个直方图的面积是 1.

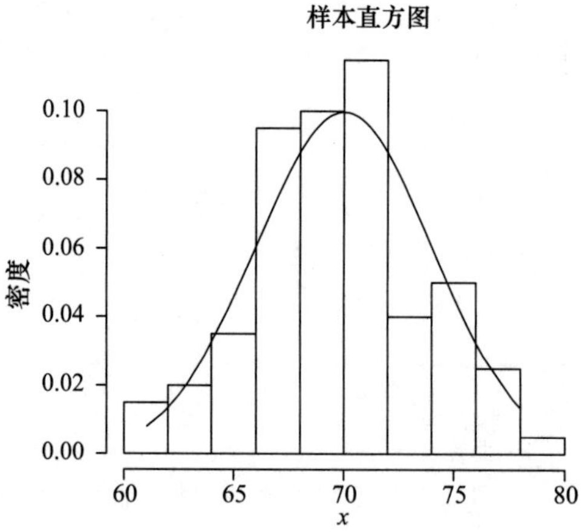

图 B. 2. 1　来自 $N(70,4^2)$分布的随机样本, 在直方图上以叠加形式绘制正态分布的概率密度函数

```
> x = rnorm(100,70,4);  x=sort(x)
> hist(x,pr=T,main="Histogram of Sample")
> y = dnorm(x,70,4)
> lines(y~x)
```

对于离散随机变量，概率密度函数是概率质量函数．假定 X 服从二项分布，试验次数为 100 次，成功概率是 0.6.

```
> pbinom(55,100,.6)       #  Probability of at most 55 successes

[1] 0.1789016

> dbinom(55,100,.6)       #  Probability of exactly 55 successes

[1] 0.04781118
```

对于众所周知的绝大多数其他分布，R 的核心内容都包括了．例如，这里给出一个计算自由度为 30 的卡方随机变量，与中心均值超过 2 个标准差的概率，并且确认为伽马分布.

```
> mu=30; sig=sqrt(2*mu); 1-pchisq(mu+2*sig,30)

[1] 0.03471794

> 1-pgamma(mu+2*sig,15,1/2)

[1] 0.03471794
```

sample 命令的含义是指从向量中抽取一个随机样本．抽样方式既可以是放回抽样 (replace=T)，也可以是不放回抽样 (replace=F)．下面的 R 命令是从前 20 个正整数当中抽取样本量为 12 的样本.

```
> vec = 1:20
> sample(vec,12,replace=T)

 [1] 14 20  7 17  6  6 11 11  9  1 10 14

> sample(vec,12,replace=F)

 [1] 12  1 14  5  4 11  3 17 16 19 20 15
```

B.3 R 函数

R 函数的语法与 R 中的语法是相同的，这就使为完成某特定任务而开发软件包——R 函数的集合变得很容易．R 函数的原理图是

```
name-function <- function(arguments){
       ... body of function ...
}
```

例 B.3.1 考察下面过程，在这个过程中，随着时间进行一个测量．在每个时间 $n, n=1,2,\cdots$，都能得到一个测量值 x_n，但只记录时间 n 的测量值样本均值 $\overline{x}_n=(1/n)\sum_{i=1}^{n}x_i$，并且

将点$(n,\overline{x}_n)$加入样本均值的运行图中．这会产生怎样的可能结果呢？样本均值有一个简单的更新公式，很容易推导，它是由

$$\overline{x}_{n+1}=\frac{n}{n+1}\overline{x}_n+\frac{n}{n+1}x_{n+1} \tag{B.3.1}$$

给出的．因此序列$x_1,x_2,\cdots,x_{n+1}$的样本均值可以表示为时间n的样本均值与时间$n+1$的测量值的线性组合．下面的R函数代码提供这个更新公式：

```
mnupdate <- function(n,xbarn,xnp1){
#   Input: n is sample size; xbarn is mean of sample of size n;
#          xnp1 is (n+1) (new) observation
#   Output: mean of sample of size (n+1)
      mnupdate <- (n/(n+1))*xbarn + xnp1/(n+1)
      return(mnupdate)
}
```

为了运行这个函数，我们首先用R编写源代码．如果函数在当前目录下的 mnupdate.R 文件中，那么源代码命令是 source("mnupdate.R")，还可以复制和粘贴到当前R会话框中．下面是对它的执行：

```
> source("mnupdate.R")
> x = c(3,5,12,4); n=4; xbarn = mean(x);
> x; xbarn          #Old sample and its mean

[1]  3  5 12  4

[1] 6

> xp1 = 30        # New observation
> mnupdate(n,xbarn,xp1)    #  Mean of updated sample

[1] 10.8
```

B.4　循环

在本书中，我们偶尔会在R程序中运用循环来计算结果．通常，它是一个如下形式的简单 for 循环

```
for(i in 1:n){
     ... R code often as a function of i ...
     #  For the n-iterations of the loop, i runs through
     #  the values i=1, i=2, ... , i=n.
}
```

例如，利用下面R代码可生成一个包含从1到n的整数的平方、立方以及立方根的汇总表．

```
#   set n at some value
tab <- c()           #  Initialize the table
for(i in 1:n){
      tab <- rbind(tab,c(i,i^2,i^3,i^(1/2),i^(1/3)))
}
tab
```

B.5 输入和输出

许多关于 R 的教科书，包括上面所引用的参考文献，都有对 R 的输入和输出(I/O)信息的介绍．在本书中，只讨论了 R 中常用的几种方法．对于输出来说，我们讨论两个命令．第一个命令是，将数组(矩阵)写入文本文件．假如 amat 是具有 p 列的矩阵．然后，利用命令 write(t(amat),ncol=p,file="matrix.dat")将矩阵 amat 写入当前目录下的文本文件 matrix.dat．简单地把“Path”放在文件前面，比如 file="Path/matrix.dat"，将其发送到另一个目录．第二个命令是，将变量写入一个 R 对象文件，称为 rda 文件．变量可以包括标量、向量、矩阵和字符串．例如，用接下来一行代码，就可将标量 avar 和 bscale 以及矩阵 amat 及信息字符串写入 rda 文件．

```
info <- "This file contains the variable ....."
save(avar,bscale,amat,info,file="try.rda")
```

命令 load("try.rda")将这些变量(名称和值)加载到当前会话中．书中正文所讨论的大多数数据集都是以 rda 文件形式存放的．

对于输入来说，我们已经讨论了 c 函数和 load 函数．不过，c 函数很乏味，一种更为简单的方法是使用 scan 函数．例如，下面几行代码就是将向量(1,2,3)赋值给 x：

```
x <- scan()
1  2
  3
```

各个值之间的分隔符采用空格，而数据之后的空行表示 x 值的结束．注意，这允许将数据复制并粘贴到 R 中．类似地，矩阵可通过利用 read.table 函数来扫描；例如，下面的命令就是输入上面的矩阵 $\boldsymbol{A}$，列标题为“c1”和“c2”：

```
a <- read.table(header = TRUE, text = "
       c1 c2
       1   4
       3   2
       ")
```

注意，对这个命令很容易使用复制和粘贴．如果矩阵 $\boldsymbol{A}$ 已经在没有标题的 amat.dat 文件中，可以将它读入为

```
a <- matrix(scan("amat.dat"),ncol=2,byrow=T)
```

B.6 软件包

为完成特定任务而设计的 R 函数的集合被称为 R 软件包．例如，在第 10 章中，我们已经讨论 Rfit 和 npsm 软件包，利用它们可计算基于秩的稳健过程和非参数方法．在 CRAN 网站，有成千上万的免费软件包可供用户使用．软件包 hmcpkg 包括了本书讨论的所有 R 函数和 R 数据集．可在网址 http://www.stat.wmich.edu/mckean/hmchomepage/Pkg/下载．

一旦将它安装到计算机上，利用下面所示的 library 命令，在 R 会话中使用该软件

包. 下一段代码就是打印例 4.2.4 所讨论的棒球数据集的前 3 行. attach 命令允许我们访问数据集的变量，比如下面的变量 height 所示.

```
library(hmcpkg)
head(bb,3)
hand height weight hitind hitpitind average
1    1      74     218    1         0   3.330
2    0      75     185    1         1   0.286
3    1      77     219    2         0   3.040
attach(bb);  head(height,4)    # accessing the variable height
[1] 74 75 77 73
```

在例 1.3.3 中，我们给出 n 个人当中至少有 2 个人生日相同的概率的推导. 利用软件包中所包括的 R 函数 bday 就可计算这个概率. 下面一段代码是针对样本量为 10 的组给出概率的计算.

```
library(hmcpkg)
bday(10)
[1] 0.1169482
```

附录 C　常用分布列表

在这个附录中，我们提供了常用分布的简明表. 对于每一个分布，列出正文里面所定义的概率质量函数或概率密度函数表示式、概率质量函数或概率密度函数的公式、均值与方差及其矩母函数. 第一个列表包括常用的离散分布，第二个列表包括常用的连续分布.

	常用离散分布表
伯努利分布 $0<p<1$	(3.1.1) $p(x)=p^x(1-p)^{1-x}$，$x=0,1$ $\mu=p$，$\sigma^2=p(1-p)$ $m(t)=[(1-p)+pe^t]$，$\infty<t<\infty$
二项分布 $0<p<1$ $n=1,2,\cdots$	(3.1.2) $p(x)=\binom{n}{x}p^x(1-p)^{n-x}$，$x=0,1,2,\cdots,n$ $\mu=np$，$\sigma^2=np(1-p)$ $m(t)=[(1-p)+pe^t]^n$，$-\infty<t<\infty$
几何分布 $0<p<1$	(3.1.4) $p(x)=p(1-p)^x$，$x=0,1,2,\cdots$ $\mu=\frac{q}{p}$，$\sigma^2=\frac{1-p}{p^2}$ $m(t)=p[1-(1-p)e^t]^{-1}$，$t<-\log(1-p)$

（续）

	常用离散分布表
超几何分布 $n=1,2,\cdots,\min(N,D)$	(3.1.7) $p(x)=\frac{\binom{N-D}{n-x}\binom{D}{x}}{\binom{N}{n}}$，$x=0,1,2,\cdots,n$ $\mu=n\frac{D}{N}$，$\sigma^2=n\frac{D}{N}\frac{N-D}{N}\frac{N-n}{N-1}$ 上述概率质量函数表示在样本量为 n 以不放回方式抽取 x 个次 D 的概率.
负二项分布 $0<p<1$ $r=1,2,\cdots$	(3.1.3) $p(x)=\binom{x+r-1}{r-1}p^r(1-p)^x$，$x=0,1,2,\cdots$ $\mu=\frac{rp}{q}$，$\sigma^2=\frac{r(1-p)}{p^2}$ $m(t)=p^r[1-(1-p)e^t]^{-r}$，$t<-\log(1-p)$
泊松分布 $m>0$	(3.2.1) $p(x)=e^{-m}\frac{m^x}{x!}$，$x=0,1,2,\cdots$ $\mu=m$，$\sigma^2=m$ $m(t)=\exp\{m(e^t-1)\}$，$-\infty<t<\infty$
	常用连续分布表
贝塔分布 $\alpha>0$ $\beta>0$	(3.3.9) $f(x)=\frac{\Gamma(\alpha+\beta)}{\Gamma(\alpha)\Gamma(\beta)}x^{\alpha-1}(1-x)^{\beta-1}$，$0<x<1$ $\mu=\frac{\alpha}{\alpha+\beta}$，$\sigma^2=\frac{\alpha\beta}{(\alpha+\beta+1)(\alpha+\beta)^2}$ $m(t)=1+\sum_{i=1}^{\infty}\left(\prod_{j=0}^{k-1}\frac{\alpha+j}{\alpha+\beta+j}\right)\frac{t^i}{i!},-\infty<t<\infty$
柯西分布	(1.9.2) $f(x)=\frac{1}{\pi}\frac{1}{x^2+1}$，$-\infty<x<\infty$ 均值不存在，方差也不存在 矩母函数不存在
卡方分布 $\chi^2(r)$ $r>0$	(3.3.7) $f(x)=\frac{1}{\Gamma(r/2)2^{r/2}}x^{(r/2)-1}e^{-x/2}$，$x>0$ $\mu=r$，$\sigma^2=2r$ $m(t)=(1-2t)^{-r/2}$，$t<\frac{1}{2}$ $\chi^2(r)\Leftrightarrow\Gamma(r/2,2)$ r 称为自由度
指数分布 $\lambda>0$	(3.3.6) $f(x)=\lambda e^{-\lambda x}$，$x>0$ $\mu=\frac{1}{\lambda}$，$\sigma^2=\frac{1}{\lambda^2}$ $m(t)=[1-(t/\lambda)]^{-1}$，$t<\lambda$ $Exponential1(\lambda)\Leftrightarrow\Gamma(1,1/\lambda)$

（续）

	常用连续分布表
F 分布 $F(r_1,r_2)$ $r_1>0$ $r_2>0>0$	(3.6.6) $f(x)=\frac{\Gamma[(r_1+r_2)/2](r_1/r_2)^{r_1/2}}{\Gamma(r_1/2)\Gamma(r_2/2)}\frac{(x)^{r_1/2-1}}{(1+r_1x/r_2)(r_1+r_2)/2}$，$x>0$ 如果 $r_2>2$，$\mu=\frac{r_2}{r_2-2}$；如果 $r>4$，$\sigma^2=2\left(\frac{r_2}{r_2-2}\right)^2\frac{r_1+r_2-2}{r_1(r_2-4)}$ 矩母函数不存在 r_1 称为分子自由度 r_2 称为分母自由度
伽马分布 $\Gamma(\alpha,\beta)$ $\alpha>0$ $\beta>0$	(3.3.2) $f(x)=\frac{1}{\Gamma(\alpha)\beta^\alpha}x^{\alpha-1}e^{-x/\beta}$，$x>0$ $\mu=\alpha\beta$，$\sigma^2=\alpha\beta^2$ $m(t)=(1-\beta t)^{-\alpha}$，$t<\frac{1}{\beta}$
拉普拉斯分布 $-\infty<\theta<\infty$	(2.2.4) $f(x)=\frac{1}{2}e^{-\lvert x-\theta\rvert}$，$-\infty<x<\infty$ $\mu=\theta$，$\sigma^2=2$ $m(t)=e^{t\theta}\frac{1}{1-t^2}$，$-1<t<1$
logstic 分布 $-\infty<\theta<\infty$	(6.1.8) $f(x)=\frac{\exp\{-(x-\theta)\}}{(1+\exp\{-(x-\theta)\})^2}$，$-\infty<x<\infty$ $\mu=\theta$，$\sigma^2=\frac{\pi^2}{3}$ $m(t)=e^{t\theta}\Gamma(1-t)\Gamma(1+t)$，$-1<t<1$
正态分布 $N(\mu,\sigma^2)$ $-\infty<\mu<\infty$ $\sigma>0$	(3.4.6) $f(x)=\frac{1}{\sqrt{2\pi}\sigma}\exp\left\{-\frac{1}{2}\left(\frac{x-\mu}{\sigma}\right)^2\right\}$，$-\infty<x<\infty$ $\mu=\mu$，$\sigma^2=\sigma^2$ $m(t)=\exp\{\mu t+(1/2)\sigma^2t^2\}$，$-\infty<t<\infty$
t，$t(r)$ $r>0$	(3.6.2) $f(x)=\frac{\Gamma[(r+1)/2]}{\sqrt{\pi r}\Gamma(r/2)}\frac{1}{(1+x^2/r)^{(r+1)/2}}$，$-\infty<x<\infty$ 如果 $r>1$，$\mu=0$.　如果 $r>2$，$\sigma^2=\frac{r}{r-2}$. 矩母函数不存在 参数 r 称为自由度
均匀分布 $-\infty<a<b<\infty$	(1.7.4) $f(x)=\frac{1}{b-a}$，$a<x<b$ $\mu=\frac{a+b}{2}$，$\sigma^2=\frac{(b-a)^2}{12}$ $m(t)=\frac{e^{bt}-e^{at}}{(b-a)t}$，$-\infty<t<\infty$

附录 D　分布表

在进入计算时代之前，某些重要分布的概率表是许多概率和统计学教科书的一部分. 现在，我们不再需要这些表格. 绝大多数统计计算软件包都提供了易于使用的能够计算这些概率和分位数的调用命令. 当然，正如本书中所讨论的，R 语言亦是如此. 而且，许多手动计算器也具有这样的功能.

此附录给出卡方分布的主要分位数、标准正态分布变量的累积分布函数、t 分布的主要分位数以及 F 分布的主要分位数的分布表。

表Ⅰ　卡方分布

卡方分布的主要分位数，也就是说，对于选定的自由度 r，x 值使得

$$P(X\leqslant x)=\int_0^x \frac{1}{\Gamma(r/2)2^{r/2}}w^{r/2-1}\mathrm{e}^{-w/2}\,\mathrm{d}w$$

r	$P(X\leqslant x)$							
	0.010	0.025	0.050	0.100	0.900	0.950	0.975	0.990
1	0.000	0.001	0.004	0.016	2.706	3.841	5.024	6.635
2	0.020	0.051	0.103	0.211	4.605	5.991	7.378	9.210
3	0.115	0.216	0.352	0.584	6.251	7.815	9.348	11.345
4	0.297	0.484	0.711	1.064	7.779	9.488	11.143	13.277
5	0.554	0.831	1.145	1.610	9.236	11.070	12.833	15.086
6	0.872	1.237	1.635	2.204	10.645	12.592	14.449	16.812
7	1.239	1.690	2.167	2.833	12.017	14.067	16.013	18.475
8	1.646	2.180	2.733	3.490	13.362	15.507	17.535	20.090
9	2.088	2.700	3.325	4.168	14.684	16.919	19.023	21.666
10	2.558	3.247	3.940	4.865	15.987	18.307	20.483	23.209
11	3.053	3.816	4.575	5.578	17.275	19.675	21.920	24.725
12	3.571	4.404	5.226	6.304	18.549	21.026	23.337	26.217
13	4.107	5.009	5.892	7.042	19.812	22.362	24.736	27.688
14	4.660	5.629	6.571	7.790	21.064	23.685	26.119	29.141
15	5.229	6.262	7.261	8.547	22.307	24.996	27.488	30.578
16	5.812	6.908	7.962	9.312	23.542	26.296	28.845	32.000
17	6.408	7.564	8.672	10.085	24.769	27.587	30.191	33.409
18	7.015	8.231	9.390	10.865	25.989	28.869	31.526	34.805
19	7.633	8.907	10.117	11.651	27.204	30.144	32.852	36.191
20	8.260	9.591	10.851	12.443	28.412	31.410	34.170	37.566
21	8.897	10.283	11.591	13.240	29.615	32.671	35.479	38.932

（续）

r	$P(X\leqslant x)$							
	0.010	0.025	0.050	0.100	0.900	0.950	0.975	0.990
22	9.542	10.982	12.338	14.041	30.813	33.924	36.781	40.289
23	10.196	11.689	13.091	14.848	32.007	35.172	38.076	41.638
24	10.856	12.401	13.848	15.659	33.196	36.415	39.364	42.980
25	11.524	13.120	14.611	16.473	34.382	37.652	40.646	44.314
26	12.198	13.844	15.379	17.292	35.563	38.885	41.923	45.642
27	12.879	14.573	16.151	18.114	36.741	40.113	43.195	46.963
28	13.565	15.308	16.928	18.939	37.916	41.337	44.461	48.278
29	14.256	16.047	17.708	19.768	39.087	42.557	45.722	49.588
30	14.953	16.791	18.493	20.599	40.256	43.773	46.979	50.892

表Ⅱ 正态分布

利用 R 函数 normaltable.s 生成标准正态分布. 表中的概率是

$$P(Z\leqslant z)=\Phi(z)=\int_{-\infty}^{z}\frac{1}{\sqrt{2\pi}}\mathrm{e}^{-w^2/2}\,\mathrm{d}w$$

注意，这里只对 $z\geqslant 0$ 的概率列出概率表. 为了计算 $z<0$ 的概率，使用恒等式 $\Phi(-z)=1-\Phi(z)$

z	0.00	0.01	0.02	0.03	0.04	0.05	0.06	0.07	0.08	0.09
0.0	0.5000	0.5040	0.5080	0.5120	0.5160	0.5199	0.5239	0.5279	0.5319	0.5359
0.1	0.5398	0.5438	0.5478	0.5517	0.5557	0.5596	0.5636	0.5675	0.5714	0.5753
0.2	0.5793	0.5832	0.5871	0.5910	0.5948	0.5987	0.6026	0.6064	0.6103	0.6141
0.3	0.6179	0.6217	0.6255	0.6293	0.6331	0.6368	0.6406	0.6443	0.6480	0.6517
0.4	0.6554	0.6591	0.6628	0.6664	0.6700	0.6736	0.6772	0.6808	0.6844	0.6879
0.5	0.6915	0.6950	0.6985	0.7019	0.7054	0.7088	0.7123	0.7157	0.7190	0.7224
0.6	0.7257	0.7291	0.7324	0.7357	0.7389	0.7422	0.7454	0.7486	0.7517	0.7549
0.7	0.7580	0.7611	0.7642	0.7673	0.7704	0.7734	0.7764	0.7794	0.7823	0.7852
0.8	0.7881	0.7910	0.7939	0.7967	0.7995	0.8023	0.8051	0.8078	0.8106	0.8133
0.9	0.8159	0.8186	0.8212	0.8238	0.8264	0.8289	0.8315	0.8340	0.8365	0.8389
1.0	0.8413	0.8438	0.8461	0.8485	0.8508	0.8531	0.8554	0.8577	0.8599	0.8621
1.1	0.8643	0.8665	0.8686	0.8708	0.8729	0.8749	0.8770	0.8790	0.8810	0.8830
1.2	0.8849	0.8869	0.8888	0.8907	0.8925	0.8944	0.8962	0.8980	0.8997	0.9015
1.3	0.9032	0.9049	0.9066	0.9082	0.9099	0.9115	0.9131	0.9147	0.9162	0.9177
1.4	0.9192	0.9207	0.9222	0.9236	0.9251	0.9265	0.9279	0.9292	0.9306	0.9319
1.5	0.9332	0.9345	0.9357	0.9370	0.9382	0.9394	0.9406	0.9418	0.9429	0.9441

（续）

z	0.00	0.01	0.02	0.03	0.04	0.05	0.06	0.07	0.08	0.09
1.6	0.9452	0.9463	0.9474	0.9484	0.9495	0.9505	0.9515	0.9525	0.9535	0.9545
1.7	0.9554	0.9564	0.9573	0.9582	0.9591	0.9599	0.9608	0.9616	0.9625	0.9633
1.8	0.9641	0.9649	0.9656	0.9664	0.9671	0.9678	0.9686	0.9693	0.9699	0.9706
1.9	0.9713	0.9719	0.9726	0.9732	0.9738	0.9744	0.9750	0.9756	0.9761	0.9767
2.0	0.9772	0.9778	0.9783	0.9788	0.9793	0.9798	0.9803	0.9808	0.9812	0.9817
2.1	0.9821	0.9826	0.9830	0.9834	0.9838	0.9842	0.9846	0.9850	0.9854	0.9857
2.2	0.9861	0.9864	0.9868	0.9871	0.9875	0.9878	0.9881	0.9884	0.9887	0.9890
2.3	0.9893	0.9896	0.9898	0.9901	0.9904	0.9906	0.9909	0.9911	0.9913	0.9916
2.4	0.9918	0.9920	0.9922	0.9925	0.9927	0.9929	0.9931	0.9932	0.9934	0.9936
2.5	0.9938	0.9940	0.9941	0.9943	0.9945	0.9946	0.9948	0.9949	0.9951	0.9952
2.6	0.9953	0.9955	0.9956	0.9957	0.9959	0.9960	0.9961	0.9962	0.9963	0.9964
2.7	0.9965	0.9966	0.9967	0.9968	0.9969	0.9970	0.9971	0.9972	0.9973	0.9974
2.8	0.9974	0.9975	0.9976	0.9977	0.9977	0.9978	0.9979	0.9979	0.9980	0.9981
2.9	0.9981	0.9982	0.9982	0.9983	0.9984	0.9984	0.9985	0.9985	0.9986	0.9986
3.0	0.9987	0.9987	0.9987	0.9988	0.9988	0.9989	0.9989	0.9989	0.9990	0.9990
3.1	0.9990	0.9991	0.9991	0.9991	0.9992	0.9992	0.9992	0.9992	0.9993	0.9993
3.2	0.9993	0.9993	0.9994	0.9994	0.9994	0.9994	0.9994	0.9995	0.9995	0.9995
3.3	0.9995	0.9995	0.9995	0.9996	0.9996	0.9996	0.9996	0.9996	0.9996	0.9997
3.4	0.9997	0.9997	0.9997	0.9997	0.9997	0.9997	0.9997	0.9997	0.9997	0.9998
3.5	0.9998	0.9998	0.9998	0.9998	0.9998	0.9998	0.9998	0.9998	0.9998	0.9998

注：下表列出了标准正态分布的一些有用的分位数.

α	0.400	0.300	0.200	0.100	0.050	0.025	0.020	0.010	0.005	0.001
z_α	0.253	0.524	0.842	1.282	1.645	1.960	2.054	2.326	2.576	3.090
$z_{\alpha/2}$	0.842	1.036	1.282	1.645	1.960	2.241	2.326	2.576	2.807	3.291

表Ⅲ　t 分布

t 分布的主要分位数，也就是说，对于选定的自由度 r，t 值使得

$$P(T \leqslant t) = \int_{-\infty}^{x} \frac{\Gamma[(r+1)/2]}{\sqrt{\pi r}\Gamma(r/2)(1+w^2/r)^{(r+1)/2}} \mathrm{d}w$$

最后一行给出标准正态分布的分位数

r	$P(T\leqslant t)$					
	0.900	0.950	0.975	0.990	0.995	0.999
1	3.078	6.314	12.706	31.821	63.657	318.309
2	1.886	2.920	4.303	6.965	9.925	22.327

（续）

r	$P(T\leqslant t)$					
	0.900	0.950	0.975	0.990	0.995	0.999
3	1.638	2.353	3.182	4.541	5.841	10.215
4	1.533	2.132	2.776	3.747	4.604	7.173
5	1.476	2.015	2.571	3.365	4.032	5.893
6	1.440	1.943	2.447	3.143	3.707	5.208
7	1.415	1.895	2.365	2.998	3.499	4.785
8	1.397	1.860	2.306	2.896	3.355	4.501
9	1.383	1.833	2.262	2.821	3.250	4.297
10	1.372	1.812	2.228	2.764	3.169	4.144
11	1.363	1.796	2.201	2.718	3.106	4.025
12	1.356	1.782	2.179	2.681	3.055	3.930
13	1.350	1.771	2.160	2.650	3.012	3.852
14	1.345	1.761	2.145	2.624	2.977	3.787
15	1.341	1.753	2.131	2.602	2.947	3.733
16	1.337	1.746	2.120	2.583	2.921	3.686
17	1.333	1.740	2.110	2.567	2.898	3.646
18	1.330	1.734	2.101	2.552	2.878	3.610
19	1.328	1.729	2.093	2.539	2.861	3.579
20	1.325	1.725	2.086	2.528	2.845	3.552
21	1.323	1.721	2.080	2.518	2.831	3.527
22	1.321	1.717	2.074	2.508	2.819	3.505
23	1.319	1.714	2.069	2.500	2.807	3.485
24	1.318	1.711	2.064	2.492	2.797	3.467
25	1.316	1.708	2.060	2.485	2.787	3.450
26	1.315	1.706	2.056	2.479	2.779	3.435
27	1.314	1.703	2.052	2.473	2.771	3.421
28	1.313	1.701	2.048	2.467	2.763	3.408
29	1.311	1.699	2.045	2.462	2.756	3.396
30	1.310	1.697	2.042	2.457	2.750	3.385
∞	1.282	1.645	1.960	2.326	2.576	3.090

表Ⅳ　F 分布

F 分布的 0.95 与 0.99 分位数，也就是说，当 $\alpha=0.05$，0.01 时的 $F_\alpha(r_1,r_2)$，使得

$$\alpha = P(X \geqslant F_\alpha(r_1,r_2)) = \int_{F_\alpha(r_1,r_2)}^{\infty} \frac{\Gamma[(r_1+r_2)/2](r_1/r_2)^{r_1/2} w^{r_1/2-1}}{\Gamma(r_1/2)\Gamma(r_2/2)(1+r_1 w/r_2)^{(r_1+r_2)/2}} \mathrm{d}w$$

其中 r_1 与 r_2 分别表示分子与分母的自由度

F 分布(上 0.05 临界值). 这个表是利用 R 函数 fp1.Y 生成的.

$F_{0.05}(r_1,r_2)$

r_2	r_1								
	1	2	3	4	5	6	7	8	9
1	161.45	199.50	215.71	224.58	230.16	233.99	236.77	238.88	240.54
2	18.51	19.00	19.16	19.25	19.30	19.33	19.35	19.37	19.38
3	10.13	9.55	9.28	9.12	9.01	8.94	8.89	8.85	8.81
4	7.71	6.94	6.59	6.39	6.26	6.16	6.09	6.04	6.00
5	6.61	5.79	5.41	5.19	5.05	4.95	4.88	4.82	4.77
6	5.99	5.14	4.76	4.53	4.39	4.28	4.21	4.15	4.10
7	5.59	4.74	4.35	4.12	3.97	3.87	3.79	3.73	3.68
8	5.32	4.46	4.07	3.84	3.69	3.58	3.50	3.44	3.39
9	5.12	4.26	3.86	3.63	3.48	3.37	3.29	3.23	3.18
10	4.96	4.10	3.71	3.48	3.33	3.22	3.14	3.07	3.02
11	4.84	3.98	3.59	3.36	3.20	3.09	3.01	2.95	2.90
12	4.75	3.89	3.49	3.26	3.11	3.00	2.91	2.85	2.80
13	4.67	3.81	3.41	3.18	3.03	2.92	2.83	2.77	2.71
14	4.60	3.74	3.34	3.11	2.96	2.85	2.76	2.70	2.65
15	4.54	3.68	3.29	3.06	2.90	2.79	2.71	2.64	2.59
16	4.49	3.63	3.24	3.01	2.85	2.74	2.66	2.59	2.54
17	4.45	3.59	3.20	2.96	2.81	2.70	2.61	2.55	2.49
18	4.41	3.55	3.16	2.93	2.77	2.66	2.58	2.51	2.46
19	4.38	3.52	3.13	2.90	2.74	2.63	2.54	2.48	2.42
20	4.35	3.49	3.10	2.87	2.71	2.60	2.51	2.45	2.39
21	4.32	3.47	3.07	2.84	2.68	2.57	2.49	2.42	2.37
22	4.30	3.44	3.05	2.82	2.66	2.55	2.46	2.40	2.34
23	4.28	3.42	3.03	2.80	2.64	2.53	2.44	2.37	2.32
24	4.26	3.40	3.01	2.78	2.62	2.51	2.42	2.36	2.30
25	4.24	3.39	2.99	2.76	2.60	2.49	2.40	2.34	2.28
26	4.23	3.37	2.98	2.74	2.59	2.47	2.39	2.32	2.27
27	4.21	3.35	2.96	2.73	2.57	2.46	2.37	2.31	2.25
28	4.20	3.34	2.95	2.71	2.56	2.45	2.36	2.29	2.24
29	4.18	3.33	2.93	2.70	2.55	2.43	2.35	2.28	2.22
30	4.17	3.32	2.92	2.69	2.53	2.42	2.33	2.27	2.21
40	4.08	3.23	2.84	2.61	2.45	2.34	2.25	2.18	2.12
60	4.00	3.15	2.76	2.53	2.37	2.25	2.17	2.10	2.04
120	3.92	3.07	2.68	2.45	2.29	2.18	2.09	2.02	1.96
∞	3.84	3.00	2.60	2.37	2.21	2.10	2.01	1.94	1.88

（续）

F 分布(上 0.05 临界值)．这个表是利用 R 函数 fp2.r 生成的．

$F_{0.05}(r_1, r_2)$

r_2	r_1								
	10	15	20	25	30	40	60	120	∞
1	241.88	245.95	248.01	249.26	250.10	251.14	252.20	253.25	254.31
2	19.40	19.43	19.45	19.46	19.46	19.47	19.48	19.49	19.50
3	8.79	8.70	8.66	8.63	8.62	8.59	8.57	8.55	8.53
4	5.96	5.86	5.80	5.77	5.75	5.72	5.69	5.66	5.63
5	4.74	4.62	4.56	4.52	4.50	4.46	4.43	4.40	4.36
6	4.06	3.94	3.87	3.83	3.81	3.77	3.74	3.70	3.67
7	3.64	3.51	3.44	3.40	3.38	3.34	3.30	3.27	3.23
8	3.35	3.22	3.15	3.11	3.08	3.04	3.01	2.97	2.93
9	3.14	3.01	2.94	2.89	2.86	2.83	2.79	2.75	2.71
10	2.98	2.85	2.77	2.73	2.70	2.66	2.62	2.58	2.54
11	2.85	2.72	2.65	2.60	2.57	2.53	2.49	2.45	2.40
12	2.75	2.62	2.54	2.50	2.47	2.43	2.38	2.34	2.30
13	2.67	2.53	2.46	2.41	2.38	2.34	2.30	2.25	2.21
14	2.60	2.46	2.39	2.34	2.31	2.27	2.22	2.18	2.13
15	2.54	2.40	2.33	2.28	2.25	2.20	2.16	2.11	2.07
16	2.49	2.35	2.28	2.23	2.19	2.15	2.11	2.06	2.01
17	2.45	2.31	2.23	2.18	2.15	2.10	2.06	2.01	1.96
18	2.41	2.27	2.19	2.14	2.11	2.06	2.02	1.97	1.92
19	2.38	2.23	2.16	2.11	2.07	2.03	1.98	1.93	1.88
20	2.35	2.20	2.12	2.07	2.04	1.99	1.95	1.90	1.84
21	2.32	2.18	2.10	2.05	2.01	1.96	1.92	1.87	1.81
22	2.30	2.15	2.07	2.02	1.98	1.94	1.89	1.84	1.78
23	2.27	2.13	2.05	2.00	1.96	1.91	1.86	1.81	1.76
24	2.25	2.11	2.03	1.97	1.94	1.89	1.84	1.79	1.73
25	2.24	2.09	2.01	1.96	1.92	1.87	1.82	1.77	1.71
26	2.22	2.07	1.99	1.94	1.90	1.85	1.80	1.75	1.69
27	2.20	2.06	1.97	1.92	1.88	1.84	1.79	1.73	1.67
28	2.19	2.04	1.96	1.91	1.87	1.82	1.77	1.71	1.65
29	2.18	2.03	1.94	1.89	1.85	1.81	1.75	1.70	1.64
30	2.16	2.01	1.93	1.88	1.84	1.79	1.74	1.68	1.62
40	2.08	1.92	1.84	1.78	1.74	1.69	1.64	1.58	1.51
60	1.99	1.84	1.75	1.69	1.65	1.59	1.53	1.47	1.39
120	1.91	1.75	1.66	1.60	1.55	1.50	1.43	1.35	1.25
∞	1.83	1.67	1.57	1.51	1.46	1.39	1.32	1.22	1.00

（续）

F 分布(上 0.01 临界值). 这个表是利用 R 函数 fp3.r 生成的.

$F_{0.01}(r_1,r_2)$

r_2	r_1								
	1	2	3	4	5	6	7	8	9
1	4052.2	4999.5	5403.4	5624.6	5763.7	5859.0	5928.4	5981.1	6022.5
2	98.50	99.00	99.17	99.25	99.30	99.33	99.36	99.37	99.39
3	34.12	30.82	29.46	28.71	28.24	27.91	27.67	27.49	27.35
4	21.20	18.00	16.69	15.98	15.52	15.21	14.98	14.80	14.66
5	16.26	13.27	12.06	11.39	10.97	10.67	10.46	10.29	10.16
6	13.75	10.92	9.78	9.15	8.75	8.47	8.26	8.10	7.98
7	12.25	9.55	8.45	7.85	7.46	7.19	6.99	6.84	6.72
8	11.26	8.65	7.59	7.01	6.63	6.37	6.18	6.03	5.91
9	10.56	8.02	6.99	6.42	6.06	5.80	5.61	5.47	5.35
10	10.04	7.56	6.55	5.99	5.64	5.39	5.20	5.06	4.94
11	9.65	7.21	6.22	5.67	5.32	5.07	4.89	4.74	4.63
12	9.33	6.93	5.95	5.41	5.06	4.82	4.64	4.50	4.39
13	9.07	6.70	5.74	5.21	4.86	4.62	4.44	4.30	4.19
14	8.86	6.51	5.56	5.04	4.69	4.46	4.28	4.14	4.03
15	8.68	6.36	5.42	4.89	4.56	4.32	4.14	4.00	3.89
16	8.53	6.23	5.29	4.77	4.44	4.20	4.03	3.89	3.78
17	8.40	6.11	5.18	4.67	4.34	4.10	3.93	3.79	3.68
18	8.29	6.01	5.09	4.58	4.25	4.01	3.84	3.71	3.60
19	8.18	5.93	5.01	4.50	4.17	3.94	3.77	3.63	3.52
20	8.10	5.85	4.94	4.43	4.10	3.87	3.70	3.56	3.46
21	8.02	5.78	4.87	4.37	4.04	3.81	3.64	3.51	3.40
22	7.95	5.72	4.82	4.31	3.99	3.76	3.59	3.45	3.35
23	7.88	5.66	4.76	4.26	3.94	3.71	3.54	3.41	3.30
24	7.82	5.61	4.72	4.22	3.90	3.67	3.50	3.36	3.26
25	7.77	5.57	4.68	4.18	3.85	3.63	3.46	3.32	3.22
26	7.72	5.53	4.64	4.14	3.82	3.59	3.42	3.29	3.18
27	7.68	5.49	4.60	4.11	3.78	3.56	3.39	3.26	3.15
28	7.64	5.45	4.57	4.07	3.75	3.53	3.36	3.23	3.12
29	7.60	5.42	4.54	4.04	3.73	3.50	3.33	3.20	3.09
30	7.56	5.39	4.51	4.02	3.70	3.47	3.30	3.17	3.07
40	7.31	5.18	4.31	3.83	3.51	3.29	3.12	2.99	2.89
60	7.08	4.98	4.13	3.65	3.34	3.12	2.95	2.82	2.72
120	6.85	4.79	3.95	3.48	3.17	2.96	2.79	2.66	2.56
∞	6.63	4.61	3.78	3.32	3.02	2.80	2.64	2.51	2.41

（续）

F 分布(上 0.01 临界值). 这个表是利用 R 函数 fp4.r 生成的.

$F_{0.01}(r_1, r_2)$

r_2	r_1 = 10	15	20	25	30	40	60	120	∞
1	6055.9	6157.3	6208.7	6239.8	6260.7	6286.8	6313.0	6339.4	6365.9
2	99.40	99.43	99.45	99.46	99.47	99.47	99.48	99.49	99.50
3	27.23	26.87	26.69	26.58	26.50	26.41	26.32	26.22	26.13
4	14.55	14.20	14.02	13.91	13.84	13.75	13.65	13.56	13.46
5	10.05	9.72	9.55	9.45	9.38	9.29	9.20	9.11	9.02
6	7.87	7.56	7.40	7.30	7.23	7.14	7.06	6.97	6.88
7	6.62	6.31	6.16	6.06	5.99	5.91	5.82	5.74	5.65
8	5.81	5.52	5.36	5.26	5.20	5.12	5.03	4.95	4.86
9	5.26	4.96	4.81	4.71	4.65	4.57	4.48	4.40	4.31
10	4.85	4.56	4.41	4.31	4.25	4.17	4.08	4.00	3.91
11	4.54	4.25	4.10	4.01	3.94	3.86	3.78	3.69	3.60
12	4.30	4.01	3.86	3.76	3.70	3.62	3.54	3.45	3.36
13	4.10	3.82	3.66	3.57	3.51	3.43	3.34	3.25	3.17
14	3.94	3.66	3.51	3.41	3.35	3.27	3.18	3.09	3.00
15	3.80	3.52	3.37	3.28	3.21	3.13	3.05	2.96	2.87
16	3.69	3.41	3.26	3.16	3.10	3.02	2.93	2.84	2.75
17	3.59	3.31	3.16	3.07	3.00	2.92	2.83	2.75	2.65
18	3.51	3.23	3.08	2.98	2.92	2.84	2.75	2.66	2.57
19	3.43	3.15	3.00	2.91	2.84	2.76	2.67	2.58	2.49
20	3.37	3.09	2.94	2.84	2.78	2.69	2.61	2.52	2.42
21	3.31	3.03	2.88	2.79	2.72	2.64	2.55	2.46	2.36
22	3.26	2.98	2.83	2.73	2.67	2.58	2.50	2.40	2.31
23	3.21	2.93	2.78	2.69	2.62	2.54	2.45	2.35	2.26
24	3.17	2.89	2.74	2.64	2.58	2.49	2.40	2.31	2.21
25	3.13	2.85	2.70	2.60	2.54	2.45	2.36	2.27	2.17
26	3.09	2.81	2.66	2.57	2.50	2.42	2.33	2.23	2.13
27	3.06	2.78	2.63	2.54	2.47	2.38	2.29	2.20	2.10
28	3.03	2.75	2.60	2.51	2.44	2.35	2.26	2.17	2.06
29	3.00	2.73	2.57	2.48	2.41	2.33	2.23	2.14	2.03
30	2.98	2.70	2.55	2.45	2.39	2.30	2.21	2.11	2.01
40	2.80	2.52	2.37	2.27	2.20	2.11	2.02	1.92	1.80
60	2.63	2.35	2.20	2.10	2.03	1.94	1.84	1.73	1.60
120	2.47	2.19	2.03	1.93	1.86	1.76	1.66	1.53	1.38
∞	2.32	2.04	1.88	1.77	1.70	1.59	1.47	1.32	1.00

附录 E　参考文献

Abebe, A., Crimin, K., McKean, J. W., Haas, J. V., and Vidmar, T. J. (2001), Rank-based procedures for linear models: applications to pharmaceutical science data, *Drug Information Journal*, **35**, 947–971.

Afifi, A. A. and Azen, S. P. (1972), *Statistical Analysis: A Computer Oriented Approach*, New York: Academic Press.

Arnold, S. F. (1981), *The Theory of Linear Models and Multivariate Analysis*, New York: John Wiley and Sons.

Azzalini, A. A. (1985), A class of distributions which includes the normal ones, *Scandinavian Journal of Statistics*, **12**, 171–178.

Box, G. E. P. and Muller, M. (1958), A note on the generation of random normal variates, *Annals of Mathematical Statistics*, **29**, 610–611.

Breiman, L. (1968), *Probability*, Reading, MA: Addison-Wesley.

Buck, R. C. (1965), *Advanced Calculus*, New York: McGraw-Hill.

Canty, A. and Ripley, B. (2017), boot: Bootstrap R (S-Plus) Functions. R package version 1.3-19.

Carmer, S. G. and Swanson, M. R. (1973), An evaluation of ten multiple comparison procedures by Monte Carlo methods,o *Journal of the American Statistical Association* 68, 66–74.

Casella, G. and George, E. I. (1992), Explaining the Gibbs sampler, *American Statistician*, **46**, 167–174.

Chang, W. H., McKean, J. W., Naranjo, J. D., and Sheather, S. J. (1999), High breakdown rank-based regression, *Journal of the American Statistical Association*, **94**, 205–219.

Chung, K. L. (1974), *A Course in Probability Theory*, New York: Academic Press.

Conover, W. J. and Iman, R. L. (1981), Rank transform as a bridge between parametric and nonparametric statistics, *American Statistician*, **35**, 124–133.

Cramér, H. (1946), *Mathematical Methods of Statistics*, Princeton: Princeton Univerity Press.

Crawley, M. J. (2007), *The R Book*, Chichester, West Sussex, John Wiley & Sons, Ltd.

Curtiss, J. H. (1942), A note on the theory of moment generating functions, *Annals of Mathematical Statistics*, **13**, 430.

D'Agostino, R. B. and Stephens, M. A. (1986), *Goodness-of-Fit Techniques*, New York: Marcel Dekker.

Davison, A. C. and Hinkley, D. V. (1997), *Bootstrap Methods and Their Applications*, Cambridge, UK: Cambridge University Press.

Devore, J. L. (2012), *Probability & Statistics*, 8*th* Ed., Boston: Brooks/Cole.

Draper, N. R. and Smith, H. (1966), *Applied Regression Analysis*, New York: John Wiley & Sons.

DuBois, C., Ed. (1960), *Lowie's Selected Papers in Anthropology*, Berkeley: University of California Press.

Dunnett, C. W. (1980), *Journal of the American Statistical Association*, 50, 1096–1121.

Efron, B. (1979), Bootstrap methods: Another look at the jackknife, *Annals of Statistics*, **7**, 1–26.

Efron B. and Tibshirani, R. J. (1993), *An Introduction to the Bootstrap*, New York: Chapman and Hall.

Graybill, F. A. (1969), *Introduction to Matrices with Applications in Statistics*, Belmont, CA: Wadsworth.

Graybill, F. A. (1976), *Theory and Application of the Linear Model*, North Scituate, MA: Duxbury.

Hald, A. (1952), *Statistical Theory with Engineering Applications*, New York: John Wiley & Sons.

Haldane, J. B. S. (1948), The precision of observed values of small frequencies, *Biometrika*, **35**, 297–303.

Hampel, F. R. (1974), The influence curve and its role in robust estimation, *Journal of the American Statistical Association*, **69**, 383–393.

Hardy, G. H. (1992), *A Course in Pure Mathematics*, Cambridge, UK: Cambridge University Press.

Hettmansperger, T. P. (1984), *Statistical Inference Based on Ranks*, New York: John Wiley & Sons.

Hettmansperger, T. P. and McKean, J. W. (2011), *Robust Nonparametric Statistical Methods*, 2nd Ed., Boca Raton, FL: CRC Press.

Hewitt, E. and Stromberg, K. (1965), *Real and Abstract Analysis*, New York: Springer-Verlag.

Hodges, J. L., Jr., and Lehmann, E. L. (1961), Comparison of the normal scores and Wilcoxon tests, In: *Proceedings of the Fourth Berkeley Symposium on Mathematical Statistics and Probability*, **1**, 307–317, Berkeley: University of California Press.

Hodges, J. L., Jr., and Lehmann, E. L. (1963), Estimates of location based on rank tests, *Annals of Mathematical Statistics*, **34**, 598–611.

Hogg, R. V. and Craig, A. T. (1958), On the decomposition of certain chi-square variables, *Annals of Mathematical Statistics*, **29**, 608.

Hogg, R. V., Fisher, D. M., and Randles, R. H. (1975), A two-sample adaptive distribution-free test, *Journal of the American Statistical Association*, **70**, 656–661.

Hollander, M. and Wolfe, D. A. (1999), *Nonparametric Statistical Methods*, 2nd Ed., New York: John Wiley & Sons.

Hsu, J. C. (1996), *Multiple Comparisons*, London: Chapman Hall.

Huber, P. J. (1981), *Robust Statistics*, New York: John Wiley & Sons.

Ihaka, R. and Gentleman, R. (1996), R: A language for data analysis and graphics, *Journal of Computational and Graphical Statistics*, **5**, 229–314.

Jeffreys, H. (1961), *The Theory of Probability*, Oxford: Oxford University Press.

Johnson, R. A. and Wichern, D. W. (2008), *Applied Multivariate Statistical Analysis*, 6th Ed., Boston: Pearson.

Kendall, M. and Stuart, A. (1979), *The Advanced Theory of Statistics*, Vol. 2, New York: Macmillan.

Kendall, M. G. (1962), *Rank Correlation Methods*, 3rd Ed., London: Griffin.

Kennedy, W. J. and Gentle, J. E. (1980), *Statistical Computing*, New York: Marcel Dekker.

Kitchens, L. J. (1997), *Exploring Statistics: A Modern Introduction to Data Analysis and Inference*, *2nd*Ed., Wadsworth.

Kloke, J. D. and McKean, J. W. (2011), Rfit: R algorithms for rank-based fitting, Submitted.

Lehmann, E. L. (1983), *Theory of Point Estimation*, New York: John Wiley & Sons.

Lehmann, E. L. (1986), *Testing Statistical Hypotheses*, 2nd Ed., London: Chapman & Hall.

Lehmann, E. L. (1999), *Elements of Large Sample Theory*, New York: Springer-Verlag.

Lehmann, E. L. and Casella, G. (1998), *Theory of Point Estimation*, 2nd Ed., New York: Springer-Verlag.

Lehmann, E. L. and Scheffé, H. (1950), Completeness, similar regions, and unbiased estimation, *Sankhya*, **10**, 305–340.

Marsaglia, G. and Bray, T. A. (1964), A convenient method for generating normal variables, *SIAM Review*, **6**, 260–264.

McKean, J. W. (2004), Robust analyses of linear models, *Statistical Science*, **19**, 562–570.

McKean, J. W. and Vidmar, T. J. (1994), A comparison of two rank-based methods for the analysis of linear models, *American Statistician*, **48**, 220–229.

McKean, J. W., Vidmar, T. J. and Sievers, G. (1989), A Robust Two-Stage Multiple Comparison Procedure with Application to a Random Drug Screen, *Biometrics 45*, 1281-1297.

McLachlan, G. J. and Krishnan, T. (1997), *The EM Algorithm and Extensions*, New York: John Wiley & Sons.

Minitab (1991), MINITAB Reference Manual, Valley Forge, PA: Minitab, Inc.

Mosteller, F. and Tukey, J. W. (1977), *Data Reduction and Regression*, Reading, MA: Addison-Wesley.

Naranjo, J. D. and McKean, J. W. (1997), Rank regression with estimated scores, *Statistics and Probability Letters*, **33**, 209–216.

Nelson, W. (1982), *Applied Lifetime Data Analysis*, New York: John Wiley & Sons.

Neter, J., Kutner, M. H., Nachtsheim, C. J., and Wasserman, W. (1996), *Applied Linear Statistical Models*, 4th Ed., Chicago: Irwin.

Parzen, E. (1962), *Stochastic Processes*, San Francisco: Holden-Day.

Randles, R. H. and Wolfe, D. A. (1979), *Introduction to the Theory of Nonparametric Statistics*, New York: John Wiley and Sons.

Rao, C. R. (1973), *Linear Statistical Inference and Its Applications*, 2nd Ed., New York: John Wiley & Sons.

Rasmussen, S. (1992), *An Introduction to Statistics with Data Analysis*, Belmont, CA: Brroks/Cole.

Robert, C. P. and Casella, G. (1999), *Monte Carlo Statistical Methods*, New York: Springer-Verlag.

Rousseeuw, P. J. and Leroy, A. M. (1987), *Robust Regression and Outlier Detection*, New York: John Wiley & Sons.

Scheffé, H. (1959), *The Analysis of Variance*, New York: John Wiley & Sons.

Seber, G. A. F. (1984), *Multivariate Observations*, New York: John Wiley & Sons.

Serfling, R. J. (1980), *Approximation Theorems of Mathematical Statistics*, New York: John Wiley & Sons.

Sheather, S. J. and Jones M. C. (1991), A reliable data-based bandwidth selection method for kernel density estimation, *Journal of the Royal Statistical Society-Series B*, **53**, 683–690.

Silverman, B. W. (1986), *Density Estimation*, London: Chapman and Hall.

Shirley, E. A. C. (1981), A distribution-free method for analysis of covariance based on rank data, *Applied Statistics*, **30**, 158–162.

S-PLUS (2000), *S-PLUS 6.0 Guide to Statistics*, Vol. 2, Seattle: Data Analysis Division, MathSoft.

Stapleton, J. H. (2009), *Linear Statistical Models, 2nd ed.*, New York: John Wiley & Sons.

Stigler, S.M. (1977), Do robust estimators work with real data? *Annals of Statistics*, **5**, 1055–1078.

Terpstra, J. T. and McKean, J. W. (2005), Rank-based analyses of linear models using R, *Journal of Statistical Software*, **14**, http://www.jstatsoft.org/.

Tucker, H. G. (1967), *A Graduate Course in Probability*, New York: Academic Press.

Tukey, J. W. (1977), *Exploratory Data Analysis*, Reading, MA: Addison-Wesley.

Venables, W. N. and Ripley, B. D. (2002), *Modern Applied Statistics with S*, 4th Ed., New York: Springer-Verlag.

Verzani, J. (2014), *Usng R for Introductory Statistics, 2nd Ed.*, Bocs Raton, FL: Chapman-Hall.

Willerman, L., Schultz, R., Rutledge, J. N., and Bigler, E. (1991), In vivo brain size and intelligence, *Intelligence*, **15**, 223–228.

附录F　部分习题答案

第1章

1.2.1　(a) $\{0,1,2,3,4\}, \{2\}$；
(b) $(0,3)$，$\{x: 1 \leqslant x < 2\}$；
(c) $\{(x,y): 1 < x < 2, 1 < y < 2\}$.

1.2.2　(a) $\{x: 0 < x \leqslant 5/8\}$.

1.2.3　$C_1 \cap C_2 = (mary, mray)$.

1.2.4　(c) $(\bigcup A_n)^c = \bigcap A_n^c$；$(\bigcap A_n)^c = \bigcup A_n^c$.

1.2.6　(a) $\{x: 0 < x < 3\}$；
(b) $\{(x,y): 0 < x^2 + y^2 < 4\}$.

1.2.7　(a) $\{x: x=2\}$；(b) $\varnothing$；
(c) $\{(x,y): x=0, y=0\}$.

1.2.8　$\frac{80}{81}$，1.

1.2.9　$\frac{11}{16}$，0，1.

1.2.10　$\frac{8}{3}$，0，$\frac{\pi}{2}$.

1.2.11　(a) $\frac{1}{2}$；(b) 0；(c) $\frac{2}{9}$.

1.2.12　(a) $\frac{1}{6}$；(b) 0.

1.2.14　10.

1.3.2　$\frac{1}{4}$，$\frac{1}{13}$，$\frac{1}{52}$，$\frac{4}{13}$.

1.3.3　$\frac{31}{32}$，$\frac{3}{64}$，$\frac{1}{32}$，$\frac{63}{64}$.

1.3.4　0.3.

1.3.5　e^{-4}，$1-e^{-4}$，1.

1.3.6　$\frac{1}{2}$.

1.3.10　(a) $\binom{6}{4}\Big/\binom{16}{4}$；(b) $\binom{10}{4}\Big/\binom{16}{4}$.

1.3.11　$1-\binom{990}{5}\Big/\binom{1000}{5}$.

1.3.13　(b) $1-\binom{10}{3}\Big/\binom{20}{3}$.

1.3.15　(a) $1-\binom{48}{5}\Big/\binom{50}{5}$.

1.3.16　$n=23$.

1.3.19　$13 \cdot 12\binom{4}{3}\binom{4}{2}\Big/\binom{52}{5}$.

1.3.22　(a) $0 \leqslant \sum_{i=1}^{3} p_i \leqslant 1$；(b) 不是.

1.4.3　$\frac{9}{47}$.

1.4.4　$2\,\frac{13}{52}\frac{12}{51}\frac{26}{50}\frac{25}{49}$.

1.4.6　$\frac{111}{143}$.

1.4.8　(a) 0.022，(b) $\frac{5}{11}$.

1.4.9　$\frac{5}{14}$.

1.4.10　$\frac{3}{7}$，$\frac{4}{7}$.

1.4.12　(c) 0.88.

1.4.14　(a) 0.1764.

1.4.15　$4(0.7)^3(0.3)$.

1.4.16　0.75.

1.4.18　(a) $\frac{6}{11}$.

1.4.20　$\frac{1}{7}$.

1.4.21　(a) $1-\left(\frac{5}{6}\right)^6$；(b) $1-e^{-1}$.

1.4.23　$\frac{3}{4}$.

1.4.25　$\frac{43}{64}$.

1.4.26　$\frac{3}{5}$.

1.4.27　(a) $\sum_{x=1}^{20} 4/[20(25-(x-1))]$；
(b) x=1:20; sum(4/((25-x+1)*20))；
(c) 下载 ex1427.R.

1.4.28　$\frac{5 \cdot 4 \cdot 5 \cdot 4 \cdot 3}{10 \cdot 9 \cdot 8 \cdot 7 \cdot 6}$.

1.4.29　$\frac{13}{4}$.

1.4.30　$\frac{2}{3}$.

1.4.31　0.518，0.491.

1.4.32　不能.

1.5.1　$\frac{9}{13}$，$\frac{1}{13}$，$\frac{1}{13}$，$\frac{1}{13}$，$\frac{1}{13}$.

1.5.2　(a) $\frac{1}{2}$；(b) $\frac{1}{21}$.

1.5.3　$\frac{1}{5}$，$\frac{1}{5}$，$\frac{1}{5}$.

1.5.5 (a) $\frac{\binom{13}{x}\binom{39}{5-x}}{\binom{52}{5}}$，$x=0,1,2,3,4,5$；

(b) $\left[\binom{39}{5}+\binom{13}{1}\binom{39}{4}\right]\Big/\binom{52}{5}$.

1.5.7 $\frac{3}{4}$.

1.5.8 为了绘制图形，下载 ex158.R.(a) $\frac{1}{4}$；

(b) 0；(c) $\frac{1}{4}$；(d) 0.

1.6.2 (a) $p_X(x)=\frac{1}{10}$，$x=1,2,\cdots,10$；

(b) $\frac{4}{10}$.

1.6.3 (a) $\left(\frac{5}{6}\right)^{x-1}\frac{1}{6}$，$x=1,2,3,\cdots$；(c) $\frac{6}{11}$.

1.6.4 $\frac{6}{36}$，$x=0$；$\frac{12-2x}{36}$，$x=1,2,3,4,5$.

1.6.5 (a)下载 dex165.R.

1.6.7 $\frac{1}{3}$，$y=3,5,7$.

1.6.8 $\left(\frac{1}{2}\right)^{\sqrt[3]{y}}$，$y=1,8,27,\cdots$.

1.7.1 $F(x)=\frac{\sqrt{x}}{10}$，$0\leqslant x<100$；

$f(x)=\frac{1}{20\sqrt{x}}$，$0<x<100$.

1.7.3 $\frac{5}{8}$；$\frac{7}{8}$；$\frac{3}{8}$.

1.7.5 $e^{-2}-e^{-3}$.

1.7.6 (a) $\frac{1}{27}$，1；(b) $\frac{2}{9}$，$\frac{25}{36}$.

1.7.8 (a) 1；(b) $\frac{2}{3}$；(c) 2.

1.7.9 (b) $\sqrt[3]{1/2}$；(c) 0.

1.7.10 $\sqrt[4]{0.2}$.

1.7.12 (a) $1-(1-x)^3$，$0\leqslant x<1$；

(b) $1-\frac{1}{x}$，$1\leqslant x<\infty$.

1.7.13 xe^{-x}，$0<x<\infty$；众数是 1.

1.7.14 $\frac{7}{12}$.

1.7.17 $\frac{1}{2}$.

1.7.19 $-\sqrt{2}$.

1.7.20 (b) $f_y(y)=1/(5+y)^{1.2}$；

(c) `dlife <-function(y){1/(5+ y)^(1.2)}`.

1.7.21 (a) $f(x)=(5/3)e^{-x}/[1+(2/3)e^{-x}]^{(7/2)}$；

(b) `f=function(x){(1+(2/3)exp(-x))^(-5/2)}`.

1.7.22 $\frac{1}{27}$，$0<y<27$.

1.7.24 $\frac{1}{\pi(1+y^2)}$，$-\infty<y<\infty$.

1.7.25 累积分布函数 $1-e^{-y}$，$0\leqslant y<\infty$.

1.7.26 概率密度函数 $\frac{1}{3\sqrt{y}}$，$0<y<1$，

$\frac{1}{6\sqrt{y}}$，$1<y<4$.

1.8.3 2，86.4，−160.8.

1.8.4 3，11，27.

1.8.5 $\frac{\log 100.5-\log 50.5}{50}$.

1.8.6 (a) $\frac{3}{4}$；(b) $\frac{1}{4}$，$\frac{1}{2}$.

1.8.7 $\frac{3}{20}$.

1.8.8 7.80 美元.

1.8.9 (a) 2；(b) 概率密度函数为 $\frac{2}{y^3}$，$1<y<\infty$；

(c) 2.

1.8.10 $\frac{7}{3}$.

1.8.12 (a) $\frac{1}{2}$；(c) $\frac{1}{2}$.

1.8.13 $P[G=-p_0]=\frac{1}{3}$，$P[G=1-p_0]=\frac{2}{3}\frac{1}{2},\cdots,P[G=50-p_0]=\frac{2}{3}\frac{1}{2}$ (0.0045).

1.8.14 G 的取值：$\{2-p_0,5-p_0,8-p_0\}$，

概率：$\frac{3}{10}$，$\frac{6}{10}$，$\frac{1}{10}$.

1.9.1 (a) 1.5，0.75；(b) 0.5，0.05；

(c) 2，不存在.

1.9.2 $\frac{e^t}{2-e^t}$，$t<\log 2$；2；2.

1.9.12 10；0；2；−30.

1.9.14 (a) $-\frac{2\sqrt{2}}{5}$；(b) 0；(c) $\frac{2\sqrt{2}}{5}$.

1.9.16 $\frac{1}{2p}$；$\frac{3}{2}$；$\frac{5}{2}$；5；50.

1.9.18 $\frac{31}{12}$；$\frac{167}{144}$.

1.9.19 $E(X^r)=\frac{(r+2)!}{2}$.

1.9.20 奇数矩是 0，$E(X^{2n})=(2n)!$.

1.9.24 $\frac{5}{8}$；$\frac{37}{192}$.

1.9.27 $(1-\beta t)^{-1}$，β，β^2.

1.10.3 0.84.

1.10.4 $P(|X|\geqslant 5)=0.0067$.

第 2 章

2.1.1 $\frac{15}{64}$；0；$\frac{1}{2}$；$\frac{1}{2}$.

2.1.2 $\frac{1}{4}$.

2.1.7 ze^{-z}，$0<z<\infty$.

2.1.8 $-\log z$，$0<z<1$.

2.1.9 $\binom{13}{x}\binom{13}{y}\binom{26}{13-x-y}\Big/\binom{52}{13}$，$x$ 和 y 都为非负整数，使得 $x+y\leqslant 13$.

2.1.11 $\frac{15}{2}x_1^2(1-x_1^2)$，$0<x_1<1$；$5x_2^4$，$0<x_2<1$.

2.1.14 $\frac{2}{3}$；$\frac{1}{2}$；$\frac{2}{3}$；$\frac{1}{2}$；$\frac{4}{9}$；是的；$\frac{11}{3}$.

2.1.15 $\frac{e^{t_1+t_2}}{(2-e^{t_1})(2-e^{t_2})}$，$t_i<\log 2$.

2.1.16 $(1-t_2)^{-1}(1-t_1-t_2)^{-2}$，$t_2<1$，$t_1+t_2<1$；不成立.

2.2.2

1	2	3	4	6	9
$\frac{1}{36}$	$\frac{4}{36}$	$\frac{6}{36}$	$\frac{4}{36}$	$\frac{12}{36}$	$\frac{9}{36}$

2.2.3 $e^{-y_1-y_2}$，$0<y_i<\infty$.

2.2.4 $8y_1y_2^3$，$0<y_i<1$.

2.2.6 (a) $y_1e^{-y_1}$，$0<y_1<\infty$；

(b) $(1-t_1)^{-2}$，$t_1<1$.

2.3.1 $\frac{3x_1+2}{6x_1+3}$；$\frac{6x_1^2+6x_1+1}{2(6x_1+3)^2}$.

2.3.2 (a) 2，5；

(b) $10x_1x_2^2$，$0<x_1<x_2<1$；

(c) $\frac{12}{25}$；(d) $\frac{449}{1536}$.

2.3.3 (a) $\frac{3x_2}{4}$，$\frac{3x_2^2}{80}$；

(b) 概率密度函数为 $7(4/3)^7y^6$，$0<y<\frac{3}{4}$；

(c) $E(X)=E(Y)=\frac{21}{32}$；

$\mathrm{Var}(X_1)=\frac{553}{15\,360}>\mathrm{Var}(Y)=\frac{7}{1024}$.

2.3.8 $x+1$，$0<x<\infty$.

2.3.9 (a) $\binom{13}{x_1}\binom{13}{x_2}\binom{26}{5-x_1-x_2}\Big/\binom{52}{5}$，$x_1$，$x_2$ 都为非负整数，$x_1+x_2\leqslant 5$；

(c) $\binom{13}{x_2}\binom{26}{5-x_1-x_2}\Big/\binom{39}{5-x_1}$，$x_2\leqslant 5-x_1$.

2.3.11 (a) $\frac{1}{x_1}$，$0<x_2<x_1<1$；

(b) $1-\log 2$.

2.3.12 (b) e^{-1}.

2.4.4 $\frac{5}{81}$.

2.4.5 $\frac{7}{8}$.

2.4.6 2；2.

2.4.8 $\frac{2(1-y^3)}{3(1-y^2)}$，$0<y<1$.

2.4.9 $\frac{1}{2}$.

2.4.12 $\frac{4}{9}$.

2.4.13 4；4.

2.5.1 (a) 1；(b) -1；(c) 0.

2.5.2 (a) $\frac{7}{\sqrt{804}}$.

2.5.8 1，2，1，2，1.

2.5.9 $\frac{1}{2}$.

2.6.1 (g) $\frac{2+3y+3z}{3+6y+6z}$.

2.6.2 (a) $\frac{1}{6}$，0；

(b) $(1-t_1)^{-1}(1-t_2)^{-1}(1-t_3)^{-1}$，是的.

2.6.3 概率密度函数是 $12(1-y)^{11}$，$0<y<1$.

2.6.4 概率质量函数是 $\frac{y^3-(y-1)^3}{6^3}$.

2.6.6 $\sigma_1(\rho_{12}-\rho_{13}\rho_{23})/\sigma_2(1-\rho_{23}^2)$，$\sigma_1(\rho_{13}-\rho_{12}\rho_{23})/\sigma_3(1-\rho_{23}^2)$.

2.6.9 (a) $\frac{3}{4}$.

2.7.1 联合概率密度函数 $y_2y_3^2e^{-y_3}$，$0<y_1<1$，$0<y_2<1$，$0<y_3<\infty$.

2.7.2 $\frac{1}{2\sqrt{y}}$，$0<y<1$.

2.7.3 $\frac{1}{4\sqrt{y}}$，$0<y<1$；$\frac{1}{8\sqrt{y}}$，$1\leqslant y<9$.

2.7.7 $24y_2y_3^2y_4^3$，$0<y_i<1$.

2.7.8 (a) $\frac{9}{16}$，$\frac{6}{16}$，$\frac{1}{16}$；(b) $\left(\frac{3}{4}+\frac{1}{4}e^t\right)^6$.

2.8.2 $\frac{8}{3}$；$\frac{2}{9}$.

2.8.3 7.

2.8.5 2.5；0.25.

2.8.7 −5；30.6.

2.8.8 $\frac{\sigma_1}{\sqrt{\sigma_1^2+\sigma_2^2}}$.

2.8.10 0.265.

2.8.12 22.5；65.25.

2.8.13 $\frac{\mu_2\sigma_1}{\sqrt{\sigma_1^2\sigma_2^2+\mu_1^2\sigma_2^2+\mu_2^2\sigma_1^2}}$.

2.8.15 0.801.

第3章

3.1.1 $\frac{40}{81}$.

3.1.4 1-pbinom(34,40,7/8)=0.6162.

3.1.5 $P(X\geqslant 20)=0.0009$.

3.1.6 5.

3.1.11 $\frac{3}{16}$.

3.1.13 $\frac{65}{81}$.

3.1.15 $\left(\frac{1}{3}\right)\left(\frac{2}{3}\right)^{x-3}$，$x=3,4,5,\cdots$.

3.1.16 $\frac{5}{72}$.

3.1.18 (a) 负二项，参数为 r 和 T/N.

3.1.19 (b) 代码:

```
ps=c(.3,.2,.2,.2,.1)
coll=c()
for(i in 1:10000)
{coll<-c(coll,multitrial(ps))}
table(coll)/10000.
```

3.1.20 (a) −2.40 美元.

3.1.22 $\frac{1}{6}$.

3.1.23 $\frac{24}{625}$.

3.1.25 (a) $\frac{11}{6}$；(b) $\frac{x_1}{2}$；(c) $\frac{11}{6}$.

3.1.26 $\frac{25}{4}$.

3.1.30 (a) 0.0853；(b) 0.2637；
(c) 0.0861，0.2639.

3.2.1 0.09.

3.2.4 $4^x e^{-4}/x!$，$x=0,1,2,\cdots$.

3.2.5 0.84，0.9858.

3.2.11 大致 6.7.

3.2.13 8.

3.2.14 2.

3.2.16 (a) $e^{-2}\exp\{(1+e^{t_1})e^{t_2}\}$.

3.3.1 (a) 0.05；(b) 0.9592.

3.3.2 0.831；12.8.

3.3.3 (b) 0.1355.

3.3.4 $\chi^2(4)$.

3.3.6 概率密度函数为 $3e^{-3y}$，$0<y<\infty$.

3.3.7 2；0.95.

3.3.14 (a) 0.0839；(b) 0.2424.

3.3.15 $\frac{11}{16}$.

3.3.16 $\chi^2(2)$.

3.3.18 $\frac{\alpha}{\alpha+\beta}$；$\frac{\alpha\beta}{(\alpha+\beta+1)(\alpha+\beta)^2}$.

3.3.19 (a) 20；(b) 1260；(c) 495.

3.3.20 $\frac{10}{243}$.

3.3.24 (a) $(1-6t)^{-8}$，$t<\frac{1}{6}$；
(b) $\Gamma(\alpha=8,\ \beta=6)$.

3.4.2 0.067，0.685.

3.4.3 1.645.

3.4.4 71.4，189.4.

3.4.8 0.598.

3.4.10 0.774.

3.4.11 (a) $\sqrt{\frac{2}{\pi}}$，$\frac{\pi-2}{\pi}$.

3.4.12 0.90.

3.4.13 0.477.

3.4.14 0.461.

3.4.15 $N(0,1)$.

3.4.16 0.433.

3.4.17 0；3.

3.4.22 $N(0,2)$.

3.4.25 (a) 0.045 50；(b) 0.1649.

3.4.28 均值是$\sqrt{\frac{2}{\pi}}(a/\sqrt{1+a^2})$.

3.4.29 0.24.

3.4.30 0.159.

3.4.31 0.159.

3.4.33 $\chi^2(2)$.

3.5.1 (a) 0.574; (b) 0.735.

3.5.2 (a) 0.264; (b) 0.440; (c) 0.433; (d) 0.643.

3.5.7 $\frac{4}{5}$.

3.5.8 (38.2, 43.4).

3.5.17 0.05.

3.6.1 0.05.

3.6.2 1.761.

3.6.5 (d) 0.0734; (e) 0.0546.

3.6.6 1.732; 0.1817.

3.6.10 $\frac{1}{4.74}$; 3.33.

3.6.13 (a) $f(x)=e^y[1+(1/s)e^y]^{-(s+1)}$.

3.7.1 如果 $\beta<1$，那么 $E(X)=(1-\beta)^{-\alpha}$.

3.7.2 下载 dloggamma.R.

第 4 章

4.1.1 (b) 101.15; (c) 55.5, $\theta\log 2$; (d) 70.11.

4.1.2 (b) 201, 293.9, 17.14, 11.72; (c) 0.269; (d) 0.207.

4.1.3 9.5.

4.1.10 (e) 0.65; 0.95.

4.1.11 (e) 0.92; 0.97.

4.2.1 (79.21, 83.19), 90%.

4.2.5 (0.143, 0.365).

4.2.6 24 或 25.

4.2.7 (3.7, 5.7).

4.2.8 160.

4.2.9 (a) 1.31σ; (b) 1.49σ.

4.2.10 $c=\sqrt{\frac{n-1}{n+1}}$; $k=1.60$.

4.2.13
```
ind=rep(0,numb);
for(i in 1: numb){if
(ci[i,1]*c[i,2]<0){ind[i]=1}}.
```

4.2.14 $\left(\frac{5\bar{x}}{24},\frac{5\bar{x}}{16}\right)$.

4.2.16 6765.

4.2.17 (3.19, 3.61).

4.2.18 (b) (3.625, 29.101).

4.2.21 (−3.32, 1.72).

4.2.26 135 或 136.

4.3.1 (c) (0.1637, 0.3642).

4.3.3 (0.4972, 0.6967).

4.3.4 (c) (0.197, 1.05).

4.4.2 (a) 0.006 97; (b) 0.0244; (c) 0.0625.

4.4.5 $1-(1-e^3)^4$.

4.4.6 (a) $\frac{1}{8}$.

4.4.10 韦布尔分布.

4.4.11 $\frac{5}{16}$.

4.4.12 概率密度函数：$(2z_1)(4z_2^3)(6z_3^5)$，$0<z_i<1$.

4.4.13 $\frac{7}{12}$.

4.4.17 (a) $48y_2^5y_4$，$0<y_3<y_4<1$;
(b) $\frac{6y_3^5}{y_4^6}$，$0<y_3<y_4$;
(c) $\frac{6}{7}y_4$.

4.4.18 $\frac{1}{4}$.

4.4.19 $6uv(u+v)$，$0<u<v<1$.

4.4.24 14.

4.4.25 (a) $\frac{15}{16}$; (b) $\frac{675}{1024}$; (c) $(0.8)^4$.

4.4.26 0.824.

4.4.27 8.

4.4.28 (a) 1.13σ; (b) 0.92σ.

4.4.30 (40,124), 88%.

4.4.32 (180,190)和(195,210).

4.5.3 $1-\left(\frac{3}{4}\right)^\theta+\theta\left(\frac{3}{4}\right)^\theta\log\left(\frac{3}{4}\right)$，$\theta=1,2$.

4.5.4 0.17; 0.78.

4.5.8 $n=19$ 或 20.

4.5.9 $\gamma\left(\frac{1}{2}\right)=0.062$; $\gamma\left(\frac{1}{12}\right)=0.920$.

4.5.10 $n\approx 73$; $c\approx 42$.

4.5.12 (a) 0.051; (c) 0.256, 0.547, 0.780.

4.5.13 (a) 0.154; (b) 0.154.

4.5.14 (1)0.115 14; (2)0.0633.

4.6.5 (b) $t=-3.0442$，p 值$=0.0033$.

4.6.6 (b) $t=2.034$，p 值$=0.060\ 65$.

4.7.1 p 值$=0.0184$.

4.7.2 $8.37>7.81$；拒绝.

4.7.4 $b\leqslant 8$ 或 $b\geqslant 32$.

4.7.5 $2.44<11.3$；不拒绝 H_0.

4.7.6 $6.40<9.49$；不拒绝 H_0.

4.7.7 $\chi^2=49.731$，p 值$=1.573e-09$.

4.7.8　$k=3$.

4.8.5　$F^{-1}(u)=\log[u/(1-u)]$.

4.8.7　对于 $0<u<1/2$：
$F^{-1}(u)=\log(2u)$.
对于 $1/2<u<1$：
$F^{-1}(u)=\log[2(1-u)]$.

4.8.8　$F^{-1}(u)=\log[-\log(1-u)]$.

4.8.18　(a) $F^{-1}(u)=u^{1/\beta}$；
(b) 也就是由均匀概率密度函数所控制.

4.9.4　(a) $\beta\log 2$.

4.9.8　运用 $s_x=20.41$；$s_y=18.59$.

4.9.10　4.(a) $\overline{y}-\overline{x}=9.67$，20 个可能排列；
4.(c) P_n^n/n^n.

4.9.11　μ_0；$n^{-1}\sum_{i=1}^{n}(x_i-\overline{x})^2$.

4.10.1　8.

4.10.4　(a) $\text{Beta}(n-j+1,j)$；
(b) $\text{Beta}(n-j+i-1,j-i+2)$.

4.10.5　$\frac{10!}{1!\ 3!\ 4!}v_1v_2^3(1-v_1-v_2)^4$，$0<v_2$，$v_1+v_2<1$.

第 5 章

5.1.9　不是：$Y_n-\frac{1}{n}$.

5.2.1　在 μ 点退化.

5.2.2　$\Gamma(\alpha=1,\ \beta=1)$.

5.2.3　$\Gamma(\alpha=1,\ \beta=1)$.

5.2.4　$\Gamma(\alpha=2,\ \beta=1)$.

5.2.7　在 β 点退化.

5.2.9　0.682
pchisq(60,50)
-pchisq(40,50)=.686.

5.2.10　下载函数 cdistplt4.

5.2.11　(a) 1-pbinom(55,60,.95)=0.820；
(b) 0.815.

5.2.14　在 $\mu_2+\frac{\sigma_2}{\sigma_1}(x-\mu_1)$ 点退化.

5.2.15　(b) $N(0,1)$.

5.2.17　(b) $N(0,1)$.

5.2.20　$\frac{1}{5}$.

5.3.2　0.954.

5.3.3　0.604.

5.3.4　0.840.

5.3.5　0.728.

5.3.7　0.08.

5.3.9　0.267.

第 6 章

6.1.1　(a) $\hat{\theta}=\overline{X}/4$；(c) 5.03.

6.1.2　(a) $-n/\log\left(\prod_{i=1}^{n}X_i\right)$；
(b) $Y_1=\min\{X_1,X_2,\cdots,X_n\}$.

6.1.4　(a) $Y_n=\max\{X_1,X_2,\cdots,X_n\}$；
(b) $(2n+1)/2n$；
(c) $\sqrt{1/2}Y_n$.

6.1.5　(a) $X=\theta U^{1/2}$，U 是(0,1)上均匀分布；
(b) 7.7，5.4.

6.1.6　$1-\exp\{-2/\overline{X}\}$.

6.1.7　$\hat{p}=\frac{53}{125}$，$\sum_{x=3}^{5}\binom{5}{x}\hat{p}^x(1-\hat{p})^{5-x}$.

6.1.8　(b) -0.534.

6.1.9　$\overline{x}^2e^{-\overline{x}}/2$，0.2699.

6.1.10　$\max\left\{\frac{1}{2},\overline{X}\right\}$.

6.2.7　(a) $\frac{4}{\theta^2}$；(c) $\sqrt{n}(\hat{\theta}-\theta)\xrightarrow{D}N(0,\theta^2/4)$；
(d) 5.03 ± 0.99

6.2.8　(a) $\frac{1}{2\theta^2}$.

6.2.13　(b) $\hat{\theta}=3.547$；(c) (2.39,4.92)，是.

6.2.14　(a) $F(x)=1-[\theta^3/(x+\theta)^3]$；
(b) g=function(n,t){u=runif(n)
t*((1-u)^(-1/3)-1)}.

6.3.1　(b) 计算的检验统计量=17.28，拒绝原假设.

6.3.2　$\gamma(\theta)=P[\chi^2(2n)<(\theta_0/\theta)c_2]+P[\chi^2(2n)>(\theta_0/\theta)c_2]$.

6.3.8　如果 $2\sum_{i=1}^{n}Y_i<\chi^2_{1-\alpha/2}(2n)$ 或者 $2\sum_{i=1}^{n}Y_i>\chi^2_{\alpha/2}(2n)$，那么拒绝.

6.3.16　(a) $\left(\frac{1}{3\overline{x}}\right)^{n\overline{x}}\left[\frac{2}{3(1-\overline{x})}\right]^{n-n\overline{x}}$.

6.3.17　(a) $\chi^2_W=[\sqrt{nI(\overline{X})}(\overline{X}-\theta_0)]^2$；
(b) 下载 waldpois.R；
(c) $\chi^2_W=6.90$，p 值$=0.0172$.

6.3.18　$\left(\frac{\overline{x}/\alpha}{\beta_0}\right)^{n\alpha}\times\exp\left\{-\sum_{i=1}^{n}x_i\left(\frac{1}{\beta_0}-\frac{\alpha}{\overline{x}}\right)\right\}$.

6.4.1　(a) 0.300，0.225，0.350，0.125；
(b) 关于 p_2 的置信区间：(0.167，0.283).

6.4.2　(a) $\overline{x}$，$\overline{y}$，

$\frac{1}{n+m}\left[\sum_{i=1}^{n}(x_i-\overline{x})^2+\sum_{i=1}^{m}(y_i-\overline{y})^2\right]$;

(b) $\frac{n\overline{x}+m\overline{y}}{n+m}$,

$\frac{1}{n+m}\left[\sum_{i=1}^{n}(x_i-\hat{\theta}_1)^2+\sum_{i=1}^{m}(y_i-\hat{\theta}_1)^2\right]$.

6.4.3 $\hat{\theta}_1=\min\{X_i\},\frac{1}{n}\sum_{i=1}^{n}(x_i-\hat{\theta}_1)$.

6.4.4 $\hat{\theta}_1=\min\{X_i\},n/\log\left[\prod_{i=1}^{n}X_i/\hat{\theta}_1^n\right]$.

6.4.5 $(Y_1+Y_n)/2$，$(Y_n-Y_1)/2$；不是.

6.4.6 (a) $\overline{X}+1.282\sqrt{\frac{n-1}{n}}S$；

(b) $\Phi\left(\frac{c-\overline{X}}{\sqrt{(n-1)/n}S}\right)$.

6.4.7 (a) 极大似然估计值是 0.7263，$\hat{p}=0.76$. 运行 BS：(0.629，0.828). $\hat{p}$：(0.642，0.878).

6.4.8 (a) 极大似然估计值是 64.83，$x_{(45)}=64.6$.

6.4.9 若$\frac{y_1}{n_1}\leqslant\frac{y_2}{n_2}$，则$\hat{p}_1=\frac{y_1}{n_1}$与$\hat{p}_2=\frac{y_2}{n_2}$；

否则$\hat{p}_1=\hat{p}_2=\frac{y_1+y_2}{n_1+n_2}$.

6.5.1 $t=3>2.262$；拒绝 H_0.

6.5.6 (b) $c\frac{\sum_{i=1}^{n}X_i^2}{\sum_{i=1}^{m}Y_i^2}$.

6.5.7 $c\frac{\overline{X}}{\overline{Y}}$.

6.5.9 $c\frac{[\max\{-X_1,X_{n_1}\}]^{n_1}[\max\{-Y_1,Y_{n_2}\}]^{n_2}}{[\max\{-X_1,-Y_1,X_{n_1},Y_{n_2}\}]^{n_1+n_2}}$，

$\chi^2(2)$

6.6.8 从序言中列出网站下载 R 函数 mixnormal 用它计算出这些结果(第一行是初始估计值，第二行是经 500 次迭代之后的估计值)

μ_1	μ_2	σ_1	σ_2	π
105.00	130.00	15.00	25.00	0.600
98.76	133.96	9.88	21.80	0.704

第7章

7.1.4 $\frac{1}{3}$，$\frac{2}{3}$.

7.1.5 $\delta_1(y)$.

7.1.6 $b=0$，不存在.

7.1.7 不存在.

7.2.8 $\prod_{i=1}^{n}[X_i(1-X_i)]$.

7.2.9 (a) $\frac{n!\theta^{-r}}{(n-r)!}e^{-\frac{1}{\theta}\left[\sum_{i=1}^{r}y_i+(n-r)y_r\right]}$；

(b) $r^{-1}\left[\sum_{i=1}^{r}y_i+(n-r)y_r\right]$.

7.3.2 $60y_3^2(y_5-y_3)/\theta^5$，$0<y_3<y_5<\theta$；$6y_5/5$；$\theta^2/7$；$\theta^2/35$.

7.3.3 $\frac{1}{\theta^2}e^{-y_1/\theta}$，$0<y_2<y_1<\infty$；$y_1/2$；$\theta^2/2$.

7.3.5 $n^{-1}\sum_{i=1}^{n}X_i^2$；$n^{-1}\sum_{i=1}^{n}X_i$；$(n+1)Y_n/n$.

7.3.6 $6\overline{X}$.

7.4.2 (a) X；(b) X.

7.4.3 Y/n.

7.4.5 $Y_1-\frac{1}{n}$.

7.4.7 (a) 是；(b) 是.

7.4.8 (a) $E(\overline{X})=0$.

7.4.9 (a) $\max\{-Y_1,0.5Y_n\}$；(b) 是；(c) 是.

7.5.1 $Y_1=\sum_{i=1}^{n}X_i$；$Y_1/4n$；是.

7.5.4 $\overline{x}/a$.

7.5.9 $\overline{x}$.

7.5.11 (b) Y_1/n；(c) θ；(d) Y_1/n.

7.6.1 $\overline{X}^2-\frac{1}{n}$.

7.6.2 $Y^2/(n^2+2n)$.

7.6.3 (a) 0.8413；(b) 0.7702；(c) 运行得出 0.0584.

7.6.4 (a) 49.4；(b) 运行得出 4.405.

7.6.6 (a) $\left(\frac{n-1}{n}\right)^Y\left(1+\frac{Y}{n-1}\right)$；

(b) $\left(\frac{n-1}{n}\right)^{n\overline{X}}\left(1+\frac{n\overline{X}}{n-1}\right)$；

(c) $N\left(\theta,\frac{\theta}{n}\right)$.

7.6.9 $1-e^{-2/\overline{x}}$；$1-\left(1-\frac{2/\overline{x}}{n}\right)^{n-1}$.

7.6.10 (b) $\overline{X}$；(c) $\overline{X}$；(d) $1/\overline{X}$.

7.7.3 是.

7.7.5 (a) $\frac{\Gamma[(n-1)/2]}{\Gamma[n/2]}\sqrt{\frac{n-1}{2}}S$；

(b) 下载 bootse6.R；

10.1837；运行得出：1.156 828.

7.7.6 (b) $\frac{Y_1+Y_n}{2}$；$\frac{(n+1)(Y_n-Y_1)}{2(n-1)}$.

7.7.7 (a) $K=\{\Gamma[(n-1)/2]/\Gamma(n/2)\}\times\sqrt{(n-1)/2}$，极小方差无偏估计量$=\Phi^{-1}(p)KS+\overline{x}$；

(c) 59.727；运行得出 3.291 479.

7.7.9 (a) $\frac{1}{n-1}\sum_{h=1}^{n}(X_{ih}-\overline{X}_i)\times(X_{jh}-\overline{X}_j)$；

(b) $\sum_{i=1}^{n}a_i\overline{X}_i$.

7.7.10 $\left(\sum_{i=1}^{n}x_i, \sum_{i=1}^{n}\frac{1}{x_i}\right)$.

7.8.3 Y_1；$\sum_{i=1}^{n}(Y_i-Y_1)/n$.

7.9.13 (a) $\Gamma(3n,1/\theta)$，不是；

(c) $(3n-1)/Y$；

(e) Beta$(3,3n-3)$.

第 8 章

8.1.4 $\sum_{i=1}^{10}x_i^2\geqslant18.3$；是；是.

8.1.5 $\prod_{i=1}^{n}x_i\geqslant c$.

8.1.6 $3\sum_{i=1}^{10}x_i^2+2\sum_{i=1}^{10}x_i\geqslant c$.

8.1.7 大致 96；76.7.

8.1.8 $\prod_{i=1}^{n}[x_i(1-x_i)]\geqslant c$.

8.1.9 大致 39；15.

8.1.10 0.08；0.875.

8.2.1 $(1-\theta)^9(1+9\theta)$.

8.2.2 $1-\frac{15}{16\theta^4}$；$1<\theta$.

8.2.3 $1-\Phi\left(\frac{3-5\theta}{5}\right)$.

8.2.4 大致 54；5.6.

8.2.7 若 $\overline{x}\geqslant77.564$，则拒绝 H_0.

8.2.8 大致 27；若 $\overline{x}\leqslant24$，则拒绝 H_0.

8.2.10 $\Gamma(n,\theta)$；若 $\sum_{i=1}^{n}x_i\geqslant c$，则拒绝 H_0.

8.2.12 (b) $\frac{6}{32}$；(c) $\frac{1}{32}$；

(d) 若 $y=0$，则拒绝；若 $y=1$，则以概率 $\frac{1}{5}$ 拒绝.

8.3.1 (b) $t=-2.2854$，$p=0.023\,93$；

(c) $(-0.5396-0.0388)$.

8.3.5 (d) $n=90$.

8.3.6 78；0.7608.

8.3.10 在 H_1 下，$(\theta_4/\theta_3)F$ 服从 $F(n-1,m-1)$分布.

8.3.12 如果 $|y_3-\theta_0|\geqslant c$，那么就拒绝 H_0.

8.3.14 (a) $\prod_{i=1}^{n}(1-x_i)\geqslant c$.

8.3.17 (b) $F=1.34$，$p=0.088$.

8.4.1 $5.84n-32.42$，$5.84n+41.62$.

8.4.2 $0.04n-1.66$，$0.04n+1.20$.

8.4.4 0.025，29.7，−29.7.

8.5.5 $(9y-20x)/30\leqslant c\Rightarrow(x,y)\in$ 2nd.

8.5.7 $2w_1^2+8w_2^2\geqslant c\Rightarrow(w_1,w_2)\in$ Ⅱ.

第 9 章

9.2.3 6.39.

9.2.7 7.875>4.26，拒绝 H_0.

9.2.8 10.224>4.26，拒绝 H_0.

9.3.2 $2r+4\theta$.

9.3.3 (a) $5m/3$；(b) 0.6174；0.9421；(c) 7.

9.4.1 没有一个. 对于 B−C：(−0.199,10.252).

9.4.2 无显著差异.

9.4.3 (a) 置信区间形式：(4.2.14)利用 α/k.

9.4.4 (a) (−0.103，0.0214)；

(b) $\chi^2=24.4309$，$p=0.003\,67$，(−0.103,0.021).

9.5.6 7.00；9.98.

9.5.8 4.79；22.82；30.73.

9.5.10 (a) 7.624>4.46，拒绝 H_A；

(b) 15.538>3.84，拒绝 H_B.

9.5.11 8；0；0；0；0；−3；1；2；−2；2；−2;2；2；−2；2；−2；0；0；0；0.

9.6.1 $N(\alpha^*,\sigma^2(n^{-1}+\overline{x}^2/\sum(x_i-\overline{x})^2))$.

9.6.2 (a) $6.478+4.483x$；

(d) (−0.026,8.992).

9.6.3 (a) $-983.8868+0.5041x$.

9.6.8 PI：(3.27,3.70).

9.6.10 $\hat{\beta}=n^{-1}\sum_i Y_i/x_i$；

$\hat{\gamma}=n^{-1}\sum_i\left[\left(\frac{Y_i}{x_i}\right)-n^{-1}\left(\frac{Y_i}{x_i}\right)\right]^2$.

9.6.14 $\hat{a}=\frac{5}{3}$.

9.7.2 拒绝 H_0.

9.7.6 下界：$\tanh\left[\frac{1}{2}\log\frac{1+r}{1-r}-\frac{z_{\alpha/2}}{\sqrt{n-3}}\right]$.

9.7.7 (a) 0.710，(0.555,0.818)；
(b) 投手：0.536，(0.187,0.764).

9.8.2 2；$\boldsymbol{\mu}'\mathbf{A}\boldsymbol{\mu}$；$\mu_1=\mu_2=0$.

9.8.3 (b) $\mathbf{A}^2=\mathbf{A}$；$\mathrm{tr}(\mathbf{A})=2$；$\boldsymbol{\mu}'\mathbf{A}\boldsymbol{\mu}/8=6$.

9.8.4 (a) $\sum\sigma_i^2/n^2$.

9.8.5 $[1+(n-1)\rho](\sigma^2/n)$.

9.9.1 独立的.

9.9.3 0，0，0，0.

9.9.4 $\sum_{i=1}^{n}a_{ij}=0$.

第 10 章

10.2.3 (a) 0.1148；(b) 0.7836.

10.2.4 (a) 425，(380,500)；
(b) 591.18，(508.96，673.41).

10.2.9 (a) $P(Z>z_\alpha-(\sigma/\sqrt{n})\theta)$，其中 $E(Z)=0$ 与 $\mathrm{Var}(Z)=1$；
(c) 利用中心极限定理.
(d) $\left[\frac{(z_\alpha-z_r^*)\sigma}{\theta^*}\right]^2$.

10.3.4 (a) $T^+=174$，p 值$=0.0083$；(b) $t=3.0442$，p 值$=0.0067$.

10.4.2 (b) $1-\Phi[z_\alpha-\sqrt{\lambda_1\lambda_2}(\delta/\sigma)]$.

10.4.3 MWW 的置信区间为：(0.0483,00571).

10.4.4 运行得出：$n_1=n_2=39$ 产生了 0.8025 的功效.

10.5.3 $\frac{n(n-1)}{n+1}$.

10.5.14 (a) $W_S^*=9$；$W_{XS}^*=6$；
(b) 1.2；(c) 9.5.

10.7.1 (b) (0.156,0.695).

10.8.3 $\hat{y}_{LS}=205.9+0.015x$，
$\hat{y}_W=211.0+0.010x$.

10.8.4 (a) $\hat{y}_{LS}=265.7-0.765(x-1900)$，
$\hat{y}_W=246.9-0.436(x-1900)$；
(b) $\hat{y}_{LS}=3501.0-38.35(x-1900)$，
$\hat{y}_W=3297.0-35.52(x-1900)$.

10.8.9 $r_{q c}=16/17=0.941$(0 排除在外).

10.8.10 $r_N=0.835$；$z=3.734$.

10.9.4 情况：$t<y$ 与 $t>y$.

10.9.5 (c) $y^2-\sigma^2$.

10.9.7 (a) $n^{-1}\sum_{i=1}^{n}(Y_i-\overline{Y})^2$；(c) $y^2-\sigma^2$.

10.9.9 0；$[4f^2(\theta)]^{-1}$.

10.9.14 (c) $\hat{y}_{LS}=3.14+0.028x$，
$\hat{y}_W=0.214+0.020x$.

第 11 章

11.1.1 0.45；0.55.

11.1.3 $[y\tau^2+\mu\sigma^2/n]/(\tau^2+\sigma^2/n)$.

11.1.4 $\beta(y+\alpha)/(n\beta+1)$.

11.1.6 $\frac{y_1+\alpha_1}{n+\alpha_1+\alpha_2+\alpha_3}$；$\frac{y_2+\alpha_2}{n+\alpha_1+\alpha_2+\alpha_3}$.

11.1.8 (a) $\left(\theta-\frac{10+30\theta}{45}\right)^2+\left(\frac{1}{45}\right)^2 30\theta(1-\theta)$.

11.1.9 $\sqrt[6]{2}$，$y_4<1$；$\sqrt[6]{2}y_4$，$1\leqslant y_4$.

11.2.1 (a) $\frac{\theta_2^2}{[\theta_2^2+(x_1-\theta_1)^2][\theta_2^2+(x_2-\theta_1)^2]}$.

11.2.3 (a) 76.84；(b) (76.25,77.43).

11.2.5 (a) $I(\theta)=\theta^{-2}$；(d) $\chi^2(2n)$.

11.2.8 (a) $\mathrm{Beta}(n\overline{x}+1,\ n+1-n\overline{x})$.

11.3.1 (a) 设 U_1 与 U_2 均为独立同分布的(0,1)均匀分布.
(1) 抽取 $Y=-\log(1-U_1)$.
(2) 抽取 $X=Y-\log(1-U_2)$.

11.3.3 (b) $F_X^{-1}(u)=-\log(1-\sqrt{u})$，$0<u<1$.

11.3.7 (b) $f(x|y)$ 是 $b(n,y)$ 概率质量函数；$f(y|x)$ 是 $\mathrm{Beta}(x+\alpha,n-x+\beta)$ 概率密度函数.

11.4.1 (b) $\hat{\beta}=\frac{1}{2\overline{x}}$；(d) $\hat{\theta}=\frac{1}{\overline{x}}$.

11.4.2 (a) $\delta(y)=$

$$\frac{\int_0^1\left[\frac{a}{1-a\log p}\right]^2 p^y(1-p)^{n-y}\,\mathrm{d}p}{\int_0^1\left[\frac{a}{1-a\log p}\right]^2 p^{y-1}(1-p)^{n-y}\,\mathrm{d}p}.$$